창·의·력·과·학

아이 앤 아이 I&I

개정2판

물리학(하)

무한상상

바야흐로 창의력의 시대입니다.

과학창의력 향상은 단순한 과학적 흥미만으로는 부족합니다. 과제 집착력, 자신감을 바탕으로 한 체계적인 훈련이 필요합니다. 창의력 과학 아이앤아이 (I&I,Imagine Infinite)는 개정 교육 과정에 따라서 창의적 문제해결력의 극대화에 중점을 둔 새로운 개념의 과학 창의력 통합 학습서입니다.

과학을 공부한다는 것은

1. 과학 개념을 정밀히 다듬어 이해하고
2. 탐구력을 기르는 연습(과학 실험 등)을 꾸준히 하여 각종 과학 관련 문제에 대한 이해와 분석과 상상이 가능하도록 하며
3. 각종 문제 상황에서 창의적 문제 해결을 하는 과정을 뜻합니다.

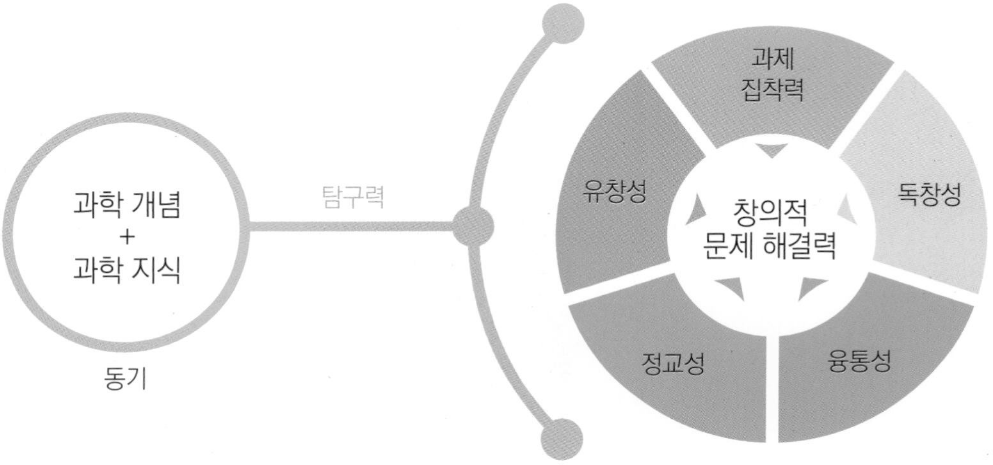

창의적 문제 해결력이 길러지는 과정

이 책의 특징은

1. 각종 그림을 활용하여 과학 개념을 명확히 하였습니다.
2. 교과서의 실험 등을 통하여 탐구과정 능력을 향상시켰습니다.
3. 창의력을 키우는 문제, Imagine Infinitely 에서 스스로의 창의력을 기반으로 하여 창의적 문제해결력을 향상할 수 있도록 하였습니다.
6. 영재학교, 과학고, 각종 과학 대회 기출 문제 또는 기출 유형 문제를 종합적으로 수록하여 실전 대비 연습에 만전을 기했습니다.
7. 해설을 풍부하게 하여 문제풀이를 정확하게 할 수 있도록 하였습니다.

이 책은

과학고, 영재학교 및 특목고의 탐구력, 창의력 구술 검사 및 면접을 준비하는 학생에게 창의적 문제와 그 해결 방법을 제공하며 각종 경시 대회나 중등 영재교육원을 준비하는 학생에게 심화 문제를 제공하고 있습니다. 고교 과학에서 필요한 문제해결 방법을 제공합니다.

영재학교 · 과학고 진학

현황

과학영재학교(영재고)의 경우 전국에 8개교로 서울, 경기, 대전, 세종, 인천, 광주, 대구, 부산에 각 1개씩 있으며, 과학고는 총 20개교로 서울2, 부산2, 인천2, 대구1, 울산1, 대전1, 경기1, 강원1, 충남1, 충북1, 경북2, 경남2, 전북1 ,전남1, 제주1개교가 있습니다. 두 학교가 비슷한 것처럼 보이기도 하지만 설립 취지, 법적 근거, 교육 과정 등 여러 면에서 서로 다른 교육기관입니다.

모집 방법

과학영재학교는 전국 단위로 신입생을 선발하지만, 과학고의 경우 광역(지역)단위로 신입생을 선발합니다. 과학영재학교는 학생이 거주하는 지역과 상관없이 어떤 지역이든 응시가 가능하고, 1단계 지원의 경우 중복 지원할 수 있지만 2단계 전형 일자가 전국 8개교 모두 동일해서 2단계 전형 중복 응시는 불가능합니다. 과학고의 경우 학생이 거주하는 지역에 과학고가 있을 경우 타 지역 과학고에는 응시할 수 없으며, 과학고가 없다면 타지역 과학고에 응시 가능합니다.

모집 시기

과학영재학교는 3월말~4월경에 모집하고, 과학고의 경우 8월초~8월말에 모집합니다.

지원 자격

과학영재학교는 전국 소재 중학교 1, 2, 3학년 재학생, 졸업생이 지원할 수 있으며, 과학고는 해당 지역 소재 중학교 3학년 재학생, 졸업생이 지원할 수 있습니다. 과학고의 경우 학생이 거주하는 지역 소재 중학교 졸업자 또는 졸업 예정자가 지원할 수 있습니다. 즉, 과학영재학교의 경우 중학교 각 학년마다 1번씩 총 3번, 과학고의 경우 중학교 3학년때 1번만 지원할 수 있는 것입니다.

전형 방법

과학영재학교는 1단계(학생기록물 평가), 2단계(창의적 문제해결력 평가, 영재성 검사), 3단계(영재성 다면평가, 1박2일 캠프) 전형이며, 과학고는 1단계(서류평가 및 출석면담), 2단계(소집 면접) 전형으로 학생을 선발합니다. 과학영재학교의 경우 1단계에서 학생이 제출한 서류(자기소개서, 수학/과학 지도교원 추천서, 담임교원 추천서, 학교생활기록부 등)를 토대로 1단계 합격자를 선발하고, 2단계는 수학/과학/융합/에세이 등의 지필 평가로 합격자를 선발하며, 3단계는 1박2일 캠프를 통하여 글로벌 과학자로서의 자질과 잠재성을 평가하여 최종 합격자를 선발합니다. 과학고의 경우 1단계에서 지원자 전원을 지정한 날짜에 학교로 출석시켜 제출 서류(학교생활기록부, 자기소개서, 교사추천서)와 관련된 내용을 검증 평가해 1.5~2 배수 내외의 인원을 선발하고, 2단계 소집 면접을 통해 수학 과학에 대한 창의성 및 잠재 역량과 인성 등을 종합 평가해 최종 합격자를 선발합니다.

준비 과정

과학은 창의력과 밀접한 관계가 있습니다. 문제를 푸는 과정, 실험을 설계하고 결론을 찾아가는 과정 등에서 창의력의 요소인 독창성, 유창성, 융통성, 정교성, 민감성의 자질이 개발되기 때문입니다. 이러한 자질이 개발되면 열정적이고 창의적이 되어 즐겁게 자기 주도적 학습을 할 수 있습니다. 어릴 때부터 이러한 자질을 개발하는 것도 중요하지만 호기심 많은 학생이라면 초등 고학년~중등 때부터 시작하여도 늦지 않습니다. 일단 과학 관련 도서를 많이 접하고, 과학 탐구 대회 등의 과학 활동에 많이 참여하여 과학이 재미있어지는 과정을 거치는 것이 좋습니다. 이후에 중학교 내신 관리를 하면서 문제해결력을 길러 각종 지필대회를 준비하는 것이 좋을 것입니다.

창의적 사고를 위한 요소

유익하고 새로운 것을 생각해 내는 능력을 창의력이라고 합니다.
사고를 원활하고 민첩하게 하여 많은 양의 산출 결과를 내는 유창성, 고정적인 사고의 틀에서 벗어나 다양한 각도에서 다양한 해결책을 찾아내는 융통성, 새롭고 독특한 아이디어를 산출해 내는 독창성, 기존의 아이디어를 치밀하고 정밀하게 다듬어 더욱 복잡하게 발전시키는 정교성 등이 대표적인 요소입니다.

아이앤아이는 창의력을 향상시킵니다.

창의력을 키우는 문제 에서는 문제의 유형을 단계적 문제 해결력, 추리 단답형, 실생활 관련형, 논리 서술형으로 나눠 놓았습니다.
창의적 사고의 요소들은 문제 해결 과정에 포함됩니다.

단계적 문제 해결력 유형의 문제

이 유형의 문제를 해결하기 위해서 기본적으로 유창성과 융통성이 필요합니다. 문제의 한 단계 한 단계의 논리 구조를 따라잡아야 유창하게 답을 쓸 수 있을 것이기 때문입니다. 또 각 단계마다 창의적 사고의 정교성과 독창성이 요구됩니다.

추리단답형 유형 문제

독창적인 사고의 영역입니다. 알고 있는 개념을 바탕으로 주어진 자료와 상황을 명확하게 해석하여 창의적으로 문제를 해결해야 합니다.

실생활 관련형 문제

우리 생활 속에 미처 생각하지 못하고 지나쳤던 부분에 숨겨진 과학적 현상을 일깨워줍니다. 과학이 현실과 동떨어진 것이 아니라 신기하고 친숙한 것임을 이해시켜 과학적 동기부여를 해줍니다.

논리서술형의 문제

대학 입시에서도 비중이 높아진 논술 부분을 대비하기 위해 필수적인 부분입니다. 이 문제를 풀기 위해서는 창의적 사고 요소의 골고루 필요합니다. 현재 과학의 핫 이슈를 자신만의 이야기로 풀어나갈 수 있어야 하며, 과학 관련 문제의 해결책을 창의적으로 제시할 수 있어야 할 것입니다. 이 문제들을 통하여 한층 정교해지는 과학 개념과 탐구 과정 능력, 창의력을 느낄 수 있을 것입니다.

실험에서의 탐구 과정 요소

과학에서 빼놓을 수 없는 것이 과학적인 탐구 능력입니다.

탐구 능력 또는 탐구 과정 능력이란 자연 현상이나 사물에 관한 문제를 연관시켜 해결하는 능력을 말합니다. 과학 관련 문제를 해결하기 위해서는 몇 가지 단계가 필요한데, 이 단계에서 필요한 요소를 탐구 과정 요소라고 합니다. 탐구 과정 요소에는 기초 탐구 과정 요소인 관찰, 분류, 측정, 예상, 추리와 통합 탐구 과정 요소인 문제 인식, 가설 설정, 실험 설계(변인 통제), 자료 변환 및 자료 해석, 결론 도출 등이 있습니다.

기초 탐구 과정 중 분류의 예

우리 주위의 여러 가지 물체나 현상 등을 관찰하여 특징과 용도에 따라 나눔으로서 질서를 정하는 과정을 말합니다. 분류를 하기 위해서는 모둠의 공통된 특징을 가려서 분류 기준을 정해야 합니다.

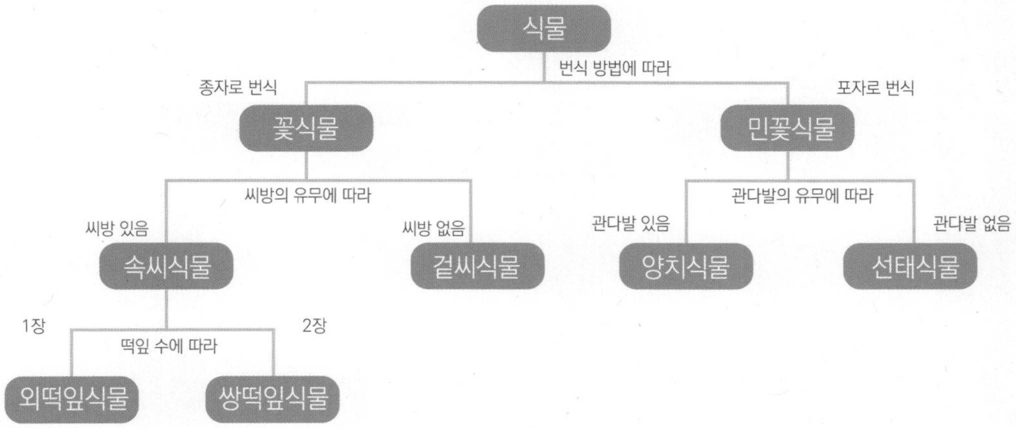

〈분류의 과정〉

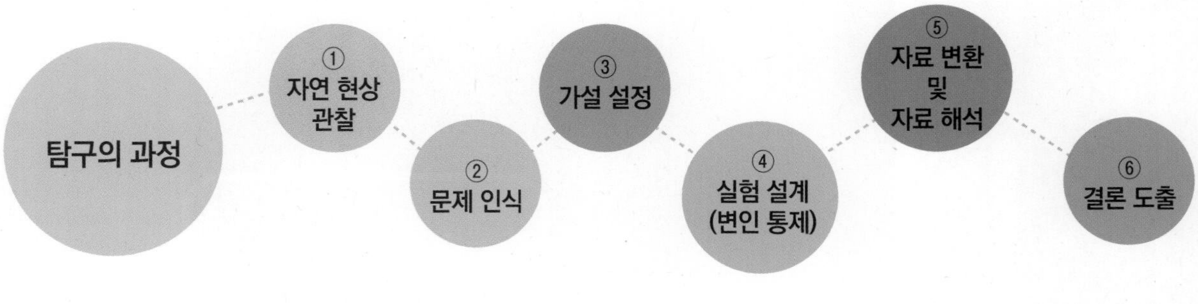

① 뉴턴 : 내가 자고 있는데 누가 날 깨우는 거야? 어라? 사과가 떨어져 나를 깨운 것이구나!

② 그런데 사과는 왜 아래로만 떨어지는 것일까? 사과뿐만 아니라 다른 물체도 아래로 떨어지는구나.

③ 우리가 알고 있는 힘 외에 어떤 다른 힘이 있다는 가설을 세워 보자.

④ 두 물체 사이의 잡아당기는 힘이 얼마인지 실험해 보자. 다른 힘들이 있으면 안되니까 전기적으로 중성이어야 하고, 거리를 재고, 질량을 재고, 힘을 측정해야 하겠지?

⑤ 여러 번 실험을 해서 자료를 종합해 보니

⑥ 새로운 힘이 존재하는데, 그 힘의 크기는 두 물체 사이의 거리의 제곱에 반비례하고, 질량의 곱에 비례하는구나! 이 힘을 만유인력이라고 해야지.

창·의·력·과·학

아이앤아이

단원별 내용 구성

도입

- **아이앤아이**의 특징을 설명하였습니다.
- 창의적 사고를 위한 요소, 탐구 과정 요소를 요약하였습니다.
- 각 단원마다 소단원을 소개하였습니다.

개념 보기

- 개정 교육 과정 순서입니다.
- 중고등 심화 내용을 모두 다루었습니다.
- 본문의 내용을 보조단 내용과 유기적으로 연관시켰습니다.
- 개념을 간략하고 명확하게 서술하되, 각종 그림 등을 이용하여 창의력이 발휘되도록 하였습니다.

개념 확인 문제

- 시험에 잘 출제되는 문제와 함께 다양한 문제를 제시하였습니다.
- 심화 단계로 넘어가는 중간 과정 문제를 많이 해결해 보도록 하였습니다.
- 기초 개념을 공고히 하는 문제를 제시하였습니다.

개념 심화 문제

- 한번 더 생각해야 해결할 수 있는 문제를 실었습니다.
- 고급 문제 해결을 위한 다리 역할을 하는 문제로 구성하였습니다.

창의력을 키우는 문제

- 창의적 문제 해결력을 향상할 수 있도록 하였습니다.
- 단계적 문제 해결형, 추리단답형, 논리서술형, 실생활 관련형으로 나누어서 창의적 문제 해결을 극대화하도록 하였습니다.
- 구술, 심층면접, 논술 능력 향상에도 도움이 될 것입니다.

대회 기출 문제

- 각종 창의력 대회, 경시 대회 문제, 수능 문제를 단원별로 분류하여 실었습니다.
- 영재학교, 과학고를 비롯한 특목고 입시 문제를 각 단원별로 분류하여 실었습니다.

Imagine Infinitely (I&I)

- 각 단원 관련 흥미로운 주제의 읽기 자료입니다.
- 말미에 서술형 문제를 통해 글쓰기 연습이 가능할 것입니다.

정답 및 해설

- 상세한 설명을 통해 문제를 해결할 길잡이가 되도록 하였습니다.

Contents 목차

창·의·력·과·학

아이앤아이

물리학(상)

I 힘과 힘의 표시

II 힘과 여러 가지 운동

III 운동량과 에너지

IV 열에너지

창·의·력·과·학

아이앤아이

물리학(하)

V 전기

VI 전류의 작용

VII 파동과 빛, 소리

VIII 현대 물리

Physics

05
전기

전기가 어떻게 불을 켜고 TV 나 컴퓨터를 작동시키는 것일까?

1. 전기의 발생과 전기력

(1) 전기의 근원

① 물질을 구성하는 원자 ❶의 구조

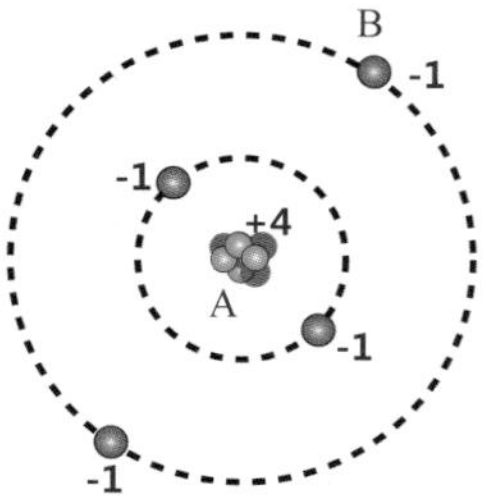

▲ 전기적으로 중성인 원자의 구조

- 원자핵 (A) : (+)전기를 띠며 무겁고, 원자 가운데에 고정되어 있다.
- 전자 (B) : 원자핵 주위를 돌며 전자 1 개 당 −1 만큼의 전기를 띤다. 떨어져 나갈 수 있다.
- 전체 전기량 : +4 + (−1) × 4 = 0(중성)

② 원자가 전기를 띠는 과정 ❷

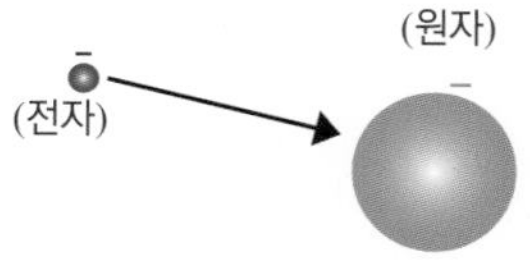

원자는 −1 만큼의 전기를 띤다.

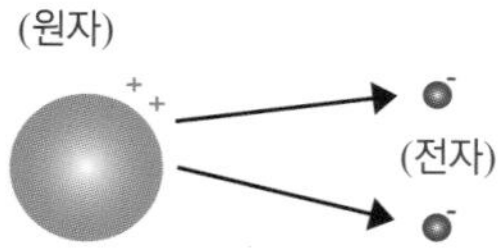

원자는 +2 만큼의 전기를 띤다.

(2) 물체가 전기를 띠게 되는 과정

물체가 전기를 띠게 되었을 때 '대전' 되었다고 하고, 대전된 물체를 '대전체' 라고 한다.

① **마찰에 의한 대전(마찰 전기)** : 두 물체를 마찰시키면 ❸ 한 물체에서 다른 물체로 전자가 이동한다.

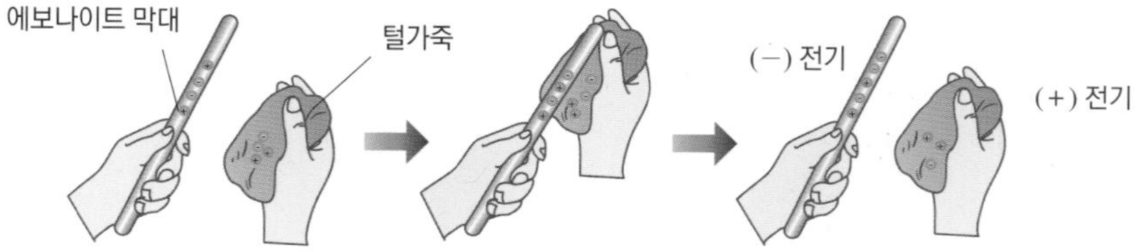

▲ 에보나이트 막대와 털가죽의 마찰

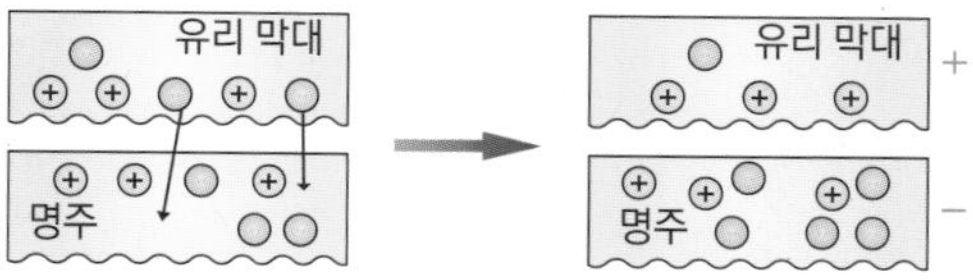

▲ 유리 막대와 명주의 마찰

- 털가죽 : 전자를 잃은 물체 → (+) 전기를 띰
- 에보나이트 막대 : 전자를 얻은 물체 → (−) 전기를 띰
- 전자의 이동 : 털가죽 → 에보나이트 막대

② **특징** : 두 물체 사이에는 인력이 작용한다. 건조한 날 마찰 전기가 잘 일어난다. 대전 후 공기 중에 방치하면 전기를 잃게 된다.(전기가 공기 중으로 방전됨)

③ **대전열** : 물체를 마찰시킬 때 전자를 잃기 쉬운 순서대로 나열한 것이다.

전자를 잃기 쉬움 : 전자와의 결합력이 약함　　　전자를 얻기 쉬움 : 전자와의 결합력이 강함

(+ 로 대전됨)　　　(− 로 대전됨)
털가죽 - 유리 - 명주 - 나무 - 고무 - 플라스틱 - 에보나이트

(털가죽과 에보나이트를 마찰시킬 때 마찰 전기가 가장 잘 발생한다.)

---

❶ 물질을 이루는 원자의 개수

어마어마하게 많으므로 이동하는 전자의 개수도 그 만큼 많다.

❷ 전기 현상의 근원

원자를 구성하는 가벼운 입자인 전자(electron)에 의해서 일어난다.

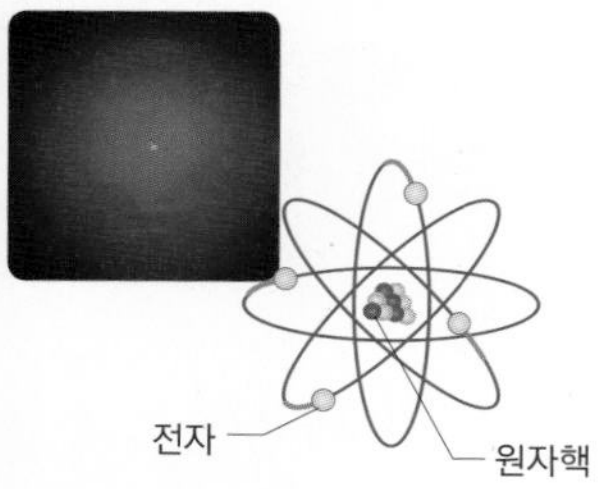

▲ 원자핵과 전자

정전기

흐르지 않고 한 곳에 머물러 있는 전기

▲ 손의 정전기

❸ 두 물체의 마찰 시 전자의 이동

물체 A 는 (+) 로, 전자와 친화력이 큰 물체 B 는 (-) 로 대전된다.

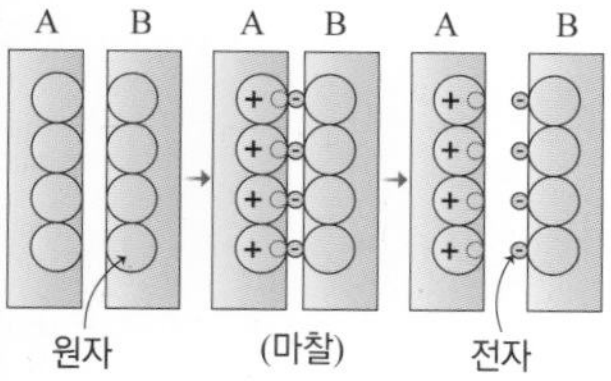

마찰 전기에 의한 현상

- 겨울에 자동차 문을 열 때 손이 찌릿하다.
- 머리를 빗을 때 머리카락이 빗에 딸려온다.
- 밤에 나일론 옷을 벗을 때 섬광이 보인다.
- 비닐 랩으로 그릇을 덮는다.
- 치마나 바지가 스타킹에 붙는다.

(3) 전하 사이에 작용하는 힘 (전기력)

① **전기력의 종류** : 같은 종류의 전하 사이 [(+) 전하와 (+) 전하, (–) 전하와 (–) 전하)] 에는 척력이, 다른 종류의 전하 사이 [(+) 전하와 (–) 전하)] 에는 인력이 작용한다.

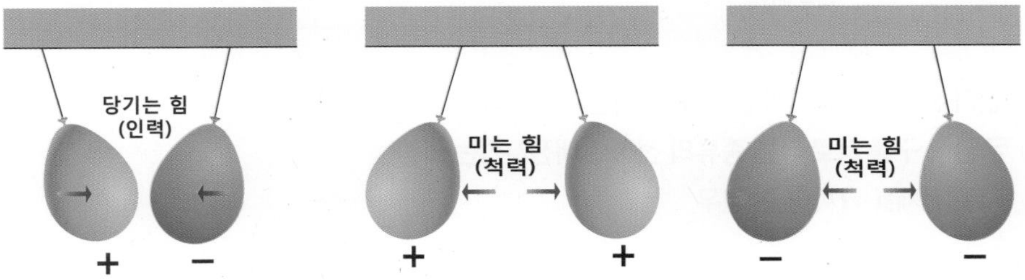

② **전하 사이에 작용하는 힘(쿨롱의 힘)** : 전하 사이의 거리의 제곱에 반비례하여 작아지고, 두 전하의 전하량이 클수록 커진다.

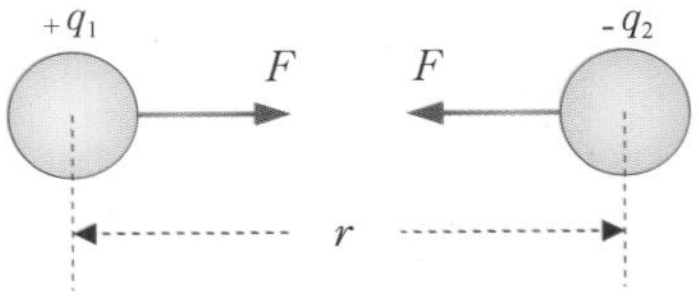

$$F = k\frac{q_1 q_2}{r^2} \text{ (쿨롱 법칙)}$$

(F = 전기력(쿨롱의 힘) [N], k : 비례상수,
r = 두 전하 사이의 거리 [m], q_1, q_2 : 전하량[C : 쿨롱])

③ **두 대전체의 접촉** : 두 대전체(도체)의 전하량이 다르면 접촉 과정에서 전하가 고르게 분포한다.

• 전하의 배분 (두 대전체(도체)의 크기와 모양이 같을 때)

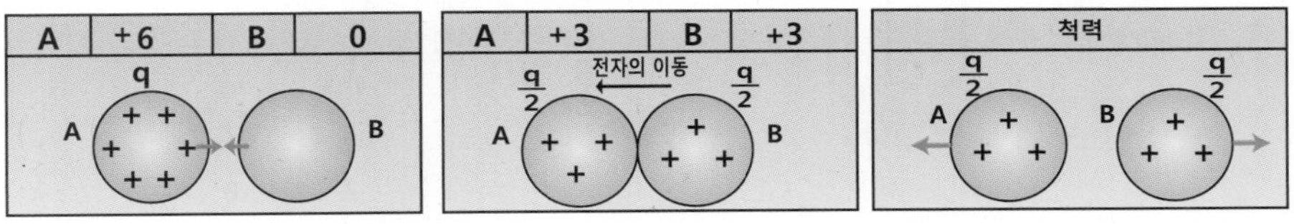

접촉 전(인력) 접촉 후 접촉 후 작용하는 힘

정답 p 2

Q1 전하 사이의 거리를 2 배로 하면 두 전하 사이에 작용하는 전기력의 크기는 옮기기 전의 몇 배가 되는가?

(4) 정전기 유도 전기적으로 중성인 도체에 전기를 띠도록 하는 것을 말한다.

① **정전기 유도[4] 가 발생하는 과정** : 대전체를 도체에 가까이 한 경우

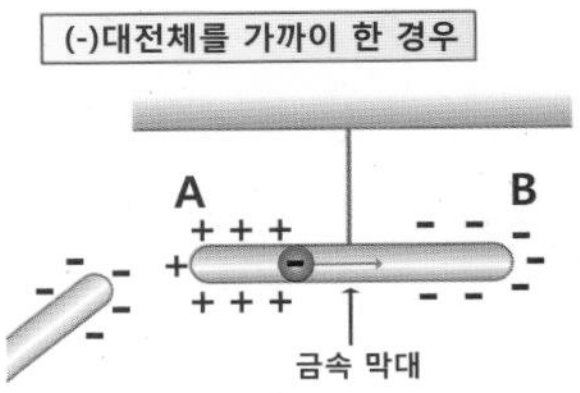

(–) 전기끼리는 서로 미는 힘이 작용하므로 (–) 전기를 띤 자유 전자가 B 쪽으로 이동 → 대전체와 먼 B 쪽은 전자가 많아져서 (–) 전기로 대전된다.

대전체와 가까운 A 쪽은 전자가 빠져나가서 (+) 전기로 대전된다. 대전체와 금속 막대 사이에는 인력이 작용한다.

방전(放電)

대전체로부터 주변의 공기로 전자가 나가거나 공기로부터 전자가 들어와서 대전체가 전기적으로 중성인 상태로 되는 현상이다. 번개는 대규모의 방전 현상이다.

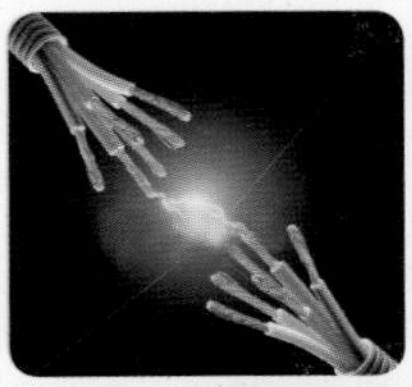

전자 1 개가 갖는 전하량 (-1)

대단히 작은 -1.6×10^{-19}C 이다.
즉, 전자가 6.25×10^{18} 개가 있어야만 -1C 이 된다.
$10^{-19} = \frac{1}{10^{19}}$ 은 1을 1억으로 나누고 또 1억으로 나누고 또 1000으로 나눈 값이다.
(기본 전하량 : 1.6×10^{-19}C (+1의 전하량))

전기력의 이용

복사기, 공기 청정기, 자동차, 도색, 랩으로 음식물 포장

④ 정전기 유도된 전자들의 분포

도체의 표면에 있게 된다. 뾰족한 곳일수록 많이 분포한다. 도체의 표면을 제외한 도체의 내부에는 전자들 간의 척력 때문에 전자가 존재할 수 없다.

미니사전

척력 [斥力] 미는 힘
인력 [引力] 잡아당기는 힘
전하 [電荷] 대전체가 띠고 있는 전기

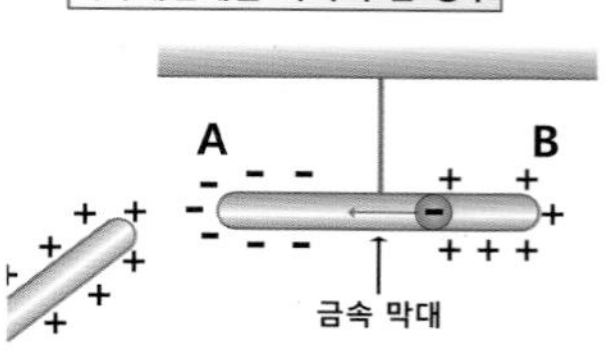

(+) 전기는 (–) 전기와 잡아당기는 힘이 작용하므로 자유 전자는 A 쪽으로 이동 → 대전체와 가까운 A 쪽은 (–) 전기로 대전되고 대전체와 먼 B 쪽은 (+) 전기로 대전된다.

대전체와 금속 막대 사이에는 인력이 작용한다.

② 정전기 유도를 이용하여 금속 구를 대전시키는 과정

(i) 두 금속 구를 서로 다른 종류의 전하로 대전시키는 과정

- (–) 대전체를 가까이 한 경우

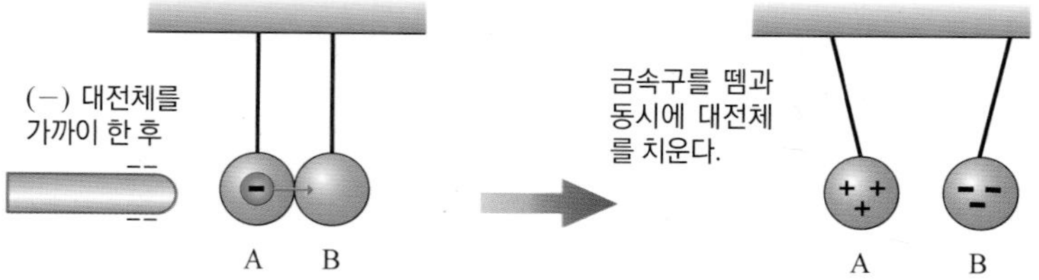

㉠ 두 금속 구를 접촉시킨 후 (–) 대전체를 가까이 가져가면 A 의 전자가 B 로 이동한다.
→ A 는 (+) 전기를 띠고, B 는 (–) 전기를 띤다.

㉡ 이 상태에서 A 와 B 를 떼어 놓은 후 대전체를 치운다.
→ A 는 (+) 전기로 대전이 되고 B 는 (–) 전기로 대전이 되므로 서로 인력이 작용한다.

- (+) 대전체를 가까이 한 경우

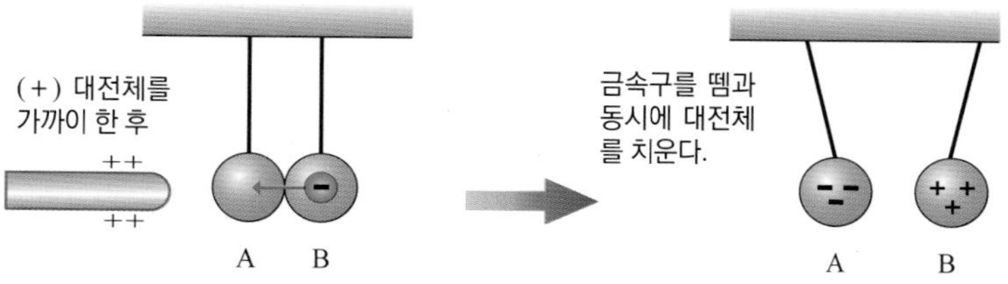

㉠ 두 금속 구를 접촉시킨 후 (+) 대전체를 가까이 가져가면 B 의 전자가 A 로 이동한다.
→ A 는 (–) 전기를 띠고, B 는 (+) 전기를 띤다.

㉡ 이 상태에서 A 와 B 를 떼어 놓은 후 대전체를 치운다.
→ A 는 (–) 전기로 대전이 되고 B 는 (+) 전기로 대전이 되므로 서로 인력이 작용한다.

(ii) 두 금속 구를 같은 종류의 전하로 대전시키는 과정

- (–) 대전체를 가까이 하고 손가락을 대는 경우

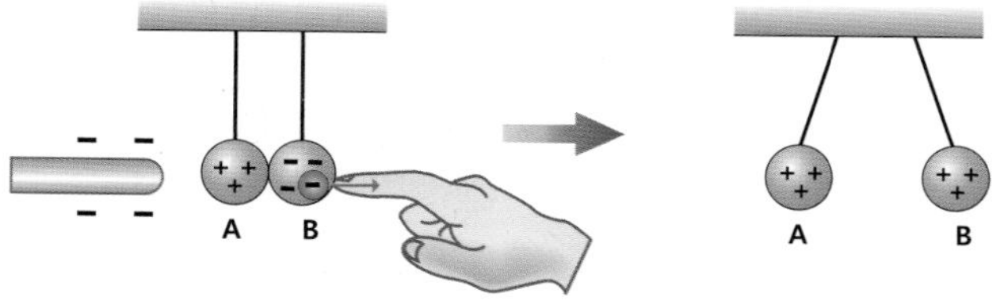

㉠ 두 금속 구를 접촉시키고 (–) 대전체를 가까이 가져간 상태에서 B 금속 구에 손가락을 댄다.
→ B 로 이동한 전자가 손가락을 통해서 빠져나간다.

㉡ 대전체와 손가락을 동시에 치우면 두 금속 구는 (+) 전기로 대전이 되었으므로 서로 미는 힘이 작용한다.

도체

금속, 전선, 수도관 등 전기를 잘 통하는 물질을 말한다. 표면에 자유롭게 움직이는 '자유 전자'가 존재한다

부도체(절연체)

나무, 고무, 플라스틱, 유리 같이 자유전자가 없는 물질로 전기를 잘 통하지 않는 물질을 말한다.

도체와 부도체의 차이

도체인 금속 구 표면의 전자는 자유 전자이므로 자유롭게 이동할 수 있지만 부도체인 소금 결정에는 자유 전자가 존재하지 않는다.

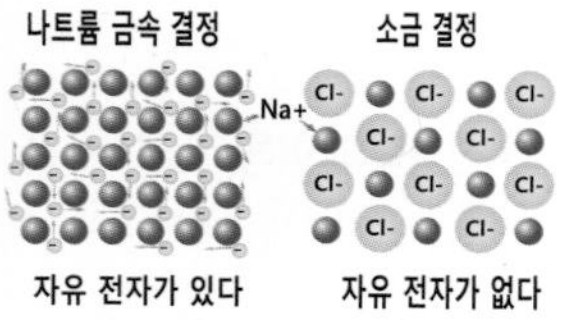

도체와 부도체에 각각 대전체를 가까이 한 경우

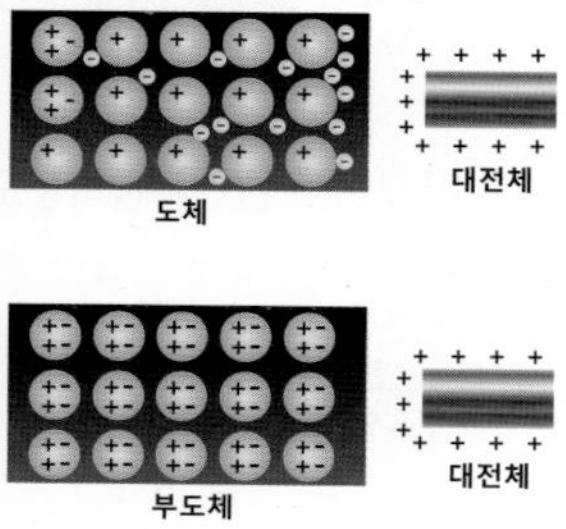

부도체(유전체)인 경우 전자가 이동하여 전기가 발생하는 것이 아니고, 원자가 극을 갖게 되어(분극) 전기를 띤다.(유전 분극)

• (+) 대전체를 가까이 하고 손가락을 대는 경우 ⑤

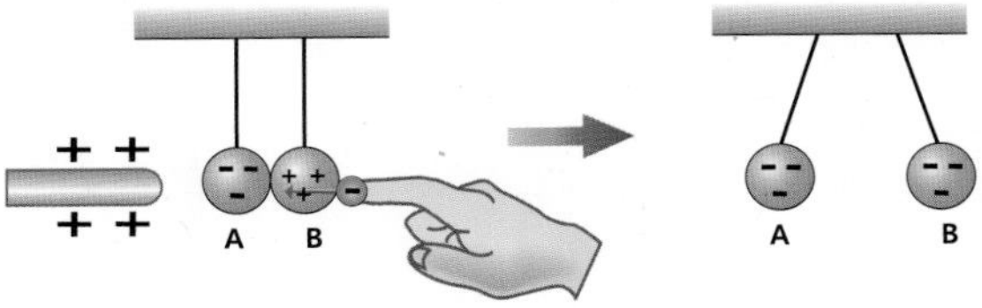

전자들이 B 에서 A 로 이동하지만 손가락에서 전자가 B 로 들어오므로 두 금속 구는 (–) 전기로 대전된다. 서로 미는 힘이 작용한다.

(iii) **대전체를 접촉시켜 금속 구를 대전시키는 과정**

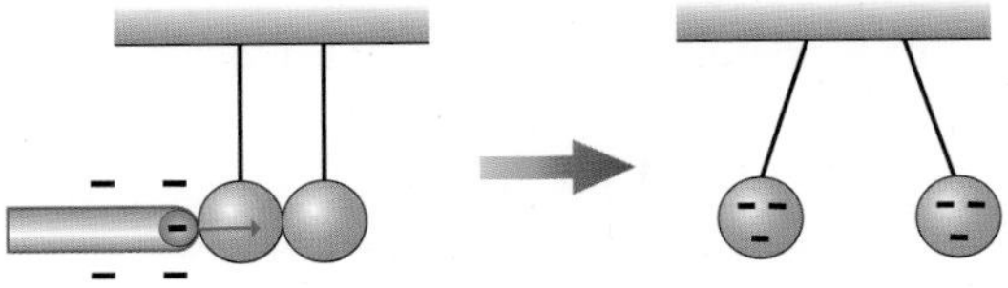

대전체를 접촉시켰다 떼면 접촉하는 순간 대전체와 금속 구 사이에서 전자가 이동하여 두 금속 구가 같은 전하로 대전된다.

③ 정전기 유도 확인 실험

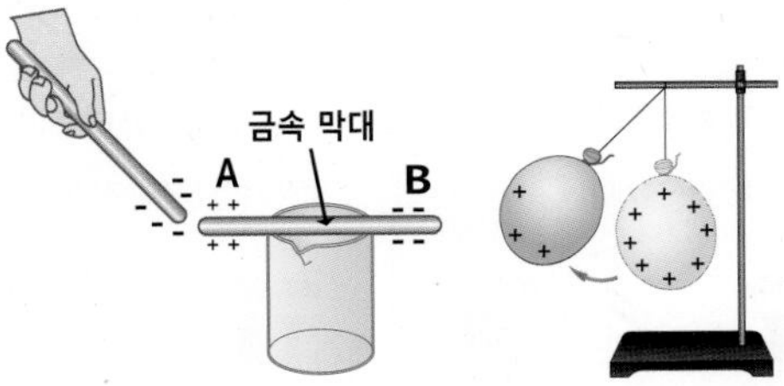

금속 막대에 (–) 전기로 대전된 대전체를 가까이 가져가면 B 부분에 대전된 (–) 전기에 의해 (+) 전기로 대전된 풍선이 끌려온다.

④ 부도체의 정전기 유도(유전 분극) : 부도체(유전체)에는 이동하는 자유 전자가 없으나, 원자들이 극을 지니게 되어 표면에 정전기가 유도된 것 같은 효과를 가져 온다. 이를 유전 분극이라 한다.

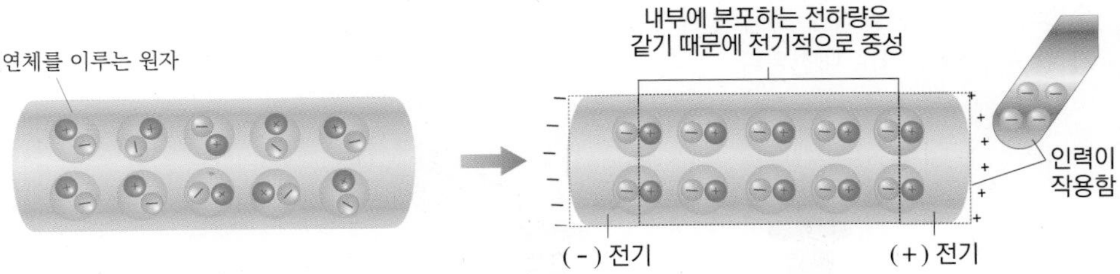

절연체를 이루는 원자 내부는 동일한 양의 (+) 전하와 (–) 전하가 분포 → 전기적으로 중성

대전체에 의해 원자 내의 (+) 전하와 (–) 전하가 서로 반대쪽으로 전기력을 받아 원자가 회전하거나 찌그러짐 → 표면에만 부분적으로 대전됨

정답 p 2

Q2 '정전기 유도 확인 실험' 그림에서 (+) 로 대전된 에보나이트를 가까이 하면 (+) 로 대전된 풍선은 어떻게 될 것인지 설명해 보시오.

⑤ 손가락을 접촉시키는 경우

• 손가락을 통해서 전자가 지면으로 들어가기도 하고, 지면의 전자가 도체로 들어가기도 한다.
• 손가락을 접촉시키면 땅으로 연결된다고 하여 '접지(接地)' 하는 것과 효과가 같다.

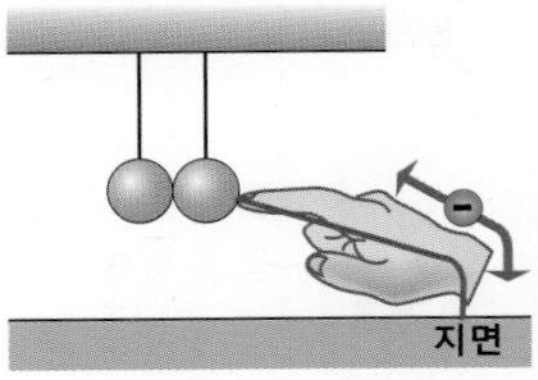

물의 유전 분극 현상
물줄기가 대전체 쪽으로 끌려온다.

부도체의 유전 분극 현상
종이 조각(유전 분극)과 전기를 띤 풍선 사이에는 인력이 작용한다.

미니사전

접지 대전된 물체와 땅을 도선으로 연결하는 것을 말한다. 땅은 대단히 넓고 대단히 많은 전자가 존재하므로 약간의 전자로는 대전되지 않는다. 땅과 대전체를 도선으로 연결하면 대전체가 중성이 될 때까지 전자가 이동한다.

도선 도체로 이루어진 선. 전선이라고도 한다

⑥ 금속박 검전기의 구조

⑦ 금속박

금속으로 만들어진 아주 얇은 조각을 말한다. 알루미늄, 금, 은, 구리 등의 금속박이 있다.

금속박이 벌어져 있는 대전된 검전기로부터 전기를 없애는 방법

금속판에 손가락을 살짝 대면(접지) 전자가 나가거나 들어와서 금속박 검전기가 중성이 된다.

도체 구를 접지시키는 경우의 전하 분포

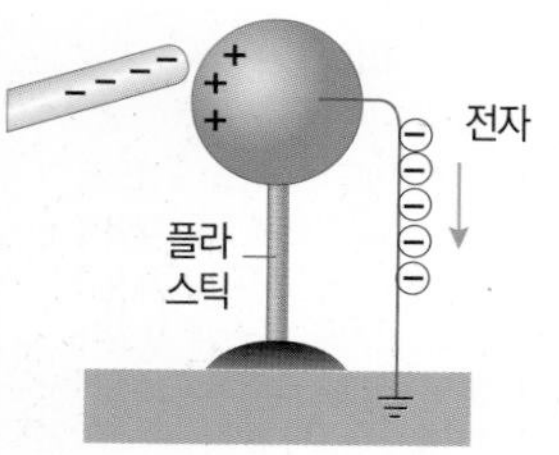

(5) 금속박 검전기 ⑥

유리병에 고정된 도체들의 정전기 유도 현상을 이용하여 대전된 물체인지 아닌지를 알아낼 수 있는 기구이다.

> 금속판에 대전체를 가까이 가져가면 금속판은 대전체와 반대 종류의 전기가, 금속박 ⑦ 에는 대전체와 같은 종류의 전기가 대전되어 금속박이 벌어진다. 이 전기들은 금속판이나 금속박의 표면에만 있게 된다. 대전체의 전기량이 많을수록 금속박이 더 많이 벌어진다.

▲ 금속박 검전기

① **금속박 검전기를 통해 알아낼 수 있는 것** : 금속판에 어떤 물체를 가까이 하였을 때 금속박이 벌어지면 물체가 대전된 것이고, 금속박이 벌어지는 정도를 보고 대전된 전기의 종류와 전기의 전하량을 알 수 있다.

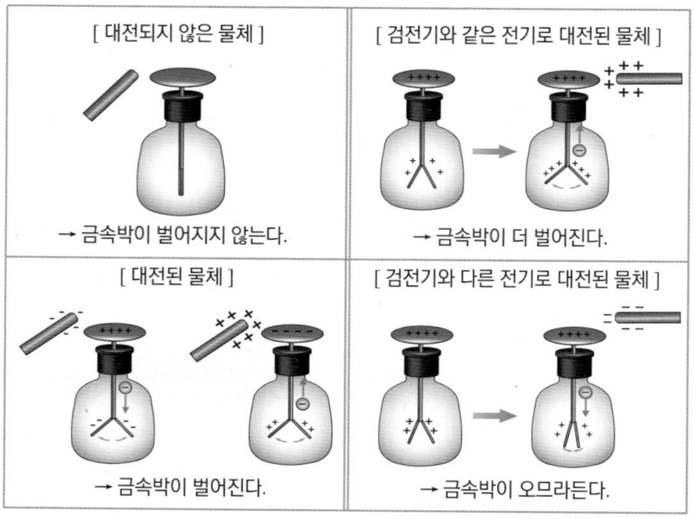

② **금속박 검전기를 대전시키기** : 대전체가 가까이 있는 상태에서 금속판에 손가락을 접촉시키면 금속박의 전기가 반발력에 의해서 빠져나간다. 대전체와 손가락을 동시에 치우면 금속박 검전기가 한 종류의 전기로 대전된다.

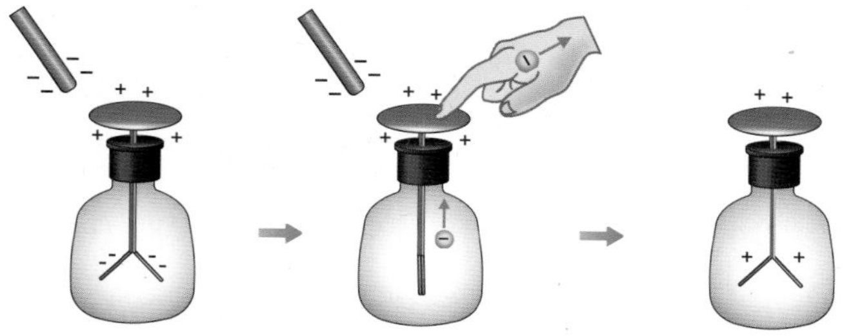

정답 p 2

Q3 그림은 대전체 A 를 가까이 했을 때 검전기의 모습을 나타낸 것이다. B, C 의 명칭을 쓰시오.

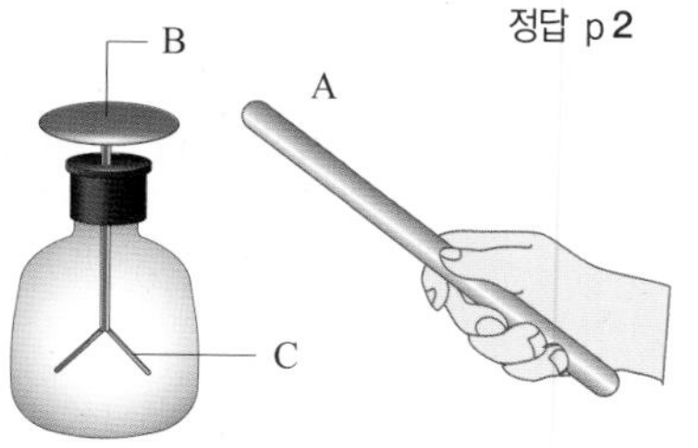

2. 전기장과 전위

(1) 전기장

① **전기장** : 원천 전하(source charge)나 대전체 주위의 전기력이 작용하는 공간을 말한다. (원천 전하: 전기장을 발생시키는 전하)

② **전기장의 세기와 방향** ❶ : 전기장은 크기와 방향을 가진다. 어떤 지점의 전기장의 크기와 방향은 그 지점에 단위 양전하(1 C)를 놓았을 때 작용하는 힘의 크기, 방향과 일치한다. 전기장 속의 전하 q (test charge)가 받는 전기력의 크기가 F 일 때, 전하 q가 놓인 곳의 전기장 크기 E 는 다음과 같다.

$$E = \frac{F}{q} \text{ (단위 : N/C)}, \quad F = qE$$

● 전하량이 Q 인 원천 (점)전하로부터 거리 r 만큼 떨어진 P 점에 전하량이 q 인 전하가 놓인 경우

㉠ 전하 q 가 받는 전기력 크기 $F = k\frac{Qq}{r^2}$

㉡ P점의 전기장 크기(E_P)

$$E_P = \frac{F}{q} = k\frac{Q}{r^2}$$

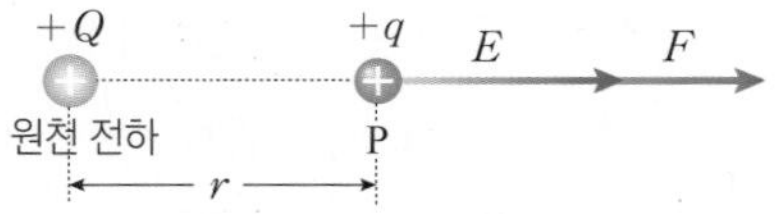

▲ 전기력과 전기장

③ **전기장의 합성** : 2 개 이상의 원천 전하에 의한 알짜 전기장은 각 전하가 만드는 전기장의 합과 같다.

㉠ 전하 q 에 작용하는 $+Q$ (원천 전하1)에 의한 전기장 $\vec{E}_{+Q}$

㉡ 전하 q 에 작용하는 $-Q$(원천 전하2)에 의한 전기장 $\vec{E}_{-Q}$

→ 전하 q 에 작용하는 알짜 전기장 $\vec{E} = \vec{E}_{+Q} + \vec{E}_{-Q}$

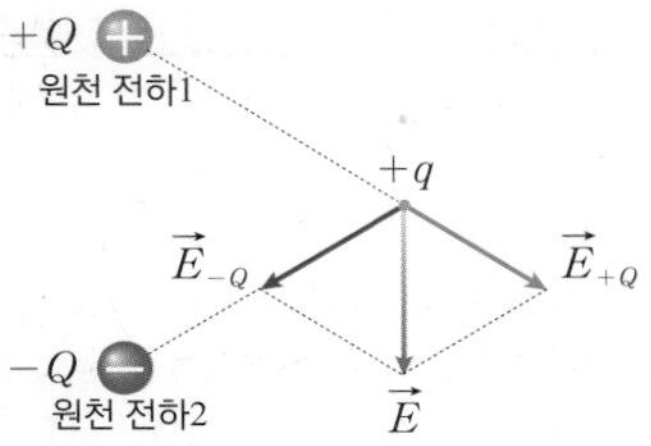

▲ 전기장 합성

(2) 전위

전기장 내에 있는 전하는 전기력에 의한 퍼텐셜 에너지를 가지게 된다. 단위 양전하(+1 C)가 가지는 전기력에 의한 퍼텐셜 에너지를 전위라고 한다.

① **전위(V)** : 어떤 지점의 전위는, 기준점에서 그 지점까지 단위 양전하(+1 C)를 옮기는 데 필요한 일과 같다. 단위 : 볼트(V)

③ **전하와 전기력 방향** : (+) 전하는 전위가 높은 곳에서 낮은 곳으로, (−)전하는 전위가 낮은 곳에서 높은 곳으로 전기력을 받는다.

④ **균일한 전기장 E 안에서의 퍼텐셜 에너지** : 어디에서나 전기장 크기가 E 로 같은 균일한 전기장에서는 전기력선이 서로 평행하다. 이 전기장 안에서 전하량이 $+q$ 인 전하를 B 지점(전위 낮음)에서 A 지점(전위 높음)으로 d 만큼 이동시키는 데 한 일 $W = qEd$ 이다. 따라서 1 C 당 한 일인 전위 V 는 W/q 이다. 이때 B 점에 대해서 A 점에 있는 $+q$ 전하의 퍼텐셜 에너지 $E_p = qV = qEd$ 이다. 이것은 B 점에 있던 $+q$의 전하를 A점으로 옮기는데 필요한 일의 양과 같다.

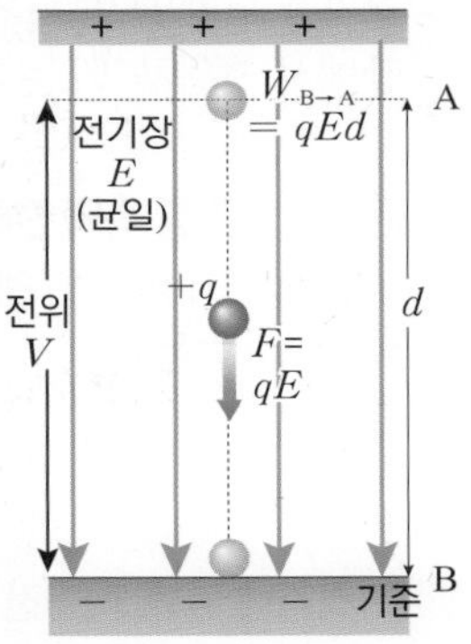

▲ 균일한 전기장에서의 일

$$V = \frac{W}{q} = Ed \text{ (B점에 대한 A점의 전위 ; V(볼트) = J/C)}, \quad E_p = qV = qEd \text{ (B점에 대한 A점의 전하 +q 의 퍼텐셜 에너지 : J)}$$

⑤ **원천 점전하 주위의 전위** ❷ : A 지점에 놓인 원천 점전하 q 에서 r 만큼 떨어진 곳인 B 점의 전위 V 는 다음과 같다.

$$V = k\frac{q}{r}$$

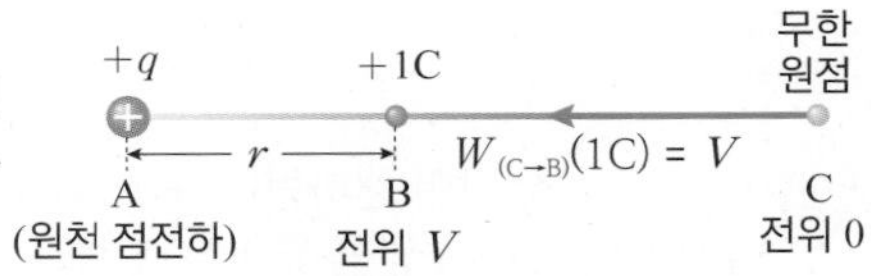

▲ 원천 점전하에 의한 전위

❶ **원천 점전하 주위의 전기장 방향**

(+) 원천 점전하 주위의 전기장의 방향은 전하로부터 나가는 방향이다.

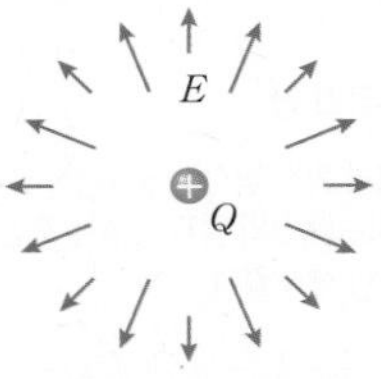

(−)원천 전하 주위의 전기장의 방향은 전하를 향해 들어가는 방향이다.

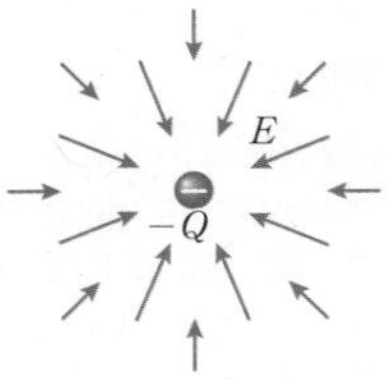

→ 원천 전하로부터 멀어질수록 전기장을 나타내는 화살표(벡터)의 크기가 작아진다.

등전위선

전기장 내의 전위가 같은 점을 연결한 선을 등전위선이라고 한다. 등전위선의 특징은 다음과 같다.

① 등전위선 상의 모든 지점 사이의 전위차는 0 이므로 등전위선을 따라 전하를 이동시킬 때는 일이 필요하지 않다.
② 등전위선은 전기장이 균일하지 않더라도 항상 전기장 방향(전기력선)에 수직이다.
③ 등전위선은 전기장이 센 곳에서는 촘촘하고, 약한 곳에서는 듬성듬성하다.
④ 전기력선의 방향은 전위가 높은 곳에서 낮은 곳으로 향한다.

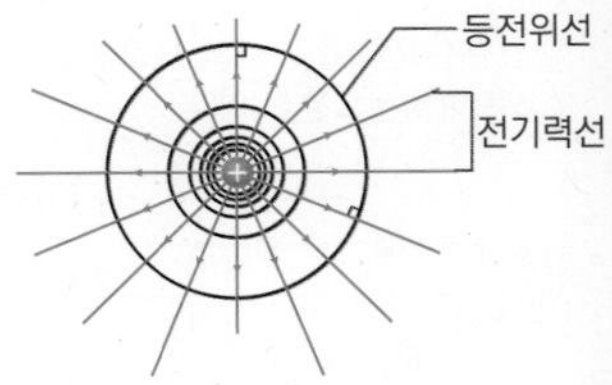

▲ (+)점전하가 만드는 등전위선

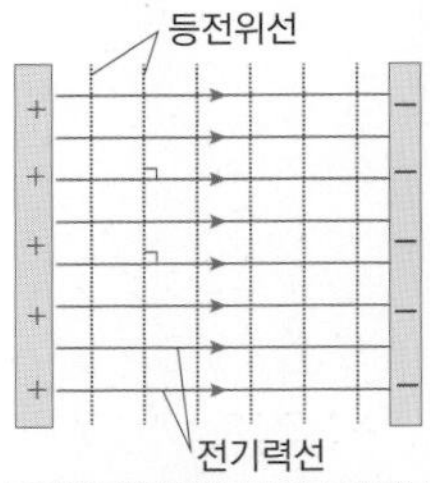

▲ 균일한 전기장에서의 등전위선

❷ **원천 점전하 주위의 전위**

원천 점전하 q 로부터 r 만큼 떨어진 B 지점에서의 전위는 +1 C 전하를 무한대(V=0)에서 B 지점까지 옮기는 데 한 일의 양이다.

❸ **전위차**

전기장 내 두 지점 사이에서 단위 양전하(+1C)를 옮기는 데 필요한 일의 양과 같은 값이다.

전위의 합

여러 개의 원천 점전하 $q_1, q_2, \cdots, q_n$ 에 의한 어느 한 점의 알짜 전위는 중첩 원리를 이용한 합과 같다.

$$V = k\frac{q_1}{r_1} + k\frac{q_2}{r_2} + \cdots + k\frac{q_n}{r_n}$$
$$= V_1 + V_2 + \cdots + V_n$$

❹ **전기력선**

전기장 내에 놓인 (+) 전하가 받는 힘의 방향을 연속적으로 이은 선이다. 전기력선의 간격이 좁을수록 전기장의 세기가 크다.

전위차(전압)의 단위

+1 C 인 전하를 옮기는 데 1 J 의 일이 필요할 때 두 점 사이의 전위차(전압)를 1 V [볼트]라고 한다.

전기장 내에서 단위 (+)전하를 이동시키는 데 필요한 일

· 단위 (+)전하를 B 에서 A 로 옮길 때 외력이 하는 일은 (+)이다.

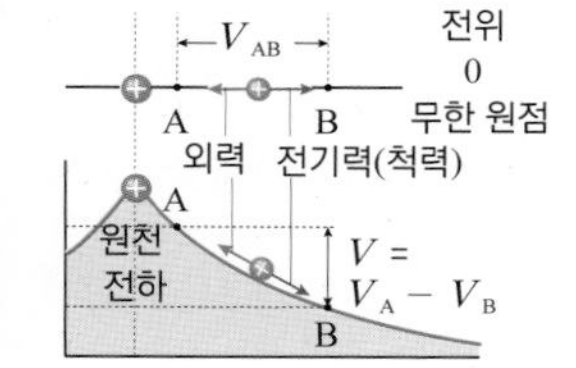

· 단위 (+)전하를 B′ 에서 A′ 로 옮길 때 외력이 하는 일은 (-)이다.

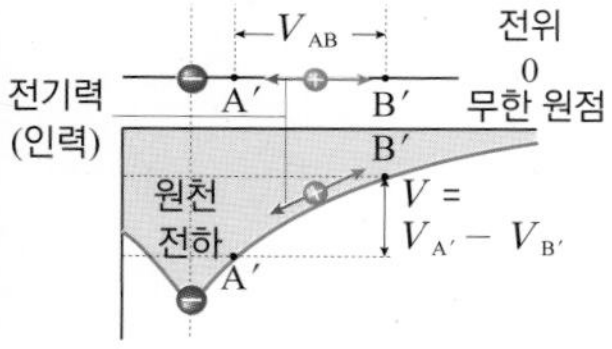

⑥ **전위차(전압)** ❸ : 전기장 내의 두 지점 사이의 전위의 차를 말한다. 전기력선 ❹ 을 거슬러 올라갈수록 전위가 증가한다.

(+) 원천 점전하 주위의 전위차	(-) 원천 점전하 주위의 전위차
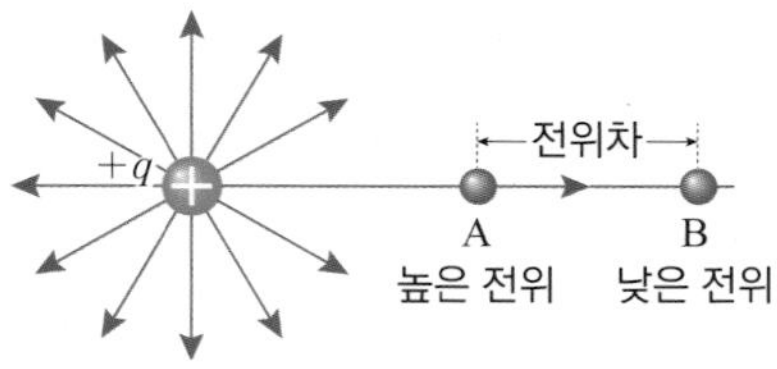	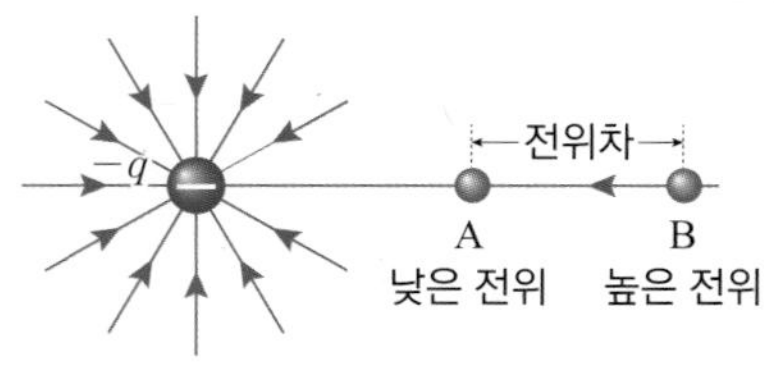
V(A~B 전위차) = $V_A - V_B$	V(A~B 전위차) = $V_B - V_A$

→ 임의의 두 점에서 전위(전기력에 의한 퍼텐셜 에너지)는 기준점에 따라 달라지지만 두 점 사이의 전위차는 변하지 않는다.

⑦ **균일한 전기장 내의 전위차**

- 오른쪽 그림과 같이 균일한 전기장 E 가 만들어진 평행한 도체판 사이에 있는 전하량 q 인 전하는 전기장으로부터 일정한 크기의 전기력 $F = qE$ 를 받는다.
- 전하 q 를 전기장의 반대 방향으로 B 에서 A 까지 거리 d 만큼 옮기기 위해 필요한 일 W 는 다음과 같다.

$$W = F \cdot d = qE \cdot d$$

따라서 A 점과 B 점에서 전위를 각각 V_A, V_B 라고 할 때, 두 지점 사이의 전위차 V 는 다음과 같다.

$$V = V_A - V_B = \frac{W}{q} = Ed$$

→ 전기장 세기 E 의 단위는 V/m(= N/C) 이고, 균일한 전기장에서 전위차 V 는 거리 d 에 비례한다.

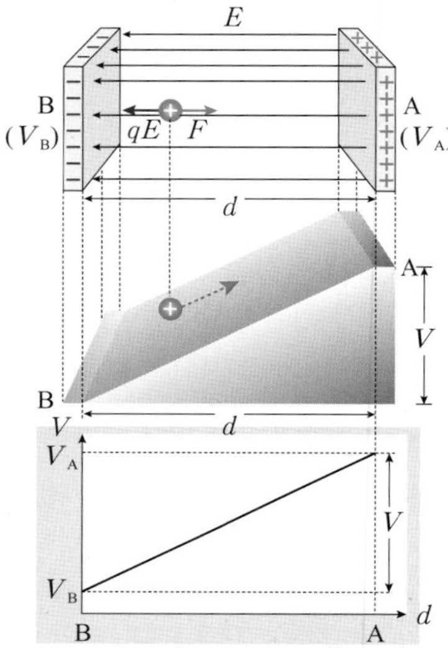

▲ 균일한 전기장에의 전위

⑧ **균일한 전기장 속의 전하의 운동** : 전하량 q, 질량이 m 인 대전 입자가 균일한 전기장 E 안에 놓일 경우 전기장으로부터 일정한 힘 $F = qE = ma$ 을 받는다.

$$a = \frac{qE}{m} = \frac{qV}{md}$$

→ 정지해 있던 (+)대전 입자는 전기장 방향으로 등가속도 운동을 한다.

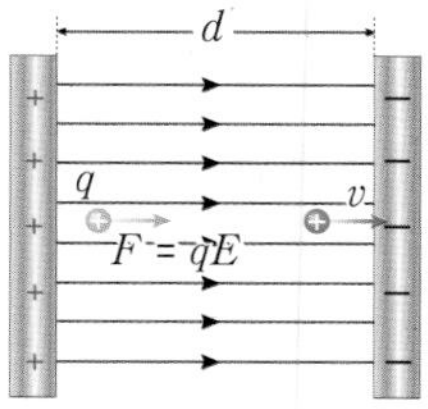

▲ 대전 입자의 운동

정답 p 2

Q4 그림 (가)는 전하량이 $+Q$ 인 원천 점전하, 그림 (나)는 전하량이 $-Q$인 원천 점전하로부터 각각 일정한 거리만큼 떨어져 있는 곳의 두 지점 A, B 를 나타낸 것이다. A, B 점에서 전기장의 방향을 순서대로 쓰시오.

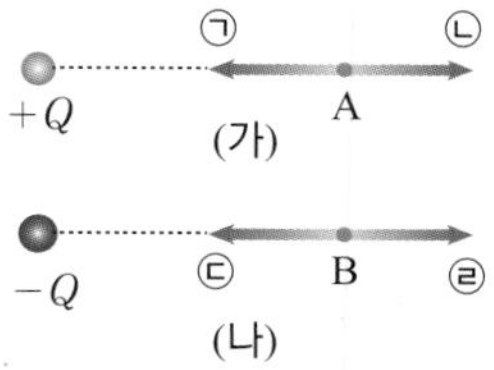

Q5 다음 그림과 같이 전하량이 $+q$ 인 원천 점전하로부터 각각 $2d$, d 만큼 떨어진 A 점과 B 점 사이의 전위차를 구하시오.

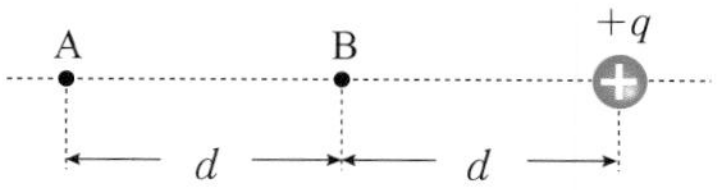

전기의 발생과 전기력

01 **마찰 전기에 대한 설명으로 옳은 것만을 있는 대로 고르시오.**

① 마찰 전기는 건조한 날일수록 잘 일어난다.
② 마찰 전기는 전자의 이동에 의해 일어난다.
③ 같은 물체를 마찰해도 마찰 전기가 발생한다.
④ 물체는 마찰되지 않아도 전기를 띨 수 있다.
⑤ 마찰한 두 물체는 같은 종류의 전기로 대전이 된다.
⑥ 물체가 중성인 이유는 (+) 전하량과 (−) 전하량이 같기 때문이다.
⑦ 마찰시킨 두 물체 사이에는 서로 잡아당기는 힘(인력)이 작용한다.
⑧ 마찰하여 대전된 두 물체는 오래 놓아두어도 계속 대전된 상태를 유지한다.
⑨ 물체를 마찰시킬 때 물체가 (+) 전기로 대전이 되는 것은 전자를 얻었기 때문이다.

02 **다음은 서로 마찰시켰을 때 전기를 띠는 물체를 나열한 것이다. 물음에 답하시오.**

(+)	(−)
털가죽 - 유리 - 명주 - 나무 - 고무 - 플라스틱 - 에보나이트	

(1) 다음 중 유리 막대가 (−) 로 대전되는 경우는 어느 것인가?

① 플라스틱과 마찰할 때　② 솜으로 문지를 때
③ 고무 풍선과 마찰할 때　④ 털가죽과 마찰할 때
⑤ 명주 헝겊으로 문지를 때

(2) 고무 조각을 명주 헝겊으로 문지르면 전자는 어디에서 어디로 이동하는가?

① 고무 조각에서 공기 중으로
② 명주 헝겊에서 공기 중으로
③ 고무 조각에서 명주 헝겊으로
④ 명주 헝겊에서 고무 조각으로
⑤ 전자는 이동하지 않는다.

(3) 명주 헝겊으로 플라스틱을 문질러서 마찰 전기를 일으켰다. 문지른 후 명주 헝겊과 플라스틱 사이에 발생하는 전기력은 인력인가? 척력인가?

① 인력　② 척력　③ 전기력이 발생하지 않는다.

(4) 위 물체 중 마찰시켰을 때 마찰 전기가 가장 잘 발생하는 두 가지 물체를 바르게 짝지은 것은?

① 털가죽과 고무　② 유리와 명주 헝겊
③ 털가죽과 에보나이트　④ 나무와 에보나이트
⑤ 유리와 플라스틱

03 **그림은 원자의 구조이다. 원자핵이 +4 의 전기를 띠고 있다면 다음 설명 중 옳지 않은 것은?**

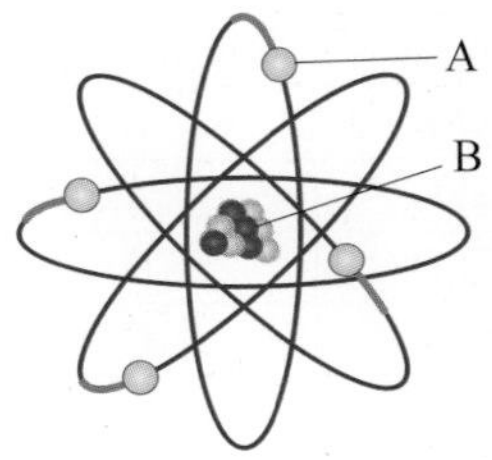

① A 는 전자이며 원자핵 주위에 분포한다.
② B 는 원자핵이며 마찰 시 다른 물질로 이동한다.
③ A 는 (−) 전기를 띤다.
④ B 는 (+) 전기를 띤다.
⑤ 그림의 원자는 전기적으로 중성이다.

04 **6 개의 물체 A, B, C, D, E, F 가 있다. A 와 B, C 와 D, E 와 F 를 각각 마찰시킨 후 A 와 C 를 가까이 하였더니 인력이 작용하였고, A 와 E 를 가까이 하였더니 척력이 작용하였다. 이들 중에서 같은 종류의 전기를 띤 물체로만 짝을 지운다면 다음 중 맞는 것은 어느 것인가?**

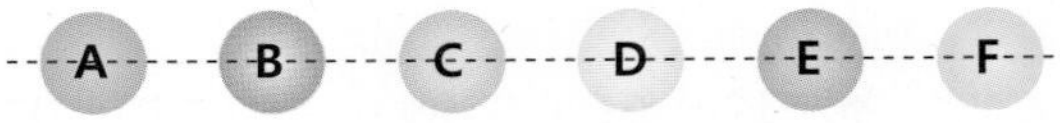

① A, D, F　② A, D, E　③ B, D, E
④ B, C, D　⑤ A, C, E

05 그림과 같이 다섯 쌍의 물체 사이에 작용하는 힘을 알아보았다. A, B, D 는 대전된 플라스틱 판이고 C 는 전기적으로 중성인 금속판이다. A 와 B, C 와 A, D 와 A 에 작용하는 전기력이 그림과 같다면 나머지 C 와 D, B 와 D 사이에 작용하는 전기력은 인력인가? 아니면 척력인가?

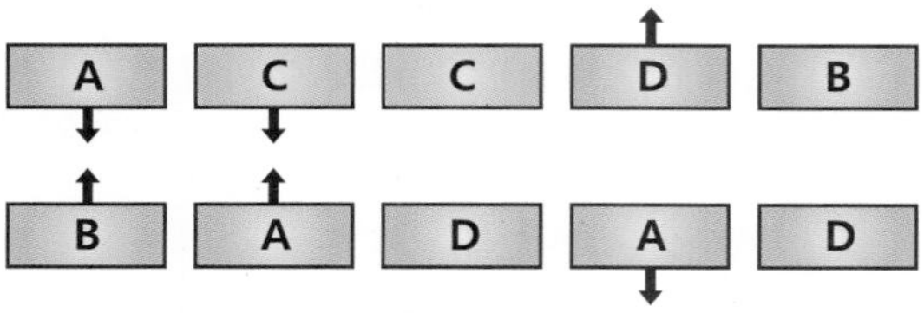

06 두 물체를 서로 마찰시키면 한 물체는 (+) 전기를 띠고 다른 한 물체는 (-) 전기를 띤다. 다음 표는 물체 A, B, C, D, E 를 마찰시켰을 때 양전하(+ 전기)를 띠는 물체와 음전하(- 전기)를 띠는 물체를 나타낸 것이다.

마찰시킨 물체	양전하를 띠는 물체	음전하를 띠는 물체
A 와 B	B	A
A 와 C	A	C
B 와 D	D	B
C 와 E	C	E

위 결과로 볼 때 두 물체를 마찰시켰을 때 마찰 전기가 가장 잘 발생하리라고 생각되는 두 물체는?

① A, B ② A, C ③ A, E
④ B, C ⑤ D, E

07 빈 칸에 알맞은 말을 쓰시오.

> 금속과 같은 도체에 대전체를 가까이 가져가면 대전체에 가까운 쪽은 대전체와 (   ) 종류의 전하가 유도되고 대전체와 먼 쪽은 대전체와 (   ) 종류의 전하가 유도된다.

08 전기적으로 중성인 도체에 대전체를 가까이 가져가면 전기가 생기는 현상을 무엇이라고 하는가?

09 그림과 같이 매달아 놓은 금속 막대에 (+) 전기로 대전된 유리 막대를 가까이 가져갔다. 물음에 답하시오.

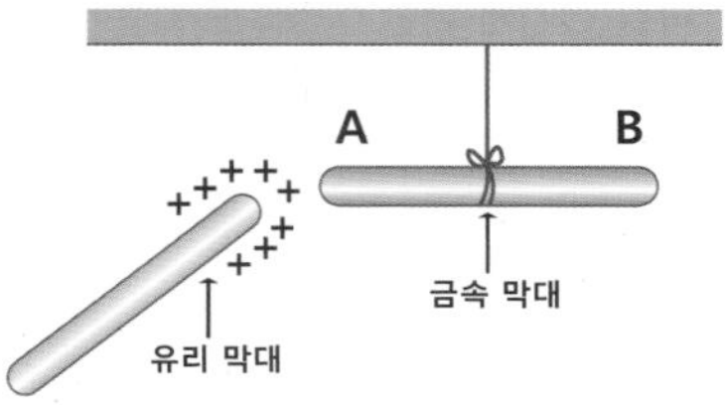

(1) 금속 막대의 A, B 부분에 나타나는 전기의 종류는 각각 무엇인가?

A : (   )전기 B : (   )전기

(2) 금속 막대에서 전자의 이동 방향을 쓰시오.

(3) 유리 막대와 금속 막대 사이에 작용하는 전기력의 종류를 쓰시오.

10 은박지로 만든 가벼운 금속 구 두 개를 실에 매달아 접촉시켜 놓은 상태에서 (-) 전하로 대전된 에보나이트 막대를 A 의 왼쪽에 가까이 한 후에 두 금속 구를 떼어 놓고 에보나이트 막대를 치웠다. 두 금속 구에 대전된 전하에 대한 설명으로 옳은 것은?

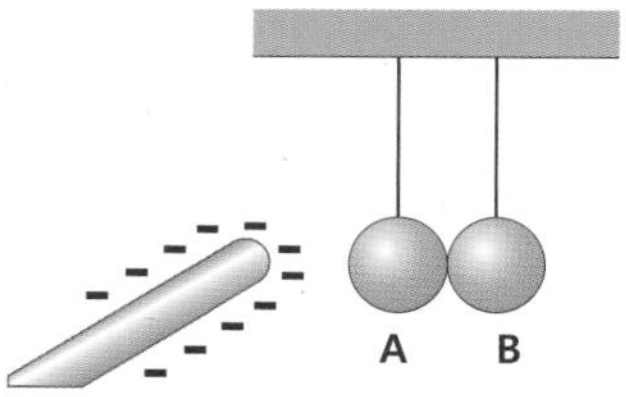

① 금속 구 A, B 모두 (+) 전하로 대전되었다.
② 금속 구 A, B 모두 (−) 전하로 대전되었다.
③ 금속 구 A는 (−) 전하로 대전이 되었고, 금속구 B는 (+) 전하로 대전이 되었다.
④ 금속 구 A는 (+)전하로 대전이 되었고, 금속구 B는 (−)전하로 대전이 되었다.
⑤ 두 금속 구 모두 전하를 띠지 않는다.

11 비커 위에 금속 막대를 올려놓고 대전체를 가까이 가져가니 (-)전기로 대전된 고무 풍선이 뒤로 밀려났다. 대전체에 대전된 전기의 종류는 무엇인가?

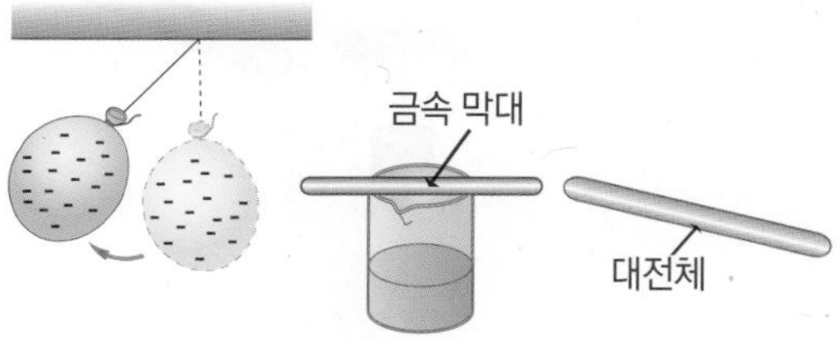

12 그림은 흐르는 수돗물 가까이에 (-)로 대전된 에보나이트 막대를 가까이 가져간 것이다. 물줄기가 휘어서 흐르게 되는 것과 직접 관계가 있는 것은 무엇인가?

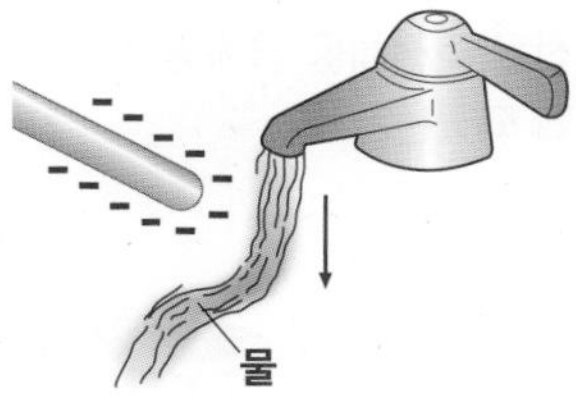

① 공기의 흐름 ② 물 분자 사이의 인력
③ 물방울이 떨어지는 속도 ④ 정전기 유도
⑤ 지구의 중력

13 명주실에 매달린 전기적으로 중성인 가벼운 도체 구에 대전체를 가까이 한 상태에서 도체 구에 손가락을 살짝 접촉시켰다. 그 상태에서 손가락을 떼면서 동시에 대전체를 치웠을 때 도체 구의 전하는 어떻게 분포하는가?

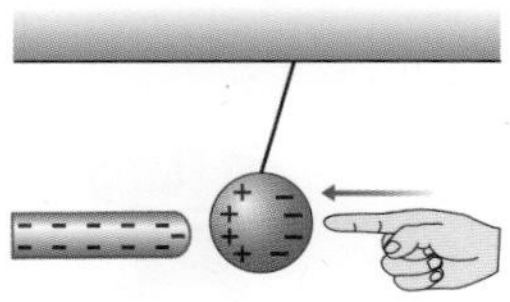

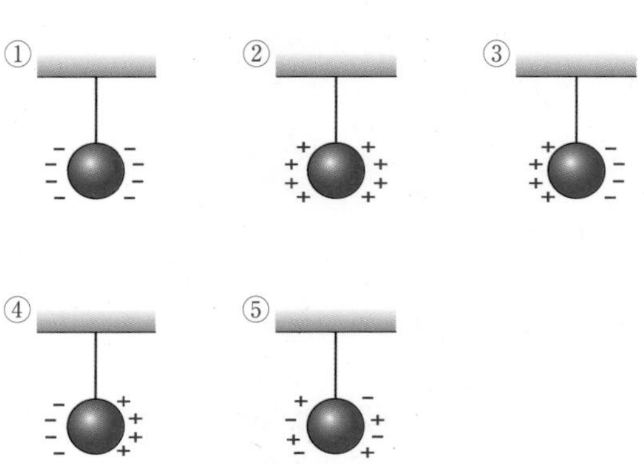

14 명주실에 은박지로 만든 가벼운 금속 구를 매달았다. 금속 구를 대전시키지 않은 상태에서 (-)로 대전된 에보나이트 막대를 가까이 가져갔더니 매달려 있던 금속 구가 끌려가서 에보나이트 막대에 닿았다. 그 이후의 에보나이트 막대와 금속 구에 대전된 전하를 바르게 나타낸 것은?

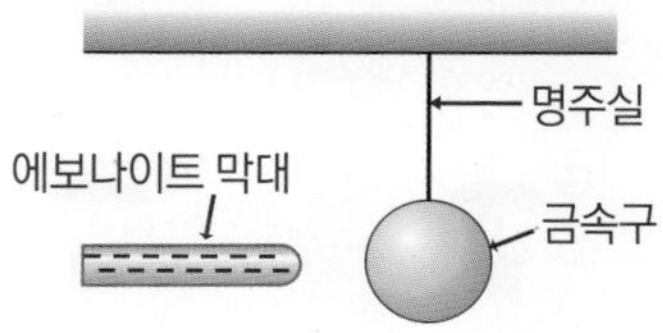

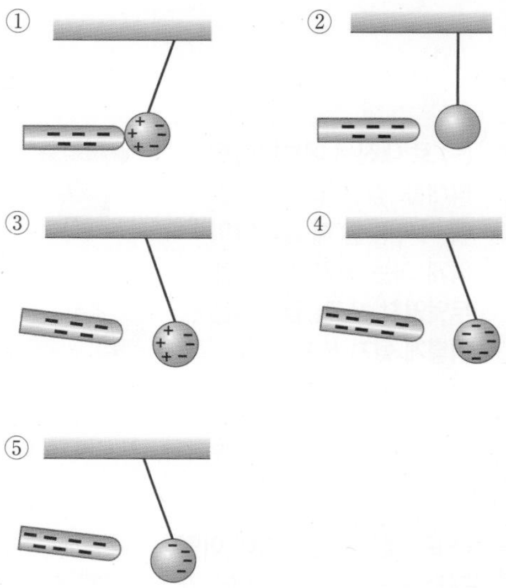

15 명주실에 매달린 전기적으로 중성인 가벼운 도체 구에 (+) 전기로 대전된 대전체를 가까이 한 상태에서 도체 구를 접지시켰다. 접지시키는 순간 전자는 어떻게 이동하는지 쓰시오.

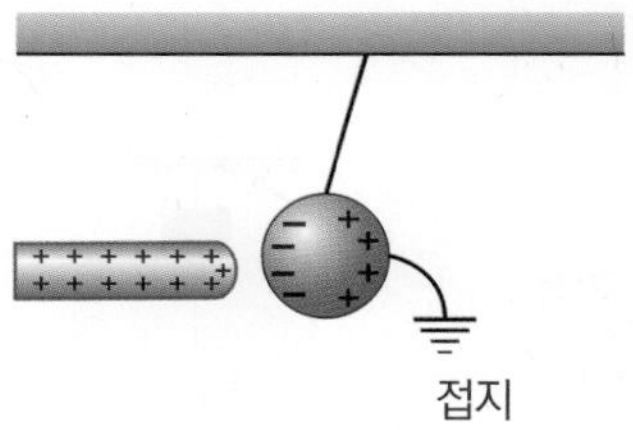

16 검전기에 (+) 전기로 대전된 대전체를 금속판에 가까이 했을 때 검전기에 유도된 전하를 바르게 나타낸 것은?

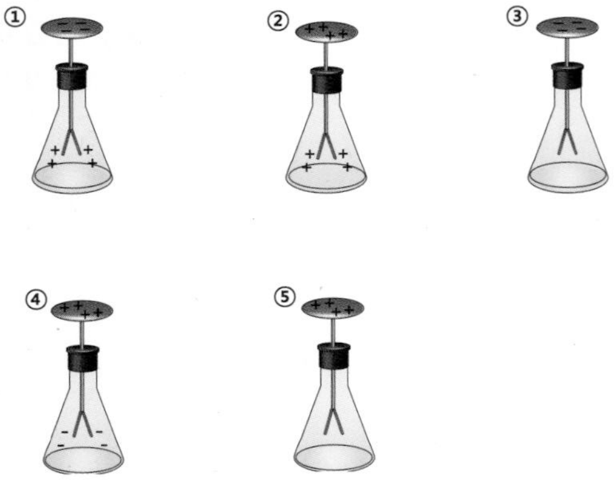

17 (-) 로 대전된 에보나이트 막대를 검전기의 금속판에 가까이 할 때 금속박이 띠게 되는 전기의 종류는 무엇인지 쓰고, 금속박은 어떻게 될지 쓰시오.

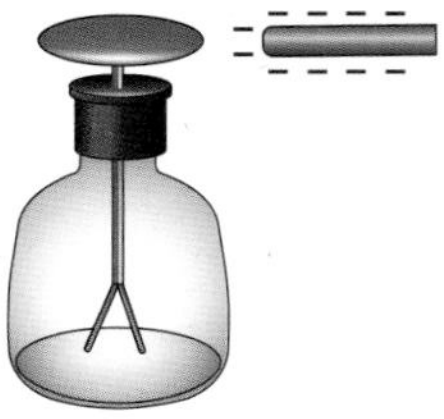

18 (+)로 대전된 검전기에 어떤 대전된 물체를 금속판에 가까이 가져갔더니 금속박이 더 많이 벌어졌다. 이 물체에 대전된 전기의 종류는 무엇인가?

19 그림과 같이 (+) 전기로 대전된 검전기에 (-) 로 대전된 대전체를 금속판 가까이 가져가면 금속박은 어떻게 되겠는가?

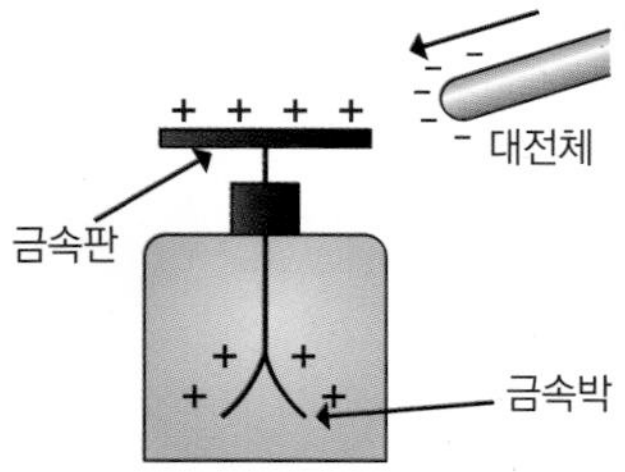

20 그림과 같이 (-) 전하로 대전된 검전기에 (-) 대전체를 금속판 가까이 가져가면 금속박은 어떻게 되겠는가?

21 그림과 같이 (-) 전기로 대전된 검전기에 (+) 전기로 대전된 대전체를 금속판 가까이 가져가면 금속박은 어떻게 되겠는가?

22 그림과 같은 실험 기구로 알아낼 수 <u>없는</u> 것은 무엇인가?

① 대전체가 띠고 있는 전하의 양
② 대전체를 이루는 물질
③ 물체가 대전되어 있는지 아닌지
④ 대전체가 띠고 있는 전하의 종류

23

다음은 검전기의 금속판에 (-)전하로 대전된 대전체를 가까이 한 상태에서 손을 금속판에 대어 접지시켜서 검전기를 대전시키는 과정이다. 각각의 경우에 금속박과 금속판에 유도된 전하의 종류를 쓰시오.

(-)의 대전체를 접근시킨다	(-)의 대전체를 접근시킨 채 접지시킨다
과정1 	과정2 
금속판 - ( ) 금속박 - ( )	금속판 - ( ) 금속박 - ( )

대전체와 손을 동시에 치운다
과정3 
금속판 - ( ) 금속박 - ( ) 검전기 - ( )

24

대전체가 띠고 있는 전기의 종류를 알아보기 위하여 (-)전기로 대전된 금속박 검전기의 금속판에 이 대전체를 가까이 가져갔다. 이때 검전기의 금속박 모양을 관찰한 결과를 바르게 해석한 것은?

① 금속박이 닫히면 대전체는 (−)전기를 갖고 있다.
② 대전체의 전기의 종류에 관계없이 금속박은 닫힌다.
③ 금속박이 더 벌어지면 대전체는 (+) 전기를 갖고 있다.
④ 금속박이 더 벌어지면 대전체는 (−) 전기를 갖고 있다.
⑤ 대전체가 갖고 있는 전기의 종류가 무엇이든지 금속박은 더 벌어진다.

25

그림과 같이 검전기가 대전되어서 금속박이 벌어져 있다. 이 검전기에 대전체 A, B, C 를 가까이 하였더니 다음과 같은 현상이 일어났다.

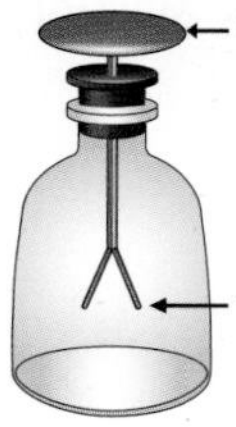

대전체 A : 금속박이 더 벌어짐 대전체 B : 금속박이 닫힘 대전체 C : 금속박이 닫혔다가 열림

대전체 A, B, C 에 대한 설명으로 옳은 것은?

① A, C 는 검전기와 같은 종류의 전하로 대전되었고, B 는 다른 종류의 전하로 대전되었다.
② A, C 는 검전기와 다른 종류의 전하로 대전되었고, B 는 같은 종류의 전하로 대전되었다.
③ A 는 검전기와 같은 종류의 전하로 대전되었고, B, C 는 다른 종류의 전하로 대전되었다.
④ A 는 검전기와 다른 종류의 전하로 대전되었고, B, C 는 같은 종류의 전하로 대전되었다.
⑤ A 는 검전기와 같은 종류의 전하로 대전되었고, B, C 는 반대 종류의 전하로 대전되었는데 B 의 전하량이 C 의 전하량보다 많다.

26

금속박 검전기의 금속판에 양전하로 대전된 에보나이트 막대를 접근시켰더니 금속박이 벌어졌다. 그 상태에서 금속판을 접지시키면 금속박은 어떻게 될까?

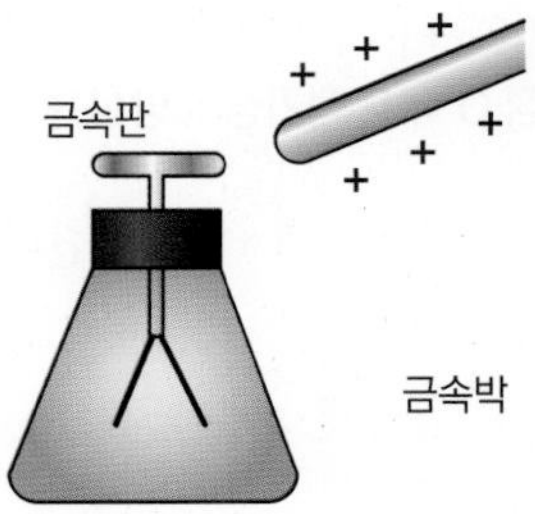

① 더 벌어진다.
② 오므라든다.
③ 변화 없다.
④ 오므라들었다가 벌어진다.
⑤ 벌어졌다가 오므라든다.

전기장과 전위

27 전하량이 +2 C 의 전하가 전기장 내에서 10 N 의 힘을 받고 있다. 이때 전하에 작용하는 전기장의 크기는 몇 N/C 인가?

28 균일한 전기장 내에 전하량이 -1.6×10^{-19} C 인 전자가 왼쪽 방향으로 4.8×10^{-15} N 의 전기력을 받고 있다. 이때 전기장의 크기와 방향은?

29 다음과 같이 전하량이 같은 두 원천 점전하 A, B 가 x 축 위에 놓여 있을 때 y 축 위의 P 점에서 전기장의 방향이 왼쪽 방향($-x$ 방향)이었다. 원천 점전하 A 와 B 가 (+) 전하인지 (–) 전하인지 각각 쓰시오. (단, 두 원천 점전하 A, B 는 원점 O 에서 같은 거리만큼 떨어져 있다.)

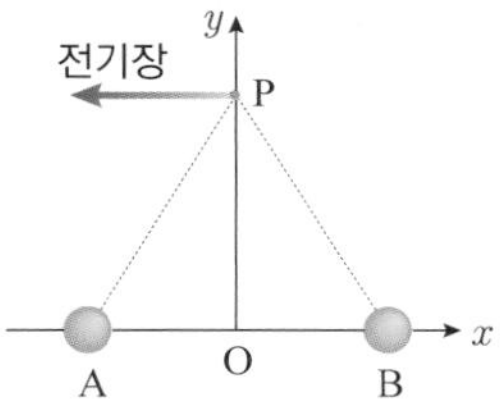

30 다음 그림과 같이 정삼각형의 꼭지점 A, B, C 위에 각각 −1 C, +1 C, +1 C 의 전하가 놓여 있다. 정삼각형의 중심점 O 에서 전기장의 방향은?

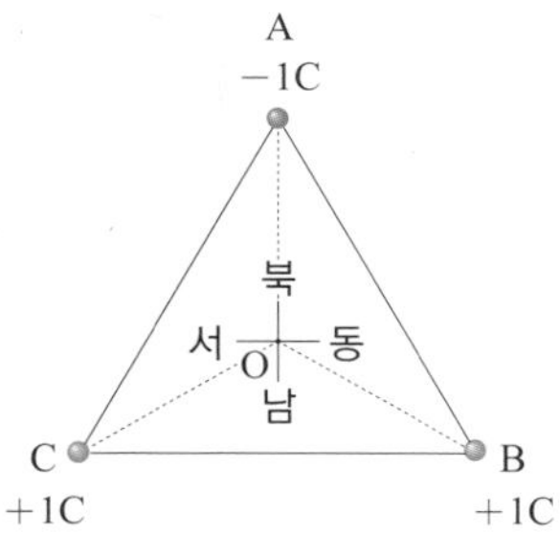

① 남쪽 ② 북쪽 ③ 북동쪽
④ 남서쪽 ⑤ 남동쪽

31 다음 그림과 같이 전하량이 $+q$ 인 전하 A 가 원점에, 전하량이 $+q$ 인 전하 B 가 (0, 3) 위치에, 전하량이 $-q$ 인 전하 C 가 (3, 0) 위치에 각각 놓여 있다. 물음에 답하시오.

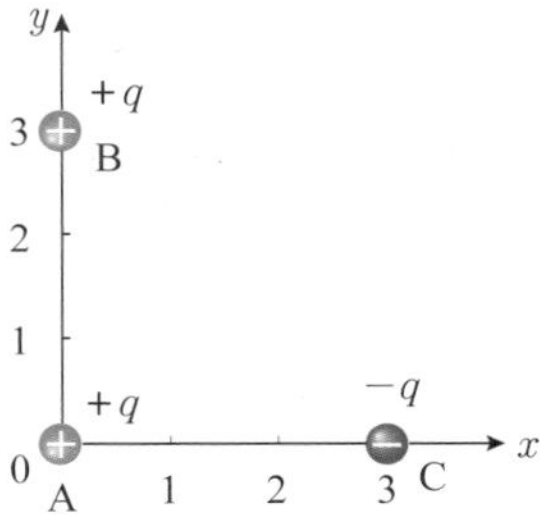

(1) 원점에서 전기장의 방향을 고르시오.

① (1, 1) 방향 ② (1, −1) 방향
③ (−1, −1) 방향 ④ (−1, 1) 방향

(2) A, B 전하 사이에 작용하는 전기력의 크기가 F 라면, 원점 전하에 작용하는 전기력의 크기는 얼마인가?

32 전하량이 각각 +16 C, +1 C 인 두 전하가 5 m 떨어진 점 A, B 에 각각 놓여 있다. A 점과 B 점을 연결한 직선상에서 전기장 크기가 0 이 되는 위치는 A 점에서 B 쪽으로 몇 m 떨어진 지점일까?

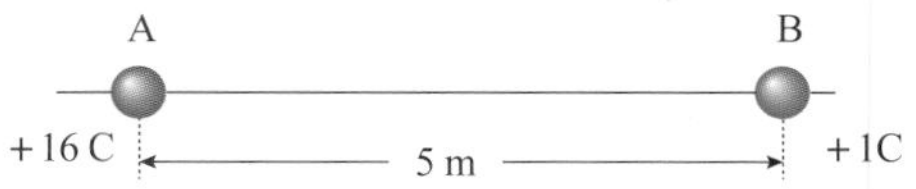

33 다음 그림은 두 점전하 A 와 B 주변의 전기력선을 나타낸 것이다. P 점, Q 점, R 점에서 전위를 각각 V_P, V_Q, V_R 라고 할 때 그 크기를 비교하시오.

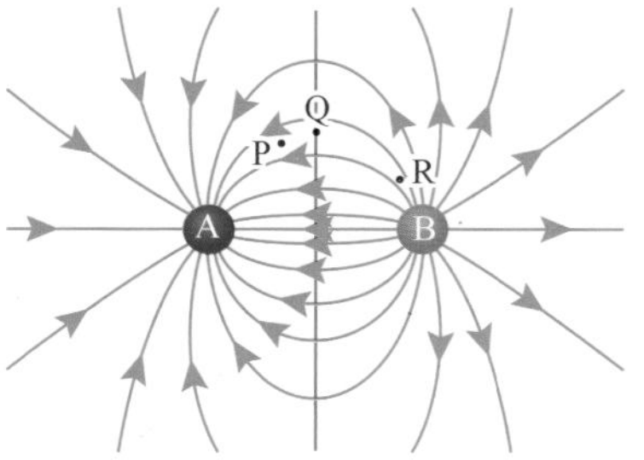

34 다음 중 원천 점전하 q 로부터 거리 r 인 임의의 점에서 전기장의 세기 E 또는 전위 V 에 대한 그래프로 옳은 것만을 있는 대로 고르시오.

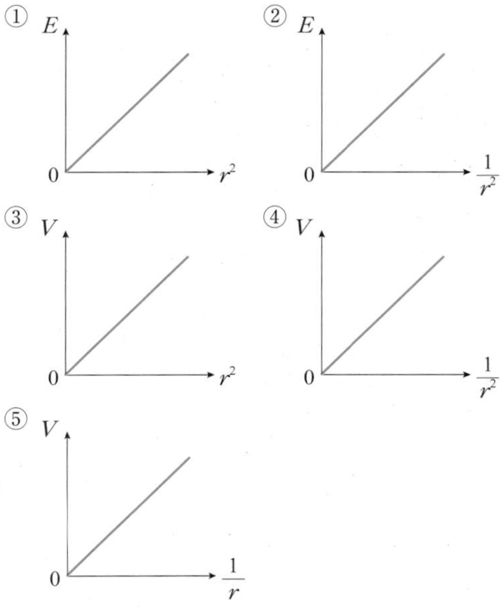

35 다음 그림과 같이 전하량이 Q 인 원천 점전하 A 로부터 거리가 각각 r , $2r$ 떨어져 있는 지점 B 와 C 사이의 전위차는? (단, k 는 쿨롱 상수이다.)

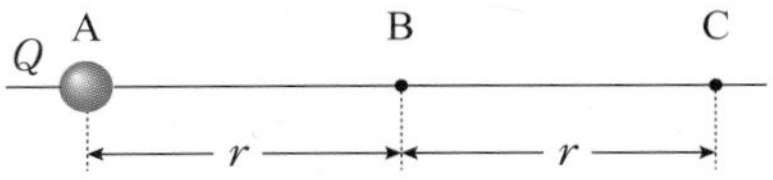

36 xy 좌표 원점에 점전하 q_1 이 놓여 있고, y 축 위에 점전하 q_2 가 놓여 있다. 두 전하 사이의 거리가 3 m 일 때, 원점에서 x 축 방향으로 4 m 지점인 P 점에서 두 전하에 의한 전위는? (단, $q_1 = 2 \times 10^{-6}$ C, $q_2 = -5 \times 10^{-6}$ C 이고, 비례 상수 $k = 9 \times 10^9$ N·m²/C² 이다.)

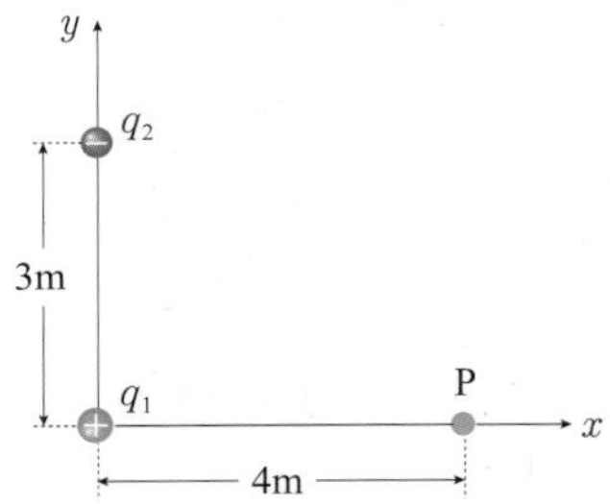

37 그림과 같이 균일한 전기장 안의 B 지점에서 정지해 있던 전자가 전기력을 받아 전위차가 1 V 인 A 지점으로 가속 운동하였다. 이때 전자가 받은 일은 몇 J 인가? (단, 전자의 전하량은 -1.6×10^{-19} C 이다.)

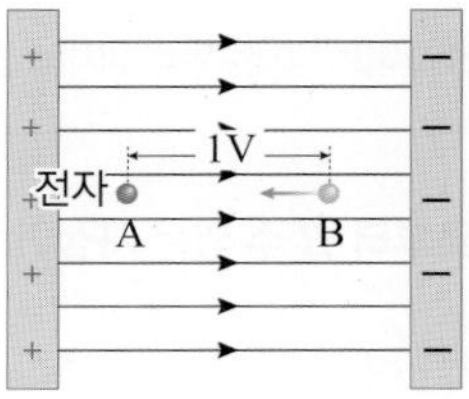

38 균일한 전기장 내의 A 지점에서 정지해 있던 단위 양전하가 전기력을 받아 점 B 와 C 를 지나는 운동을 하였다. B 와 C 에서 전하의 속력을 각각 v_B, v_C 라고 할 때, $v_B : v_C$ 는?

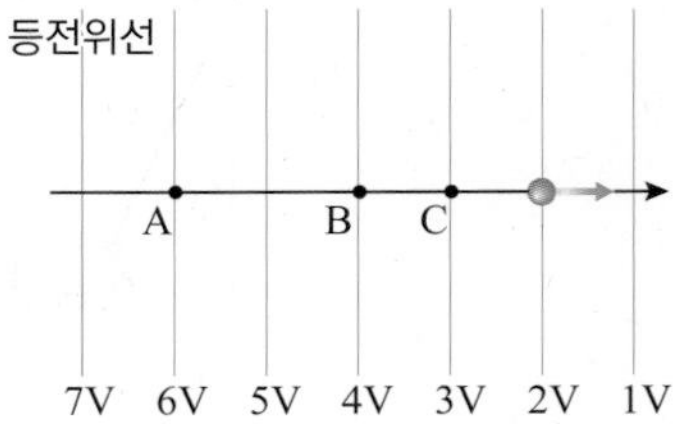

39 균일한 전기장 내의 A 점에 정지해 있던 양성자 q 가 전기장으로부터 힘을 받아 B 지점까지 0.1 m 운동하였다. B 지점에서 양성자의 속력 v 를 구하시오. (단, 전기장의 세기 $E = 6.5 \times 10^4$ V/m, 양성자의 전하량 $q = 1.6 \times 10^{-19}$ C, 질량 $m = 1.67 \times 10^{-27}$ kg 이다.)

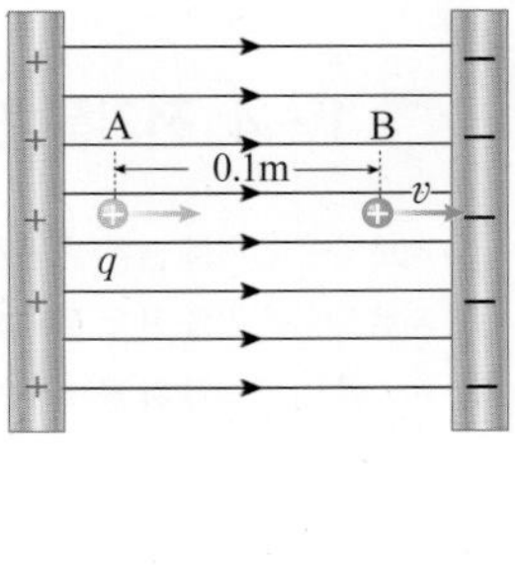

개념 심화 문제

01 **털가죽에 마찰시킨 에보나이트 막대와 명주 헝겊에 문지른 유리 막대를 서로 접근시키면서 서로 잡아당기거나 밀어내는 힘에 관하여 실험해 보았더니 다음과 같은 결과를 얻었다.**

에보나이트 막대 - 유리 막대 : 인력,	에보나이트 막대 - 에보나이트 막대 : 척력,	유리 막대 - 유리 막대 : 척력

위 결과로부터 알 수 있는 사실이 아닌 것은?

① 전하는 최소 두 종류가 있다.
② 같은 종류의 전하 사이에는 척력이 작용한다.
③ 다른 종류의 전하 사이에는 인력이 작용한다.
④ 유리 막대는 에보나이트 막대보다 마찰 전기가 더 잘 발생한다.
⑤ 에보나이트 막대와 유리 막대는 서로 다른 종류의 전기를 띠고 있다.

02 **그림 (가) 와 같이 크기가 같은 스티로폼 공에 은박지를 싼 가벼운 두 공 A, B 가 기울어진 채 힘의 평형을 이루고 있다. 두 공을 접촉시켰다가 놓았더니 그림 (나) 와 같은 상태가 되었다. 이 결과로 알 수 있는 것을 〈보기〉에서 있는 대로 고르시오.**

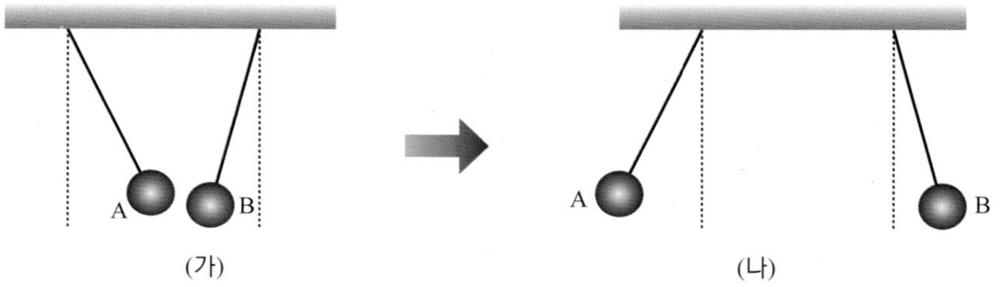

보기

ⓐ 처음 상태에서 공 A 의 전하량이 공 B 의 전하량보다 많다.
ⓑ 처음 상태에서 두 공은 서로 같은 종류의 전기를 띠고 있었다.
ⓒ 공 A 의 질량이 공 B 의 질량보다 작다.
ⓓ 접촉 후 두 공은 서로 같은 종류의 전기를 띠게 된다.

개념 돋보기

1 ~ 4. 전기를 띤 물체 사이에 작용하는 힘

① 서로 같은 전기를 띤 두 물체 사이에는 미는 힘(척력)을 주고받는다.
② 서로 다른 전기를 띤 두 물체 사이에는 당기는 힘(인력)을 주고받는다.
③ 전기를 띤 물체와 이 물체에 의해 정전기 유도가 일어난 도체 사이에는 인력이 발생하여 서로 잡아당긴다.
④ 전기를 띤 물체와 이 물체에 가까이 있는 부도체 사이에도 인력이 발생하고, 힘을 서로 주고받는다.(유전분극)

03 스타이로폼에 은박지를 입힌 매우 가볍고 크기가 똑같은 공 A, B, C 가 있다. 공 A 와 B 는 같은 전하량으로 대전되어 있고 C 는 대전되어 있지 않은 공이다. 공 B 와 공 C 를 잠깐 접촉시켰다가 떼어 놓고 공 A 와 B, 공 B 와 C 사이의 거리를 같게 하였다. 이때 공 A 와 B 사이에 작용하는 힘을 F_1, 공 B 와 C 사이에 작용하는 힘을 F_2 라 할 때 힘의 크기의 비 $F_1 : F_2$ 는 얼마인가?

04 명주실에 크기가 모두 같고 가벼운 금속구 A, B, C 가 매달려 있다. 금속구 A, B, C 에 대전된 전하량은 각각 8 C, -4 C, -2 C 이다. 다음과 같은 과정을 거친 후 결과적으로 금속구 A, B, C 가 갖는 전기량은 각각 얼마가 되겠는가?

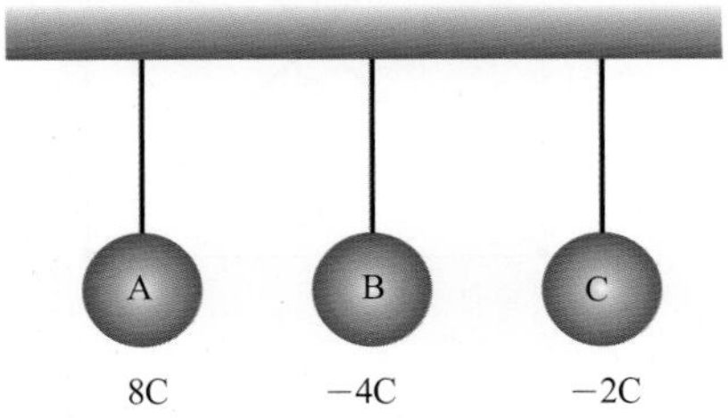

<과정 1> 금속구 C 를 접지한 후 접지 상태를 없앴다.
<과정 2> 금속구 A 와 B 를 접촉시킨 후 다시 떼어 놓는다.
<과정 3> 금속구 B 와 C 를 접촉시킨 후 다시 떼어 놓는다.

개념 돋보기

3 ~ 4. 전하의 배분 - 대전된 도체를 서로 접촉시키는 경우

① 두 대전체를 접촉시켜도 두 대전체가 띠고 있던 전하량의 합은 변하지 않는다.(전하량 보존 법칙)
② 두 대전체를 접촉시키면 두 대전체의 크기에 따라 전하가 배분된다. 더 큰 대전체에 더 많은 전하가 분포한다. 전하량의 총합은 접촉시키지 않았을 때와 같다.
③ 접촉시키는 두 대전체의 크기가 같으면 두 대전체에 같은 전하가 분포한다. 두 대전체의 전하량의 총합은 접촉시키기 전과 같다.

05 그림의 대전체 A, B, C 가 띠고 있는 전하량이 모두 (+) 로 같다. 이때 A 가 B 에 작용하는 전기력이 4 N 이면 B 가 A 와 C 로부터 받는 전기력을 구하시오.

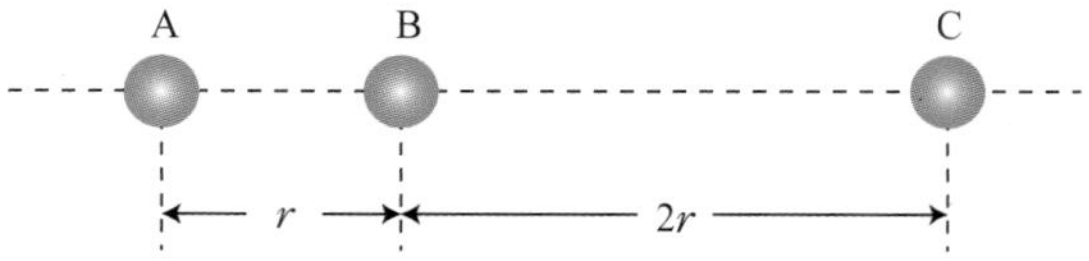

06 한 변의 길이가 $\sqrt{2}$ m 인 정사각형의 네 꼭지점에 $3q$, $-2q$, q, $-2q$ 의 전하를 각각 놓고 중앙점 P 에 $-q$ 의 전하를 놓았다. 비례상수 k 를 포함시켜 물음에 답하시오.

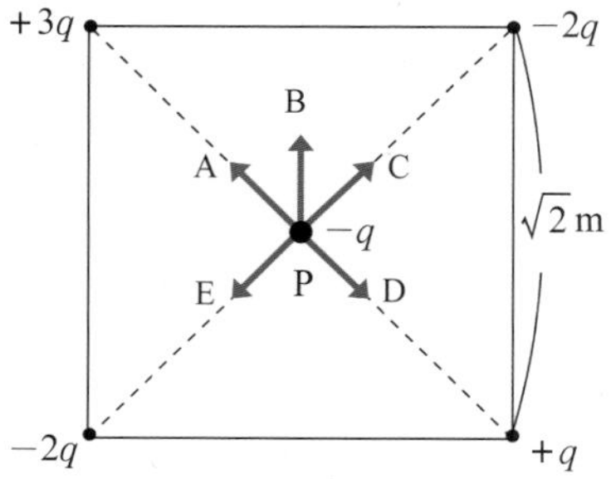

(1) P 점에 놓인 전하가 받는 힘의 방향은 A ~ E 중 어느 방향인가?

(2) P 점에 놓인 전하가 받는 힘의 크기를 구하시오.

개념 돋보기

5 ~ 6. 두 대전체 사이에 작용하는 힘은 쿨롱 법칙을 따른다.

$F = k\frac{q_1q_2}{r^2}$ (쿨롱의 법칙)

F = 전기력(쿨롱의 힘) [N], k : 비례 상수, r = 두 전하 사이의 거리 [m], q_1, q_2 : 전하량 [C : 쿨롱]

전하 사이에 작용하는 힘을 화살표로 표시할 때에는 작용반작용의 법칙을 따른다.

07

-1 C, +1 C, +1 C 의 세 전하 a, b, c 가 직각삼각형 모양으로 놓여 있다. 전하 c 에 작용하는 전기력의 크기와 방향을 구하시오. (비례상수 k 를 포함시키고, a 는 c 의 북쪽 방향이다.)

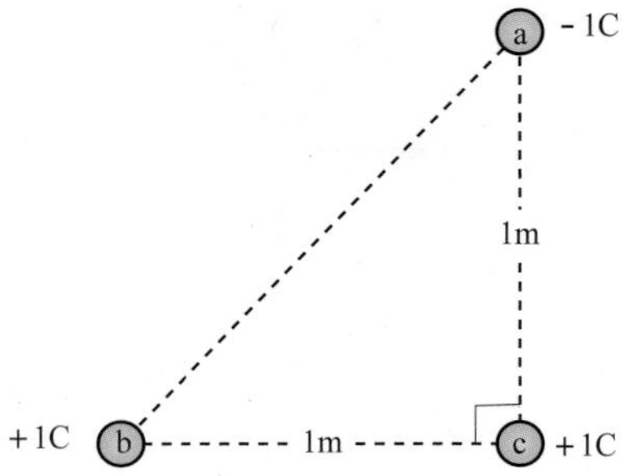

08

점 A 에는 +1 C 의 전하가 놓여 있고 그 오른쪽 60 cm 되는 B 지점에 +4C 의 전하가 놓여 있다. A 와 B 사이의 직선 상에 작은 구 모양의 대전체를 놓을 때 이 대전체에 작용하는 전기력이 0 이 되는 지점의 위치를 구하시오.

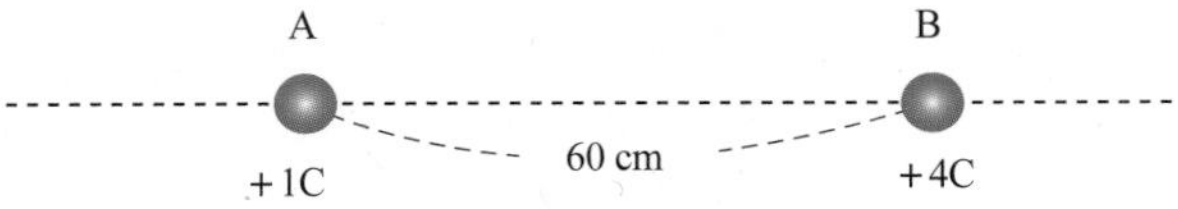

개념 돋보기

07

쿨롱의 법칙 $F = k\dfrac{q_1q_2}{r^2}$ 을 이용한다. ab 사이에 작용하는 힘은 구할 필요가 없다. ac 사이에 작용하는 힘과 bc 사이에 작용하는 힘을 구하여 합산한다.

08

A 와 B 사이에 전하 q 를 놓고 A 가 작용하는 힘과 B 가 작용하는 힘을 구하여 합하고 0 으로 놓는다.

09 정삼각형의 꼭지점 P, Q, R 에 각각 $+q$, $+q$, $-q$ 의 전하가 놓여있다. 이때 R 점의 $-q$ 전하가 받는 힘의 방향은 ?

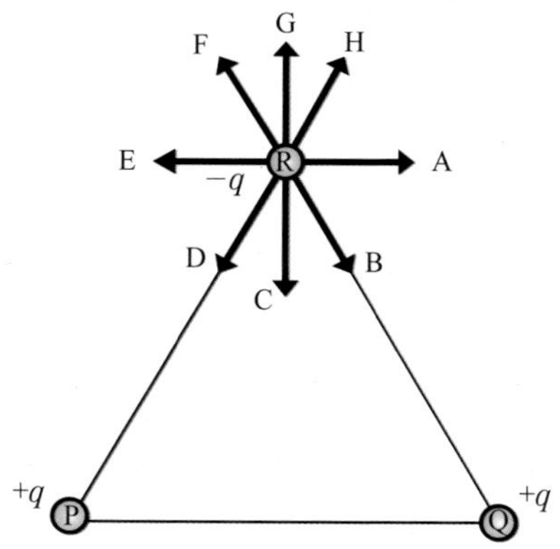

10 작은 스티로폼 공 두 개를 은박지로 싸서 각각 +1 C, +2 C 으로 대전시켰다. 이 공 두 개를 매달았더니 서로 척력이 작용하여 그림과 같이 사잇각이 60° 가 된 상태에서 평형을 이루었다. 두 공의 무게는 F 로 같다고 할 때 두 공 사이에 작용하는 전기력은 얼마인가?

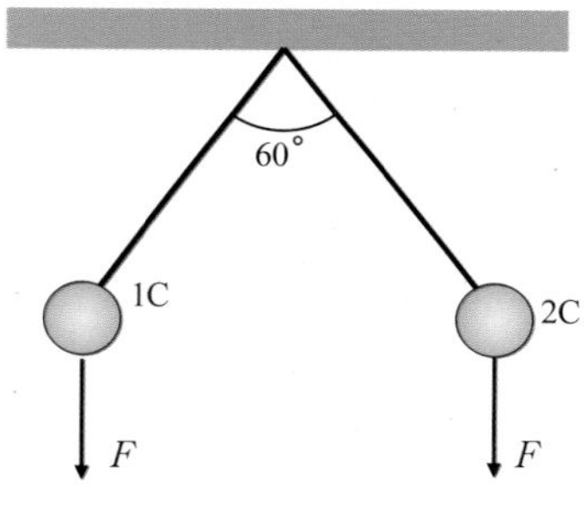

개념 돋보기

9

두 전하는 서로 힘을 주고받는다. R 점의 $-q$ 전하가 받는 힘의 방향과 크기를 모두 구한 다음 합산한다.

10

무게 F 인 각 전하에 작용하는 힘들은 평형 상태이다.

11 작은 스티로폼 공 4 개를 얇은 금속박으로 싸서 그림처럼 매달고 다음과 같이 실험해 보았다. (단, 털가죽으로 문지른 에보나이트 막대는 (-)전기를 띤다.)

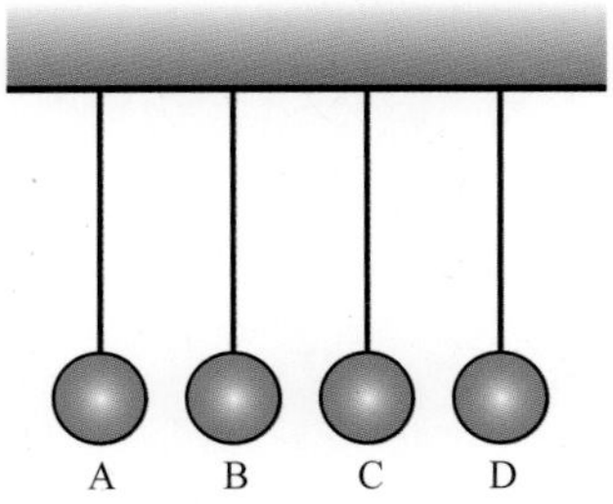

< 실험 결과 >

(가) 털가죽으로 문지른 에보나이트 막대를 가까이 가져갔더니 A 는 멀어지고 B, C, D 는 끌려왔다.
(나) 공 B 를 A, C, D 에 가까이 하였더니 모두 끌려왔다.
(다) 공 C 를 A, B, D 에 가까이 가져갔더니 A, B 는 끌려왔으나 D 는 움직이지 않았다.

위의 실험 결과로 봤을 때 A, B, C, D 는 각각 어떤 종류의 전하로 대전되어 있는가?

	A	B	C	D
①	−	0	+	+
②	+	+	−	−
③	−	0	−	0
④	−	+	0	0
⑤	−	+	−	+

12 다음처럼 금속 통이 금속박 검전기의 금속판에 도선으로 연결되어 있다. 금속 통 속에 양전하로 대전된 금속 구를 넣었을 때 금속박 검전기의 금속박의 모양과 대전된 전하의 종류를 그려 넣어 보시오.

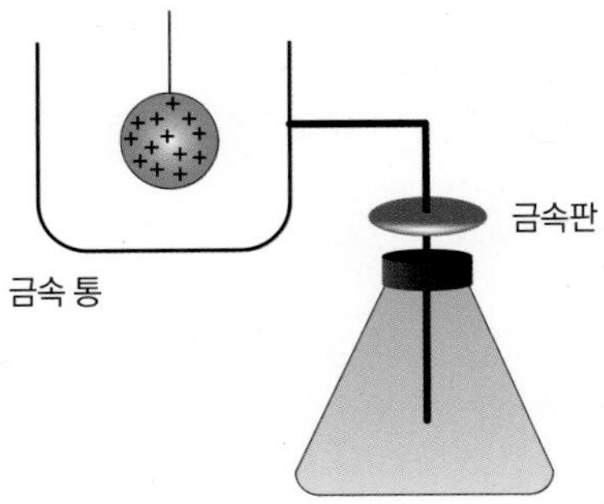

개념 심화 문제

13 **그림과 같이 접지된 도체로 둘러싸인 밀폐된 방 안에 대전되지 않은 금속박 검전기를 넣고 대전체를 밖에서 가까이 했다. 금속박은 어떻게 되는가?**

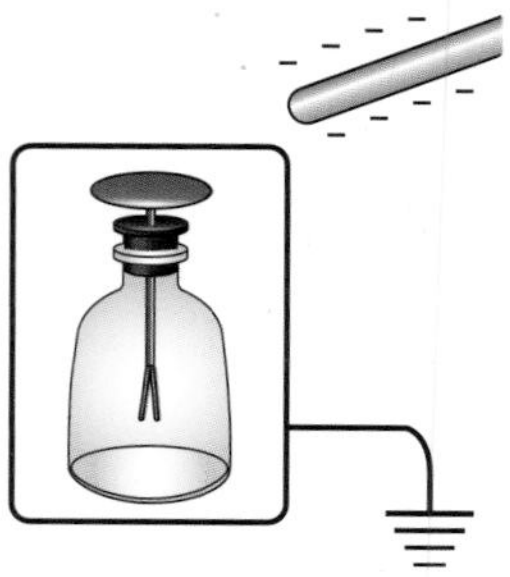

① 그대로 있다.
② 벌어진다.
③ 그대로 있다가 잠시 후 벌어진다.
④ 오므라든다.
⑤ 오므라들었다가 벌어진다.

14 **그림과 같은 순서대로 실험을 하였다. 처음 검전기는 중성 상태이다.**

① (-) 전하로 약하게 대전된 에보나이트 막대를 검전기의 금속판에 가까이 했다.
② 검전기를 접지시켰다.
③ 스위치 S 를 열고 에보나이트 막대를 치웠다.
④ (-) 전하로 더 강하게 대전된 에보나이트 막대를 검전기에 가까이 했다.

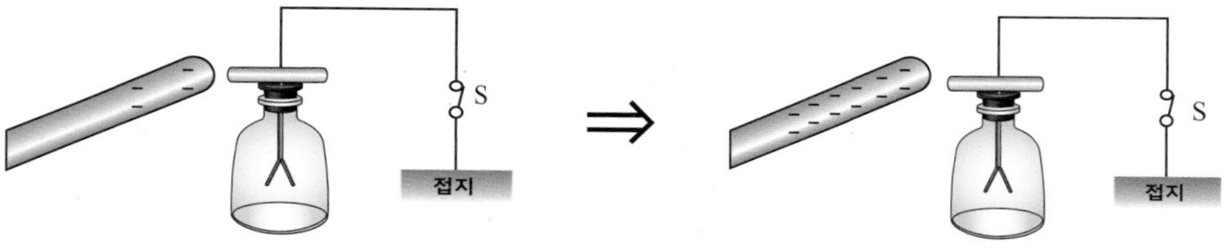

각 과정에서 검전기의 금속박은 어떻게 되는지, 무슨 종류의 전기를 띠는지 답하시오.

개념 돋보기

13 ~ 14

접지 : 대전체를 지면(땅)과 연결시키는 것이다. 땅은 전기적으로 중성이며, 대전체로부터 땅으로 전하가 흘러가거나 땅으로부터 대전체로 전하가 들어올 수도 있지만 땅은 전기적으로 중성 상태를 유지한다

15 검전기에 대한 다음 물음에 답하시오.

(1) 그림과 같이 대전되지 않은 검전기에 중성의 도체판을 가까이 한 상태에서 털가죽에 문지른 에보나이트 막대를 도체판 위로 가까이 가져갔을 때 금속박의 상태와 대전된 전하를 그려 보시오.

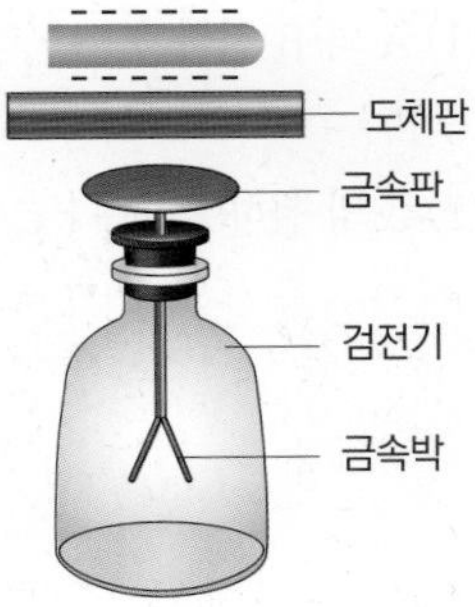

(2) 그림과 같이 금속판을 접지시켰을 때의 전하를 그려 보시오.

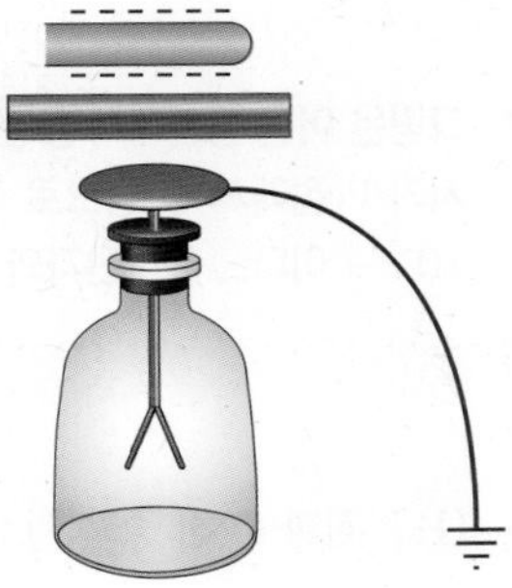

(3) 그림과 같이 도체판을 접지시켰을 때 대전된 전하를 그려 보시오.

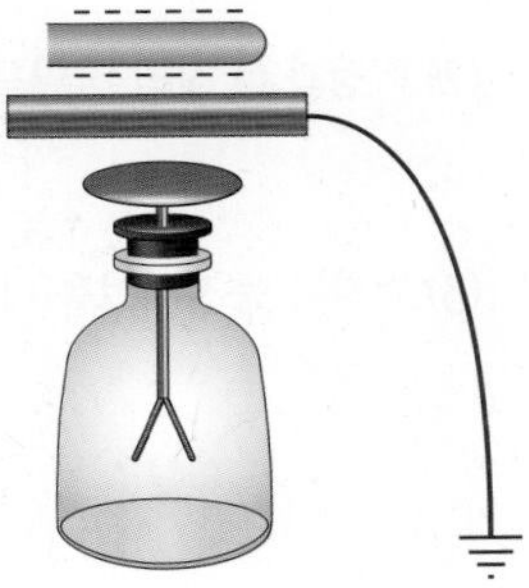

개념 돋보기

15

대전체를 금속과 같은 도체에 가까이 가져가면 금속 표면에 분포한 자유전자가 이동하여 정전기 유도 현상이 일어난다. 단지 자유전자가 이동하는 것이므로 금속 전체의 자유전자의 개수는 변하지 않는다.
접지를 시키면 연결된 두 곳의 전위가 똑같이 될 수 있도록 자유전자가 이동하여(자유전자의 분포도 같아진다.) 금속 전체의 자유전자의 개수가 변하게 된다.

16 그림은 두 전하 A, B 사이에 형성된 전기장을 전기력선으로 나타낸 것이다.

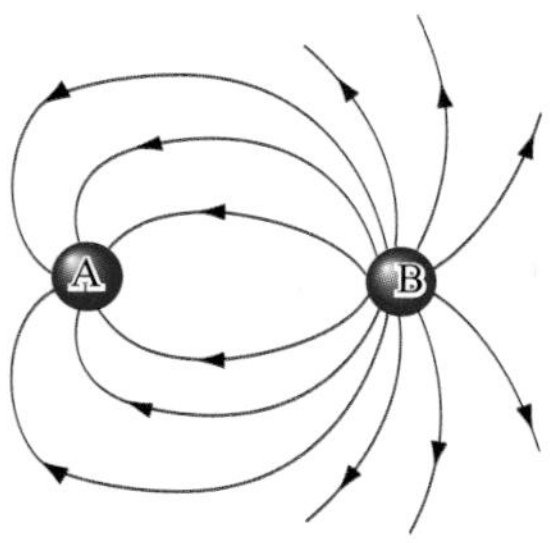

(1) A 와 B 전하가 (+) 전하인지, (−) 전하인지 각각 쓰시오.

(2) A 의 전하량이 −1 C 일 때 B 의 전하량 몇 C 인가?

17 그림은 어떤 평면에서 등전위선과 전기력선의 일부를 나타낸 것이다. 이때 전자가 P 점에서 Q 점으로 이동하는 동안 전기장이 전자에 해준 일은 3.2×10^{-19} J 이다. . (단, 전자의 전하량은 -1.6×10^{-19} C 이다.)

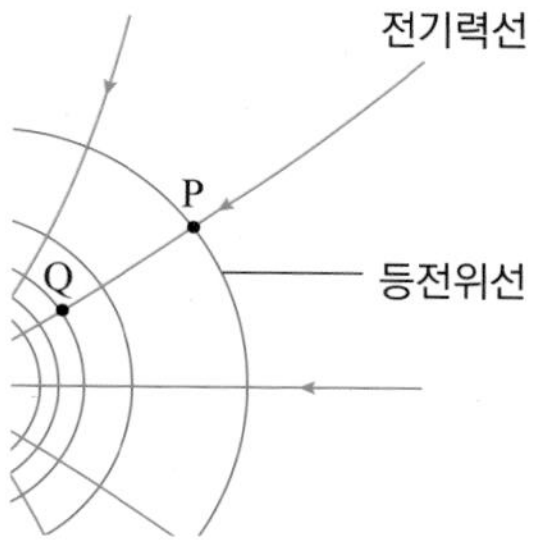

(1) P 점과 Q 점 중 전기장이 더 큰 지점은 어디인가?

(2) P 점과 Q 점의 전위를 비교하시오.

(3) 전자가 등전위선을 따라 운동할 때 전기장이 한 일은 얼마인가?

18 그림과 같이 균일한 전기장 안의 B 점에서 정지해 있던 전자가 1cm 떨어진 A 점에 도달하였다. (단, 전자의 전하량은 -1.6×10^{-19} C, 질량은 9.1×10^{-31} kg, 전기장 크기(E) 1.0×10^{4} N/C 이다.)

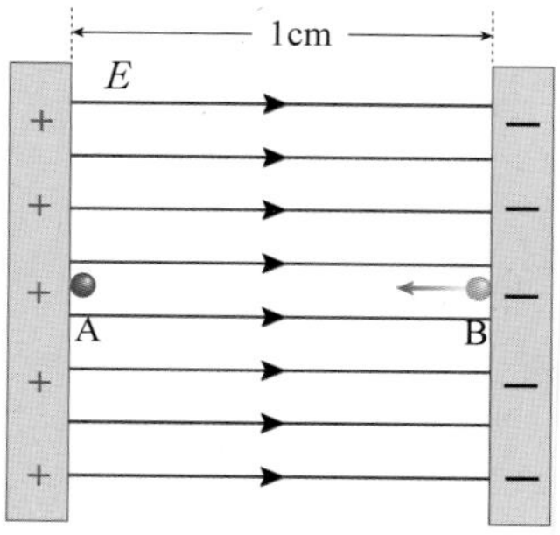

(1) A 점에 도달했을 때 전자의 속력을 구하시오.

(2) B 점에서 출발한 후 몇 초 후 A 점에 도달하겠는가?

19 그림과 같이 전하량이 $-4q$, $+q$, $+2q$ 인 전하 A, B, C가 한 변의 길이가 d 인 정삼각형의 각 꼭지점에 고정되어 있다. 세 전하가 갖는 전기력에 의한 퍼텐셜 에너지는 얼마인가? (단, 세 전하로부터 무한히 떨어진 점에서의 전위는 0 이다.)

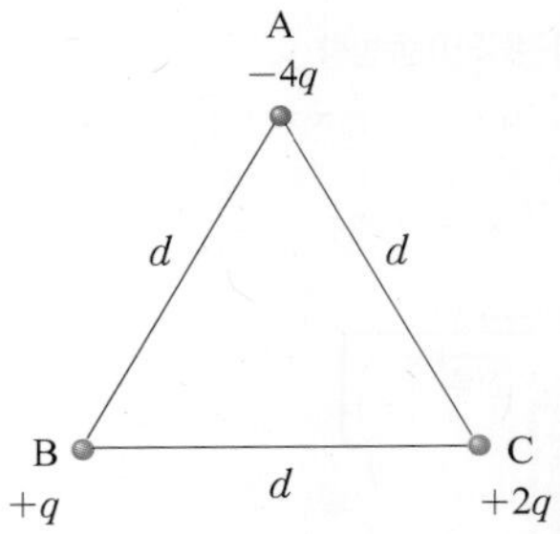

20 다음 그림과 같이 수평면과 각 ϕ 를 이루는 균일한 전기장 E 속에 전하량 q 로 대전된 도체구가 줄에 매달려 있다. 도체구가 각 θ 만큼 기울어진 채로 평형을 이루고 있을 때 $\tan\theta$ 를 구하시오. (단, 도체구의 질량은 m, 중력 가속도는 g 이다.)

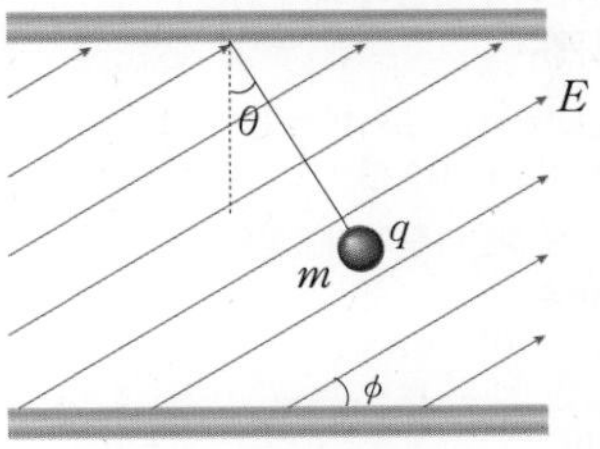

21 다음 그림과 같이 전하 $q_1 = -5.0 \times 10^{-6}$ C, $q_2 = 2.0 \times 10^{-6}$ C 인 두 점전하가 직사각형의 두 모서리에 놓여 있다. 직사각형의 가로 길이는 12 cm, 세로 길이는 4 cm 이고, 두 전하로부터 무한히 떨어진 점에서의 전위는 0 이다. 물음에 답하시오. (단, 비례 상수 $k = 9 \times 10^9$ N·m^2/C^2 이다.)

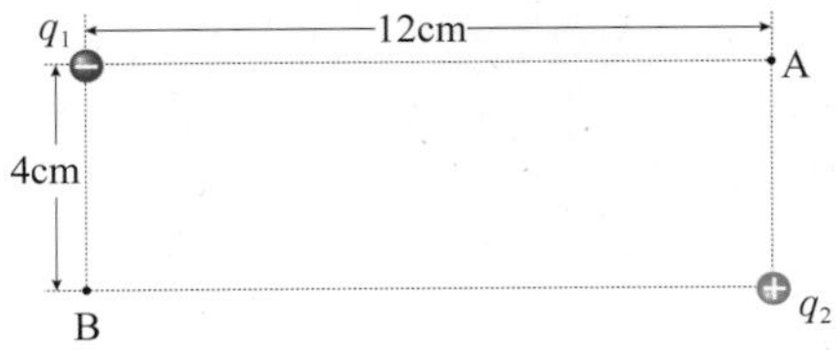

(1) 꼭지점 A 와 B 에서의 전위는 각각 얼마인가?

(2) 전하 $q_3 = 4 \times 10^{-6}$C 을 꼭지점 B 에서 A 로 대각선을 따라 옮기는 데 필요한 일은 얼마인가?

3. 전류 (Electric current ; I)

(1) 전자의 이동과 (+)전하의 흐름[1] 도체에서 자유 전자의 이동은 다음과 같다.

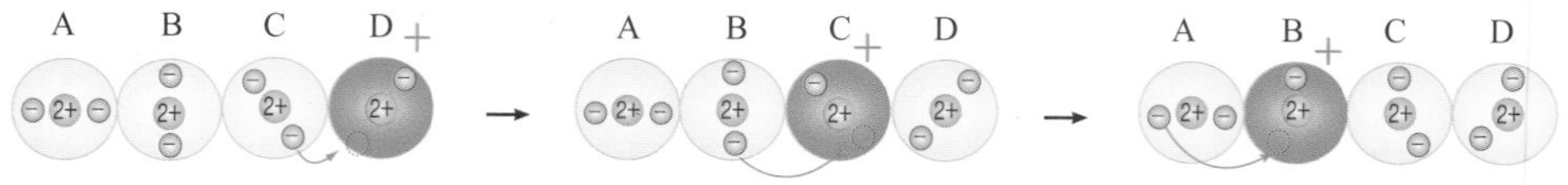

A, B, C 는 중성 원자 D 는 + 전기를 띤 원자이다. C 의 전자가 D 로 이동한다.	A, B, D 는 중성 원자 C 는 + 전기를 띤 원자이다. B 의 전자가 C 로 이동한다.	A, C, D 는 중성 원자 B 는 + 전기를 띤 원자이다. A 의 전자가 B 로 이동한다.

전자((-)전하)가 A→B→C→D 이동할 때 전류((+)전하)는 D→C→B→A로 반대로 이동하는 효과가 있다.

(2) 전류

① **전류** : (+) 전하의 흐름으로 1 초 동안 도선의 한 지점을 통과하는 전하의 양이다.

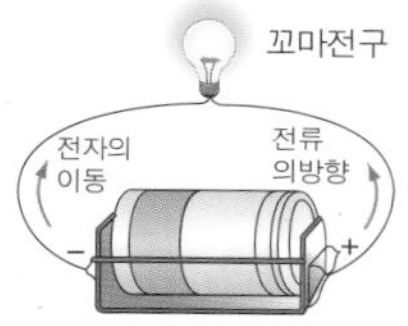

전류의 방향은 전자의 이동 방향과 반대이다

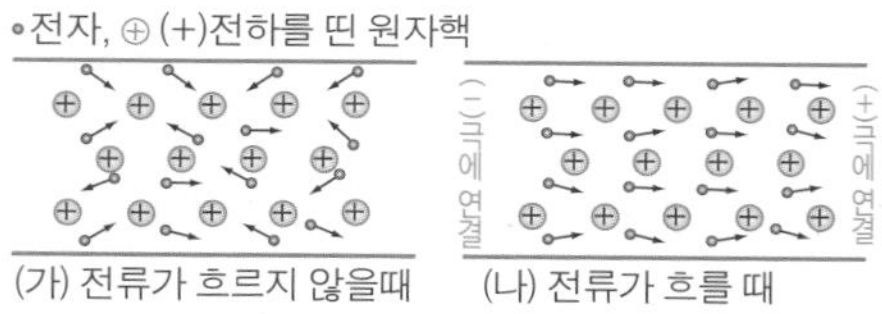

[전선 속의 전자 모형]

도체의 자유 전자는 전류의 흐름과 반대 방향으로 일제히 이동한다.

② **전류의 방향** : 전자의 이동 방향과 반대 방향이다.

③ **전류의 단위와 세기**

- **전류의 단위** : A (암페어), mA(밀리암페어), 1 A = 1000 mA
- **전류의 세기**

  1 A[2] : 1 초 동안 1 C 의 전하량이 도선의 한 지점을 통과할 때의 전류의 세기, 1 초 동안 6.25×10^{18} 개의 전자가 도선의 한 지점을 통과할 때의 전류의 세기
- **전류의 세기 계산**

$$I = \frac{Q}{t} \quad (I : \text{전류[A]},\ Q : \text{전하량[C]},\ t = \text{시간[초]})$$

④ **전류의 측정** : 전류계

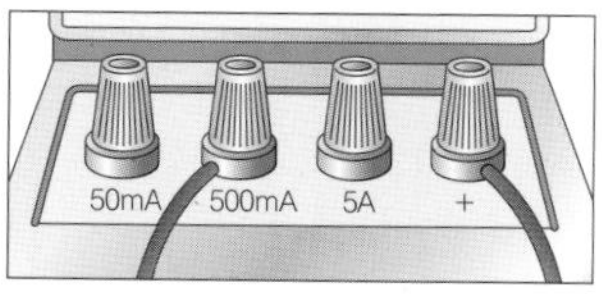

(가)

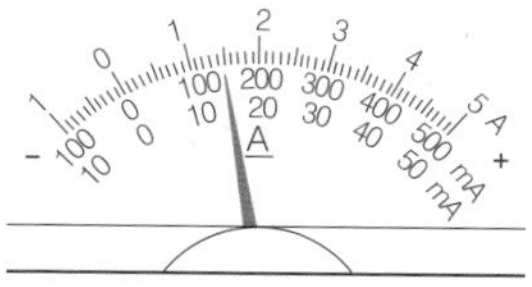

(나)

- (−) 단자는 최대 눈금이 다른 단자 여러 개로 구성된다.
- 그림 (가) 처럼 연결하면 그림 (나)에서 최대 눈금 500 mA 인 곳을 읽어야 한다.(현재 전류는 150 mA 이다.)

정답 p 9

Q6 도선의 한 지점을 1 초 동안 3.125×10^{18} 개의 전자가 통과하였을 때 이 도선에 흐르는 전류의 세기는 몇 A 인가?

---

❶ 전자와 전류의 이동 방향

전지에 의해서 전류가 흐를 때 전자의 이동 방향은 (-)극에서 (+)극이고, 전류가 흐르는 방향은 (+)극에서 (-)극이다.

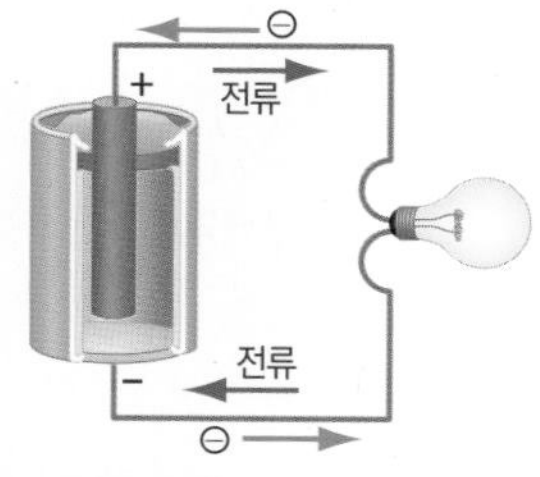

부도체는 이동할 수 있는 자유 전자가 없으므로 전류가 흐르지 못한다.

1C(쿨롱) 의 전하량이 되기 위한 전자의 개수

전자 1개의 전하량 : $(-)1.6 \times 10^{-19}$C
(기본 전하량 : 1.6×10^{-19} C)

따라서 1 C 의 전하량이 되기 위해 필요한 전자의 개수(n)는

$$1.6 \times 10^{-19} \times n = 1$$

$$n = \frac{1}{1.6 \times 10^{-19}} = 6.25 \times 10^{18}\text{개}$$

❷ 1 A 의 전류

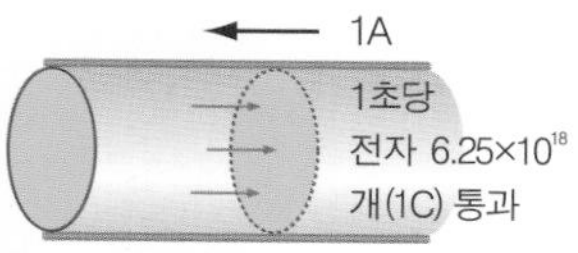

직류와 교류

건전지를 연결하면 나오는 전류는 직류 전류인데 전류의 흐르는 방향이 일정하다. ((+),(-)극이 있다.)
반면 우리가 사용하는 가정용 전류는 교류 전류로 전류의 흐르는 방향이 초당 60번 정도 변한다.(극의 구별이 없다.)

전기 기호

전기 회로에서는 전지나 전구 등을 직접 그리면 불편하므로 기호로 나타낸다.

명칭	전기기구	기호	명칭	전기기구	기호
건전지			전구		
스위치			저항		
전류계		Ⓐ	전압계		Ⓥ

Q7 어떤 전기 회로의 도선에 흐르는 전류의 세기가 5 A 였다. 1 초 동안 도선의 한 지점을 통과한 전자는 몇 개인가?

Q8 어떤 도선에 200 mA 의 전류가 5 초 동안 흘렀다면 도선의 한 지점을 통과하는 전하량은 몇 C 인가?

(3) 전하량 보존의 법칙 도선에 흐르는 전하의 양은 일정하게 유지된다.

① 전구 - 전지의 직렬 연결

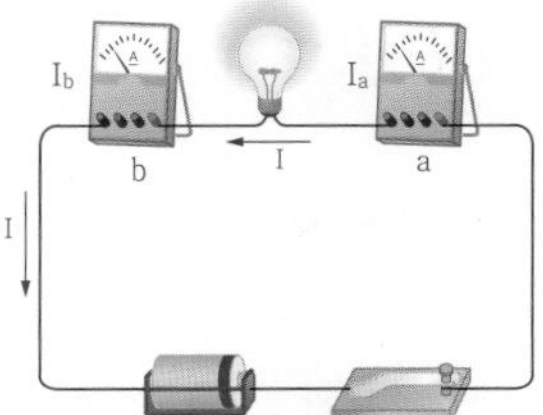

전기 회로도[3]

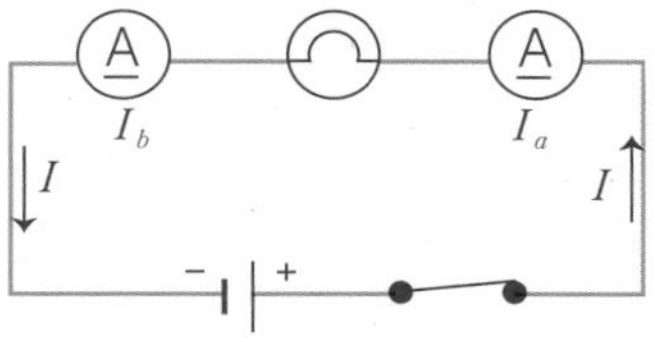

$$I = I_a = I_b$$

- 회로 전체에 동시에 전류가 흐른다.
- 전류계 a, b 가 가리키는 전류 값이 같다.
- 전하의 양이 줄어들거나 증가하지 않는다.

② 전지-전구의 병렬 연결

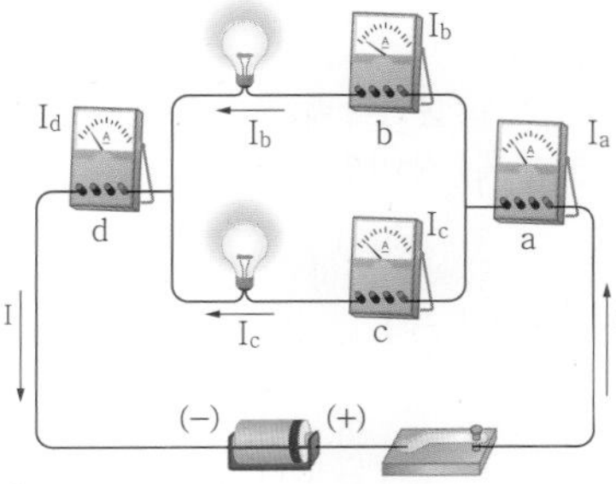

전기 회로도

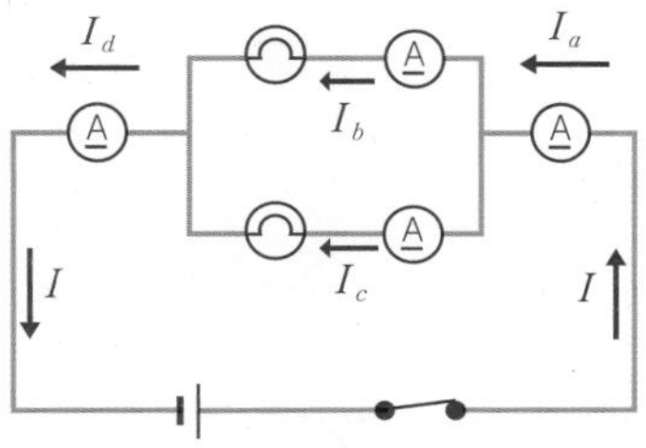

$$I = I_a = I_d, \quad I_b + I_c = I$$

- 회로 전체에 흐르는 전류는 I_b 와 I_c 로 나누어져서 흐른다.
- 전류계 b 의 전류값과 전류계 c 의 전류값을 합치면 전류계 a, d 의 전류값이 된다.
- 전하의 양이 줄어들거나 증가하지 않고, 나뉘어져 흐르고 있다.

정답 p 9

Q9 다음의 전기 회로를 전기 회로도로 나타내시오.

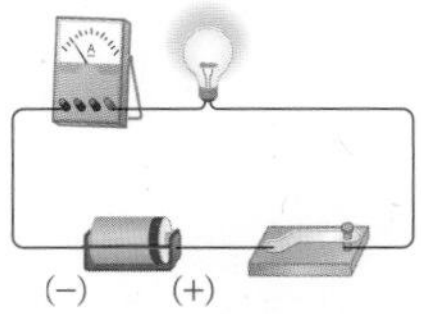

Q10 그림과 같은 전기 회로도에서 전구 (가) 에 3 A 의 전류가 흐르고, 전구 (다) 에 8 A 의 전류가 흐른다면 전구 (나) 에 흐르는 전류는 몇 A 인가?

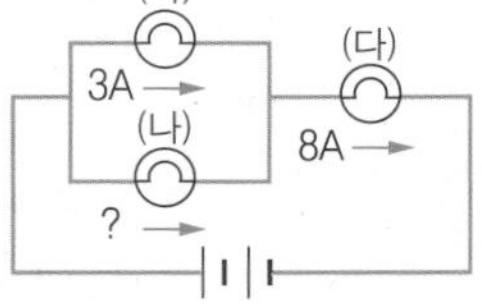

전류계 사용법

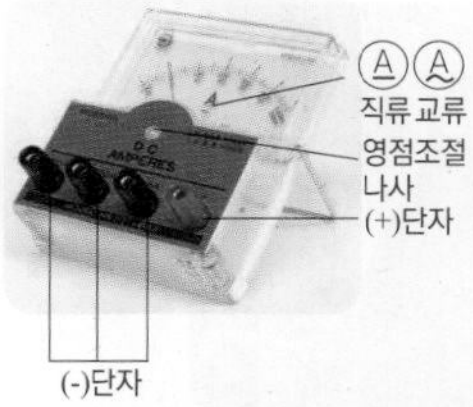

① 직류 전류계인지 교류 전류계인지 확인한다.
② 동전이나 손톱으로 영점 조절 나사를 돌려 최초 눈금이 0 에 오도록 한다.
③ 측정하려는 곳에 직렬로 연결한다. 전류가 전류계를 통과하도록 연결한다.
④ (+) 단자는 전지의 (+) 극에 연결된 도선에 연결하고, (-) 단자는 전지의 (-) 극에 연결된 도선에 연결한다.
⑤ 처음에 (-) 단자를 최대 눈금부터 연결하는 것이 안전하다.
⑥ 전지에 직접 연결하지 않는다.(많은 전류가 흐름)

③ 전기 회로와 전기 회로도

- 전기 회로 : 전기 기구를 그대로 도선으로 연결함
- 전기 회로도 : 전기 회로를 전기 기호로 나타냄

닫힌 회로와 열린 회로

- 닫힌 회로 : 전기 회로가 끊어진 곳이 없이 연결되어 전류가 흐르는 회로이다.
- 열린 회로 : 전기 회로가 스위치 등으로 차단되어(스위치가 열려서) 전류가 흐르지 않는 회로이다.

4. 전기 저항 (Electric Resistance : R)

(1) 전기 저항 도체에 전류가 흐를 때 전류의 흐름을 방해하는 정도(단위 : Ω(옴)) 를 말한다.

전기 저항은 도체의 종류에 따라 그 값이 정해져 있다.

① **전기 저항이 생기는 원인** : 자유 전자가 이동하면서 고정되어 있는 도체의 원자와 충돌하기 때문이다.

② **전기 저항 물체(저항체)** : 전구의 필라멘트, 텅스텐선, 니크롬선, 전기 발열 장치, 전기제품 내부의 전기 소모 장치 등 에너지(열)가 발생하는 곳 등에 사용된다.

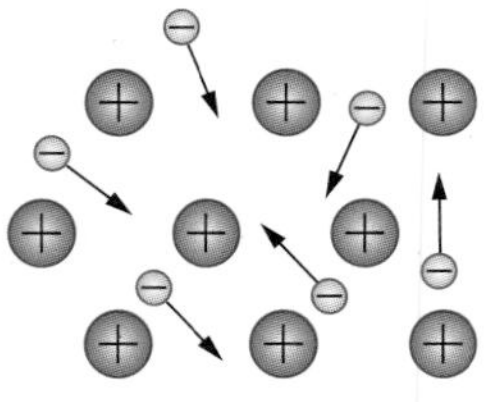
▲ 고정된 원자와 자유 전자

(2) 전기 회로와 수도관의 비교

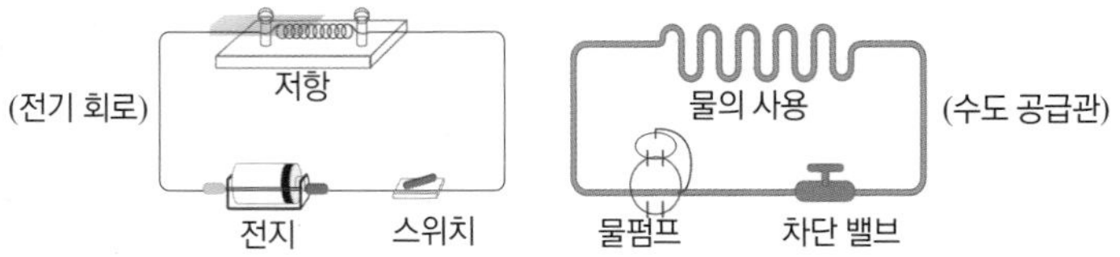

전지 : 수도관 회로의 펌프(물이 흐르게 함)	**도선** : 수도관	**전류** : 물
저항체 : 수도관 회로에서 물흐름을 방해하는 부분	**스위치** : 수도관 회로의 밸브	

(3) 물질의 저항값에 영향을 주는 것

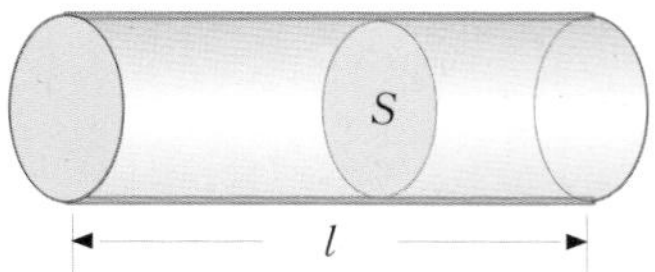

① **물질의 종류** : 물질에 따라 비저항 값이 결정되어 있다.

② **저항체의 길이** : 같은 물질이라면 저항값은 저항체의 길이에 비례한다.

③ **저항체의 두께** : 같은 물질이라면 저항값은 저항체가 두꺼울수록(단면적이 클수록) 작아진다.

$$R = \rho \frac{l}{S}, \quad \left(\begin{array}{ll} R : \text{저항}(\Omega), & \rho : \text{저항체의 비저항} \\ l : \text{길이(m)}, & S : \text{단면적}(m^2) \end{array} \right)$$

④ **온도에 따른 물질의 저항** ❶

- **도체** : $R = R_0(1 + \alpha \cdot t)$
  온도가 높을수록 저항이 커진다.(물질의 비저항 ❷ 증가)
- **부도체** : 온도가 높아질수록 저항이 작아진다.
  (물질의 비저항 감소)

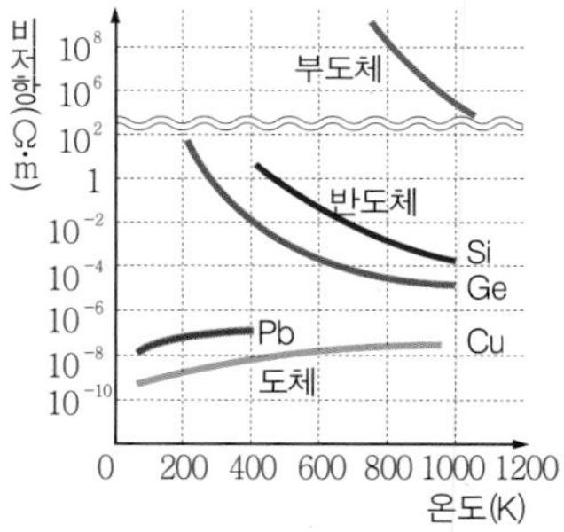

▲ 물질의 비저항

(4) 1 Ω 의 뜻 전압이 1 V 일 때 1 A 의 전류가 흐르는 저항체의 저항을 의미한다.

정답 p 9

Q11 도선의 전기 저항에 영향을 주지 않는 것은?

① 도선의 재질 ② 도선에 흐르는 전류 ③ 도선의 단면적
④ 도선의 길이 ⑤ 도선의 두께

Q12 길이가 l 이고 단면적이 S 인 도선을 균일하게 잡아 늘려서 길이를 $2l$ 로 만들었다면 저항은 처음에 비해서 어떻게 변하였는가?

알렉산드로 볼타
(A.Volta, 1745 ~ 1827)

이탈리아의 물리학자. 전압의 개념을 확립했다.

❶ 온도와 전기 저항

도선에 전류를 통하면 열이 발생하여 도선의 온도가 높아지고 전자의 운동이 활발해져서 도체 내부에서 전자와 원자와의 충돌 횟수가 많아져서 비저항이 증가하므로 저항이 증가한다.

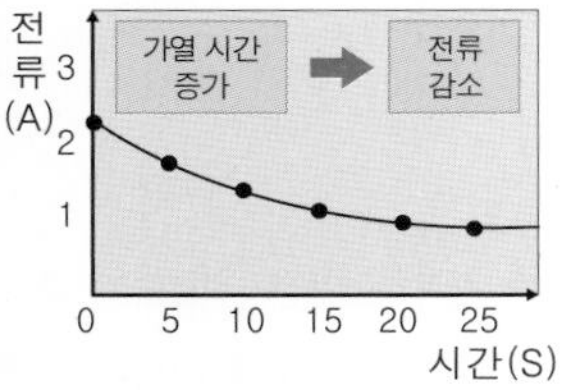

❷ 비저항 (ρ)
(specific resistance)

단위 단면적 당, 단위 길이 당 저항이며 물질에 따라 다른 값을 가지고 있다.(물질의 특성)
고무(부도체)는 구리(도체)에 비해 대단히 비저항 값이 크므로 저항도 그에 비례하여 크다.
㉠ 구리 : 1.69×10^{-8} Ω·m
고무 : 10^{13} Ω·m

저항과 온도

$R = R_0(1 + \alpha \cdot t)$

[R_0 : 0℃일 때저항, α : 저항의 온도 계수, t : 온도(℃)]

미니사전

반도체 Ge(게르마늄), Si(실리콘) 등으로 보통 때는 부도체이나 특정 온도 이상에서는 도체의 성질을 띔

전압(Voltage) 전류가 흐르게 하는 능력(전지, 전원 장치 등이 있을 때 발생함)

5. 전기 회로에서의 전압과 저항, 전류

(1) 전압(V : voltage) 닫힌 전기 회로에서 전류를 흐르게 하는 능력이다. (단위 : V(volt)). 기전력, 전위차 [1] 와 같은 의미이다.

① 전기 회로와 물의 흐름의 비교

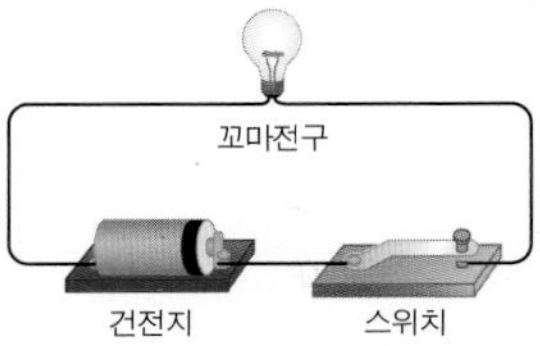

▲ 전기 회로

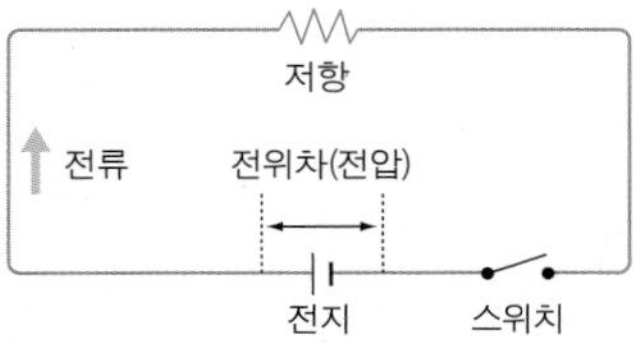

▲ 전기 회로도

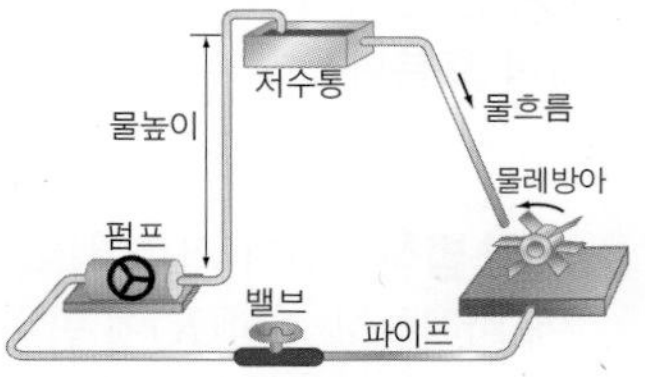

▲ 물의 흐름

전류 : 물	**전압** (전위차) : 물높이(수위차)	**꼬마전구**(저항) : 물레방아
스위치 : 밸브	**전지** : 펌프	**도선** : 파이프

② **전압의 측정** : 두 곳의 전위차를 재는 것이므로 측정하고자하는 두 곳을 전압계 [2] 의 (+) 극과 (-) 극에 병렬 연결하여 눈금을 읽는다.

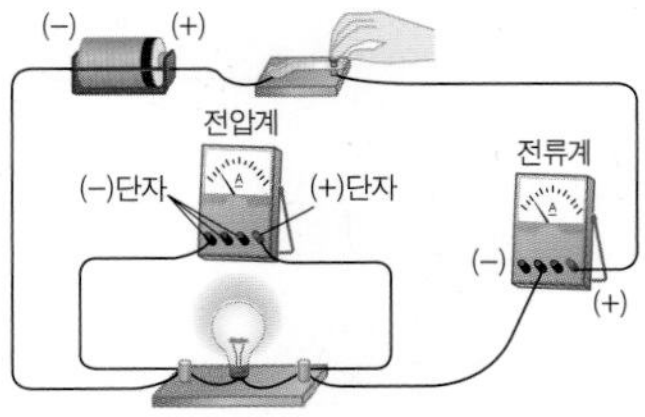

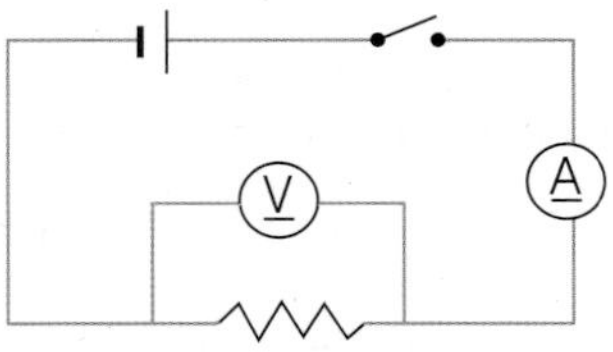

(2) 전지의 연결과 전압

① 전지의 직렬 연결

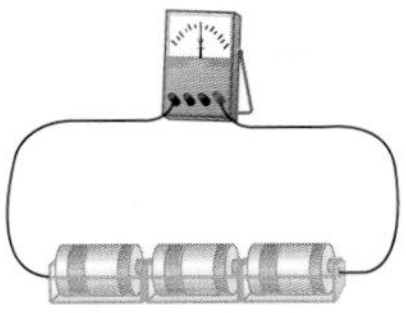

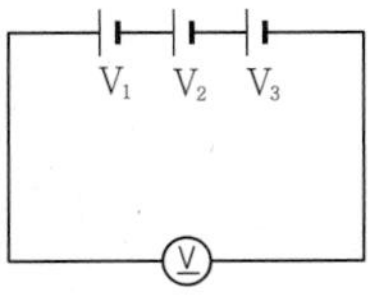

V (전체 전압) = $V_1 + V_2 + V_3$

- 전압이 커지고 전구의 밝기가 밝다.
- 전지를 오래 쓸 수 없다.

② 전지의 병렬 연결

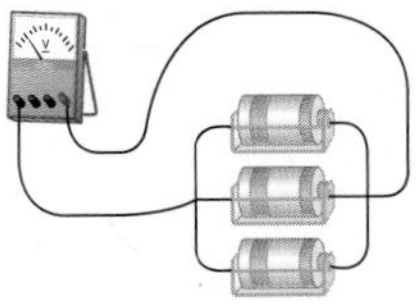

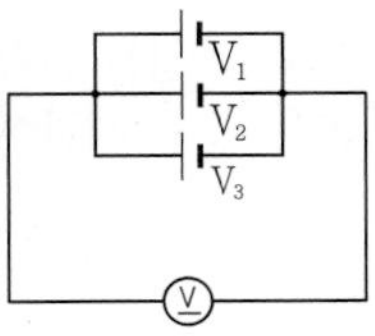

V (전체 전압) = $V_1 = V_2 = V_3$

- 전압은 커지지 않고 전구의 밝기도 일정하다.
- 전지를 오래 쓸 수 있다.

정답 p 9

Q13 세 개의 동일한 전구에 한 개의 전압이 1.5 V 인 건전지를 그림과 같이 연결하였다. 물음에 답하시오.

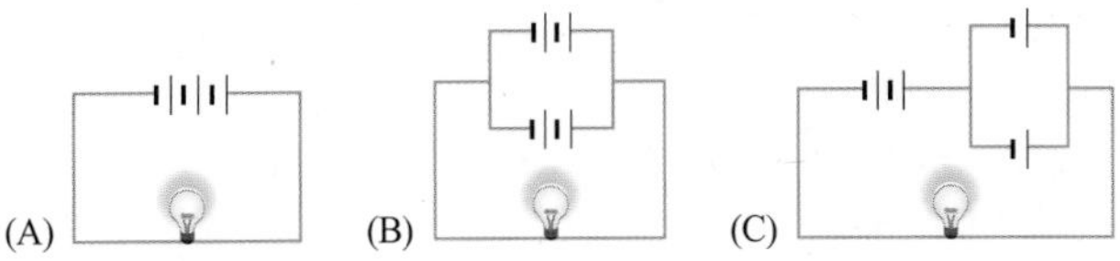

(1) A, B, C 회로에서 전체 전압은 각각 몇 V 인가?
(2) A, B, C 회로를 전구가 밝은 순서대로 쓰시오.

---

❶ 전압과 같은 뜻의 용어

① 기전력(起電力) : 전기를 일으키는 능력이라는 뜻 예 전지의 기전력
② 전위차 : 두 곳에서의 전위의 차. 물의 흐름에서는 수위 차에 비유할 수 있다.

저항과 전류, 전압의 비유

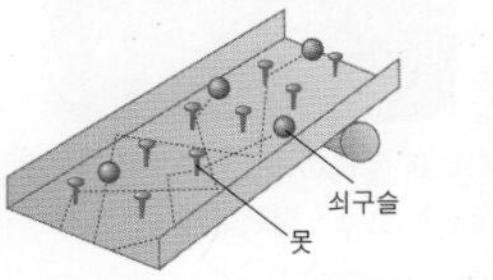

그림에서 쇠구슬이 전자라면 못은 원자이다. 쇠구슬과 못의 충돌은 저항, 빗면의 기울기는 전압에 비유된다.

❷ 전압계

① 측정하고자 하는 전기 기구에 병렬 연결하여 사용한다.
② 전지의 (+)극, (-)극에 직접 연결하여 전지의 전압(기전력)을 측정할 수 있다.

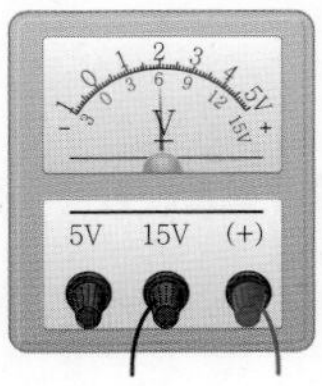

전지의 기호

가늘고 긴 쪽이 (+)극이다.

전지의 연결과 수압

전압은 수압과 비유할 수 있다.

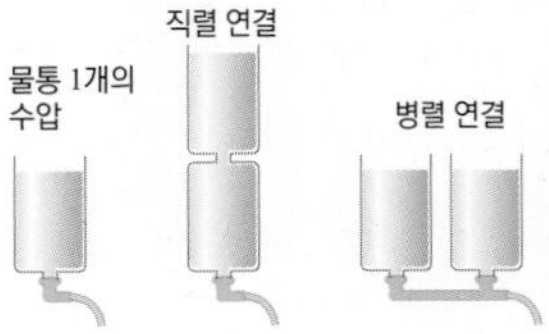

내부 저항

전지 전압이 1.5V라고 해도 오래 쓴 전지는 전압계로 재 보면 1.5V가 되질 않는다. 이것은 전지를 사용함에 따라 내부 저항이 점점 증가하기 때문이다. 내부 저항을 회로에 직렬 연결시켜 전기 회로에 표시한다. (r : 내부 저항)

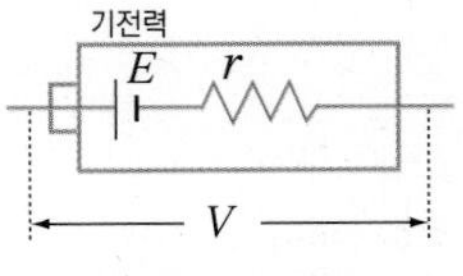

전체 전압(단자 전압)

옴 (Georg. S. Ohm,1789~1854)

독일의 물리학자. 1826년 옴의 법칙(ohm's law)을 발표하였다.

(3) 옴(ohm)의 법칙 전기 회로에서의 전류와 전압과 저항의 관계에 관한 법칙이다.

① 전기 회로도에서의 전압, 저항, 전류

- 전지의 전체 전압이 V 이면 저항 R 양끝 사이의 전압(걸리는 전압)이 V 이다.
- 전류는 전지의 (+) 극에서 (-) 극으로 회로 전체에 일제히 흐른다.

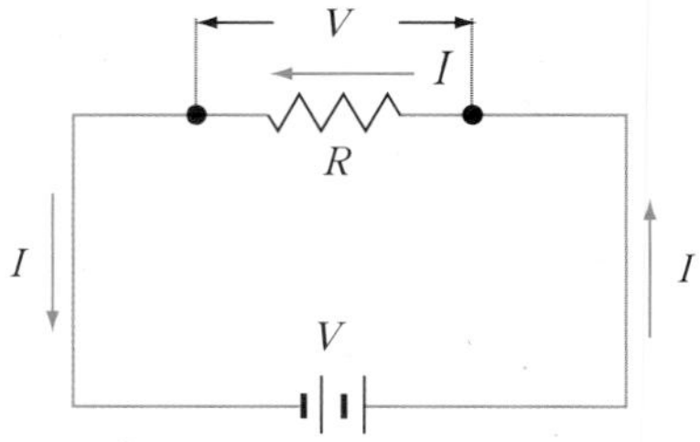

② 옴의 법칙 : 전기 회로에 흐르는 전류(I)는 전압(V)에 비례하고 저항(R)에 반비례한다.

$$I = \frac{V}{R}, \quad V = IR, \quad R = \frac{V}{I}$$

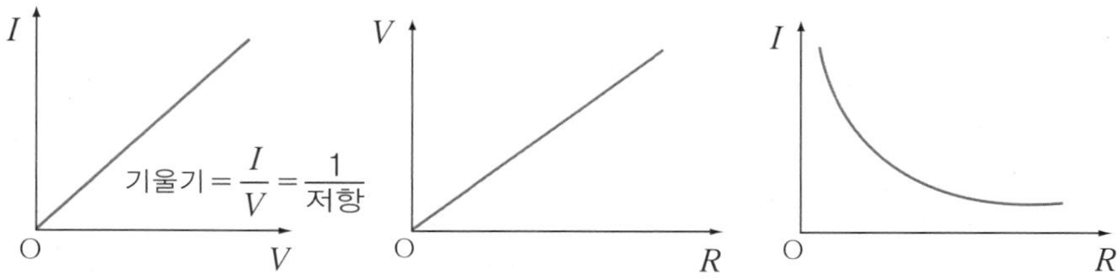

저항(R) 일정 전류(I) 일정 전압(V) 일정

③ 전압 강하

- 전류는 전위가 높은 a 점에서 전위가 낮은 b 점으로 흐른다. 두 지점의 전위차는 $V(= IR)$ 이다.
- 전류가 흐르면서 b 점은 a 점보다 $V(= IR)$ 만큼 전압 강하가 되었다.(전압이 떨어졌다.)

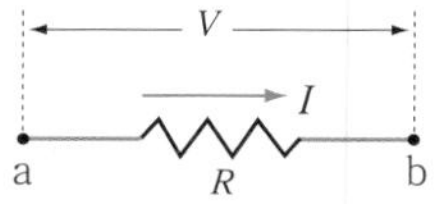

전류가 흐르는 방향과 전압(전위차)

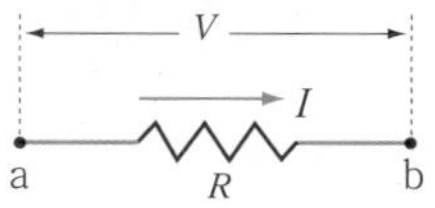

- 전류는 전위가 높은 곳에서 낮은 곳으로 흐른다.(전위 : 물이 흐를 때 수위와 비유됨)
- a 점의 전위는 b 점의 전위보다 높다. (a 점과 b 점의 전위차 : V → 전압)
- a 와 b 사이의 전압 → '저항 R 에 걸리는 전압' 이라고도 한다.

정답 p 9

Q14 저항 3 Ω 에 흐르는 전류가 2 A 일 때 저항 양단에 걸리는 전압은 몇 V 인가?

Q15 오른쪽 그래프는 어떤 저항선의 양 끝에 걸리는 전압을 변화시키면서 저항선에 흐르는 전류를 측정한 것이다. 이 저항선의 저항은 몇 Ω 인가?

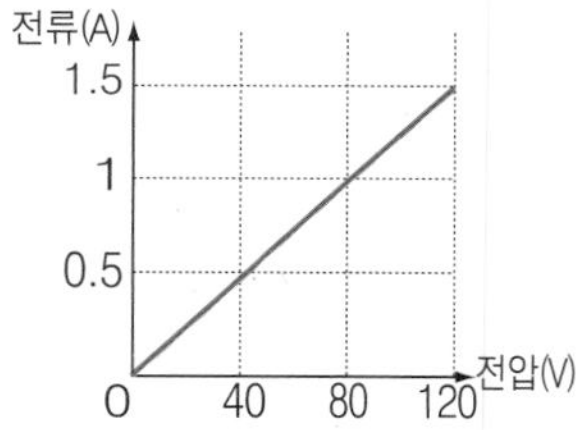

Q16 오른쪽 전기 회로도 상에 a 점과 b 점이 있다.

(1) 저항을 흐르는 전류는 몇 A 인가?
(2) 전류는 (시계 방향, 반시계 방향)으로 흐르므로 전위는 (a 점, b 점)이 높다.
(3) (a 점, b 점)에서 (a 점, b 점)으로 전압 강하가 (　) V 일어났다.

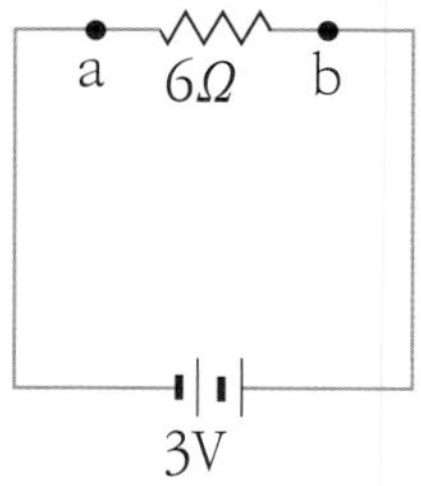

개념 확인 문제

전류

40 **다음에서 전하와 전류의 설명 중 옳지 않은 것은?**

① (+)전하의 흐름을 전류라고 한다.
② 전하의 종류에는 (+)전하와 (−)전하가 있다.
③ 저항을 통과하면서 전하는 소멸된다.
④ 도선 내에서 실제로 이동하는 것은 전자이다.
⑤ 전자의 이동 방향은 전지의 (−)극에서 (+)극 방향이다.

41 **다음 중 전하량에 대한 설명 중 옳지 않은 것은?**

① 단위는 C (쿨롱) 이다.
② 도선을 통과한 전하량과 전류는 비례한다.
③ 전자 1 개가 갖는 전하량은 -1.6×10^{-19} C이다.
④ 1 C 의 전하량이 되기 위해서는 전자 6.25×10^{18} 개가 필요하다.
⑤ 1 A 의 전류가 0.5 초 동안 흐르면 도선의 한 곳을 통과한 전하량은 2 C 이 된다.

42 **어떤 도선에 500 mA 의 전류가 10 초 동안 흘렀다. 이 때 도선의 한 곳을 통과한 전자의 개수는 몇 개일까?**

43 **도선의 한 단면을 5 초 동안 100 C 의 전하량이 통과하였다. 이 도선에 흐르는 전류의 세기는 몇 A 인가?**

44 **그림은 도선 내부의 원자의 배치와 전자의 운동을 나타낸 것이다. 물음에 답하시오.**

P 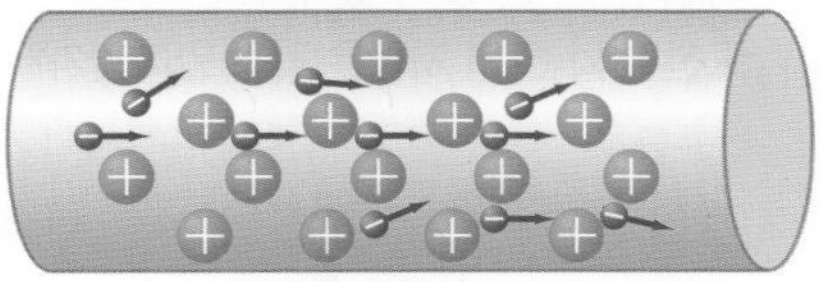 Q

(1) 이 도선에는 전류가 흐르고 있는가? 흐르고 있지 않은가?

(2) 이 도선이 전지와 연결되어 있다면 전지의 (+) 극은 P, Q 중 어디인가?

45 **그림처럼 전기 회로를 꾸몄을 때 사용되지 않은 전기 기호는 무엇인가?**

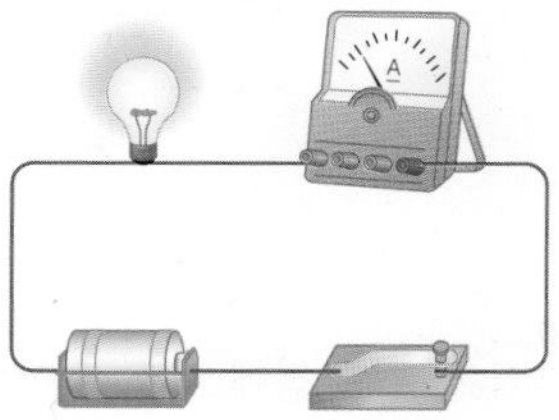

① 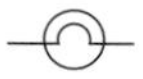 ②  ③ 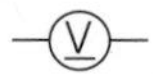
④  ⑤ 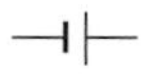

46 **전기 회로에 전류계를 연결한 그림이다. 전류계를 바르게 연결한 것은?**

① 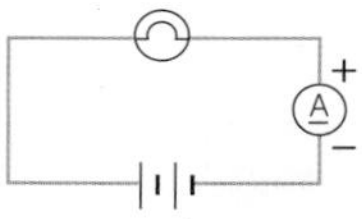
② 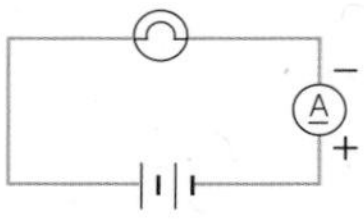
③ 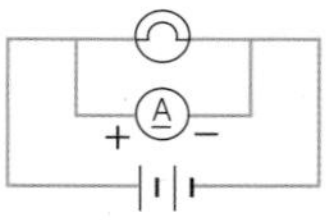
④ 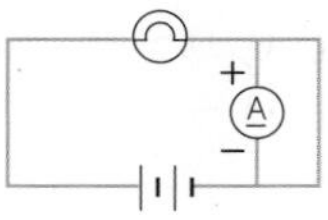
⑤ 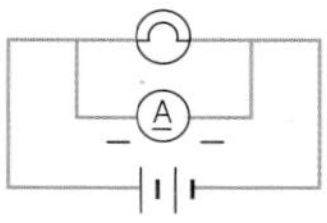

47 **전류계의 단자를 (가) 와 같이 연결했을 때 전류계의 눈금이 (나) 와 같았다면 전류의 세기는 얼마인가?**

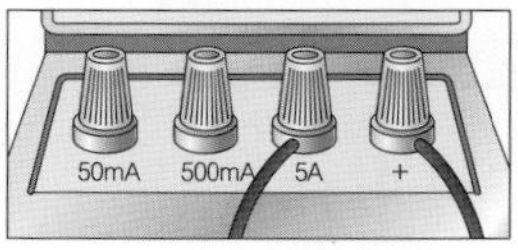

(가)

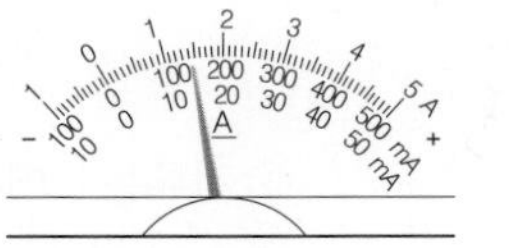

(나)

① 1.5 mA ② 15 mA ③ 150 mA
④ 1.5 A ⑤ 150 A

48 **전기 회로도에서 A 점을 흐르는 전류가 5 A 이고, B 점을 흐르는 전류는 1 A 였다.**

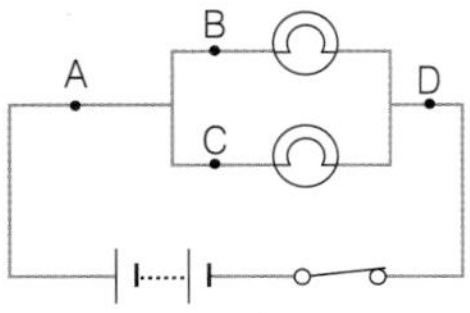

(1) C 점과 D 점에 흐르는 전류의 세기는 각각 몇 A 인가?

(2) C 점과 D 점을 2 분 동안 통과한 전하량은 각각 몇 C인가?

49 **전지와 전구 2 개가 직렬로 연결된 회로가 있다. 회로의 A 점을 2 초 동안 6.25×10^{19} 개의 전자가 통과하였다. 이때 회로의 B 점을 흐르는 전류의 세기는 몇 A 인가?**

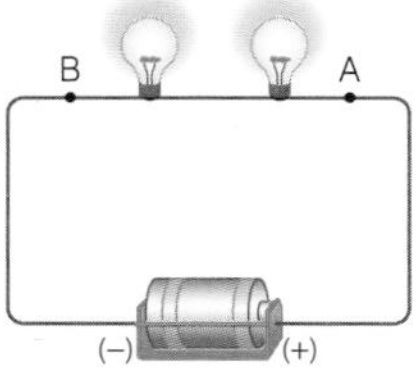

① 0.5 A ② 1 A ③ 2 A
④ 5 A ⑤ 10 A

50 **그림과 같이 대전된 금속박 검전기와 대전되지 않은 금속박 검전기를 도선으로 연결한 순간 나타나는 현상이 아닌 것은?**

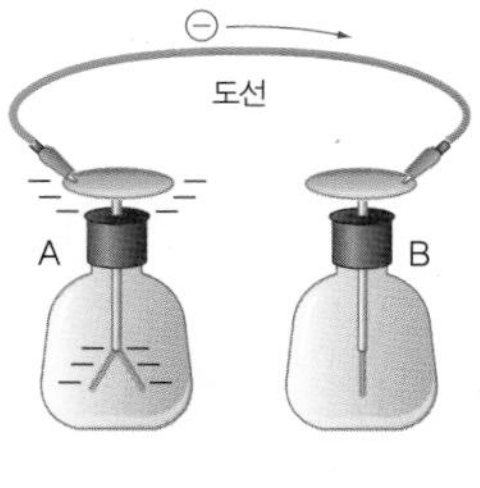

① 전류는 B 에서 A 로 흐른다.
② A 의 전하는 모두 없어진다.
③ B 의 (+) 전하가 감소하였다.
④ (−) 전기를 띤 전자가 A 에서 B 로 흐른다.
⑤ A 의 금속박은 오므라들고 B 의 금속박은 벌어진다.

전기 저항

51 **길이가 3 m 이고 단면적이 $0.2\ m^2$ 인 도선의 전기 저항은 얼마인가? (단, 이 도선의 비저항(ρ)은 1.5×10^{-18} Ω·m 이다.)**

52 **저항이 5 Ω 인 도선을 일정하게 늘려서 단면적이 처음의 $\frac{1}{3}$ 이 되게 하면 전기 저항은 몇 Ω 이 되는가?**

① 2.5 Ω ② 5 Ω ③ 15 Ω
④ 20 Ω ⑤ 45 Ω

53 **전기 회로를 설명하기 위해 그림처럼 못이 촘촘히 박힌 나무판을 경사지게 하여 쇠구슬이 굴러 내려가게 했다. 이 모형과 전기 회로를 비교 설명한 것 중에서 옳지 않은 것은?**

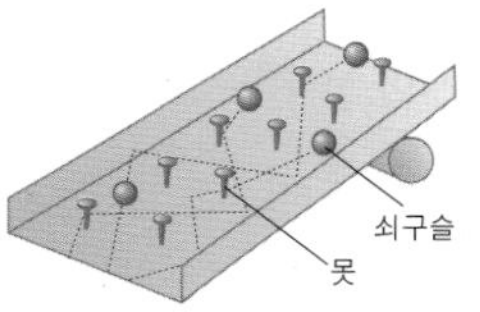

① 쇠구슬 - 전류 ② 경사판의 기울기 - 전압
③ 못 - 원자 ④ 못과 쇠구슬의 충돌 -저항
⑤ 나무판의 폭 - 도선의 굵기

54 **길이가 각각 10 cm, 30 cm, 20 cm 이고 단면적이 2 cm^2, 3 cm^2, 4 cm^2 인 같은 물질로 만들어진 원통 형의 도선 A, B, C 가 있다. 도선 A 의 저항이 20 Ω 일 때 도선 B 와 C 의 저항은 각각 얼마인가?**

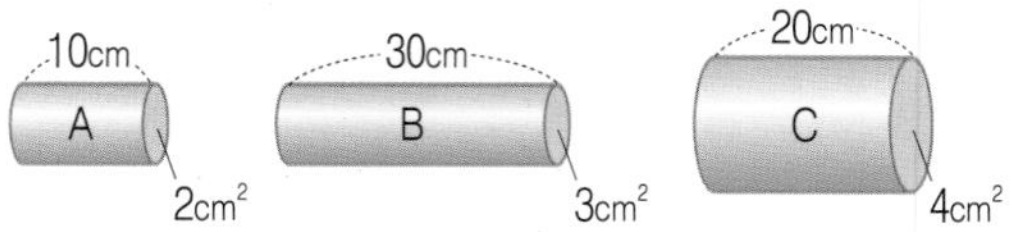

	B	C		B	C		B	C
①	40 Ω	20 Ω	②	20 Ω	20 Ω	③	40 Ω	10 Ω
④	20 Ω	10 Ω	⑤	40 Ω	40 Ω			

전기 회로에서의 전압과 저항, 전류

55 물의 흐름을 전기 회로에 비유할 때 비유되는 것을 쓰시오.

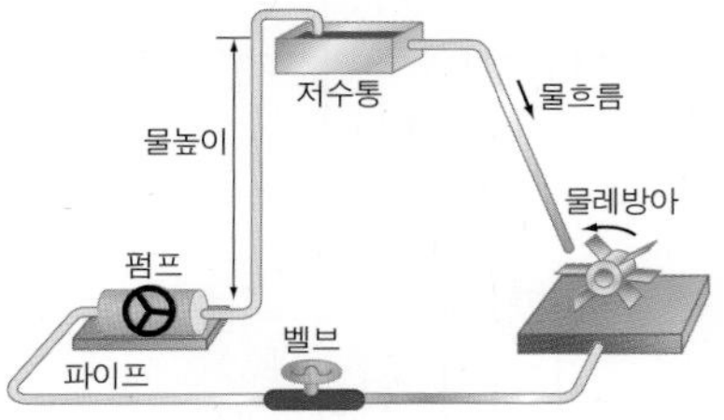

물의 흐름	전기회로	물의 흐름	전기회로
펌프		물	
밸브		물레방아	
물높이		파이프	

56 전기 회로에서 전구에 흐르는 전류와 전구 양끝의 전압을 측정하려고 한다. 전류계와 전압계가 바르게 연결된 전기 회로도는 어떤 것인가?

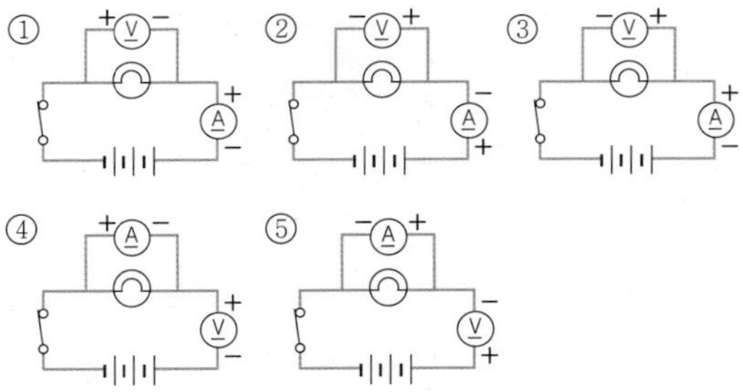

57 전압계를 연결한 단자와 눈금판이다. 현재 전압은 몇 V 인가?

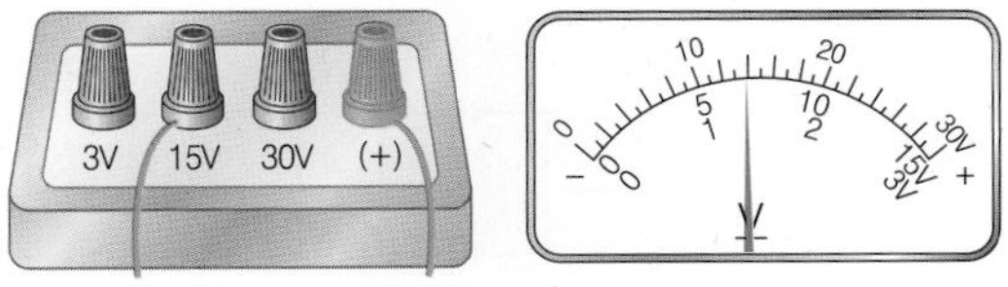

① 1.2 V ② 7 V ③ 12 V
④ 15 V ⑤ 30 V

58 일상생활에서 사용하는 손전등의 구조는 보통 아래와 같다.

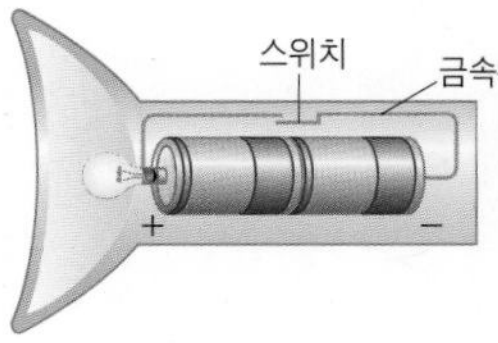

이것을 전기 회로도로 나타낸 것 중 옳은 것을 고르시오.

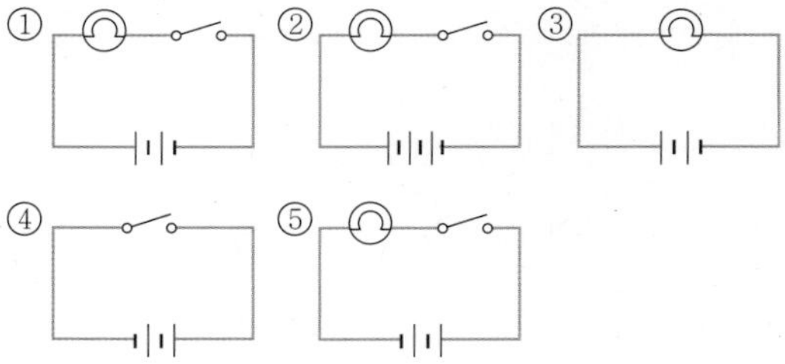

59 다음 그림과 같이 회로를 꾸미고 니크롬선 저항(R)에 흐르는 전류와 저항에 걸리는 전압을 측정하고자 한다. 다음 물음에 답하시오.

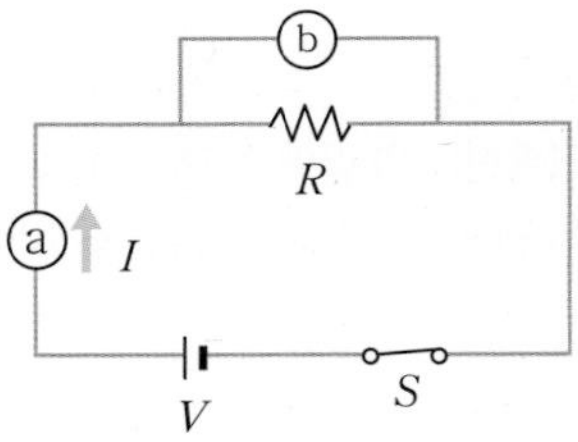

(1) 전기 회로의 ⓐ 와 ⓑ 에 연결해야 할 측정 기구는 각각 무엇인가?

(2) 스위치를 닫아 니크롬선에 걸린 전압이 6 V 일 때 0.5 A 의 전류가 흘렀다면 니크롬선의 저항은 얼마인가?

① 3 Ω ② 6 Ω ③ 9 Ω
④ 12 Ω ⑤ 18 Ω

60 다음 중 옴의 법칙을 바르게 나타낸 그래프를 있는 대로 고르시오.(V는 전압, I는 전류, R은 저항, Q는 전하량이다.)

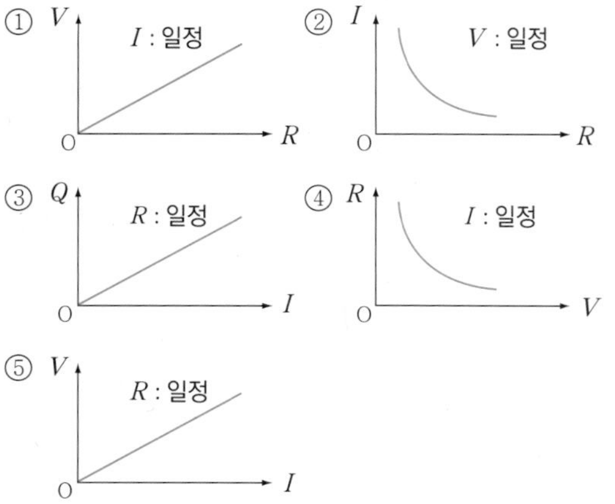

61 니크롬선의 양 끝에 걸리는 전압과 니크롬선을 흐르는 전류의 관계 그래프이다. 니크롬선의 저항은 얼마인가?

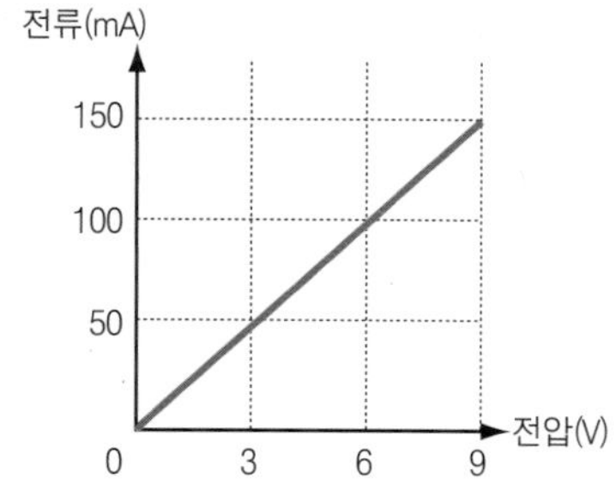

① 6 Ω ② 12 Ω ③ 30 Ω
④ 50 Ω ⑤ 60 Ω

62 그림과 같이 전지가 각각 연결되어 있다. 전지 1 개의 전압은 1.5 V 라고 할 때 다음 물음에 답하시오.

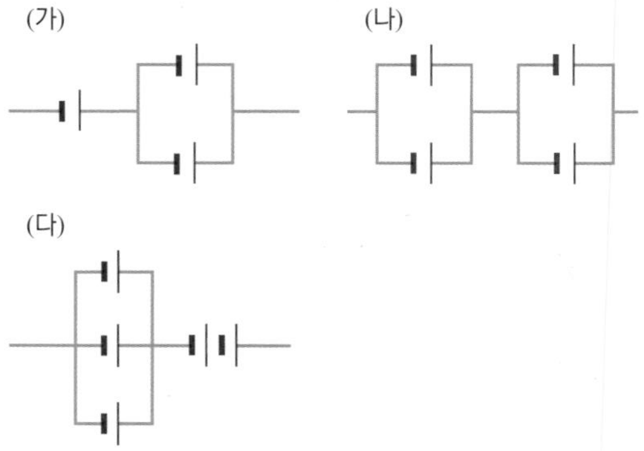

(1) (가), (나), (다)의 전체 전압을 각각 구하시오.

(2) 전구에 연결했을 때 전구의 밝기가 가장 밝은 회로는 어느 것인가?

63 그림과 같이 10 Ω 의 저항이 전지에 연결된 전기 회로에서 전류계의 눈금이 400 mA 를 가리켰다면 전압계의 눈금은 몇 V 를 나타내겠는가?

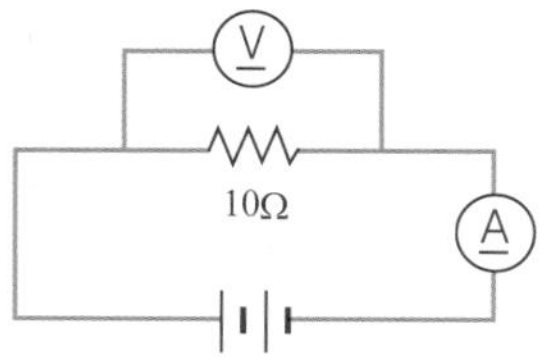

① 4 V ② 10 V ③ 25 V
④ 400 V ⑤ 4000 V

64 그림처럼 1.5 V 전지 4 개를 6 Ω 의 저항에 연결하였을 때 저항에 흐르는 전류의 세기는 얼마인가?

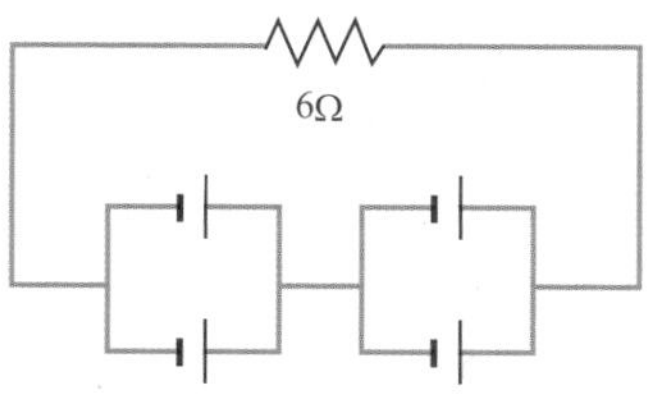

① 0.5 A ② 1 A ③ 2 A
④ 5 A ⑤ 18 A

22 다음 전기 회로도에서 1 분 동안 도선의 한 지점을 통과한 전하량은 몇 C 인가?

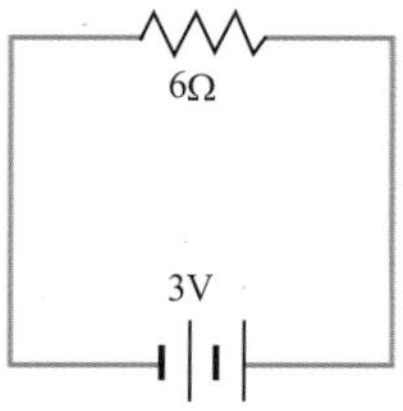

23 표면에 2 C 의 전하가 분포되어 있는 도체 구를 끈에 매달아 주기 0.1 초로 원운동시킨다면 도체 구에 의한 전류는 몇 A 인가?

24 오른쪽 그래프는 두 저항선 A, B 에 걸리는 전압과 흐르는 전류의 관계이다. 물음에 답하시오.

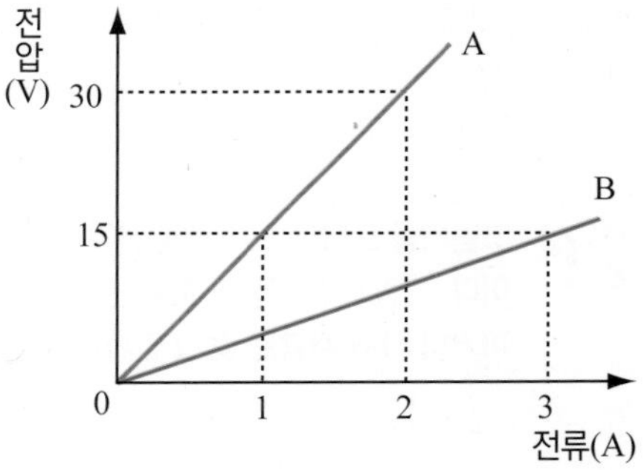

(1) 저항선 A, B 의 저항을 각각 구하시오.

(2) 이 그래프에 대한 설명으로 옳은 것은?

① 그래프의 기울기는 저항이다.
② A 의 저항이 B 의 저항보다 더 작다.
③ A 와 B 의 길이가 같다면 A 의 단면적이 더 크다.
④ A 와 B 의 단면적이 같다면 B 의 길이가 더 길다.
⑤ 두 저항선 양 끝에 같은 전압을 걸면 A 가 B 보다 더 많은 전류가 흐른다.

개념 돋보기

전자의 이동과 전류

전자가 도선을 따라 이동하면서 전류가 발생한다. 전자에 에너지를 공급하여 이동하게 하는 것은 전지 등 기전력을 갖는 전원 장치이다. 전자는 음(-)전하를 띠므로 이동 방향을 전류의 방향과 반대로 생각해야 한다.
전자의 이동이 전류의 발생 원인이므로 전자의 이동과 전류는 동시에 일어나는 것이다.
전자 1 개의 전하량은 -1.6×10^{-19}C 이며 1 C 이 되려면 6.25×10^{18} 개의 전자가 있어야 한다. 전류는 1 초 동안 도선의 한 곳을 통과한 전하량 (C : 쿨롱)이다. 1 초에 1 C 이 통과하면 1 A, 0.5 초에 1 C 이 통과하면 1 초에는 2 C 이 통과하므로 2 A 이다. $I = \frac{q}{t}$, $q = I \cdot t$ 이다. 주기가 0.1 초이면 한 곳을 1 초에 10 번 지나간다.

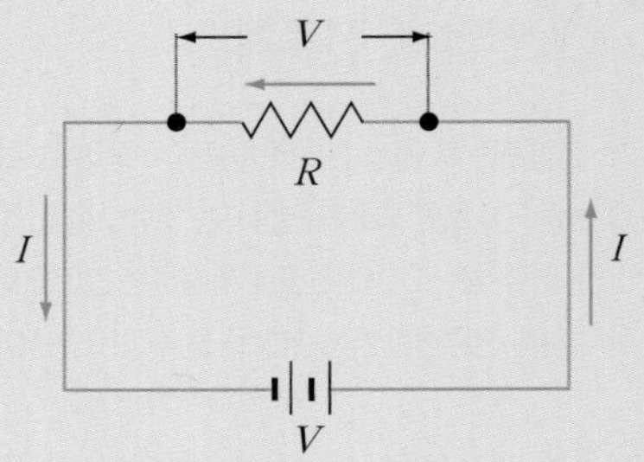

개념 심화 문제

25 **그림과 같이 전기 회로를 꾸몄다. 사용된 전지 1 개의 전압은 1.5 V 이다. 물음에 답하시오.**

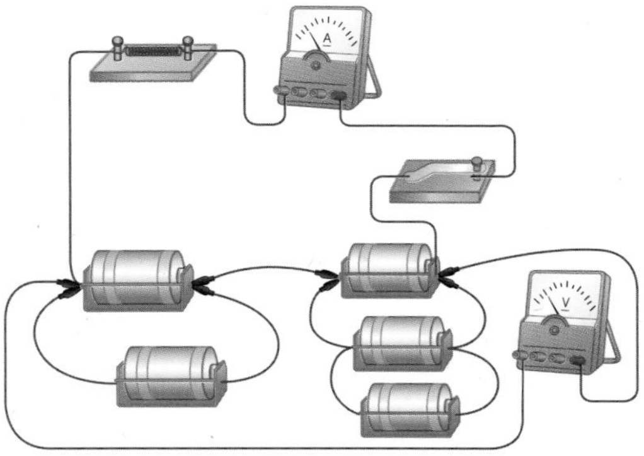

(전기 회로도)

(1) 전기 기호를 사용하여 전기 회로도를 그려 보시오.

(2) 전압계의 눈금은 몇 V 를 가리키고 있겠는가?

(3) 전류계의 눈금이 15 mA 를 가리키고 있다면 사용된 니크롬선의 저항은 얼마인가?

26 **그림처럼 오디오 스피커에 전체 길이 20 cm 인 저항선이 연결되어 있다. 저항선의 전체 저항은 10 Ω 이고 전지의 전압은 1.5 V 이다. 그림의 A 지점이 저항선의 (가)로부터 (나)쪽으로 2 cm 되는 곳에 연결되었을 때 스피커에 흐르는 전류가 150 mA 였다. 스피커의 자체 저항은 몇 Ω 인가?**

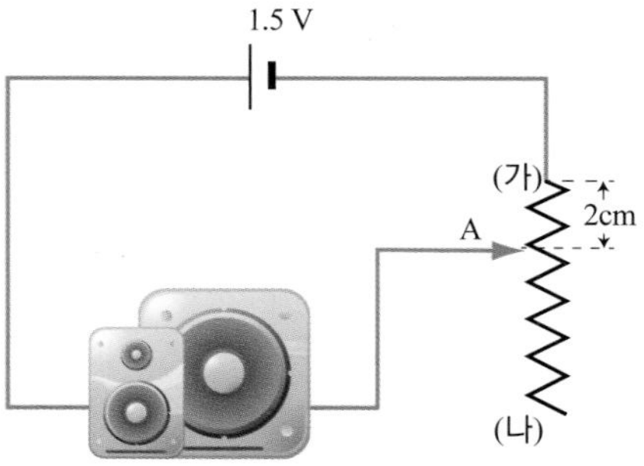

개념 돋보기

전압계, 전류계

25. 전압계는 두 곳의 전위의 차(전압 ; 물이 흐르는 회로에서는 수위 차)를 재는 것이므로 회로 두 곳에 저항과 병렬 연결한다. 전압계를 통하여 직접 전류가 흐르면 회로가 변형되는 것이므로 전압계의 내부 저항을 매우 크게 하여 전압계로 흐르는 전류를 최소화시킨다.
반면, 전류계는 도선의 전류를 측정하는 것이므로 전류가 모두 전류계를 통과해야 한다(직렬 연결). 그렇지만 전류계로 인한 회로의 변형을 최소화하기 위해 전류계의 자체 저항을 될 수 있으면 작게 하여 회로 전체의 저항에 영향을 미치지 않게 한다

26. 모든 전기 제품이 그 기능을 하기 위해서는 저항에서 나오는 에너지가 필요하다.

27 전기 회로의 A, B 부분에 원통형 저항체를 연결하여 전류를 측정하였더니 3 A 가 측정되었다. 이 저항체를 반으로 잘라 병렬로 또 다시 A, B 부분에 연결한다면 전류계에 나타나는 전류의 값은 얼마이겠는가?

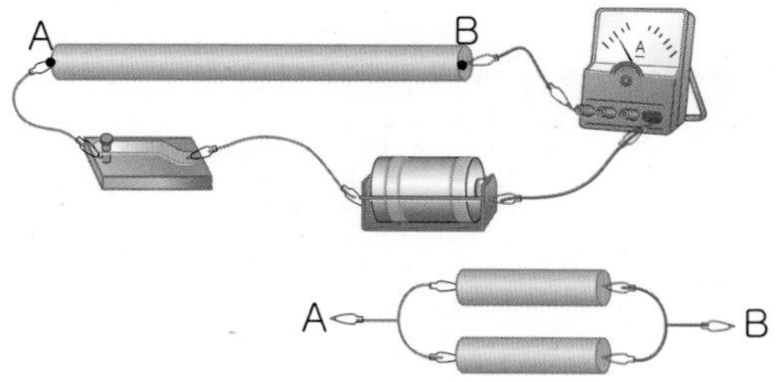

28 그림에서 (A) 는 단면적 a 와 b 이고 길이가 l 인 두 구리 도선을 붙여 놓았다. (B)는 같은 구리 도선이지만 길이가 $2l$ 이고 단면적을 알 수 없었다. 전지를 연결하여 왼쪽에서 오른쪽으로 전기를 통해 보니 (A) 와 (B) 의 전기 저항이 같게 나타났다. 구리 도선 (B)의 단면적 S 을 구하시오.

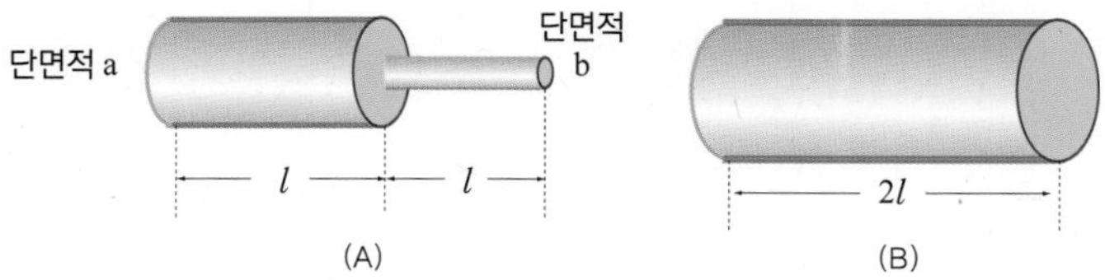

29 금속의 저항 R 은 온도에 따라서 그 값이 변한다. 온도가 올라가면 전자의 활발한 운동에 의해서 금속의 비저항(ρ)이 증가하기 때문이다. 어떤 전구의 필라멘트의 저항을 0 ℃ 에서 측정하니 6.5 Ω 이었다. 이 필라멘트에 100 V 의 전압을 걸어서 전구를 켠 다음 전류를 측정하니 1 A 였다. 필라멘트(니크롬선)의 저항의 온도계수를 6×10^{-3}/℃ 라고 하면 점등했을 때 필라멘트의 온도는 몇 ℃ 인가?

개념 돋보기

저항의 연결

27. 저항체의 길이를 반으로 자르면 자른 1개의 저항은 절반이 된다.

온도와 저항

28 ~ 29. 온도가 증가하면 도체의 저항은 커진다. 물질의 비저항 ρ 값이 커지기 때문이다.

R (저항) = $\rho \dfrac{l}{S}$, $\rho = \rho_0(1 + \alpha \cdot t)$ 이므로, R (온도가 t ℃ 일때 저항) = $R_0(1 + \alpha \cdot t)$, (R_0 : t (온도)가 0 ℃ 일 때의 저항)

이 식에서 저항을 알면 저항체의 온도를 구할 수 있다.

6. 저항의 연결

저항 여러 개를 연결할 때 합성 저항, 전류와 전압 구하기

(1) 직렬 연결 [1]

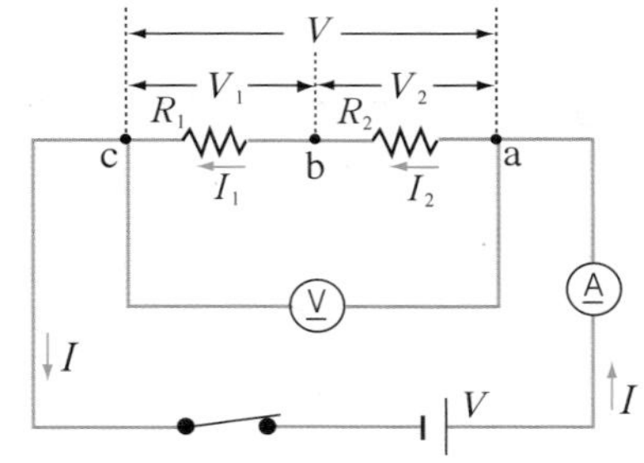

- $V = V_1 + V_2 = IR$(R은 합성 저항)
- $I_1 = I_2 = I$ (전하량 보존 법칙)
- $V_1 = I_1R_1 = IR_1$, $V_2 = I_2R_2 = IR_2$
- $IR(V) = IR_1(V_1) + IR_2(V_2)$
- $\therefore R$(합성 저항) $= R_1 + R_2$

  $V_1 : V_2 = R_1 : R_2$(비례)

● **전압 강하** : a → b 로 전류가 흐르는 중에 전압 강하가 IR_1 (V_1)만큼 일어나고, b → c 로 전류가 흐르는 중에 전압 강하가 $IR_2(V_2)$ 만큼 일어난다. 전체 전압 강하는 $V_1 + V_2$ 이다.

(2) 병렬 연결 [2]

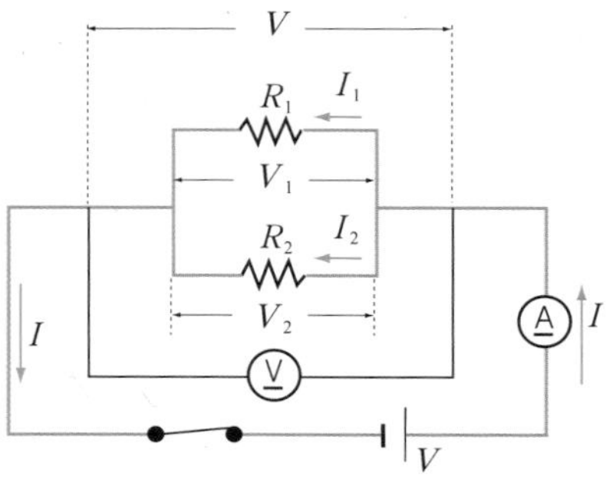

- $V = V_1 = V_2 = IR$ (R 은 합성 저항)
- $I_1 + I_2 = I$ (전하량 보존 법칙)
- $I = \dfrac{V}{R}$, $I_1 = \dfrac{V_1}{R_1} = \dfrac{V}{R_1}$, $I_2 = \dfrac{V_2}{R_2} = \dfrac{V}{R_2}$

  $\dfrac{V}{R} = \dfrac{V}{R_1} + \dfrac{V}{R_2}$

$\therefore \dfrac{1}{R(\text{합성저항})} = \dfrac{1}{R_1} + \dfrac{1}{R_2}$, $R = \dfrac{R_1 \times R_2}{R_1 + R_2}$

$I_1R_1 = I_2R_2$, $I_1 : I_2 = R_2 : R_1$ (반비례)

● **전압 강하** : I_1 에 의한 전압 강하와 I_2 에 의한 전압 강하는 같다.($V_1 = V_2$)

정답 p12

Q17 그림의 회로에서 합성 저항과 전류계에 흐르는 전류를 구하시오.

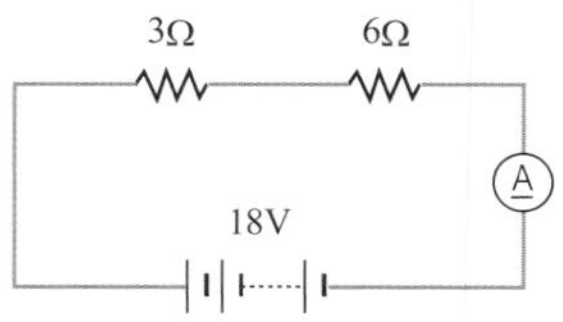

Q18 그림처럼 저항이 연결되어 있을 때 합성 저항은 얼마인가?

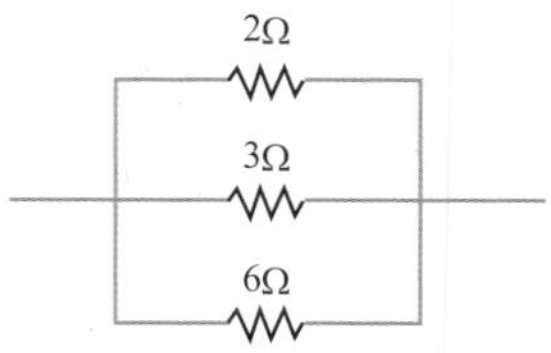

Q19 그림과 같은 회로에서 AB 사이의 전압은 몇 V 인가?

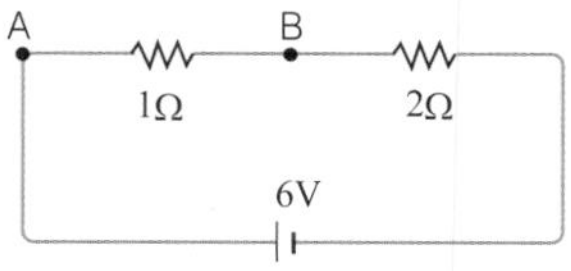

---

[1] **직렬 연결 시 저항에 걸리는 전압과 수압의 비교**

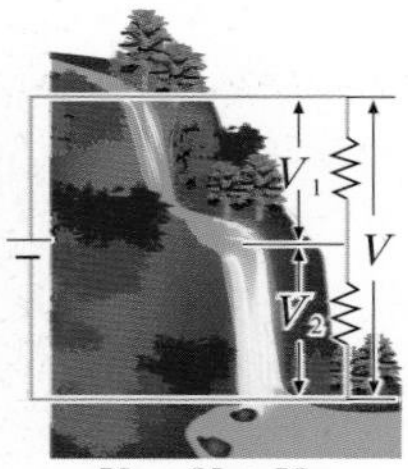

$V = V_1 + V_2$

저항을 직렬로 연결하는 것은 저항체의 길이가 길어지는 것과 같다.

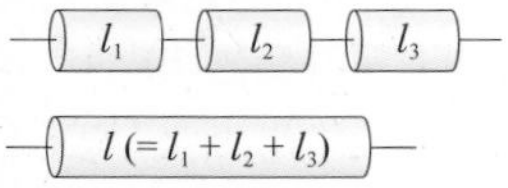

$R = \rho\dfrac{l}{S} = \rho\dfrac{l_1 + l_2 + l_3}{S}$

$= \rho\dfrac{l_1}{S} + \rho\dfrac{l_2}{S} + \rho\dfrac{l_3}{S}$

$= R_1 + R_2 + R_3$

[2] **병렬 연결 시 저항에 걸리는 전압과 수압의 비교**

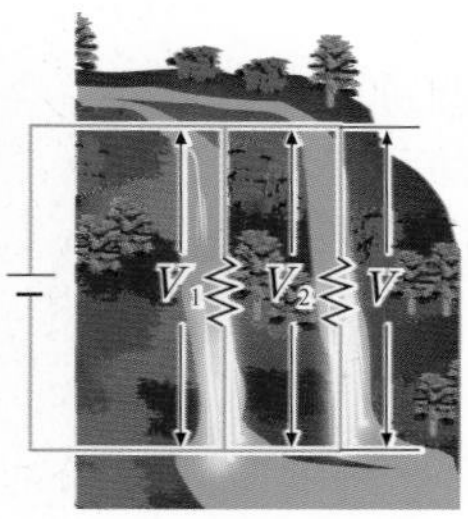

$V = V_1 = V_2$

저항을 병렬 연결하는 것은 단면적이 늘어나는 것과 같아서 전체 저항은 감소한다.

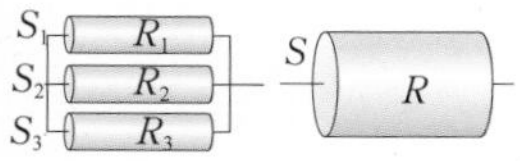

$R = \rho\dfrac{l}{S}$, $S = S_1 + S_2 + S_3$

$\dfrac{1}{R} = \dfrac{1}{R_1} + \dfrac{1}{R_2} + \dfrac{1}{R_3}$

(3) 혼합 연결

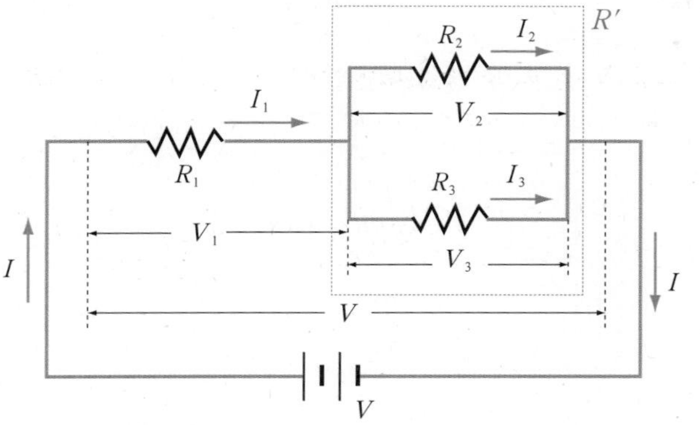

합성저항을 구할 때는 병렬 연결된 부분을 먼저 하나의 저항으로 보고 저항값을 구해 놓는다.

병렬 연결된 저항에서는 저항이 클수록 전류는 적게 흐른다. 저항과 전류는 서로 반비례한다.

전지의 (+) 극에서 나온 전류와 전지의 (-)극으로 들어가는 전류는 같아야 한다.

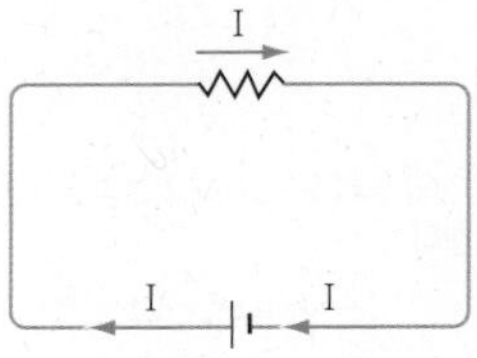

① 전체 합성 저항(R) 구하기

R_2 와 R_3 가 병렬 연결되어 있고 두 저항의 합성 저항을 R' 이라고 하면

$$\therefore \frac{1}{R'} = \frac{1}{R_2} + \frac{1}{R_3} \qquad R' = \frac{R_2 \times R_3}{R_2 + R_3}$$

R_1 과 R' 은 직렬연결되어 있으므로 $R\text{(전체)} = R_1 + R' = R_1 + \dfrac{R_2 \times R_3}{R_2 + R_3}$

② 전류 구하기

전기 회로에 흐르는 전류(I)는 전압(V)에 비례하고 저항(R)에 반비례한다.

- $I = \dfrac{V}{R}$ (I : 전체 전류)
- $R_1 : R' = V_1 : V_2 = V_1 : V_3$, ($V_2 = V_3$)
- $I = I_1 = I_2 + I_3$ (전하량 보존 법칙)
- $V_1 + V_2 = V_1 + V_3 = V$ (전압 강하)
- $I_2 : I_3 = R_3 : R_2$ ($I_2R_2 = I_3R_3$)

가정에서의 전기 회로

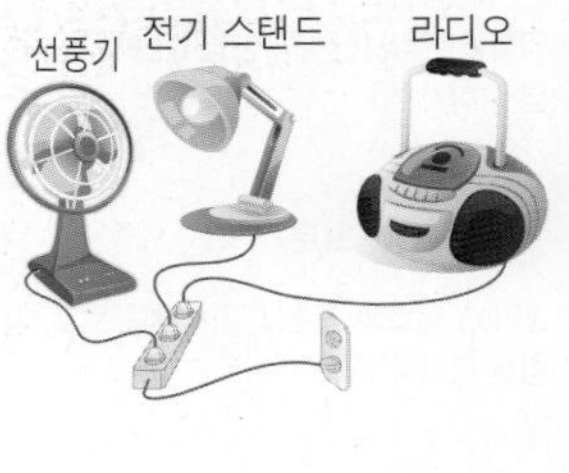

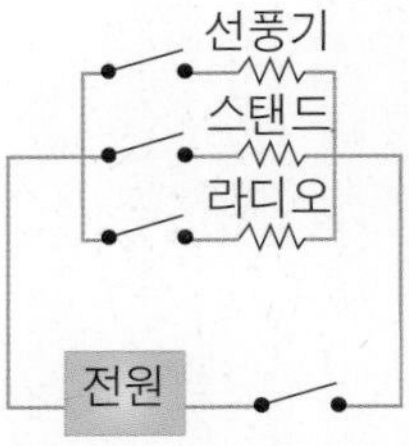

가정용 가전 제품은 같은 전압이 걸리도록 병렬로 연결한다.

정답 p12

Q20 세 개의 전기 회로에서 저항 A, B, C 에 흐르는 전류의 비를 구하시오. (저항 1 개의 저항값은 모두 같고 동일한 전지에 연결되어 있다.)

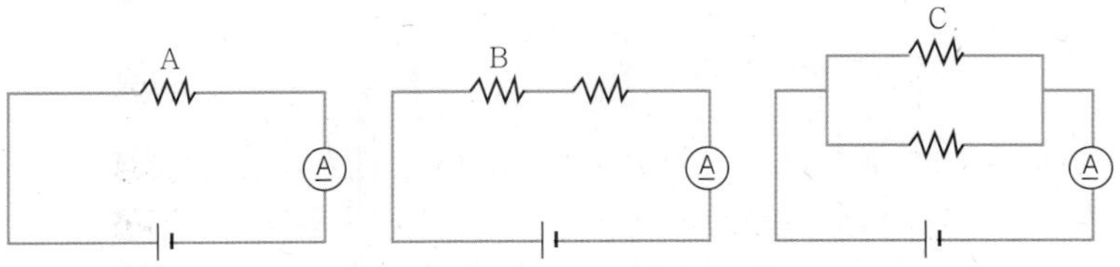

Q21 그림과 같이 세 개의 저항을 연결한 후 45 V 의 전압을 걸었다. 물음에 답하시오.

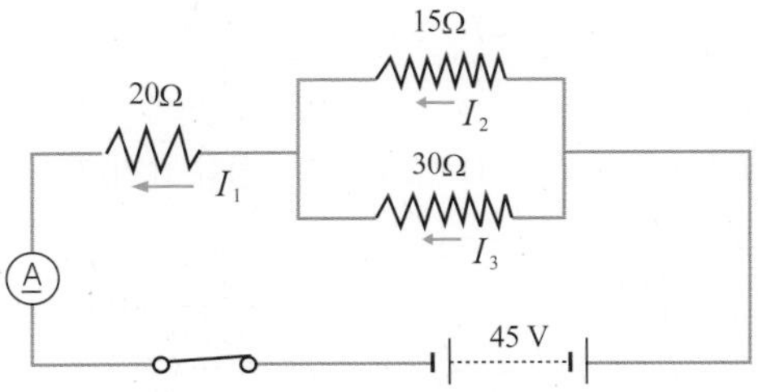

(1) 전체 저항을 구하시오.
(2) 전류계는 몇 A 를 나타내고 있겠는가?
(3) I_1, I_2, I_3 를 구하시오
(4) 15 Ω 에 걸린 전압과 30 Ω 에 걸린 전압을 비교하시오.

키르히호프(G. R. Kirchhoff, 1824~1887)

전기 회로, 분광학(分光學), 흑체 복사 등의 분야에 공헌이 있는 독일의 물리학자

(4) 키르히호프의 법칙 – 옴의 법칙의 응용

① **제 1 법칙(전하량 보존의 법칙)** : 도선들이 서로 만나는 접점으로 들어간 전류의 합과 접점에서 나오는 전류의 합은 같다. (I_1, I_2, I_3 은 임의로 정한다.)

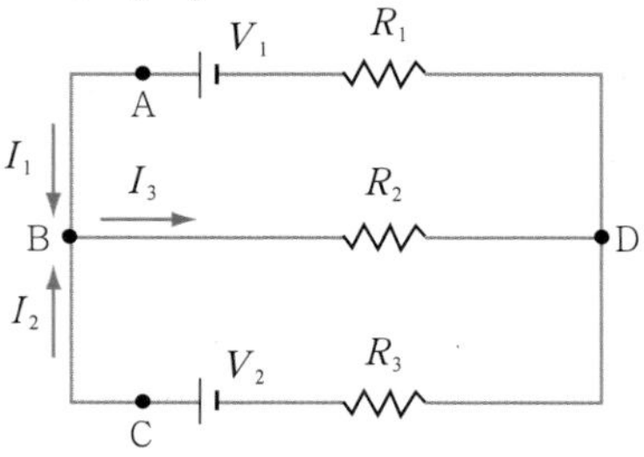

회로에서 접점 B 로 들어간 전류($I_1 + I_2$)와 B 에서 나오는 전류(I_3)는 같다.[3]

$$I_3 = I_1 + I_2 \quad \text{--- (ㄱ)}$$

③ 접점 D로 들어간 전류와 나온 전류

- 접점 D 로 들어간 전류 : I_3
- 접점 D 에서 나온 전류 : $I_1 + I_2$

$I_1 + I_2 = I_3$

② **제 2 법칙(전위 보존의 법칙)**

- 전지의 (+) 극은 (–) 극 보다 전지의 전압만큼 전위가 높다.
- 저항 R 에 전류 I 가 흐르면 저항을 지나면서 $V = IR$ 만큼의 전압 강하가 일어난다.
- 한 지점에서 회로를 따라 전위를 증가시키거나 감소시키면서 한 바퀴를 돌아 원 위치로 오게 되면 전위의 증감은 0 이 된다.

전압 강하는 – 로 하고 전압 상승은 + 로 한다.

❶ ABDA 회로(전류가 반시계 방향으로 흐르고 있다고 가정함)(R_1 를 흐르는 전류는 I_1 임)[4]

$$-I_3 R_2 - I_1 R_1 + V_1 = 0 \quad \text{--- (ㄴ)}$$

❷ CBDC 회로(전류가 시계 방향으로 흐르고 있다고 가정함)[5] (R_3 를 흐르는 전류는 I_2 임)

$$-I_3 R_2 - I_2 R_3 + V_2 = 0 \quad \text{--- (ㄷ)}$$

❸ 위의 (ㄱ), (ㄴ), (ㄷ) 의 식으로부터 I_1 , I_2 , I_3 등을 구한다.

④ ABDA 회로

저항 R_2 를 통과하는 전류는 I_3
저항 R_1 을 통과하는 전류는 I_1 이다. 전지에서 나간 전류와 들어오는 전류는 같아야 한다.(전하량 보존)
반시계 방향으로 전지 V_1 은 전압 상승의 역할을 한다. (전지의 방향이 반대이면 전압 강하가 됨)

⑤ CBDC 회로

ABDA 회로와 전류 I_3 가 겹치므로 I_3 방향을 참고하였다.

예제 다음의 회로에서 스위치 S 를 닫았을 때 전류 I_1 , I_2, I 를 구하시오.

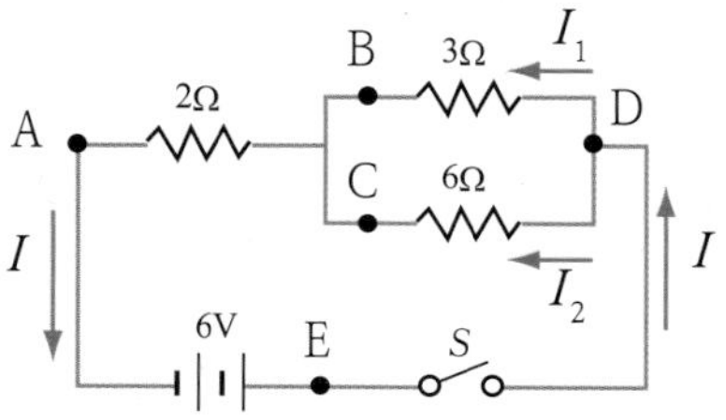

제 1 법칙의 적용 : 접점 D 로 들어가는 전류와 나오는 전류는 같다.

$$I = I_1 + I_2 \quad \text{--- (ㄱ)}$$

제 2 법칙의 적용

AEDCA 회로 : $6 - 6 \times I_2 - 2 \times I = 0$ (2 Ω 에는 전류 I 가 흐른다) --- (ㄴ)

BCDB 회로 : $6 \times I_2 - 3 \times I_1 = 0$ --- (ㄷ)

(ㄷ)으로부터 $I_1 = 2I_2$ 이고 결과를 (ㄱ) 에 대입하면 $I = 3I_2$ 이다.

(ㄴ) 으로부터 $3 = 3 \times I_2 + I = 3I_2 + 3I_2 = 6I_2$

$$I_1 = 1\text{ A}, \quad I_2 = 0.5\text{ A}, \quad I = 1.5\text{ A}$$

정답 $I_1 = 1$ A, $I_2 = 0.5$ A, $I = 1.5$ A

이 결과는 합성 저항의 방식으로 푼 결과와 일치한다.

(5) 대칭형 회로 회로가 대칭형일 때 연결된 저항의 대칭성을 이용하여 문제를 풀 수 있다. 전기 회로 상에서 연결되었으나 전위가 같은 두 점 사이에는 전류가 흐르지 않는다는 점을 이용한다.

예제 그림처럼 저항값이 R 인 12 개의 저항이 연결되어 있다. 전류가 A 점으로 흘러들어가서 I 점으로 나올 때 합성 저항을 구하시오.

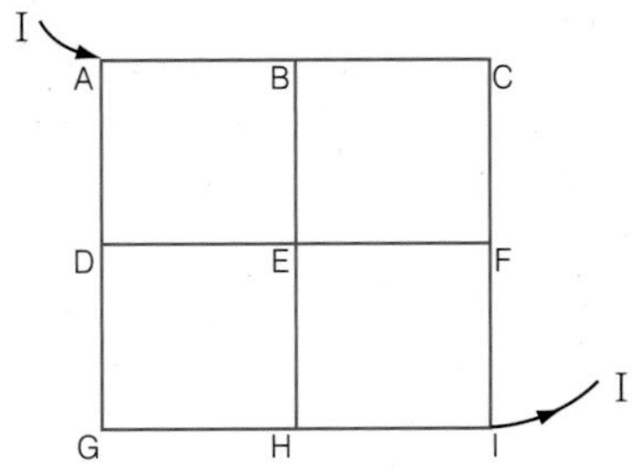

풀이 1 총 전압 강하 계산

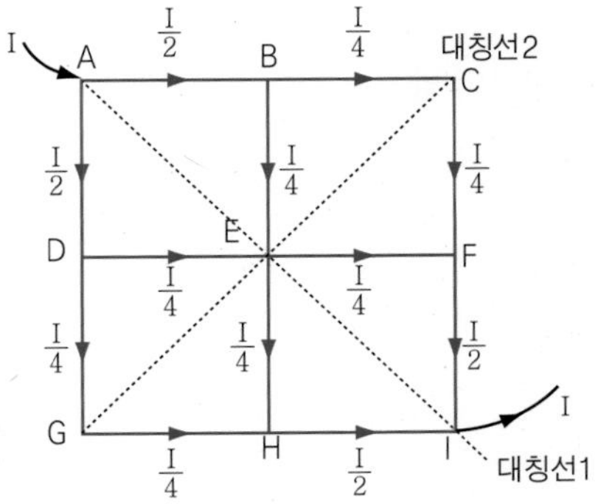

그림처럼 대칭선 1 의 좌우로 전류는 같은 형태로 그림처럼 나누어져서 흐른다. A 점에서 I 점까지 총 전압 강하를 계산하면 한 변의 저항은 R 이므로

$\therefore$ 총 전압 강하 $V_{AI} = IR_{총저항}$

$$= \frac{1}{2}IR + \frac{1}{4}IR + \frac{1}{4}IR + \frac{1}{2}IR = \frac{3}{2}IR$$

$\therefore R_{총저항} = \frac{3}{2}R$

(A~I)의 총 전압 강하는 A 로부터 I 까지 한 가지 경로를 따라서 합산한다.

풀이 2 등전위 방법

전위가 같은 점 : B 와 D, C 와 E 와 G, F 와 H 이다. 전위가 같은 점은 서로 전류가 통하지 않으므로 연결하여도 전기적 의미는 같다.

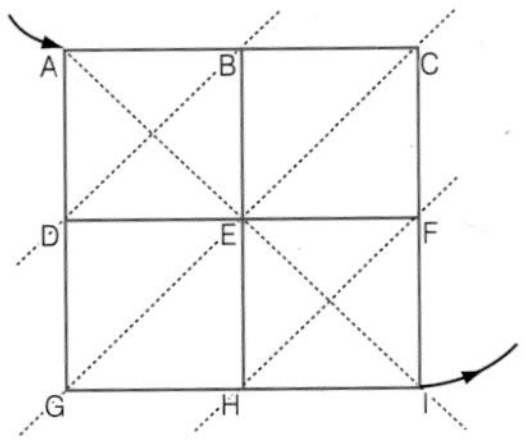

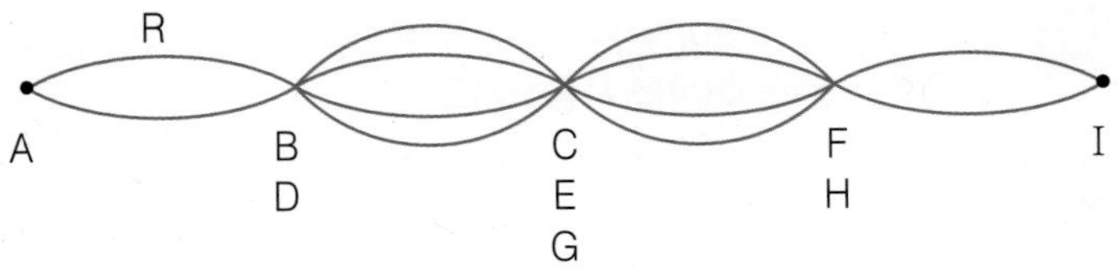

각 마디 사이는 저항 R 이 병렬 연결된 형태이다.

R(전체) = 저항(A ~ B, D) + 저항(B, D ~ C, E, G) + 저항(C, E, G ~ F, H) + 저항(F, H ~ I)

$$= \frac{R}{2} + \frac{R}{4} + \frac{R}{4} + \frac{R}{2} = \frac{3}{2}R$$

정답 p12

Q22 위 문제에서 전류가 D 점에서 들어가 F 점으로 나올 때 총 저항을 구하시오.

휘트스톤
[C.Wheatstone,1802~1875]
영국의 물리학자 ·발명가

가변저항 기호
저항값을 조정할 수 있는 저항이다.

❺ 휘트스톤 브리지
휘트스톤 브리지에서 스위치 S_1, S_2를 닫았을 때 검류계에 전류가 흐르지 않으면 B와 D 점은 전위가 같고, 떨어져 있는 두 점으로 취급한다.(서로 붙어있는 두 점으로 취급해도 결과는 같다.)

전구는 저항이므로 병렬 연결할수록 저항이 작아져서 전류가 많이 흐른다.

전지는 전압을 발생시키므로 직렬 연결하여 높은 전압을 발생시킬수록 전류가 많이 흐른다.
전구의 연결 : 병렬 연결할수록 밝다.
전지의 연결 : 직렬 연결할수록 밝다.

❻ (ㄹ) 회로
(ㄹ) 회로의 경우 회로 전체 전류는 $\frac{V}{R/2} = \frac{2V}{R}$ 이나 전구 1 개를 흐르는 전류는 $\frac{V}{R}$ 이다.

(6) 휘트스톤 브리지 (Wheatstone' bridge)

특정 저항을 측정하기 위해서 그림과 같은 휘트스톤 브리지 회로가 사용된다.

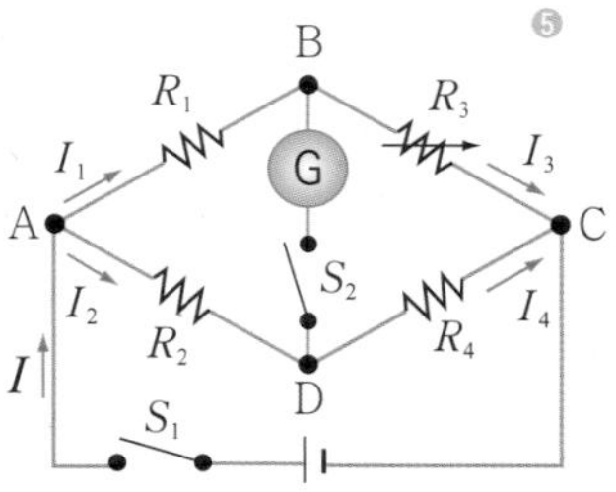

S_1, S_2 두 스위치를 닫고 검류계 Ⓖ 에 전류가 흐르지 않도록 가변 저항 R_3 를 조절하면 B 와 D 점의 전위가 서로 같은 것이므로
$I_1R_1 = I_2R_2$, $I_3R_3 = I_4R_4$ (전압 강하가 같다.)
$I_1 = I_3$, $I_2 = I_4$(전하량 보존) 이므로
$R_1R_4 = R_2R_3$ 이다.

(7) 전구의 밝기

① 전기 회로에서 전구는 저항의 일종이다.
② 한 회로에서 모두 같은 전구를 사용하고 있다면
- 전구를 흐르는 전류가 클수록 밝다.
- 전구에 걸리는 전압이 클수록 밝다.

③ 아래의 각 회로의 두 전구에 흐르는 전류가 같으므로 두 전구의 밝기는 같다.
전지 1 개의 전압이 V 라면

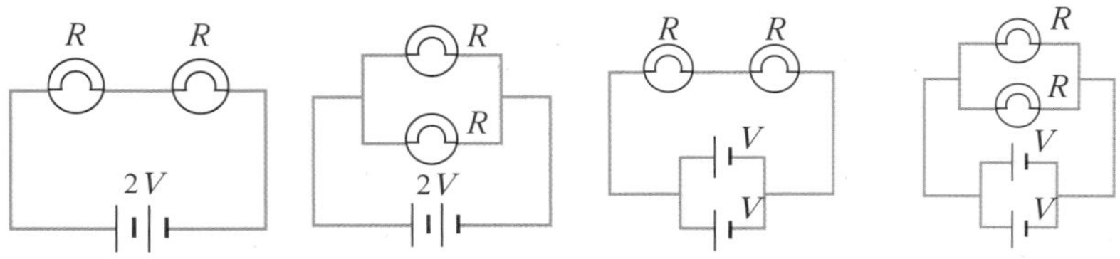

(ㄱ) (ㄴ) (ㄷ) (ㄹ)❻

❶ 각 회로의 전구 1 개에 걸리는 전압 : (ㄱ) V (ㄴ) $2V$ (ㄷ) $\frac{V}{2}$ (ㄹ) V

❷ 각 회로의 전구 1 개를 흐르는 전류 : (ㄱ) $\frac{V}{R}$ (ㄴ) $\frac{2V}{R}$ (ㄷ) $\frac{V}{2R}$ (ㄹ) $\frac{V}{R}$

→ **전압×전류의 값(=전력)이 클수록 밝다. 밝기 순 :** (ㄴ) > (ㄱ) = (ㄹ) > (ㄷ)

정답 p.12

Q23 그림과 같이 저항이 같은 전구가 같은 전지에 연결되어 있을 때 밝은 순서대로 쓰되, 밝기가 같은 전구는 등호(=)를 사용하시오.

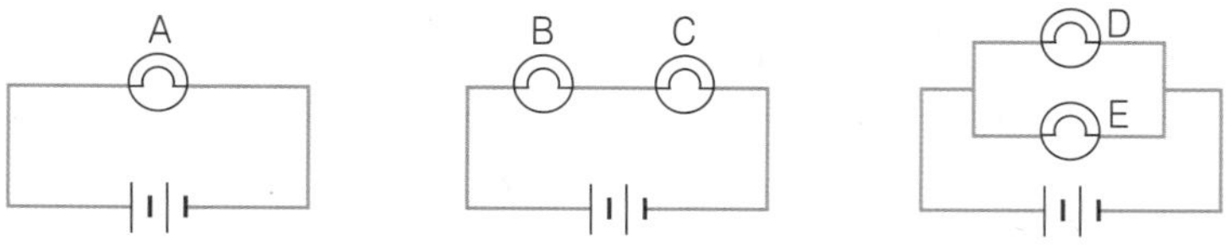

Q24 전지의 전압이 6V 인 회로에서 검류계 Ⓖ 에 전류가 흐르지 않았다. 저항 R 의 값과 전류 I 를 구하시오.

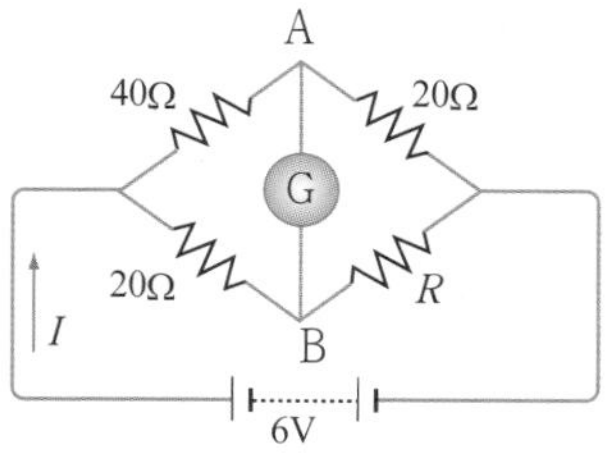

저항의 연결

65 저항 4 개를 직렬 연결하였다. 합성 저항은 얼마인가?

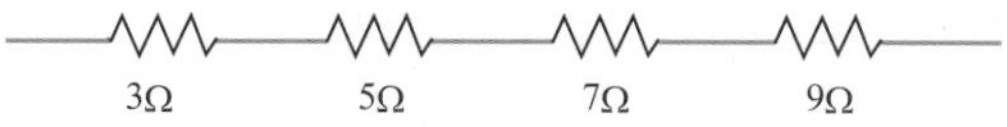

66 저항 3 개를 병렬 연결하였다. 합성 저항은 얼마인가?

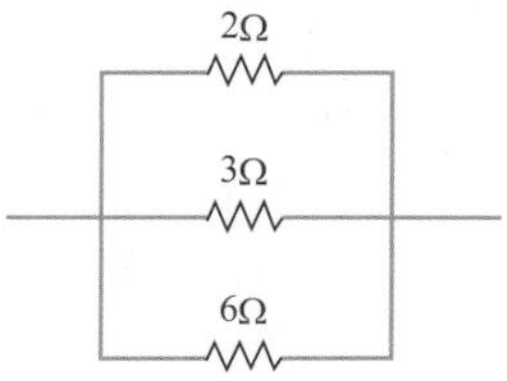

67 1 Ω 의 저항과 2 Ω 의 저항을 직렬 연결하여 6 V 의 전원에 연결하였다. 물음에 답하시오.

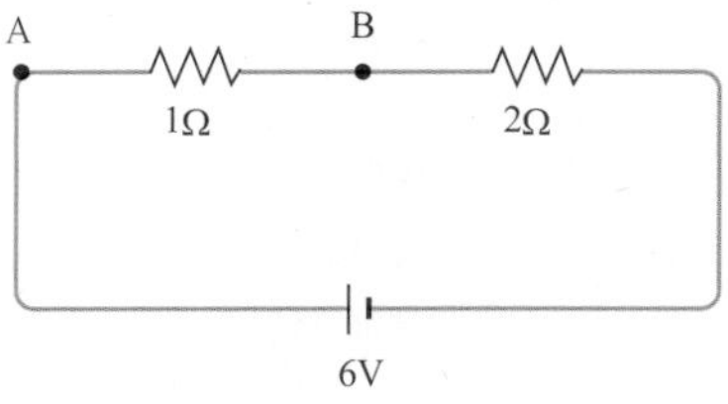

(1) A 점을 통과하는 전류는 얼마인가?

① 0.5 A ② 1 A ③ 2 A
④ 12 A ⑤ 18 A

(2) A - B 사이의 전압은 몇 V 인가?

① 1 V ② 2 V ③ 3 V
④ 4 V ⑤ 6 V

68 3 Ω 의 저항과 6 Ω 의 저항을 병렬 연결하여 12 V 의 전원에 연결하였다.

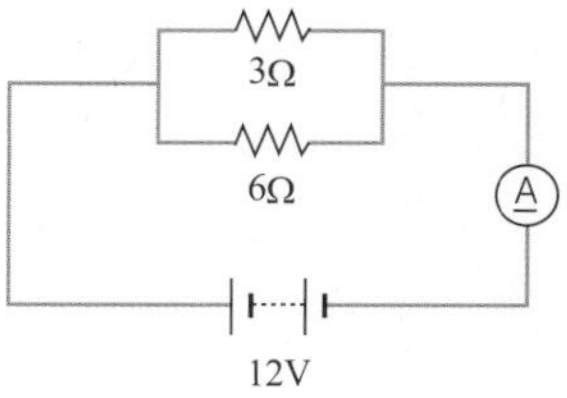

(1) 전류계가 가리키는 눈금은 얼마인가?

① 0.5 A ② 1 A ③ 2 A
④ 4 A ⑤ 6 A

(2) 3 Ω 의 저항에는 몇 A 의 전류가 흐르는가?

① 0.5 A ② 1 A ③ 2 A
④ 4 A ⑤ 6 A

69 그림과 같은 회로에서 전류계 Ⓐ 에 0.2 A 의 전류가 측정되었다. 저항 R 은 얼마인가?

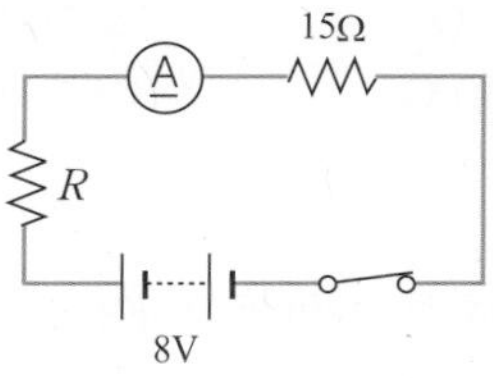

① 5 Ω ② 10 Ω ③ 15 Ω
④ 20 Ω ⑤ 25 Ω

70 전기 저항의 비가 1 : 2 : 3 인 3 개의 저항 r_1, r_2, r_3 를 병렬 연결하여 전원에 연결할 때 각 저항에 흐르는 전류가 각각 I_1, I_2, I_3 였다면 $I_1 : I_2 : I_3$ 는 얼마인가?

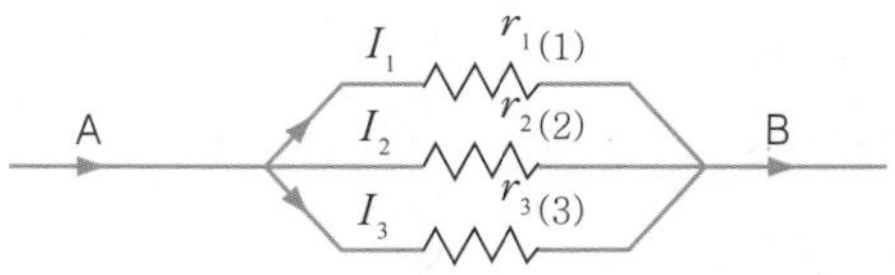

71 **그림과 같이 20 Ω 인 저항과 미지의 저항 R 이 병렬로 연결된 회로에 3 A 의 전류가 흘러들어와서 20 Ω 의 저항으로 1 A 의 전류가 흐를 때 저항 R 은 몇 Ω 인가?**

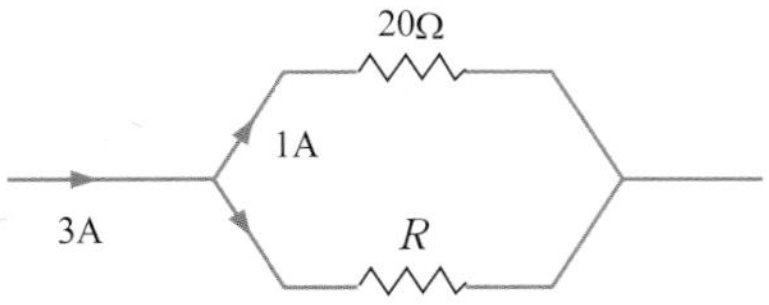

① 2.5 Ω ② 5 Ω ③ 10 Ω
④ 20 Ω ⑤ 40 Ω

72 **(가) 회로에서 전압 V 를 변화시키면서 전류와 전압의 그래프를 그렸더니 그림 (나) 처럼 되었다. (가) 회로의 저항 R 의 값은 얼마인가?**

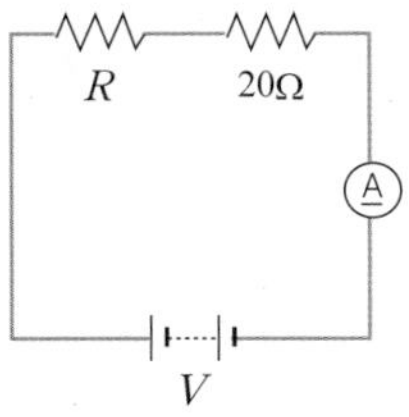

(가)

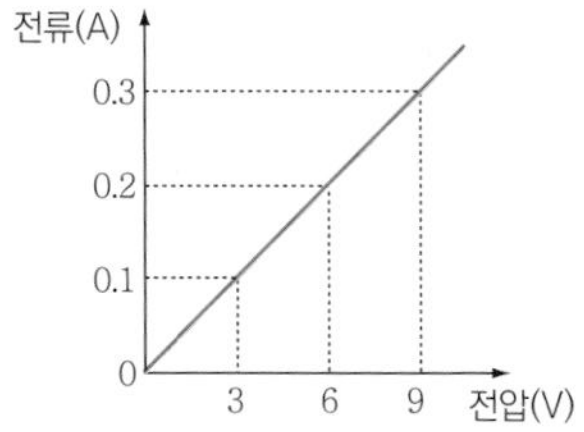

(나)

① 5 Ω ② 10 Ω ③ 20 Ω
④ 30 Ω ⑤ 40 Ω

73 **다음처럼 저항이 연결되어 있을 때 합성 저항을 각각 구하시오.**

(1)

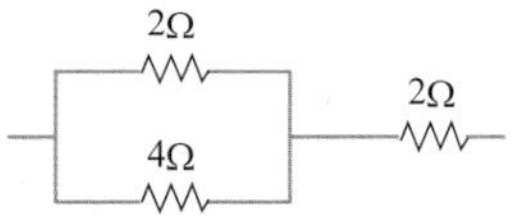

(2)

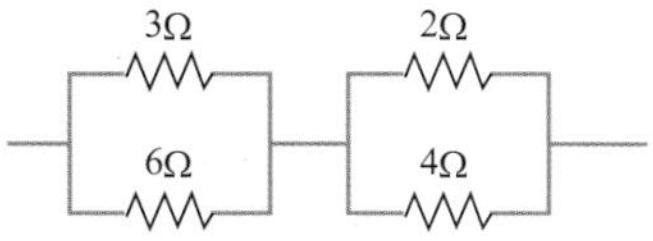

(3)

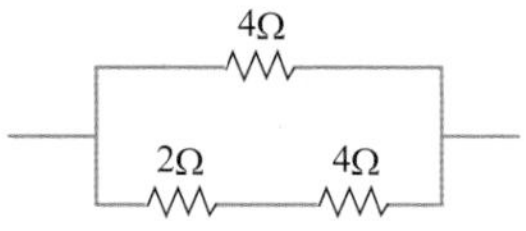

(4)

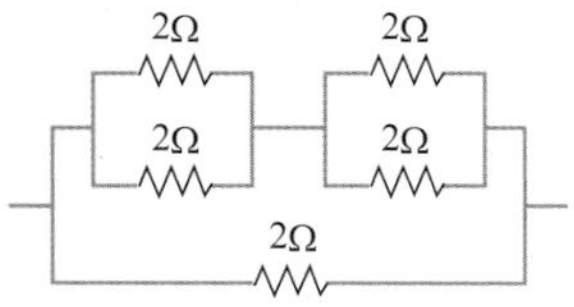

74 **그림처럼 세 개의 저항을 연결하고 12 V 의 전압을 걸어 주었다.**

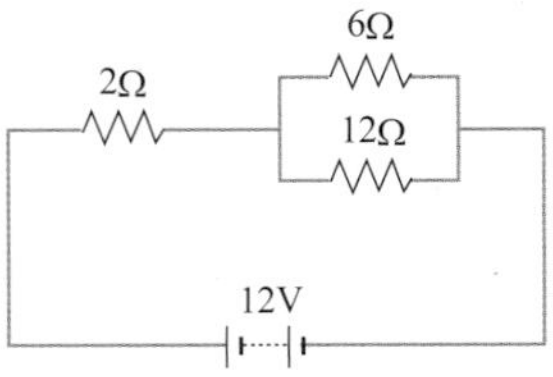

(1) 2 Ω 의 저항을 통과하는 전류는 얼마인가?

① 0.5 A ② 1 A ③ 2 A
④ 4 A ⑤ 6 A

(2) 2 Ω 의 저항에 걸리는 전압은 몇 V 인가?

① 1 V ② 2 V ③ 3 V
④ 4 V ⑤ 6 V

(3) 6 Ω 의 저항 양단에 걸리는 전압은 얼마인가?

① 1 V ② 2 V ③ 4 V
④ 6 V ⑤ 8 V

(4) 12 Ω 의 저항에 흐르는 전류는 몇 A 인가?

① 0.5 A ② $\frac{2}{3}$ A ③ $\frac{4}{3}$ A
④ $\frac{5}{3}$ A ⑤ 2 A

(5) 6 Ω 과 12 Ω 저항을 흐르는 전류의 비는 얼마인가?

① 1 : 2 ② 2 : 1 ③ 1 : 3
④ 3 : 1 ⑤ 4 : 1

75 **그림처럼 세 개의 저항을 연결하고 미지의 전압을 걸어 주었다. 스위치를 닫았을 때 전류계에 측정된 전류값이 2 A 였다면 회로에 걸어준 전체 전압 V 는 몇 V 인가?**

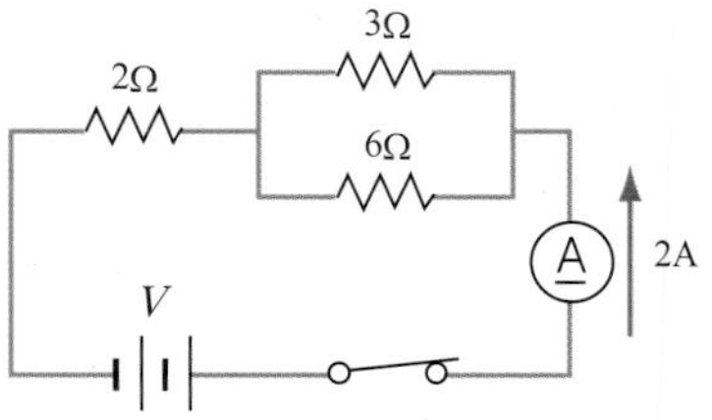

① 1 V ② 2 V ③ 4 V
④ 6 V ⑤ 8 V

76 그림처럼 미지의 저항 R 을 포함한 4 개의 저항을 연결하여 12 V 의 전압을 걸어주었다.

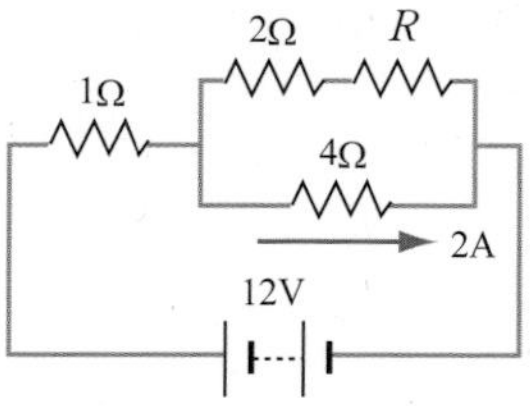

전류계를 사용하여 4 Ω 의 저항에 흐르는 전류를 측정하였더니 2 A 로 나타났다. 미지의 저항 R 의 저항값은 얼마인가?

① 1 Ω　② 2 Ω　③ 3 Ω
④ 4 Ω　⑤ 5 Ω

77 5 개의 저항을 연결한 후 전압계, 전류계를 그림처럼 장치하고, 회로 전체에 6 V 의 전압을 걸어준 후 스위치 S 를 닫았다.

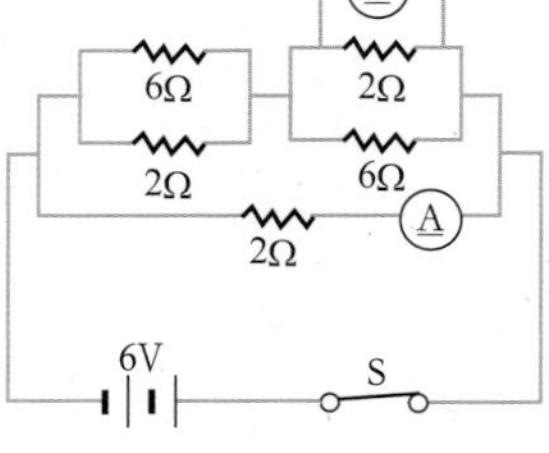

(1) 전류계가 나타내는 전류는 몇 A 인가?

① 0.5 A　② 1 A　③ 2 A
④ 3 A　⑤ 4 A

(2) 전압계가 나타내는 전압은 몇 V 인가?

① 1 V　② 2 V　③ 3 V
④ 4 V　⑤ 6 V

78 동일한 전구와 전지가 연결된 4 개의 회로가 있다. 전지 1 개의 전압은 같다. 전구 1 개의 밝기가 가장 밝은 회로는 A, B, C, D 회로 중 어느 회로인가?

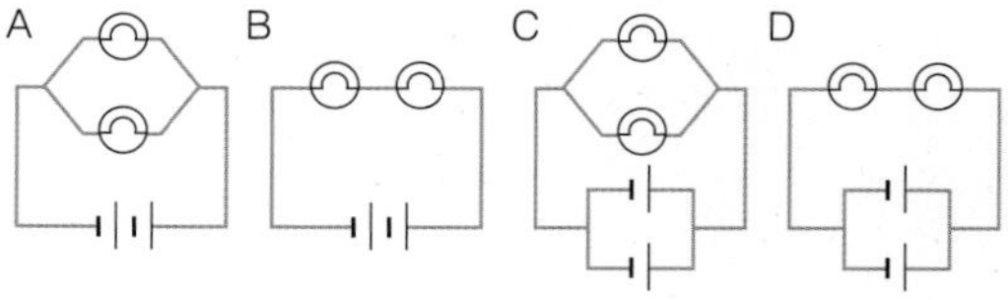

① A　② B　③ C　④ D

79 동일한 전구 3 개가 전지에 연결되어 있다. 전지를 연결한 후 전구 A 의 필라멘트가 끊어져서 불이 들어오지 않는다면 전구 B 와 C 의 밝기는 어떻게 되겠는가?

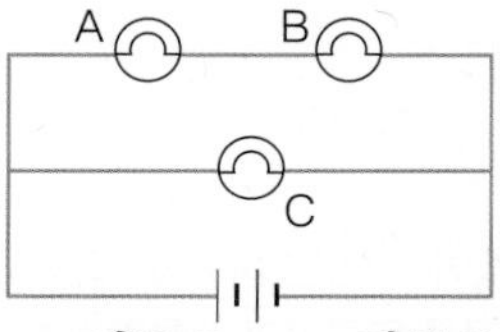

	전구 B	전구 C		전구 B	전구 C
①	어두워진다	밝아진다	②	밝아진다	어두워진다
③	꺼진다	밝아진다	④	꺼진다	어두워진다
⑤	꺼진다	변하지 않는다			

80 그림과 같이 전구 A, B 를 회로에 연결하였다. 스위치 S 를 닫고 전구 A, B 의 밝기를 확인한 후 스위치 S 를 열면 전구 A, B 의 밝기는 어떻게 되겠는가?

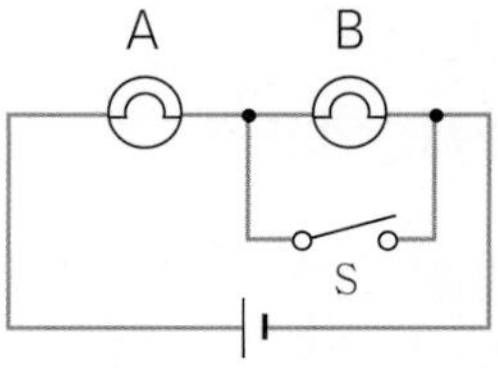

	전구 A	전구 B		전구 A	전구 B
①	어두워진다	밝아진다	②	밝아진다	어두워진다
③	밝아진다	꺼진다	④	어두워진다	꺼진다
⑤	밝아진다	변하지 않는다			

개념 심화 문제

30 저항 R 이 5 Ω 인 저항 2 개를 병렬 연결하고 전압계와 전류계를 장치하여 전압과 전류를 재려고 한다. 회로 전체에 걸어준 전압이 10 V 일 때, 스위치 S 를 열었을 때와 닫았을 때의 전압계와 전류계가 나타내는 전압과 전류를 구하시오.

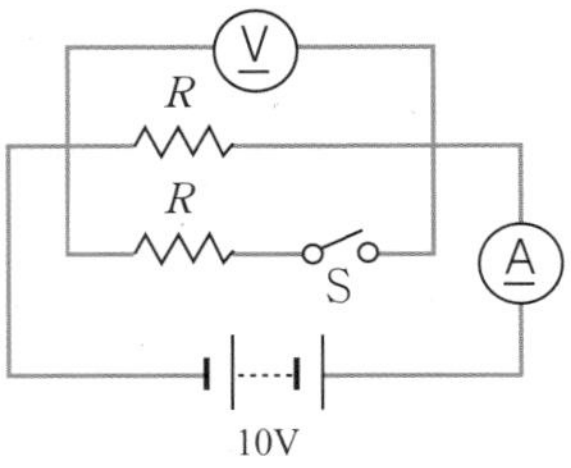

31 그림과 같은 회로에서 스위치 S_1 을 닫고 S_2 를 열면 전류계에 0.2 A 의 전류가 흐르고 S_2 을 닫고 S_1 을 열면 전류계에 0.5 A 의 전류가 흐른다. S_1 과 S_2 를 모두 닫으면 전류계에는 몇 A 의 전류가 흐르는가?

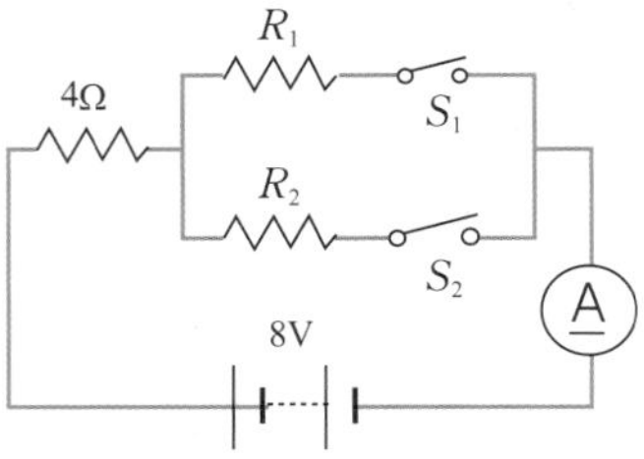

32 저항값이 5 Ω 인 저항 4 개를 사용하여 그림과 같은 저항 장치를 만들었다. 저항 장치에는 a, b, c, d 의 네 단자가 있고 임의의 두 단자를 연결하여 저항값을 변화시킬 수 있다. 이때 얻을 수 있는 저항값을 모두 구하시오.

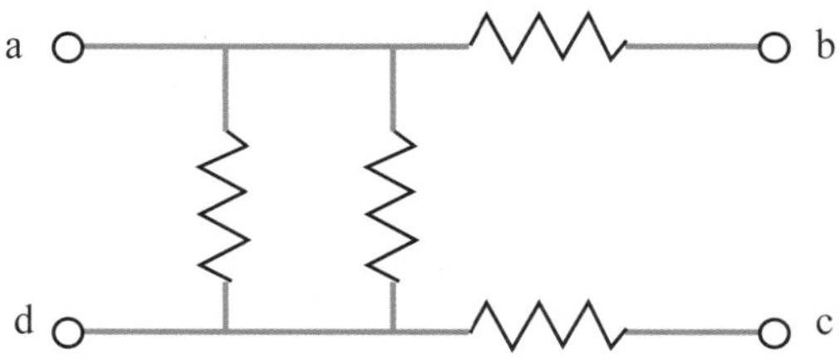

개념 돋보기

저항의 연결

30. S 를 닫으면 저항의 병렬 연결, S 를 열면 아래 저항을 통과하는 전류는 없으므로 저항 1개가 연결된 회로와 같다. 전압계는 회로에서 아무런 역할을 하지 않고 두 점 사이의 전압만을 측정할 뿐이다.

31. S_1 을 열면 R_1 에, S_2 을 열면 R_2 에 전류가 흐르지 않으므로 아무런 역할을 하지 못한다.

32. 두 단자를 임의로 선택하여 한 단자를 (+), 한 단자를 (−)로 놓고 저항을 구한다.

33 오른쪽 그림과 같은 회로에서 스위치 S 를 열면 전류계의 눈금이 1.2 A 를 가리키고, 스위치 S 를 닫으면 전류계의 눈금이 2 A 를 가리켰다. 전지의 전압과 저항 R 의 저항값을 구하시오.

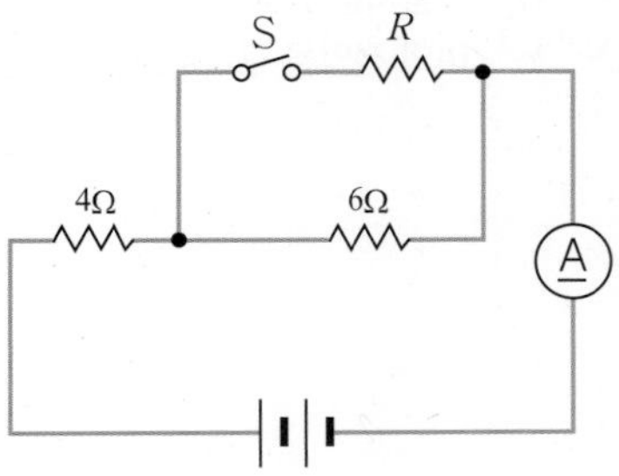

34 그림과 같은 전기 회로가 있다. R_1, R_2, R_3 는 저항 장치의 저항값이고, I_1, I_2, I_3 는 각각의 저항 장치를 흐르는 전류이다.

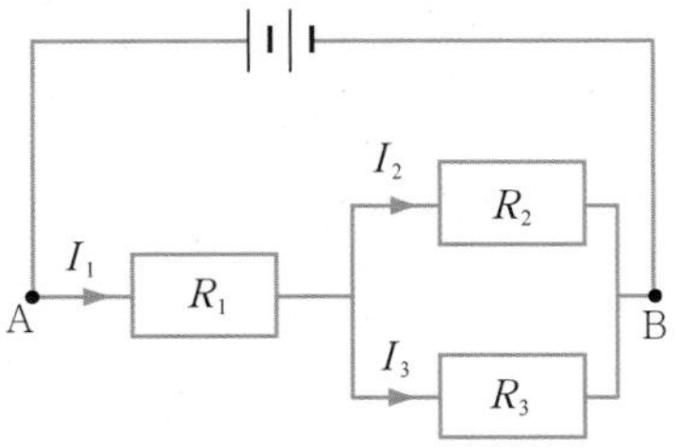

(1) 저항값 R_2가 증가하면 I_1, I_2, I_3 는 각각 어떻게 되겠는가?

① I_1, I_2, I_3 모두 감소한다.
② I_1, I_2, I_3 모두 증가한다.
③ I_3 만 증가하고 I_1 는 I_2 감소한다.
④ I_1 과 I_3 는 변화 없고 I_2 만 감소한다.
⑤ I_1 은 변화 없고 I_2 는 감소하고 I_3 는 증가한다.

(2) R_2 를 끊어 버리면 A, B 사이의 전압과 전류는 어떻게 되겠는가?

① 전압은 감소하고 전류는 그대로이다.
② 전압은 증가하고 전류는 그대로이다.
③ 전압은 그대로이고 전류는 감소한다.
④ 전압은 그대로이고 전류는 증가한다.
⑤ 전압과 전류 모두 증가한다.

개념 돋보기

저항의 연결

33. 스위치를 열면 저항 R 에는 전류가 흐르지 않아서 직렬 연결 회로가 된다.

34. 저항을 병렬 연결하면 저항이 큰쪽으로는 전류가 적게 흐른다. $I_2 : I_3 = \frac{1}{R_2} : \frac{1}{R_3} = R_3 : R_2$

개념 심화 문제

35 그림처럼 1 Ω, 2 Ω, 3 Ω, 4 Ω, 5 Ω 의 저항을 연결하여 24 V 의 전압을 걸어 주었다. 회로 상의 a ~ b, b ~ c, c ~ d, d ~ e 사이의 전압을 구하시오. 구한 전압들을 모두 합하면 몇 V 인가?

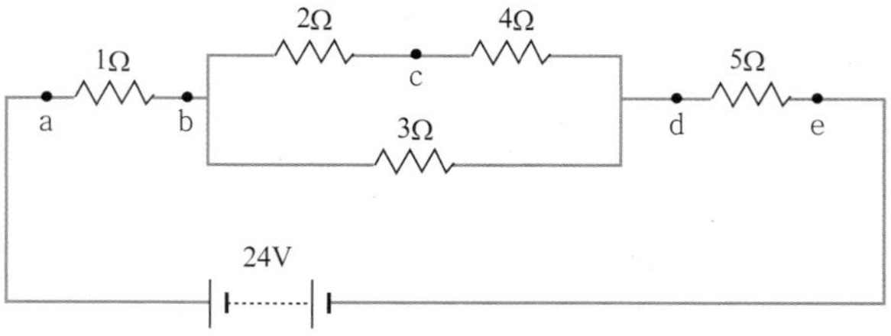

36 그림과 같이 4 개의 저항을 연결하고 200 V 의 전압을 걸어주었다. 10 Ω 의 저항에 걸리는 전압은 몇 V 인가? 또 30 Ω 의 저항을 흐르는 전류는 몇 A 인가?

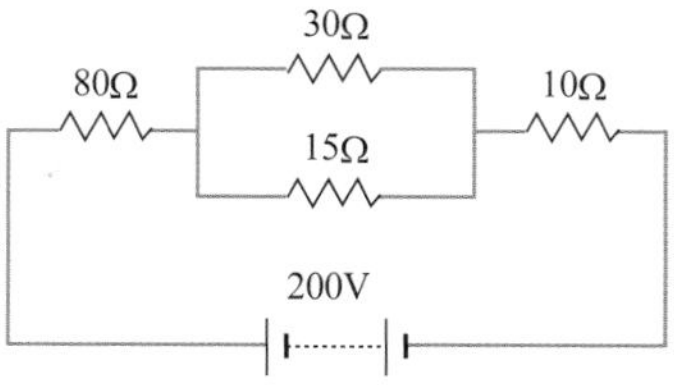

37 필라멘트의 저항이 20 Ω 인 전구 A, B, C, D 네 개를 그림과 같이 연결한 후 10 V 의 전압을 걸어주었다. 각 전구에 걸리는 전압과 흐르는 전류를 구하시오. 어느 전구가 제일 밝은가?

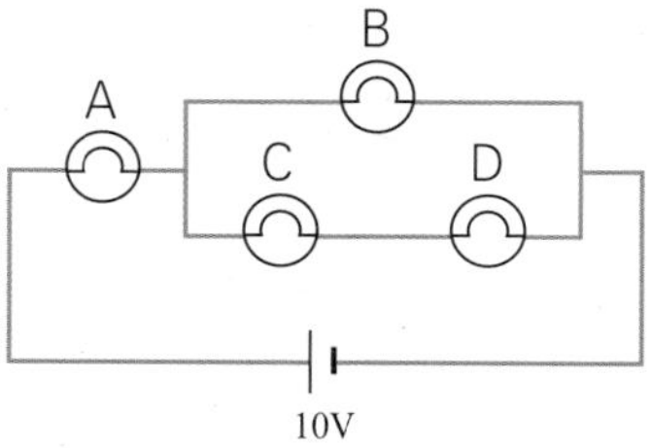

개념 돋보기

전압 강하

저항에 전류가 흐르는 경우, 전류가 흘러들어간 쪽 보다 흘러나온 쪽 전위가 낮아진다. 물이 흐르는 수로에서 수위가 떨어지는 것과 흡사하다. 전위가 낮아져서 전압이 떨어지게 되는 것을 '전압 강하'라고 한다. 회로의 전체 전압 강하는 건전지의 기전력(전압)과 일치한다.

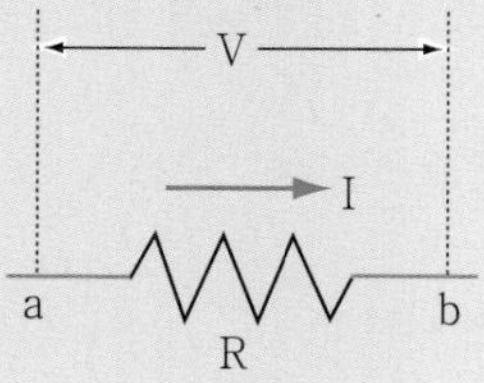

$V = IR$ 만큼 a 점에 비해서 b 점의 전위가 낮다.

38 그림과 같이 4 개의 저항을 연결하여 양단에 10 V 의 전압을 걸어주었다.

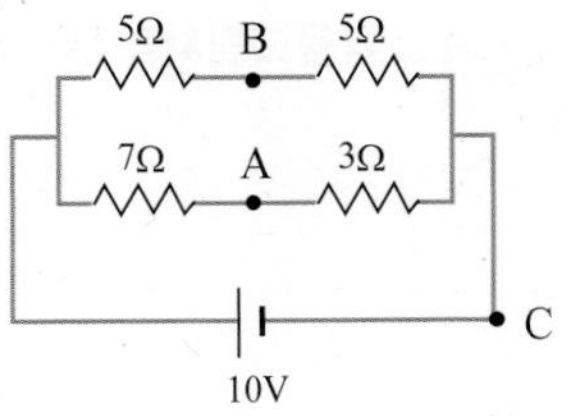

(1) AB 사이의 전압은 몇 V 인가? 전압 강하를 생각하시오.

(2) 만약 C 점을 접지시켰다면 A 점과 B 점의 전위는 각각 몇 V인가?

39 그림과 같은 전기 회로에 D 점이 접지되어 있고, 5 Ω 의 저항에 3 A 의 전류가 흐르고 있다.

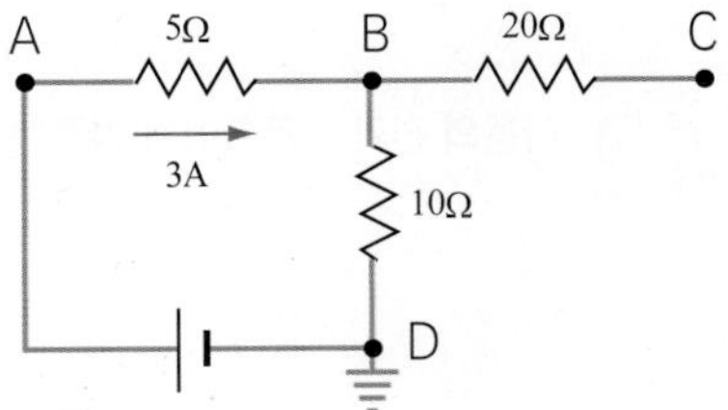

(1) 10 Ω 의 도선에 흐르는 전류는 몇 A 인가?

(2) C 점의 전위는 몇 V 인가?

40 그림과 같이 4 개의 저항을 연결하고 9 V 의 전압을 걸어주었다. 스위치 S 를 닫았을 때 전압계는 3 V 를 나타냈다. 저항 R 은 몇 Ω 인가?

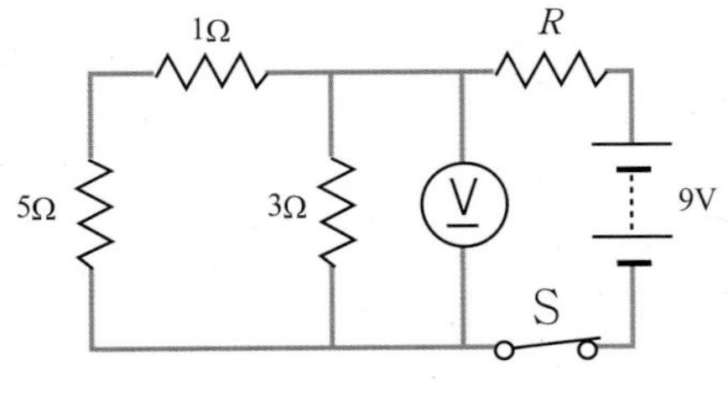

개념 돋보기

접지 (接地)

38 ~ 39. 전기 회로의 도선의 한 부분을 땅에 닿게 만드는 것을 '접지'라고 한다. 보통 땅에 묻어 놓은 수도관 등에 전기 회로의 한 부분을 연결하는 방법으로 접지를 한다.
접지를 시키면 접지된 부분의 전위는 0 이 되고 접지된 곳보다 전위가 높으면 + 전위, 접지된 곳보다 전위가 낮으면 - 전위가 된다. 전위의 차가 전압이라는 것을 기억하자. 물이 흐르는 회로에서는 수도 파이프를 강물에 연결하는 것과 비슷하다. 강물보다 높은 곳의 물은 강으로 흘러나갈 것이고, 강물보다 수위가 낮은 곳으로는 강물이 흘러들어올 것이다. 전위는 수위와 비유된다. 강물의 수위는 0일 것이다. 접지의 전기 기호 : 

41 다음 그림처럼 전기 회로를 꾸미고 저항 R 을 연결하였더니 검류계 Ⓖ 에 전류가 흐르지 않았다. 저항 R 의 저항값은 얼마인가?

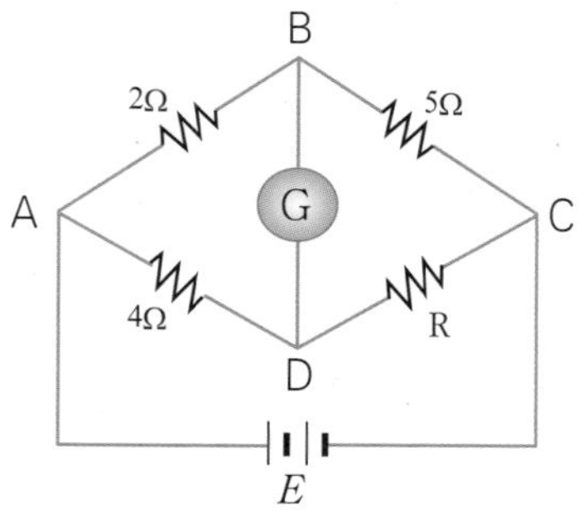

42 다음의 전기 회로도에서 검류계 G 에 전류가 흐르지 않았다면 저항 R 의 저항값은 얼마인가?

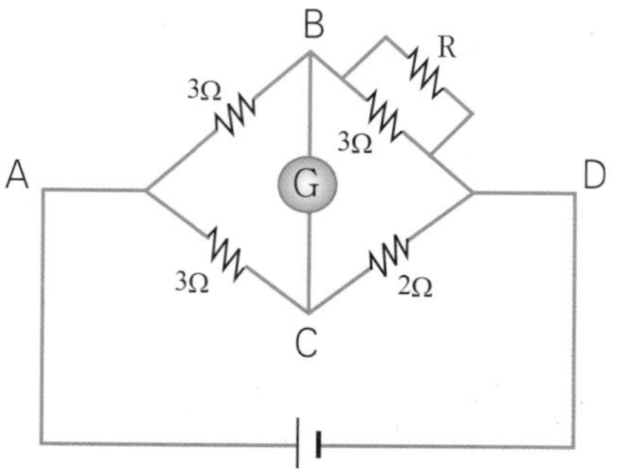

43 그림의 A 점과 B 점 사이의 합성 저항은 몇 Ω 인가?

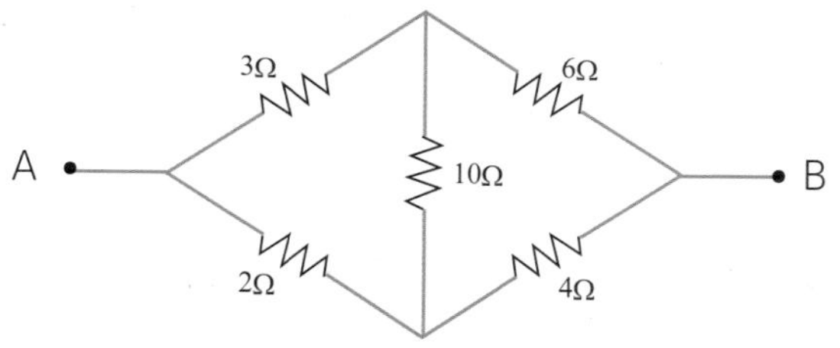

개념 돋보기

휘트스톤 브리지 회로

검류계에 전류가 흐르지 않는다는 것은 검류계 양 끝의 전위차(전압)이 0이라는 것이다. 전류가 흐르지 않으면 그 도선은 없는 것과 같다. 휘트스톤 브리지 회로에서 서로 대하는 저항의 곱은 같다.

41. $V_{BD} = 0$, $V_{AB} = V_{AD}$ 이다.

43. 서로 대하는 두 저항의 곱이 같다.

44 **그림과 같이 전지와 저항을 연결하였다. 회로에 흐르는 전류는 몇 A 인가?**

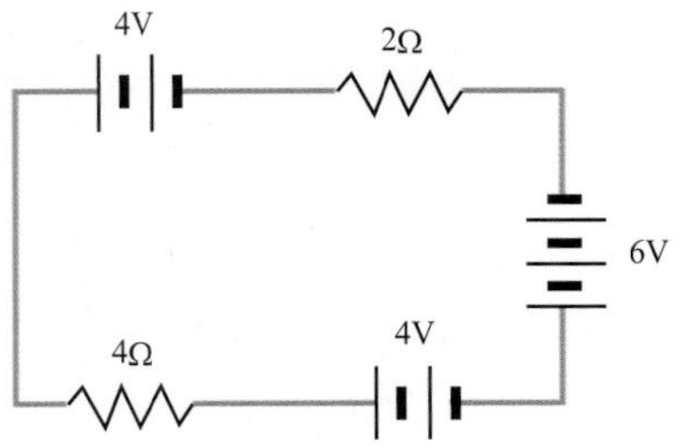

45 **그림처럼 저항이 연결되어 있고 A 와 B 사이에 14 V 의 전압을 걸어 주었다. F 점과 E 점을 지나는 전체 전류를 I, A → C 의 전류를 I_1, A → D 의 전류를 I_2, C → D 의 전류를 I_3 라고 할 때 다음 물음에 답하시오.**

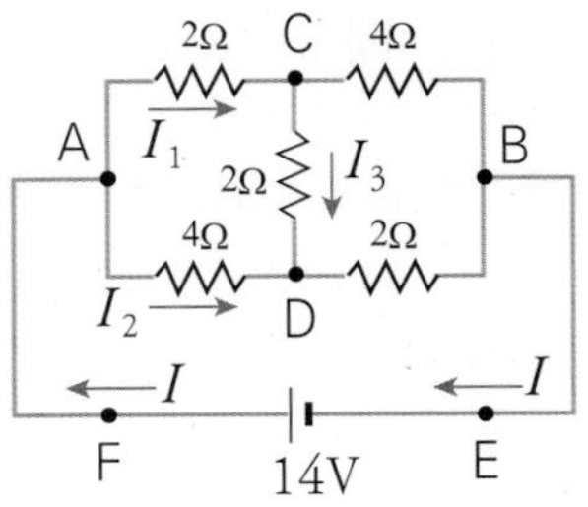

(1) I, I_1, I_2, I_3 사이의 관계식을 구하시오.

(2) C → B 의 전류는 무엇인가?

(3) D → B 의 전류는 무엇인가?

(4) FADBEF 의 닫힌 회로의 전압 강하와 전압 상승의 식을 완성하시오.

(5) ACDA 의 닫힌 회로의 전압 강하와 전압 상승의 식을 완성하시오.

(6) CDBC 의 닫힌 회로의 전압 강하와 전압 상승의 식을 완성하시오. (5)의 결과와 비교하시오.

(7) 각 저항을 흐르는 전류를 계산하시오. 전류의 값이 (-)이면 방향이 반대가 된다.

(8) F 와 E 점을 흐르는 전류(전체 전류)는 얼마인가?

(9) $V = 14 = IR_{전체}$ 이다. 연결된 저항의 전체 합성 저항 $R_{전체}$ 를 구하시오.

개념 돋보기

키르히호프의 법칙

제 1 법칙 (전하량 보존) : 접점(도선이 만나는 점)으로 흘러들어가는 전류의 총량과 흘러나오는 전류의 총량은 같다.
전지로 들어가는 전류와 나오는 전류는 같다.

제 2 법칙 : 닫힌 회로를 한 바퀴 도는 과정에서 전압 강하와 전지에 의한 전압 상승을 합하면 0 이된다.

개념 심화 문제

정답 및 해설 15

46 그림과 같은 회로에서 6 Ω 의 저항에 0.5 A 의 전류가 흐른다면 전압 V 는 얼마인가?

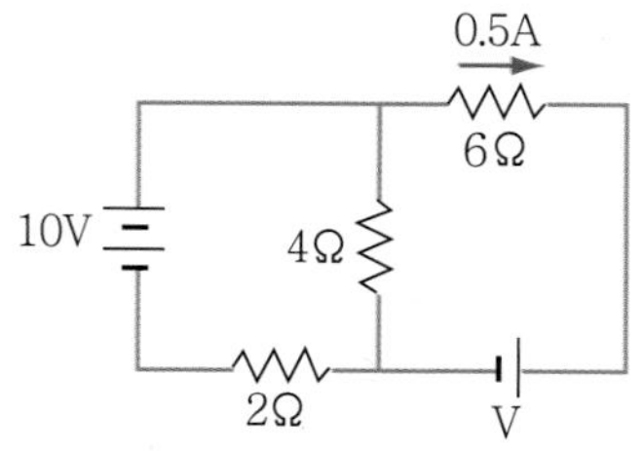

47 그림은 5 Ω 의 저항 12 개를 연결한 그림이다. 다음 물음에 답하시오.

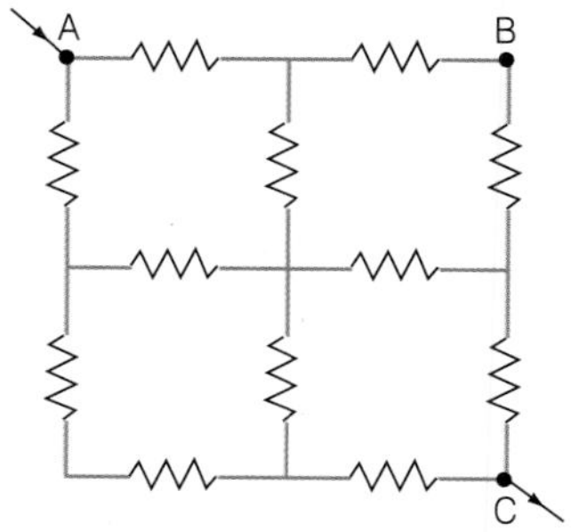

(1) 전류가 A 에서 들어가 C 로 나올 때 전체 합성 저항을 구하시오.

(2) 전류가 만일 A 에서 들어가 B 로 나온다면 전체 합성 저항은 얼마가 되겠는가?

48 다음과 같은 회로의 A 에서 B 사이의 합성 저항을 구하시오.

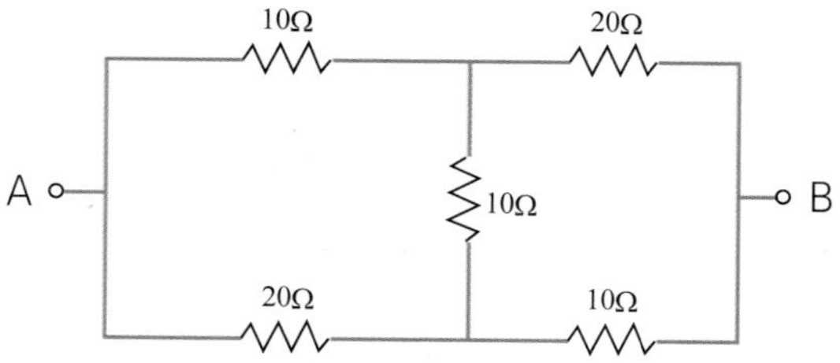

개념 돋보기

대칭 회로(저항이 대칭으로 연결된 회로)

① 대칭선을 찾아서 전위가 같은 지점을 연결하여 직렬 연결 혹은 병렬 연결 회로로 변형시킨다.

② 저항 회로의 한쪽에서 전류 I 가 흘러들어간다고 하고 대칭을 이용하여 각 저항에 흐르는 전류의 크기를 결정하여 전체 전압 강하를 계산한다. 전체 전압 강하 $V = IR$과 비교하면 전체 저항 R 을 결정할 수 있다.

48. 좌우 대칭이므로 A 쪽의 10 Ω 을 흐르는 전류와 B 쪽의 10 Ω 을 흐르는 전류는 같다. 이후 전하량 보존을 이용하여 가운데 10 Ω 을 흐르는 전류를 결정한다.

창의력을 키우는 문제

정답 및 해설 18

논리 서술형

01

도체에 전하가 대전되면 전하는 도체에 어떻게 분포할까? 밀폐된 공간 속의 기체의 예를 들어 보자. 밀폐된 공간 속에 기체가 들어가면 기체 분자끼리 서로 충돌하기도 상호 작용하여 인접한 분자들끼리 가능한 한 멀리 떨어져 있으려고 한다. 이것이 분자가 밀폐된 공간 내부 전체에 골고루 분포하게 되는 이유가 된다. 그렇다면 도체 구에 전하가 대전되어 있다고 할 때 똑같은 현상이 일어날까? 도체 구에 전하는 어떻게 분포하게 될지 논리적으로 적어 보자. 삼각형 모양의 도체가 대전되어 있다고 하면 전하는 어떻게 분포하게 될 것인지도 적어 보자.

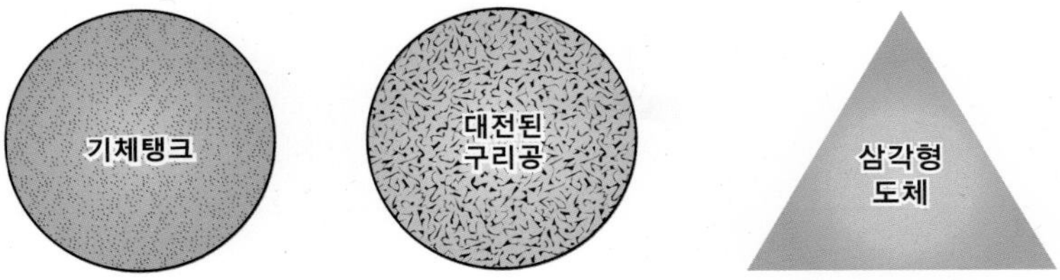

논리 서술형

02

인류가 최초로 달에 착륙하기 전, 미 항공우주국(NASA)의 여러 과학자들은 달 표면 가까이 떠 있는 먼지 층에 달 착륙선이 오작동을 일으킬 가능성에 대해 연구한 적이 있다. 즉, 달 표면이 (–)로 대전되어 있다고 하면 음전하로 대전된 먼지 또는 전자들의 무리가 달 표면으로부터 반발력을 받아서 달 표면에서 수백 m 높이에서 빽빽하게 떠 있게 되고 그 층을 통과해야 하는 달 착륙선이 오작동을 일으킬 수도 있다는 우려를 한 것이다. 대전된 먼지 또는 전자들이 집중적으로 떠 있을 수 있는 가능성에 대해서 자신의 의견을 적어 보자.

* 힌트 : 먼지 입자나 전자들은 반발력인 쿨롱의 힘 $F = k\dfrac{q_1q_2}{r^2}$ 과

달로부터의 중력 $F = G\dfrac{Mm}{r^2}$ 의 두 힘을 동시에 받는다.

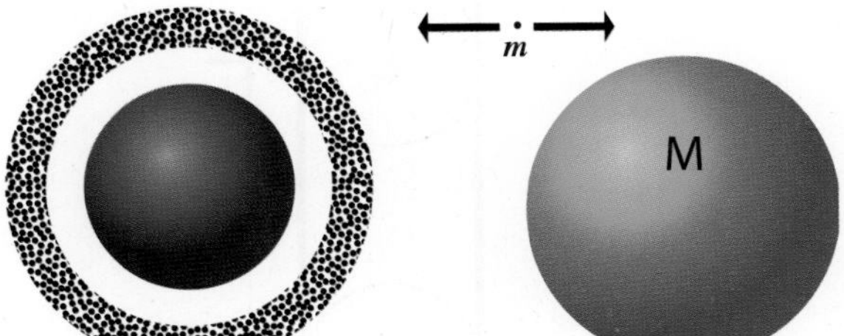

피뢰침의 원리

번개는 구름 아래층에서 지면으로 직접 전자가 대규모로 이동하는 현상(방전)이다. 벼락을 방지하기 위한 피뢰침은 금속 도체를 뾰족하게 함으로써 번개를 유도한다.

▲ 피뢰침

금속표면에서의 전하의 분포

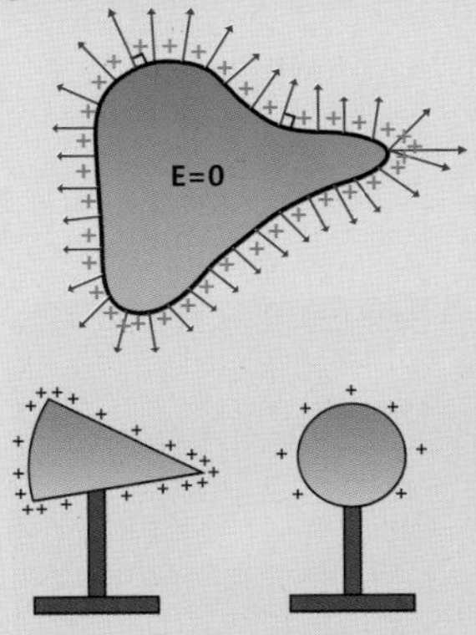

금속 표면에서는 자유 전자가 이동한다. 자유 전자는 모두 같은 (–)전기를 띠므로 서로 밀어내고, 도체 내부의 전기장 E =0 이 되도록 만든다. 도체 표면에만 분포하는 자유 전자는 뾰족한 곳일수록 많이 분포한다. 도체 표면에서의 전기장의 방향은 표면에 수직 방향이다.

달의 표면

망원경으로 달표면을 관측하면, 크레이터라는 수많은 분화구 모양의 지형과 울퉁불퉁한 산악 지형을 볼 수 있다. 이러한 지형은 크기가 훨씬 큰 지구의 지형보다 훨씬 험준한데, 이는 월면에서는 지구에서처럼 침식 작용이 일어나지 않기 때문이며, 이는 대기가 존재하지 않는다는 것을 뜻한다. 달에 대기가 없다는 것은 월면에 드리워진 산그림자가 새까맣고, 대기에 의한 산란광(散亂光)이 전혀 나타나지 않으며, 일식 때 달이 가리는 태양의 가장자리가 뚜렷이 보이는 것 등으로 알 수 있다.

추리 단답형

03 다음과 같은 과정을 거치면서 금속박 검전기의 금속박의 모양을 관찰하려고 한다.

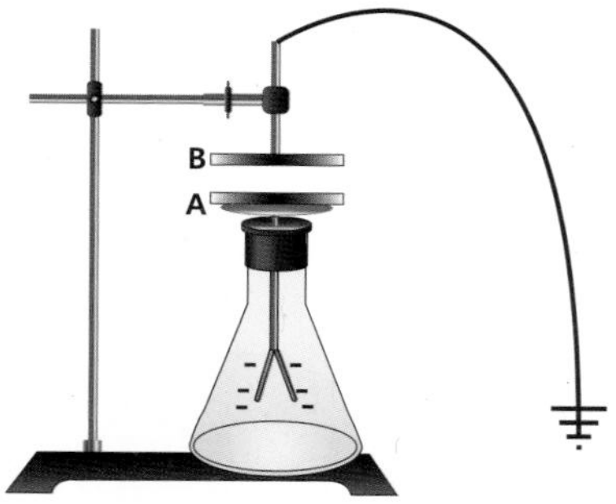

1 단계 : 검전기를 (−) 전하로 대전시킨다.
2 단계 : 검전기의 금속판에 아연판 A 를 올려놓고 같은 크기의 다른 아연판 B 을 접지시킨 상태에서 그림처럼 장치한다.
3 단계 : 두 아연판 사이의 거리를 더 가깝게 한다.

위 과정을 거치면서 검전기의 금속박의 모양은 어떻게 변하는지 써보시오.

추리 단답형

04 그림과 같이 전하량 q, 질량 m 인 크기와 질량이 같은 두 도체 구 A, B 를 유리관 속에 넣었더니 A 는 유리관 바닥에, B 는 높이 a 의 공중에 떠 있었다. 유리관의 마찰은 무시할 때 전하량 q 는 얼마인가? 중력 가속도 g 와 쿨롱 상수 k 를 포함시키시오.

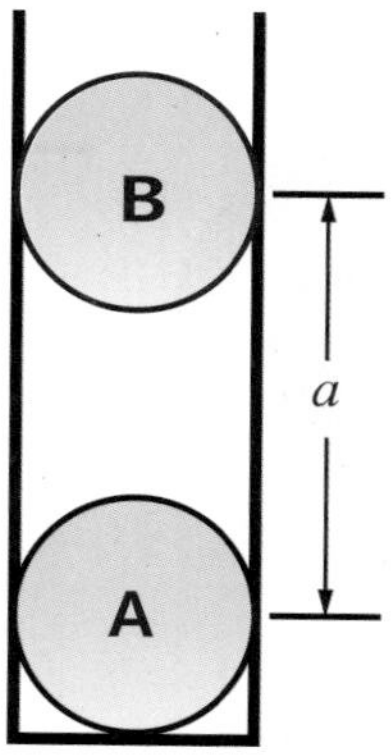

서로 반대 종류의 전하끼리는 서로 잡아당기는 힘이 작용한다. 반대 종류의 전기를 띤 두 대전체를 가까이 가져가면 전하끼리의 인력에 의해 서로 잡아당기는 힘이 발생할 것이고, 전기를 그 상태로 잡아 둘 수가 있다. 이 원리를 이용하여 축전기를 만든다.

▲ 다양한 크기의 축전기

전하 사이에는 쿨롱의 힘에 의한 전기력이 발생한다.

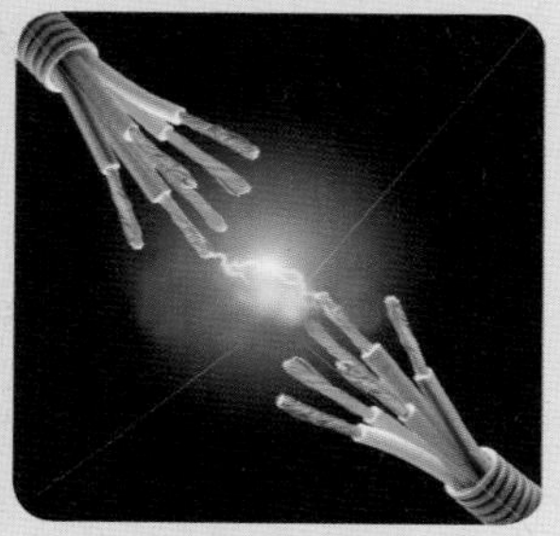
▲ 전자가 전기력에 의해 방전되는 모습

추리 단답형

05 두 물체를 마찰시키면 대전열에 의해 한 물체는 양전하(+ 전하)로 대전이 되고, 다른 물체는 음전하(- 전하)로 대전이 된다. 물체 ⓐ, ⓑ, ⓒ, ⓓ 를 서로 마찰시켰을 때 양전하를 띠는 것과 음전하를 띠는 것을 다음과 같이 분류해 보았다.

마찰시킨 물체	양전하로 대전된 물체	음전하로 대전된 물체
ⓐⓑ	ⓑ	ⓐ
ⓐⓒ	ⓐ	ⓒ
ⓑⓓ	ⓓ	ⓑ

대전체를 수돗물에 가까이 하면 오른쪽 그림과 같이 수돗물이 대전체 쪽으로 끌려서 휘어져서 흘러내린다. 표의 물체 중 두 물체를 동일한 조건에서 마찰시켜서 그 중 한 물체를 수돗물에 접근시켰을 때 수돗물이 가장 많이 휘어서 흘러내리게 하려면 어느 물체끼리 마찰을 시켜야 하는가?

논리 서술형

06 다음의 자료를 참고로 하여 먼지가 낀 TV 나 컴퓨터의 모니터 화면을 마른 수건이나 마른 걸레로 닦으면 안되는 이유와 먼지 제거를 위한 방법을 쓰시오.

(1) 대부분의 모니터는 정전기로 대전되어 있다.
(2) 정전기 유도는 도체뿐만 아니라 부도체에서도 일어난다.
(3) 공기 중에 떠다니는 먼지나 작은 실밥, 피부 세포 같은 것들은 부도체라고 할 수 있다.
(4) 같은 종류의 전하 사이에는 미는 힘(척력), 다른 종류의 전하 사이에는 당기는 힘(인력)이 작용한다.

실생활 관련 문제

07 비가 오고 천둥과 벼락이 치는 날 가족과 함께 자동차를 타고 산 고개를 넘어가고 있다. 벼락의 피해를 입지 않기 위해서는 산 고개 위에서 어떻게 하는 것이 최선인가?

① 차 안에 가만히 있는다.
② 차에서 내려 평지에 엎드린다.
③ 차에서 내려 차 밑에 엎드린다.
④ 차에서 멀리 떨어진 곳으로 피한다.
⑤ 차에서 내려 커다란 나무 밑으로 간다.

마찰전기

서로 다른 두 물체를 마찰시키면 전자 친화도 차이에 의하여 한 물체에서 다른 물체로 전자가 이동하여 두 물체 모두 전기를 띠게 된다. 전자는 이동만 했을 뿐이므로 전자의 총량이 변하는 것은 아니다.

▲ 고무와 털가죽의 마찰전기에 의한 현상

먼지 계수기(먼지 농도 측정)

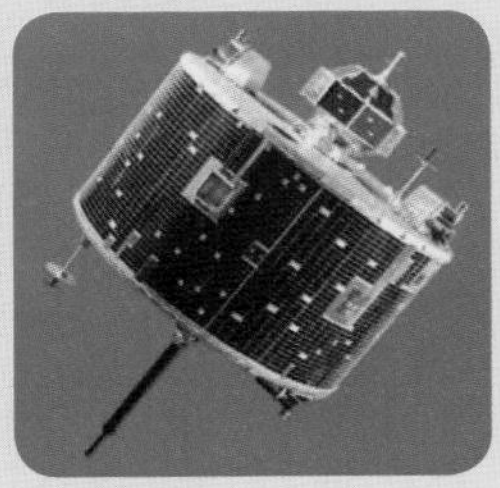

측정 원리에는 흡착, 여과, 정전기 인력, 충돌, 빛의 산란, 온도기울기 속에서의 입자의 이동, 입자의 응결핵으로서의 성질 등을 응용한 것이며, 측정 목적에 따라 알맞은 측정기를 선택해야 한다.

전기 집진기

기체 특히 공기 속에 부유하고 있는 먼지에 전기장을 작용시켜서 전기를 띠게 하며 입자를 정전적인 힘으로 모아 공기를 깨끗하게 하는 장치이다.

번개

번개는 구름의 전기와 반대되는 전기를 띤 곳을 향한다. 정전기 유도 현상에 의하여 뾰족한 곳이나 도체 쪽을 향하여 번개가 치게 된다. 만약 높은 곳에 도체가 있다면 번개 맞을 확률이 가장 크다고 할 수 있다.

감전(感電, electric shock)

인체가 전선과 접촉하여 상처를 입거나 충격을 받는 일을 말한다.
인체가 느끼는 충격의 정도는 전압이 얼마나 걸렸느냐보다는 우리 몸을 통과하는 전류의 양에 의해서 대부분 결정이 된다. 그러나 전압과 전류를 나누어서 생각할 수는 없기 때문에 전압과 전류 모두 위험하다.
손이 전선과 접촉했을 때 손이 건조해 있다면 상대적으로 흐르는 전류도 약해서 덜 위험하다. 그러나 물이나 땀에는 보통 이온이 포함되어 전류가 잘 흐르므로 물이나 땀으로 피부가 젖어 있으면 목숨을 잃을 수도 있다.

통과 전류의 크기	1mA	5mA	10mA	15mA	50~100mA
증상	약간 느낀 정도	경련을 일으킨다	불안해진다	강력한 경련을 일으킨다	사망

▲ 전류의 크기에 따른 인체의 반응

누전(漏電, electric leakage)

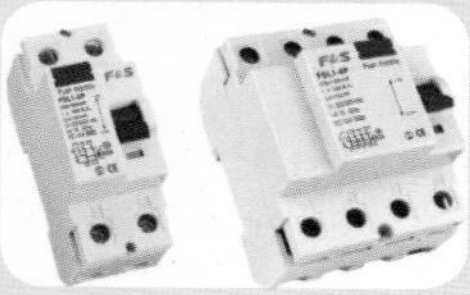

절연이 불완전하여 전선에 흐르는 전기의 일부가 밖으로 새어 나와 주변의 도체에 흐르는 현상이다.
누전되어 전류가 흐르는 부분에 신체의 일부가 닿으면 감전 사고가 날 수 있다. 그리고 뉴스에서 가끔 접하듯이 전류에 의한 열이 인화물질에 공급될 경우 대형 화재가 발생할 수 있다. 누전에 의한 사고를 예방하기 위해 누전 차단기를 사용하는데 누전 차단기의 원리는 보통 전기 제품을 접지시키는 것이다.

논리 추론형

08 **우리 몸에 흐르는 전류와 위험한 정도를 실험하여 다음 그래프를 얻었다.**

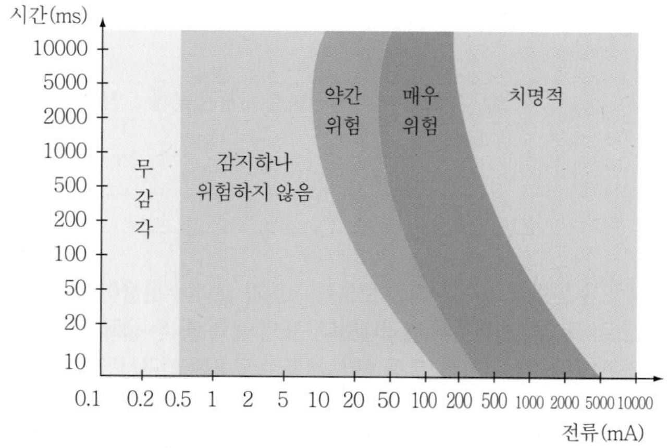

(1) 그래프로부터 내릴 수 있는 결론 중 가장 타당한 것은?

① 100 mA 의 전류는 위험하지 않다.
② 위험한 정도는 몸에 흐르는 전류의 세기에 반비례한다.
③ 어떤 세기의 전류이든지 오랫동안 몸에 흐르면 모두 위험하다.
④ 같은 세기의 전류라도 몸에 흐르는 시간에 따라 위험도 차이가 있다.
⑤ 50 mA 의 이하의 전류는 아무리 오랫동안 몸에 흘러도 위험하지 않다.

(2) '고전압은 위험하다'는 주장은 항상 옳지는 않다. 그 까닭은 무엇인가?

① 전류의 세기는 전압에 비례하기 때문이다.
② 고전압은 짧은 시간에만 흐르기 때문이다.
③ 인체는 고전압에 반응하지 못하기 때문이다.
④ 고전압이라도 전류의 세기가 매우 적을 수 있기 때문이다.
⑤ 우리 몸은 건조할 때에 전류가 잘 흐르지 못하기 때문이다.

(3) 새들은 그림처럼 외피가 벗겨진 고압선에 앉아도 감전되어 죽는다거나 하지 않는다. 그 이유를 전류, 저항, 전압의 관계를 이용하여 써 보시오.

논리 추론형

09 전류와 전자에 대한 실험을 하던 은재는 다음과 같은 의문이 생겼다. 질문에 답해 보시오.

(1) 자동차의 키를 돌렸을 때 배터리가 엔진의 모터를 돌리기 위해서 연결되고, 배터리의 음극에서부터 전기 스타터를 지나 배터리의 양극까지 회로가 완성된다. 이것은 직류 회로로서 전자들은 배터리의 음극에서 출발하여 양극까지 회로를 통해 이동한다. 음극을 출발한 전자가 양극에 도달하려면 대략 얼마 동안 키를 점화(on)상태로 유지해야 할까?

① 스위치를 켜거나 끌 때 반응하는 신체 반사 시간보다 짧은 시간
② 약 $\frac{1}{4}$ 초
③ 4 초
④ 4 분
⑤ 4 시간

(2) 도시에서는 전기를 공급받는다. 그렇다면 인구 5 만의 도시에서 가정과 공장으로 통과하는 전자의 수는 1 년 동안 얼마나 되겠는가?

① 콩 한 개 안에 들어있는 전자의 수 정도
② 한강에 포함된 전자의 수 정도
③ 한국의 땅 전체에 있는 전자의 수 정도
④ 지구에 있는 전자의 수 정도
⑤ 전혀 없다.

(3) 전기 모터가 돌아갈 때나 토스터로 빵을 구울 때 전기를 사용하고 열이 발생하는 것을 보면 전기 모터나 토스터로 들어가는 전기량보다 나오는 전기량이 작다는 것은 맞는 말일지 쓰시오.

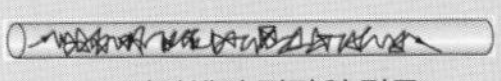
▲ 전선에서 전자의 경로

도체, 반도체, 부도체, 초전도체

도체 : 온도가 높아질수록 전자와 원자와의 잦은 충돌로 인하여 비저항이 커진다.

$\rho = \rho_0(1 + \alpha t)$

저항 $R = \rho \frac{l}{S}$ 이므로 비저항이 증가하면 그에 비례하여 저항도 증가한다.

부도체 : 온도가 높아짐에 따라 갇혀있는 전자들의 운동이 활발해지므로 비저항이 감소하고 저항도 감소하게 된다.

반도체 : 낮은 온도에서는 부도체와 같이 온도가 올라감에 따라 저항이 감소하나 특정 온도(임계 온도) 이상이 되면 급격하게 저항이 감소하여 도체의 성질을 띠게 된다.

초전도체 : 특정 온도(임계 온도)보다 온도가 낮아지면 저항이 0 이 되는 물질로 저항에 의한 열을 최소화해야 하는 자기 부상 열차에 이용되는 물질이다.

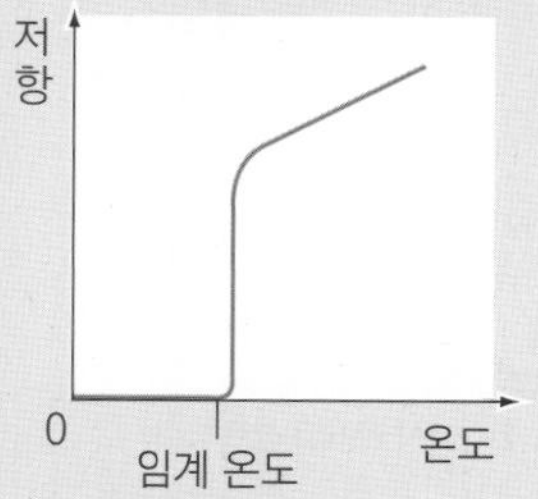

▲ 초전도체의 온도에 따른 저항값

A 점과 B 점이 각각 어떤 저항과 연결되어 있는지 살펴보고 각 저항끼리의 직렬 연결과 병렬 연결의 관계를 이용하여 합성 저항을 계산한다.

추리 단답형

10 그림은 각 물질의 온도에 따른 비저항의 그래프이다.

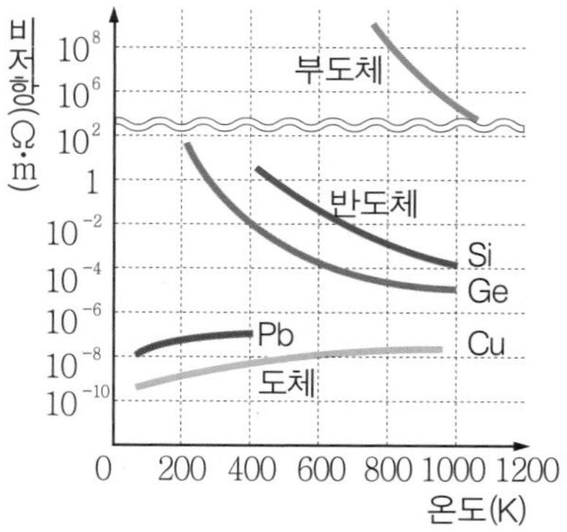

그래프를 분석한 다음의 내용 중 옳은 것은 무엇인가?

① Si, Pb 는 대표적인 반도체 물질이다.
② 온도가 올라감에 따라 도체 물질 자체의 굵기가 변한다.
③ 부도체는 온도가 올라감에 따라 원자핵 사이의 거리가 멀어진다.
④ 온도가 올라감에 따라 부도체의 원자핵과 전자의 결합력이 점점 강해진다.
⑤ 도체 내부의 전자들은 온도가 올라감에 따라 더욱 활발하게 운동하게 된다.

추리 단답형

11 그림의 회로에서 AB 사이의 합성 저항을 구하기 위해서는 회로의 모양을 변형시켜 주면 된다. 회로의 모양을 변형시킨 후 합성 저항을 구해 보시오.

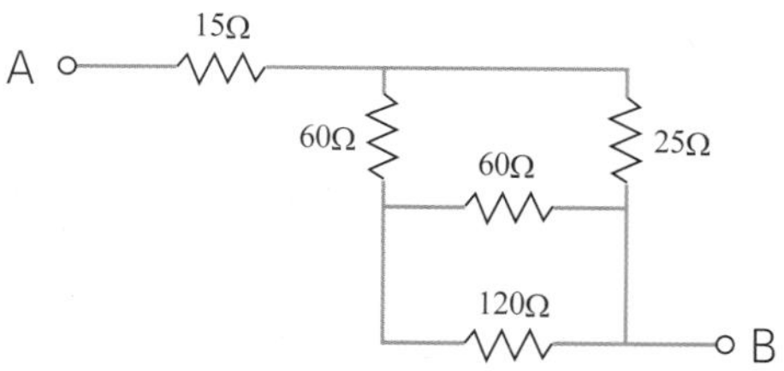

단계적 문제 해결형

12 **서미스터(Thermistor)는 전기 저항이 온도가 상승됨에 따라 현저하게 감소하는 성질이 있고, 민감하고 반응이 빠른 반도체 회로 소자이다. 이 서미스터를 끓는 물속에 넣고 물이 식는 동안 서미스터를 흐르는 전류와 서미스터 양 끝에 걸리는 전압을 측정하였더니 다음 표와 같았다. 물음에 답하시오.**

물의 온도(℃)	95	85	76	65	57	47
전 압(V)	5	5	5	5	5	5
전 류(mA)	73	67	56	45	37	31
저 항(Ω)						

(1) 물의 온도가 90 ℃ 일 때의 서미스터의 저항값에 가장 가까운 것은?

① 약 0.07 Ω ② 약 1.23 Ω ③ 약 14.6 Ω ④ 약 70 Ω ⑤ 약 1230 Ω

(2) 위의 실험 결과를 이용하여 물의 온도가 몇 ℃ 일 때 서미스터의 저항값이 105 Ω 이 되겠는가?

① 약 62 ℃ ② 약 68 ℃ ③ 약 73 ℃ ④ 약 81 ℃ ⑤ 약 92 ℃

서미스터 (Thermistor)

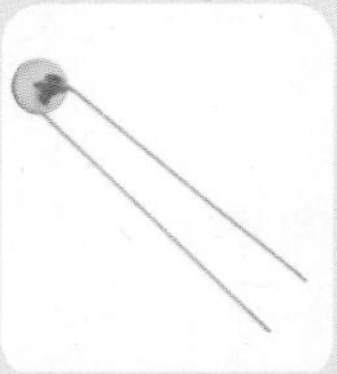

▲ 서미스터

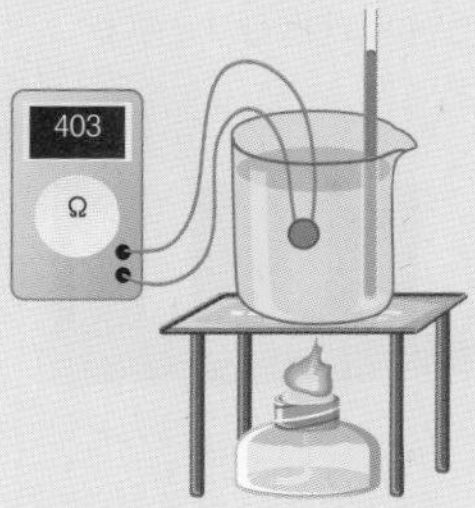

▲ 서미스터 온도계

추리 단답형

13 **가정에서 사용하는 전기 기구를 전선에 연결하여 전기 회로를 꾸미면 다음과 같다. 이에 대한 설명으로 옳은 것만을 있는 대로 고르시오.**

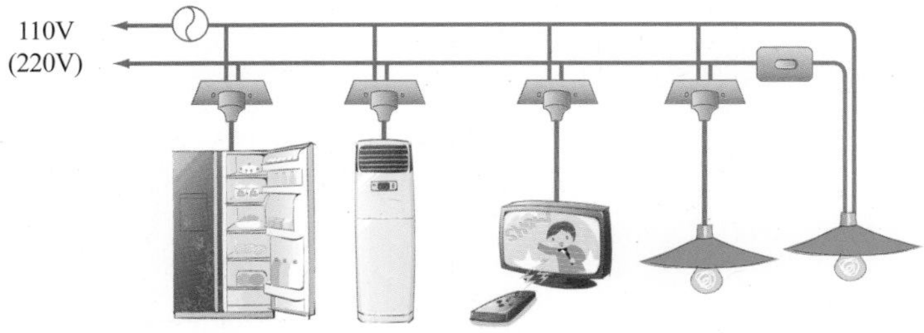

① 각 전기 기구에 걸리는 전압은 일정하다.
② 각 전기 기구는 전원에 직렬 연결되어 있다.
③ 전등의 필라멘트가 끊어지면 다른 전등도 꺼진다.
④ 에어컨의 플러그를 뽑으면 전체 전류가 감소한다.
⑤ 냉장고의 플러그를 뽑으면 전체 전류가 증가한다.
⑥ 전기 기구를 많이 연결할수록 전체 저항이 감소한다.
⑦ 텔레비전의 플러그를 뽑으면 전기 기구들이 모두 꺼진다.
⑧ 전기 기구의 저항이 클수록 전기 기구를 흐르는 전류가 커진다.

전기 공급

발전소로부터 가정으로 공급받는 전기는 직류가 아니라 교류이므로 초당 60 번씩 전압이 걸리는 방향이 변한다.
발전소에서 가정으로 전기를 공급할 때는 전압 기준으로 공급한다. 전체적으로 가정은 220V 가 유지되게 한다.
가정마다 전압을 일정하게 공급하기 위해서는 병렬 연결의 방법을 이용한다. 각 가정의 전기 회로는 다른 가정과 병렬로 연결되어 있다. 또 각 가정에서 쓰는 전기 기구도 '정격 전압'에 맞추어서 제작되고 있다. 가정마다 공급되는 전기의 전압이 일정하기 때문이다.

창의력을 키우는 문제

⬡ 전지의 연결

전지를 오래 쓰면 내부 저항이 생겨서 처음 사용할 때보다 전압이 떨어진다.
전압이 떨어진 전지를 연결하여 문제를 푸는 경우는 이 내부 저항(r)을 전지와 직렬로 연결된 것으로 하여 각 부분을 흐르는 전류나 각 지점 사이의 전압을 계산한다.

▲ 건전지의 종류

▲ 다 쓴 건전지 - 내부 저항 때문에 정격 전압보다 출력 전압이 작다.

단계적 문제 해결형

14 **보통 전지는 오래 쓸수록 전압이 떨어진다. 이것은 전지를 오래 쓸수록 화학 반응에 의한 부가 물질이 내부에 많이 생겨서 내부 저항 r 이 커지기 때문이다.**
사용하던 전지를 전기 기호로 나타내면 그림과 같다. 기전력 E 에 내부 저항 r 이 직렬로 연결된 상태이다. 기전력은 전압과 같은 의미로 내부 저항 0 인 경우의 전지의 전압이다(기전력은 일정하게 유지된다).

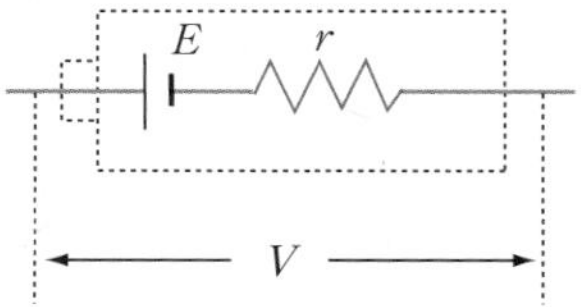

내부 저항 r 이 0 이 아니면 전지의 외부 전압은 V 를 나타낸다. 이 전지를 사용하여 회로를 꾸미면 회로 단자에 걸리는 전압이 V 가 되므로 단자 전압이라고 한다. 그림처럼 저항을 변화시킬 수 있는 가변 저항 R 과 전지를 연결하고 전압계, 전류계를 사용하여 단자 전압과 전류를 재는 회로를 꾸며 보았다. 회로에 관련된 다음 물음에 답하시오.

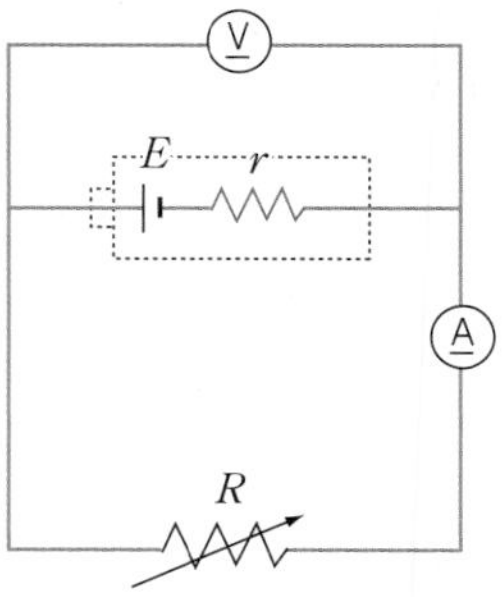

(1) 전지의 기전력 E , 내부 저항 r, 단자 전압 V, 회로 전류 I (전류계의 눈금)의 관계식을 구하시오.

(2) 가변 저항 R 에 따른 단자 전압과 회로 전류의 그래프를 그리시오.

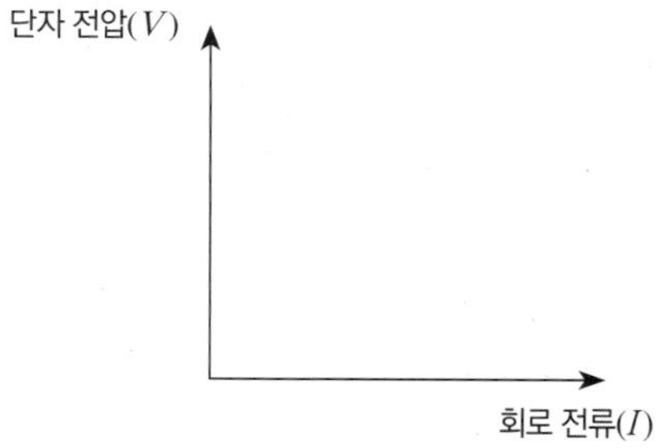

(3) 어떤 건전지의 두 극을 4 Ω 의 저항선으로 연결하면 0. 3A 의 전류가 흐르고 14 Ω 의 저항선으로 연결하면 0.1 A 의 전류가 흐른다. 이 건전지의 기전력과 내부 저항은 얼마인가?

추리 단답형

15 그림과 같이 기전력이 E, 내부 저항 r 인 전지를 저항 R 에 연결하였더니 전체 회로에 흐르는 전류가 I 였다. 이에 대한 설명으로 옳은 것만을 있는 대로 고르시오.

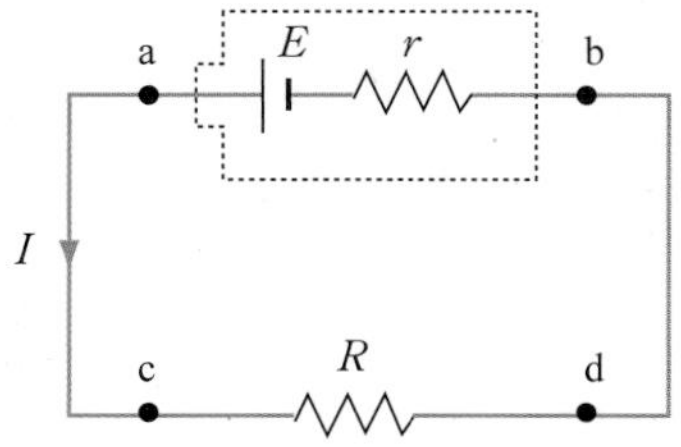

① ab 사이의 전압은 E 와 같다.
② R 이 증가하면 I 는 감소한다.
③ R 이 증가하면 E 는 증가한다.
④ I 가 증가하면 cd 사이의 전압은 감소한다.
⑤ ab 사이의 전압은 cd 사이의 전압보다 높다.

추리 단답형

16 그림에서 모든 저항은 각각 2 Ω 이고 전지의 모든 기전력은 10 V 이며 내부 저항은 없다. 전류 I 의 크기와 방향을 구하시오.

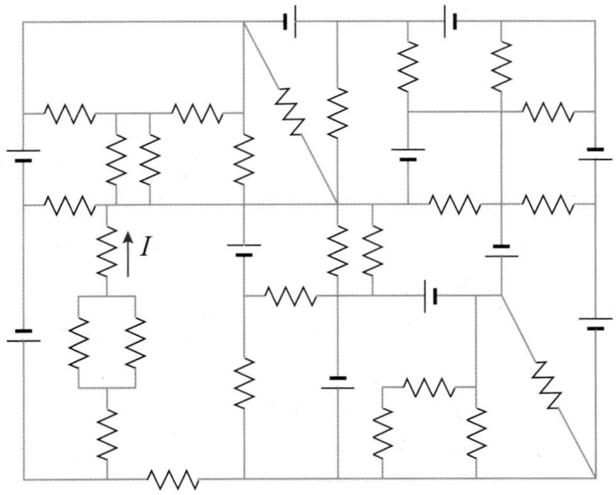

내부 저항이 있는 건전지가 연결된 회로에서 전체 저항이 $R + r$ 이라고 할 수 있으므로

$I = \frac{E}{R+r}$ 이고, E 는 기전력으로 일정하다.

전선(도선)도 $R = \rho \frac{l}{S}$ 의 저항을 가지나 구리 등의 금속은 (비저항)의 값이 무시할 수 있을 만큼 작기 때문에 저항값을 0 으로 한다. 따라서 저항이 없는 전선으로 연결된 전기 회로 상의 두 점은 서로 같은 점으로 본다.

▲ 절연을 위하여 고무 플라스틱 등의 부도체로 피복을 만들어 도선에 입힌다.

▲ 전선이 얽혀있는 모습

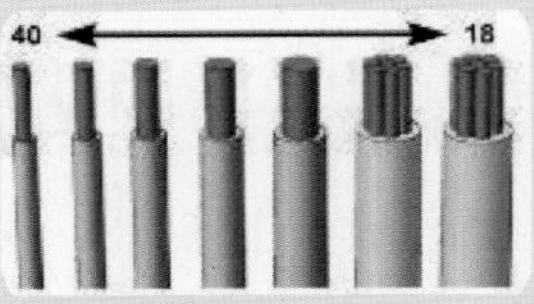

▲ 굵은 도선에는 얇은 도선 여러 가닥이 들어가 있다. 전류는 주로 도선의 표면으로 흐르므로 표면적을 크게 해주기 위해서이다.

추리 단답형

17 어떤 전기 제품을 조사하여 전기 회로도를 그려 보았더니 그림과 같았다. AB 사이의 총 저항을 구하시오.

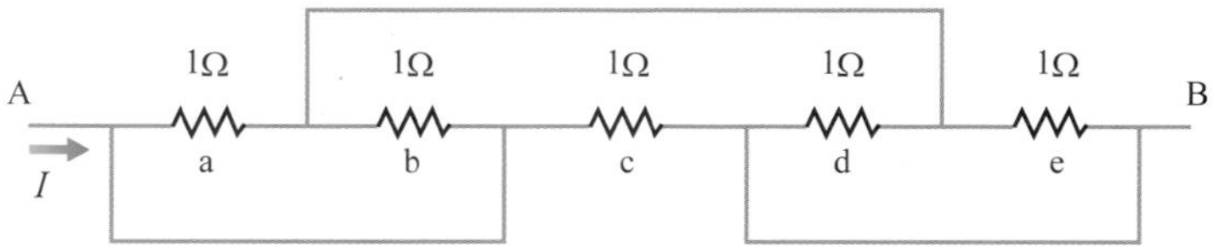

저항의연결 형태의 변경

저항의 연결이 낯설게 되어 있다면, 접점을 잘 고려하여 다른 형태로 변형하면, 쉽게 문제해결이 가능하다.

논리 추론형

18 다섯 개의 전구 A, B, C, D, E 가 스위치 [가], [나], [다] 에 연결되어 있다. 스위치를 열고 닫으면서 전구를 관찰하였더니 다음과 같은 결과가 나왔다.

> ㉠ 스위치 [가], [다] 를 연결하였더니 전구 A, C, D 가 켜졌다.
> ㉡ 스위치 [나] , [다] 를 연결하였더니 전구 B, D, E 가 켜졌다.
> 세 스위치를 연결한 상태에서
> ㉢ 전구 A 를 소켓에서 분리하니 전구 C 도 꺼졌다.
> ㉣ 전구 B 를 소켓에서 분리하니 나머지 전구는 변화가 없었다.

위와 같은 결과가 나오는 회로를 주어진 스위치 3 개와 전구 5 개를 이용하여 점선 안의 단자 (ㄱ) 과 (ㄴ) 에 연결되도록 그리시오.

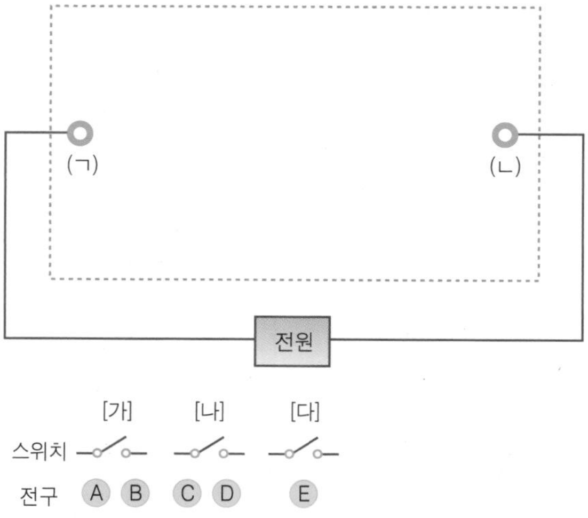

전구의 연결

전구를 여러 개 연결할 경우 서로 직렬로 연결된 전구는 하나의 전구가 끊어지면 모든 전구가 꺼진다. 반면 병렬로 전구로 연결하면 하나의 전구가 끊어지더라도 다른 전구는 꺼지지 않는다.

논리 서술형

19 불량 토스터기가 내부에서 합선이 되면 급격한 전류가 흘러서 차단기가 내려가서 집 전체가 어둠에 휩싸일 것이다. 불량 토스터기가 합선(short)되더라도 집 전체의 차단기가 내려가지 않도록 전자 레인지의 연결 도선에 장치를 한다면 어떻게 하면 되겠는가? (주변에 가정용 백열 전구가 있다.)

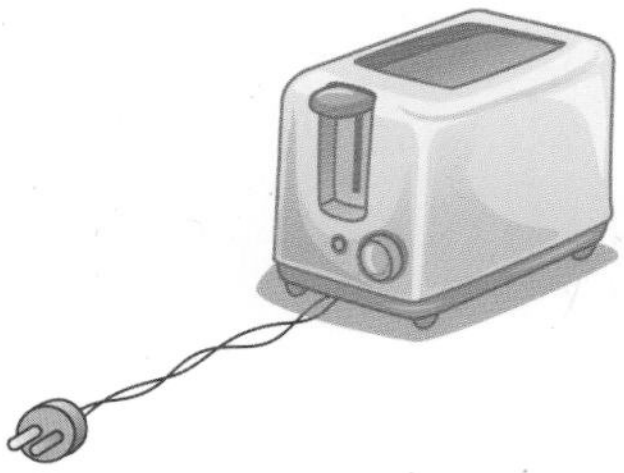

단계적 문제 해결형

20 다음의 그림 (가) 는 전구 양단의 전압을 변화시키면서 전압과 전류의 관계를 그래프로 나타낸 것이다. 그림 (나) 는 같은 전구를 $10\ \Omega$ 의 저항과 직렬 연결하여 20 V 의 전압을 걸어준 전기 회로도이다. 전지의 내부 저항과 연결 도선의 저항은 0 이라고 할 때 다음 물음에 답하시오.

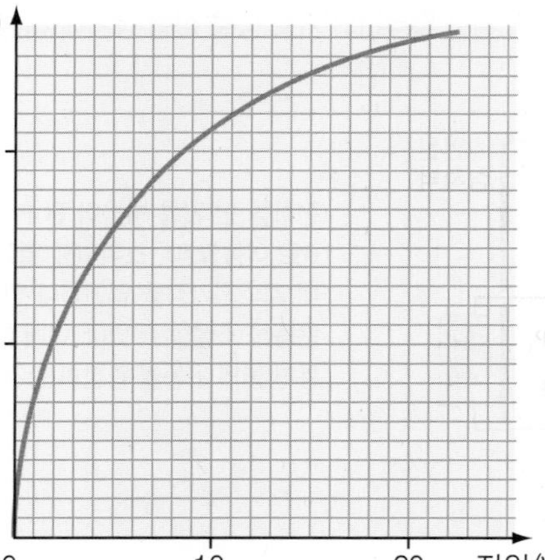

(가)

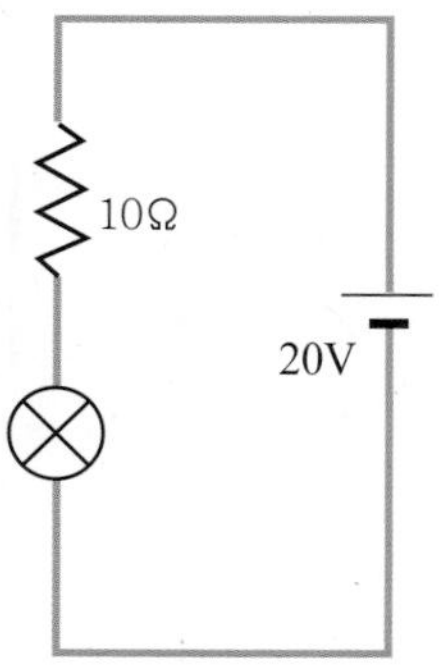

(나)

(1) 그림 (가)에서 전구의 저항값을 구할 수 있다. 전구의 저항값이 어떻게 변하고 있는가?

(2) 그림 (나)에서 전구 양단에 걸리는 전압을 V 라고 할 때 V 를 전구의 저항 R 이 포함된 식으로 나타내시오.

그림처럼 정상 토스터기는 전류가 플러그의 한 전선에서 나와서 가열 부분을 지나서 플러그의 다른 전선으로 나간다. 들어온 전류는 반드시 다시 나가야 한다. 가열 부분은 저항의 역할을 하므로 전류의 흐름을 방해하고 작은 전류만이 통과하게 해준다.

만일 토스터기가 고장이 나서 플러그에서 나온 두 전선이 접촉하게 되면 회로가 합선된다. 이것을 단락(short)라고 부르는데 이렇게 되면 저항이 없거나 매우 작기 때문에 매우 큰 전류가 흐르게 된다. 큰 전류로 인해서 차단기가 내려가게 되는데 만일 차단기가 내려가지 않으면 불이 날 것이다.

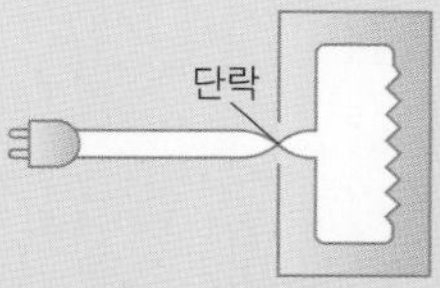

전기 가열
(Electric heating)

전기 에너지를 열에너지로 변환하여 물체를 가열하는 것. 다양한 형태로 전기 에너지를 열에너지로 변환하여 사용하고 있다.

① 저항 가열 방식
② 아크 가열 방식
③ 유도 가열 방식
④ 유전 가열 방식
⑤ 적외선 가열 방식
⑥ 전자빔 가열 방식
⑦ 레이저 가열 방식 등이 있다.

공해가 발생하지 않고, 온도 제어가 쉬우며, 진공 속에서도 열에너지 발생이 가능 하다는 장점이 있다.

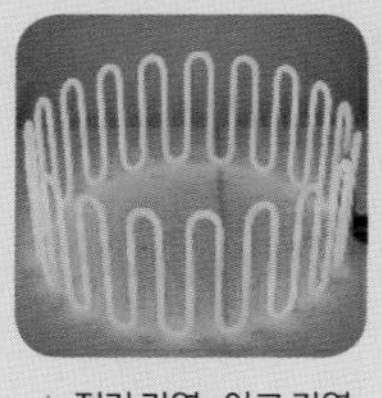
▲ 전기 가열 : 아크 가열

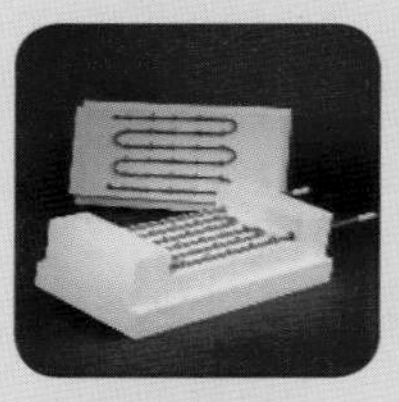
▲ 전기 가열 : 저항 가열

창의력을 키우는 문제

추리 단답형

21 전류가 흐르는 방향으로 길이가 l 이고 단면적이 S 인 저항체의 저항값은 $R = \rho \frac{l}{S}$ 로 주어진다. 그림과 같이 직육면체의 금속이 있다. 세 변의 길이는 각각 a, b, c 이고 길이가 $a > b > c$ 이다. 전류를 마주 보는 면으로 흘렸을 때 가장 저항이 클 경우와 가장 작을 경우의 저항값의 비를 구하시오.

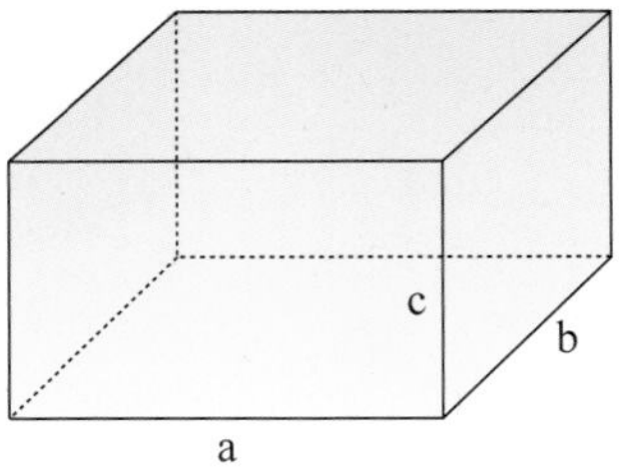

논리 추론형

22 다음은 기본 전하 e 를 측정하기 위한 밀리컨의 기름 방울 실험 장치에 대한 설명이다.

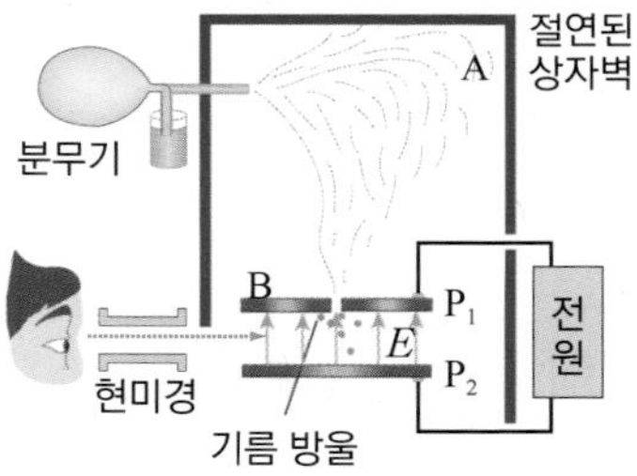

전하를 띤 기름 방울이 판 P_1 의 구멍을 통해 상자 B로 이동할 때, 스위치를 열고, 닫게 되면 상자 B 내부의 전기장을 없애거나 만들어서 기름 방울의 운동을 조절할 수 있다. 이때 현미경을 이용하여 기름 방울의 운동을 관찰하는 것이다.

밀리컨 실험에서 반지름이 1.64×10^{-6} m, 밀도가 0.85 g/cm^3 인 기름 방울이 위쪽 방향의 크기 1.92×10^5 N/C 의 전기장 E 에 의해 상자 B 속에서 떠 있다. 이때 기름 방울의 전하는 기본 전하량의 몇 배인가? (단, 중력 가속도 $g = 9.8\text{m/s}^2$, $\pi = 3.14$, 기본 전하량 $e = 1.6 \times 10^{-19}$ C으로 계산한다.)

균일한 전기장 내부에서 전하가 받는 힘

전기장이 E 로 균일하다면 전기장 내부에서 전하량이 q 인 입자가 받는 힘 F 는 다음과 같다.

$$F = qE$$

논리 추론형

23 **다음 그림과 같이 균일한 전기장 E 가 형성된 평행한 도체 판의 중간 지점으로 전하량 q = 10^{-5} C 인 입자가 도체 판의 중심에서 도체 판과 나란한 방향으로 입사하였다. 이때 입자의 질량은 10^{-3} kg, 이며, 도체 판 사이의 전기장의 세기는 E = 200 N/C, 도체 판의 수평 길이는 20 cm, 도체 판 사이의 직선 거리는 2 cm 이다. (단, 중력 및 전하의 가속에 의한 에너지 손실은 무시한다.)**

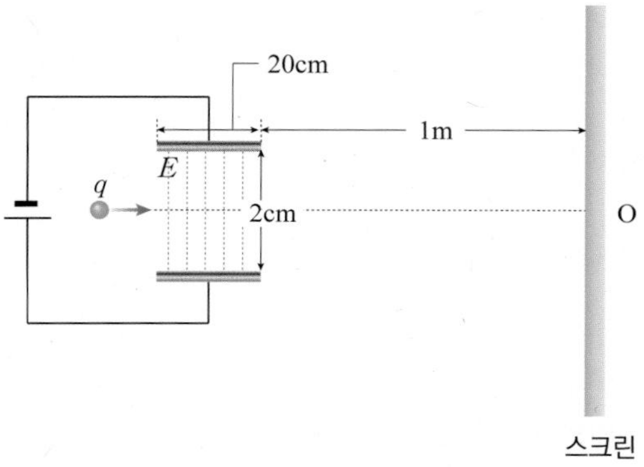

(1) 판과 스크린 사이의 거리 L = 1 m 일 때, 전하가 도체판에 충돌하지 않고 스크린에 도달하기 위한 최소 속력은 얼마인가?

(2) (1)의 속력으로 입사시켰을 때, 전기장을 빠져나온 직후 전하 q 의 속력은 얼마인가?

(3) (1)의 속력으로 입사시켰을 때, 스크린에 충돌하는 지점은 중심점 O 에서 얼마나 떨어진 지점인가? (이때 중심점 O 는 전기장이 없을 때 입자가 충돌하는 지점이다.)

대회 기출 문제

01 **그림과 같이 (+) 로 대전된 금속 구가 있고 이 금속 구로부터 멀리 떨어진 곳에 작은 양전하가 있다. 다음 물음에 답하시오.**

[영재교육원 기출 유형]

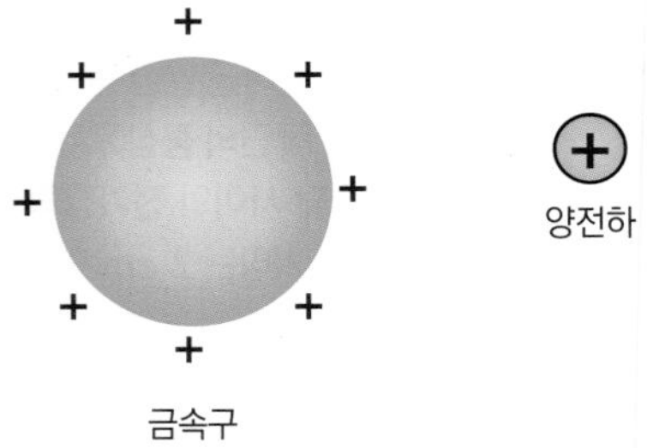

(1) 작은 양전하를 금속 구 쪽으로 이동시켰다. 이 작은 양전하에 작용하는 힘의 크기와 방향은 어떻게 변하겠는가?

(2) 양전하가 금속 구에 매우 가까이 접근하면 양전하와 금속 구 사이에는 인력이 작용한다. 그 이유를 설명하시오.

02 **전기를 띠지 않은 종이 조각도 대전된 유리 막대에 의해 끌린다. 이러한 사실을 설명하기 위해 필요한 과학적 사실을 〈보기〉에서 있는 대로 고른 것은?**

[수능 기출 유형]

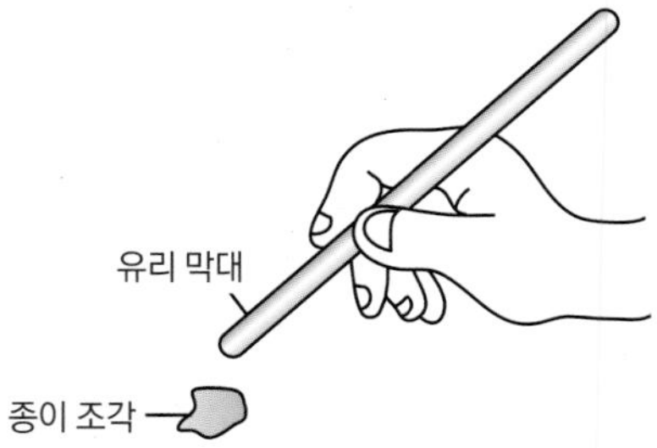

보기

ㄱ. 중성인 종이 조각도 대전된 물체에 가까이 가면 음전기를 띤 부분과 양전기를 띤 부분이 생긴다.
ㄴ. 서로 같은 부호의 전하 사이에는 척력이 작용하며, 다른 부호의 전하 사이에는 인력이 작용한다.
ㄷ. 두 점전하 사이의 전기력의 세기는 전하 간의 거리가 가까우면 강하고, 멀면 약하다.
ㄹ. 전하의 움직임으로 전류가 생기면 주변에 자기장이 생긴다.

① ㄱ, ㄴ ② ㄱ, ㄷ ③ ㄴ, ㄹ ④ ㄱ, ㄴ, ㄷ ⑤ ㄱ, ㄴ, ㄹ

03 **검전기에서 금속판과 막대 부분을 여러 가지 재료로 바꾸어 보았다. 대전체를 금속판 가까이 가져갔을 때 금속박이 벌어지기 가장 어려운 것은?**

[수능 기출 유형]

① 구리 ② 알루미늄 ③ 금 ④ 유리 ⑤ 은

04 두 도체 구 A, B 가 있다. A 는 양(+) 전하로 대전되어 있고, B 는 대전되어 있지 않다. A 와 B 를 접촉시킨 후 A, B 의 대전 상태로 바르게 나타낸 것은?

[수능 기출 유형]

① A, B 모두 양(+)전하를 띤다.
② A, B 모두 음(−)전하를 띤다.
③ A, B 모두 전하를 띠지 않는다.
④ A 는 음(−)전하, B 는 양(+)전하를 띤다.
⑤ A 는 양(+)전하, B 는 음(−)전하를 띤다.

05 도체구 A 에 도체구 B 와 C 를 각각 가까이 하였더니 A 와 B, A 와 C 사이에 미는 전기력이 작용하였다. 그래프는 각 경우에서 도체구 사이의 전기력과 $\frac{1}{(거리)^2}$ 과의 관계를 나타낸 것이다. 이에 대한 설명으로 옳은 것만을 〈보기〉에서 있는 대로 고른 것은?

[수능 기출 유형]

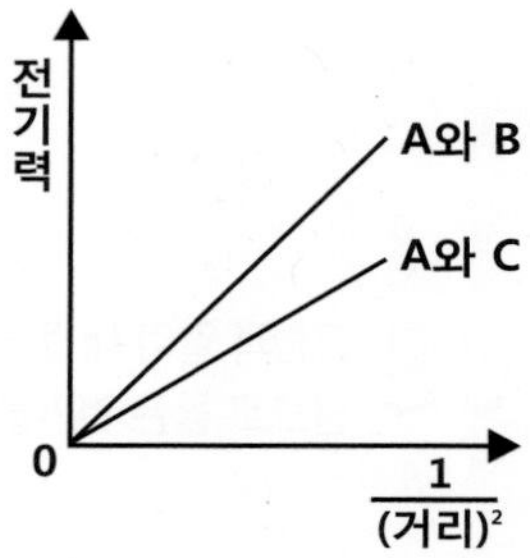

보기

ㄱ. B 의 전하량이 C 보다 크다.
ㄴ. B 와 C 는 같은 종류의 전하로 대전되어 있다.
ㄷ. 거리가 2 배가 되면 전기력의 크기는 $\frac{1}{2}$ 배가 된다.

① ㄱ ② ㄴ ③ ㄱ, ㄴ ④ ㄴ, ㄷ ⑤ ㄱ, ㄴ, ㄷ

06 그림 (가)는 수평면 위에 양(+)으로 대전된 전하량이 Q 인 물체가 용수철 상수 k 인 용수철에 연결되어 정지해 있는 것을 나타낸 것이다. 그림 (나)는 그림 (가)의 상태에서 오른쪽 방향으로 크기가 E 인 균일한 전기장이 걸렸을 때, 용수철이 d 만큼 늘어나 물체가 힘의 평형 상태로 정지해 있는 모습을 나타낸 것이다.
(나)에서 용수철이 늘어난 길이 d 는? (단, 전기장이 E 인 경우 전하 Q 는 전기장의 방향으로 QE 의 힘을 받는다. 용수철은 탄성 한계 내에서 늘어났으며, 물체의 전하량은 일정하고, 용수철의 질량과 모든 마찰은 무시한다.)

[수능 기출 유형]

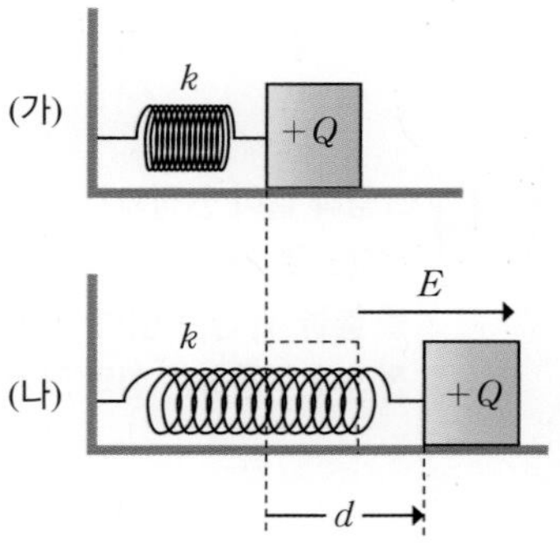

① $\frac{QE}{3k}$ ② $\frac{QE}{2k}$ ③ $\frac{QE}{k}$ ④ $\frac{2QE}{k}$ ⑤ $\frac{3QE}{k}$

대회 기출 문제

07 **모피 조각에 마찰시킨 에보나이트 막대를 그림과 같이 금속박 검전기 위에 설치된 금속판에 가까이 가져갔다. 다음 물음에 답하시오.**

[과학고 기출 유형]

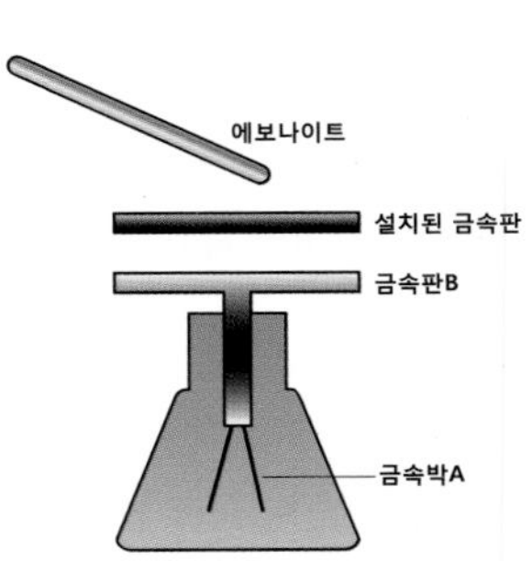

(1) 금속박 A 에 대전된 전하의 종류는 무엇인가?

(2) 설치된 금속판의 끝을 손으로 대고 있으면 금속박 A 에는 어떤 변화가 생기겠는가?

(3) (2)의 실험에 이어서 마찰시켰던 에보나이트 막대와 손을 동시에 금속판으로부터 멀리하였다. 금속박 A 와 금속판 B 에는 어떤 변화가 있겠는가?

08 **그림과 같이 대전된 도체 구 A, B 가 거리 d 만큼 떨어져서 놓여 있다. 이에 대한 설명으로 옳은 것만을 〈보기〉에서 있는 대로 고른 것은?**

[대회 기출 유형]

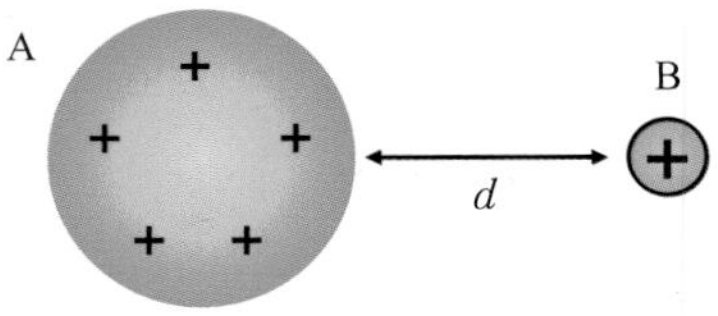

보기

ㄱ. d 가 증가하면 B 가 받는 힘이 감소한다.

ㄴ. d 와 관계없이 A 의 전하 분포는 일정하다.

ㄷ. A 와 B 에 작용하는 힘은 척력이다.

① ㄱ ② ㄴ ③ ㄴ, ㄷ ④ ㄱ, ㄷ ⑤ ㄱ, ㄴ, ㄷ

09 **그림과 같이 원점에서 동쪽으로 a 만큼 떨어진 곳에 $+q$ 의 전하가 놓여 있고 남쪽으로 $2a$ 만큼 떨어진 곳에 $-4q$ 의 전하가 놓여 있다. 원점에 $+q$ 의 전하를 놓을 때 받는 힘의 크기와 방향을 구하시오. 동쪽의 $+q$ 전하가 원점의 $+q$ 전하에 작용하는 힘의 크기는 F 이다.**

[대회 기출 유형]

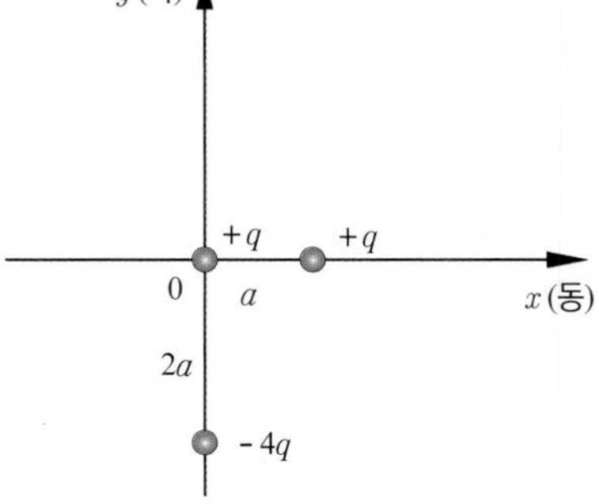

① F, 북서쪽 ② F, 남서쪽 ③ $\sqrt{2}F$, 북
④ $\sqrt{2}F$, 동쪽 ⑤ $\sqrt{2}F$, 남서쪽

10 전기 회로에서 전류의 세기와 전구의 밝기를 전류 모형으로 설명한 것이다. 물음에 답하시오.

[영재교육원 기출 유형]

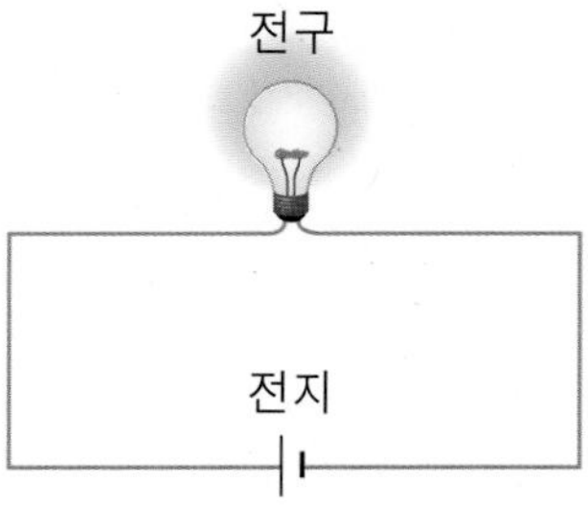

우리는 전기 회로에서 '전류가 흐른다'라는 표현을 자주 사용한다. 그러나 사실 우리는 전기 회로에 무엇이 흐르고 있는지를 알 수 없기 때문에 전구를 사용해서 불이 켜지는지 아닌지의 여부를 통해서 간접적으로 확인을 한다. 그림과 같이 연결하여 전구에 불이 켜질 때, 전구를 다른 것으로 바꾸게 되면 전구의 밝기는 변하게 된다. 즉, 전구의 밝기는 전기 회로에서 흐르고 있는 '전류'의 세기를 나타내는 양이라고 할 수 있다.

(1) 그림과 같이 전구와 전지 하나가 연결된 회로에 전구를 1 개 더 직렬로 연결할 때 전구의 밝기 변화와 그 이유를 위에서 제시한 전류 모형을 사용하여 설명하시오.(이때 전구 2 개가 직렬로 연결된 회로에서는 전구 2 개의 밝기를 합한 것으로 비교한다.)

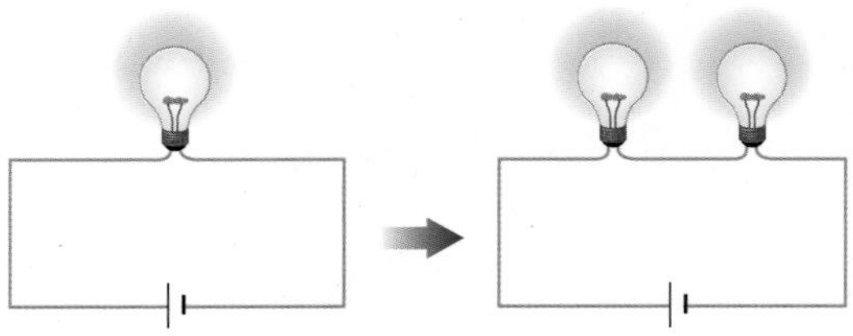

전구의 밝기 변화 :

이유 :

(2) 그림과 같은 전구와 전지 하나가 연결된 회로에 전구를 1 개 더 병렬로 연결할 때 전구의 밝기 변화와 그 이유를 위에서 제시한 전류 모형을 사용하여 설명하시오.(이때 전구 2 개가 병렬로 연결된 회로에서는 전구 2 개의 밝기를 합한 것으로 비교한다.)

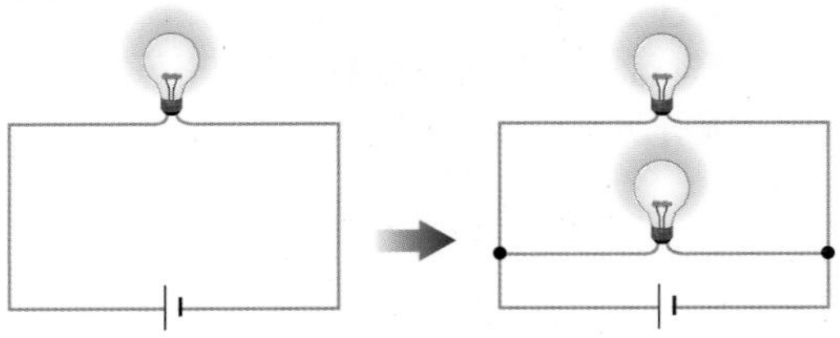

전구의 밝기 변화 :

이유 :

(3) 그림과 같은 같은 전구가 연결된 회로에서 전구 C 를 뺐을 때 전구 A 와 B 의 밝기 변화와 그 이유를 전류 모형을 사용하여 각각 설명하시오.

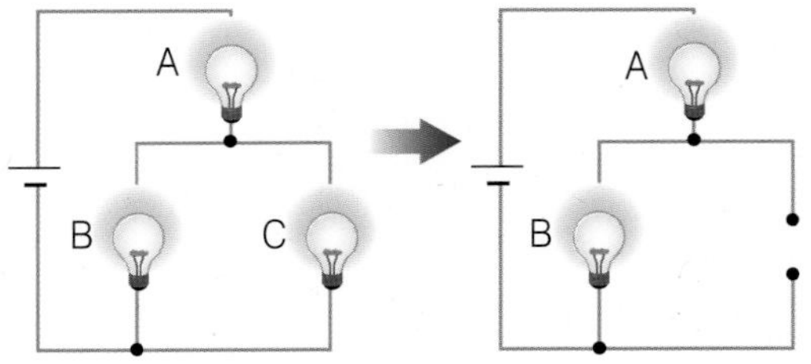

전구 A 의 밝기 변화 :

이유 :

전구 B 의 밝기 변화 :

이유 :

11 **동일한 두 저항 A, B 를 그림 [가] 와 같이 연결하였다. 스위치 S 가 열린 상태에서 회로의 전압을 변화시키면서 전류를 측정한 값을 그래프로 나타내었더니 그림 [나] 와 같이 나타났다. 물음에 답하시오.**

[영재교육원 기출 유형]

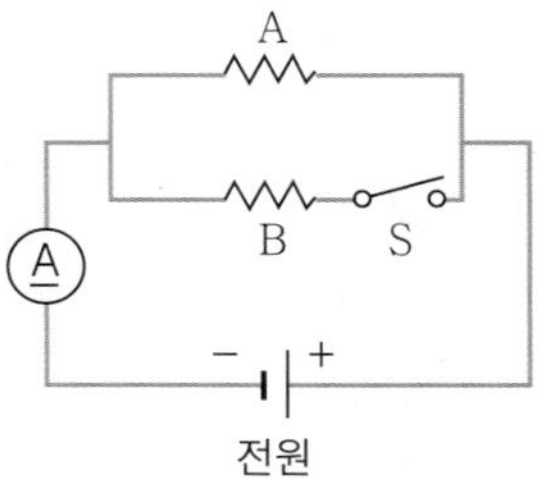

그림 [가]

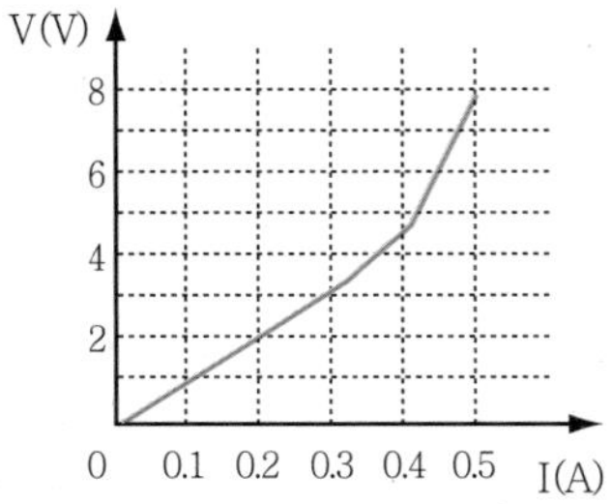

그림 [나]

(1) 전압-전류 그래프의 기울기가 일정하지 않은 사실로 알 수 있는 것은 무엇인가?

(2) 스위치 S 를 닫았더니 전류계에 0.8 A 의 전류가 흘렀다. 회로에 공급되는 전압의 크기는 얼마인가?

12 **영수는 균일한 니크롬선의 양끝을 연결하여 동그란 모양을 만들고 니크롬선 위에 다음과 같이 4 개의 점 a, b, c, d 를 표시하였다. ad 는 반원이고 b 는 ad 의 중심에, c 는 b 와 d 의 중심에 있다. 4 개의 점 중 각 두 점을 선택한 다음 이들을 왼쪽의 건전지와 꼬마전구 회로에 연결하였을 때 꼬마 전구의 밝기를 측정하는 방법을 사용하였다.**

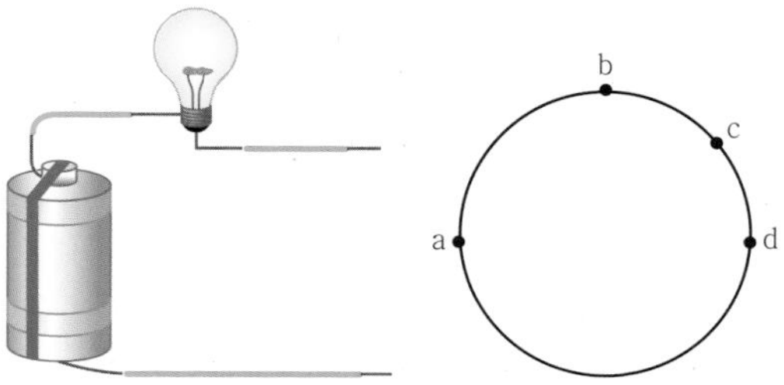

영수가 관찰한 것 중에서 올바른 것만을 있는 대로 고르시오.

[대회 기출 유형]

① a 와 d 를 연결하였을 때가 어느 경우보다 꼬마 전구가 가장 밝다.
② 꼬마 전구의 밝기를 서로 다르게 만드는 방법은 모두 다섯 가지이다.
③ a 와 d 를 연결하면 a 와 b 를 연결하였을 때보다 꼬마 전구가 두 배 밝다.
④ b 와 c 를 연결하였을 때가 a 와 b 를 연결하였을 때보다 꼬마 전구가 밝다.
⑤ b 와 d 를 연결하였을 때가 a 와 c 를 연결하였을 때보다 꼬마 전구가 밝다.
⑥ b 와 c, 또는 c 와 d 를 연결하였을 때가 저항이 가장 커 꼬마 전구는 가장 어둡다.

13 **[그림 1] 과 같이 1.5 V - 0.3 A 의 전구에 10 Ω 짜리 니크롬선을 직렬로 연결하여 회로를 구성하였다. [그림 2] 는 전구의 전류와 전압을 측정한 실험 결과이다.**

[대회 기출 유형]

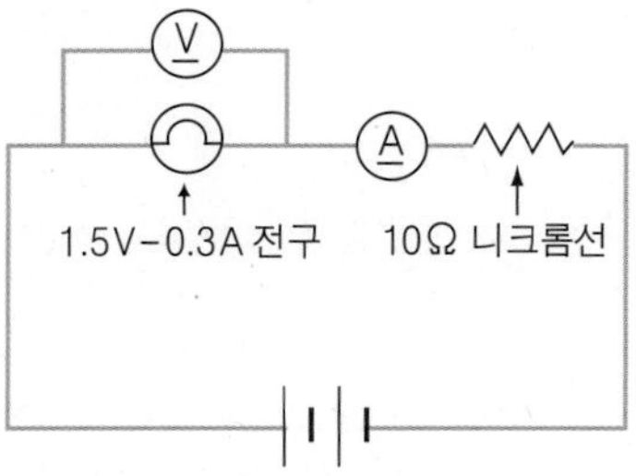

[그림 1] 전구의 저항 실험 장치

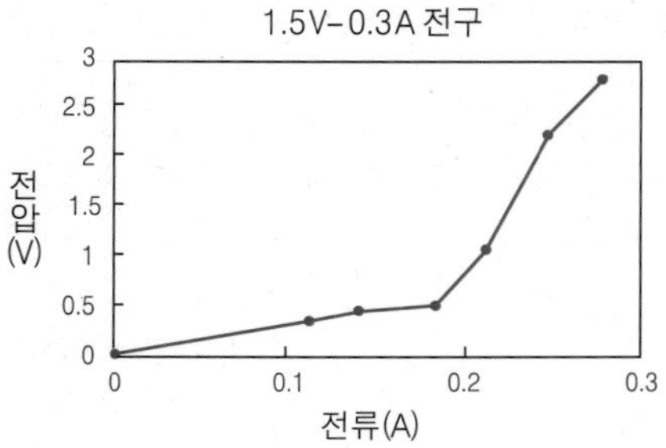

[그림 2] 전구의 전류-전압 그래프

이 실험 결과로부터 알 수 있는 전압-저항의 관계를 올바르게 나타낸 그래프를 하나만 고르시오. (단, 전압, 전류, 저항 사이에는 다음과 같은 관계가 있다. 전압 = 전류 × 저항)

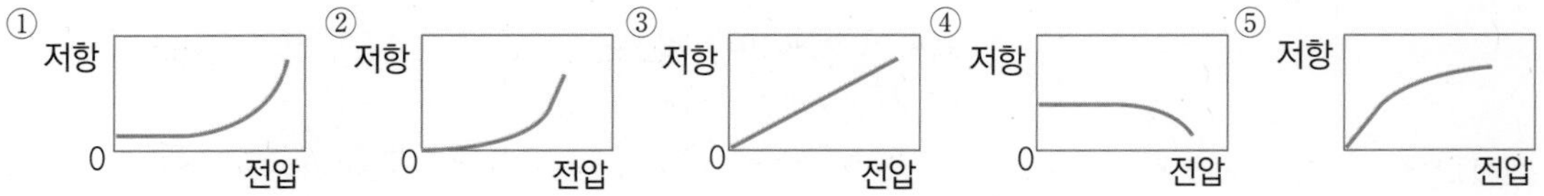

14 **저항이 같은 동일한 전구 A, B, C, D 4 개와 스위치, 전지를 그림과 같이 저항이 없는 도선으로 연결하였다. 현재 스위치 S_1, S_2 는 열려 있는 상태이고, 전지의 내부 저항을 무시할 때 다음 물음에 답하시오.**

[과학고 기출 유형]

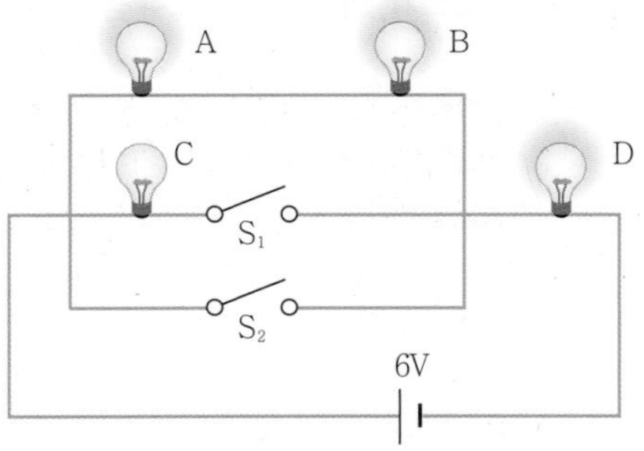

(1) 스위치 S_1을 닫을 때 각 전구의 밝기 변화를 쓰시오.

(2) 스위치 S_1과 S_2를 모두 닫을 때 각 전구의 밝기는 어떻게 되는지 쓰시오.

15 **전구에 전지를 연결하였을 때 불이 켜졌다. 이제 전선의 한 부분을 다른 도선으로 연결하여 땅속 수도 파이프에 연결하여 접지(接地)시켰을 때 전구의 밝기 변화에 대해 쓰시오.**

[과학고 기출 유형]

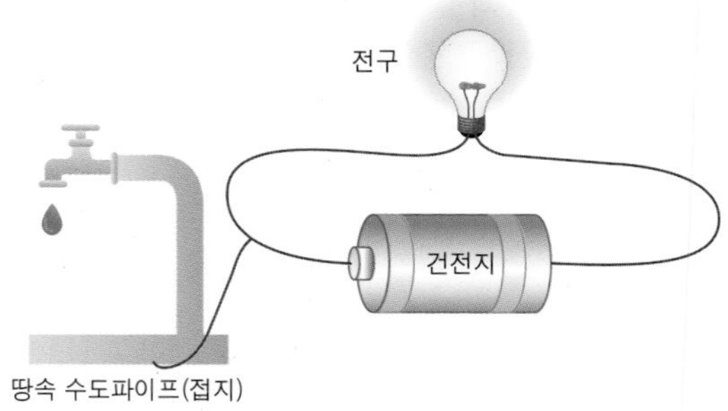

16 **그림은 5 개의 저항을 연결하여 양단에 12 V 의 전압을 걸어준 전기 회로도이다.**

[과학고 기출 유형]

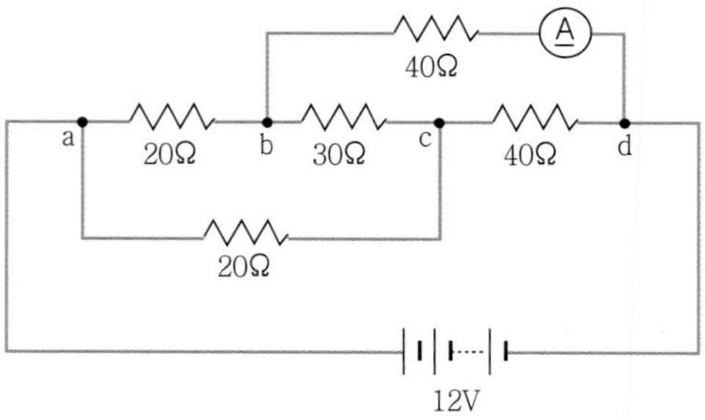

(1) 회로 상의 점 a와 d 사이의 합성 저항을 구하시오.

(2) 전류계 Ⓐ 에 흐르는 전류를 구하시오.

17 **그림과 같이 전구와 스위치를 연결한 전기 회로도가 있다. 전구는 모두 동일한 것으로 한다.**

[과학고 기출 유형]

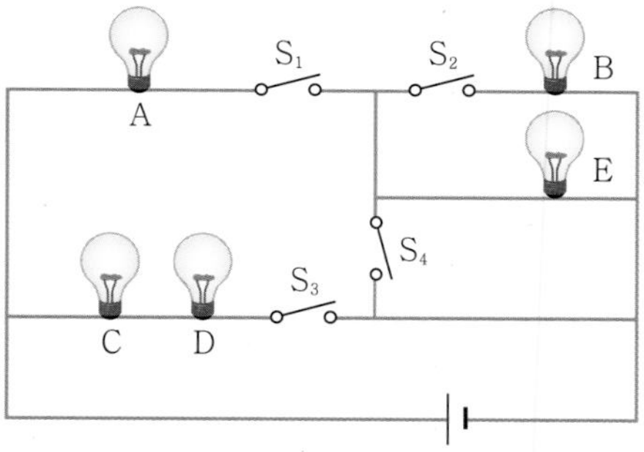

(1) 스위치를 전부 닫았을 때 가장 밝은 전구는 무엇인가?

(2) 스위치를 전부 닫고 S_4 만을 열었을 때 A, B, C, D, E 의 전구의 밝기를 비교하시오.

18 **저항이 10 Ω 인 도선에 반복적으로 0.001 초 동안 전압을 걸고 0.005 초 동안 쉬는 일정한 주기로 전압을 가하고 있다.** [과학고 기출 유형]

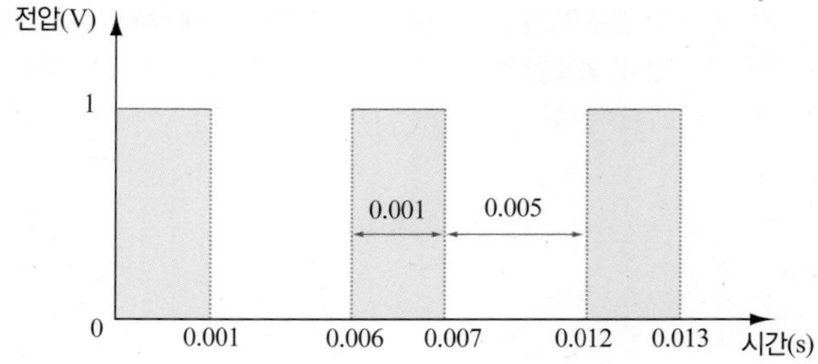

(1) 한 번 전압을 가한 0.001 초 동안 도선의 한 곳을 통과하는 전자의 개수는 얼마인가?

(2) 1 초 동안의 평균 전류를 구하시오.

19 **다음 전기 회로도에서 E 는 전지의 기전력이고 6 V 이다. 전지의 전체 내부 저항(r)은 2 Ω 이다. R_1 = 2 Ω, R_2 = 1 Ω, R_3 = 1 Ω, R_4 = 2 Ω 이고 전지의 음극은 접지되어 있다.** [민사고 기출 유형]

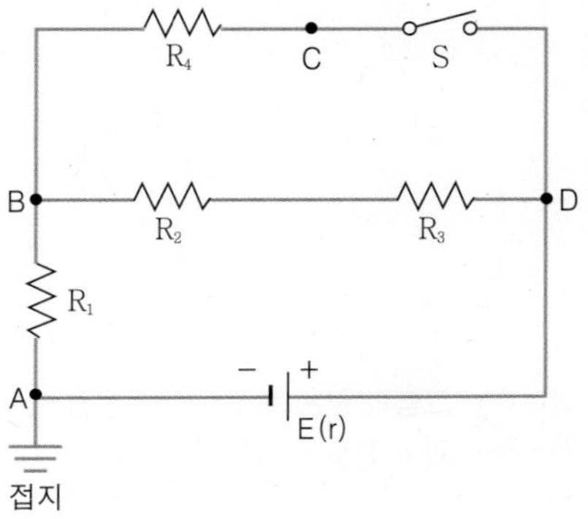

(1) 스위치 S 를 열었을 때 A, B, C, D 점의 전위 V_A, V_B, V_C, V_D 는 각각 몇 V 인가?

(2) 스위치 S 를 닫았을 때 A, B, C, D 점의 전위 V_A, V_B, V_C, V_D 는 각각 몇 V 인가?

20 **(가) 회로는 전지(내부 저항 있음), 가변 저항, 전압계, 전류계, 스위치를 연결하여 꾸민 전기 회로도이다. 스위치를 닫고, 가변 저항 R 의 값을 변화시키면서 전압계와 전류계의 눈금을 읽어 (나) 그래프를 얻었다.** [과학고 기출 유형]

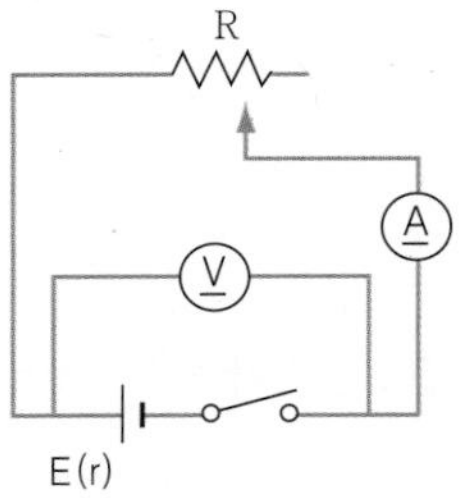

(가)

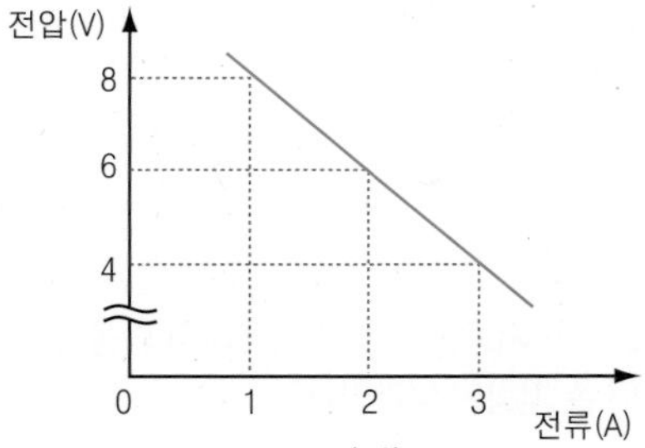

(나)

(1) 전지의 기전력(E)의 값을 구하시오.

(2) 전지의 내부 저항(r)은 얼마인가?

21 **한 전구의 양 끝에 전압 V 를 걸어주고 V 를 변화시키면서 전구에 흐르는 전류를 측정하였더니 그림 (가)의 그래프를 얻을 수 있었다. 동일한 전구 2 개를 병렬 연결한 후 저항 R 을 연결하고 양 끝에 100 V 의 전압을 걸어 주었다. 물음에 답하시오.**

[민사고 기출 유형]

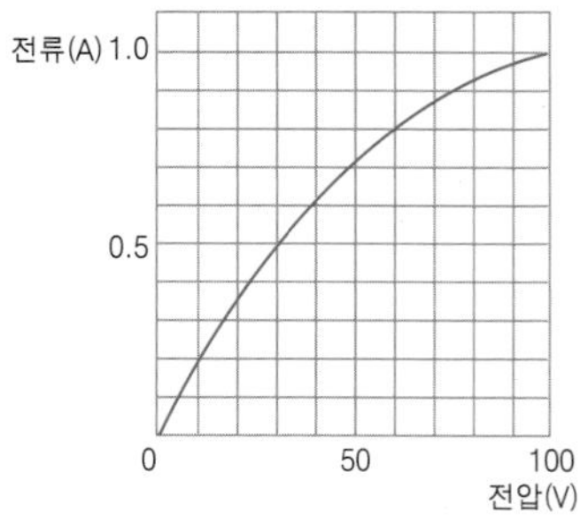

(가)

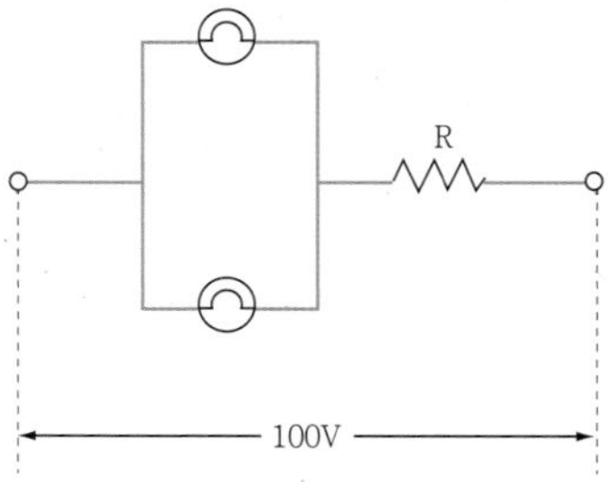

(나)

(1) 그림 (나)에서 저항 R 에 0.7 A 의 전류가 흘렀다면 저항 R 은 몇 Ω 인가?

(2) 그림 (나)에서 저항 R 의 저항값이 50 Ω 이라면 전구 1 개에 걸리는 전압은 몇 V 일지 그림 (가)를 참고하여 구하시오.

22 **그림과 같은 회로도에서 전압계 ⓥ 에 측정된 전압이 48 V 일 때 a 점과 b 점을 흐르는 전체 전류의 세기는 몇 A 인가?**

[대회 기출 유형]

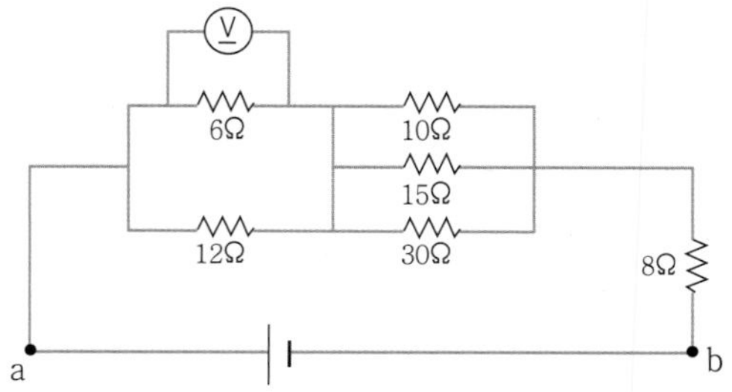

① 11 A ② 12 A ③ 13 A ④ 14 A ⑤ 15 A

23 **저항의 크기가 2 Ω 인 저항선 6 개를 이용하여 다음과 같은 회로를 꾸몄다. 전류가 A 에서 B 로 흐를 때 총 저항은 얼마인가?**

[대회 기출 유형]

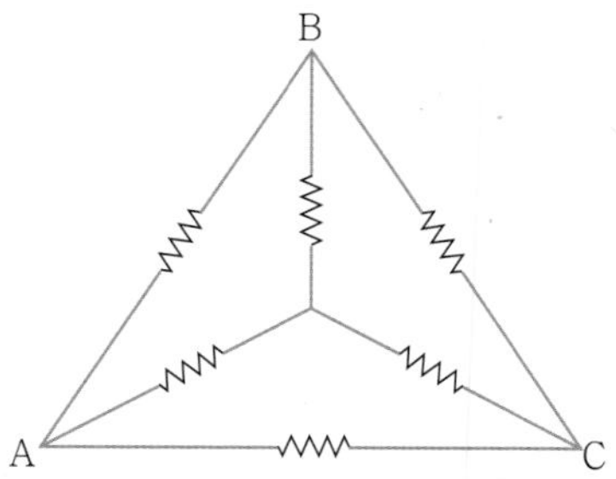

① 0.1 Ω ② 0.2 Ω ③ 0.5 Ω ④ 1 Ω ⑤ 2 Ω

24 **다음 전기 회로도와 같이 내부 저항 r 인 건전지가 저항과 연결되어 있다. 스위치가 열린 상태에서 닫았을 때 전압계와 전류계의 눈금 변화로 옳은 것은?**

[대회 기출 유형]

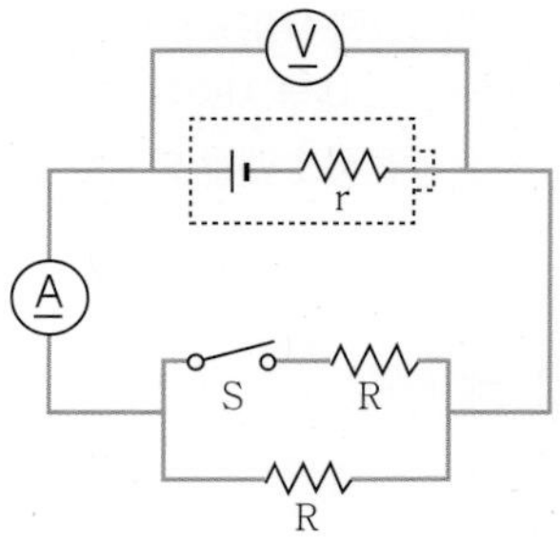

① 전압은 커지고 전류는 작아진다.
② 전압은 작아지고 전류는 커진다.
③ 전압, 전류 모두 작아진다.
④ 전압, 전류 모두 커진다.
⑤ 전압, 전류 모두 변함 없다.

25 **그림은 저항값이 3 Ω, 6 Ω, R 인 저항을 전압이 18 V 로 일정한 전원 장치에 연결한 것을 나타낸 것이다. 스위치 S 가 열려있을 때 전류계에 흐르는 전류의 세기는 6 A 이다. 스위치 S 를 닫았을 때 전류계에 흐르는 전류의 세기는?**

[수능 기출 유형]

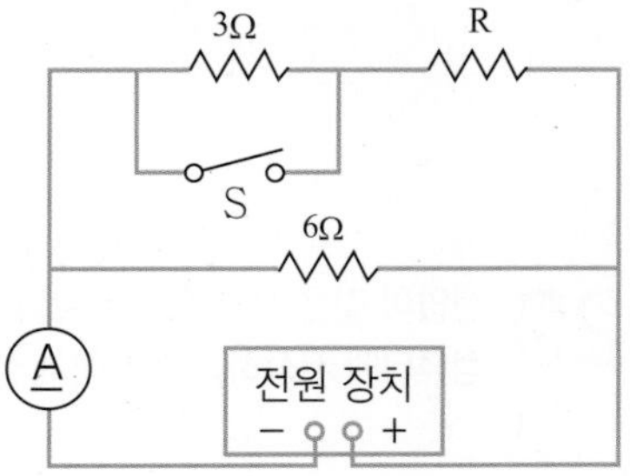

① 2 A ② 3 A ③ 9 A ④ 12 A ⑤ 18 A

26 **그림과 같이 규격이 같은 두 전구 A, B 와 가변 저항 R 이 연결되어 있다. 가변 저항의 접점을 P에서 Q쪽으로 이동시킬 때, 두 전구의 밝기에 대한 설명으로 옳은 것은?**

[수능 기출 유형]

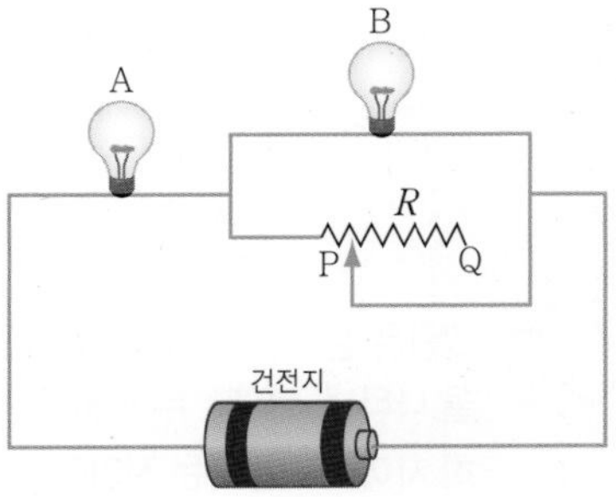

① A 는 밝아지고, B 는 어두워진다.
② A 는 어두워지고, B 는 밝아진다.
③ A 와 B 모두 밝아진다.
④ A 와 B 모두 어두워진다.
⑤ A 와 B 모두 밝기가 변하지 않는다.

27 **각각 알짜 전하 Q_1, Q_2 로 대전되어 있는 두 개의 동일한 구형 도체가 있다. 이 두 도체의 중심 사이의 거리가 d 일 때, 서로 끌어당기는 힘의 크기가 F 였다. 두 도체를 접촉시킨 후 다시 거리 d 만큼 떼어 놓았더니 크기가 F 인 힘으로 서로를 밀어내었다. $|Q_1| \geq |Q_2|$ 일때, $\left|\frac{Q_1}{Q_2}\right|$ 의 값을 구하시오. (단, 도체의 크기는 d 보다 아주 작다.)**

[중학생물리대회 기출 유형]

28 그림 (가)는 전지 1 개를 백열 전구 1 개에 연결한 회로를 내부 저항을 포함하여 나타낸 것이다. 이때, 전구의 밝기는 P_0 이다. 전지의 내부 저항을 고려할 때, 그림 (나)와 같이 동일한 전지 1 개를 직렬로 추가 연결하였을 때의 밝기 P_1 과 그림 (다)와 같이 동일한 전지 1 개를 병렬로 추가 연결하였을 때의 밝기 P_2 의 비교로 옳은 것은? (단, 전구의 밝기는 소비 전력에 비례한다.)

[중학생물리대회 기출 유형]

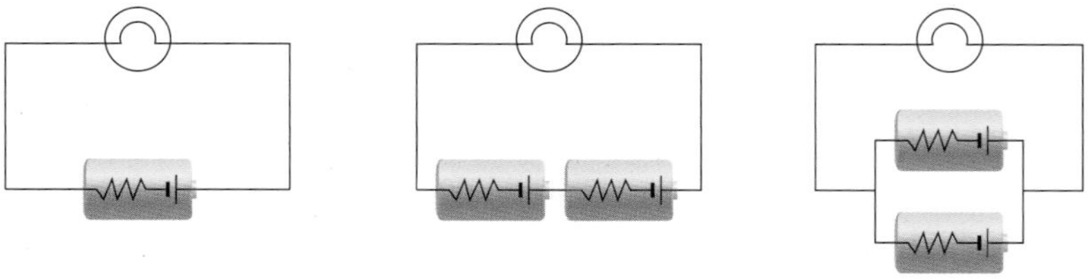

(가) (나) (다)

① $P_1 = 4P_0$, $P_2 = P_0$
② $P_1 > 4P_0$, $P_2 > P_0$
③ $P_1 > 4P_0$, $P_2 < P_0$
④ $P_1 < 4P_0$, $P_2 > P_0$
⑤ $P_1 < 4P_0$, $P_2 < P_0$

29 전압이 같은 전원 장치에 그림 (가), (나), (다) 와 같이 각각 저항 R_1, R_2 를 연결하여 전류를 측정하였다. 그런데 각 전류의 크기를 컴퓨터에 저장하는 과정에서 실수로 어떤 일정한 값 x 가 더해져서 (가) 19 A, (나) 14 A, (다) 10 A 로 저장되었다. x 는 얼마인가?

[중학생물리대회 기출 유형]

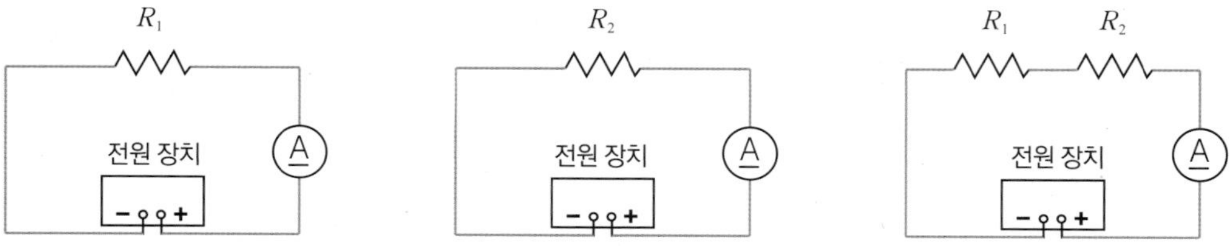

(가) (나) (다)

30 그림은 질량 m, 전하량 Q 인 양전하와 질량 $2m$, 전하량 $2Q$ 인 양전하가 길이가 L 인 실에 매달려 평형을 이루며 정지해 있는 것을 나타낸 것이다. 두 전하가 연직선과 이루는 각은 각각 θ_1, θ_2 이고, 두 전하 사이의 거리는 R 이다. θ_1, θ_2 가 매우 작을 때, 두 전하 사이에 작용하는 전기력의 크기를 근사적으로 구하시오. (단, 중력 가속도는 g 이고, 가 매우 작을 때, $\sin\theta \approx \tan\theta \approx \theta$, $\cos\theta = 1$ 이다.)

[중학생물리대회 기출 유형]

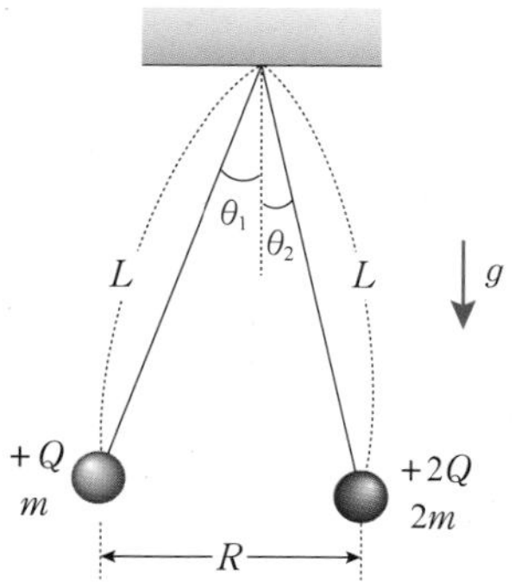

31 **그림과 같이 양(+) 전하가 v 의 속력으로 폭이 d 인 전기장 영역 Ⅰ 에 입사하여 $2v$ 의 속력으로 영역 Ⅰ 을 통과한 후, 폭이 $\frac{d}{2}$ 인 전기장 영역 Ⅱ 를 v 의 속력으로 통과하였다. 전기장 영역 Ⅰ, Ⅱ 에서 전기장의 크기는 각각 E_1, E_2 로 균일하다. 물음에 답하시오. (단, 전하는 종이면 상에서 운동하며, 전자기파 발생은 무시한다.)**

[중학생물리대회 기출 유형]

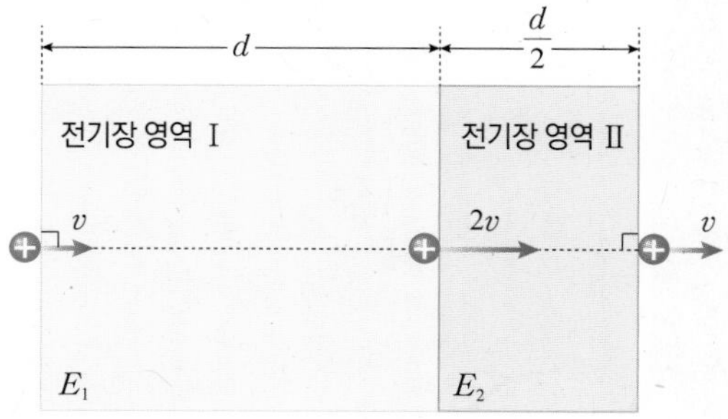

(1) 전기장 영역 Ⅰ, Ⅱ 에서 전하의 가속도의 크기 a_1, a_2 를 각각 구하시오.

(2) 전기장의 세기의 비 $(\frac{E_2}{E_1})$를 구하시오.

32 **그림과 같이 점전하 4 개를 정사각형으로 고정시키고 멀리 떨어져 있는 점전하 A 를 수평으로 움직여 정사각형의 중심에 넣는다. 정사각형의 중심에 넣을 때까지 매 순간 점전하 A 의 속력은 매우 작아서 무시할 수 있으며, 모든 점전하의 전하량은 $+q$ 이다. 물음에 답하시오. (단, 전하는 모두 한 평면에 놓여 있으며, 점전하 A 는 수평 방향으로만 움직일 수 있다고 가정한다.)**

[중학생물리대회 기출 유형]

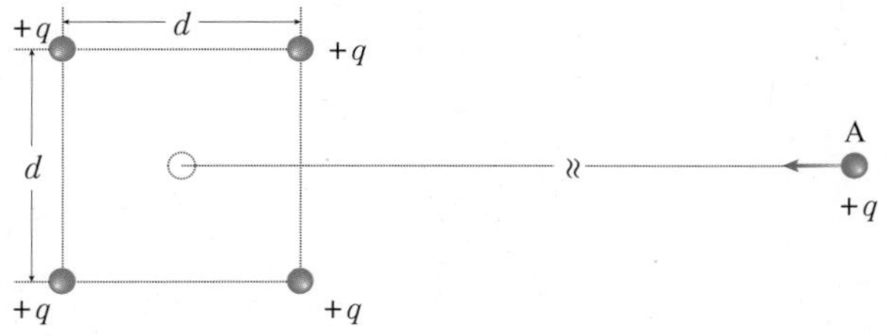

(1) 서로 무한히 떨어져 있던 점전하 4 개를 그림과 같이 정사각형으로 배치하기 위해 필요한 총 에너지를 E_1, 무한히 떨어져 있는 점전하 A 를 정사각형의 중심에 넣기 위해 필요한 에너지를 E_2 라고 할 때, $\frac{E_1}{E_2}$ 를 구하시오.

(2) 점전하 A 가 정사각형의 중심에 놓인 뒤 점전하 A 를 왼쪽으로 살짝 쳤을 때 점전하 A 의 운동에 대하여 서술하시오.

▲ 갈바니

생명은 전기화학 현상이다?

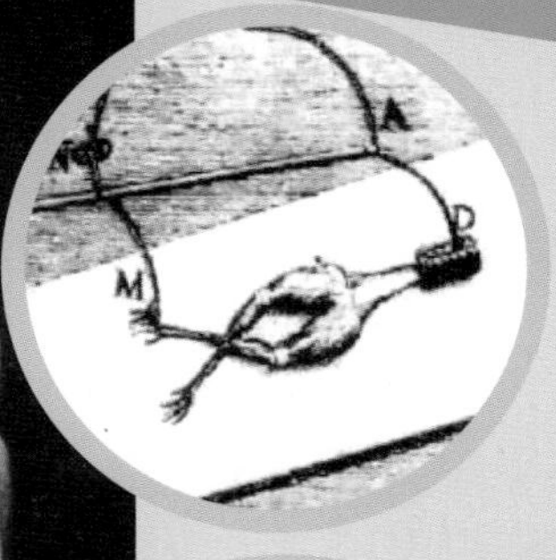

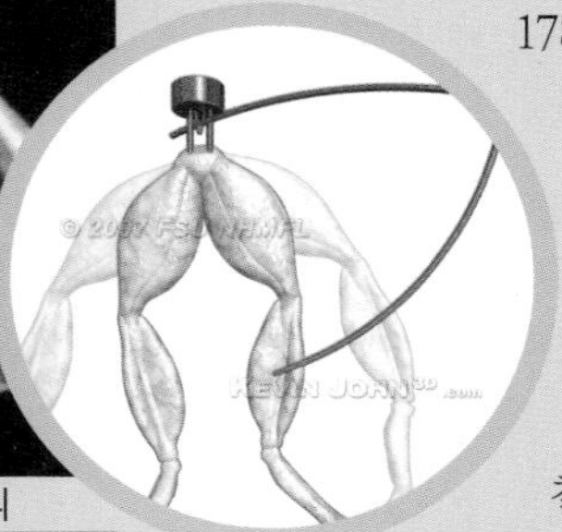

1780년대 초 이탈리아 의사·물리학자인 갈바니 [Galvani, Luigi]의 주된 연구 분야는 **동물 전기(動物電氣)**였다.

1786년에 그는 번개와 폭풍우가 칠 때 가위로 개구리의 신경을 건드리자 근육이 수축하는 것을 발견했고 개구리 근육의 경련이 실제로 전기적 작용과 관계가 있다는 확신을 얻었다. 그는 또한 구리로 만든 고리로 개구리의 척수를 누르고 그 고리를 철 난간에 걸어 경련을 일어나는 것을 관찰하기도 했다.

이후 갈바니는 동물조직이 이전까지는 경시되었던 내재적인 생명력을 가지고 있다고 결론을 내리고 이를 '동물 전기'라고 칭했으며, 이 동물전기가 금속 침으로 건드린 신경과 근육에 경련을 일으킨다라고 결론지었다. 그는 이 새로운 힘은 번개가 칠 때 만들어지거나 마찰에 의해서 생기는 '인공적인' 형태(즉 정전기)도 아닌, 새로운 형태의 전기라고 믿었다.

이탈리아 파비아대학의 저명한 물리학 교수인 알레산드로 볼타(Alessandro Volta)는 갈바니의 '새로운 형태의 전기'를 믿지 않았다. 볼타는 다른 종류의 금속을 접촉시키는 것이 자극을 일으키는 진짜 원인이라고 주장했다. 이렇게 발생하는 전기를 '금속 전기'라 하고, 금속으로 건드렸을 때 수축하는 것을 보면 근육은 검전기의 작용과 유사하다고 판단했다. 더 나아가 볼타는 접촉해 있는 2가지 다른 금속으로 근육을 건드리면 역시 흥분이 일어나고, 금속의 차이에 따라 흥분이 달라진다고 주장하여 '동물 전기' 개념을 거부했다.

그렇지만 갈바니의 연구에 있어서 '갈바니즘' 이라는 새로운 말을 만들어 낸 볼타는 "그것은 가장 아름답고 가장 놀라운 발견 중의 하나이다"라고 말하기도 했다.

오늘날 두 과학자 모두 옳다는 것을 알고 있다. 볼타는 이 논쟁이 계기가 되어 전지를 발명했다. 요즘은 건전지 없는 세상은 상상할 수 없다.

또 동물의 세포 하나하나가 미세한 전지와 같은 구실을 할 수 있다.

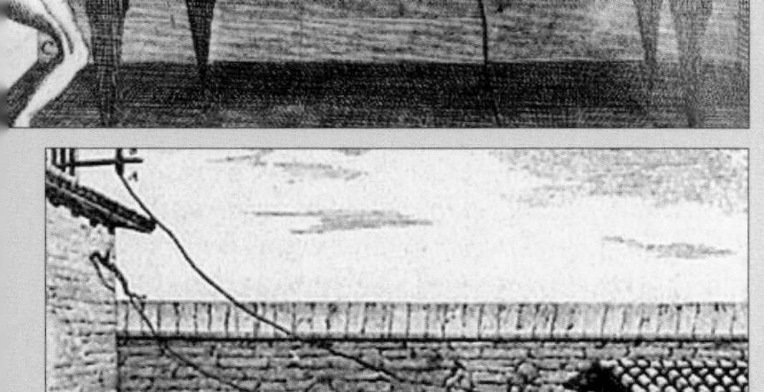

▲ 철난간에 건 구리 고리

Imagine Infinitely

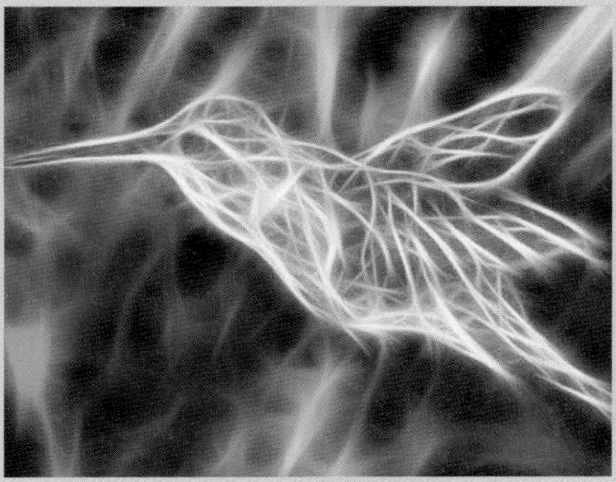

▲ 감전된 새

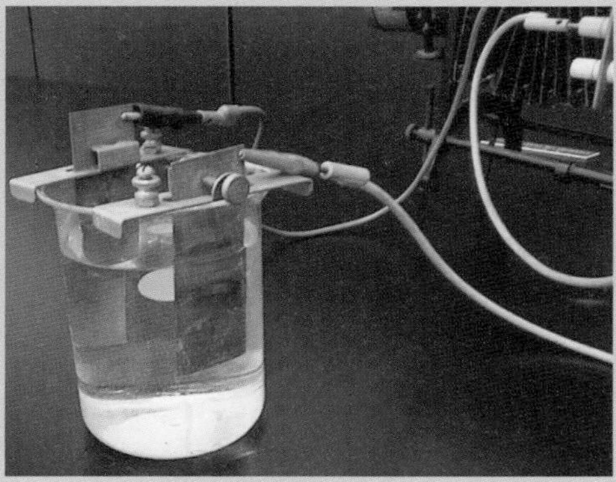

▲ 볼타 전지

근본 원리는 기전력이 발생하면 전류가 흐른다는 것이다!
무형의 생명력따위는 존재하지 않는다. 생명은 전기화학 현상이다.

해설 p 27

Q 갈바니의 주장과 볼타의 주장을 각자 간략하게 정리해 보시오.

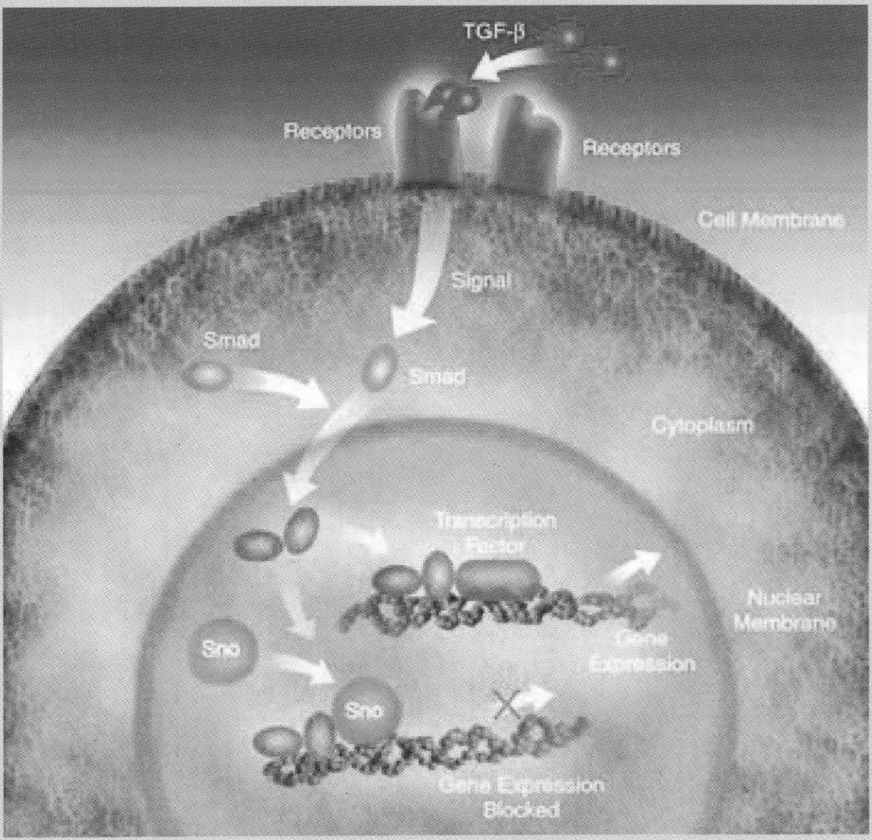

▲ 세포의 전기적 신호 전달

▲ 볼타 전지의 원리

Physics

VI

06

전류의 작용

도선에 전류가 흐르면 열이 발생하기도 하고, 전자석이 되기도 한다.

어떻게 그런 일이 가능한 것일까?

VI 전류의 작용 (1)

1. 전류의 열작용

(1) 전류의 열작용

① **저항에서 발생하는 열** : 저항에 전류가 흐를 때 내부에서 자유 전자와 원자의 충돌에 의해서 발생한다.

② **저항의 발열량**(Q) : 전류가 흐르는 저항에서 발생하는 열량이다(단위: cal [1] (칼로리), J (줄)). 저항에 걸리는 전압이 커질수록 저항에는 많은 전류가 흐르고 발생하는 에너지 E 도 커진다. 저항의 발열량 Q 는 발생 전기 에너지 E 에 비례한다.

● **발열량의 공식**

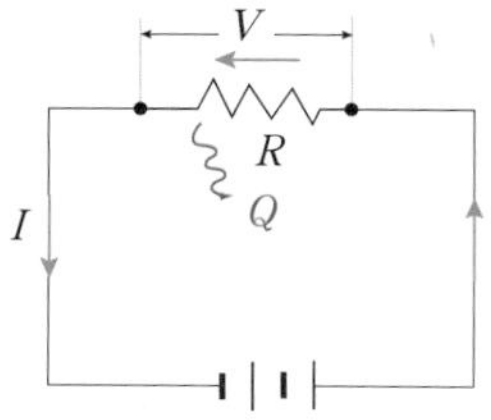

전기 에너지 $E = VIt = \frac{V^2}{R}t = I^2Rt$ $(V = IR, t$: 시간(s)$)$

$Q \propto VIt$

● **발열량의 측정** : 전원 장치로 열량계 [2] 속의 물에 들어 있는 저항에 전류를 공급하여 열량계 속의 물의 온도 변화로 측정한다.

물의 온도 변화 $\propto$ 발열량

▲ 열량계

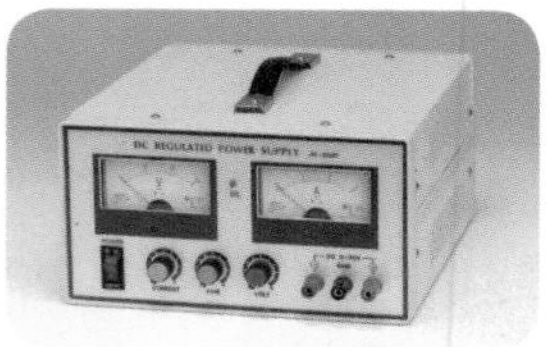
▲ 전원 장치

③ **저항의 연결과 발열량** : 열량계를 사용하는 경우

● **저항(열량계)의 직렬 연결** [3]

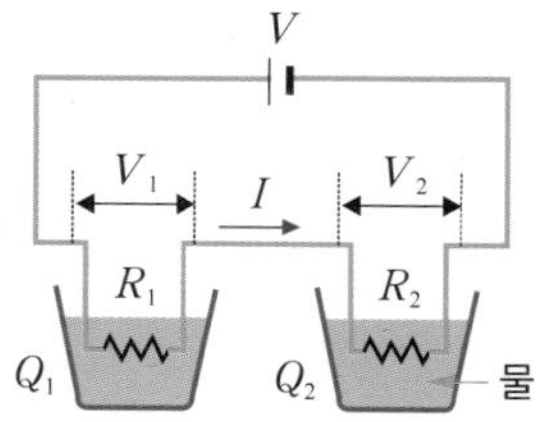

- 저항 R_1 과 R_2에 흐르는 전류 I가 같다.
- 전류가 흐르는 시간 t 가 같다.
- $V = IR$ 에서 $V_1 : V_2 = R_1 : R_2$
- $Q \propto VIt$ 이므로 $Q_1 : Q_2 = V_1 : V_2 = R_1 : R_2$

● **저항(열량계)의 병렬 연결** [4]

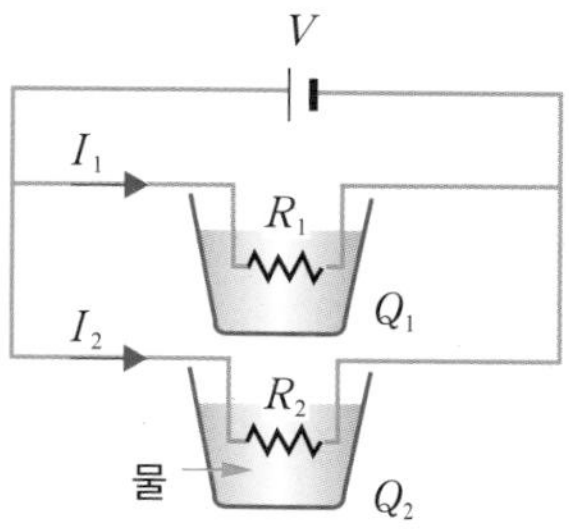

- 저항 R_1 과 R_2에 걸리는 전압이 V 로 같다.
- 전류가 흐르는 시간 t 가 같다.
- $I = \frac{V}{R}$ 에서 $I_1 : I_2 = \frac{1}{R_1} : \frac{1}{R_2}$
- $Q \propto VIt$ 이므로 $Q_1 : Q_2 = I_1 : I_2 = \frac{1}{R_1} : \frac{1}{R_2}$

제임스 줄 (James P. Joule,1818~1889)

영국의 물리학자
전류의 발열작용에 관한 법칙(줄의 법칙)을 발견하였다.

[1] 1 cal

1 g 의 물을 1℃ 높이는데 필요한 열량이다.
1 cal = 4.2 J , 1 J = 0.24 cal

[2] **열량계의 구조**

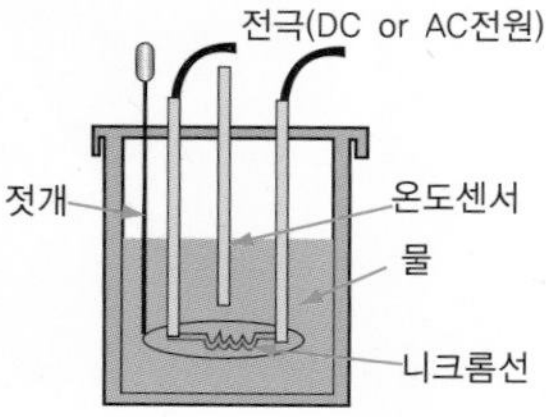

물속의 니크롬선(저항)에서 방출되는 열에 의해 물의 온도가 올라가므로 물이 받은 열량을 측정하면 니크롬선의 발열량을 측정할 수 있다.

[3] **열량계의 직렬 연결**

$E = I^2Rt$ 공식을 사용해도 결과는 같다. (I 와 t 가 일정)

[4] **열량계의 병렬 연결**

$E = \frac{V^2}{R}t$ 공식을 사용해도 결과는 같다. (V 와 t 가 일정)

(2) 전기 에너지(E)
전지가 공급하는 전기 에너지가 저항에서 소모되면서 열이나 빛 등 여러 형태의 에너지가 발생한다.

① 저항에서 발생하는 전기 에너지[4]

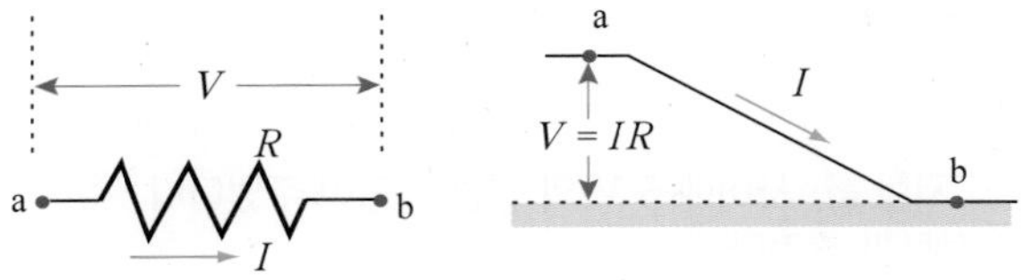

전류가 a → b 로 흐르면 전압 강하가 일어나 b 지점은 a 지점보다 전위가 $V = IR$ 만큼 낮아진다. 이때 저항을 통과하는 전하 q 의 전기 에너지는 감소하며, 감소한 만큼의 전기 에너지가 외부로 방출된다. 이 에너지가 열로 전환되면 발열량이 되는 것이다.

만일 ab 사이의 전위차(전압)가 1 V 라면, 1 C 의 전하량이 ab 사이의 저항을 통과할 때 1 J 의 에너지가 발생한다. 전위차가 클수록 통과하는 전하량이 많을수록 많은 에너지가 발생한다.

발생 전기 에너지(E)(∝ 발열량 Q) = 전압(V) × 전하량(q), q = I(전류) × t(초)

∴ 발생 전기 에너지 $E = Vq = VIt$

$$E(\text{J}) = VIt = I^2Rt\ (V = IR) = \frac{V^2}{R}t\ (I = \frac{V}{R})$$

⇒

$$1\text{ J} = \frac{1}{4.2}\text{ cal} = 0.24\text{cal}$$

⇒

$$E(\text{cal}) = \frac{1}{4.2}VIt = 0.24\,VIt = 0.24\,I^2Rt = 0.24\frac{V^2}{R}t$$

정답 p 28

Q1 열량계 내부에 20 Ω 의 니크롬선을 넣고 전원 장치로 10 V 의 전압을 니크롬선에 걸어 주었더니 1 분 동안 발열량이 50 cal 로 측정되었다.

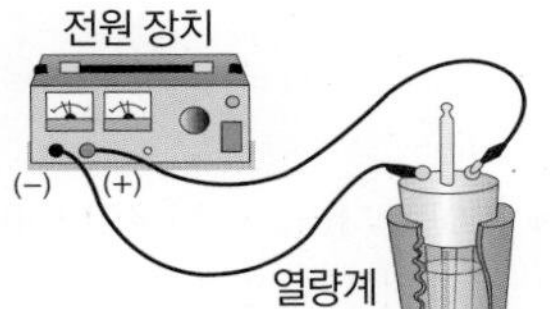

(1) 니크롬선에 20 V 의 전압을 걸면 1 분 동안의 발열량은 몇 cal 인가?
(2) 니크롬선을 흐르는 전류를 2 배로 하면 2 분 동안의 발열량은 몇 cal 인가?
(3) 니크롬선을 10 Ω 인 것으로 교체하여 5 V 의 전압을 30 초 동안 걸어 주면 발열량은 몇 cal 인가?
(4) 니크롬선을 균일하게 3 배의 길이로 늘린 후, 20 V 의 전압을 1 분 동안 걸어주면 발열량은 몇 cal 인가?

Q2 같은 양의 물속에 5 Ω, 10 Ω 의 니크롬선이 각각 들어 있는 열량계 A, B 를 직렬 연결하였다.

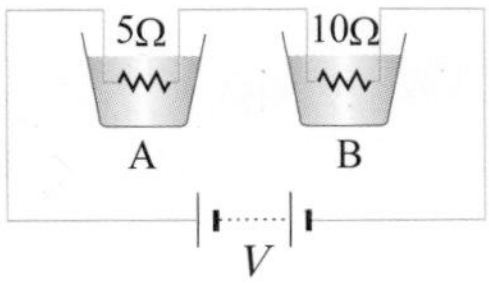

(1) 열량계 A 와 B 에 걸리는 전압의 비 $V_A : V_B$ 를 구하시오.
(2) 열량계 A 와 B 의 발열량의 비 $Q_A : Q_B$ 를 구하시오.
(3) 열량계 A 와 B 속의 물의 온도 변화의 비를 구하시오.

④ 에너지
- 일을 할 수 있는 능력으로 열, 빛, 소리, 전기 등 여러 형태를 가진다.
- 저항에서 전기 에너지가 열에너지, 빛 에너지, 소리 에너지 등으로 전환된다. 전기 에너지가 모두 열에너지로 전환되지는 않는다.
- 전기 에너지(E) ∝ 발열량(Q)

전열기
전류의 열작용을 이용한 전기 기구. 전기 다리미, 전기 밥솥, 전기 오븐, 전기 포트, 전기 난로, 헤어 드라이어 등이 있다.

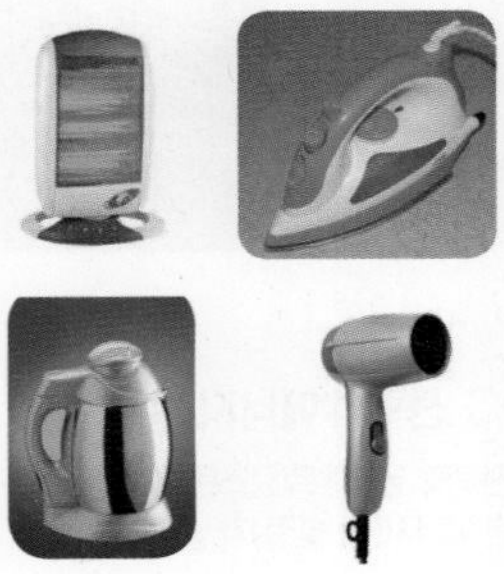

전위
물이 흐르는 회로에서 수위와 비유될 수 있으며 전위차(수위차)가 전압(수압)이다.

미니사전
소모 써서 없앰
직렬 연결 직접 연결하는 것
병렬 연결 나란한 형태로 연결하는 것
전압 강하 전압이 떨어짐. 전기 에너지가 소비되면 전압이 떨어진다.

Q3 같은 양의 물속에 5 Ω, 10 Ω 의 니크롬선이 들어 있는 열량계 A, B 를 병렬 연결하였다.

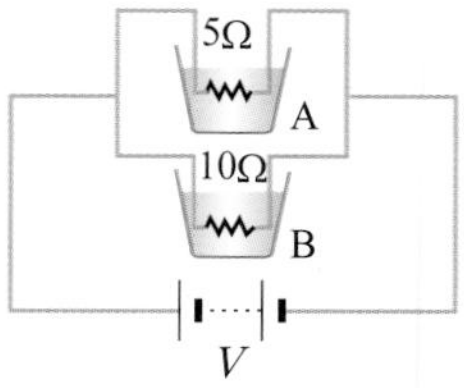

(1) 열량계 A 와 B 를 흐르는 전류의 비 $I_A : I_B$ 를 구하시오.
(2) 열량계 A 와 B 의 발열량의 비 $Q_A : Q_B$ 를 구하시오.
(3) 열량계 A 와 B 속의 물의 온도 변화의 비를 구하시오.

1cal = 4.2J의 관계는 줄(Joule)이 실험을 통해 알아내었다.

Q4 그림처럼 10 Ω 의 저항 ab 사이에 5 V 의 전압을 걸어 주었더니 a 에서 b 쪽으로 전류가 흘렀다.

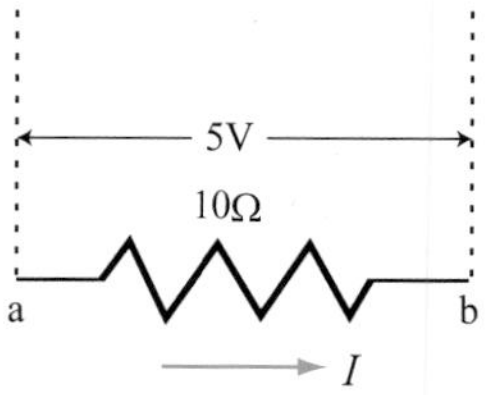

(1) a 와 b 의 전위를 비교하시오.
(2) 1 분 동안 발생하는 전기 에너지는 몇 J 인가? 또 몇 cal 인가?

제임스 와트 (James Watt, (1736 ~ 1819))

영국의 기계 기술자

(3) 전력과 전력량

① **전력(P)** : 전기 기구가 1초 동안 사용하는 전기 에너지이다.

- **단위** : W(와트), kW(킬로와트), 1 kW = 1000 W
- **전력** : 시간 t 동안 전기 에너지 E 가 발생하면 1 초 동안 발생(사용)하는 전기 에너지[5]는 $\frac{E}{t}$ 가 된다.

$$P = \frac{E}{t} = VI = I^2R = \frac{V^2}{R} \text{ (W)}$$

전구의 에너지 발생

전구의 필라멘트(텅스텐)에 전기가 통하면 에너지(열, 빛 등)가 발생한다.

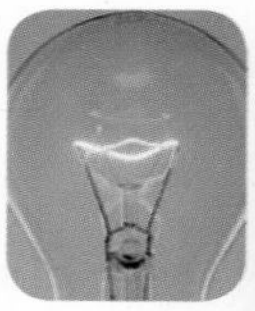

② **전력량** : 전기 기구가 사용하는 에너지의 양이다.

- **단위** : Wh(와트시), kWh(킬로와트시)[6], 1 kWh = 1000 Wh
- 1Wh : 1 W 의 전력을 1 시간(1 h = 3600 초) 사용한 에너지의 양

1 W 는 1 초 동안 1 J 의 에너지를 사용하는 것이므로 1 Wh 는 3600 J 이다.

$$1\text{Wh} = 1\text{W} \times 3600\text{s} = 3600\text{ J}$$

⑤ **전력**

모든 전기 기구는 저항이 있으므로 전기 기구의 저항에서 1초 동안 발생하는 전기 에너지를 전력이라고 할 수 있다.

- 100 V - 100 W **전구의 의미** : 정격 전압 100 V 인 전구를 100 V 에 연결하면 100 W (정격 소비 전력)의 전력을 소비한다는 의미이다. 전구의 저항 R 은 전압에 의해서 변하지 않으므로

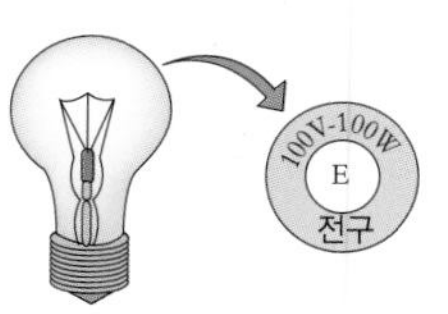

$$P = \frac{V^2}{R} \rightarrow R = \frac{V^2}{P} = \frac{100^2}{100} = 100\,\Omega \text{ (전구의 저항 ; 일정)}$$

만약 50 V 의 전원에 연결하면 $P' = \frac{V^2}{R} = \frac{50^2}{100} = 25$ W, 전력이 $\frac{1}{4}$ 이 된다.

⑥ **kWh**

kWh 는 가정이나 공장에서의 전기요금 계산의 자료가 되는 값이다. 전기를 쓴(소비한) 양을 말할 때 사용한다.

미니사전

정격 전압 전기 기구는 표시된 정격 전압 이상의 전압을 걸면 파손될 수 있다.

정격 소비 전력 정격 전압을 걸었을 때 소비되는 전력

정답 p 28

Q5 그림처럼 A, B, C, D 전구가 직렬 연결 혹은 병렬 연결되어 있다. 물음에 답하시오.

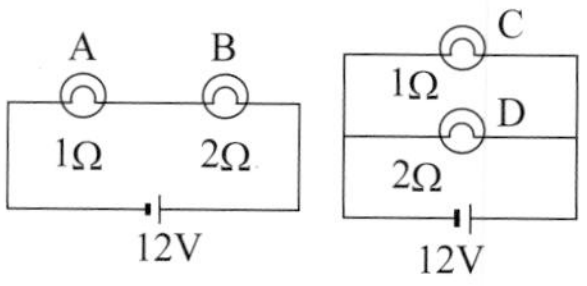

(1) 전구 A, B, C, D에서 소비되는 전력을 계산하시오.
(2) 전구 A, B, C, D를 밝은 순서로 나열하시오.
(3) 30 분 동안 전구를 켰을 때 각각의 전구에서 소비되는 에너지는 몇 Wh 인가?

(4) 송전과 가정에서의 승압

① **송전** : 발전소에서 발전한 전기를 가정이나 공장으로 보내는 일이다. 송전선에서의 손실 전력($P_{손실}$)을 최소로 해야 한다.

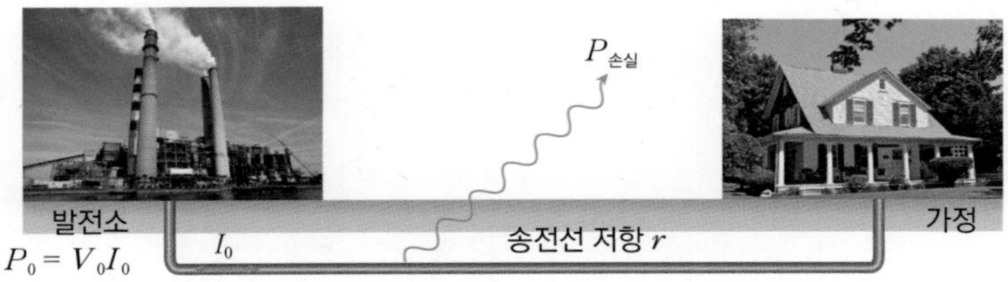

- **발전소의 발전 전력**[7] : P_0(= $V_0 I_0$: 일정) , 전압을 V_0, 전류[8]는 I_0 로 내보낸다.
- **송전선에서의 손실 전력** : $P_{손실} = I_0^2r = (\frac{P_0}{V_0})^2 r$, $[I_0 = \frac{P_0}{V_0}$, r : 송전선의 저항]
- **손실 전력($P_{손실}$)을 줄이는 방법(발전 전력 P_0는 일정)**

❶ V_0 를 높인다 : V_0 를 n 배 높이면 I_0 가 $\frac{1}{n}$ 배가 되어 $P_{손실}$ 이 $\frac{1}{n^2}$ 배가 된다.

❷ 송전선의 저항(r)을 줄인다 : $r = \rho \frac{l}{S}$ 이므로 도선을 비저항(ρ)[9]이 작은 금속으로 만들거나, 송전 거리 (l) 를 줄이거나, 굵은 도선을 사용한다.

② **가정에서의 승압**

- 도선은 전류가 흐르는 길이다. 따라서 도선마다 '최대 허용 전류'가 정해진다.
- 최대 사용 가능 전력($P_{최대}$) 과 승압 : 옥내 전선을 교체하지 않는다면 $P_{최대} = VI_{최대허용전류}$ 이다. 전류는 $I_{최대허용전류}$[10] 이상이 될 수 없으므로 V 를 n 배 높이면 $P_{최대}$ 도 n 배가 된다.
- 저항이 작은 도선으로 교체하면 $P_{최대}$ 를 증가시킬 수 있다.

(5) 전기 안전

① **감전, 누전, 합성**

- **감전** : 사람이나 동물의 몸에 전류가 흘러 충격을 받는 현상을 말한다.
- **누전** : 도선이 다른 도체와 접촉하여 비정상적으로 흐르는 현상을 말한다. 접지(전기 기구 몸체와 수도관 등을 연결하여 땅과 도선을 연결하는 것)하면 누전된 전류가 땅속으로 흐르므로 감전 등을 예방할 수 있다.
- **합선**(short circuit)[11] : 전기 회로 상의 두 부분이 도선 피복이 벗겨지는 등의 이유로 접촉되는 현상을 말한다. 합선된 부분으로 과전류가 흘러 화재 등의 위험이 있다.

② **퓨즈와 자동 전원 차단기**

- **퓨즈** : 옥내 전선에 과도한 전류가 흐르면 이때 발생하는 열로 퓨즈 자체가 녹아 회로에 전류 공급을 막는 역할을 한다.
- **자동 전원 차단기** : 허용 전류 이상의 전류가 흐르면 자동으로 전류를 차단한다.

정답 p 28

Q6 발전소에서 송전 전압이 500 kV 일 때 송전선에서의 전력 손실이 1000 W 였다. 송전 전압을 5 배로 하면 손실되는 전력은 몇 W 인가?

Q7 가정으로 들어오는 전압이 100 V 였을 때 최대 사용 전력이 5 kW 였다. 전압을 200 V 로 승압하면 최대 사용 전력은 얼마로 되는가?

$P_{손실} = \frac{V_0^2}{r}$ 으로 생각할 수도 있는데 V_0 는 회로 전체의 전압으로 송전선 자체에 걸리는 전압이 아니다.

⑦ 발전소에서 '전력'을 생산한다.
발전소 발전 전력 P_0 는 승압 등을 해도 변하지 않는다.
예를 들어 '100만 kW 발전소'라 부른다.

⑧ 발전소 생산 교류 전류
발전소 생산 교류 전류도 직류와 같이 옴의 법칙이 적용된다.

⑨ 비저항(ρ)
도체는 비저항이 작고, 부도체는 크다.

⑩ 최대 허용 전류(정격전류)
정격 전류는 '최대 허용 전류' 이며, 그 이상으로 전류가 흐르면 과전류로 인해 화재 발생의 원인이 된다.

⑪ 합선(단락(短絡; short)
전선과 전선이 직접 닿아 저항이 거의 0 이 되므로 큰 전류가 흐른다.

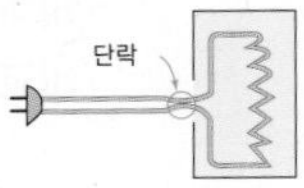

미니사전

교류 전류의 방향이 변하는 전류. 초당 50 ~ 60회 변한다.
송전선(送電線) 발전소에서 가정이나 공장으로 전기를 보내는 도선. 전압을 높인 고전압 전류가 흐른다.
승압 전압을 높이는 일
옥내(屋內) 집의 내부

전류의 열작용

01 **도선에 전류가 흐르면 열이 발생한다. 이 현상을 설명한 것으로 옳지 않은 것은?**

① 발열량의 단위는 J, cal 등이 있다.
② 발생하는 열의 양을 발열량이라 한다.
③ 전기 에너지가 열에너지로 전환되면서 열이 발생한다.
④ 같은 전압을 걸어 주었다면 저항이 클수록 발열량이 크다.
⑤ 발생하는 열은 전자가 이동하면서 원자와 충돌하기 때문이다.

02 **발열량을 이용한 전기 기구를 있는 대로 고르시오.**

① 전기 다리미 ② 전기 믹서 ③ 라디오
④ 세탁기 ⑤ 전기 난로 ⑥ 전기 밥솥
⑦ 선풍기 ⑧ 전기 면도기 ⑨ 전기 악기

03 **저항이 R 이고 길이가 l 인 니크롬선이 있다. 이 니크롬선에 전압 V 를 걸어주었을 때, 매초 당 발열량을 구하였다(A). 이 니크롬선의 길이를 2 개로 잘라 병렬로 연결하여 전압 V 를 걸어 주었을 때의 매초 당 발열량(B)을 비교하면 (B)는 (A)의 몇 배인가?**

① $\frac{1}{2}$ 배 ② 1 배 ③ 2 배
④ 4 배 ⑤ 6 배

04 **그림은 니크롬선에 전류가 흐를 때 발생하는 열량을 실험하는 장치이다. 물 100 g 속에 니크롬선을 넣고 아래의 (A) 와 (B) 조건으로 각각 실험하였을 때, (A) 의 조건으로 물이 얻은 열량이 표와 같다면 (B) 의 조건이었을 때는 물이 얻은 열량은 얼마가 되겠는가?**

구분	(A)	(B)
전압(V)	10	20
시간(s)	10	10
발열량 (kcal)	1	?

① $\frac{1}{2}$ kcal ② 1 kcal ③ 2 kcal
④ 4 kcal ⑤ 8 kcal

05 **같은 양의 물이 들어 있는 열량계에 저항이 각각 3Ω, 6Ω, 9Ω 의 니크롬선을 물속에 잠기게 하여 그림과 같이 전원 장치에 연결하였다.**

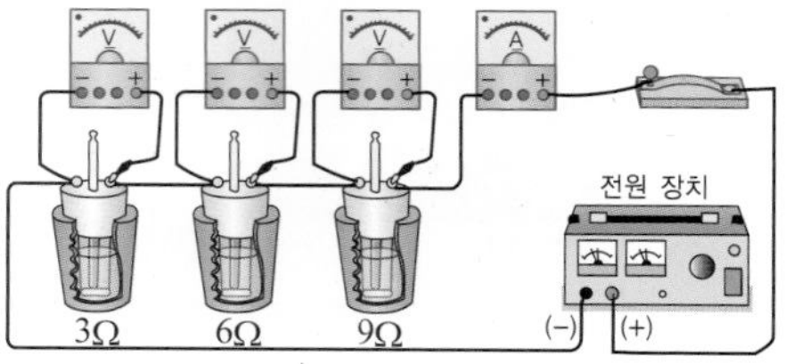

이 장치에서 알 수 있는 것은 무엇인가?

①
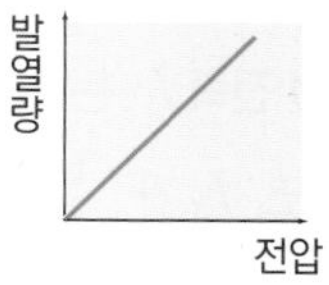

②
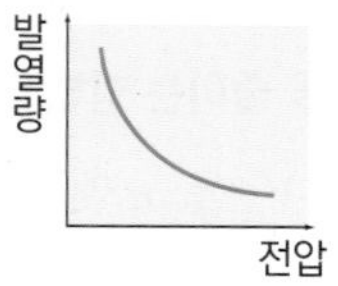

③
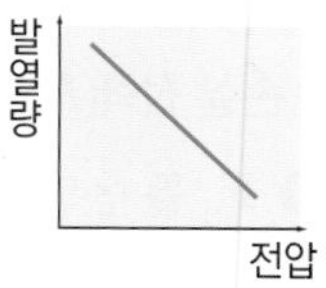

④
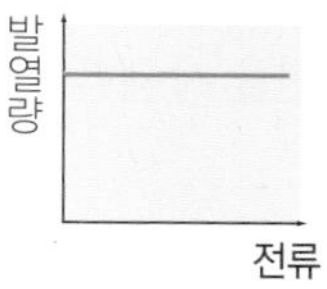

⑤
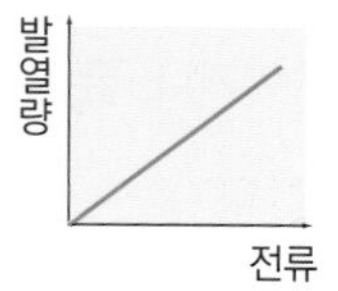

06 **같은 양의 물이 들어있는 열량계 3 개와 전류계, 스위치, 전원 장치를 그림과 같이 연결하였다. 3 개의 열량계에는 2Ω, 4Ω, 6Ω 의 니크롬선을 물속에 잠기게 하였다.**

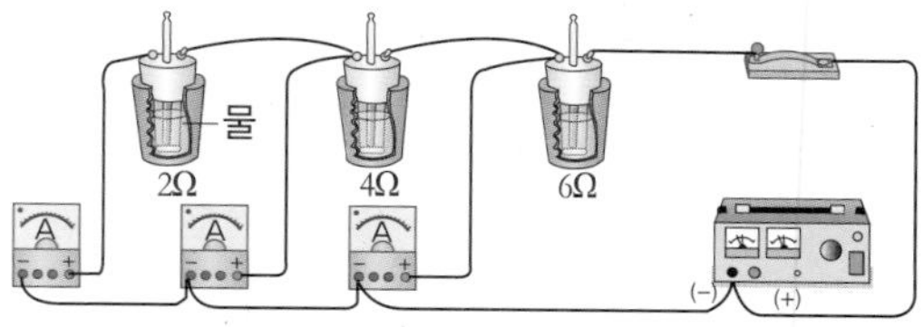

(1) 이 장치는 무엇을 알아보기 위한 것인가?

① 전류와 전압과의 관계
② 발열량과 전압과의 관계
③ 저항과 전압과의 관계
④ 발열량과 전류와의 관계
⑤ 발열량과 시간과의 관계

(2) 이 실험에서 2Ω, 4Ω, 6Ω 의 니크롬선 각각에 걸리는 전압, 각 저항을 흐르는 전류, 각 저항의 발열량의 비를 바르게 나타낸 것은?

	전압	전류	발열량
①	1 : 1 : 1	1 : 2 : 3	1 : 2 : 3
②	1 : 1 : 1	6 : 3 : 2	6 : 3 : 2
③	1 : 2 : 3	6 : 3 : 2	6 : 3 : 2
④	6 : 3 : 2	1 : 1 : 1	6 : 3 : 2
⑤	6 : 3 : 2	1 : 2 : 3	1 : 2 : 3

07 **저항값이 2 Ω, 3 Ω, 6 Ω 인 니크롬선을 넣은 열량계를 그림과 같이 연결하였다. 이때 A, B, C 열량계에서 발생하는 열량의 크기가 큰 순서대로 나열하시오.**

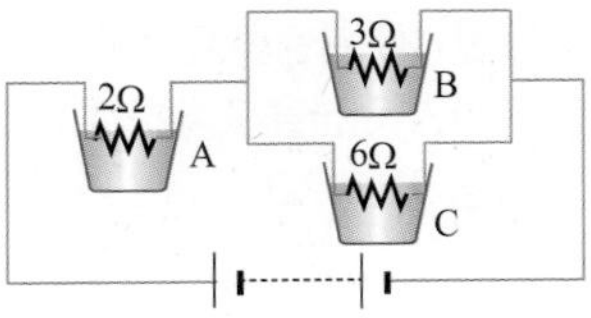

08 **그림과 같이 장치하고 은박지에 A 에서 B 방향으로 전류를 흘려주었다. 은박지의 모양이 어떤 모양일 때 열이 가장 많이 발생하겠는가? (은박지의 두께는 모두 같다고 가정한다.)**

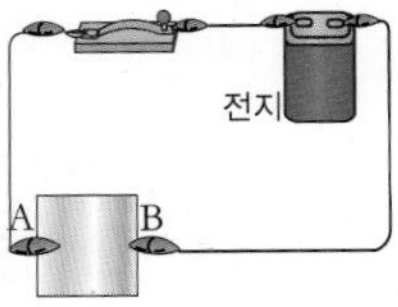

①

②

③

④

⑤

09 **100 V 전원을 어떤 전열기에 연결하였더니 20 초 동안 5000 J 의 전기 에너지가 공급되었다면 이 전열기의 저항은 몇 Ω 인가?**

10 **그림과 같은 전기 회로가 있다. 3 Ω 의 저항에서 10 초 동안 소모되는 전기 에너지는 몇 J인가?**

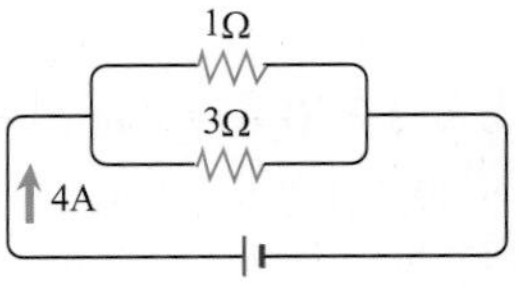

① 10 J ② 20 J ③ 30 J
④ 40 J ⑤ 50 J

11 **그림과 같은 전기 회로에서 5 Ω 의 저항에서 5 초 동안 소모되는 전기 에너지는 몇 J 인가?**

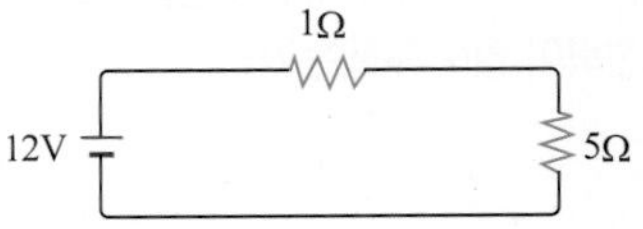

① 20 J ② 40 J ③ 60 J
④ 80 J ⑤ 100 J

12 **그림과 같이 3 개의 저항을 병렬 연결했을 때 저항 (a), (b), (c) 의 전력의 비는?**

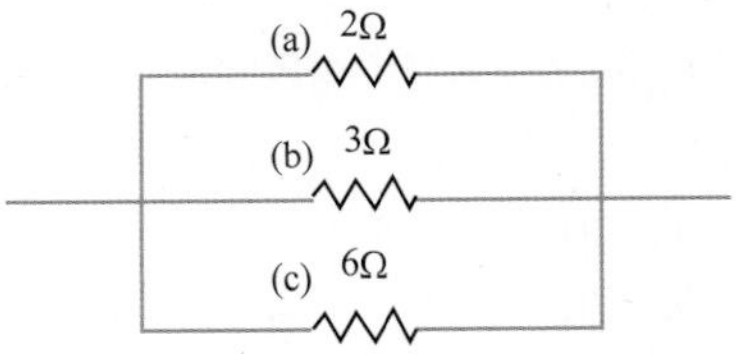

① 1 : 2 : 3 ② 2 : 3 : 6 ③ 4 : 9 : 36
④ 3 : 2 : 1 ⑤ 6 : 3 : 2

13 **전력과 전력량에 대한 설명으로 옳지 않은 것을 고르시오.**

① 1 kWh 는 3600 kJ 이다.
② 전력의 단위는 W 또는 J/s이다.
③ 전력의 단위는 일률의 단위와 같다.
④ 1 W는 전압(V)×전류 (A)가 1이 될 때의 전력이다.
⑤ 1 Wh 는 1W의 전력으로 1시간 사용한 에너지이다.
⑥ 가정의 정격 전압을 높이면 사용하는 전력량이 커진다.
⑦ 가정에서 사용한 전기 에너지는 전력량으로 나타낸다.
⑧ 전력은 전기 기구가 1초 동안 소비한 전기 에너지이다.

14 **120 V - 60 W 의 전열기를 120 V 전원에 연결하였다.**

(1) 이 전열기의 저항은 몇 Ω 인가?

(2) 3 시간 동안 전열기를 사용하였을 때 사용한 전력량은 몇 Wh 인가?

15 **100 V - 500 W 의 전열기를 50 V 전원에 연결하면 전력이 얼마가 되는가?**

① 125 W ② 250 W ③ 500 W
④ 1000 W ⑤ 2000 W

16 **220 V - 100 W 의 전구를 정격 전압을 걸어 5 시간 사용하였을 때 전력량은 얼마가 되는가?**

① 100 Wh ② 250 Wh ③ 500 Wh
④ 220 Wh ⑤ 1100 Wh

17 **그림처럼 두 개의 저항을 직렬로 연결한 전열기 A 의 소비 전력을 P_A 라 하고, 병렬로 연결한 전열기 B 의 소비 전력을 P_B 라 할 때 $P_A : P_B$ 는 얼마인가?**

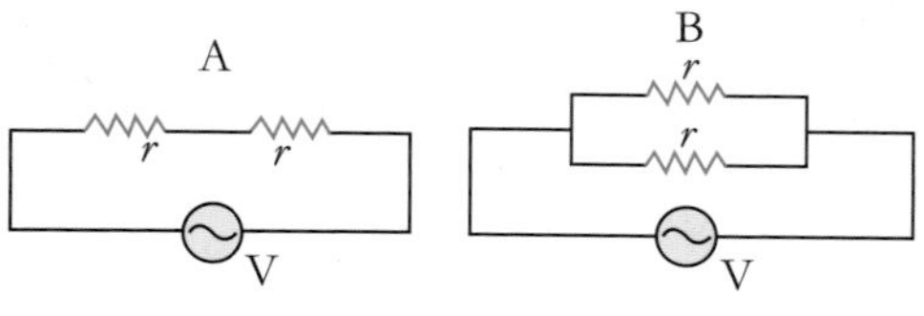

① 1 : 2 ② 1 : 4 ③ 1 : 1
④ 2 : 1 ⑤ 4 : 1

18 **그림은 전기 기구를 사용하는 어느 가정의 전기 배선도이다. 이에 대한 설명으로 옳지 않은 것을 고르시오.**

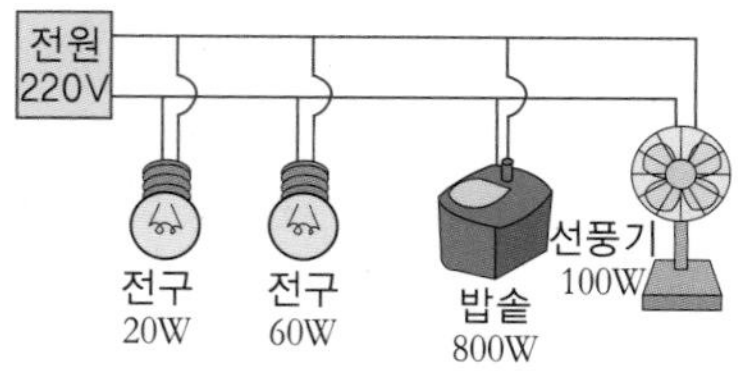

① 밥솥의 저항이 가장 크다.
② 모든 전기 기구는 병렬 연결되어 있다.
③ 가장 센 전류가 흐르는 것은 밥솥이다.
④ 전기 기구를 동시에 1 시간 사용하면 전력량은 980 Wh이다.
⑤ 전구의 필라멘트가 끊어져도 다른 전기 기구는 사용가능하다.

19 **가정에서 전기를 사용할 때 110 V 전압 대신 220 V 전압을 사용하면 전선을 교체하지 않고도 사용 가능 전력이 2 배로 증가한다. 그 이유로 가장 옳은 것을 고르시오.**

① 전압을 높이면 도선의 저항이 감소하기 때문이다.
② 전기 기구가 대부분 정격 전압이 220 V 이기 때문이다.
③ 도선을 흐르는 최대 전류의 양이 제한되어 있기 때문이다.
④ 도선을 흐르는 최대 전류의 양이 2 배로 증가하기 때문이다.
⑤ 220 V 로 하면 110 V 로 하는 것보다 많은 전류를 흐르게 할 수 있기 때문이다.

20 **발전소에서 소비지까지 전기를 송전하는 과정에 대한 설명으로 옳은 것은 무엇인가?**

① 송전선은 비저항이 작은 금속으로 한다.
② 송전 전압을 2 배로 승압하면 손실 전력은 $\frac{1}{2}$ 배가 된다.
③ 송전 전압을 2 배로 승압하여 송전하면 송전선의 저항은 4 배가 된다.
④ 대규모 공장으로 송전할 때에는 일반 가정보다 낮은 전압으로 송전해도 된다.
⑤ 고전압으로 송전하면 손실 전력을 줄일 수 있기 때문에 전압이 높으면 높을수록 좋다.

01 다음은 실험 과정을 순서대로 적은 것이다.

<실험 과정>
A. 100 Ω 의 니크롬선을 스티로폼 컵 속에 넣고 온도계를 준비한다.
B. 물의 온도를 재기 위해 스티로폼 컵에 물을 200 ml 넣고 온도계를 물에 담근다.
C. 니크롬선 양단에 20 V 의 전압을 걸고 30 초 간격으로 5 분 동안 물의 온도와 니크롬선에 흐르는 전류를 측정하여 기록한다.

이 실험에서 사용한 전기 기구들을 옳게 연결한 전기 회로도를 고르시오.

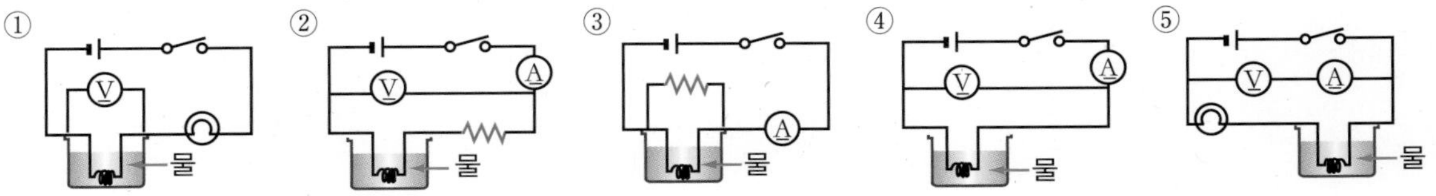

02 저항이 같은 니크롬선을 물에 각각 넣고, 물의 온도를 측정하여 발열량을 비교하였다. 그림 (가)에서의 전압과 전류를 V_1, A_1, 그림 (나)의 전압과 전류를 V_2, A_2 라 할 때 다음 중 옳게 설명한 것은? 단, 그림(가)와 (나)는 같은 전원에 연결되어 있고, 같은 열량계를 사용하며, 열량계의 물의 양도 모두 같다.

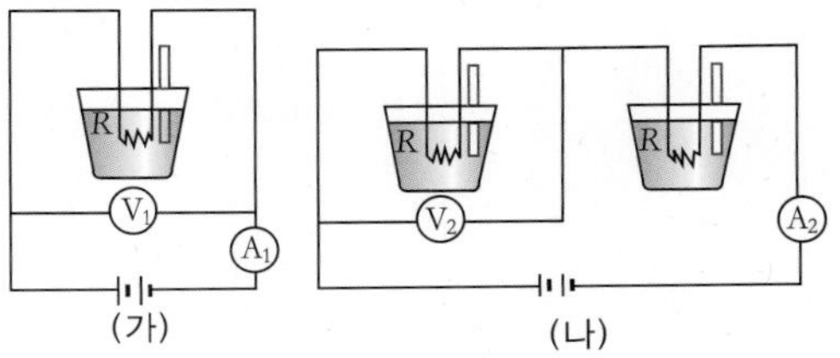

① V_1 보다 V_2 가 크다.
② A_1 보다 A_2 가 크다.
③ (가)에서의 온도 변화가 (나)에서의 온도 변화보다 크다.
④ (가)에서의 온도 변화와 (나)에서의 온도 변화는 같다.
⑤ (가)에서의 온도 변화가 (나)에서의 온도 변화보다 작다.

03 그림처럼 니크롬선 3 개를 연결하여 전열기를 만들려고 한다. 전열기의 발열량을 최대로 하기 위해서 스위치 S_1 과 S_2 를 어떻게 조작해야 하는가?

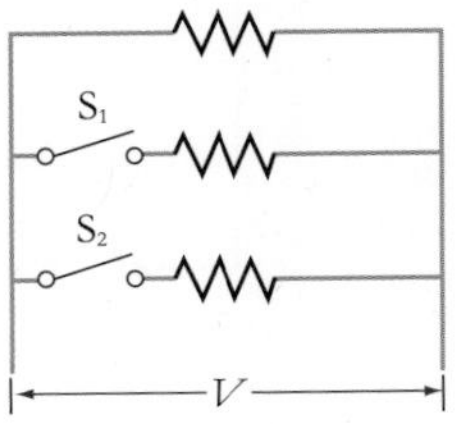

① 두 스위치를 모두 닫는다.
② 두 스위치를 모두 연다.
③ S_1 은 열고 S_2 는 닫는다.
④ S_1 은 닫고 S_2 는 연다.

개념 돋보기

저항에서 발생하는 발열량

저항에서 소비하는 전기 에너지가 모두 발열량은 아니지만 저항에서 소비하는 전기 에너지와 발열량은 서로 비례한다고 할 수 있다.

저항의 전력 ∝ 저항의 발열량

개념 심화 문제

04 **저항값이 같은 저항 R 3 개를 3 V 전원에 연결했더니 1 A 의 회로 전류가 흘렀다.**

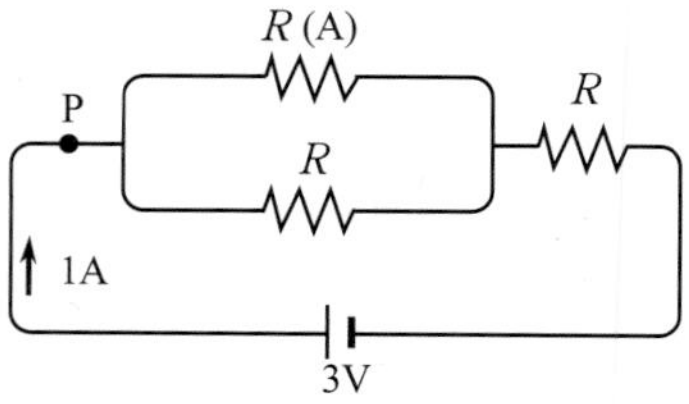

(1) 3 V 의 전원이 10 초 동안 회로에 공급한 전기 에너지는 몇 J 인가?

(2) 회로 상의 점 P 를 10 초 동안 통과한 전하량은 몇 C 인가?

(3) 저항 A 의 전력은 몇 W 인가?

05 **100 V - 60 W 의 전구와 100 V - 100 W 의 전구를 그림과 같이 연결할 때 밝은 순서대로 쓰시오.**

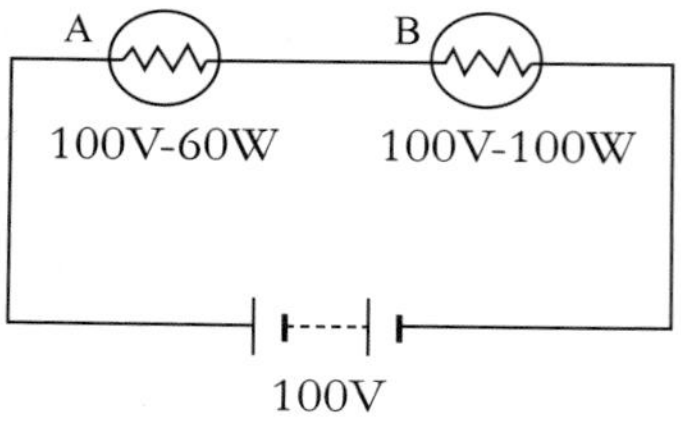

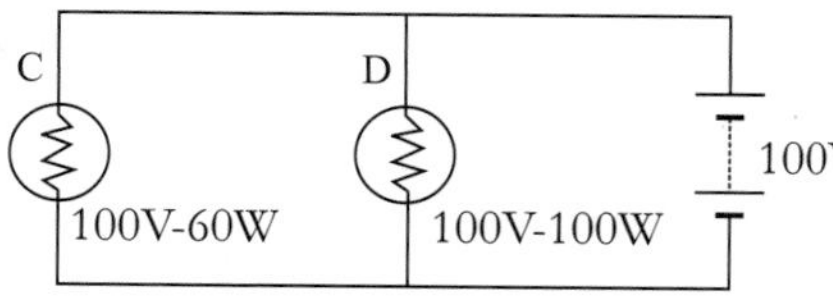

06 **동일한 전구 6 개를 그림과 같이 연결하고 스위치를 닫았다. 다음 중 옳게 진술한 것만을 있는 대로 고르시오.**

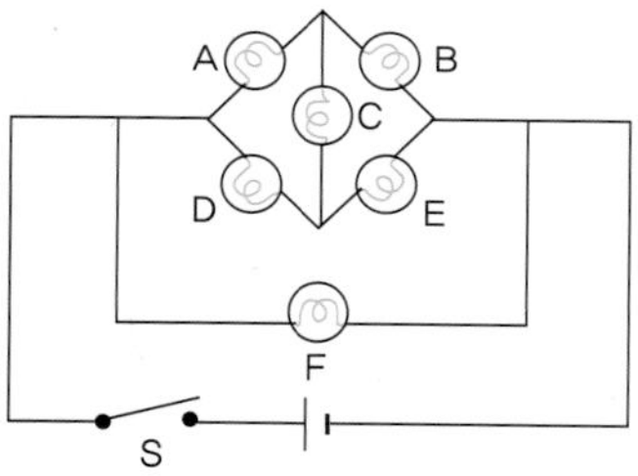

(가) 전구 D 보다 E 가 더 밝다.
(나) 전구 C 의 소비 전력은 0 이다.
(다) 전구 A, B, D, E 는 모두 밝기가 같다.
(라) 전구 F 는 전구 E 보다 전력 소비가 더 많다.
(마) 전구 A 는 전구 E 보다 소비 전력이 더 많다.

개념 돋보기

정격 전압과 정격 전류

가정에서 사용하는 전기 기구를 보면 220 V - 100 W 등의 표시가 되어 있다. 이것은 220 V 전원에 연결했을 때 전력이 100 W 이므로 1 초당 100 J 의 에너지를 소비한다는 뜻이다. 이런 경우 규격이 정해졌다는 의미로 '정격 전압' 이라고 한다. 퓨즈 같은 전기 기구는 '정격 전류'가 중요하다. 퓨즈는 정격 전류 이상의 전류가 흐르면 녹아서 전기의 공급을 끊기 때문이다.

07 가변 저항(저항값을 변화시킬 수 있게 한 저항) A, B 2 개와 전구를 연결하여 전압 V 를 걸어주었다.

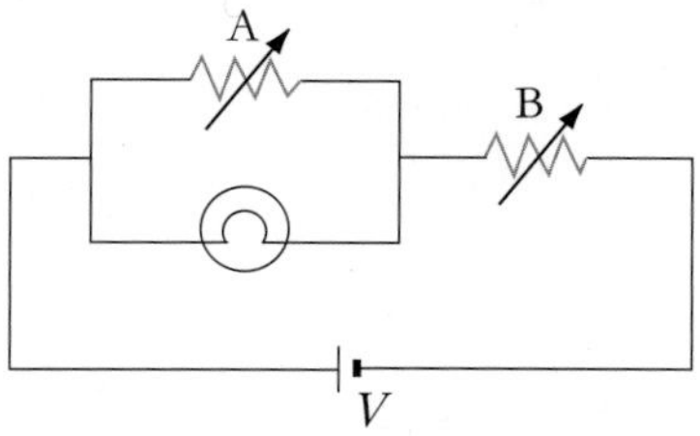

이제 전구의 밝기를 점점 밝게 하려고 한다. 가변 저항의 저항값을 어떻게 하면 되겠는가?

	가변 저항 A	가변 저항 B
①	증가시킨다	증가시킨다
②	감소시킨다	감소시킨다
③	감소시킨다	증가시킨다
④	증가시킨다	감소시킨다
⑤	감소시킨다	변화시키지 않는다.

08 동일한 두 전구 A, B 가 전원에 병렬 연결되어 있다. 만약 동일한 전구 C 를 그림과 같이 병렬 연결시킨다면 전구 A 와 B 의 밝기는 어떻게 변하겠는가?

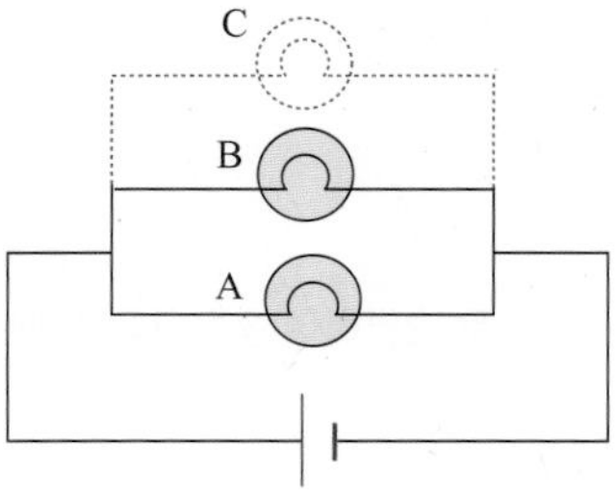

① 둘 다 밝아진다.
② 둘 다 어두워진다.
③ A 는 밝아지고 B 는 어두워진다.
④ A 는 어두워지고 B 는 밝아진다.
⑤ 둘 다 변함없다.

개념 돋보기

전지의 밝기와 전력

전기 기구가 소비하는 전기 에너지가 바로 발열량이 아닌 것처럼 소비하는 전기 에너지가 바로 전구의 밝기는 아니다. 그러나 전구가 소비하는 전기 에너지와 전구의 밝기는 비례한다.

전구의 전력 $\propto$ 전구의 밝기

개념 심화 문제

09 **사용 전압이 220 V 인 한 가정에서 사용하는 전기 기구의 소비 전력과 1 일 평균 사용 시간을 조사한 것이다.**

전기 기구	1 대당 소비 전력(W)	개수(대)	1 일 평균 사용 시간(h)
TV	100	1	5
냉장고	400	1	15
세탁기	450	1	0.5
전등	20	8	4

(1) 저항 값이 가장 큰 전기 기구는 무엇인가?

(2) 이 가정에서 위의 전기 기구를 모두 동시에 사용하고 있다면 이 가정으로 들어오는 전류는 몇 A 인가?

(3) 이 가정의 하루 평균 소비되는 전력량은 얼마인가?

(4) 전기 요금이 1 kWh 당 110 원이라면 이 가정에서 1 개월(30 일)의 전기 요금은 얼마인가?

10 **100 V - 30 W 전구 10 개와 100 V - 1 kW 전열기 2 대를 사용하는 가정에서는 최소 몇 A 까지 견딜 수 있는 퓨즈를 전원 차단기에 연결해야 하는가? 이 가정의 사용 전압은 100 V 이며, 참고로 퓨즈에 정격 전류 이상의 전류가 흐르면 스스로 녹아서 전기 기구를 사용할 수 없다.**

11 **발전소에서는 전력을 생산하여 가정에 고전압으로 승압하여 송전한다. 이때 일어나는 현상에 대한 설명으로 옳은 것은?**

① 송전선에서의 전력 손실은 변하지 않는다.
② 전압을 승압하면 더 큰 전류를 보낼 수 있다.
③ 고전압으로 승압하여 송전하면 송전선의 저항이 감소한다.
④ 송전 전압을 2 배로 승압하면 송전 전류는 $\frac{1}{2}$ 배로 감소한다.
⑤ 송전 전압을 고전압으로 승압하면 송전선에서의 발열량이 증가한다.

개념 돋보기

전력과 전력량과 전기 에너지

• 전력 : 전기 기구가 1 초당 소비하는 전기 에너지. 단위 : W
• 전력량 : 전력을 시간 단위로 환산한 전기 에너지의 양.
1 Wh : 1 W 를 1 시간 사용한 전력량(전기 에너지) = 1 W × 3600 초 = 3600 J
1 kWh : 1 kW 를 1 시간 사용한 전력량(전기 에너지) = 1000 W × 3600 초 = 3.6×10^6 J

2. 축전기

(1) 축전기

① **축전기** ❶ : 전기 에너지를 저장하는 장치이다. 대표적인 축전기는 동일한 금속판 두 장을 마주보게 놓은 평행판 축전기이며, 이 구조를 단순한 모양으로 한『 ┤├ 』을 축전기 기호로 사용한다.

② **전기 용량**(C) : 도체에 전하를 저장하면 전하량 Q 에 비례하여 전위 V 도 높아진다. 이때 비례 상수를 C 라고 하면, $Q = CV$ 가 되며, 이때 C 를 축전기의 전기 용량이라고 한다.

$$Q = CV \rightarrow C = \frac{Q}{V} \quad (\text{단위 : F [패럿]})$$

- **크기** : 축전기를 이루는 극판의 크기, 모양, 극판 사이의 거리, 극판 사이의 물질의 종류에 따라 그 값이 달라진다.
- **단위** : 두 극판에 1 V 의 전압(전위차)을 걸었을 때, 1 C 의 전하량을 충전하는 축전기의 전기 용량을 1 F ❷ (패럿)으로 정한다.

(2) 평행판 축전기

① **평행판 축전기 내부 전기장의 세기** : (+) 전하로 대전된 금속판이 (-) 전하로 대전된 금속판보다 전위가 높다. (+)q 전하를 (-)판에서 (+)판으로 이동시키는데 필요한 일 $W = Fd = qEd = qV$ 이다. 그러므로 두 금속판 사이의 거리가 d, 전위차가 V일 때, 내부 전기장의 세기 E 는 다음과 같다.

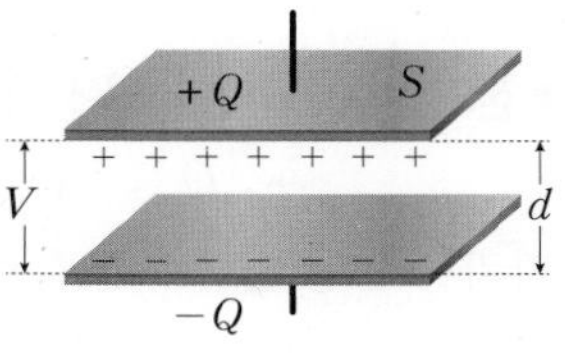

▲ 평행판 축전기의 전기 용량

$$E = \frac{V}{d} \quad (\text{단위 : V/m})$$

② **평행판 축전기의 전기 용량** : 평행판 축전기의 전기 용량 C 는 금속판의 넓이 S 에 비례하고, 두 금속판 사이의 거리 d 에 반비례하며, 두 극판 사이에 있는 유전체(절연체)의 유전율 ε ❸ 에 비례한다.

$$C = \varepsilon \frac{S}{d} \quad (\text{단위 : F(패럿), 1 F} = 10^6\ \mu\text{F})$$

(3) 축전기의 연결

① **축전기의 직렬 연결** : 극판 사이의 간격이 d 로 같고, 전기 용량이 C_1, C_2 인 두 개의 축전기를 직렬 연결한 경우 정전기 유도에 의해 각 극판에 같은 전하량이 발생한다. 이 경우 극판 사이의 거리가 2배인 하나의 축전기로 간주될 수 있다.

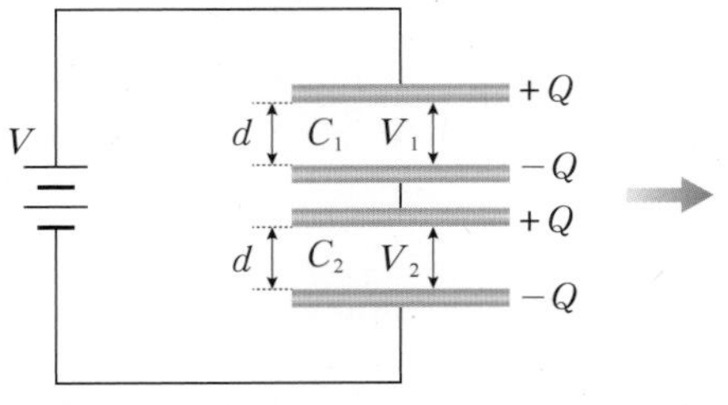

▲ 축전기의 직렬 연결

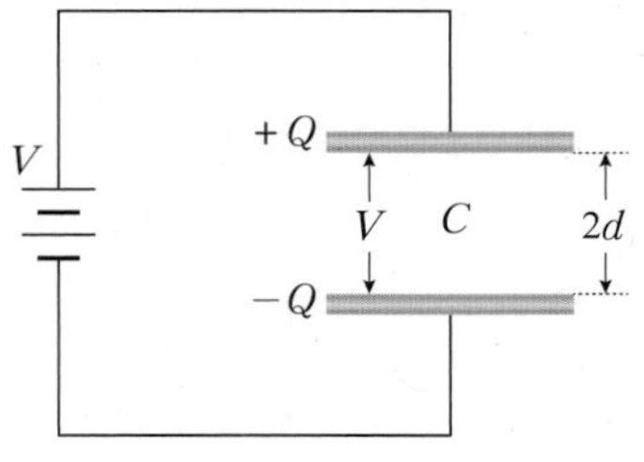

▲ 축전기의 합성

- **전하량** : 각 축전기에는 같은 양의 전하량이 충전되고, 전체 전하량도 같다. → $Q_1 = Q_2 = Q$
- **전압** : 각 축전기에 걸리는 전압의 합은 외부에서 걸어준 전체 전압과 같다. → $V_1 + V_2 = V$
- **전기 용량** : 각 축전기에 걸리는 전압은 각 축전기에 저장된 전하량을 전기 용량으로 나눈 값과 같다.

$$V_1 = \frac{Q_1}{C_1} = \frac{Q}{C_1},\quad V_2 = \frac{Q_2}{C_2} = \frac{Q}{C_2},\quad V = \frac{Q}{C} = \frac{Q}{C_1} + \frac{Q}{C_2}\ (= V_1 + V_2)$$

❶ 축전기 원리

두 금속판을 전지에 연결하면 정전기 유도에 의해 한 금속판에 $+Q$ 의 전하가 모이고 다른 금속판은 같은 양의 전하를 잃게 되어 $-Q$ 의 전하가 모이게 된다. 이때 이들 전하 사이에는 인력이 작용하므로 전지와의 연결을 끊어도 금속판의 전하들은 이동하지 않는다.

❷ 1 F(패럿)

$$1\text{F} = \frac{1\text{C}}{1\text{V}} = 1\ \text{C}^2/\text{J} = 1\text{C}^2/\text{N·m}$$

1 F은 매우 큰 값이다.
1 F = 10^{-6} μF (마이크로 패럿),
= 10^{-12} pF (피코 패럿)

유전 상수 κ

유전 상수 $\kappa = \dfrac{\varepsilon}{\varepsilon_0}$

→ 진공의 유전율 ε_0 에 대한 절연체의 유전율 ε 의 비이다.

비유전율

공기의 유전율을 1 로 놓고, 그에 대한 유전체의 상대적인 유전율을 말한다.

❸ 유전율

두 금속판 사이에 채워 넣는 유전체(절연체)의 종류에 따라 결정되는 상수로 (+) 전하와 (-) 전하의 분극 현상이 일어나는 정도를 숫자로 나타낸 것이다. 유전율이 클수록 유전 분극이 잘 일어난다.

다음 그림과 같이 충전된 전하량이 Q_0, 두 금속판 사이에 걸려 있는 전압이 V_0, 내부 전기장의 세기가 E_0 인 축전기에 유전체를 넣으면 유전 분극이 일어난다.

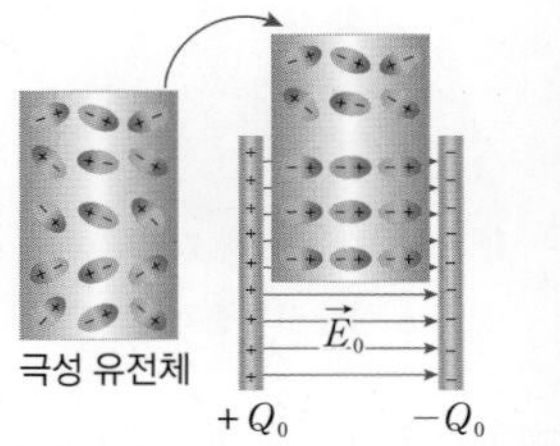

이러한 효과로 의해 외부 자기장 E_0 와 반대 방향으로 전기장 E' 이 형성된다. 따라서 축전기 내부 전기장의 세기는 유전체가 없을 때보다 작아진다.

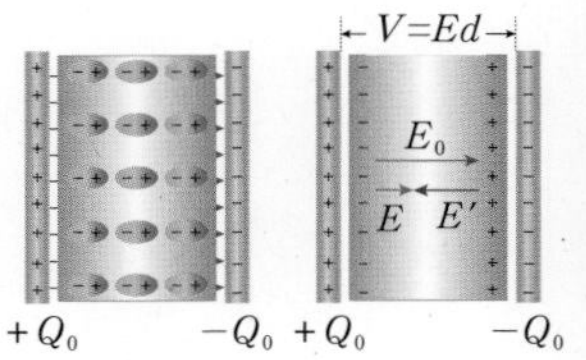

따라서 합성 전기 용량 C 는 다음과 같다.

$$\frac{1}{C} = \frac{1}{C_1} + \frac{1}{C_2}$$

② **축전기의 병렬 연결** : 극판 사이의 간격과 면적이 각각 d, S 로 같고, 전기 용량이 C_1, C_2 인 두 개의 축전기를 병렬 연결한 경우 두 축전기의 판의 넓이를 합한 축전기 1개로 간주할 수 있다.

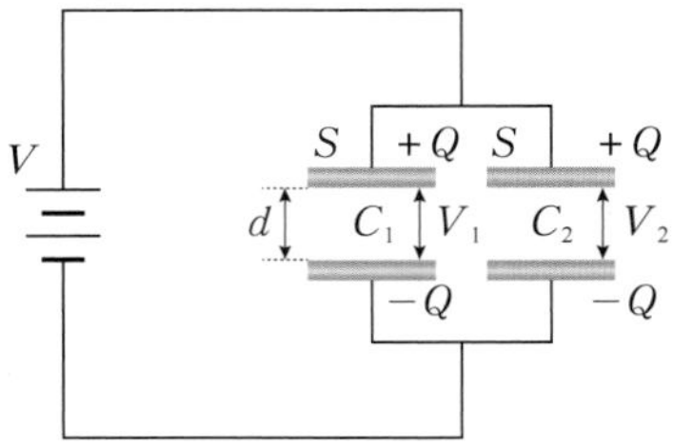

▲ 축전기의 병렬 연결

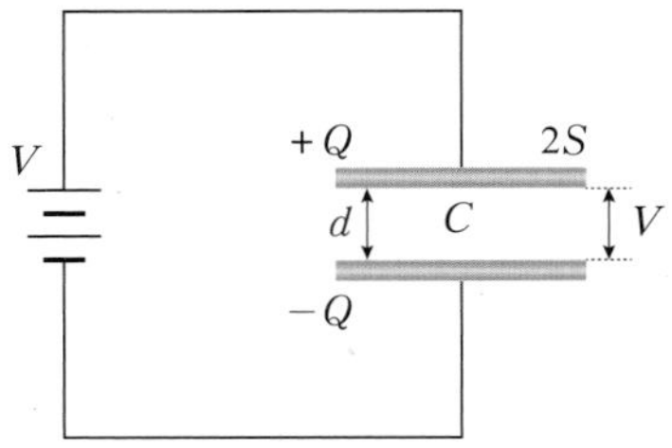

▲ 축전기의 합성

- **전압** : 각 축전기에 걸리는 전압은 외부에서 걸어준 전체 전압과 같다. → $V_1 = V_2 = V$
- **전하량** : 각 축전기에 저장되는 전하량의 합은 외부에서 공급된 전체 전하량과 같다.($Q = CV$) → $Q = Q_1 + Q_2$
- **전기 용량** : 각 축전기에 저장되는 전하량은 각 축전기의 전기 용량과 전압의 곱과 같다. → $Q_1 = C_1V_1 = C_1V$, $Q_2 = C_2V_2 = C_2V$

따라서 합성 전기 용량 C 는 다음과 같다. ($CV = C_1V_1 + C_2V_2$)

$$C = C_1 + C_2$$

(4) 축전기에 저장된 전기 에너지

전지를 연결하여 전기 용량이 C 인 평행판 축전기를 충전하는 동안, 축전기에 충전되는 전하량 Q 에 따라 전위차 V 는 오른쪽 그래프와 같이 변한다. 이때 전하량이 $0 \rightarrow Q$ 로 증가하는 동안 축전기의 전압이 $0 \rightarrow V$ 로 증가하였다면 이 과정에서 평균 전압은 $\frac{V}{2}$ 이므로 축전기에 저장되는 에너지(일) W 는 다음과 같다.

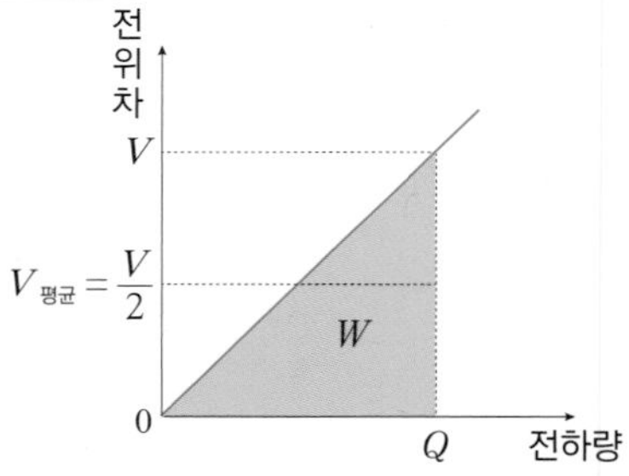

▲ 축전기에 저장된 에너지(넓이)

$$W = QV_{평균} = \frac{1}{2}QV = \frac{1}{2}CV^2 = \frac{1}{2}\frac{Q^2}{C} \quad (\text{단위 : J})$$

- **축전기에 $0 \rightarrow Q$ 로 전하를 충전시키는 동한 한 일의 양** : 전위차-전하량 그래프 아래의 넓이와 같고, 이 일은 축전기에 저장된 퍼텐셜 에너지(전기 에너지)가 된다. 축전기 내부 전기장의 세기 E 를 이용하면 축전기에 저장되는 에너지는 다음과 같은 식이 된다.

$$W = \frac{1}{2}CV^2 = \frac{1}{2}(\varepsilon\frac{S}{d})(Ed)^2 = \frac{1}{2}\varepsilon E^2Sd$$

정답 p 31

Q8 전기 용량이 각각 1 μF, 4 μF 인 축전기를 직렬 연결하였을 때와 병렬 연결하였을 때 두 축전기의 합성 전기 용량을 각각 구하시오.

축전기의 연결
- 직렬 연결 : 두 극판 사이의 거리가 멀어지는 효과가 있다.
- 병렬 연결 : 극판의 넓이가 넓어지는 효과가 있다.

축전기에 저장된 전기 에너지의 이용
- 사진기의 플래시 : 사진기의 셔터 단자를 누르면 점화 축전기의 방전에 의해 밝은 섬광을 방출한다.
- 심장 전기 충격기(제세동기) : 제세동기의 양 단자를 환자의 가슴 위에 부착하면 축전기에 저장된 에너지 일부가 환자를 통하여 단자 사이로 보내진다. 이때 환자가 받는 전기 에너지에 의해 심장 박동이 정상으로 되돌아오게 된다.

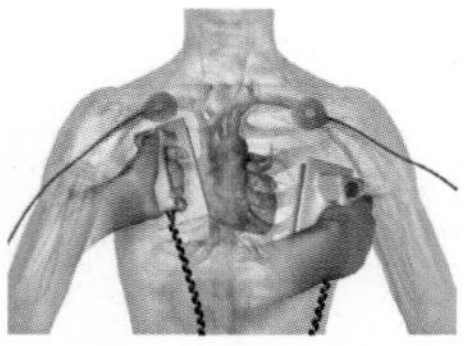

▲ 심장 전기 충격기

개념 확인 문제

축전기

21 전기 용량이 5 μF 인 축전기가 있다. 이 축전기에 4 V 의 전압을 걸어주었을 때 이 축전기에 저장되는 전하량은 얼마인가?

22 금속판의 면적이 100 cm^2, 판 사이의 거리가 1 cm 인 축전기가 있다. (단, 금속판 사이는 유전율 $\varepsilon_0 = 8.85 \times 10^{-12}$ F/m 인 진공 상태이다.)

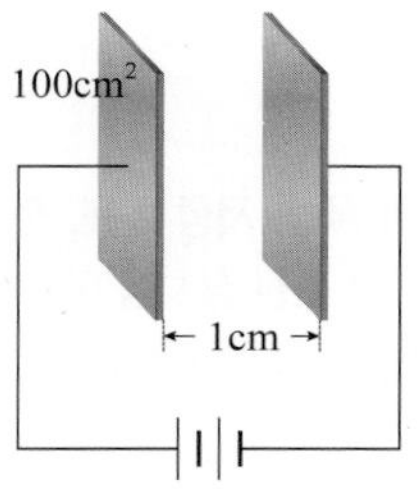

(1) 축전기의 전기 용량을 구하시오.

(2) 축전기에 전압 10 V 를 걸어주었을 때 충전되는 전하량을 구하시오.

23 같은 면적의 두 금속판을 이용하여 평행판 축전기를 만들었다. 이때 다음과 같은 유전체를 삽입할 경우 최대 용량이 되는 경우는? (단, 유전체는 두 금속판 사이에 밀착되어 있다.)

물질	종이	유리	고무	운모
비유전율	3.8	4	3	5
두께	1.0	0.5	0.6	0.2

24 전기 용량이 12 μF, 두 금속판의 간격이 1 mm 인 평행판 축전기가 있다. 이 축전기를 전원에 연결하였더니 내부 전기장의 세기가 5×10^5 V/m 가 되었다. 이 축전기에 저장된 전하량을 구하시오.

25 두 극판 사이의 거리가 d, 극판 사이를 꽉 채운 유전체의 유전율이 ε 일 때 축전기의 전기 용량이 C 이다. 이 축전기의 두 극판 사이의 거리를 $3d$ 로 하고, 유전율이 0.6ε 인 유전체로 바꿨을 때, 축전기의 전기 용량은?

26 전기 용량이 각각 1 μF, 3 μF 인 두 축전기 A, B 가 직렬 연결되어 직류 전원에 연결되어 있다.

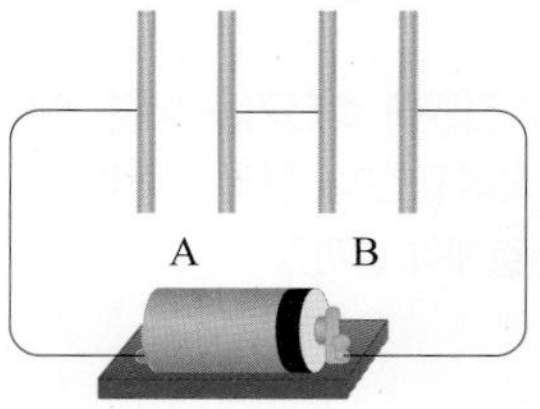

(1) 두 축전기의 합성 전기 용량은 얼마인가?

(2) 축전기 A 와 B 에 저장되는 전기 에너지가 각각 W_A, W_B 일 때, $W_A : W_B$ 는?

27 전기 용량이 각각 1 μF, 2 μF, 3 μF 인 축전기 A, B, C 를 모두 이용하여 만들 수 있는 축전기 전기 용량 값 중 가장 작은 값부터 큰 순서대로 모두 쓰시오.

28 전기 용량이 각각 2 μF, 4 μF 인 축전기 A, B 가 전압이 100 V 인 전원에 연결되어 있다. 축전기에 저장된 총 에너지는 얼마인가?

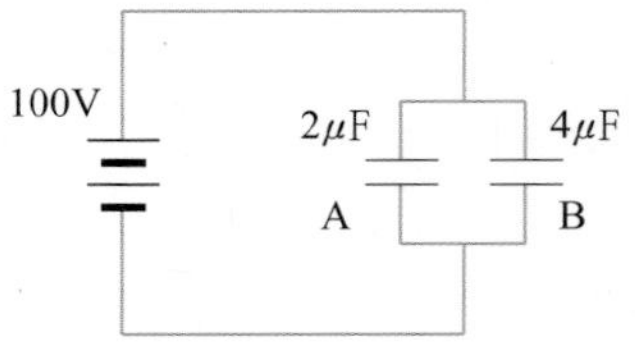

29 축전기, 스위치, 전원 장치가 연결된 회로에서 축전기를 충전한 후 스위치를 닫은 상태에서 두 판 사이의 간격을 2 배로 넓혔다.

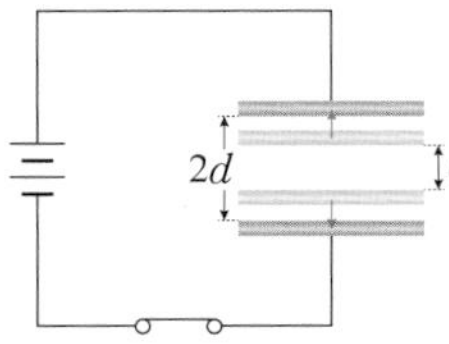

(1) 극판 사이의 전기장은 몇 배가 되는가?

(2) 축전기에 저장된 에너지는 몇 배가 되는가?

30 50 V 전원에 축전기를 병렬 연결하여 1 C 의 전하량을 저장하려고 한다. 전기 용량이 4 μF 인 축전기 몇 개를 병렬 연결해야 할까?

31 전기 용량이 2 μF 으로 동일한 축전기 5 개를 전압이 12 V 인 전지에 연결하였다.

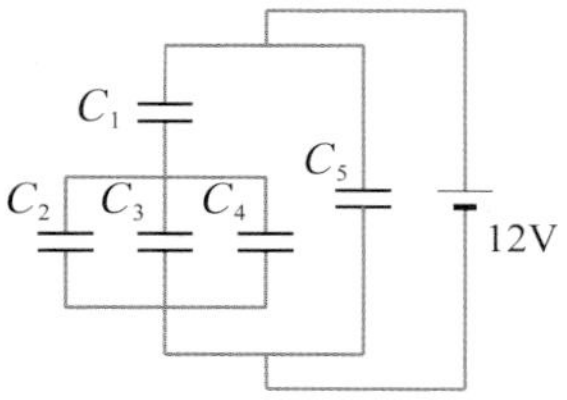

(1) 전체 축전기의 합성 전기 용량은 얼마인가?

(2) C_1에 저장되는 전하량은 얼마인가?

32 전기 용량이 2 C, 4 C, 3 C 인 축전기 A, B, C 와 전압이 일정한 전원 장치, 스위치를 이용하여 그림과 같은 전기 회로를 구성하였다. 스위치가 열려 있을 때 축전기 A 에 저장되는 전기 에너지를 W_1, 스위치를 닫았을 때 축전기 A 에 저장되는 전기 에너지를 W_2 라고 할 때, $W_1 : W_2$은?

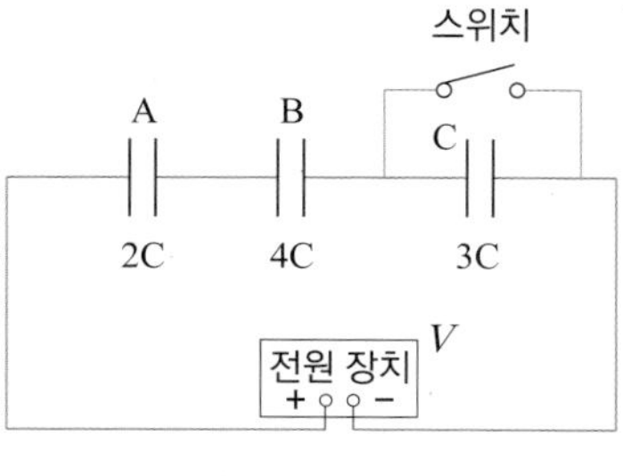

33 3 Ω, 3 Ω, 6 Ω 인 저항과 축전기를 10 V 의 전원에 연결하였다. 축전기의 전기 용량이 5 μF 이라면 축전기에 충전되는 전하량은 얼마인가?

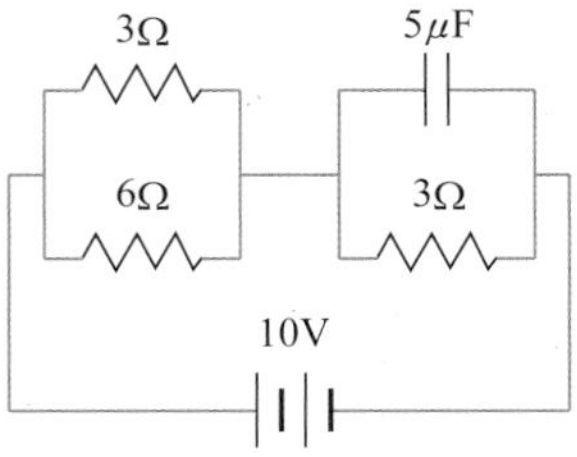

34 저항값이 R 인 저항 2 개, 전기 용량이 C 인 축전기, 전압이 V 인 전원 장치를 이용하여 회로를 구성한 후 축전기를 완전히 충전하였다.

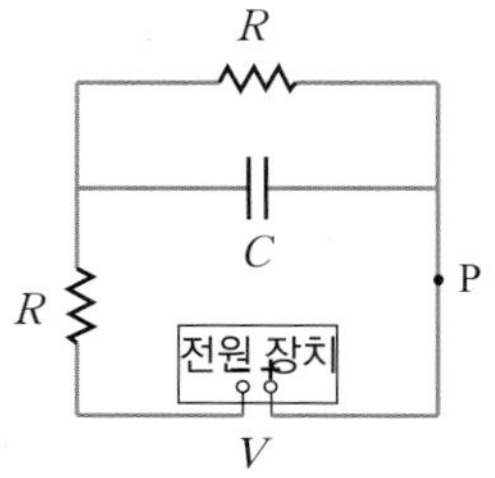

(1) 전기 회로의 합성 저항을 구하시오.

(2) P 점에 흐르는 전류의 세기를 구하시오.

(3) 축전기 양단에 걸리는 전압을 구하시오.

35 축전기가 다음 회로와 같이 연결되어 있을 때 점 A 와 B 사이의 합성 전기 용량을 구하시오.

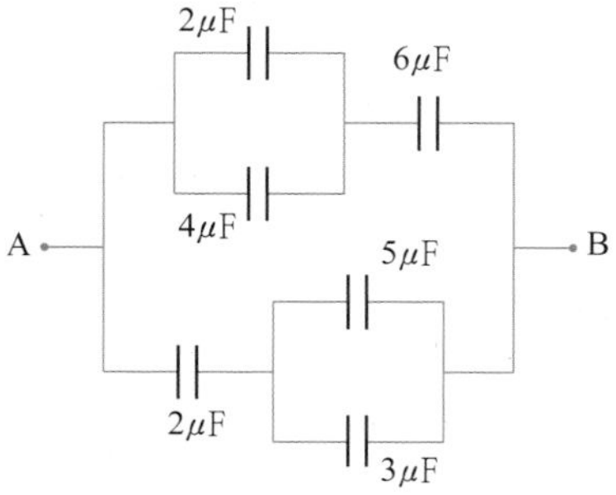

12 두 장의 금속판을 5 cm 간격을 두고 평행하게 놓은 후 100 V 의 전원 장치에 연결하였다. 이때 두 금속판 사이에 전자를 놓을 때 전자에 작용하는 힘의 세기를 구하시오. (단, 전자의 전하량은 -1.6×10^{-19} C 이고, 중력 효과는 무시한다.)

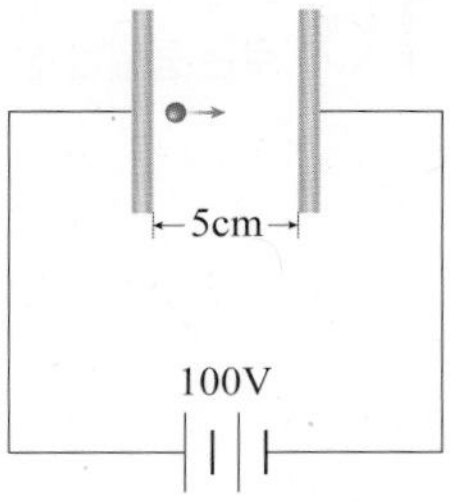

13 전기 용량이 2×10^{-6} F 인 평행판 축전기를 10 V 의 전지에 연결하였다. 이 상태에서 유전 상수(κ)가 4 인 유전체로 축전기의 판 사이의 공간을 완전히 채웠다. ㉠ 유전체를 채우기 전 축전기의 전하량과 ㉡ 유전체를 채운 후 축전기의 전하량 각각 구하시오. (단, 공기의 유전 상수는 1 이다.)

14 저항 3 Ω, 6 Ω 과 전기 용량이 5 μF 으로 같은 축전기 2 개가 9 V 의 전원에 연결되어 있다. 점 A 와 B 사이의 전위차는 얼마인가?

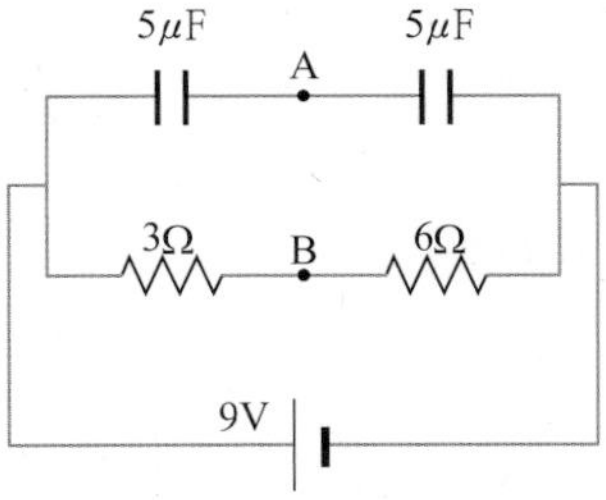

15 저항값이 1 Ω, 2 Ω, 3 Ω, 5 Ω, 6 Ω 인 저항과 전기 용량이 4 μF 인 축전기가 일정한 전압 V 의 전지에 연결되어 있다. 전류계에 흐르는 전류가 6 A 일 때, 축전기에 저장된 전기 에너지는 얼마인가?

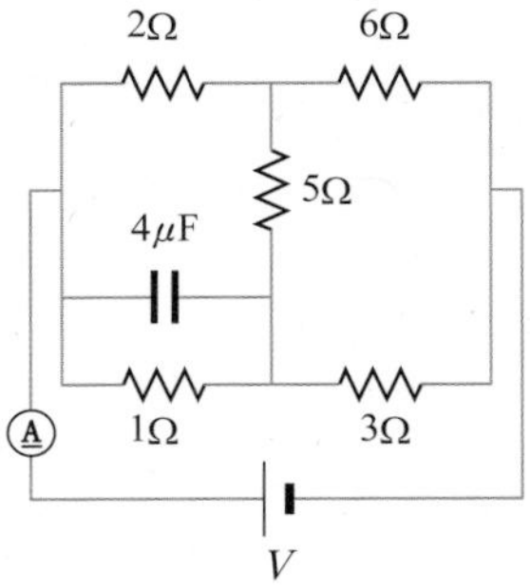

16 그림 (가) 는 전기 용량이 각각 C, $2C$ 인 축전기 A, B 를 직렬 연결한 것을, 그림 (나) 는 병렬 연결한 것을 나타낸 것이다. 각각의 회로는 동일한 전원에 연결되어 있을 때, (가)에서 A 에 걸리는 전압은 V, 충전된 전하량은 Q 이다. 물음에 답하시오.

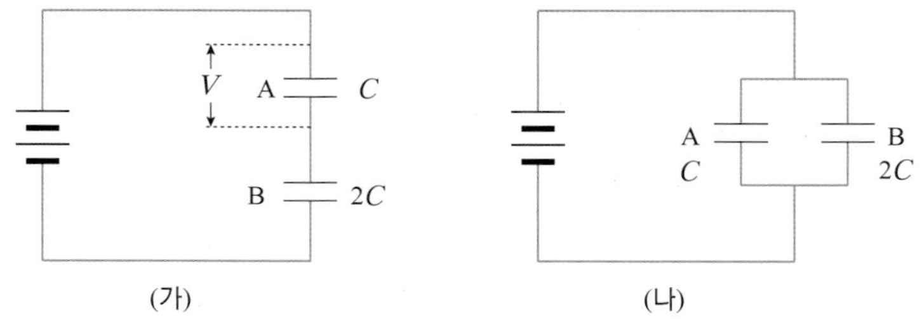

(1) (가), (나) 에서 축전기 A 에 걸리는 전압을 각각 V_1, V_2 라고 할 때, $V_1 : V_2$ 는?

(2) (나) 에서 축전기 A 와 B 에 충전된 전하량을 각각 구하시오.

17 전기 용량이 10 μF 으로 같은 7 개의 축전기와 전압이 10 V 인 전지를 이용하여 전기 회로를 구성하였다.

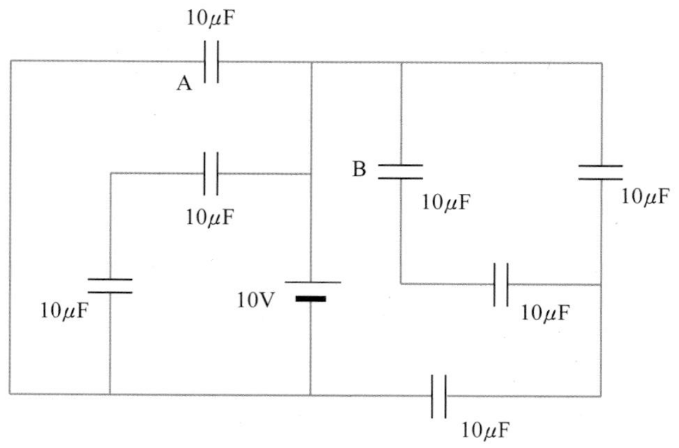

(1) 축전기 A 에 저장되는 전하량은 얼마인가?

(2) 축전기 B 에 저장되는 전하량은 얼마인가?

Ⅵ 전류의 작용 (3)

3. 전류의 자기 작용

(1) 자석에 의한 자기장

① **자석** : 철, 니켈 등의 금속을 끌어당기는 성질을 자성[1] 이라 하며 자성을 띤 물체를 자석이라 한다.

- **자극** : 자석을 수평으로 매달았을 때 지구의 북쪽을 가리키는 극을 N 극, 남쪽을 가리키는 극을 S 극이라 한다. N 극, S 극은 반드시 같이 존재하며 자석을 아무리 잘게 나누어도 두 극이 나누어지지 않는다.
- **자기 유도** : 못이나 금속에 자석을 가까이 가져가면 자석의 가까운 쪽은 자석과 반대 종류의 자극이, 먼 쪽에는 자석과 같은 종류의 자극이 만들어지면서 못 등이 자석에 달라붙게 된다. 이와 같이 자성이 유도되는 현상을 자기 유도라고 한다.

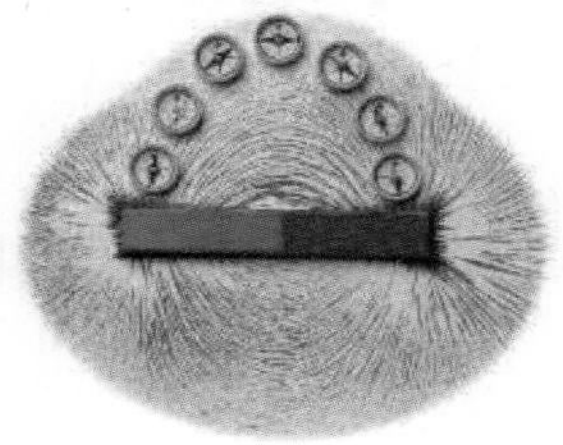

② **자기장** : 자기력이 작용하는 공간으로 자기력선으로 나타낸다.

- **자기장의 방향** : 나침반의 N 극이 가리키는 방향이다.
- **자기장의 크기(B)** : 자기력선이 빽빽할수록 크다. 막대 자석에서는 자석의 끝 부분이 자기장이 가장 크다.

③ **자기력선** : 자기장의 모양을 선으로 나타낸 것이다.[2]

- 자석의 N 극에서 나와 S 극으로 들어간다. 자석 내부에도 있으며 폐곡선을 이룬다.
- 도중에 끊어지거나 교차하지 않는다.
- 한 지점의 자기장의 방향은 자기력선의 접선 방향이다.

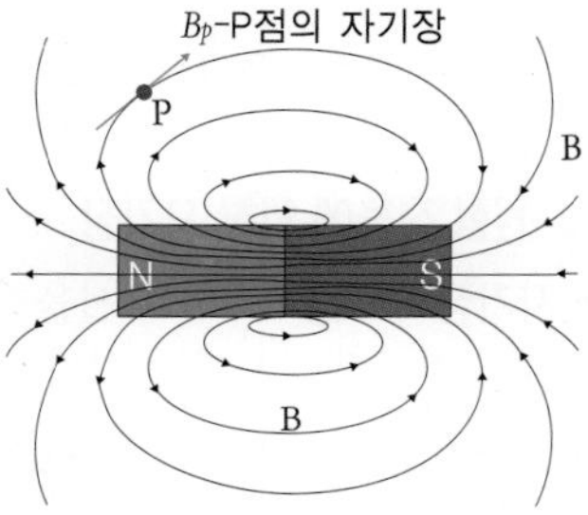

④ **자속 밀도** : 어느 한 지점에서의 자기장의 크기와 같은 의미이다.

- **자속(자기력 선속 ; Φ)**[3] : 면적 S 를 통과하는 자기력선의 개수 (단위 : Wb(웨버))
- **자속 밀도 ; B** : 단위 면적 당 자속
  단위 : Wb/m^2 = N/A·m = T (테슬라)

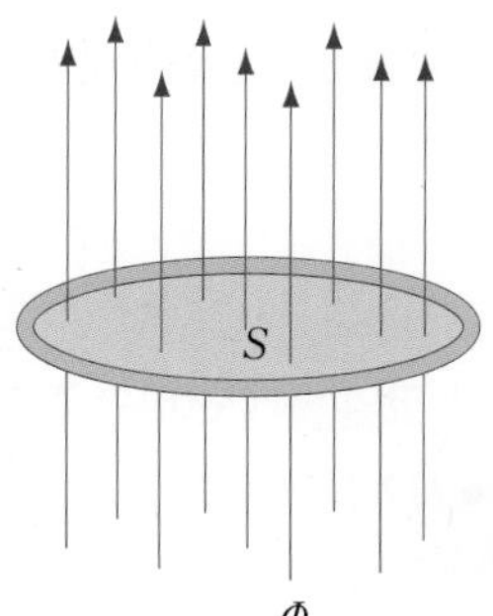

$$B\,(\text{자기장의 크기 : 자속 밀도}) = \frac{\text{자속(Wb)}}{\text{면적}(m^2)} = \frac{\Phi}{S}\ (Wb/m^2)$$

$$B = \frac{\Phi}{S}$$

정답 p 34

Q9 자기장에 관한 설명으로 옳은 것은?

① N 극 부근에 자기장이 0 인 곳이 있다.
② 자기장은 S 극에 가까울수록 약해진다.
③ 자기력선은 자기장의 방향과 수직하다.
④ 자기장의 세기는 자속과 면적을 곱하면 된다.
⑤ 자석의 내부에 자기장이 0 인 곳은 나타나지 않는다.

Q10 면적이 5 m^2 인 곳을 수직으로 통과하는 자기력선의 개수가 1 Wb 짜리 20 개였다면 이 면에서의 자기장의 크기는 몇 T 인가?

---

❶ 자성(magnetism ; 磁性)
원자들의 자기 모멘트가 한 방향으로 정렬되어 나타난다.

지자기
지구는 북극이 S 극, 남극이 N 극인 커다란 자석이다.

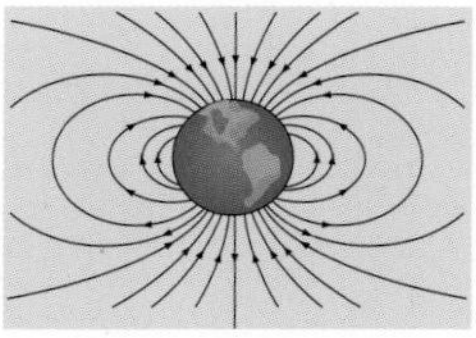

❷ 자기력선
자석 주위의 철가루의 늘어선 모양을 선으로 표현하면 자기력선이 된다. 자석 내부의 자기력선은 S 극에서 N 극을 향한다.

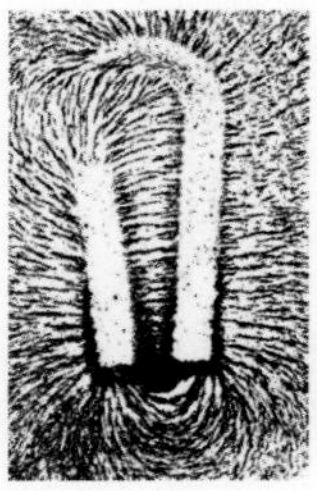

❸ 자속(magnetic flux;Φ)
자기력 선속의 줄임말. 자기력선의 다발을 말한다.

자석 주위의 자기력선

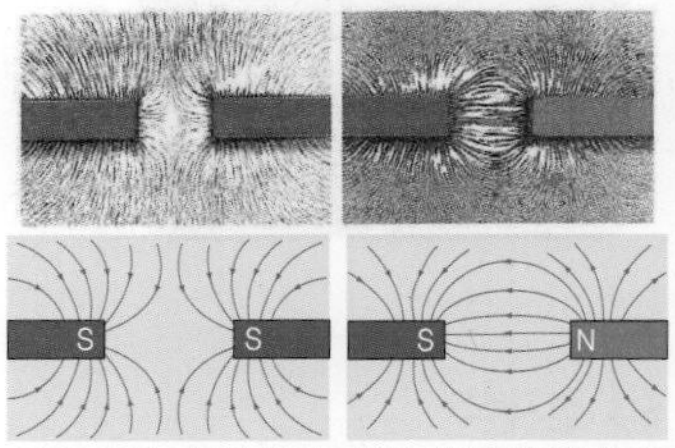

S극과 S극을 가까이 할 때 S극과 N극을 가까이 할 때

(2) 전류에 의한 자기장

① 직선 전류에 의한 자기장

- **자기장의 모양** : 직선 도선을 중심으로 한 동심원 모양
- **자기장의 방향** : 전류의 방향으로 엄지손가락을 향하게 하고 나머지 네 손가락으로 도선을 감아쥐었을 때 네 손가락이 가리키는 방향이다. (앙페르의 법칙)
- **자기장의 세기** : 도선에 흐르는 전류의 세기(I)에 비례하고, 도선으로부터의 수직 거리(r)에 반비례한다.

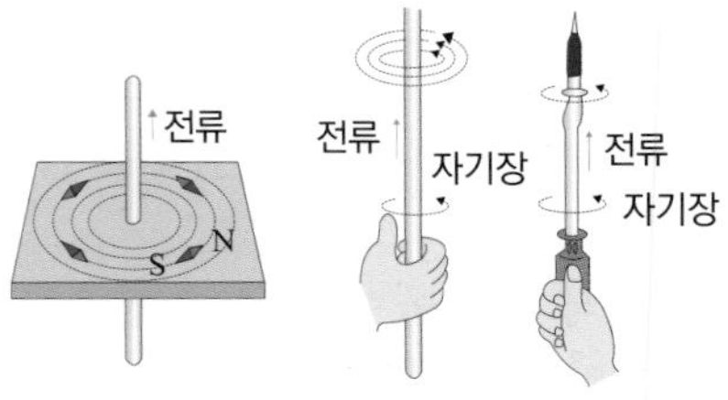

▲ 직선 전류 주위의 자기장과 그 방향

$$B = k\frac{I}{r}\ (k = \text{비례상수}),\ k = 2 \times 10^{-7}\,\text{N/A}^2$$

- **지면(종이 면)에 수직한 방향의 표시**

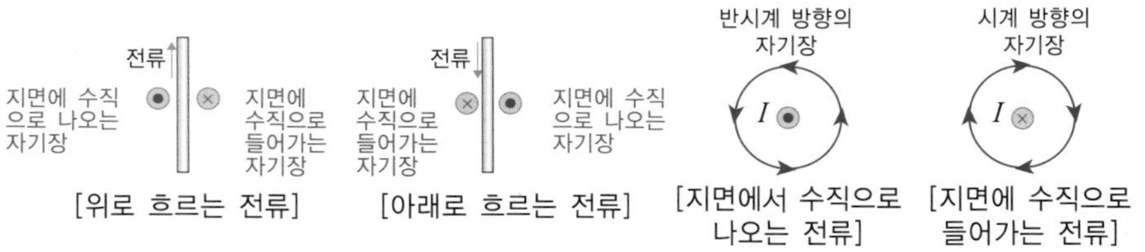

② 원형 전류에 의한 자기장

- **자기장의 모양** : 직선 도선을 원형으로 만들었을 때의 자기장의 모양과 같다.
- **원형 전류 중심에서의 자기장의 방향** : 전류가 흐르는 방향으로 나사를 돌렸을 때 나사가 나가는 방향이다.
- **원형 전류 중심에서의 자기장의 세기**

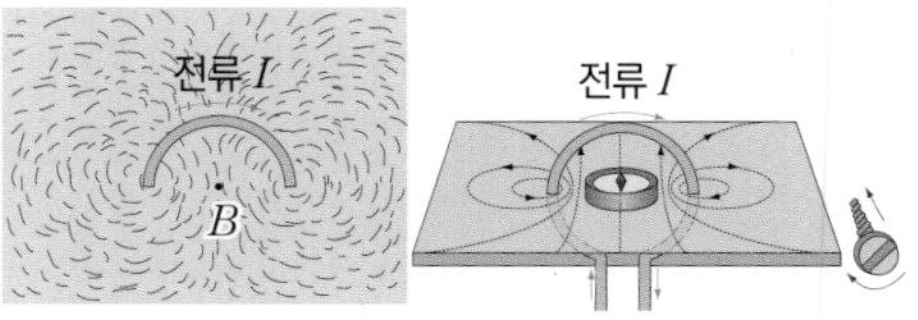

▲ 원형 전류에서의 자기장의 방향

$$B\,(\text{원형 전류 중심}) = k'\frac{I}{r},\ \ k' = \pi k = 2\pi \times 10^{-7}\,\text{N/A}^2$$

③ 코일(솔레노이드) 주위의 자기장 ❹

- **자기장의 모양** : 코일에 전류가 흐르면 막대 자석이 만드는 자기장과 같은 모양의 자기장이 생긴다.(N 극과 S 극)
- **솔레노이드 내부의 자기장의 방향** : 그림처럼 전류가 흐르는 방향으로 오른손을 감아쥐었을 때 엄지 손가락이 가리키는 방향이다.

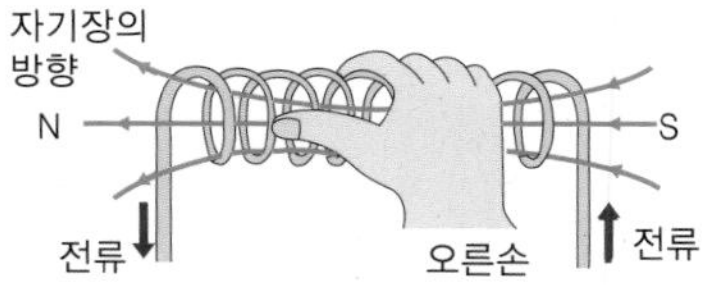

▲ 솔레노이드의 자기장의 방향

- **솔레노이드 내부의 자기장의 크기** : 솔레노이드 내부에서는 어디에서나 자기장 크기가 같다.

$$B\,(\text{솔레노이드 내부}) = k''nI,$$

$$n = \frac{\text{총 감은 횟수}(N)}{\text{솔레노이드의 길이}(l)}\ (\text{단위길이 당 감긴 횟수}),\ k' = 2\pi k = 4\pi \times 10^{-7}\,\text{N/A}^2$$

④ 전자석 ❺ : 솔레노이드 내부에 철심을 넣은 것으로 철심이 자화되며 강한 자기장을 얻을 수 있다. 전류의 흐름을 변화시켜 자석의 세기를 바꿀 수 있는 장점이 있다. 스위치, 초인종, 기중기, 전화기, 도난 경보기 등 일상생활에 다양하게 이용된다.

수직 거리와 P점과 Q점의 자기장

도선으로 부터의 수직 거리 r인 Q 점의 자기장의 방향은 지면(종이면)에 수직으로 들어가는 방향(⊗)이고, P 점에서의 자기장의 방향은 지면에서 수직으로 나오는 방향(⊙)이다.

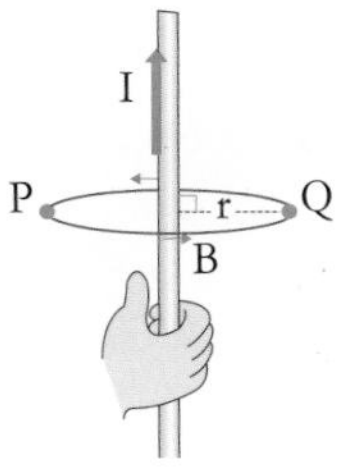

도선이 나침반의 위나 아래에 있을 때

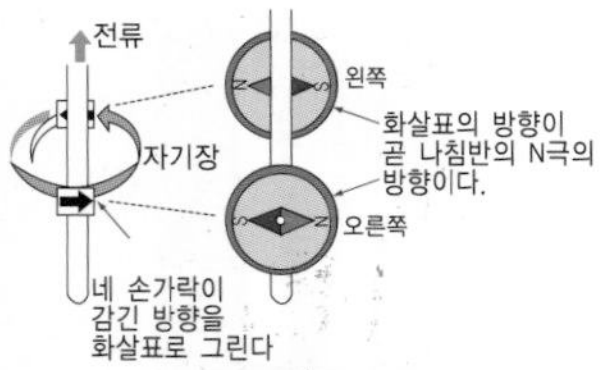

나침반의 N극이 가리키는 방향 = 자기장의 방향

같은 원형 도선을 n 번 감으면 중심에서의 자기장의 크기 B 도 n 배가 된다.

❹ 솔레노이드 주위의 자기장

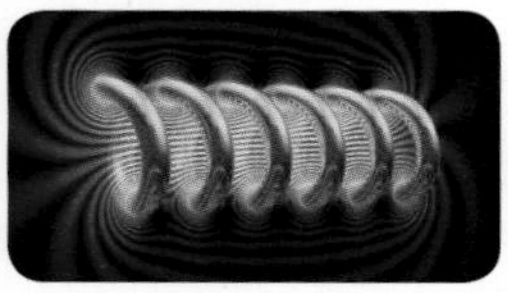

❺ 전자석

전류가 흐르면 코일이 자석의 성질을 띤다.

정답 p 34

Q11 I = 2 A 이고 r = 1 m 일 때 Q 점에서의 전류에 의한 자기장(B)의 크기와 방향을 구하시오.

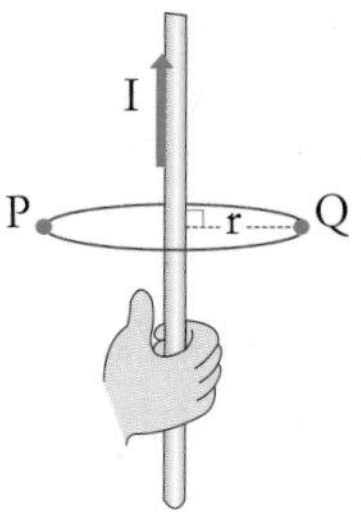

Q12 그림은 원형 전류의 중심에 나침반을 놓은 모습이다. 나침반의 N 극은 어느 방향을 가리키겠는가? 그림의 방위 표시를 보고 답하시오. (단, 지자기는 고려하지 않는다.)

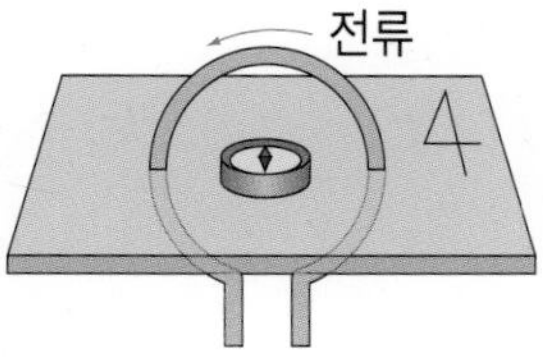

Q13 그림과 같이 코일에 전류를 통해 주고 A, B 지점에 나침반을 두었을 때 나침반의 N 극이 가리키는 방향을 각각 쓰시오. (단, 지자기는 고려하지 않는다.)

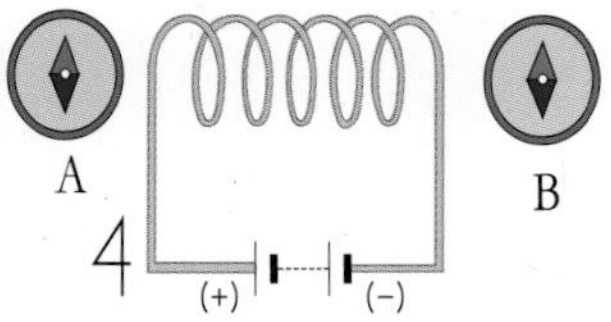

(3) 자기장 속에서 전류가 흐르는 도선이 받는 힘(전자기력)

① **전자기력의 발생** : 자기장이 형성되어 있는 곳에 전류가 흐르는 도선이 놓인다면 도선이 힘을 받게 된다. 도선에 흐르는 전류가 또 다른 자기장을 발생시키기 때문이다. 자기장끼리의 상호 작용에 의하여 힘이 발생한다. 자기력선 밀도가 빽빽한 곳에서 성긴 곳으로 미는 힘이 발생한다 [6].

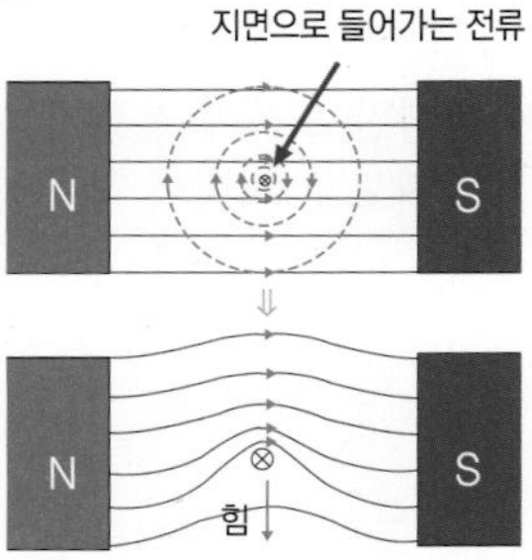

② **전자기력의 방향과 크기**

- **전자기력의 방향** [7] : 전류가 흐르는 도선이 받는 힘의 방향은 형성되어 있는 자기장의 방향과 수직이고, 전류가 흐르는 방향과도 수직이다. (플레밍의 왼손 법칙)

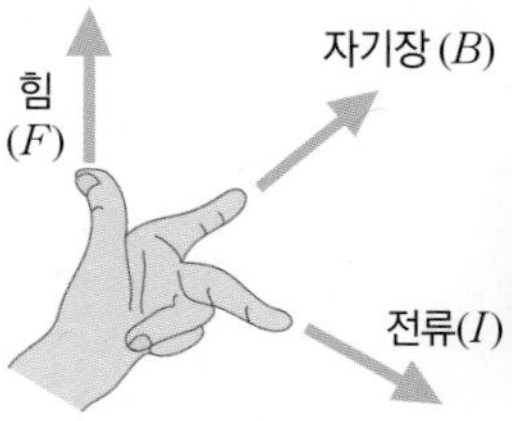

플레밍의 왼손 법칙

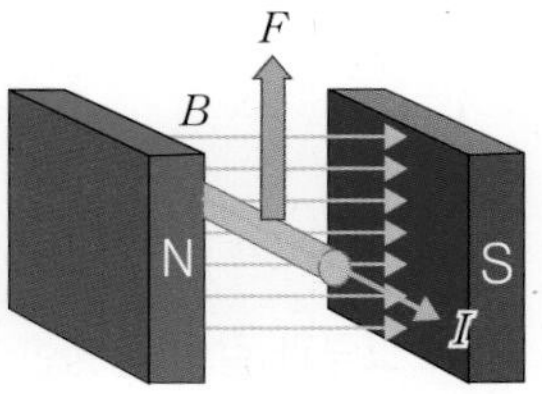

- **전자기력(F)의 크기**

- 전류(I)가 클수록, 자기장(B)이 클수록 힘이 커진다.
- 자기장과 전류의 방향이 이루는 각(θ)이 수직일 때가 가장 세다.

$$F = BIl\sin\theta \quad \theta = 90^\circ \text{일 때 } \sin\theta = 1,\ F = BIl(\text{최대})$$
$$\theta = 0^\circ \text{일 때 } \sin\theta = 0,\ F = 0$$

$F = BIl$

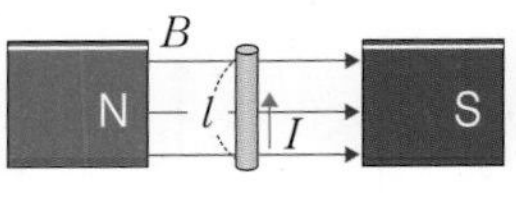

▲ 전류와 자기장이 수직일 때

$F = 0$

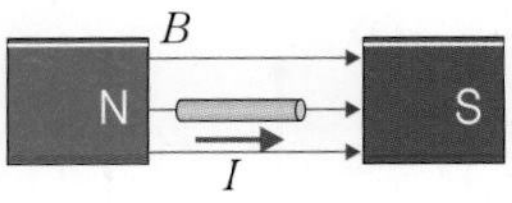

▲ 전류와 자기장이 평행할 때

$F = BIl\sin\theta$

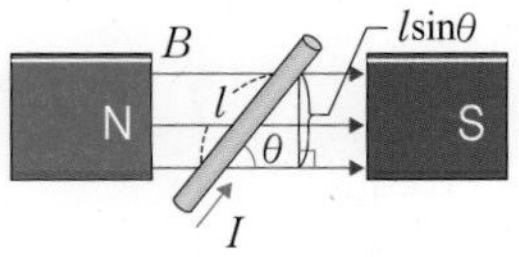

▲ 전류와 자기장이 비스듬할 때

2차원 지면 상에서 직선전류에 의한 자기장의 방향

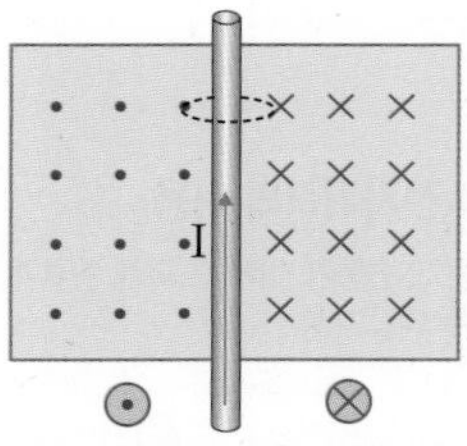

⊗ : 지면(종이면)에 수직으로 들어가는 방향

⊙ : 지면에서 수직으로 나오는 방향

⑥ 자기력선 밀도와 힘

자기력선 밀도가 빽빽한 곳에서 성긴 곳으로 힘이 발생한다. 아래 그림 (가)에서는 두 도선 사이의 자기력선 밀도(자기장)가 상쇄되어 인력이 작용하며, 그림 (나)에서는 자기력선 밀도가 보강되어 서로 밀어낸다.

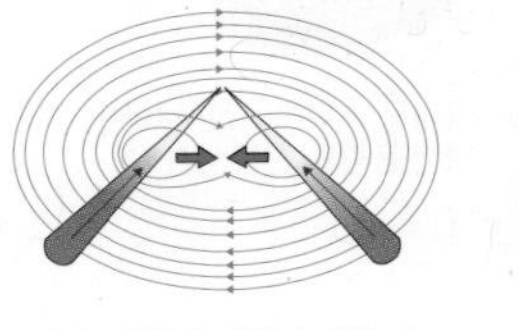

(가) 전류의 방향이 같을 때

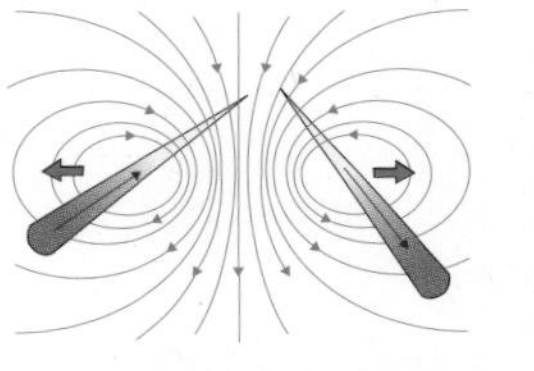

(나) 전류의 방향이 반대일 때

⑦ 전자기력의 방향

전자기력의 방향을 오른손으로도 찾을 수 있다.

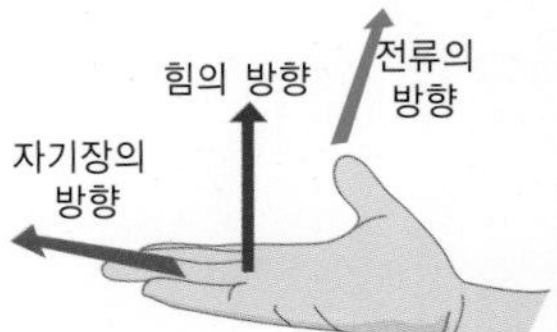

③ 전류가 흐르는 평행한 두 도선 사이의 힘 : 평행한 두 도선에 전류가 흐르면 서로 힘을 작용한다.

- 전류 I_1 에 의한 자기장 속에서 전류 I_2 가 흐른다.(일단 I_2 스스로의 자기장은 생각하지 않는다.)
- 전류 I_1 에 의해서 P 지점에 자기장(B_p)이 생기는데 그 크기는 $B_p = k\frac{I_1}{r}$ 이다. 이 자기장에 의해 I_2가 힘을 받게 된다.

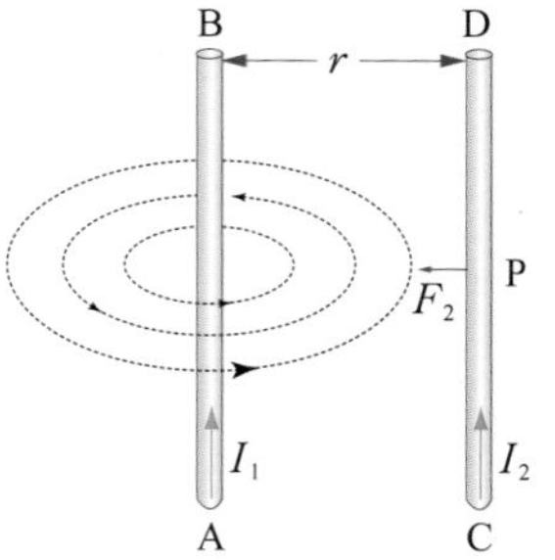

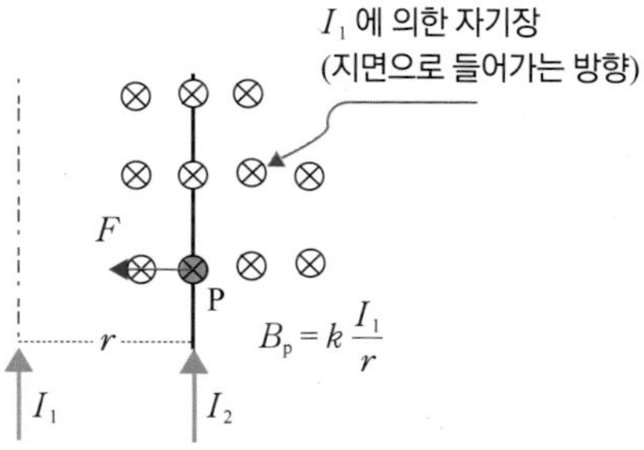

$$F = B_p I_2 l = k\frac{I_1}{r} I_2 l = k\frac{I_1 I_2}{r} l\,(\mathrm{N})$$ (방향) : 전류 I_1을 향하는 방향(왼쪽)),

l : 전류 I_2가 흐르는 도선의 길이

이 힘은 전자기력으로, 전류 I_1이 I_2를 잡아당기는 힘이라고 할 수 있다.

- 반대로 생각하면 오른쪽 그림과 같이 전류 I_2 가 I_1 을 오른쪽으로 잡아당긴다(작용반작용). 두 전류 사이에는 인력이 작용한다.
- 평행한 도선에 전류가 서로 반대 방향으로 흐르면 힘의 방향이 바뀌므로 척력이 작용한다.

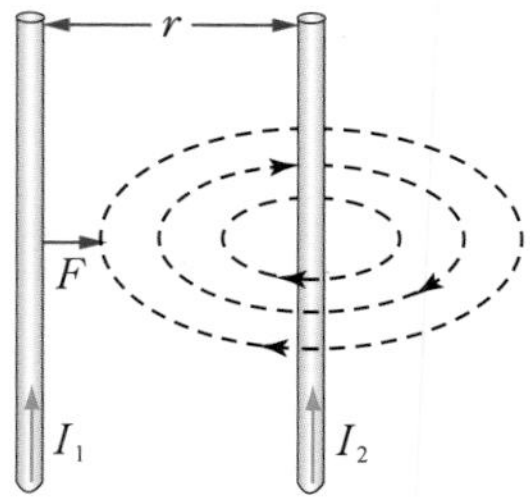

전자기력의 이용

전동기, 선풍기, 믹서, 스피커, 전류계, 전압계, 검류계 등

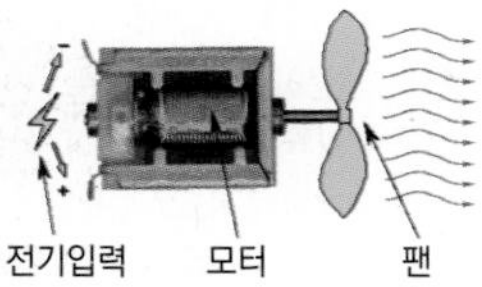

▲ 선풍기

▲ 라디오 스피커 - 전자기력을 이용하여 진동판을 진동시킴

정답 p 35

Q14 그림의 스위치를 닫아서 자석 사이에 전류가 흐를 때 도선이 받는 힘의 방향은 어느 방향인가?

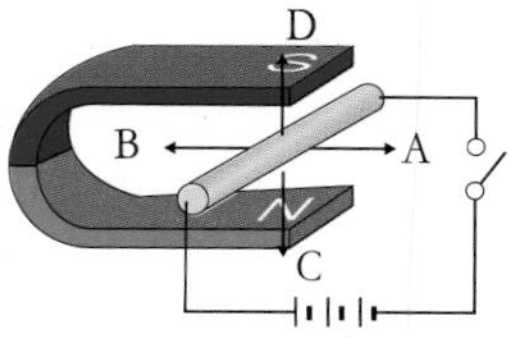

Q15 그림과 같이 평행한 전류가 흐를 때 도선 B 는 어느 방향으로 힘을 받는가?

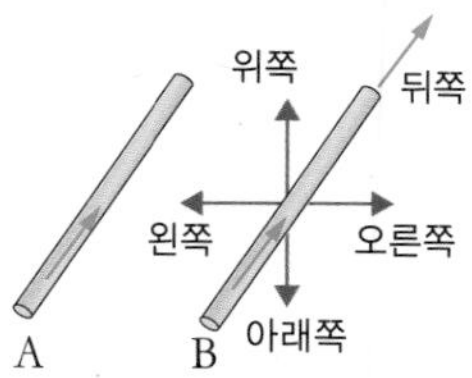

Q16 두 평행 도선에 전류가 같은 방향으로 흐를 때 도선 주위에 생기는 자기장의 모양을 바르게 나타낸 것은?

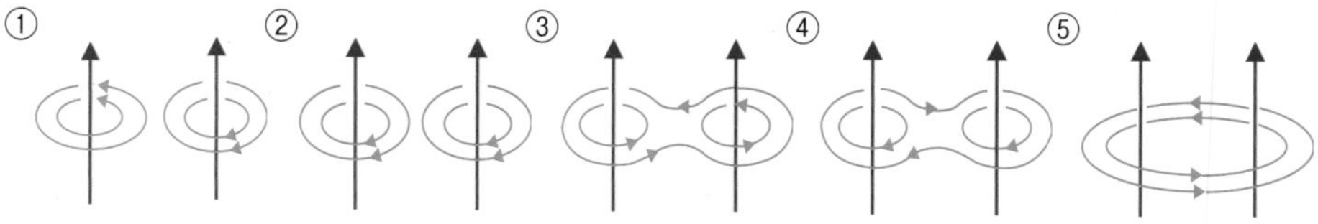

(4) 자기장 속에서 운동하는 대전 입자가 받는 힘
전류는 전하의 흐름이므로 운동하는 전하도 자기장 속에서 힘을 받는다.

① 로런츠 힘 [8]

- 자기장 B 속에서 자기장의 방향과 수직으로 $+q$ 의 대전 입자가 v 의 속도로 운동할 때 : 이 전하가 t 초 동안 이동한 거리는 vt 이다.

  $F = BIl$ 에서 $I = \frac{q}{t}$ 이므로 $F = BIl = B\frac{q}{t}l$ (l : 전류가 흐르는 도선의 길이).

  도선 전체가 힘을 받는 것을 고려하면 $l = vt$ [9] 라고 할 수 있다.

  $F = BIl = B\frac{q}{t}l = Bq\frac{l}{t} = Bqv$ 이다,

  $F = Bqv$ (로런츠의 힘) (F 와 B, F 와 v는 수직)

- 질량 m 의 대전 입자(전하량 $+q$)가 자기장(B)에 수직으로 입사할 때

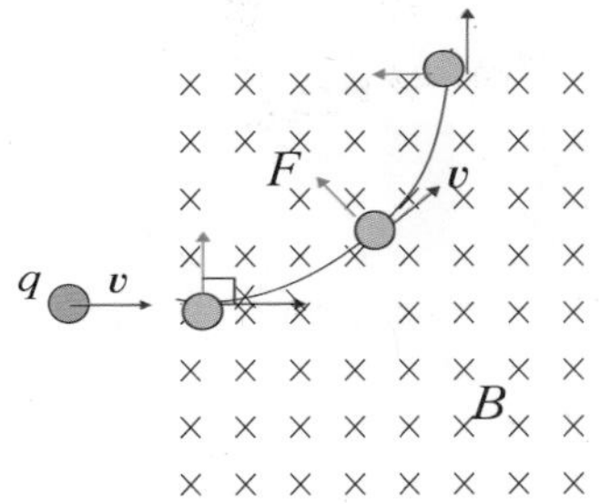

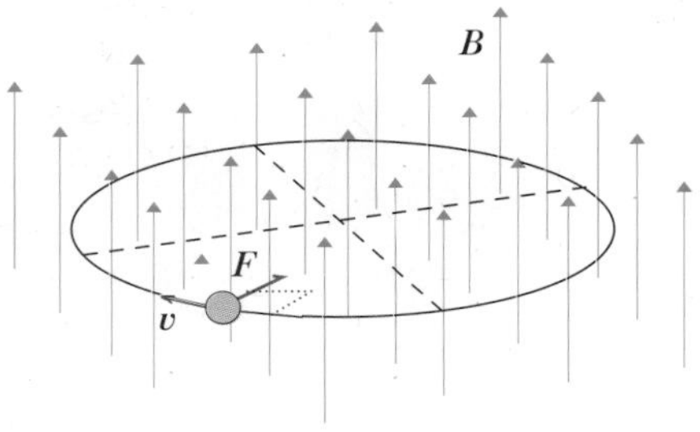

대전 입자는 원운동을 하게 된다.[(−)로 대전된 입자(전자)는 반대 방향의 원운동]
이때의 구심력 크기 $F = Bqv$ 이다.
전하의 질량이 m 이고, 원운동의 반지름이 r 이면 F (구심력의 크기) $= m\frac{v^2}{r}$ 이므로

- 원운동의 반지름(r) : $Bqv = m\frac{v^2}{r}$ → r (반지름) $= \frac{mv}{Bq}$
- 원운동의 주기(T) : $T = \frac{2\pi r}{v}$, r 값을 대입하면 → T(원운동 주기) $= \frac{2\pi m}{Bq}$

⚙ **로런츠** (Hendrik A. Lorentz, 1853~1928)

네덜란드의 물리학자

[8] **로런츠 힘의 방향**

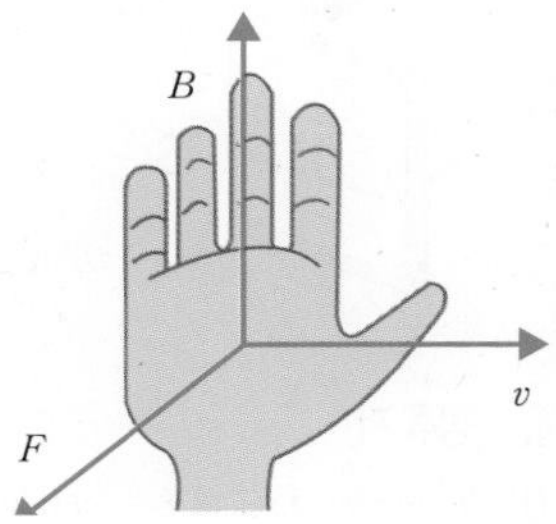

[9] 전하 q 가 v 의 속도로 l 만큼 진행하면서 받는 힘과 전류 I 가 흐르는 길이 l 의 도선이 받는 힘은 같다.

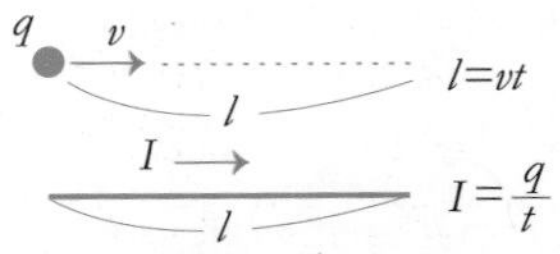

⚙ **전하 q 가 자기장(B)에 비스듬히 입사할 때**

$v\cos\theta$ 성분 때문에 원운동을 하면서 자기장 방향으로 전진해야 하므로 나선 운동이 된다.

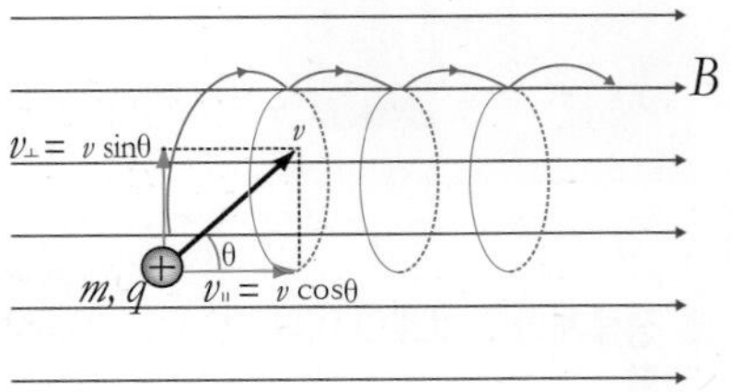

정답 p 34

Q17 $+z$ 축 방향으로 세기가 3.0 T 인 자기장 속에서 전하량이 2×10^{-3} C 인 입자가 $+y$ 축 방향으로 5 m/s 로 운동할 때 이 입자가 받는 힘의 방향과 크기를 구하시오.

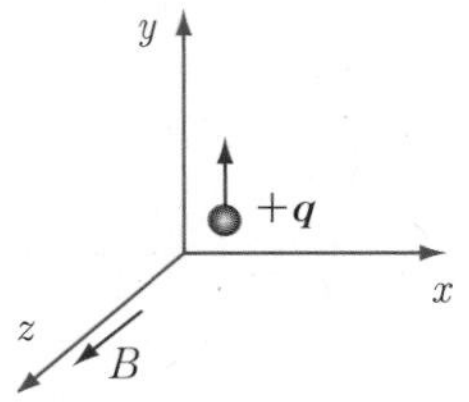

Q18 자기장이 지면(종이 면)에 수직으로 들어가는 방향으로 형성되어 있는 공간에서 한 대전된 입자가 등속 원운동을 하고 있다. 이때 순간적으로 자기장(B)의 크기가 두 배로 증가한다면 대전 입자의 운동은 어떻게 변하겠는가?

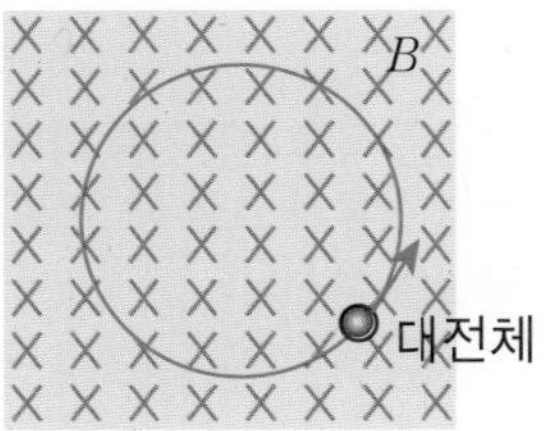

(5) 전자기력을 이용한 전기 기구

① **전동기** : 영구 자석 속에서 전류가 흐르는 도선이 힘 [10] 을 받아 회전하게 만든 장치이다.

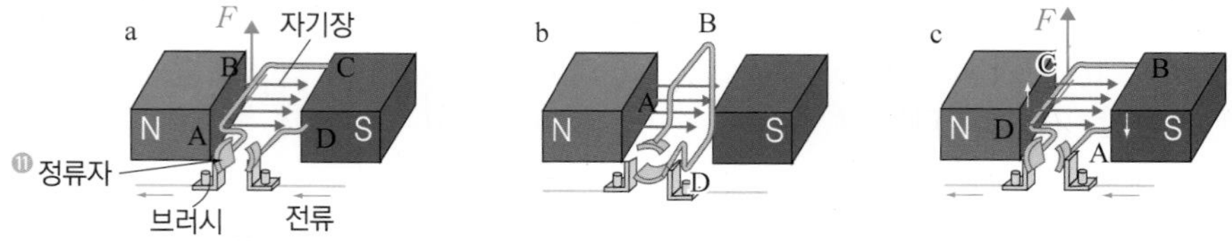

a. 사각형 전선의 AB 부분은 위로 CD 부분은 아래로 힘을 받아 앞에서 봤을 때 시계 방향으로 회전한다. (전류 방향 : D → C → B → A)

b. 사각형 전선에는 전류가 흐르지 않는다. 관성으로 계속 돈다.

c. 정류자에 의해 전류가 반대로 흐르면서 시계 방향으로 계속 돈다.

② **직류 전동기(활용되는 전동기)** : 영구 자석 사이에 철심에 감긴 코일을 넣고 전류를 흘려주면 코일이 전자석이 되어 영구 자석과의 반발력으로 회전한다.

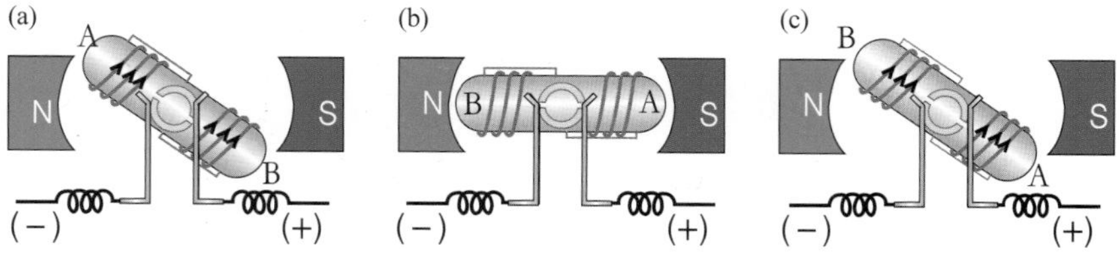

(a) 그림처럼 전류를 흘려주면 A 부분은 N 극, B 부분은 S 극이 되어 자석과 서로 밀어 내는 힘이 작용한다.

(b) 전류의 흐름이 반대로 바뀌게 되는 순간이다.

(c) B 부분이 N 극, A 부분이 S 극이 되어 계속 회전한다.

- **용도** : 회전축에 선풍기의 날개 등을 달아 생활에 활용한다.

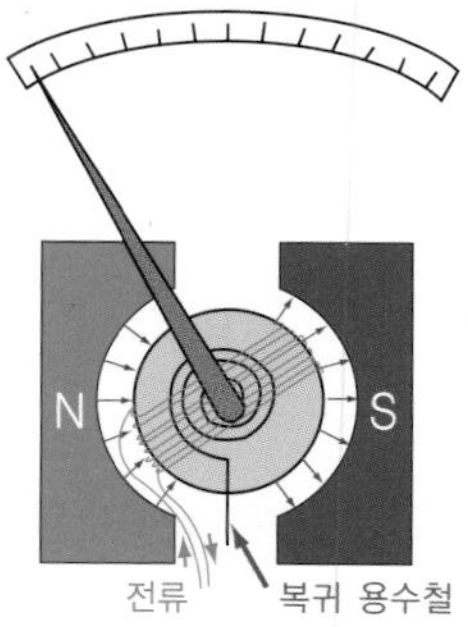

③ **전류계** Ⓐ [12] **와 전압계** Ⓥ : 영구 자석 속에 코일을 넣어 전류가 많이 흐를수록 많이 회전할 수 있게 한 것이다.(360° 회전하지는 않는다.)

- 회전축에 바늘을 달면 바늘이 회전한 각도와 전류나 전압의 세기가 비례하므로 윗부분에 눈금을 매겨 놓으면 전류와 전압을 측정할 수 있다. 전류가 흐르지 않으면 용수철에 의해 바늘은 원점으로 되돌아온다.
- 작은 전류에도 잘 반응하게 하면 검류계 Ⓖ가 된다.

정답 p 35

Q19 그림과 같이 영구 자석 사이에서 사각형 모양으로 전류가 흐르고 있다. A, B, C 부분이 받는 힘의 방향은 어디인가? (위, 아래, 지면에서 나오거나 들어가는 방향)

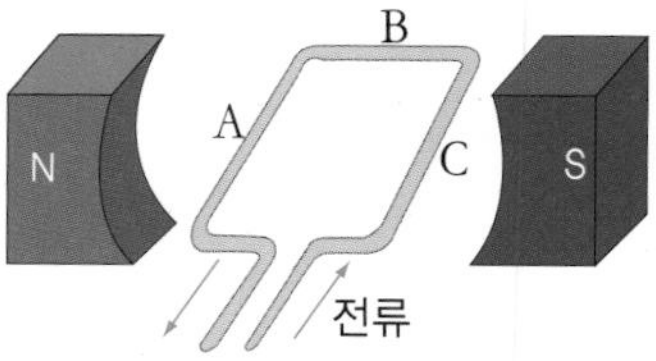

Q20 그림은 직류 전동기를 나타낸 것이다. 현재 상태에서 그림처럼 전류가 흐를 때 코일이 감긴 부분 중 A의 극과 회전 방향을 쓰시오.

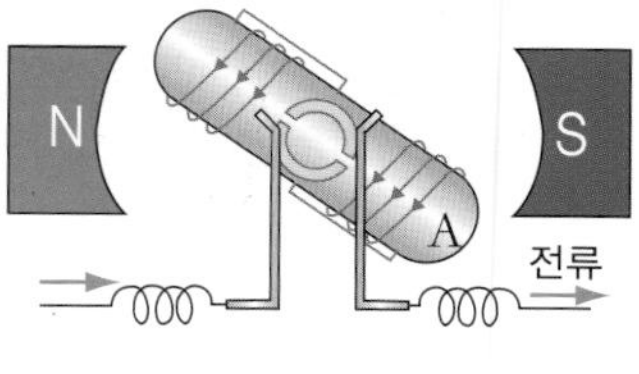

말굽 자석의 자기장 속에서 전류가 흐르는 사각형 도선이 받는 힘

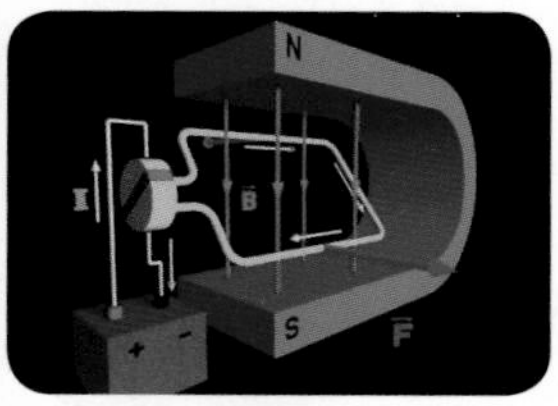

⑩ 전류가 흐르는 사각형 도선이 받는 힘

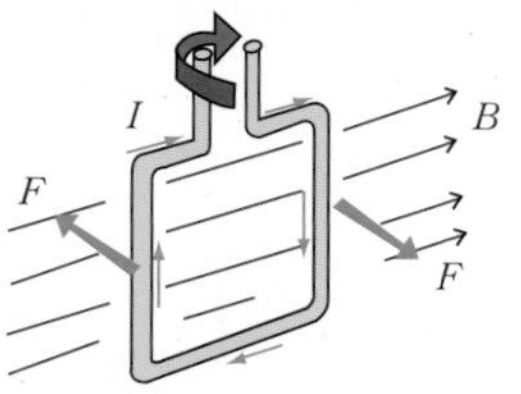

⑪ 정류자

전류를 일정하게 흐르도록 하는 장치라는 뜻이다.

⑫ 전류계의 내부 구조

코일에 전류가 흐르면 전자석이 되어 바늘이 돌아가나 전류가 흐르지 않으면 용수철에 의해 0점 위치로 되돌아온다.

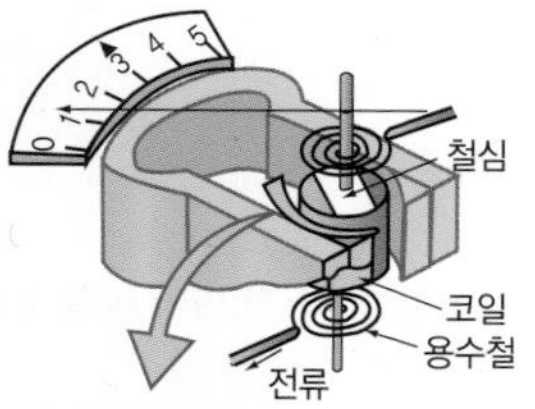

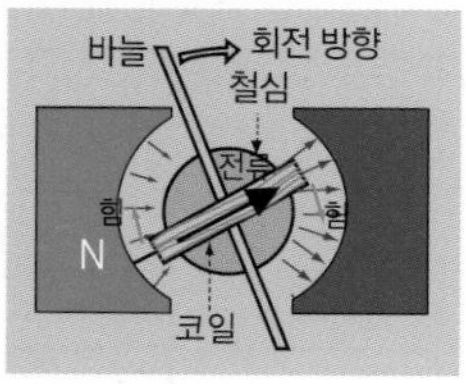

정류계와 전압계의 내부 저항

- 전류계는 내부 저항이 매우 작아서 회로에 직렬 연결할 때 회로에 주는 영향이 매우 작다. (검류계는 내부 저항이 전류계보다 더 작음)
- 전압계는 내부 저항이 매우 커서 회로에 병렬 연결하였을 때 전류가 전압계로 흐르지 못하게 하였다.

(6) 전자기 유도

코일과 자석을 상대적으로 운동을 시키면 코일에 전류가 유도되어 흐르게 되는 현상을 말한다[13]. 이때 유도되는 전류를 유도 전류라고 한다.

① **렌츠의 법칙(유도 전류의 방향)** : 코일에 자석을 가까이하거나 멀리할 때 코일에 유도되는 유도 전류는 자석의 운동을 방해하는 방향으로 생긴다. (코일에 유도 전류가 흐르면 코일이 전자석이 되어 바깥에서 다가오거나 멀어지는 자석의 운동을 방해한다.)

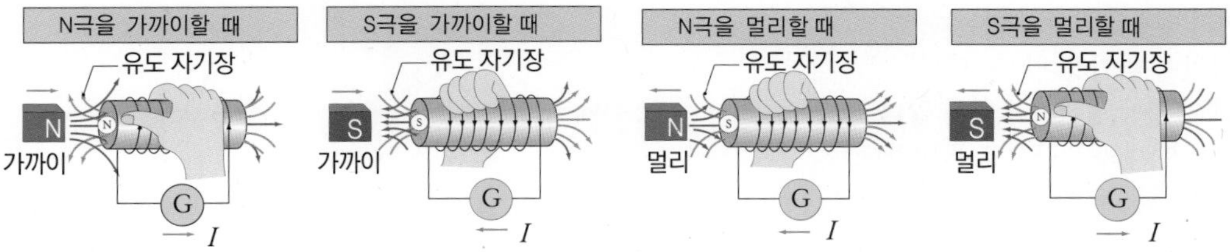

〈자석의 운동을 방해하도록 코일에 자기장이 유도된다.〉

- 자석을 코일에 가까이 할 때 : 자석의 운동을 방해하도록 코일의 자석에 가까운 부분에는 자석과 같은 극이 생기도록 유도 전류가 발생한다.
- 자석을 코일에 멀리 할 때 : 자석이 멀어지는 운동을 방해하도록 코일의 자석과 가까운 부분에는 자석과 다른 극이 생기도록 유도 전류가 발생한다.

② **유도 전류의 세기**

- 자석이 코일에 빠르게 접근하거나 빠르게 멀어질수록 커진다.
- 코일의 감은 수가 많을수록 커진다.
- 영구 자석이 셀수록 커진다.

③ **패러데이의 법칙(유도 기전력(V)의 세기)** : 유도 기전력의 크기는 단위 시간 당 자속의 변화량으로, 유도 전류의 세기에 비례한다[14].

$$V_{유도} = -\frac{자속(\Phi)의\ 변화량}{시간(초)} \times N(코일의\ 감은수) = -N\frac{\Delta\Phi}{\Delta t}\ (V)\ ;\ 패러데이의\ 법칙$$

(− 부호는 자속의 변화를 방해하는 방향이라는 뜻임)

자속(Φ ; 자기력 선속)은 원형이나 사각형 코일의 단면 등을 통과하는 자기력선의 개수이며 (단위 : Wb) 자석이 코일 등에 가까워지면 코일의 단면을 통과하는 자속이 증가하고, 멀어지면 감소하게 된다.

정답 p 34

Q21 그림과 같이 코일에 자석이 접근하고 있다. 물음에 답하시오.

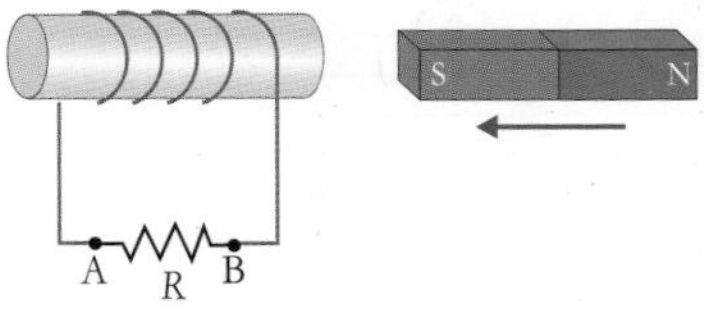

(1) 코일에 생기는 유도 전류의 방향은 A → R → B 인지 B → R → A 인지 쓰시오.

(2) 유도 전류의 크기가 0.1 A 이고 저항 R 이 5 Ω 일 때 A, B 사이에 유도되는 유도 기전력의 크기는 몇 V 인가?

Q22 10 번 감은 코일에 자석을 접근시켰더니 코일의 단면을 통과하는 자속(Φ)이 평균 0.1 초에 5 Wb 증가하였다. 코일에 생기는 유도 기전력은 몇 V 인가? (−부호는 크기에 포함되지 않는다.)

렌츠 (Heinrich Lenz, 1804~1865)

독일의 물리학자. 유도 전류의 방향을 밝힘.

⑬ 전자기 유도에 의한 힘

원형 구리선을 매달아 놓고 자석을 가까이 가져가면 반발력으로 원형 구리선이 밀려난다. 자석을 멀리 가져가면 구리선과 자석 사이에 잡아당기는 힘이 발생해서 구리선이 자석을 따라간다.

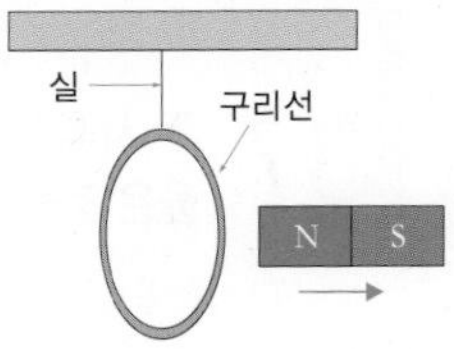

⑭ $V_{유도} = I_{유도} \times R$ (코일의 전체 저항)

B(자기장의 세기 : 자속 밀도)

$$B = \frac{자속(Wb)}{면적(m^2)} = \frac{\Phi}{S}\ (Wb/m^2)$$

유도 전류와 유도 기전력

유도 기전력은 전압에 해당되므로 전체 저항을 알면 유도 전류를 구할 수 있다. 구리 도선의 저항은 매우 작지만 0은 아니다.

전자기 유도 현상의 이용

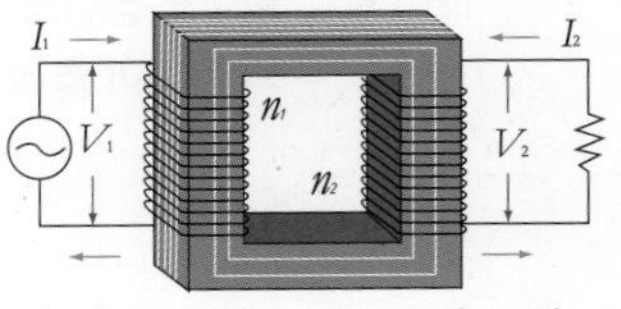

▲ 변압기

- $P_1 = P_2$(전력 손실=0)인 경우 1차 코일 내부의 자속의 변화가 철심을 타고 2차 코일에서 유도 전류를 발생시킨다. 전압(유도 기전력)은 코일의 감은 수에 비례한다.
- 그 외 발전기, 녹음기, 마이크, 금속탐지기, 자전거 전조등, 모바일 카드, 전기기타, 교통 카드 등이 있다.

미니사전

기전력(起電力) 전류를 일으키는 전압이라는 뜻

전류의 자기 작용

36 자석과 자기장, 자기력선에 대한 설명으로 옳은 것만을 있는 대로 고르시오.

① 자기력선은 끊어지거나 교차하지 않는다.
② 자기력을 받는 공간을 자기장이라고 한다.
③ 자석 내부에는 자기장이 형성되어 있지 않다.
④ 자기력선은 N 극에서 나와 S 극으로 들어간다.
⑤ 자기장의 방향은 자침의 S 극이 가리키는 방향이다.
⑥ 자기장의 모양을 선으로 나타낸 것이 자기력선이다.

37 두 자석이 가까이 있을 때 생기는 자기력선의 모양으로 옳은 것을 고르시오.

①
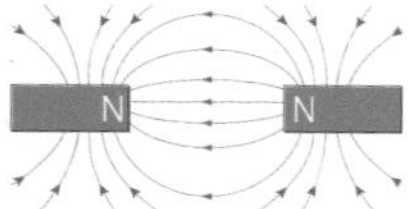

②
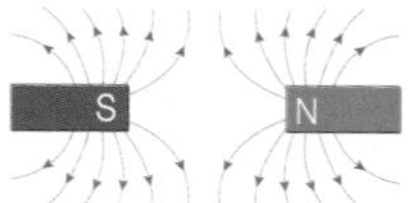

③
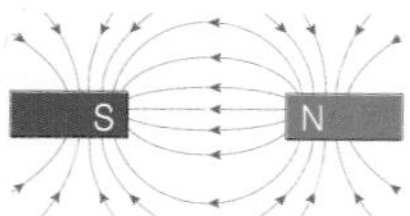

④
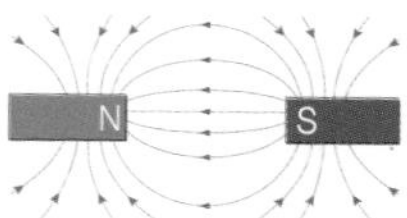

⑤
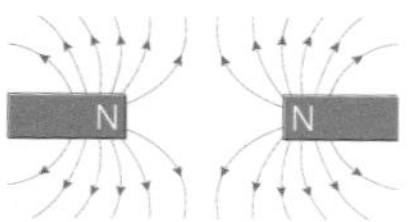

38 화살표 방향으로 자기장이 형성되어 있는 곳에서 나침반의 자침이 옳게 배열된 것은?(단, 붉은 색이 N 극이다.)

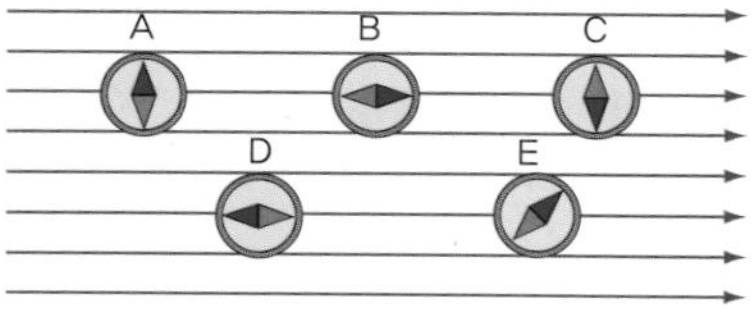

39 반지름 20 cm 의 원형 면적에 자속 밀도 $B = 2\ \mathrm{T}$ 인 자기장이 통과하고 있다. 이 단면을 지나는 자속은 몇 Wb 인가? ($\pi = 3$ 으로 하시오.)

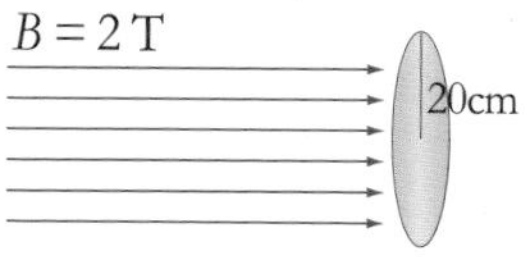

40 직선 전류가 흐르는 도선 주위에 나침반을 놓았을 때 자침이 가리키는 방향으로 옳은 것을 찾으시오. (자침의 붉은 부분이 N 극이다.)

①
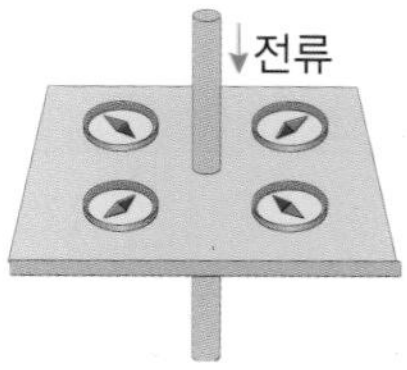

②
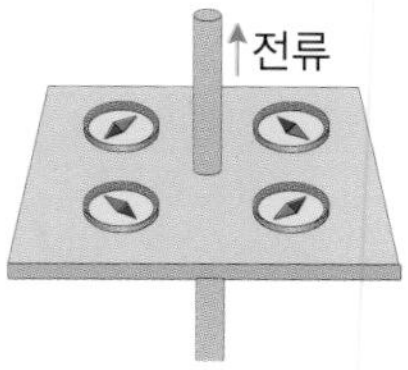

③
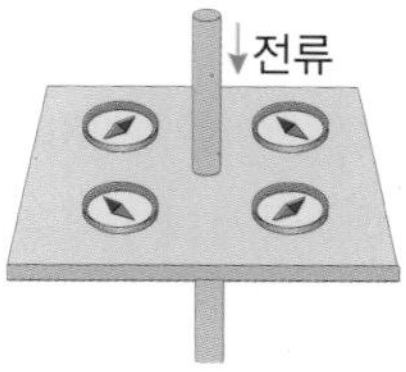

④
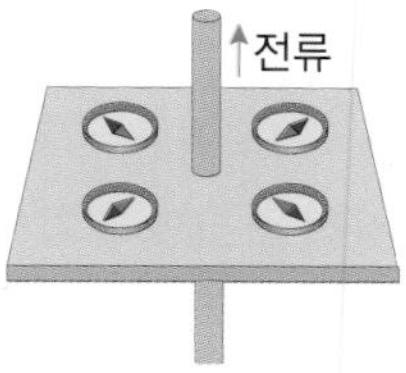

⑤
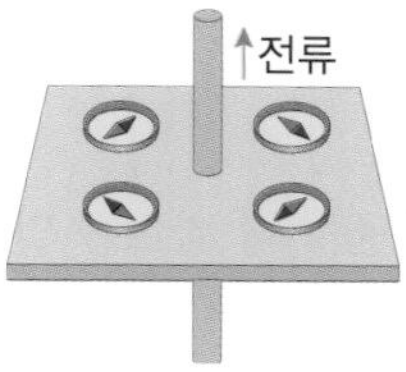

41 직선 도선 위 (A)와 아래 (B)에 나침반이 놓여있다. 도선에 전류를 그림과 같이 흐르게 하면 A, B 위치에 있는 나침반의 N 극은 어느 방향을 가리키겠는가? 지구 자기에 의한 영향은 무시할 수 있다고 하고, 그림의 방위표를 보고 답하시오.

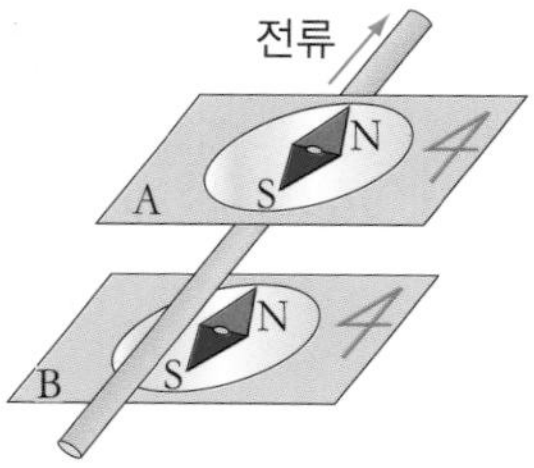

	A	B
①	동	서
②	서	서
③	서	동
④	남	북
⑤	북	남

42 지면(종이 면)에 수직으로 뚫고 들어가는 방향으로 도선에 전류가 흐르고 있다. A, B, C, D 네 지점에서의 자기장의 방향을 각각 쓰시오.

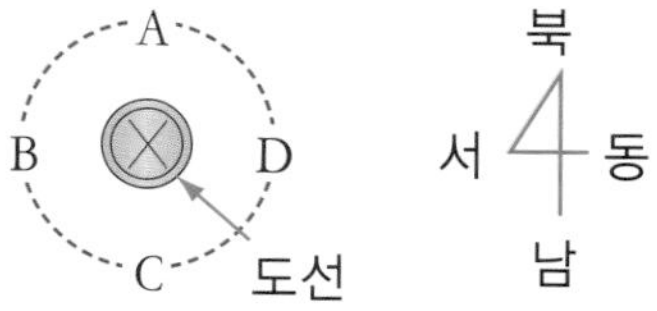

43 **도선 아래에 나침반의 N 극과 도선을 평행하게 장치한 후 스위치를 닫아 도선에 전류를 통해줄 때 자침의 움직임에 관한 설명 중 옳지 않은 것은?**

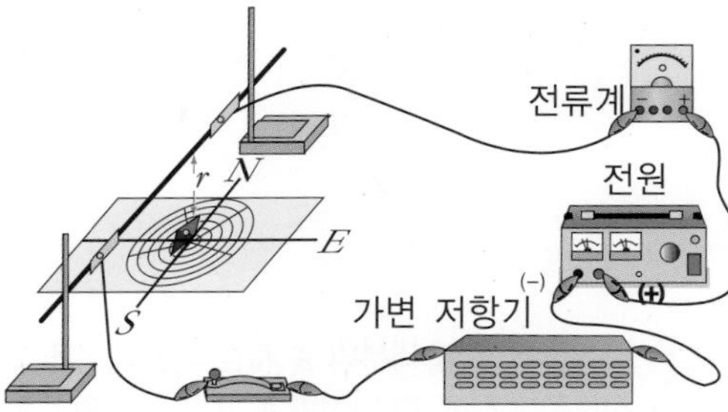

① 가변 저항을 감소시키면 회전각이 커진다.
② 도선에 전류를 흐르게 하면 자침은 정확히 동쪽을 향한다.
③ 스위치를 닫아 전류를 통하면 나침반은 시계 방향으로 회전한다.
④ 나침반이 있는 곳의 직선 전류에 의한 자기장의 방향은 동쪽이다.
⑤ 전류를 통하지 않을 때 나침반은 지자기의 영향을 받아 북쪽을 향한다.

44 **전류가 흐르는 무한히 긴 직선 도선으로부터 r, $2r$, $3r$ 만큼 떨어진 A, B, C 세 곳이 있다. 세 지점에서의 자기장의 세기의 비를 구하시오.**

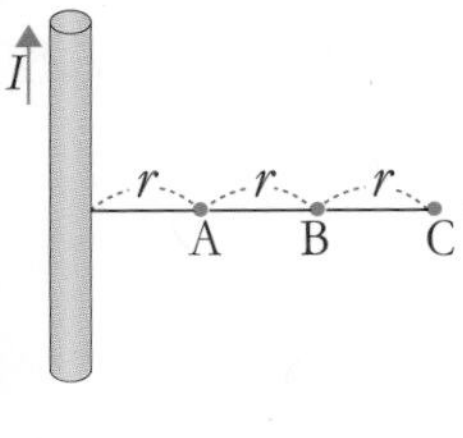

45 **두 평행 도선 A, B 에 전류가 반대 방향으로 흐르고 있다. 두 평행 도선 사이의 가운데에 놓인 나침반의 N 극이 가리키는 방향은?**

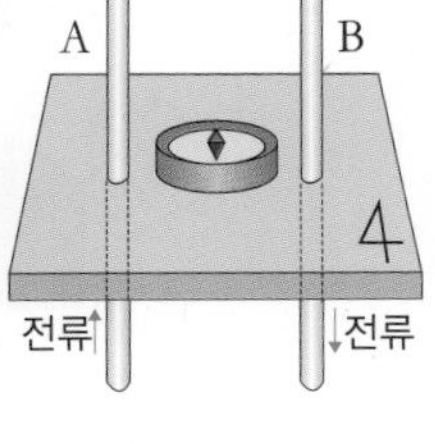

① 동쪽 ② 서쪽 ③ 남쪽
④ 북쪽 ⑤ 북동쪽

46 **전류가 흐르는 원형 도선 주위에 A, B, C 세 개의 나침반을 놓고 나침반의 N 극이 가리키는 방향을 관찰하였다. 각 나침반의 N 극이 가리키는 방향으로 옳은 것은? (방위판을 보고 답하시오.)**

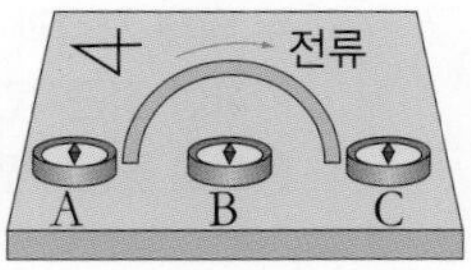

	A	B	C		A	B	C		A	B	C
①	동	서	동	②	북	남	북	③	서	동	서
④	동	동	동	⑤	남	북	남				

47 **반지름이 0.2 m 인 원형 도선에 전류를 흐르게 하였더니 원형 도선의 중심에서의 자기장의 세기가 $8\pi \times 10^{-7}$ T 였다. 원형 도선에 흐르는 전류의 세기는 몇 A 인가?**

48 **철심에 코일을 감고 전원을 연결하여 전류를 흐르게 하였더니 나침반의 자침이 그림과 같이 정렬하였다. 코일(전자석)에 흐르는 전류의 방향과 자기장의 방향이 옳은 것을 고르시오.**

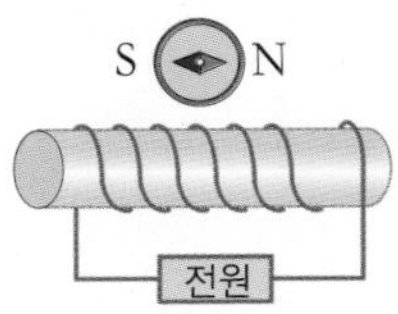

①
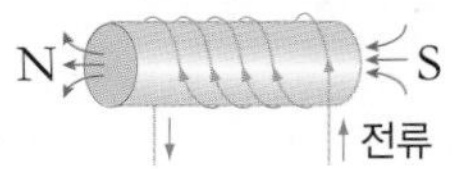

②
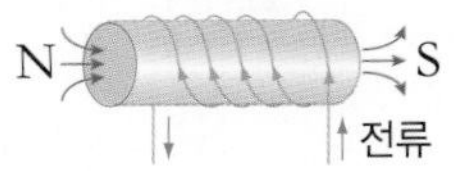

③
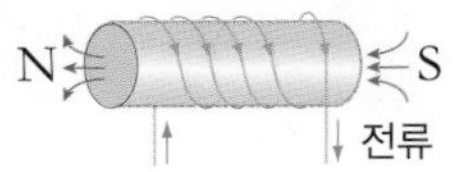

④
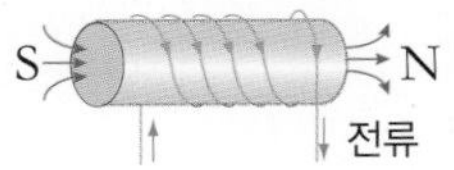

⑤
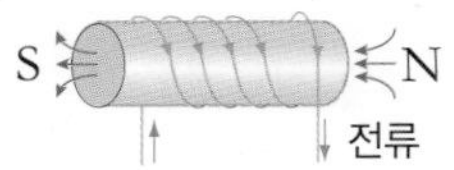

49 두 막대 자석과 전류가 흐르는 코일 사이에 철심을 넣어 가까이 접근시킨 모습이다. 자기장의 방향과 전류의 방향으로 옳은 것만을 있는 대로 고른 것은?

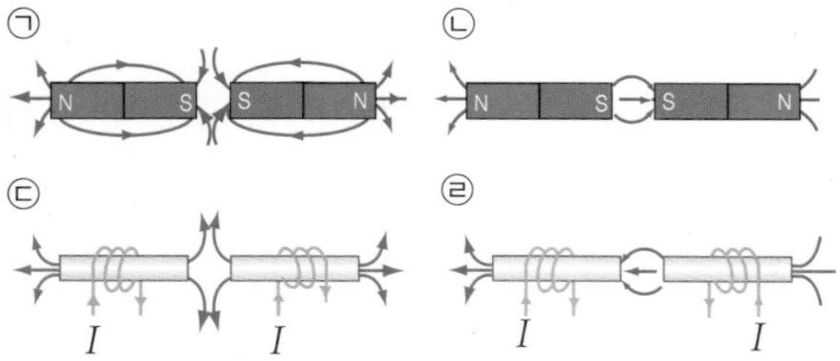

① ㉠, ㉡　② ㉡, ㉢　③ ㉢, ㉣
④ ㉠, ㉣　⑤ ㉡, ㉣

50 반지름이 3 cm 이고 코일의 감긴 길이가 20 cm 이며 200 번 감긴 코일(솔레노이드)에 1 A 의 전류를 흘려 주었다. π = 3 으로 하시오.

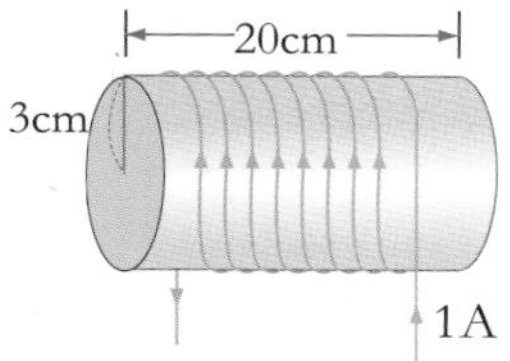

(1) 코일 내부의 자기장의 세기는 몇 T 인가?

(2) 코일의 내부 단면을 지나는 자속은 몇 Wb 인가?

(3) 코일에 철심을 끼워 전자석을 만들었을 때 철심의 왼쪽과 오른쪽은 각각 무슨 극이 되는가?

(4) 전자석을 더 강하게 만들 수 있는 방법은 무엇인가?

51 전류가 흐르는 도선과 자석 주위에 생기는 자기장의 모습이다. 자기장의 모습을 옳게 나타내지 않은 것은 ?

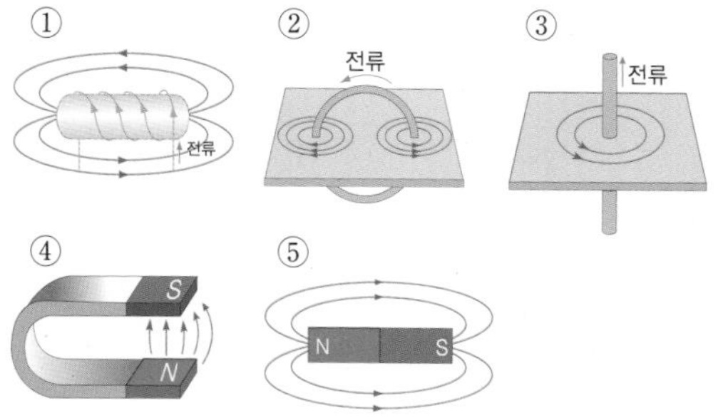

52 철심에 코일을 감고 전류를 흘려 주었다. 각 그림의 ⓐ, ⓑ 부분은 각각 무슨 극을 띠는가?

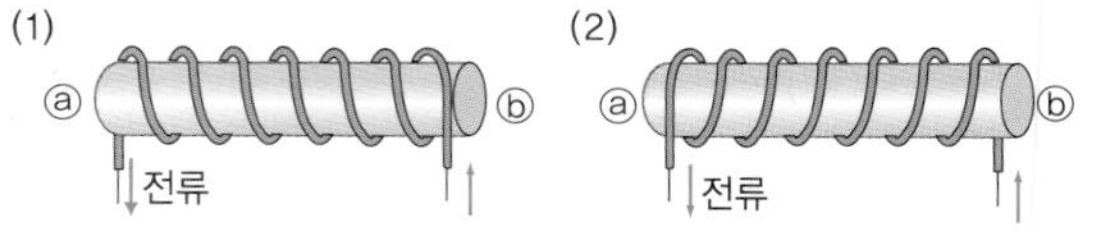

53 나침반을 코일 내부의 A 지점과 B 지점에 놓고 코일에 전류를 흘려 줄 때 나침반 A, B 의 자침의 방향으로 옳은 것은?

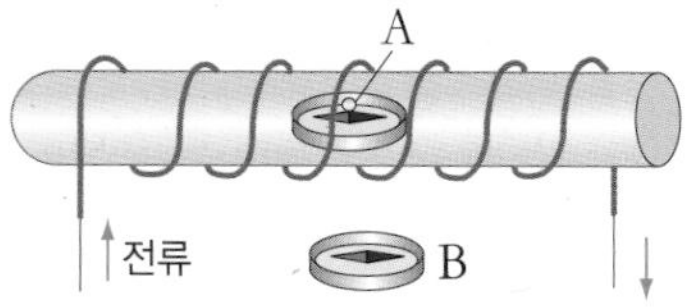

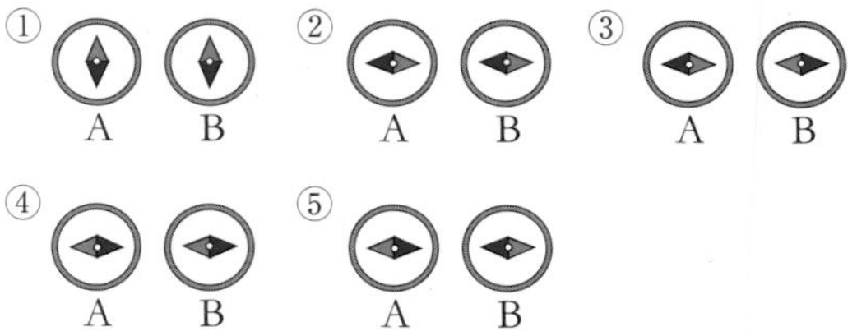

54 자석의 극 사이에서 전류가 화살표의 방향으로 흐르고 있다. 이 도선이 받는 전자기력의 방향은 어느 방향인가?

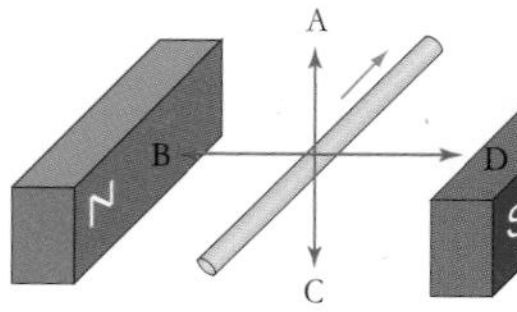

① A 쪽　② B 쪽　③ C 쪽
④ D 쪽　⑤ 전류가 흐르는 방향

55 전류가 자석 사이에서 수직 아래로 흐르고 있을 때, 이 도선이 받는 힘의 방향은?

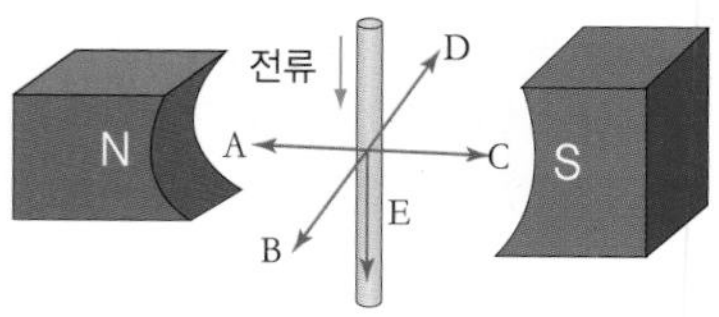

① A 쪽　② B 쪽　③ C 쪽
④ D 쪽　⑤ 전류가 흐르는 방향

56 그림과 같이 말굽 자석 사이로 알루미늄 막대가 있고, 알루미늄 막대에 그림과 같은 방향으로 전류를 통해 주었을 때 알루미늄 막대가 움직이는 방향은?

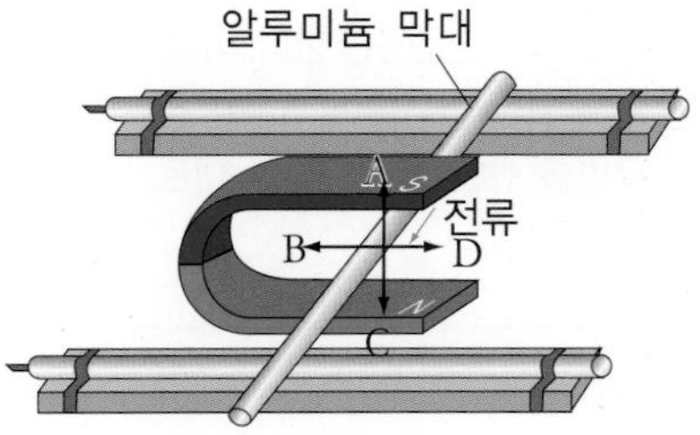

① A 쪽 ② B 쪽 ③ C 쪽
④ D 쪽 ⑤ 전류가 흐르는 방향

57 영구 자석 사이의 자기장의 모습과 지면으로 흘러들어 가는 전류가 흐르는 도선 주위의 자기장의 모습을 각각 나타낸 것이다. 이제 두 자기장을 합했을 때 자기장의 세기가 가장 센 곳은 어디인가?

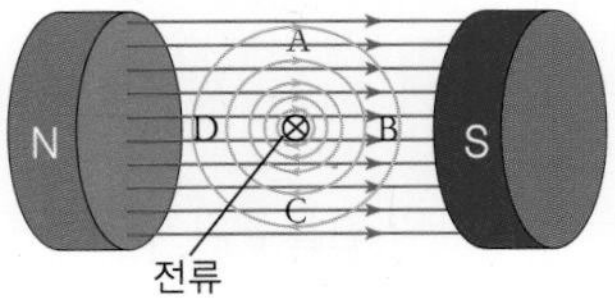

① A ② B ③ C
④ D ⑤ 모두 같다.

58 영구자석 사이에 도선(전류의 방향은 지면에서 나오는 방향)을 놓았을 때 자기장의 모습이다. 도선이 받는 힘의 방향은 ?

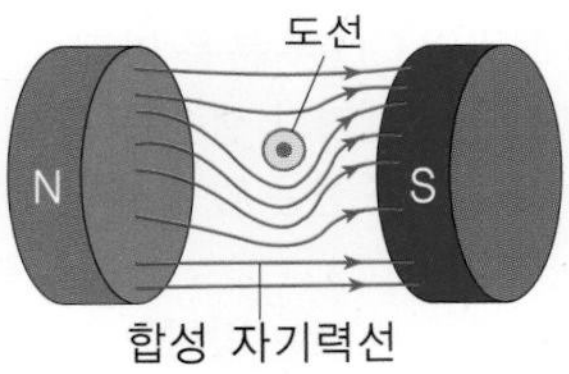

① 오른쪽 ② 왼쪽 ③ 위쪽
④ 아래쪽 ⑤ 지면에서 나오는 방향

59 말굽자석 사이로 사각형 코일의 한 변을 넣고 코일에 전류를 그림처럼 흘려주었다.

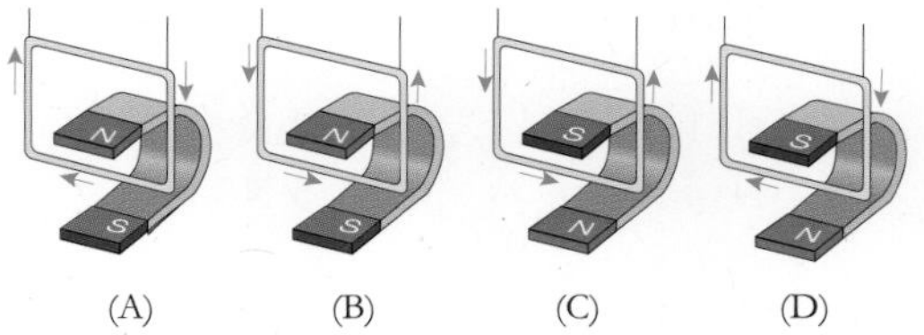

사각형 코일이 말굽자석에서 바깥으로 밀려나는 힘을 받는 것은 어느 것인가?

① A, B ② C, D ③ A, C
④ B, D ⑤ B, C

60 전류가 흐르는 긴 도선이 자기장으로부터 힘을 받고 있다. 받는 힘의 크기가 가장 작은 경우는 ?

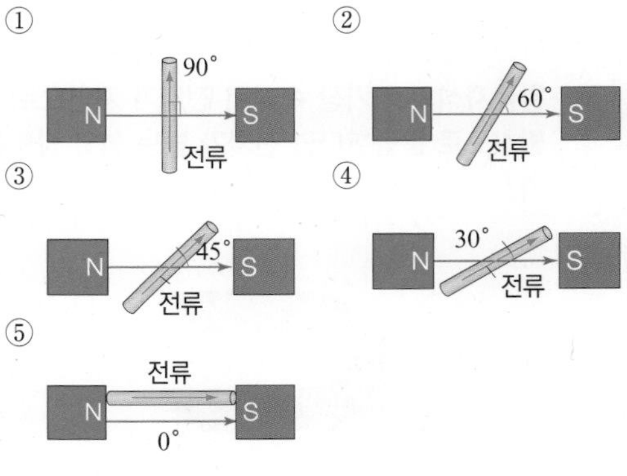

61 균일한 자기장 속에서 같은 세기의 전류가 흐르는 도선을 나타낸 것이다. 도선의 길이가 모두 같다고 할 때 세 도선에 작용하는 전자기력의 크기가 가장 큰 것은?

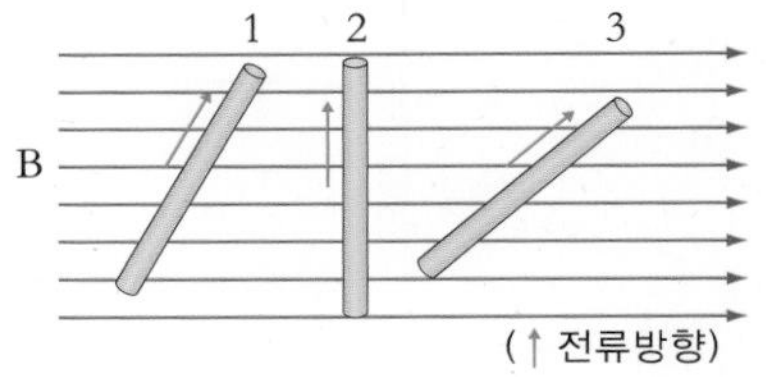

62 자기장의 세기가 0.5 T 인 곳에 자기장의 방향과 수직으로 긴 직선 도선이 있고, 이 도선에 10 A 의 전류가 흐르고 있다. 이 도선 0.2 m 가 받는 전자기력은 몇 N 인가?

① 1 N ② 2 N ③ 3 N ④ 4 N ⑤ 5 N

63 서로 10 cm 떨어진 평행한 도선 1 과 도선 2 에 2 A 와 4 A 의 전류가 서로 반대 방향으로 흐르고 있다. 도선 1 은 무한히 길고 도선 2 의 길이는 2 m 라고 할 때 두 도선 사이에 작용하는 힘의 방향과 세기를 구하시오. (단, 비례 상수 $k = 2 \times 10^{-7}$ N/A^2 이다.)

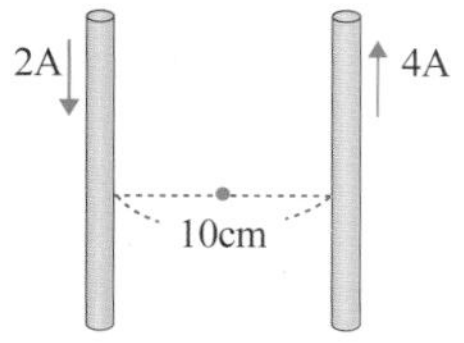

64 말굽자석의 자기장 속에서 전자가 지면으로 들어가는 방향으로 운동한다면 전자가 받는 힘의 방향은 어디인가?

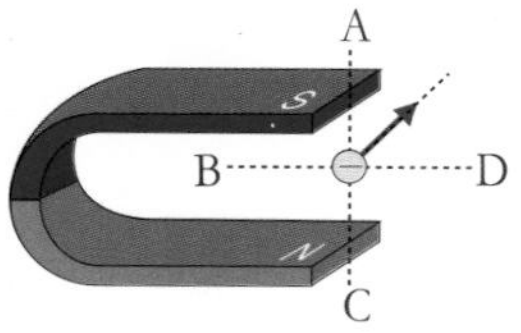

① A 쪽 ② B 쪽 ③ C 쪽 ④ D 쪽 ⑤ 지면에서 나오는 방향

65 전류 I 가 흐르고 있는 도선에 수직하게 전자가 접근하고 있을 때 이 전자가 받는 힘의 방향은?

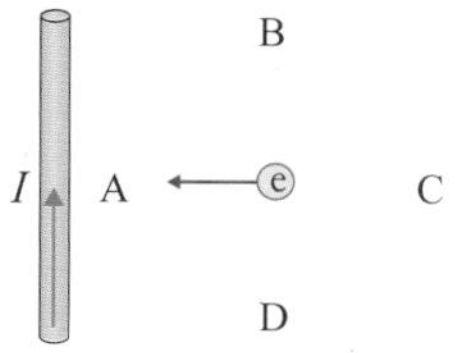

① A ② B ③ C ④ D

66 지면에 수직으로 들어가는 방향으로 형성된 균일한 자기장에 직각 방향으로 들어가는 전하량 Q 를 띤 입자가 전자기력을 받아서 원운동을 한다. 이 입자의 회전 반지름이 커지는 경우만를 〈보기〉에서 있는 대로 고른 것은?

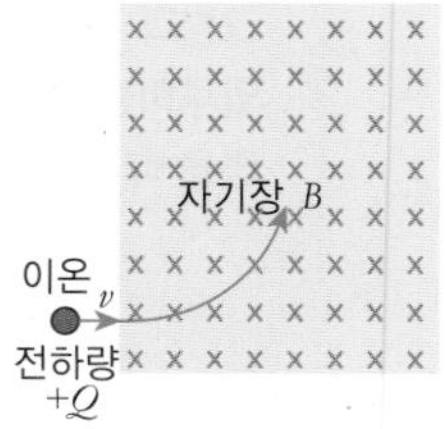

> **보기**
> ㄱ. 이 입자의 전하량이 더 크다.
> ㄴ. 자기장이 더 강해진다.
> ㄷ. 입자의 질량이 더 크다.
> ㄹ. 입자의 속도가 더 크다.

① ㄱ, ㄴ ② ㄴ, ㄷ ③ ㄷ, ㄹ ④ ㄱ, ㄹ ⑤ ㄴ, ㄹ

67 자속 밀도가 0.5 T 인 균일한 자기장에 수직으로 5 C 의 전하량을 띤 질량 10 g 의 입자가 입사되었다. 이 입자의 입사 속력은 200 m/s 라고 할 때 물음에 답하시오. ($\pi = 3$)

(1) 이 입자가 그리는 원궤도의 반지름은?

(2) 이 입자의 원운동의 주기를 구하시오.

68 전동기의 구조를 나타낸 것이다.

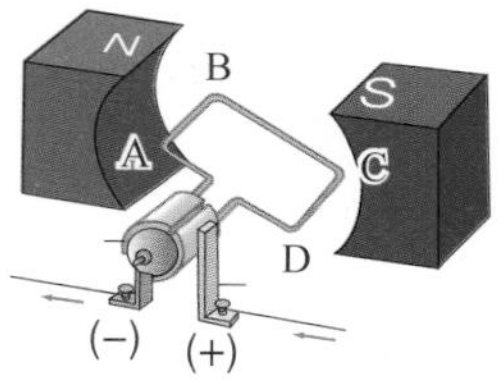

이에 대한 설명 중 옳지 <u>않은</u> 것은?

① 그림의 CD 부분은 아래로 힘을 받는다.
② 전류의 세기가 셀수록 회전 속력이 빨라진다.
③ 사각형 도선은 앞에서 볼 때 반시계 방향으로 회전한다.
④ 전류가 흐르는 방향으로 보아 그림의 AB 부분은 위로 힘을 받는다.
⑤ 그림의 브러시와 정류자에 의해 반 바퀴 돌 때마다 사각형 도선을 흐르는 전류의 방향이 변한다.

69 **직류 전동기의 구조이다. 다음의 설명 중 옳은 것을 고르시오.**

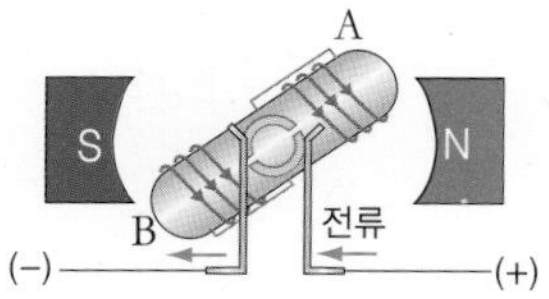

① 회전 코일의 B 부분은 N 극이 된다.
② 회전 코일은 시계 방향으로 회전한다.
③ 회전 코일의 감은 수를 증가시키면 더 빨리 회전한다.
④ 영구자석의 극을 바꾸어 주면 반대 방향으로 회전한다.
⑤ 회전 코일의 전류의 방향을 바꾸어 주어도 회전 방향은 바뀌지 않는다.

70 **어떤 전기 기구의 구조를 나타낸 것이다. 이 전기 기구에 대한 설명으로 옳지 <u>않은</u> 것은?**

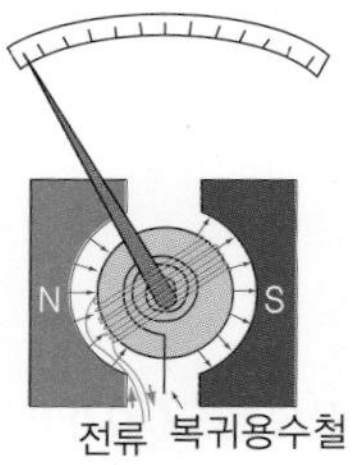

① 전자기력을 이용한다.
② 전류나 전압의 세기를 측정하는 장치이다.
③ 용수철은 바늘이 힘을 받기 전의 위치로 돌아오게 한다.
④ 용수철의 탄성력과 전자기력이 평형을 이루는 위치에서 바늘이 정지한다.
⑤ 영구자석의 세기에 따라 바늘이 움직이는 정도가 커지는 것을 이용한 것이다.

71 **코일에 자석을 가까이 할 때 일어나는 현상을 설명한 것 중 옳은 것만을 <보기>에서 있는 대로 고른 것은?**

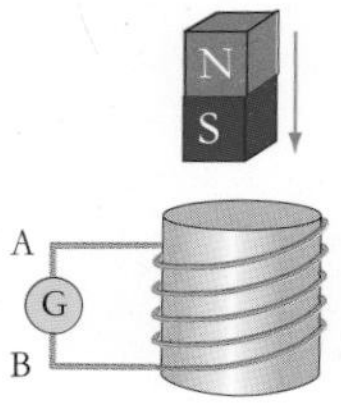

보기

ㄱ. 유도 전류는 B → G → A 방향으로 흐른다.
ㄴ. 자석과 코일 사이에는 척력이 작용한다.
ㄷ. 자석이 코일에 접근하다 정지하면 검류계의 바늘이 0 을 가리킨다.

① ㄱ ② ㄴ ③ ㄱ, ㄴ
④ ㄴ, ㄷ ⑤ ㄱ, ㄴ, ㄷ

72 **코일에 검류계를 연결하고 코일 속으로 자석을 운동시켰다. (검류계 : 전류의 약한 흐름을 검사할 수 있는 실험 기구. 오른쪽으로 + 눈금, 왼쪽으로 − 눈금이 있다.)**

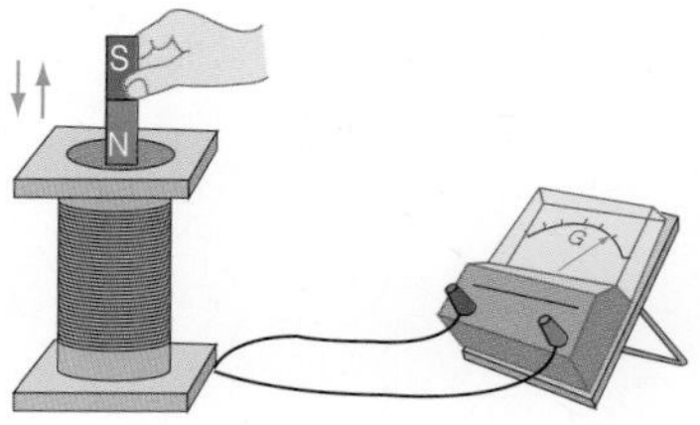

옳지 <u>않은</u> 것을 고르시오.

① 자석을 코일에 빨리 넣으면 검류계의 바늘이 많이 움직인다.
② 코일에 자석을 넣을 때와 뺄 때 검류계의 바늘이 반대로 움직인다.
③ 자석의 세기가 더 센 자석을 사용할수록 검류계의 바늘이 많이 움직인다.
④ 코일 속 깊이 자석을 넣은 상태로 정지하면 검류계의 바늘도 최대 눈금을 가리킨 상태로 정지한다.
⑤ 도선이 더 많이 감긴 코일을 사용하면 똑같이 자석을 운동시켜도 검류계의 바늘이 더 많이 움직인다.

73 **10 번 감은 코일 내부의 자속(ϕ)이 1 초 당 2 Wb 씩 변할 때 도선에 생기는 유도 기전력은 몇 V 인가?**

① 1 V ② 2 V ③ 10 V
④ 20 V ⑤ 30 V

74 **위로 향하는 균일한 자기장 속에 원형 도선이 있다. 원형 도선에 유도 전류가 흐르는 경우는 어떤 경우인가?**

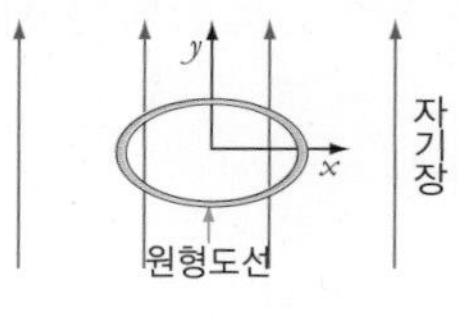

① 원형 도선이 x 축 방향으로 평행 이동할 때
② 원형 도선이 y 축 방향으로 평행 이동할 때
③ 원형 도선이 x 축을 중심으로 회전할 때
④ 원형 도선이 y 축을 중심으로 회전할 때
⑤ 원형 도선이 x 축 방향으로 평행 이동하다가 멈출 때

개념 심화 문제

18 무한히 긴 직선 도선에 같은 방향으로 전류가 흐르는 모습을 나타낸 것이다. 두 도선 사이에 자기장의 세기가 0 이 되는 곳은 2 A 가 흐르는 도선으로부터 몇 cm 떨어진 곳인가?

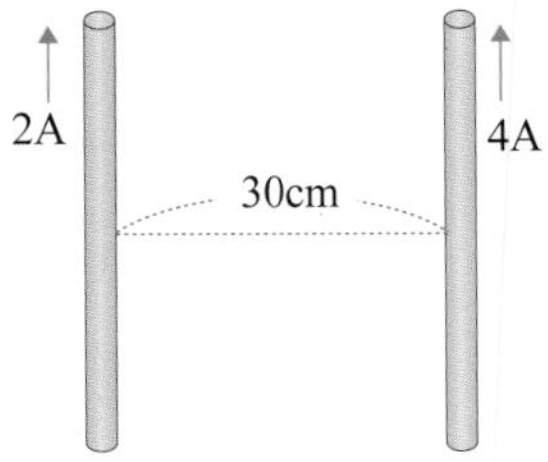

19 정삼각형의 꼭지점 A, B, C 에 충분히 긴 직선 도선이 있고, 이 세 직선 도선에 동일하게 전류가 지면으로 나오는 방향으로 흐르고 있다. 이 삼각형의 중심에 자침을 놓았을 때 자침의 N 극이 가리키는 방향은 어디이겠는가? 자침은 지자기의 영향을 받고 있다.

① 동쪽 ② 남쪽 ③ 북쪽 ④ 북서쪽 ⑤ 남동쪽

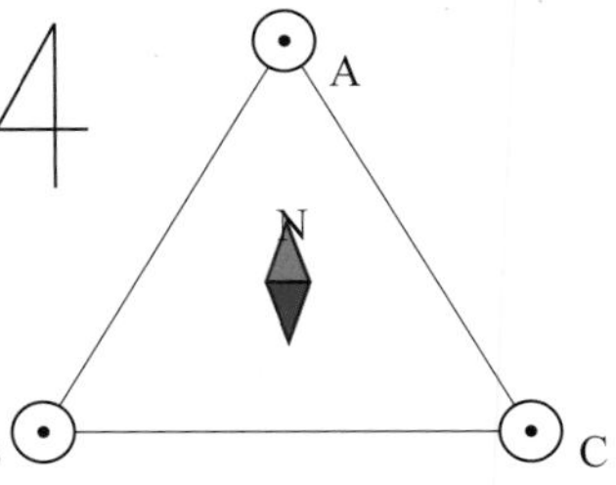

20 도선 a, b 에 전류가 화살표 방향으로 흐르고 있다. P 점에서의 자속 밀도(B)가 0 일 때 P 점은 도선 b 로부터 얼마나 떨어져 있는가?

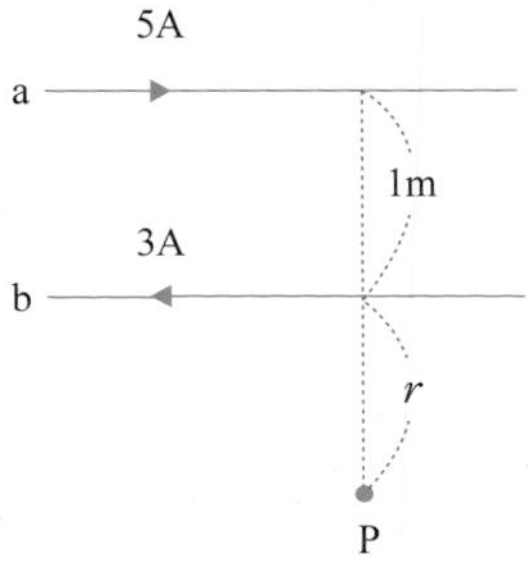

개념 돋보기

직선 전류 주위의 자기장

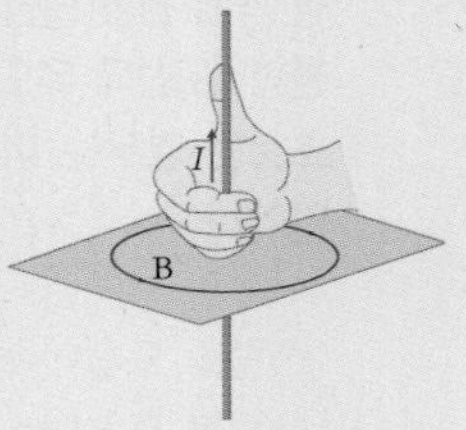

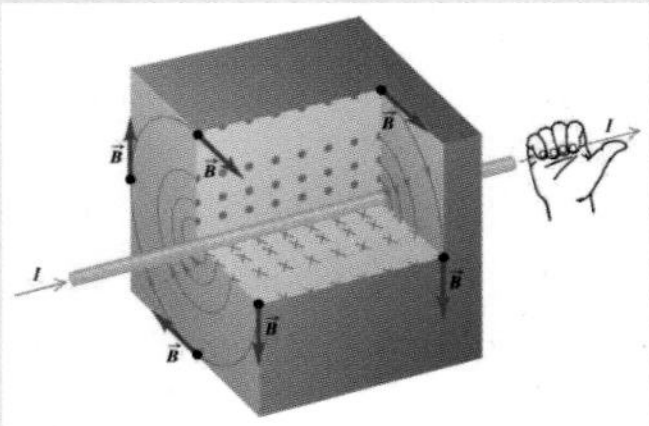

자기장 두 개가 겹칠 때에는 서로 합성할 수 있다. 서로 방향이 반대이면 약해지고 방향이 같으면 강해진다. (벡터)

21

동심원 모양으로 원형 전류가 흐르고 있다. 두 원형 도선의 반지름은 r, $2r$ 이고, 전류는 서로 반대 방향으로 흐른다. 동심원의 중심에서의 자기장의 세기와 방향을 구하시오.(단, 답안에 k'가 포함되도록 하시오.)

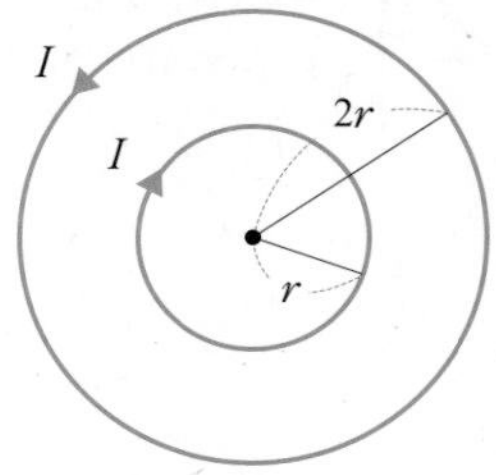

22

피복 도선을 한 번 감아 전류 10 A 가 흐르게 하였다. 원형 모양은 반지름이 5 cm 라고 할 때 원형 도선의 중심점 P 점 에서의 자기장의 세기(B)는 얼마인가? 단, $k = 2 \times 10^{-7}$ N/A^2 이고, $k' = 2\pi \times 10^{-7}$ N/A^2 이다. ($\pi = 3$)

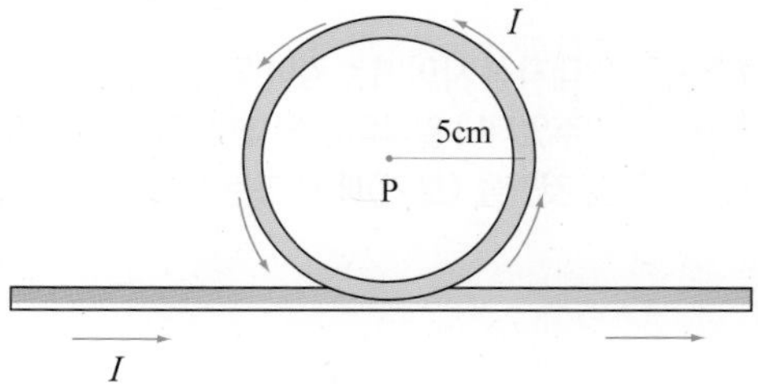

23

그림과 같이 전류가 흐르고 있을 때 A, B, C 지점의 자기장의 세기의 비 $B_A : B_B : B_C$ 를 구하시오.

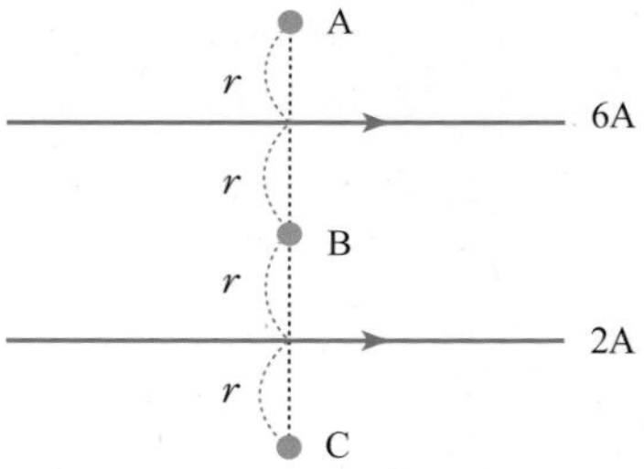

개념 돋보기

21

원의 중심에 원형 전류에 의해 생기는 자기장은 방향이 반대인 2 종류이고, 방향이 반대이므로 서로 상쇄된다.

22

점 P 에는 원형 전류에 의해서 생기는 자기장과 직선 전류에 의한 자기장의 2 종류가 생긴다.

23

각 지점에는 두 직선 전류에 의해서 2 종류의 자기장이 생긴다. 방향을 고려하여 서로 빼주거나 더해주면 된다.

24 직교하는 도선 A, B 에 전류가 흐르고 있을 때 P 점에서의 자속 밀도(B) 를 구하시오. (단, $k = 2 \times 10^{-7}\ N/A^2$ 이다.)

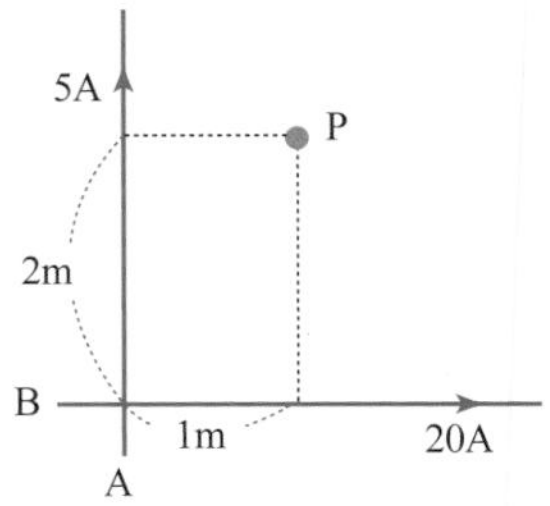

25 막대자석 사이에 수평이 되게 도선을 놓고 도선을 통하여 전류를 흘려주었더니 알루미늄 막대가 굴러 갔다. 이 현상에 대한 설명으로 옳은 것만을 〈보기〉에서 있는 대로 고른 것은?

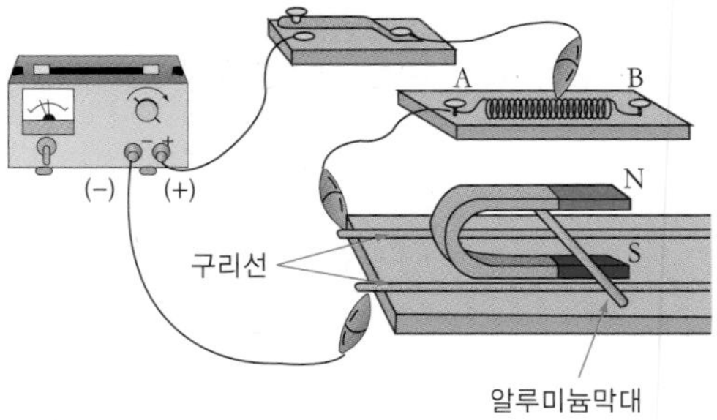

보기

ㄱ. 알루미늄 막대는 오른쪽으로 굴러갔다.
ㄴ. 도선을 전원 장치의 (+)극과 (-)극을 바꾸어 연결하였더니 알루미늄 막대는 오른쪽으로 더 빨리 굴러갔다.
ㄷ. 저항기와 연결된 집게를 A 쪽으로 옮겼더니 알루미늄 막대가 더 빨리 굴러갔다.
ㄹ. 이 현상을 이용하여 스피커를 만든다.

① ㄱ ② ㄱ, ㄴ ③ ㄱ, ㄷ ④ ㄱ, ㄷ, ㄹ ⑤ ㄴ, ㄷ, ㄹ

26 균일한 자기장 속에 시계 방향으로 전류가 흐르는 사각형 도선이 실에 매달려 있다. 전기력선과 도선 AB, 도선 DC 는 평행하다. 이 사각형 도선에 나타나는 현상으로 옳은 것만을 〈보기〉에서 있는 대로 고르시오.

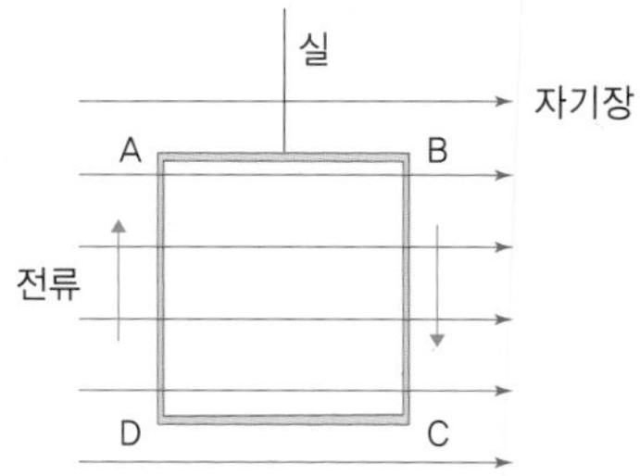

보기

ㄱ. 도선 AB 는 오른쪽 방향의 힘을 받는다.
ㄴ. 도선 BC 는 지면으로 수직으로 들어가는 힘을 받는다.
ㄷ. 도선 CD 는 힘을 받지 않는다.
ㄹ. 도선 DA 는 지면으로 수직으로 들어가는 힘을 받는다

27 지면에서 수직으로 들어가는 방향으로 자기장이 균일하게 형성된 영역으로 실에 매달린 사각형 도선(코일)이 들어가고 있다. 전지를 그림처럼 연결하여 스위치를 닫을 때 사각형 도선에 나타나는 현상으로 옳은 것만을 〈보기〉에서 있는 대로 고르시오.

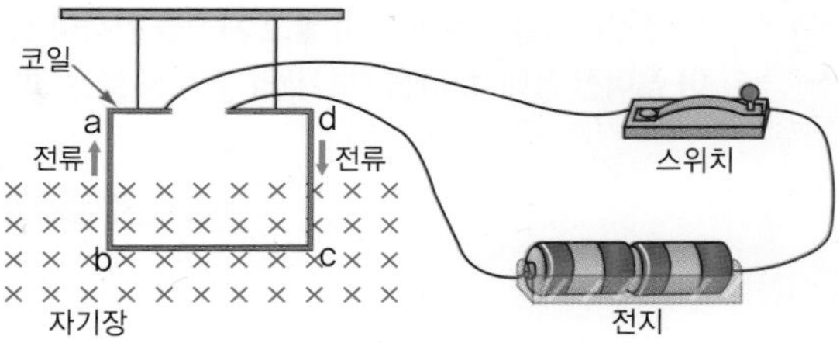

보기

ㄱ. 도선 ab 는 왼쪽으로 힘을 받는다.
ㄴ. 도선 ad 는 자기장이 존재하지 않으므로 힘을 받지 않는다.
ㄷ. 도선 dc 가 받는 힘과 도선 ab 가 받는 힘은 크기가 같고 방향이 반대이다.
ㄹ. 도선 bc 는 위 방향으로 힘을 받는다.

28 지면에서 수직으로 나오는 방향으로 균일하게 형성되어 있는 세기 B 의 자기장으로 $+q$ 의 전하를 띤 질량 m 의 입자가 수직으로 입사되었다. 이 입자는 자기장 속에서 반원을 그리며 운동하여 형광판에 부딪쳐 빛을 내게 된다. 입자의 입사 속도를 v 라고 할 때 다음 물음에 답하시오.

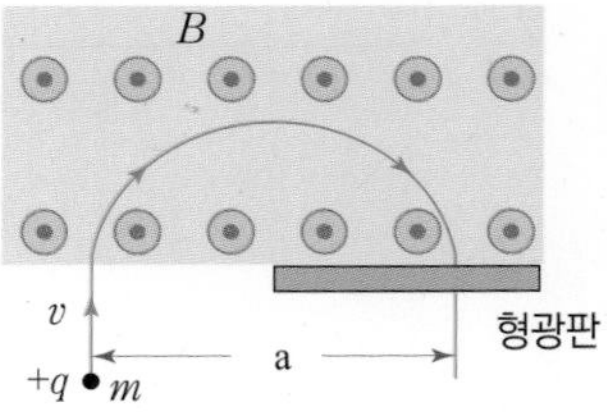

(1) 입자가 입사한 곳으로부터 형광판에 부딪친 곳까지의 직선 거리(a)를 구하시오.

(2) 입자가 자기장 영역으로 들어가서 형광판에 부딪칠 때까지의 시간을 구하시오.

29 자기장 B 는 지면에 수직으로 들어가는 방향으로 균일하게 형성되어 있다. 자기장에 수직으로 동일한 양이온을 입사시켜 보니 (가) 지역에서는 원운동의 반지름이 $2R$ 이었고, (나) 지역에서는 원운동의 반지름이 R 이었다. (가)와 (나) 두 지역에서의 양이온의 속력의 비는 얼마인가?

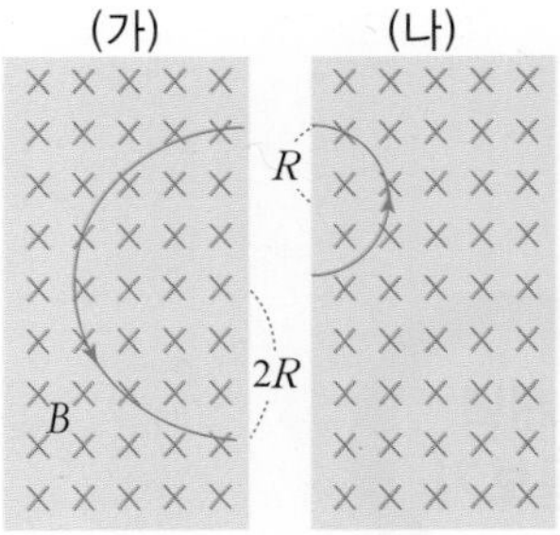

개념 돋보기

자기장 속에서 전류가 흐르는 도선이 받는 힘 : 플레밍의 왼손 법칙을 따른다.

힘의 크기 $F = BIl$: 전류의 방향과 자기장의 방향이 수직(90°)일 때 가장 큰 힘을 받는다.

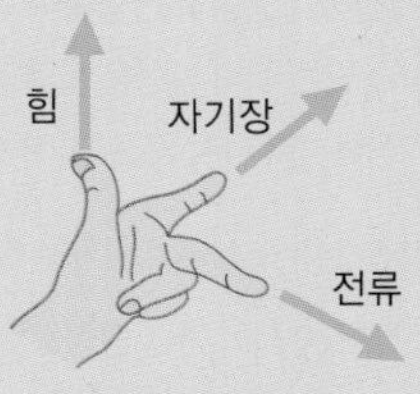

플레밍의 왼속법칙

30 **원형 구리선을 실로 매달아 놓고 자석을 가까이 접근시켰다. 그림 (A) 의 구리선은 끊어진 곳이 없고, 그림 (B) 의 구리선은 한 부분이 끊어진 상태다. 다음 〈보기〉의 설명 중 옳은 것만을 있는 대로 고른 것은?**

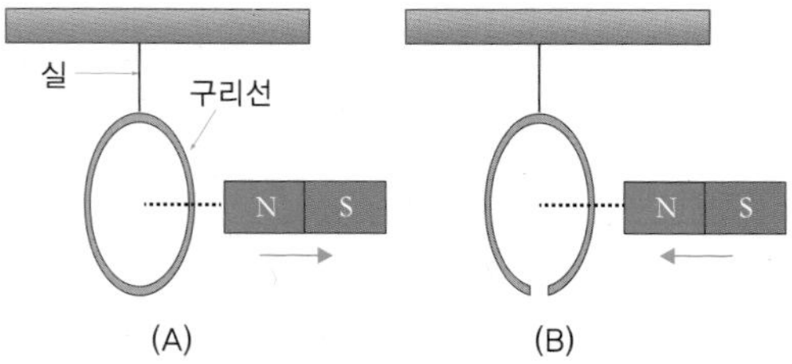

보기

ㄱ. (A) 에서는 유도 전류가 발생하나 (B) 에서는 발생하지 않는다.
ㄴ. (A) 에서는 자석이 구리선을 미는 힘이 발생하나 (B) 에서는 잡아당기는 힘이 발생한다.
ㄷ. (A) 에서 S 극을 가까이하면 구리선과 자석 사이에는 당기는 힘이 발생한다.

① ㄱ ② ㄴ ③ ㄷ ④ ㄱ, ㄴ ⑤ ㄱ, ㄷ

31 **자속 밀도 B 가 0.1 T 로 형성되어 있는 곳에 자기력선과 수직으로 반지름 0.2 m 의 원형 도선이 놓여있다. 자속 밀도를 변화시키기 시작하여 0.5 초 동안 2 T 로 만들었다면 원형 도선에 유도되는 유도 기전력은 몇 V 인가? (π = 3)**

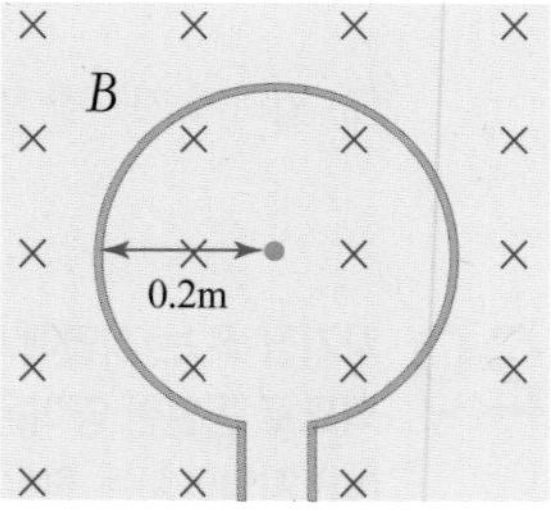

개념 돋보기

자기장 속에서 운동하는 전하가 받는 힘 (로런츠 힘)

① 양(+)전하가 운동하는 방향이 전류가 흐르는 방향과 같다.
② 전하가 받는 힘의 방향은 플레밍의 왼손 법칙을 따른다.
③ 자기장을 벗어나지 않고 자기장과 수직으로 움직이는 전하라면 원운동을 하게 된다.($F = Bqv$)
로런츠 힘이 구심력의 역할을 하므로 $Bqv = m\frac{v^2}{r}$, $r = \frac{mv}{Bq}$ (원운동의 반지름)
④ 자기장에 수직이 아닌 방향으로 운동하는 전하는 나선 운동을 한다.
⑤ 전자는 (−)전하를 띠므로 원운동의 회전 방향이 반대가 된다.

VI 전류의 작용 (4)

4. 교류 회로

(1) 자체 유도

① **자체 유도** : 코일에 흐르는 전류가 변할 때, 자체적으로 자기장의 변화를 방해하는 방향으로 유도 기전력이 발생하는 현상을 자체 유도라고 하며, 이때의 기전력을 자체 유도 기전력이라고 한다. 스위치를 닫을 때 또는 열 때 짧은 시간 동안 발생한다.

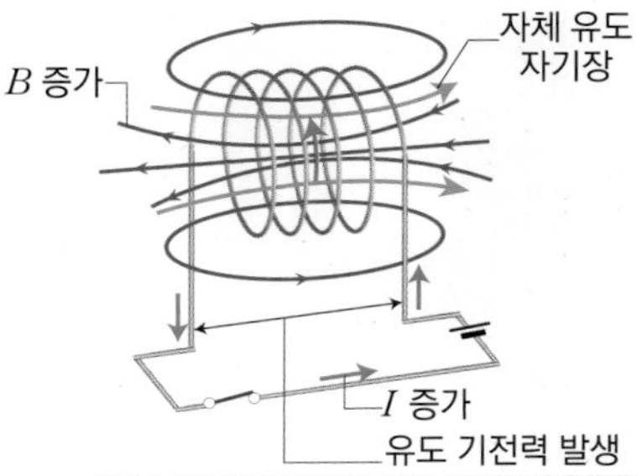

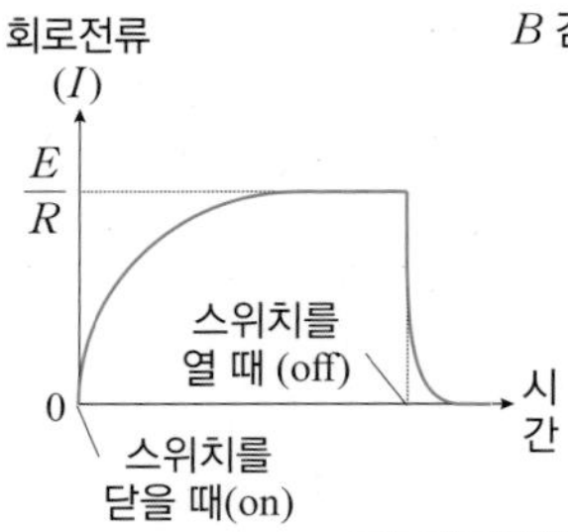

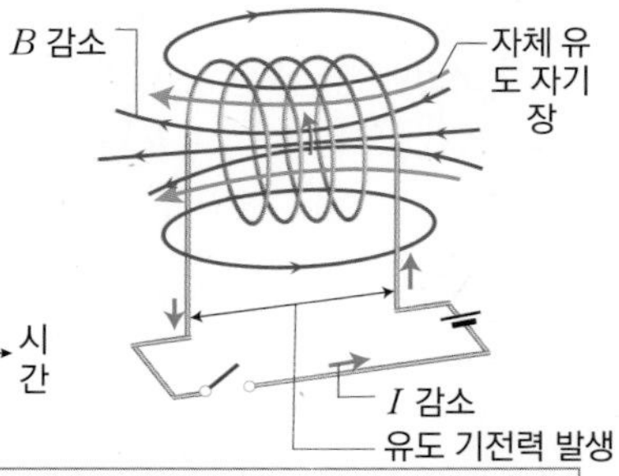

[스위치를 닫을 때(switch on)]	[스위치를 열 때(switch off)]
코일에 흐르는 전류 증가 → 전류에 의한 자기장 증가 → 자기장의 증가를 방해하는 자체적인 유도 기전력 발생(전지의 기전력과 반대 방향 - 역기전력) : 전류 I 의 증가가 억제됨	코일에 흐르는 전류 감소 → 전류에 의한 자기장 감소 → 자기장의 감소를 방해하는 자체적인 유도 기전력 발생(전지의 기전력과 같은 방향- 역기전력) : 전류 I 의 감소가 억제됨

② **자체 유도 기전력** : 자체 유도 유도 기전력은 전류(I)의 시간 당 변화율에 비례한다. 시간 Δt 동안 회로 전류가 ΔI 만큼 변한다면 자체 유도 기전력 V 는 오른쪽과 같다.

$$V = -L\frac{\Delta I}{\Delta t}$$

③ **코일에 저장되는 에너지** : 일정한 전류 I 가 흐르는 자체 유도 계수(자체 인덕턴스) L 인 코일에는 자기장의 형태로 전기 에너지 U 가 저장되며, 그 크기는 오른쪽과 같다.

$$U = \frac{1}{2}LI^2 \quad (\text{단위 : J})$$

→ 이 에너지는 전류를 0 에서 어떤 일정한 값 I 까지 증가시키는 데 자체 유도 기전력에 대항해서 해 주어야 하는 일과 같다.

정답 p 39

Q23 10 mA 의 전류가 흐르던 코일에 2 초 후 50 mA 로 전류가 증가하였을 때 이 코일의 양끝에 걸리는 유도 기전력은?(단, 이 코일의 자체 인덕턴스 L 은 5.0 H 이다.)

(2) 상호 유도

① **상호 유도** : 1차 코일에 흐르는 전류의 세기가 변하여 근처에 있는 2차 코일에 유도 기전력을 발생시키는 현상을 말한다. 변압기 원리이다.

② **상호 유도 기전력** : 같은 철심을 공유하여 자속의 변화 $\Delta\Phi$가 1차 코일과 2차 코일에서 동일하므로, 1차 코일의 전류의 변화(ΔI_1)에 의해 2차 코일에 발생하는 유도 기전력(V_2)은 다음과 같다.

$$V_2 = -N_2\frac{\Delta\Phi}{\Delta t} = -M\frac{\Delta I_1}{\Delta t}$$

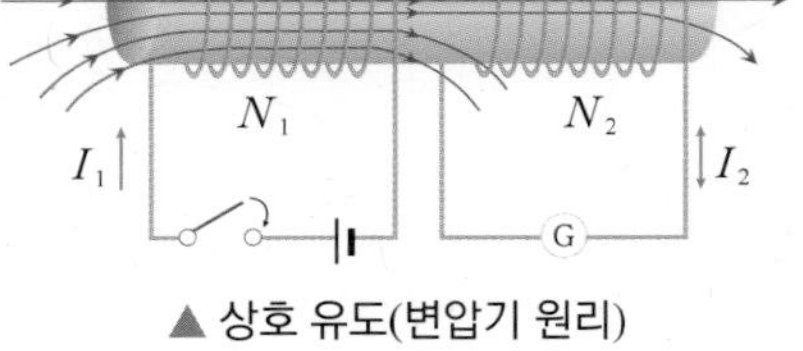

▲ 상호 유도(변압기 원리)

자체 유도 전류와 자체 유도 기전력 그래프

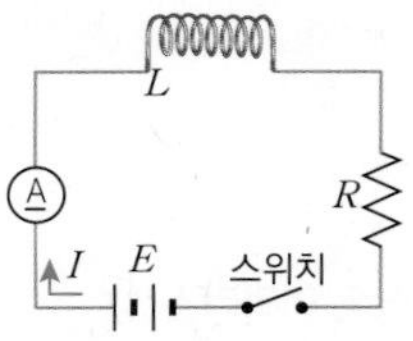

- 스위치를 닫을 때(전류가 증가할 때) : 스위치를 닫는 순간 전류가 바로 $\frac{E}{R}$(E : 전지의 기전력, R : 회로의 저항)가 되지않고 어느 정도 시간이 지나서 $\frac{E}{R}$가 된다. 이는 스위치를 닫는 순간 전류 방향과 반대 방향(전지의 기전력과 반대 방향)의 자체 유도 기전력이 생기기 때문이다.
- 스위치를 열 때(전류가 감소할 때) : 전류의 세기는 즉시 0 이 되지 않고 짧은 시간 동안 감소하면서 0 이 된다. 이는 스위치를 연 순간 전류의 방향으로 큰 자체 유도 기전력이 생겨서 같은 방향으로 유도 전류가 흐르기 때문이다.

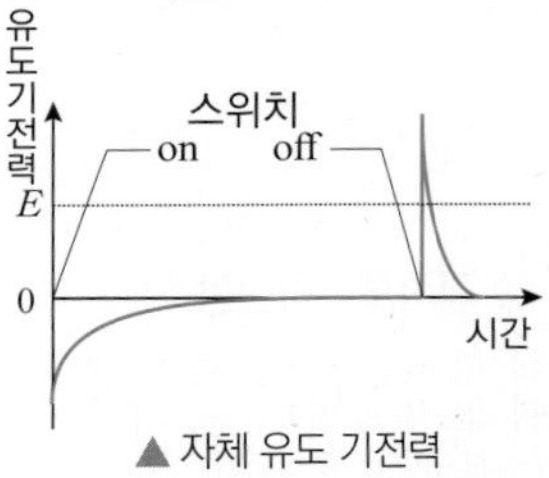

▲ 자체 유도 기전력

자체 인덕턴스 L

자체 유도에 의해 유도 기전력이 얼마나 발생하는지를 나타내는 코일의 특성을 자체 인덕턴스(자체 유도 계수)라고 한다. 자체 인덕턴스는 코일의 감은 수 N 와 자기력선속 Φ 에 비례하고, 전류의 세기 I 에 반비례한다.

$$L = \frac{N}{\Phi I}$$

- 자체 인덕턴스 단위 : 코일을 흐르는 전류의 시간적 변화가 단위 시간 당 1 A 일 때 그 코일에 생기는 유도 기전력이 1 V 이면, 코일의 자체 유도 계수 L 을 1 H[헨리] 라고 한다.

$1\text{ H} = 1\text{ V·s/A} = 1\text{ Wb/A} = 1\text{T·m}^2\text{/A}$

(3) 변압기

변압기는 상호 유도를 이용하여 교류 전압을 변화시키는 장치로 1차 코일에 교류 전류를 흘려 주면 상호 유도에 의해 2차 코일에 유도 기전력(2차 코일 전압)이 발생한다.

2차 코일의 유도 전류

1 차 코일에 의해 생기는 자기장의 변화(전류의 변화)를 방해하는 방향으로 2 차 코일에 유도 기전력이 발생하여 유도 전류가 흐른다.

① 코일의 감은 수와 전압 사이의 관계

$V_1 = -N_1\frac{\Delta\Phi_1}{\Delta t}$, $V_2 = -N_2\frac{\Delta\Phi_2}{\Delta t}$ 이고, $\Phi_1 = \Phi_2$ 이므로 $\frac{V_1}{N_1} = \frac{V_2}{N_2}$ 의 관계가 성립한다.

② 전압과 전류 사이의 관계

② 전압과 전류 사이의 관계 : 에너지 손실이 없는 이상적인 변압기에서는 에너지 보존 법칙에 따라 1 차 코일에 공급되는 전력과 2 차 코일에 유도되는 전력이 같다. ($I_1V_1 = I_2V_2$)

$$\frac{I_1}{I_2} = \frac{V_2}{V_1} = \frac{N_2}{N_1}$$

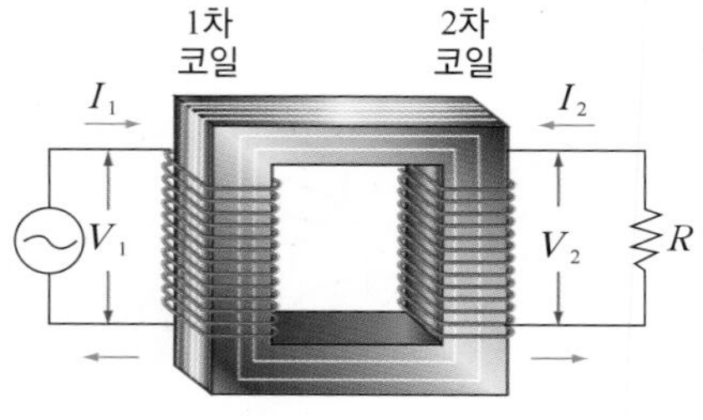

▲ 변압기에서의 상호 유도

상호 인덕턴스 M

상호 인덕턴스(상호 유도 계수)는 코일의 모양, 감은 수, 코일 주위의 물질, 철심의 종류 등에 의해 정해지는 비례 상수 M 이다. 1 차, 2 차 코일의 감은 수가 각각 N_1, N_2, 1 차 코일의 길이가 l_1, 단면적이 S_1 일 때 상호 인덕턴스는 다음과 같다. [단위 : H(헨리)]

$$M = \frac{k''S_1N_1N_2}{l_1}$$

정답 p39

Q24 코일 A 와 B 가 나란하게 놓여 있다. 코일 A 에 전원 장치와 스위치를 연결한 후, 스위치를 닫았더니 전류가 5 A 가 될 때까지 0.1 초가 걸렸다. 이때 근처에 있던 코일 B 에 유도된 기전력이 25 V 였다면 두 코일 A 와 B 의 상호 인덕턴스는 몇 H 인가?

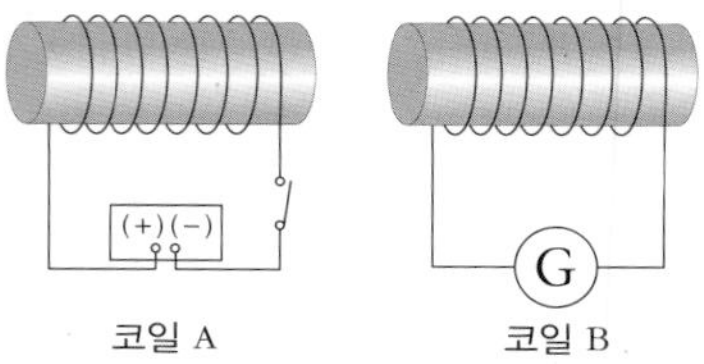

(4) 교류 회로

① 교류의 발생

① 교류의 발생 : 오른쪽 그림과 같이 자기장 영역에 있는 사각형 도선을 회전시키면 도선 내부를 통과하는 자속이 주기적으로 변하면서 주기적으로 크기와 방향이 변하는 유도 기전력이 발생한다. 이에 따라 주기적으로 크기와 방향이 변하는 유도 전류(교류)가 흐르게 된다.

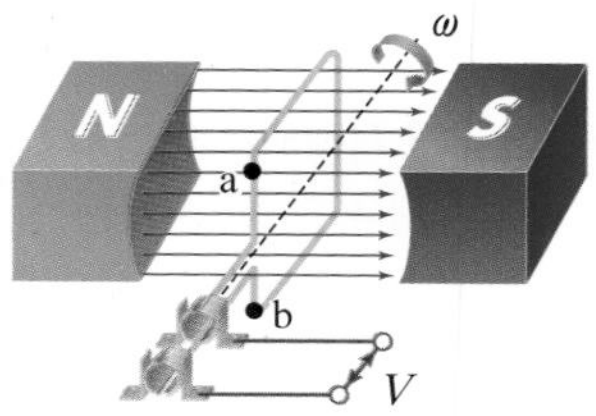

▲ 발전기 기본 구조

각속도(=각진동수) ω

회전할 때 단위 시간 동안 물체가 움직인 각도를 의미한다. 단, 각은 라디안(radian)으로 표시한다.
360°= 2π(rad), 180° = π(rad) 등이다.
물체의 진동수가 f, 주기가 T 일 때 다음과 같은 관계가 있다.

$$\omega = 2\pi f = \frac{2\pi}{T}$$

유도 기전력과 자속(Φ)

사각형 도선은 N = 1인 코일이라고 생각할 수 있다. 이때 코일에 유도되는 유도 기전력과 코일 내부를 통과하는 자속의 변화량($\Delta\Phi$)은 패러데이 법칙으로 정의된다.

$$V = -N\frac{\Delta\Phi}{\Delta t}$$

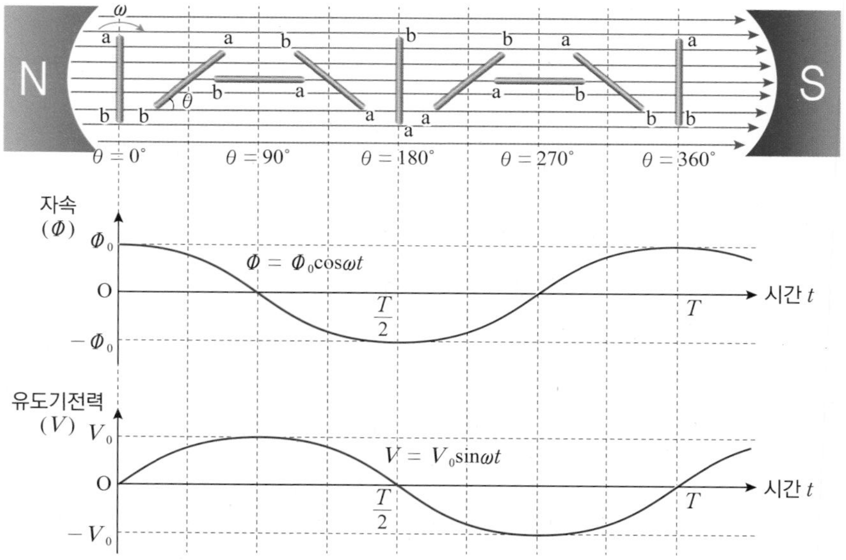

▲ 교류의 발생

- 사각 도선(코일) 내부를 지나는 자속 : 면적이 S 인 사각 도선을 균일한 자기장 B 속에서 일정한 각속도 ω 로 회전시킬 때 내부를 지나는 자속은 다음과 같다.

$$\Phi = \Phi_0\cos\theta = \Phi_0\cos\omega t = BS\cos\omega t,\ \Phi_0 = BS$$

- 사각 도선에 유도되는 기전력(교류 전압) : $V = -\dfrac{\Delta\Phi}{\Delta t} = -\dfrac{d\Phi}{dt} = \omega\Phi_0\sin\omega t = V_0\sin\omega t$

  → $V_0 = \omega\Phi_0$ 는 최대 기전력이다.

- 교류 전류 : $I = \dfrac{V}{R} = \dfrac{V_0}{R}\sin\omega t = I_0\sin\omega t$ (I : 순간 전류, I_0 : 최대 전류 $= \dfrac{V_0}{R}$)
- 교류의 주파수 : $f = \dfrac{\omega}{2\pi} = \dfrac{1}{T}$
- 교류의 실효값 ❶: 직류와 같은 효과를 내는 교류의 값이다. 실효 전압 V_e, 실효 전류 I_e 는 다음과 같다.

$$V_e = \frac{V_0}{\sqrt{2}},\quad I_e = \frac{I_0}{\sqrt{2}}\quad (V_0 : \text{교류 전압의 최댓값},\ I_0 : \text{교류 전류의 최댓값})$$

② 코일만을 연결한 교류 회로 ❷

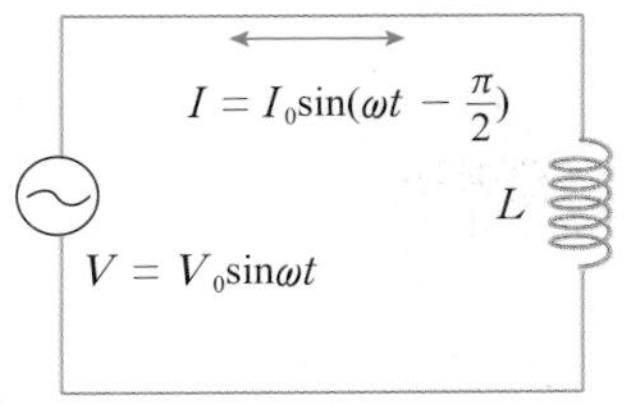

▲ 교류가 흐르는 코일

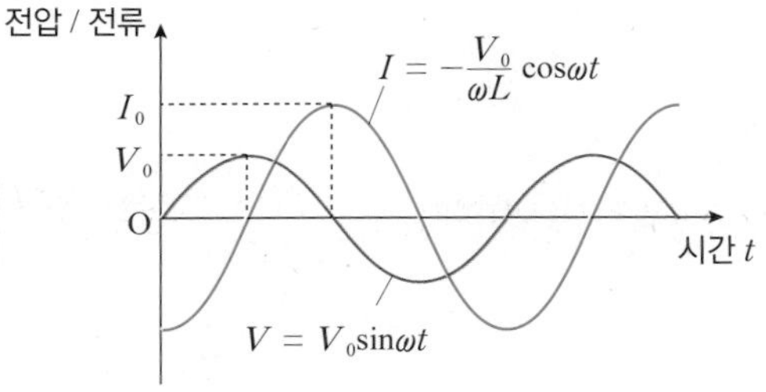

▲ 코일에서 전압과 전류의 위상

- 교류 전압 : $V = V_0\sin\omega t$
- 교류 전류 ❸: $I = I_0\sin(\omega t - \dfrac{\pi}{2})$ → $I_0 = \dfrac{V_0}{\omega L} = \dfrac{V_0}{2\pi fL}$
- 전압과 전류의 위상 : 코일에 걸리는 전압의 위상은 코일에 흐르는 전류의 위상보다 $90°$ ($= \dfrac{1}{4}$ 주기 $= \dfrac{\pi}{2}$) 빠르다.
- 유도 리액턴스(X_L) : 교류 회로에서 코일은 일종의 저항과 같은 역할을 한다. 이를 코일에 의한 유도 리액턴스 X_L 라고 한다.

$$X_L = \omega L = 2\pi fL \quad (\text{단위} : \Omega)$$

③ 축전기만을 연결한 교류 회로 ❹

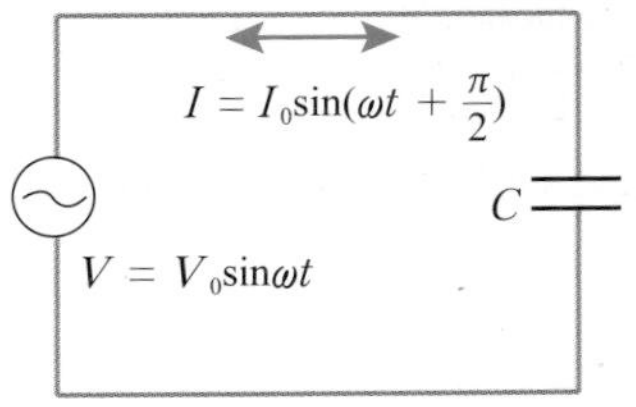

▲ 교류가 흐르는 축전기

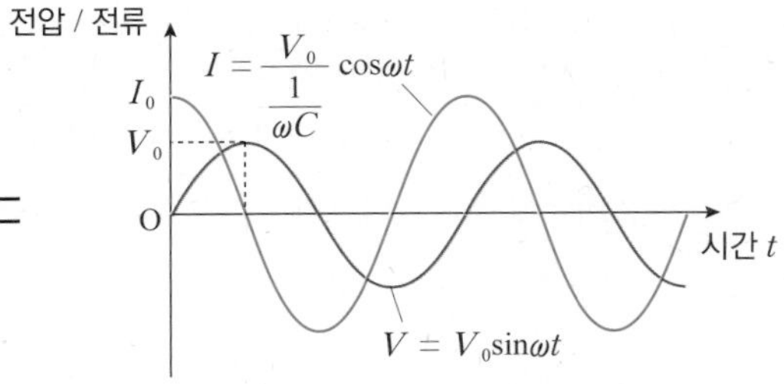

▲ 축전기에서 전압과 전류의 위상

- 교류 전압 : $V = V_0\sin\omega t$
- 교류 전류 ❺: $I = I_0\sin(\omega t + \dfrac{\pi}{2})$ → $I_0 = \omega CV_0 = 2\pi fCV_0$

---

❶ 교류의 실효값

저항 R 에 교류 전압을 가하면 저항의 소비 전력 P 는

$$P = \frac{V^2}{R} = \frac{V_0^2}{R}\sin^2\omega t$$

이고, 시간에 따라 변한다. 이때 평균값은

$$P_{평균} = \frac{1}{2}\frac{V_0^2}{R}$$

교류의 평균 전력과 같은 전력을 내는 직류 전압을 V_e 라고 하면,

$P_{평균} = \dfrac{V_e^2}{R}$ 이므로, 실효 전압 V_e, 실효 전류 I_e 는 각각 다음과 같다.

$$V_e = \frac{V_0}{\sqrt{2}},\quad I_e = \frac{I_0}{\sqrt{2}}$$

→ 교류 전압과 교류 전류의 최댓값은 각각의 실효값의 $\sqrt{2}$ 배이다.

❷ 교류 회로에서 코일

교류 회로에서 코일은 전류의 흐름은 방해하지만 전력을 소비하지는 않는다. 이는 이상적인 코일의 경우 전원이 공급하는 에너지를 자기장의 형태로 저장하였다가 전원으로 되돌려주기 때문이다.

❸ 코일만을 연결한 회로에서의 교류 전류

코일의 자체 유도에 의한 유도 기전력 $V_L = -L\dfrac{\Delta I}{\Delta t}$ 이므로 회로의 총 기전력은 다음과 같다.

$$V + V_L = V_0\sin\omega t - L\frac{\Delta I}{\Delta t} = IR = 0$$

(∵ 회로의 저항값 = 0)

$$V_0\sin\omega t = L\frac{\Delta I}{\Delta t} = L\frac{dI}{dt}$$

$$\rightarrow \frac{dI}{dt} = \frac{V_0}{L}\sin\omega t$$

$$\therefore I = -\frac{V_0}{\omega L}\cos\omega t = -I_0\cos\omega t = I_0\sin(\omega t - \frac{\pi}{2})$$

$(I_0 = -\dfrac{V_0}{\omega L})$ $(\omega L = X_L)$

❹ 교류 회로에서 축전기

교류 회로에서 축전기는 전류의 흐름은 방해하지만 전력을 소비하지는 않는다. 이는 이상적인 축전기의 경우 전원이 공급하는 에너지를 전기장의 형태로 저장하였다가 방전될 때 다시 전원으로 되돌려주기 때문이다.

⑤ 축전기만을 연결한 회로에서의 교류 전류

축전기 양 끝에 교류 전압 $V = V_0\sin\omega t$ 를 걸어주면 축전기 극판에 충전되는 전하량 $Q = CV = CV_0\sin\omega t$ 이다. 따라서 이때 회로에 흐르는 전류는 다음과 같다.

$$I = -\frac{\Delta Q}{\Delta t} = -\frac{dQ}{dt}$$
$$= \omega CV_0\cos\omega t = I_0\cos\omega t$$
$$= I_0\sin(\omega t + \frac{\pi}{2})$$
$$(I_0 = \omega CV_0)\ (\omega C = \frac{1}{X_C})$$

- 전압과 전류의 위상 : 축전기에 걸리는 전압의 위상은 축전기에 흐르는 전류의 위상보다 90° 느리다.
- 용량 리액턴스(X_C) : 교류 회로에서 축전기에 의한 저항 효과를 용량 리액턴스 X_C 라고 한다.

$$X_C = \frac{1}{\omega C} = \frac{1}{2\pi fC} \quad (\text{단위 : }\Omega)$$

정답 p 39

Q25 면적이 0.1 m^2 인 사각형 코일이 5×10^{-2} T 의 균일한 자기장 속에서 1 초에 10 번씩 회전하고 있다. 코일에 생기는 최대 기전력은? (단, $\pi = 3$ 으로 계산한다.)

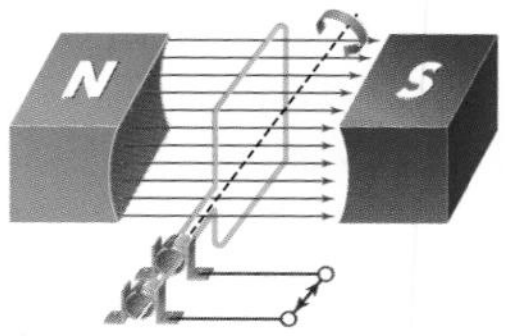

Q26 전기 용량이 40 μF 인 축전기가 진동수가 50 Hz 인 교류 전원에 연결된 회로에서 축전기의 용량 리액턴스를 구하시오. (단, $\pi = 3$ 으로 계산한다.)

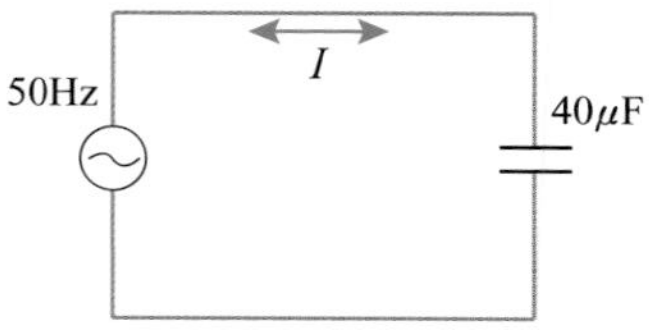

④ ***RLC* 직렬 교류 회로** : 저항 R, 자체 유도 계수 L 인 코일, 전기 용량 C 인 축전기가 교류 전원에 직렬로 연결된 회로이다.

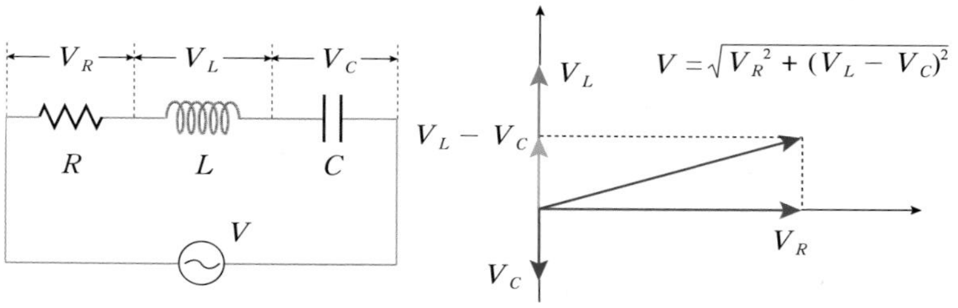

▲ RLC 직렬 교류 회로

⑥ RLC 직렬 회로에서 전류와 전압의 관계

① 저항에 걸리는 전압 : 회로 전류와 동일한 위상을 갖는다.
② 코일에 걸리는 전압 : 회로 전류보다 위상이 90° 빠르다.
③ 축전기에 걸리는 전압 : 회로 전류보다 위상이 90° 느리다.

- 교류 전류 : 저항, 축전기, 코일에 흐르는 전류의 크기와 위상은 모두 같다.
- 교류 전압 ⑥ : 전체 전압의 크기 V 는 V_R, V_L, V_C 의 합 벡터로 구한다.

$$V = \sqrt{V_R^2 + (V_L - V_C)^2}$$

- 임피던스(Z) : $V_R = IR$, $V_L = IX_L$, $V_C = IX_C$, 이므로, 전압과 전류 사이는 다음과 같은 관계가 성립한다.

$$V^2 = (IR)^2 + (IX_L - IX_C)^2 \rightarrow V = I\sqrt{R^2 + (X_L - X_C)^2}$$

→ $\sqrt{R^2 + (X_L - X_C)^2}$ 를 RLC 회로에서 전체 저항의 역할을 하는 **임피던스(Z)**라고 한다.

$$Z\ (\text{임피던스}) = \frac{V}{I} = \sqrt{R^2 + (X_L - X_C)^2} = \sqrt{R^2 + \left(\omega L - \frac{1}{\omega C}\right)^2} \quad (\text{단위 : }\Omega)$$

- 고유 진동수 : 교류 회로에서 임피던스가 최소가 되어 전류가 가장 잘 흐를 때는 유도 리액턴스 X_L 와 용량 리액턴스 X_C 가 같을 때, 즉 $\omega L - \frac{1}{\omega C} = 0$ 이 될 때이다. 이때의 교류 전원의 주파수 f 를 교류 회로의 고유 진동수(고유 주파수)라고 한다.

$$2\pi fL = \frac{1}{2\pi fC} \rightarrow f\ (\text{고유 진동수}) = \frac{1}{2\pi\sqrt{LC}}$$

→ 코일의 자체 인덕턴스 L 이 작을수록, 축전기의 전기 용량 C 가 작을수록 고유 진동수는 커진다.

⑤ **공진 회로** : RLC 교류 회로에서 고유 진동수 f 와 같은 진동수를 가진 교류 전원을 회로에 연결하면 회로에 진동 전류가 발생한다. 이러한 회로를 **공진 회로**(동조 회로)라고 하며, 이 회로는 주파수 f 의 교류 전원에 공진한다고 한다.

직렬 공진 회로	병렬 공진 회로 ❼
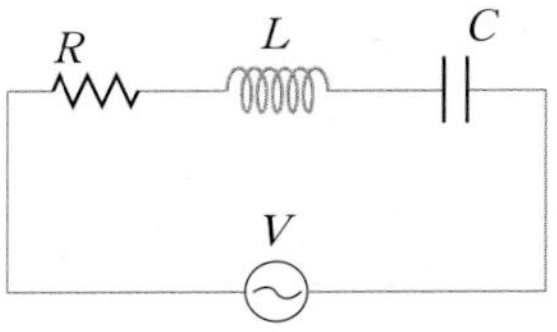 임피던스가 최소가 되어 회로 전류가 최대로 흐르는 회로 $I = \dfrac{V}{\sqrt{R^2 + \left(\omega L - \dfrac{1}{\omega C}\right)^2}}$ → 최대 $\therefore \omega L = \dfrac{1}{\omega C} \rightarrow f = \dfrac{1}{2\pi\sqrt{LC}}$ (공진 주파수)	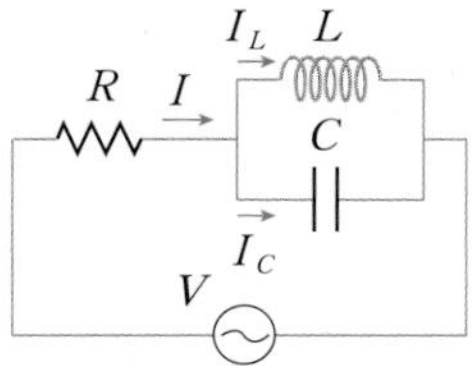 LC 병렬 회로에 진동 전류가 나타나는 회로이다. 교류 전원의 진동수 $f = \dfrac{1}{2\pi\sqrt{LC}}$ (공진 주파수)일 때, 전원에서 LC 회로에 에너지는 공급되지 않으나 LC 병렬 회로에는 진동 전류가 발생한다.

⑥ **전자기파**

- 전자기파의 발생 : 교류에 의한 전기장의 변화가 축전기 내부의 자기장의 변화를 유도하고, 자기장의 변화는 다시 전기장을 유도한다. 이와 같은 과정이 반복되면서 계속 변화하는 자기장과 전기장이 전자기파 형태로 주위 공간으로 퍼져 나가게 된다.

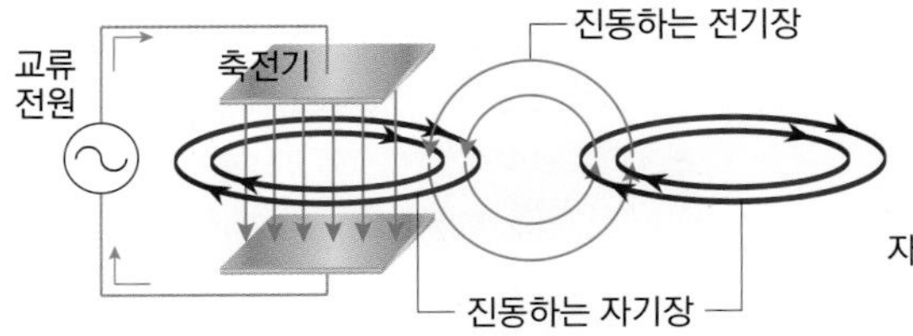

▲ 전자기파의 발생

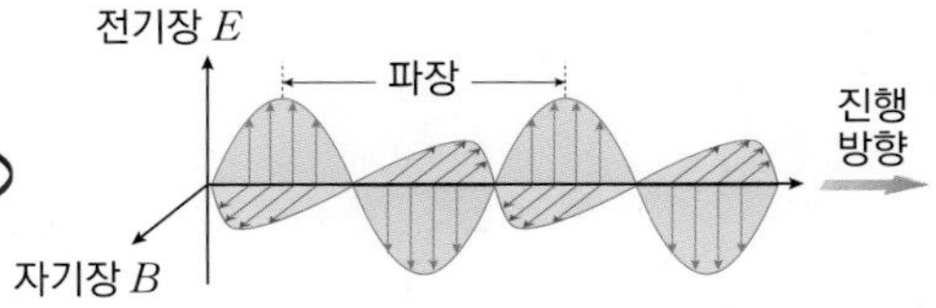

▲ 전자기파의 전파

- 전자기파의 진행 : 전기장 E 와 자기장 B 는 서로 수직이고, 전자기파는 전기장 E 와 자기장 B 에 각각 수직인 방향으로 진행한다.
- 전자기파의 성질 : 전자기파는 빛과 같이 반사, 굴절, 회절, 간섭을 하고, 광자 만큼의 운동량과 에너지를 갖으며, 진공에서 전자기파의 속력은 파장에 관계없이 빛의 속력과 같다.
- 전자기파의 종류

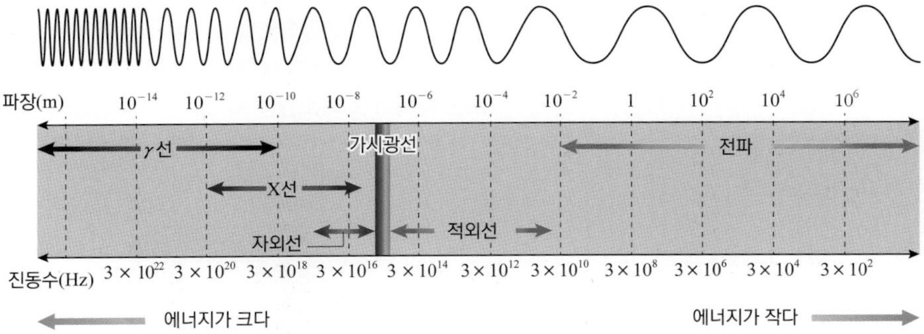

정답 p 39

Q27 저항값이 100 Ω 인 저항과 자체 인덕턴스가 1 H 인 코일, 전기 용량이 10 μF 인 축전기가 교류 전원에 연결되어 있다. 교류 전원의 주파수가 80 Hz 일 때, RLC 회로의 임피던스()를 구하시오. (단, π = 3 으로 계산한다.)

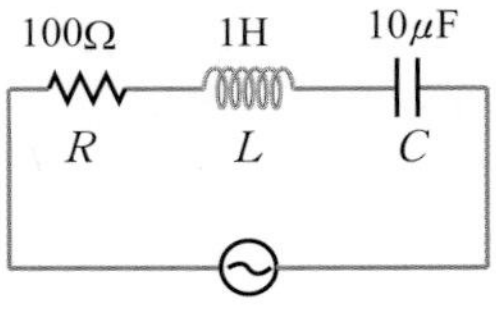

RL 회로의 임피던스

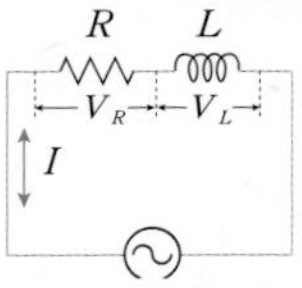

저항과 코일에 흐르는 전류 I 는 같다. 따라서 전체 전압

$V = \sqrt{V_R^2 + V_L^2}$
$= \sqrt{(IR)^2 + (IX_L)^2} = IZ$

이다.

$\therefore Z = \sqrt{R^2 + X_L^2}$

RC 회로의 임피던스

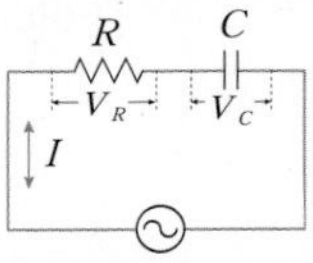

저항과 축전기에 흐르는 전류 I 는 같다. 따라서 전체 전압

$V = \sqrt{V_R^2 + V_C^2}$
$= \sqrt{(IR)^2 + (IX_C)^2} = IZ$

이다.

$\therefore Z = \sqrt{R^2 + X_C^2}$

❼ **병렬 공진 회로**

코일과 축전기에 흐르는 전류를 각각 I_L, I_C 라고 하면,

$I_L = \dfrac{V'}{X_L} = \dfrac{V'}{\omega L}$,

$I_C = \dfrac{V'}{X_C} = \omega CV'$

이다. 전류 I_L 과 I_C 의 위상차는 180° 이므로

$I = I_L + (-I_C)$
$= \left(\dfrac{1}{2\pi fL} - 2\pi fC\right)V'$

식이 성립한다.

교류 회로

75 코일에 흐르는 전류가 0.1 초 사이에 0.1 A 에서 0.5 A 로 증가할 때 코일 양끝에 4 V 의 기전력이 발생하였다. 이 코일의 자체 유도 계수는?

76 가변 저항기와 코일, 기전력이 일정한 전지를 연결한 회로이다. 이때 저항에 연결된 전선의 위치를 P 에서 Q 로 5 초 동안 이동하는 동안 전류의 변화율이 800 mA 였다면, 이때 ㉠ 코일에 발생하는 유도 기전력의 방향과 ㉡ 크기를 각각 쓰시오. (단, 이 코일의 자체 인덕턴스 L 은 5.0 H 이다.)

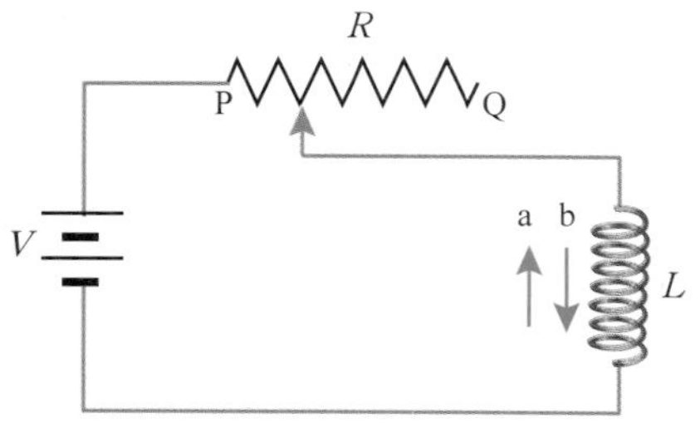

77 코일을 감은 방향과 감은 수가 서로 같은 코일 A 와 B 에 각각 스위치와 전지, 저항 R 이 연결되어 있다. 코일 A 에 연결되어 있는 스위치를 닫았을 때 저항 R에 흐르는 전류에 대한 설명으로 옳은 것은?

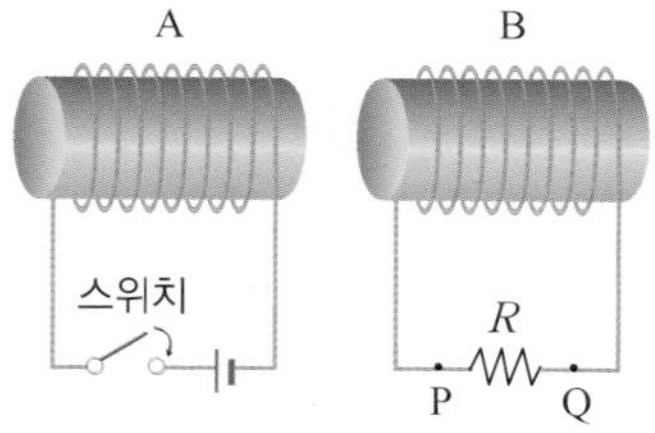

① 전류가 흐르지 않는다.
② P → R → Q 방향으로 잠시 흐른다.
③ P → R → Q 방향으로 계속 흐른다.
④ Q → R → P 방향으로 잠시 흐른다.
⑤ Q → R → P 방향으로 계속 흐른다.

78 코일 옆에 가벼운 금속 고리를 매달았다. 스위치를 닫는 순간과 여는 순간 금속 고리가 힘을 받는 방향은 각각 어느 방향인지 고르시오.

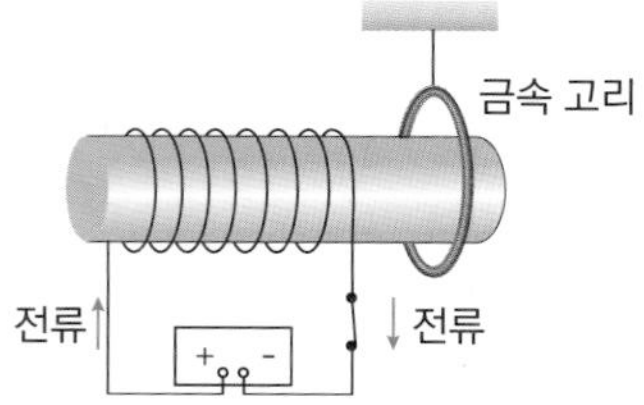

① 닫는 순간 : (㉠ 왼쪽 ㉡ 오른쪽)

② 여는 순간 : (㉠ 왼쪽 ㉡ 오른쪽)

79 1 개의 철심에 2 개의 코일이 감겨 있는 이중 코일의 상호 유도 계수 M = 4.5 H 이다. 1 차 코일에 흐르는 전류가 0.1 초 동안 0.2 A 만큼 일정하게 증가하였다면, 2 차 코일에 유도되는 기전력은 몇 V 인가?

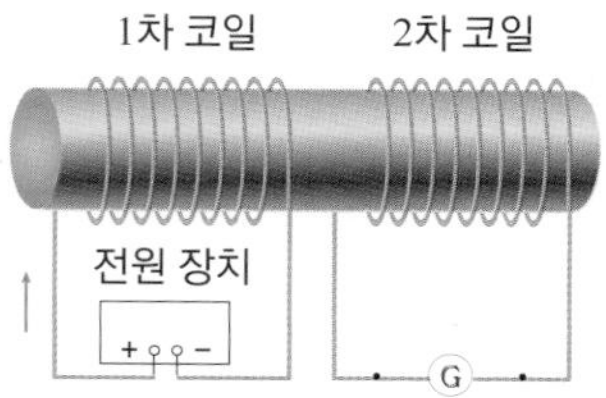

80 변압기의 1 차 코일은 감은 수가 300 회이며, 100 V 의 전압에 연결되어 있고, 2 차 코일은 감은 수가 21 회이고, 저항 3.5 Ω 이 연결되었을 때 2차 코일에 흐르는 전류의 세기는? (단, 변압기에서 에너지 손실은 없고, 1 차 코일의 모든 자속이 2 차 코일을 지나간다고 가정한다.)

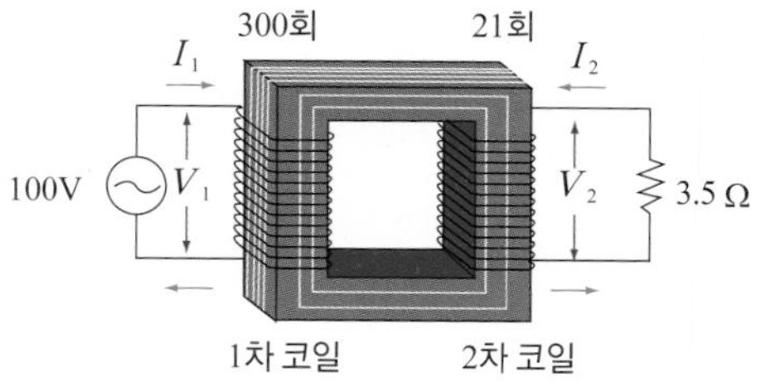

81 휴대 전화 충전기 속에는 3.7 V 전지를 충전시키기 위해 220 V 의 교류 전압을 5 V 의 교류 전압으로 낮추는 변압기가 들어있다. 이 변압기의 2 차 코일의 감은수가 20 회이고, 충전기에 1 A 의 전류를 흘려야 한다고 가정한다. 물음에 답하시오. (단, 1 차 코일에 공급되는 전기 에너지가 2 차 코일에 전부 전달된다.)

(1) 변압기의 1차 코일의 감은 수를 구하시오.

(2) 변압기의 1차 코일에 흐르는 전류를 구하시오.

82 교류 전원의 전압을 시간에 따라 나타낸 것이다. 실효 전압은 얼마인가? (단, $\sqrt{2}$ = 1.4 이다.)

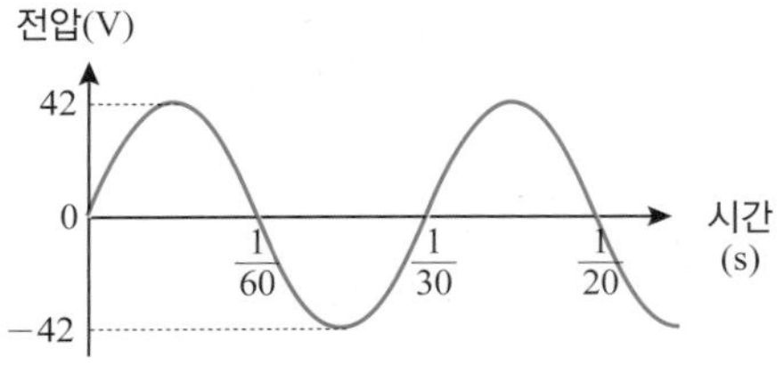

83 정격 전압이 220 V 이고, 소비 전력이 55 W 인 전기 기구가 있다. 물음에 답하시오. (단, $\sqrt{2}$ = 1.4 이다.)

(1) 전기 기구에 걸리는 최대 전압은 얼마인가?

(2) 전기 기구에 흐르는 최대 전류는 얼마인가?

84 저항값이 R 인 저항, 전기 용량이 C 인 축전기, 자체 인덕턴스가 L 인 코일을 이용하여 (가), (나), (다)와 같이 회로를 구성하였다. (가)와 (나)에서 전류의 실횻값은 같고, 실효 전압은 (가), (나), (다) 모두 V 로 같을 때, 각 회로의 임피던스 $Z_{(가)}$, $Z_{(나)}$, $Z_{(다)}$ 의 크기를 비교하시오.

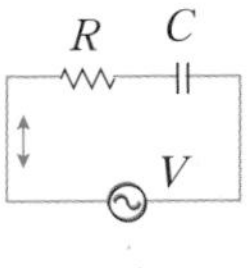

(가)

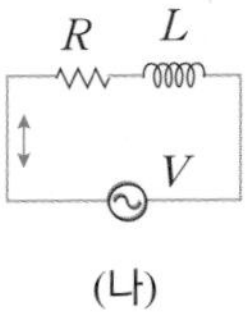

(나)

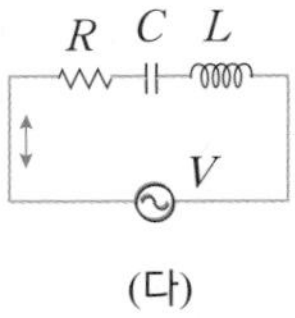

(다)

85 저항값 R = 3 Ω 인 저항과 유도 리액턴스 X_L = 4 Ω 인 코일이 실효 전압이 20 V 인 교류 전원에 연결되어 있다. 이 회로의 소비 전력은 얼마인가?

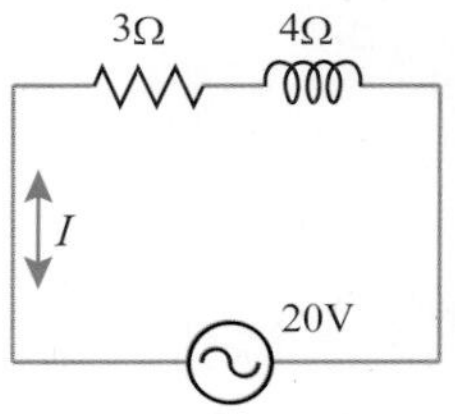

86 저항, 코일, 축전기가 교류 전원에 연결되어 있다. 어느 한 순간 저항, 코일, 축전기에 걸린 전압이 각각 15 V, 28 V, 20 V 일 때, 이 회로에 걸린 전체 전압은 얼마인가?

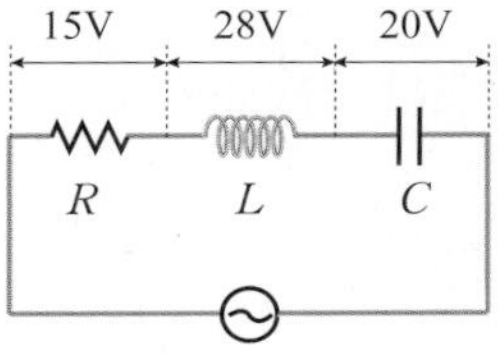

87 저항값 30 Ω 인 저항과 자체 인덕턴스 0.5 H 인 코일, 전기 용량 30 μF 인 축전기가 교류 전원에 직렬로 연결되어 있다. 교류 전원의 기전력이 220 V 이고, 주파수가 50Hz 일 때 RLC 회로에 흐르는 전류는 얼마인가? (단, π = 3 으로 계산한다.)

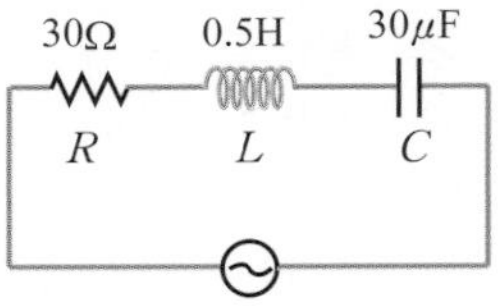

88 충전된 전기 용량 C 인 축전기와 자체 인덕턴트 L 인 코일, 스위치를 다음과 같이 연결하였다. 회로의 스위치를 닫았을 때, 공진 진동수는?

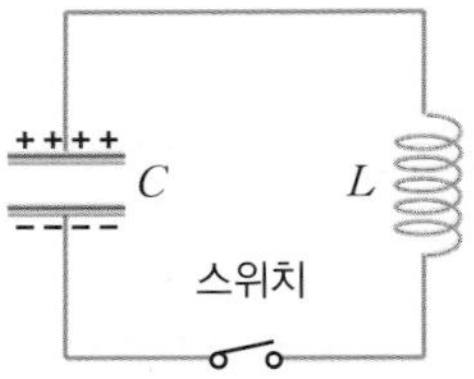

32 그림 (가)와 같이 자체 유도 계수가 L 인 코일, 내부 저항이 있는 전류계, 15 V 전지, 스위치가 회로를 이루고 있다. 그림 (나)는 스위치를 닫는 순간 전류의 변화를 시간에 따라 나타낸 것이다. (단, 코일과 전지의 내부 저항은 무시하며, (나)에서 파란색 점선은 시간 = 0 일 때 접선 기울기이다.)

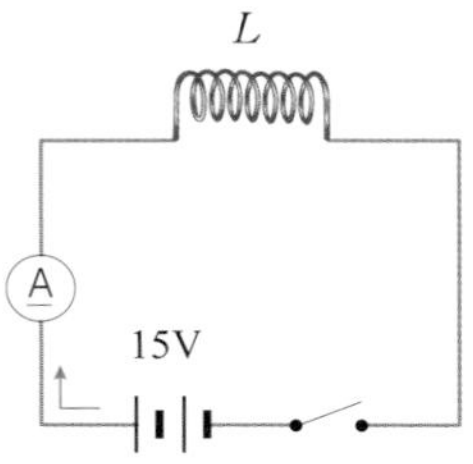

(가)

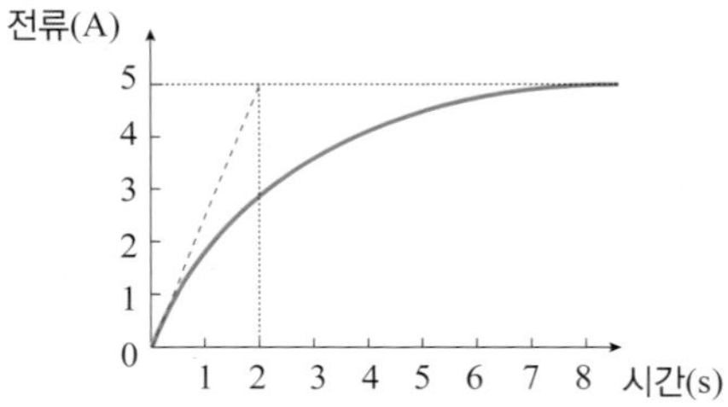

(나)

(1) 전류계의 내부 저항을 구하시오.

(2) 코일의 자체 유도 계수 L 의 크기를 구하시오.

33 그림 (가)는 저항값이 15 Ω 인 저항과 용량 리액턴스가 20 Ω 인 축전기가 교류 전원에 연결되어 있는 것을 나타낸 것이고, 그림 (나)는 저항에 걸리는 전압을 시간에 따라 나타낸 것이다.

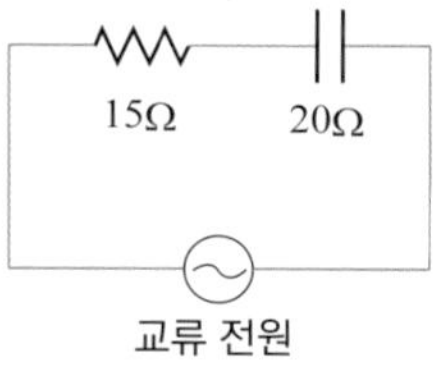

(가)

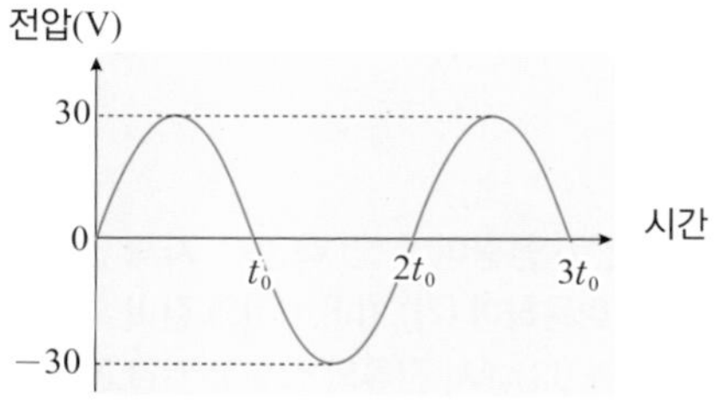

(나)

(1) 전원 전압의 최댓값은 얼마인가?

(2) t_0 인 순간 축전기에 걸리는 전압은 얼마인가?

34 **전기 용량이 30 μF 인 축전기와 자체 인덕턴스가 0.3 H 인 코일을 병렬 연결한 후 내부 저항을 무시할 수 있고, 기전력이 20 V 인 전지를 연결하였다. 스위치 S 를 A 에 연결하여 축전기를 완전히 충전한 후 스위치를 B 에 연결하였다. (단, 회로의 저항은 무시하고, π = 3 으로 계산하시오.)**

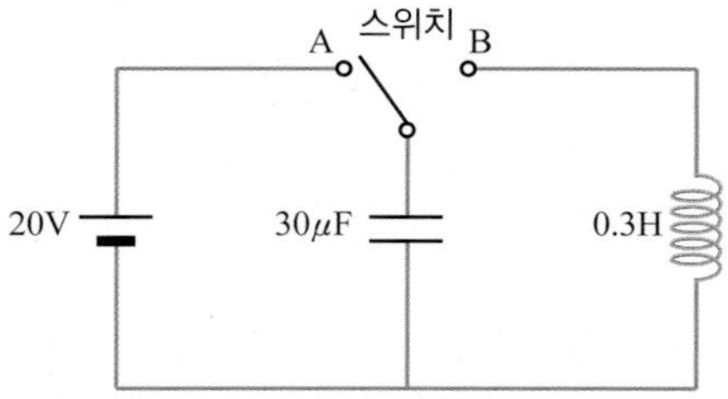

(1) 축전기를 완전히 충전시켰을 때 축전기에 저장되는 전하량은 얼마인가?

(2) 스위치를 B 에 연결했을 때 코일에 생성되는 자기장 에너지의 최댓값은 얼마인가?

(3) 스위치를 B 에 연결하였을 때, 회로의 고유 진동수는 얼마인가? (단, π = 3 으로 계산한다.)

(4) 코일을 지나는 전류의 최댓값은 얼마인가?

35 **전하가 완전히 충전된 전기 용량이 200 μF 인 축전기와 코일을 이용하여 그림 (가)와 같이 회로를 구성하였다. 이때 스위치를 닫는 순간부터 코일에 흐르는 전류를 시간에 따라 나타낸 것이 그림 (나)이다. 코일의 자체 인덕턴스는 몇 H 인가? (π = 3)**

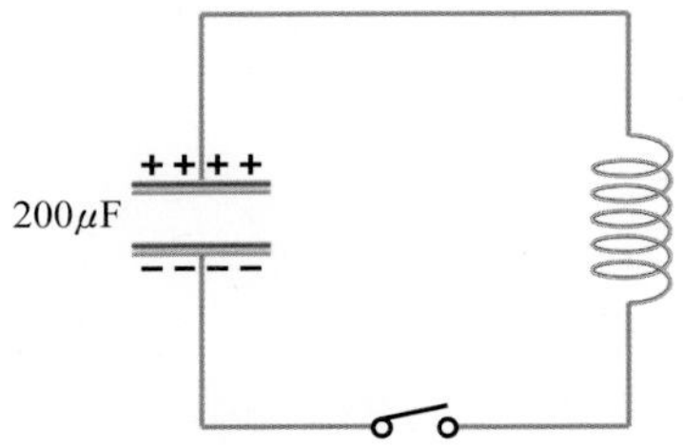

(가)

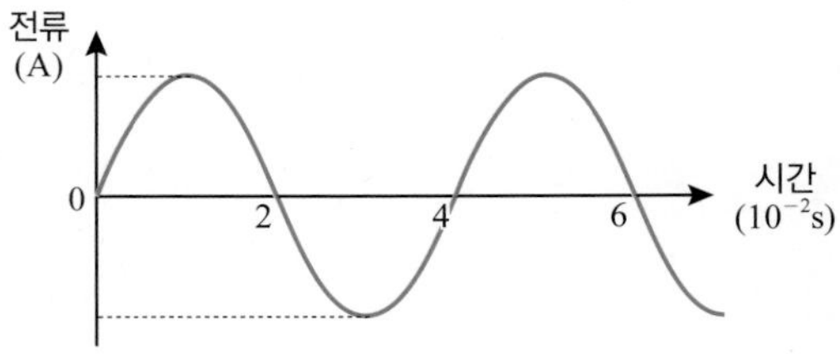

(나)

발열량은 다음과 같이 열량계를 사용하여 측정한다. 열량계 속에는 아래 그림처럼 니크롬선이 들어있어서 니크롬선에 전원 장치를 연결하면 열이 발생하고 물의 온도가 올라가게 된다. 온도 센서로 물의 온도를 재서 니크롬선이 발생시킨 열의 양을 가늠할 수 있다.

그림 중의 젓개는 물이 골고루 데워지게 하기 위해서 물을 저어 주는 장치이다.

▲ 열량계

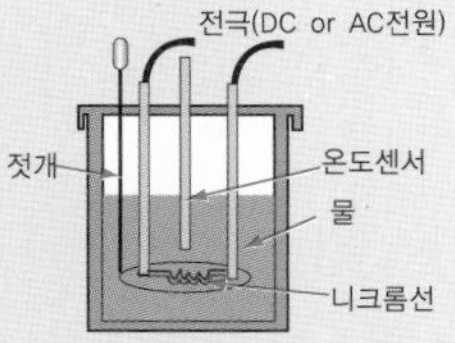

▲ 열량계의 구조

전기 기호

명칭	전기 기구	기호	명칭	전기 기구	기호
건전지		—|⊢—	전구		—Ⓧ—
스위치		—•⁄•—	저항		—∿∿—
전류계		—Ⓐ—	전압계		—Ⓥ—

저항을 여러 개 직렬로 연결하더라도 각 저항에는 동일한 전류가 흐른다.

단계적 문제 해결형

01

저항에 일정한 전류가 흐를 때 발열량과 전압 사이의 관계를 알아보기 위하여 다음과 같은 준비물로 전기 회로를 장치하고 실험을 실시하려고 한다. 다음 각 과정의 물음에 답하시오.

< 실험 목적 > 저항에 일정한 전류가 흐른다면 전압이 변함에 따라 발열량은 어떻게 변하는지 알아보자. < 준비물 > 전류계 1 개, 전압계 1 개, 니크롬선, 물이 든 스타이로폼 컵 2 개, 온도계 2 개, 니퍼 1 개(니크롬선을 자를 때 사용함)

(1) 실험의 목적을 달성하기 위한 전기 회로도를 그려 보시오. 다음과 같은 니크롬선이 잠겨 있는 물이 든 스타이로폼 컵의 전기 기호를 사용하시오.

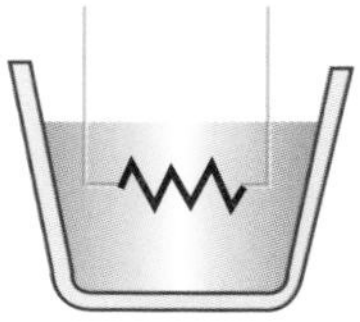

(2) 실험 시 측정해야 할 양은 무엇인가?

(3) 실험 결과로 옳은 것은 다음 중 무엇인가?

① 저항의 길이와 저항값은 비례한다.
② 전류가 일정하면 저항이 클수록 발열량이 크다.
③ 저항을 직렬 연결하면 저항이 클수록 저항에 걸리는 전압이 크다.
④ 흐르는 전류가 같다면 저항에 걸리는 전압과 발열량은 비례한다.
⑤ 각 저항에 전류가 동일하게 흐르기 위해서는 저항을 직렬연결해야 한다.

실생활 관련 문제

02 **연말이 되어 집 밖에 있는 나무에 장식 전구(Tree lamp)를 설치하여 밤에 반짝이게 하고 싶다. 그러기 위해 일단 꼬마전구를 여러 개 길게 매달아야 하고 일정 시간 간격으로 색깔별로 점멸하게 해야 한다. Tree lamp 를 만들기 위해서 여러 가지 준비물을 마련했고, 먼저 전기 회로도를 그려 보기로 하였다.**

< Tree lamp 만들기 >
준비물 : 꼬마전구 색깔별로 다수, 전선(얇은 것), 플러그, 와이어 스트립퍼 [wire stripper], 전원 플러그, 스위치 여러 개

(1) 여러 개의 전구가 연결되어 있을 때 한 전구가 끊어지더라도 다른 전구의 불이 꺼지지 않게 꼬마전구를 연결하는 전기 회로도를 그려 보시오.

(2) 스스로 꾸민 Tree lamp 의 전기 회로도에서 꼬마전구를 100 개 사용했다고 할 때 전체 소비 전력을 구해보시오. 단, 꼬마전구의 규격은 20 V - 5 W 이고, 가정용 220 V 전원을 전압 변환기를 이용하여 20 V 로 낮춰서 Tree lamp 전원으로 쓴다.

와이퍼 스트립퍼

크기가 다양한 구멍이 뚫려 있어 다양한 굵기의 전선의 피복을 벗기는데 사용되는 기구이다.

트리 램프

트리 램프는 수 많은 작은 전구로 이루어져 있다. 그러므로 작은 전구 하나의 필라멘트가 끊어질 때 다른 전구에 들어오는 불이 꺼지면 안된다.

자기장 속에서 전류가 흐르는 도선이 받는 힘

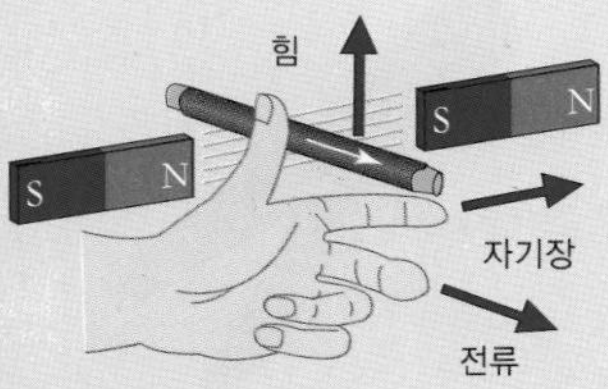

자기장 속에서 전류가 흐르면 도선은 자기장으로 힘을 받고 그 반작용으로 자기장을 통하여 자석에 힘을 작용한다.

전류가 흐르는 두 직전 도선 사이에는 힘이 작용한다.

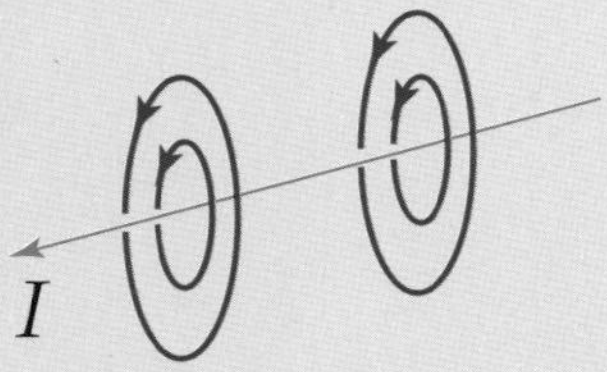

그림처럼 전류가 흐르면 도선 주위에 자기장이 생기기 때문이다. 방향이 다른 자기장이 겹치면 방향에 따라 서로 상쇄되기도 하고 보강하기도 한다. 자기장에 의해 도선이 받는 힘은 도선 주위의 자기장이 강한 곳에서 약한 곳을 향하는 방향으로 발생한다.

추리 단답형

03 도선에 전류가 흐르면 자기장으로부터 힘을 받는다. 그림처럼 지면에서 수직으로 나오는 방향으로 형성되어 있는, 세기 2×10^{-7} T 의 자기장(B) 속에 각각 1 A 의 전류가 반대 방향으로 흐르는 두 도선이 있다. 두 도선은 자기장으로부터 힘을 받고, 동시에 도선 사이에도 힘이 작용한다. 두 도선이 정지해 있으려면 두 도선 사이의 거리(r)는 얼마이어야 하겠는가?

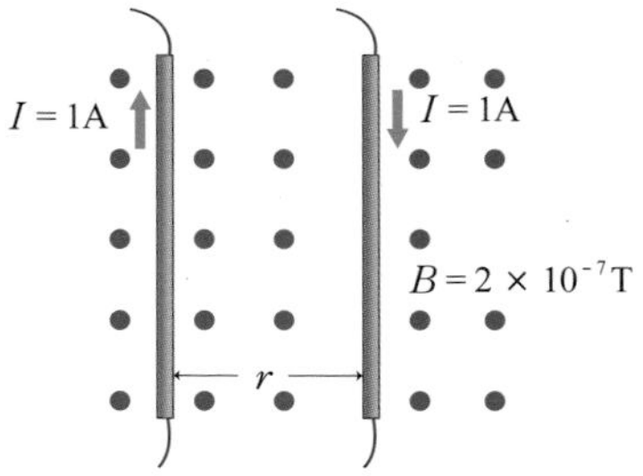

단계적 문제 해결형

04 그림은 액체 수소 상자에서 운동하는 전자의 운동 궤적을 찍은 사진이다. 이 사진은 균일한 자기장이 지면과 수직 방향으로 형성되어 있어서 전자는 출발하여 반지름이 점점 증가하는 운동을 하는 모습을 보여 준다. 물음에 답하시오.

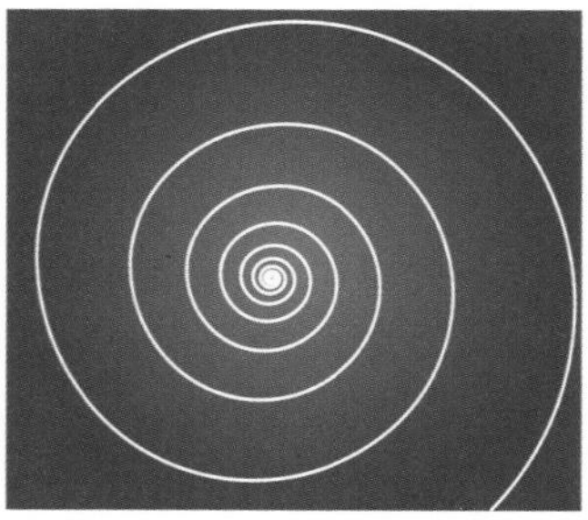

(1) 자기장의 방향은 지면에 수직으로 나오는 방향인가? 들어가는 방향인가?

(2) 전자의 속력은 점점 증가하고 있는가? 아니면 점점 감소하고 있는가?

실생활 관련 문제

05 **그림은 스피커의 구조를 나타낸 것이다. 코일이 감겨진 부분이 진동판과 연결되어 있어서 진동판에서 소리가 재생된다. 자석은 아래 그림처럼 원형으로 되어 있어서 바깥쪽은 N 극, 안쪽은 S 극으로 되어 있다. 자석 사이에 코일을 끼우면 코일 안쪽은 자석의 S 극이 코일의 바깥쪽은 N 극이 위치하게 될 것이다.**

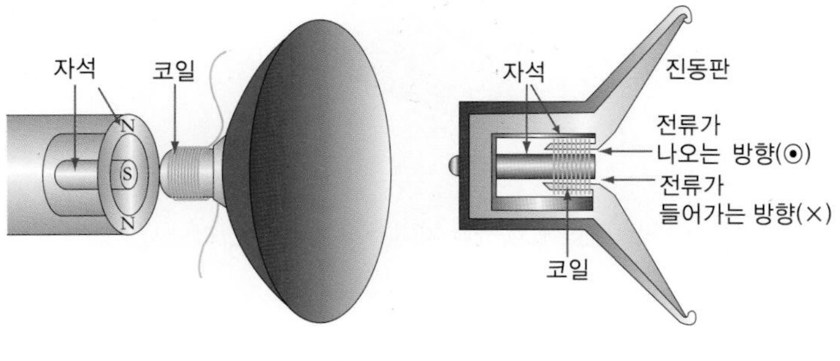

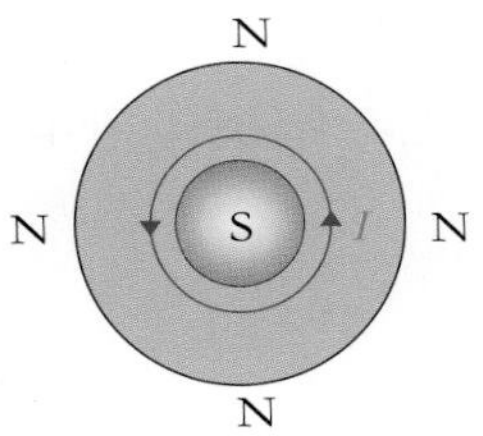

앞에서 봤을 때의 자극과 전류

(1) 이 상태에서 코일에 전류를 통하면 어떤 현상이 나타나겠는가?

① 코일은 힘을 받지만 움직이지 않고 제자리에서 진동한다.
② 현재 상태에서는 코일은 왼쪽으로 힘을 받아서 움직인다.
③ 현재 상태에서는 코일은 오른쪽으로 힘을 받아서 움직인다.
④ 코일이 자석으로부터 오른쪽으로 밀려갔다가 원위치로 되돌아온다.
⑤ 코일이 자석으로부터 왼쪽으로 힘을 받아 밀려갔다가 오른쪽으로 힘을 받아 되돌아오고 하는 현상이 반복된다.

(2) 가청 주파수만큼 진동판을 진동시켜야 소리가 재생된다. 어떻게 진동을 시킬 수 있겠는지 방법을 서술하시오.

스피커의 상세 구조

스피커에서 소리가 나오는 원리는 악기에서 소리가 나는 원리와 같다. 진동판이 가청 주파수 내에서 진동하면 판 주위의 공기도 진동하여 우리 귀로 소리가 전달되는 것이다.

창의력을 키우는 문제

추리 단답형

06 **자석을 세워놓고 자석 면에 수직으로 O 점을 향하여 전자를 쏘았다.**

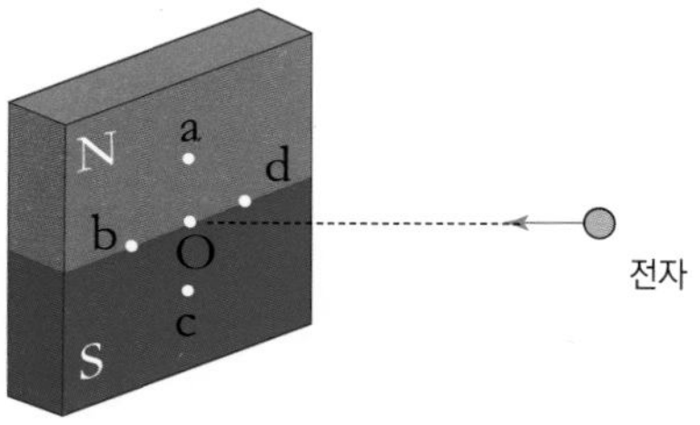

(1) 전자가 지나는 경로에 형성된 자기장의 모양을 그려보시오.

(2) 로런츠의 힘을 적용하여 전자는 자석의 어느 지점에 충돌하겠는지 추리하시오.

추리 단답형

07 **구리 막대와 플라스틱 막대를 세워놓고 원형 고리 자석을 떨어뜨리면 어느 것이 먼저 떨어지겠는가? 그 이유는 무엇인가?**

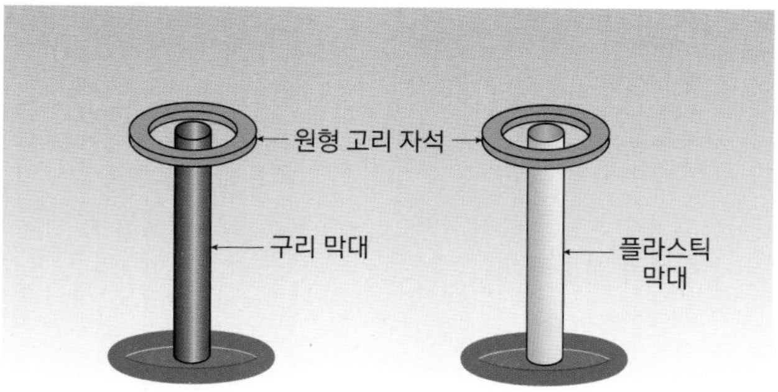

자석 주위의 자기장의 분포

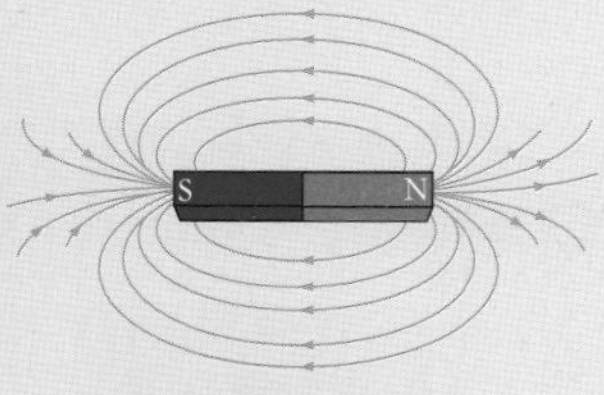

자기장을 나타내는 자기력선은 자석의 N 극에서 나와 S 극으로 들어간다.

전자는 (-) 전하를 띠므로 전자의 이동 방향과 전류의 방향은 반대가 된다.

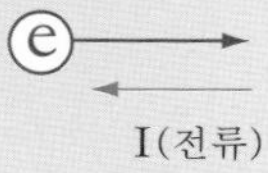

맴돌이 전류
[eddy current]

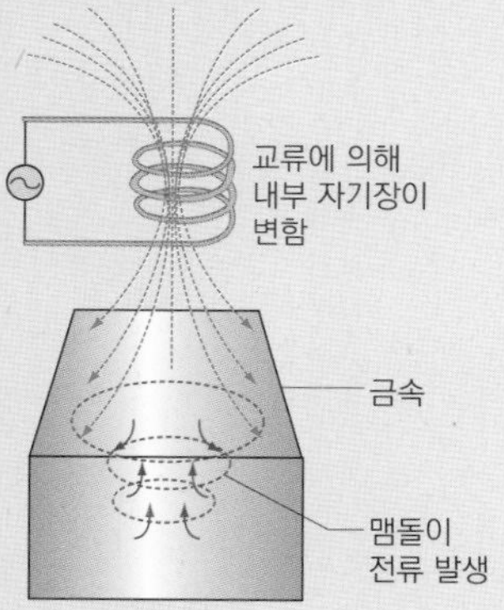

전자석이든 자석이든 금속과 상호 운동을 하면 금속에 전자석 또는 자석의 운동을 방해하는 유도 전류가 발생하는데 이 전류의 모양이 맴도는 모양으로 생기므로 맴돌이 전류라고 한다. 교류 전류가 흐르는 코일을 가까이 했을 때에도 코일 내부의 자기장의 변화가 맴돌이 전류를 발생시킨다.

단계적 문제 해결형

08 **그림은 지면으로 수직하게 들어가는 방향으로 균일하게 형성되어 있는 자기장(세기 4 T) 속에 수직 방향으로 저항 2 Ω 의 도선이 ㄷ 자 모양으로 놓여 있고, 그 도선 위로 길이 20 cm 의 다른 도선을 오른쪽 방향으로 잡아당겨 1 m/s 의 속력으로 등속 운동을 시키고 있는 모습이다. 도선이 운동함에 따라 ㄷ 자형 도선과 운동하는 도선이 만드는 사각형의 면적이 넓어지며 이 면적을 통과하는 자속 Φ 가 증가하게 된다. 도선 BC 가 운동을 시작할 때 B 는 A 점에서 20 cm 떨어져 있었다.**

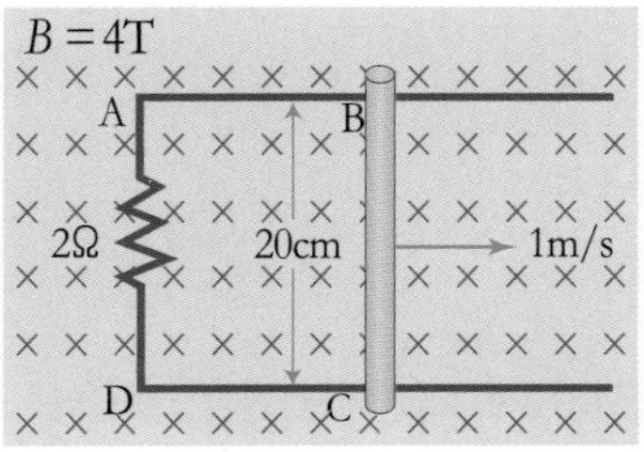

(1) 현 상태의 면적 ABCD 를 통과하는 자속을 구하시오.

(2) 1 초 후 ABCD 의 면적은 얼마인가?

(3) 1 초 동안 자속의 변화량은 얼마인가?

(4) 사각형 도선 ABCD 의 감은 수는 얼마인가?

(5) 사각형 도선 ABCD 의 유도 기전력은 몇 V 인가?

(6) 사각형 도선 ABCD 의 유도 전류의 방향과 크기를 구하시오.

(7) 저항 R 에서 소비하는 전력은 몇 W 인가?

(8) 사각형 도선 ABCD 내부에 유도 전류에 의한 자기장은 어느 방향인가?

(9) 유도되는 자기장은 사각형 도선 ABCD 를 통과하는 자속의 변화에 어떻게 반응하고 있는가?

원형 도선 속으로 자석을 이동시킬 때 자석의 운동은 원형 도선에 유도되는 전류에 의해서 방해된다. 원형 도선에 유도되는 전류는 원형 도선을 전자석으로 만들어 외부에서 들어오는 자석과 반발력을 작용하게 한다.

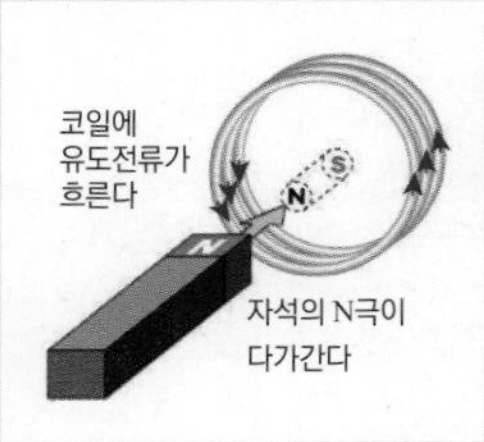

도선의 어느 한 단면을 통과하는 자속의 초당 변화량에 코일의 감은 횟수를 곱하면 도선에 발생하는 유도 기전력의 크기가 된다.

$$V_{유도} = N\frac{\text{자속}(\Phi)\text{의 변화량}}{\text{시간(초)}}$$

(N : 코일의 감은수)
자속(Φ)은 단위가 Wb (웨버)이고, 어떤 면적을 통과하는 자기력선의 개수이다.
($\Phi = B \cdot S$ 로 구한다.)
B 는 자속 밀도로서 자기장의 세기이며, S 는 자기장이 통과하는 도선으로 이루어진 폐곡선의 면적이다.
도선이 폐곡선을 이루지 않으면 전류가 흐를 수 없으므로 유도 기전력(유도 전압)은 발생하지 않는다.

창의력을 키우는 문제

사각형 코일이 자기장 속에서 움직일 때

사각형 코일이 자기장 속에 완전히 들어가서 운동을 하면 코일을 통과하는 자속(Φ)의 변화가 없다. 그러므로 코일에 유도 기전력(유도 전압)이 발생하지 않는다.

사각형 코일이 자기장 영역의 경계면을 지날 때

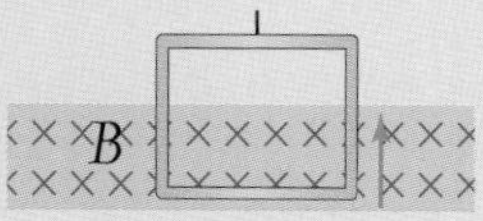

코일을 통과하는 자속이 점점 많아지거나 감소한다. 그러므로 유도 기전력(유도 전압)이 발생한다.

추리 단답형

09 용수철에 매달려 균일한 자기장 속에서 진동하고 있는 사각형 코일을 나타낸 그림이다. (가)는 사각형 코일이 자기장 영역의 경계면을 지나 들어가고 있는 상태이며 (나)는 사각형 코일이 자기장 영역 속에서 운동하고 있는 상태이다. 자기장의 방향은 지면에 수직으로 들어가는 방향이다.

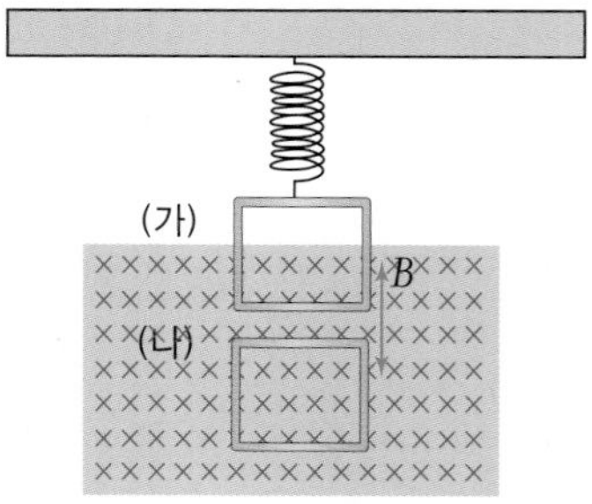

사각형 코일에 유도되는 전류에 대한 설명으로 옳은 것만을 <보기>에서 있는 대로 고른 것은?(단, 공기 저항은 무시한다.)

보기
ㄱ. 코일이 자기장에 들어가고 있는 (가)의 경우 유도 전류가 발생하며 그 방향은 시계 반대 방향이다. ㄴ. (나)의 경우 유도 전류는 발생하지 않는다. ㄷ. (가)의 경우 코일이 자기장에 들어갈 때와 코일이 자기장에서 나올 때의 유도 전류의 방향은 서로 반대이다.

① ㄱ ② ㄴ ③ ㄱ, ㄷ ④ ㄴ, ㄷ ⑤ ㄱ, ㄴ, ㄷ

추리 단답형

10 그림은 지면에 수직하게 들어가는 방향으로 균일하게 형성된 자기장 영역으로 사각형 도선이 들어갔다가 빠져나올 때까지의 과정을 나타낸 것이다.

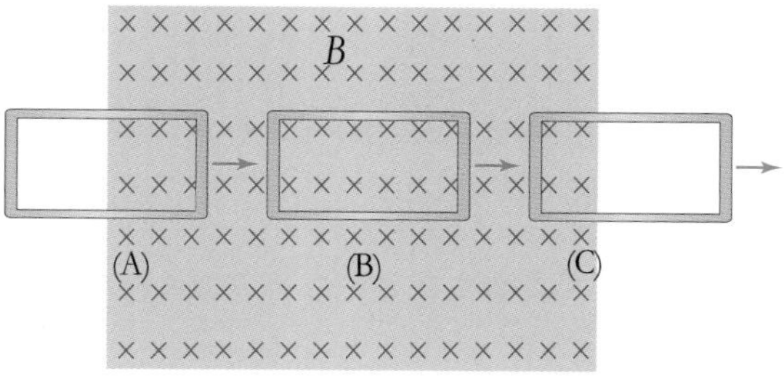

(A), (B), (C) 과정에서 유도 전류의 방향을 시계 방향 혹은 반시계 방향으로 표현하시오.

추리 단답형

11 변 길이 a 인 정사각형 도선 고리가 자기장에 수직한 면에 놓여 있다. 자기장은 지면에 수직하게 나오는 방향이다. 자기장의 세기(자속 밀도)는 전 영역에서 B 로 균일하다. 정사각형 도선 고리를 포함한 전 회로의 저항이 R 이라고 할 때 그림처럼 정사각형 도선 고리를 양 쪽으로 잡아당겨 정사각형 도선이 직선처럼 될 때까지의 시간이 t 라면 닫는 과정에서 검류계 Ⓖ 를 지나는 전류를 구하시오.

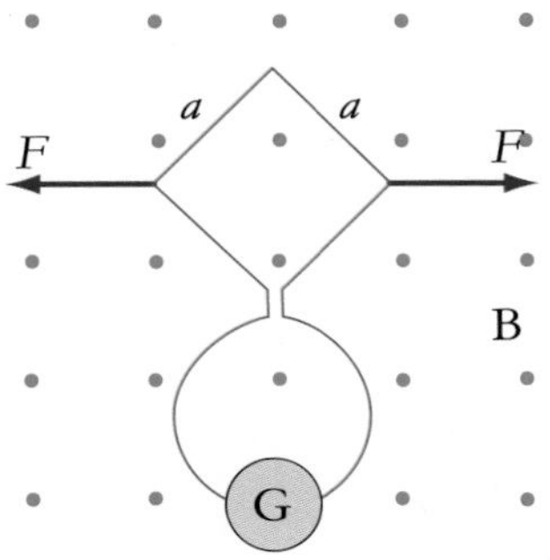

검류계의 바늘이 움직이면 전류가 흐른다는 것이다. 전지(전원장치)가 없다면 흐르고 있는 전류는 유도 전류이다. 유도 전류와 유도 기전력, 회로의 저항 R 사이에는 옴의 법칙이 성립한다.

$$V_{유도} = I_{유도} \times R$$

코일 사이의 자기장의 변화에 의한 유도 전류 (상호 유도-변압기의 원리)

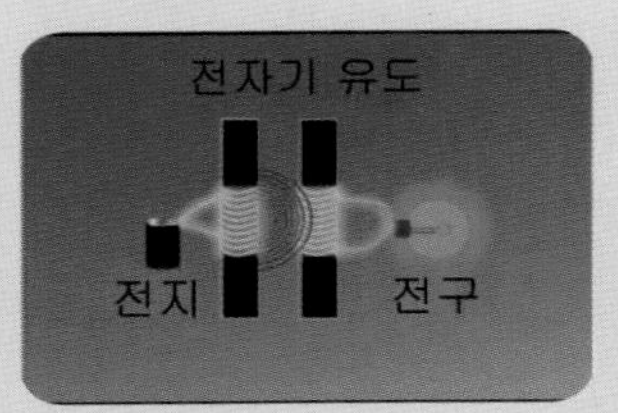

코일을 그림처럼 놓고 한 쪽에는 교류전원을 연결하고 다른 한 쪽에는 전구만 연결하여도 전구에 불이 들어온다. 교류는 전류의 방향이 초당 60 번 바뀌므로 유도 기전력이 발생한다.

단계적 문제 해결형

12 자기장이 중력 방향과 수직으로 형성되어 있는 공간에서 한 변의 길이가 l 인 정사각형 도선이 중력 방향으로 낙하할 때, 그림과 같이 자기장 영역의 경계에서 등속 운동을 했다. 자기장의 세기는 B 로 균일하다고 하고, 정사각형 도선의 전체 저항을 R, 질량을 m 이라 하고, 중력 가속도는 g 이다.

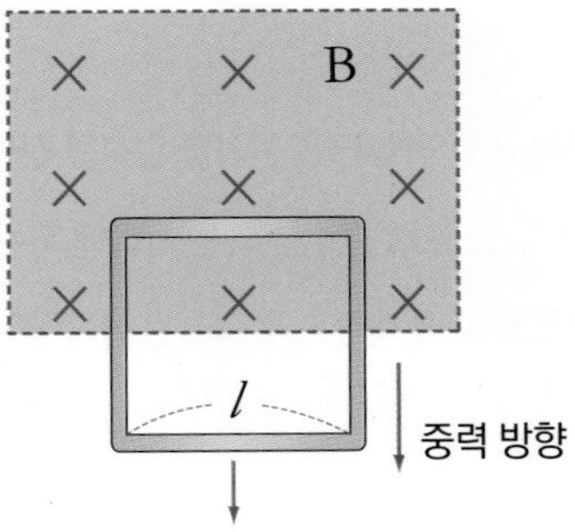

(1) 도선에 유도되는 유도 전류의 방향과 그 크기를 구하시오.

(2) 도선이 소비하는 전력을 구하시오.

수직 방향으로 운동하는 사각형 코일에 아무런 힘이 작용하지 않으면 중력을 받아서 가속도 g 의 운동을 해야 할 것이다.
만일 사각형 코일이 등속 운동을 하고 있다면 힘의 평형 상태이다.

축전기의 연결

- 충전된 축전기를 충전되지 않는 축전기와 연결할 때 두 축전기에 저장된 전하량의 합은 처음 축전기의 전하량과 같다.
- 두 축전기가 극판끼리 연결되면, 전위가 보존되므로 두 축전기에 걸리는전압은 서로 같다.

논리 추론형

13 그림 (가)와 같이 전기 용량이 C 인 축전기 A 를 100 V 의 일정한 전압의 전지에 연결하여 충전하였다. 이 충전된 축전기 A 를 대전되지 않은 축전기 B 에 그림 (나)와 같이 연결하였다. (나)에서 전기 용량 15 μF 인 축전기 B 에 걸린 전압이 40 V 라면, 축전기 A 의 전기 용량 C 는 얼마인가?

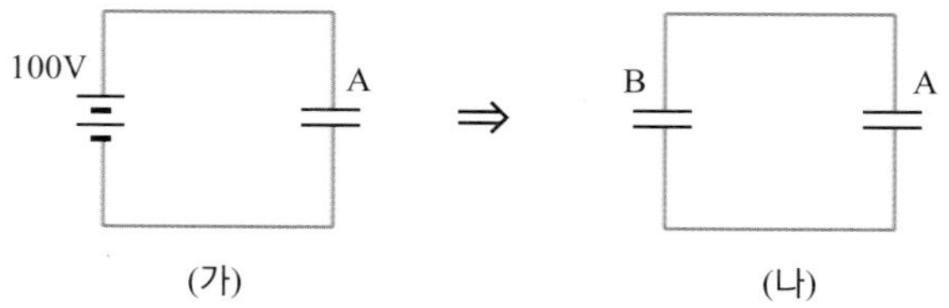

축전기 극판 간격을 변화시키는 경우

- 전원에 연결한 상태에서 극판 간격을 넓히거나 줄일 때 : 전원의 전압이 변하지 않으므로 축전기에 걸린 전압이 일정하게 유지된다.
- 충전된 축전기로부터 전원을 제거하고 극판 간격을 넓히거나 줄일 때 : 축전기의 전하량이 일정하게 유지된다.

논리 추론형

14 극판 사이의 간격이 d 인 축전기가 전압이 일정한 전원에 연결되어 있다. 스위치를 닫아 축전기에 전하량 Q 를 충전시킨 뒤 스위치를 열고 극판 사이의 간격을 2 배로 넓혔다. 이때 가해야 하는 힘은 얼마인가? (단, 극판 사이의 전기장의 세기는 E 이다.)

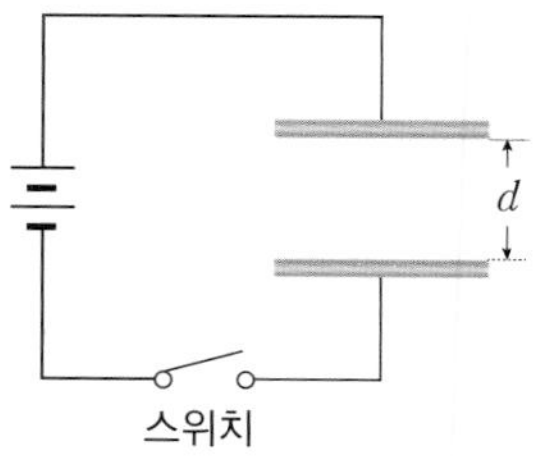

축전기 극판 사이에 도체판을 넣는 경우

도체판 내부에는 전하가 존재하지 않으므로 축전기 극판 사이의 거리가 도체판의 두께만큼 가까워지는 효과가 발생한다.

논리 추론형

15 극판 사이의 간격이 d 인 평행판 축전기를 일정한 전원에 연결한 후, 두께가 $\frac{d}{4}$ 인 도체판을 두 극판 사이에 끼웠다. 도체판을 끼우지 않았을 때 축전기에 저장된 전하량이 Q 라면, 도체판을 끼운 후 저장되는 전하량은 얼마인가?

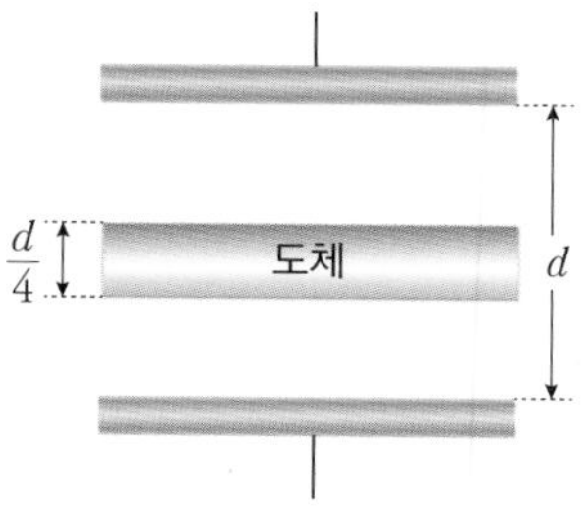

논리 추론형

16 축전기와 저항, 내부 저항을 무시할 수 있는 전지를 이용하여 정삼각형 전기 회로를 구성하였다. 축전기의 전기 용량이 50 μF 일 때, 축전기에 저장되는 전하량은 얼마인가?

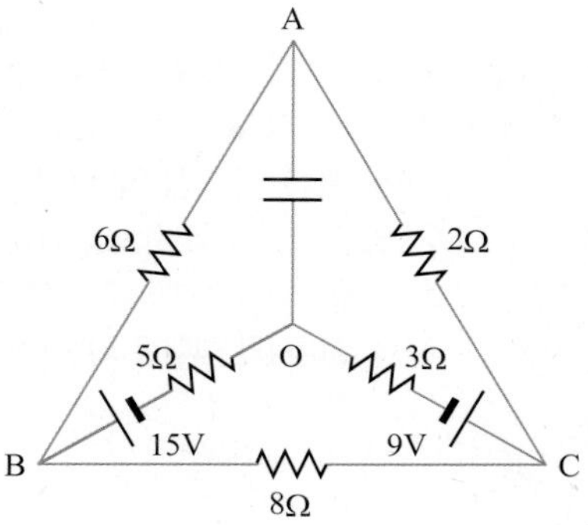

키르히호프의 법칙

- 제 1 법칙 : 도선들이 서로 만나는 접점으로 들어간 전류의 합과 접점에서 나오는 전류의 합은 같다. (전하량 보존 법칙)
- 제 2 법칙 : 한 지점에서 회로를 따라 전위를 증가시키거나 감소시키면서 한 바퀴를 돌아 원 위치로 오게 되면 전위의 증감은 0 이 된다. (전위 보존의 법칙)

단계적 문제 해결형

17 자체 인덕턴스가 L 인 코일, 전기 용량이 C 인 축전기로 이루어진 세 개의 LC 회로 (가), (나), (다)가 있다. 전기 진동하는 동안 축전기가 1 회 완전히 방전하는 데 걸리는 시간을 부등호를 이용하여 비교하시오.

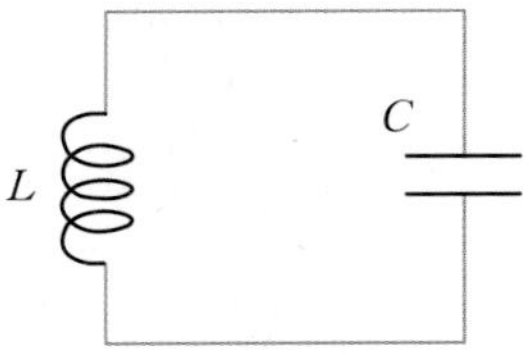

(가)

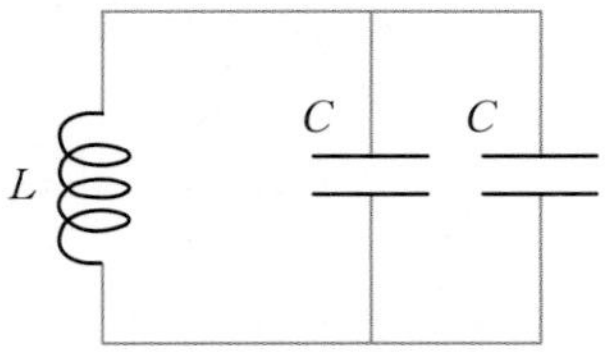

(나)

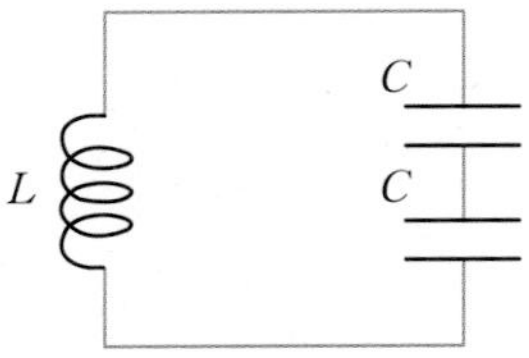

(다)

진동 주기

자체 유도 계수 L, 전기 용량 C 인 LC 회로에서

진동 주기 $T = \frac{1}{f} = 2\pi\sqrt{LC}$

정답 및 해설 45

추리 단답형

18 자체 인덕턴스가 L 인 코일, 전기 용량이 C 인 축전기로 이루어진 저항이 없는 이상적인 LC 진동 회로가 있다. LC 진동계는 용수철에 의한 추의 단진동에 대응하여 생각할 수 있다. 축전기에 발생한 전기장 에너지가 방전되어 $Q \to 0$ 이 될 때, 전류는 최대이다. 이때 전기장 에너지가 모두 코일 속의 자기장 에너지로 저장된다. 이것은 용수철 진자에서 퍼텐셜 에너지가 줄어들면서 물체의 운동 에너지가 증가하다가 퍼텐셜 에너지가 0 이 될 때 추의 속력은 최대가 되면서 운동 에너지가 최대로 되는 것에 대응된다.

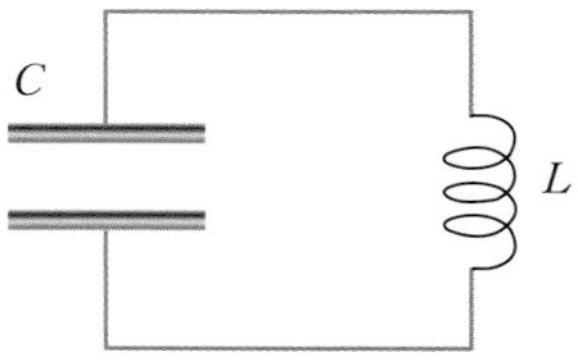

▲ LC 진동 회로

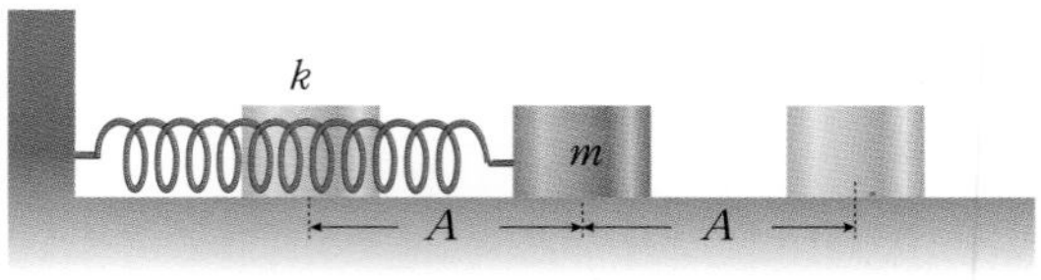

▲ 용수철에 의한 추의 단진동_역학계

L = 1.5 H 인 코일과 최대 250 μC 을 저장할 수 있는 축전기가 연결된 LC 회로가 있다. 완전히 충전된 축전기에 저장된 에너지가 5 μJ 일 때, 주기가 같고, 용수철의 최대 퍼텐셜 에너지가 5 μJ 인 역학계와 LC 회로가 대응된다. 역학계에 대하여 물음에 답하시오.

(1) 추의 질량 m 은 얼마인가?

(2) 용수철 상수 k 는 얼마인가?

(3) 최대 변위 A 는 얼마인가?

(4) 추의 최대 속력은 얼마인가?

LC 회로의 전기 진동과 용수철 진동

전기 진동과 용수철 진동의 대응되는 물리량은 각각 다음과 같다.

전기 진동	용수철 진동
전하량 q	변위 x
전류 $I = \frac{dQ}{dt}$	속도 $v = \frac{dx}{dt}$
자체 유도 계수 L	질량 m
전기 용량 역수 $\frac{1}{C}$	용수철 상수 k
전위차 $V = -\frac{q}{C}$	힘(복원력) $F = -kx$
전력 $P = I \cdot V$	일률 $P = F \cdot v$
자기 에너지 $\frac{1}{2}LI^2$	운동 에너지 $\frac{1}{2}mv^2$
전기 에너지 $\frac{1}{2}\frac{q^2}{C}$	퍼텐셜 에너지 $\frac{1}{2}kx^2$
주기 $T = 2\pi\sqrt{LC}$	주기 $T = 2\pi\sqrt{\frac{m}{k}}$
$\frac{1}{2}LI^2 + \frac{1}{2}\frac{q^2}{C} = \frac{1}{2}\frac{Q^2}{C}$	$\frac{1}{2}mv^2 + \frac{1}{2}kx^2 = \frac{1}{2}kA^2$

01 필기구인 샤프심은 주 원료가 흑연과 점토이다. 흑연은 저항값이 작아서 전지를 연결하여 전류를 흘려 주면 빛과 열이 나고 타면서 끊어지게 된다. 그림은 샤프심을 이용한 실험 장치이다.

[대회 기출 유형]

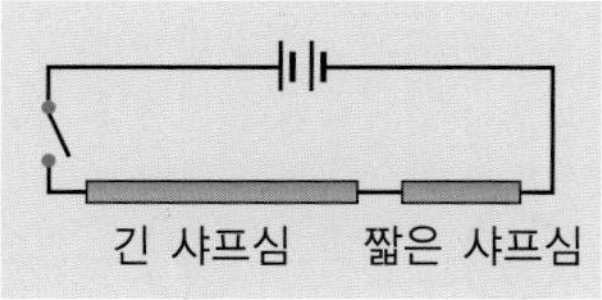

(가)

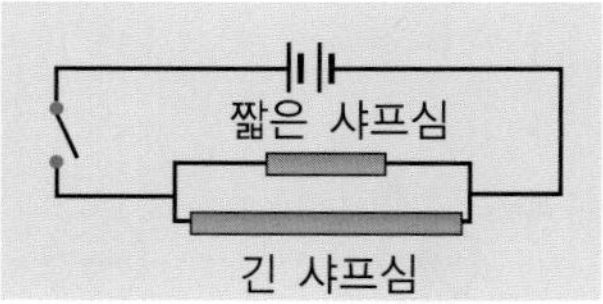

(나)

스위치를 닫았을 때 (가)와 (나)에서 일어나는 현상으로 옳은 것만을 있는 대로 고르시오.

① (가)에서 길이가 긴 샤프심이 더 밝은 빛을 낸다.
② (나)에서는 길이가 긴 샤프심이 더 밝은 빛을 낸다.
③ (가), (나)에서 결국 모든 샤프심이 끊어지게 될 것이다.
④ (가)에서 더 굵은 샤프심을 사용하면 흐르는 전류의 양이 증가한다.
⑤ (나)에서 짧은 샤프심을 더 굵은 샤프심으로 바꾸면 더 밝은 빛을 낸다.

02 1.5 V 의 건전지 2 개와 1 Ω 의 저항을 갖는 꼬마전구 3 개가 있다. 주어진 전기 기구를 사용하여 전체 전력 6 W 를 얻을 수 있는 전기 회로도를 하나만 그려 보시오. (단, 다음 전기 기호를 사용하시오.)

[대회 기출 유형]

전지: 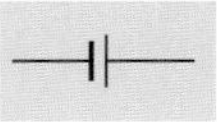 전구: 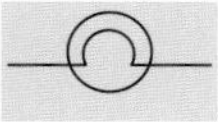

03 서로 다른 종류의 전구 3 개와 전지를 사용하여 다음과 같은 전기 회로를 꾸몄다. 전구 1 의 밝기를 증가시키는 방법을 〈보기〉에서 있는 대로 고르시오.

[대회 기출 유형]

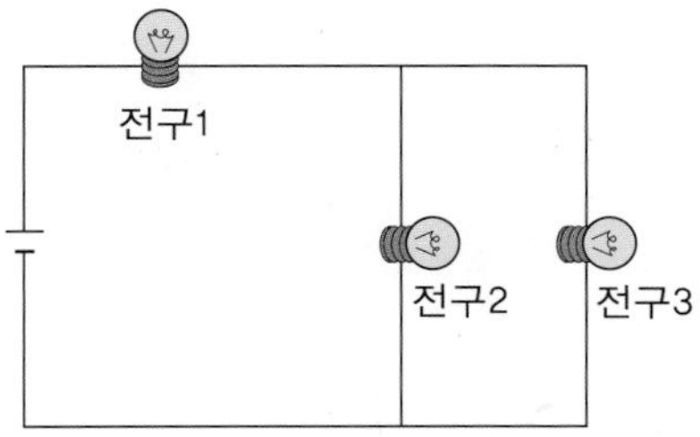

보기

가. 전구 1 의 저항을 크게 한다.
나. 전구 1 의 저항을 전구 2 와 전구 3 의 합성 저항의 크기와 같아지기 전까지 작게 한다.
다. 전구 2 의 저항을 작게 한다. 라. 전구 2 의 저항을 크게 한다.
마. 전구 3 의 저항을 작게 한다. 바. 전구 3 의 저항을 크게 한다.

04 **전류가 흐르는 사각형 전선의 왼쪽 A 지점에서 B, C, D 지점을 거쳐 오른쪽 지점 E 까지 나침반을 옮기려고 한다. A 와 E 지점에서 나침반은 전류의 영향을 받지 않고 북쪽을 가리키고 있다. 전선을 통과할 때는 전선 위로 이동시키며 나침반의 자침이 어떻게 움직이는지를 관찰하였다.**

[대회 기출 유형]

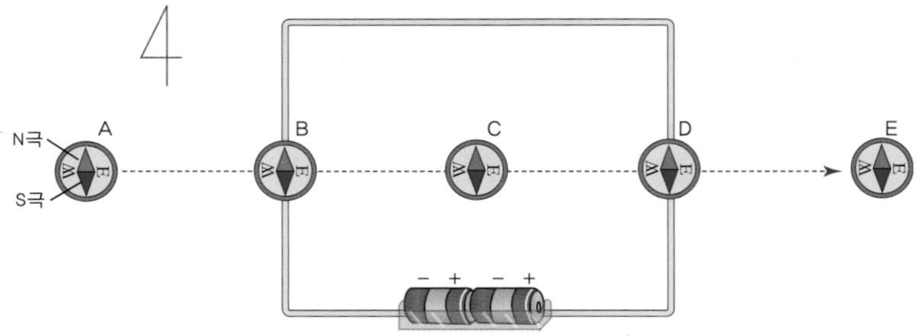

이 실험과 관련하여 옳은 것만을 있는 대로 고르시오.

① B 지점에서 자침은 반시계 방향으로 회전한다.
② C 지점에서는 자침은 북쪽을 가리킨다.
③ D 지점에서 자침은 반시계 방향으로 회전한다.
④ 전류의 방향을 반대로 하면 C 지점의 자침은 남쪽을 가리킬 것이다.
⑤ 전류의 방향을 반대로 하면 D 지점의 자침의 방향은 B 지점의 자침의 방향과 같게 된다.

05 **자석 사이에서 전류가 받는 힘을 이용하여 간이 전동기를 만드는 과정이다.**

[대회 기출 유형]

[간이 전동기를 만드는 과정]

(1) 에나멜선을 준비하여 지름 약 3 cm 의 원형 모양으로 10 번 정도 감는다.
(2) 에나멜선이 잘 풀리지 않도록 원의 양쪽에서 한 바퀴 씩 감아서 묶고, 5 cm 정도를 남기고 자른다.
(3) 양 끝의 에나멜을 2 cm 정도 벗겨낸다. 이때 한 쪽은 완전히 벗기고, 다른 한 쪽은 에나멜선의 단면 360° 중 180°(절반) 만 벗긴다.
(4) 클립 등으로 받침대를 만들고 받침대 사이에 동그란 자석을 놓는다.
(5) 클립에 만든 원형 에나멜선을 자석 위로 올려놓고 양쪽 클립에 전지를 연결한다.

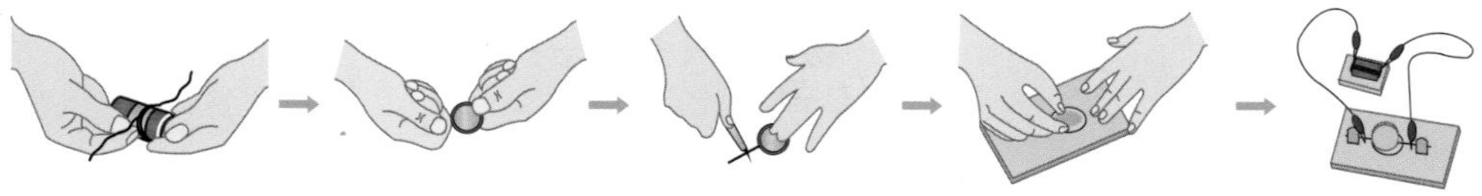

(A) (B) (C) (D) (E)

이 과정에 대한 설명으로 옳은 것만을 〈보기〉에서 있는 대로 고른 것은?

보기

가. 전지를 직렬로 추가 연결하면 코일의 자기장의 세기가 증가하므로 코일이 더 빨리 회전한다.
나. 에나멜선의 감은 횟수를 증가시키면 더 빨리 돈다.
다. 에나멜선의 양 쪽 끝을 모두 벗겨내면 에나멜선이 전자석이 되지 않으므로 회전하지 않는다.

① 가 ② 나 ③ 가, 나 ④ 가, 다 ⑤ 가, 나, 다

06 **같은 양의 식용유와 물이 들어 있는 비커에 저항이 R, $2R$ 로 같은 니크롬선을 담그고 그림처럼 회로를 꾸며서 스위치를 닫았더니 일정 시간 후 식용유와 물의 온도가 변하였다. 단, 식용유와 물의 비열의 비는 1 : 2 이다. 물음에 답하시오.**

[전남과학고 기출유형]

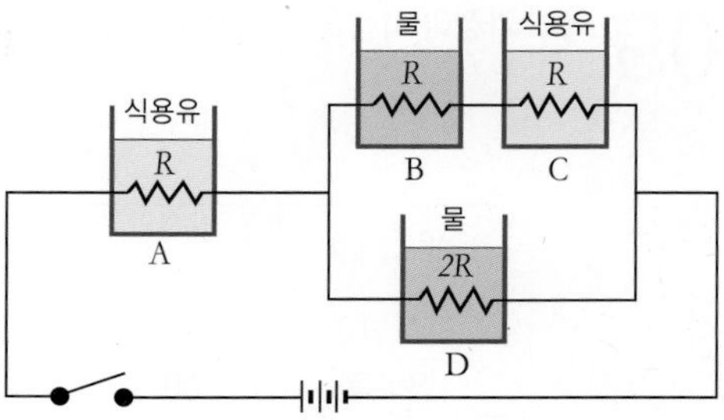

(1) 전체 합성 저항을 구하시오.

(2) 비커 A, B, C, D 의 온도 변화를 비교하시오.

07 **동일한 저항 6 개를 전지에 연결하여 다음과 같은 전기 회로를 꾸미고 그림과 같이 특정 저항을 물속에 담갔다. (가) 의 물은 200 g, (나) 의 물은 100 g 이다. 물음에 답하시오.**

[서울과학고 기출유형]

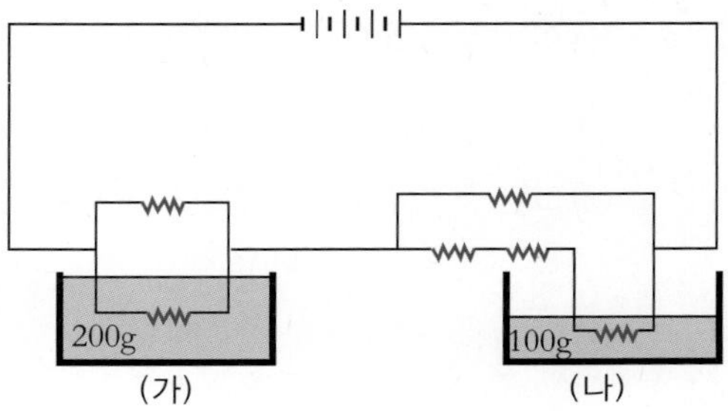

(1) (가) 와 (나) 의 잠겨 있는 저항에 걸리는 전압의 비를 구하시오.

(2) 회로에 전류를 통하고 5 분 동안 놓아두었더니 (나) 의 물의 온도가 20 ℃ 에서 22 ℃ 로 되었다. (가) 의 물의 온도는 20 ℃ 에서 5 분 후 몇 ℃ 가 되겠는가?

08 **정격 전압과 정격 전력이 같은 전구 5 개를 그림과 같이 연결하였다. S_1 ~ S_4 의 스위치를 열고 닫으면서 전구의 전력을 측정하였다. 스위치 3 개를 닫고 1 개를 열어서 다음과 같은 조건을 만족시키고자 한다. 각 조건에서 열어야 하는 스위치를 각각 쓰시오.**

[한성과학고 기출유형]

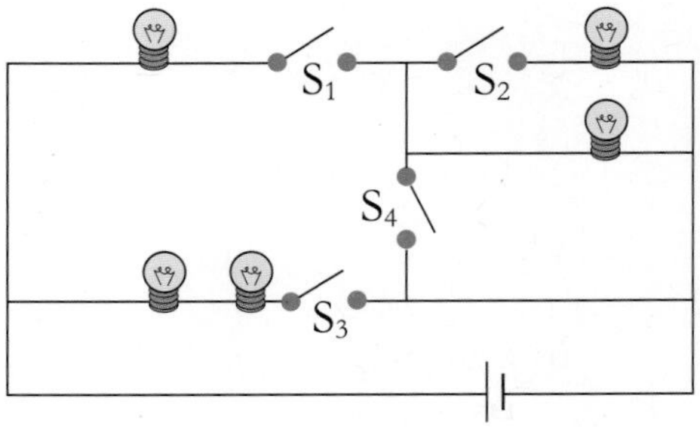

(1) 가장 많은 전력을 소비하는 경우

(2) 가장 적은 전력(0보다는 크다)을 소비하는 경우

09 **어느 가정이 사용하는 전기 기구의 정격 전압, 소비 전력, 사용 대수를 나타낸 표 (가)와, 이 가정의 전기 배선도 (나)이다.**

[전남과학고 기출유형]

전기 기구	정격 전압 (V)	소비 전력 (W)	사용 대수
전기 밥솥	200	1000	1
형광등	200	20	5
백열 전등	200	50	2

(가)

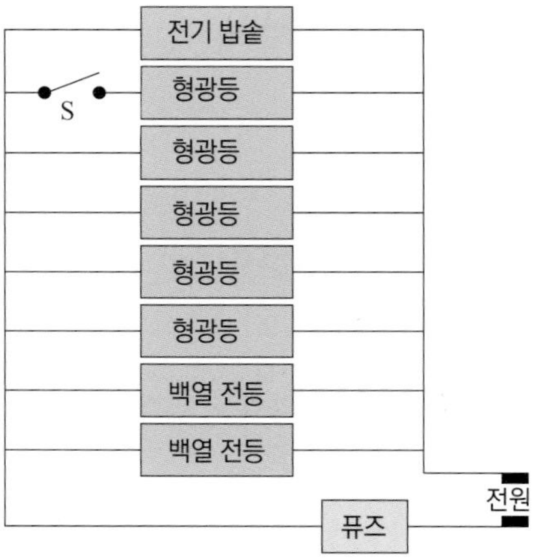

(나)

(1) 이 가정은 200 V 의 전압을 사용한다고 할 때 최소 몇 A 까지 견딜 수 있는 퓨즈를 사용해야 하는가?

(2) 그림 중 스위치 S 를 닫으면 감소하는 것은 무엇인가?

① 전체 저항 ② 전체 전압 ③ 전체 전류 ④ 전체 소비 전력

10 **지면에 수직하게 들어가는 방향으로 균일하게 형성된 자기장(세기 B) 내에서 $+x$ 방향으로 일정한 속도 v 로 운동하는 전자의 모습이다. 전자의 전하량을 e, 전자의 질량을 m, 원의 반지름을 r 이라고 한다.**

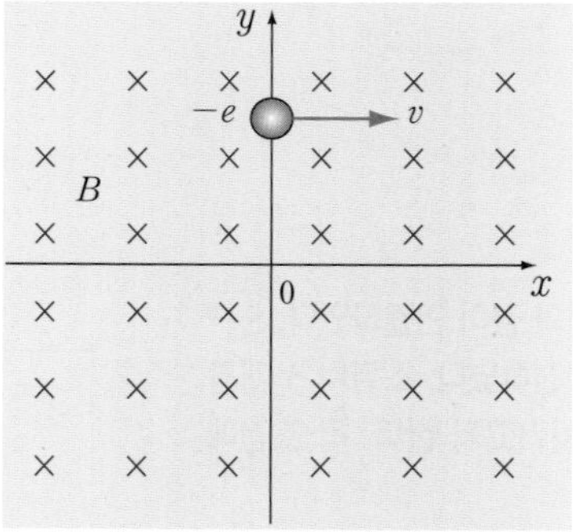

[민사고 기출유형]

(1) 전자에 작용하고 있는 힘 F 의 방향과 크기를 구하고 전자의 이동 경로를 작도하시오.

(2) 전자의 운동에 관해 서술하시오.

11 전류의 세기가 각각 다른 두 도선이 십자가 모양으로 가까이 겹쳐 있는 모습이다. 전류의 방향은 그림과 같고 $I_A = 2I_B$ 이다.

[경기과학고 기출유형]

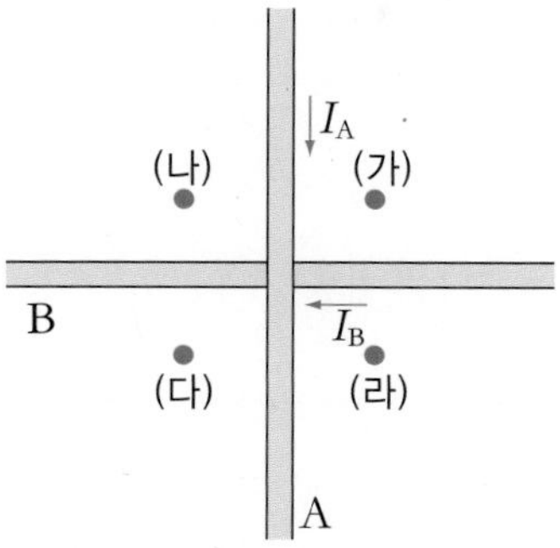

(1) 도선과 같은 평면에 있고, 두 도선으로부터 같은 거리인 (가), (나), (다), (라) 지점에서의 자기장의 방향을 구하시오.

(2) 도선 A 는 도선 B 로부터 힘을 받는지 여부를 답하고, 힘의 방향과 함께 쓰시오.

12 동일한 전구 5 개를 연결한 전기 회로도이다. 전력을 가장 많이 소비하는 전구의 전력(P_1)과 가장 적게 소비하는 전구의 전력(P_2)의 비 $P_1 : P_2$ 는?

[대회 기출 유형]

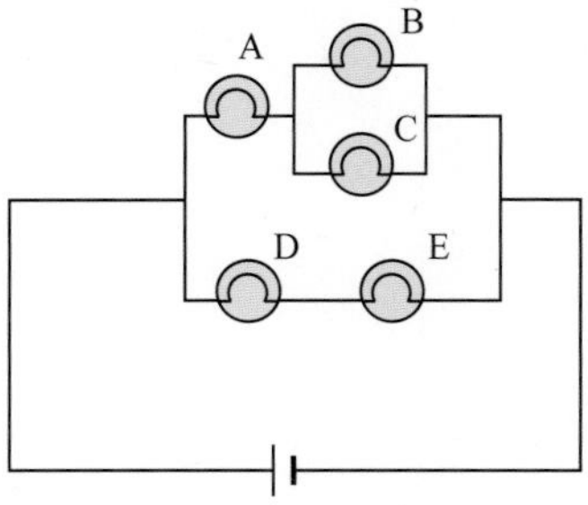

① 2 : 1 ② 3 : 1 ③ 4 : 1 ④ 3 : 2 ⑤ 9 : 4

13 220 V - 60 W 의 전구가 있다. 이 전구를 220 V 의 전원에 연결하는 대신 110 V 의 전원에 연결하였을 때 일어나는 현상으로 옳은 것만을 〈보기〉에서 있는 대로 고른 것은?

[대회 기출 유형]

보기

ㄱ. 전구의 밝기가 흐려진다.
ㄴ. 필라멘트가 타버린다.
ㄷ. 전구가 초당 소모하는 에너지는 15 J 이 된다.
ㄹ. 전구에 불이 들어오지 않는다.

① ㄱ ② ㄷ ③ ㄴ, ㄹ ④ ㄱ, ㄷ ⑤ ㄱ, ㄷ, ㄹ

14 저항값이 R 인 저항 n 개를 모두 직렬과 병렬로 각각 연결하였다. 직렬 연결했을 때의 총 소비 전력을 P 라고 할 때 병렬 연결된 회로의 총 소비 전력은 얼마인가?

[대회 기출 유형]

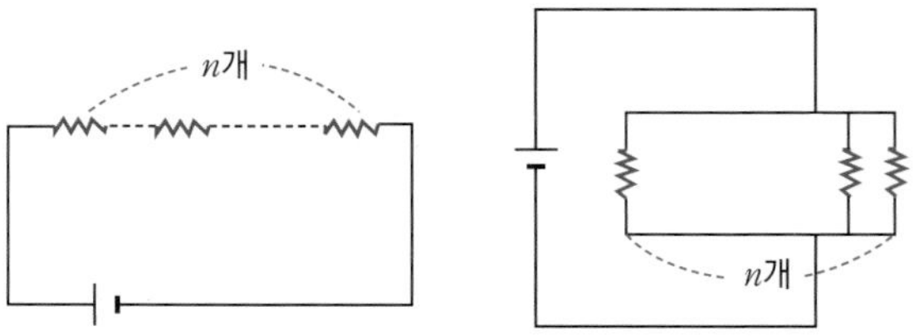

① nP ② n^2P ③ $\frac{1}{n}P$ ④ $\frac{1}{n^2}P$ ⑤ P

15 직선 도선에 전류가 흐르고 있을 때 A 점과 B 점에서의 자기장의 비는 어떻게 되는가?

[대회 기출 유형]

① 1 : 1 ② 3 : 1 ③ 4 : 1 ④ 1 : 2 ⑤ 1 : 4

16 동일한 전류 I 가 O 점을 원점에서 왼쪽으로 a 만큼 떨어진 곳에서는 지면에서 수직으로 나오는 방향으로, 오른쪽으로 a 만큼 떨어진 곳에서는 지면으로 수직으로 들어가는 방향으로 흐르고 있다. 그림은 각 지점의 좌표이다. 그림에서 P, Q, R 지점의 자기장(B_P, B_Q, B_R)의 방향과 세기를 옳게 비교한 것은?

[대회 기출 유형]

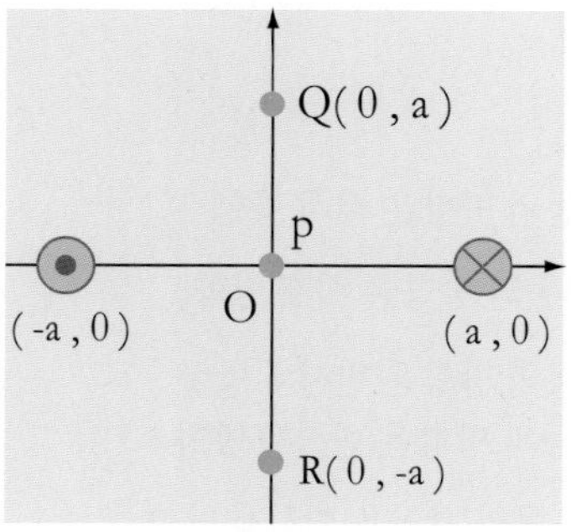

① 세 지점의 자기장의 방향과 세기가 모두 같다.
② 세 지점 모두 자기장의 방향은 같고 세기는 B_P 가 가장 작다.
③ 세 지점 모두 자기장의 방향은 같고 세기는 B_P 가 가장 크다.
④ Q 지점과 R 지점에서의 자기장의 방향은 같고, $B_P = 0$ 이다.
⑤ Q 지점과 R 지점에서의 자기장의 방향은 반대이고, $B_P = 0$ 이다.

17 도선에 흐르는 전류가 그림과 같이 지면에서 수직으로 나오는 방향으로 촘촘히 겹쳐져 있을 때 A 지역과 B 지역에서의 자기장의 방향으로 옳은 것을 고르시오.

[대회 기출 유형]

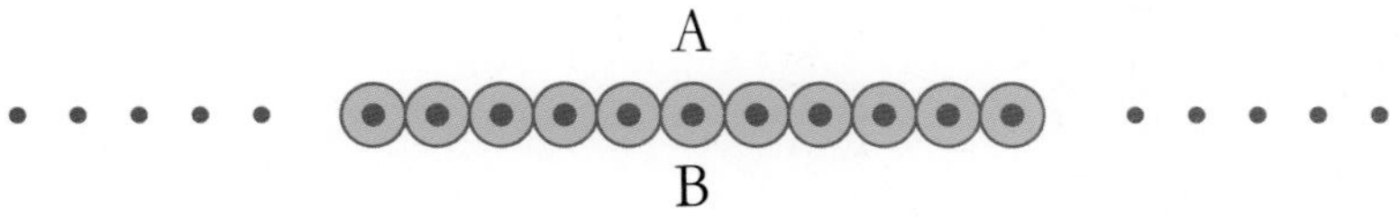

	A	B		A	B
①	→	←	②	←	→
③	↓	↑	④	↓	↓
⑤	→	→			

18 **지면에 수직하게 들어가는 방향으로 균일하게 형성된 자기장 속에서 전하량 $-q$ 인 질량 m 인 입자가 속력 v 로 자기장에 수직하게 운동을 했을 때 시계 방향의 반지름 R 의 원운동을 하였다. 만일 전하량이 $+q$ 이고 질량이 $2m$ 인 입자가 자기장에 수직 방향으로 같은 속력으로 운동을 한다면 어떤 운동을 하겠는가?**

[대회 기출 유형]

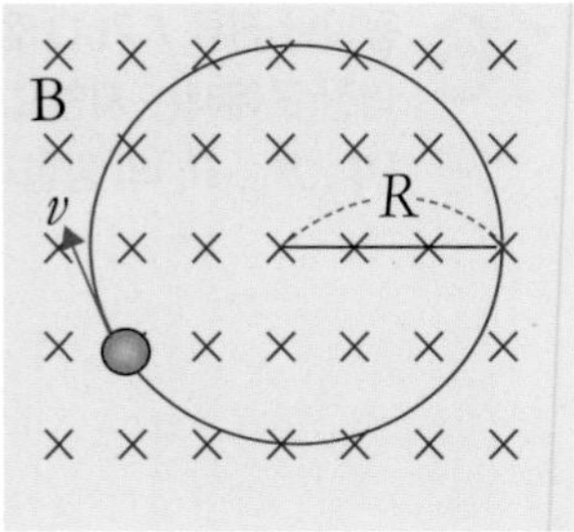

① 원운동의 반지름은 2 배, 원운동의 방향은 시계 방향

② 원운동의 반지름은 $\frac{1}{2}$ 배, 원운동의 방향은 시계 방향

③ 원운동의 반지름은 2 배, 원운동의 방향은 반시계 방향

④ 원운동의 반지름은 같고, 원운동의 방향은 반시계 방향

⑤ 원운동의 반지름은 $\frac{1}{2}$ 배, 원운동의 방향은 반시계 방향

19 **내부 저항을 무시할 수 있는 기전력이 8 V 인 전지, 저항값이 2 Ω 인 저항 2 개, 전기 용량이 100 μF 인 축전기, 그리고 스위치 S 가 연결된 회로이다.**

[중학생물리대회 기출 유형]

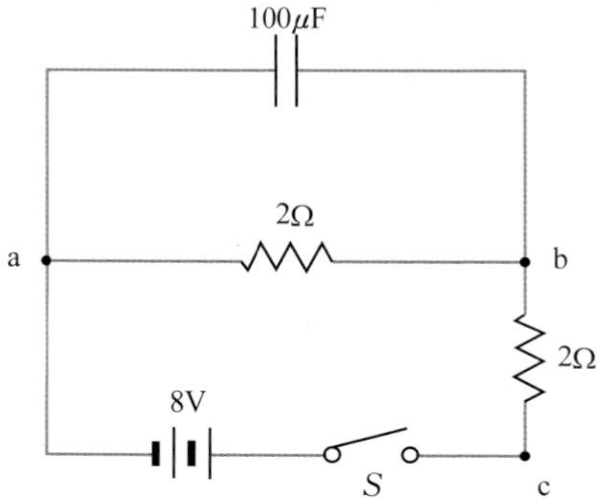

(1) 스위치 S 를 닫은 직후, b 와 c 사이에 흐르는 전류는 몇 A 인가?

(2) 스위치 S 를 닫은 후 b 와 c 사이에 3 A 의 전류가 흐르고 있을 때, a 와 b 사이의 저항에 흐르는 전류는 몇 A 인가?

(3) 스위치 S 를 닫은 후 충분한 시간이 지났을 때 축전기에 충전된 전하량은 몇 C 인가?

(4) 스위치 S 를 닫은 후 충분한 시간이 지났을 때 b 와 c 사이에 흐르는 전류는 몇 A 인가?

(5) 스위치 S 를 닫은 후 충분한 시간이 지난 다음 스위치 S 를 여는 순간, a 와 b 사에에 흐르는 전류는 몇 A 인가?

20 전기 용량이 C 로 같은 세 개의 축전기 C_1, C_2, C_3 를 저항값이 R 인 저항과 스위치 S_1, S_2, 전압이 V 로 일정한 전원 장치에 연결하였다. 이에 대한 설명으로 옳은 것만을 있는 대로 고르시오.

[중학생물리대회 기출 유형]

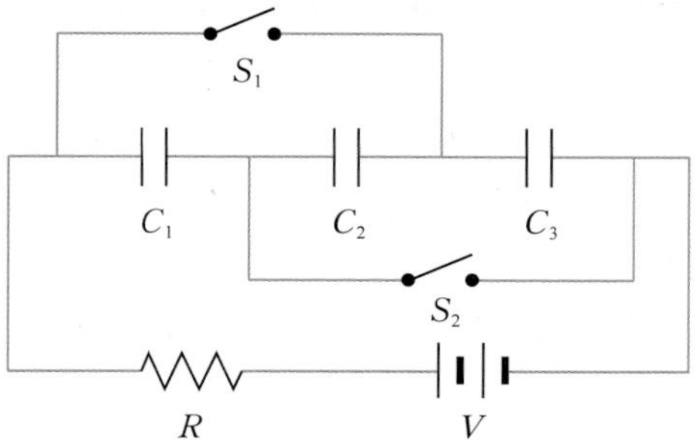

① 스위치 S_1 만 닫았을 경우, 전기 용량은 $\frac{3}{2}C$ 이다.
② 스위치 S_2 만 닫았을 경우, C_2 에는 전하가 충전되지 않는다.
③ 저항값 R 이 클수록 축전기가 완전히 충전되는 시간은 빨라진다.
④ 스위치를 모두 닫았을 경우, C_2 의 오른쪽 판에는 양전하가 충전된다.
⑤ 회로의 합성 전기 용량을 가장 크게 하기 위해서는 스위치를 모두 닫아야 한다.

21 나침반의 남쪽에서 동쪽으로 30° 방향과 60° 방향의 같은 거리에 두 개의 도선 A, B 가 있다. 도선 A, B 에는 지면을 연직으로 뚫고 나오는 방향으로 전류가 흐를 수 있도록 회로에 연결되어 있다. 도선 A 에만 전류 I_1 을 흐르게 하였더니 나침반의 N 극이 반시계 방향으로 90° 회전하여 서쪽을 가리켰고, 도선 A, B 모두에 전류 I_1, I_2 가 흐르게 하였더니 I_1 만 흐를 때보다 반시계 방향으로 30° 더 회전하였다. $\frac{I_1}{I_2}$ 를 구하시오.

[중학생물리대회 기출 유형]

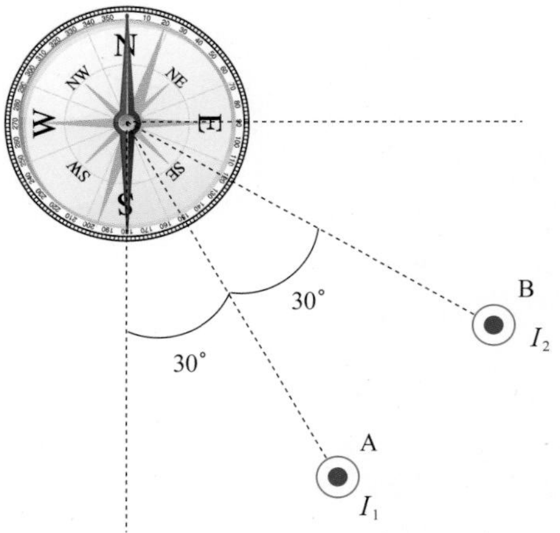

22 크기가 B 인 균일한 자기장이 종이면에 수직으로 들어가는 방향으로 걸려 있다. 자기장 위에 질량이 m, 전하량이 $-q$ 인 도체 구 A가 자기장에 수직으로 초기 속력 v_0 로 운동하기 시작한 후, 이 도체 구가 거리 d 에 정지해 있던 질량 $2m$ 인 같은 크기의 중성 도체구 B와 정면 탄성 충돌하였다. 이후 두 도체 구가 다시 충돌하기까지 걸리는 시간은? (단, 두 입자 사이의 전기력은 무시한다.)

[중학생물리대회 기출 유형]

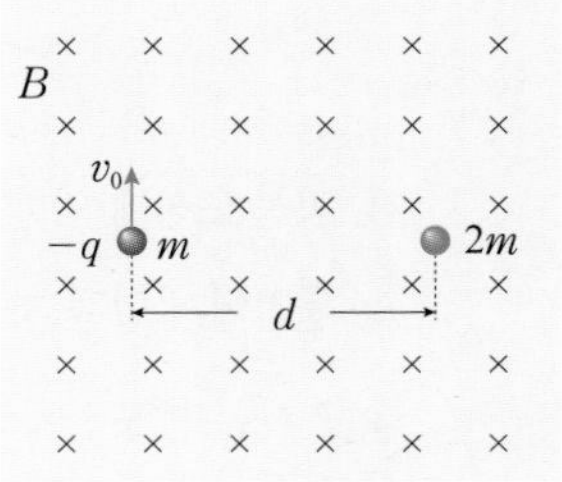

23 크기가 B 인 균일한 자기장이 종이면에 수직으로 들어가는 방향으로 걸려 있다. 자기장 위에 O 점을 중심으로 한 두 원형 도선이 저항 R 과 연결되어 있고, 그 위를 도체 막대가 일정한 각속도 ω 로 회전하고 있다. 두 원형 도선의 반지름은 각각 r, $2r$ 이다. 도체 막대가 원형 도선 위에서 회전하고 있는 동안, 저항 R 에서 소비되는 전력을 구하시오.

[중학생물리대회 기출 유형]

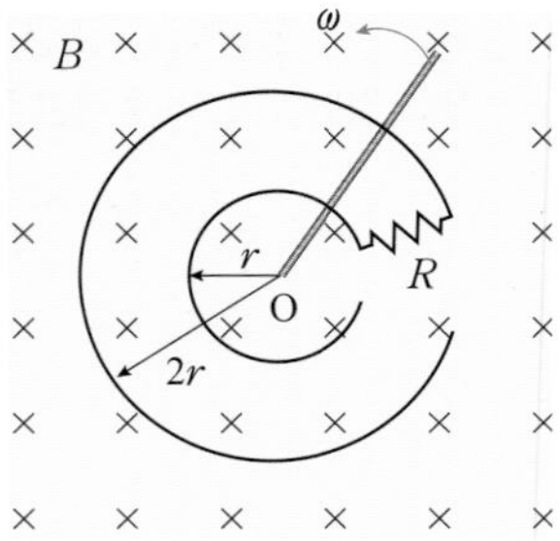

24 일정한 전류 I 가 흐르는 두 무한 직선 도선이 x 축으로부터 각각 거리 d 만큼 떨어져 y 축과 교차한다. 전류는 모두 xy 평면에서 수직으로 나오는 방향으로 흐른다. x 축 상에서 자기장 크기가 최대인 지점과 그 지점에서의 자기장 크기를 구하시오. (자기장 크기를 구할 때 비례 상수 k 를 포함시키시오.)

[중학생물리대회 기출 유형]

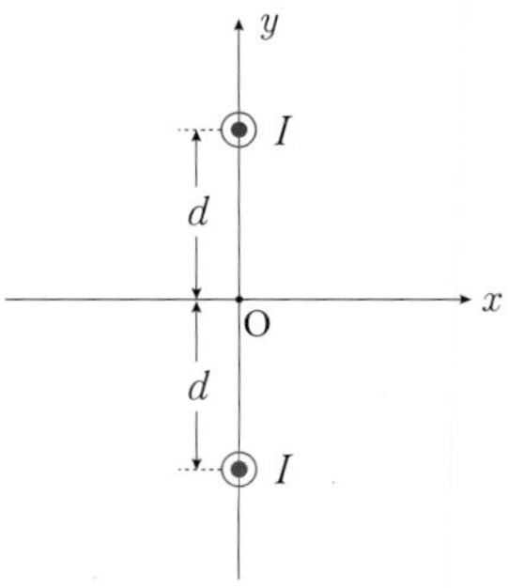

25 xy 평면상에서 반지름 R, $2R$, $3R$, $2R$ 인 4개의 사분원과 이들을 잇는 직선으로 이어진 도선 고리에 전류 I 가 시계 방향으로 흐르고 있다. 원점에서의 자기장에 대한 설명으로 옳은 것만을 있는 대로 고르시오. (단, 반지름 r 인 원형 도선에 전류 i 가 흐를 때, 원의 중심에서 원형 전류에 의한 자기장의 세기 $B = k'\dfrac{i}{r}$ 로 주어진다.)

[중학생물리대회 기출 유형]

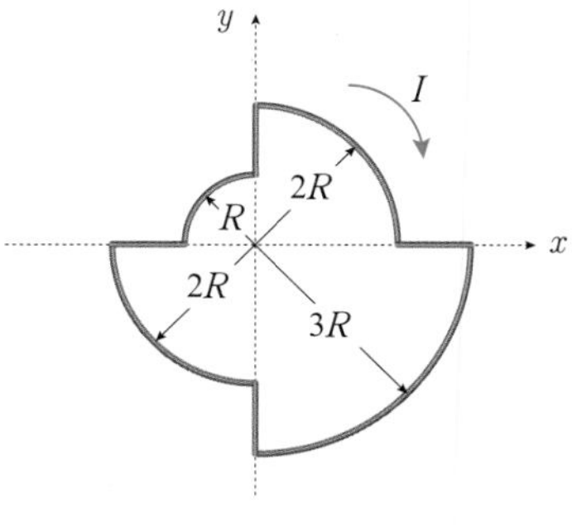

① 직선 도선에 의한 자기장은 0 이다.

② 원점에서 알짜 자기장의 세기는 $\dfrac{7k'I}{12R}$ 이다.

③ 2 사분면 도선에 의한 자기장의 방향은 xy 평면에 수직인 방향이다.

④ 1 사분면 도선에 의한 자기장과 3 사분면 도선에 의한 자기장은 크기는 같지만 방향은 다르다.

⑤ 1 사분면 도선과 3 사분면 도선에 의한 합성 자기장의 크기는 2 사분면 도선과 4 사분면 도선에 의한 합성 자기장의 크기와 같다.

26 **거리 d 인 두 평행 도체판 사이에 균일한 전기장 E 가 걸려 있다. 양(+)으로 대전된 도체판 위에서 정지해 있던 질량 m, 전하량 $+q$ 인 입자가 가속되어 균일한 자기장 B 영역에 입사한다. 종이면에 대해 전기장은 평행하고, 자기장은 수직으로 들어가는 방향이다. 물음에 답하시오. (단, 중력은 무시하고, 도체판의 두께와 구멍 크기는 충분히 작다.)**

[중학생물리대회 기출 유형]

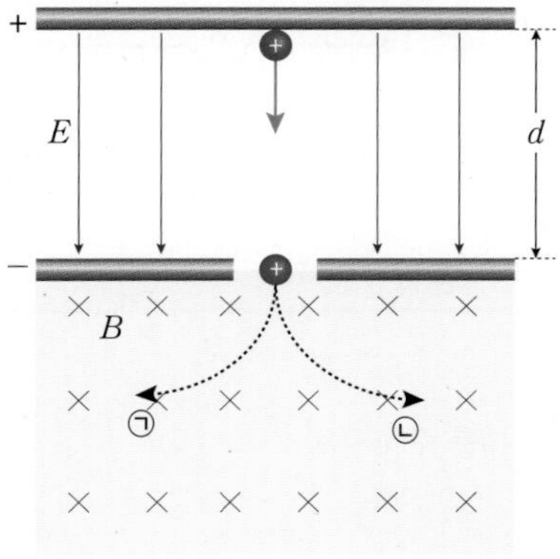

(1) 자기장 영역에 도달했을 때 입자의 회전 방향은 ㉠ 과 ㉡ 중 어느 방향인가?

(2) 자기장 영역에 도달했을 때 입자의 속도의 크기를 구하시오.

(3) 자기장 영역에 도달했을 때 입자의 회전 반지름을 구하시오.

27 **그림은 코일, 평행판 축전기 2 개, 저항, 교류 전원을 연결한 교류 회로를 나타낸 것이다. 저항의 저항값은 1 Ω 이고, 코일의 자체 유도 계수는 4 H 이며, 축전기 C_1, C_2 의 전기 용량은 각각 3 μF, 6 μF 이다. 이 회로의 전류가 최대가 되는 교류 전원의 진동수를 구하시오.**

[중학생물리대회 기출 유형]

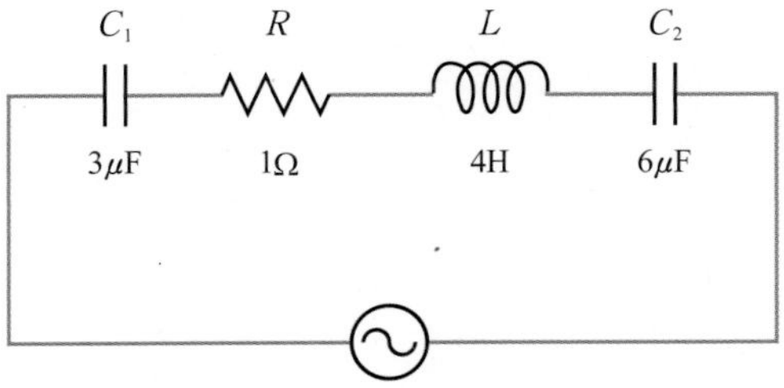

28 그림은 저항 값이 R_1, R_2 인 두 저항, 인덕턴스가 L 인 코일, 스위치 S 가 전압 V 인 전지에 연결된 회로를 나타낸 것이다. 전지의 내부 저항을 무시할 때, 다음 물음에 답하시오.

[중학생물리대회 기출 유형]

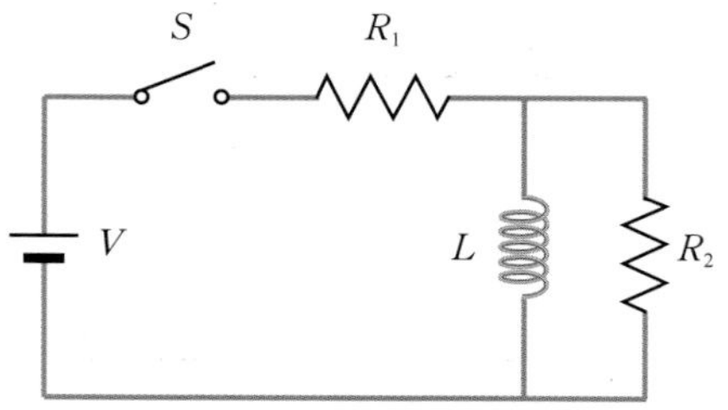

(1) 스위치 S 를 닫는 순간 코일에 흐르는 전류를 구하시오.

(2) 스위치 S 를 닫는 순간 저항 R_2 에 걸리는 전압을 구하시오.

(3) 스위치 S 를 닫고 시간이 충분히 지났을 때 코일에 흐르는 전류를 구하시오.

29 그림은 진동수가 f 이고, 전압의 최댓값이 일정한 교류 전원 V_{in} 에 전기 용량이 C 인 축전기와 저항값이 R 인 저항이 연결된 회로를 나타낸 것이다. 출력 단자의 전압 V_{out} 에 대한 설명으로 옳은 것만을 <보기> 에서 있는 대로 고르시오.

[중학생물리대회 기출 유형]

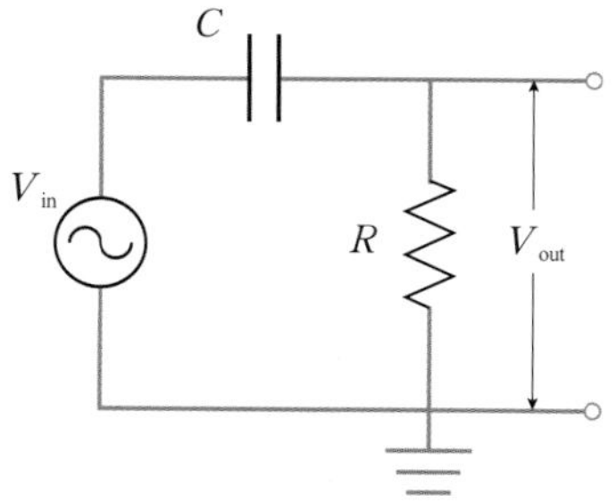

보기

ㄱ. f 가 작을수록 V_{out} 의 크기는 작아진다.

ㄴ. V_{out} 의 크기는 $f = \dfrac{1}{2\pi\sqrt{RC}}$ 일 때 최대가 된다.

ㄷ. V_{in} 과 V_{out} 의 위상이 서로 같다.

30 **그림 (가)는 반지름이 2a 인 원형 도선에 세기가 I 인 전류가 화살표 방향으로 흐르는 것을 나타낸 것이고, 그림 (나)는 중심이 같고 반지름이 각각 a, 2a 인 원형 도선에 세기가 I 인 전류가 화살표와 같이 서로 반대 방향으로 흐르는 것을 나타낸 것이다. 점 P, Q 는 원형 도선의 중심이다. 점 P 에서 전류에 의한 자기장의 세기는 B 이다. 점 Q 에서 전류에 의한 자기장의 세기와 방향을 바르게 짝지은 것은? (단, 모든 원형 도선은 종이 면에 놓여 있다.)**

[수능 기출 유형]

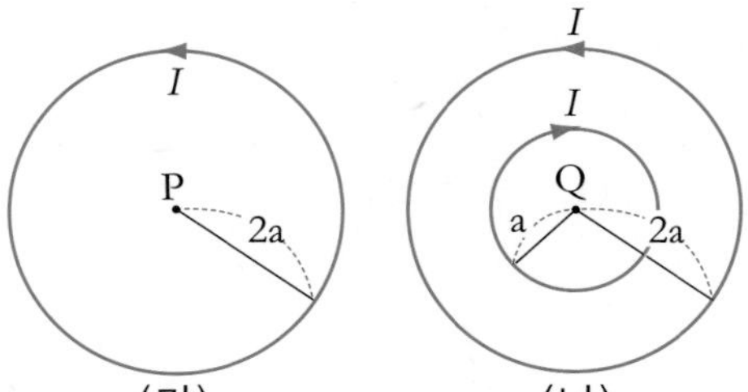

(가) (나)

	자기장의 세기	자기장의 방향
①	B	종이 면에 수직으로 나오는 방향
②	B	종이 면에 수직으로 들어가는 방향
③	$2B$	종이 면에 수직으로 나오는 방향
④	$2B$	종이 면에 수직으로 들어가는 방향
⑤	$4B$	종이 면에 수직으로 나오는 방향

31 **질량이 m 인 자석이 N 극을 아래로 하여 코일의 중심을 향해 떨어지고 있다. 코일은 원통형 나무에 감겨 있으며 검류계에 연결되어 있다. 자석이 높이 h 만큼 떨어지는 동안 검류계 바늘이 움직였다. 이에 대한 설명으로 옳은 것만을 <보기>에서 있는 대로 고른 것은? (단, 중력 가속도는 g 이며, 공기의 저항은 무시한다.)**

[수능 기출 유형]

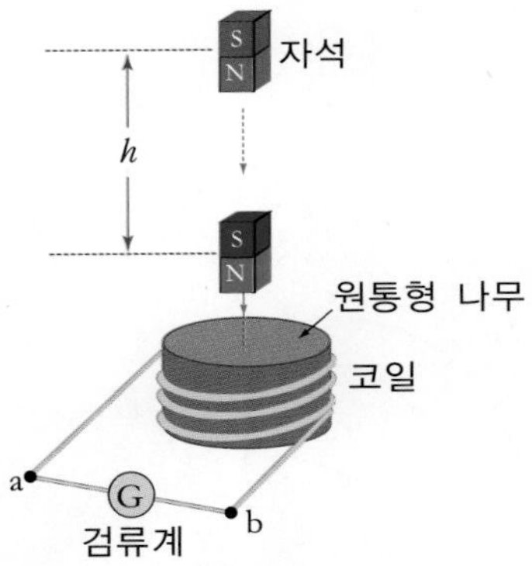

보기

ㄱ. 유도 전류는 a → 검류계 → b 로 흐른다.
ㄴ. 코일의 유도 전류에 의한 자기장이 자석에 작용하는 힘의 방향은 자석의 운동 방향과 같다.
ㄷ. 자석이 h 만큼 떨어졌을 때 자석의 운동 에너지의 증가량은 mgh 보다 크다.

① ㄱ ② ㄷ ③ ㄷ ④ ㄱ, ㄴ ⑤ ㄴ, ㄷ

오로라 (aurora : 극광)

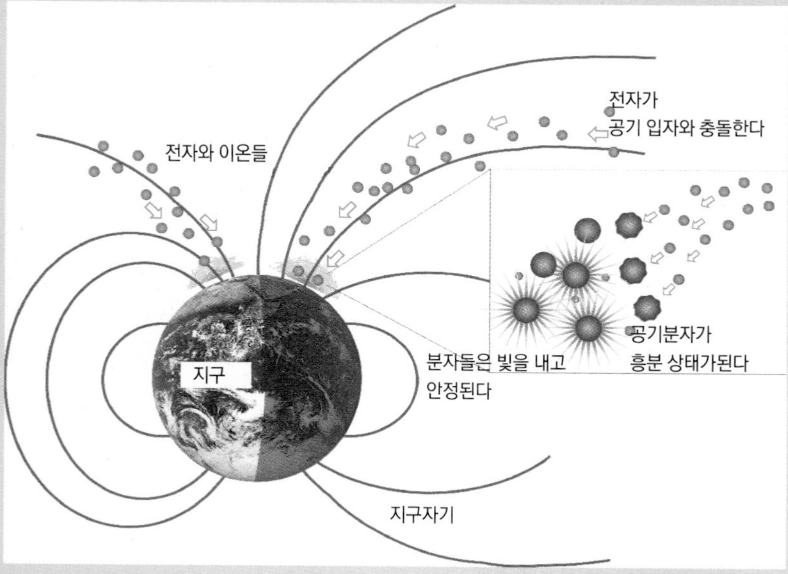

태양풍(solar wind)은 태양에서 우주 공간으로 쏟아져 나가는 전자, 양성자, 헬륨 원자핵 등으로 이루어진 대전 입자의 흐름을 말한다. 태양으로부터 지구 사이에는 1㎤ 당 1 ~ 10개의 입자가 있으며, 평균 속도는 500㎞/s이다. 지구를 향해서 오는 태양풍은 지구의 커다란 자기장에 의해서 차단되기는 하나 지구를 덮는 정도가 강하면 지구의 자기가 뒤틀리는 현상(자기 폭풍)을 일으키기도 한다.

자기 폭풍이 일어날 때 극지방의 상공에서는 오로라의 발생뿐만 아니라 강력한 전류도 발생한다. 전류가 전리층을 따라 흐르는 동안 지상에 위치한 송전선이나 원유, 송유관 같은 거대한 도체에 유도 전류를 발생시켜 많은 피해를 일으킬 수 있다

Imagine Infinitely

태양풍은 지구 근처의 공기 분자와 충돌을 일으켜 공기 분자가 빛을 내게 만든다. 즉, 높이 100km에 이르는 빛의 장막인 오로라가 만들어지는 원인이 되는 것이다.

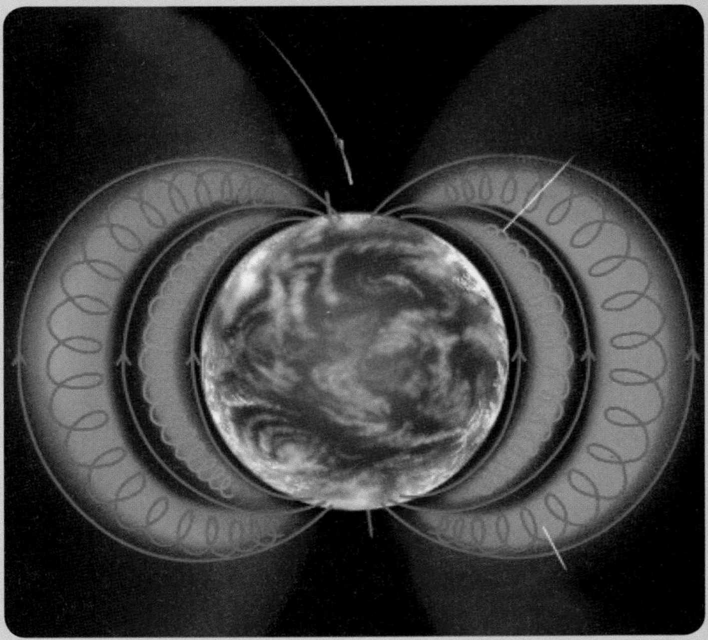

오로라의 색과 모양은 다양하다. 가장 보편적인 색은 녹색 혹은 황록색으로 때로는 적색, 황색, 청색과 보라색이 보이기도 한다. 오로라(aurora)는 새벽이란 뜻의 라틴어로, 1621년 프랑스의 과학자 피에르 가센디가 로마 신화에 등장하는 여명의 신 아우로라(Aurora, 그리스 신화의 에오스)의 이름을 딴 것이다.
오로라는 보통 극지방에서 관찰하는 것으로 알려져 있으나 위도 60° ~ 80°에서도 볼 수 있다.

오로라 발생의 직접적인 원인이 우주에서 오는 전자, 양성자 등이고 이러한 입자들은 빠른 속도로 지구를 향해 돌진한다. 지구는 커다란 자석이므로 입자들은 지구 자기장 속에서 원운동이나 나선 운동을 하게 된다. 즉, 지구 자기장에 갇히는 것이다. 이렇게 대전 입자들이 갇혀있는 곳을 반알렌대라고 한다. 반알렌대는 지구와 멀리 떨어져 있으나 극지방 만큼은 지구에 닿아 있으므로 공기 분자와의 충돌 현상이 일어나 공기 분자가 빛을 내므로 극지방에서 오로라 현상을 볼 수 있는 것이다.

정답 p 49

Q 오로라는 무엇이며 어디서 관찰할 수 있는가?

Physics

VII

07 파동과 빛, 소리

하늘은 왜 파란색일까? 저녁노을은 왜 붉은 색일까?

1. 파동

(1) 파동의 진행

① **물결파의 발생** : 잔잔한 수면에 돌을 떨어뜨리면 물결파가 생겨 퍼져 나간다. 돌을 떨어뜨린 부분의 물이 아래로 내려가면서 물을 밀어내게 되고, 그 다음 순간 물이 밀려들어오면서 수면의 낮아졌던 부분이 다시 이전과 같이 되지만, 관성 때문에 수면은 처음보다 더 높이 올라가게 된다. 그러면 주위에 수면이 낮아지는 부분이 생기게 되고, 다시 물이 밀려들어오는 과정을 반복하며 물결파가 퍼져 나가게 된다. 결국 복원력과 관성에 의해서 한 곳에서의 진동이 물과 같은 매질을 통하여 사방으로 퍼져나가는 현상이 파동(wave)이며 매질 자체가 퍼져 나가는 것이 아니라 매질을 통하여 에너지가 전달되는 과정이다[1].

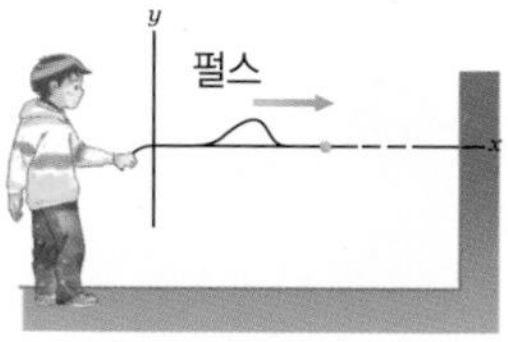

▲ 끈이 매질인 펄스파[2]의 진행

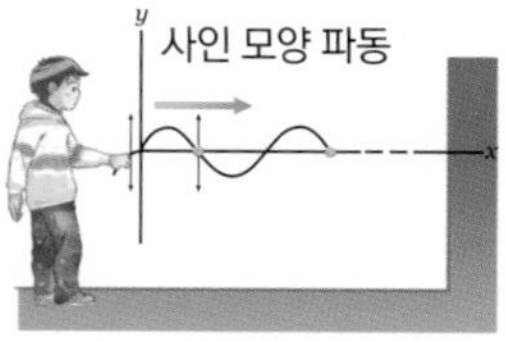

▲ 끈이 매질인 사인파[3]의 진행

② **파원** : 파동이 발생하는 곳을 말한다.

③ **매질** : 어떤 파동 또는 물리적 작용을 한 곳에서 다른 곳으로 옮겨 주는 매개물이다. ㉠ 끈, 물, 공기(소리), 용수철(탄성파[4]), 땅(지진파[5]) 등

(2) 파동의 종류와 표시

① **종파와 횡파**

- **횡파** : 매질의 진동 방향과 파동의 진행 방향이 서로 수직이다.
  ㉠ 지진파의 S 파, 물결파, 빛 등
- **종파** : 매질의 진동 방향과 파동의 진행 방향이 서로 평행한 소밀파이다.
  ㉠ 지진파의 P 파, 소리 등

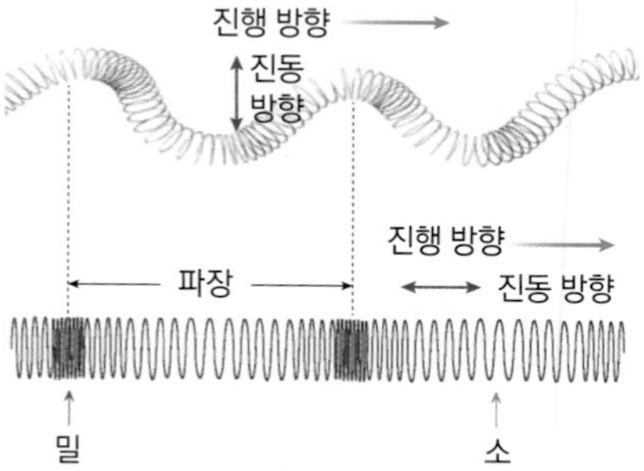

② **파동의 표시** : 가장 높이 올라오는 부분을 마루, 가장 낮은 부분을 골, 매질이 1 회 진동시 이동 거리(마루와 마루, 골과 골의 거리)를 파장, 진동 중심에서 마루의 높이를 진폭이라 한다.

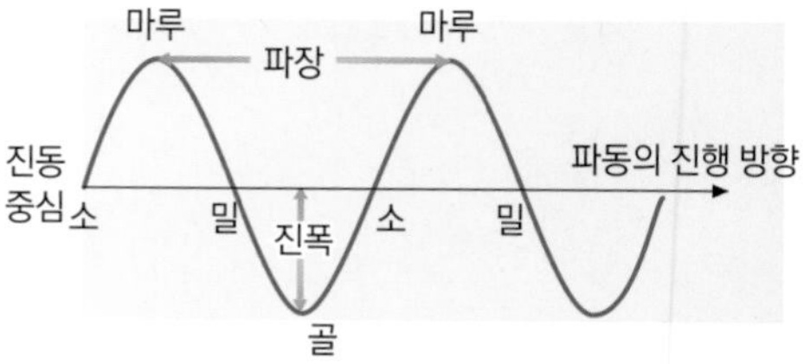

③ **주기와 진동수**

- **주기**(T) : 매질의 한 점이 1 회 진동하는 시간 (초)
- **진동수**(f) : 매질의 한 점이 1 초 동안 진동하는 횟수 [단위 : Hz(헤르츠)]

→ 주기와 진동수의 관계는 서로 역수 관계이다. $T = \frac{1}{f}$, $f = \frac{1}{T}$

㉠ 1 초에 5 회 진동한다면 진동수는 5 Hz, 주기는 $\frac{1}{5}$ (0.2초) 이다.

---

❶ **파동과 에너지**

파동은 에너지가 전달되는 과정이다. 파도는 커다란 에너지를 운반한다.

❷ **펄스파**

한 곳에서의 순간적인 진동이 전달되는 파동이다.

❸ **사인파**

파동의 모양이 사인 함수 모양과 같다고 해서 이름 붙여진 파동이다.
용수철 진자가 연직 상하로 진동하는 경우 수평으로 연결된 줄에는 사인파가 만들어 진다.

❹ **탄성파**

용수철이나 수면처럼 탄성을 지닌 매질을 통하여 이동하는 파동이다.

❺ **지진파의 종파(P파)와 횡파(S파)**

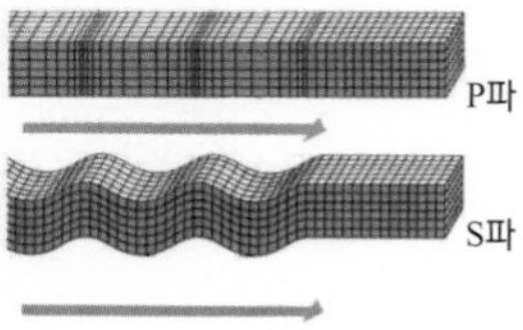

매질이 필요 없는 파동

빛, 전파, X선 등의 전자기파는 매질이 없는 진공에서도 전파할 수 있다.

(3) 파동의 진행 속도

① **파동이 진행해 가는 모습** : 용수철에 추를 매달고 추에 수평 방향으로 끈을 맨 상태에서 용수철을 상하로 진동시키면 끈이 매질인 파동(횡파)이 만들어 진다.

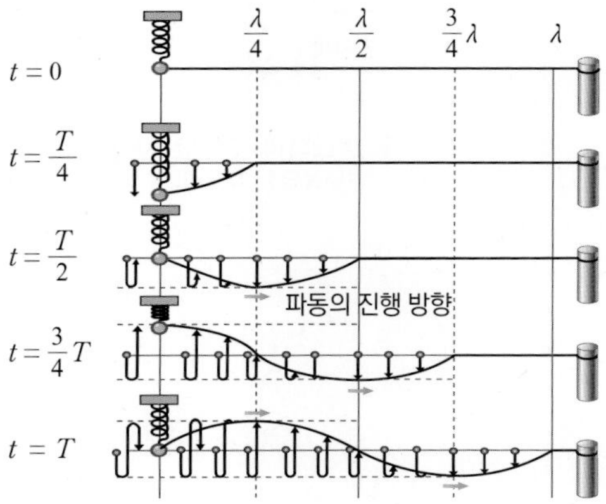

추가 한번 진동하여 원래의 위치로 돌아오는 시간(T) 동안 매질은 차례로 진동을 하며 파동은 1 파장(λ ⑥) 만큼 진행한다.

파동의 진행 속도 :

$$v = \frac{\lambda}{T} = \lambda f \text{ (m/s)}$$

② **파동의 진행** : 파동은 1 주기(T) 동안 1 파장(λ) 진행한다.

③ **파동의 위상** : A_1 과 A_4, A_2 와 A_5 는 위상이 같다고 하며, A_2 와 A_3 는 위상차가 180° (π, $\frac{\lambda}{2}$: 반파장) 이다.

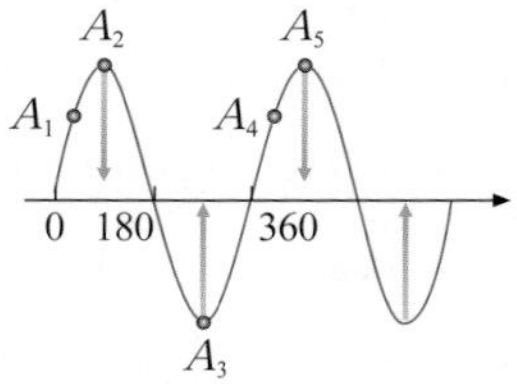

정답 p 50

Q1 오른쪽으로 진행하는 파동이 A 상태(실선)에서 B 상태(점선)으로 되는데 0.4 초가 걸렸다. 다음의 값을 구하시오.

(1) 파장(λ)

(2) 주기(T)와 진동수(f)

(3) 전파 속력(v)

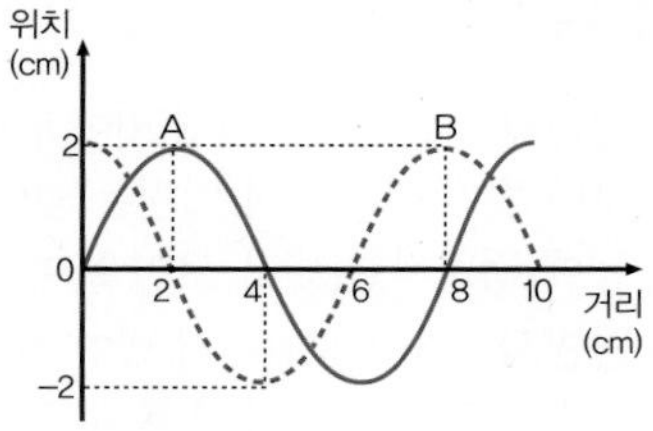

Q2 그림은 파동이 진행하는 모습이다. 2 초 후에 처음으로 똑같은 모습이 된다고 하면 1 초 후의 모습은 어떻게 될지 그려 보시오.

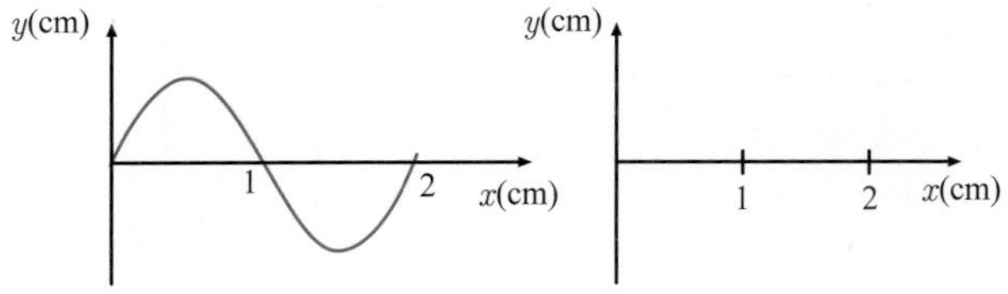

2. 파동의 반사

(1) 파동의 반사

① **파동의 반사** : 파동이 서로 다른 매질의 경계면에서 되돌아 나오는 현상이다.

② **반사 법칙**

i) 입사각 $\angle i$ = 반사각 $\angle r$

ii) 입사파와 반사파는 같은 평면 내에 있다.

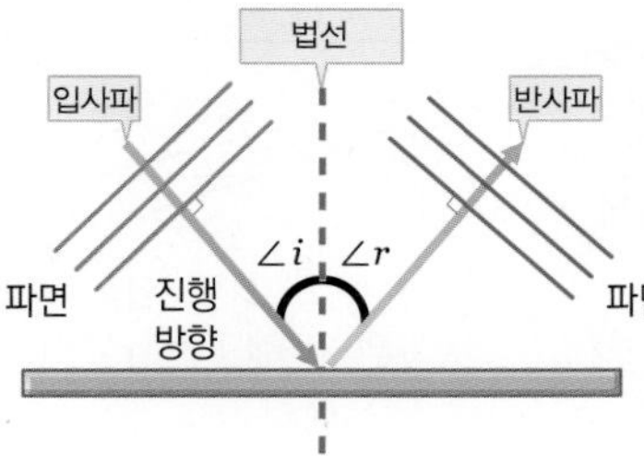

헤르츠 [R. Hertz, 1857~1894]

독일의 물리학자. 이름에서 진동수의 단위 Hz가 유래되었다.

⑥ 파장을 나타내는 문자

파장 : λ [Ramda(람다)]

파동(횡파)의 진행 방향

진행하는 횡파를 오른쪽에서 봤을 때 매질의 보이는 부분(그림의 원 부분)이 위 방향으로 운동 중이면 오른쪽으로 진행하는 파동이다.

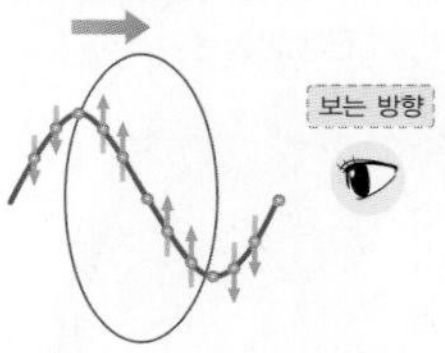

하위헌스의 원리

네덜란드의 물리학자인 하위헌스는 파동의 진행, 반사, 굴절 현상을 '파면 상의 모든 점이 파원의 역할을 한다.' 라고 풀어냈다.

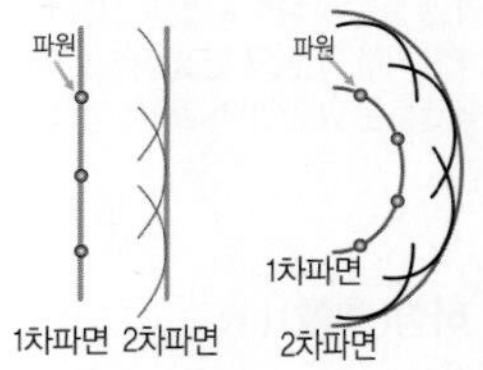

인접한 파면 사이의 거리는 1 파장이다.

구면파와 평면파

파동이 진행할 때 파면이 원형인 파동을 구면파, 파면이 직선형인 파동을 평면파라고 한다.

③ **펄스파의 반사** : 반사파 외에 투과파가 발생할 수 있다.

- **고정단** [1] **반사** : 반사파는 위상이 180°(π, $\frac{\lambda}{2}$: 반파장) 변하고, 투과파는 위상 변화가 없다.
- **자유단** [2] **반사** : 반사파, 투과파 모두 위상 변화가 없다.

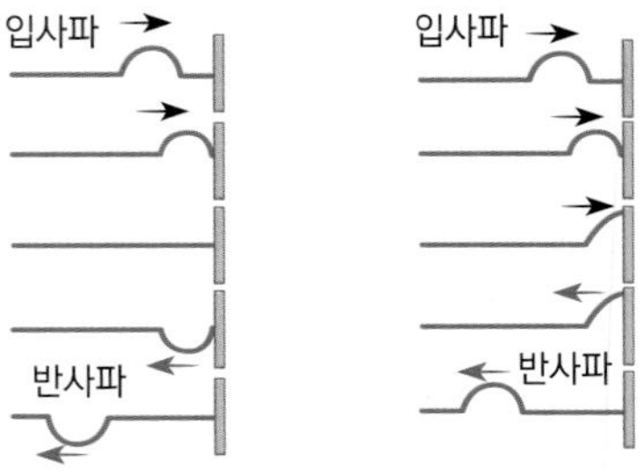

▲ 펄스파의 고정단 반사(좌)와 자유단 반사(우) : 투과파는 나타나있지 않다.

④ **파동 반사의 특징**

- 파장, 진동수, 속도가 변하지 않는다.
- 파동의 에너지가 경계면에서 일부 흡수되는 경우는 진폭이 감소한다.
- 파면과 진행 방향은 항상 수직이다. [3]

(2) 빛의 반사

① **특징** : 빛도 파동에 속하므로 반사의 법칙 ($\angle i = \angle r$)이 성립한다.

- 소한 매질(굴절률 [4] 이 작은 매질)에서 밀한 매질(굴절률이 큰 매질)로 가면서 반사할 경우 위상이 180°(π, $\frac{\lambda}{2}$: 반파장) 변한다. 고정단 반사와 같다.
- 밀한 매질에서 소한 매질로 가면서 반사할 경우 위상 변화는 없다. 자유단 반사와 같다.

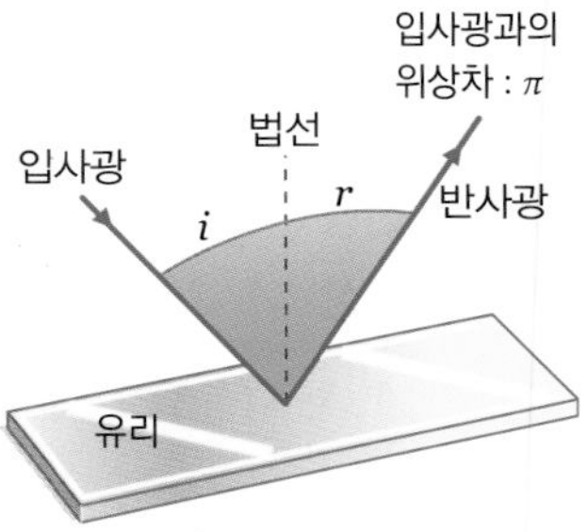

② **정반사와 난반사**

- **정반사** : 매끄러운 면에 빛이 반사하여 한쪽 방향으로만 빛이 반사하여 비치는 것이다. 전등빛이 (거울 등에)정반사한 빛을 보면 눈이 부신다.
- **난반사** : 거친 표면에서 빛이 사방으로 반사하는 것으로 물체를 사방에서 볼 수 있는 것도 난반사 때문이다.

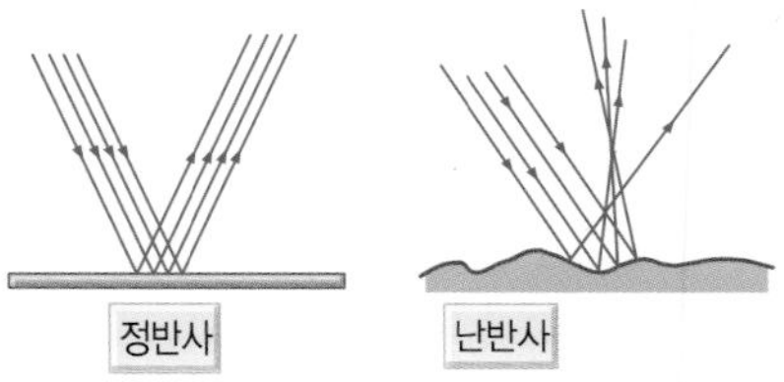

③ **거울에서의 빛의 반사**

- **평면 거울** : 물체에서 나온 빛이 거울면에서 반사하여 사람 눈에 들어온다. 사람은 거울면에 대하여 대칭인 곳에서 빛이 나오는 것으로 느낀다. 실제로 물체는 그 곳에 없는 것이므로 사람이 보는 상은 허상 [5] 이다.
  상과 물체는 거울면에 대하여 대칭이며 좌우가 바뀌어 보인다.

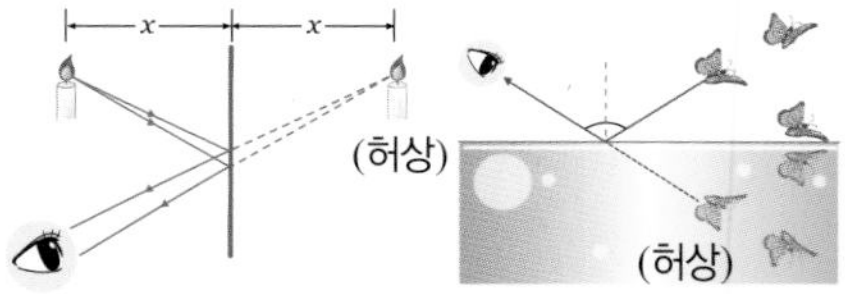

▲ 평면 거울에 의한 상

- **오목 거울** : 구면경 중 하나로 가운데가 오목한 거울이다.

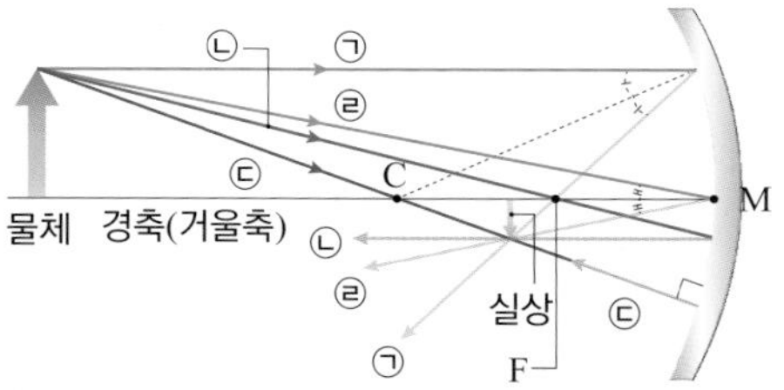

〈빛의 반사 및 물체에 의한 상〉
㉠ 경축에 평행한 빛은 반사 후 초점(F)을 통과한다.
㉡ 초점을 통과한 빛은 반사 후 경축에 나란하게 간다.
㉢ 구심(C) [6] 를 통과한 빛은 왔던 길을 되돌아 간다.
㉣ 경심(M)으로 들어온 빛은 경축을 법선으로하여 반사한다.

---

1 고정단

끝이 고정되었다는 뜻으로 여기서는 소(가벼운)한 매질에서 밀(무거운)한 매질의 경계면에서 반사하는 경우이다. 공기에서 물로 파동이 진행하는 경우와 비유된다. 경계면에서의 매질에 의한 반작용이 위상을 180° 변화시킨다.

2 자유단

끝이 자유롭게 움직일 수 있게 되었다는 뜻으로 밀한 매질(굴절률이 큼)에서 소한 매질 사이에서 반사하는 경우이다.

굵기가 다른 끈이 연결된 경우

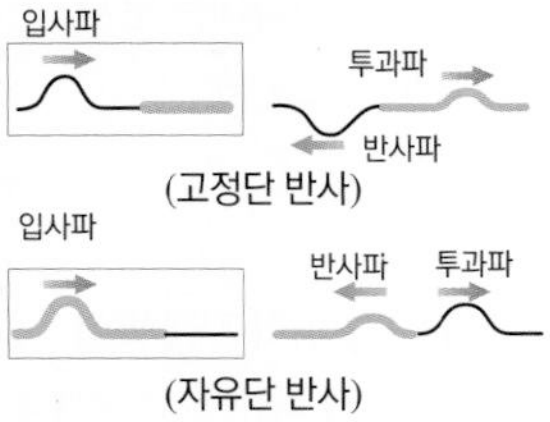

3 평면파의 구면에서의 반사

구면의 초점을 향하여 반사파가 진행하며, 파면과 진행 방향은 수직이다.

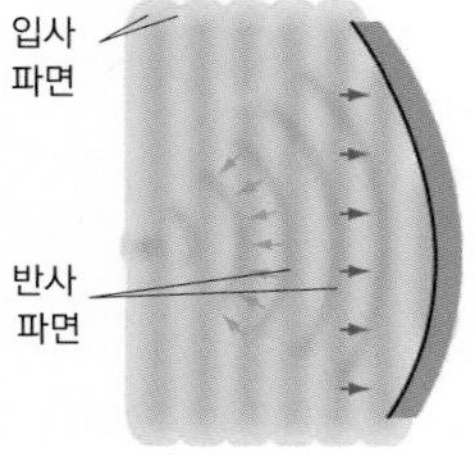

4 굴절률

매질의 굴절률이 클수록 빛이 진행하는 속도가 느리다. 진공의 굴절률이 1 이며 다른 매질들은 이 값과 비교해서 정한다.

5 허상(虛像)

실제로 빛이 나오는 물체를 보는 것이 아니라 그곳에 있다고 느끼는 상이다.
실제로 빛이 나와서 사람이 보는 상은 실상(實像)이라고 한다.

6 구심(C)

거울이 구면의 일부인 구면경일 때, 이 구의 중심을 구심이라고 한다. 구심까지의 거리(r)는 초점 거리(f)의 2배이다.

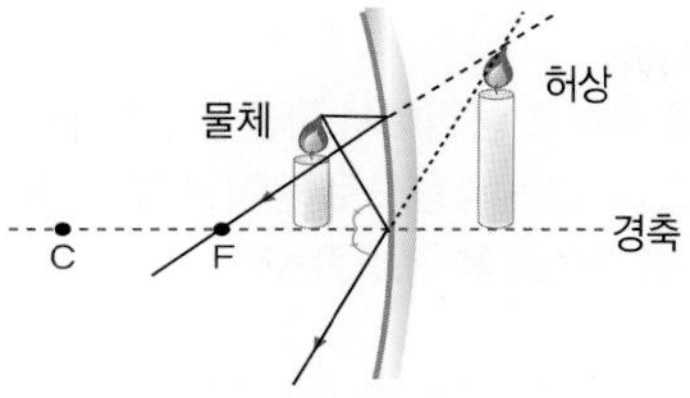

▲ 물체가 초점 안에 있을 때
: 확대된 정립 허상

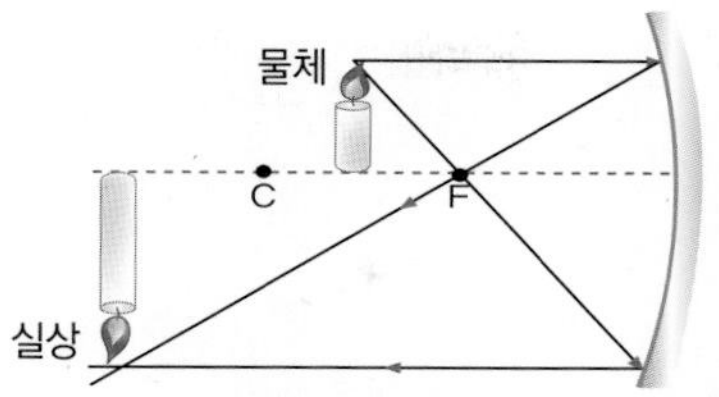

▲ 물체가 초점 밖에 있을 때
: 확대, 축소된 도립 실상

- **볼록 거울** : 구면경[7] 중 하나로 가운데가 볼록한 거울이며, 허초점이 있다.

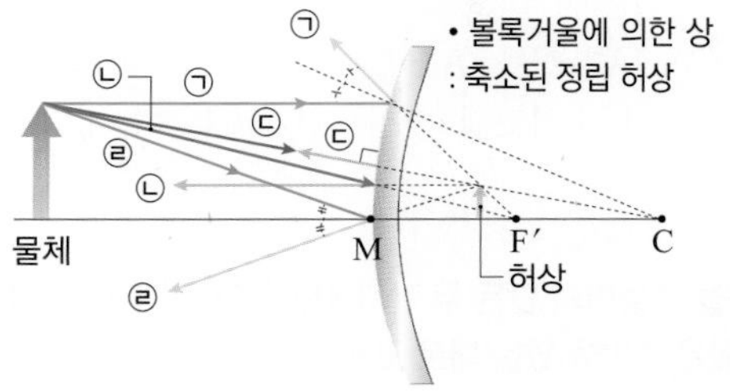

〈빛의 반사 및 물체에 의한 상〉
㉠ 경축에 평행한 빛은 반사 후 허초점(F')에서 나간 것처럼 반사한다.
㉡ 허초점을 향한 빛은 반사 후 경축에 나란하게 반사한다.
㉢ 구심(C)를 향한 빛은 왔던 길을 되돌아간다.
㉣ 경심(M)으로 들어온 빛은 법선을 경축으로 하여 반사한다.

- **구면 거울 공식** : 상이 생기는 위치가 경심(M)에서 멀어질수록 상의 크기는 커진다.

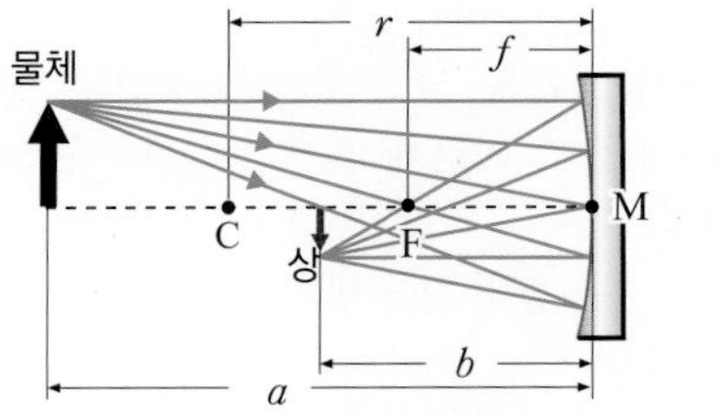

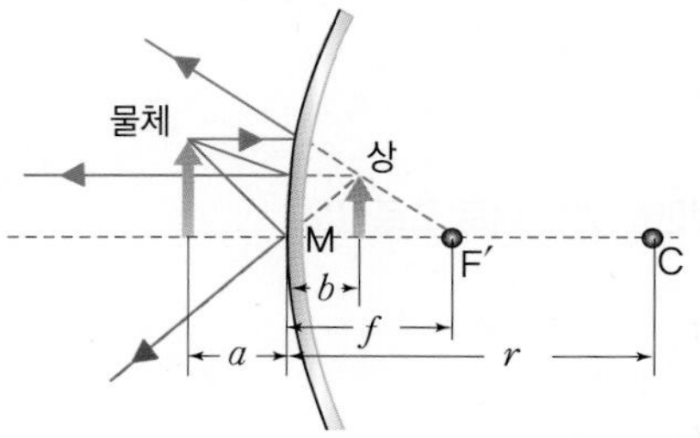

$$\frac{1}{a} + \frac{1}{b} = \frac{1}{f} = \frac{2}{r}, \quad m(\text{배율}) = \frac{b}{a}$$

a : 물체까지의 거리, b : 상까지의 거리 [실상(+), 허상(−)]
f : 초점 거리 [허초점(−)], r : 구심 거리(= $2f$)

정답 p 50

Q3 그림처럼 오목 거울과 볼록 거울 앞에 물체가 위치해 있다. 상을 작도하고, 어떤 상이 생기는지 표시해 보시오.

(가)

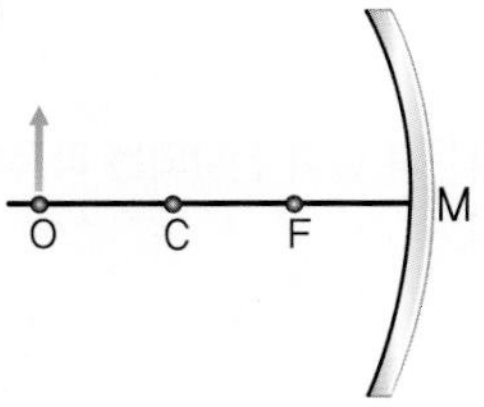

(나)

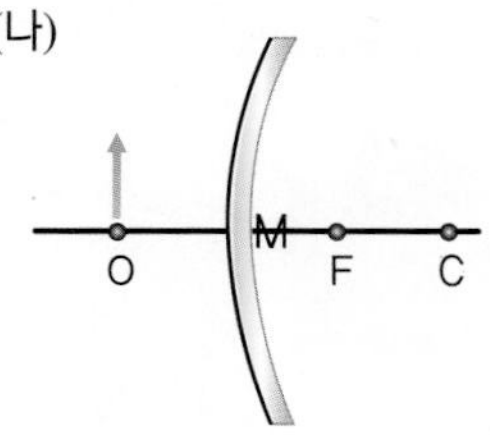

Q4 초점 거리 20 cm 인 오목 거울 앞 10 cm 되는 곳에 물체를 놓았을 때 생기는 상의 종류와 위치를 구하시오.

오목 거울의 이용

평행하게 들어오는 태양광선을 초점에 모이게 해서 높은 열을 낼 수 있다.

초점(F), 허초점(F')

나란하게 들어온 빛은 오목 거울에 의해 반사하면 초점에 모이고, 볼록 거울에 의해 반사하면 허초점에서 나간 것처럼 반사한다.

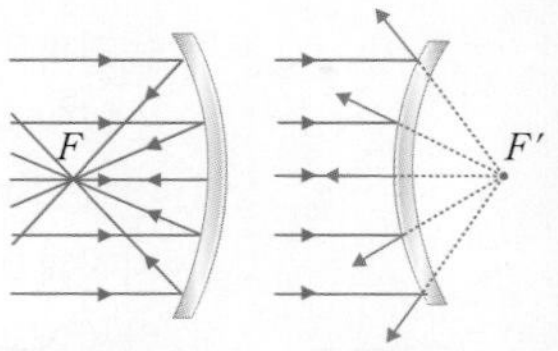

▲ 오목 거울 ▲ 볼록 거울

7 구면경

구의 일부가 반사면인 거울을 말한다.

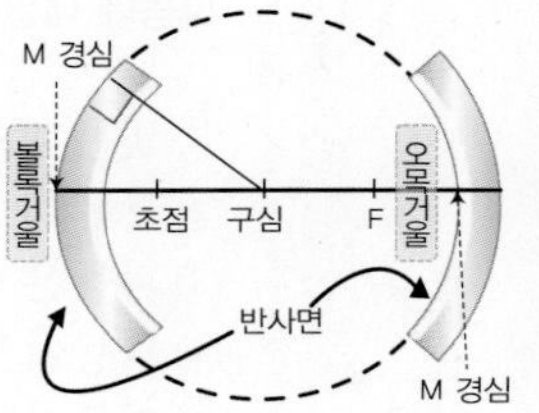

도립상과 정립상

- 도립(倒立)상 : 거꾸로 선 상
- 정립(正立)상 : 똑바로 선 상

사람이 상을 보는 원리

상으로부터 빛이 오는 것으로 느낀다.

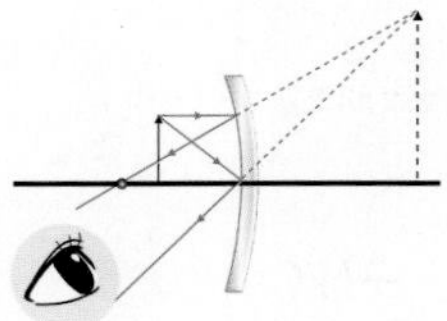

개념 확인 문제

파동

01 파동이 아닌 것은?

① 메아리 ② 파도 ③ TV 소리
④ 바람 ⑤ 번개

02 매질에 대한 설명이다. 옳지 않은 것을 고르시오.

① 물결파의 매질은 물이다.
② 소리의 매질은 공기이다.
③ 전파의 매질은 전선이다.
④ 지진파의 매질은 땅(지각)이다.
⑤ 탄성파의 매질로 용수철이 될 수 있다.

03 파동에 대한 설명으로 옳은 것만을 있는 대로 고르시오.

① 빛은 파동이 아니다.
② 모든 파동은 매질을 통해 전달된다.
③ 파동은 에너지를 전달하는 형태이다.
④ 파동이 발생하는 곳을 파원이라고 한다.
⑤ 파동이 전파할 때 매질도 함께 이동한다.
⑥ 고체, 액체, 기체 모두 매질이 될 수 있다.

04 물결파가 진행할 때 앞에 떠 있는 나뭇잎의 운동에 대해 바르게 설명한 것은?

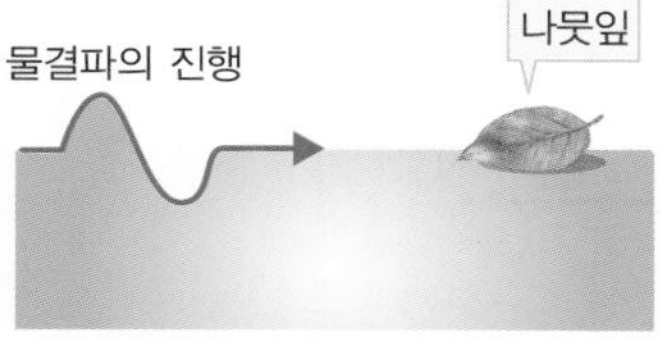

① 원운동한다.
② 왼쪽으로 진행한다.
③ 올라갔다가 내려온다.
④ 내려갔다가 올라온다.
⑤ 왼쪽과 오른쪽으로 진동한다.

05 용수철을 상하로 움직여서 파동을 만든 모습이다. 파동이 화살표와 같은 방향으로 움직일 때 A, B, C 점은 각각 어느 방향으로 움직이겠는가?

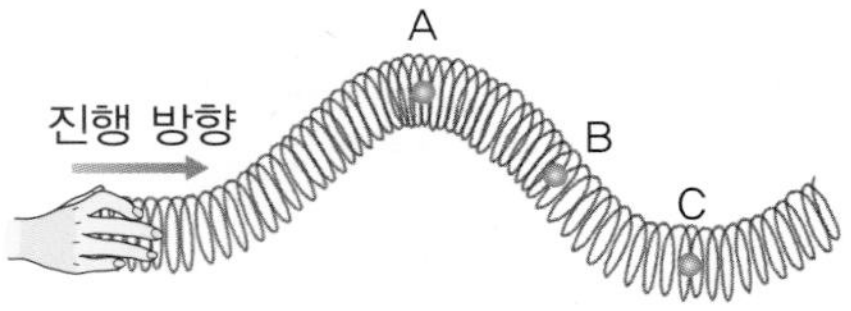

①	②	③	④	⑤
A B C	A B C	A B C	A B C	A B C
↓ ↓ ↑	↓ ↑ ↑	↓ ↑ ↓	↑ ↓ ↑	↑ ↓ ↓

06 용수철을 흔들어서 만든 두 가지 파동이다. 이에 대한 설명 중 옳은 것만을 있는 대로 고르시오.

(A) (B)

① (A)의 예로는 소리가 있고, (B)의 예로는 전파가 있다.
② (A)에서는 파장을 알 수 있지만 (B)에서는 알 수 없다.
③ 용수철을 더 빠르게 흔들면 (A)와 (B)의 진폭이 커진다.
④ (A)는 용수철의 진동 방향과 파동의 진행 방향이 수직하다.
⑤ (B)에서 가장 밀한 곳과 가장 소한 곳 사이의 거리가 파장이다.
⑥ (A)에서 가장 높은 부분을 마루, 가장 낮은 부분을 골이라고 한다.

07 수면파가 6 m/s 의 속력으로 진행하고 있다. 어떤 점에서의 수면의 높이가 3 초에 한 번씩 최대로 된다면 이 수면파의 파장은 몇 m 인가?

① 2 m ② 3 m ③ 6 m
④ 12 m ⑤ 18 m

08 다음과 같이 전파되는 파동이 있다. 진폭과 파장을 구하시오.

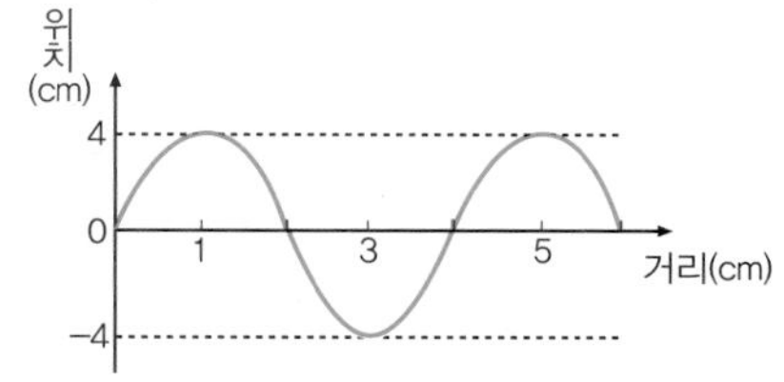

09 **그림처럼 파동이 전파하고 있다. P 가 2 m 이고 이 파동이 0 점에서 출발하여 Q 점까지 6 초가 걸렸다.**

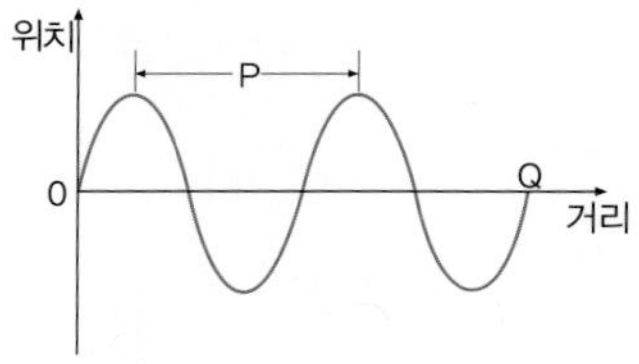

(1) 파장(λ)는 얼마인가?

(2) 주기는 몇 초인가?

(3) 진동수는 얼마인가?

(4) 파동의 전파 속력은 얼마인가?

파동의 반사

10 **파동의 반사에 대한 설명 중 옳은 것만을 있는 대로 고르시오.**

① 파동이 반사되면 파장이 커진다.
② 반사면이 볼록하면 파동이 모아진다.
③ 메아리는 파동의 반사에 의한 현상이다.
④ 파동이 반사할 때 속력은 변하지 않는다.
⑤ 파동이 반사할 때 입사각과 반사각은 항상 같다.
⑥ 위성 안테나가 오목한 이유는 파동이 반사한 후 모아지게 하기 위해서이다.

11 **파동의 반사 현상을 이용한 예로 옳은 것만을 있는 대로 고르시오.**

① 초음파로 물고기 떼를 찾는다.
② 속도 측정기로 과속 차량을 단속한다.
③ 초음파를 이용해 바다의 깊이를 잰다.
④ 방파제를 쌓아 파도의 피해를 최소화한다.
⑤ 초음파를 이용하여 산모 뱃속의 태아를 검사한다.
⑥ 소리를 크게 내기 위해 원뿔 모양의 나팔을 사용한다.
⑦ 소리가 잘 들리게 하기 위해 음악당 벽에 스폰지 등을 붙인다.

12 **끝을 자유롭게 움직일 수 있게 끈을 맨 자유단 쪽으로 펄스파를 입사시켰다. 반사파는 어떤 모양인가?**

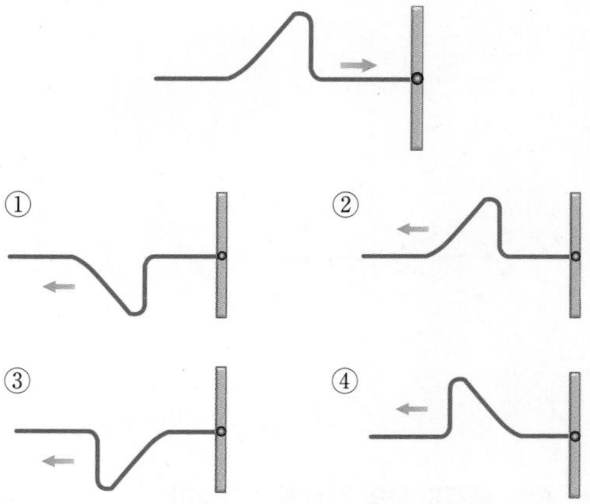

13 **한쪽이 고정된 가벼운 끈에 펄스파를 발생시켜서 오른쪽으로 진행하도록 했다. 반사파의 모양으로 옳은 것은?**

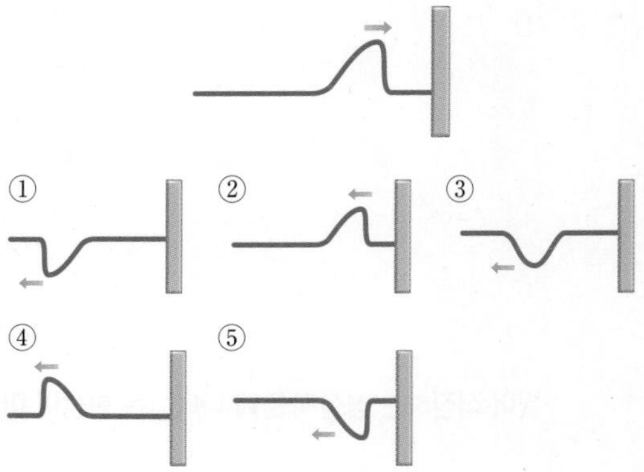

14 **소한 매질 Ⅰ 으로부터 밀한 매질 Ⅱ 로 파동이 입사할 때 파동의 전파 모양을 바르게 나타낸 것은?**

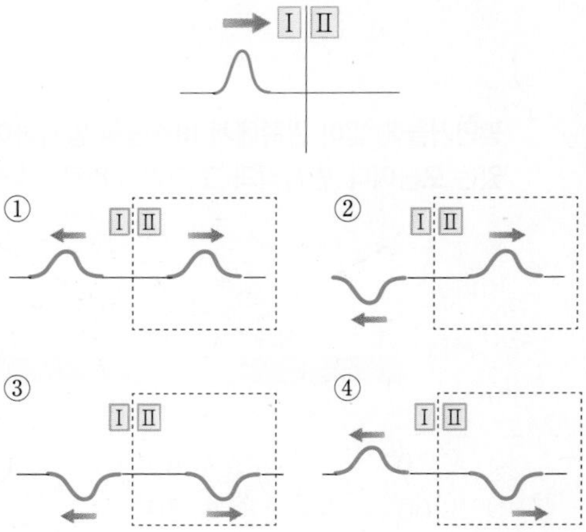

15 물이 담긴 그릇의 가운데에 손가락을 집어넣어 물결파를 발생시켰다. 물결파가 그릇의 면에서 반사된 모양으로 맞는 것은 어느 것인가?

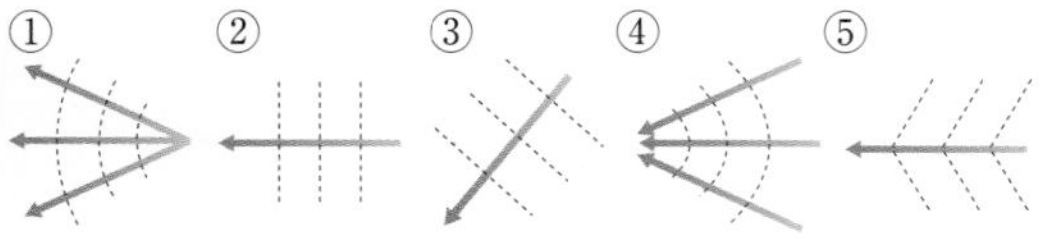

16 물결파 투영 장치에서 물결파를 발생시켜 A 면에서 반사시켰더니 반사파의 모양이 그림과 같았다. A 면의 모양으로 옳은 것을 고르시오.

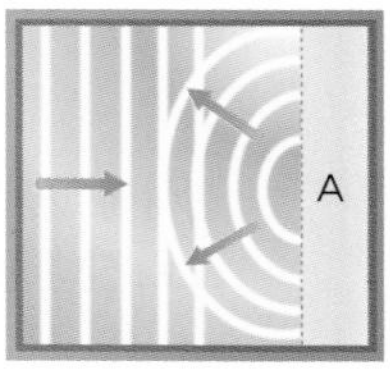

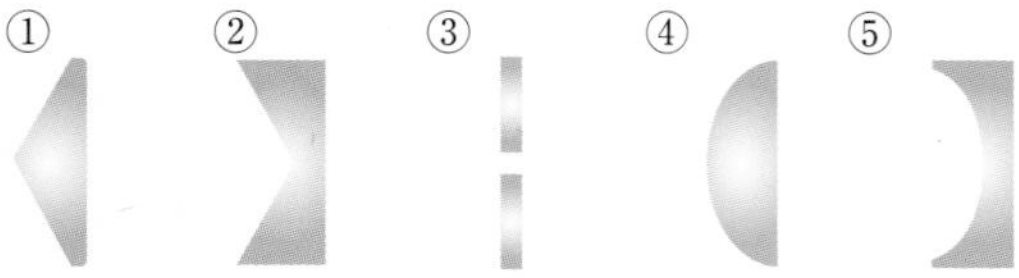

17 빛이 직진하는 성질 때문에 나타나는 현상이 아닌 것은?

① 정반사 ② 바늘구멍사진기에서 상이 생기는 원리
③ 그림자 ④ 신기루 ⑤ 일식과 월식

18 평면거울에 빛이 왼쪽에서 비스듬히 입사하여 반사하고 있는 모습이다. 반사각과 그 크기를 바르게 나타낸 것은?

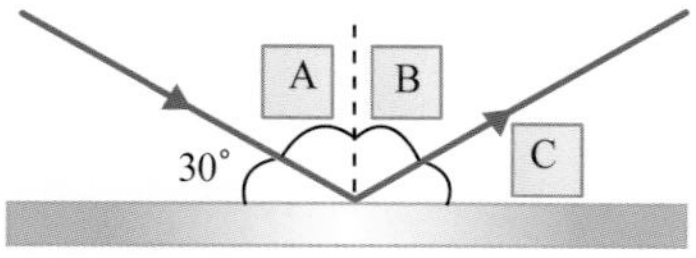

① A, 30° ② A, 60° ③ B, 30°
④ B, 60° ⑤ C, 30°

19 얇은 막에 수직으로 입사된 빛에 의해 윗면에서 반사된 빛 A 와 아랫면에서 반사된 빛 B 가 생긴다. 얇은 막의 굴절률을 n 이라 할 때, 반사파의 위상 변화에 대한 설명 중 옳은 것은?

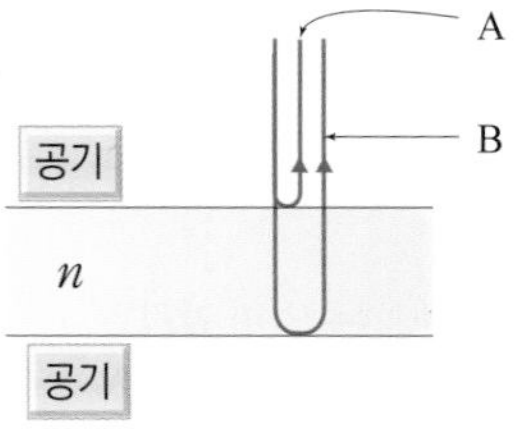

① 둘 다 변화 없다.
② A 는 변화 없고 B 는 2π 만큼 위상 변화가 생긴다.
③ B 는 변화 없고 A 는 2π 만큼 위상 변화가 생긴다.
④ A 는 변화 없고 B 는 $180°(\pi, \frac{\lambda}{2})$만큼 위상 변화가 생긴다.
⑤ B 는 변화 없고 A 는 $180°(\pi, \frac{\lambda}{2})$만큼 위상 변화가 생긴다.

20 다음 중 정반사와 난반사에 관한 설명 중 옳지 않은 것은?

① 정반사하는 경우 물체가 비쳐 보인다.
② 난반사는 물체를 볼 수 있는 원리이다.
③ 난반사는 반사의 법칙이 성립하지 않는다.
④ 난반사는 물체의 거친 표면에서 일어난다.
⑤ 정반사는 거울이나 잔잔한 수면 등에서 일어나는 반사이다.

21 우리가 물체를 보는 현상에 관한 설명 중 옳은 것은?

① 물체는 제각기 빛을 스스로 낸다.
② 우리 눈에서 빛을 쏘아 물체를 식별한다.
③ 물체에서 반사된 빛이 우리 눈에 도달한다.
④ 물체 표면으로 입사된 빛은 모두 반사된다.
⑤ 물체는 스스로의 색에 해당하는 빛을 흡수한다.

22 다음 중 실상과 허상에 관하여 바르게 기술한 것은?

① 실상은 항상 실물보다 작다.
② 허상은 항상 실물보다 크다.
③ 사진기 필름에 맺히는 상은 항상 실상이다.
④ 오목 거울에 의해서 생기는 상은 항상 허상이다.
⑤ 볼록 거울에 의해서 생기는 상은 항상 허상이다.

23 **평면 거울 CD 앞 2 m 되는 곳에 0.8 m 크기의 물체가 있다. 눈을 거울 앞 0. 5m 되는 E 점에 놓고 거울을 통해 물체 AB 전체를 보기 위한 거울의 최소 크기는 얼마인가?**

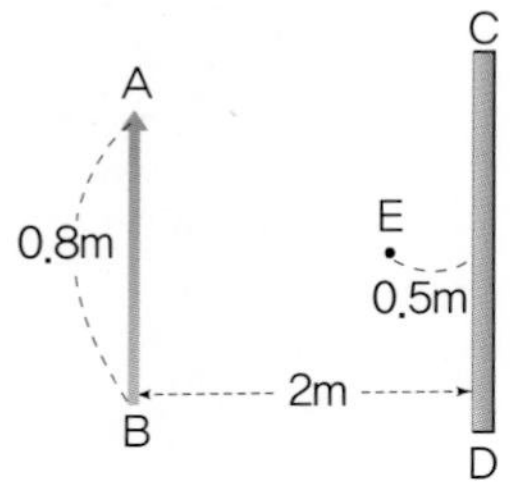

① 0.1 m ② 0.12 m ③ 0.16 m
④ 0.2 m ⑤ 0.24 m

24 **두 평면경의 반사경을 마주보게 한 상태에서 두 평면경 사이의 각을 90°로 하고 그 사이에 물체를 놓으면 상의 개수가 몇 개가 생기는가?**

① 1 개 ② 2 개 ③ 3 개
④ 4 개 ⑤ 5 개

25 **과학** **을 앞에 놓인 평면 거울에 비춰서 봤을 때 보이는 것으로 옳은 것은?**

① ② ③ ④ ⑤

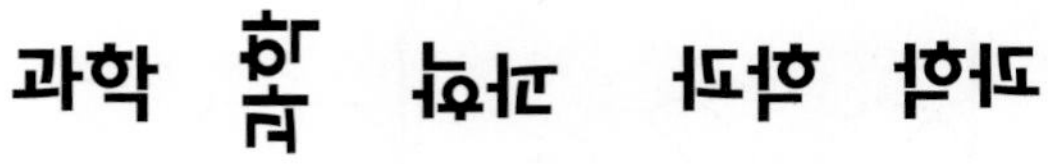

26 **거울 앞에서 거울을 향해 v 의 속력으로 접근하고 있는 모습을 나타낸 것이다. v' 는 거울에 비친 상의 속력이다. 다음 물음에 답하시오.**

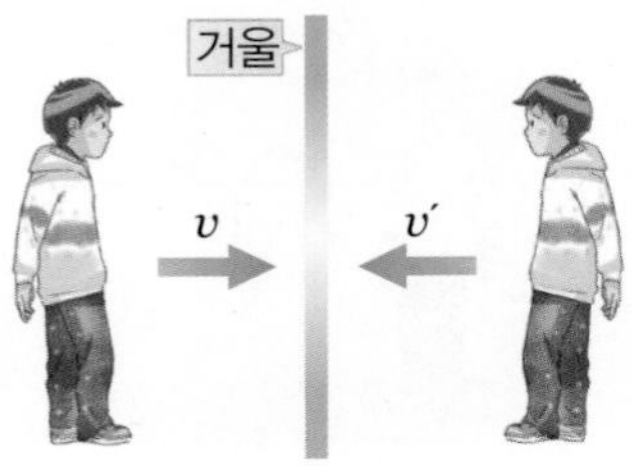

(1) 정지한 거울을 향해서 v의 속력으로 접근하면서 상을 볼 때 거울 속의 상의 속력 v'은 얼마이겠는가?

① 0 ② $\frac{1}{2}v$ ③ v
④ $2v$ ⑤ $4v$

(2) 사람은 정지해 있고, 거울을 사람 쪽으로 v 의 속력으로 접근시킨다면 상의 속력 v'은 얼마이겠는가?

① 0 ② $\frac{1}{2}v$ ③ v
④ $2v$ ⑤ $4v$

27 **자동차 사이드미러에 평면 거울이나 오목 거울을 쓰지 않고 볼록 거울을 쓰는 이유는 무엇인가?**

28 **초점 거리 20 cm 인 오목 거울 앞 60 cm 되는 곳에 길이 3 cm 의 물체를 놓을 때 생기는 상의 위치와 크기를 구하시오.**

29 **초점 거리 30 cm 의 볼록 거울로 실물의 $\frac{1}{2}$ 배 크기의 상을 만들려면 물체를 거울 전방 몇 cm 에 놓으면 되는가?**

30 **다음 그림과 같이 매질 Ⅰ, Ⅱ, Ⅲ 이 서로 겹쳐져서 경계면을 이루고 있다. 광원에서 나온 단색광이 매질 Ⅰ 과 Ⅱ 의 경계면에서 전반사하고, 매질 Ⅱ 와 Ⅲ 의 경계면에서는 일부는 반사되고, 일부는 굴절되어 나가는 모습이다. 매질 Ⅰ, Ⅱ, Ⅲ 의 굴절률을 각각 n_1, n_2, n_3 라고 할 때 각 매질의 굴절률의 크기는 어떠한가?**

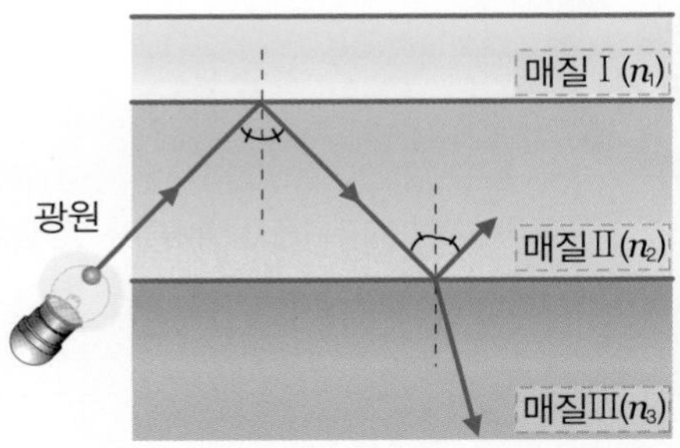

① $n_1 > n_2 > n_3$ ② $n_1 < n_2 < n_3$
③ $n_1 = n_2 > n_3$ ④ $n_1 = n_2 < n_3$
⑤ $n_2 > n_1 > n_3$

개념 심화 문제

01 그림처럼 $+x$ 방향으로 진행하는 파동이 있다. 마루의 점의 위치가 P 점에서 P'으로 2 cm 이동하는데 0.2 초 걸렸다.

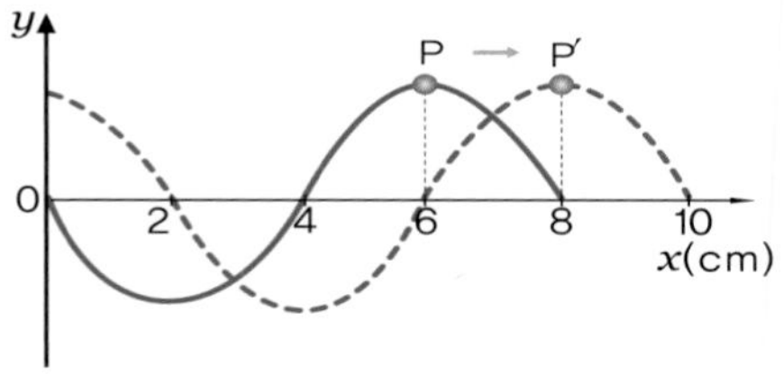

(1) 이 파동의 속력은 몇 cm/s 인가?

(2) 이 파동의 주기는 몇 초인가?

02 그림은 오른쪽으로 전파하고 있는 파동이다. 매질의 A, B, C 점은 다음 순간 어느 방향으로 운동하는지 화살표로 나타내시오.

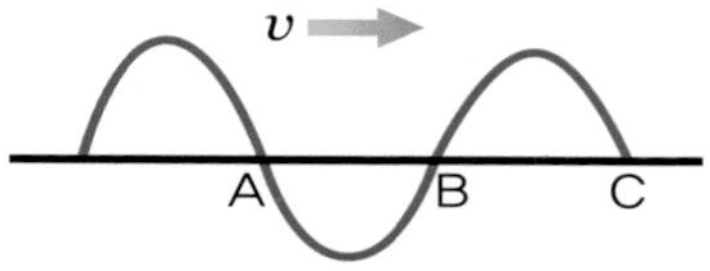

03 그림은 오른쪽으로 진행하는 어느 횡파의 파형을 나타낸 것이다. 현재 상태로부터 $\frac{1}{4}$ 주기 후의 파형으로 옳은 것은 어느 것인가? (점선은 현재 파형, 붉은 실선은 $\frac{1}{4}$ 주기 후의 파형이다.)

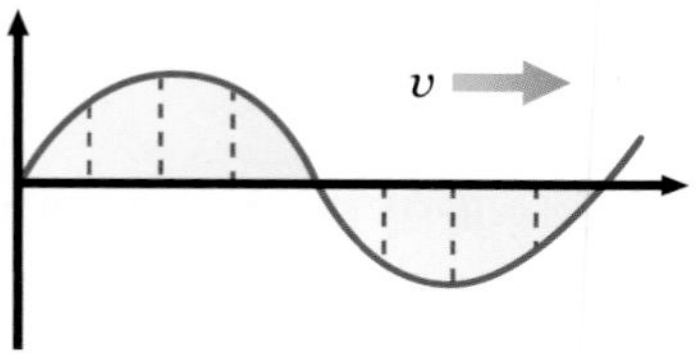

① 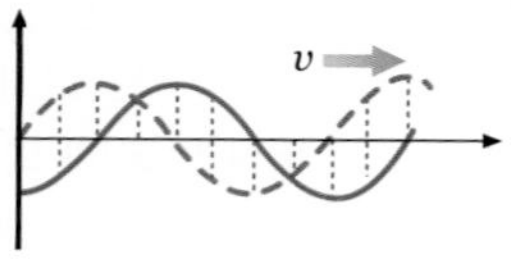
② 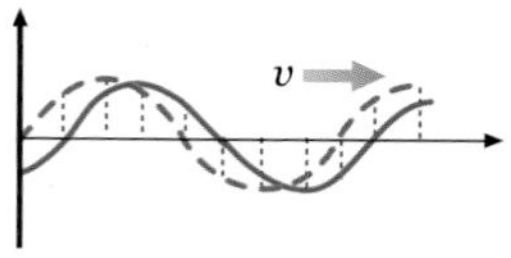
③ 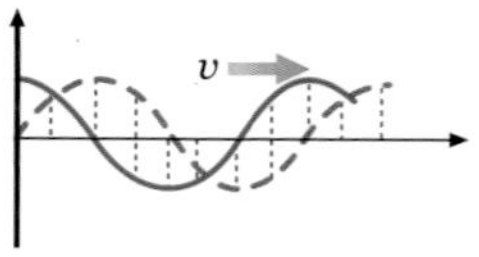
④ 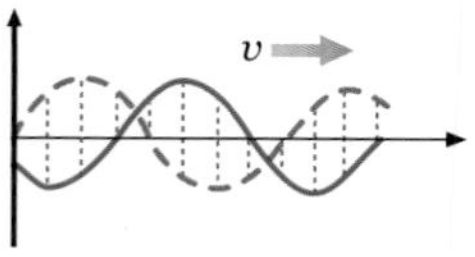

개념 돋보기

1 ~ 4 횡파는 매질의 진동 방향과 파동의 진행 방향이 수직이다.
파동의 각 지점은 1 주기 동안 1 파장만큼 진행 방향으로 평행 이동한다.

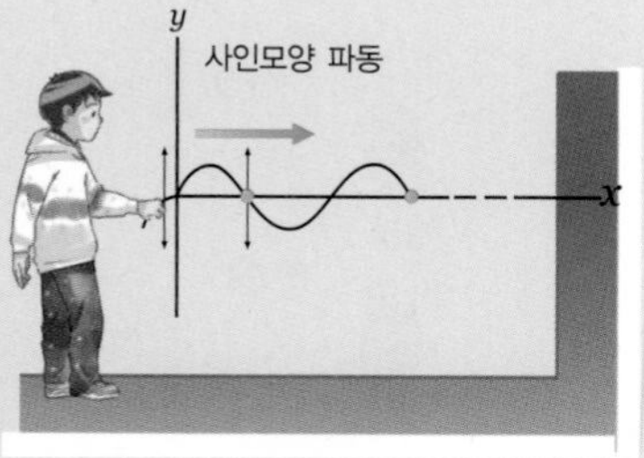

04 펄스파가 오른쪽($+x$) 방향으로 진행하는 모습이다. 그림 (a)는 처음 출발할 때이고, 그림 (b)는 0.5 초가 지난 후의 모습이다.

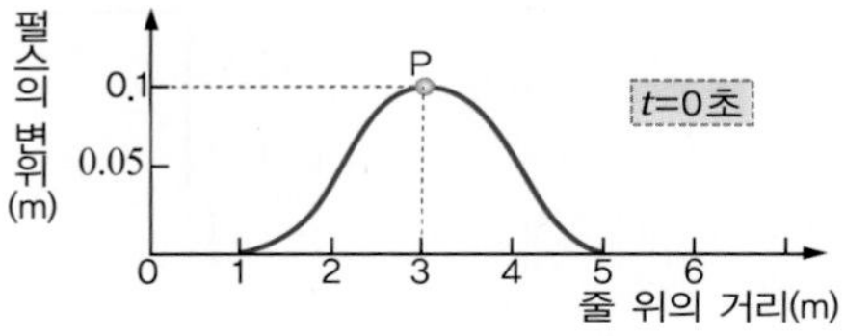

(a)

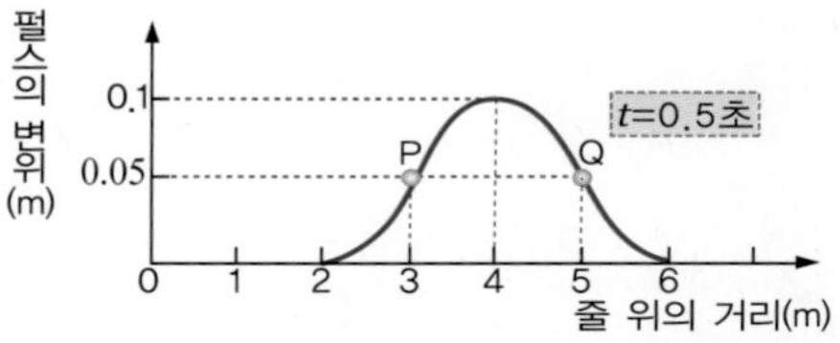

(b)

(1) 이 펄스파의 속력을 구하시오.

(2) 그림 (b) 에서 Q 점은 올라가는 상태인가 아니면 내려가는 상태인가?

(3) 정지해 있던 P 점에 펄스파가 도달하여 그림 (b) 의 P 점의 상태로 되는데 걸린 시간은 얼마인가?

05 파장이 같고 위상차가 180°(π, $\frac{\lambda}{2}$) 인 두 파동을 바르게 나타낸 그림은?

①
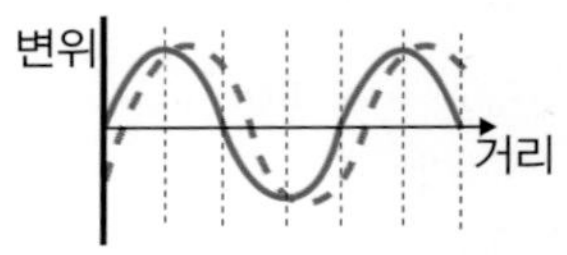

②
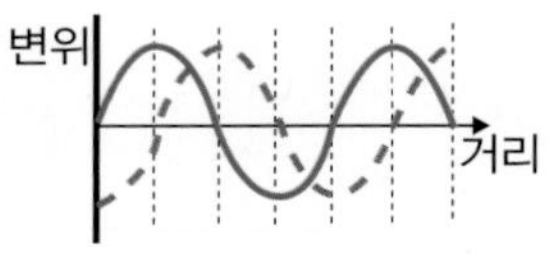

③
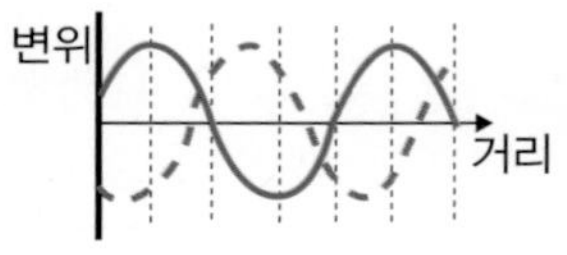

④
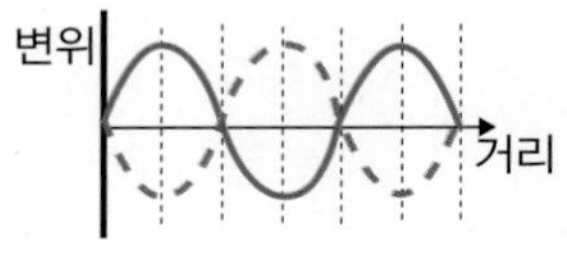

06 횡파의 어느 순간의 파형이다. 이 파형에서 위상이 같지 않은 점끼리 짝 지어 놓은 것은?

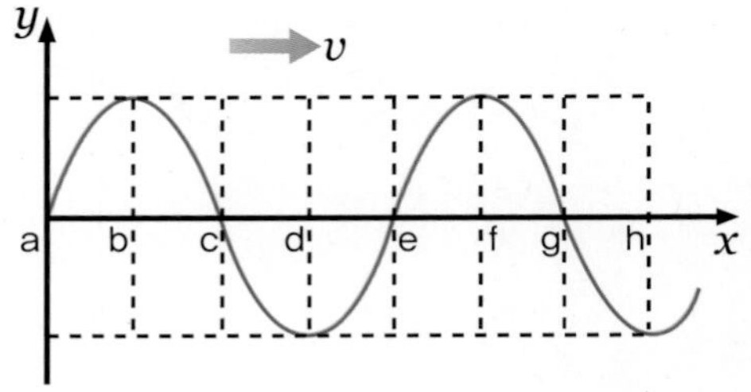

① a 와 e ② b 와 f ③ c 와 e
④ d 와 h ⑤ c 와 g

개념 돋보기

5 ~ 6. 횡파의 파형은 sin 곡선이다. 곡선은 360°(2π)마다 같은 형태가 나타난다. 파동에서는 한 파장마다 같은 형태의 파형이 나타나므로 위상이 360°(2π)차이가 난다는 것은 한 파장(1λ)차이가 난다는 것이다. 따라서 위상이 360°(2π)차이가 나거나 진행 방향으로 한 파장(1λ)차이가 나는 두 점은 정확히 같은 진동 상태에 있으므로 두 점은 위상차가 0 이라고 한다.

$360^\circ = 2\pi = \lambda$, $180^\circ = \pi = \frac{\lambda}{2}$, $90^\circ = \frac{\pi}{2} = \frac{\lambda}{4}$

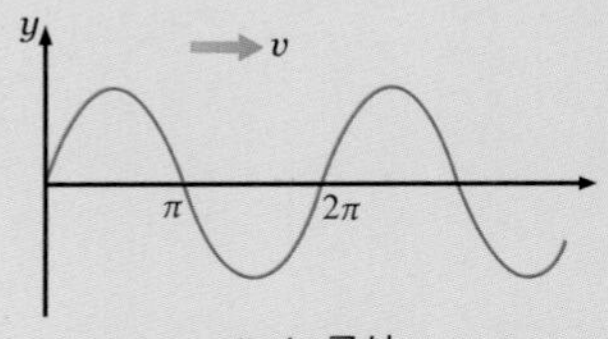

▲ sin 곡선

07 어떤 시각 횡파의 일부의 모습이다. 이 횡파가 2 초 후에 같은 모습이 된다면 1 초 후의 파동의 모습으로 옳은 것은 어느 것인가?

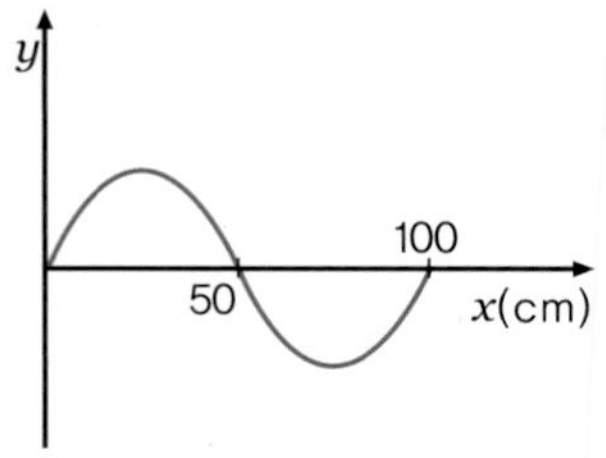

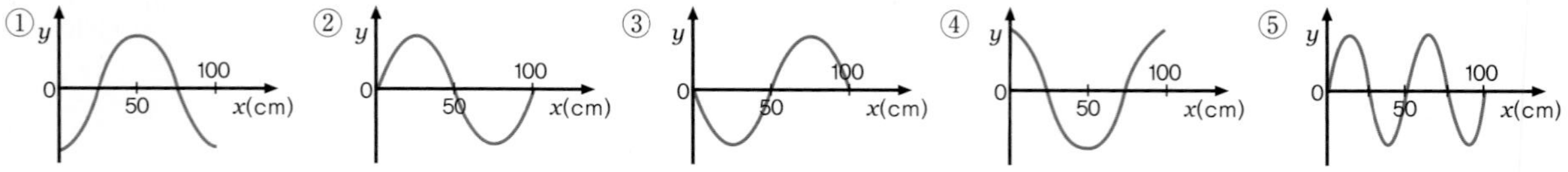

08 물결파가 진행하고 있는 모습이다. 물결파가 A 에서 B 로 진행하는데 1 초 걸렸다. 이에 대한 설명으로 옳은 것만을 〈보기〉에서 있는 대로 고르시오.

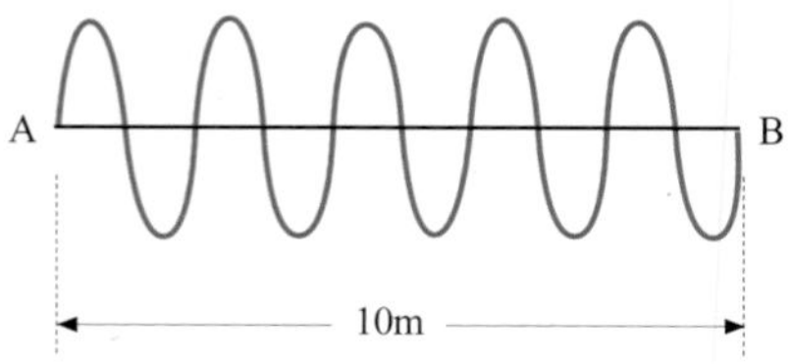

보기

ㄱ. 이 파동의 주기는 0.1 초이다.
ㄴ. 이 파동의 파장은 2 m 이다.
ㄷ. 이 파동의 전파 속력은 10 m/s 이다.

09 어떤 사람이 서서 거울을 들여다 봤을 때 거울 속의 시계가 다음과 같은 모양이었다면 현재의 시각은 몇 시 몇 분인가?

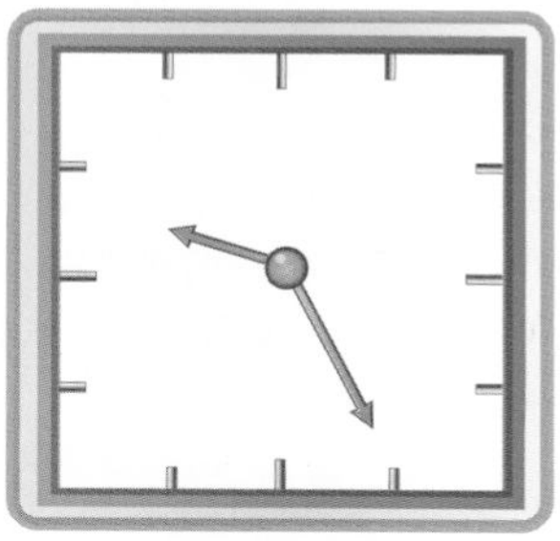

정답 및 해설 53쪽

10 그림과 같이 잠망경을 만들었다. 거울이 수평면과 45° 를 이루고 있기 때문에 빛이 그림처럼 반사된다. 아래 구멍에 눈을 바짝 붙여서 잠망경을 본다고 가정하자.(따라서 아래 거울과 눈 사이의 거리는 0 이다.) 아래 거울과 윗거울 사이의 거리는 1.2 m 이다. 윗거울에서 15 m 떨어진 곳에 있는 키가 180 cm 인 사람을 보려고 한다. 다음 물음에 답하시오.

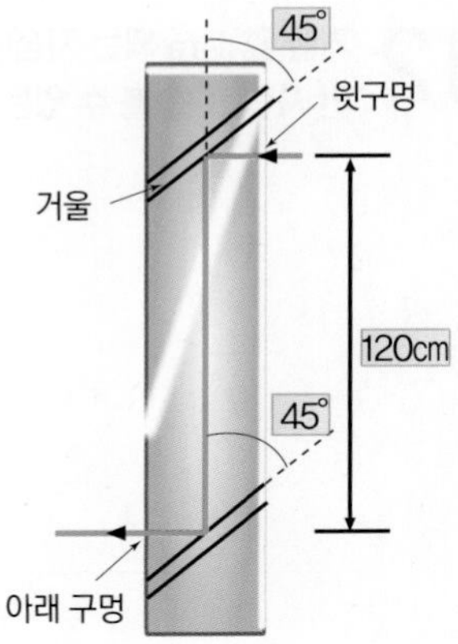

(1) 이 사람의 전신을 다 보기 위해서는 위쪽 거울의 크기는 최소한 얼마가 되어야 하는가?

(2) 이 사람을 잠망경을 통하여 봤을 때 실제와 좌우가 바뀌는가? 안 바뀌는가?

11 그림은 벽돌을 물 밑바닥에 깔아서 깊이를 달리하였을 때 물결파의 진행을 나타낸다. 깊은 곳과 얕은 곳의 경계가 그림처럼 원호 모양일 때 경계를 지난 물결파의 퍼져 나가는 파면의 모양을 그려 보시오.

(1) 깊은 곳에서 얕은 곳으로 진행할 때

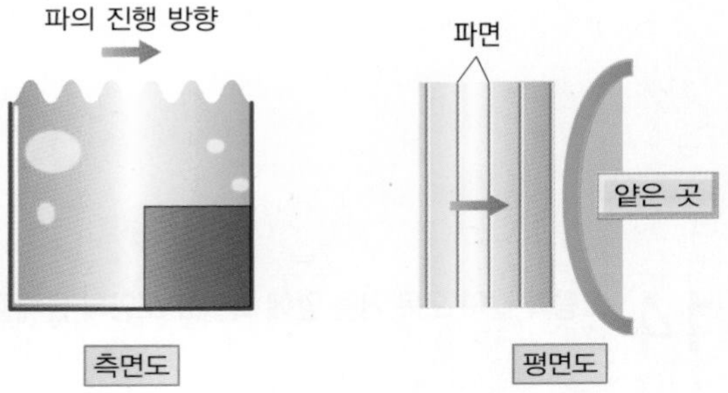

(2) 얕은 곳에서 깊은 곳으로 진행할 때

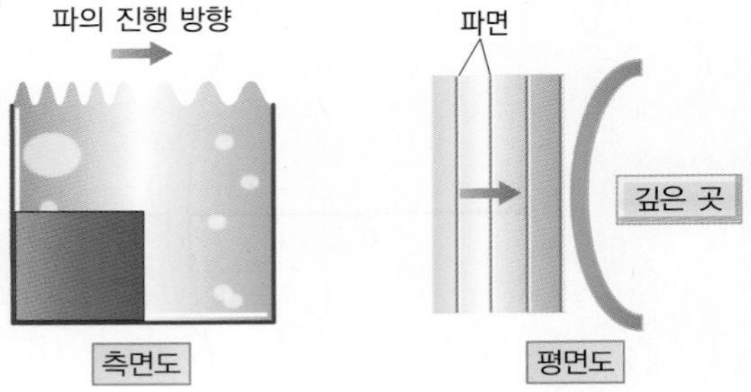

개념 돋보기

9 ~ 10 평면 거울에 의한 상은 물체에서 나와서 평면 거울에 반사한 빛이 우리 눈에 보이는 것이다. 우리의 눈은 물체가 거울 속에 같은 크기의 물체가 있는 것으로 인식하며 따라서 물체의 크기와 상의 크기가 똑같은 정립 허상이다. 물체와 상은 거울 면에 대해서 면대칭이므로 좌우가 바뀌게 된다.

개념 심화 문제

정답 및 해설 53쪽

12 거울 앞 1 m 되는 지점에 있는 사람 A 가 거울 앞 2 m 위치에 있는 키가 180 cm 인 사람 B 를 볼 수 있는 거울의 최소 크기는 몇 cm 인가?

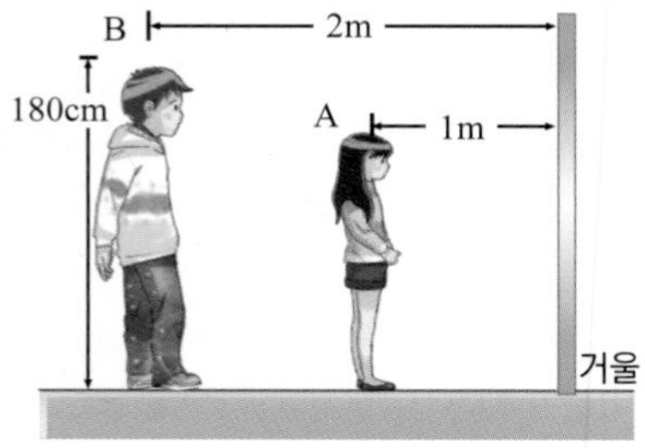

13 눈과 눈 사이의 거리가 6 cm 인 사람이 가로 14 cm, 세로 20 cm 인 자기 얼굴을 평면 거울을 통해 보려고 할 때, 자기 얼굴을 볼 수 있는 평면 거울의 가로 크기는 최소한 얼마가 되어야 하는가?

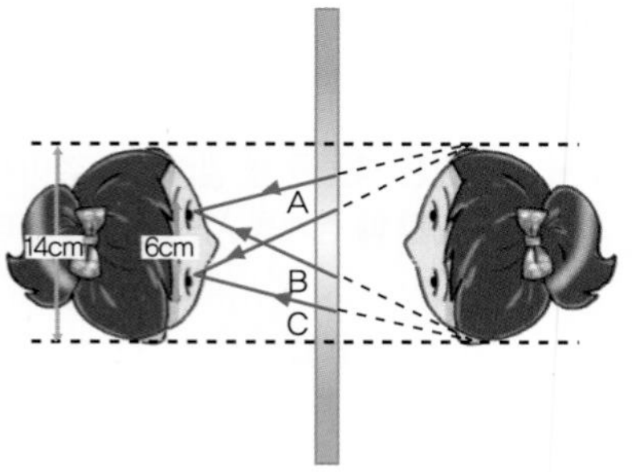

14 그림과 같이 오목 거울 앞에 화살표 모양의 물체를 놓았을 때 생기는 상을 작도하고, 상의 위치, 크기, 상의 종류를 적으시오.

(1)

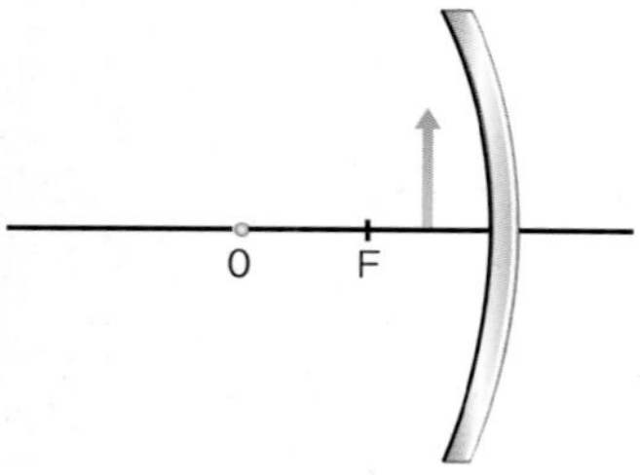

(2)

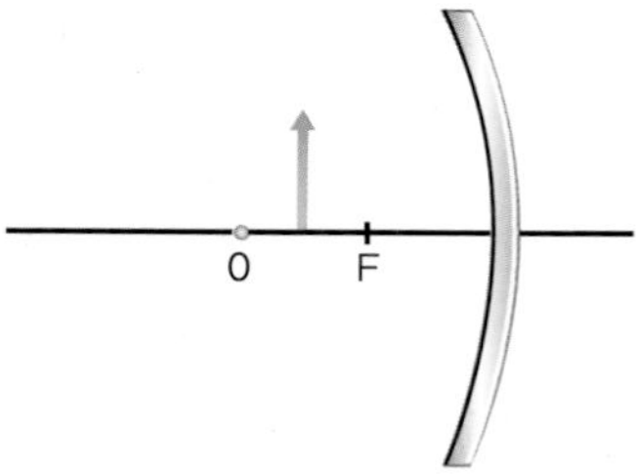

(3)

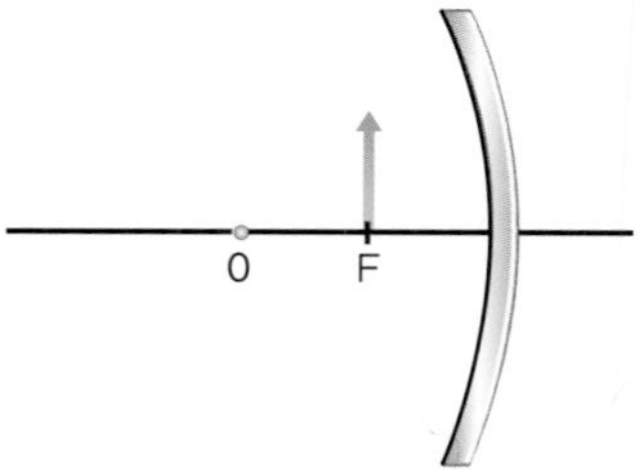

개념 돋보기

12 ~ 13. 이 사람은 거울 속의 자기를 보고 있고, 거울 속의 상의 각 부분으로부터 나온 빛이 스스로의 눈에 도달하는 것처럼 느낀다. 거울 면을 경계로 면대칭인 상을 먼저 그리고 상의 각 부분으로부터 빛이 나와서 눈으로 들어갈 때 거치는 거울 면의 부분이 필요한 거울의 크기이다. 13 번은 양쪽 눈 중 어느 한 눈에라도 보이면 된다.

VII 파동과 빛, 소리 (2)

3. 파동의 굴절

(1) 파동의 굴절 파동이 서로 다른 매질의 경계면에서 진행 방향이 꺾이는 현상이다. 굴절률이 서로 다른 매질에서는 파동의 진행 속도가 달라지므로 경계면에서 파동의 진행 방향이 꺾인다.

(2) 굴절 법칙(스넬 법칙)

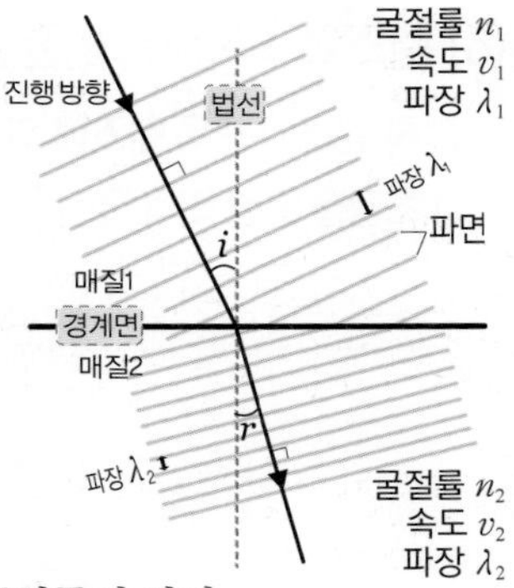

> 굴절의 법칙
>
> $$n_{12} = \frac{\sin i}{\sin r} = \frac{v_1}{v_2} = \frac{\lambda_1}{\lambda_2} = \frac{n_2}{n_1},\quad f\text{(진동수) : 불변}$$
>
> n_{12} : 매질 1 에 대한 매질 2 의 상대 굴절률
>
> i : 입사각 r : 굴절각

① **매질의 굴절률과 파동의 진행 속도** : 진행 속도가 큰 매질일수록 굴절률이 작다.

② **물질에서의 빛의 속도** : 빛도 파장이 짧은 파동의 한 종류이므로 굴절의 법칙이 적용된다.

(빛이 공기(진공) 중에서 굴절률 n인 물질로 나아가는 경우)

$$\frac{n_2}{n_1} = \frac{v_1}{v_2} \rightarrow \frac{n\text{ (매질2)}}{1\text{ (매질1(공기))}} = \frac{c\text{ (공기 중 속도)}}{v\text{ (물질 중 속도)}},\quad v = \frac{c}{n}$$

(3) 겉보기 깊이 빛의 굴절 때문에 물속의 물체가 떠 보인다. (θ 가 작을 때 $\sin\theta \fallingdotseq \tan\theta$ 로 놓을 수 있다.)

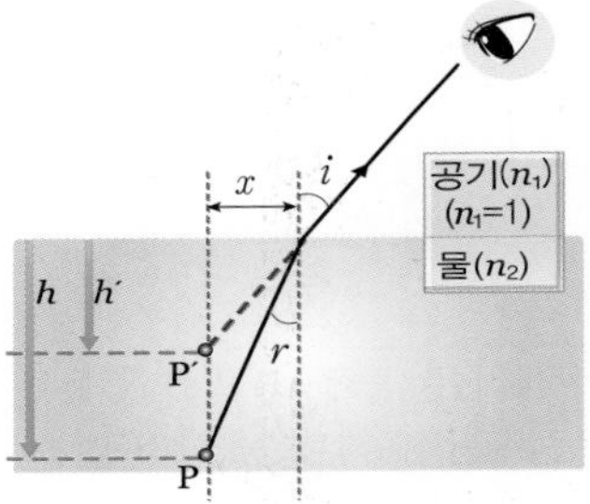

> 사람 눈으로 들어오는 빛 : P 점의 물체에서 나온 빛이 굴절된 것이다.
>
> 사람이 느끼는 빛 : P'점의 물체에서 빛이 나온다고 느낀다.
>
> $$\frac{\sin i}{\sin r} = \frac{\tan i}{\tan r} = \frac{x/h'}{x/h} = \frac{h}{h'} = \frac{n_2}{n_1}$$
>
> $$h'\text{(겉보기 깊이)} = \frac{h\text{(실제 깊이)}}{n_2}\text{ (매질 1 이 공기(진공)일 때)}$$

(4) 전반사 굴절률이 큰 매질(예 : 물)에서 굴절률이 작은 매질(예 : 공기)로 빛이 굴절할 때에는 입사각보다 굴절각이 크다. 입사각을 점점 크게 하면 굴절각이 90° 되는 경우가 나타나고, 입사각이 더 커지면 빛은 경계면을 통과하지 못하고 다시 내부로 반사되는 전반사가 일어난다. 굴절각이 90°일 때의 입사각을 임계각(θ_c)이라 한다.

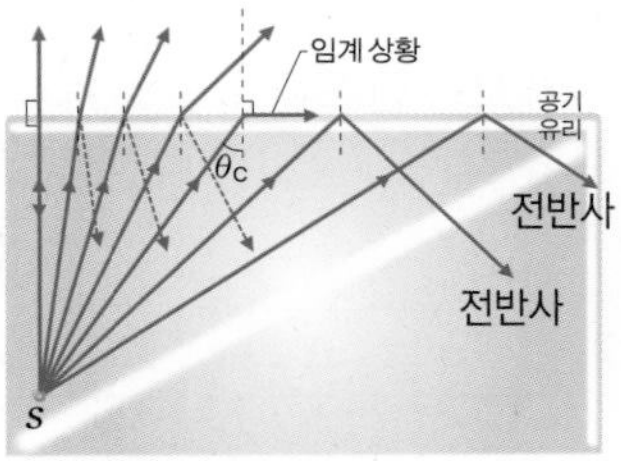

> $$\frac{n_2}{n_1} = \frac{\sin i}{\sin r} = \frac{\sin\theta_c}{\sin 90^\circ},\quad \sin 90^\circ = 1$$
>
> $$\frac{n_2}{n_1} = \sin\theta_c\quad (n_2 = 1\text{ (공기, 진공)일 때)}$$

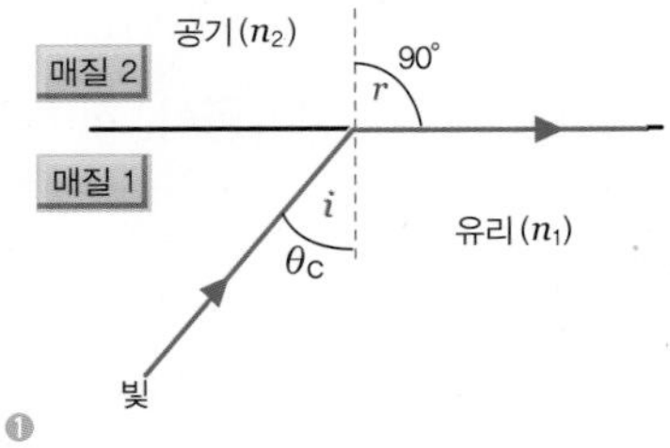

● **전반사의 이용** : 광통신, 내시경, 잠망경, 쌍안경, 안전 표지판 등[1]

정답 p 54

Q5 빛이 굴절률이 $\frac{4}{3}$ 인 물 속에서 굴절률이 $\frac{3}{2}$ 인 유리 속으로 입사될 때 물에 대한 유리의 굴절률은 얼마인가?

스넬 (W.Snell,1591~1626)

네덜란드의 물리학자. 굴절 법칙(스넬 법칙)을 확립시킴

수면파(물결파)의 굴절

깊이가 깊은 곳에서 얕은 곳으로 진행할 때 깊은 곳보다 얕은 곳으로 들어가면 진행 속도가 느려지므로 진행 방향이 굴절된다.

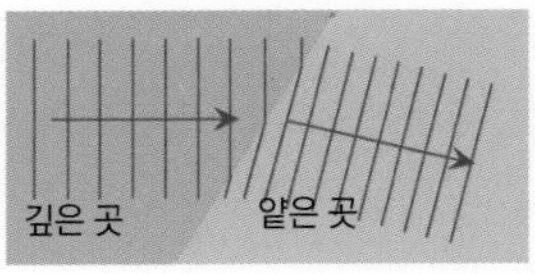

몇 가지 물질의 굴절률

매질	(진공에 대한) 굴절률 = 절대 굴절률(n)
진공	1
공기	1.00029
물	1.33
유리	1.52
다이아몬드	2.42

빛의 굴절에 의한 현상

▲ 꺾여 보임

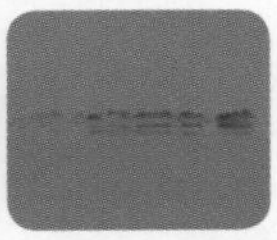
▲ 신기루(온도가 다른 공기 간의 굴절 차)

▲ 아지랑이

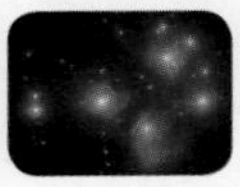
▲ 별의 반짝거림

① 전반사 현상

◀ 광섬유 : 빛이 밖으로 나오지 못한다.

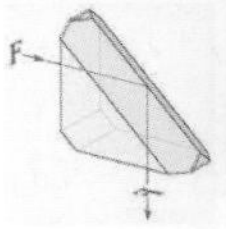
▲ 전반사 프리즘

▲ 물 밖의 물체가 보이지 않는다.

렌즈의 종류

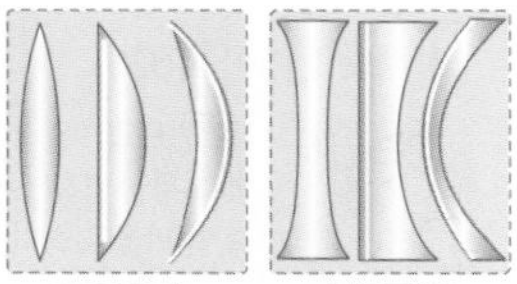

- 가운데가 두껍거나(볼록) 가운데가 얇은(오목) 두 종류의 렌즈가 있다.
- 렌즈를 통과한 빛은 두꺼운 쪽으로 굴절한다.

돋보기(볼록 렌즈)를 통해 물체를 보는 경우(정립 허상)

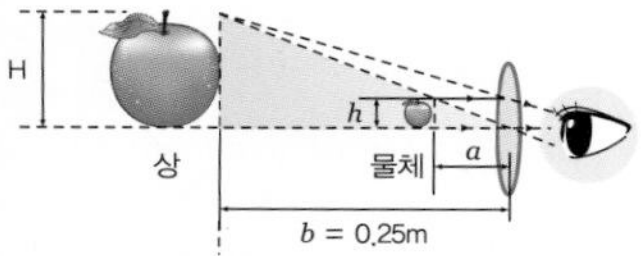

초점 안에 물체를 두어 확대된 허상이 명시 거리에 생기게 한다.

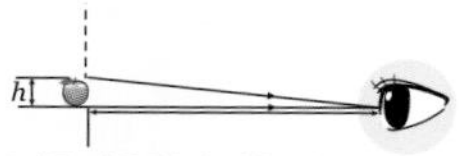

돋보기를 사용하지 않은 경우

근시와 원시의 교정

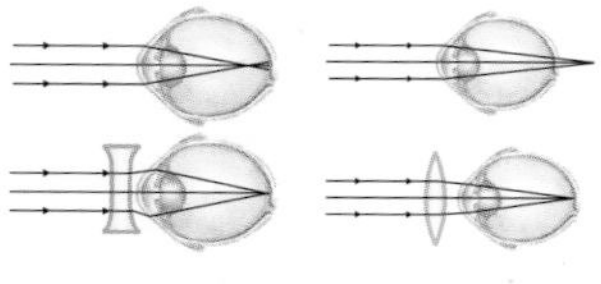

▲ 근시 (오목 렌즈) ▲ 원시 (볼록 렌즈)

❷ 볼록 렌즈를 통한 확대(정립 허상)

물체가 렌즈의 초점 거리 안에 있어야 한다.

수차

렌즈에 의한 상은 렌즈에 의해 굴절된 빛이 한 곳에 모여야 선명해진다. 실제로는 빛의 색깔별로 다르게 굴절되고(색수차), 렌즈의 가장자리와 가운데가 다르게 굴절되어서(구면 수차) 렌즈로 선명한 상을 얻는데는 한계가 있다.

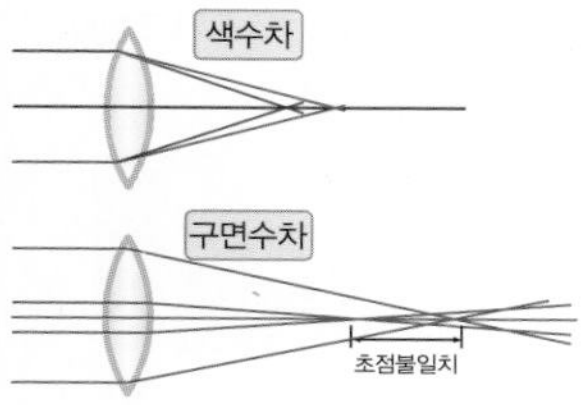

Q6 빛이 진공 중에서 굴절률 1.5 인 유리로 진행할 때 유리 속에서 빛의 속도는 얼마인가?

Q7 굴절률이 2.0 인 물질에서 공기 중으로 빛이 진행할 때 임계각 θ_c는 얼마인가?

(5) 렌즈에 의한 빛의 굴절과 상

① 볼록 렌즈와 오목 렌즈에 의한 빛의 굴절

i) 초점을 통한 빛의 굴절

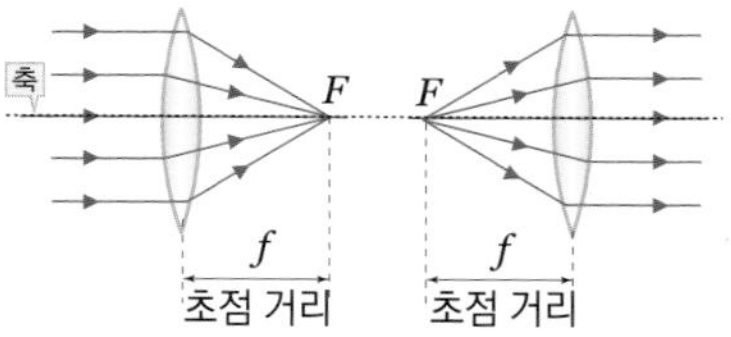

볼록 렌즈 : 렌즈 축에 나란한 빛은 볼록 렌즈에 의해서 굴절되어 초점(F)에 모이거나 초점에서 나간 빛은 렌즈 축에 나란하게 굴절된다.

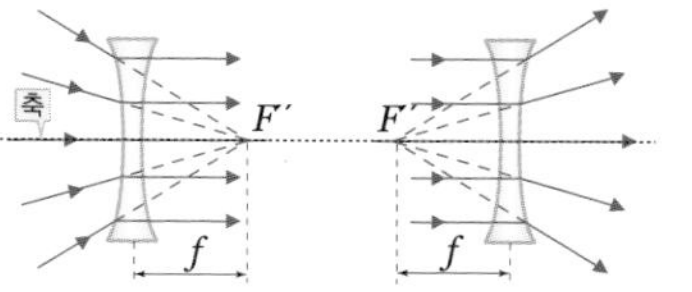

오목 렌즈 : 반대편의 초점을 향해서 들어온 빛은 오목렌즈에 의해 굴절되어 축에 나란하게 굴절되어 나가고 렌즈 축에 나란하게 들어온 빛은 초점에서 나간 것처럼 굴절된다.

ii) 렌즈의 중심을 통과하는 빛 : 굴절되지 않고 직진한다.

② 볼록 렌즈와 오목 렌즈에 의한 상

i) 볼록 렌즈

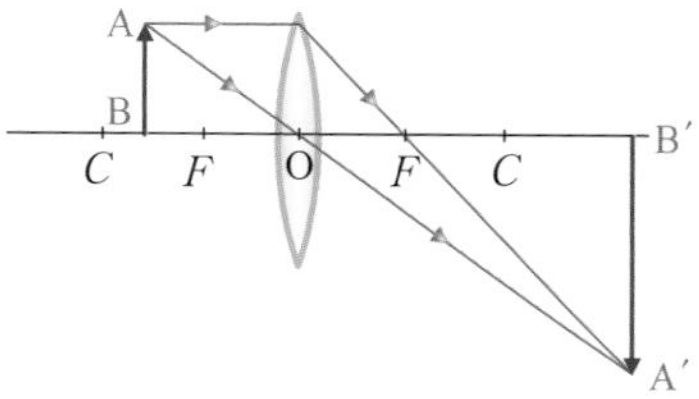

초점보다 멀리 있는 물체 AB 의 B 점에서 나간 빛이 렌즈 반대쪽 B′에 모인다 : 도립 실상(확대 또는 축소)

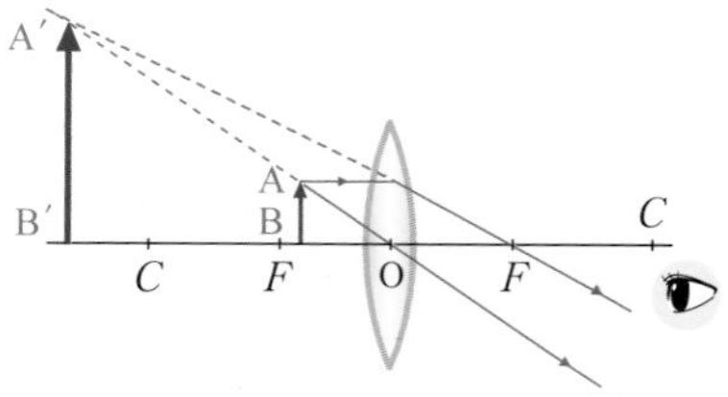

초점보다 가까이 있는 물체 AB 의 B 점에서 나오는 빛은 렌즈 반대쪽에서 봤을 때 B′점에서 나오는 것으로 보인다 : 정립 허상(확대)❷

ii) 오목 렌즈

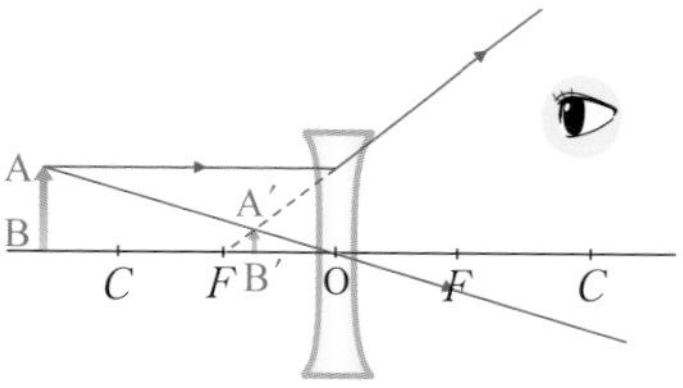

오목 렌즈의 반대쪽에서 물체를 보면 물체는 항상 축소되어 보인다 : 정립 허상(축소)

▲ 오목 렌즈에 의한 상

iii) 렌즈에 의한 상의 공식 : 상이 생기는 위치가 렌즈 중심(O)에서 멀어질수록 상의 크기는 커진다.

$$\frac{1}{a}+\frac{1}{b}=\frac{1}{f}=\frac{2}{r},\qquad m(\text{배율})=\frac{b}{a}$$

a : 물체까지의 거리, b : 상까지의 거리 [실상(+), 허상(−)]
f : 초점 거리 [볼록 렌즈 : (+), 오목 렌즈 : (−)], r : 구심 거리(= $2f$)

정답 p 54

Q8 초점 거리 40 cm 인 볼록 렌즈 앞 1 m 되는 곳에 크기 20 cm 의 물체가 놓여 있을 때 렌즈에 의한 상의 종류와 크기, 상이 생기는 위치를 구하시오.

파동의 굴절

31 **물결파 투영 장치의 파라핀 막대 사이에 유리판을 깔았다. 물결파가 유리판에 도달하였을 때 나타나는 현상으로 옳은 것만을 〈보기〉에서 있는 대로 고르시오.**

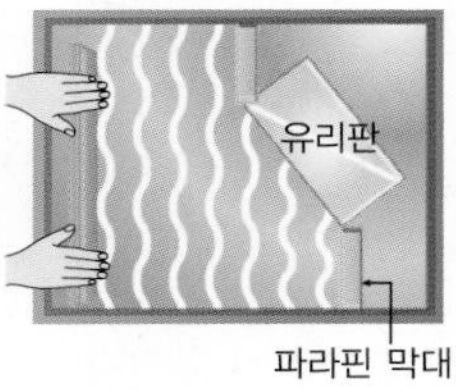

보기

ㄱ. 속력이 느려진다.	ㄴ. 속력이 빨라진다.
ㄷ. 파장이 길어진다.	ㄹ. 파장이 짧아진다.
ㅁ. 진동수가 늘어난다.	ㅂ. 파면이 촘촘해진다.

32 **그림과 같이 물결파가 진행하고 있다. 화살표는 물결파의 진행 방향을 나타낸 것이다. 이 현상을 설명한 것 중 옳은 것만을 있는 대로 고르시오.**

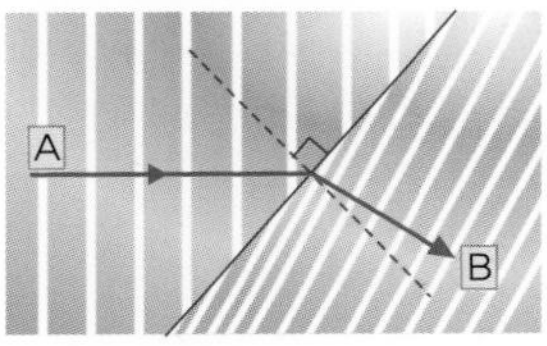

① 입사각이 굴절각보다 크다.
② A 파가 B 파보다 진행 속력이 크다.
③ 파면과 진행 방향은 항상 수직이다.
④ A 파의 파장이 B 파의 파장보다 길다.
⑤ 얕은 곳에서 깊은 곳으로 진행하고 있다.
⑥ A 파의 진동수는 B 파의 진동수보다 크다.

33 **해안으로 들어오는 파도를 나타낸 것이다. A, B, C 점 중 수심이 가장 깊은 곳은 어디인가?**

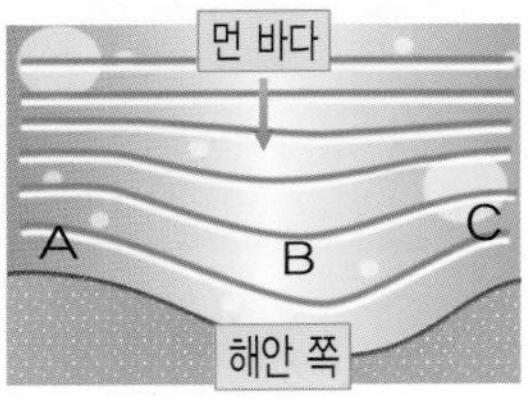

34 **물결파가 두 매질의 경계면에서 굴절되는 파면의 모습을 나타낸 것이다. 매질 Ⅰ 과 매질 Ⅱ 에서 진동수와 속도를 f_1, v_1 및 f_2, v_2 라고 할 때, 이들 사이의 관계를 바르게 나타낸 것은?**

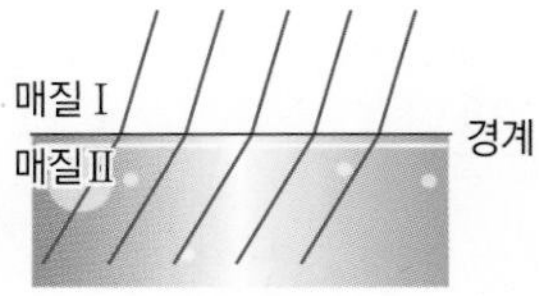

① $f_1 > f_2$, $v_1 < v_2$
② $f_1 = f_2$, $v_1 > v_2$
③ $f_1 = f_2$, $v_1 < v_2$
④ $f_1 < f_2$, $v_1 < v_2$
⑤ $f_1 = f_2$, $v_1 = v_2$

35 **물결통의 나무도막 사이의 물 밑에 렌즈 모양의 유리판을 깔고 물결파가 지나가도록 했다. 유리판을 통과한 후 물결파의 모양으로 옳은 것은?**

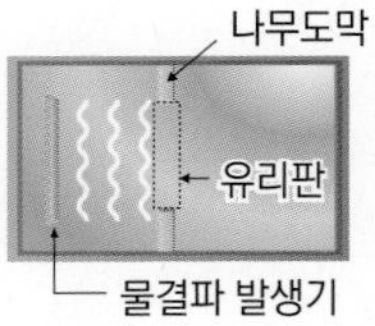

① 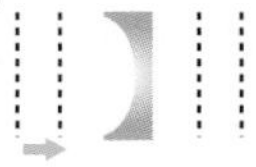
② 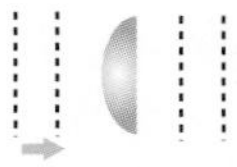
③ 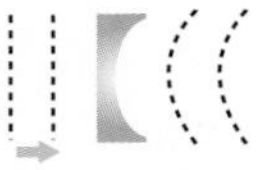
④ 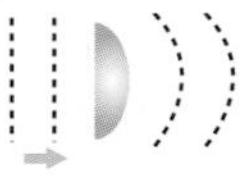
⑤ 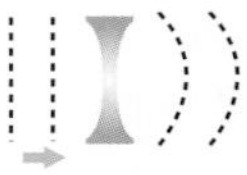

36 **물결파가 매질 Ⅰ 에서 매질 Ⅱ 로 진행할 때의 파면의 모양을 나타낸 것이다. 매질 Ⅰ 과 매질 Ⅱ 에서의 물결파의 파장의 비는 얼마인가?**

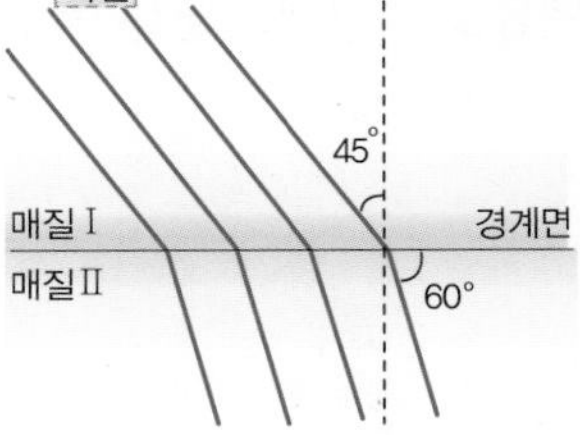

① $\sqrt{2} : \sqrt{3}$
② $1 : \sqrt{3}$
③ $2 : \sqrt{3}$
④ $1 : \sqrt{2}$
⑤ $2 : \sqrt{2}$

37 지면에서 운행하는 자동차 소리가 퍼져 나가는 파면의 모습이다. 이 현상을 설명한 것 중 옳은 것을 고르시오.

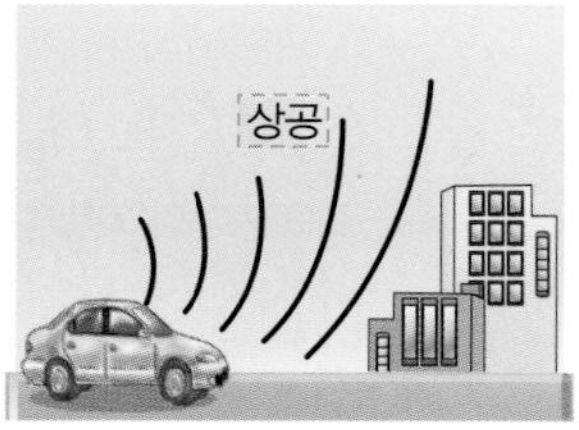

① 소리의 회절에 의한 현상이다.
② 옆의 건물에서는 소리가 잘 들린다.
③ 지면의 온도가 상공의 온도보다 높다.
④ 밤보다 낮에 이러한 현상이 많이 일어난다.
⑤ 지면에서의 소리의 속력이 상공에서의 소리의 속력보다 빠르다.

38 빛의 굴절에 대한 설명 중 옳지 않은 것은?

① 빛이 공기에서 물로 들어갈 때 일어난다.
② 하늘이 파랗게 보이는 것은 빛의 굴절 때문이다.
③ 빛이 진행하는 속도가 다른 두 매질의 경계면에서 일어난다.
④ 빛이 공기에서 물로 들어갈 때 입사각이 커지면 굴절각도 따라서 커진다.
⑤ 빛이 속도가 작은 매질에서 속도가 큰 매질로 들어갈 때에는 입사각이 굴절각보다 작다.

39 공기와 물 사이의 경계면으로 빛이 입사되고 있는 모습이다. 빛은 경계면에서 굴절과 반사가 동시에 일어난다. 반사광, 굴절광을 그리고 반사각, 굴절각을 표시하시오.

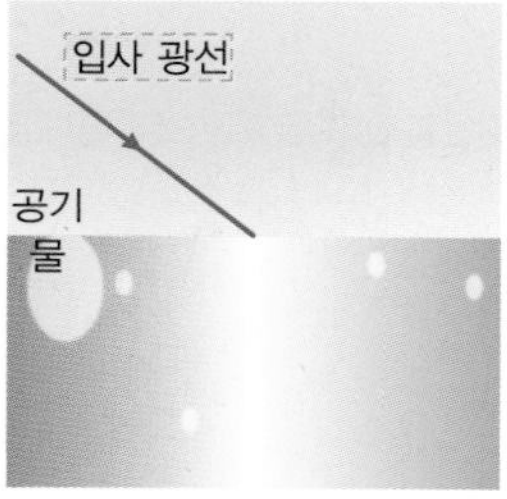

40 빛이 공기에서 물로 입사되는 경우 (가) 와 물에서 공기 중으로 입사되는 경우 (나) 를 나타낸 그림이다.

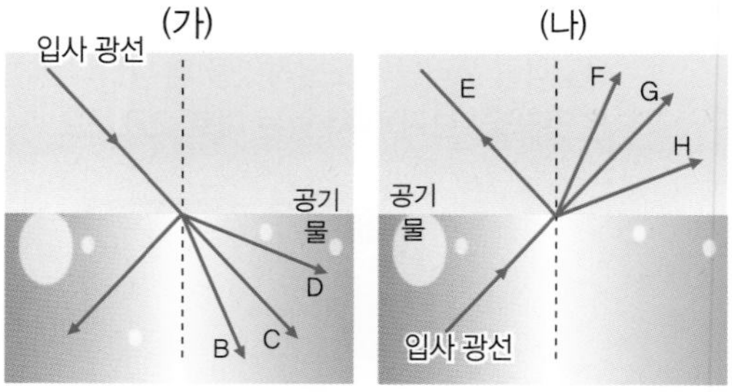

두 경우에 있어서 굴절광의 진행 경로는 각각 어떤 것인가?

41 빛의 굴절에 의한 현상만을 있는 대로 고르시오.

① 사막에서 신기루가 보인다.
② 어항의 물고기가 커 보인다.
③ 잔잔한 수면에 주변 경치가 비친다.
④ 거울에서 내 모습을 비춰볼 수 있다.
⑤ 강물의 깊이가 실제보다 얕게 보인다.
⑥ 물속에서 내 다리가 짧고 굵게 보인다.

42 물속에 보이는 물고기를 작살과 레이저를 이용해서 잡으려고 한다면 작살과 레이저를 어느 방향으로 겨냥해야 하는지 각각 고르시오.

작살 : (　　)　　레이저 : (　　)

정답 및 해설 55쪽

43 동전이 든 컵에 물을 부었더니 안보이던 동전이 눈에 보이게 되었다. 다음 중 빛의 진행 경로가 옳은 것은?

① 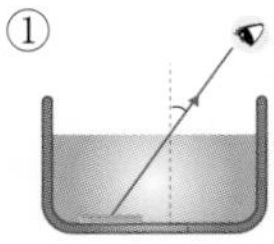
② 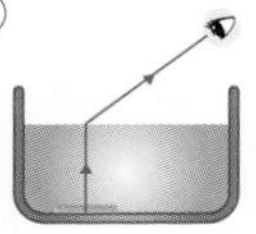
③ 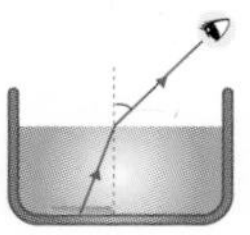
④ 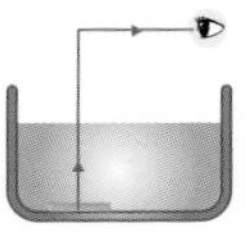
⑤ 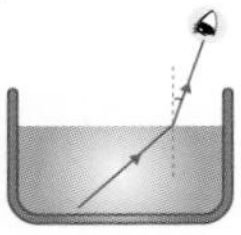

44 그림과 같이 깊이 12 cm 인 물속에 동전이 가라앉아 있다. 위에서 볼 때 물속의 동전은 몇 cm 깊이에 있는 것으로 보이는가? (단, 물의 굴절률은 1.3 이다.)

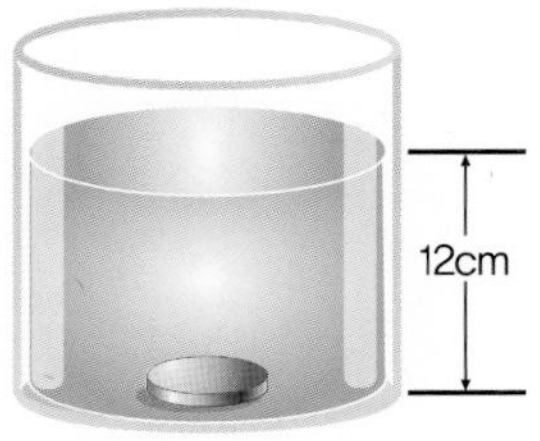

① 7 cm ② 8 cm ③ 9 cm
④ 10 cm ⑤ 11 cm

45 빛이 렌즈를 통하여 진행하는 모습이다. 다음 중 사각형 내에 들어갈 렌즈의 배치가 바르게 된 것을 있는 대로 고르시오.

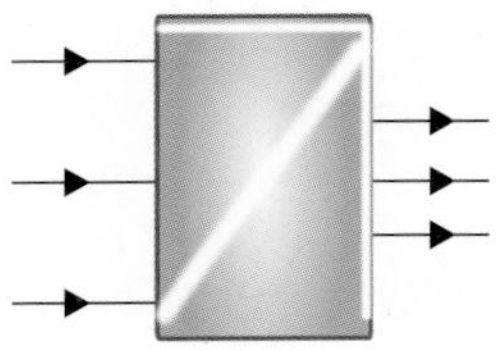

① 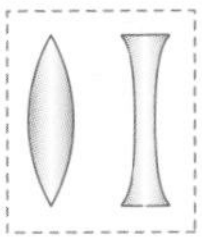
② 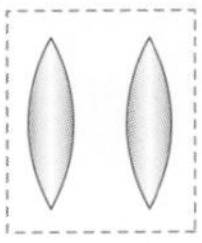
③ 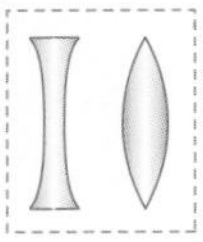
④ 

46 빛이 진행하는 경우 진행 방향과 수직하게 파면을 표시할 수 있다. 오목 렌즈를 지날 때 빛의 파면을 바르게 표시한 것은?

① 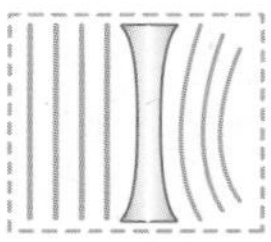
② 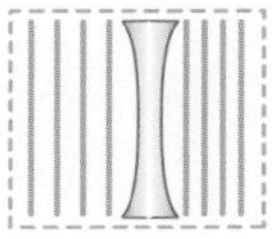
③ 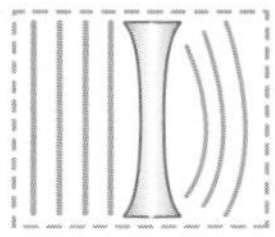
④ 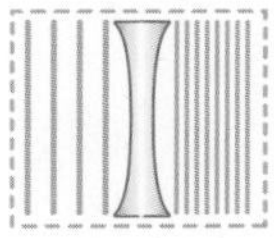

47 굴절률이 $\frac{3}{2}$ 인 유리로 만든 오목 렌즈와 오목 거울에 의한 빛의 진행을 나타낸 것이다. 만약 이 렌즈와 거울을 굴절률 $\frac{4}{3}$ 인 물속에 넣어서 똑같이 빛을 진행시키면 굴절광이나 반사광의 초점 거리는 어떻게 되겠는가?

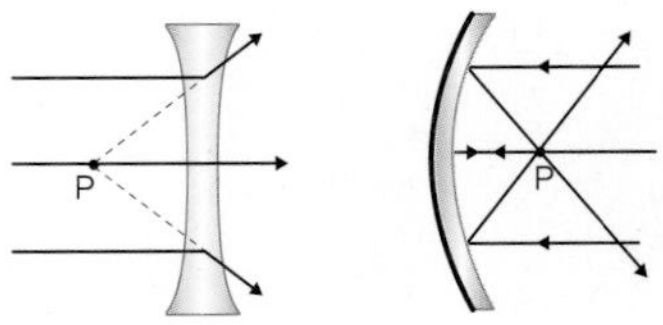

	굴절광	반사광
①	길어진다	변함없다
②	짧아진다	변함없다
③	변함없다	길어진다
④	변함없다	짧아진다
⑤	길어진다	짧아진다

48 어떤 사람의 눈에 들어오는 빛이 수정체를 통과하면서 굴절하는 그림이다. 이에 대한 설명으로 옳지 않은 것은?

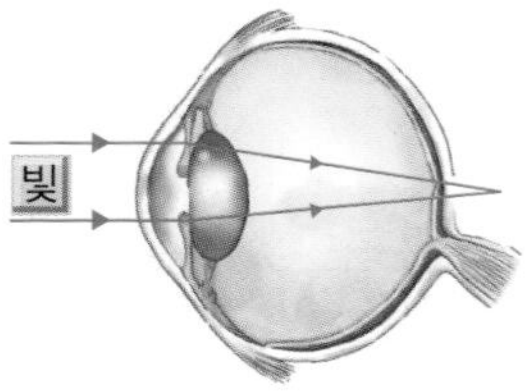

① 이 사람은 원시이다.
② 이 사람에게는 가까운 곳의 물체는 잘 안 보인다.
③ 이 사람의 눈을 교정하려면 오목 렌즈가 필요하다.
④ 이러한 현상은 주로 노인에게서 많이 일어난다.
⑤ 볼록 렌즈를 쓰면 가까운 곳의 물체가 잘 보인다.

49 입사각이 45° 가 되도록 공기 중에서 물질 A, B, C 에 빛을 입사시켰더니 굴절각이 각각 35°, 30°, 18° 였다. 물질 A, B, C 와 공기의 굴절률을 부등호로 비교하시오.

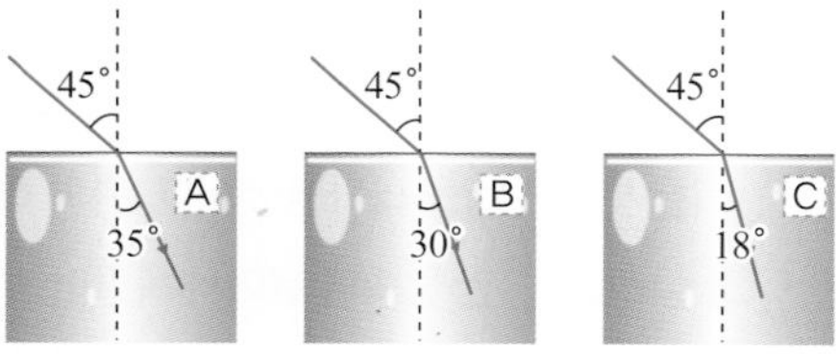

50 물결통 속에서 깊은 물과 얕은 물이 직선 상으로 경계면을 이루고 있다. 깊은 물속에서 파장 3 m 의 물결파가 얕은 물로 굴절해 들어갔다. 깊은 물에 대한 얕은 물의 파동의 굴절률이 1.5 일 때 얕은 물에서의 물결파의 파장은 몇 m 인가?

① 1 m　② 2 m　③ 3 m
④ 4 m　⑤ 5 m

51 물결통에서 파동이 얕은 곳에서 깊은 곳으로 진행할 때 입사각이 30°, 굴절각이 60° 였다. 깊은 곳에서의 속력이 $4\sqrt{3}$ cm/s 라면 얕은 곳에서의 속력은 얼마인가?

① 1 cm/s　② 2 cm/s　③ 3 cm/s
④ 4 cm/s　⑤ 5 cm/s

52 그림처럼 빛이 진행하기 위해서 A 와 B 에 어떤 형태의 렌즈가 들어갈지 렌즈를 각각 그려 넣으시오.

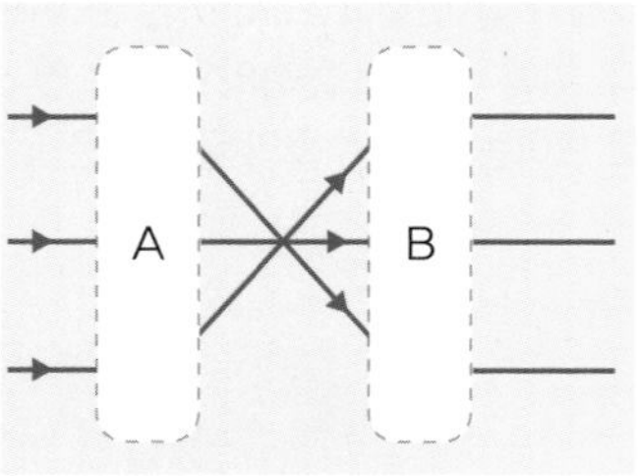

53 다음 그림은 근시안과 원시안에서 빛이 수정체에서 굴절되는 모습을 나타낸 것이다. 다음 물음에 답하시오.

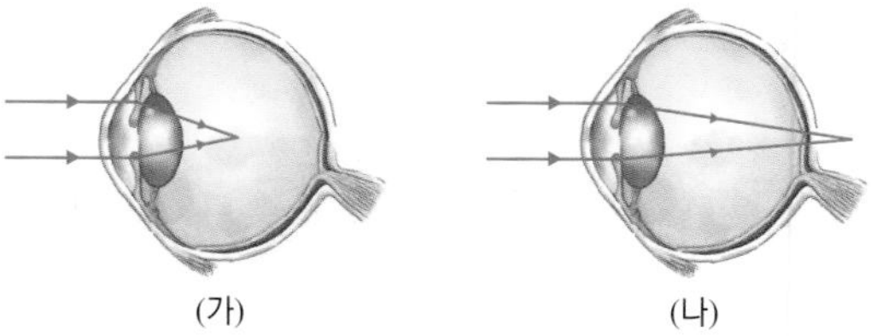

(1) 가까운 것이 잘 안 보이는 눈은 (　)이고, 먼 것이 잘 안보이는 눈은 (　)이다.

(2) 볼록 렌즈 안경을 써야 하는 눈은 (　)이고, 오목 렌즈 안경을 써야 하는 눈은 (　)이다.

(3) 원시안은 (　　)이고, 근시안은 (　　)이다.

54 **두꺼운 유리를 통해 유리 뒤의 물체를 보았더니 그림과 같은 위치에 있는 것으로 보였다. 이 물체는 실제로 A, B, C 중 어느 위치에 있겠는가?**

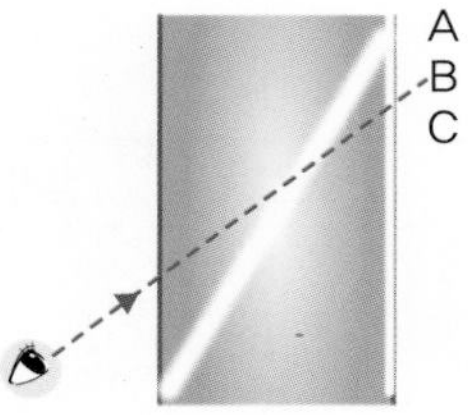

55 **빛이 진공으로부터 굴절률 $\frac{3}{2}$ 인 유리 속으로 진행하고 있다. 진공에서의 빛의 속력 $c = 3.0 \times 10^8$ m/s 라고 할 때 다음 물음에 답하시오.**

(1) 유리 속에서의 빛의 속력은 얼마인가?

① 10^8m/s ② 1.5×10^8 m/s
③ 2.0×10^8 m/s ④ 2.5×10^8 m/s
⑤ 3.0×10^8 m/s

(2) 물의 굴절률은 $\frac{4}{3}$ 이다. 물에 대한 유리의 굴절률은 얼마인가?

① $\frac{1}{2}$ ② $\frac{5}{4}$ ③ $\frac{5}{3}$ ④ $\frac{9}{8}$ ⑤ $\frac{8}{9}$

(3) 유리에서 공기 중으로 빛이 나올 때, 전반사가 일어나는 임계각을 θ_0라 할 때 $\sin\theta_0$의 값을 구하시오.

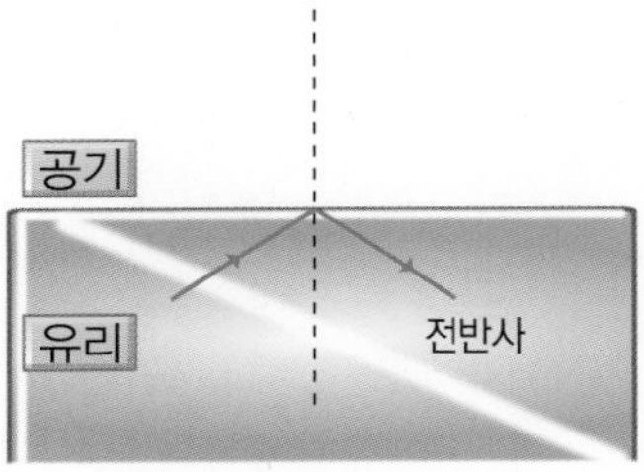

56 **얇은 볼록 렌즈 앞에 촛불을 놓았더니 반대편의 스크린에 도립 실상이 생겼다. 그 상태에서 그림과 같이 렌즈의 일부를 조리개로 가리면 어떻게 되겠는가?**

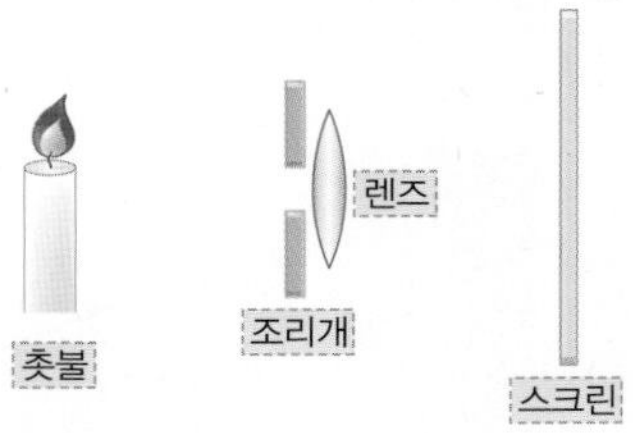

① 상의 크기가 줄어든다.
② 상의 일부가 가려진다.
③ 아무런 상이 생기지 않는다.
④ 상의 밝기가 전체적으로 줄어든다.
⑤ 초점 거리가 변하여 선명도가 떨어진다.

57 **다음의 각 경우에 렌즈에서 상까지의 거리와 상의 길이, 상의 종류를 구하시오.**

(1) 초점 거리 4 cm 인 볼록 렌즈 앞 6 cm 되는 곳에 길이 2 cm 의 물체가 놓여 있다.

(2) 초점 거리 6 cm 인 오목 렌즈 앞 12 cm 되는 곳에 길이 3 cm 의 물체가 놓여 있다.

58 **마룻바닥에서 150 cm 높이에 전등이 있다. 전등의 아래에 렌즈를 놓고 크기가 전등의 4 배가 되는 실상을 마루 위에 생기게 할 예정이다. 설치할 렌즈의 종류와 전등으로부터의 거리는 얼마인가?**

① 초점 거리 12 cm 인 오목 렌즈를 전등에서 15 cm 인 곳에 놓는다.
② 초점 거리 12 cm 인 볼록 렌즈를 전등에서 15 cm 인 곳에 놓는다.
③ 초점 거리 24 cm 인 오목 렌즈를 전등에서 15 cm 인 곳에 놓는다.
④ 초점 거리 24 cm 인 볼록 렌즈를 전등에서 30 cm 인 곳에 놓는다.
⑤ 초점 거리 30 cm 인 볼록 렌즈를 전등에서 15 cm 인 곳에 놓는다.

15 어떤 매질 속으로 빛이 들어갔을 때 빛의 속력이 $\frac{1}{n}$ 이 되면 그 매질의 굴절률은 n 이다. 공기 중에서의 빛의 속력을 c 라고 할 때 물과 유리에서의 빛의 속력을 나타내시오. (c = 30만 km/s = 3×10^5 km/s = 3×10^8 m/s 이다.)

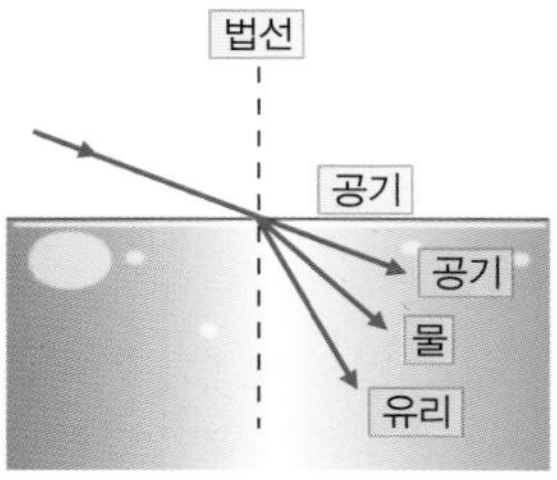

매질	굴절률	빛의 속력
공기	1	c
물	$\frac{4}{3}$	(a)
유리	$\frac{3}{2}$	(b)

16 굴절률이 2 이고 두께가 1 m 인 옆면이 막힌 투명체가 공기 중에 놓여 있다. 단색광을 내는 광원 S 가 아랫 면에 접하여 있을 때 광원 S 에서 나온 빛은 투명체의 윗면에서 굴절하여 나가기도 하고 입사각이 클 경우 전반사를 할 수도 있다. 만약 투명체의 윗면에 원판을 놓아서 광원 S 로부터 나오는 빛을 전부 차단하려고 한다. 원판의 최소 반지름 R 은 얼마이겠는가?

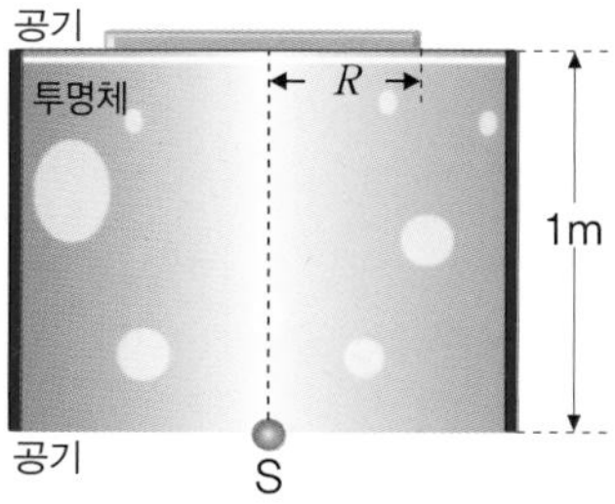

개념 돋보기

16. S 로부터 나온 빛이 원판의 경계면에서 굴절할 때의 입사각이 임계각이 된다.

17 **볼록 렌즈 앞에 화살표 모양의 물체가 있다. 상을 작도하고 상의 종류와 크기, 생기는 위치를 적으시오.**

(1) 물체가 렌즈의 구심 밖에 있을 때

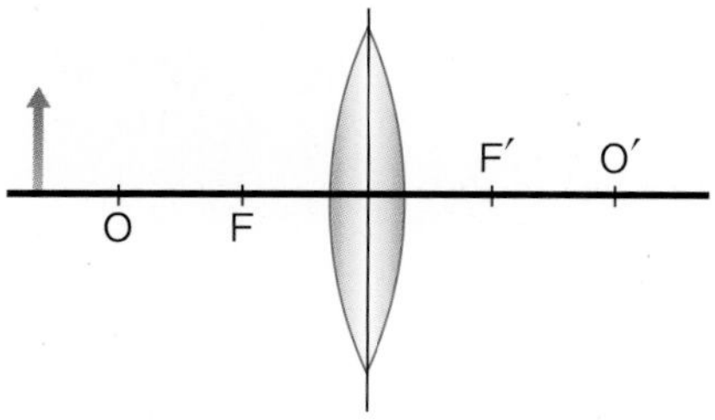

(2) 물체가 렌즈의 구심에 있을 때

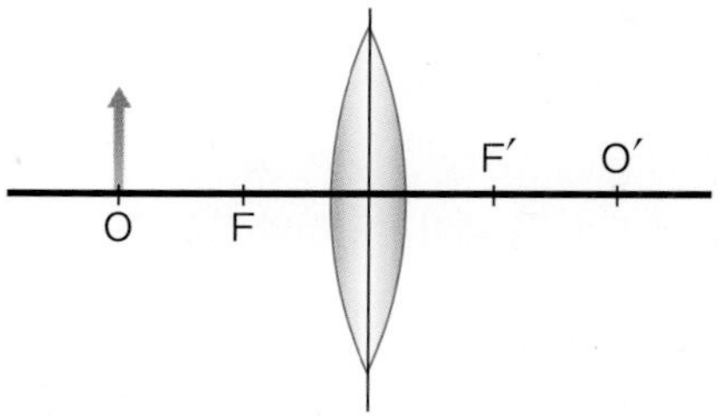

(3) 물체가 렌즈의 구심과 초점 사이에 있을 때

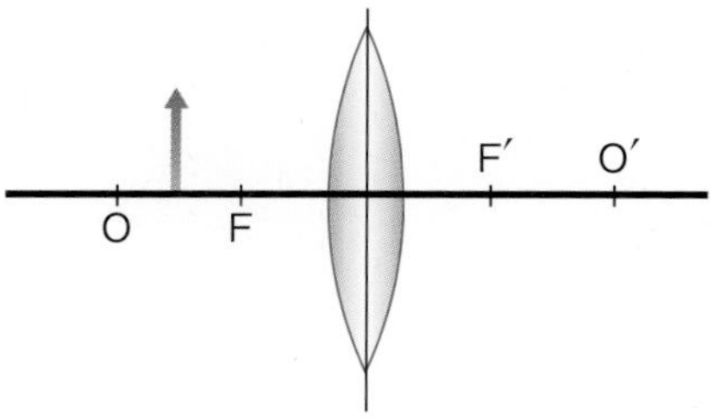

(4) 물체가 렌즈의 초점에 있을 때

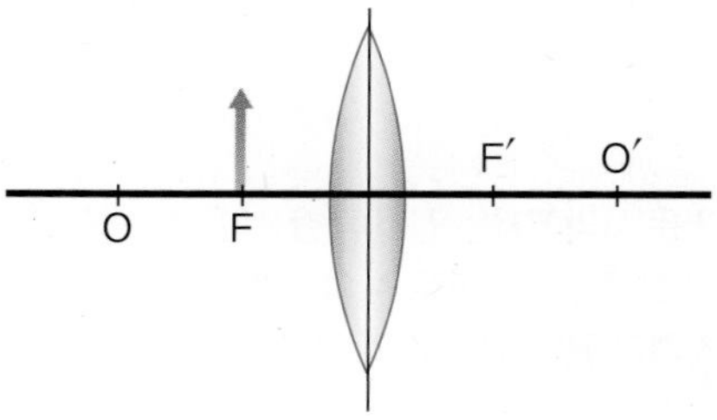

(5) 물체가 렌즈의 초점 안에 있을 때

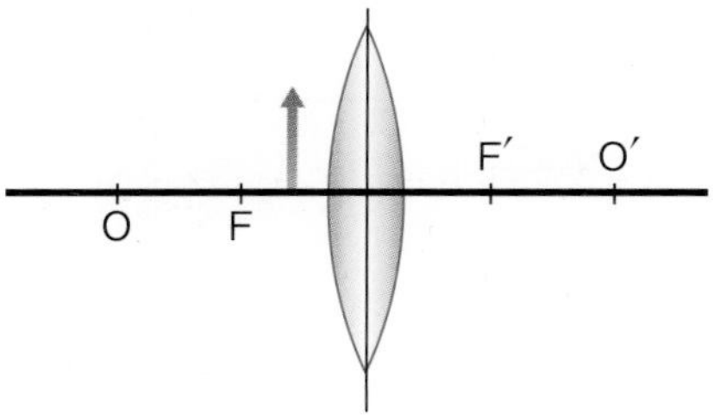

18 **건강한 눈의 명시 거리는 25 cm 이다. 명시 거리가 50 cm 의 눈을 건강한 사람처럼 만들려면 어떤 렌즈의 안경을 써야 하는가? 또, 이 렌즈의 초점 거리는 얼마이겠는가?**

개념 심화 문제

19 **물속에 유리판을 놓고 물 위에서 레이저 광선(단색광)을 쪼였다.**
$n_{공기} = 1$, $n_{물} = \frac{4}{3}$, $n_{유리} = \frac{3}{2}$ 이라고 했을 때 공기에 대한 물의 상대 굴절률은 $\frac{4}{3}$ 이고, 공기에 대한 유리의 상대 굴절률은 $\frac{3}{2}$ 이 된다.

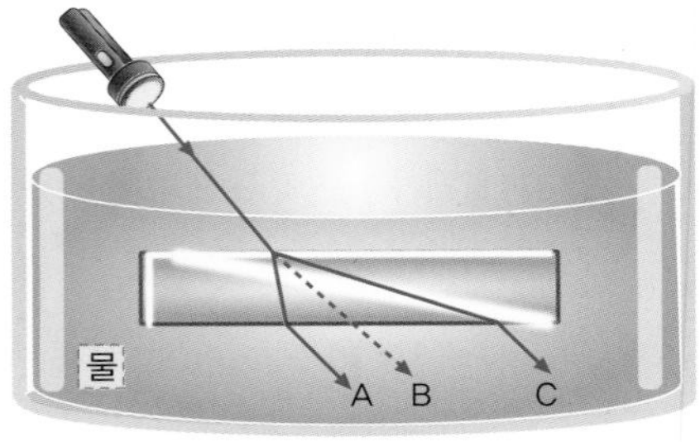

(1) A, B, C 중 레이저 광선의 경로가 옳은 것의 기호를 쓰시오.

(2) 물에 대한 유리의 굴절률은 얼마인가?

20 **뜨거운 사막에서는 신기루 현상이 나타난다. 사람의 눈은 빛이 직진한 것으로 인식하므로 A 의 관측자는 나무가 B 위치에 있는 것으로 착각하게 된다. 〈보기〉 의 설명 중 옳은 것만을 있는 대로 고른 것은?**

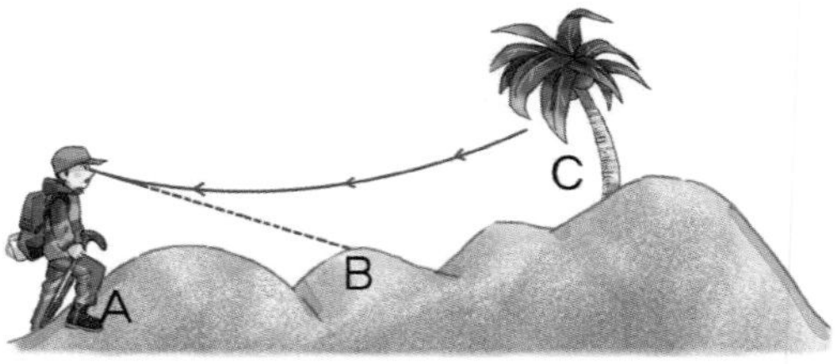

보기

ㄱ. 지표로부터 위로 올라갈수록 공기의 굴절률은 크다.
ㄴ. 온도가 올라가면 빛의 속력이 증가한다.
ㄷ. 그림처럼 관측이 되는 시각은 해뜨기 직전이다.

① ㄱ ② ㄴ ③ ㄱ, ㄴ ④ ㄱ, ㄷ ⑤ ㄱ, ㄴ, ㄷ

개념 돋보기

수영하는 것보다 뛰어가는 것이 더 빠른 인명 구조원이 A 지점에서 B 지점으로 조난자를 구하기 위하여 간다면 가장 빠른 경로는 그림과 같다. 즉, 속도가 빠른 곳에서 더 많이 가는 것이 시간적으로는 이득이다. 굴절의 법칙은 이러한 원리를 내포하는 것이다.

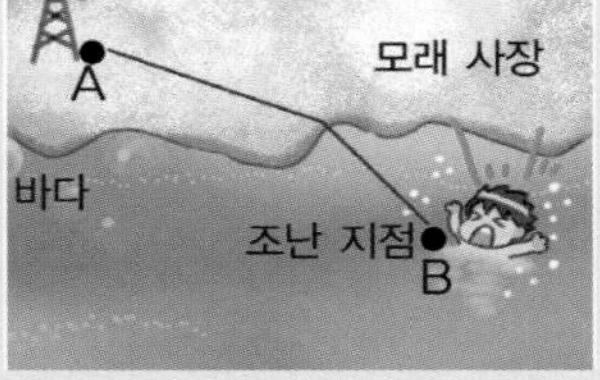

21 **공기 중에서 파장이 8000 Å 인 빛의 파장은 어떤 액체 속에서 4800 Å 이 된다. 이 액체의 표면에서 10 cm 깊이에 어떤 점광원을 두고 액체의 표면에서 위쪽으로 9 cm 되는 지점에 초점 거리 10 cm 인 볼록 렌즈를 두었을 때 렌즈에 의한 상의 위치는 어디이겠는가?**

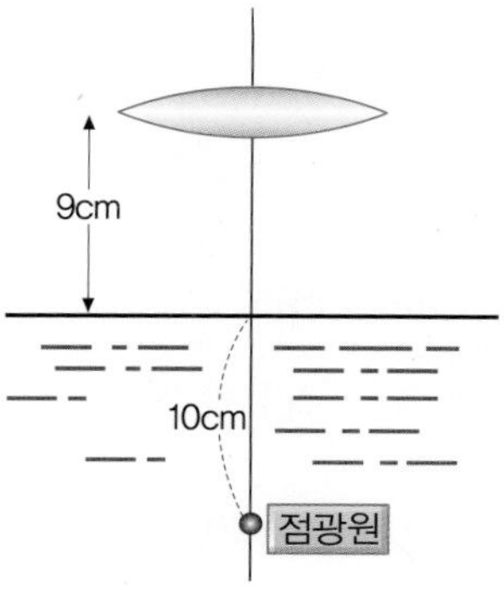

22 **그림처럼 초점 거리 10 cm 인 볼록 렌즈 전방 20 cm 인 점 A 에 물체를 놓았다. 다음 물음에 답하시오.**

(1) 물체 A 에 의한 상의 위치를 구하시오.

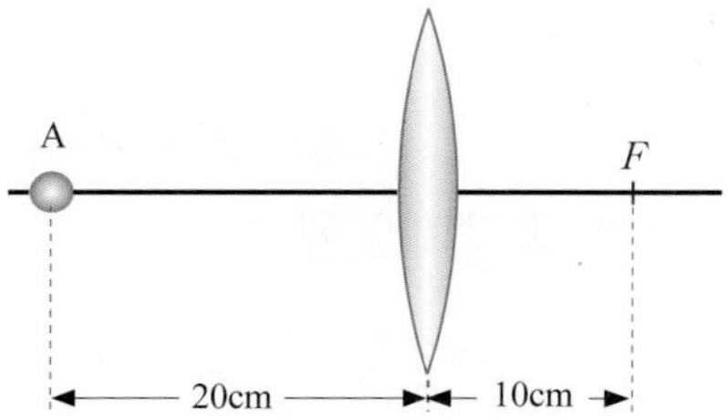

(2) 물체와 렌즈 사이에 두께 4 cm, 굴절률 1.5 의 일정한 두께의 유리판을 광축(렌즈 축)에 수직하게 놓았을 때 A 에 의한 상의 위치는 어디인가?

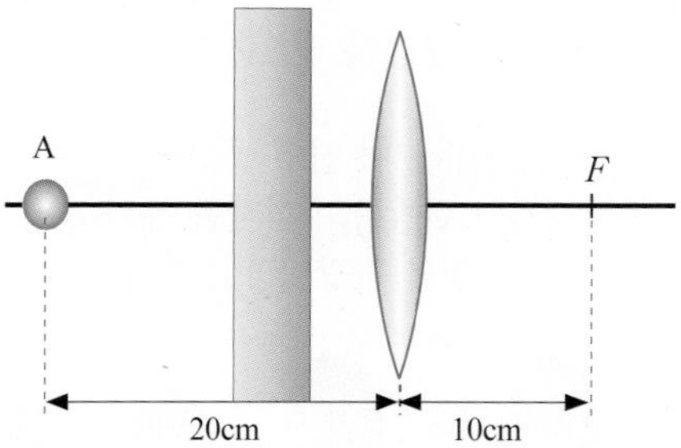

개념 돋보기

21. 점광원은 떠보이는 위치에 있는 것으로 역할을 한다.
22. 유리 속에서와 공기 중에서 빛이 같은 시간 동안 진행한 거리의 비는 $1 : n_{유리}$ 이다.

4. 빛의 분산과 스펙트럼, 편광

(1) 빛의 분산 여러 파장의 빛이 섞인 빛은 백색으로 보이며 백색광이라고 한다. 그러나 파장이 다른 빛은 공기 중에서는 진행 속도가 같지만 다른 매질 속에서는 진행 속도가 서로 차이가 나서 프리즘을 통과한 이후에는 각기 다른 색깔의 빛으로 분리된다. 이러한 현상을 빛의 분산이라고 한다.

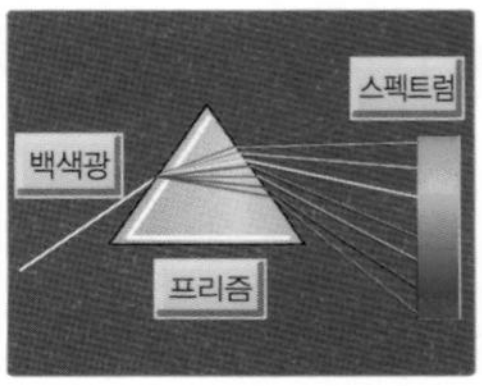

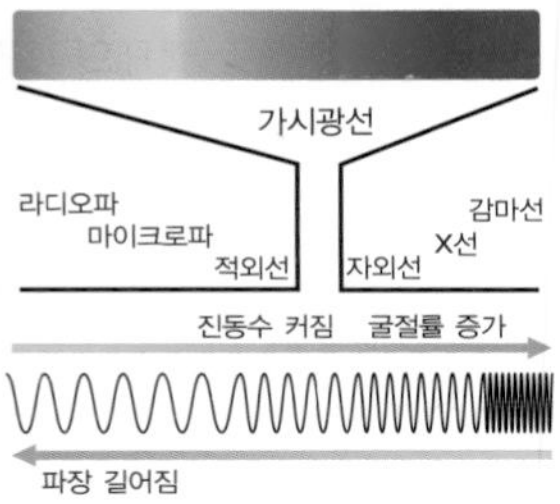

▲ 빛의 분산과 스펙트럼

① **빛의 파장과 진행 속도** : 파장이 짧을수록 (빨간빛 → 보랏빛) 공기가 아닌 매질 속에서 속도가 느리고 굴절률이 크다.

② **무지개** : 무지개는 물방울에 의한 빛의 분산 현상이다. 백색광이 물방울 속에서 굴절-전반사-굴절이 일어나면서 분산되고 그 스펙트럼을 우리가 보면 무지개가 된다.

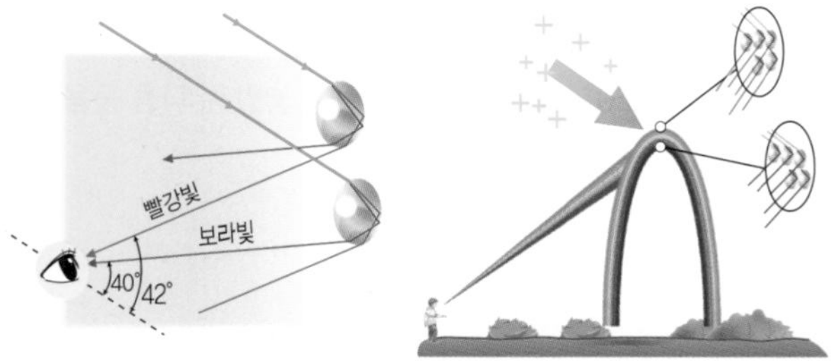

무지개를 관찰하려면 태양을 등지고 서야 한다.

(2) 빛의 3 원색, 물감의 3 원색

① **빛의 3 원색** : 빨간빛, 녹색빛, 파란빛은 합하면 백색광이 된다. 이 세 빛을 빛의 3 원색 광이라 한다. 빨간빛 + 녹색빛 = 노란색 빛(yellow), 빨간빛 + 파란빛 = 자홍색 빛(magenta), 파란빛 + 녹색빛 = 청록색 빛(cyan)이 된다.

② **물감(색)의 삼원색** : 노랑, 빨강, 파랑의 세가지 색을 물감의 3원색이라 한다. 세 가지 물감을 섞으면 검은색이 된다[1].

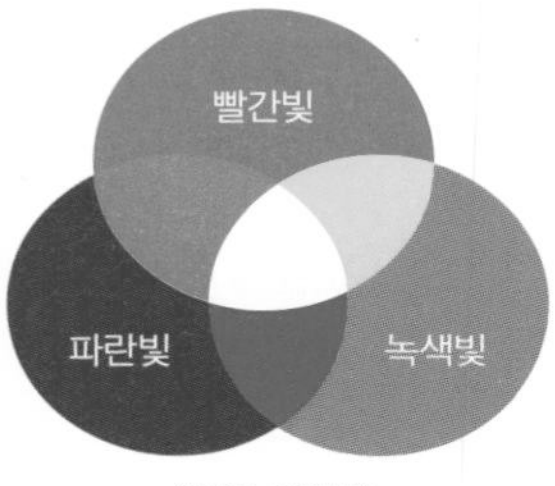

(빛의 3원색)

(3) 편광 자연광은 횡파이며 진행 방향에 수직인 모든 방향으로 진동하는 빛이다. 이 빛을 편광판[2]에 통과시키면 편광판의 격자를 통과하는 빛만 나오게 되는데 이 빛은 한 방향으로만 진동하는 빛이다. 이 빛을 편광이라고 한다.

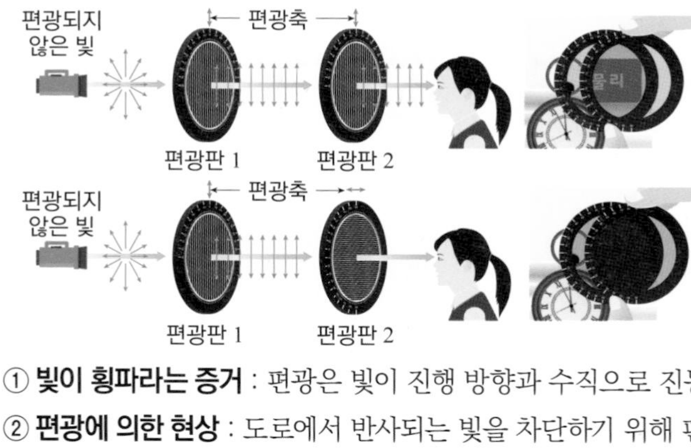

(가) 편광판 1 과 편광판 2 의 격자가 나란하면 편광된 빛이 통과한다.
(나) 두 편광판의 격자가 90° 이면 빛은 통과하지 못한다.

① **빛이 횡파라는 증거** : 편광은 빛이 진행 방향과 수직으로 진동하는 횡파라는 증거이다.

② **편광에 의한 현상** : 도로에서 반사되는 빛을 차단하기 위해 편광판으로된 선그라스를 쓰면 눈이 부시지 않다. 입체 영화를 볼 때 편광판으로 만든 안경을 쓴다.

빛의 분산

▲ 무지개

▲ 벽에 비친 스펙트럼

빛의 3원색을 합성하면 다른 색의 빛이 되는 이유

두 빛을 합하면 중첩되어 파장이 가운데 정도가 되는 빛이 된다.
빨간 빛과 초록색 빛을 합하면 빛이 중첩되어 두 빛의 가운데 파장의 빛이 된다. 그 가운데 파장의 빛이 바로 노란색(yellow)이다.

1 물감의 3원색의 합성

물감은 다른 파장의 빛은 모두 흡수하고 그 색에 해당하는 빛만 내보내서 그 빛이 우리 눈에 도달한다.
만약 노랑(yellow)색과 청록(cyan)색 물감을 섞으면 두 물감이 공통으로 내보내는 색만 내보낼 것이다. 노랑은 빨강과 초록빛, 청록은 초록과 파랑빛이 각각 섞여 있으므로 초록빛 만을 내보내게 되어 초록색으로 보인다.

물체가 특정 색으로 보이는 이유

- 다른 빛은 모두 흡수하고 특정 빛만 반사하므로 물체가 특정 색으로 보인다.
- 셀로판지, 색유리는 해당하는 색의 빛만 통과시킨다.

2 편광판

보이지 않는 평행 격자가 있다.

▲ 편광 안경

도로나 물체의 표면에서 반사되는 빛

반사면에 평행으로 진동하는 편광이다.

5. 파동의 간섭

(1) 파동의 간섭

① **파동의 중첩과 독립성**

- **중첩의 원리** : 두 파동이 만나 합쳐지면 합성파가 발생하고 변위는 두 파동의 변위를 합한 것과 같다.
- **파동의 독립성** : 합성된 파동이 분리되더라도 파동은 중첩되기 이전의 파형을 그대로 유지하면서 독립적으로 진행한다.

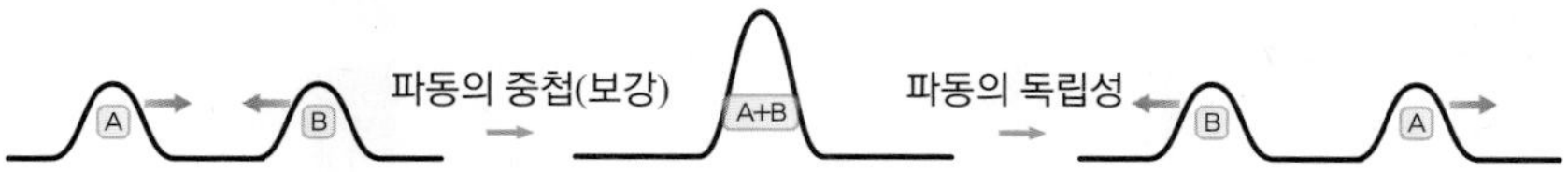

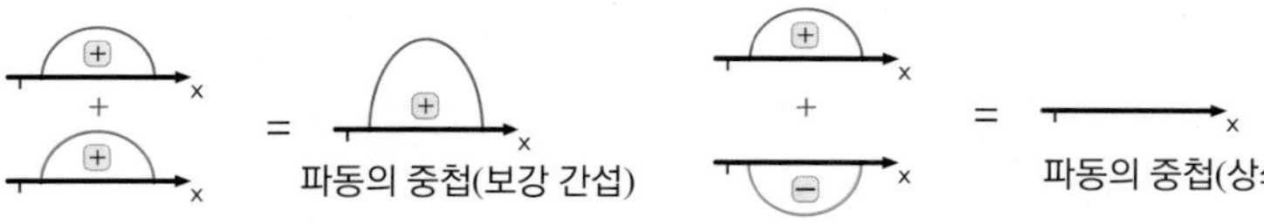

② **파동의 간섭** : 파동이 중첩되어 합성파가 생기는 현상이다.

- **보강 간섭** : 두 파동의 골과 골이 만나거나 마루와 마루가 만나 합성파의 진폭이 커지는 것이다(같은 위상끼리 만남).
- **상쇄 간섭** : 두 파동의 골과 마루가 겹쳐 진폭이 상쇄되는 것이다(반대 위상끼리 만남).

③ **물결파의 간섭** : 파원으로부터 나온 위상이 같은 두 물결파가 간섭을 일으키면 보강 간섭과 상쇄 간섭을 하는 지점이 나타난다.

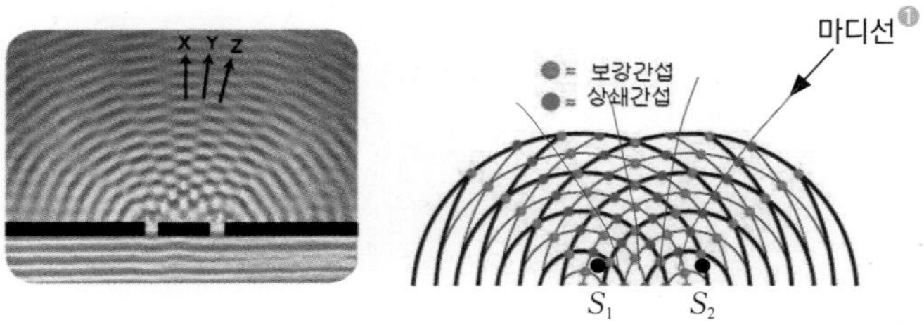

- **보강 간섭하는 지점(P점)**

두 파원에서의 거리 차 (경로차) : $|S_1P \sim S_2P| = |3\lambda - 4\lambda| = \frac{\lambda}{2} \cdot 2$(짝수)

(보강 간섭이 일어나는 점들의 경로차는 반파장의 짝수 배이다.)

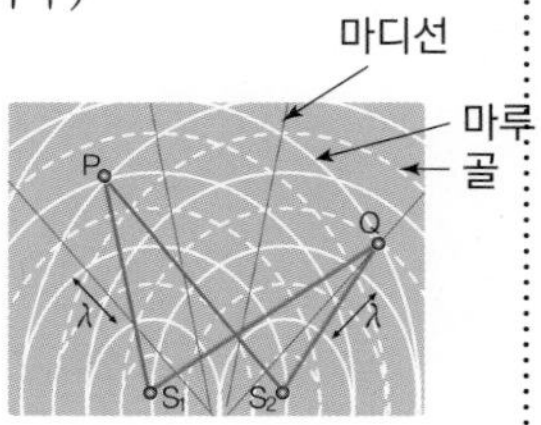

> 어느 점 P 에서 보강 간섭이 일어날 조건
> $| S_1P \sim S_2P | = \frac{\lambda}{2} \cdot 2m \ (m = 0, 1, 2, 3 \cdots)$

- **상쇄 간섭하는 지점(Q점)**

두 파원에서의 거리 차 (경로차) : $|S_1Q \sim S_2Q| = |4\lambda - 2.5\lambda| = \frac{\lambda}{2} \cdot 3$(홀수)

(상쇄 간섭이 일어나는 점들의 경로차는 반파장의 홀수 배이다.)

> 어느 점 Q 에서 상쇄 간섭이 일어날 조건
> $| S_1Q \sim S_2Q | = \frac{\lambda}{2} \cdot (2m + 1) \ (m = 0, 1, 2, 3 \cdots)$

물결파의 중첩 모양

❶ 마디선

두 물결파의 간섭 현상에서 상쇄 간섭하는 지점은 진동하지 않는 지점이다. 그 지점들은 실제로 줄을 이뤄 포물선 모양으로 눈에 띄게 되는데 그것을 마디선이라 한다.

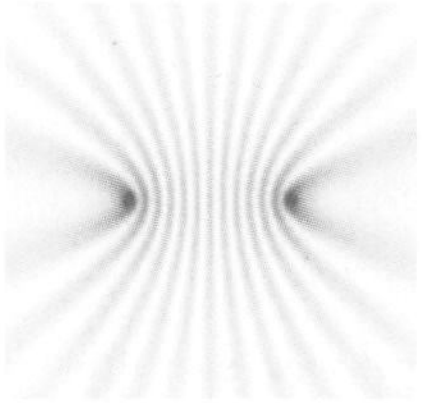

▲ 마디선

두 물결파의 간섭

(2) 빛의 간섭 빛도 파동이므로 간섭 현상을 일으키며 간섭 조건도 물결파와 같다.

① 영의 실험 : 이중 슬릿(slit)에 의한 빛의 간섭 실험이다.[2]

두 슬릿 S_1 과 S_2 를 통과한 빛(단색광)이 스크린 상에서 보강 간섭과 상쇄 간섭을 일으켜서 스크린 상에서 밝고 어두운 무늬를 만든다.

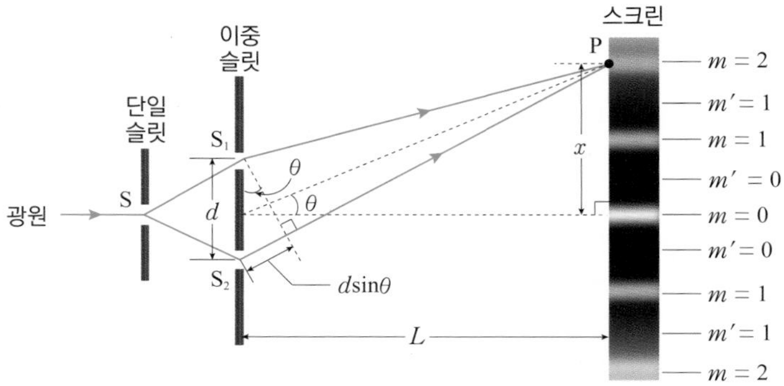

두 슬릿 S_1 과 S_2 을 통과한 빛이 동일한(위상이 같은) 빛이라면

- **P 점에 밝은 무늬가 만들어지는 조건** : 보강 간섭

광로차[3] $= |S_1P \sim S_2P| = \dfrac{\lambda}{2} \cdot 2m \ (m = 0, 1, 2, 3 \cdots)$ 이다.

광로차 $= |S_1P \sim S_2P| = d\sin\theta \cong d\tan\theta = d\dfrac{x}{L}$ (θ가 작을 때)로 할 수 있다.

> 밝은 무늬가 중앙점 O 에서 x 만큼 떨어진 곳에서 만들어질 조건 :
> $$d\frac{x}{L} = \frac{\lambda}{2}(2m) = m\lambda \quad (m = 0, 1, 2, 3\cdots)$$

- **P 점에 어두운 무늬가 만들어지는 조건** : 상쇄 간섭

광로차 $= d\dfrac{x}{L} = \dfrac{\lambda}{2}(2m' + 1) \ (m' = 0, 1, 2, 3\cdots)$

> 어두운 무늬가 중앙점 O 에서 x 만큼 떨어진 곳에서 만들어질 조건 :
> $$d\frac{x}{L} = \frac{\lambda}{2}(2m' + 1) \quad (m' = 0, 1, 2, 3\cdots)$$

- **무늬 사이의 간격** : Δx (밝은 무늬 사이의 간격)

$m = 0$ 일 때 $x_0 = 0$(중앙점), $m = 1$ 일 때 $x_1 = \dfrac{L}{d}\lambda$, $m = 2$ 일 때 $x_2 = \dfrac{L}{d}\lambda \times 2$

$\Delta x = x_2 - x_1 = x_1 - x_0 = \dfrac{L}{d}\lambda$ 이다. 슬릿 사이의 간격이 크면 무늬가 촘촘해지고 스크린과 슬릿이 멀리 떨어져 있으면 무늬 사이의 간격이 벌어진다. 어두운 무늬 사이의 간격은 밝은 무늬 사이의 간격과 같다.

> $$\Delta x \text{(무늬 사이의 간격)} = \frac{L}{d}\lambda$$

정답 p 58

Q9 두 점파원 S_1, S_2에서 진폭 2 cm 의 동일한 물결파를 발생시켰다. (실선은 마루, 점선은 골이다.) P, Q, R 점에서 각각 무슨 간섭이 일어나겠는가? 또, R 점에서 합성파의 진폭은 몇 cm 인가?

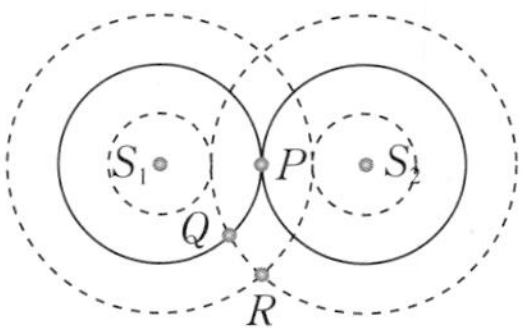

토마스 영 (Thomas Young, 1773~1829)

영국의 의사, 물리학자, 고고학자

② 영의 실험의 원리

물결파의 간섭의 원리와 같다.

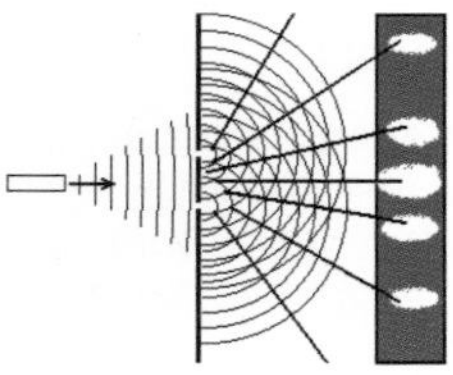

③ 광로차

빛의 경로차를 말한다.

이중슬릿에 의한 빛의 간섭

레이저 광처럼 한 파장의 빛(단색광)을 사용해야 한다.

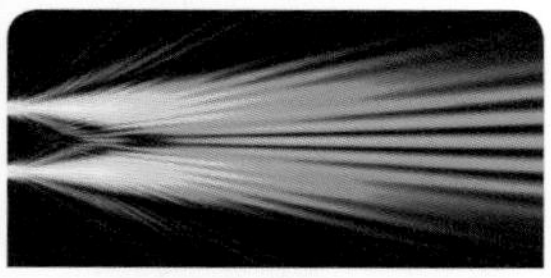

빛의 간섭 무늬

백색광은 여러 가지 색깔의 파장이 섞여 있으므로 무지개 무늬가 나타난다.

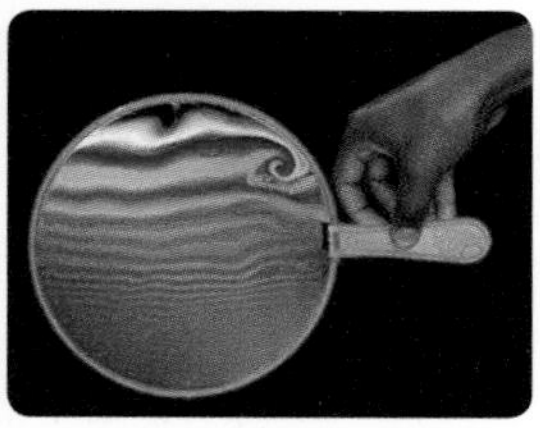

한 파장의 빛을 사용한 이중 슬릿 무늬

Q10 영의 실험에서 슬릿 사이의 간격이 0.2 mm, 슬릿과 스크린 사이의 거리가 1 m 일 때 스크린의 중앙 부분의 어두운 무늬 사이의 간격이 2 mm 이었다면 이때 사용한 빛의 파장은 얼마인가?

Q11 그림은 영의 실험 장치의 개략도이다. 이 실험에 대한 설명 중 옳지 않은 것은?

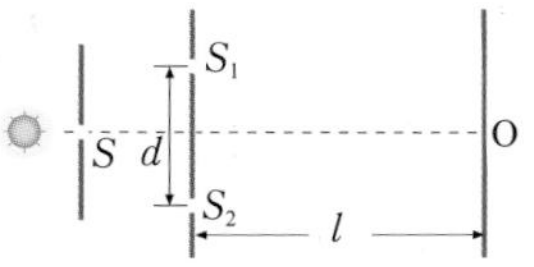

① 스크린의 O점은 밝은 부분이다.
② 간섭 무늬는 O 점을 중심으로 상하 대칭으로 나타난다.
③ 이중 슬릿의 간격 d 를 좁게 하면 스크린 상의 간섭 무늬 사이의 간격이 넓어진다.
④ 슬릿과 스크린 사이의 거리 l 을 크게 하면 스크린 상의 간섭 무늬 사이의 간격이 좁아진다.

② **파동의 간섭** : 막이 아주 얇은 경우(두꺼우면 안 일어난다) 두 면에 의해서 반사한 빛이 간섭을 일으켜서 밝고 어두운 무늬[4] 를 볼 수가 있다.

- **소 - 밀 - 소 의 경우** : ㉮ 공기 중에 비눗방울(굴절률 : n)이 떠 있는 경우

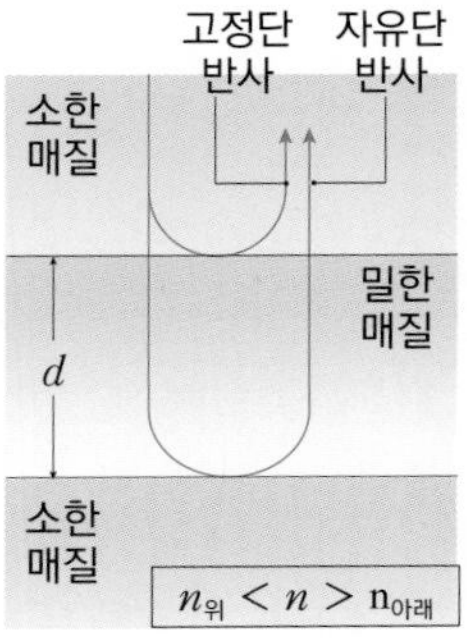

광로차 : $2d$

$2d = \frac{\lambda'}{2}(2m+1)$ $(m = 0, 1, 2, 3\cdots)$ - 보강 간섭(밝은 무늬)

$2d = m\lambda'$ $(m = 1, 2, 3\cdots)$ - 상쇄 간섭(어두운 무늬)

고정단 반사 시 위상차가 $\frac{\lambda}{2}$ 만큼 변하므로 조건이 바뀐다.

$\lambda' = \frac{\lambda}{n}$ (λ' : 비눗방울 속에서의 빛의 파장, λ : 공기 중 빛의 파장)

- **소 - 밀 - 밀(강) 의 경우** : ㉮ 유리 위에 기름(굴절률 : n)이 떨어져 있는 경우

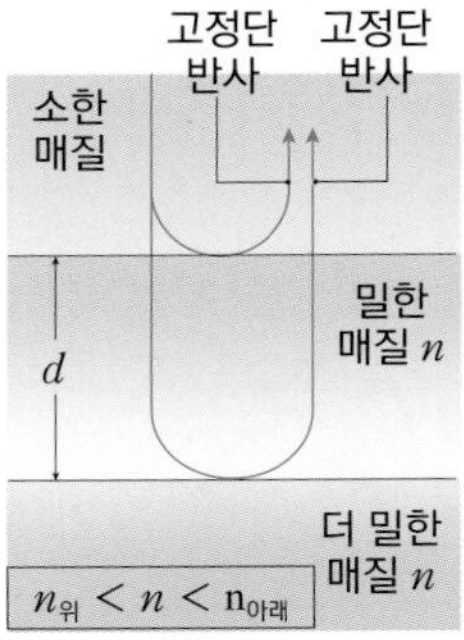

광로차 : $2d$

$2d = m\lambda'$ $(m = 1, 2, 3\cdots)$ - 보강 간섭(밝은 무늬)

$2d = \frac{\lambda'}{2}(2m+1)$ $(m = 0, 1, 2, 3\cdots)$ - 상쇄 간섭(어두운 무늬)

(반사에 의한 위상차가 나타나지 않는다.)

$\lambda' = \frac{\lambda}{n}$ (λ' : 기름 속에서의 빛의 파장, λ : 공기 중 빛의 파장)

③ **뉴트링**(Newton ring) : 두 물체 사이에 아주 얇은 공기 층이 존재하면 빛의 간섭이 일어난다. 곡률 반경이 R 이고 밑면이 둥근 유리판이 평면 유리판 위에 있을 때 유리판의 중심에서 r 만큼 떨어진 곳에서 둥근 유리판과 평면 유리판 사이의 거리가 d 라면 둥근 유리판의 아래 면에서 반사한 빛과 평면 유리판에서 반사한 빛 사이의 광로차는 $2d$ 이다[5].

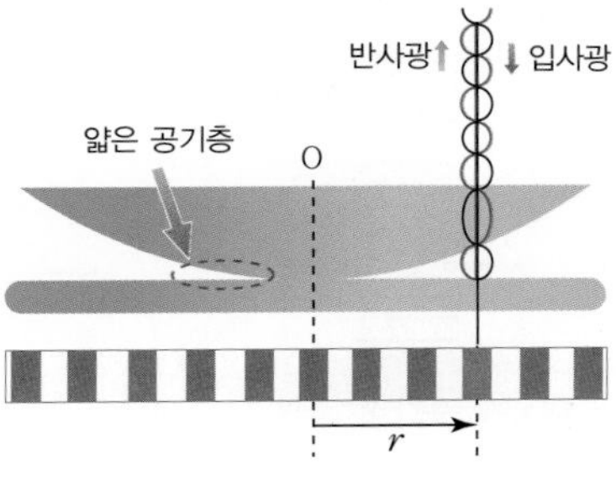

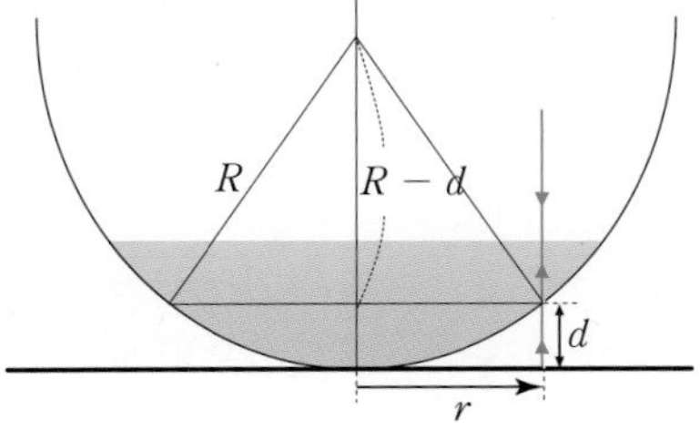

막이 두꺼울 경우

막이 두꺼운 경우는 간섭이 일어나지 않는다. 막이 두꺼우면 여러 곳에서 온 빛이 중첩되므로 간섭이 일어나지 않는다.

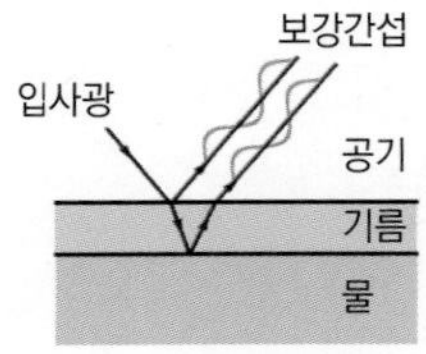

▲ 기름의 막이 얇을 때

④ 상쇄 간섭이 일어나는 경우

면이 어둡게 변하게 된다. 이런 경우 막에 의해 반사되는 빛이 최소가 된다.

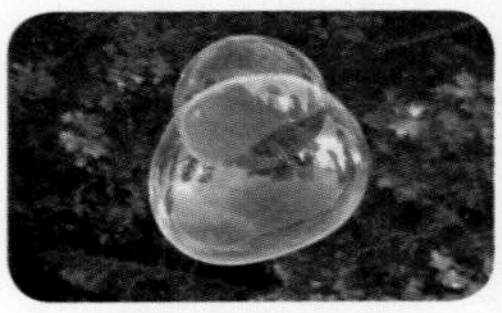

▲ 비눗방울의 간섭 무늬

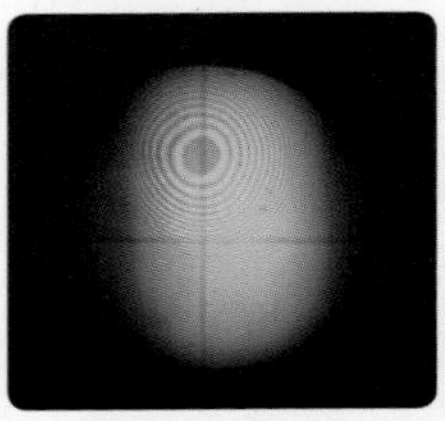

▲ 뉴트링 간섭 무늬

⑤ 뉴트링 광로차 근사 계산

$r^2 + (R-d)^2 = R^2$

$r^2 + R^2 - 2dR + d^2 = R^2$

$(d^2 \cong 0 \ (d \ll R))$

$\therefore d \cong \frac{r^2}{2R}$

뉴튼 원무늬의 중심

광로차가 0 인 곳으로 반사에 의해 위상차가 반대인 두 광선이 간섭하므로 어두운 무늬가 나타난다.

광로차 : $2d$, $r^2 + (R-d)^2 = R^2$ 이므로 광로차 $2d = \dfrac{r^2}{R}$이다.

간섭 조건 : 반사하는 두 빛이 고정단 반사, 자유단 반사로 다르므로 광로차 $\dfrac{r^2}{R} = \dfrac{\lambda}{2}(2m+1)$ $(m = 0, 1, 2, 3\cdots)$ 일 때 보강 간섭(밝은 무늬) $= m\lambda$ $(m = 0, 1, 2, 3\cdots)$ 일 때 상쇄 간섭(어두운 무늬)

정답 p 58

Q12 굴절률이 1.5 인 유리판 위에 굴절률이 1.25 인 얇은 막이 코팅되어 있다. 수직으로 파장 5×10^{-7}m 의 빛을 비추니 어두워졌다. 막의 최소 두께는 얼마인가?

Q13 뉴튼링의 무늬를 관찰한 결과 동심원 무늬의 중심인 어두운 무늬 밖의 첫 번째 밝은 무늬의 반경이 0.2 mm 였다. 사용한 원판의 곡률 반지름이 20 cm 라면 사용한 단색광의 파장은 얼마인가?

6. 파동의 회절

(1) 파동의 회절 파동이 장애물을 만나서 진행 방향이 꺾여 전파되는 현상으로 파동은 장애물의 뒤쪽까지 전파가 가능하다. 하위헌스의 원리로 설명이 가능하다.

① **회절의 과정(하위헌스의 원리)** : 파면상의 모든 점이 또 다른 파원의 역할을 하므로 파동이 진행할 수 없는 곳까지 파동의 전파가 가능하다.

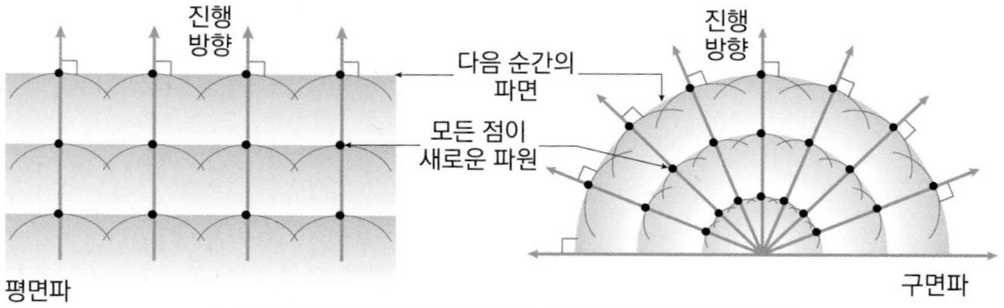

▲ 하위헌스 원리에 따라 나타낸 평면파와 구면파의 전파

② **파동의 회절하는 정도에 영향을 주는 요인** : 파동의 회절 정도 $\propto \dfrac{\lambda(\text{입사파의 파장})}{d(\text{틈의 간격})}$

슬릿의 폭에 따른 물결파의 회절		파장에 따른 물결파의 회절	
슬릿 폭이 넓을 때	슬릿 폭이 좁을 때	파장이 짧을 때	파장이 길 때
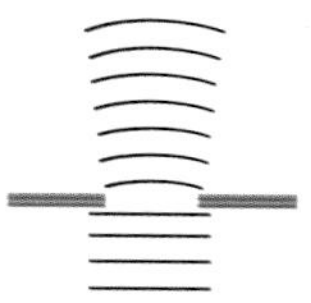	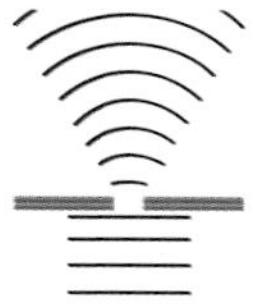	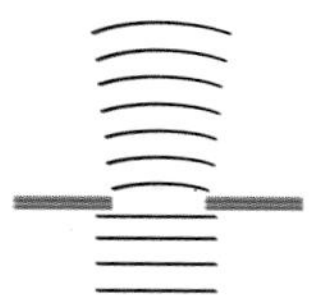	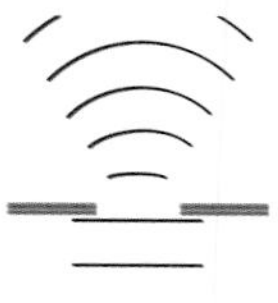
파장이 같을 때, 슬릿의 폭이 좁을수록 회절하는 정도가 크다.		슬릿의 폭이 같을 때 파장이 길수록 회절하는 정도가 크다.	

장애물의 슬릿의 폭에 따른 회절 모습

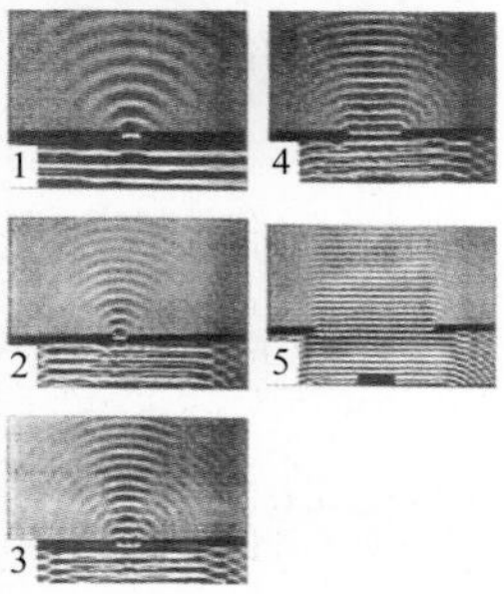

회절 현상의 예

① 한쪽이 터진 벽 뒤에서 벽 앞의 소리가 들린다.
② 산 뒤에서 라디오를 듣거나 TV를 시청할 수 있다.
③ 파도의 진행 방향에 있지 않은 곳에도 파도가 들어온다.
④ 쌍둥이별이 붙어 보인다.
⑤ 그림자의 경계가 선명하지 않다.

- **회절 무늬의 모습**

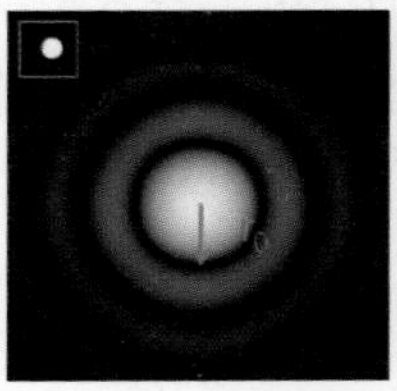

▲ 작은 구형 구멍

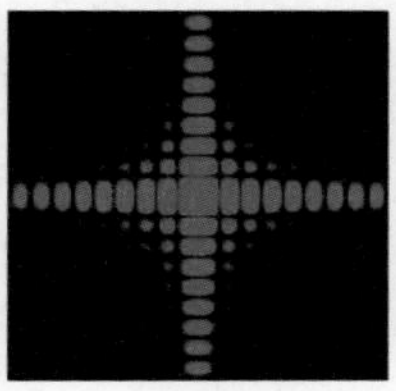

▲ 직사각형 틈

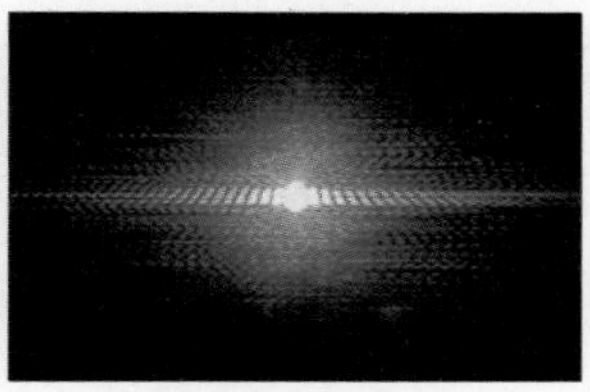

▲ 좁은 세로 틈

7. 빛의 산란

(1) 빛의 산란 대기를 이루는 기체 분자들이 빛을 흡수하고 사방으로 특정한 진동수의 빛을 재방출하는 현상이다.

- 파장이 짧은 빛일수록 산란이 잘된다.
- 입자가 작은 물체일수록 짧은 파장의 빛을 산란시킨다.

① **하늘이 파란 이유**❶ : 태양광은 모든 파장의 빛을 다 포함시킨 아무런 색을 띠지 않은 백색광인데 그 중에 포함된 보라색~파란색의 파장이 짧은 빛만 공기 입자에 의해서 산란되어 퍼진다. 우리 눈은 보라색보다 파란색에 더 민감하므로 하늘이 파랗게 보인다.

② **저녁 노을이 붉은 이유**❷ : 저녁때 햇빛이 대기를 통과하는 거리가 훨씬 길어진다. 대기를 통과하면서 파란빛은 미리 산란되어 없어지고 산란되지 않는 붉은 빛만 남기 때문이다.

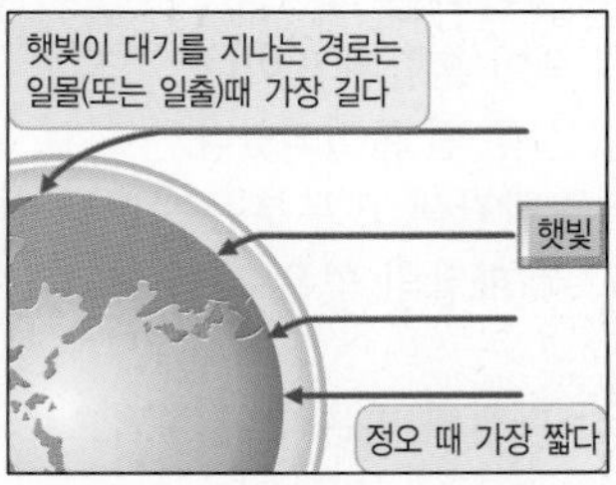

▲ 저녁 노을이 붉은 이유

③ **먼 산이 푸른 이유** : 멀리 있는 산에서 출발한 빛은 우리 눈까지 거의 도달하지 못하고 그 사이의 대기의 색만 보이기 때문이다.

④ **눈 덮인 산이 노랗게 보이는 이유** : 눈으로부터 오는 백색 광선 중 푸른색이 산란되어 없어지므로 그 보색인 노란색만 남게 된다.

⑤ **바닷물의 색이 청록색인 이유** : 파란 하늘의 색을 반사하기 때문이다. 또 바닷물이 붉은 색을 흡수하므로 청록색이 된다.

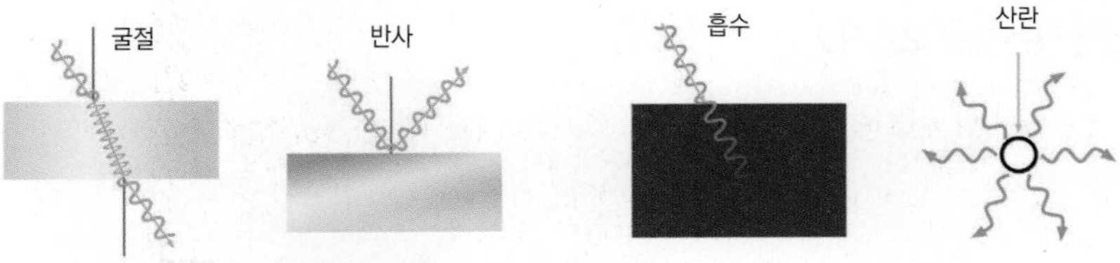

▲ 빛의 굴절, 반사, 흡수, 산란 모형

정답 p 58

Q14 수면파나 소리, 라디오 전파와는 달리 빛은 거의 회절하지 않는다. 그 이유를 설명해 보시오.

Q15 단일 슬릿에 광원을 비추어 스크린에 회절 무늬를 나타내려고 한다. 적색광과 청색광 중 회절 무늬의 간격이 더 좁은 광원은 무엇일까?

❶ **파란 하늘과 흰 구름**

구름의 입자는 물방울로서 모든 파장의 빛을 산란시키므로 하얗게 보인다.

❷ **붉은 노을**

파란 빛은 산란되어 공기 중에 흩어지고 빨간 빛만 우리 눈에 도달한다.

빛의 분산과 스펙트럼, 편광

59 빨간빛과 파란빛 중 어느 빛이 굴절률이 더 큰가?

60 햇빛(백색광)을 프리즘에 통과시켰더니 그림과 같이 여러 가지 색으로 나누어졌다. 이 현상에 대한 설명 중 옳지 않은 것을 고르시오.

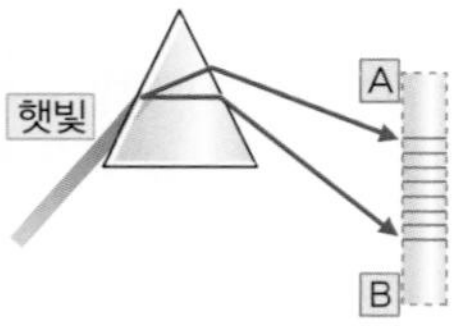

① 색이 다른 빛은 파장이 다른 빛이다.
② 햇빛은 여러 가지 색이 혼합된 빛이다.
③ 프리즘 안에서 빛은 두 번 굴절되었다.
④ 그림에서 A 부분은 빨간색, B 부분은 보라색이다.
⑤ 프리즘 안에서도 각 파장의 빛은 진행 속도가 다르다.
⑥ 진공(공기)에서 각 파장의 빛은 다른 속력으로 전파한다.

61 빛의 분산에 의해 나타나는 현상을 있는 대로 고르시오.

① 파란 하늘 ② 무지개 ③ 저녁 노을
④ 그림자 ⑤ 스펙트럼

62 공기 중의 빗방울에 의해서 빛이 분산되는 모습이다. A 와 B 에서 나타나는 빛의 색깔을 쓰시오.

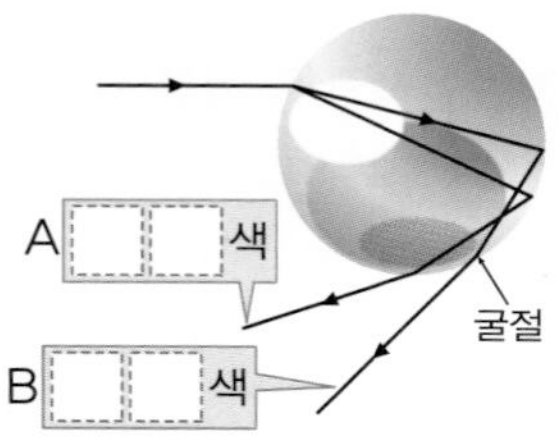

63 해가 서쪽으로 기울어져 있는 늦은 오후 분무기를 사용하여 무지개를 만들려고 한다. 물을 눈앞에서 뿌린다고 할 때 어느 방향으로 뿌려야 하겠는가?

① 동쪽 ② 서쪽 ③ 남쪽
④ 북쪽 ⑤ 머리 위쪽

64 빛의 합성에 관련된 내용이다. 옳은 것은 O, 틀린 것은 X 하시오.

(1) 빛은 합할수록 밝아진다. ( )
(2) 빛의 삼원색은 빨간색, 초록색, 파란색이다. ( )
(3) 빛의 삼원색을 합치면 검은색이 된다. ( )
(4) 빨간색 빛의 보색은 초록색 빛이다. ( )

65 빛의 합성 그림이다. ⓐ, ⓑ, ⓒ, ⓓ 에 해당하는 빛의 색을 쓰시오.

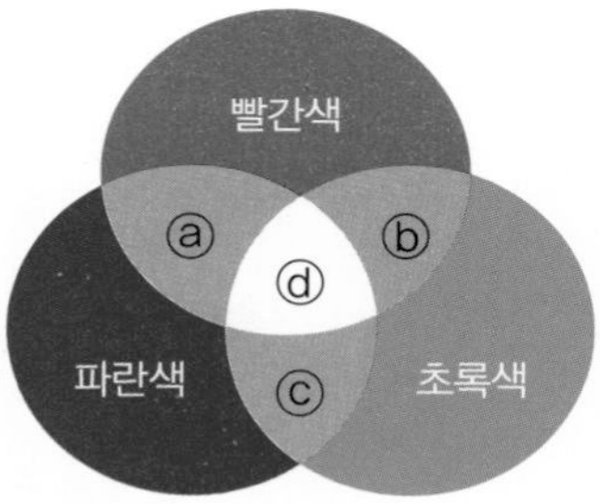

66 빨간 사과가 빨갛게 보이는 이유는 무엇인가?

① 모든 빛을 반사하기 때문에
② 빨간색 빛만 흡수하기 때문에
③ 빨간색 빛만 반사하기 때문에
④ 우리 눈에서 나간 빨간 빛을 보기 때문에
⑤ 초록색 파랑색과 노란색을 흡수하기 때문에

67 그림처럼 빨간색 셀로판지에 노란색 빛을 통과시키면 셀로판지를 통과하는 빛은 무슨 색이겠는가?

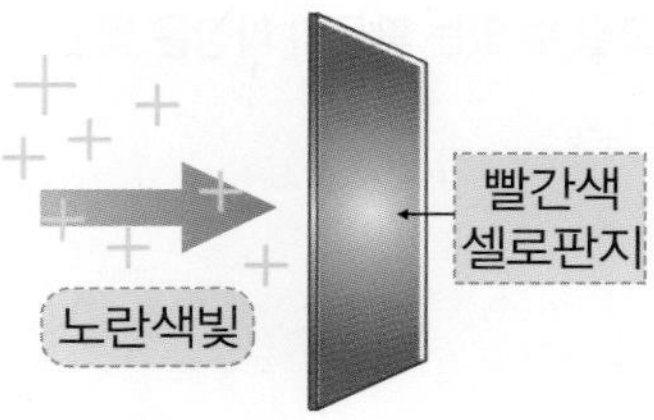

① 파란색 ② 노란색 ③ 초록색
④ 빨간색 ⑤ 보라색

68 빨간색과 파란색 빛을 흡수하고 다른 빛은 모두 반사하는 옷을 입으면 무슨 색의 옷으로 보이는가?

① 파란색 ② 노란색 ③ 초록색
④ 빨간색 ⑤ 보라색

69 빨간색과 초록색 빛을 반사하고 다른 빛은 모두 흡수하는 옷을 입으면 무슨 색의 옷으로 보이는가?

① 파란색 ② 노란색 ③ 초록색
④ 빨간색 ⑤ 보라색

70 노란색 셀로판지를 눈에 대고 초록색 나뭇잎을 보면 무슨 색으로 보이는가?

① 파란색 ② 노란색 ③ 초록색
④ 빨간색 ⑤ 보라색

71 빨간색 종이를 캄캄한 방에서 노란색 조명 아래에 두면 무슨 색으로 보이는가?

① 파란색 ② 노란색 ③ 초록색
④ 빨간색 ⑤ 보라색

72 밤에 야외 공연을 하는 가수가 흰색 옷을 입고 있다. 흰색 옷을 노란색으로 보이게 하기 위해서는 무슨 색의 조명을 비춰야 하는가? 조명색은 빨간색, 파란색, 초록색이 있다.

73 편광판을 이용하여 다음 그림과 같은 실험을 하였다. 다음 중 옳은 것은?

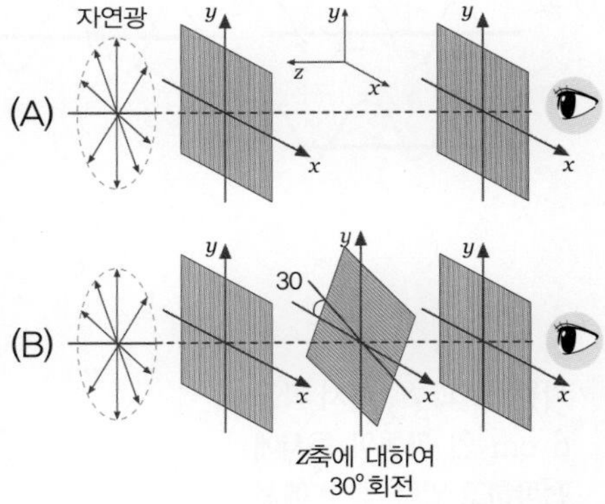

① 빛의 회절 및 간섭 현상을 알 수 있는 실험이다.
② 실험 (B) 의 관측자도 어느 정도 빛을 볼 수 있다.
③ 빛의 굴절 현상을 다른 방식으로 알 수 있는 실험이다.
④ 이 실험을 통해 빛이 횡파 및 종파의 이중성을 갖고 있음을 알 수 있다.
⑤ 실험 (A) 에서의 관측자는 빛을 볼 수 있지만 실험 (B) 의 관측자는 빛을 볼 수 없다.

파동의 간섭

74 서로 반대 방향으로 진행하는 파동(펄스파)이 있다. 두 파동은 중앙점 P 를 지난 후 어떤 모습이 되겠는가?

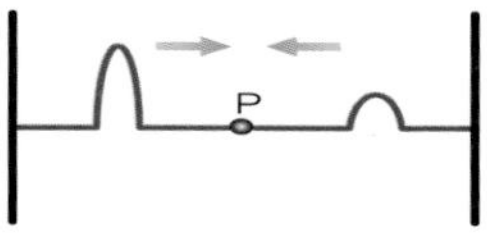

①
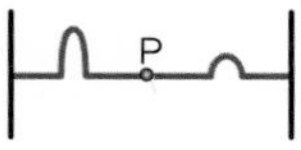

②
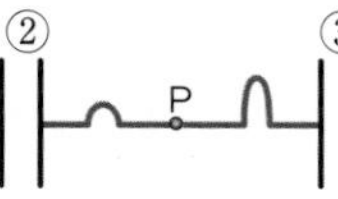

③
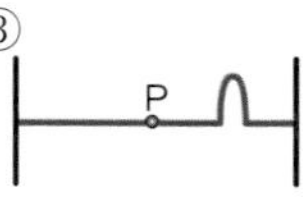

④
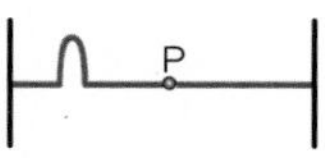

⑤
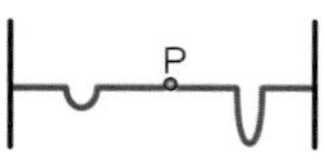

75 두 파동(사인파)가 있다. 두 파동이 중첩된 모양은 어떤 모양이겠는가?

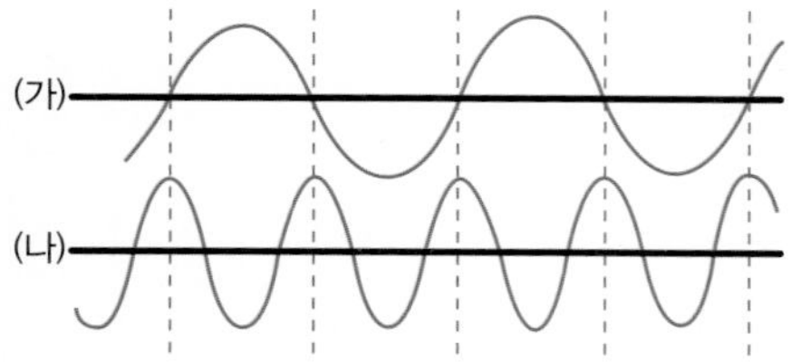

①

②
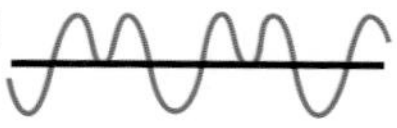

③

④
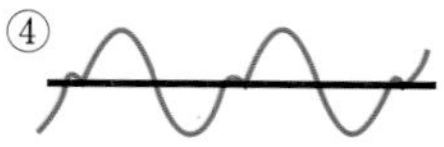

⑤
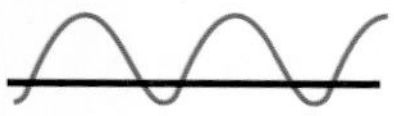

76 파원 S_1 과 S_2 에서 파장 6 cm 인 파동이 동시에 전파하고 있다. 점 P 에서 보강 간섭이 일어나 진폭이 최대로 되는 경우는 어느 것인가?

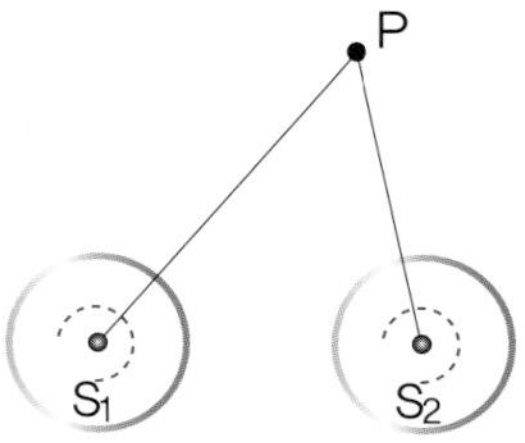

① S_1P = 18 cm, S_2P = 16 cm
② S_1P = 20 cm, S_2P = 16 cm
③ S_1P = 22 cm, S_2P = 17 cm
④ S_1P = 24 cm, S_2P = 18 cm
⑤ S_1P = 26 cm, S_2P = 19 cm

77 파장과 위상이 같은 두 파동을 발생시키는 두 파원 S_1, S_2 이 다음 그림과 같이 원점과 y 축 상의 +3 m 되는 곳에 있다. x 축 상의 + 4 m 되는 점 A 에서 보강 간섭을 일으킬 수 있는 파동의 파장은 몇 m 인가?

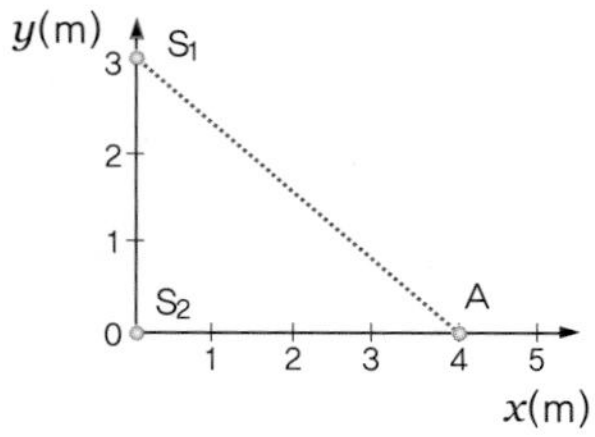

① 1 m ② 2m ③ 3 m
④ 4 m ⑤ 5 m

78 이중 슬릿에 의한 빛의 간섭 실험(Young 의 실험) 장치를 개략적으로 그린 그림이다. 이 실험에 관한 다음 설명 중 <u>틀린</u> 것은?

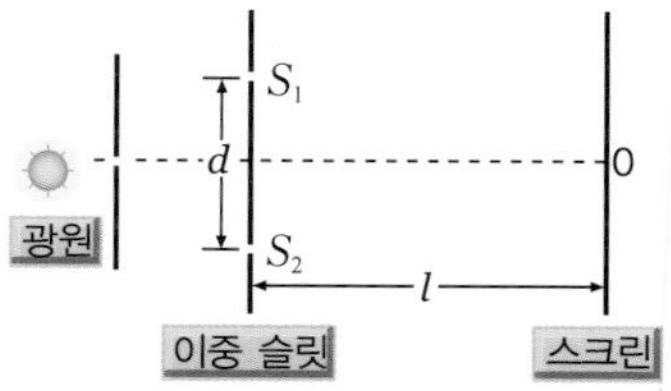

① 스크린의 O 점은 밝은 무늬이다.
② 간섭 무늬는 O점을 중심으로 상하 대칭으로 나타난다.
③ 슬릿의 간격 d 를 좁게 하면 간섭 무늬 사이의 간격이 넓어진다.
④ 슬릿과 스크린 사이의 거리 l 을 길게 하면 간섭 무늬 사이의 간격이 좁아진다.
⑤ d 와 l 그리고 간섭 무늬 사이의 간격을 재면 광원에서 나오는 빛의 파장을 계산할 수 있다.

정답 및 해설 59쪽

79 파장 5000 Å (1 Å = 10^{-10} m)의 빛을 사용하여 그림과 같은 영의 실험을 하였다. 스크린에는 검고 어두운 무늬가 교대로 생겼는데 P 점은 중앙점 C 로부터 두 번째 어두운 무늬가 생긴 지점이다. 점 P 는 S_1 과 S_2 로부터 온 두 빛이 간섭하고 있는 지점이다. P 점에 도달한 두 빛의 광로차 $S_1P \sim S_2P$ 는 얼마인가?

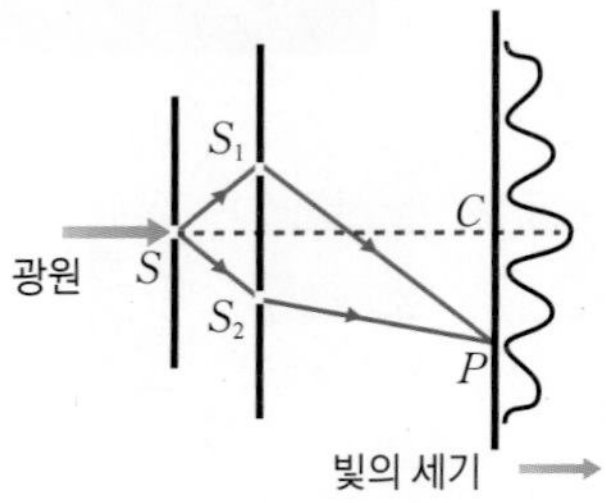

① 2500 Å ② 5000 Å ③ 7500 Å
④ 10,000 Å ⑤12,500 Å

80 영의 간섭 실험에서 슬릿 사이의 간격 d 는 0.2 mm 이며, 중앙 밝은 무늬로부터 첫 번째 밝은 무늬가 생기는 점 P 는 중심점 O 로부터 3×10^{-3} m 떨어져 있다. 슬릿과 스크린 사이의 거리 l 이 1 m 일 때 빛의 파장은 얼마인가?

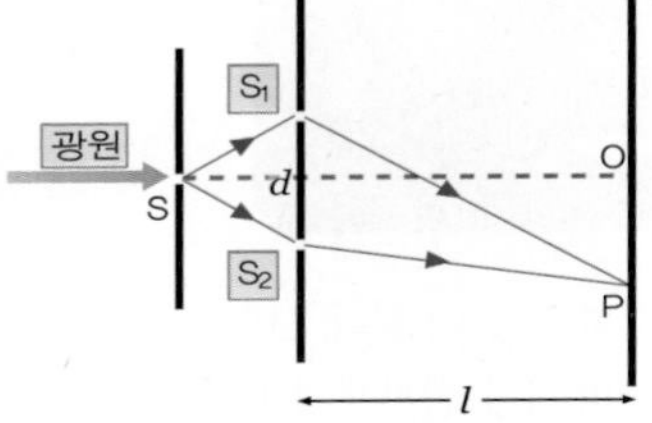

① 3000 Å ② 4000 Å ③ 5000 Å
④ 6000 Å ⑤ 7000 Å

81 파장 λ 인 빛이 공기 중에 있는 굴절률 1.5 인 얇은 막에 수직으로 입사할 때, 빛의 반사가 최소로 되는(상쇄 간섭하는) 막의 최소 두께 d 는 얼마인가?

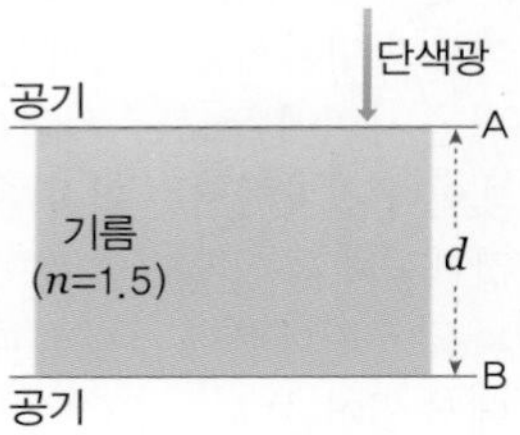

① $\frac{\lambda}{3}$ ② $\frac{\lambda}{2}$ ③ λ
④ λ ⑤ 2λ

82 그림은 유리판 위에 윗면이 평볼록 렌즈를 올려놓고 위에서 파장이 λ 인 단색광을 비추는 실험(뉴튼링)이다. 위에서 봤을 때 P 점에 밝은 무늬가 나타났다면 P 점 아래 평볼록 렌즈와 유리판 사이의 간격인 공기층의 두께 d 는 얼마가 되는가?

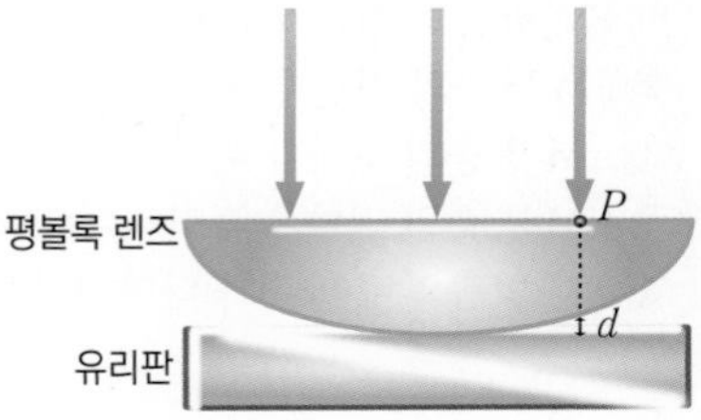

① $\frac{3}{4}\lambda$ ② $\frac{\lambda}{2}$ ③ $\frac{\lambda}{3}$
④ λ ⑤ 2λ

파동의 회절

83 틈(슬릿)에 의한 물결파의 회절 모습이다. 가장 회절이 잘 일어난 모습은 어떤 것인가?

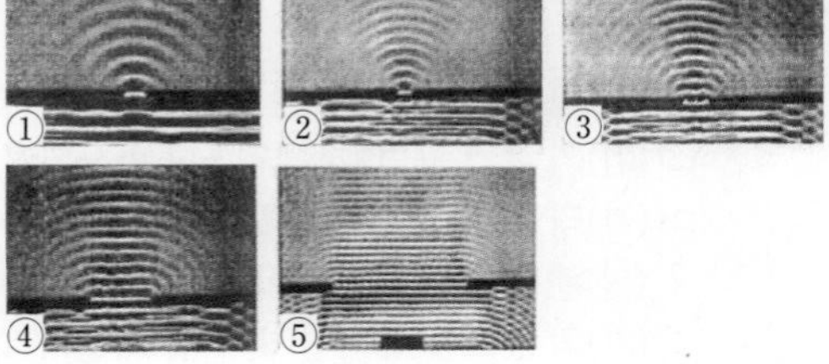

84 **파동의 회절에 대한 설명으로 옳은 것만을 있는 대로 고르시오.**

① 파장이 긴 파동일수록 잘 일어난다.
② 파도가 방파제를 지나서 뒤쪽까지 퍼진다.
③ 벽을 사이에 두고 두 사람이 이야기 할 수 있다.
④ 빛이나 전파에서는 회절 현상이 일어나지 않는다.
⑤ 장애물에 틈이 있다면 틈이 넓을수록 잘 일어난다.
⑥ 파동이 장애물에 부딪칠 때 장애물의 모서리나 틈에서 일어난다.

85 **높은 산으로 둘러 쌓인 지역에서는 AM 방송이 FM 방송보다 잘 들린다. 그 이유에 대하여 옳게 설명한 것은?**

① FM 방송의 전파가 파장이 길기 때문에
② FM 방송의 전파가 속력이 빠르기 때문에
③ AM 방송의 전파가 파장이 더 길기 때문에
④ AM 방송의 전파가 투과력이 크기 때문에
⑤ AM 방송의 주파수가 다양하기 때문에

86 **구경이 다른 렌즈의 사진기로 같은 물체를 찍은 것이다. 그림 (가)가 그림 (나)보다 구경이 큰 렌즈이다. 차이가 나는 이유로 옳은 것을 고르시오.**

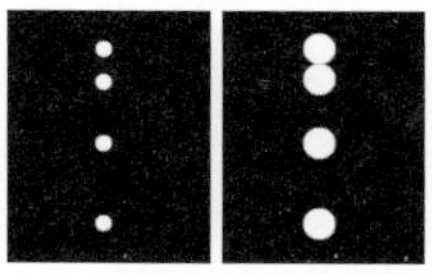
(가) (나)

① (가)렌즈를 통해 더 많은 빛이 들어오기 때문이다.
② (가)의 렌즈 표면에서 빛이 덜 반사되기 때문이다.
③ (가)의 렌즈를 통과한 빛이 덜 편광되기 때문이다.
④ (나)렌즈를 통과한 빛이 산란되기 때문이다.
⑤ (가)의 렌즈를 통과한 빛이 덜 회절되기 때문이다.

87 **그림은 1 개의 틈(slit)을 통과한 레이저 광선의 회절 무늬이다. 틈의 모양으로 적당한 것은?**

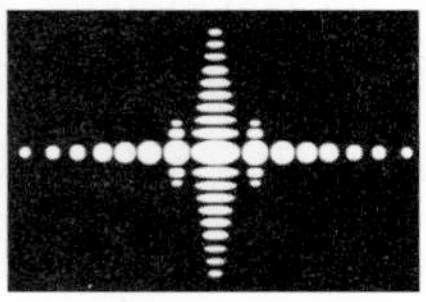

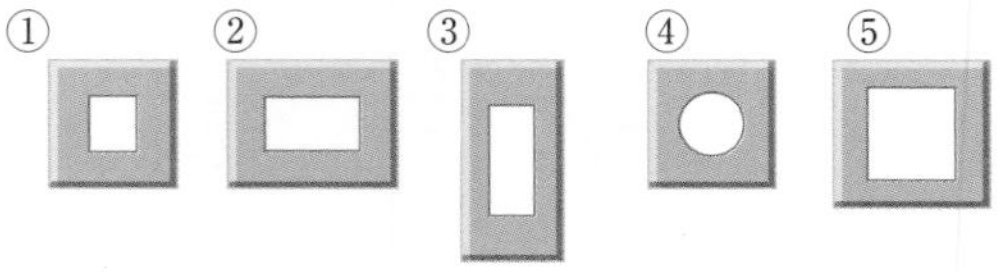

빛의 산란

88 **다음 중 빛의 산란과 관계 없는 현상은?**

① 무지개 ② 눈, 구름 등이 하얗게 보이는 것
③ 하늘이 파랗게 보이는 것 ④ 저녁 노을
⑤ 아침 노을

89 **OHP는 유리판 위의 물체를 투사하여 볼 수 있는 장치이다. 필름을 놓을 자리에 비커에 물을 넣어서 놓으면 스크린에는 백색광이 비친다. 그러나 비커 속 물에 우유를 넣은 상태에서 빛을 비추면 스크린은 약간 붉게 보이고 비커의 물은 약간 푸르게 보인다. 이 현상과 관계가 깊은 것은?**

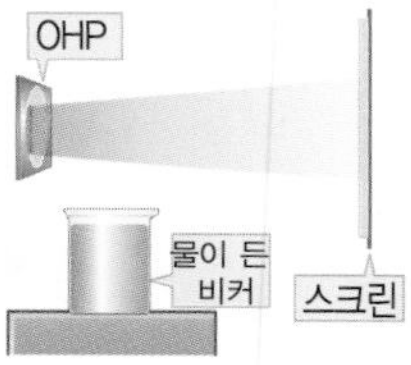

① 저녁 노을이 붉게 보인다.
② 사막에서 신기루가 나타난다.
③ 물방울에 의해 무지개가 생긴다.
④ 두 음파에 의해 맥놀이가 생긴다.
⑤ 높은 담장 너머에서 소리가 들린다.

23 두 점파원 S_1, S_2 에서 진폭과 파장이 같은 두 물결파를 같은 위상으로 발생시킨다. 그림의 실선과 점선은 어느 순간에서의 마루와 골을 표시한 것이다. 이때 P 점과 Q 점의 위상차는 얼마인가?

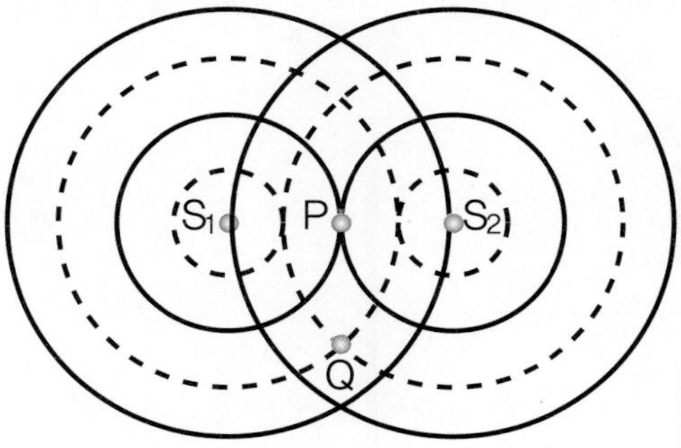

24 캄캄한 방에서 빨간색 장미에 표와 같이 다른 색깔의 빛을 비추었을 때 보이는 장미의 색을 쓰시오.

조명색	보이는 장미의 색
흰색	
빨간색	
파란색	
초록색	
자홍색(magenta)	
노란색(yellow)	
청록색(cyan)	

25 그림은 빛의 간섭 현상을 알아보는 실험의 모형도이다. 유리판 사이에 얇은 종이를 끼우고 위에서 연직 방향으로 파장 λ 인 단색광을 쪼이면 위에서 봤을 때 평행한 등간격의 밝고 어두운 간섭무늬가 나타난다. 이웃하는 밝은 무늬에 대한 공기층의 두께가 d_1, d_2 라고 했을 때 $d_2 - d_1$ 은 얼마인가?

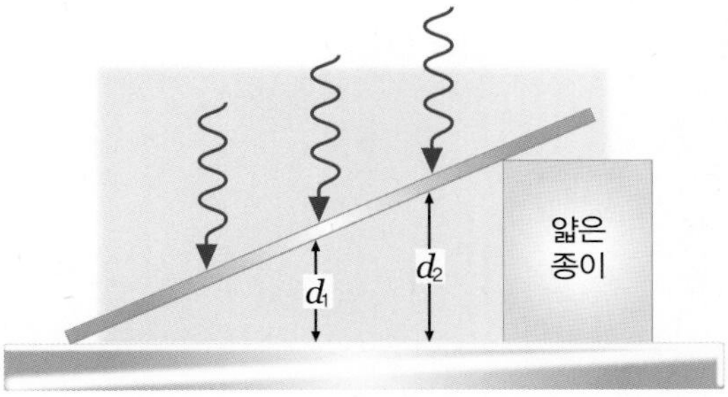

① $\frac{1}{3}\lambda$ ② $\frac{1}{2}\lambda$ ③ $\frac{2}{3}\lambda$ ④ 1λ ⑤ $\frac{4}{3}\lambda$

정답 및 해설 61쪽

26 그림 (가)는 슬릿의 간격이 d 인 단일 슬릿을 이용한 회절 실험 장치를 간단히 나타낸 것이고, 그림 (나)는 같은 조건에서 빨간색과 보라색 빛을 이용하여 각각 실험을 진행하였을 때 스크린 상의 각 점에서의 밝기를 나타낸 것이다. 이때 P 점과 Q 점은 각 광선의 첫 번째 어두운 무늬의 위치이다. (단, 단일 슬릿에 의한 빛의 회절은 밝은 무늬 조건 $\frac{dx}{L} = \frac{\lambda}{2}(2m+1)$, $m = 1$ 일 때 첫 번째($m = 0$ 이 아님), 어두운 무늬 조건 $\frac{dx}{L} = \frac{\lambda}{2}(2m')$, $m' = 1$ 일 때 첫 번째 ($m' = 0$ 이 아님)이다.)

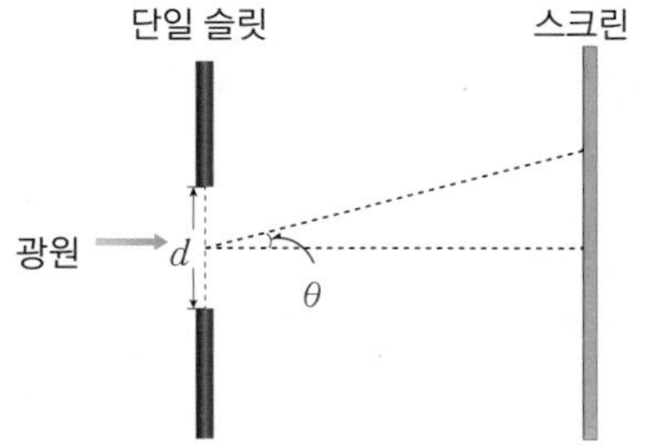

(가)

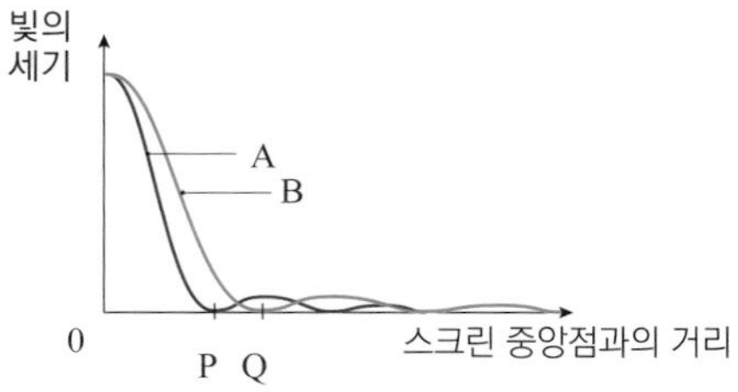

(나)

(1) A 의 파장은 B 의 몇 배인가?

(2) A 와 B 중 빨간색 빛을 이용한 실험 결과 그래프는 무엇인가?

(3) 슬릿의 간격을 d 에서 $2d$ 로 넓혔을 때 0 점에서 P 점까지의 거리 변화를 서술하시오.

27 반지름이 2 m 인 평볼록 렌즈가 평평한 유리판 위에 놓여 있다. 연직 방향으로 파장이 600 nm 인 빛을 쪼여주었을 때 평볼록 렌즈의 중심으로부터 2 번째 로 나타나는 밝은 무늬의 반지름 r 은 얼마인가? (단, 평볼록 렌즈와 유리판 사이의 공기층은 매우 얇으며, 렌즈 위에서 관찰한다.)

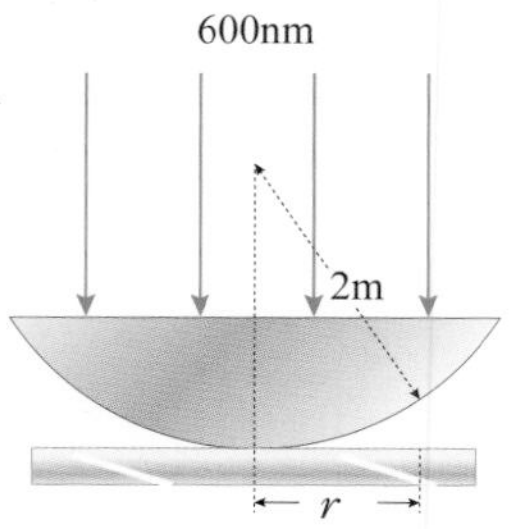

VII 파동과 빛, 소리 (4)

7. 소리 (음파)

(1) 소리의 성질

① **소리의 발생** : 소리굽쇠를 치면 소리굽쇠의 진동에 의해서 주변의 공기가 소한 부분과 밀한 부분이 주기적으로 나타나는 진동이 일어난다. 이러한 진동에 의한 파동(소밀파)이 소리이다.

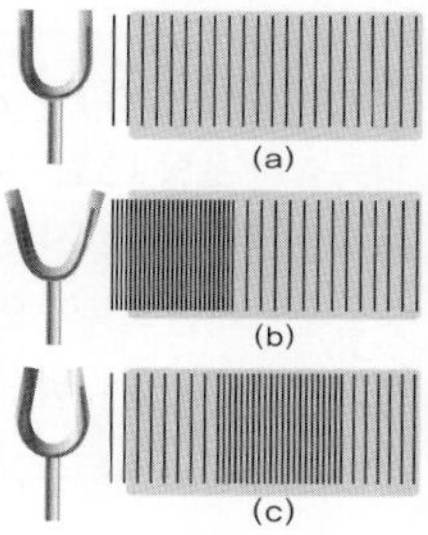

▲ 소리의 발생

- **가청 주파수** : 20 ~ 20,000 Hz
- **소리의 3 요소** : 소리의 높이(진동수에 비례), 소리의 세기(소리의 진폭에 비례)[1], 소리의 맵시(파형에 따라 다른 소리)
- **소리의 속력**(t ℃) : 고체 > 액체 > 기체 [$v = 331.5 + 0.6t$ (m/s)]

② **소리의 반사** : 메아리 현상

③ **소리의 굴절**[2]

낮	밤
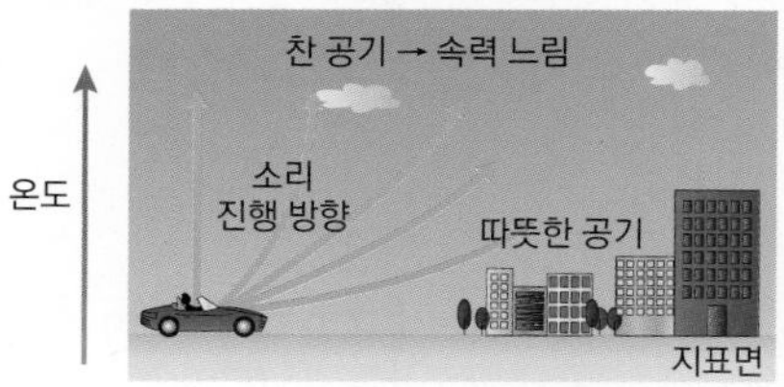	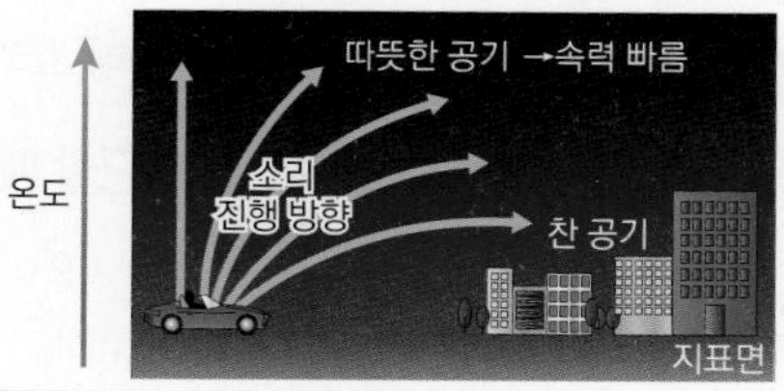
지면에 가까울수록 온도가 높고 속도가 빨라진다. 따라서 지면의 소리는 그림과 같이 굴절하여 소리가 멀리까지 가지 못한다.	지면에 가까울수록 온도가 낮고 속도가 느려지므로 그림과 같이 굴절하여 소리가 멀리까지 들린다.

④ **소리의 간섭과 회절**

- **소리의 간섭** : 동일한 스피커 A, B 에서 동일한 위상의 소리를 내면 두 음파가 간섭하여 소리가 들리지 않거나 크게 들리게 된다. 보강 간섭하는 곳에서는 소리가 크게 들리고 상쇄 간섭하는 곳에서는 소리가 들리지 않게 된다.

임의의 점 P 에서 큰소리가 들릴 조건

$$|AP \sim BP| = \frac{\lambda}{2} \cdot (2m) \quad (m = 0, 1, 2, 3 \cdots)$$

임의의 점 Q 에서 소리가 들리지 않을 조건

$$|AQ \sim BQ| = \frac{\lambda}{2} \cdot (2m + 1) \quad (m = 0, 1, 2, 3 \cdots)$$

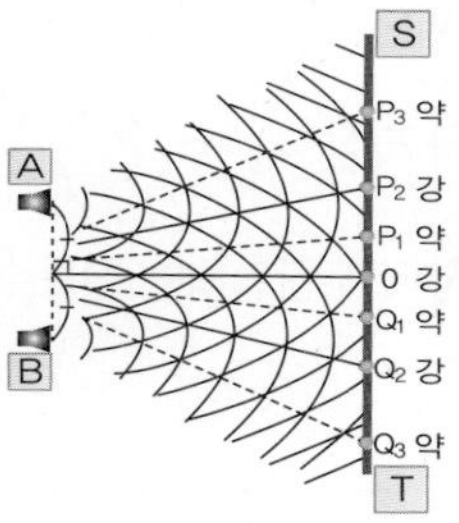

▲ 소리의 간섭

- **소리의 회절** : 소리도 파동이므로 회절 현상이 나타난다.
  ❶ 방문을 조금만 열어 놓아도 밖에서 말하는 소리가 들린다. → 틈을 통하여 소리가 회절되어 진로가 꺽이기 때문이다.
  ❷ 소리가 통과할 수 없는 높은 담장 안에서 담장 밖의 소리가 들린다.

정답 p 62

Q16 3 m 떨어진 A, B 두 점음원에서 파장 2 m 의 음파를 동시에 발생시키고 있다. A 로부터 4 m, B 로부터 5 m 떨어진 점 P 에서는 소리가 더 크게 들리는가? 아니면 안들리는가?

- **맥놀이** : 경찰차의 사이렌 소리 등은 일정한 주기로 소리가 커지고 작아지고 하는 맥놀이 현상을 이용한 것이다. 이 맥놀이 현상은 파장이 비슷한(진동수가 비슷한) 두 음파를 내면 두 음파가 합성되어 나타난다.

---

❶ 큰 소리, 높은 소리

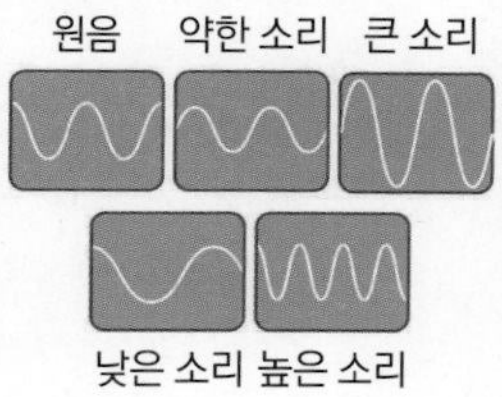

진공과 소리

소리는 진공에서는 전달되지 않는다. 종파(소밀파)를 전달할 매질이 없기 때문이다.

옥타브(Octave)

음악에서 한 옥타브는 진동수가 두 배 차이 날 때이다.

소리의 속력

- 기온이 높아지면 공기 분자의 운동이 빨라지므로 속력이 커진다.
- 습도가 높아지면 증가한다.

❷ 소리의 낮과 밤의 굴절

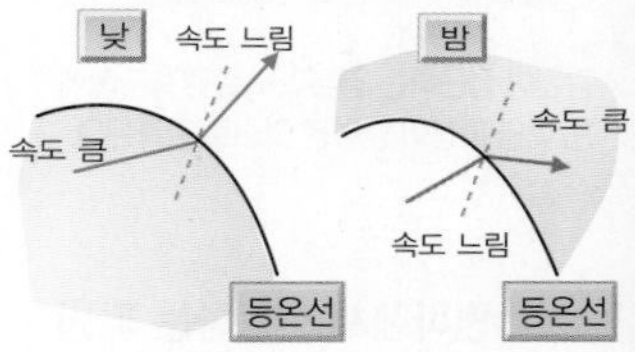

밤에 소음이 잘 들리는 이유

고층 빌딩에서 낮에는 잘 들리지 않던 도로의 차량 소음이 밤에는 잘 들리는 이유는 소리의 굴절 현상 때문이다.

초저주파 음파

20 Hz 이하의 음파이며 지진파가 그 예이다.

초음파

주파수 20,000 Hz 이상의 소리를 초음파라고 한다. 사람은 들을 수 없으며 방향성이 좋으므로 컴퓨터 영상장치, 어군탐지기, 세척 작용, 살균 작용, 보석 가공 등에 이용되는 등 이용 범위가 아주 넓다.

<맥놀이의 진동수 f>
파동 A는 초당 12회 진동하는 소리이고, 파동 B는 초당 10회 진동하는 파동이다. 두 파동을 합성하면 파동 C와 같이 보강 간섭하는 부분이 초당 2회 나타난다.

맥놀이의 진동수 $f = |f_1 - f_2|$

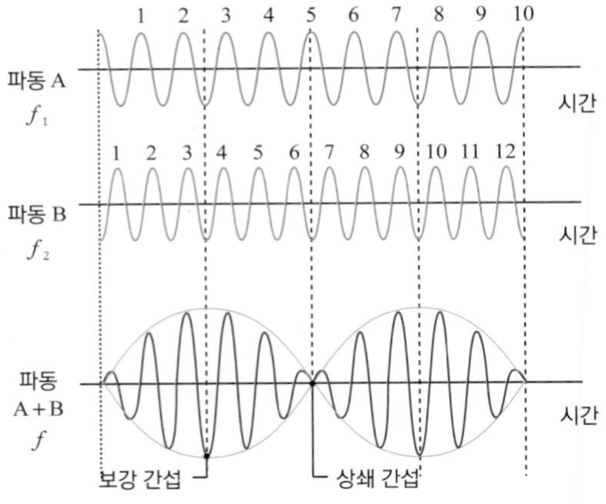

▲ 소리의 간섭에 의한 맥놀이

(2) 소리에 있어서의 도플러 효과

기차가 접근할 때 소리가 높게 들리지만 멀어질 때는 소리가 낮아진다. 음원(기차)과 관측자의 상대적인 운동에 따라 소리가 높고 낮아지기 때문인데 이러한 현상을 소리에 있어서의 도플러 효과라고 한다.

① **관측자가 운동하여 음원에 V_D로 접근할 때** : 소리의 파장은 일정하다.

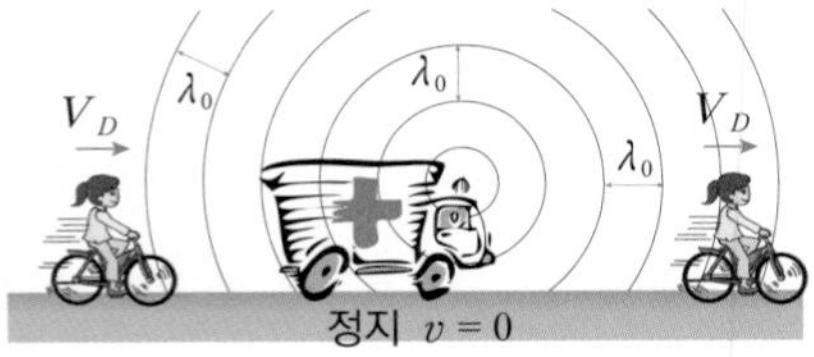

(파동의 속력, 진동수, 파장 : v, f_0, λ_0, $\lambda_0 = \dfrac{v}{f_0}$)

- **관측자가 느끼는 파동의 속력** : $v + V_D$
- **관측자가 느끼는 진동수** : $f = \dfrac{v + V_D}{\lambda_0} = f_0 \dfrac{v + V_D}{v}$ (멀어질 때는 $-V_D$)

② **음원이 운동하여 관측자에 V_S로 접근할 때** : 소리의 파장이 줄어든다.

- **파동의 상대적인 전파 속력**(파동(소리)이 파원으로부터 멀어지는 속력) : $v - V_S$
- **파동의 파장** : $\lambda' = \dfrac{v - V_S}{f_0}$ (줄어든다)
- **관측자에게 관측되는 진동수** : (관측자는 줄어든 파장의 소리를 듣는다.)

$$f = \frac{v}{\lambda'} = f_0 \frac{v}{v - V_S} \quad (\text{멀어질 때는 } +V_S)$$

> 도플러 효과 (음원과 관측자의 상대적 운동에 의한 진동수 변화)
>
> $f = f_0 \dfrac{v \pm V_S}{v \mp V_S}$ (V_D : 관측자 접근 속도(− : 멀어질 때), V_S : 음원의 접근 속도(+ : 멀어질 때))

정답 p 62

Q17 진동수가 500 Hz인 음원 A와, 진동수가 505 Hz인 두 음파가 동시에 퍼져 나갈 때 1초 동안의 맥놀이 회수(크게 들리는 회수)는 얼마인가?

Q18 기차가 진동수 3000 Hz인 기적을 울리면서 20 m/s로 달리고 있다. 기차 앞의 건널목에 서 있는 사람이 듣는 기차의 진동수는 얼마인가? 소리의 속력은 320 m/s이다.

도플러 [C. Doppler, 1803~1853]

오스트리아의 물리학자

관측자의 운동, 음원의 운동

음원에 접근하는 관측자에게는 파동의 속력이 빨라지는 것으로 관측되고 음원이 접근하는 경우는 파장이 짧아지는 것으로 관측된다.

빛의 도플러 효과

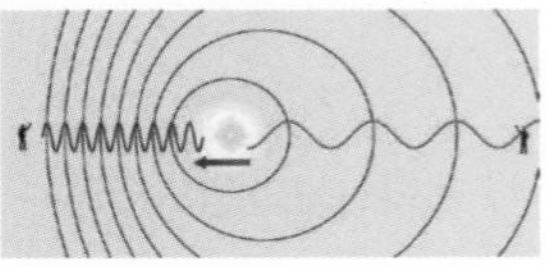

광원이 접근하는 경우이므로 관측자에게는 빛의 파장이 줄어든 것으로 관측된다.

수면파에서 진동하는 파원이 이동하는 경우의 도플러 효과

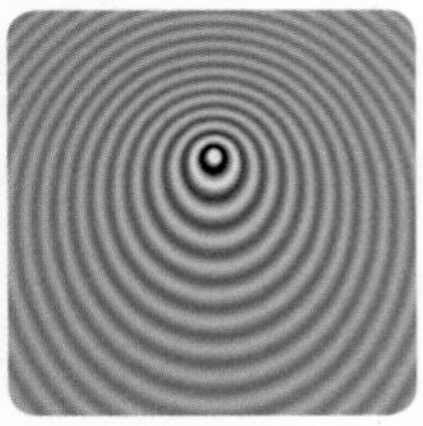

파원이 위쪽으로 운동하고 있다.

(3) 줄과 관에서의 정상파

줄과 관을 이용한 악기에서는 소리가 난다. 이것은 일정한 주기로 공기를 진동시켜서 소밀파를 만들기 때문이다. 이러한 현상은 줄이나 관에 정상파가 만들어지면 가능해진다.

① **정상파** : 진폭(A), 파장(λ), 주기(T)가 모두 같은 두 파동이 서로 반대 방향으로 진행하여 중첩되면 파동이 한 곳에서 정지한 상태로 배와 마디가 만들어져 진동하고 있는 정상파가 된다. 그림은 소밀파를 횡파로 하여 중첩의 과정을 $\frac{1}{4}T$ 마다 합성한 모습을 그린 것이다.

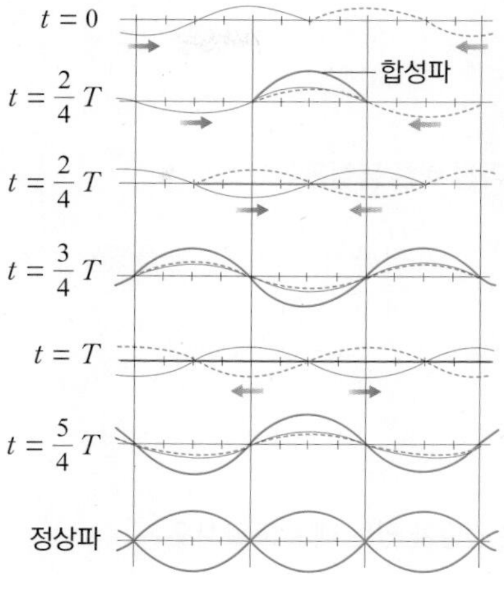

▲ 정상파의 생성

- **정상파의 배와 마디** : 진폭이 최대인 곳을 배, 전혀 진동하지 않는 곳을 마디라고 한다.
- **정상파의 파장, 진동수, 속력** : 원래의 파동과 같다.
- **정상파의 배의 진폭** : 원래 파동의 2 배이다.
- **정상파의 배에서 인접한 배까지의 거리** : 반파장($\frac{\lambda}{2}$)에 해당한다.

② **줄(현)에 의한 정상파** : 고정되어 있는 줄의 양 끝은 마디가 생긴다.

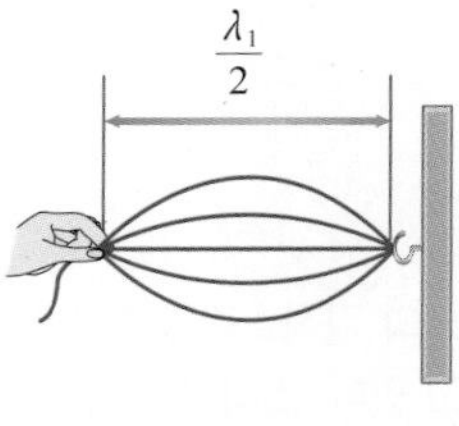

▲ 기본 진동 ($\lambda_1 = 2l$)

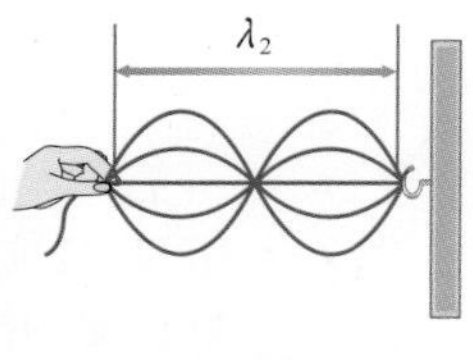

▲ 2배 진동 ($\lambda_2 = l$)

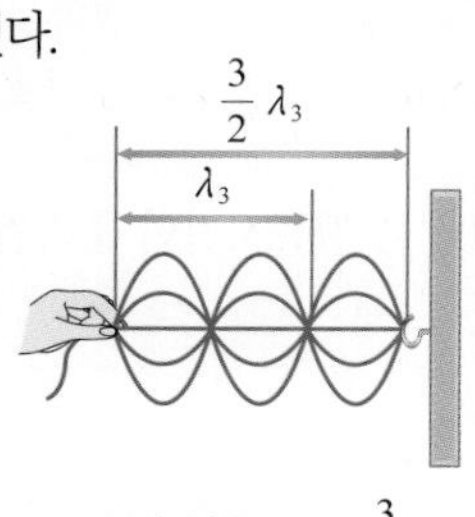

▲ 3배 진동 ($\lambda_3 = \frac{3}{2}l$)

③ **양쪽 끝이 열린 관(개관)에서의 정상파** : 양쪽 끝은 자유로이 공기가 진동할 수 있으므로 정상파의 배가 된다.

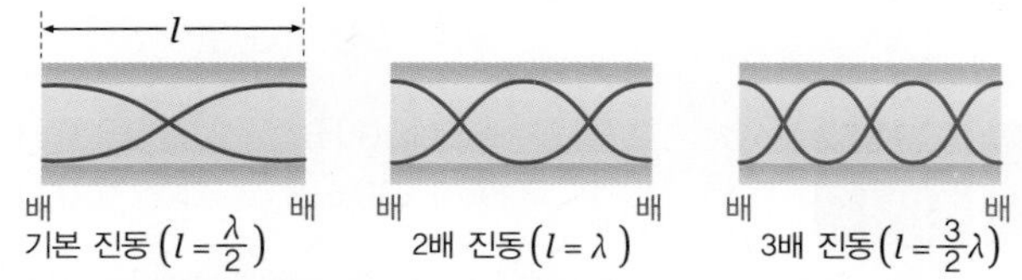

④ **한쪽 끝이 막힌 관(폐관)에서의 정상파** : 한쪽 끝은 열려있으므로 배가 되고 다른 한쪽은 진동할 수 없으므로 마디가 된다.

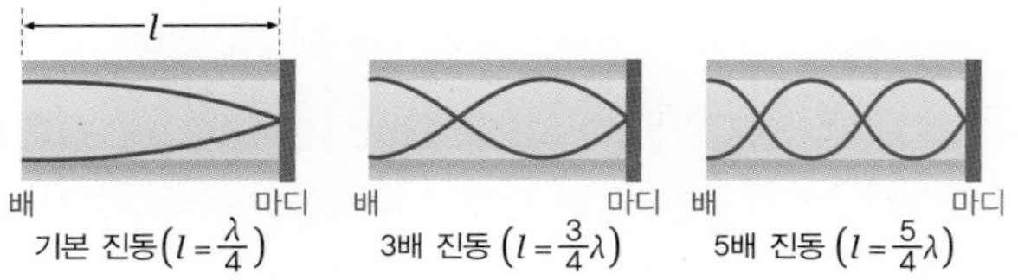

정답 p 62

Q19 길이 3 m 인 줄의 양쪽을 팽팽하게 고정시키고 줄을 튕겨서 소리를 내고 있다. 이 줄에서 나타나는 정상파 중에서 파장이 가장 긴 파장은 몇 m 인가?

Q20 소리의 속력이 340 m/s 일 때 한 쪽 끝이 닫힌 25 cm 의 관에서 소리가 날 때 기본 진동의 진동수는 얼마인가?

Q21 길이 4 m 인 줄의 한 쪽을 벽에 고정하고 다른 한 쪽을 매초 10 회 아래위로 흔들어 주었더니 5 개의 마디를 갖는 정상파가 만들어졌다. 입사파의 파장과 속력을 구하시오.

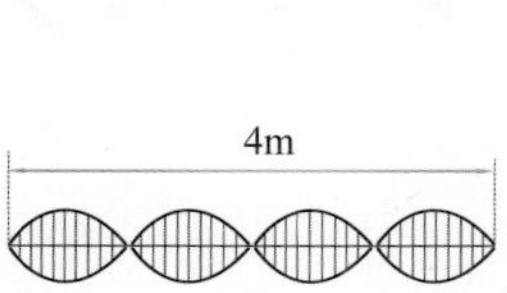

줄에 의한 정상파

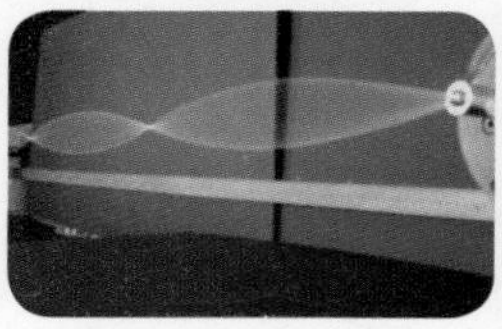

정상파 진동을 하고 있을 때의 순간적인 줄의 모양

배 진동 과 진동수

진동수가 2 배, 3 배 로 되는 것을 2배 진동, 3 배 진동이라고 한다.

기주의 공명을 이용한 소리굽쇠의 진동수 측정

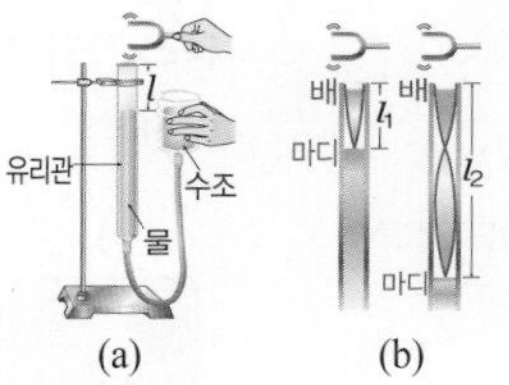

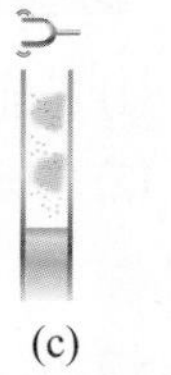

소리굽쇠를 진동시켜 놓은 채로 유리관에 물을 채웠다가 차츰 내리면 웅하는 소리가 들리면서 첫 번째 공명현상이 발생한다. 형태를 보면 (b)의 첫 번째 그림과 같이 정상파가 발생한 것이다. 그때의 빈 유리관의 길이는 소리의 $\frac{\lambda}{4}$ 와 같아야 하나 정확하지 않다. 물을 더 내려서 두 번째 공명음이 들릴 때의 빈 유리관의 길이는 $\frac{3\lambda}{4}$ 에 해당하고 이로부터 소리굽쇠에서 나오는 소리의 파장을 측정하는 것이 정확하다.(c)는 유리관 내의 공기의 진동을 나타낸다.

소리

90 **소리의 전달 속도가 가장 빠른 물질은?**

① 공기 ② 진공 ③ 물
④ 유리 ⑤ 나무

91 **소리의 설명 중 옳은 것만을 있는 대로 고르시오.**

① 소리는 종파이다.
② 매질이 없어도 소리를 들을 수 있다.
③ 소리는 공기 중에서 가장 전파 속도가 빠르다.
④ 소리는 고체, 액체, 기체와 진공에서도 전파된다.
⑤ 소리는 진행 방향이 매질의 진동 방향과 평행하다.
⑥ 사람은 진동수가 20,000 Hz 이상의 소리는 들을 수 없다.
⑦ 공기의 진동이 사람의 고막을 진동시키면 소리를 들을 수 있다.

92 **여러 가지 소리의 파형을 나타낸 것이다. 다음 물음에 답하시오.**

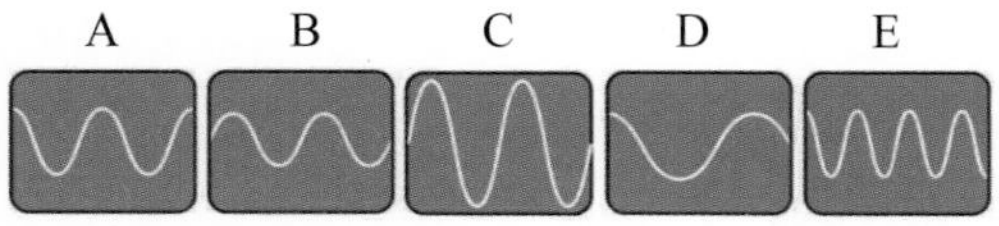

(1) 가장 큰 소리는?
(2) 가장 높은 소리는?

93 **유리컵에 물을 채우고 나무 막대기로 두드려 보았다. 이 중 가장 높은 소리가 나는 유리컵의 기호를 쓰시오.**

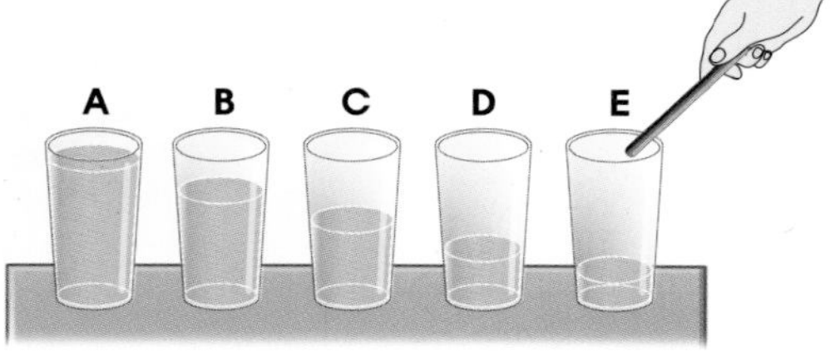

94 **바다에서 항해하고 있는 배에서 바다의 깊이를 재기 위해 바다 밑으로 초음파를 보냈는데 6 초 후에 되돌아 왔다. 바다 속에서 소리의 속력을 1500 m/s 라고 할 때 바다의 깊이는 몇 m 인가?**

95 **400 Hz 와 403 Hz 의 소리를 내는 두 음원이 있다. 두 음원에서 동시에 소리가 발생할 때 우리가 1 초에 들을 수 있는 맥놀이의 횟수는 몇 회인가?**

① 1 회 ② 2 회 ③ 3 회
④ 4 회 ⑤ 5 회

96 **기차가 1200 Hz 의 기적소리를 울리면서 40 m/s 의 속력으로 진행하고 있다. 소리의 속력은 340 m/s 이다. 물음에 답하시오.**

(1) 기차 앞에서 정지하고 있는 사람이 관측하는 기적의 진동수는 얼마인가?

① 1160 Hz ② 1200 Hz ③ 1260 Hz
④ 1300 Hz ⑤ 1360 Hz

(2) 기차가 달려오고 있을 때 만약 관측자가 서있지 않고 기차 쪽으로 10m/s 로 달려가면서 듣는다면 기적 소리의 진동수는 얼마로 들리겠는가?

① 1160 Hz ② 1200 Hz ③ 1260 Hz
④ 1360 Hz ⑤ 1400 Hz

97 **기타 줄을 퉁길 때 높은 소리가 나도록 하는 방법으로 옳은 것은?**

① 줄을 길게 한다. ② 줄을 더 팽팽하게 한다.
③ 두꺼운 줄을 사용한다. ④ 줄을 더 세게 퉁긴다.
⑤ 줄을 더 빠르게 퉁긴다.

정답 및 해설 62쪽

98 눈금실린더에 물의 높이를 다르게 채우고 실험을 하였다. 〈그림 1〉에서는 눈금실린더의 입구를 입으로 불면서 나는 소리를 들었고, 〈그림 2〉에서는 눈금실린더를 막대로 치면서 나는 소리를 들었다. 가장 높은 소리가 나는 눈금실린더의 기호를 각각 쓰시오.

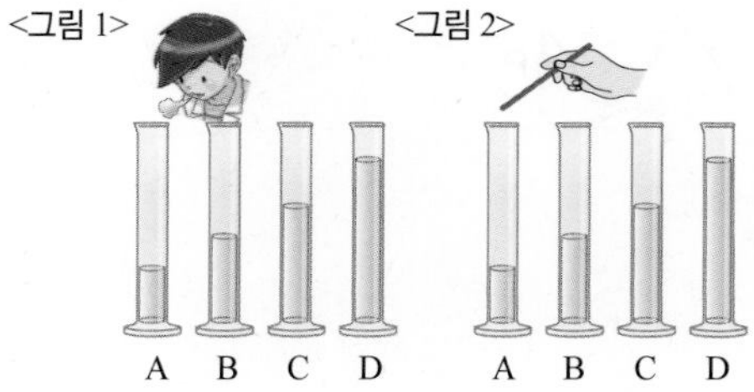

99 진폭이 A 인 어떤 정상파의 한 순간의 모습이다. 이로부터 $\frac{1}{4}$ 주기 후의 이 파의 모양으로 옳은 것은?

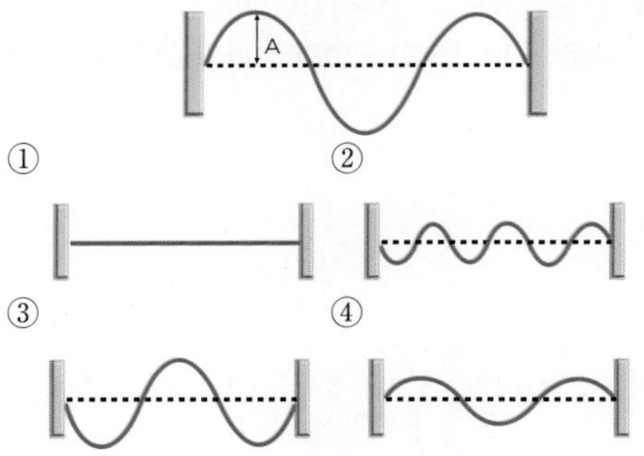

100 반대 방향으로 진행하는 파장과 진폭이 같은 두 개의 파동이 겹쳐지는 모습이다. 중첩 결과 정상파가 만들어지는데, 마디가 되는 점들은 어느 점들인가?

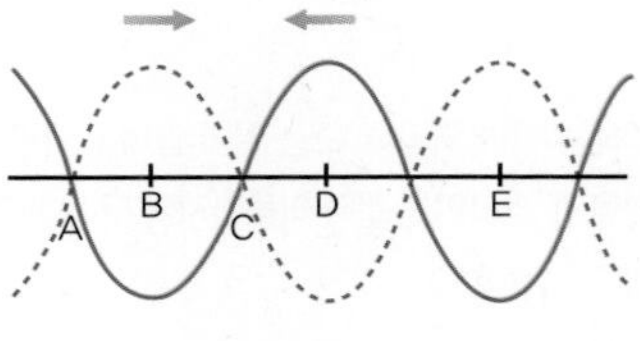

① B, D, E ② A, C ③ A, B, C
④ C, D, E ⑤ D

101 팽팽하게 양 끝을 고정한 길이 1 m 의 줄을 진동시켰을 때 나타나는 정상파의 가장 긴 파장은 몇 m 인가?

① 1 m ② 2 m ③ 3 m
④ 4 m ⑤ 5 m

102 한 끝은 열려 있고 다른 한 끝은 닫힌 길이 l 의 관이 있다. 이 관 속의 공기를 진동시켜 소리를 발생시킬 때 나올 수 있는 소리의 파장은 어느 것인가?

① l ② $2l$ ③ $3l$
④ $4l$ ⑤ $5l$

103 양끝이 열린 공기 기둥의 진동 모습이 바르게 그려진 것은?

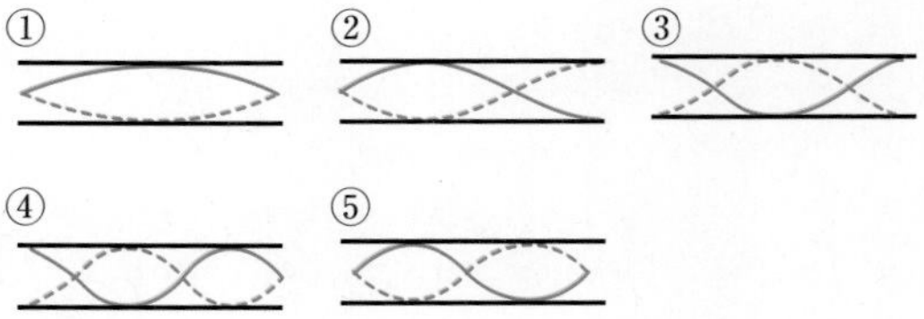

104 양 끝이 열린 길이 50 cm 인 관 속의 공기가 진동하여 정상파가 발생하였다. 소리의 속력이 340 m/s 일 때 기본 진동수는 몇 Hz 인가?

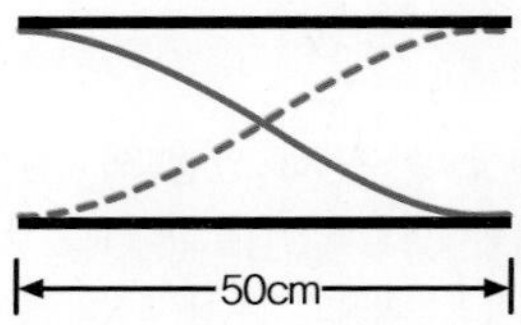

① 340 Hz ② 380 Hz ③ 720 Hz
④ 760 Hz ⑤ 1360 Hz

개념 심화 문제

28 두 개의 스피커 S_1, S_2 가 6 m 떨어져서 같은 진폭과 같은 위상의 소리를 내고 있다. P 점은 S_1, S_2 를 이은 선과 수직으로 8 m 떨어진 점이다. 스피커가 내는 소리의 진동수(주파수) 중 P 점에서 소리의 세기가 최소가 되는 진동수를 구하시오. 또, P 점에서 소리의 세기가 최대가 되는 진동수를 구하시오. 소리의 속도는 340 m/s 로 하시오.

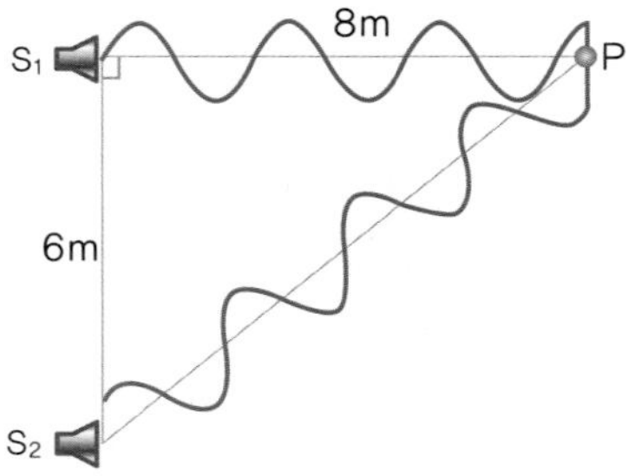

29 다음은 음파 간섭계를 나타낸 것이다. 음파는 파원 S 에서 나와서 관을 통해 A 와 B 를 통한 두 가지 경로로 D 점에 있는 사람에게 들리게 된다. 음파원 S 에서 소리가 발생하고 있는 상황에서 B가 한 위치에 있을 때 소리 세기의 최소값 100 dB 을 나타내었고, 이 위치로부터 B 를 오른쪽으로 잡아당겨서 소리의 세기를 들었다. B 를 오른쪽으로 잡아당김에 따라 소리의 세기는 연속적으로 증가하여 처음 위치로부터 1.65 cm 를 잡아당겼을 때 음의 세기가 최대값 400 dB 이 되었다면 파원으로부터 발생한 소리의 진동수는 얼마인가? (단, 음속은 330 m/s 이다.)

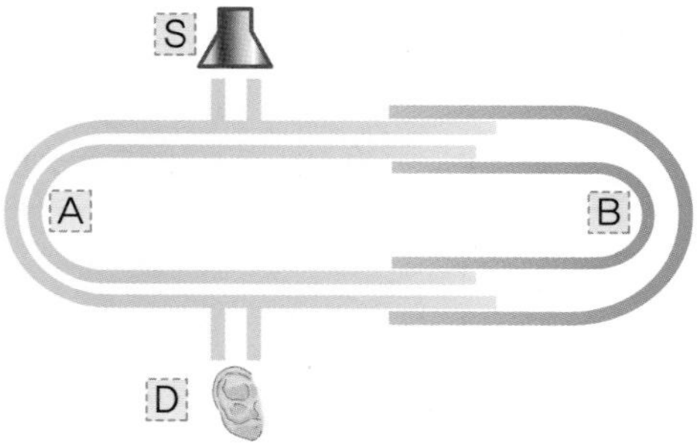

개념 돋보기

28 ~ 29. 소리는 종파이지만 횡파와 마찬가지로 두 파동 간에 중첩에 의한 간섭을 한다. 파동의 마루와 마루 또는 골과 골이 만나면 보강 간섭, 마루와 골이 만나면 상쇄 간섭을 한다. 보통 두 음원으로부터 나온 소리가 한 지점에 도달하였을 때 소리의 중첩이 이루어지며 두 음원으로 부터의 경로차가 음파의 반파장의 짝수 배(파장의 정수 배)이면 보강 간섭, 반파장의 홀수 배이면 상쇄 간섭을 한다.

$$S_1P \sim S_2P = \frac{\lambda}{2}\ (2m : \text{보강},\ 2m+1 : \text{상쇄}),\ m = 0, 1, 2, 3 \cdots$$

30 **진동수 200 Hz 의 소리굽쇠 P 를 울리면서 34 m/s 의 속력으로 흑판에 수직으로 접근하였더니 P 의 뒤쪽에 있는 사람 O 에게 맥놀이가 들렸다. (단, 소리의 속력은 340 m/s 이다.)**

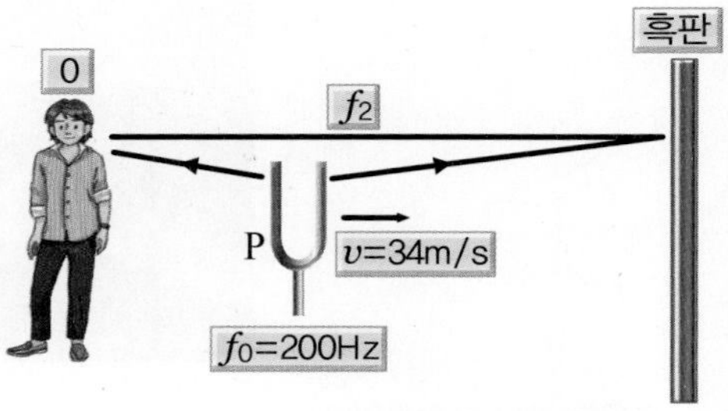

(1) 맥놀이가 들리는 이유는 무엇인가?

(2) P 에서 직접 O 지점에 도달한 소리의 진동수는 얼마인가?

(3) P 에서 나와 흑판에서 한 번 반사하여 O 에 도달한 소리의 진동수는 얼마인가?

(4) 점 O 에 있는 사람이 듣는 맥놀이의 횟수는 얼마인가?

31 **자동차의 과속을 측정하는 속도 측정기는 도플러 효과의 원리를 이용한다. 그림과 같이 경찰관이 서 있는 상태에서 운동하는 자동차를 향하여 정면으로 40 kHz 의 초음파를 쏘았더니 자동차에서 반사되어 돌아온 초음파의 진동수가 46 kHz 로 측정되었다. 이 자동차의 속력을 구해 보시오. 단 소리의 속력은 340 m/s 로 하시오.**

개념 돋보기

31. 처음에 자동차로 발사된 초음파는 음원이 정지한 상태에서 자동차(관측자)가 속도 V 로 진행하는 것이다.이 때는 초음파의 속력만 증가한 것으로 관측하게 된다.
이제 초음파가 자동차에서 반사되어 다시 경찰관에게 가게 되는데 그 경우는 자동차가 음원이 되고 경찰관이 관측자가 된다. 이 경우는 음원이 운동을 하는 경우가 되어 파동의 전파 속력(파원으로부터 멀어지는 속력)이 감소하게 되고 결과적으로 파장이 짧아진 소리를 관측자가 느끼게 된다.

창의력을 키우는 문제

⬡ 파도

주위에서 볼 수 있는 대표적인 물결파이다.

보통 횡파는 파동이 평면상에서 전파할 때 상하 운동을 하고 종파를 전달하는 매질은 진행 방향과 같거나 반대 방향의 운동을 한다. 그러나 파도의 매질인 물은 항상 바닥으로부터의 마찰력을 받기 때문에 파도는 매질인 물이 원형으로 운동하는 파동이다. 횡파와 종파의 복합된 형태라고 할 수 있다.

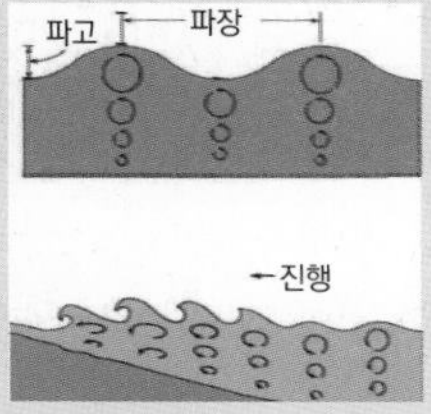

물이 깊을수록 물 밑바닥 지면으로부터 마찰력을 적게 받으므로 깊은 물에서 물결파의 속력이 빠르다.

⬡ 풍랑

심해파에 대해 표면파로 구분되는 것으로, 바람에 의해 생긴 수면상의 풍랑(風浪)과 풍랑이 다른 해역까지 진행하면서 감쇠하여 생긴 너울을 말한다. 풍랑은 마루가 뾰족하고 파도 사이의 간격이 짧은 반면에 너울은 마루가 둥글고 간격이 길다. 풍랑이 수심이 얕은 연안에 오면, 밑바닥의 영향으로 연안쇄파(沿岸碎波)가 된다.

▲ 풍랑

단계적 문제 해결형

01

해변의 방파제에 닿아 있는 바닷물은 위 아래로 상하 운동을 하여 표시를 남기므로 파도의 높이를 알 수 있다. 또 파도가 얼마마다 한 번씩 높아지는지 주기도 측정할 수 있다.

다음과 같이 관찰하였다.

> a. 파도의 최고 높이와 최저 높이의 차는 150 cm 였다.
> b. 수면이 최고점이 되었다가 10 번째 최고점이 될 때까지 걸린 시간은 20 초 였다.

이 관찰 결과를 바르게 해석한 것만을 〈보기〉에서 있는 대로 고르시오.

> **보기**
>
> 1. 파도의 진폭은 120 cm 이다.
> 2. 파도의 주기는 2 초 이다.
> 3. 파도의 전파 속도는 1.2 m/s 이다.

추리 단답형

02

길이 15 m 인 배가 파도가 밀려오는 정면 방향으로 방파제에 정박되어 있다. 10개의 파도가 뱃머리를 지나는 시간은 20초이고, 배의 머리에서 꼬리까지 파면이 정확하게 6 개가 걸쳐져 있었다.

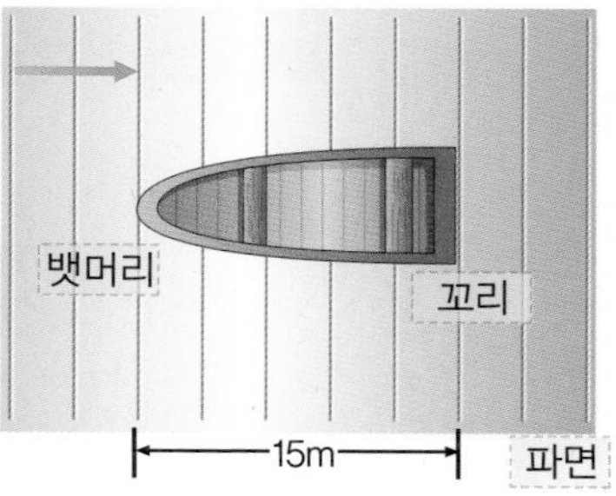

(1) 파도의 파장은 얼마인가?

(2) 파도의 전파 속도는 얼마인가?

정답 및 해설 64쪽

추리 단답형

03

그림과 같이 x 축을 따라 진행하는 파동이 있다. 처음에 붉은 실선의 모양이었던 파동이 0.3 초 후에는 가장 가까운 푸른 실선의 모양이 되었다. 파동의 모양으로 추리하면 파동은 오른쪽($+x$)으로도 왼쪽($-x$)으로도 전파가 가능하다.

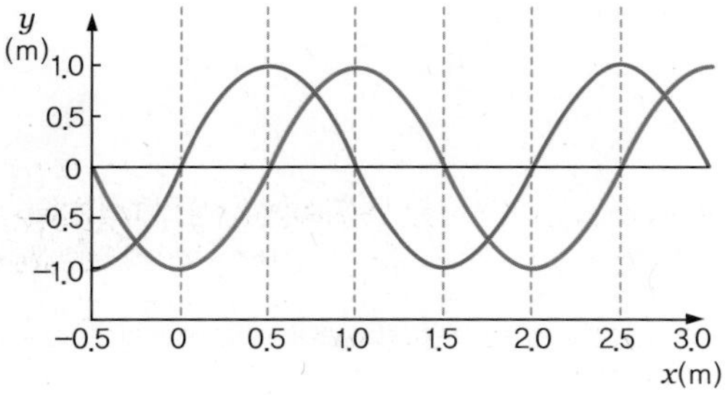

(1) 오른쪽으로 전파하는 파동이라고 할 때 진동수, 주기, 전파 속력을 구하시오.

(2) 왼쪽으로 전파하는 파동이라고 할 때 진동수, 주기, 전파 속력을 구하시오.

단계적 문제 해결형

04

빛을 반사면에서 반사시키고 있다. 다음 물음에 답하시오.

(1) 그림과 같이 반사면을 θ 만큼 기울였을 때, 반사면을 기울이지 않았을 때와 비교하여 반사광이 벗어나는 각도 θ' 은 얼마인가?

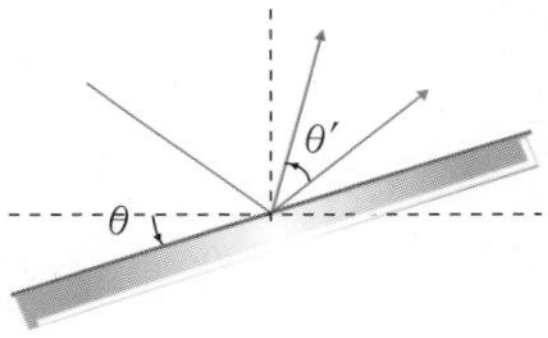

① 0 ② $\frac{1}{2}\theta$ ③ θ ④ 2θ ⑤ 4θ

(2) 다음 그림과 같이 평행한 두 반사면 사이에서 반사된다면 θ 와 θ' 의 관계는 어떠하겠는가?

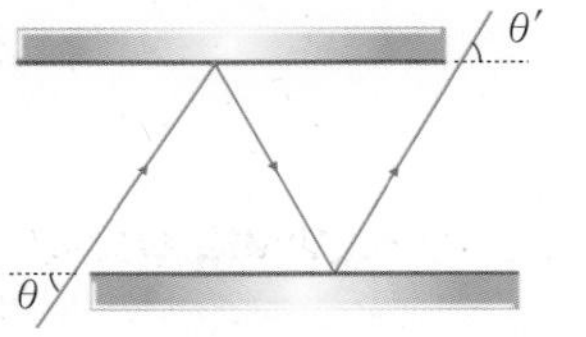

(3) 두 반사면을 평행하게 유지하면서 점선처럼 θ 만큼 회전시켰을 때 회전하기 전과 비교하여 회전 후의 벗어난 광선의 각도를 구하시오.

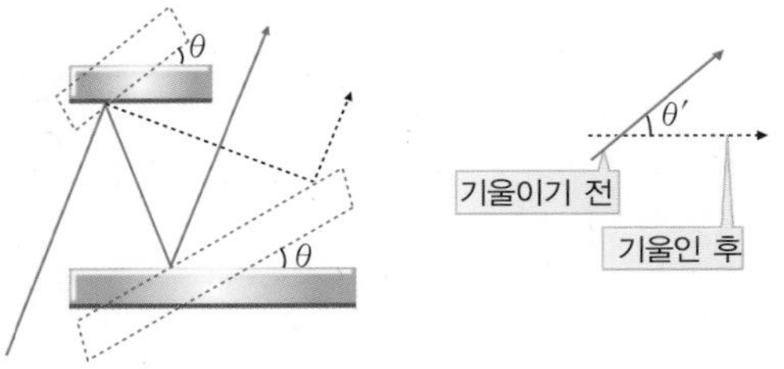

파동의 전파(하위헌스의 원리)

매질이 줄이나 끈, 용수철 등 1차원적으로 파동이 전파될 때에는 파동의 모양은 sin 곡선 또는 소밀파 형태로 나타나나 물결파처럼 2차원적인 면을 통해서 전파되기도 하고 대부분은 3차원 공간을 통해 전파되는 것이다. 이럴 경우 파동이 전파되는 모양은 '파면'으로 나타난다.

파면(wave front)이 형성되는 원리는 하위헌스의 원리로 설명 가능하다. 파면은 파동의 위상이 같은 점을 연결한 선이므로 1차원적으로 진행하는 파동에서는 파면은 나타나지 않는다.

▲ 파면 생성

우리는 파도의 파면이 다가오는 것을 보고 파도가 밀려오는 것을 알 수 있다.

공간 상에서 파동의 진행 모습을 나타낼 때에는 파면을 볼 수 없기 때문에 진행 방향으로 나타낸다.

창의력을 키우는 문제

단계적 문제 해결형

05 **파동의 반사와 굴절에는 '최단 시간의 원리'가 적용된다. 파동이 반사하거나 굴절할 때에는 한 점에서 파동이 출발하여 다른 곳까지 갈 때 최단 시간에 가는 경로를 선택하게 된다.**

(1) A 지점의 새가 바닥에 있는 모이를 쪼아 먹고 B 지점으로 가려고 한다.

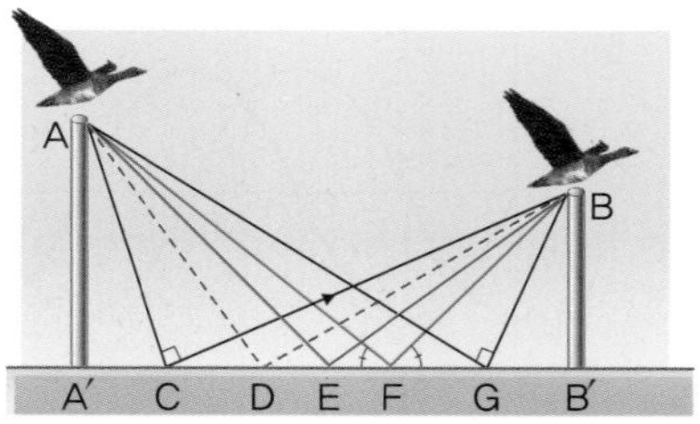

① 공간 상에서 두 지점 사이를 일정한 속력으로 간다고 했을 때 가장 시간이 적게 걸리려면 두 지점 사이를 어떤 경로로 가야 하는가?

② 위 경로 중에 위의 조건을 만족하는 경로가 있는가? 그 이유는 무엇인가?

③ 빛이 반사 되는 경우 어느 경로로 반사가 되겠는가? 그 이유는 무엇인가?

(2) 굴절률 1 인 공기와 굴절률 2 인 매질 사이에서 P 점에서 Q 점으로 물체가 진행하는 경우이다. 매질 1 에서의 물체의 속력은 10 m/s 이고, 매질 2 에서의 물체의 속력은 5 m/s 이다.

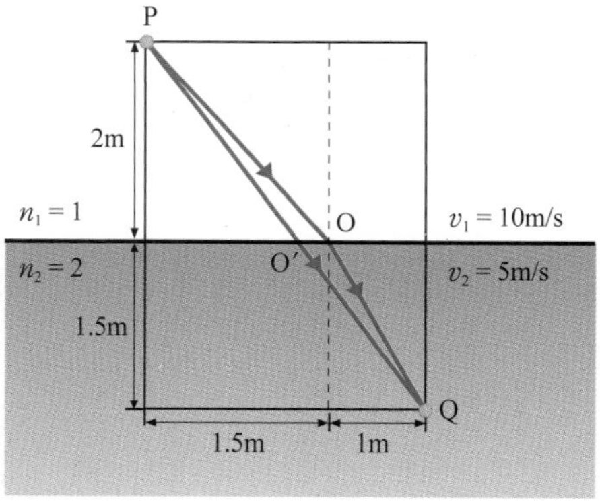

① 이 물체가 POQ 경로로 이동할 때의 시간과 PO′Q 직선 경로로 이동할 때의 시간을 비교하시오.

② 이 경우는 굴절의 법칙과 관계가 있는가? 설명하시오.

페르마 [P. Fermat, 1601~1665]

프랑스의 수학자. 수학의 원리를 이용하여 기하 광학에 있어 '페르마의 원리'를 발표하였다.

페르마의 최단 시간의 원리

한 점에서 나온 빛이 몇 번의 반사와 굴절을 받아 다른 한 점에 도달할 때 통과하는 경로는 통과하는 데 소요되는 시간이 최소가 되는 경로로 된다는 원리를 말하며 반사나 굴절의 법칙은 이 원리를 적용하여 유도될 수 있다. 빛의 통과에 요하는 시간은 경로의 길이에 굴절률을 곱한 광학거리에 비례하므로 그 광학거리가 최소가 되는 경로로 간다고 할 수 있다.

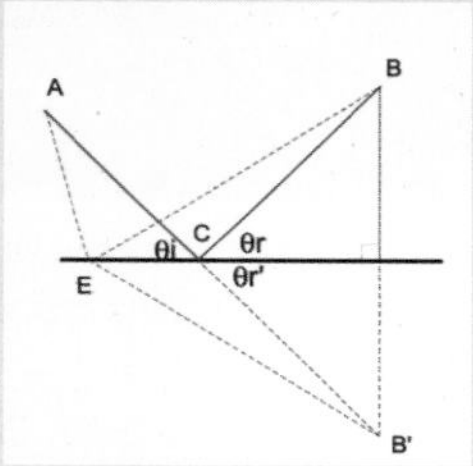

▲ 빛의 반사 원리 도표

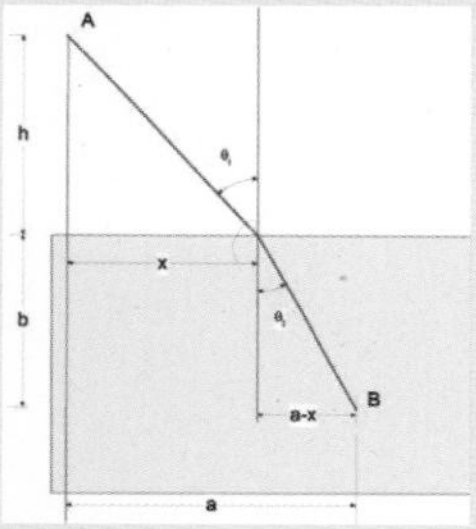

▲ 빛의 굴절 원리 도표

추리 단답형

06 **그림과 같이 빨간색 장미에 여러 가지 색깔의 빛을 비추고 노란색 셀로판지를 통해서 장미를 관찰하였을 때 보이는 장미의 색깔을 쓰시오.**

조명색	보이는 장미의 색
흰색	
빨간색	
파란색	
초록색	
자홍색(magenta)	
노란색(yellow)	
청록색(cyan)	

추리 단답형

07 **평면 거울과 초점거리 10 cm 인 볼록 렌즈를 그림과 같이 장치하고 렌즈와 거울 사이에 렌즈로부터 20 cm 이고 거울로부터 10 cm 인 곳에 광원을 놓았더니 렌즈에 의한 실상이 2 개 생겼다. 2 개의 상 사이의 거리는 얼마인가?**

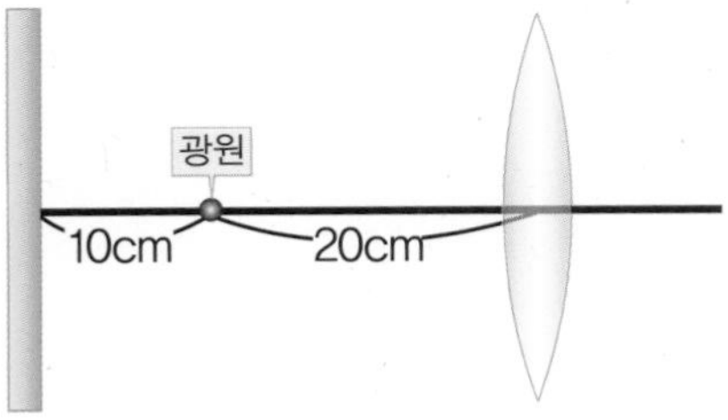

색(color)

사람은 눈을 통하여 바깥 세상의 색과 형태를 지각하므로 색은 시각의 기본적 요소 중 하나이다. 꿈에서 색을 보거나 강한 빛을 받고 눈을 감으면 기억 속에서 색의 상(像)을 보는 경우도 있지만 보통은 빛이 눈에 들어와서 색지각을 일으키게 된다. 눈의 망막에는 원추세포·간상세포라는 두 종류의 시세포가 있는데, 태양이나 전등과 같은 밝은 조명 밑에서는 원추세포가 작용하여 색지각을 만들고, 달빛과 같은 어두운 조명 밑에서는 간상 세포가 작용하여 흑백 사진과 같은 무채색의 시각을 만든다.
빛은 전기적인 요소와 자기적인 요소가 합성된 전자기파이며, 그 파장이 400 nm(1 nm = 10^{-9} m)에서 약 700 nm 사이가 가시광선 영역이다. 이 빛을 프리즘을 사용하여 각 파장으로 나누면, 파장이 짧은 쪽부터 남색 보라 파랑 초록 노랑 주황 빨강의 차례로 배열되어 무지개색이 된다. 이 색의 띠를 스펙트럼이라고 한다.

▲ 원추세포

▲ 스펙트럼(spectrum)

망원경과 현미경

망원경은 멀리 있는 물체의 상을 볼록렌즈인 대물 렌즈를 통하여 접안 렌즈 초점 가까이에 작은 도립 실상을 만들고, 접안 렌즈에 의한 확대된 허상을 보는 광학 기기이다. 멀리 있는 물체는 대물 렌즈의 초점 가까이에 작은 도립 실상으로 나타난다. 볼록 렌즈인 접안 렌즈는 초점 안쪽의 작은 물체를 크게 확대된 정립 허상으로 볼 수 있게 한다.
그러므로 망원경 경통의 길이는 대물 렌즈의 초점 거리 + 접안 렌즈의 초점 거리이다.

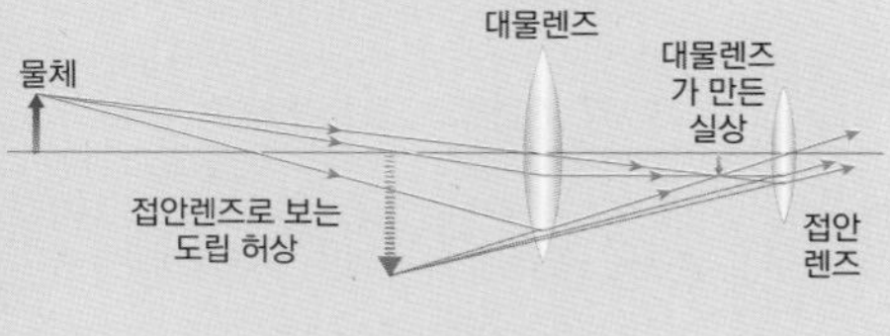

▲ 망원경의 원리

현미경은 대물 렌즈에 의해 확대된 실상을 접안 렌즈에 의해 재차 확대된 허상으로 보는 광학 기기이다.

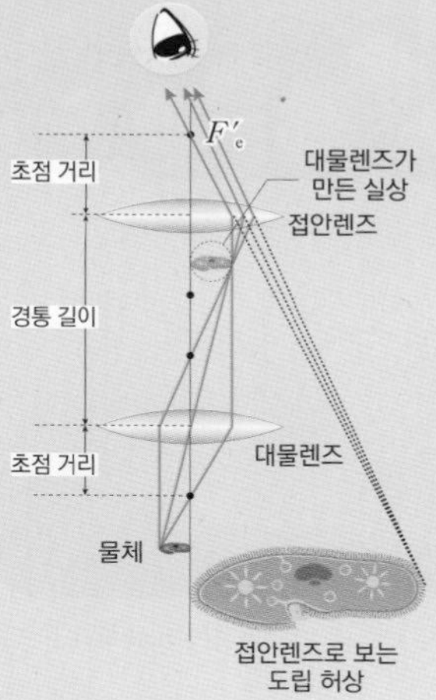

따라서 현미경의 배율은 접안 렌즈의 배율 × 대물 렌즈의 배율이 된다.

단계적 문제 해결형

08 **렌즈를 두 개 겹쳐서 상을 만드는 경우이다. 초점 거리 2 cm 인 오목 렌즈와 초점 거리 10 cm 인 볼록 렌즈를 같은 축에 놓은 다음 두 렌즈를 8 cm 떼어 놓고, 오목 렌즈 앞쪽 30 cm 되는 지점에 16 cm 크기의 물체를 놓았다.**

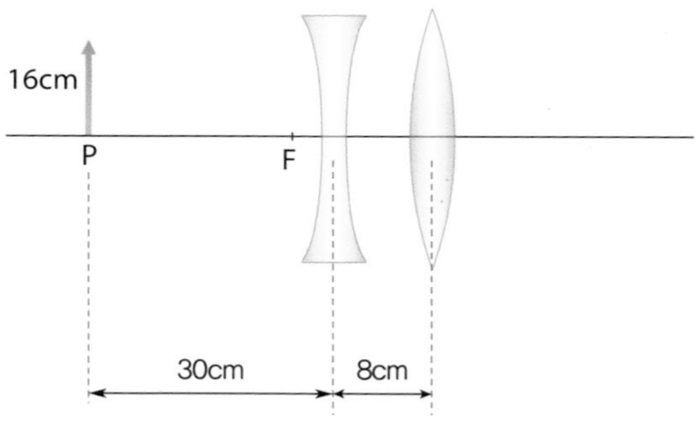

(1) P점 물체의 오목 렌즈에 의한 상을 작도하시오.

(2) 오목 렌즈에 의한 상은 다시 볼록 렌즈에 의해 또 다른 상이 된다. 최종 상을 작도하시오.

(3) 최종 상이 생기는 위치, 상의 종류, 상의 크기를 구하시오.

정답 및 해설 66쪽

단계적 문제 해결형

09 **기주 공명관을 장치하고 서로 다른 A, B 두 개의 소리굽쇠를 사용하여 소리의 공명 실험을 하여 다음과 같은 결과를 얻었다.**

[결과 1] A, B 두 개의 소리굽쇠를 동시에 울렸더니 2 초 사이에 15 회의 맥놀이 현상이 일어났다.
[결과 2] A, B 두 개의 소리굽쇠를 관의 입구 가까이에서 울렸더니 물의 높이가 다음과 같은 위치(l)에서 관에서 큰 소리가 났다.

l (cm)	A	B
처음 위치(l_1)	38.0	39.5
두 번째 위치(l_2)	118.0	122.5
세 번째 위치(l_3)	198.0	205.5

(1) 이 두 소리굽쇠의 진동수 차이는 몇 Hz 인가?

(2) 소리굽쇠 A, B 에서 발생하는 소리의 파장은 각각 얼마인가?

(3) 소리굽쇠 A, B 의 진동수는 각각 얼마인가?

(4) 이 실험을 하고 있을 때 공기 중의 소리의 속력은 얼마가 되는가?

공명(resonance)

일반적으로 외부에서 진동계를 진동시킬 수 있는 힘을 가했을 때 그 고유 진동수와 외부에서 가해 주는 힘의 진동수가 같으면 그 진동은 심해지고 진폭도 커진다. 또 진동체가 서로 연결되어 있는 경우, 양쪽 진동수가 같으면 공명에 의해 에너지를 서로 교환할 수 있게 된다.
소리를 포함해 보통의 역학적 진동, 전기적 진동 등 모든 진동에서 일어나는 현상인데, 이중에서 전기적·기계적 공명일 때는 공진(共振)이라고도 한다.

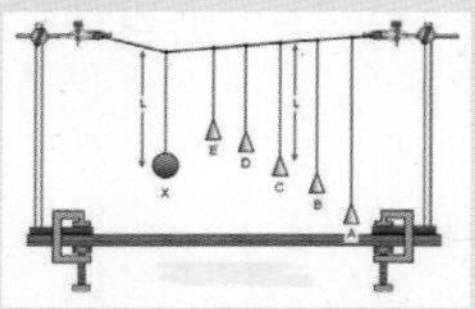

그림처럼 여러 개의 단진자가 같은 끈에 의해 연결되어 있을 경우 한 개의 단진자를 단진동시키면 고유 진동수가 같은 진자가 같이 단진동을 하게 된다. 이 때의 고유 진동수는 추의 질량에 관계없이 단진자의 길이에만 관계한다.
소리굽쇠의 경우도 한쪽을 때리면 이에 따라 다른 쪽 소리굽쇠도 울리게 되는데 이것은 공기를 매개로 해서 일어나는 공명 현상이다.
공명 상자에서 소리가 강해지는 현상도 관의 길이에 따른 고유 진동수와 소리굽쇠의 진동수가 같음으로해서 일어나는 공명 현상이다.
이외에 고층 건물이나 교량등도 공명현상이 발생하여 커다란 진폭으로 진동하여 파괴되는 경우가 종종 발생한다.

교량을 건설할 때에는 주변 공기의 흐름 등에서 발생하는 고유 진동수를 고려하여 건설해야 한다.

창의력을 키우는 문제

소음 (noise)

일반적으로 커다란 소리, 불협화음, 높은 주파수의 음 등이 소음으로 분류될 수 있지만 구체적으로 어떤 것을 소음으로 느끼느냐 하는 것은 개인의 심리 상태에 따라서 다르다. 소음은 주로 자동차, 철도, 비행기와 같은 교통 수단이 이동할 때의 소리, 공장에서 나는 기계음 등이 있다. 최근에는 아파트 생활을 하는 과정에서 가정에서 사용하는 TV, 오디오, 피아노, 세탁기 등이 유발하는 생활 소음이 큰 문제가 되고 있다.

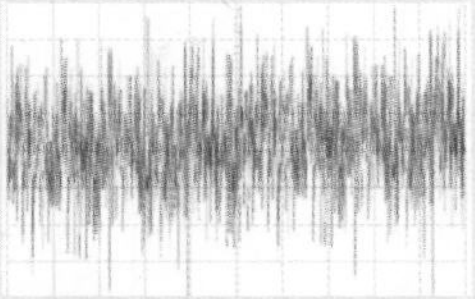

▲ 소음의 파형

사람이 소음을 느끼게 되는 과정은 공기의 진동을 통하여 전달되는 파동이 귀에 있는 고막을 자극하는 방식이다. 일반적으로 인간이 느낄 수 있는 가장 작은 압력은 0.00002N/m^{2}이다. 인간이 느끼는 소리에 대한 감각은 이 수치를 기반으로 해서 로그 척도로 올라가기 때문에 음압 수준 역시 로그를 이용해서 표현한다. 이렇게 해서 만들어진 음압 수준 단위가 바로 데시벨(dB)이다. 사람은 그 청각 구조의 특성상 주파수가 1,000Hz 정도인 고음을 가장 큰 소리로, 100Hz 정도인 저음을 가장 작은 소리로 느낀다.

0dB을 기준으로 10dB씩 증가하는 경우 소리의 세기는 10배씩 강해진다. 20dB의 소리는 10dB의 소리보다 2배가 아니라 10배 강한 소리이고, 그러므로 0dB의 소리보다 10배의 10배, 즉 100배 강하다. 마찬가지로 60dB의 소리는 40dB의 소리에 비해 세기가 100배 강하다.

능동 소음 제어 장치의 원리는 소리의 중첩 현상을 이용하여 소리를 상쇄시키는 원리이다.

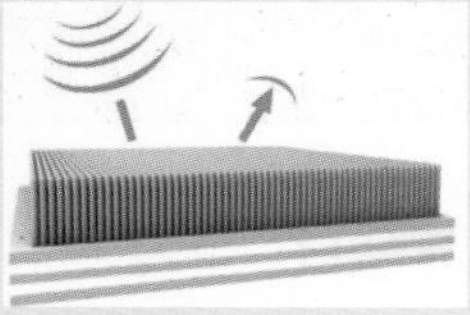

▲ 소음의 제거(흡음장치)

추리 단답형

10 두 오목거울이 마주 보고 있을 때 그 사이에 물체를 놓으면 거울에 의해 많은 수의 상이 생길 수 있다. 초점 거리가 80 cm 및 50 cm 의 A, B 두 개의 오목 거울이 같은 축 위에서 3 m 떨어져 있다. 점광원을 A, B 사이에 놓되, 거울 A 에서 1 m 떨어진 점 P 에 놓았다. 이 점광원의 거울 A 에 의한 첫번째 상은 다시 거울 B 에 의해 또 다른 상인 P_1 이 생기고, 또 이 점광원에서 나온 빛은 거울 B 에 의해 직접 반사되어 첫번째 상 P_2 가 생긴다. 상 P_1, P_2 의 상의 종류를 답하고, 두 상 사이의 거리를 구하시오.

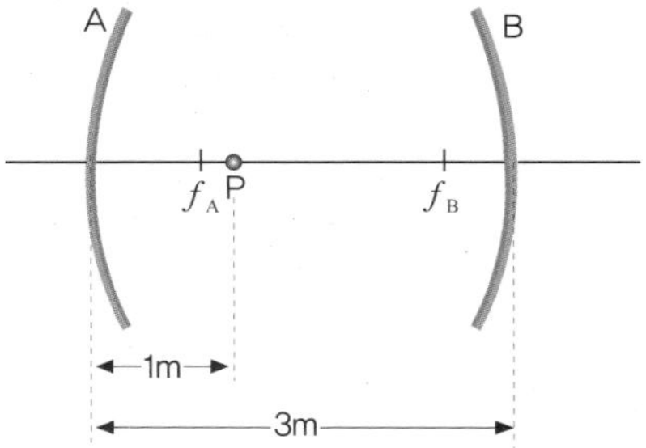

추리 단답형

11 그림은 능동 소음제어 장치의 원리이다. 능동 소음제어 장치는 소음을 또 다른 소음을 이용하여 제거하는 장치이다. 음파의 모양은 같지만 위상이 180° 다른 소음끼리 중첩시키면 서로 상쇄되는 원리를 이용한다. 이와 관련이 가장 깊은 현상은 무엇인가?

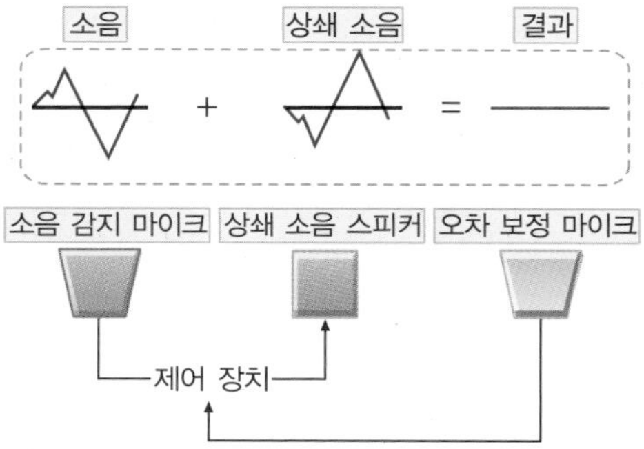

① 파도가 방파제의 뒤편까지도 전파된다.
② 파도가 해안의 방파제에 반사되면 위상이 180° 바뀐다.
③ 낮에는 먼 곳의 소리가 잘 안들리지만 밤에는 잘 들린다.
④ 물결파가 깊은 곳에서 얕은 곳으로 진행하면 속력이 변한다.
⑤ 실내 체육관과 같이 소리가 잘 반사하는 벽으로 된 곳에서는 소리를 잘 들을 수 없는 곳이 생긴다.

단계적 문제 해결형

12 **소리도 파동이므로 두 소리가 만나면 보강 간섭하여 소리가 커질 수도 있고, 상쇄 간섭하여 소리가 들리지 않을 수도 있다. 그림과 같이 A, B 두 스피커에서 소리가 나오고 있다. 두 스피커는 3 m 만큼 떨어져 있고, A 스피커에서 나오는 소리는 B 스피커에서 나오는 소리보다 4 배의 세기이다. 또, 사람이 듣는 소리의 세기는 스피커에서의 (거리)^2 에 반비례하여 약해진다.**

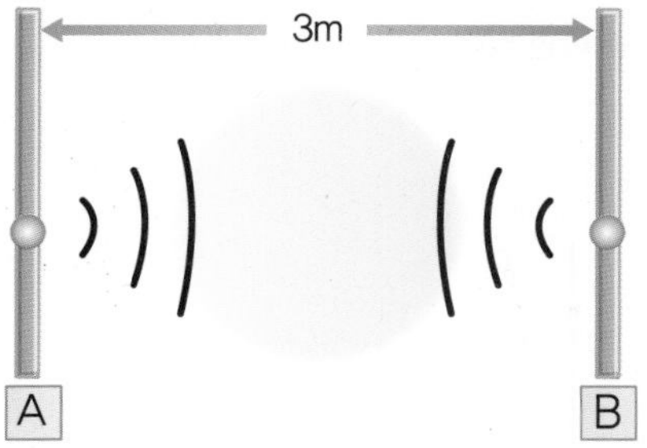

어떤 사람이 A, B 두 스피커의 중심을 잇는 직선 상의 어느 점에 서 있을 때 전혀 소리가 들리지 않았다.

(1) 소리가 들리지 않는 위치는 A 로부터 B 쪽으로 얼마나 떨어진 곳인가?

(2) 가능한 음파의 파장을 구하시오.

거리에 따른 소리 세기의 변화

음원이 모든 방향으로 같은 세기의 소리를 전파하는 점음원이라고 할 때 아래 그림은 점음원에서 퍼져 나가는 파면의 모습이다.

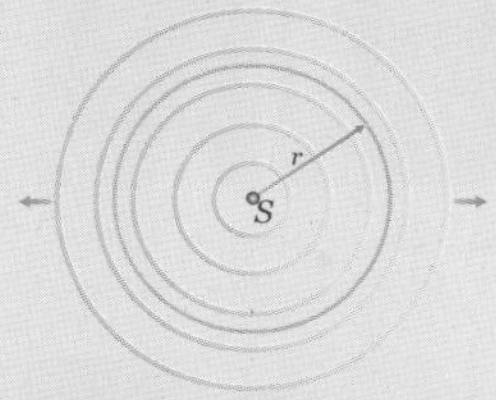

음파의 에너지가 음원으로부터 발생하여 퍼져 나가는 과정에서 보존된다고 하면 음원에서 방출된 모든 에너지는 구면을 통과해야만 한다. 즉 구면을 통과하는 에너지의 일률은 음원이 방출하는 에너지의 일률과 같다.
음원에서 초 당 P 만큼의 에너지가 방출된다고 하고 음원에서 거리 r 만큼 떨어진 단위 면적에 초 당 전달되는 에너지(소리의 세기)를 I 라고 하면 반지름 r 인 구면의 표면적은 $4\pi r^2$ 이므로 초당 구면에 도달하는 전체 에너지(소리의 세기)는 $4\pi r^2 I$ 가 된다.
음원에서는 초 당 P만큼의 에너지가 방출되고 있고 이 에너지는 구면으로 모두 전달되므로
$4\pi r^2 I = P$, $I = \dfrac{P}{4\pi r^2}$ 이 된다.
즉, 전달되는 소리의 세기는 거리의 제곱에 반비례하게 된다.

▲ 소리 에너지의 전파

창의력을 키우는 문제

코팅(coating)

물체를 더 유용하게 사용하기 위해서 표면에 얇은 막을 균일한 두께로 붙인다.
빛의 간섭의 원리를 이용하면 일정 범위의 파장 영역에서 빛의 반사를 최소화시킬 수 있다.

▲ 빛의 반사를 최소화시킨 안경 (antireflection Glass)

빛이 코팅한 유리면에서 최대한 반사하게 만든 건물. 투과하는 빛의 양이 최소이다.

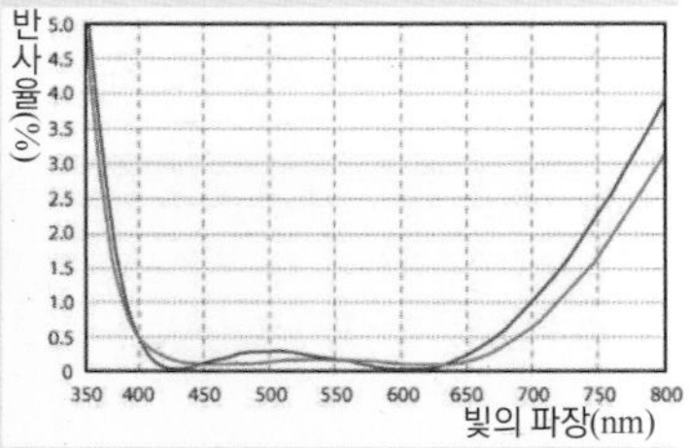

코팅한 유리면은 가시광선 영역에서 빛의 반사를 최소화할 수 있다.

논리 서술형

13 빛의 간섭 현상으로 얇은 막의 두께를 측정하는 방법은 이제 거의 일반화된 방법이다. 굴절률이 1.5 인 유리판 위에 투명한 물질인 황화 아연을 코팅하려고 한다. 그림 (가)는 코팅 막의 두께를 알아 보기 위하여 파장을 알고 있는 레이저 빛을 유리면에 수직으로 비추어 반사되는 빛의 세기를 측정하는 모양이다.

그림 (나)는 파장이 500 nm 인 빛을 유리면에 수직으로 비추면서 코팅을 시작한 후 시간에 따라 반사하는 빛의 세기를 그래프에 나타낸 것이다. 황화 아연의 굴절률을 1.25 라고 하면 20 분이 지났을 때 황화 아연 막의 두께는 얼마인가?

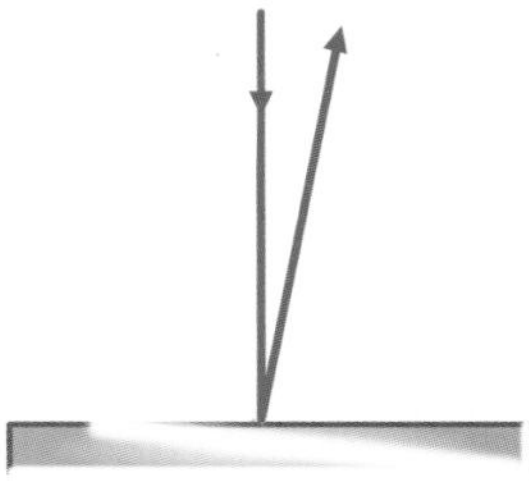

(가)

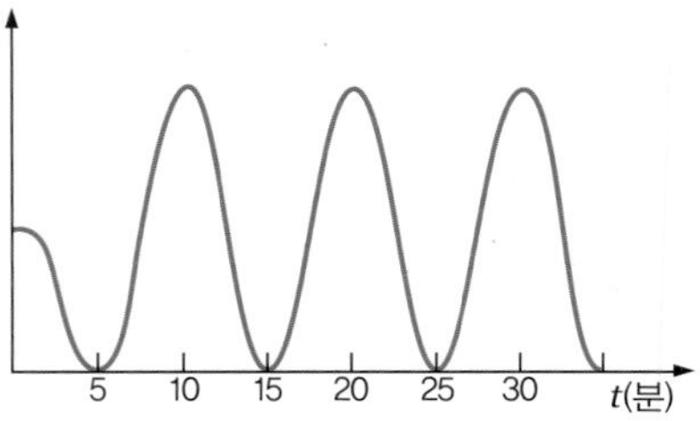

(나)

정답 및 해설 67쪽

논리 서술형

14 비슷하지만 다른 주파수를 가진 두 파동이 중첩되면 맥놀이라는 특이한 현상을 만든다. 맥놀이는 두 파동이 중첩되어 파동의 진폭이 커졌다 작아졌다 하게 되는 현상이다. 진폭이 커졌다 작아졌다 하는 진동수를 맥놀이 진동수라고 하며, 이 진동수는 중첩되는 두 파동의 진동수 차이와 같다.

소리(음파)로 우리가 의사소통하고 음악을 듣는 이외에 주파수가 높은 초음파를 이용하여 여러 가지 의학용 검사에 이용할 수 있다. 그 중 하나가 '심초음파 검사' 라는 것이 있는데 초음파를 이용하여 심장의 운동이나. 혈액의 이동 등을 검사하는 과정을 말한다.

다음의 문제를 풀어 보자.

병원에서는 초음파를 이용하여 산모의 뱃속에 있는 태아의 심장 고동을 확인한다. 진동수 100 만 Hz 의 초음파를 보내어 태아의 심장에서 반사시켰더니 반사되는 반사파와 입사되는 초음파가 중첩을 일으켜 맥놀이 현상이 일어났다. 맥놀이의 횟수는 1 초에 100 회 였다면 초음파가 반사한 태아의 심장벽의 속력은 얼마일까? 사람 몸을 이루는 조직 안에서 소리의 전파 속도는 150 m/s 이다.

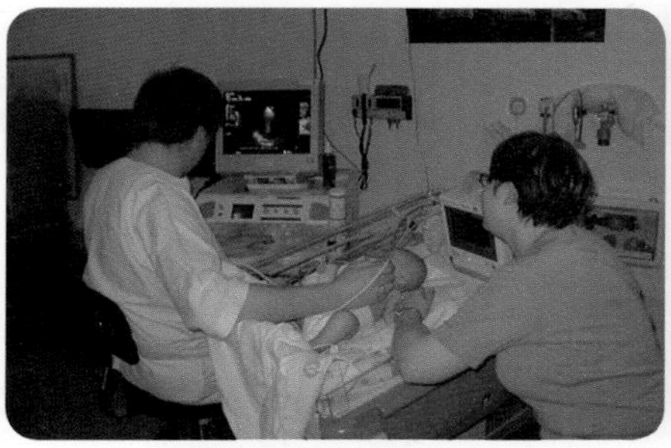

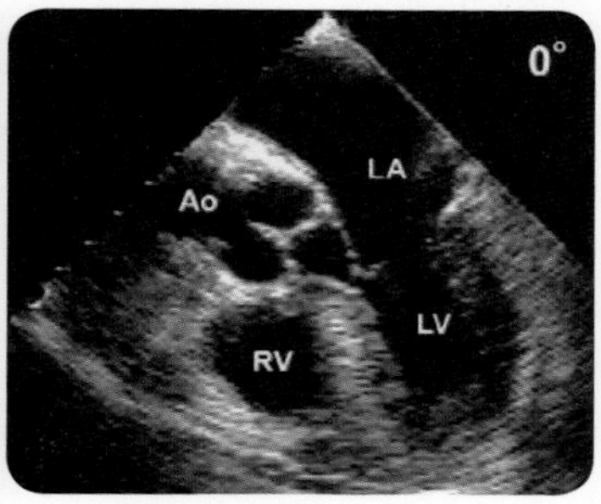

심초음파 검사

초음파를 이용하여 심장의 형태와 움직임, 심장내 혈액의 흐름 등을 관찰하는 검사이다. 음파보다도 높은 음역의 초음파를 발생시켜 심장에 반사되어 돌아오는 음파를 이용하여 얻은 영상으로 검사한다.
대개 가슴에 특별한 젤리를 바르고 진동 크리스탈이 부착된 탐촉자를 가슴 위의 적당한 부위에 갖다대고 초음파를 보내어 검사한다.

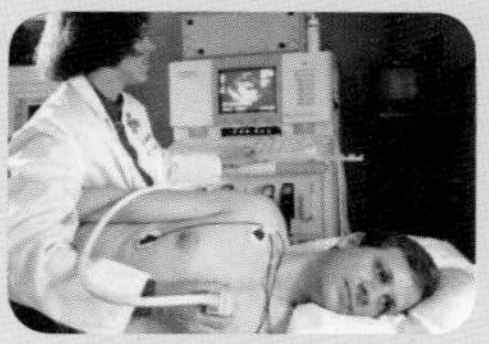

▲ 심초음파 검사 장면

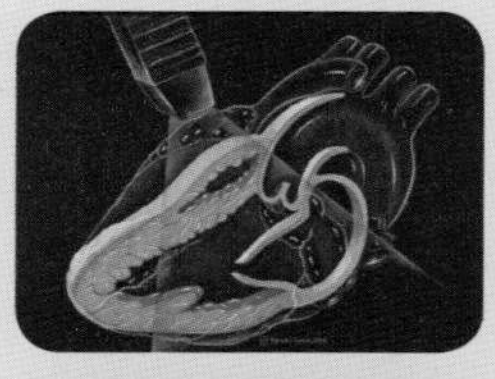

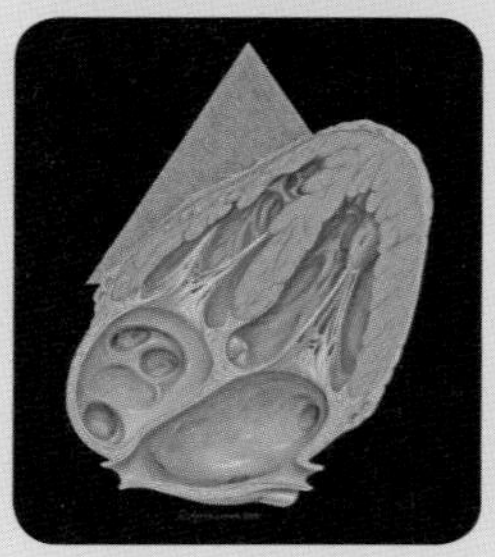

▲ 초음파에 의해서 촬영된 심장 단면

단계적 문제 해결형

15 포개진 두 장의 유리판 사이에 머리카락과 같이 얇은 판이나 종이를 끼워 넣으면, 그림 (가)와 같이 두 유리판 사이에 쐐기 모양의 공기 층이 형성된다. 이때 유리판 위쪽에서 수직으로 단색광을 비추어 주면 그림(나)와 같이 일정한 간격의 밝은 무늬와 어두운 무늬가 형성되는 것을 볼 수 있다.

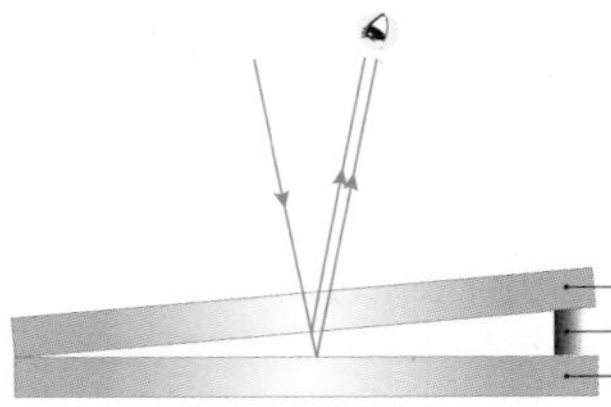

(가)

(나)

다음 그림과 같이 길이가 L 인 유리판 A 와 B 사이에 최고 높이 h 인 쐐기 모양의 공기 층이 형성되었을 때 파장이 λ 인 빛을 유리판 B 와 수직인 각도로 비추었다. 유리판 사이의 각도가 θ, 무늬 사이의 간격이 Δx, 공기층의 두께를 d 라고 할 때, 물음에 답하시오.

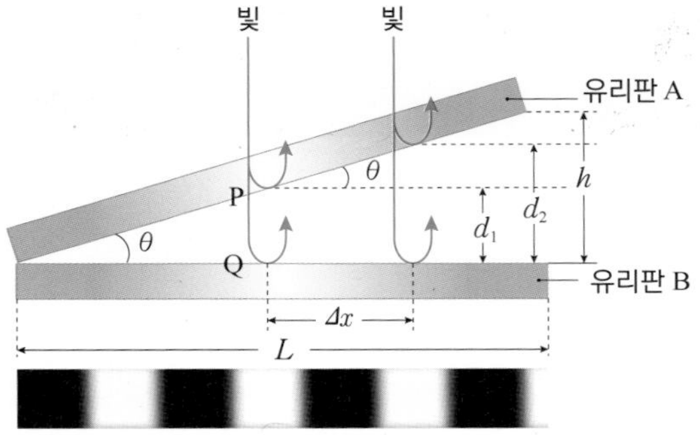

(1) P 점과 Q 점에서는 각각 고정단 반사를 할까, 자유단 반사를 할까? (단, 유리의 굴절률은 공기의 굴절률보다 크다.)

(2) 유리판 위에서 볼 때, 빛의 간섭 조건을 쓰시오.

(3) (2)의 결과를 토대로 무늬 사이의 간격(Δx)을 빛의 파장(λ)을 이용하여 나타내시오.

광로차(Δ)

굴절률 n 인 매질 속에서 빛이 이동한 거리 d 를 진공 또는 공기 속에서의 거리로 환산한 값을 말하며, 매질 속에서 빛이 지나간 거리를 같은 시간 동안 공기 중에서 진행한 거리로 나타낸 것이다.

$$\Delta = nd$$

고정단 반사와 자유단 반사

① 고정단 반사 : 파동이 소한 매질에서 밀한 매질로 입사하면서 일어나는 반사이며, 반사 광선의 위상은 입사 광선과 반대(위상차 : $\frac{\lambda}{2}$)가 된다.

② 자유단 반사 : 파동이 밀한 매질에서 소한 매질로 입사하면서 일어나는 반사이며, 반사 광선의 위상은 변하지 않는다.

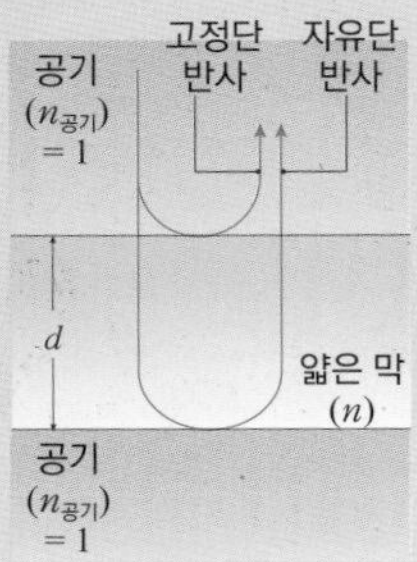

▲ $n > 1$

추리 단답형

16 **평면 거울 위로 0.11 mm 만큼 떨어진 곳에 매우 작은 틈 S 가 있고, 틈 S 에서 2.5 m 떨어진 곳에 스크린이 놓여져 있다. 이때 거울의 반사율은 100 % 이다. 물음에 답하시오.**

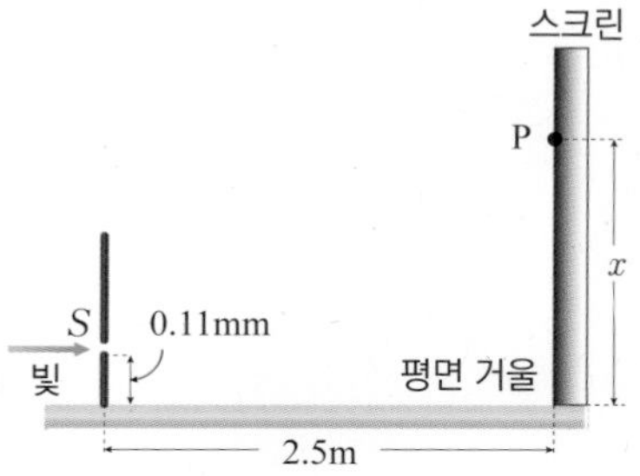

(1) 파장이 440 nm 인 빛을 틈에 쪼였을 때, 거울에서 반사된 빛과 직접 오는 빛이 서로 간섭하여 P 점에 첫 번째 밝은 무늬를 만들었다. 거울에서 P 점까지 거리 x 는 몇 m 인가?

(2) P 점에 첫 번째 어두운 무늬가 나타나게 하려면, 스크린과 슬릿 사이의 거리를 몇 m 로 해야 할까?

논리 서술형

17 **일정한 진동수 f 를 발생시키는 스피커가 매달린 낙하산이 공기 저항을 받으며 수직으로 떨어지고 있는 것을 지면에서 상상이가 관측하고 있다. 이 스피커는 속력이 점점 빨라지다가 일정한 속력 v_f 에 도달하면 공기의 저항력(= kv_f)과 물체에 작용하는 중력(mg)이 같아지면서 등속 운동을 하게 된다. 다음 물음에 답하시오. (단, 스피커와 낙하산의 총 질량은 m 이며, 고도에 따른 공기의 성질 변화로 인한 음속(v)의 변화는 무시한다.)**

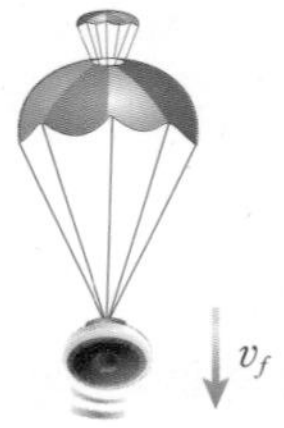

(1) 낙하산이 일정한 속력 v_f 에 도달하기 전 속력이 점점 빨라질때, 관측되는 진동수에 대하여 서술하시오.

(2) 낙하산이 일정한 속력 v_f 에 도달하였을 때, 지표면에 있던 상상이가 듣는 소리의 진동수를 구하시오.

도플러 효과의 이용

속도 측정기는 다가오는 야구공이나 자동차를 향하여 레이더 파를 발사하고, 다시 반사되어 되돌아 온 레이더 파를 감지한다. 이때 반사된 레이더 파는 도플러 효과 때문에 처음 발사한 레이더 파보다 파장은 짧아지고 주파수는 커진다.

주파수가 변하는 정도는 야구공이나 자동차가 움직이는 속도에 의해 결정되므로 이 변화의 정도를 측정하여 야구공과 자동차의 속도를 계산해 준다.

▲ 속도 측정기

대회 기출 문제

01 투명한 유리 속에 사각형 모양의 빈 공간이 있고 빈 공간에는 공기가 들어 있다. 빨간색 레이저 빛이 그림처럼 입사한다면 그 빛은 어떻게 진행할지 빛의 진로를 그림에 직접 그리시오.

[대회 기출 유형]

02 음악 공연장이나 소리를 연구하는 곳에서는 다른 소리가 반사하여 원래음과 중첩이 되는 경우가 발생하면 안된다. 소리의 반사를 막기 위해서 벽의 모양을 바꾸기도 한다. 다음 중 소리의 반사가 잘 일어나지 않는 벽의 모양으로 적절한 것을 1 개만 고르시오.

[대회 기출 유형]

① 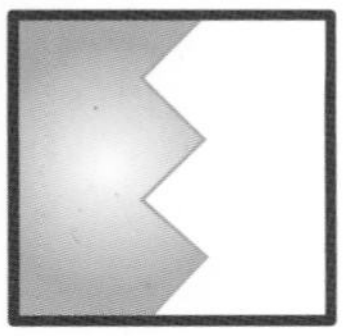 ② 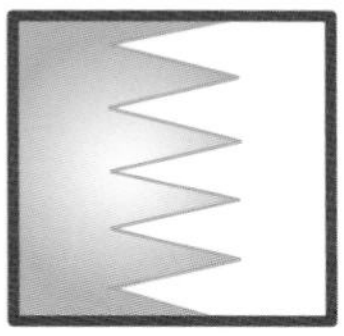 ③  ④ 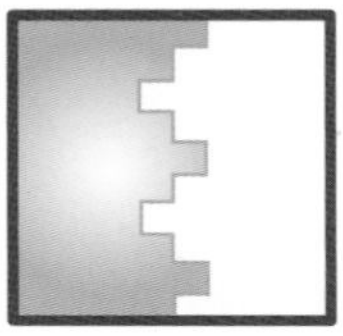 ⑤ 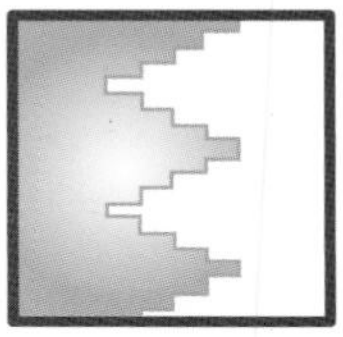

03 비커에 물을 넣고 시험관을 물에 담갔다. 그런데 비커에 물대신 식용유를 넣고 시험관을 담갔더니 식용유에 잠긴 시험관 부분이 거의 보이지 않았다. 그 이유에 대해서 옳은 것만을 있는 대로 고르시오.

[대회 기출 유형]

① 식용유와 잠긴 유리 시험관의 경계 부분에서 빛이 모두 반사하기 때문에
② 빛의 대부분이 물을 통과해 나가지만 식용유는 빛의 상당 부분을 흡수하기 때문에
③ 식용유에서의 빛의 속도는 물에서의 빛의 속도보다 느리지만 유리에서의 빛의 속도와 비슷하기 때문에
④ 식용유를 통과한 빛이 유리 시험관에서 분산되어 퍼져 나가서 빛이 우리의 눈으로 들어오지 않기 때문에
⑤ 빛이 공기에서 유리로 들어갈 때 굴절하는 정도와 공기에서 식용유로 들어갈 때 굴절하는 정도가 비슷하기 때문에

04 **자동차에는 여러 개의 거울이 사용된다. 차 안에 있는 룸 미러와 차 옆의 사이드 미러가 대표적이다. 자동차의 거울에 대한 설명 중 옳은 것만을 있는 대로 고르시오.**

[대회 기출 유형]

① 왼쪽 사이드 미러에 평면 거울 대신 볼록 거울을 사용하면 사물이 더 크게 보인다.
② 자동차의 왼쪽 사이드 미러는 시야 각을 넓게 하기 위해서 볼록 거울을 주로 사용한다.
③ 자동차 내부에 거울을 하나 더 설치하여 얼굴을 확대해서 보는 용도로 사용하려면 오목거울을 사용하여야 한다.

05 **백화점이나 쇼핑 센터의 전신 거울을 보면 집에 있는 전신 거울을 볼 때보다 키가 더 크게 보인다. 그 이유는 똑바로 서 있는 집의 거울과 달리 거울이 약간 누인 상태로 기울어져 있기 때문이다.**

[대회 기출 유형]

수직으로 된 거울과 기울어진 거울에서 모습을 비추어 보았을 때 보이는 상에 관한 내용으로 옳은 것만을 있는 대로 고르시오.

① 수직으로 된 거울은 사람의 길이와 상의 길이가 같다.
② 기울어진 거울을 통해 본 상은 기울어져 있는 모습이다.
③ 기울어진 거울에 다가가면서 상을 관찰하면 상은 뒤로 움직인다.
④ 기울어진 거울에 나타난 상의 길이는 수직으로 서 있는 거울에 의한 상의 길이보다 길다.
⑤ 기울어진 거울에 나타난 상을 보는 시야의 각도가 수직으로 서 있는 거울의 상을 바라보는 시야의 각도보다 더 크다.

06 무지개는 공기 중에 떠 있는 물방울에 햇빛이 굴절, 반사되어 생긴다. 아침이나 저녁 무렵, 비가 온 뒤 등 물방울이 공기 중에 많이 떠다닐 때 햇빛을 등지고 보면 무지개를 볼 수 있다. 이는 물방울에 입사한 빛이 파장에 따라 굴절하는 정도가 달라 여러 색깔로 나타나기 때문이다. 무지개에 대한 설명 중 옳은 것만을 있는 대로 고르시오.

[대회 기출 유형]

① 모든 무지개에서 가장 아래쪽에 있는 색깔은 빨간색이다.
② 공기 중에 물방울이 많을수록 무지개의 색깔은 더욱 뚜렷해진다.
③ 정오에 무지개를 볼 수 없는 이유는 태양의 고도가 높기 때문이다.
④ 비행기를 타고 매우 높은 고도에서 무지개를 보면 그 모양은 타원형이다.
⑤ 한 관찰자는 물방울 1 개에서 나오는 빛 중에서 한 가지 색깔밖에 볼 수 없다.
⑥ 무지개를 보여 주는 모든 물방울은 관측자로부터 같은 거리만큼 떨어져 반원형으로 존재한다.

07 다음은 수평면 위에 평면 거울 2 장을 2 m 떨어뜨려서 마주 보게 세우고 그 가운데에 촛불을 놓고 평면 거울에 생긴 상을 관찰하는 그림이다. 다음 설명 중 옳은 것만을 있는 대로 고르시오.

[대회 기출 유형]

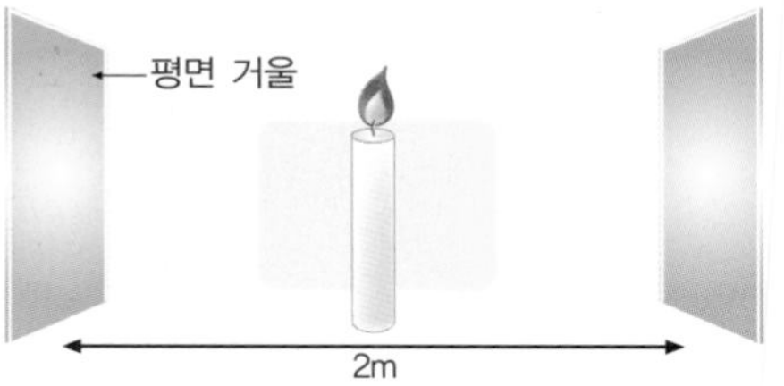

① 평면 거울에 생긴 촛불의 상은 2 개 이다.
② 평면 거울에 생긴 촛불의 상은 무한히 많다.
③ 평면 거울에 의한 촛불의 상은 양쪽 거울 똑같이 평면 거울 뒤쪽으로 1 m, 2 m, 3 m, 4 m ‥ 되는 위치에 생긴다.
④ 평면 거울에 의한 촛불의 상은 양쪽 거울 똑같이 평면 거울 뒤쪽으로 1 m, 3 m, 5 m, 7 m ‥ 되는 위치에 생긴다.
⑤ 평면 거울에 의한 촛불의 상은 양쪽 거울 똑같이 평면 거울 뒤쪽으로 1 m, 2 m, 4 m, 7 m ‥ 되는 위치에 생긴다.

08 태양광선이 프리즘을 통과하면 무지개와 같이 여러 색깔의 빛으로 나누어진다. 가시광선의 파장 범위는 대체로 400 ~ 700 nm 로 빨강, 주황, 노랑, 초록, 파랑, 남색, 보라색으로 보인다. 다음 중 옳게 설명한 것만을 있는 대로 고르시오.

[대회 기출 유형]

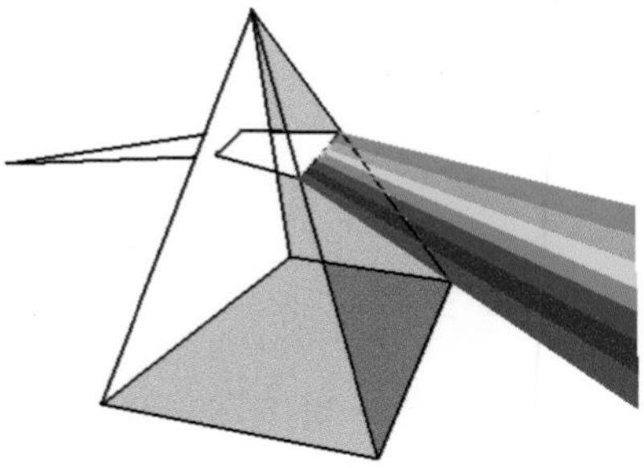

① 파장이 길수록 굴절률이 커진다.
② 프리즘 속에서는 빨간색과 보라색의 진동수가 같다.
③ 사진기나 쌍안경에는 거울 대신 프리즘을 사용한다.
④ 레이저 빛도 프리즘을 통하면 여러 색으로 분산된다.
⑤ 프리즘 속에서는 빨간색이 보라색보다 속도가 더 빠르다.

09 물이 담긴 반원형 물통을 지나면서 빛이 굴절하는 모습이다.

[경기 과학고 기출 유형]

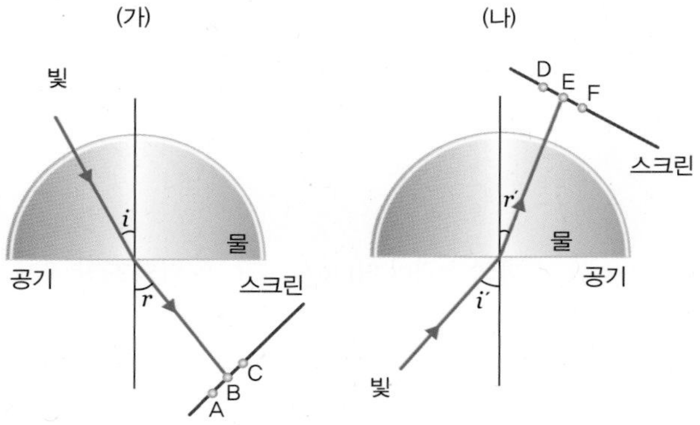

(1) 그림 (가)와 (나) 중 전반사 현상이 일어날 수 있는 것은 어느 것인가? 어느 부분에서 전반사가 일어날지 설명하시오.

(2) 백색광은 여러 색깔의 빛이 혼합된 빛이므로 만약 백색광이 입사한다면 빛의 분산이 이루어져서 스펙트럼을 볼 수가 있다. 그림 (가) 에서는 A ~ C 에 걸쳐서 스펙트럼이 나타나고, (나) 에서는 D ~ F 에 걸쳐서 스펙트럼이 나타난다고 할 때 빨간색이 위치하는 곳을 각각 기호로 답하시오.

(3) 그림의 1 m 깊이에 있는 물고기는 물 위에서 본다면 수면으로부터 몇 m 의 깊이에 위치하는 것으로 보일지 계산하시오. 다음의 내용을 이용하시오.

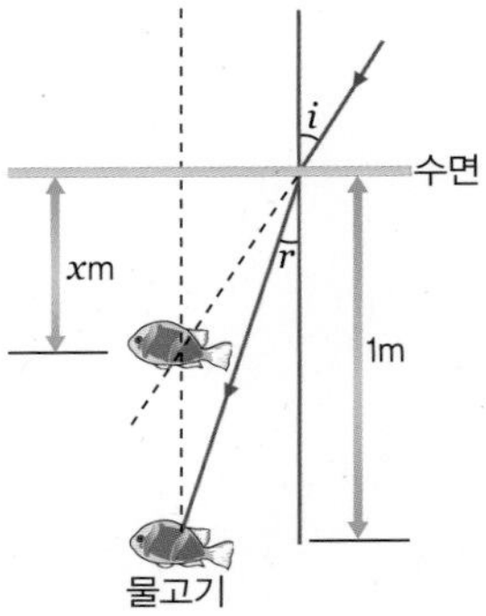

(a) 그림에서 $\frac{\sin i}{\sin r}$ 를 공기에 대한 물의 굴절률이라 하고, 그 값은 $\frac{4}{3}$ 이며 다양한 입사각 i 에 대하여 일정한 값을 갖는다.

(b) 삼각함수에서 각 θ 가 작으면 $\sin\theta$ 는 $\tan\theta$ 와 거의 같게 놓을 수 있다.

10 **땅 위를 기는 곤충은 움직일 때 미세한 파동을 내는 데, 종파와 횡파를 동시에 낸다. 곤충을 잡아먹고 사는 전갈은 곤충이 내는 종파와 횡파를 감지하여 곤충까지의 거리를 알아낼 수 있다. 다음 물음에 답하시오.**

[한성 과학고 기출 유형]

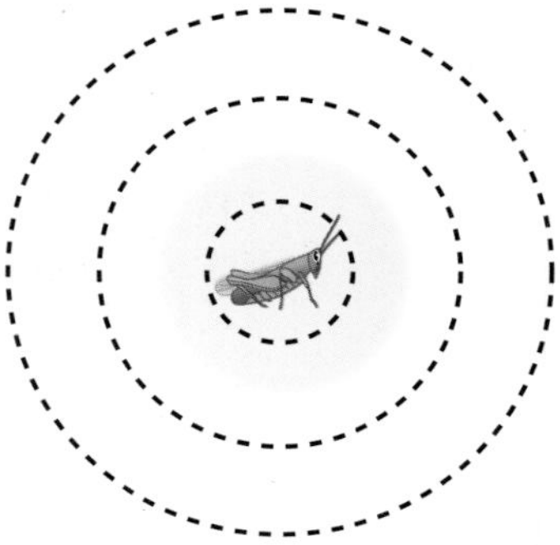

(1) 만일 종파의 속력이 150 m/s, 횡파의 속력이 50 m/s 이고, 두 파의 도착 시간 차이가 0.02 초라고 하면 전갈에서 곤충까지의 거리는 얼마나 되겠는가?

(2) 벌레가 움직이고 있어 두 파의 도착 시간 차이가 점점 증가하고 있다면 전갈과 벌레의 사이의 거리는 어떠한가?

11 **다음 그림은 얕은 물과 깊은 물의 경계면에서의 물결파의 진행 모습이다. 물음에 답하시오.**

[경기 과학고 기출 유형]

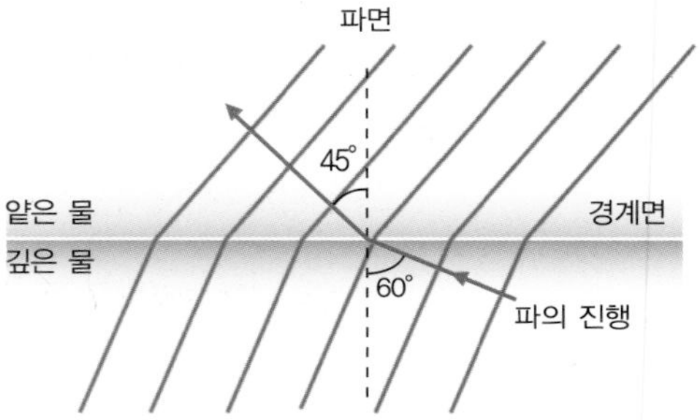

(1) 깊은 물에 대한 얕은 물의 굴절률을 구하시오.

(2) 얕은 물에서의 물결파의 속력은 깊은 물에서의 물결파 속력의 몇 배인가?

12 **다음 그림은 물속에서 진행하다가 공기와의 경계면에서 굴절하는 레이저 광의 진행 모습이다. 물음에 답하시오.**

[전남 과학고 기출 유형]

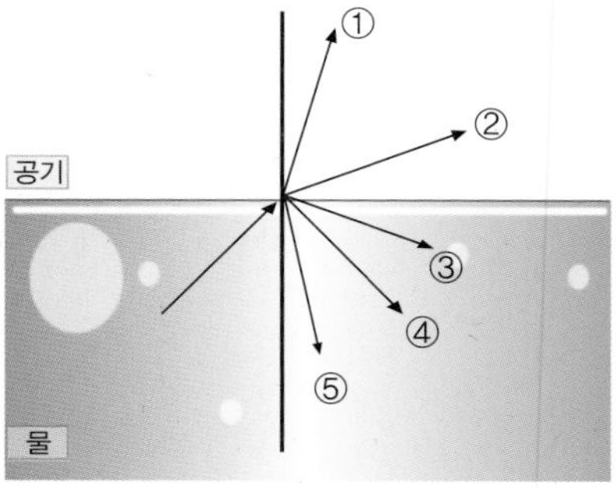

(1) 레이저 광의 진행 경로로 적당한 것을 2 개 고르시오.

(2) 레이저 광 대신 음파를 같은 위치에서 입사시켰을 때 굴절 후 진행 경로로 가장 적당한 것을 고르시오.

13 그림은 어느 순간에 오른쪽으로 진행하는 물결파의 파형을 나타낸 것이다. 물음에 답하시오.

[전남 과학고 기출 유형]

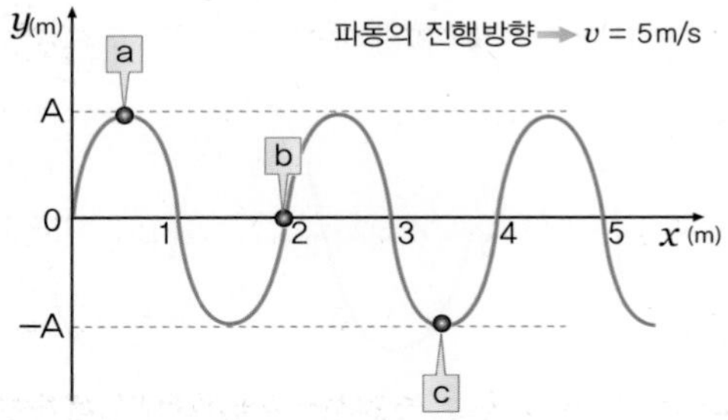

(1) 세 점 a, b, c 중 진동 속력이 제일 큰 곳은 어디인가?

(2) 매질 상의 점 a의 시간에 따른 위치를 그래프로 그리고 주기를 그래프에 나타내시오.

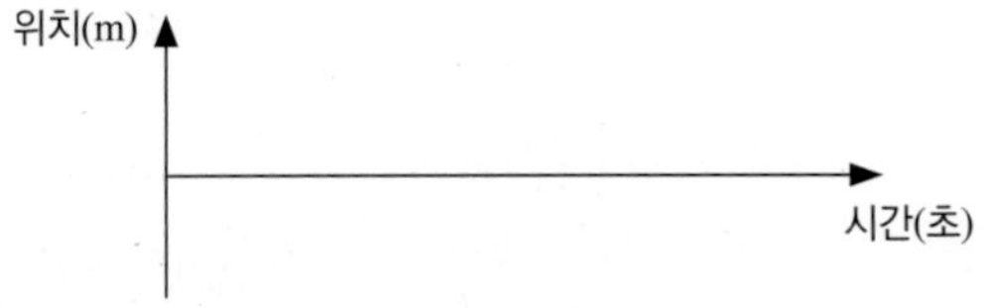

(3) 점 b에 위치한 매질은 이 순간 어느 쪽으로 진동하겠는가? 설명하시오.

14 그림은 레이저 광선을 평행하게 하여 장치에 통과시켰더니 그림처럼 광선 간의 간격이 좁혀져서 나왔다. 다음 물음에 답하시오.

[과학고 기출 유형]

(1) 장치 속에 렌즈를 설치한다면 어떻게 설치하면 되는지, 그리고 빛이 지나가는 길을 표시하시오.

(2) 장치 속에 거울을 설치한다면 어떻게 설치하면 되는지, 그리고 빛이 지나가는 길을 표시하시오.

15 **다음은 속력이 10 m/s 인 파동이다. 진동수는 얼마인가?**

[대회 기출 유형]

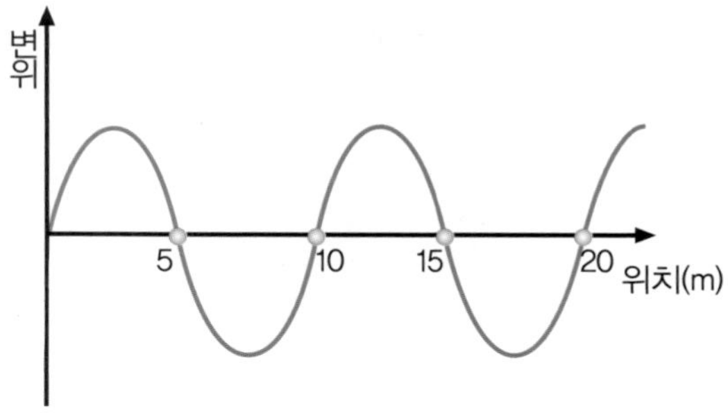

① 1 Hz ② 1.5 Hz ③ 2 Hz ④ 2.5 Hz ⑤ 3 Hz

16 **파원에서 소리가 발생하고 있을 때, 관측자가 정지한 파원을 향해서 달려가면 관측자에게 들리는 소리는 서 있을 때보다 높다. 그 이유로 알맞은 것은?**

[대회 기출 유형]

① 파면이 찌그러지기 때문이다.
② 파면 간격이 넓어지기 때문이다.
③ 소리의 속력이 빨라지기 때문이다.
④ 단위 시간 당 파면을 더 많이 만나기 때문이다.
⑤ 실제로는 달리지 않을 때와 같은 진동수로 들리지만 다르게 느끼는 것일 뿐이다.

17 **파장이 4 cm 이고, 진폭이 10 cm 인 두 파동이 두 파원으로부터 같은 위상으로 발생한다. 점 P 에서의 진폭은?**

[대회 기출 유형]

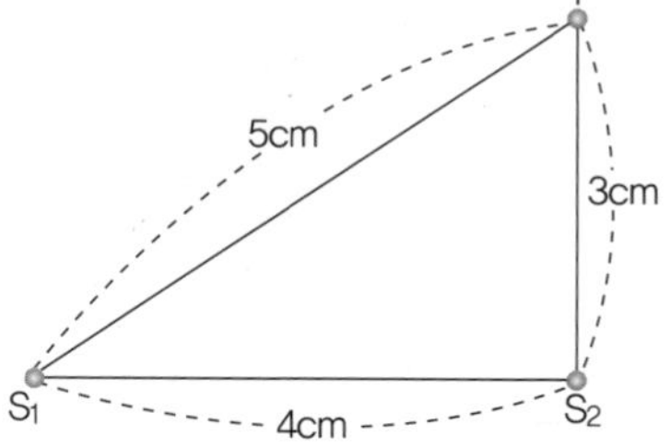

① 0 ② 5 cm ③ 10 cm ④ 15 cm ⑤ 20 cm

18 유리에서 반사되는 빛을 없애기 위해 굴절률이 $\frac{4}{3}$ 인 투명한 막으로 코팅을 하였다. 유리의 굴절률이 1.5 이고 빛의 파장이 600 nm 라면 막의 최소 두께는 얼마인가? (1 nm = 10^{-9} m 이다.)

[대회 기출 유형]

① 25 nm ② 100 nm ③ 112.5 nm ④ 150 nm ⑤ 225 nm

19 그림은 투명한 플라스틱 속의 공기가 들어 있는 원형의 공간이다. 플라스틱에서 공기방울 속으로 빛이 들어갈 때의 진행 경로는 어느 것인가?

[대회 기출 유형]

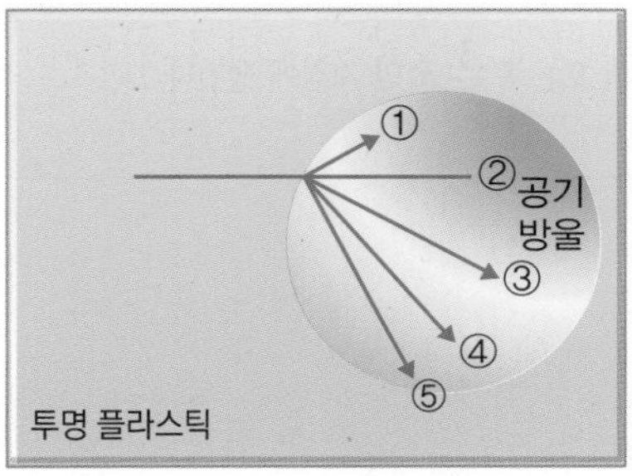

20 굴절률이 각각 1, 1.25, 2 인 물질들이 층을 이루고 있다. 두 번째 층의 두께는 t 이며, 첫 번째 층과 세 번째 층은 무한히 두껍다. 파장이 500 nm 의 빛이 수직 입사하였을 때 반사광이 없었다. 이에 대한 설명으로 옳은 것만을 〈보기〉에서 있는 대로 고르시오.

[중학생물리대회 기출 유형]

보기

ㄱ. 입사광이 첫 번째 계면과 두 번째 계면에서 각각 반사될 때 위상은 180° 변한다.
ㄴ. 두 번째 층의 가장 얇은 두께는 100 nm 이다.
ㄷ. 두 번째 층의 두께를 2 배로 해도 반사광은 없다.

21 부풀어 오른 고무풍선 앞쪽의 겉면은 볼록 거울의 역할을 하고, 뒤쪽의 안쪽 면은 오목 거울의 역할을 한다. 그림과 같이 풍선 앞쪽 R 인 지점에 물체를 놓고 상을 관찰한다. 풍선에 의한 물체의 상에 대한 〈보기〉의 설명 중 옳은 것만을 있는 대로 고르시오. (단, 관찰자는 물체 쪽에 있고, 풍선에 의한 굴절은 무시한다.)

[중학생물리대회 기출 유형]

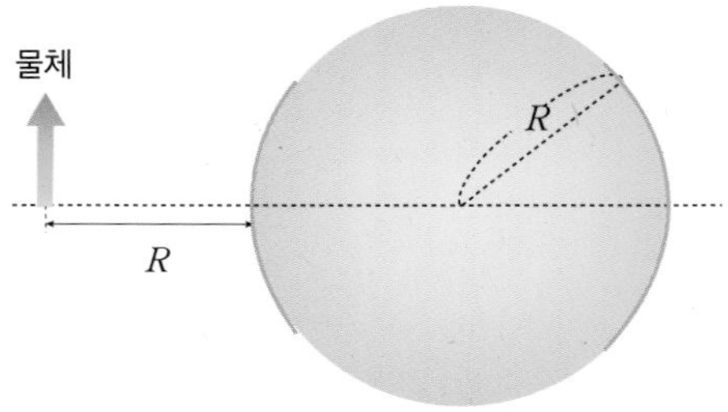

보기

ㄱ. 앞쪽 면에 의한 상은 바로 선 모양의 상이고, 뒤쪽 면에 의한 상은 뒤집어진 모양의 상이다.

ㄴ. 앞쪽 면에 의한 상의 크기는 물체 크기의 $\frac{1}{3}$ 배이다.

ㄷ. 뒤쪽 면에 의한 상은 풍선 중심에서 오른쪽 $\frac{3}{5}R$ 인 지점에 생긴다.

22 그림 (가)와 같이 길이와 높이가 모두 $2d$ 인 빈 수조의 끝에 설치된 관을 통해 수조의 바닥을 보았더니 수조 끝에 있는 A 지점이 보였다. 그림 (나)와 같이 굴절률 1.5, 두께 d 인 물체를 수조 위쪽에 설치했더니 빛이 굴절하여 B 지점이 보였다. 수조 벽에서 B 지점까지의 거리 x 는?

[중학생물리대회 기출 유형]

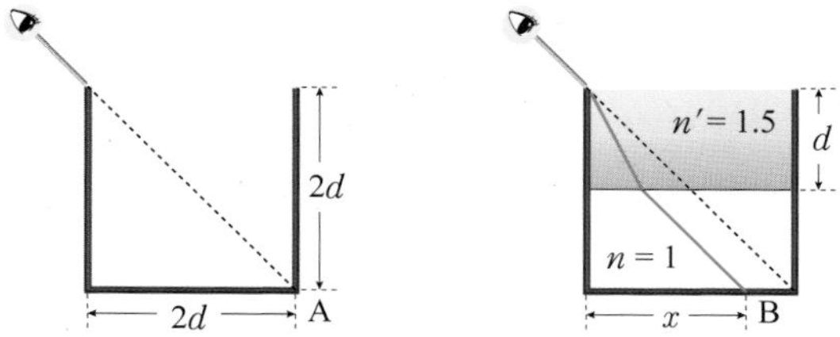

(가) (나)

23 곡률 반지름이 R 인 큰 렌즈를 평평한 유리판 위에 올려 놓고 파장 λ 인 빛을 위에서 비추면 렌즈와 유리판 사이에 생긴 얇은 공기 막에 의해 동심원 모양의 간섭 무늬가 생긴다. 이때 렌즈의 중심에서 거리 x 만큼 떨어진 A 지점에서 네 번째 어두운 간섭 무늬가 관찰되었다. 다음 설명 중 옳은 것만을 있는 대로 고르시오. (단, 공기, 렌즈, 물의 굴절률은 각각 1, 1.5, 1.3 이다.)

[중학생물리대회 기출 유형]

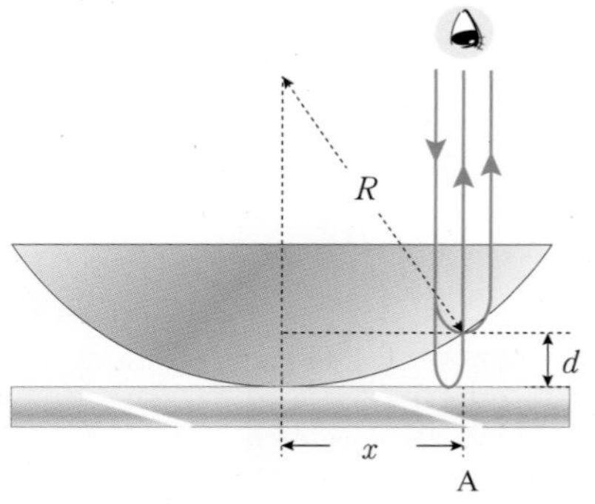

① x 와 d 사이의 관계는 $x = \sqrt{Rd}$ 이다.
② A 지점에서 공기층의 두께 d 는 2λ 이다.
③ 렌즈의 중앙 지점에서는 보강 간섭이 일어난다.
④ 간섭 무늬의 간격은 중앙보다 바깥쪽이 더 넓다.
⑤ 공기 막에 물을 넣으면 더 많은 간섭 무늬를 관찰할 수 있다.

24 높이 h 인 위치에서 가만히 놓여진 음원이 마찰이 없는 경사면을 지난 후, 수평면에서 진동수가 f_0 인 음파를 발생시키며 일정한 속력으로 음파 측정기를 향하여 운동하고 있다. 정지해 있는 음파 측정기에서 측정된 음파의 진동수는 $\frac{20}{19}f_0$ 이다. h 는 몇 m 인가? (단, g = 10 m/s^2, 음파의 속력은 340 m/s 이고, 음원의 크기, 공기 저항은 모두 무시한다.)

[수능모의평가 기출 유형]

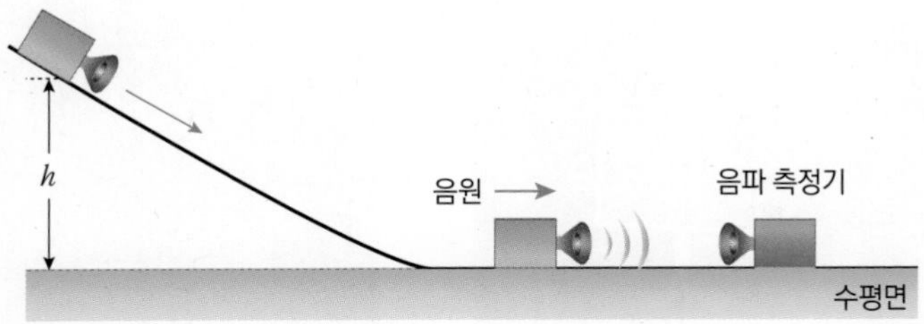

홀로그램 (hologram)

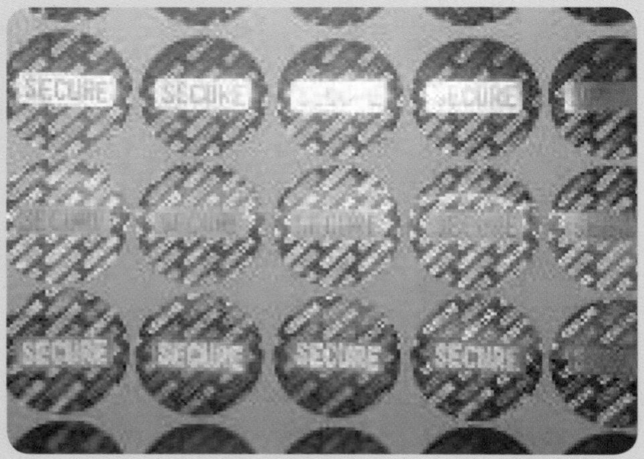

▲ 카드에 쓰이는 여러가지 홀로그램

신용카드에는 위조 방지를 위하여 홀로그램을 붙인다. 홀로그램은 빛의 회절과 간섭 현상을 이용하기 때문에 똑같은 홀로그램을 위조하여 만들어내기는 사실상 불가능하다.

홀로그램(hologram)은 실물과 똑같이 입체적으로 보이는 3차원 영상 사진이다.
홀로그램은 홀로그래피의 원리를 이용하여 만든다. 우선 레이저에서 나온 광선을 2개로 나눠 하나의 빛(기준광)은 직접 스크린을 비추게 하고, 다른 하나의 빛(물체광)은 우리가 보려고 하는 물체에 비추는 것이다. 물체광은 물체의 각 표면에서 반사돼 나오는 빛이므로 물체 표면에 따라 위상차가 각각 다르게 나타난다. 이때 변형되지 않은 기준광이 물체광과 간섭을 일으키며 이때의 간섭무늬가 스크린에 저장된다. 이러한 간섭무늬가 저장된 필름을 홀로그램이라고 한다.

저장된 영상을 다시 재현하려면 기록할 때 사용된 광선을 다시 스크린 건판에 쏘아야 한다. 재생 시 사용하는 광선은 기록 시와 같은 진동수를 가진 파동만이 3차원으로 재현되고, 파장과 위상이 다른 파들은 아무런 효과가 없이 저장된 홀로그램을 통과해 버리기 때문에 기록 시 사용된 기준광과 반드시 정확히 일치해야 한다.

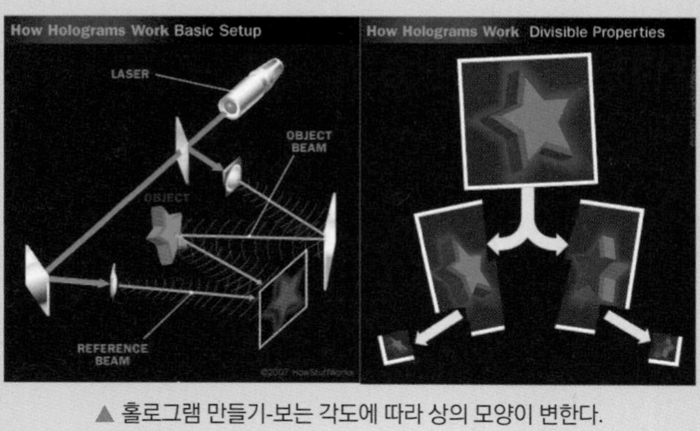

▲ 홀로그램 만들기-보는 각도에 따라 상의 모양이 변한다.

▲ 반사되는 레이저 광

Imagine Infinitely

▲ 반사형 홀로그램

홀로그램의 용도와 가능성

주변에서 가장 쉽게 볼 수 있는 것은 신용카드에 붙어 있는 홀로그램이다. 신용카드에는 위조 방지를 위하여 반사형 홀로그램이 붙어 있다.
그래서 카드의 고유한 문양을 표현한 3차원 입체 영상을 눈으로 확인할 수 있다.

또한 저장 매체로도 사용되고 있다. 홀로그램은 평면의 정보를 한 점에 기록하는 것이기 때문에 창문을 통하여 방안을 들여다 보듯이 홀로그램의 작은 조각으로도 전체 홀로그램의 모습을 재현할 수 있다. 홀로그램에 저장된 정보는 오염이나 파손에 매우 잘 견딜 수 있고, 용량면에서도 다른 저장 매체에 비해 우수하다.

나아가서는 연속적인 영상을 재현하는 방법에 대한 연구가 이루어진다면 홀로그램을 이용한 영화 제작도 가능하며 사람의 골격 구조를 입체적으로 관찰할 수 있으므로 의학적 용도로도 사용 가능하다. 이밖에도 건축, 자동차 설계 등 각 분야에서 다양하게 활용이 가능하다.

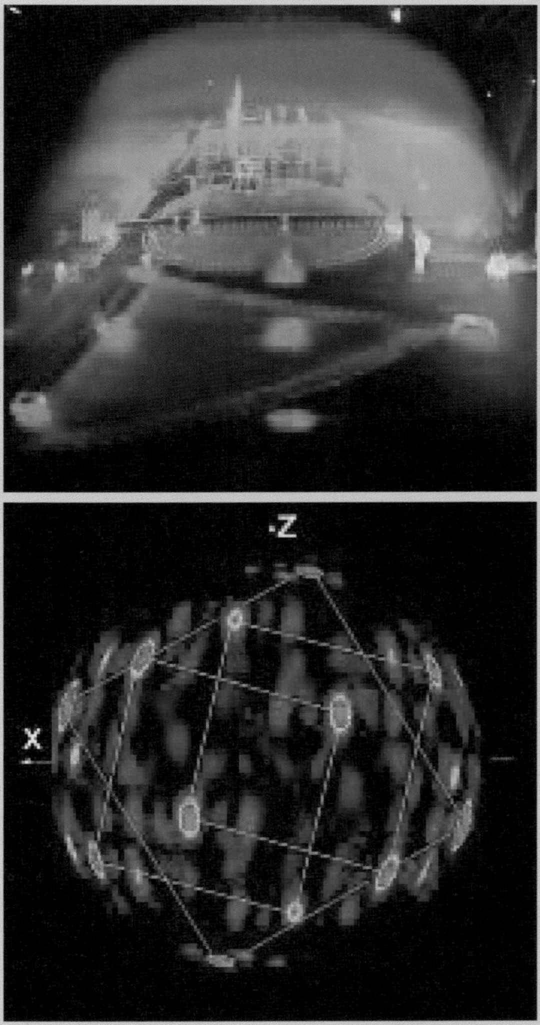

▲ 3차원 입체 영상-입체영상의 재현, 3차원 구조물

Q 홀로그램을 이용하여 또 무엇을 할 수 있을지 각자 생각해 보자.

Physics

VIII

물질도 파동의 형태로 나타낼 수 있을까?

08 현대 물리

VIII 현대 물리 (1)

1. 물질의 구조와 성질

(1) 원자의 구조

① **원자** : '더 이상 나누어질 수 없다'라는 뜻을 가지며, 물질을 구성하는 기본 입자이고, 화학 원소로서의 특성을 가진다.

② **원자 모형의 변천 과정**

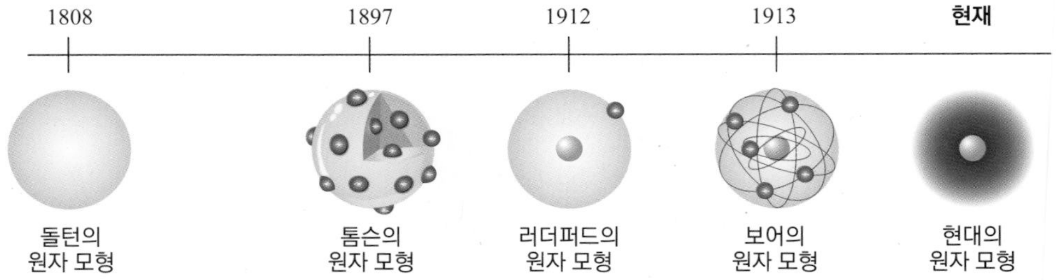

돌턴의 원자 모형	원자는 더 이상 쪼갤 수 없는 가장 기본이 되는 입자이며, 단단한 공과 같다.
톰슨의 원자 모형 ❶	푸딩 위에 건포도가 박혀 있듯이 원자는 많은 전자가 (+)전하 물질 사이에 듬성듬성 박혀 있다.
러더퍼드의 원자 모형	원자의 중심에는 작고, 밀도가 매우 큰 (+)전하를 띤 원자핵이 중심에 있고, 그 주위를 전자가 회전한다.
보어의 원자 모형	전자가 원자핵 주위에서 일정한 에너지 준위를 갖는 불연속적인 궤도를 원운동하고 있다.
현대의 원자 모형	전자의 위치가 확률 분포에 따라 나타나며 전자 구름 모형이다.

③ **러더퍼드 원자 모형** : 행성이 태양 주위를 돌고 있는 것과 모양이 비슷하다고 하여 태양계 모형이라고도 한다.

• **α 입자❷ 산란 실험** : 얇은 금속박(두께 4×10^{-5} cm)에 α 입자를 충돌시키면, 대부분의 α 입자는 직진하지만, 그 중 일부는 큰 각도로 진행 방향이 휘어지고 다른 일부는 거의 반대 방향으로 튀어 나온다는 사실을 발견하였다.

→ α 입자 산란 실험 결과 : 원자의 중심에는 원자 질량의 대부분을 차지하고 (+) 전하를 가진 원자핵이 존재한다.

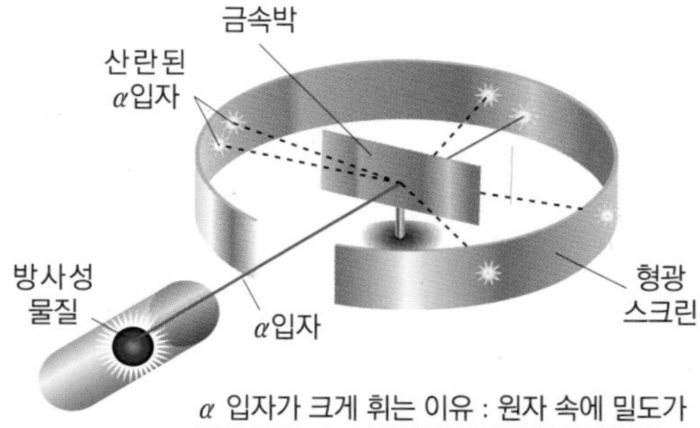

α 입자가 크게 휘는 이유 : 원자 속에 밀도가 매우 크고, (+) 전하를 띤 입자가 존재한다.

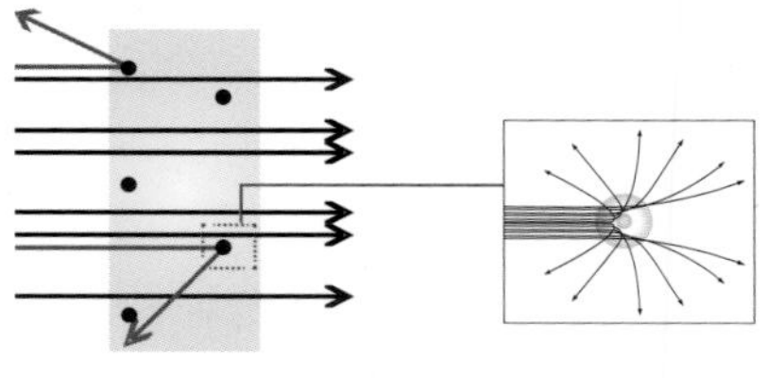

대부분 α 입자가 직진하는 이유 : 원자 내부의 대부분은 빈 공간이기 때문이다.

④ **보어의 원자 모형**❸ : 러더퍼드 모형의 문제점❹을 해결하였다.

❶ **첫 번째 가설** : 전자는 특정한 조건을 만족하는 안정한 궤도에서만 존재하며, 안정한 궤도를 따라 운동하는 전자는 전자기파를 방출하지 않는다.

㉠ 물질파 : 프랑스 과학자 드브로이는 물질 입자도 파동성을 가질 것이라고 예상하였으며, 질량이 m 인 물질이 속도 v 로 운동할 때 입자가 나타내는 파장 λ 는 다음과 같다.

$$\lambda\ (\text{물질파 파장}) = \frac{h}{mv} \quad (h : \text{플랑크 상수})$$

---

❶ 톰슨의 원자 모형

영국의 물리학자 톰슨은 음극선 실험을 통해 전자를 발견하였다.

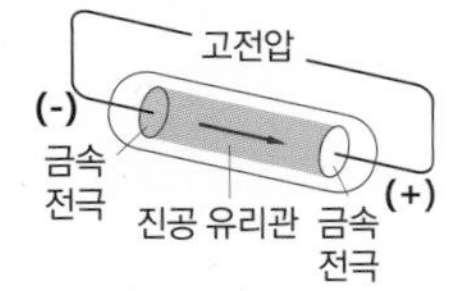

음극선 실험 : 방전관에 큰 전압을 걸어주면 음극에서 양극으로 어떤 선이 직진하다가 형광 스크린에 부딪혀 빛이 나는 현상을 관찰하였다.

❷ α 입자

α 입자는 헬륨의 원자핵(He^{2+}) 이다. 1895년 러더퍼드가 방사성 물질에서 나오는 방사선이 몇 가지 종류임을 발견하였고, 그 중 α 선은 (+) 전기를 띤 것이다.

❸ 보어의 원자 모형

원둘레의 길이가 전자의 물질파 파장의 정수배일 때만 전자는 제자리 진동을 하며, 에너지를 방출하지 않고 안정한 상태(정상 상태)를 유지한다.

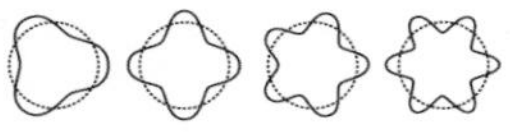

▲ $2\pi r = 3\lambda, 4\lambda, 5\lambda, 6\lambda$

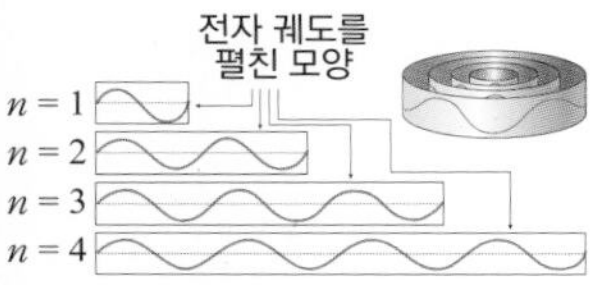

▲ 정상 상태의 전자 궤도

❹ 러더퍼드 모형의 문제점

① 원자의 안정성 : 원자핵 주위를 회전하는 전자는 전기력이 구심력으로 작용하는 원운동을 한다. 이때 점점 원자핵과 가까워지는 가속 운동을 하며 연속적으로 전자기파를 방출하고 원자핵으로 충돌하여 붕괴하여야 한다.

→ 실제 원자는 안정하다.

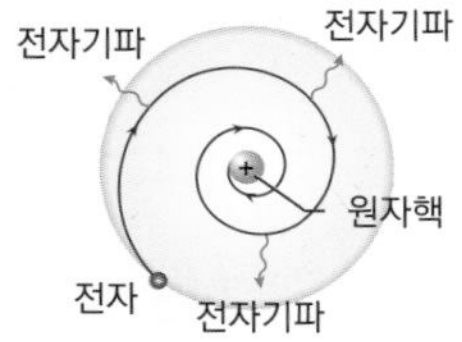

② 기체의 스펙트럼 : 원운동하는 전자는 연속적인 에너지를 가지므로 가열된 기체에서 방출된 빛의 스펙트럼은 연속적이어야 한다.

→ 실제로는 선스펙트럼이 관찰된다.

ⓛ 양자 조건 : 전자는 다음과 같은 양자 조건을 만족할 때 전자기파를 방출하지 않고 안정한 상태로 존재한다. 즉, 전자의 궤도 길이가 전자 물질파 파장의 정수배가 되어야 한다.

$$2\pi rmv = nh \rightarrow 2\pi r = n\lambda$$

(m : 전자의 질량, r : 궤도 반경, v : 전자의 속력, n : 양자수⑤, λ : 전자 물질파 파장)

❷ **두 번째 가설** : 전자는 일정한 궤도를 돌다가 다른 궤도로 전이할 수 있으며, 전이할 때는 두 궤도의 에너지 차이만큼 에너지를 방출하거나 흡수한다. 전자가 전이할 때 흡수되거나 방출하는 광자 한 개의 에너지는 진동수에 비례한다.

$$E_{광자} = E_f - E_i = hf$$

(E_f : 나중 궤도의 에너지, E_i : 처음 궤도의 에너지, h : 플랑크 상수, f : 광자 1 개의 진동수)

(2) 원자의 에너지 준위

① **에너지 준위** : 원자 내 전자가 가질 수 있는 에너지값 또는 그러한 에너지의 상태를 말한다.

② **에너지 양자화** : 전자가 양자수(n)의 값에 따라 불연속적인 에너지 준위를 갖는 것을 말한다.

- **바닥 상태** : 전자가 에너지가 가장 낮은 상태인 안정한 상태의 에너지 준위에 있을 때를 말하며, 에너지를 방출하지 않는다.
- **들뜬 상태** : 전자가 에너지를 흡수하여 높은 에너지 준위로 올라가 있는 상태를 말한다.
- **에너지 방출과 흡수**⑥ : 전자가 전이될 때 에너지 차이에 해당하는 광자가 방출되거나 흡수된다. 전자가 양자수 m, 에너지 준위 E_m 인 궤도에서 양자수 n, 에너지 준위 E_n 인 궤도로 전이할 때, 방출되거나 흡수되는 광자 1 개의 에너지는 다음과 같다.

$$E_{광자} = |E_m - E_n| = hf = \frac{hc}{\lambda} \quad (h = 6.36 \times 10^{-34}\ \text{J·s},\ c : \text{빛의 속력})$$

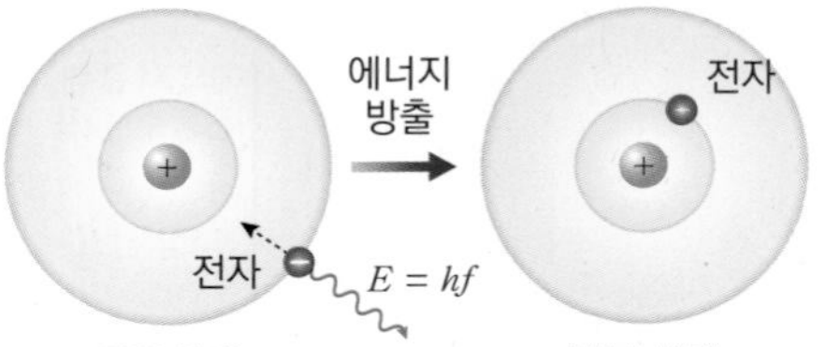

▲ 에너지 방출(들뜬 상태 → 바닥 상태) : $m > n$

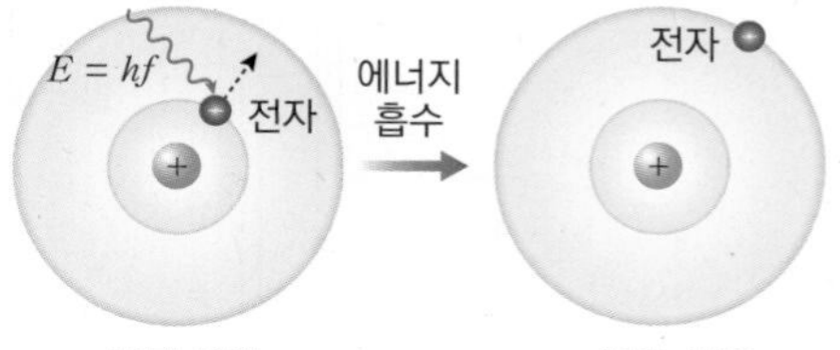

▲ 에너지 흡수(바닥 상태 → 들뜬 상태) : $m < n$

③ **수소 원자의 궤도와 에너지 준위** : 원자의 전자 궤도 반지름(r)과 속력(v), 에너지는 모두 양자화된다. (k 는 비례 상수, e 는 전자 1개의 전하량이다.)

- **전자의 궤도 반지름** : 수소 원자에서 안정한 상태의 n 번째 궤도의 반지름은 다음과 같다.

$$r_n = \frac{n^2h^2}{4\pi^2mke^2} = 5.3 \times 10^{-11}\ n^2$$

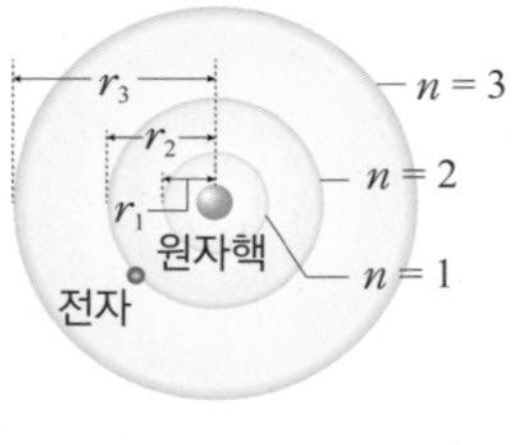

- **전자의 속력** : 수소 원자에서 안정한 상태의 n 번째 궤도에서 전자의 속력은 다음과 같다.

$$v_n = \frac{2\pi ke^2}{nh} = \frac{1}{n}(2.2 \times 10^6)$$

- **수소 원자의 에너지 준위** : 수소 원자에서 안정한 상태의 n 번째 궤도에 있는 전자의 에너지 준위는 다음과 같다.

$$E_n = -\frac{2\pi^2mk^2e^4}{n^2h^2} \fallingdotseq \frac{13.6}{n^2}\ (\text{eV})$$

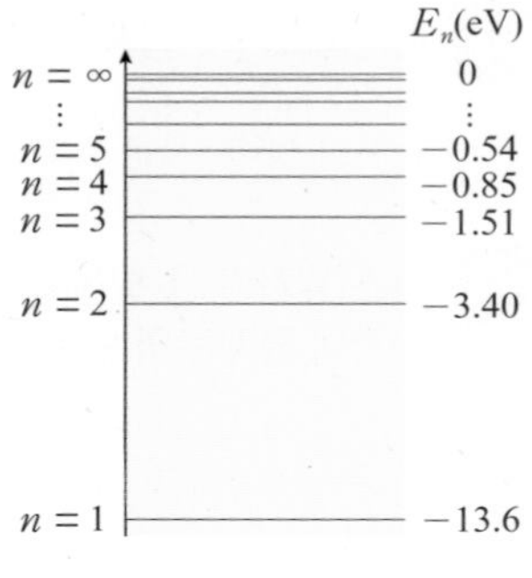

◀ 수소 원자의 양자화된 전자 궤도와 에너지 준위 [양자수 (n)이 커질수록 에너지가 증가한다.]

---

⑤ 양자수

전자가 운동하는 궤도는 원자핵에서 가장 가까운 궤도부터 $n = 1$, $n = 2$, $n = 3$, … 인 궤도라고 하며, n 의 값 1, 2, 3, … 을 양자수라고 한다.

플랑크 상수 h

- 물질과 에너지를 서로 매개시키는 상수
- 현대적 의미에서는 파동의 에너지를 결정하는 상수

⑥ 에너지 방출과 흡수

- $\Delta E < 0$: 높은 에너지 준위 → 낮은 에너지 준위 → 전자기파 형태로 에너지 방출

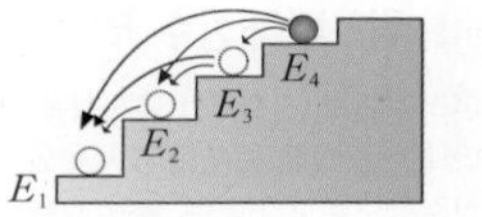

▲ $E < 0$: 에너지 방출

- $\Delta E > 0$: 낮은 에너지 준위 → 높은 에너지 준위 → 에너지 흡수

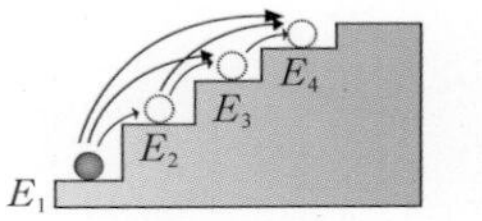

▲ $E > 0$: 에너지 흡수

r_n 과 v_n 구하는 방법

① 양자 조건
$2\pi rmv = nh$

② $\frac{mv^2}{r}$ (전자의 구심력)
$= k\frac{e^2}{r^2}$ (핵과 전자 사이의 전기력)

→ ① 과 ② 에서 구할 수 있다.

미니사전

전이 [轉 옮기다 移 옮기다] 전자가 에너지가 다른 궤도로 이동하는 것

⑦ **기체의 종류와 스펙트럼**

기체의 종류가 다르면 기체를 이루는 원자의 종류에 따라 전자 궤도의 에너지 준위 분포가 다르기 때문에 선스펙트럼에서 선의 위치가 다르다.

⑧ **흡수 스펙트럼**

연속 스펙트럼을 보이는 빛이 저온 기체를 통과하며 기체의 선스펙트럼 부분이 검게 보이는 스펙트럼이다.

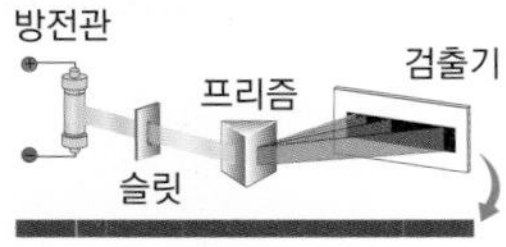

▲ 흡수 스펙트럼

⑨ **뤼드베리 상수 R**

여러 원소의 스펙트럼 규칙성을 나타내는 공식에 공통으로 사용되는 상수값으로 초기에는 분광 관측의 실험값을 이용하여 정했으나 후에 보어의 원자 모형을 이용하여 계산값을 구하였다.

$R = 1.097 \times 10^7 \mathrm{m}^{-1}$

스펙트럼 계열

계열	스펙트럼 영역
라이먼	자외선
발머	가시광선
파셴	적외선

가시광선 영역인 발머 계열이 가장 먼저 발견되었다.

(3) 기체의 스펙트럼

① **스펙트럼** : 프리즘을 통과한 빛이 파장에 따라 분산되어 생긴 띠를 말한다.

- **방출 스펙트럼**⑦ : 원자 내의 전자가 열이나 빛 등에 의해 에너지를 얻어 들뜬 상태가 되었다가 다시 바닥 상태로 되면서 에너지 준위 차에 해당하는 파장의 빛을 방출하여 밝은색 선으로 나타나는 선스펙트럼을 말한다.
- **흡수 스펙트럼**⑧ : 모든 파장을 갖는 빛(연속 스펙트럼을 나타내는 빛)을 특정 기체에 통과시켰을 때 기체 원자의 전자가 전이하는 데 필요한 빛의 파장을 흡수하여, 해당 부분이 어두운 선으로 나타나는 스펙트럼을 말한다.

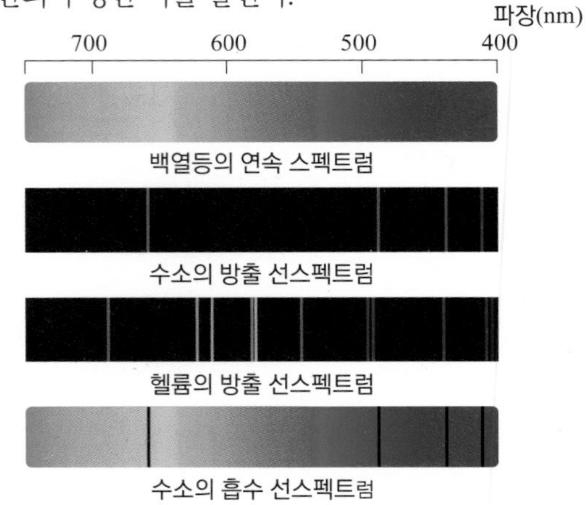

② **수소 원자의 스펙트럼**

- **수소 원자 스펙트럼** : 수소 원자들이 에너지를 흡수하여 들뜬 상태가 되면 전자들이 빛을 방출하여 안정한 상태로 전이된다. 이때 방출되는 빛의 파장을 구하는 식은 다음과 같다.

$$\frac{1}{\lambda} = \frac{13.6}{hc}\left(\frac{1}{n^2} - \frac{1}{m^2}\right) = R\left(\frac{1}{n^2} - \frac{1}{m^2}\right) \quad (\text{단}, m > n, R : \text{뤼드베리 상수}⑨)$$

- **수소 원자 스펙트럼의 계열** : 수소 원자의 스펙트럼에서 들뜬 상태의 전자가 $n = 1$ 인 궤도로 전이할 때 방출되는 스펙트럼 영역을 라이먼 계열, $n = 2$ 인 궤도로 전이할 때를 발머 계열, $n = 3$ 인 궤도로 전이할 때를 파셴 계열이라고 한다.

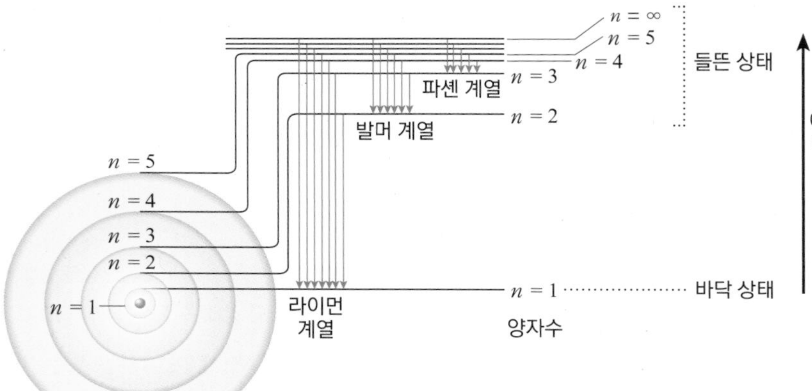

◀ 수소 원자의 전자 궤도와 에너지 분포, 스펙트럼 계열

정답 p 72

Q1 러더퍼드가 α 입자 산란 실험을 통해 발견한 것은 무엇인가?

Q2 수소 원자가 ㉠ 빛을 흡수할 때 수소 원자에 있는 전자의 양자수의 변화와 ㉡ 빛을 방출할 때 전자의 양자수의 변화를 각각 쓰시오.

◆ Plus 강의

(1) 전자의 비전하 측정

① **전자의 비전하** : 전하를 띤 입자의 전하량 q 와 질량 m 의 비 $\frac{q}{m}$ 를 그 대전 입자의 비전하라고 한다.

② **전자의 비전하 측정**

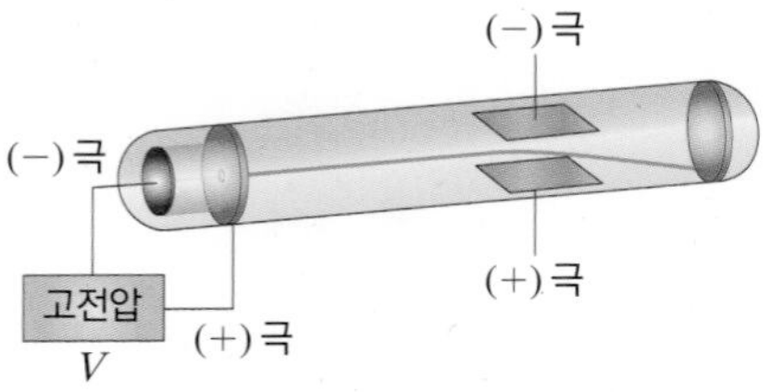

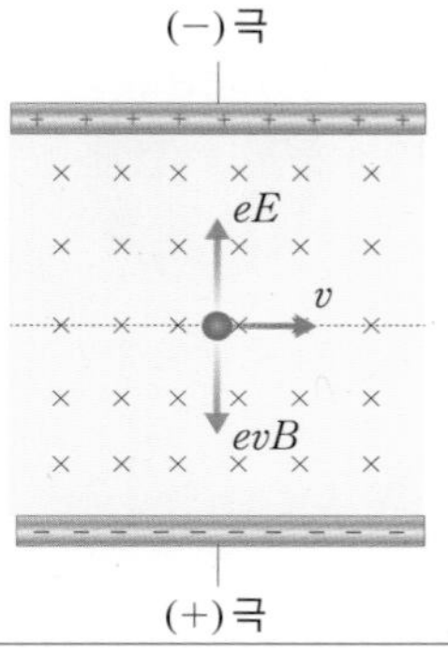

▲ 음극선의 비전하 측정

고전압 V 를 걸었을 때, 음극으로부터 나온 전자가 균일한 자기장 B 에 수직으로 입사되는 순간, 전자의 속도 v 는 다음과 같이 계산한다.

$$\frac{1}{2}mv^2 = eV \rightarrow v = \sqrt{\frac{2eV}{m}} \cdots ㉠$$

이 전자가 두 금속판 사이를 지날 때 전기장 E 로 부터 전기력 eE 와 자기장 B 로 부터 자기력 evB 를 서로 반대 방향으로 받으며, 이 두 힘이 같을 때 전자는 직진한다.

$$eE = evB,\ v = \frac{E}{B} \cdots ㉡$$

㉠ 과 ㉡ 으로 부터 전자의 비전하는 $\frac{e}{m} = \frac{E^2}{2VB^2} ≒ 1.759 \times 10^{11}$ C/kg 이다.

(2) 기본 전하량 측정 : 밀리컨의 기름 방울 실험

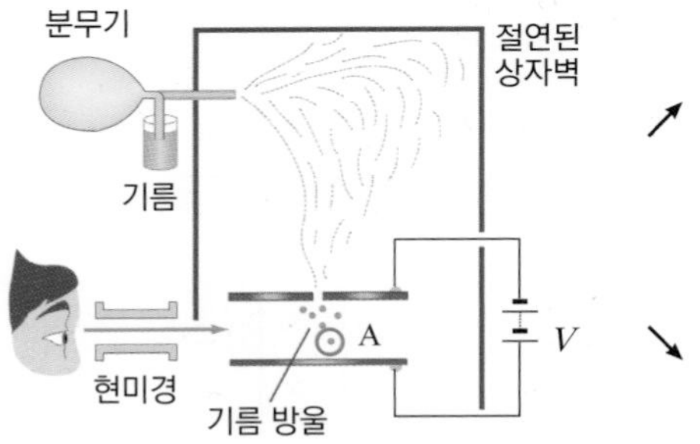

기름 방울 A 에 작용하는 힘

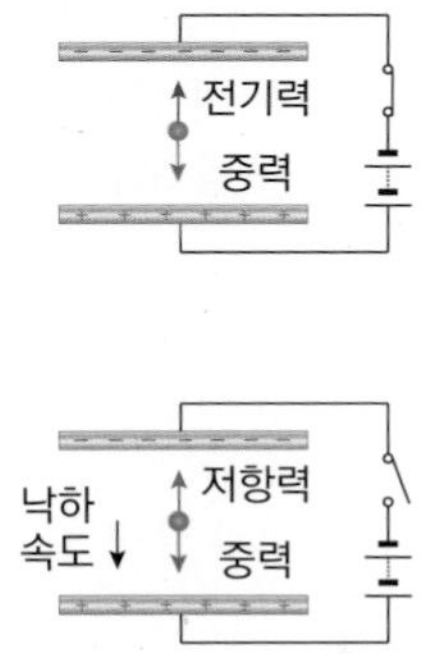

그림과 같이 기름 방울들을 일정한 전기장 E 가 걸린 평행한 두 금속판 사이로 떨어지게 하였을 때, 전압을 조절하여 기름 방울을 금속판 사이에 멈추게 할 수 있다. 금속판 사이의 거리 d, 중력 가속도를 g 라고 하면, 기름 방울의 전하량을 q 는 다음과 같다.

$$qE = mg,\ q = \frac{mg}{E} = \frac{mgd}{V}\ (\because E = \frac{V}{d})$$

전기장이 없을 경우 기름 방울은 저항력에 의해 일정한 속도 v 에 도달하게 된다. 이때 공기의 저항은 속력에 비례하므로, $mg = kv$ 의 관계가 성립하고, 이를 통해 기름 방울의 질량 m 을 구한다.

→ 밀리컨은 이와 같은 방법으로 기름 방울의 전하량을 측정하여 기름 방울이 띤 전하량은 임의의 연속적인 값을 갖는 것이 아니고 1.6×10^{-19} 의 정수배가 된다는 것을 알았다. 여기서 1.6×10^{-19} 를 기본 전하량(전자 1개가 가지는 전하량의 크기)이라 한다.

균일한 자기장 내에서 전자의 비전하 측정

두 금속판 사이의 균일한 자기장 속에서 전자는 원운동을 한다. 이때 원운동의 반지름을 R 이라고 하면,

$$evB = \frac{mv^2}{R} \rightarrow eB = \frac{mv}{R} \cdots ㉢$$

㉢ 에 본문의 ㉠ 을 대입하면,

$$eB = \frac{m}{R}\sqrt{\frac{2eV}{m}}$$ 이다.

따라서 비전하는

$$\frac{e}{m} = \frac{2V}{B^2R^2}$$ 이다

음극선의 성질

① 전기장 내에서 (+) 극 쪽으로 휘어진다.

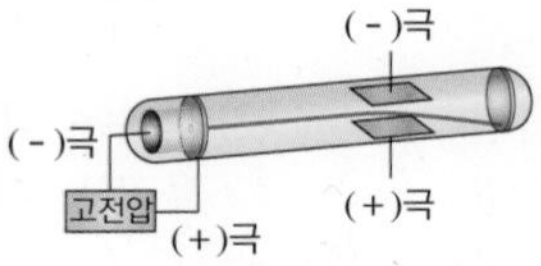

→ 음극선은 (−) 전하를 가지고 있다.

② 바람개비를 돌게 한다.

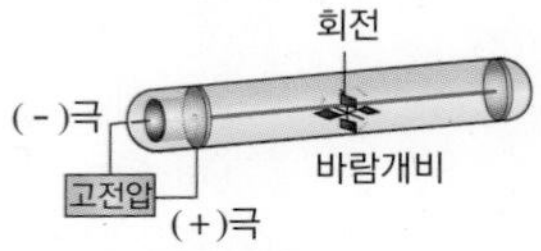

→ 음극선은 질량을 가지고 있다.

③ 그림자가 생긴다.

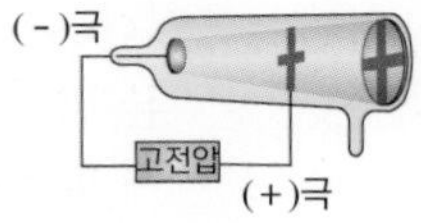

→ 음극선은 직진한다.

전자의 전하량과 질량

현재 알려져 있는 전자의 전하량 e 는 다음과 같다.

$e = -1.602 \cdots \times 10^{-19}$ C

이를 비전하 $\frac{e}{m}$ 에 대입하면 전자의 질량 $m = 9.109 \cdots \times 10^{-31}$ kg 이다.

물질의 구조와 성질

01 **현대의 원자 모형이 나오기 전까지의 원자 모형을 시간과 상관없이 나열한 것이다. 물음에 답하시오.**

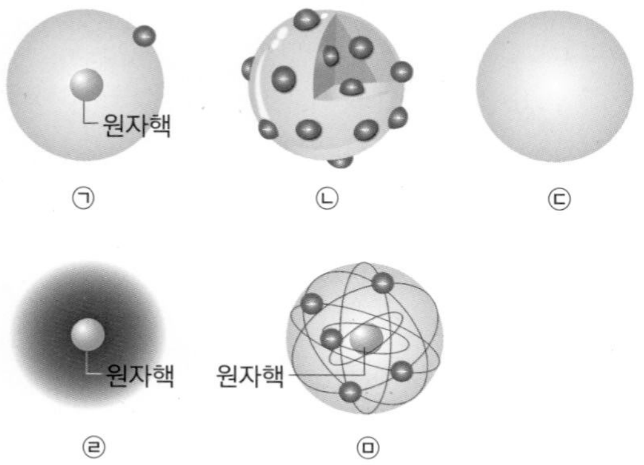

(1) 원자 모형을 발전 순서대로 바르게 나열하시오.

(2) 다음 중 각 원자 모형에 대한 설명이 바르게 된 것을 있는 대로 고르시오.

① ㉠ - 전자가 일정한 에너지 준위를 갖는 불연속적인 궤도를 원운동하고 있다.
② ㉡ - 원자핵의 개념이 없고, 푸딩에 건포도가 박혀 있는 것처럼 전자가 (+)전하 물질의 사이에 박혀 있다.
③ ㉢ - 각각의 물질이 일정한 비율의 원자의 결합으로 이루어져 있으며, 원자는 단순한 구형 모양을 이루고 있다.
④ ㉣ - 원자의 중심에 원자 질량의 대부분을 차지하는 원자핵이 있고 그 주변을 전자가 전기력에 의해 회전하고 있다.
⑤ ㉤ - 행성이 태양 주위를 돌고 있는 것과 같이 원자핵을 중심에 두고 그 주위를 전자가 회전하고 있다.

02 **보어의 원자 모형에서 제시한 양자 조건으로 바른 것은? (단, r, v, m 은 각각 전자의 궤도 반경, 속력, 질량이고, n 은 양자수, λ 은 전자의 물질파 파장, h 는 플랑크 상수 이다.)**

① $2\pi n = r\lambda$　② $2\pi r = nh$　③ $2\pi r = n\lambda$
④ $2\pi rv = mnh$　⑤ $2\pi r = vmnh$

03 **수소 원자에 대한 보어의 원자 모형을 모식적으로 나타낸 것이다. ㉠ ~ ㉣ 은 전자가 서로 다른 에너지 준위 사이에서 화살표 방향으로 전이하는 경우를 나타낼 때 에너지가 흡수되는 경우를 바르게 짝지은 것은?**

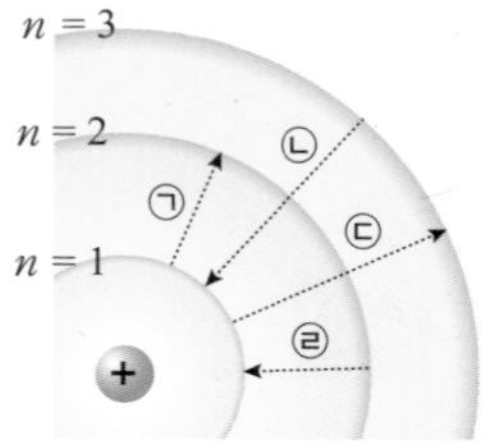

① ㉠, ㉡　② ㉠, ㉢　③ ㉠, ㉣
④ ㉡, ㉣　⑤ ㉢, ㉣

04 **광자 1 개의 에너지 E 를 빛의 파장 λ 과 플랑크 상수 h, 빛의 속력 c 를 이용하여 바르게 나타낸 것은?**

① $hc\lambda$　② $\dfrac{\lambda}{hc}$　③ $\dfrac{hc}{\lambda}$
④ $\dfrac{\lambda c}{h}$　⑤ $\dfrac{c}{h\lambda}$

05 **수소 원자의 에너지 준위를 나타낸 것이다.**

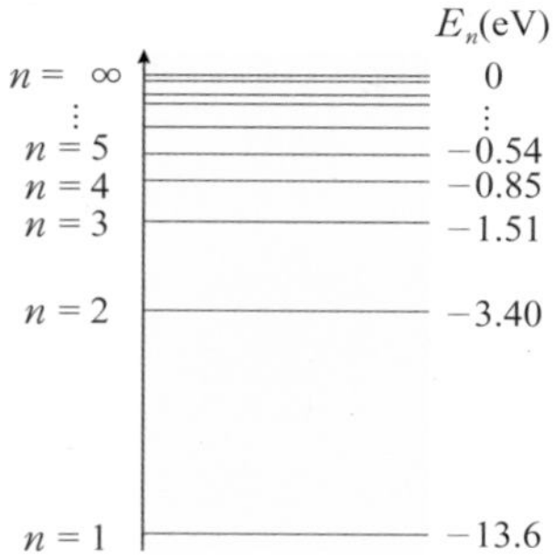

전자가 $n = 3$ 인 상태에서 $n = 1$ 인 상태로 전이될 때 일어나는 현상으로 옳은 것은?

① 1.51 eV 에너지 방출　② 1.51 eV 에너지 흡수
③ 12.09 eV 에너지 방출　④ 12.09 eV 에너지 흡수
⑤ 13.6 eV 에너지 방출

정답 및 해설 72쪽

06

수소 원자의 에너지 준위는 $E_n = -\dfrac{R}{n^2}$ 식으로 표현할 수 있다. 전자가 $n = 1$ 에서 $n = 3$ 인 궤도로 전이했다면 이 원자가 흡수하거나 방출하는 에너지의 양은? (단, R 은 상수이고, n 은 자연수이다.)

① R, 흡수 ② $\dfrac{R}{9}$, 방출 ③ $\dfrac{8R}{9}$, 흡수 ④ $\dfrac{10R}{9}$, 방출 ⑤ $2R$, 흡수

07

수소 원자의 에너지 준위는 $E_n = -\dfrac{13.6}{n^2}$ (eV) 이다. 전자가 $n = 3$ 에서 $n = 1$ 인 궤도로 전이할 때 수소 원자에서 방출되는 광자 1 개의 에너지는 몇 eV 인가?

08

파셴 계열에서 나타나는 선스펙트럼의 파장은 다음과 같다.

$$\frac{1}{\lambda} = R\left(\frac{1}{3^2} - \frac{1}{n^2}\right) \ (n \text{ 은 3 보다 큰 자연수})$$

파셴 계열에서 나타나는 선스펙트럼 중 ㉠ 제일 짧은 파장과 ㉡ 제일 긴 파장을 각각 구하시오.

09

수소 원자 모형을 모식화하여 나타낸 것이다. 전자가 화살표 방향으로 전이할 때에 해당하는 스펙트럼의 계열을 각각 쓰시오.

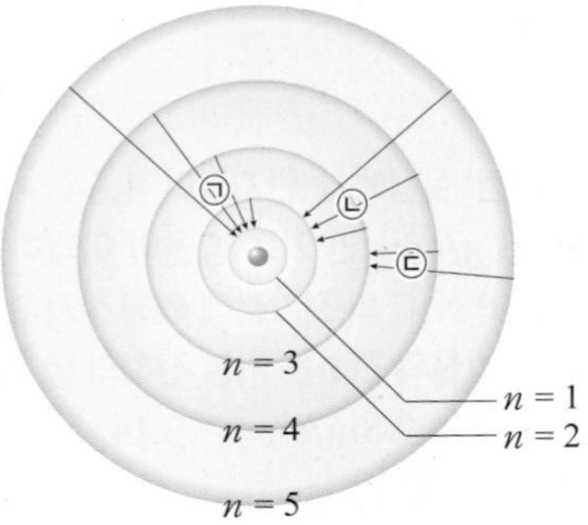

10

다음 그림은 수소 원자의 에너지 준위와 선스펙트럼 계열의 일부를 나타낸 것이다. 각 계열별 방출되는 빛을 바르게 짝지은 것은?

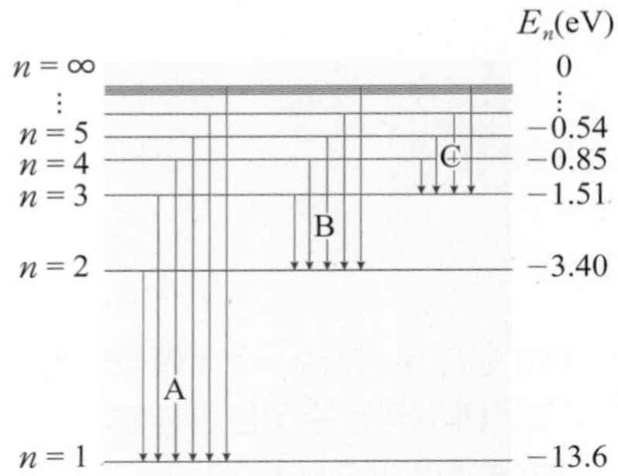

	A	B	C
①	적외선	자외선	가시광선
②	자외선	적외선	가시광선
③	가시광선	자외선	적외선
④	적외선	가시 광선	자외선
⑤	자외선	가시광선	적외선

11

다음 그림은 수소 원자의 에너지 준위와 발머 계열 선스펙트럼의 일부를 나타낸 것이다. 각 계열별 방출되는 빛에 관해 바르게 설명한 것은?

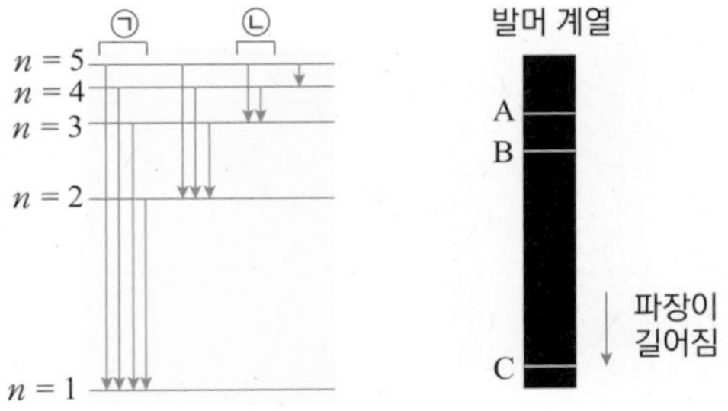

① A 보다 짧은 파장 영역에서는 ㉠ 계열이 나타난다.
② A 보다 짧은 파장 영역에서는 ㉡ 계열이 나타난다.
③ C 보다 긴 파장 영역에서는 ㉠ 계열이 나타난다.
④ A 와 B 사이의 파장 영역에서는 ㉠ 계열이 나타난다.
⑤ B 와 C 사이의 파장 영역에서는 ㉡ 계열이 나타난다.

12 보어의 원자 모형에서 $n = 2$ 인 정상 상태의 원둘레는 그 궤도를 회전하는 전자가 갖는 드브로이 파장의 몇 배인가?

13 어떤 원자 내 양자수 $n = 4$ 에 있던 전자가 전이할 때, 스펙트럼에 나타날 수 있는 가능성이 있는 가시광선 영역에 속하는 선의 개수는 몇 개인가?

14 수소 원자의 양자수가 $n = 1$ 일 때 에너지 준위 $E_1 = -13.6$ eV, $n = 2$ 일 때 에너지 준위 $E_2 = -3.4$ eV 이다. 전자가 $n = 2$ 에서 $n = 1$ 인 바닥 상태로 전이할 때 방출되는 빛의 진동수는 얼마인가? (단, 1 eV = 1.6×10^{-19} J, h 는 플랑크 상수로 6.6×10^{-34} J·s 이다.)

15 어느 원자의 에너지 준위가 다음과 같았다.

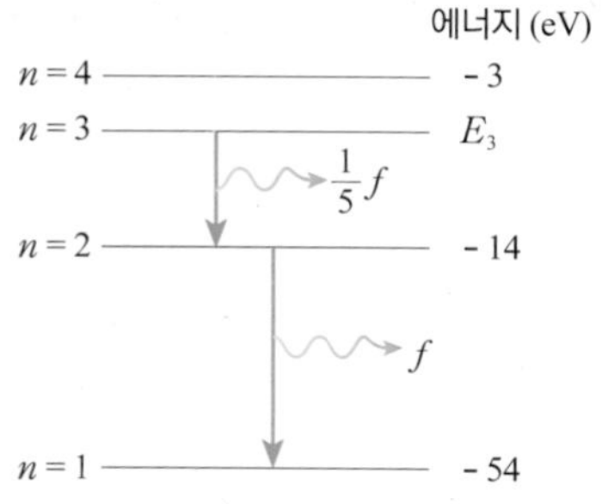

전자가 $n = 2$ 에서 $n = 1$ 인 상태로 전이할 때는 진동수 f 인 빛을 방출하고, 전자가 $n = 3$ 에서 $n = 2$ 인 상태로 전이할 때는 진동수가 $\frac{1}{5}f$ 인 빛을 방출한다. $n = 3$ 상태의 에너지 준위 E_3 를 구하시오.

16 전자총의 음극과 작은 구멍이 있는 양극에 150 V 의 전압을 걸어주었더니 음극에서 양극으로 전자가 발사되었다. 양극을 통과한 전자는 1.2×10^{-3} T 의 균일한 자기장 공간 속으로 자기장과 수직인 방향으로 입사한 뒤 반지름이 3.4×10^{-2} m 인 원궤도를 따라 원운동하였다. 이때 전자의 비전하 $\frac{e}{m}$ 를 구하시오.
(단, 전자총 내부에 형성된 자기장과 외부의 전기장은 무시한다.)

17 기본 전하 e 를 측정하기 위한 밀리컨의 기름 방울 실험 장치에 대한 설명이다.

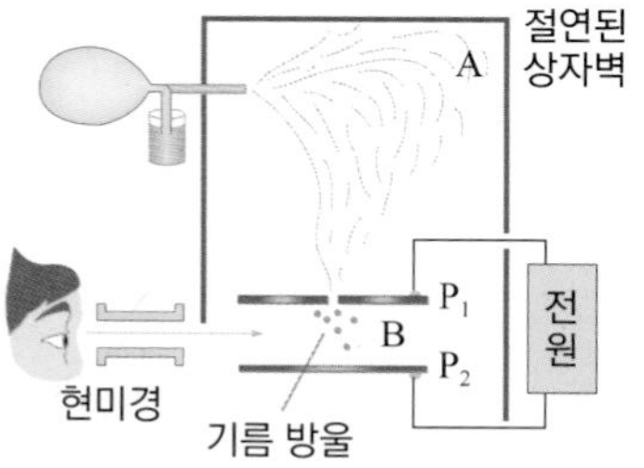

전하를 띤 기름 방울이 판 P_1 의 구멍을 통해 상자 B 로 이동할 때, 스위치를 열고, 닫게 되면 상자 B 내부의 전기장을 없애거나 만들어서 기름 방울의 운동을 조절할 수 있다. 이때 현미경을 이용하여 기름 방울의 운동을 관찰하는 것이다.

밀리컨 실험에서 반지름이 1.64×10^{-6} m, 밀도가 0.85 g/cm^3 인 기름 방울이 아래쪽 방향의 크기 1.92×10^5 N/C 의 전기장에 의해 상자 B 안에 떠 있다. 이때 기름 방울의 전하는 기본 전하의 몇 배인가? (단, 중력 가속도 $g = 9.8$m/s^2, $\pi = 3.14$, 기본 전하량 $e = 1.6 \times 10^{-19}$ C 이다.)

개념 심화 문제

정답 및 해설 73쪽

01 수소 원자의 에너지 준위는 $E_n = -\frac{E_1}{n^2}$ 식으로 표현할 수 있다. 수소 원자가 $n = 3$ 인 상태에서 방출하는 빛 중에서 가장 파장이 짧은 빛의 파장을 λ_1, 흡수하는 빛 중에서 가장 파장이 긴 빛의 파장을 λ_2 라고 할 때, $\lambda_1 : \lambda_2$ 는?

02 수소 원자가 양자수 2 인 상태에 있을 때 전자의 퍼텐셜 에너지는 몇 eV 인가?

03 수소 원자의 속박되어 있는 전자가 에너지를 흡수하여 자유 전자가 되면, 수소 원자는 수소 양이온이 된다. 이때 자유 전자의 에너지는 수소 원자에 속박되어 있는 전자의 에너지보다 13.6 eV 이상 높다면, 수소 양이온이 되기 위해 필요한 빛의 진동수를 구하시오. (단, 1 eV = 1.6×10^{-19} J, h 는 플랑크 상수로 6.6×10^{-34} J·s 이다.)

04 수소 원자 내 바닥 상태에 있는 전자의 에너지 준위가 -2.0×10^{-18} J 이다. 이때 $n = 3$ 인 상태에서 $n = 2$ 인 상태로 전자가 전이할 때 방출하는 빛의 파장을 구하시오. (단, 플랑크 상수 $h = 6.6 \times 10^{-34}$ J·s, 빛의 속력 $c = 3.0 \times 10^8$ m/s 이다.)

05 질량 m, 전하량 $-e$ 인 전자가 연직 방향으로 형성된 자기장에 수직으로 입사한 후, 처음 속도 방향으로 l 만큼 이동한 후 그림의 아래쪽 판에 부딪쳤다. 두 판 사이의 거리가 d, 두 판 사이의 전위차가 V, 전자가 전기장의 방향과 반대 방향으로 이동한 거리를 h 라고 할 때, 전자의 비전하 $\frac{e}{m}$ 를 구하시오. (단, 중력의 영향은 무시하고, 전자는 전기장 안에서만 움직이다가 판에 부딪쳤다고 가정한다.)

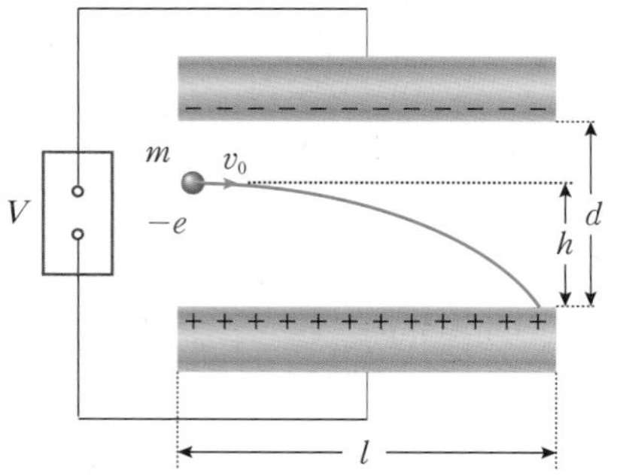

06 그림은 기본 전하량을 구하는 밀리컨의 실험을 나타낸 것이다. 그림 (가)에서는 (−) 전기로 대전된 기름 방울이 스위치를 열었을 때 $v_1 = 4 \times 10^{-4}$ m/s 의 일정한 속력으로 떨어지는 것을, 그림 (나)에서는 스위치를 닫았을 때 $v_2 = 8 \times 10^{-5}$ m/s 의 일정한 속력으로 위로 올라가는 것을 나타낸 것이다. 판 사이의 거리가 10 mm, 평행한 금속판 사이에 걸린 전압이 1500 V, 기름 방울의 질량이 1.0×10^{-14} kg 일 때, 기름 방울의 전하량을 구하시오. (단, 공기의 저항은 속력에 비례하고, 공기의 부력은 무시하며, g = 10 m/s^2 이다.)

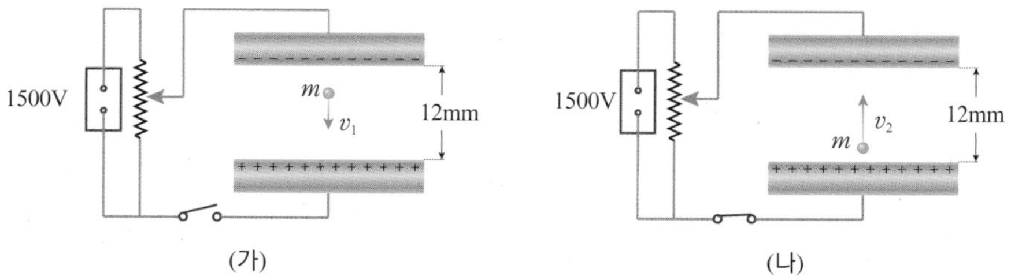

2. 빛과 물질의 이중성

(1) 빛의 입자성

① **광전 효과** : 금속 표면에 특정 진동수 이상의 빛을 쪼이면 전자가 튀어나오는 현상이다. 이때 방출되는 전자를 광전자라고 한다.

- **문턱 진동수** : 전자가 튀어 나올 수 있는 빛의 최소 진동수로 한계 진동수라고도 한다. 문턱 진동수보다 진동수가 큰 빛을 쪼일 때에만 광전자가 방출된다.
- **일함수** : 금속 표면으로부터 전자를 떼어내는 데 필요한 최소 에너지로 금속마다 다른 값을 가진다.

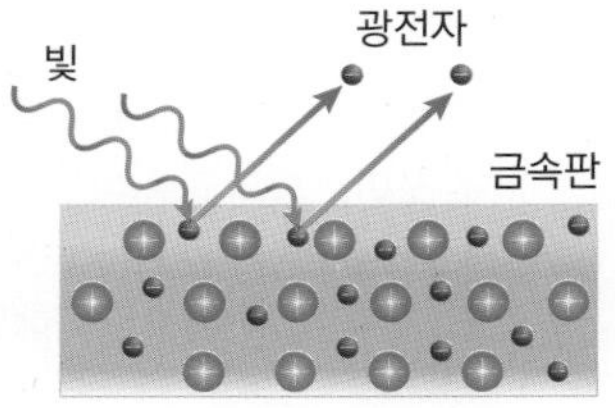

▲ 광전 효과

플랑크의 양자설

플랑크는 전자기파가 가지는 에너지 덩어리의 최소량을 양자라고 하였다. 진동수가 f 인 전자기파의 에너지 E 는 다음과 같다.

$$E = hf$$

h (플랑크 상수) = 6.63×10^{-34} J·s

E 는 광양자(광자) 1개의 에너지로, 최소 에너지이며, 전자기파는 E 의 정수 배의 에너지를 가진다.(불연속적이다.)

② **광전 효과 실험** : 내부가 진공인 광전관의 음극에 빛을 쪼여 주면 광전자가 방출되고, 방출된 전자는 양극에 도달하여 전기 회로에 전류가 흐르게 된다.

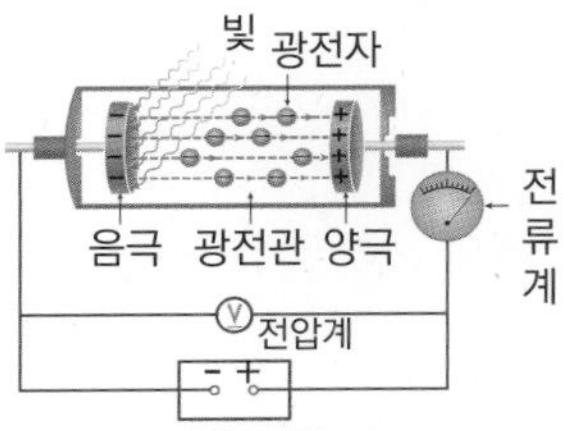

▲ 양극의 전위가 음극보다 높아질 때
: 전원 장치의 전압을 증가시킬수록 광전자 수가 많아져 전류가 증가한다.

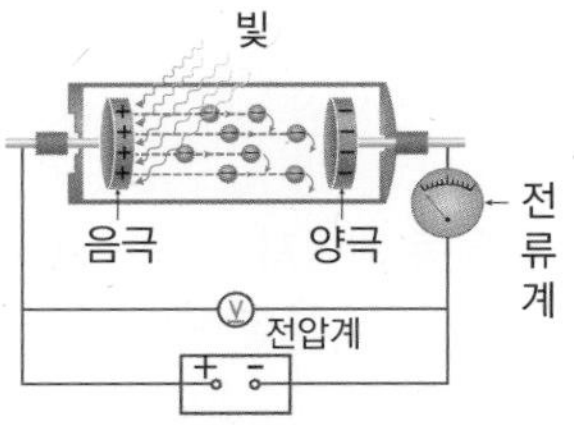

▲ 음극의 전위가 양극보다 높아질 때
: 전원 장치의 전압을 증가시키면 전류가 더 이상 흐르지 않는 전압(정지 전압)이 나타난다.

- **광전류** : 광전자의 이동에 의해 회로에 흐르는 전류를 광전류라고 한다. 광전 효과 실험에서 측정된 광전류의 세기를 I 라고 할 때, 시간 Δt 동안 발생한 광전자의 수 N 과 전자의 전하량 e 와 광전류(I)와의 관계는 다음과 같다.

$$I = \frac{Q}{\Delta t} = \frac{Ne}{\Delta t}$$

1 eV

전자 1개가 1V의 전압으로 얻거나 잃을 수 있는 에너지이다. 전자 1개의 전하량은 1.6×10^{-19} C 이므로

$1\text{eV} = 1.6 \times 10^{-19}$ J

- **정지 전압** : 반대로 걸린 전압에 의하여 음극에서 발생한 광전자가 운동 반대 방향으로 전기력을 받아 양극에 도달하지 못하게 되는 최소 역전압을 말한다. 이는 금속의 종류와 쪼여 준 빛의 진동수에 따라 다르다.
- **광전자의 최대 운동 에너지** : 정지 전압일 때 광전자의 최대 운동 에너지는 극판 사이의 전기장이 전자에 해준 일의 양과 같다. 광전자의 최대 운동 에너지 E_{max} , 정지 전압 V_S 일 때 다음과 같이 쓴다.

$$E_{max} = \frac{1}{2}mv^2 = eV_S \quad (m : \text{전자의 질량})$$

정지 전압의 크기 비교

㉡ 그래프 : $V_A > V_B > V_C$

㉢ 그래프 : $V_A = V_B = V_C$

금속 A, B, C 의 일함수

$W_A = hf_{0A}$, $W_B = hf_{0B}$, $W_C = hf_{0C}$

- **광전 효과 실험 결과**

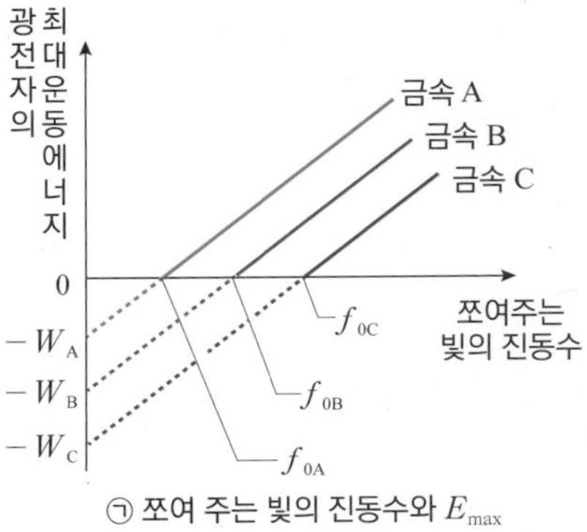

㉠ 쪼여 주는 빛의 진동수와 E_{max}
각 금속의 문턱 진동수 : f_{0A}, f_{0B}, f_{0C}

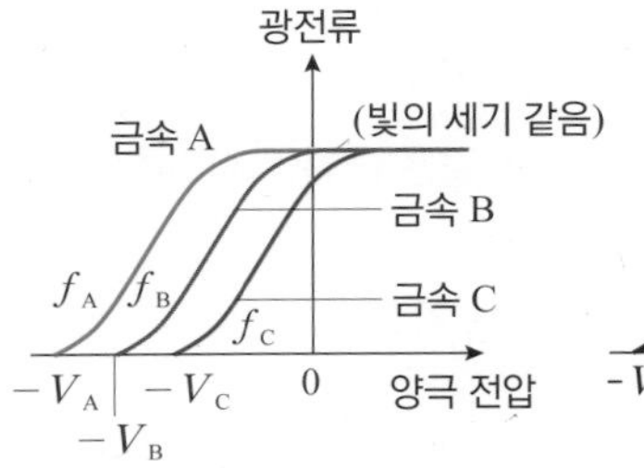

㉡ A, B, C 금속을 음극으로 하여 전압을 걸었을 때의 광전류
(쪼여주는 빛의 세기 같고, 진동수 달리 함)

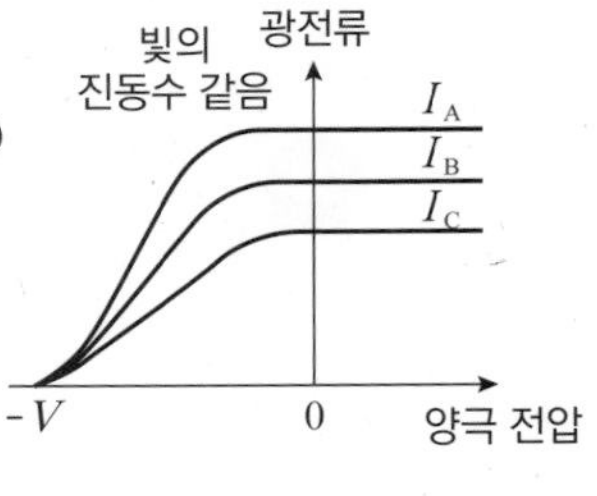

㉢ 같은 금속을 음극으로 하여 전압을 걸었을 때의 광전류
(쪼여주는 빛의 진동수 같고 세기 달리 함)

⚙ **빛의 파동 이론으로 해석할 수 없는 현상**

광전 효과 실험 결과에서 Ⅰ, Ⅲ, Ⅳ, Ⅵ는 빛의 파동성으로 설명할 수 없다.

❶ **일함수**

일함수 W 와 같은 에너지를 가진 광양자(광자) 1개의 진동수와 파장을 각각 한계 진동수 f_0, 한계 파장 λ_0 이라고 한다.

$$W = hf_0 = \frac{hc}{\lambda_0}$$

⚙ $\frac{1}{2}mv^2 = hf - W_0$

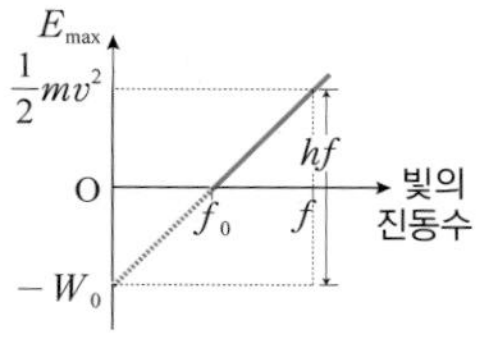

⚙ **컴프턴 산란을 빛의 파동성으로 설명할 수 없는 이유**

빛이 파동이라면 입사 X선과 산란 X선의 파장이 같아야 한다. 그러나 입자의 충돌과 같이 X선을 광자(입자)로 가정하면 산란된 X선 광자의 에너지는 감소하므로 진동수는 작아지고 파장은 길어진다.

❷ **광자의 운동량**(p)

$$\lambda = \frac{h}{mv} = \frac{h}{p} \rightarrow p = \frac{h}{\lambda}$$

Ⅰ. 광전자는 문턱 진동수보다 진동수가 큰 빛을 쪼일 때에만 방출된다(㉠㉢).
Ⅱ. 문턱 진동수는 금속의 종류에 따라 다르다(㉠㉡).
Ⅲ. 문턱 진동수 이하의 빛은 세기가 아무리 강해도 광전자를 방출시키지 못한다. 문턱 진동수 이상의 진동수를 가지는 빛은 세기가 셀수록 광전자를 많이 방출시킨다(㉠㉢).
Ⅳ. 방출된 광전자의 최대 운동 에너지는 쪼이는 빛의 진동수에 따라 변하며, 빛의 세기와는 무관하다(㉠).
Ⅴ. 쪼이는 빛의 진동수와 광전자의 최대 운동 에너지의 관계 그래프에서 금속에 상관없이 그래프의 기울기는 일정하다(㉠).
Ⅵ. 아무리 빛의 세기가 약해도 문턱 진동수 이상의 빛을 쪼이면 즉시 광전자가 방출된다(㉠㉡㉢).

③ **아인슈타인의 광양자설** : 아인슈타인은 광전 효과를 설명하기 위해 빛은 연속적인 파동의 흐름이 아니라 광양자라는 불연속적인 에너지 입자의 흐름이라고 가정하였다.

- **광양자의 에너지** : 진공 속에서의 광속이 c, 빛의 진동수가 f, 빛의 파장이 λ 일 때, 광양자 1 개의 에너지 E 는 다음과 같다.

$$E = hf = \frac{hc}{\lambda}$$

- **광전자의 최대 운동 에너지** : 광양자설에 의하면 광전자 1개의 최대 운동 에너지는 광양자 1개의 에너지에서 일함수 W_0 ❶를 뺀 것과 같은 양이다.

$$E_k = \frac{1}{2}mv^2 = hf - W_0 = \frac{hc}{\lambda} - W_0$$

④ **컴프턴 산란** : 빛과 전자의 충돌을 입자들의 충돌로 나타낼 수 있음을 실험적으로 보인 컴프턴 산란을 통해 컴프턴은 빛이 입자라는 것을 입증하였다.

- **컴프턴 산란** : 얇은 흑연판에 X 선을 쪼였을 때 탄소 원자에 의해 산란된 X 선의 파장이 입사한 X 선의 파장보다 길어지는 현상이다.

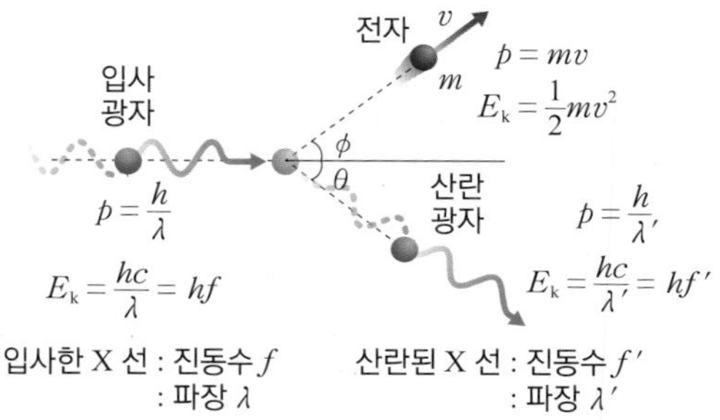

- **컴프턴 산란 결과 분석** : 진동수가 f 인 입사 X 선은 운동 에너지가 hf, 운동량이 $\frac{h}{\lambda}$ ❷인 입자의 흐름이고, X 선과 전자의 충돌을 탄성 충돌이라고 가정하였다. 탄성 충돌할 경우 충돌 전후에 역학적 에너지와 운동량이 각각 보존되므로 다음 식이 성립한다.

운동 에너지 보존 : $hf = hf' + \frac{1}{2}mv^2$

운동량 보존 : x축 $\rightarrow$ $\frac{h}{\lambda} = \frac{h}{\lambda'}\cos\theta + mv\cos\phi$, y축 $\rightarrow$ $0 = \frac{h}{\lambda'}\sin\theta - mv\sin\phi$

정답 p 74

Q3 다음의 전자기파를 같은 금속면에 비추어 전자를 방출시킬 때, 방출되는 광전자의 에너지가 제일 큰 경우는?

① X선 ② 자외선 ③ 가시광선 ④ 적외선 ⑤ 전파

Q4 파장이 2.21×10^{-12}m 인 광자의 운동량을 구하시오. (단, 플랑크 상수 $h = 6.63 \times 10^{-34}$ J·s 이다.)

(2) 입자의 파동성

① **물질파** : 물질 입자가 파동의 성질을 나타낼 때, 이 파동을 물질파 또는 드브로이파라고 한다.

- **물질파 이론** : 드브로이는 빛이 입자성을 가지는 것과 같이 파동이 입자의 성질을 가질 수 있고, 입자도 파동의 성질을 가질 수 있을 것이라고 주장하였다.
- **드브로이 파장** : 질량 m 인 입자가 속력 v 로 움직일 때 운동량이 p 인 입자의 드브로이 파장은 다음과 같다.

$$\lambda = \frac{h}{mv} = \frac{h}{p} \quad (\lambda : \text{드브로이 파장})$$

② **보어의 원자 모형** : 원자 내부의 전자도 파동성을 가지므로 원자 모형을 파동 이론으로 해석할 수 있다. 보어는 원자의 안정성과 수소 원자가 방출하는 불연속적인 선 스펙트럼을 설명하기 위하여 두 개의 가설로 표현되는 원자 모형을 제시하였다.

- **첫 번째 가설 - 양자 조건** : 원자 속의 전자는 특정 조건으로 양자화된(불연속적인) 원 궤도를 회전할 때 전자기파를 방출하지 않고 안정된 운동을 한다. 이를 전자 궤도의 양자 조건이라고 한다. 전자의 질량 m, 전자의 속력 v, 원 궤도의 반지름 r 일 때, 양자 조건은 다음과 같다.

$$2\pi rmv = nh \quad (n\,(\text{양자수}) = 1,\ 2,\ 3,\ \cdots)$$

- **두 번째 가설 - 진동수 조건** : 전자가 양자 조건을 만족하는 E_n, E_m 의 원 궤도 사이를 이동할 때에는 두 궤도의 에너지 차이에 해당하는 에너지를 갖는 전자기파를 방출하거나 흡수한다. 이를 진동수 조건이라고 한다.

$$E_n - E_m = hf$$

- **보어의 원자 모형과 물질파** : 보어의 양자 조건을 드브로이 파장으로 나타내면 다음과 같다.

$$2\pi r = n\left(\frac{h}{mv}\right) = n\lambda \quad (\text{단, } n = 1,\ 2,\ 3,\ \cdots)$$

이는 원 궤도의 둘레가 드브로이 파장의 정수배가 되는 것이므로 전자의 물질파가 원 궤도의 둘레에서 정상파를 이루는 것과 같다. 이때 전자는 에너지를 방출하지 않고 안정적으로 궤도를 돌게 된다.

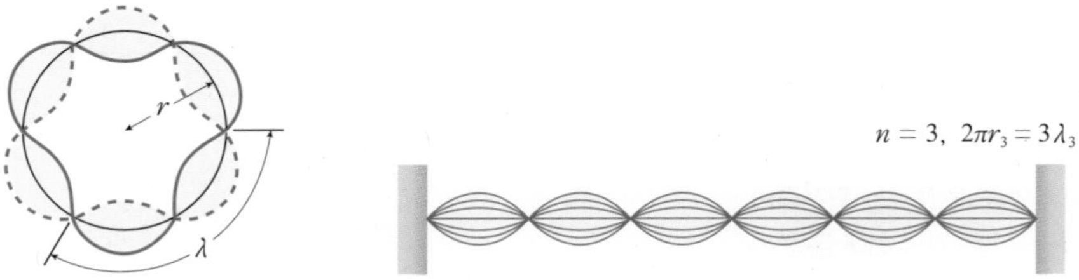

▲ 파장의 3배 길이인 원둘레와 그 길이의 줄에 만들어진 정상파

정답 p 74

Q5 전자와 양성자의 드브로이 파장이 같다면, 전자와 양성자의 운동량의 비는 얼마인가?

Q6 보어의 원자 모형에서 양자수 n = 2 인 궤도를 따라 전자가 운동하고 있다. 궤도의 반지름이 r 일 때 전자의 운동량은?

톰슨의 전자선 회절 실험

금속박에 X 선과 전자선을 각각 쪼였을 때 생긴 회절 무늬가 서로 일치한다는 것을 확인하였다.

→ 전자가 X 선과 마찬가지로 회절 현상을 보이므로 파동의 성질을 띤다는 것을 의미한다.

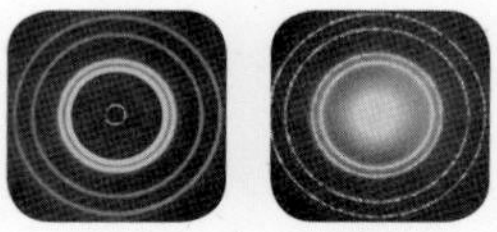

▲ X선 ▲ 전자선

회절 현상을 보이는 전자선을 전자파라고 한다.

원자 내 전자의 궤도

파장의 정수배가 원 궤도의 둘레와 일치할 때, 파동이 소멸되지 않고 계속 존재할 수 있다.

전자가 안정하게 운동할 수 있는 궤도

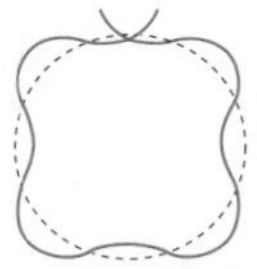

전자가 안정하게 존재하지 않는 궤도

빛과 물질의 이중성

18 **진공으로 된 광전관의 음극에 빛을 쪼여 주었더니 광전자가 방출되지 않았다. 그 이유로 가장 적절한 것은?**

① 빛의 세기가 작았다.
② 빛을 비추는 시간이 짧았다.
③ 진동수가 너무 큰 빛을 비추었다.
④ 파장이 너무 짧은 빛을 비추었다.
⑤ 음극 금속판의 일함수가 빛의 에너지보다 컸다.

19 **광전 효과 실험에서 금속 1, 2, 3 에 쪼여준 단색광의 진동수에 따른 광전자의 최대 운동 에너지를 나타낸 것이다. (단, 플랑크 상수는 h 이다.)**

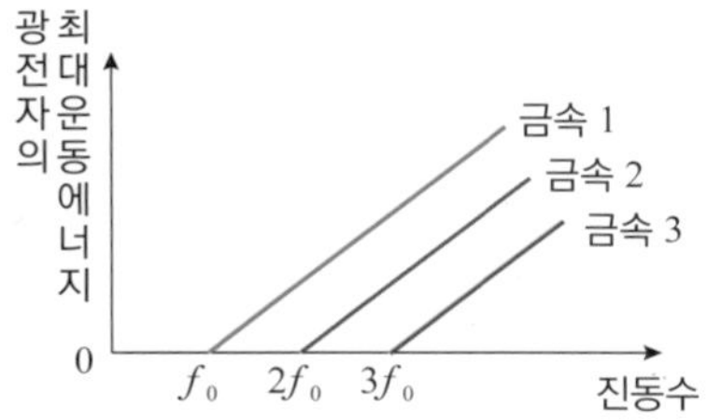

(1) 금속 1, 2, 3 의 일함수를 순서대로 쓰시오.

(2) $3f_0$ 보다 진동수가 큰 빛을 각각 쪼였을 때, 정지 전압이 가장 크게 측정되는 금속은 무엇인가?

20 **광전관의 금속판에 빛을 쪼여 주었을 때 흐르는 광전류와 양극 전압의 관계이다. 이때 발생한 광전자의 최대 운동 에너지는 얼마인가?**

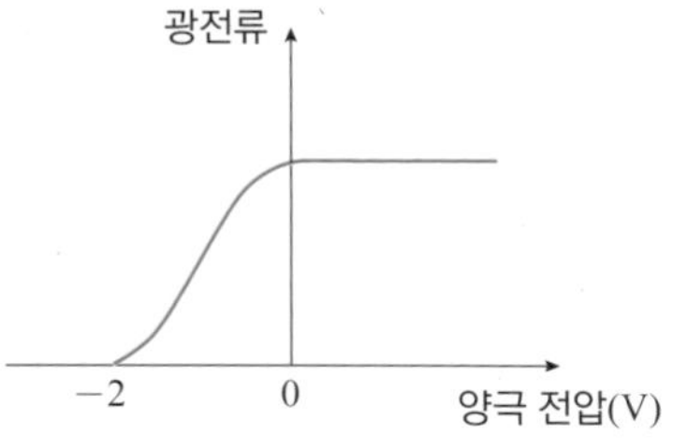

21 **그림 (가)는 금속판 A 와 B 에 각각 단색광을 비추었을 때 방출된 광전자의 최대 운동 에너지 E_k 를 단색광의 진동수에 따라 나타낸 것이다. 금속판 A, B 에 다른 조건은 모두 같게 하고, 표 (나)와 같이 세기와 진동수가 다른 단색광 P 와 Q 를 비추었을 때 전압에 따른 광전류를 나타낸 그래프로 가장 적절한 것은?**

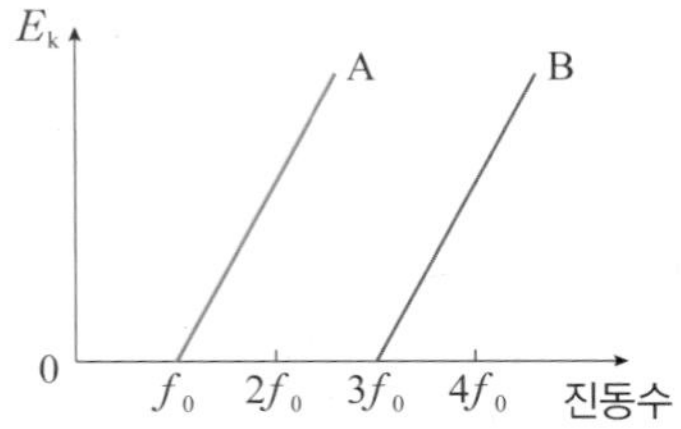

(가)

금속판	단색광	세기	진동수	결과
A	P	I_0	$2f_0$	A_P
	Q	$2I_0$	$4f_0$	A_Q
B	P	I_0	$2f_0$	B_P
	Q	$2I_0$	$4f_0$	B_Q

(나)

①
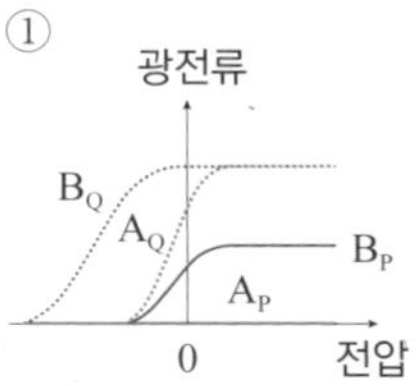

②
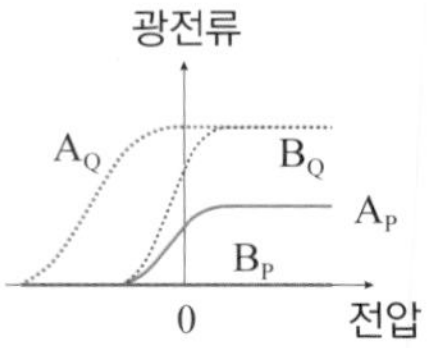

③
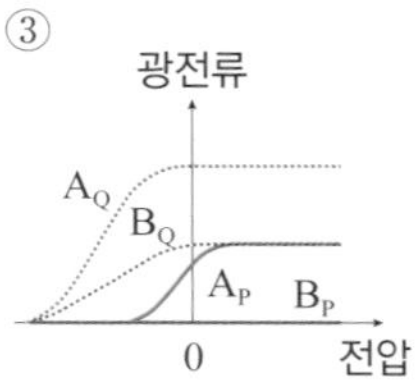

④
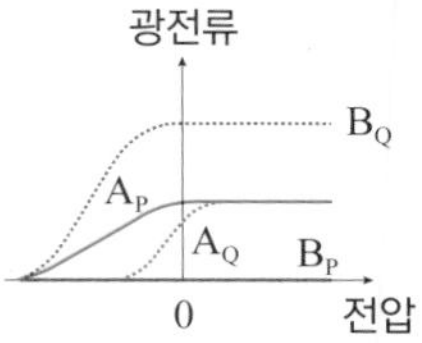

⑤
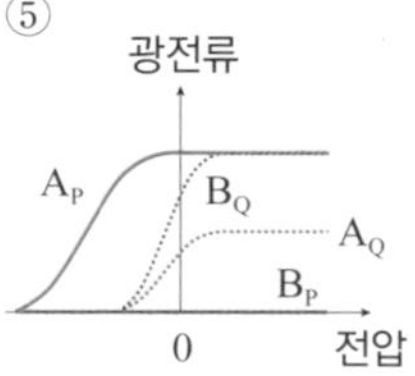

22 **아연의 일함수는 4.3 eV 이다. 250 nm 의 자외선 빛을 아연 금속 표면에 쪼였을 때 방출되는 광전자의 최대 운동 에너지는 몇 eV 인가? (단, 1 eV = 1.6×10^{-19} J, 빛의 속력 $c = 3 \times 10^8$ m/s, 플랑크 상수 $h = 6.6 \times 10^{-34}$ J·s 이다.)**

23 구리 표면에 빛을 쪼였더니 방출된 전자의 정지 전압이 3 V 였다. 쪼여준 빛의 파장은 얼마인가? (단, 구리의 일함수는 4.7 eV, 1 eV = 1.6×10^{-19} J, 빛의 속력 $c = 3 \times 10^{8}$ m/s, 플랑크 상수 $h = 6.6 \times 10^{-34}$ J·s 이다.)

24 X 선을 흑연판에 쪼였더니 전자와 충돌한 후, 산란된 X 선과 전자가 튀어나오는 것을 모식적으로 나타낸 것이다. 산란된 X 선의 물리량과 입사한 X 선의 물리량을 각각 부등호를 이용하여 비교하시오.

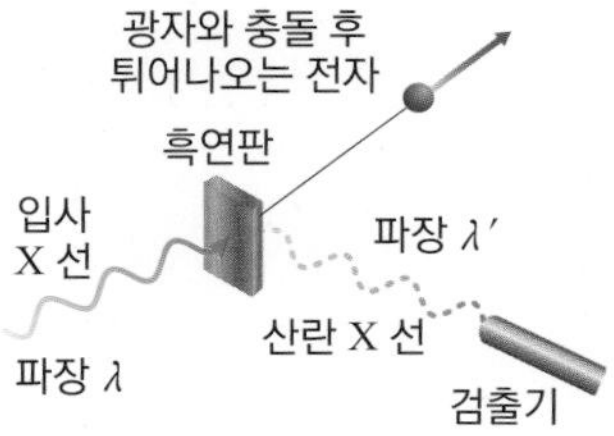

① 에너지 산란된 X선 ( ) 입사한 X선
② 운동량 산란된 X선 ( ) 입사한 X선
③ 진동수 산란된 X선 ( ) 입사한 X선
④ 파장 산란된 X선 ( ) 입사한 X선

25 수소 원자가 안정한 상태일 때 원자의 지름은 약 10^{-10} m 이고, 전자는 양자수가 1 인 상태에 있다. 이때 전자의 속력은 얼마인가? (단, 전자의 질량 $m = 9.11 \times 10^{-31}$kg, 플랑크 상수 $h = 6.63 \times 10^{-34}$ J·s, $\pi = 3.14$ 이다.)

26 정지 상태에서 전압 V 로 가속된 전자의 드브로이 파장은? (단, 전자의 질량과 전하량은 각각 m, e 이고, 플랑크 상수는 h 이다.)

27 광자의 에너지 E 와 같은 운동 에너지를 갖는 질량이 m 인 전자가 있다. 광자와 전자의 운동량의 비 $\left(\frac{p_{광자}}{p_{전자}}\right)$ 는? (단, 광자의 속도는 c 이다.)

28 질량이 m, 전하량이 e 인 전자가 정지 상태에서 V 의 전압으로 가속되었을 때, 전자의 드브로이 파장이 λ 로 관찰되었다. 이때 전압 V 는 얼마인가?

29 보어의 원자 모형에서 양자수 $n = 2$ 인 궤도를 운동하고 있는 전자의 속력이 v 이다.
㉠ 전자의 드브로이 파장과 ㉡ 양자수 $n = 2$ 인 궤도의 반지름을 각각 구하시오. (단, 전자의 질량은 m, 플랑크 상수는 h 이다.)

30 균일한 자기장 B 속으로 전하량이 q 인 대전 입자가 속력 v 로 입사한 뒤 반지름 r 인 원궤도를 따라 운동하였다. 이 입자의 드브로이 파장을 구하시오.

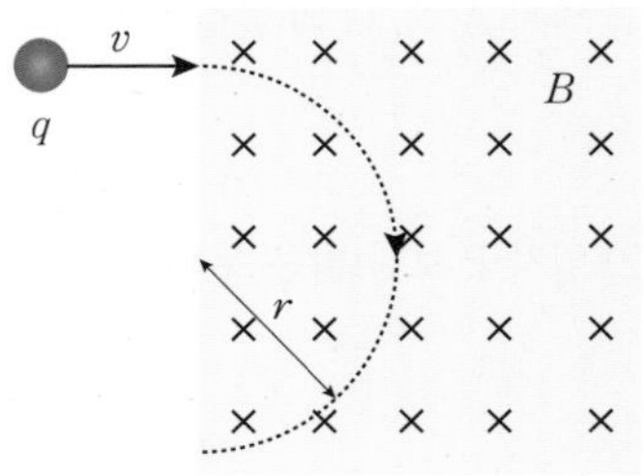

07 두 금속판 A 와 B 에 단색광을 비추었을 때 방출되는 광전자의 최대 운동 에너지 E_k 를 빛의 파장에 따라 나타낸 것이다. 쪼여주는 빛의 파장이 λ_0 일 때 A 와 B 에서 방출되는 광전자의 최대 운동 에너지는 각각 E_A, E_B 이고, $\lambda_A : \lambda_B = 2 : 5$ 이다.

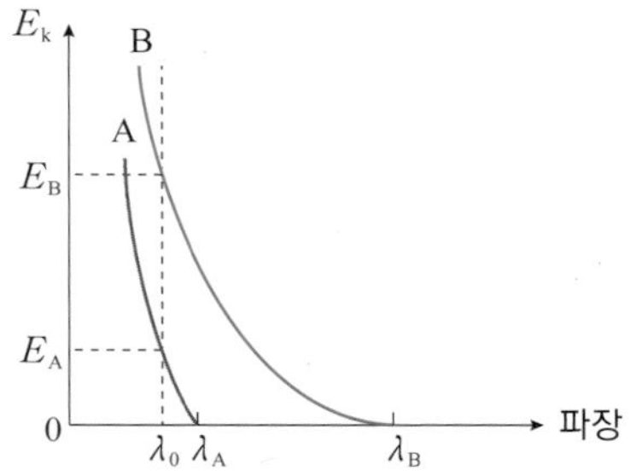

(1) A 와 B 의 일함수 비 $W_A : W_B$ 는?

(2) $E_B - E_A$ 를 B 의 일함수 W_B 로 나타내시오.

08 그림 (가)는 물질파의 이중 슬릿에 의한 간섭을 관측하는 장치와 관측된 간섭 무늬를 모식적으로 나타낸 것이다. 질량이 m 인 입자 P 를 속력 v 로 이중 슬릿을 지나게 하였더니 스크린의 밝은 무늬 사이의 간격이 Δx 였다. 이 장치를 이용한 실험 조건을 표 (나)와 같이 변화시켰다. 물음에 답하시오.

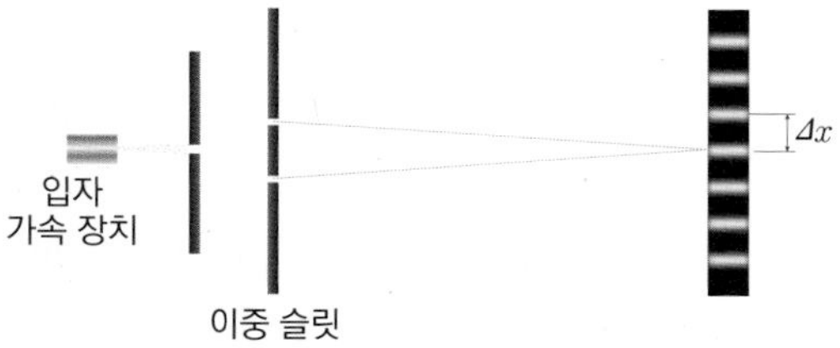

(가)

입자	A	B	C
질량	$2m$	$2m$	m
속력	v	$2v$	$0.5v$

(나)

(1) 입자 A, B, C 의 물질파 파장의 비는?

(2) 입자 P 보다 밝은 무늬 사이의 간격이 넓은 입자를 있는 대로 쓰시오.

(3) 이중 슬릿과 스크린 사이의 거리를 2 배로 한 후, 입자 A 를 이용하여 간섭을 관측할 경우 밝은 무늬 사이의 간격은 Δx 의 몇 배인가?

09 **전자가 튀어나오는 데 2.3 eV 에너지가 필요한 나트륨에 파장이 400 nm 인 빛을 쪼이고 있다. 물음에 답하시오. (단, 플랑크 상수 $h = 6.6 \times 10^{-34}$ J·s, 1 eV = 1.6×10^{-19} J, 빛의 속력 $c = 3 \times 10^8$ m/s 이다.)**

(1) 전자를 튀어나오게 할 수 있는 한계 파장을 구하시오.

(2) 나트륨에서 방출되는 전자 중 가장 빠른 전자의 운동 에너지를 구하시오.

(3) 정지 전압을 구하시오.

10 **거리가 d 만큼 떨어져 있는 두 평행한 금속판에 일정한 전압 V 가 걸려있다. 균일한 전기장에 의해 오른쪽 금속판에서 정지해 있던 전자가 왼쪽 금속판을 향하여 운동하고 있다. 오른쪽 금속판에서 x 만큼 떨어진 지점을 통과할 때 전자의 드브로이 파장을 구하시오. (단, 전자의 전하량은 $-e$, 질량은 m 이고, 플랑크 상수는 h 이다.)**

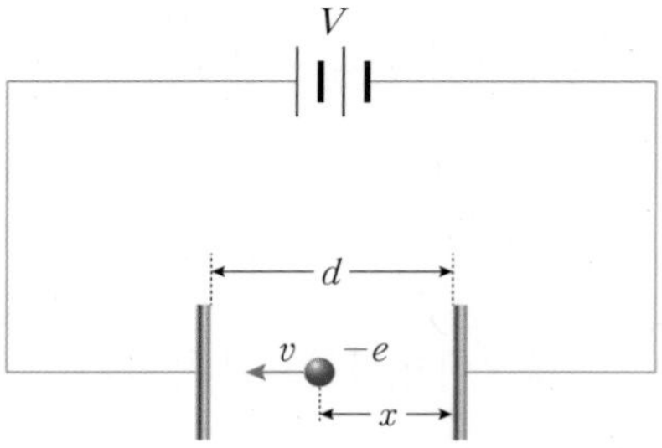

3. 핵에너지

(1) 원자핵

① **원자핵** : 원자핵은 양성자와 중성자로 이루어져 있으며, 원자 내에서 원자핵이 차지하고 있는 부분은 매우 작지만 원자 질량 대부분을 차지하고 있다.

- **양성자**(proton) : 원소의 원자핵을 구성하는 기본 입자 중의 하나인 수소의 원자핵을 양성자라고 한다. 전하량은 전자와 같고 양의 값을 가진다.
- **중성자**(neutron) : 원자핵을 구성하는 기본적인 입자로 전기적인 성질을 띠지 않으며, 양성자와 질량이 거의 같다[1].

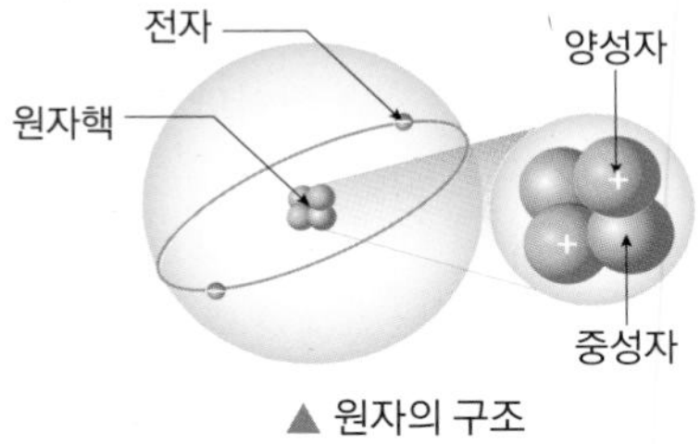

▲ 원자의 구조

② **원자 질량 단위**[2] : 탄소 원자($^{12}_{6}C$)의 원자 질량의 $\frac{1}{12}$ 을 1 원자 질량 단위라고 한다.

탄소 원자($^{12}_{6}C$) 12 g 속에는 아보가드로수 N_0 개의 탄소 원자가 들어있으므로

$$1\ u\ (1\ \text{원자 질량 단위}) = \frac{12\ g}{N_0} \times \frac{1}{12} = \frac{1}{N_0} = \frac{1}{6.02 \times 10^{23}}\ g\ \text{이다.}$$

③ **질량 분석기**[3] : 이온(대전 입자)은 전하를 띠고 있으므로 전기장이나 자기장 속을 지날 때 휘게 된다. 이때 질량에 따라 휘는 정도가 다르다. 질량 분석기는 이 성질을 이용하여 입자를 질량에 따라 분리하여 질량 스펙트럼을 만든다.

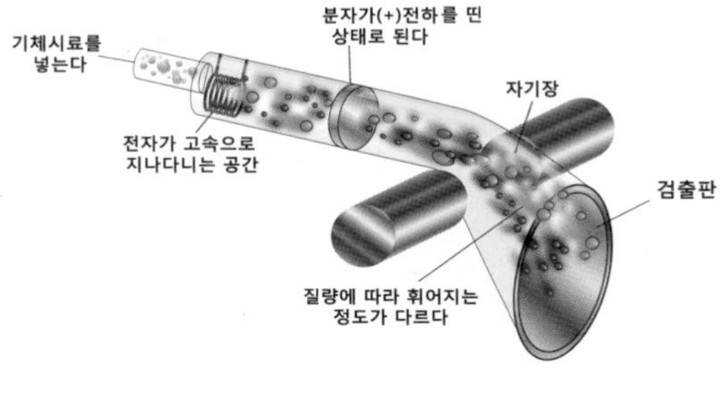

▲ 질량 분석기의 원리

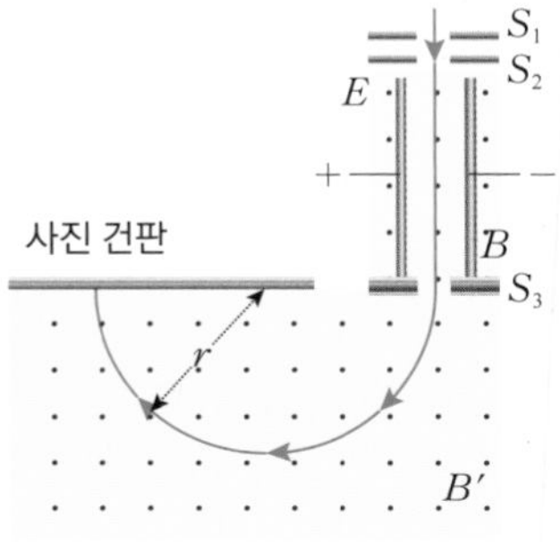

▲ 질량 분석기의 기본 구조

- **속도 선택기** : 질량 m, 전하 q 인 입자가 전기장 E 와 자기장 B 를 통과할 때, 전기력 qE 와 자기력 qvB 의 크기를 같게 하면 대전 입자는 직진하여 슬릿 S_3 를 통과한다.

$$qE = qvB \rightarrow v = \frac{E}{B}$$

- **질량 측정** : 속도 선택기를 통과한 이온들은 균일한 자기장 B'가 걸려 있는 질량 분석기 속에 수직으로 입사시키면 이온들은 등속 원운동을 하게 된다. 이때 자기력 qvB'는 구심력이 되므로 원운동의 반지름을 r 이라 하면 이온의 질량은 다음과 같다.

$$\frac{mv^2}{r} = qvB' \rightarrow m = \frac{qB'r}{v} = \frac{qBB'r}{E}$$

정답 p 76

Q7 오른쪽은 우라늄을 표기한 것이다. 우라늄의 ㉠ 질량수, ㉡ 원자 번호를 각각 쓰시오.

$$^{238}_{92}U$$

Q8 질량 분석기의 속도 선택기에서 일정한 속도를 갖는 입자 A, B 가 슬릿 S_3 를 통과한 후 자기장 B'에 수직으로 입사하였다. 이때 입사되어 그리는 원운동의 반지름이 각각 $2R$, R 일 때, A, B 중 어느 입자의 질량이 더 무거운가?

원자핵의 표시

질량수(A) / 원자 번호(Z) X 원자 기호

- 질량수(A) : 양성자수 + 중성자수 = 원자 번호 + 중성자수
- 원자 번호(Z) : 원자핵 속의 양성 자수

❶ 양성자, 중성자, 전자의 물리량 비교

종류	상대 전하량	질량(kg)
양성자	+1	1.673×10^{-27}
중성자	0	1.675×10^{-27}
전자	-1	9.11×10^{-31}

❷ 원자 질량 단위 u

원자와 원자핵의 질량은 매우 작기 때문에 자연계에 존재하는 탄소 원자의 약 99 % 를 차지하는 $^{12}_{6}C$ 를 기준으로한 질량비로 나타낸다.

❸ 전자나 원자의 질량

전자나 원자의 질량은 매우 작기 때문에 직접 측정할 수 없고, 전기장, 자기장 내에서의 대전 입자의 운동을 분석하여 간접적으로 계산한다.

원자핵의 크기

원자핵은 거의 구에 가까운 모양을 가지며 원자핵의 부피는 질량수 A 에 근사적으로 비례한다. 원자핵에서 양성자 반지름을 R_0(= 1.2×10^{-15}m)라고 하면, 양성자의 부피 V_0 는 다음과 같다.

$$V_0 = \frac{4}{3}\pi R_0^3$$

따라서 원자핵의 부피 V 는

$$V = V_0 A = \frac{4}{3}\pi R_0^3 A = \frac{4}{3}\pi R^3$$

원자핵의 반지름 R 은

$R = R_0 A^{1/3} = 1.2 A^{1/3}$ fm (1fm[펨토미터] = 10^{-15}m)로 나타낼 수 있다.

(2) 방사성 원소의 붕괴

① **동위 원소** : 자연 상태로 존재하는 원소에는 원자핵의 양성자수(원자 번호)는 같으나 질량은 다른 몇 가지 원소들이 일정한 비율로 혼합되어 있다. 이와 같이 원자 번호는 같지만 질량수(중성자수)가 다른 원소들을 동위 원소라 한다.

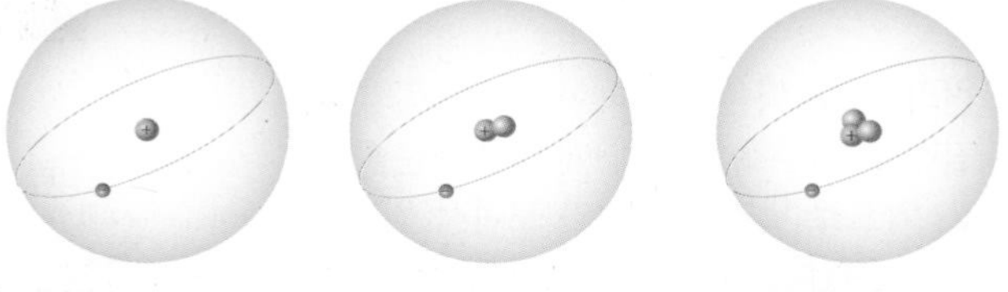

▲ 수소 (^1_1H)　▲ 중수소 (^2_1H)　▲ 삼중수소 (^3_1H)

② **방사선과 방사능** : 원자 번호가 큰 원소들은 스스로 다른 원소로 변하여 간다. 이때 나오는 선을 **방사선**, 물질이 방사선을 내는 성질을 **방사능**이라 한다.

③ **방사성 원소** : 원자핵이 불안정한 원소를 방사성 원소라고 하며, 전자기파를 방출하고 보다 안정한 원자핵으로 변한다(방사성 원소의 붕괴).

종류	α 붕괴	β 붕괴	γ 붕괴
정의	원자핵이 α 선을 방출하여 다른 원자핵으로 변환하는 현상	원자핵 속의 중성자가 β 입자를 방출하면서 양성자로 변환하는 현상	원자핵이 높은 에너지 준위에서 낮은 에너지 준위로 전이할 때 선을 방출하는 현상
원자 번호	2 감소	1 증가	변화 없음
질량수	4 감소	변화 없음	변화 없음

④ **방사선** ❹ : 방사성 원소가 붕괴할 때 방출하는 입자나 전자기파를 말한다. 자연계에 존재하는 원소 중 원자 번호 84 이상의 원소는 모두 방사선을 내고 있으며, 이들 방사성 원소에서 방출되는 방사선에는 세 가지가 있다.

종류	본질	전하량	투과력	전리 작용
α선	헬륨 원자핵	+2e	약하다	강하다
β선	전자	−e	중간	중간
γ선	파장이 짧은 전자기파	0	강하다	약하다

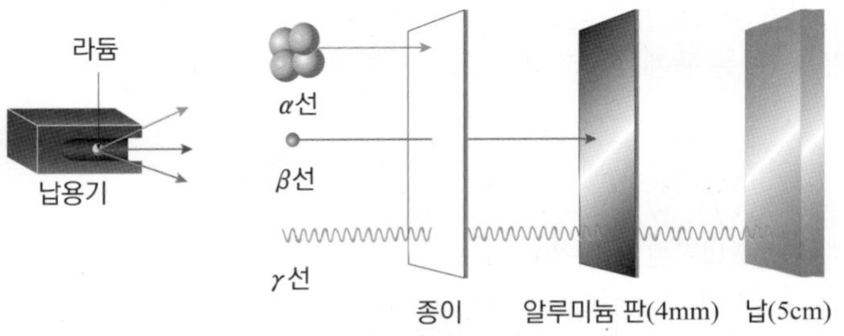

▲ 방사선의 투과력 비교

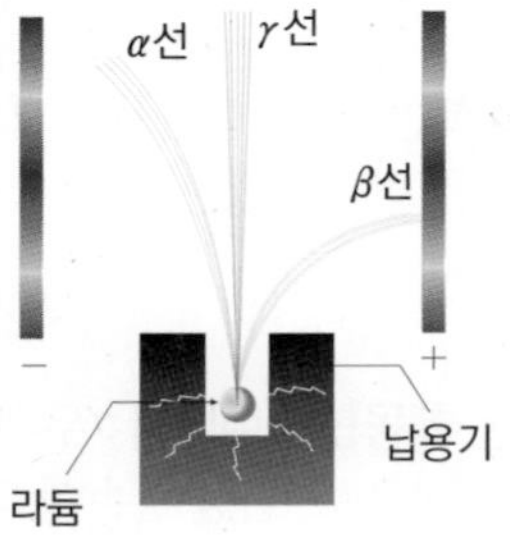

▲ 전기장에서 방사선의 경로

⑤ **반감기** : 어떤 방사성 핵종의 원자의 수가 방사성 붕괴에 의해서 반으로 줄어드는 데 걸리는 시간으로 다음과 같이 나타낼 수 있다.(N : 나중 원자수, N_0 : 처음 원자수, t : 걸린 시간, T : 반감기)

$$N = N_0\left(\frac{1}{2}\right)^{\frac{t}{T}}$$

정답 p 76

Q9 자연계에 존재하는 세 가지 종류의 방사선 중 가장 무거운 입자의흐름은 무엇인가?

❹ **방사선**

- α 선 : 고속의 헬륨 원자핵(He^{2+} 이온)의 흐름으로 양성자 2개, 중성자 2개가 강하게 결합된 입자이다.
- β 선 : 방사성 원소의 원자핵에서 방출된 고속의 전자 흐름이다.
- γ 선 : X선보다도 더욱 파장이 짧은 전자기파로 α 선, β 선에 뒤따라 방출된다.

방사성 붕괴 곡선

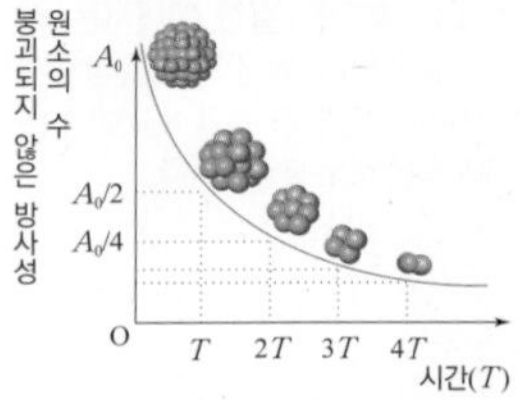

방사성 원소	반감기
^{238}U	45억년
^{226}Ra	1600년
^{137}Cs	30년
^{131}I	8일
^{60}Co	5년
^{40}K	13억년

붕괴상수(λ)

방사능을 가진 원자가 붕괴하여 원자 수가 감소해가는 단위 시간 당 비율로 언제나 일정한 값을 가진다. 따라서 붕괴 속도는 오직 붕괴상수에 의해서만 결정되고, 붕괴상수의 값이 클수록 붕괴가 빠르다.

$$\lambda = \frac{0.693}{T}$$

⑤ 핵자당 평균 결합 에너지

자가 원자핵에 얼마나 강하게 결합되어 있는가를 나타내는 기준이다.

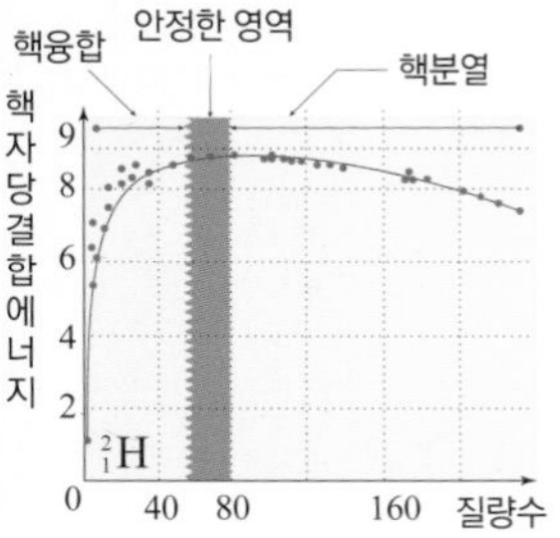

탄소보다 가벼운 원소들을 제외하고는 핵자당 결합 에너지는 약 7.5~8.8 MeV 를 갖는다. 질량수가 210이상, 양성자 수가 83 보다 큰 원자핵은 모두 불안정하다.

핵발전

원자로에서 우라늄과 같이 무거운 원자핵이 분열할 때 방출하는 에너지를 이용하여 전기 에너지를 생산하는 발전 방식이다.

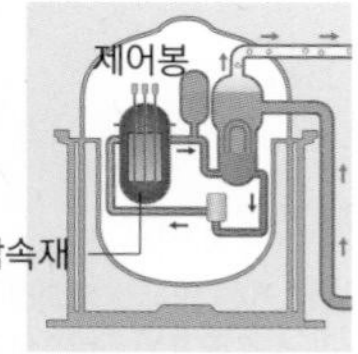

▲ 원자로의 구조

원자로 안에 있는 감속재와 제어봉을 이용하여 연쇄 반응 속도를 조절한다.

- 감속재 : 고속 중성자의 속도를 느리게 하여 연쇄 반응이 잘 일어나도록 한다.
- 제어봉 : 연쇄 반응으로 만들어지는 중성자를 흡수하여 연쇄 반응 속도를 조절한다. 붕소나 카드뮴으로 되어 있다.

(3) 원자핵 에너지

① 질량-에너지 등가

- **질량 결손** : 양성자와 중성자가 결합하고 있을 때 원자핵의 질량은 양성자와 중성자가 각각 따로 떨어져 있을 때 핵자들 질량의 총합보다 작다. 이러한 질량의 차이를 질량 결손이라고 한다.
- **질량-에너지 등가 원리** : 원자핵을 파괴하여 따로따로의 핵자를 만들 때에는 질량 결손(부족한 질량)에 대응하는 에너지를 공급해야 하고, 역으로 낱개의 핵자가 모여서 원자핵을 만들 때에는 질량 결손(남는 질량)에 해당하는 에너지를 방출해야 한다. 이때 질량 결손 Δm 에 해당하는 에너지는 $E = \Delta mc^2$ 이고, 이를 질량-에너지 등가 원리라 한다.

▲ 질량 결손

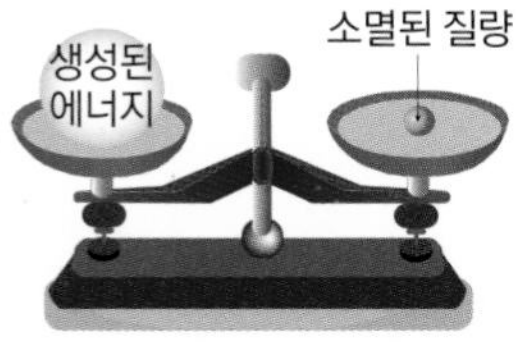

▲ 질량-에너지 등가

② 원자핵의 결합 에너지

- **핵력** : 원자핵을 구성하고 있는 핵자 사이에 작용하는 힘으로 인류가 밝혀낸 힘 중에서 가장 강한 힘이다.
- **원자핵의 결합 에너지** : 강한 핵력으로 결합하고 있는 원자핵을 분리하려면 큰 에너지를 공급해야 하고, 반대로 따로 떨어져 있는 핵자들이 결합하여 핵을 구성할 때는 질량 결손에 의해 같은 양의 에너지를 방출하게 된다. 이와 같은 에너지를 그 원자핵의 결합 에너지라고 한다.
- **핵자당 평균 결합 에너지** ⑤ : 원자핵의 결합 에너지를 그 원자핵 속에 있는 핵자의 수로 나눈 것이 핵자 1 개당 평균적인 결합 에너지이다. 원자 번호 Z, 질량수 A 인 원자핵의 질량을 M, 양성자의 질량을 m_p, 중성자의 질량을 m_n 라 할 때, 질량 결손, 결합 에너지, 핵자당 평균 결합 에너지는 각각 다음과 같다.

질량 결손 : $\Delta m = Zm_p + (A - Z)m_n - M$

결합 에너지 : $E = \Delta mc^2 = [Zm_p + (A - Z)m_n - M]c^2$

핵자당 평균 결합 에너지 : $E_0 = \dfrac{\Delta mc^2}{A}$

③ 핵반응과 핵반응식

- **핵반응** : 원자핵이 중성자나 다른 원자핵 등과 충돌하여 다른 원자핵으로 변환되는 현상으로, 핵이 분열하는 핵분열이나 서로 합쳐지는 핵융합도 핵반응에 속한다.
- **핵반응식** : 핵반응 전후의 물리량의 보존 관계를 나타낸 식으로 핵반응 전후의 질량수와 전하량은 변하지 않는다.

$$^2_1H + ^3_1H \rightarrow ^4_2He + ^1_0n + 17.6\text{ MeV}$$

④ 핵융합과 에너지 : 두 개의 원자핵이 핵반응으로 융합하여 하나의 무거운 원자핵을 형성하는 현상으로, 질량 결손에 의해 많은 에너지가 방출된다. 철보다 가벼운 원소가 핵융합을 할 때는 에너지를 방출하고, 무거운 원소가 핵융합을 하기 위해서는 에너지를 흡수한다.

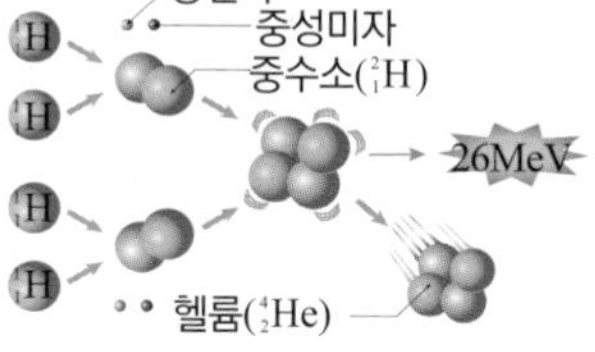

▲ 태양에서의 핵융합

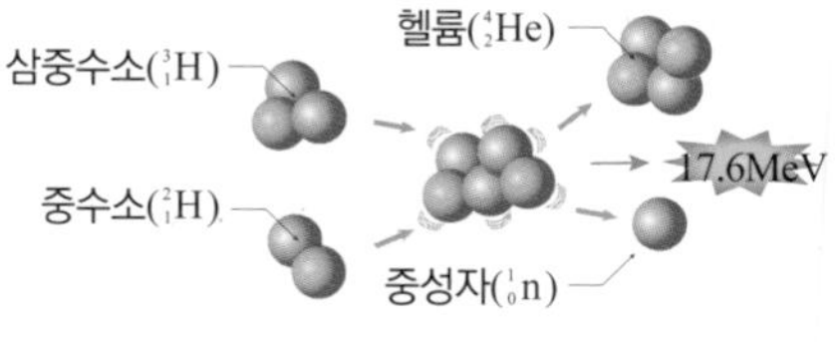

▲ 핵융합로에서의 핵융합

$$4\,^1_1H \rightarrow ^4_2He + 2e^+ + 26\text{ MeV}$$

$$^2_1H + ^3_1H \rightarrow ^4_2H + ^1_0n + 17.6\text{ MeV}$$

⑤ **핵분열과 에너지** : 우라늄이나 플루토늄 등과 같은 무거운 원자핵이 두 개 이상의 새로운 원자핵으로 쪼개지는 현상이다. 핵이 분열되면서 새로운 원자핵이 생성됨과 동시에 2 ~ 3개의 중성자가 방출된다.

- **고속 중성자** : 핵분열 반응으로 원자핵에서 방출되는 운동 에너지가 0.5 eV 이상인 중성자로 에너지가 매우 크다.
- **저속 중성자** : 낮은 운동 에너지를 가진 중성자로 우라늄에 흡수되면 연쇄적으로 핵분열 반응이 일어나게 된다(연쇄 반응 - 원자 폭탄).

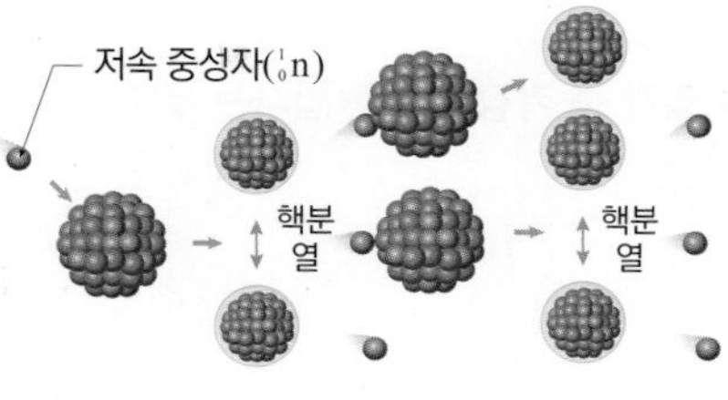

▲ 핵분열과 연쇄 반응

$$^{235}_{92}U + ^1_0n \rightarrow ^{144}_{56}Ba + ^{89}_{36}Kr + 3^1_0n + 200\ MeV$$

정답 p 76

Q10 다음 ㉠, ㉡ 중 더 가벼운 것을 고르시오.

㉠ 헬륨 원자핵 1 개 ㉡ 양성자 2 개 + 중성자 2 개

(4) 태양 전지와 연료 전지

① **태양 전지** : 태양 전지는 광기전력 효과를 이용하여 태양 에너지를 전기 에너지로 변환하는 장치이다. 보통 p형 반도체와 n형 반도체의 접합 형태로 되어 있다.

- **원리** : 태양 전지에서는 원자 속의 전자가 전도띠 ⑥ 로 갈 수 있는 에너지를 흡수하면 p형 반도체와 n형 반도체 ⑦ 속에 양공(+) ⑧ 과 전자(-)가 생성된다. p-n 접합면에서 만들어진 전기장에 의해 전자(-)는 n형 반도체 쪽으로, 양공(+)은 p형 반도체 쪽으로 이동하여 반도체 표면에 전극이 형성되어 전류가 흐른다.

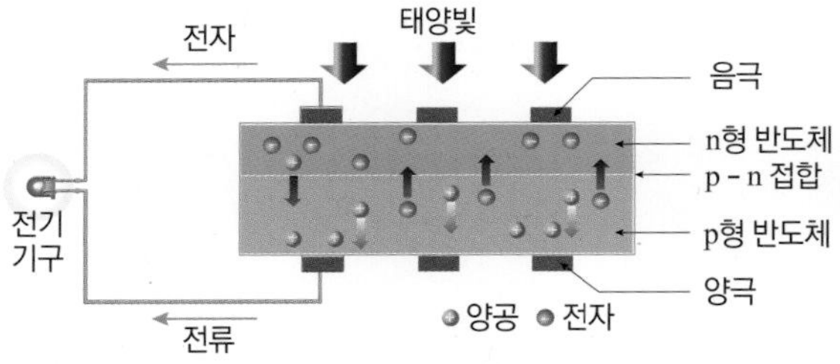

▲ 태양 전지의 구조

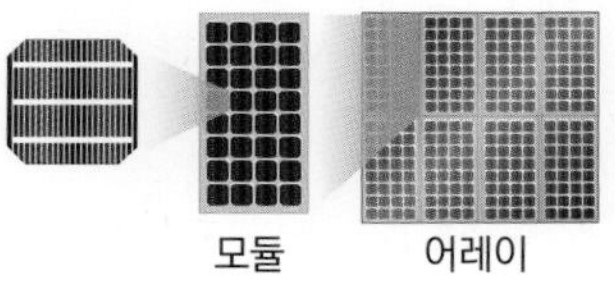

▲ 태양 전지 단위

② **연료 전지** : 연료 전지는 수소와 산소의 전기 화학 반응에 의해 전기를 생산하고 남는 부산물로 물과 열을 얻는 장치이다.

- **원리** : 음극에서는 수소가 이온화되며 전자를 내놓는다. 이때 수소 이온은 중간의 전해질을 통해 양극으로 이동하여 그곳에서 산소와 반응해 물을 얻고, 음극에서 내놓은 전자는 양극으로 이동하며 전류가 흐른다.

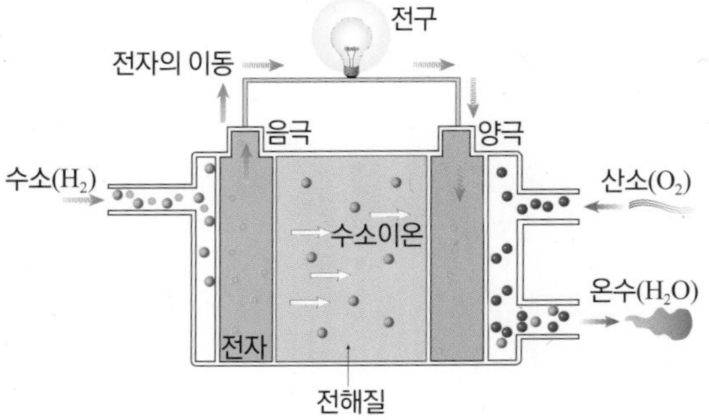

▲ 연료 전지의 작동 원리

< 연료 전지의 반응 과정 >

- 음극 : $H_2 \rightarrow 2H^+ + 2e^-$
→ 수소의 이온화(산화) 반응
- 양극 : $\frac{1}{2}O_2 + 2H^+ + 2e^- \rightarrow H_2O$
→ 산소의 환원 반응
- 전체 : $H_2 + \frac{1}{2}O_2 \rightarrow H_2O$ + 에너지(전기, 열)

⑥ 에너지 띠

에너지 띠란 다수의 원자에 의해 에너지 준위가 매우 가깝게 위치하여 연속적인 것으로 취급할 수 있는 에너지 준위 영역을 말한다.

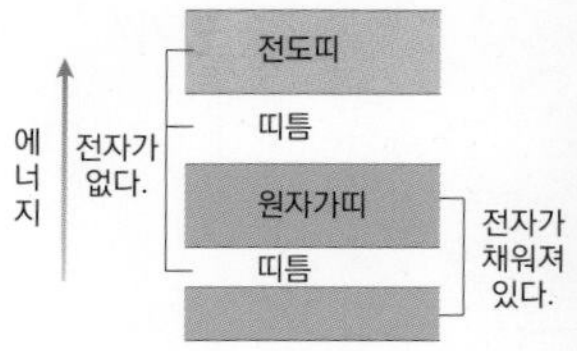

- 허용된 띠 : 에너지띠에서 전자가 존재할 수 있는 영역으로 전자는 허용된 띠에만 존재할 수 있다.
- 띠틈 : 허용된 띠 사이에 어떠한 전자도 존재할 수 없는 간격으로 에너지 간격이라고도 한다.
- 원자가띠 : 0K 온도 상태에서 원자의 가장 바깥쪽에 자리잡은 전자(원자가 전자)가 차지하는 에너지띠를 말한다.
- 전도띠 : 원자가띠의 전자가 에너지를 흡수하여 이동할 수 있는 원자가띠 위에 있는 에너지띠를 말한다.

⑦ p 형 반도체와 n 형 반도체

- p 형 반도체 : 4 개의 최외각 전자를 갖는 14 족 원소인 실리콘에 13 족 원소인 붕소를 미량 첨가하면 전자가 하나 부족한 결합을 하게 되어 양공을 갖는 p 형 반도체가 된다.
- n 형 반도체 : 실리콘에 15 족 원소인 인을 주입하면 전자 하나가 남는 결합을 하여 n 형 반도체가 된다.

⑧ 양공

자유 전자가 전도띠로 전이할 때 원자가띠에 생긴 구멍을 말하며, (+)전하의 성질을 띤다.

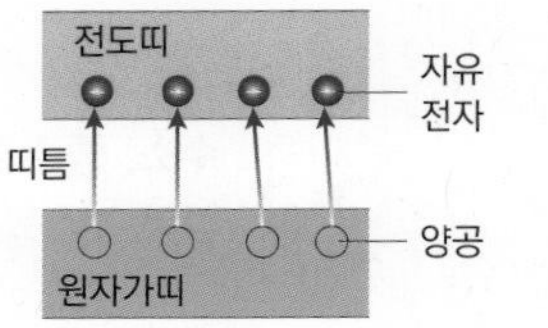

연료 전지 특징

- 연료의 산화에 의한 화학 에너지를 직접 전기 에너지로 전환하기 때문에 효율이 높다.
- 이산화 탄소 배출과 소음이 적다.

산화와 환원

산화란 원자 또는 이온이 전자를 잃는 반응, 환원은 전자를 얻는 반응이다.

핵에너지

31 원자를 이루고 있는 입자 중 가장 가벼운 입자는 무엇인가?

32 동위 원소의 원자핵 ㉠과 ㉡이 동일한 속도로 균일한 자기장에 입사하여 원운동하는 궤적을 나타낸 것이다. 궤적의 반지름은 ㉡이 ㉠보다 크다.

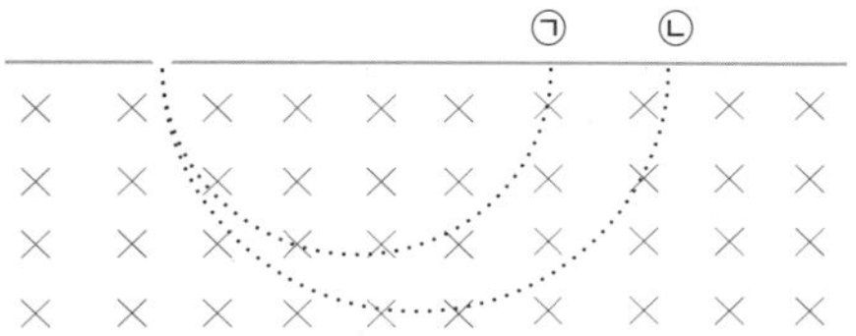

원자핵 ㉠ 과 ㉡ 의 물리량을 부등호와 등호를 이용하여 비교하시오.

(1) 전하량 ㉠ (　　) ㉡
(2) 질량 ㉠ (　　) ㉡
(3) 중성자수 ㉠ (　　) ㉡

33 수소, 중수소, 삼중수소를 나타낸 것이다. 그림에 대한 설명으로 옳은 것은?

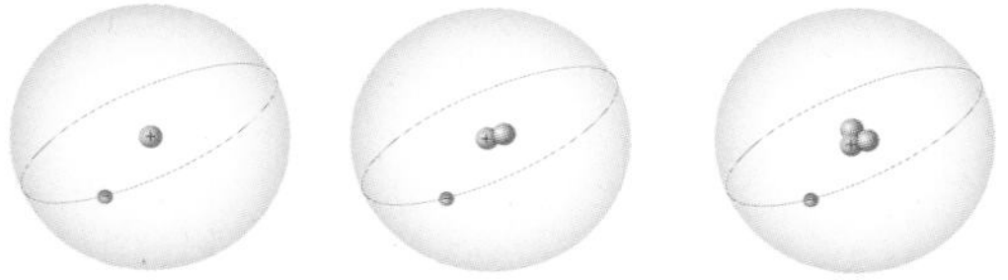

▲ 수소 (^1_1H) ▲ 중수소 (^2_1H) ▲ 삼중수소 (^3_1H)

① 양성자수는 모두 같다.
② 원자핵의 질량은 모두 같다.
③ 전자수는 삼중수소가 가장많다.
④ 원자번호는 삼중수소가 가장 크다.
⑤ 양성자수는 삼중수소가 가장 많다.

34 방사성 물질에서 방출되는 α, β, γ 방사선이 전기장을 통과할 때의 경로를 나타낸 것이다. ㉠, ㉡, ㉢에 해당하는 방사선을 쓰시오.

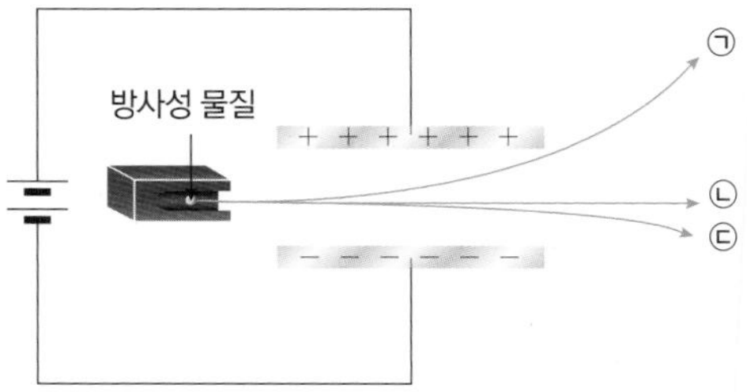

35 $^{235}_{92}U$ 이 α 붕괴 1 회, β 붕괴 2 회를 거쳐 생성되는 원자핵의 원자 번호는 얼마인가?

① 90 ② 91 ③ 92
④ 93 ⑤ 94

36 입자 가속기로부터 방출된 방사선이 대전된 극판 사이를 통과할 때의 경로를 비교하는 실험이다. 각각의 물음에 ㉠, ㉡, ㉢ 중 1 개를 각각 고르시오.

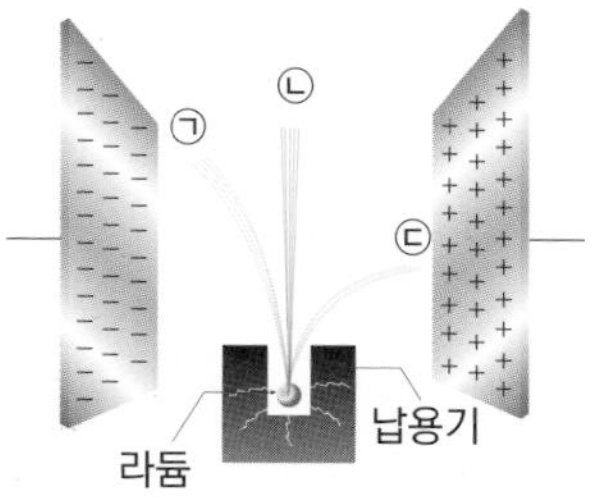

(1) 양성자 2 개, 중성자 2 개로 구성되어 있다.
(2) 전기적인 성질을 띠지 않는다.
(3) 전하량은 음(−)의 값을 갖는다.

37 어떤 방사성 물질의 시간에 따른 남아 있는 방사능의 세기를 백분율로 나타낸 것이다.

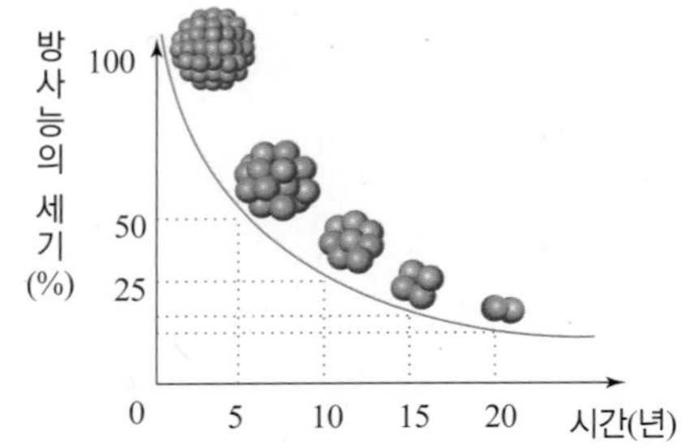

이 방사능 물질 100 g 이 25 g 이 되기까지 걸리는 시간은?

38 어떤 방사성 원소의 시간에 따라 남아있는 원소의 수를 나타낸 그래프이다. 이 방사성 핵종의 붕괴상수로 알맞은 것은?

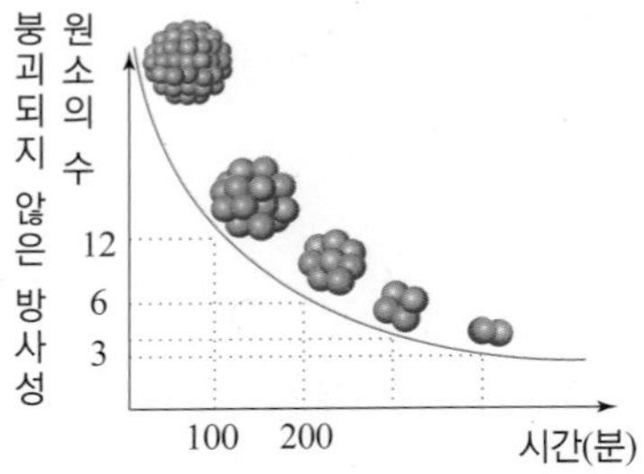

① 0.406 h^{-1}　② 0.416 h^{-1}　③ 0.420 h^{-1}
④ 0.426 h^{-1}　⑤ 0.436 h^{-1}

39 다음은 핵반응 식을 나타낸 것이다. ㉠, ㉡, ㉢ 각각이 의미하는 핵반응을 핵분열과 핵융합 중 각각 고르시오.

㉠ $4\,^{1}_{1}\mathrm{H} \rightarrow \,^{4}_{2}\mathrm{He} + 2e^{+} + 26\ \mathrm{MeV}$
㉡ $^{235}_{92}\mathrm{U} + \,^{1}_{0}\mathrm{n} \rightarrow \,^{141}_{56}\mathrm{Ba} + \,^{92}_{36}\mathrm{Kr} + 3\,^{1}_{0}\mathrm{n} + 200\ \mathrm{MeV}$
㉢ $^{2}_{1}\mathrm{H} + \,^{3}_{1}\mathrm{H} \rightarrow \,^{4}_{2}\mathrm{H} + \,^{1}_{0}\mathrm{n} + 17.6\ \mathrm{MeV}$

40 우라늄 $^{235}_{92}\mathrm{U}$ 의 핵반응식을 나타낸 것이다.

$$^{235}_{92}\mathrm{U} + \,^{1}_{0}\mathrm{n} \rightarrow \mathrm{X} + \,^{140}_{54}\mathrm{Xe} + 2\,^{1}_{0}\mathrm{n} + 200\ \mathrm{MeV}$$

X 원자핵의 질량수와 원자 번호를 순서대로 쓰시오.

41 우라늄이 핵분열하는 과정을 나타낸 것이다.

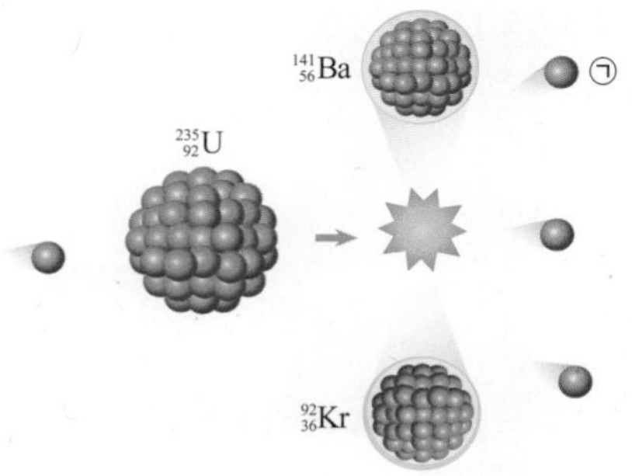

이에 대한 설명으로 옳은 것만을 <보기>에서 있는 대로 고른 것은?

보기
ㄱ. ㉠은 전자이다.
ㄴ. 우라늄은 저속 중성자를 흡수하여 핵분열한다.
ㄷ. 핵분열 후 방출되는 에너지는 질량 결손에 의한 것이다.

① ㄱ　② ㄴ　③ ㄷ
④ ㄴ, ㄷ　⑤ ㄱ, ㄴ, ㄷ

42 질량이 각각 m_1, m_2 인 양성자 2 개, 중성자 2 개가 핵융합 반응을 하여 헬륨 원자핵이 만들어졌다. 이때 반응 후 헬륨 원자핵의 질량이 M 일 때, 핵융합 반응시 방출된 에너지는 얼마인가? (단, 빛의 속도는 c 이다.)

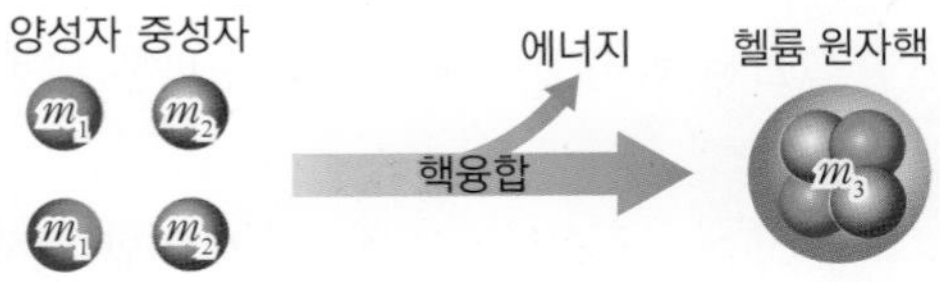

43 우라늄 $^{235}_{92}U$ 원자핵 1 개가 분열할 때 질량 결손은 약 3.5×10^{-28} kg 이다. 이러한 질량 결손에 의해 발생한 에너지는 몇 J 인가? (단, 빛의 속력 $c = 3 \times 10^8$ m/s 이다.)

44 다음 그림은 태양 전지를 이용하여 전구에 불을 켜는 모습을 나타낸 것이다. A 와 B 는 각각 무엇인가?

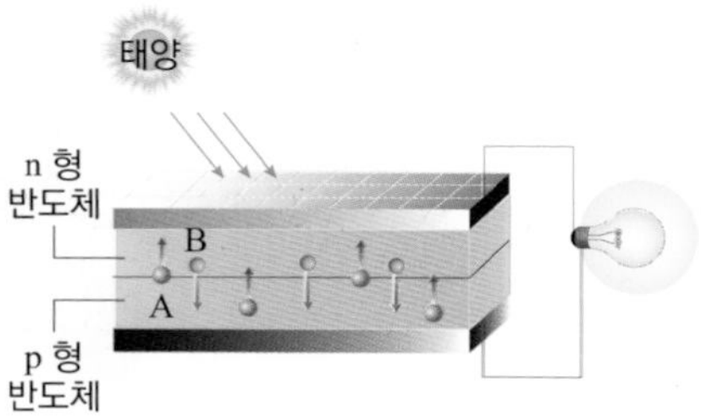

45 태양 전지의 구조를 나타낸 것이다. 태양 전지에 빛이 입사되면 태양 전지에 연결된 전기 기구에 전류가 흐르게 된다.

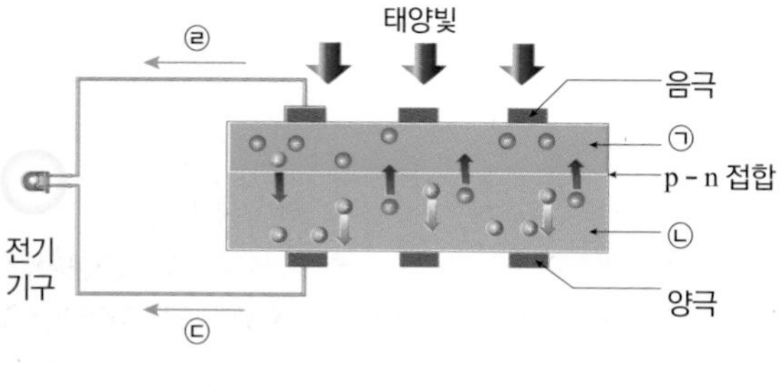

(1) n 형 반도체는 ㉠ 과 ㉡ 중 무엇인가?

(2) ㉢ 과 ㉣ 중 전류의 이동 방향은 무엇인가?

(3) p-n 접합면에서 전기장에 의한 전자와 양공은 각각 ㉠ 과 ㉡ 중 어느 방향으로 이동하는가? 순서대로 답하시오.

46 연료 전지의 반응식을 나타낸 것이다. 빈칸에 알맞은 말을 넣으시오.

> < 연료 전지의 반응 과정 >
> · 음극 : (㉠) → $2H^+ + 2e^-$
> · 양극 : $\frac{1}{2}O_2 + 2H^+ + 2e^-$ → (㉡)
> · 전체 : $H_2 + \frac{1}{2}O_2$ → (㉡) + 에너지(전기, 열)

47 연료 전지의 구조를 나타낸 것이다. 물음에 답하시오.

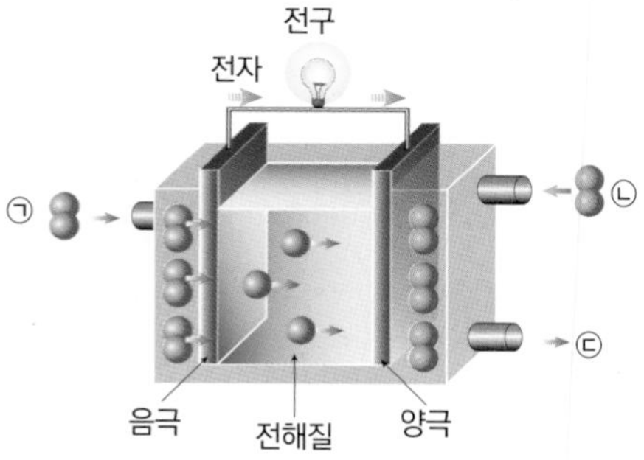

(1) ㉠ 과 ㉡ 은 각각 무엇인가?

(2) 수소 이온의 이동에 대하여 설명하시오.

(3) ㉢ 으로 최종적으로 배출되는 것을 있는 대로 쓰시오.

개념 심화 문제

정답 및 해설 77쪽

11 **그림은 우주 초기에 만들어진 수소 원자핵과 헬륨 원자핵의 개수 비와 각 원자의 구조를 나타낸 것이다.**

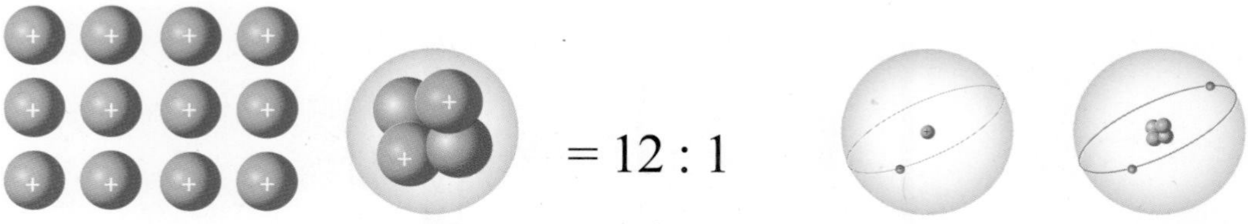

▲ 수소 원자핵 12개 ▲ 헬륨 원자핵 1개 ▲ 수소 ▲ 헬륨

(1) 우주 초기 우주 전체의 수소 원자핵과 헬륨 원자핵의 질량비를 구하시오.

(2) 현재 우주 전체의 수소 원자핵과 헬륨 원자핵의 질량비는 우주 초기 우주 전체의 수소 원자핵과 헬륨 원자핵의 질량비와 같다. 현재 우주 전체의 양성자와 중성자의 질량비를 구하시오.

12 **(가)는 방사성 원자핵이 방사선 ㉠, ㉡, ㉢을 방출하는 과정을 나타낸 반응식이고, 그림 (나)는 ㉠, ㉡, ㉢ 이 전기장 방향에 수직으로 입사하여 운동하는 경로를 순서 없이 A, B, C 로 나타낸 것이다. ㉠, ㉡, ㉢의 경로를 각각 쓰시오.**

· $^{236}_{88}\mathrm{Ra} \rightarrow {}^{222}_{86}\mathrm{Rn}$ + (㉠)
· $^{14}_{6}\mathrm{C} \rightarrow {}^{14}_{7}\mathrm{N}$ + (㉡)
· $^{20}_{10}\mathrm{Ne} \rightarrow {}^{20}_{10}\mathrm{Ne}$ + (㉢)

(가)

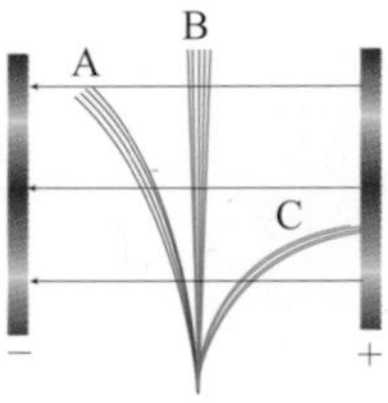

(나)

13 그림은 α 붕괴를 이용한 어떤 실험을 나타낸 것이다. $^{210}_{84}Po$ 에서 방출되는 α 입자를 $^{9}_{4}Be$ 에 충돌시키면 $^{12}_{6}C$ 가 생기며 전하를 띠지 않은 핵자 ㉠이 방출된다. ㉠을 파라핀에 쪼여 주면 양성자가 방출된다.

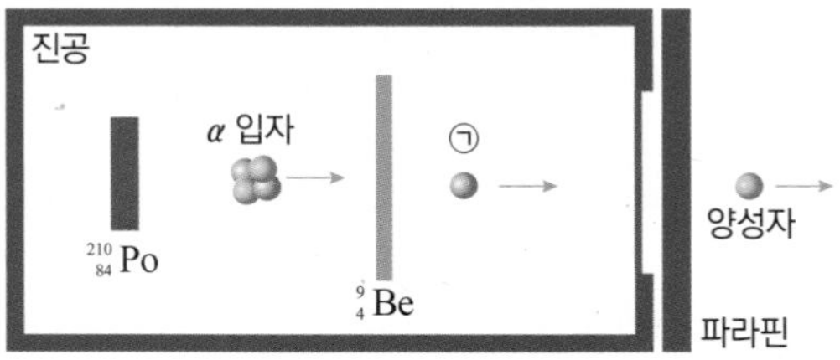

(1) ㉠ 은 무엇인가?

(2) $^{9}_{4}Be$ 의 중성자 수와 양성자수를 순서대로 쓰시오.

(3) $^{210}_{84}Po$ 가 α 입자를 방출한 후 변하는 원소의 원자 번호와 질량수를 순서대로 쓰시오.

14 그림은 $^{238}_{92}U$ 이 $^{238}_{92}U$ → ㉠ → ㉡ → ㉢ → ㉣ → $^{226}_{88}Ra$ 으로 붕괴하는 과정에서 각 원소의 양성자수와 중성자수를 나타낸 것이다.

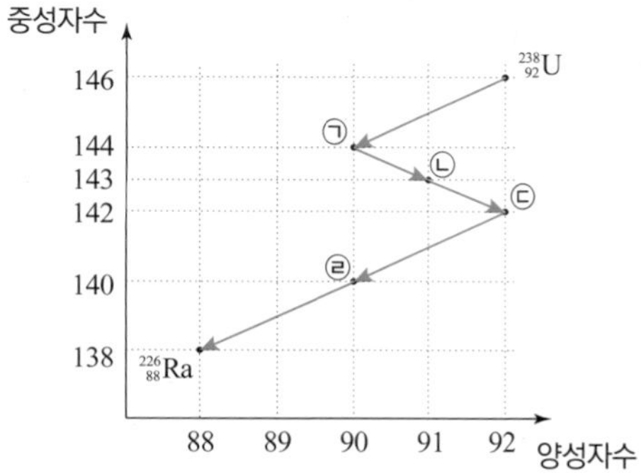

(1) ㉠ 의 질량수는 얼마인가?

(2) ㉠ 의 동위 원소는 무엇인지 기호로 쓰시오.

(3) 붕괴하는 과정 동안 α 붕괴는 몇 번 일어났는가?

정답 및 해설 77쪽

논리 서술형

01

수소 기체를 방전관에 넣고 충분한 에너지를 가하면 수소 분자가 원자로 분해되고 수소 원자는 (가) 에너지를 흡수하여 불안정한 들뜬 상태로 되었다가 안정한 상태로 되면서 빛에너지를 방출한다. 이 때 방출하는 에너지를 프리즘에 통과시키면 검출기에 선스펙트럼으로 나타난다.

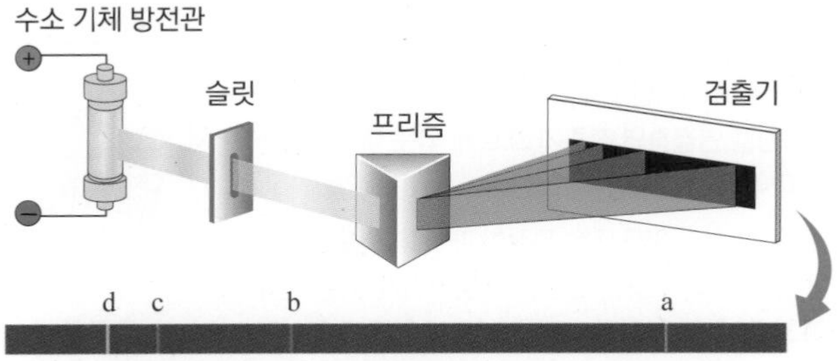

아래는 러더퍼드의 원자 모형으로는 설명할 수 없는 수소 원자의 선스펙트럼을 설명하기 위해 보어가 제안한 가설의 일부이다. 물음에 답하시오.

① 전자는 원자핵 주위의 특정한 에너지 준위의 원형 궤도를 따라 원운동을 한다.

② 각 양자수에 따른 에너지의 준위는 다음과 같다.

$$E_n = -\frac{1312}{n^2}\ \text{(kJ/mol)}\ (n = 1, 2, 3, 4 \ldots)$$

③ 허용된 원궤도를 운동하는 전자는 에너지를 방출 또는 흡수하지 않는다.

④ 전자가 다른 에너지 준위로 이동할 때에는 두 궤도 사이의 에너지 차이만큼의 에너지를 흡수 또는 방출한다.

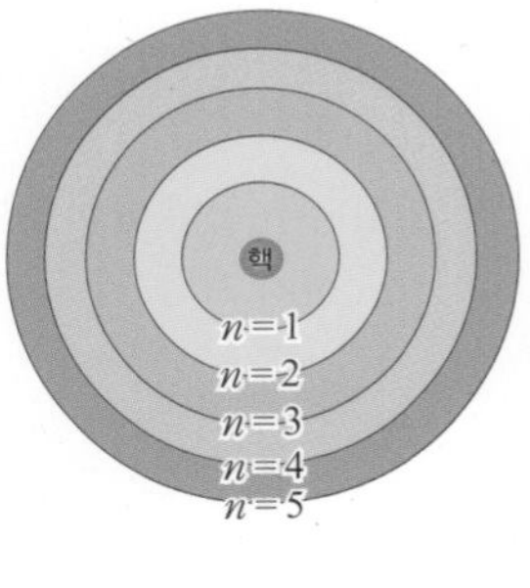

(1) 밑줄 친 (가)에서 에너지를 흡수하는 것은 수소 원자의 구성 입자 중 무엇인가?

(2) 선스펙트럼의 a ~ d 는 전자가 $n = 2$ 인 에너지 준위로 이동할 때 나타나는 선스펙트럼이다. a 가 $n = 3$ 에 있던 전자가 $n = 2$ 로 이동할 때 방출하는 빛 에너지이라면 c 의 선스펙트럼은 언제 나타나겠는가?

(3) a ~ b, b ~ c 사이의 선스펙트럼의 간격이 다른 이유는 무엇인가?

(4) 수소 원자의 선스펙트럼이 무지개처럼 연속스펙트럼으로 나타났다면 위의 보어의 가설 ① ~ ④ 중 어떤 것을 어떻게 수정해야 할까?

러더퍼드 α 입자 산란 실험

러더퍼드는 α 입자 산란 실험을 통해 원자핵을 발견하였고, 이를 통해 원자의 태양계 모형을 완성하였다.

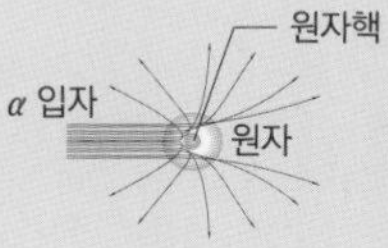

방출 스펙트럼

원자 내의 전자가 열이나 빛 등에 의해 에너지를 얻어 들뜬 상태가 되었다가 다시 바닥 상태로 되면서 에너지 준위 차에 해당하는 파장의 빛을 방출하여 밝은색 선으로 나타나는 선스펙트럼을 말한다.

스펙트럼과 원소의 관계

- 흡수 스펙트럼 : 검은선(흡수선)의 위치는 저온의 기체를 이루는 원소의 종류에 따라 달라진다.
- 방출 스펙트럼 : 밝은선(방출선)의 위치는 고온의 기체를 이루는 원소의 종류에 따라 달라진다.

수소의 흡수 스펙트럼

수소의 방출 스펙트럼

→ 한 원소의 흡수선과 방출선은 같은 위치(파장)에서 나타난다.

창의력을 키우는 문제

⬡ 발광 다이오드

열을 발생시켜 빛을 내는 기존의 전구와 달리 전기가 직접 반도체를 통하여 빛으로 전환된다. 발광 다이오드의 단자의 길이가 긴쪽이 (+), 짧은 쪽이 (-)이며, 극성이 있어서 순방향(+ 에서 - 쪽으로) 전지를 연결하였을 때에는 전류가 흘러 불이 켜지지만 반대 방향으로 연결하면 불이 켜지지 않는 성질이 있다.

발광 다이오드의 다른 조명에 비하여 밝고 고장이 잘 나지 않으며, 에너지 효율이 높다.

▲ 발광 다이오드

논리 서술형

02 다음 글은 반도체의 종류와 발광 다이오드(LED)에 대한 설명이다. 물음에 답하시오.

(가) 순수한 반도체는 전류가 잘 흐르지 않는다. 따라서 불순물을 첨가하는 과정인 '도핑' 과정을 통해 전류가 잘 흐를 수 있도록 만들며, 불순물의 종류에 따라 p형 반도체, n 형 반도체로 구분한다. 이들을 접촉시킨 후, p 형 반도체에 (+)전원, n 형 반도체에 (−)전원을 연결하면 전류가 흐르게 되는 데 이를 p-n 접합 다이오드(순방향)라고 한다.

(나) p-n 접합 다이오드를 제작할 때 p 형 반도체보다 n 형 반도체에 더 많은 불순물을 첨가하게 되면 전류가 흐를 때 주로 전자가 이동을 하면서 양공과 합쳐지는 과정에서 에너지를 빛의 형태로 방출하게 된다. 이러한 다이오드를 발광 다이오드(LED)라고 한다. 발광 다이오드는 반도체의 재료에 따라 방출하는 빛의 색깔이 달라져서 다양한 영상 표시 장치와 조명 장치 등으로 응용되고 있다.

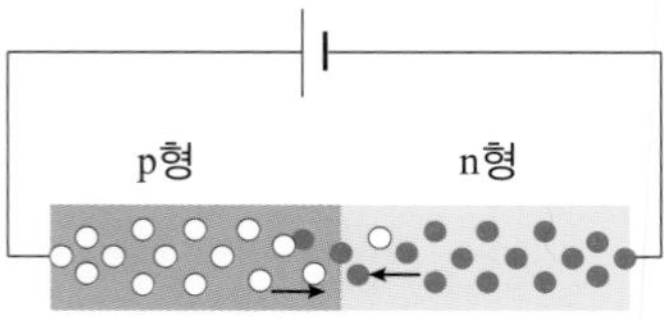

▲ p-n 접합 다이오드

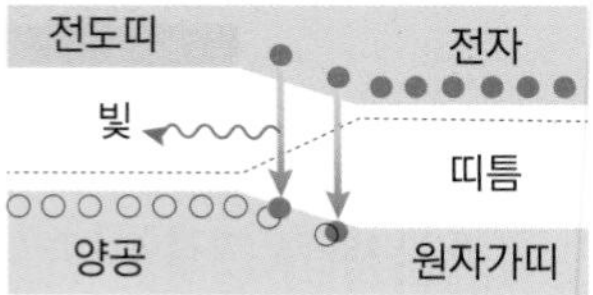

▲ 발광 다이오드의 작동 원리

(1) p-n 접합 다이오드에서 p 형 반도체에 (−)전원, n 형 반도체에 (+)전원을 연결하면 전류가 흐를까? 그 이유와 함께 설명하시오.

(2) 발광 다이오드가 다양한 색의 빛을 방출하는 원리를 설명하시오.

추리 단답형

03 태양으로부터 약 1 억 4,800 만 km 떨어진 지구에서 태양 복사 에너지의 세기는 단위 면적 $1m^2$ 당 1,370 W 이다. 태양에서 매초 가시광선으로 방출되는 광자의 수를 계산하시오. (단, 흑체 복사 스펙트럼 중 태양 복사 광자의 약 $\frac{1}{4}$ 이 가시광선에 포함되어 있으며, 가시광선의 평균 파장 $\lambda_{평균}$ = 550 nm 라고 가정하며, π = 3.14 , 플랑크 상수 h = 6.6 × 10^{-34} J·s, 빛의 속력 c = 3 × 10^8 m/s 이다.)

태양에서 공급되는 에너지

태양에서 단위 시간 동안 지구에 공급되는 에너지는 다음과 같다.

$P = (4\pi r^2)I$
$= 4 \times 3.14 \times (1.48 \times 10^{11})^2 \times 1{,}370$

추리 단답형

04 브라운관 TV(CRT TV) 는 화면 뒤의 진공관의 전자총에서 발사된 전자가 브라운관 전면에 칠해져 있는 형광막에 도달하여 스크린에 영상이 나타나는 것이다. 브라운관 내부에서 25 kV 의 가속 전압으로 발사된 전자의 드브로이 파장은 얼마인가? (단, 전자의 질량 m = 9.1 × 10^{-31} kg, 전하량 e = 1.6 × 10^{-19} C, 플랑크 상수 h = 6.6 × 10^{-34} J·s 이다.)

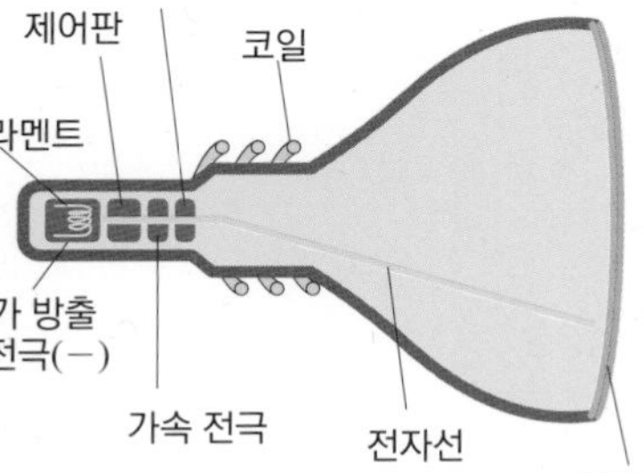

CRT TV

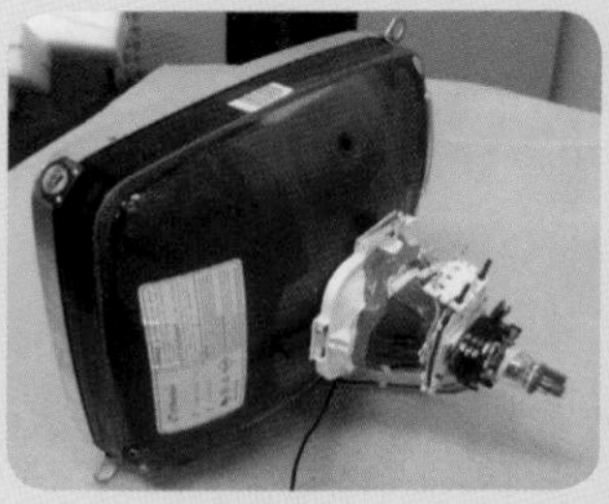

추리 단답형

05 달에서 가져온 암석 표본이다. 암석 표본에는 안정된 원소 A 원자의 수가 방사성 원소 B 원자수에 대해 1.7 : 1 의 비율로 존재하는 것을 알았다. 모든 A 원자는 반감기 0.693 년을 갖는 B 원자의 붕괴로 만들어졌다고 가정할 때, 암석의 나이를 구하시오.

- 어떤 방사성 핵종의 원소의 수를 반감기가 아닌 붕괴상수의 식으로 나타내면 다음과 같다.

$$N = N_0(2.7)^{-\lambda t}$$

- λ (붕괴 상수) $= \dfrac{0.693}{T}$, T : 반감기

달의 암석

지구에서 구할 수 있는 달의 암석인 월석은 다음 세 가지 방법으로 얻어진다. 첫째는 미국의 아폴로 계획, 둘째는 소비에트 연방의 루나 계획, 셋째는 달에서 충돌로 생겨난 파편이 지구로 온 월운석을 통해서이다. 아폴로 계획의 6차례 임무를 통해 382 kg 의 2,415 개 표본을 지구로 가져왔다. 루나 계획을 통해서는 326 g 의 표본을 얻을 수 있었다.

단계적 문제 해결형

06 **우라늄이 저속 중성자를 흡수하여 핵분열을 하는 과정과 핵분열식이다. 한국 전력 공사에서 공개한 통계 자료에 따르면 서울시에서 연간 소비하는 전기 에너지는 47,000 GWh 이라고 한다. 이를 J 단위로 변환시키면 약 4.7×10^{13} Wh = 4.7×10^{13} W × 3600 s = 1.69×10^{17} J 이 된다. 다음 물음에 답하시오. (단, 우라늄 1 개가 핵분열을 할 때 방출되는 에너지는 200 MeV, 1 eV = 1.6×10^{-19} J, 1몰은 6.02×10^{23} 개의 원자 개수이고, 1 몰의 질량은 질량수와 같다.)**

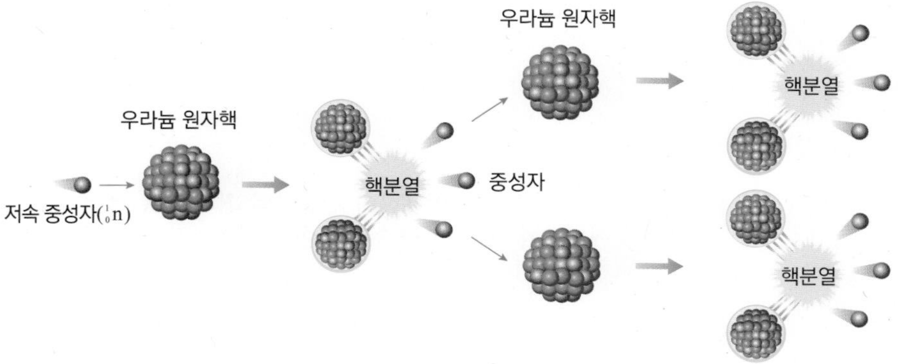

$$^{235}_{92}U + ^1_0n \rightarrow ^{141}_{56}Ba + ^{92}_{36}Kr + 3^1_0n + 200\ MeV$$

(1) 우라늄 1 몰이 핵분열할 때 방출되는 총 에너지를 구하시오. (단, 단위는 J/mol 로 구하시오.)

(2) 서울시 전력 공급을 위해 천연 우라늄만을 사용한다면 얼마만큼의 우라늄이 필요한가? (단, 천연 우라늄 금속 중 0.7 % 정도만이 $^{235}_{92}U$ 이고, 천연 우라늄의 평균 원자량은 238 이다.)

핵발전(원자력 발전)

핵발전은 우라늄과 같은 핵연료가 핵분열할 때 발생하는 에너지로 물을 끓이고, 이때 발생하는 고온·고압의 수증기로 터빈을 돌린다.

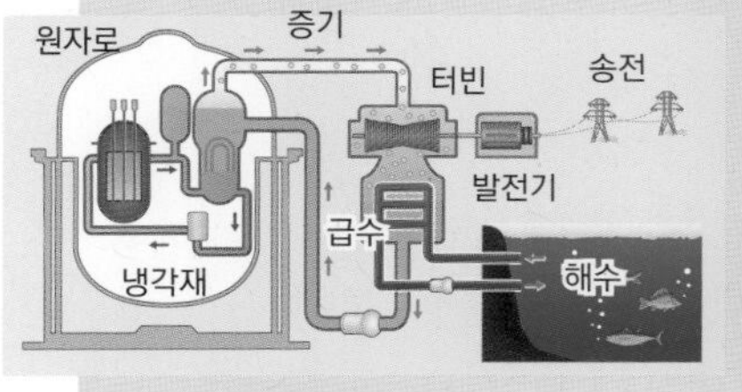

▲ 핵발전소의 구조

터빈

높은 압력의 기체나 액체가 가지는 에너지를 이용하여 수많은 날개가 달린 회전체를 회전시키는 장치이다.

발전소에서는 터빈을 이용하여 발전기의 자석을 회전시킨다.

창의력을 키우는 문제

정답 및 해설 79쪽

⬡ 광전 효과

빛에 의해 기전력이 발생되는 것에는 광전 효과와 광기전력이 있다. 빛이 금속 표면에 비춰질 때 자유 전자가 외부로 방출되는 것을 이용하여 기전력을 얻는 것이 광전 효과이고, 빛을 받은 반도체에서 전자와 양공이 서로 반대 방향으로 이동하면서 기전력이 발생하는 것을 광기전력이라고 한다.

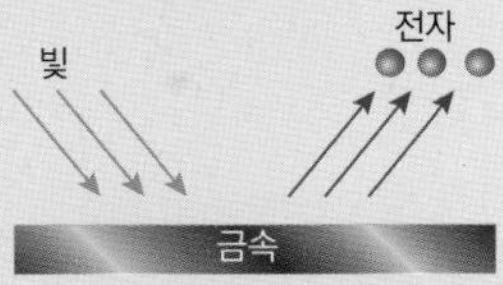

▲ 광전 효과

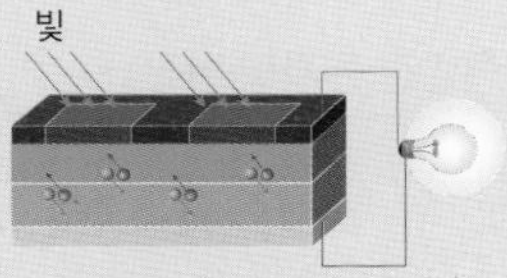

▲ 광기전력

논리 서술형

07 **광전 효과 실험 장치를 모식적으로 나타낸 것이다. 금속판의 종류에 따른 광전 효과를 비교하기 위해 니켈, 나트륨, 알루미늄을 이용하여 광전 효과를 실험하였다. 물음에 답하시오. (단, 플랑크 상수 h = 4.14×10^{-15} eV·s, 1 eV = 1.6×10^{-19} J, 빛의 속력 $c = 3 \times 10^{8}$ m/s 이고, 니켈, 나트륨, 알루미늄의 일함수는 각각 5 eV, 2.3 eV, 4.1e V 이다.)**

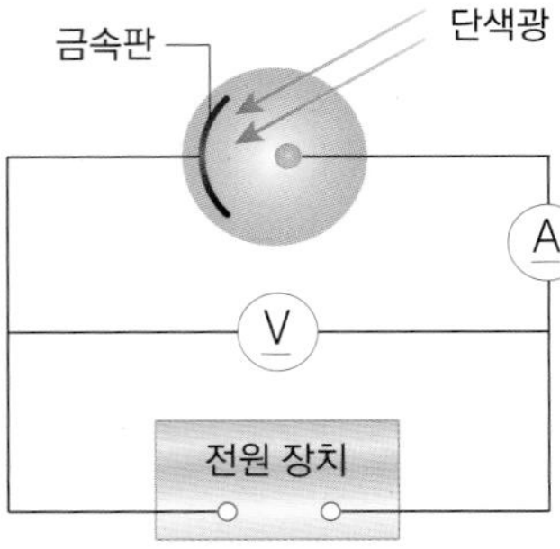

(1) 파장이 200nm 인 자외선을 이용하여 광전자의 최대 운동 에너지를 측정한다면, 최대 운동 에너지가 가장 큰 금속판은 어느 것인가? 그 이유와 함께 서술하시오.

(2) 파장이 200nm 인 자외선을 이용하여 광전자의 최대 운동 에너지를 측정할 때 광전자의 드브로이 파장이 가장 긴 금속판은 어느 것인가? 그 이유와 함께 서술하시오.

(3) 파장이 400nm(파란색) 인 단색광을 이용하여 광전자의 최대 운동 에너지를 측정한다면, 최대 운동 에너지가 가장 큰 금속판은 어느 것인가? 그 이유와 함께 서술하시오.

대회 기출 문제

정답 및 해설 79쪽

01 **보어의 원자 모형의 가설 중 양자 조건과 드브로이 물질파 이론을 적용한 수소 원자 모형을 개략적으로 나타낸 것이다.**

[대회 기출 유형]

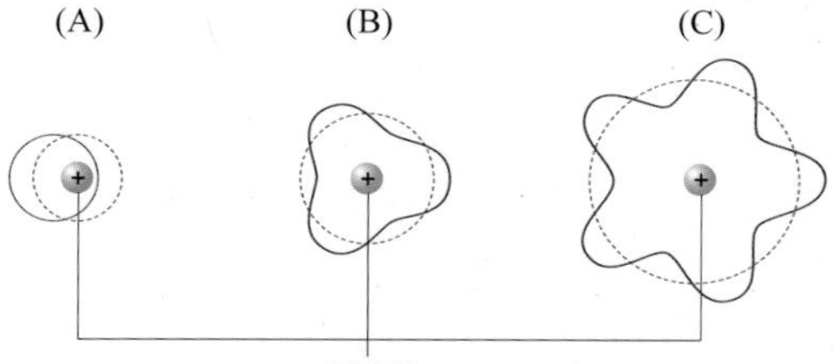

(1) A, B, C 의 양자수를 순서대로 쓰시오.

(2) (C) 의 경우 궤도의 원둘레는 드브로이의 물질파 파장의 몇 배인가?

02 **어떤 원자 내에 있는 전자의 에너지 준위를 나타낸 것이다. 전자가 E_4 에서 E_2 인 궤도로 전이할 때, 570 nm 파장 근처의 녹색 빛을 방출한다면 700 nm 파장 근처의 빨간색 빛을 방출하는 경우는?**

[대회 기출 유형]

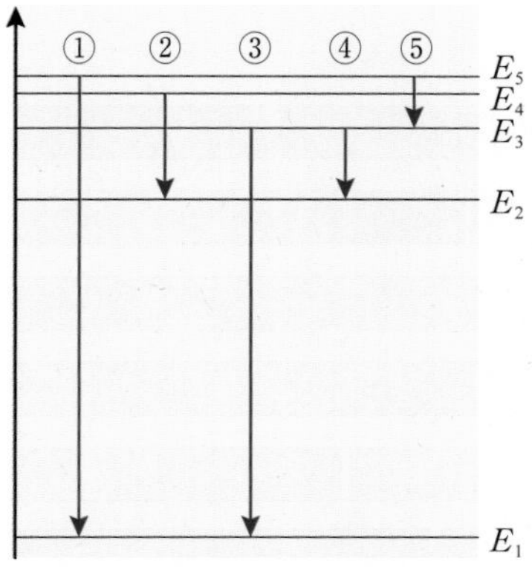

03 그림 (가)는 어떤 원자의 에너지 준위와 6 가지의 전자의 전이를 나타낸 것이고, 그림 (나)는 이 6 가지 전자의 전이에 의한 방출 스펙트럼을 나타낸 것이다.

[대회 기출 유형]

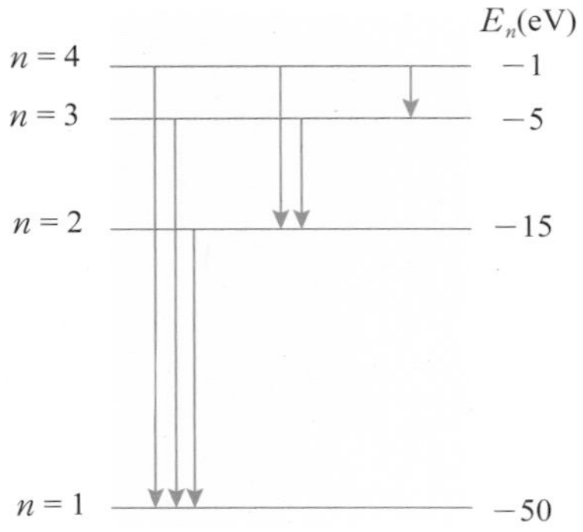

(가)

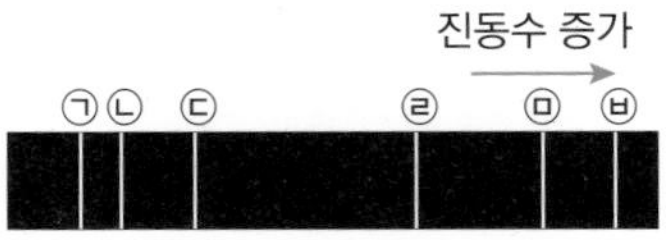

(나)

(1) 스펙트럼 ㉠ ~ ㉥ 중에서 파셴 계열에서 방출되는 스펙트럼을 있는 대로 쓰시오.

(2) 스펙트럼 ㉠ ~ ㉥ 중에서 눈에 보이는 빛을 방출하는 스펙트럼을 있는 대로 쓰시오.

(3) 스펙트럼 ㉠ ~ ㉥ 중에서 n = 2 에서 n = 1 인 에너지 준위로 전이하면서 방출하는 스펙트럼은 무엇인가?

04 불꽃 반응으로 구별하기 어려운 원소들을 분석하기 위해 각 물질의 불꽃을 분광기로 분산시켜 얻은 선스펙트럼이다. 알고 있던 원소 A, B 의 선스펙트럼과 비교하여 분석해 보니 여러 가지 사실들을 알 수 있었다.

[특목고 기출 유형]

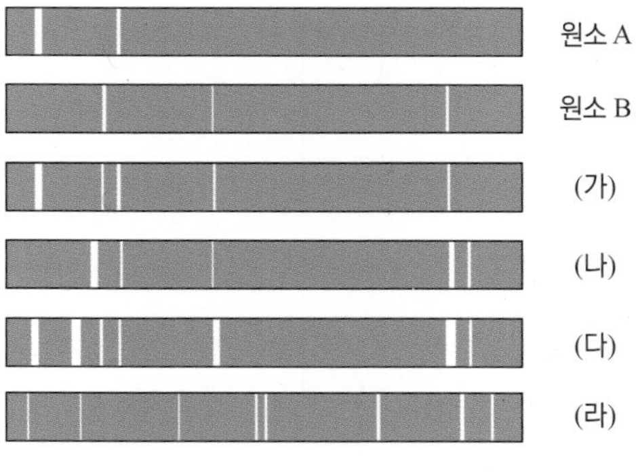

(1) 원소 A 와 B 가 모두 들어 있는 물질의 스펙트럼을 있는 대로 고르시오.

(2) 원소 A 와 B 가 모두 들어 있지 않은 물질의 스펙트럼을 있는 대로 고르시오.

05 그림 (가)는 수소 원자의 선스펙트럼의 일부를 파장에 따라 나타낸 것이고, 그림 (나)는 전자가 A, B, C 경우로 각각 전이하는 과정을 모식적으로 나타낸 것이다. 이에 대한 설명으로 옳은 것만을 〈보기〉에서 있는 대로 고른 것은?

[수능 기출 유형]

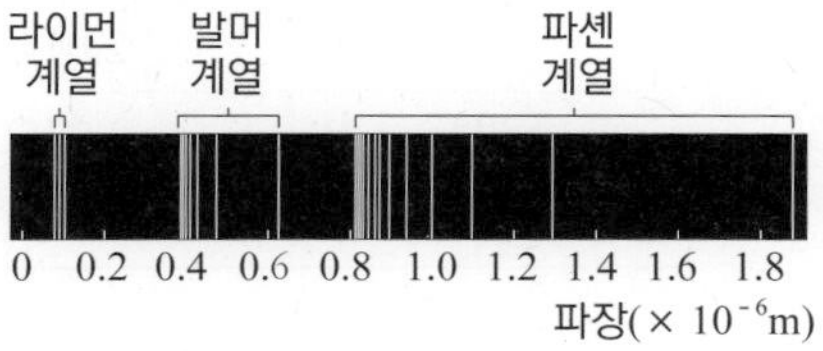

(가)

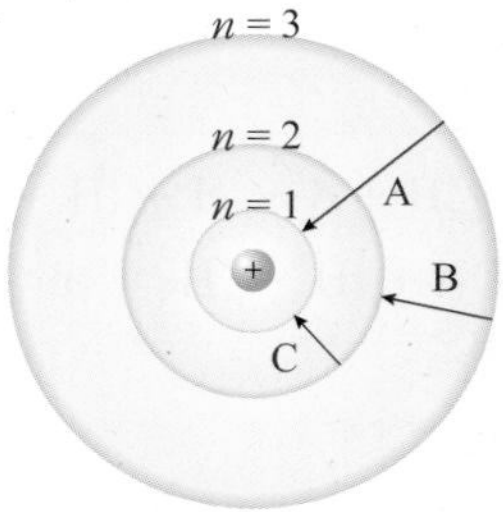

(나)

보기

ㄱ. A 에서 방출하는 전자기파는 라이먼 계열에 속한다.
ㄴ. A 에서 방출하는 광자 한 개의 에너지는 B 에서 방출하는 광자 한 개의 에너지보다 작다.
ㄷ. 방출된 전자기파의 파장은 C 에서가 B 에서보다 짧다.
ㄹ. 전자와 원자핵 사이에 작용하는 전기력의 크기는 $n = 2$ 인 상태에서가 $n = 3$ 인 상태에서보다 작다.

① ㄱ ② ㄱ, ㄷ ③ ㄴ, ㄷ ④ ㄱ, ㄴ, ㄷ ⑤ ㄴ, ㄷ, ㄹ

06 그림은 세 입자 ㉠, ㉡, ㉢이 균일한 자기장에 수직으로 입사하여 운동하는 경로를 나타낸 것이다. 자기장은 종이면에 수직으로 들어가는 방향이고, ㉠, ㉡, ㉢은 전하량이 $+\frac{2}{3}e$ 인 위(u) 쿼크와 전하량이 $-\frac{1}{3}e$ 인 아래(d) 쿼크의 조합으로 구성되어 있다.

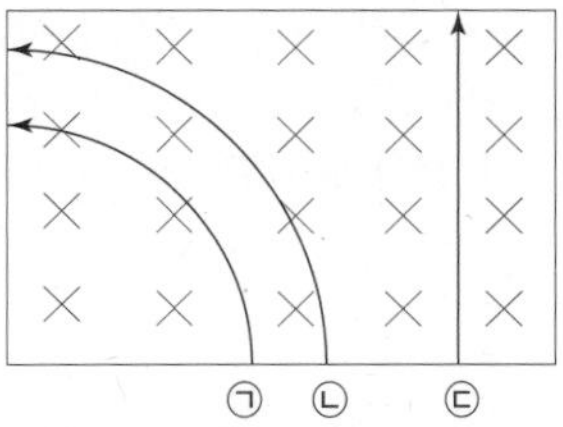

이에 대한 설명으로 옳은 것만을 〈보기〉에서 있는 대로 고른 것은? (단, $e = 1.6 \times 10^{-19}$ C 이고, ㉠, ㉡, ㉢은 각각 3 개의 쿼크로 구성되어 있고, 전자기파 발생은 무시한다.)

[수능 기출 유형]

보기

ㄱ. ㉠ 과 ㉡ 은 양(+)의 전하를 띤다.
ㄴ. ㉠ 과 ㉡ 의 전하량의 크기가 같은 경우, 운동량의 크기는 ㉠ 이 ㉡ 보다 크다.
ㄷ. ㉢ 의 쿼크 조합은 uud 이다.

① ㄱ ② ㄴ ③ ㄱ, ㄴ ④ ㄴ, ㄷ ⑤ ㄱ, ㄴ, ㄷ

07 어떤 원자핵 A 가 포함되어 있는 핵반응식 ㉠과 ㉡ 을 나타낸 것이고, 표는 각각의 원자핵의 원자 질량을 나타낸 것이다. E_1 과 E_2 는 각각 ㉠ 과 ㉡ 의 핵반응 후에 방출되는 에너지이다.

[수능 기출 유형]

㉠ ${}^{2}_{1}H + A \rightarrow {}^{3}_{1}H + {}^{1}_{1}H + E_1$

㉡ $A + {}^{3}_{1}H \rightarrow {}^{4}_{2}He + {}^{1}_{0}n + E_2$

원자핵	원자 질량(u)
${}^{1}_{1}H$	1.00867
${}^{2}_{1}H$	2.01410
${}^{3}_{1}H$	3.01605
${}^{4}_{2}He$	4.00260

(1) A 에 해당하는 원자핵을 쓰시오.

(2) ㉠ 과 ㉡ 에서 방출되는 에너지 E_1 과 E_2 의 크기를 비교하시오.

08 동일한 위치에 정지해 있던 입자 A, B 가 중력에 의해 등가속도로 떨어지고 있다. 입자 A 가 h 만큼 떨어졌을 때 물질파의 파장을 λ_A, 입자 B 가 $4h$ 만큼 떨어졌을 때 물질파의 파장을 λ_B 라 하면, $\lambda_A : \lambda_B$ 는? (단, 입자 A, B의 질량은 각각 m, $3m$ 이다.)

[수능모의평가 기출 유형]

09 그림 (가) 는 전자빔 발생 장치에서 나와 간격이 d 인 이중 슬릿을 통과하여 L 만큼 떨어진 스크린의 각 지점에 도달하는 전자의 수를 전자 검출기로 측정하는 모습을 나타낸 것이다. 그림 (나)는 (가)의 전자빔 발생 장치에서 나오는 운동 에너지가 E 인 전자들을 사용하여 스크린의 각 지점에서 일정한 시간 동안 검출기로 측정한 전자의 수를 개략적으로 나타낸 것이다. 전자빔의 간섭 무늬 간격이 y 일 때, 운동 에너지 E 를 구하시오. (단, 전자의 질량은 m, 플랑크 상수는 h 이며, $L \gg d$ 이다.)

[특목고 기출 유형]

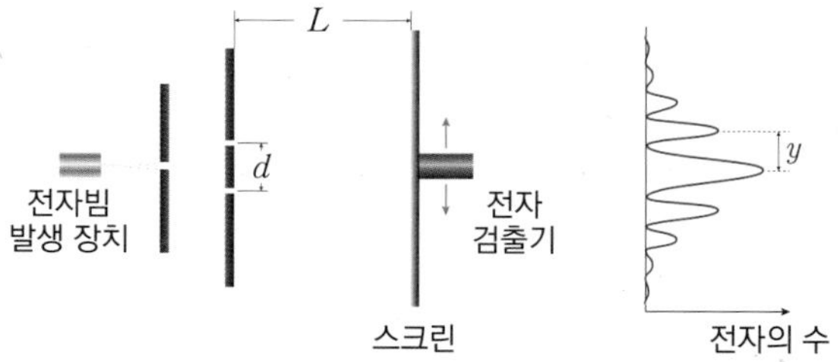

(가) (나)

10 그림과 같이 백열등 A 에서 나온 빛이 조리개 B, 볼록 렌즈 C, 프리즘 D, 볼록 렌즈 E, 조리개 F 를 지나 광전 효과 장비 G 의 금속판에 도달하였다. G 안에는 금속판 H, 전원 M, 전류계 I, 전압계 J 등이 연결되어 있다. 빛이 금속판에 도달하는 것을 확인하였지만 광전 효과에 의한 전류계에서 관측되지 않았다. 전류계에서 광전 효과에 의한 전류를 관측할 수 있도록 시도해 볼 수 있는 실험 방법으로 옳은 것만을 <보기>에서 있는 대로 고른 것은? (단, 조리개는 빛을 통과시키는 넓이를 조절하는 장치이다.)

[중학생 물리대회 기출 유형]

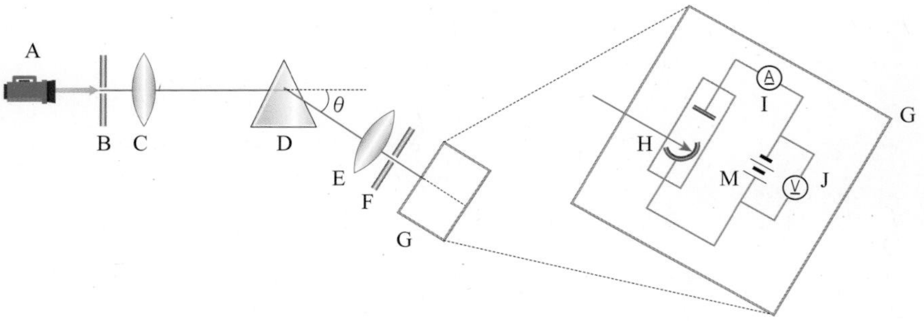

보기

ㄱ. 다른 장비는 그대로 두고 백열등 A 를 보라색 램프로 바꾼다.
ㄴ. 다른 장비는 그대로 두고 E, F 와 G 를 함께 움직여 각 θ 를 더 크게 한다.
ㄷ. 다른 장비는 그대로 두고 전원 M 의 양극과 음극을 바꾸어 본다.

① ㄱ ② ㄴ ③ ㄱ, ㄷ ④ ㄴ, ㄷ ⑤ ㄱ, ㄴ, ㄷ

11 어떤 물질에 방사성 원소가 포함되어 있다. 이 원소의 개수가 원래 개수의 N_0 의 절반인 $\frac{1}{2}N_0$ 로 줄어든 순간부터 $\frac{1}{8}N_0$ 가 될 때까지 70 분 걸렸다. 이 물질의 방사성 원소가 원래 개수의 N_0 로부터 $\frac{1}{32}N_0$ 가 될 때까지 걸리는 시간은 몇 분인가?

[중학생 물리대회 기출 유형]

우주 최초의 입자 찾기! - 입자 가속기

세계 최대 입자 가속기는 지구를 삼킬 가능성이 있다?!

물질의 가장 기본이 되는 단위 물질을 찾기 위한 과학자들의 연구는 계속되고 있다. 이러한 연구를 뒷받침하기 위한 중요한 과학실험장치가 '입자 가속기'이다. 입자 가속기에 의해 큰 운동 에너지를 얻은 입자들은 다른 입자들과 충돌하여 새로운 소립자들을 만들어 내며, 이때 생성된 소립자들의 물리량을 분석하면 입자를 구성하는 물질들을 알아낼 수 있다.

▲ 유럽가속기연구소의 전체 전경

그림 속 원형이 거대강입자 가속기를 나타낸다. 지름이 9km, 둘레가 27km이다.

거대강입자 가속기

세계 최대 입자 가속기는 스위스 유럽가속기연구소(CERN)의 거대강입자 가속기(LHC)이다. 우주 탄생의 순간인 빅뱅의 신비를 풀기 위해 44억 파운드를 들여 스위스 제네바 근처 지하에 건설된 거대강입자 가속기는 둘레가 27㎞나 되며 두 개의 입자 빔을 광속에 가까운 속도로 충돌시켜 우주 탄생의 이론적 기원인 빅뱅 직후의 상황을 재현하는 실험을 진행한다. 이 가속기는 1964년 가설로 제시됐으나 그간 증명할 수 없었던 우주 창조 빅뱅의 아원자인 힉스 소립자의 존재를 2013년 입증했다.

거대강입자 가속기의 가동을 앞두고 '가속기 내에서 양성자가 충돌할 때 아주 작은 인공 블랙홀이 만들어지고 이 블랙홀이 4년 안에 지구를 완전히 삼킬만한 크기로 팽창할 수 있다.'고 하며 과학자들이 우려하였지만 그런 일은 발생하지 않았다.

▲ 캐나다국립입자핵물리연구소(TRIUMF)

캐나다국립입자핵물리연구소(TRIUMF)의 사이클로트론

▲ 한국원자력연구원(KAERI)의 사이클로트론

30MeV(메가 일렉트론 볼트)급 중형 사이클로트론 'RFT-30'

Imagine Infinitely

거대강입자 가속기는 매초 수많은 미니 블랙홀을 만든다. 양성자끼리의 충돌 때문에 미니 블랙홀이 만들어지더라도 이 블랙홀은 나노(1나노 초 = 10-9초)의 나노의 나노 초만큼 존재하며, 지구나 태양계를 집어삼킬 만한 거대한 블랙홀이 만들어지기까지는 수십억 년 ~ 수백억 년이 걸리기 때문에 아무런 문제가 발생하지 않는다고 과학계에서 설명하였다.

입자 가속기는 입자를 가속하는 방법에 따라 선형 가속기와 원형 가속기로 나눌 수 있다. 이 중 원형 가속기에 속하는 '사이클로트론'은 전하를 띤 입자가 균일한 자기장 속에서 로런츠 힘을 받으면 원운동을 한다는 사실을 이용한 것이다.

속이 빈 D자형 금속통 두 개를 금속통과 수직 방향으로 형성된 균일한 자기장 속에 마주 보게 놓은 후 가속된 입자가 금속통 속에 입사하게 되면 입자는 로런츠 힘에 의해 원운동을 하게 된다. 이때 입자가 다른 금속통으로 이동을 하게 되면 전기장에 의해 가속되어 점차 빨라지게 되며, 원운동의 반지름도 커지게 된다. 원운동의 주기는 반지름의 크기와 속력과는 상관이 없이 일정하므로 같은 주기의 고주파 전압을 걸어주면 통 사이를 왕복할 때마다 전기력에 의해 조금씩 더 큰 원을 그리며 가속되어 매우 큰 운동 에너지를 갖게 할 수 있다.

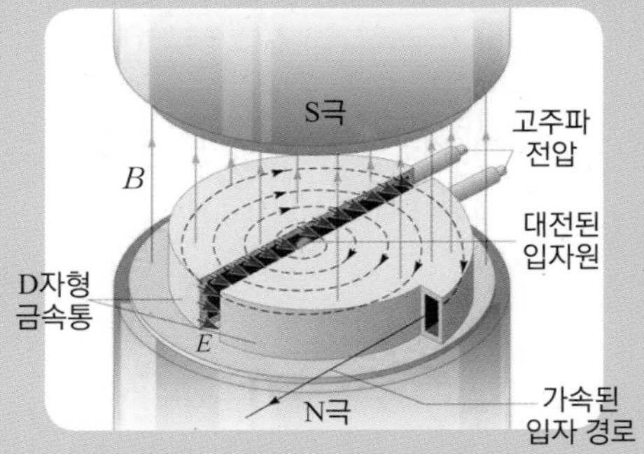

▲ 사이클로트론의 원리

방사선 치료에도 사용되는 입자 가속기

입자 가속기를 이용한 연구 분야는 매우 다양하다. 기본적으로 물질의 근본과 우주의 근원을 알기 위한 입자 물리 분야에서 뿐만 아니라 바이러스 및 암 발생 과정 연구와 단백질 구조 연구를 통한 신약 개발, 반도체, 재료공학 분야, 의학 분야 등 활용 분야가 매우 다양하다. 이 중 의학 분야에서는 주로 암치료에 활용되고 있다. 빛의 속도 정도로 입자를 가속시킨 뒤 환자에게 쏘아주면 정상 조직에는 피해를 주지 않고 암세포를 파괴시켜 암을 치료할 수 있다.

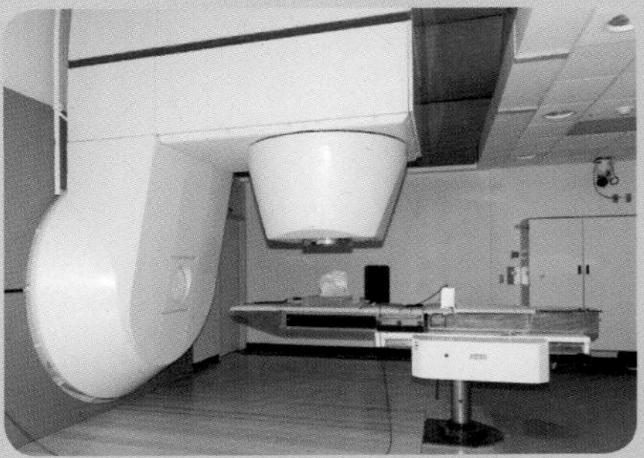

▲ 중성자 방사 치료

사이클로트론과 선형 가속기를 이용하여 방출된 중성자 빔을 쏘여 환자를 치료한다.

정답 p 80

Q1 사이크로트론의 원리에서 원운동하는 입자의 주기는 반지름의 크기와 속력과는 상관없이 일정하다. 이를 식을 이용하여 설명하시오.

Q2 D자형 금속통의 반지름이 53 cm 인, 균일한 자기장 1.57 T 속에 놓여 있는 사이클로트론이 있다. 이 사이클로트론에서 가속된 중양성자의 운동 에너지는 얼마인가?(단, 중양성자의 질량 $m = 3.34 \times 10^{-27}$ kg, 전하량은 1.60×10^{-19} C 이다.)

MEMO

무한상상

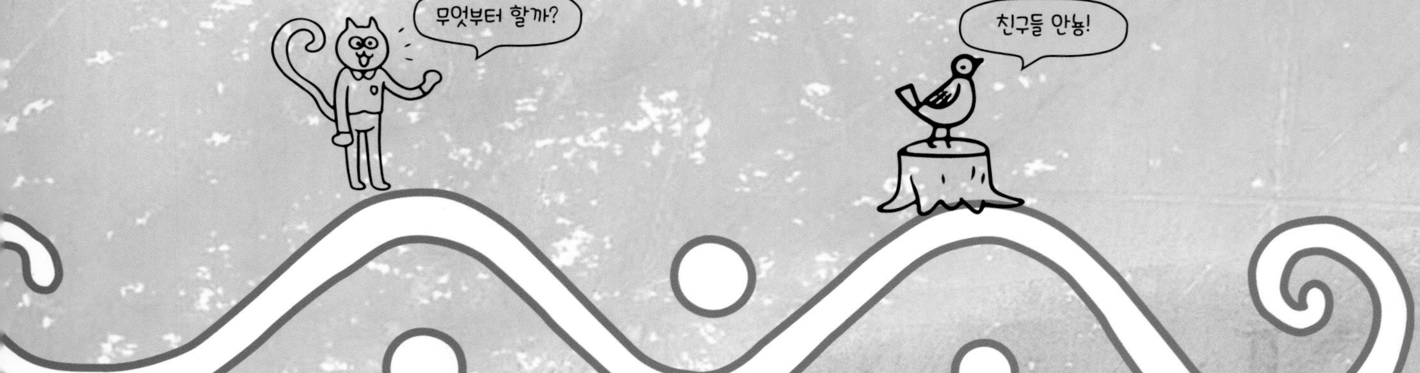

무한상상

창·의·력·과·학

아이 I&I 앤 아이

윤찬섭 저

물리학(하)

정답 및 해설

개정2판

무한상상

창·의·력·과·학

아이앤아이 I&I

물리학(하)

개정2판

정답과 해설

무한상상

V. 전기 (1)

개념 보기

Q1 $\frac{1}{4}$ 배로 작아진다.　　Q2 척력이 작용하여 멀어진다.
Q3 B : 금속판, C : 금속박　　Q4 ㉡, ㉢
Q5 $k\frac{q}{2d}$

Q1 $\frac{1}{4}$ 배로 작아진다.

해설 | 전기력 $F = k\frac{q_1q_2}{r^2}$ 이므로, r 을 2 배로 하면, 전기력은 $\frac{1}{2^2}$ 배로 작아진다.

Q4 ㉡, ㉢

해설 | 전기장의 방향은 전기장 속에 놓인 단위 양전하가 받는 힘의 방향과 같다. 따라서 다음 그림과 같이 A점에서 전기장 방향은 ㉡ 방향의 척력 방향, B점에서 전기장 방향은 ㉢으로 인력 방향이다.

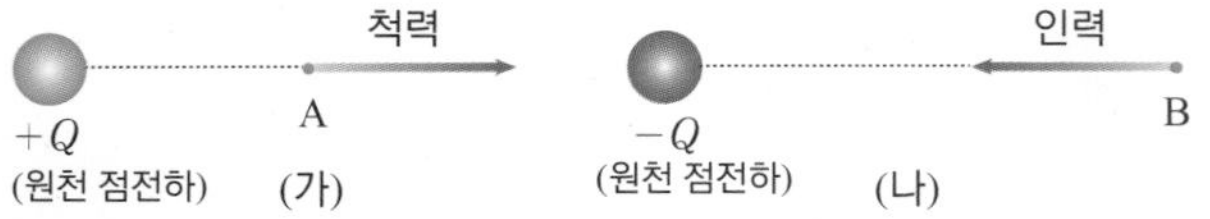

Q5 $k\frac{q}{2d}$

해설 | 전하량이 $+q$ 인 원천 점전하로부터 각각 $2d$, d 만큼 떨어져 있는 A 점과 B 점에서 전위를 각각 V_A, V_B 라고 할 때, 전위차 V 는 다음과 같다.(V_B 가 V_A 보다 크다.)

$$V_A = k\frac{q}{2d},\ V_B = k\frac{q}{d} \rightarrow \therefore V = V_B - V_A = k\frac{q}{2d}$$

개념 확인 문제

정답　　19 ~ 25쪽

전기의 발생과 전기력

01 ①, ②, ④, ⑥, ⑦　　02 (1) ④　(2) ④　(3) ①　(4) ③
03 ②　　04 ②　　05 C 와 D : 인력, B 와 D : 인력　　06 ⑤
07 다른, 같은　　08 정전기 유도 현상
09 (1) A : (−) (음) 전기, B : (+) (양) 전기　(2) B → A　(3) 인력
10 ④　　11 (−) 전기　　12 ④　　13 ②　　14 ⑤
15 땅에서 도체 구로 이동한다.
16 ①　　17 (−) 전기, 벌어진다.　　18 (+) 전기
19 오므라든다.　　20 더 벌어진다.　　21 오므라든다.
22 ②　　23 (과정 1) 금속판 : (+) 전기, 금속박 : (−) 전기
(과정 2) 금속판 : (+) 전기, 금속박 : 중성
(과정 3) 금속판 : (+) 전기, 금속박 : (+) 전기, 검전기 : (+) 로 대전
24 ④　　25 ③　　26 ②

전기장과 전위

27 5 N/C　　28 3×10^4 N/C, 오른쪽
29 A (−), B (+)　　30 ②　　31 (1) ②　(2) $\sqrt{2}F$
32 4 m　　33 $V_R > V_Q > V_P$　　34 ②, ⑤
35 $k\frac{Q}{2r}$　　36 -4.5×10^3 V
37 1.6×10^{-19} J　　38 $\sqrt{2} : \sqrt{3}$　　39 1.1×10^6 m/s

01 ①, ②, ④, ⑥, ⑦

해설 | ① 건조할수록 전자의 이동이 원활히 이루어져 마찰 전기가 잘 일어난다. 건조한 가을, 겨울에 마찰 전기가 많이 일어난다.
② 마찰로 인해 전기를 띄는 것을 마찰 전기라고 한다. 마찰이 있을 때, 대전열에 따라 전자가 이동하게 되는데 전자의 이동이 일어나지 않으면 마찰 전기가 아니다.
③ 같은 물체라면 대전열이 같으므로 마찰 전기가 발생하지 않는다.
④ 마찰시켜서 전기를 띠게 한 것이 마찰 전기이다. 유도 과정을 통하여 물체에 전기를 띠게 할 수 있다.
⑤ 대전열에 따라 한 물체는 (+) 전기로 대전되고, 다른 물체는 (−) 전기로 대전된다.
⑥ 중성일 때 (+) 와 (−) 의 전하량이 같다.
⑦ 한 물체는 (+) 전기, 다른 한 물체는 (−) 전기로 대전되어 서로 인력이 작용한다.
⑧ 전자가 공기 중으로 유출되어 전기적으로 대전된 상태를 오랫동안 유지할 수 없다.
⑨ 전자를 얻으면 (−) 전기를 띠게 된다.

02 (1) ④　(2) ④　(3) ①　(4) ③

해설 | (1) 물질은 전자를 잃으면 (+) 전기로 대전이 되고, 전자를 얻으면 (−) 전기로 대전이 된다. 주어진 대전열에서는 왼쪽에 있는 털가죽이 전자와의 결합력이 가장 약하여 전자를 잃기 쉬워서 (+) 전기로 대전이 되는 물질이고 오른쪽에 있는 에보나이트가 전자와의 결합력이 가장 강하여 전자를 얻기 쉬워서 (−) 전기로 대전이 되는 물질이다. 유리막대와 마찰하여 유리막대에게 전자를 빼앗기는 물질은 왼쪽의 털가죽 밖에 없다. (전자는 마찰 과정에서 한쪽에서 다른 한쪽으로 이동한다.)
(2) 고무 조각은 명주 헝겊보다 전자와의 결합력이 강하다. 그러므로 두 물질을 마찰시키면 명주 헝겊에서 고무 조각으로 전자가 이동하여 명주 헝겊은 (+) 전기로 대전이 되고, 고무 조각은 (−) 전기로 대전이 된다.
(3) (+) 전하끼리 또는 (−) 전하끼리는 밀어내는 힘(척력)이 작용하고, (+) 전하와 (−) 전하 사이에는 잡아당기는 힘(인력)이 작용한다. 마찰시킨 두 물체는 반드시 다른 종류의 전기로 대전이 되므로 항상 인력이 작용하여 서로 잡아당긴다.
(4) 대전열에서 멀리 떨어질수록 결합력의 차이가 커져서 마찰했을 때 마찰전기가 잘 발생하게 된다.

03 ②

해설 | 그림에서 A 는 전자이고 B 는 원자핵이다.
① 전자는 원자핵과의 일정한 거리를 두고 원자핵 주위에 분포한다.
② 원자핵은 무거워서 다른 물질로 이동할 수 없다. 전자가 이동한다.

③ 전자는 (−) 전기를 띤다.
④ 원자핵은 중성자와 양성자로 구성되므로 (+) 전기를 띤다.
⑤ 전자 4 개, 양성자 4 개 로 전기적으로 중성이다.

04 ②
해설 | 마찰 시키면 서로 다른 전기를 띤다. A 와 B → 서로 다른 전기, C 와 D → 서로 다른 전기, E 와 F → 서로 다른 전기
A 와 C → 인력 → 서로 다른 전기 → A 와 D 서로 같은 전기
A 와 E → 척력 → 서로 같은 전기 → A 와 F 서로 다른 전기
그러므로 A, D, E 가 서로 같은 전기, B, C, F 가 서로 같은 전기이다.

05 C 와 D : 인력, B 와 D : 인력
해설 | C 와 D : 대전체와 중성인 금속판은 대전체가 무슨 극을 띠던지 인력이 작용한다.
B 와 D : A 와 B 사이에는 인력이 작용하므로 서로 다른 극이고, A 와 D 는 척력이 작용하므로 서로 같은 극이다. 따라서 D 와 B 는 극이 다르기 때문에 인력이 작용한다.

06 ⑤
해설 | 표를 근거로 대전열을 적어보면 다음과 같다. 두 물체를 마찰 시켰을 때 (+) 전기를 띠는 것은 왼쪽, (−) 전기를 띠는 것은 오른쪽에 적었다.
(+) 전기 D B A C E (−)전기
따라서 D 와 E 를 마찰시키면 마찰전기가 가장 잘 발생한다.

07 다른 , 같은
해설 | 도체에는 자유롭게 이동할 수 있는 (−) 전기를 띤 자유 전자가 많이 있기 때문에 도체에 대전체를 가까이 가져가면 전하 사이에 작용하는 전기력에 의해 전자가 이동하게 된다. (−) 전기로 대전된 대전체는 도체(금속)의 자유 전자를 밀어내어 대전체와 가까운 쪽에는 전자가 없어지게 되어 (+) 전기로 대전이 되고 대전체와 먼 쪽에는 전자들이 많아지게 되어 (−) 전기로 대전이 된다.
(+) 전기로 대전된 대전체를 가까이 가져가면 전자가 가까운 쪽으로 끌려와 대전체와 가까운 부분에는 (−) 전기로 대전이 되고 먼 부분에는 전자가 끌려가서 없어졌으므로 (+) 전기로 대전이 된다.

08 정전기 유도 현상
해설 | 전기적으로 중성인 도체(금속)를 대전시키는 방법은 도체에 골고루 분포되어 있는 전자를 한쪽으로 모으는 방법이다. 전자는 (−) 전기를 띠고 있으므로 전자기력에 의해서 한쪽으로 모을 수 있다. 전자기력을 발생시키기 위해서 전기를 띤 물체(대전체)를 도체에 가까이 가져가는 것이다. 이렇게 전자를 한쪽으로 유도하여 도체를 대전시키는 방법을 '정전기 유도'라고 하고 도체에 정전기 유도가 일어나는 현상을 '정전기 유도 현상'이라고 한다.

09 (1) A : (−) 전기, B : (+) 전기 (2) B → A (3) 인력
해설 | (1) 정전기 유도 현상에 의해 대전체의 가까운 부분에는 반대 종류의 전기가, 먼 부분에는 같은 종류의 전기가 나타나게 된다.
(2) 금속 막대에서 B 쪽의 전자는 대전체의 (+) 전기에 의해 인력을 받아서 A 쪽으로 이동하게 된다.
(3) 유리 막대와 가까운 A 부분에는 (−) 전기로 대전이 되고 금속 막대와 먼 B 부분에는 (+) 전기로 대전이 된다. 유리 막대와 가까운 A 부분 사이에 작용하는 전기력이 크므로 인력이 작용한다.

10 ④
해설 | 대전체와 가까운 A 쪽의 전자가 B 쪽으로 몰려가고 두 금속 구를 떼어냈으므로 A 는 (+) 전기를, B는 (−) 전기를 띤다.

11 (−) 전기
해설 | 금속 막대는 대전체에 의해서 정전기 유도 현상을 보이는데 대전체와 가까운 쪽에는 반대 종류의 전기가 먼 쪽에는 같은 종류의 전기가 발생할 것이다. 고무 풍선이 밀려난 것으로 보아 금속 막대와 척력이 작용한 것이다. 고무 풍선과 가까운 쪽의 금속에는 고무 풍선과 같은 종류의 (−) 전기가 있어야 하고 그러기 위해서는 대전체와 가까운 쪽(고무 풍선과 먼 쪽)의 금속에는 (+) 전기가 유도되어 있어야 한다. 대전체와 가까운 쪽에 (+) 전기가 유도되기 위해서는 대전체는 (−) 전기로 대전되어 있어야 한다.

12 ④
해설 | 물 분자에 유도 전기가 생기게 된 것이다. 이와 관련이 있는 것은 ④ 정전기 유도이다. 부도체(절연체)에서의 정전기 유도를 유전 분극이라고 한다.

13 ②
해설 | 손가락을 접촉시킨 것은 도체 구의 전자들에게 대전체와 멀리 떨어질 수 있는 경로를 제공한 것과 같다. 도체 구의 전자들은 손가락을 타고 땅으로 들어가 없어지고, 손가락을 떼는 것과 동시에 대전체를 치우면 도체 구에는 원래보다 전자가 적어져 (+) 전기를 띠게 된다.

14 ⑤
해설 | 중성인 금속 구에 (−) 전기를 띤 금속 막대가 닿는다면 전자가 많은 에보나이트 막대에서 중성의 금속구로 전자가 이동하게 된다. 때문에 막대와 구는 전기적으로 모두 (−) 전기를 띠게 되어 척력이 작용하게 된다. 그리고 금속 구 표면의 전자는 에보나이트 막대로부터 척력을 받아 막대로부터 먼 쪽으로 쏠리게 된다. 금속 구에 (−) 전기가 멀리 쏠려있고, 척력을 나타낸 ⑤가 답이다.

15 땅에서 도체구로 이동한다.
해설 | 접지를 시키는 것은 손가락을 대는 것과 같다. 접지 선을 통하여 전자가 이동하게 되는데 현재는 도체 구의 전자를 (+) 대전체가 잡아당기고 있는 중이므로 접지된 선을 통하여 전자가 땅에서 도체 구로 이동한다.

16 ①
해설 | 금속박 검전기는 금속박과 금속판이 금속 막대로 연결되어 있고, 유리병 등에 고정되어 있는 것이다. 금속박을 유리병 속에 넣는

이유는 금속박이 너무 가볍기 때문에 바람 등에 의해서 날릴 우려가 있기 때문이다. 금속판에 대전체를 가까이 가져가면 정전기 유도 현상에 의해 대전체와 가까운 금속판은 대전체와 반대 종류의 전기가, 대전체와 먼 곳의 금속박은 대전체와 같은 종류의 전기가 유도된다.

(+)전기로 대전된 대전체를 검전기에 가까이한 경우의 전하 분포 및 작용하는 힘

금속박은 두 가닥으로 되어있고, 두 가닥이 모두 같은 종류의 전기로 대전되므로 서로 척력이 작용하여 벌어지는 것이다. 문제에서는 (+) 전기로 대전된 대전체를 가까이 가져갔으므로 금속판은 (−) 전기로 대전이 되고, 금속박은 (+) 전기로 대전이 된다.

17 (−) 전기, 벌어진다.

해설 | 정전기 유도 현상에 의해 대전체와 가까운 곳에 있는 금속판은 (+) 전기가 유도되고, 먼 곳에 있는 금속박에는 (−) 전기가 유도된다. 두 가닥의 금속박이 같은 종류의 전기로 대전이 되었으므로 서로 밀어내어 금속박이 벌어진다. 이 전기들은 모두 금속의 표면에 분포한다.

18 (+) 전기

해설 | 대전체가 띠고 있는 (+) 전기에 의해 금속박의 남아 있던 전자가 금속판으로 이동하게 되어 금속박은 더 강하게 (+)전기를 띠게 되어 더 많이 벌어지게 된다. 이때 금속판은 금속박으로부터 이동해 온 전자에 의해 더 약하게 (+) 전기를 띠게 된다.

19 오므라든다.

해설 | 대전체의 (-) 전기와의 전기력에 의해 금속판에 남아 있던 (-) 전자가 (-)대전체와 작용하는 전기력에 의해 밀려서 금속박으로 이동하여 금속박은 (+) 전기가 없어지게 되어 오므라들고, 금속판은 전자가 더욱 없는 상태가 되어 더 많은 (+) 전기를 띠게 된다.

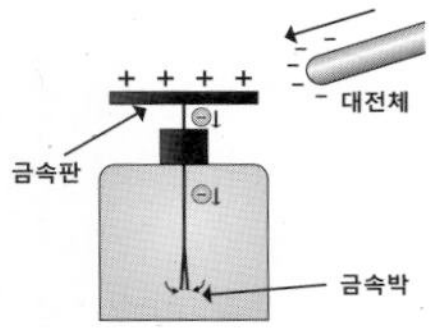

20 더욱 벌어진다.

해설 | 금속판의 (−) 전자가 대전체의 (−) 전기로부터 미는 힘 (척력)을 받아 먼 쪽(금속박 쪽)으로 밀려간다. 금속박은 (−) 전기가 더 많아 지게 되어 서로 미는 힘이 더 커지게 되어 더 많이 벌어지게 된다.

21 오므라든다.

해설 | 대전체의 (+) 전기는 (−) 전기와 서로 잡아당기는 전기력을 작용한다. 금속박에 있던 (−) 전기가 전기력에 의해 금속판으로 이동하게 되어 금속판은 더 많은 (−) 전기로 대전이 되고, 금속박은 (−) 전기가 적어지게 되어 금속박 사이에 작용하는 전기력도 약하게 되어 결국 오므라들게 되는 것이다. 즉, 금속박의 (−) 전자가 대전체와의 인력때문에 금속판으로 이동하게 된다.

22 ②

해설 | 금속박 검전기로는 대전체의 전하의 양, 전하의 종류, 물체가 대전된 여부를 알 수 있지만 대전체를 이루는 물질은 알아낼 수 없다.

① 대전체의 전하의 양이 많을수록 금속박이 더 많이 열린다.

③ 대전되지 않은 물체는 금속박을 벌어지게 할 수 없다.

④ 검전기를 대전시키고 대전된 전기의 종류를 알고 있으면, 물체를 검전기에 가까이 했을 때, 물체가 검전기와 같은 전기를 갖고 있다면 금속박은 더 많이 열리고, 반대 종류의 전기를 갖고 있다면 금속박은 오므라든다.

23 (과정 1) 금속판 : (+) 전기, 금속박 : (−) 전기(열린다.)
(과정 2) 금속판 : (+) 전기, 금속박 : 중성(오므라든다.)
(과정 3) 금속판 : (+) 전기, 금속박 : (+) 전기, 검전기 : (+) 전기

해설 | 대전체와 접지 현상을 이용하여 검전기를 대전시키는 과정이다.

(-)의 대전체를 접근시킨다	(-)의 대전체를 접근시킨 채 접지시킨다	대전체와 손을 치운다
1 	2 	3 
(-)의 대전체에 의해 금속판- (+) 금속박- (-)	금속판- (+) 금속박- (중성)	금속판- (+) 금속박- (+) 검전기가(+)로 대전되었다

(과정 1) 정전기 유도 현상이 발생하여 금속판에서 금속박으로 전자가 이동하여 금속판에는 대전체와 반대 종류의 전기인 (+) 전기가, 대전체와 먼 쪽인 금속박에는 대전체와 같은 종류의 전기인 (−) 전기로 대전되어 금속박은 열리게 된다.

(과정 2) 인체 또는 인체와 연결된 땅은 너무도 많은 양의 전기와 원자핵들이 중성 상태로 있는 곳이므로 어느 정도의 전기가 흘러 들어오거나 흘러나가도 항상 전기적으로 중성이다. 이제 정전기 유도 현상이 일어난 상태에서 금속판에 손을 대면 금속판의 (+)전하는 대전체로부터 잡아당기는 힘(인력)을 받기 때문에 그대로 유지되고, 대전체에 의해서 밀어내는 힘(척력)을 받고 있는 금속박의 (-) 전기인 전자가 손을 통해서 더욱 먼 곳으로 흘러나가게 되어 중성 상태가 되면서 금속박은 닫히게 된다.

(과정 3) 대전체와 손을 동시에 치우면 검전기로부터 (−) 전자가 빠져나간 상태이므로 (+) 전기가 검전기에 골고루 분포하게 되어 금속박은 다시 열리게 된다. 금속 표면은 전하가 자유로이 이동할 수 있기 때문이다.

24 ④

해설 | (−) 전기로 대전된 검전기에 (−) 전기로 대전된 대전체를 금속판에 가까이 가져가면 금속판의 (−) 전기(전자)가 밀어내는 힘(척력)을 받아 금속박으로 이동하게 되고 두 가닥의 금속박에는 더 많은 같은 전하가 더 큰 힘으로 밀어내므로 금속박은 더 벌어진다.

(-) 전기로 대전된 검전기에 (+) 전기로 대전된 대전체를 금속판에 가

까이 가져가면 금속박의 (−) 전기인 전자가 금속판으로 끌려와 금속박은 더 적은 (-)전기를 가지게 되어 금속박은 닫히게 된다.

25 ③

해설 | 검전기가 대전되면 금속박과 금속판에 같은 종류의 전기가 있게 된다. 따라서 두 가닥의 금속박이 서로 힘을 작용하여 벌어진 상태로 있게 된다. 금속판에 같은 종류의 전기로 대전된 대전체를 가까이 가져가면 금속판의 전기와 대전체의 전기가 서로 미는 힘(척력)을 작용하여 금속판의 전기가 금속박으로 이동하여 금속박은 더 벌어지게 된다. 만약 금속판과 다른 종류의 전기로 대전된 대전체를 가까이 가져가면 금속박은 닫히게 된다. 만약 대전체의 전하량이 금속판의 전하량보다 매우 많으면 금속박의 전하가 매우 강하게 잡아당기는 힘을 받아서 금속박의 전하가 끌려가고 중성의 상태가 되어서도 오히려 남아 있던 전하가 더 끌려가게 되므로 다시 금속박은 열리게 된다. 이때 금속박은 애초에 가지고 있었던 전하와 반대 종류의 전하를 띠게 된다.

26 ②

해설 | 대전체에 의해 금속박의 (-)전자들이 금속판으로 끌려오므로 금속박은 (+) 전기를 띤다. 이때 손가락으로 금속판에 접지를 하면 땅으로부터 전자들이 대전체에 끌려 손가락을 타고 금속판과 금속박으로 전자가 충분히 이동하여 금속박이 중성이 되도록 한다. 따라서 금속박은 오므라든 상태가 된다.

27 5 N/C

해설 | 전하에 작용하는 전기장의 크기는 다음과 같다.

$$E = \frac{F}{q} = \frac{10}{2} = 5\ \mathrm{N/C}$$

28 3×10^4 N/C, 오른쪽

해설 | $E = \frac{F}{q} = \frac{4.8 \times 10^{-15}}{1.6 \times 10^{-19}} = 3 \times 10^4\ \mathrm{N/C}$

균일한 크기의 전기장이다. (−) 전하인 전자가 왼쪽 방향으로 전기력을 받고 있으므로 전기장의 방향은 오른쪽이다.

29 A. (−), B. (+)

해설 | 두 원천 점전하 A, B에 의해 P점에 형성되는 전기장은 각 원천 전하가 만드는 전기장의 합과 같다. 두 원천 점전하의 전하량이 같고, 같은 거리만큼 떨어져 있는 P점에서 합성 전기장의 방향이 왼쪽 방향이므로 각 원천 점전하 에 의해 P점에 형성된 전기장 E_A, E_B 는 그림과 같이 나타낼 수 있다.

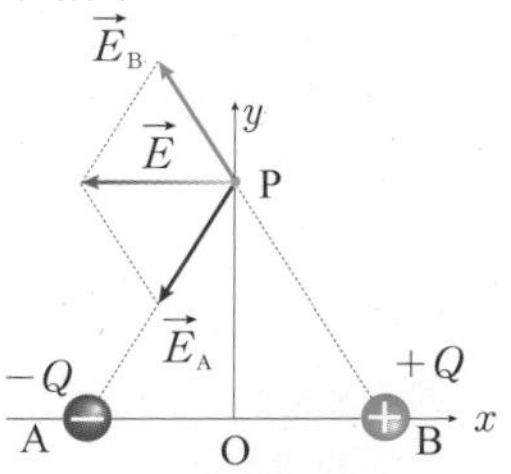

P점에 단위 양전하를 놓았을 때 받는 힘의 방향이 전기장의 방향이므로 원천 점전하 A, B는 각각 (-) 전하 , (+) 전하이다.

30 ②

해설 | 중심점 O에서 전기장은 그 지점에 단위 양전하(+1C)을 놓았을 때 받는 힘의 크기, 방향으로 정의한다.

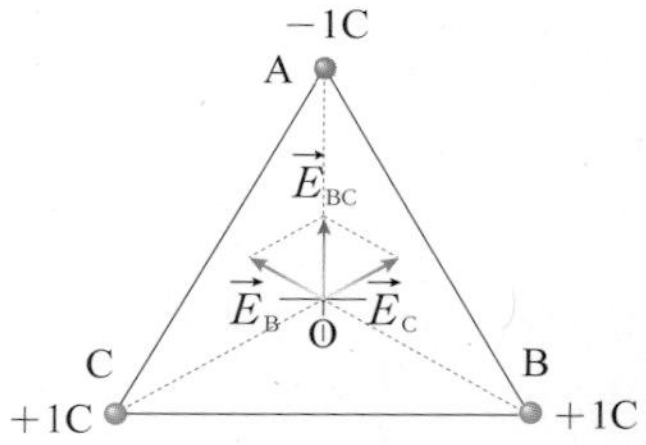

꼭지점 B와 C의 전하로부터 받는 힘의 합력의 방향이 북쪽이고, 꼭지점 A에 있는 전하로부터 받는 힘의 방향도 북쪽이므로 O점에서 전기장의 방향은 북쪽이다.

31 (1) ② (2) $\sqrt{2}F$

해설 | (1) 원점에서의 전기장을 구하기 위해서는 B, C 점의 두 전하를 원천 전하로 하여 원점의 전하 A에 작용하는 힘(전기력)을 구한 후, 원점의 전하량으로 나누어준다. 원점 전하 C에 작용하는 힘은 그림에서 F_B와 F_C이고, 크기는 같으므로 합력의 방향은 (1, -1) 이며, 전기장의 방향과 힘의 방향은 일치한다.

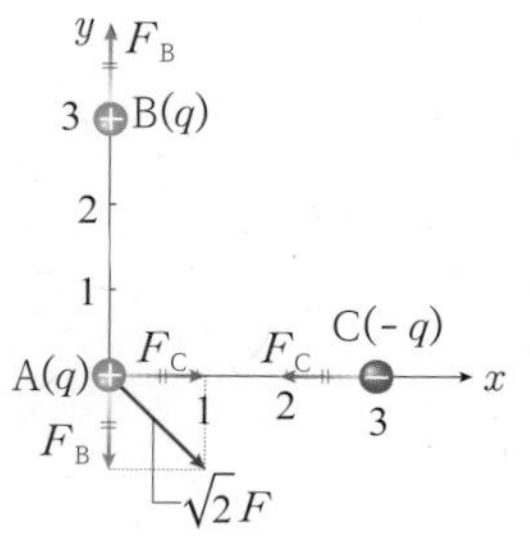

(2) A, B 사이에 작용하는 전기력의 세기 $F_B = k\frac{q^2}{r^2} = F$ 이고, A,C 사이에 작용하는 힘도 같은 크기 F 이므로 원점의 전하에 작용하는 전기력의 크기는 $\sqrt{2}F$ 이다.

32 4 m

해설 | 원천 점전하 A, B 사이의 단위 양전하에 작용하는 힘의 크기 = 전기장 크기 = 0 이 되는 곳을 찾으면 된다.

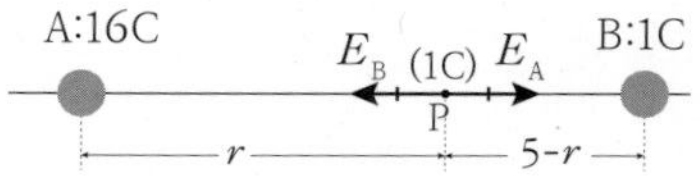

그림처럼 원천 점전하 A, B가 P점의 +1C에 작용하는 전기력(=전기장)은 각각 E_A, E_B 이다. 두 전기장의 크기가 같으면 P점의 합성 전기장의 크기가 0이 된다.

$$\therefore E_A = k\frac{16\times1}{r^2},\ E_B = k\frac{1\times1}{(5-r)^2}$$

$$\frac{16}{r^2} = \frac{1}{(5-r)^2} \rightarrow \frac{4}{r} = \frac{1}{5-r},\ r = 4\ \mathrm{m}$$

33 $V_R > V_Q > V_P$

해설 | 전위는 전기력선을 거슬러 올라갈수록 크다. 따라서 전기력선이 나오고 있는 (+)점전하 B 에 가장 가까운 R 점에서 전위가 가장 크고, 가장 먼 P 점에서 가장 작다. A, B는 원천 점전하로, 주위에 동심원 모양의 등전위선을 그리면, (+) 점전하 B에 가까운 등전위선일수록 전위가 크게 형성된다.

34 ②, ⑤

해설 | 원천 점전하 q 로 부터 r 만큼 떨어진 점에서의 전기장의 크기 E(N/C)와 전위 V(V)는 각각 다음과 같다.

$$E = k\frac{q}{r^2},\ V = k\frac{q}{r}$$

35 $k\dfrac{Q}{2r}$

해설 | 원천 점전하 Q 로부터 무한히 먼 곳의 전위가 0 이라면, r 만큼 떨어진 지점의 전위 $V = k\dfrac{Q}{r}$ 이다.

따라서 B 점과 C 점 사이의 전위차는 다음과 같다.

$$V = V_B - V_C = k\frac{Q}{r} - k\frac{Q}{2r} = k\frac{Q}{2r}$$

36 -4.5×10^3 (V)

해설 |

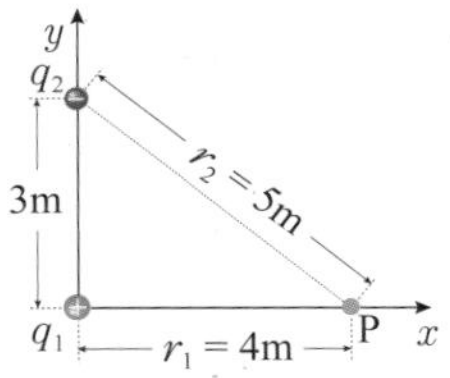

원천 점전하 q 로 부터 r 만큼 떨어진 곳의 전위는 $V = k\dfrac{q}{r}$ 이므로, 두 원천 점전하 q_1, q_2 에 의한 P점의 전위 V_P는 다음과 같이 합산한다.

$$V_P = k\frac{q_1}{r_1} + k\frac{q_2}{r_2} = (9 \times 10^9)(\frac{2 \times 10^{-6}}{4} + \frac{-5 \times 10^{-6}}{5})$$
$$= -4.5 \times 10^3 \text{ V}$$

37 1.6×10^{-19} J

해설 | 균일한 전기장 내에서 전위차 $V = \dfrac{W}{q}$ 이다. 전자는 전기장으로 부터 일을 받아 B점에서 전위가 1V 높은 A점으로 가속 운동한다. 전자가 받은 일 = 전기장이 전자에 하는 일(W)이다.

$$\therefore W = qV = (-1.6 \times 10^{-19}) \times (-1) = 1.6 \times 10^{-19} \text{ J}$$

38 $\sqrt{2} : \sqrt{3}$

해설 | 양전하가 전기장으로부터 받는 일이 양전하의 운동 에너지가 되므로 $qV = \dfrac{1}{2}mv^2$ 이다.

A 점과 B 점 사이의 전위차는 2 V, A 점과 C 점 사이의 전위차는 3 V 이므로 B 점과 C 점에서 운동 에너지의 비 $E_B : E_C = 2 : 3$ 이 된다. 운동 에너지는 속력의 제곱에 비례하므로 $v_B : v_C = \sqrt{2} : \sqrt{3}$ 이다.

39 1.1×10^6 m/s

해설 | 균일한 전기장(E)내에서 정지해 있던 양전하를 전압 V_{AB} (A 와 B 사이의 전위차) 로 가속 운동시킨다면, 양전하가 전기장으로부터 받는 일 $W = qV = qEd$ 이고, 이만큼 운동 에너지를 가진다.

$$\therefore qV = qEd = \frac{1}{2}mv^2$$
$$v = \sqrt{\frac{2qEd}{m}} = \sqrt{\frac{2(1.6 \times 10^{-19})(6.5 \times 10^4)(0.1)}{(1.67 \times 10^{-27})}} \fallingdotseq 1.1 \times 10^6 \text{ m/s}$$

개념 심화 문제

정답 26 ~ 35 쪽

01 ④　02 ⓒ, ⓓ　03 2 : 1
04 A : 2 C　B : 1 C　C : 1 C　05 오른쪽 3 N
06 (1) A　(2) $2kq^2$　07 북동쪽 $\sqrt{2}\,k$
08 A 로부터 B쪽으로 20 cm 인 곳
09 C　10 $\dfrac{F}{\sqrt{3}}$　11 ④　12 해설 참조
13 ①　14 해설 참조　15 해설 참조
16 (1) A : (-)전하, B : (+)전하　(2) +2C
17 (1) Q 점　(2) P 점은 Q 점보다 전위가 2 V 높다.　(3) 0
18 (1) 6.0×10^6 m/s　(2) 3.3×10^{-9} 초
19 $-\dfrac{10kq^2}{d}$　20 $\dfrac{qE\cos\phi}{mg - qE\sin\phi}$
21 (1) A. 7.5×10^4 V　B. -9.75×10^5 V　(2) 4.2 J

01 ④

해설 | ① 밀거나 잡아당기는 것으로 보아 최소 두 종류의 전하가 있다.
② 털가죽에 마찰시킨 에보나이트 막대는 (−) 전기를 띠며 명주 헝겊에 마찰시킨 유리 막대는 (+) 전기가 발생한다. 유리 막대와 유리 막대, 에보나이트 막대와 에보나이트 막대 사이에는 척력이 작용한다.
③, ⑤ 에보나이트와 유리 막대는 인력이 작용했으므로 다른 종류의 전기를 띤다는 것을 알 수 있다.
④ 마찰 전기가 잘 생기는 정도는 이 실험 결과를 가지고는 판단할 수 없다.

02 ⓒ, ⓓ

해설 | 같은 종류의 전하 사이에는 밀어내는 힘(척력)이 작용하고 다른 종류의 전하 사이에는 잡아당기는 힘(인력)이 작용한다.
쿨롱의 힘은 전하 사이에 작용하는 힘이며 두 전하 모두 같은 크기의 힘($F = k\dfrac{q_1q_2}{r^2}$)을 주고 받는다.(작용반작용)
대전된 두 도체를 접촉시키면 두 도체 모두 같은 종류의 전하를 띠도록 전자가 한 쪽에서 다른 쪽으로 이동하게 된다.(전하의 배분)
ⓐ 전하량이 다르더라도 서로 주고받는 힘은 같다. 기울어진 정도는 질량(무게) 차이이다.
ⓑ 처음 상태는 서로 끌려온 상태이므로 두 전하는 다른 종류의 전하이다.
ⓒ 공 A 와 공 B 는 서로 같은 힘으로 잡아당겨지고 있다. 그러나 질량이 작은 공 A 가 더 많이 기울어진다.
ⓓ 그림 (나)에서 두 공은 서로 미는 힘을 작용한다. 전하의 종류가 같기 때문이다.

03 2 : 1

해설 | 공 B 와 C 를 접촉시켰으므로 공 B, C 는 같은 양의 전하량을 가지게 되고 서로 미는 힘을 작용한다. 두 전하 사이에 작용하는 힘의 크기는 거리의 제곱에 반비례하고, 전하량의 곱에 비례한다.
($F = k\dfrac{q_1q_2}{r^2}$)

처음에 공 A 와 B 의 전하량을 q, C 의 전하량을 0 이라 하면 접촉 후에는 공 B 와 C 의 전하량이 같아졌으므로

전하량은 각각 공 A : q, 공 B : $\frac{q}{2}$, 공 C : $\frac{q}{2}$ 이다.

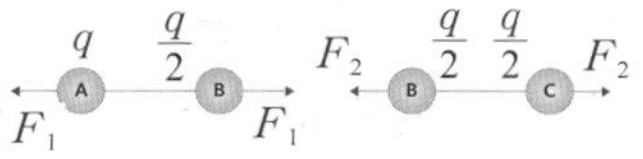

두 전하 사이에 작용하는 힘은 전하량의 곱에 비례하고 전하 사이의 거리는 각각 같으므로

$F_1 : F_2 = q \times \frac{q}{2} : \frac{q}{2} \times \frac{q}{2} = \frac{q^2}{2} : \frac{q^2}{4} = 2 : 1$

04 A : 2 C, B : 1 C, C : 1 C

해설 | 〈과정 1〉 접지를 하면 C 는 중성이 된다.
〈과정 2〉 접촉시켰으므로 둘은 같은 전기량을 갖게 되는데 A 와 B 의 합 8 + (−4) = 4, 4 를 나눠가지므로 A, B 는 모두 2 C 이 된다.
〈과정 3〉 B 와 C 를 접촉시켰으므로 같은 전기력을 갖게 되므로 2 + 0 = 2, 2 를 나눠가지므로 B, C 는 모두 1 C 이 된다.

05 오른쪽 3 N

해설 | A 와 B 사이의 전기력 : $F_1 = k\frac{q_1q_2}{r^2} = 4$ N

→ 서로 척력이 작용하므로 B 는 오른쪽으로 4 N의 힘을 받는다.

B 와 C 사이의 전기력 : $F_2 = k\frac{q^2}{(2r)^2} = \frac{F_1}{4} = 1$N

→ 서로 척력이 작용하므로 B 는 왼쪽으로 1 N 의 힘을 받는다.

B 는 오른쪽으로 4 N, 왼쪽으로 1 N 의 힘을 받으므로 합력을 구하면 오른쪽으로 3 N이 된다.

06 (1) A (2) $2kq^2$

해설 |

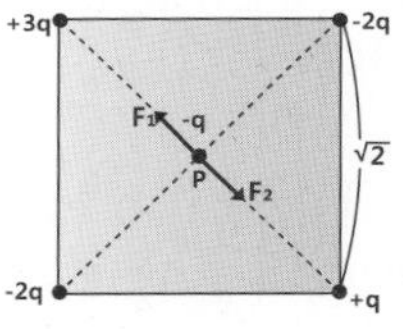

(1) 가운데 P 점의 $-q$ 의 전하는 $-2q$ 의 전하로부터 척력을 받는데 양쪽으로 거리도 같고 전하량도 같으므로 같은 힘을 받아서 E 방향과 C 방향은 힘의 평형이다. 한편 $+3q$ 로부터 받는 힘은 인력이고, A 방향으로 크기가 F_1 이라고 할 때 $+q$로부터 받는 힘도 인력이고 D 방향으로 F_2 라고 한다면, F_1 이 F_2 보다 크므로 P 점의 $-q$ 전하가 받는 힘의 방향은 A 방향이 된다.

(2) P 점과 각 꼭지점 사이의 거리는 1m 이다.

P 점의 $-q$의 전하가 받는 힘 크기 $F = F_1 - F_2$ (A 방향)

$F_1 = k\frac{3q \times q}{1^2} = 3kq^2$ (A 방향), $F_2 = k\frac{q \times q}{1^2} = kq^2$ (D 방향)

그러므로 $F = 3kq^2 - kq^2 = 2kq^2$ (A 방향)이다.

07 북동쪽 $\sqrt{2}\,k$

해설 | a,c 사이의 전기력 크기 : $k\frac{1 \times 1}{1^2} = k$, 인력이므로 c 는 a 로부터 북쪽으로 힘을 받고,

b,c 사이의 전기력 크기 : $k\frac{1 \times 1}{1^2} = k$, 척력이므로 c 는 b로부터 동쪽으로 힘을 받는다. 두 힘의 합력을 구하면 c 는 북동쪽으로 $\sqrt{2}\,k$ 크기의 힘을 받는다.

08 A 로부터 B쪽으로 20 cm 인 곳

해설 | A 와 B 사이에 전하량이 q (>0)인 작은 대전체를 두었을 때, A 와 대전체 사이의 거리를 r 로 하면 B 와 작은 구 사이의 거리는 0.6- r 이 된다. 대전체는 A, B로부터 각각 척력을 받는다.

A 로부터 받는 전기력 크기 : $k\frac{1 \times q}{r^2}$ (오른쪽)

B 로부터 받는 전기력 크기 : $k\frac{4 \times q}{s^2}$ (왼쪽)

두 힘이 평형이 되어야 하므로 $k\frac{q}{r^2} = k\frac{4q}{(0.6-r)^2}$

$\therefore \frac{1}{r} = \pm\frac{2}{(0.6-r)}$, $r = 0.2, -0.6$

A와 B 사이에 대전체가 놓이므로 r = 0.2 m = 20 cm (A에서 B쪽)

09 C

해설 | 정삼각형이므로 P, Q, R 은 같은 거리만큼씩 떨어져 있다. P 와 R 은 각각 다른 전기를 띠므로 서로 인력이 작용하여 P에 의해 R 은 D 방향으로 힘을 받고, Q 와 R 도 서로 다른 전기를 띠므로 인력이 작용하여 Q에 의해 R 은 B 방향으로 힘을 받는다. 두 인력의 크기가 같으므로 합성하면 R에 작용하는 알짜힘은 C 방향이다.

10 $\frac{F}{\sqrt{3}}$

해설 |

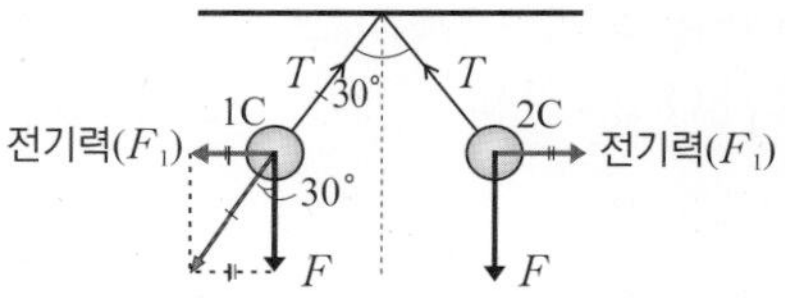

두 공은 같은 크기의 척력인 전기력(쿨롱의 힘) F_1 을 주고 받는다.
두 공에 각각 작용하는 전기력(F_1)과 장력(T), 중력(F)의 합은 0 이다.

$\therefore \frac{F_1}{F} = \tan 30° = \frac{1}{\sqrt{3}}$, $F_1 = \frac{F}{\sqrt{3}}$

11 ④

해설 | 같은 전하끼리는 척력, 다른 전하끼리는 인력, 대전체와 중성도체(전기를 띠고 있지 않음) 사이에는 정전기 유도 현상에 의해 인력이 작용한다.

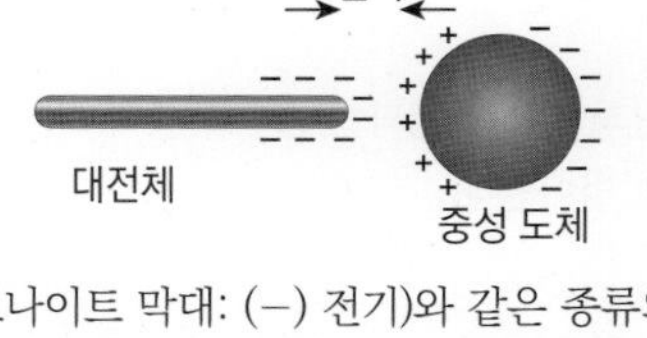

(가) 대전체(에보나이트 막대: (−) 전기)와 같은 종류의 전기를 띤 구는 척력에 의해 멀어진다. 따라서 A 는 (−) 전기를 띠고 있다.
대전체와 반대 종류의 전기를 띤 물체는 대전체를 향해 끌려온다. 또 도체가 아무런 전기를 띠고 있지 않더라도 정전기 유도에 의해 대전체

와 가까운 쪽에 대전체와 반대 종류의 전기가 유도되므로 끌려온다. 따라서 B, C, D 는 (+) 전기이거나 중성이다.
(나) A 는 (−) 전기로 대전이 되어 있으므로 결과로 보아 두 가지 경우가 있다.
ⓐ 공 B 는 (+) 전기이고 C, D 가 중성
ⓑ 공 B 가 중성이고 C, D 가 중성
(다) C 와 D 가 아무런 힘이 작용하지 않는 것으로 보아 C 와 D 는 대전 되지 않은 중성 도체이다.
따라서 공 B 는 (+) 전기로 대전되었다.

12 해설 참조
해설 |

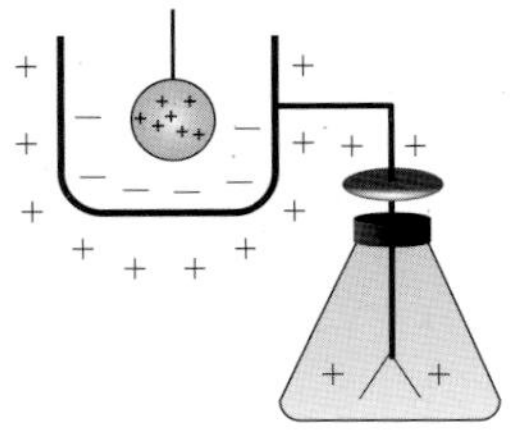

금속 통의 안쪽 표면은 (−) 전기가 유도된다. 정전기 유도 현상에 의해 금속 통의 바깥 쪽 표면에 연결되어 있는 검전기 전체에도 (+) 전기가 유도된다.(금속박이 벌어진다.)

13 ①
해설 | 대전체가 (−) 전기를 띠고 있다면 도체로 둘러싸인 방 바깥 표면 쪽의 전자들이 접지를 통하여 빠져나가고 방 바깥 쪽 표면은 (+) 전기를 띠게 된다. 그러나 도체로 둘러쌓인 내부 공간에는 전기력이 작용하지 않도록 바깥쪽의 전하가 배치되므로 검전기에는 아무런 변화가 생기지 않는다.(정전기 차폐)

14 해설 참조
해설 | ① 과정에서는 금속판은 (+) 전기를 띠게 되고 금속박은 (−) 전기를 띠므로 벌어진다.
② 과정에서는 금속박의 (−) 전기가 접지를 통해 빠져나가므로 금속박은 오므라든다.
③ 검전기는 (+) 전기를 띤다. 금속박도 (+) 를 띠므로 벌어진다.
④ 더 강하게 대전된 에보나이트 막대를 가까이 하면 금속판의 전자가 금속박으로 이동하여 금속박은 전기적으로 중성이 되어 오므라들었다가 전자가 더 많이 이동하게 되므로 금속박이 (−) 전기를 띠어 다시 벌어진다.

15 해설 참조
해설 | (1) 그림과 같이 대전되어 금속박은 서로 척력이 작용하여 벌어진다.

(2) 검전기의 금속박의 전자가 접지를 통해 빠져나갈 경로가 생겨 모두 빠져나가므로 금속박은 오므라든다.

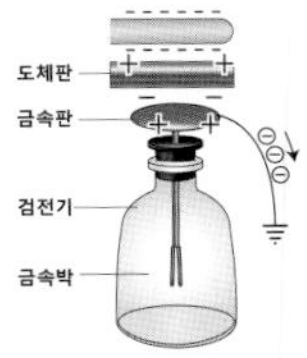

(3) 도체의 전자가 접지를 통해 빠져나가 도체의 아랫부분은 전기적으로 중성이 되고, 금속판에는 정전기 유도 현상이 일어나지 않으므로 금속박은 오므라든다.

16 (1) A : (−)전하, B : (+)전하 (2) +2C
해설 | 전기력선은 (+)전하에서 나와 (−)전하로 들어가는 방향으로 그려진다. 따라서 A 는 (−)전하, B 는 (+)전하이다. 이때 전기력선 수는 전하량에 비례한다. 따라서 B 에서 나오는 전기력선의 수가 A 로 들어가는 전기력선 수의 2 배이므로 B 의 전하량이 A 의 전하량의 2 배이다.

17 (1) Q 점 (2) P 점은 Q 점보다 전위가 2 V 높다. (3) 0
해설 | (1) 전기력선의 간격이 조밀한 Q 점에서 전기장의 세기가 더 세다.
(2) 전기력선은 전위가 높은 곳에서 낮은 곳을 향한다. 따라서 P점의 전위가 Q 점보다 높다. 전하량이 -1.6×10^{-19} C인 전자가 P점에서 Q 점으로(전위차 $V_Q - V_P$) 이동하는 동안 전기장이 한 일이 3.2×10^{-19} J 이므로

$$V(\text{전압, 전위차}) = V_Q - V_P = \frac{W}{q} = \frac{3.2 \times 10^{-19}}{-1.6 \times 10^{-19}} = -2(\text{V})$$

∴ P점의 전위는 Q점보다 2V 높다.

(3) 전자의 이동 방향과 전기장의 방향이 항상 수직하므로 전기장이 전자에 한 일은 0이다. 또는 등전위선은 전위가 같은 선이므로 전위차 $(V) = 0$ 이고, $W = 0$ 이다.

18 (1) 6.0×10^6 m/s (2) 3.3×10^{-9} 초
해설 | (1) 균일한 전기장 E 속 전기장에 의한 전자의 가속도 a 는 다음과 같다. (왼쪽 +)

$$a = \frac{qE}{m} = \frac{(-1.6\times10^{-19}) \times (-1.0\times10^{4})}{9.1 \times 10^{-31}} \fallingdotseq 1.8 \times 10^{15}(\text{m/s}^2)$$

A점에 도달했을 때 전자의 속력은 다음과 같다.($v_0 = 0$, 왼쪽 +)

$$2as = v^2 - v_0^2 \rightarrow v = \sqrt{2as}$$

$$\therefore v = \sqrt{2(1.8 \times 10^{15}) \times (1.0 \times 10^{-2})} = 6 \times 10^6 (\text{m/s})$$

($\frac{1}{2}mv^2 = qEd$ 식도 성립한다.)

(2) B→A 시간 t 는 다음과 같다.($v_0 = 0$, 왼쪽 +)

$$v = v_0 + at \rightarrow t = \frac{v}{a} = \frac{6 \times 10^6}{1.8 \times 10^{15}} \fallingdotseq 3.3 \times 10^{-9}(\text{s})$$

19 $-\frac{10kq^2}{d}$
해설 | 세 점전하가 갖는 전기력에 의한 퍼텐셜 에너지는 각각의 전하를 매우 먼 위치에서 각각의 위치로 이동시키기 위해 필요한 일과

같다. 정삼각형 한 변의 길이를 d 라고 하고, 전하 q_A 를 제자리에 놓고, 다른 전하는 모두 무한대의 위치에 있다고 가정한다. 이 경우 세 전하의 퍼텐셜 에너지는 0 이다.

이때 전하 q_B 를 무한대에서 제자리로 끌어올 때 $k\frac{q_Aq_B}{d}$ 만큼 일을 하게 된다.

∴ 전하 q_A 에 대한 q_B 의 퍼텐셜 에너지 $U_{AB} = k\frac{q_Aq_B}{d}$

q_A, q_B가 원래의 위치에 있는 상태에서 전하 q_C 를 무한대로 부터 제자리로 옮겨올 때 하는 일은 전하 q_A, q_B 에 대한 q_C 의 퍼텐셜 에너지의 합이다.

$$\therefore W_{AC} + W_{BC} = U_{AC} + U_{BC} = k\frac{q_Aq_C}{d} + k\frac{q_Bq_C}{d}$$

∴ 세 전하가 가지는 전기력에 의한 퍼텐셜 에너지 U 는 다음과 같다.

$$U = U_{AB} + U_{AC} + U_{BC} = \frac{k}{d}(-4q^2 - 8q^2 + 2q^2) = -\frac{10kq^2}{d}$$

20 $\frac{qE\cos\phi}{mg - qE\sin\phi}$

해설 | 다음 그림과 같이 지면과 나란한 방향을 x축, 수직한 방향을 y축으로 하자(T : 장력). 전기장과 x 축이 이루는 각은 ϕ 이다.

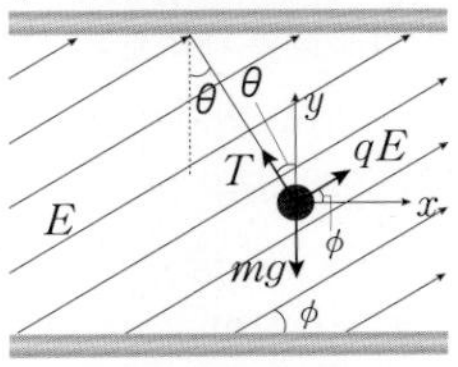

x축 방향으로 도체구에 작용하는 힘(크기) : $T\sin\theta = qE\cos\phi$

y축 방향으로 도체구에 작용하는 힘(크기) : $T\cos\theta = mg - qE\sin\phi$

$$\therefore \tan\theta = \frac{\sin\theta}{\cos\theta} = \frac{qE\cos\phi}{mg - qE\sin\phi}$$

21 (1) A. 7.5×10^4 V B. -9.75×10^5 V (2) 4.2 J

해설 | 두 원천 전하 q_1, q_2 는 각각 꼭지점 A로부터 12cm, 4cm 떨어진 곳에 있으므로 A점의 전위는 두 원천 전하에 의한 전위의 합이다.

$$V_A = k\frac{q_1}{0.12} + k\frac{q_2}{0.04} = (9 \times 10^9)\left(\frac{-5 \times 10^{-6}}{0.12} + \frac{2 \times 10^{-6}}{0.04}\right)$$

$$\fallingdotseq 7.5 \times 10^4 (\text{V})$$

두 원천 전하 q_1, q_2 는 각각 꼭지점 B로부터 4cm, 12cm 떨어진 곳에 있으므로 B점의 전위는 두 원천 전하에 의한 전위의 합이다.

$$V_B = k\frac{q_2}{0.12} + k\frac{q_1}{0.04} = (9 \times 10^9)\left(\frac{2 \times 10^{-6}}{0.12} + \frac{-5 \times 10^{-6}}{0.04}\right)$$

$$\fallingdotseq -9.75 \times 10^5 (\text{V})$$

(2) q_3 를 꼭지점 B에서 A로 옮길 때, 전위차는 $V_A - V_B$이므로 필요한 일 $W_{B\to A}$ 는 다음과 같다.

$$W_{B\to A} = q_3(V_A - V_B)$$
$$= (4 \times 10^{-6})(7.5 \times 10^4 + 9.75 \times 10^5) = 4.2\ (\text{J})$$

Ⅳ. 전기 (2)

개념 보기

Q6 0.5 A	Q7 3.125×10^{19} 개	
Q8 1 C	Q9 해설 참조	Q10 5 A
Q11 ②	Q12 처음보다 4 배가 된다.	
Q13 (1) A : 4.5 V, B : 3 V, C : 4.5 V (2) A = C > B		
Q14 6 V	Q15 80 Ω	
Q16 (1) 0.5 A (2) 반시계 방향, b 점 (3) b 점, a 점, 3 V		

Q9 해설 참조

해설 |

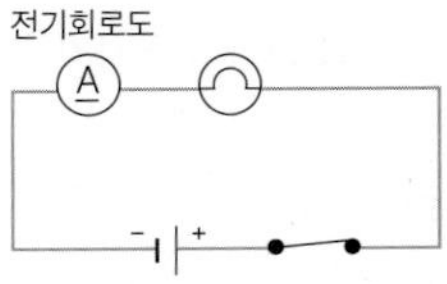

Q13 (1) A : 4.5 V B : 3 V C : 4.5 V (2) A = C > B

해설 | 전지를 직렬 연결하면 전체 전압이 증가하나 병렬 연결하면 전체 전압은 그대로이다.

Q16 (1) 0.5 A (2) 반시계 방향, b 점 (3) b 점, a 점, 3 V

해설 | 전류는 시계 방향으로 흐르므로 b 점 보다 a 점이 전위가 낮고 전압 강하가 일어난다.

개념 확인 문제

정답 41 ~ 44쪽

전류

40 ③	41 ⑤	42 3.125×10^{19} 개	
43 20 A	44 (1) 흐른다 (2) Q	45 ③	46 ①
47 ④	48 (1) C : 4 A, D : 5 A (2) 480 C, 600 C		
49 ④	50 ②		

전기저항

51 2.3×10^{-17} Ω	52 ⑤	53 ①	54 ①

전기회로에서의 전압과 저항, 전류

55 해설 참조	56 ②	57 ②	58 ①
59 (1) ⓐ 전류계 ⓑ 전압계 (2) ④		60 ①, ②, ⑤	
61 ⑤	62 (1) 3 V, 3 V, 4.5 V (2) (다)		
63 ①	64 ①		

40 ③

해설 | 전하의 종류는 고정되어 있는 (+) 전하(원자)와 자유롭게 움직이는 (−) 전하(자유 전자)가 있다.

① (+) 전하의 흐름이 전류이다.

③ 전하는 소멸되지 않는다.

④, ⑤ 전기 회로에서 실제로 (자유)전자가 전지의 (-)극에서 (+)극 쪽으로 일제히 이동한다.

41 ⑤

해설 | ⑤ 1 C 의 의미는 1 A 의 전류가 1 초 동안 흐른 전하량을 뜻한다. 1 A 가 0.5 초 동안 흘렀으므로 흐른 전하량은 0.5 C 이다.

42 3.125×10^{19} 개

해설 | 흐른 전하량은 0.5(A) × 10(s) = 5 C 이다. 1 C 의 전하량이 되기 위해서는 전자가 6.25×10^{18} 개가 필요하므로 5 C 은 $6.25 \times 10^{18} \times 5 = 3.125 \times 10^{19}$ 개의 전자의 전하량이다.

43 20 A

해설 | $I = \dfrac{Q}{t} = \dfrac{100\text{ C}}{5\text{ s}} = 20\text{ A}$

44 (1) 흐른다 (2) Q

해설 | (1) 전자가 P → Q 로 방향성을 가지고 이동하고 있으므로 전류가 흐르고 있다.

(2) 전자는 (+) 극 쪽으로 이동하므로 전자가 향하는 Q 가 전지의 (+) 극이다.

45 ③

해설 | ─◯─ : 전구, ─╱ ─ : 스위치, ─Ⓥ─ : 전압계

─Ⓐ─ : 전류계, ─|├─ : 전지 , 전기 회로에는 전압계가 없다.

46 ①

해설 | 전류계는 전기 회로에 흐르는 전류를 측정하기 위한 장치이므로 저항과 직렬로 연결해야 하며, 전류계의 (+) 단자는 전지의 (+) 극과, (−) 단자는 전지의 (−) 극과 연결해야 한다.

47 ④

해설 | 50 mA, 500 mA, 5 A 라고 써 있는 단자는 각각 최대로 50 mA, 500 mA, 5 A 까지 최대로 측정할 수 있는 범위를 뜻한다. 5 A 에 연결된 단자는 5 A 까지 측정할 수 있다. 바늘이 가리키는 1 ~ 2 A 사이이므로 1.5 A 가 답이 된다.

48 (1) C : 4 A, D : 5 A (2) 480 C, 600 C

해설 | (1) 전하량 보존 법칙에 의해 전류는 소멸되지 않는다. 그러므로 전류 5 A 가 B, C 로 나뉘어 들어가는데 B 가 1 A 라고 했으므로 C 는 4 A이다. D 에서는 다시 전류가 합쳐지므로 5 A 이다.

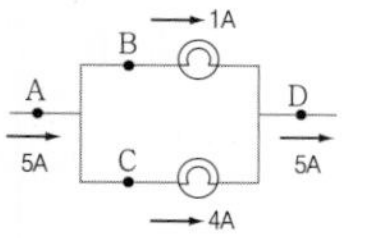

(2) 2 분은 120 초이므로 $Q = It$ 에서

C : 4 × 120 = 480 C, D : 5 × 120 = 600 C 이다.

49 ④

해설 | A, B 는 직렬로 연결되어 있으므로 A 점을 2 초 동안 6.25×10^{19} 개의 전자가 통과하였다면 B 점에서도 2 초 동안 6.25×10^{19} 개의 전자가 통과한 것이다. 1 C = 6.25×10^{18} 개의 전자가 통과하는 것이므로 2 초 동안 흐른 전하량은 10 C 이다.

$$\therefore I = \frac{10\text{ C}}{2\text{ s}} = 5\text{ A}$$

50 ②

해설 | ① 전자 흐름의 반대 방향이므로 전류는 B → A 이다.

② A의 전하를 B 와 나눠 가진다. 전하가 없어지지는 않는다.

③ B 에 (−) 전하량이 증가하므로 (+) 전하가 감소했다고 볼 수 있다.

④ A 의 (-)전기를 띤 전자가 B 로 이동한다.

⑤ 전자가 이동하여 A 는 (−) 전하량이 적어져 오므라든다. B 쪽은 (−) 전하량이 많아져 금속박이 벌어진다.

51 $2.3 \times 10^{-17}\,\Omega$

해설 | $R = \rho \dfrac{l}{S}$ (l 은 저항의 길이, S 는 저항의 단면적)이므로,

$$R = 1.5 \times 10^{-18} \times \frac{3}{0.2} = 22.5 \times 10^{-18} \fallingdotseq 2.3 \times 10^{-17}\,\Omega$$

52 ⑤

해설 | 도선의 부피는 일정하므로 단면적이 $\dfrac{1}{3}$ 이 되면 길이는 3 배가 된다. ∴ 저항은 9배가 된다. 5 × 9 = 45 Ω 이다.

53 ①

해설 | 못에 부딪히며 경사로를 내려오는 쇠구슬은 자유 전자를 뜻한다. 경사판의 기울기는 전압을 의미하는데 기울기가 클수록 쇠구슬(전자)이 빨리 내려오게 만든다. 못은 도선에서 고정되어 있는 원자 역할을 한다. 고정된 못이 쇠구슬과 충돌하여 흐름을 방해하므로 저항 역할을 한다. 나무판의 폭은 도선의 굵기이다.

54 ①

해설 | $R_A = \rho \dfrac{10}{2} = 20\,\Omega$ 이라고 하였으므로 비저항 $\rho = 4$ 이다.

저항 B, C 를 구하면 $R_B = \rho \dfrac{30}{3} = 40\,\Omega$, $R_C = \rho \dfrac{20}{4} = 20\,\Omega$ 이다.

55

물의 흐름	전기회로	물의 흐름	전기회로
펌프	전지, 전원	물	전류
밸브	스위치	물레방아	모터(저항)
물높이	전압	파이프	도선

56 ②

해설 | 전압계는 저항에 걸리는 전압을 측정하기 위한 기구이므로 저항의 양끝과 병렬로 연결해야 전압 강하의 정도를 측정할 수 있다. 전류계는 저항을 통과하는 전류를 측정하기 위한 기구이므로 저항과 직렬로 연결되어야 한다. 그리고 기구의 + 단자는 전지의 + 극과 기구의 - 단자는 전지의 - 극과 연결해야 한다.

57 ②

해설 | 15 V 단자는 최대 눈금이 15V이다. 눈금이 5 와 10 사이에 있으므로 현재 전압은 7 V 이다.

58 ①

해설 | 일단 전기 회로에 쓰인 기구는 도선, 스위치, 전구, 전지 2 개

이다. 전구는 (+) 극과 바로 연결되어 있고, 전구와 전지의 (−) 극 사이에 스위치가 있다. 이를 만족하는 전기 회로도는 ① 이다.

59 (1) ⓐ 전류계 ⓑ 전압계 (2) ④

해설 | (1) 전압계는 저항에 걸리는 전압을 측정하기 위한 기구이므로 저항의 양끝과 병렬 연결한다. 전류계는 저항을 지나는 전류를 측정하는 기구이므로 저항과 직렬로 연결한다. 그러므로 ⓐ 에는 전류계, ⓑ 에는 전압계를 연결해야 한다.

(2) 옴의 법칙 $R = \frac{V}{I} = \frac{6}{0.5} = 12\ \Omega$ 이다.

60 ①, ②, ⑤

해설 | 옴의 법칙 $V = IR$ 에서

I 가 일정할 때 V, R 은 비례 -- ①

V 가 일정할 때 I, R 은 반비례 -- ②

R 이 일정할 때 V, I 는 비례 -- ⑤

③ 은 저항 R 이 일정한 경우 $Q = It$ 에서 시간이 정해질 때 $Q \propto I$ 라는 것이나 옴의 법칙을 나타낸 것이 아니다.

61 ⑤

해설 | 저항 $R = \frac{V}{I}$ 이다. 그래프에서 전류 I 를 y 축으로 나타내었으므로 그래프의 기울기는 $\frac{1}{R}$ 이 된다. (1A = 1000mA)

$$\therefore \frac{1}{R} = \frac{0.1 - 0.05}{6 - 3} = \frac{1}{60}, \quad R = 60\ \Omega$$

62 (1) 3 V, 3 V, 4.5 V (2) (다)

해설 | 같은 전지 여러 개를 직렬로 연결하면 전기 회로에서 전체 전압은 직렬로 연결한 전지의 개수와 비례한다. 전지를 병렬로 연결하면 전기 회로에서 전체 전압은 전지 하나의 전압과 같고 전지의 사용 시간이 길어진다.

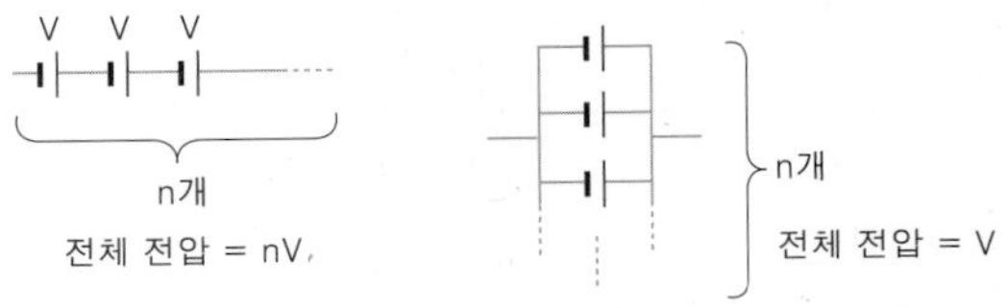

(1) 전체 전압을 구하기 위해서는 직렬 연결된 전지의 개수를 센다. (가)에서는 2 개, (나)에서는 2 개, (다)에서는 3 개가 직렬로 연결되어 있다. 그러므로 (가)는 3 V, (나)는 3 V, (다)는 4.5 V 이다.

(2) 전체 전압이 가장 큰 (다) 에서 전구가 가장 밝다.

63 ①

해설 | 옴의 법칙 $V = IR = 0.4\ \text{A} \times 10\ \Omega = 4\ \text{V}$

64 ①

해설 | 전체 전지가 직렬로 연결된 전지 2 개로 볼 수 있으므로 전체 전압은 3 V 이다. 저항이 6 Ω 이므로 옴의 법칙에 의해 전류는 0.5 A 이다.

개념 심화 문제

정답	45 ~ 47쪽
22 30 C / 23 20 A / 24 (1) A : 15 Ω, B : 5 Ω (2) ①	
25 (1) 해설 참조 (2) 3 V (3) 200 Ω / 26 9 Ω	
27 12 A / 28 $\frac{2ab}{a+b}$ / 29 2397 ℃	

22 30 C

해설 | 전류는 0.5 A 이므로 1분(= 60초)동안 흐른 전하량 $Q = I \times t = 0.5 \times 60 = 30$(C)

23 20 A

해설 | 한바퀴 도는데 0.1초 걸리고, 0.1초 동안 2 C 의 전하가 원주위의 한 곳을 통과하는 것이므로

$$I = \frac{Q}{t} = \frac{2}{0.1} = 20\ \text{A}$$

24 (1) A : 15 Ω, B : 5 Ω (2) ①

해설 | (1) $R_A = \frac{V}{I} = \frac{30}{2} = 15\ \Omega$, $R_B = \frac{15}{3} = 5\ \Omega$

(2) ① 그래프의 기울기는 $\frac{V}{I}$ 이므로 저항 R 을 뜻한다.

② 저항은 A 에서 더 크다.

③, ④ $R = \rho \frac{l}{S}$ (l 은 저항의 길이, S 는 저항의 단면적)이므로, A 가 B 보다 저항값이 크다. 단면적이 넓을수록 저항이 작아지므로 A 와 B 가 길이가 같을 때는 B 가 단면적이 더 크다. 또 길이가 길수록 저항이 커지므로 A 와 B 가 단면적이 같을 때는 A의 길이가 더 길다.

⑤ 같은 전압일 때 저항이 작은 B에서 전류가 더 많이 흐른다.

25 (1) 해설 참조 (2) 3 V (3) 200 Ω

해설 | (1)

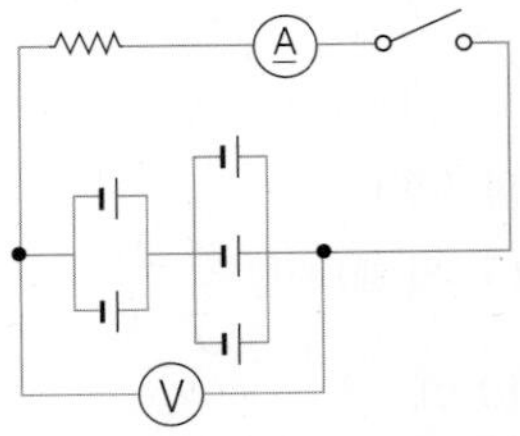

(2) 5 개의 전지가 한쪽에는 병렬로 2 개 다른 한 쪽에는 병렬로 3 개가 연결되어있다. 전체 회로를 보았을 때, 직렬로 연결된 전지 2 개의 전압과 같다. 그러므로 전압은 3 V 이다.

(3) 전류계를 통과하는 같은 양의 전류가 니크롬선도 통과한다. $I = 15\ \text{mA} = 0.015\ \text{A}$ 이다. 전지의 전압은 니크롬선에 걸린 전압과 같고, (2) 에서 구했듯이 3 V 이다.

$$\therefore R = \frac{V}{I} = \frac{3}{0.015} = 200\ \Omega$$

26 9 Ω

해설 | 전류가 통과하는 저항선의 길이는 2 cm 이다. 20 cm 가 10

Ω 이므로 2 cm 는 1 Ω 이다. 전체 저항은 1 Ω 과 직렬 연결된 스피커의 자체 저항 값을 합쳐야 한다. 전압이 1.5 V 이고 전류가 150 mA(= 0.15 A)이므로

회로의 전체 합성 저항 = $\frac{5}{0.15}$ = 10 Ω

여기서 저항선의 저항 값을 빼면 스피커의 자체 저항이 된다.

∴ 스피커의 자체 저항 : 10 - 1 = 9 Ω

27 12 A

해설 | 처음 저항 $R = \rho\frac{l}{S}$ 이라고 할 때,

저항체를 절반으로 잘라 병렬로 연결했으므로 길이는 반으로 줄어들었고, 단면적은 2배가 되었다.

이때 저항 $R' = \rho\frac{\frac{l}{2}}{2S} = \frac{R}{4}$ 이 된다. 같은 전지에 연결하므로, 전압이 변하지 않고, 저항이 $\frac{1}{4}$ 이 되었으므로 전류는 4 배가 된다.

∴ $I' = 3 \times 4 = 12$ A

28 $\frac{2ab}{a+b}$

해설 | (A) 의 경우 단면적이 a 인 저항과 단면적이 b 인 저항을 직렬로 연결되었다고 할수 있으므로 합성 저항은 두 저항의 합이다. 구리의 비저항을 ρ 라고 하자.

(A) 의 합성저항 : $\rho\frac{l}{a} + \rho\frac{l}{b}$

(B) 의 저항 : $\rho\frac{2l}{S}$ (S 는 B 의 단면적)

(A), (B)의 저항값이 같으므로

$\rho\frac{l}{a} + \rho\frac{l}{b} = \rho\frac{2l}{S}$, $S = \frac{2ab}{a+b}$

29 2397 ℃

해설 | R (온도가 t 도 일 때 저항) = $R_0(1 + a\cdot t)$

(R_0 : t 가 0 ℃ 일 때의 저항)

점등했을 때(온도가 t ℃ 일 때) 저항은 $\frac{100}{1}$ = 100 Ω 이므로

$100 = 6.5(1 + 6 \times 10^{-3}t)$, $t \fallingdotseq 2397$ ℃

V. 전기 (3)

개념 보기

Q17 9 Ω, 2 A	Q18 1 Ω	Q19 2 V
Q20 2 : 1 : 2	Q21 (1) 30 Ω (2) 1.5 A	
(3) I_1 = 1.5 A I_2 = 1 A I_3 = 0.5 A (4) 같다.		
Q22 R	Q23 A = D = E > B = C	
Q24 R = 10 Ω, I = 0.3 A		

Q17 9 Ω, 2 A

해설 | 각 저항에 흐르는 전류와 전류계에 흐르는 전류는 같다.

Q18 1 Ω

해설 | $\frac{1}{R} = \frac{1}{R_1} + \frac{1}{R_2} + \frac{1}{R_3} = \frac{1}{2} + \frac{1}{3} + \frac{1}{6} = 1$, $R = 1$ Ω

Q19 2 V

해설 | 회로를 흐르는 전류 $I = \frac{6}{3}$ = 2A 이고, A~B도 같은 전류가 흐른다. V(A~B) = IR(A~B) = 2×1 = 2 V

Q20 2 : 1 : 2

해설 | 저항 1 개의 저항을 R 이라 하고, 전지의 전압을 V 라고 하면 A 저항을 흐르는 전류는 $\frac{V}{R}$, B 저항을 흐르는 전류는 $\frac{V}{2R}$,

C 저항을 흐르는 전류는 전압이 V 이므로 $\frac{V}{R}$ 이다.

Q21 (1) 30Ω (2) 1.5A (3) I_1 = 1.5A I_2 = 1A I_3 = 0.5A (4) 같다.

해설 | (1) 병렬 연결된 15Ω, 30Ω 두 저항의 합을 R이라 하면,

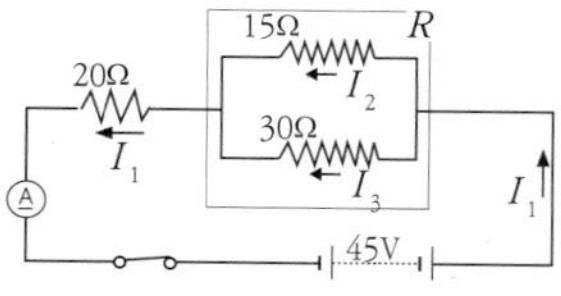

$\frac{1}{R} = \frac{1}{15} + \frac{1}{30} = \frac{1}{10}$, R = 10Ω 이고, 20Ω 과 직렬 연결되므로 전체 저항은 30Ω 이다.

(2), (3) 전류계를 흐르는 전류는 회로 전류 $I_1 (= I_2 + I_3)$과 같다.

$I_1 = \frac{\text{전체 전압}}{\text{전체 저항}} = \frac{45}{30}$ = 1.5 A

$I_2 : I_3$ = 30 : 15 = 2 : 1 이므로, I_2 = 1 A, I_3 = 0.5 A

(4) 병렬 연결이므로, 15 Ω 에 걸린 전압 = 30 Ω 에 걸린 전압 = 15V

Q22 R

해설 | 전류가 D 점에서 들어가서 F 점으로 나올 때에는 B, E, H 점의 전위가 같으므로 B 점과 E 점, E 점과 H 점 사이에는 전류가 흐르지 않는다. 그러므로 회로는 다음과 같이 변형될 수 있다.

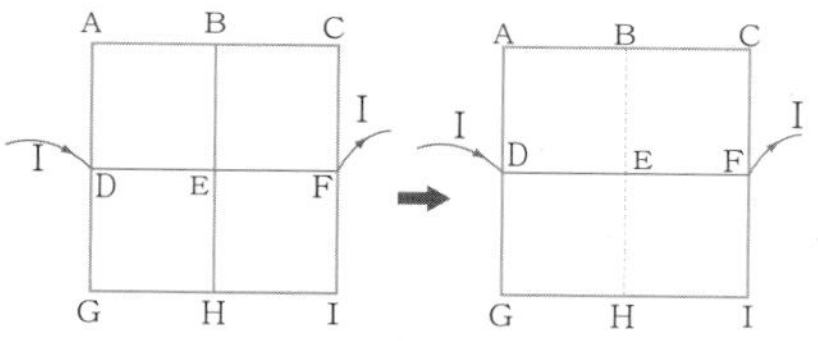

변형된 전기 회로는 $4R$, $2R$, $4R$ 이 병렬 연결된 회로이므로

$$\frac{1}{R_{전체}} = \frac{1}{4R} + \frac{1}{2R} + \frac{1}{4R} = \frac{1}{R} \quad \therefore R_{전체} = R$$

Q23 A = D = E > B = C

해설 | 각 회로의 전지의 전압은 V 로 같고, 각 전구의 저항값은 R 이라고 할 때, 전구의 전압이 크게 걸릴수록 밝다. 각 전구에 걸리는 전압은 다음과 같다.

A, D, E : $\frac{V}{R}$, B, C : $\frac{V}{2R}$

Q24 $R = 10\ \Omega$, $I = 0.3$ A

해설 | 검류계 G 에 전류가 통하지 않으므로 A 점과 B 점은 서로 떨어진 점으로 취급한다. 이때 $40R = 20\times20$, $R = 10\ \Omega$

A 점과 B 점을 서로 떨어진 점이라고 하면(붙어있는 점이라고 해도 결과는 같다), 60Ω 과 30Ω 이 서로 병렬 연결된 형태이므로,

$\frac{1}{R'} = \frac{1}{60} + \frac{1}{30} = \frac{1}{20}$, R'(전체 저항) = 20 Ω

$I = \frac{전체\ 전압}{전체\ 저항} = \frac{6}{20} = 0.3$ A

개념 확인 문제

정답	53 ~ 55쪽

저항의 연결

65 24 Ω	66 1 Ω	67 (1) ③ (2) ②	
68 (1) ⑤ (2) ④		69 ⑤	70 6 : 3 : 2
71 ③	72 ②		
73 (1) $\frac{10}{3}$ Ω (2) $\frac{10}{3}$ Ω (3) $\frac{12}{5}$ Ω (4) 1 Ω			
74 (1) ③ (2) ④ (3) ⑤ (4) ② (5) ②			75 ⑤
76 ②	77 (1) ④ (2) ③		78 ①
79 ⑤	80 ①		

65 24 Ω

해설 | 직렬로 연결된 저항은 모든 저항을 합하면 합성 저항이 된다.

$$3 + 5 + 7 + 9 = 24\ \Omega$$

66 1 Ω

해설 | 병렬로 연결된 저항은 각각의 저항의 역수의 합이 합성저항의 역수이다.

$$\frac{1}{R} = \frac{1}{2} + \frac{1}{3} + \frac{1}{6} = 1, \quad R = 1\ \Omega$$

67 (1) ③ (2) ②

해설 | (1) A점을 통과하는 전류는 전체 회로 전류이다. 합성 저항은 3 Ω, 전체 전압은 6 V 이므로 전류는 2 A

(2) 1 Ω 에도 2 A 의 전류가 통과하므로 옴의 법칙에 의해 전압은 1 × 2 = 2 V

68 (1) ⑤ (2) ④

해설 | (1), (2) $\frac{1}{R} = \frac{1}{3} + \frac{1}{6} = \frac{1}{2}$, R(합성 저항) = 2 Ω

전체 전류 = 6A 이고, 이것이 전류계를 통과하는전류이다. 다른 방법으로는 병렬 연결된 저항이므로 두 저항에 같은 전압이 걸리므로, 각각의 전류를 구하여 합하면 전체 전류를 구할 수 있다. 각 저항에 12 V 가 걸리므로 3 Ω 에는 4 A, 6 Ω 에는 2 A 가 흐른다. 그러므로 전류계에는 4 + 2 = 6 A 의 전류가 측정된다.

69 ⑤

해설 | 회로에 0.2 A 가 흐르므로 직렬 연결된 저항 15 Ω 에도, R 에도 0.2 A 가 흐른다. 15 Ω 에 0.2 A 가 흐르므로 전압은 3 V가 걸린다. 그렇다면 저항 R 에는 전체 전압 8 V 에서 3 V 를 뺀 5 V 가 걸린다. 0.2 A, 전압 5 V 이므로, 옴의 법칙을 이용하여

저항 $R = \frac{5}{0.2} = 25\ \Omega$

70 6 : 3 : 2

해설 | $r_1 : r_2 : r_3 = 1 : 2 : 3 = k : 2k : 3k$ 로 비례상수를 넣어 계산해 보자. 병렬 연결하면 같은 전압이 걸리므로

$$I_1 : I_2 : I_3 = \frac{V}{k} : \frac{V}{2k} : \frac{V}{3k} = 1 : \frac{1}{2} : \frac{1}{3} = 6 : 3 : 2$$

71 ③

해설 | 저항 R 에는 2 A 의 전류가 흐른다. 병렬 연결이므로 20 Ω 에 걸리는 전압이 저항 R 에 걸리는 전압과 같다. 20 Ω 에 걸리는 전압은 20 × 1 = 20 V 이다. 저항 R 에도 20 V 의 전압이 걸리고 2 A 의 전류가 흐른다.

∴ 저항 $R = \frac{20}{2} = 10\ \Omega$

72 ②

해설 | 그림 (나)에서 전류와 전압을 비교하면 합성 저항을 구할 수 있다.

합성 저항 : $\frac{9}{0.3} = 30\ \Omega$

(가)에서 합성저항은 $R + 20\ \Omega = 30\ \Omega$, $R = 10\ \Omega$

73 (1) $\frac{10}{3}$ Ω (2) $\frac{10}{3}$ Ω (3) $\frac{12}{5}$ Ω (4) 1 Ω

해설 |

(1)

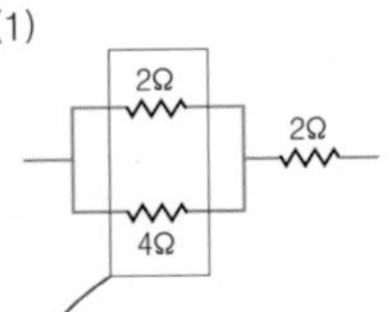

$\frac{1}{R} = \frac{1}{2} + \frac{1}{4} = \frac{3}{4}$

$R = \frac{4}{3}$

$R_{전체} = \frac{4}{3} + 2 = \frac{10}{3}(\Omega)$

(2)

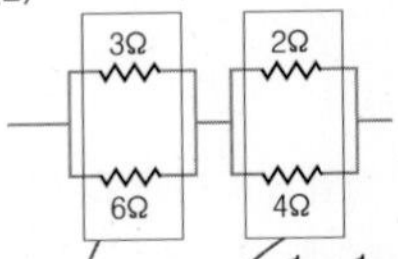

$\frac{1}{R} = \frac{1}{2} + \frac{1}{4} = \frac{3}{4}$

$R = \frac{4}{3}$

$\frac{1}{R} = \frac{1}{3} + \frac{1}{6} = \frac{3}{6} = \frac{1}{2}$, R = 2

$R_{전체} = 2 + \frac{4}{3} = \frac{10}{3}(\Omega)$

(3)

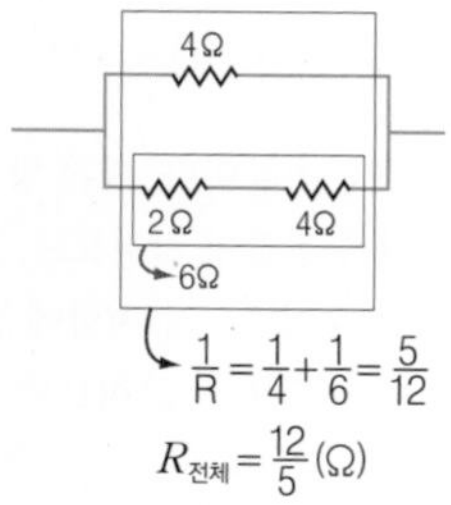

(4)

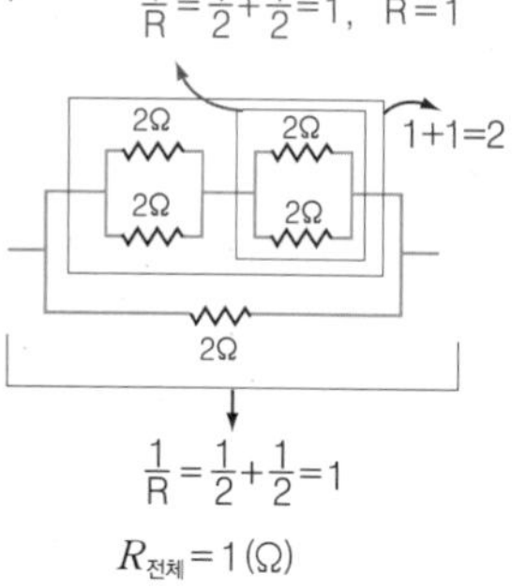

74 (1) ③ (2) ④ (3) ⑤ (4) ② (5) ②

해설 | 합성 저항을 구해보자. 6 Ω 과 12 Ω이 병렬로 연결되었으므로 둘을 합한 저항을 r 이라 하면

$$\frac{1}{r}=\frac{1}{6}+\frac{1}{12}=\frac{1}{4},\quad r=4\,\Omega$$

전체 합성 저항 : $2+r=2+4=6\,\Omega$, 전체 전압은 12V이다.

∴ 전체 전류 $I=\frac{12}{6}=2$ A

(1) 저항 2 Ω 을 통과하는 전류는 전체 전류인 2 A 이다.

(2) 2 Ω 에 2 A 가 지나므로 $V=IR=4$ V

(3) 2 Ω 에 4 V 가 걸리므로, 병렬 연결된 6 Ω 과 12 Ω 에는 모두 12 - 4 = 8 V 가 걸린다.

(4) 12 Ω 에도 8 V 가 걸리므로 전류는 $\frac{8}{12}=\frac{2}{3}$ A

(5) 병렬 연결된 두 저항에는 같은 전압이 걸리므로 전류는 저항에 반비례한다. 12 : 6 = 2 : 1 이다.

75 ⑤

해설 | 합성 저항을 구하여 전체 전류 2 A 와 곱하면 전체 전압 V 를 구할 수 있다. 병렬 연결된 3 Ω 과 6 Ω 의 부분 합성 저항을 r 이라 하면, $\frac{1}{r}=\frac{1}{3}+\frac{1}{6}=\frac{1}{2}$, $r=2\,\Omega$

전체 합성 저항은 2 + 2 = 4 Ω, ∴ 전체 전압 $V=4\times2=8$ V

76 ②

해설 |

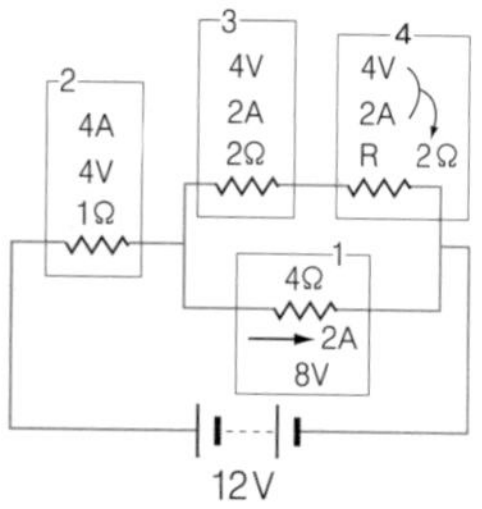

① 에서 전압 8 V 이므로, (2 Ω + R)에 걸리는 전압도 8 V 이다. 그렇다면 ② 에 12 - 8 = 4 V 걸린다는 것을 알 수 있고, 전류는 4 A 인 것도 알아낼 수 있다. 그러면 4 A 가 두 도선에 2 A 씩 나누어져 흐르므로 ③ 에서 2 Ω 에도 2 A 가 흐르고, 걸리는 전압은 4 V 이다. 2 Ω 과 R 에 8 V 가 나누어져 걸리므로 ④ 에서 R 에는 4 V 가 걸리고 전류는 2 Ω 에 흐른 전류와 같은 2 A 가 흐른다. 그러므로 R 은 2 Ω 이라는 것을 알 수 있다.

77 (1) ④ (2) ③

해설 | (1) 전류계가 연결된 저항 2 Ω 에는 6 V 가 걸리므로 전류가 3 A 가 흐르며, 전류계를 통과하는 전류이다.

(2)

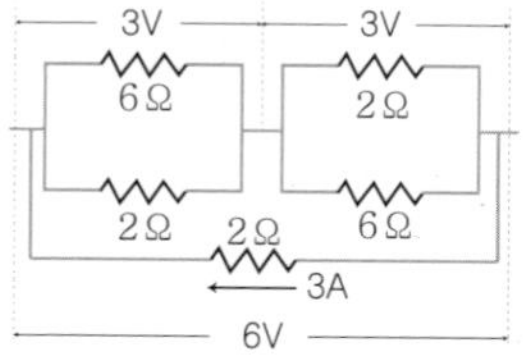

전기 회로에는 전체적으로 6 V 가 걸리는데 앞 부분과 뒷 부분의 병렬 연결 부분의 합성 저항이 같으므로 6 V 가 절반으로 나뉘어져 걸리게 된다. 그러므로 전압계에는 3 V 가 측정된다.

78 ①

해설 | 전구의 저항은 모두 같으므로, 전구 1개에 걸리는 전압이 클수록 밝다. 전지 1개의 전압을 V 라고 할 때, A~D 회로의 전구 1개에 걸리는 전압은 다음과 같다.

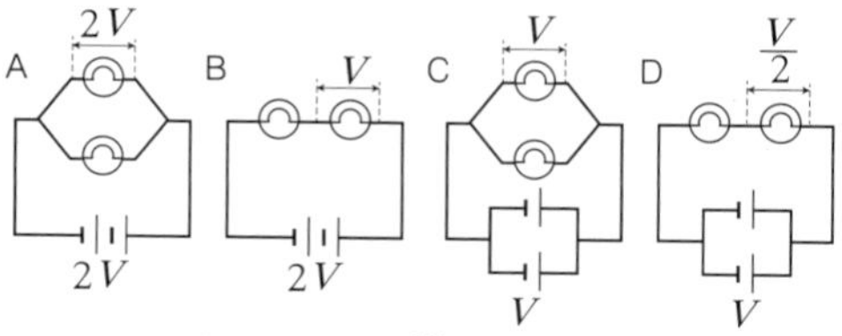

A : $2V$, B : V, C : V, D : $\frac{V}{2}$

∴ A회로의 전구 1개의 밝기가 가장 밝다.

79 ⑤

해설 | 회로를 아래와 같이 나타내 보자.

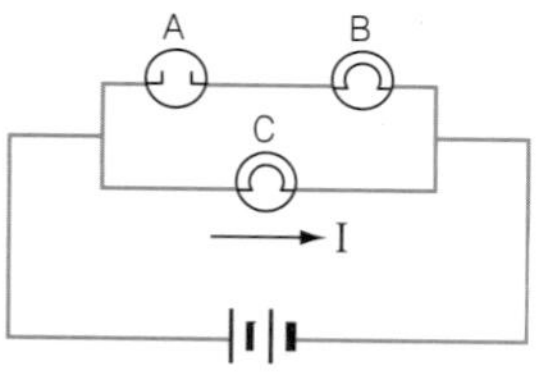

A 가 끊어지면 A 와 직렬로 연결된 B 는 꺼지게 된다. A 와 병렬로 연결된 C 의 전압은 변하지 않으므로 A 와 상관없이 밝기가 변하지 않는다.

80 ①

해설 | 스위치를 닫은 상태에서는 전구 B로 흐르는 전류는 0 이므로

전구 B는 꺼진 상태이고, 전구 A는 전지의 전압이 모두 걸린 상태이다. 스위치를 열면 전구 A와 B에 각각 전지 전압이 절반씩 걸리므로 A는 처음 상태보다 어두워지고, B는 불이 들어오므로 밝아진다고 할 수 있다.

개념 심화 문제

정답	56 ~ 62쪽

30 스위치를 닫았을 때 : 10 V, 4 A
스위치를 열었을 때 : 10 V, 2 A

31 $\frac{8}{13}$ A　　32 2.5 Ω, 5 Ω, 7.5 Ω, 12.5 Ω

33 12 V, 3 Ω　　34 (1) ③ (2) ③

35 a ~ b : 3 V, b ~ c : 2 V, c ~ d : 4 V, d ~ e : 15 V
합한 값 : 24 V　　36 20 V, $\frac{2}{3}$ A

37 A : 6 V, 0.3 A　B : 4 V, 0.2 A　C, D : 2 V, 0.1 A
A 전구가 가장 밝다.

38 (1) 2 V (2) A 점 : 3 V, B 점 : 5 V

39 (1) 3 A (2) 30 V　　40 4 Ω　　41 10 Ω

42 6 Ω　　43 $\frac{18}{5}$ Ω　　44 1 A

45 (1) $I = I_1 + I_2$, $I_1 = I_2 + I_3$ (2) $I_1 - I_3 = I_2$
(3) $I_2 + I_3 = I_1$ (4) $0 = 14 - 4I_2 - 2I_1$ (5) $2I_1 - 3I_2 = 0$
(6) $0 = 4I_2 - 2I_3 - 2I_1$ ((5)와 같다.)
(7) $I_1 = 3$ A, $I_2 = 2$ A, $I_3 = 1$ A (8) 5A (9) $\frac{14}{5}$ Ω

46 3 V　　47 (1) 7.5 Ω (2) $\frac{25}{4}$ Ω　　48 14 Ω

30 스위치를 닫았을 때 : 10 V, 4 A
스위치를 열었을 때 : 10 V, 2 A

해설 | (1) 스위치를 닫았을 때　　(2) 스위치를 열었을 때

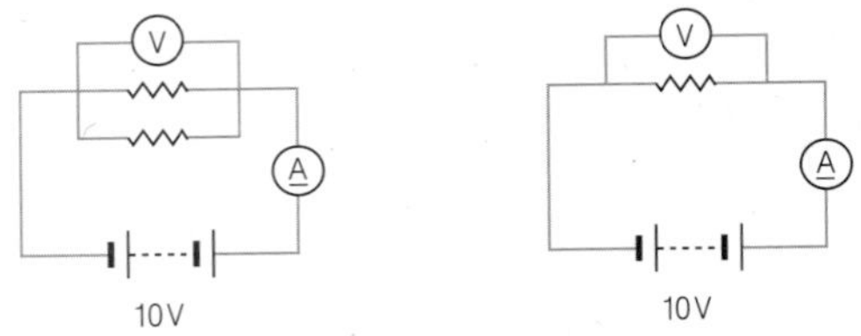

(스위치를 닫았을 때) 저항 R 두 개가 병렬로 연결된다. 그러므로 합성 저항은 $\frac{R}{2} = 2.5$ Ω 이다.

전체 전압(전압계)이 10 V 이므로 전체 전류(전류계)는 4 A 이다.
(스위치를 열었을 때) 저항 R 한 개가 회로에 연결된다. 이때 저항 R = 5 Ω 이다. 전체 전압(전압계)이 10 V 이므로 전체 전류(전류계)는 2 A 이다.

31 $\frac{8}{13}$ A

해설 | (1) S_1 닫힘, S_2 열림　　(2) S_1 열림, S_2 닫힘

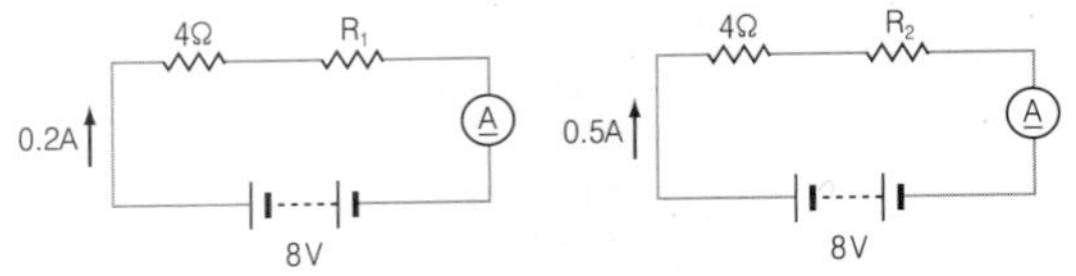

(1) 의 경우, $8 = 0.2 \times (4 + R_1)$, $R_1 = 36$ Ω
(2) 의 경우, $8 = 0.5 \times (4 + R_2)$, $R_2 = 12$ Ω

S_1 과 S_2 를 모두 닫으면 R_1, R_2 가 병렬 연결이고, 두 저항의 합 R

$\frac{1}{R} = \frac{1}{36} + \frac{1}{12} = \frac{1}{9}$, $R = 9$ Ω

R 은 4 Ω 과 직렬 연결이므로 회로 전체의 합성 저항 : 9 + 4 = 13 Ω

회로 전압은 8 V 이다. ∴ 회로 전류(전류계) = $\frac{8}{13}$ A

32 2.5 Ω, 5 Ω, 7.5 Ω, 12.5 Ω

해설 |

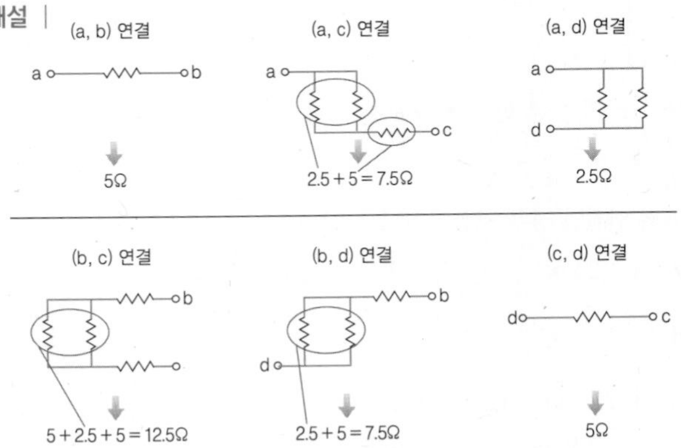

얻을 수 있는 저항 : 2.5 Ω, 5 Ω, 7.5 Ω, 12.5 Ω

33 12 V, 3 Ω

해설 | (스위치를 열었을 때) 저항 R 에는전류가 흐르지 않으므로 4 Ω, 6 Ω 이 직렬 연결된 회로이다. 스위치를 열었을 때의 합성 저항을 구하면 10 Ω 이다. 전류가 1.2 A인 조건이므로 전지의 전압은 12 V 이다.
(스위치를 닫았을 때) 회로 전류가 2 A 이므로 직렬 연결된 4 Ω 에도 2 A 의 전류가 흐르므로 8 V 의 전압이 걸린다. 전체 전압이 12 V 이므로 6 Ω 과 R 이 병렬 연결된 부분에는 12 - 8 = 4 V 가 걸린다.

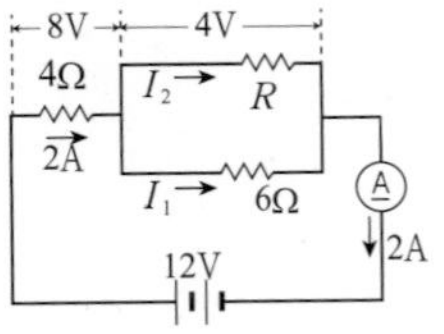

6 Ω 에 4 V 가 걸리므로 통과하는 전류 $I_1 = \frac{2}{3}$ A 이다.

∴ R 을 흐르는 전류는 $\frac{4}{3}$ A , 전압 4 V 이므로 $R = 3$ Ω 이다.

34 (1) ③ (2) ③

해설 | (1) 전체 전지 전압은 변동없다. R_2 만 증가했을 때 병렬 연결된 R_2, R_3 의 합성 저항이 커지며, 병렬 연결된 (R_2, R_3)에 걸리는 전압이 커진다(R_2, R_3 에는 각각 같은 전압이 걸린다.). 전체 회로의 합성 저항도 증가하므로 전체 전류 I_1 이 작아진다. $I_1 = I_2 + I_3$ 인데, I_1 이 작아졌으므로 I_2, I_3 의 합도 작아진다. 그러나 R_3 만 보았을 때 저항은 유지되면서 전압만 상승했으므로 I_3 는 증가한다. 동시에 I_2 는 감소한다.
③ I_3 만 증가하고 I_1 과 I_2 는 감소한다.
(2) A, B 사이의 전압과 전류는 전체 전압과 전체 전류를 뜻한다. 전체 전압은 전지 전압이므로 변하지 않고, R_2 가 끊어지면 전체 저항이 커지므로 전체 전류는 감소한다.

35 a ~ b : 3 V, b ~ c : 2 V, c ~ d : 4 V, d ~ e : 15 V
합한 값 : 24 V

해설 | a, b, c, d, e 사이에 걸리는 전압은 저항을 통한 전압 강하를 구하면 된다.

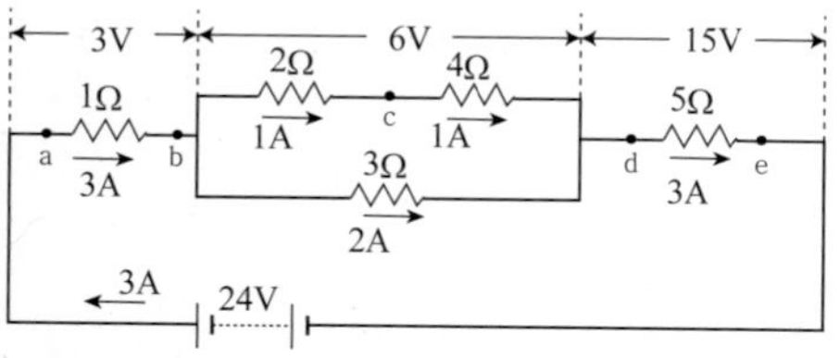

(b ~ d)의 부분 합성 저항 R 는 다음과 같이 구한다.

$\frac{1}{R} = \frac{1}{2+4} + \frac{1}{3} = \frac{1}{2}$, $R = 2\,\Omega$

직렬 연결인 경우 저항의 비 = 전압의 비 = 1 : 2 : 5 이므로

a ~ b : $24 \times \frac{1}{8} = 3$ V , b ~ d : $24 \times \frac{2}{8} = 6$ V,

d ~ e : $24 \times \frac{5}{8} = 15$ V

b ~ d 의 2 Ω, 4 Ω 에서 6 V 전압을 1 : 2 로 나눠 갖게 되므로 b ~ c : 2 V, c ~ d : 4 V 이다.

a ~ e 의 전압을 합하면 24 V 이다.

36 20 V, $\frac{2}{3}$ A

해설 |

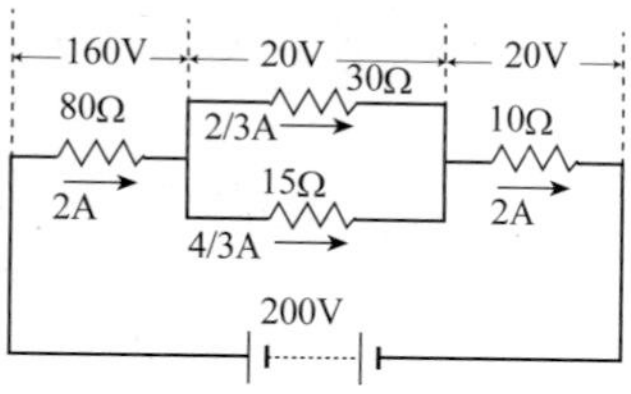

병렬 연결된 30 Ω 과 15 Ω 의 부분 합성 저항 R을 구하면

$\frac{1}{R} = \frac{1}{30} + \frac{1}{15} = \frac{1}{10}$, $R = 10\,\Omega$

직렬 연결에서 각 저항에 걸리는 전압의 비 = 저항의 비

∴ 전압비 : 80 : 10 : 10 = 8 : 1 : 1

∴ 10 Ω 에 걸리는전압 : $200 \times \frac{1}{10} = 20$ V

∴ 저항 R에 걸리는 전압 : $200 \times \frac{1}{10} = 20$ V

저항 30 Ω 에 흐르는 전류는 $\frac{2}{3}$ A 이다.

37 A : 6 V, 0.3 A B : 4 V, 0.2 A C, D : 2 V, 0.1 A
A 전구가 가장 밝다.

해설 |

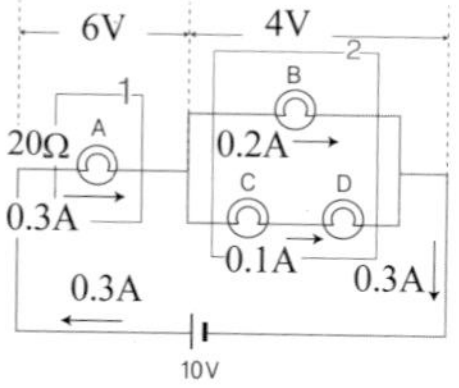

저항값은 1 부분이 20 Ω, 2 부분이 $\frac{40}{3}$ Ω 으로 합하면 $\frac{100}{3}$ Ω 이며, 전체 전압이 10 V 이므로 전체 회로 전류는 0.3 A 이다.

A 저항에는 전체 회로 전류가 흐르므로 A 저항에 걸리는 전압은 6 V 이다. 이런 과정으로 저항 B 에 걸리는 전압은 10 − 6 = 4 V 이므로 저항 B 에 흐르는 전류는 0.2 A 이다. C 와 D 에 흐르는 전류는 0.3 − 0.2 = 0.1 A 이다.

저항이 같을 때 전압이 크게 걸릴수록 더 밝다. 전구 A, B, C, D에 걸리는 전압을 각각 V_A~V_D 라 할 때 V_A= 6V, V_B = 4V, V_C = 2V, V_D = 2V 이므로, 밝기 순은 A> B > C = D 이다.

38 (1) 2 V (2) A 점 : 3 V, B 점 : 5 V

해설 |

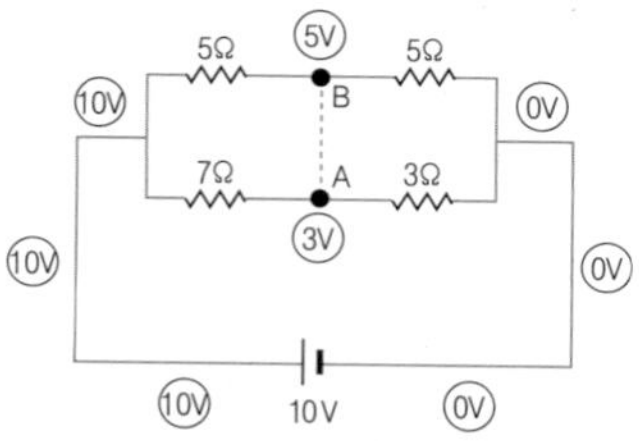

C점을 접지 시키면 그 점의 전위는 지면과 같아져 0V 가 된다. 이 점은 전지의 (-)극 부분이므로 전지의 (+)극 쪽은 전위가 10V 가 된다.

(1), (2)도선 위에 전위는, 저항을 시계 방향으로 지나면서 전압 강하가 일어난다. 5 Ω 저항 두 개 또는 7 Ω 과 3 Ω 을 왼쪽에서 오른쪽으로 지나면서 전위가 10V 에서 0V로 전압 강하가 일어난다. 그러므로 5 Ω 저항 1 개를 지나면 5 V 만큼 전압 강하가 일어난다. 마찬가지로 7 Ω 을 지나면 전압 강하는 7 V 가 일어난다.

A 점에서 전위가 3 V, B 점에서 전위가 5 V 이므로 둘 사이의 전위차, 즉 전압은 2 V 이다.

39 (1) 3 A (2) 30 V

해설 | D점을 접지 시켰으므로 D점의 전위는 0V이다. B와 C 사이는 전위가 같음으로 전류가 흐르지 않는다. 따라서 회로는 A-B-D가 연결된 직렬 연결 회로이다.

(1) 직렬 연결된 도선에서 같은 크기의 전류가 흐르므로 10 Ω 에도 3A 의 전류가 흐른다.

(2) B점은 D점보다 전위차 $V = IR = 3 \times 10 = 30$V 높다. 따라서 B점의 전위 = C점의 전위 = 30V 이다.

40 4 Ω

해설 | 회로도는 다음 그림과 같다.

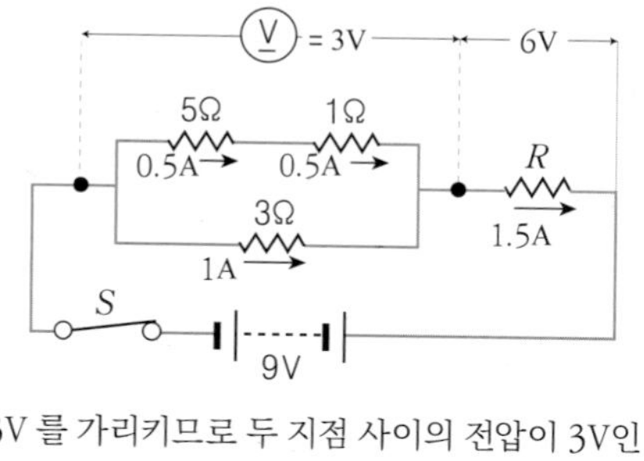

전압계가 3V 를 가리키므로 두 지점 사이의 전압이 3V인 것이다. 각

저항을 흐르는 전류는 그림과 같이 결정된다.
R 에는 1.5 A 의 전류가 흐르고, 9 - 3 = 6 V 의 전압이 걸린다.
$\therefore R = \dfrac{6}{1.5} = 4\,\Omega$ 이다.

41 10 Ω

해설 | 검류계 Ⓖ에 전류가 흐르지 않았다는 것은 B 와 D 의 전위차가 0 이라는 뜻이다. A - B - C, A - D - C 가 병렬 연결이므로 각각 같은 전압 E 가 걸린다. 여기서 B 와 D 의 전위차를 0 으로 만들기 위해서는 A ~ B 와 A ~ D 에서 전압 강하가 같아야 한다. 전압(A-B) : 전압(B-C) = 2 : 5 (=저항비) 이다.
A - D - C 에서도 위와 같이 전압 강하가 나타나므로
2 : 5 = 4 : R 이다. ∴ R = 10 Ω
(휘트스톤 브리지에서 검류계 Ⓖ에 전류가 흐르지 않을 때, 대각선 저항의 곱은 같다. $2R = 4\times5$, R = 10 Ω)

42 6 Ω

해설 | B 와 C 의 전위가 같으므로 (R 과 R 과 병렬 연결된 3 Ω 의 합성 저항)×3 = 3×2이다.

$$\therefore \frac{1}{\frac{1}{3}+\frac{1}{R}} \times 3 = 3\times 2,\ R = 6\ (\Omega)$$

43 $\dfrac{18}{5}\,\Omega$

해설 |

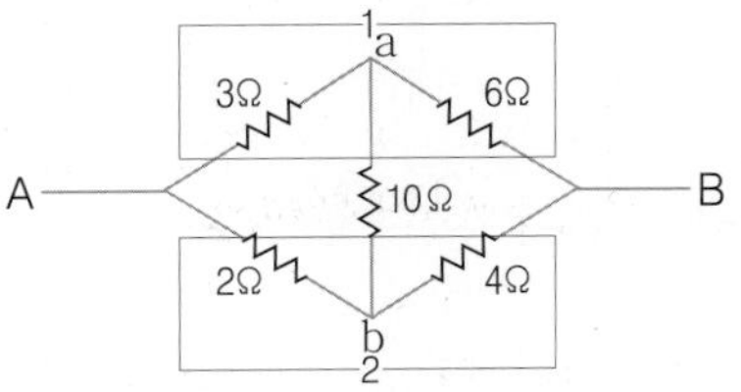

1, 2 부분의 저항의 비는 3 : 6 = 2 : 4 = 1 : 2 로 같다. 그러므로 1 의 3 Ω, 2 의 2 Ω 에서의 전압 강하는 같게 나타난다. 그러므로 a ~ b 사이의 전위차는 0 이므로 10 Ω 에는 전류가 흐르지 않고, a 와 b 는 서로 떨어진 점(또는 붙은 점)이라고 할 수 있다.
합성 저항을 구하면, $\dfrac{1}{\frac{1}{9}+\frac{1}{6}} = \dfrac{18}{5}\,\Omega$ 이다.

44 1 A

해설 |

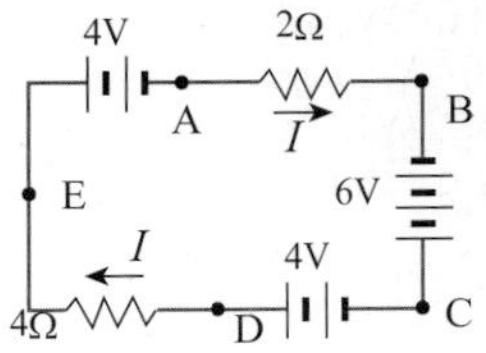

A→B→C→D→E→A 시계 방향으로 전위 보존이 된다. 회로 전류를 I 라고 하면 저항에는 전류 I 가 흐른다. 전류가 흐르는 방향으로 저항에서는 전압 강하가 일어나며, 전지는 (+)극에서 (-)극으로 가면서 전지 전압만큼 전압 강하가 일어난다. 방향이 반대일 때는 전압 상승이다.
A→B→C→D→E→A 순으로 $-2I + 6 + 4 - 4I - 4 = 0$, I = 1A

45 (1) $I = I_1 + I_2$, $I_1 = I_2 + I_3$ (2) $I_1 - I_3 = I_2$ (3) $I_2 + I_3 = I_1$
(4) $0 = 14 - 4I_2 - 2I_1$ (5) $2I_1 - 3I_2 = 0$
(6) $0 = 4I_2 - 2I_3 - 2I_1$ ((5) 와 같다.)
(7) I_1 = 3 A, I_2 = 2 A, I_3 = 1 A
(8) 5 A (9) $\dfrac{14}{5} = 2.8\,\Omega$

해설 |

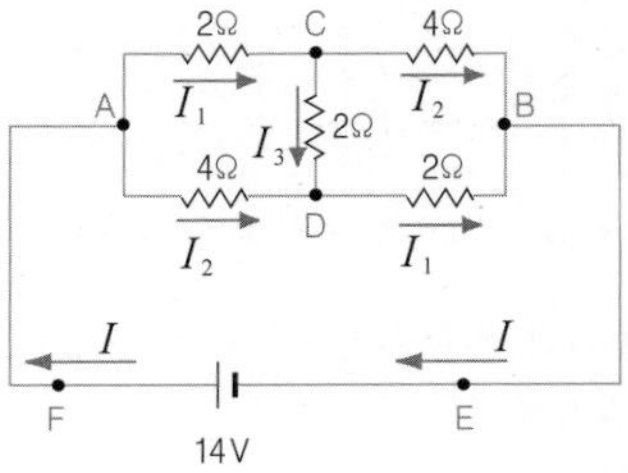

좌우 대칭 회로이므로 전류가 좌 → 우로 흐르는 경우와 우 → 좌 로 흐르는 경우 각 저항을 흐르는 전류가 저항값에 따라 같다.
(1) 전체 전류가 A 지점에서 I_1, I_2 로 나눠지므로 $I = I_1 + I_2$ 이다. C 점에서 D 점으로 I_3 가 흐르고, $I_1 > I_2$ 이므로 $I_1 = I_2 + I_3$ 이다.
(2) C → B 의 전류는 I_1 에서 I_3 이 빠져 나간 나머지 전류이므로
$I_1 - I_3 = I_2$ 이다.
(3) D → B 의 전류는 I_3 과 I_2 이 합쳐졌으므로 $I_2 + I_3 = I_1$ 이다.
(4) 닫힌 회로를 한 바퀴 돌면서 전압 강하와 전지에 의한 전압 상승을 합하면 0 이되므로, 회로 FADBEF에서
$0 = 14 - 4I_2 - 2I_1$ -- ㉠
(5) ACDA 회로에는 전지가 존재하지 않는다. 전류가 흐르는 방향으로 전압 강하가 일어난다. 전류의 반대 방향은 전압 상승이다.
$0 = -2I_1 - 2I_3 + 4I_2 = -2I_1 - 2(I_1 - I_2) + 4I_2 = -4I_1 + 6I_2$
$\therefore 2I_1 - 3I_2 = 0$ -- ㉡
(6) $0 = 4I_2 - 2I_3 - 2I_1$ 이므로 ㉡ 식과 같다.
(7) ㉠ : $7 = 2I_2 + I_1$ ㉡ : $2I_1 - 3I_2 = 0$
$I_1 = 3$, $I_2 = 2$, $I_3 = 1$ 이다.
(8) $I = I_1 + I_2$ 이므로 5 A 이다.
(9) 전체 전압과 전류가 각각 14 V, 5 A 이므로
$R_{전체} = \dfrac{14}{5} = 2.8\,\Omega$

46 3 V

해설 |

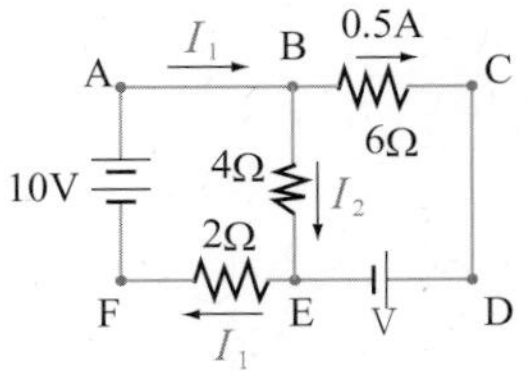

그림처럼 전류 I_1, I_2 가 흐르고 있다고 가정하면
접점 B에서 $0.5 + I_2 = I_1$ --㉠
ABEFA 회로에서 $10 - 4I_2 - 2I_1 = 0$ (전압 상승, 강하) --㉡
㉠, ㉡ 에서 I_2 = 1.5 A, I_1 = 2 A
BCDEB 회로에서 $-0.5\times6 - V + 4I_2 = 0$
I_2 = 1.5 A 이므로, V = 3 V 이다.

47 (1) 7.5 Ω (2) $\frac{25}{4}$ Ω

해설 |

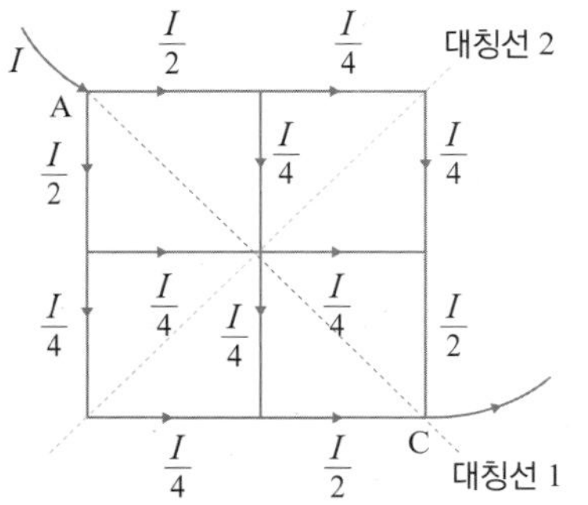

그림처럼 대칭선 1 의 좌우로 전류는 같은 형태로 그림처럼 나누어져서 흐른다. A 점에서 C 점까지 총 전압 강하를 계산하면 한 변의 저항은 R 이므로

총 전압 강하 $V_{AC} = IR_{총저항} = \frac{I}{2}R + \frac{I}{4}R + \frac{I}{4}R + \frac{I}{2}R = \frac{3}{2}IR$

$$\therefore R_{총저항} = \frac{3}{2}R = 7.5\ \Omega$$

(2)

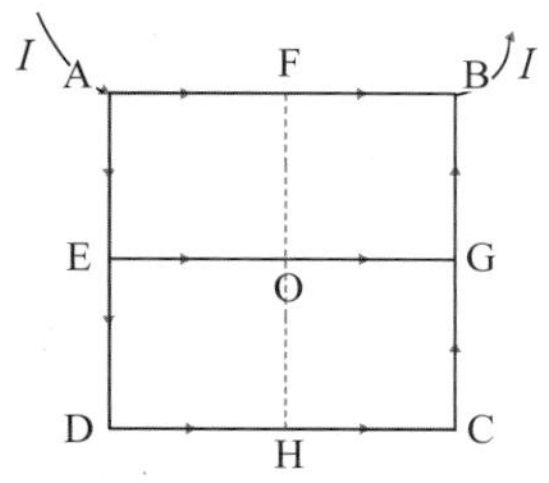

전류가 A 로 들어가서 B 로 나올 경우는 대칭선이 F-O-H 를 잇는 선이다. F 점과 O 점, H 점은 전위가 같은 점이므로 F 와 O 사이, O 와 H 사이에는 전류가 흐르지 않는다. F 와 O 사이, O 와 H 사이의 저항은 없는 것으로 생각하고, 서로 떨어져 있는 것으로 본다. 이때 회로는 다음과 같다.

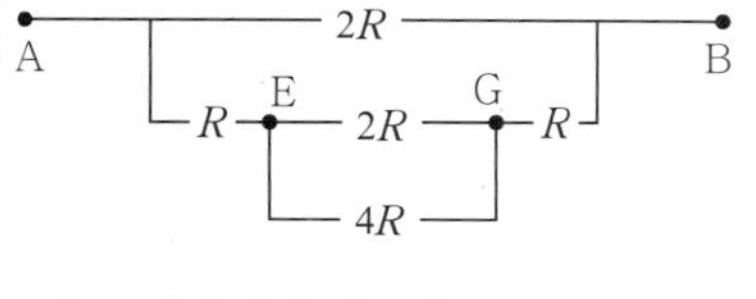

$R = 5\ \Omega$ 이고, 단순 병렬 연결 회로이므로

EG 사이의 저항은 $\frac{20}{3}$ Ω 이 되므로

$$\frac{1}{R_{전체}} = \frac{1}{10} + \frac{3}{50} = \frac{4}{25}, \quad R_{전체} = \frac{25}{4}\ \Omega$$

48 14 Ω

해설 | 그림처럼 A 점에서 B 점으로 전류 $I = I_1 + I_2$ 가 통과한다고 하면 좌우 대칭 회로이므로 각 저항을 통하는 전류는 그림과 같다.

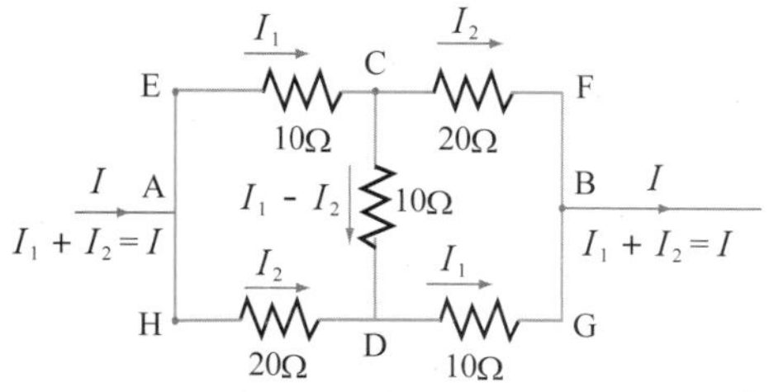

ECFB 의 전압 강하가 AB 사이의 전압 강하와 같아야 하므로 회로의 전체 저항을 R 이라 하면 전체 전압 강하 V_{AB} 는 한 경로에서의 전압 강하의 합과 같다.

$V_{AB} = IR = 10I_1 + 20I_2$ --㉠ $\quad I = I_1 + I_2$ --㉡

ECDHE(시계 방향)으로 전압강하가 0 이므로(키르히호프의 2 법칙)

$-10I_1 - 10(I_1 - I_2) + 20I_2 = 0 \rightarrow I_1 = \frac{3}{2}I_2$ --㉢

㉢ 의 I_1 을 ㉠ 에 대입하면

$V_{AB} = IR = 10I_1 + 20I_2 = 10(\frac{3}{2}I_2) + 20I_2 = 35I_2$

㉢ 의 I_1 을 ㉡ 에 대입하면 $I_2 = \frac{2}{5}I$

$$V_{AB} = IR = 35I_2 = 14I \quad \therefore R = 14\Omega$$

창의력을 키우는 문제

63 ~ 75쪽

01. 논리 서술형

기체 분자들처럼 전자들도 도체 구 전체에 퍼져 전자와 그 주위 전자들 간의 거리가 가능한 멀어질 것이라고 생각할지도 모르나 그렇지는 않다. 전자들은 도체 구 표면 근처 또는 표면 상에 모이게 된다. 기체 분자와 전자가 이렇게 다른 이유는 기체 분자들은 물리적 충돌에 의해 단지 분자들과 가장 가까운 이웃 분자들끼리만 상호작용을 하기 때문이다. 분자 간에 상호작용하는 힘은 짧은 거리에서만 작용하게 된다. 분자는 기체 탱크의 반대편에 있는 분자와는 거의 상호작용하지 않는다. 그러므로 기체 분자들은 가장 근접한 이웃 분자와의 거리가 최대가 되도록 분포한다. 반면에 전자들은 쿨롱의 힘에 의해 먼 거리에 있는 전자와도 상호작용할 수가 있다. 전자는 멀리 있는 전자에 힘을 가할 수 있다. 전자는 가까운 이웃 전자들로부터가 아니라 도체 구 안에 있는 모든 전자들로부터의 거리가 최대가 되도록 분포할 수 밖에 없다. 이러한 이유로 금속 물질이 음(−)전하 또는 양(+)전하로 대전이 되었을 때 전하는 항상 물질의 바깥 표면을 따라 분포한다. 삼각형 도체가 대전되었을 때도 마찬가지로 전하들끼리 가장 먼 곳인 뾰족한 곳에 전하들이 더 큰 밀도로 분포하게 되는 것이다.

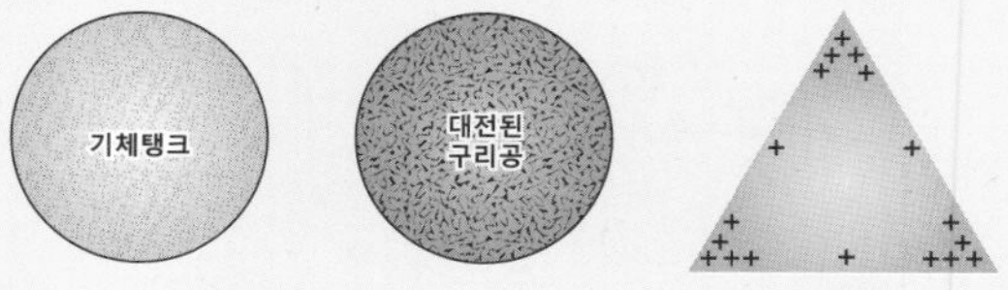

02. 논리 서술형

전기력과 중력이 균형을 이루는 달로부터의 특정한 거리는 있을 수 없다. 만약 전기력과 중력이 달에서 특정한 거리만큼 떨어진 곳에서 균형을 이루었다면 거리를 두 배로 증가시켜도 두 힘은 같은 비율로 감소되어 여전히 균형을 이룰 것이다. (두 힘이 모두 r^2 으로 감소하고 있다.) 달 표면으로부터의 거리가 작든 크든 항상 전기력(쿨롱의힘)과 달의 중력이 평형을 이루므로 달 표면의 한 곳에 입자들이 모여 있는 일은 일어나지 않고 달표면 상공에서 높이에 관계없이 골고루 분포하게 될 것이다.

03. 추리 단답형

1 단계 : 금속박이 벌어진 상태이다.
2 단계 : 금속박이 오므라든다.
3 단계 : 금속박이 오므라든 상태를 유지한다.

해설 | 두 아연판은 서로 도체이므로 정전기유도 현상이 일어난다. 검전기의 금속판은 이미 (−) 전기를 띠고 있으므로 접지시킨 아연판 B에는 (+) 전기가 유도되고 유도된 (+) 전기가 검전기 위의 아연판 A의 (−) 전자를 잡아당기는 관계가 유지된다.(접지를 시키는 경우에는 전자의 이동이 더 쉽게 되어서 아연판 B 에 (+) 전기의 유도가 더 쉽게 일어나게 된다.) 아연판 사이가 가깝게 될수록 두 아연판 사이의 인력이 강해지고, 검전기의 금속박에서 금속판으로 전자가 더욱 많이 이동하게 되어 금속박의 (−) 전기가 점점 약해지므로 금속박은 점점 오므라들 것이다.

04. 추리 단답형

$a\sqrt{\dfrac{mg}{k}}$

해설 | B 에 작용하는 힘은 중력과 전기력이다. 두 힘이 평형을 이루고 있다. 식으로 나타내면 다음과 같다.

$$mg = k\frac{q^2}{a^2} \rightarrow q = a\sqrt{\frac{mg}{k}}$$

05. 추리 단답형

ⓓ, ⓒ

해설 | ⓐ, ⓑ 비교 : (+) - ⓑ - ⓐ - (−)
ⓐ, ⓒ 비교 : (+) - ⓐ - ⓒ - (−)
ⓑ, ⓓ 비교 : (+) - ⓓ - ⓑ - (−)
대전열은 (+) - ⓓ - ⓑ - ⓐ - ⓒ - (−) 이된다.
대전열 차이가 큰 두 물체를 마찰시킬 때 가장 센 마찰전기를 만들어 낼 수 있다. 그러므로 ⓓ, ⓒ를 마찰시켜야 한다.

06. 논리 서술형

마른 수건이나 마른 걸레로 닦으면 마찰 전기가 발생한다. 공기 중에 떠다니는 먼지나 작은 실밥, 피부 세포 같은 것들은 정전기 유도에 의해 화면에 붙게 된다. 닦으면 닦을수록 마찰 전기가 많아져서 먼지가 더 붙는다. 제거 방법으로는 마찰 전기가 발생하지 않게 물을 축인 수건 등으로 닦거나, 대전체를 가까이 하여 전기력으로 먼지를 흡착시키는 방법 등이 있다.

07. 실생활 관련 문제

①

해설 | 차는 도체로 이루어져 있고, 차 안은 거의 밀폐된 상태이므로 차의 바깥 표면에 전하가 유입이 되더라도 차 안의 공간은 전기력이 0이 되도록 정전기가 유도된다. 이것이 정전기 차폐의 원리이다. 때문에 차 안에 가만히 있는 것이 가장 안전하다. 차가 벼락을 맞으면 전류는 차 안의 공간에 영향을 미치지 않고 바퀴를 통해 지면으로 흘러갈 것이다.

08. 논리 서술형

(1) ④ (2) ④ (3) 해설 참조

해설 | (1) ④ 전류가 일정할 때 시간에 따라 위험도의 그래프가 변하므로 접촉 시간에 따라 위험도에 차이가 있다.
① 100 mA의 전류는 접촉 시간이 길면 '매우 위험'까지 이른다.
② 전류가 셀수록 위험하다.
③ 0.1 ~ 0.5 세기에서는 시간이 많이 흘러도 무감각하다.
⑤ 50 mA 에서도 시간이 길어지면 약간 위험 영역에 이른다.
(2) 고전압이라도 전류의 세기가 매우 작으면 위험하지 않다. 가을, 겨울에 정전기로 따가움을 느낄 때가 있는데 정전기의 전압은 매우 높지만 전류량이 작아 위험하지 않은 것이다.
(3)

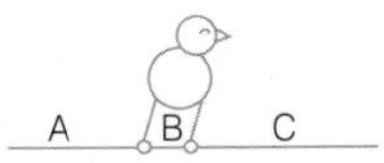

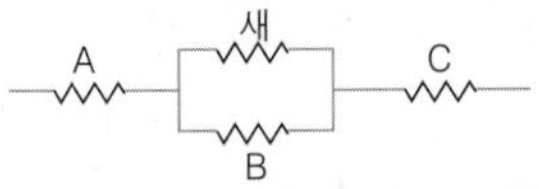

전선에 앉은 새와 전선과의 관계를 그림으로 그려 보면 새와 새 다리 사리의 전선 B 의 저항은 병렬로 연결되어 있다. 때문에 새와 B 에는 같은 전압이 걸린다. 하지만 새는 부도체로 매우 저항이 크기 때문에 전류는 B 쪽으로만 흐르게 된다. 때문에 새는 감전되지 않는다.

09. 논리 서술형

(1) ⑤ (2) ⑤ (3) 옳지 않다.

해설 | (1) 비록 전기 신호는 폐회로를 통해 대략 빛의 속력으로 움직이지만 전자의 이동 속력(표류 속도)은 훨씬 작다. 어느 특정한 방향으로의 전자의 흐름은 없는 것이다. 전자는 양(+)극에 연결된 회로의 끝을 향해 운동을 하게 되지만 고정된 원자들과의 충돌에 의해 충분한 속도를 얻지 못한다. 이 충돌로 인해 전자의 평균 속도는 매우 느리게 되며 전자는 초당 몇 mm 정도에 해당하는 거리 만을 진행하게 된다. 따라서 전자가 배터리의 한 극으로부터 회로를 통해 다른 극으로 이동하는데는 몇 시간이 걸린다.

(2) 전자가 발전소에서 전선을 통해 소비자의 콘센트로 전달된다고 생각하는 것은 흔히 있는 착각이다. 보통 도시의 전기는 초당 60 회 방향이 바뀌는 교류이다. 전선은 전자가 이동하는 통로가 아니라 에너지 전달을 위한 통로이다. 교류 콘센트에 전기 기구의 콘센트를 꽂으면 에너지가 콘센트로부터 전기 기구로 흐르고 기구의 도체 부분에 원래 있던 전자들이 앞뒤로 튀어오르게 한다. 전선에서 나와서 신체를 통과하여 땅으로 들어가는 것은 전기 에너지이지 전자가 아니다.
(3) 전기 모터나 토스터는 전기를 소모하는 것이 아니라 에너지를 소모한다. 발전기는 전기를 만드는 것이 아니라 전기 에너지를 발전시킨다. 모터나 토스터로 들어간 양 만큼의 전하량이 나와야 한다. 다만 전압이 낮아지는 것이다. 증기 기관에서 들어간 증기는 모두 다시 나오나 들어갈 때보다 낮은 압력으로 나온다.

10. 추리 단답형

⑤

해설 | ① Pb는 도체이다.
② 도선의 굵기에 대한 언급이 없었으므로 모르는 사실이다.
③ 원자핵 사이의 거리는 변하지 않는다.
④ 원자핵과 전자의 결합력이 강해졌다는 뜻은 도선 속의 자유전자가 적어졌다는 뜻으로 전기 에너지 전달이 어려워졌다는 뜻으로 비저항이 커진다. 온도가 올라감에 따라 부도체는 비저항이 감소하므로 결합력은 작아진다.
⑤ 도체 내부의 전자들은 온도가 올라감에 따라 더욱 활발하게 운동하게 된다. 하지만 전자와 원자와의 잦은 충돌로 인하여 비저항이 커져서 같은 전압이 걸렸을 때 전류의 흐름은 약해진다.

11. 추리 단답형

35 Ω

해설 | 다음과 같이 회로를 변형할 수 있다.

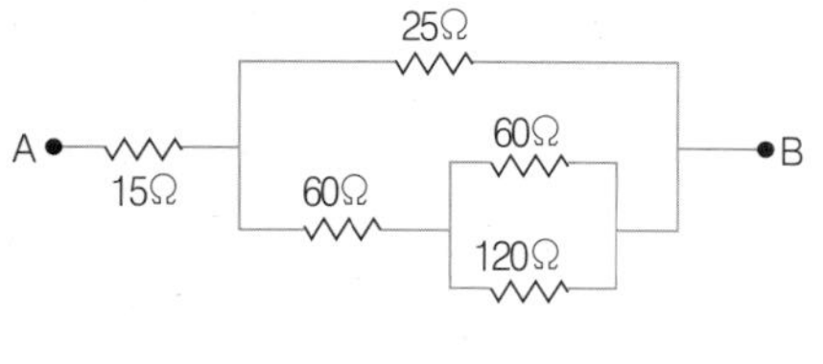

아래쪽 60 Ω 과 120 Ω 의 병렬 연결의 합성 저항을 구하면

$$\frac{1}{\frac{1}{60}+\frac{1}{120}} = 40\,\Omega$$ 이다.

이와 옆에 있는 60 Ω 의 합과 위의 25 Ω 과 의 합성 저항을 구하면,

$$\frac{1}{\frac{1}{60+40}+\frac{1}{25}} = 20\,\Omega$$ 이다.

마지막으로 15 Ω 과 직렬 연결되어 있으므로 전체 합성 저항은 15 + 20 = 35 Ω 이다.

12. 단계적 문제 해결형

(1) ④ (2) ③

해설 |

물의 온도(℃)	95	85	76	65	57	47
전 압(V)	5	5	5	5	5	5
전 류(mA)	73	67	56	45	37	31
저 항(Ω)	68.49	74.63	89.29	111.11	135.14	161.29

(1) 95 ℃ 일때와 85 ℃ 일때의 저항의 중간값을 가질 것이라 예상할 수 있다.

95 ℃ 일 때 저항은 $\frac{5}{0.073} \fallingdotseq 68.49\,\Omega$,

85 ℃ 일 때 저항은 $\frac{5}{0.067} \fallingdotseq 74.63\,\Omega$ 이다.

그러므로 90℃일 때 위의 중간값 약 70 Ω 이다.
(2) 105 Ω 은 65 ℃ 와 76 ℃ 사이값이다. 온도의 감소폭보다 저항의 증가폭이 더욱 크다. 때문에 105 는 76 ℃ 에 더 가까이 있다. 그러므로 답은 73 ℃ 이다.

13. 추리 단답형

①, ④, ⑥

해설 | ① 병렬이므로 모두 같은 전압이 걸린다.
② 병렬 연결되어 있다.
③ 병렬 연결이므로 다른 전등은 꺼지지 않는다.
④ 플러그를 뽑을수록 전체 저항 값은 커져 전류가 감소한다.
⑤ 냉장고의 플러그를 뽑으면 합성 저항 값이 커지므로 전체 전류는 감소한다.
⑥ 병렬로 많이 연결할수록 전체 저항이 감소하고, 전체 전류가 많이 흘러 소비 전력이 증가한다.
⑦ 직렬 연결이 아니므로 무엇을 뽑든 다른 전기 기구에 영향을 주지 않는다.
⑧ 전압은 일정하므로 저항이 커지면 전기 기구를 흐르는 전류는 작아진다.

14. 단계적 문제 해결형

(1) $0 = E - V - Ir$　(2) 해설 참조　(3) $E = 1.5$ V, $r = 1$

해설 | (1) 전지에도 내부 저항이 있어 전압이 걸린다.

$$0 = E - I(r + R) = E - V - Ir$$

(2) 단자 전압과 회로 전류의 대한 식을 구하면

$V = E - Ir$ 로 일차식 그래프로 그려진다.

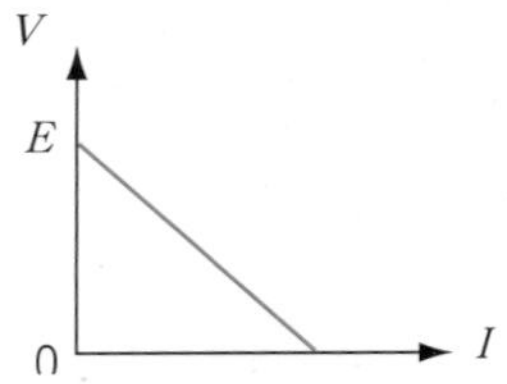

(3) $0 = E - I(r + R)$ 식에 대입하여

$0 = E - (0.3)(r + 4)$　----- ①

$0 = E - (0.1)(r + 14)$　----- ②

①, ② 식을 연립하여 기전력 E 와 내부 저항 r 을 구하면

$E = 1.5$ V, $r = 1$ Ω 이다.

15. 추리 단답형

②, ④

해설 | ① ab 사이의 전압은 단자 전압으로 기전력 E 보다 작다.

② R 이 증가하면 회로 전체의 저항값이 증가하여 전류가 감소한다.

③ 기전력 E 는 변하지 않는다.

④ 전류가 증가하면 내부 저항에 걸리는 전압이 증가한다. 따라서 단자 전압(cd 사이의 전압)은 감소한다.(전체 전압은 E 로 일정하다.)

⑤ ab 사이의 전압과 cd 사이의 전압은 같다.

16. 추리 단답형

8 A

해설 |

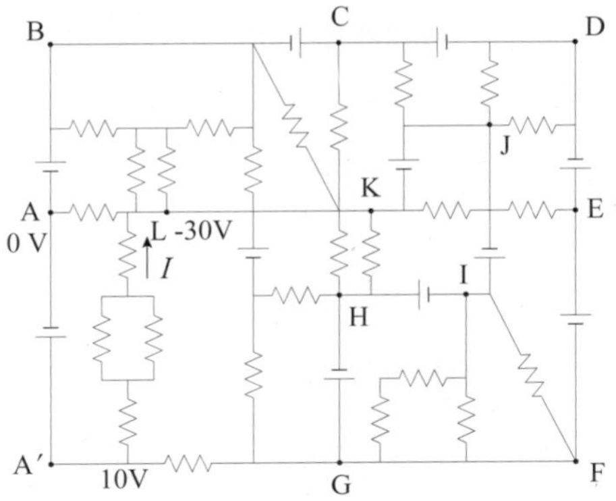

연결된 전지의 기전력은 모두 10 V 이므로 전지의 (-) 극에서 (+) 극으로는 10 V 의 전압 상승이 일어나고 (+) 극에서 (-) 극으로는 10 V 의 전압 강하가 일어난다. 전선으로만 연결된 점들은 모두 같은 전위의 점이다.

A 점의 전위를 0 V 로 놓으면 B 점은 10 V, C 점은 20 V, D 점은 10 V, E 점은 20 V, F 점은 10 V, G 점도 10 V, H 점은 0 V, I 점은 −10 V, J 점은 −20 V, K 점은 −30 V, L 점의 전위도 −30 V 가 된다.

A′점은 전위가 10 V 이고, L 점은 전위가 −30 V 이므로 두 지점의 전위차(전압)은 40 V 이며 그 사이에 연결된 저항의 합성 2Ω +1Ω + 2Ω = 5 Ω 이므로 A′점에서 L 점으로 저항을 통하여 $\frac{40}{5}$ = 8 A 의 전류가 흐른다.

17. 추리 단답형

0.5 Ω

해설 |

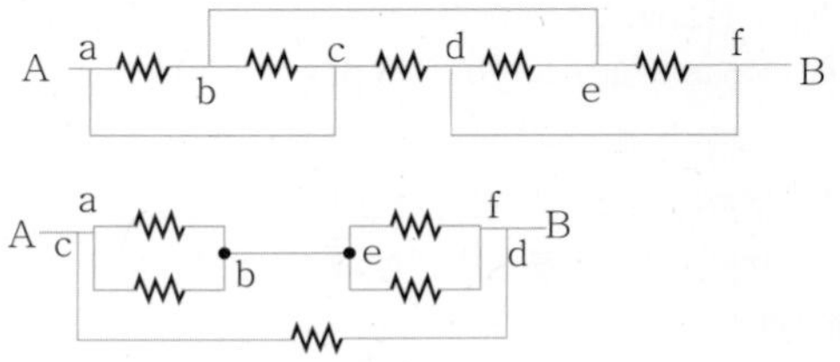

접점을 눈여겨 보면 그림의 두 회로는 같은 것이다.

아래 그림에서 AB 사이의 총 저항을 구하면 0.5 Ω 이다.

18. 논리 서술형

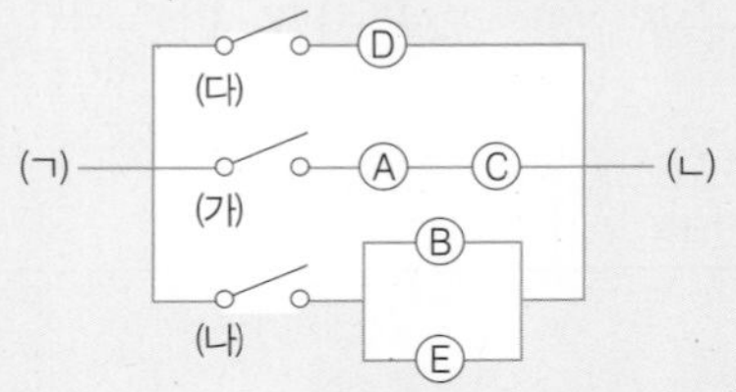

해설 | ㉠, ㉡에서 겹치는 전구 D, 스위치 [다] 는 직렬로 연결되어 있을 것이다. 그리고 [가] 는 A, C 를 조절하는 스위치이고, [나] 는 B,E 를 조절하는 스위치이다.

이제 ㉢ 을 보면 A, C 가 직렬로 연결되어 있음을 알 수 있다.

㉣ 을 보면 E 는 B 와 독립적이므로 병렬 연결되어 있음을 알 수있다.

19. 논리 서술형

백열 전구와 전자 레인지를 직렬로 연결한다. 불량 전자 레인지로 급격한 전류가 흐르면 백열 전구에서 필라멘트가 끊어지면서 전류가 차단될 것이기 때문이다. 이는 차단기에 큰 전류가 전해지는 것은 막아준다.

해설 | 만일 도중에 전구를 연결해 준다면 단락이 되어서 전류가 전자 레인지의 저항을 통과하지 못하더라도 전구를 통과하여 전류가 마구 흐르지 못하도록 막아준다.

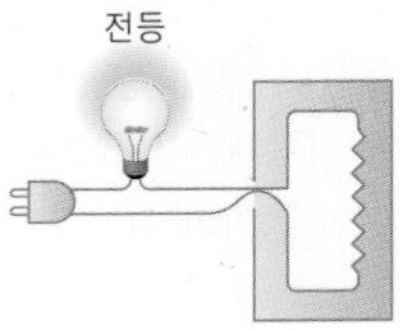

전자 레인지는 물론 정상 제품만큼 전류가 흐르지 못해서 요리는 할 수 없겠지만 차단기가 내려가는 것을 방지할 수는 있다. 전기 제품을 고치는 사람들은 일부러 회로에 전구를 연결해 놓기도 하며 이로 인해 합선되어 전체 가정의 차단기가 내려가는 것을 방지해 준다.

20. 단계적 문제 해결형

(1) 저항이 커진다 (2) $V = \dfrac{20R}{10 + R}$

해설 | (1) (가) 그래프에서 접선의 기울기는 저항의 역수이다. 전압이 증가함에 따라 저항의 역수 값이 작아진다. 그러므로 저항은 커진다는 뜻이다. 즉, 전구에 걸리는 전압이 커질수록 저항이 커진다.

(2) 전구에 걸리는 전압을 V 라고 하면 10 Ω 의 저항에는 $20 - V$ 의 전압이 걸린다. 회로 전류를 I 라고 할 때 10 Ω 의 저항에서 옴의 법칙을 적용하면

$20 - V = 10I$, $I = \dfrac{20 - V}{10}$ (A) 가 되고,

이 전류는 직렬로 연결된 전구를 통과하는 전류이기도 하다.

전구의 저항을 R 이라고 한다면 전구에 대해서 옴의 법칙을 적용하면 전구에 걸리는 전압이 V 이므로

$V = IR = \dfrac{20 - V}{10}R$, $10V = 20R - VR$, $V = \dfrac{20R}{10 + R}$ 이다.

21. 추리 단답형

$a^2 : c^2$

해설 | 전류가 흐를 때 다음과 같이 세 가지 경우가 생긴다.

(1) 단면적 ab, 길이 c

(2) 단면적 ac, 길이 b

(3) 단면적 bc, 길이 a

a > b > c 이라고 하였으므로 이중 단면적이 가장 작고 길이가 긴 경우(저항이 가장 클 때)는 (3), 단면적이 가장 크고 길이가 짧은 경우(저항이 가장 작을 때)는 (1)이다

저항 (3) : 저항 (1) = $\rho \dfrac{a}{bc} : \rho \dfrac{c}{ab} = \dfrac{a}{c} : \dfrac{c}{a} = a^2 : c^2$

22. 추리 단답형

5 배

해설 | 기름 방울이 떠 있다는 것은 기름 방울에 작용하는 중력(아래 방향)과 전기력(위방향)이 평형을 이루고 있다는 것이다. 이때 중력의 크기와 전기력의 크기는 같다($qE = mg$).

밀도가 ρ, 반지름이 r 인 기름 방울의 질량 $m = \dfrac{4}{3}\pi r^3 \rho$ 이므로, 기름 방울의 전하량 q 는 다음과 같다. (0.85 g/cm³ = 850 kg/m³)

$$q = \frac{mg}{E} = \frac{4\pi r^3 \rho g}{3E} = \frac{4 \times 3.14(1.64 \times 10^{-6})^3(850)(9.8)}{3(1.92 \times 10^5)}$$

$\fallingdotseq 8.0 \times 10^{-19}$(C)

$$\therefore \frac{q}{e} = \frac{8.0 \times 10^{-19}}{1.6 \times 10^{-19}} = 5 \text{ (배)}$$

23. 논리 추론형

(1) 2 m/s (2) 2 m/s (3) 0.11 m

해설 |

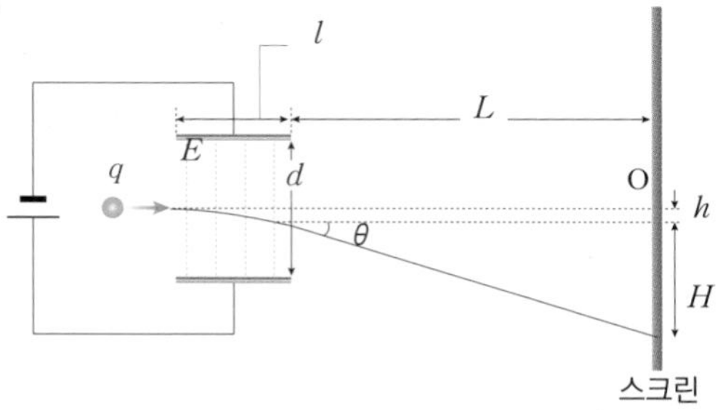

균일한 전기장 E 속에서 운동하는 질량이 m 인 전자는 수평 방향으로는 등속도 운동을 하고, 연직 방향으로는 등가속도 운동을 한다. 이때 중력은 무시하므로 연직 방향으로 가속도는 다음과 같다.

$$ma = qE \rightarrow a = \frac{qE}{m}$$

처음 속도 v_0 로 도체판 길이 l 을 통과하는 동안 걸린 시간 $t = \dfrac{l}{v_0}$ 이므로, 연직 방향으로 이동한 거리를 h 라고 하면, 거리 h 는 다음과 같다.

$$h = \frac{1}{2}at^2 = \frac{qEl^2}{2mv_0^{\,2}}$$

입자가 전기장을 벗어난 순간부터는 전기력이 0이므로 등속 운동한다.

$\tan\theta = \dfrac{v_y}{v_x}$, $v_x = v_0$, $v_y = at = \dfrac{qEt}{m} = \dfrac{qEl}{mv_0}$

$$\therefore \tan\theta = \frac{qEl}{mv_0^{\,2}}, \quad H = L\tan\theta = \frac{qEl \cdot L}{mv_0^{\,2}}$$

(1) 전하가 도체판에 충돌하지 않기 위해서는 다음 조건을 만족한다.

$h = \dfrac{qEl^2}{2mv_0^{\,2}} \leq \dfrac{d}{2} = 0.01(\text{m}) \rightarrow \dfrac{qEl^2}{0.02m} \leq v_0^{\,2}$

$\dfrac{(10^{-5})(200)(0.2)^2}{0.02 \times 10^{-3}} = 4 \leq v_0^{\,2} \rightarrow 2 \leq v_0$, (v_0는 2 m/s 보다 커야 한다.)

(2) 전하가 도체판을 빠져나온 직후 속력은 다음과 같다.

$v_x = 2$(m/s),

$v_y = \dfrac{qEl}{mv_x} = \dfrac{(10^{-5})(200)(0.2)^2}{10^{-3} \times 2} = 0.2$ m/s

$$\therefore v = \sqrt{v_x^{\,2} + v_y^{\,2}} \fallingdotseq 2 \text{ m/s}$$

(3) 스크린 충돌 지점은 중심점 O에서 $h + H$ 만큼 떨어진 지점이다.

$\therefore h + H = 0.01 + \dfrac{qEl \cdot L}{mv_0^{\,2}}, = 0.01 + \dfrac{(10^{-5})(200)(0.2)(1)}{10^{-3} \times 2^2} = 0.11(\text{m})$

대회 기출 문제

정답 76 ~ 87쪽

01 (1) 힘의 크기는 커지고 방향은 변하지 않는다. (2) 해설 참조
02 ④ 03 ④ 04 ① 05 ③
06 ③ 07 (1) (−)전기 (2) 오므라든다. (3) 해설 참조
08 ④ 09 ⑤ 10 해설 참조
11 (1) 해설 참조 (2) 4.5 V 12 ④, ⑤ 13 ①
14 해설 참조 15 변하지 않는다
16 (1) 30 Ω (2) 0.2 A 17 (1) A (2) A > C = D > B = E
18 (1) 6.25×10^{14} 개 (2) $\frac{1}{60}$ A
19 (1) $V_A = 0$, $V_B = 2$ V, $V_C = 2$ V, $V_D = 4$ V
(2) $V_A = 0$, $V_B = 2.4$ V, $V_C = V_D = 3.6$ V
20 (1) 10 V (2) 2 Ω 21 (1) 117 Ω (2) 40 V
22 ② 23 ④ 24 ② 25 ③
26 ② 27 $3 + 2\sqrt{2}$ 28 ④ 29 4 A
30 $\frac{2mgR}{3L}$ 31 (1) $a_1 = \frac{3v^2}{2d}$, $a_2 = \frac{3v^2}{d}$ (2) 2
32 (1) $\frac{1 + 2\sqrt{2}}{4}$ (2) 해설 참조

01 (1) 힘의 크기는 커지고 방향은 변하지 않는다. (2) 해설 참조
해설 | (1) 같은 전하로 대전되었으므로 양전하와 금속 구 사이에는 척력(미는 힘)이 작용한다. 전하 사이에 작용하는 쿨롱의 힘은 거리의 제곱에 반비례하고, 전하량의 곱에 비례한다. ($F = k\frac{q_1 q_2}{r^2}$)
따라서 두 전하가 가까울수록 양전하가 받는 힘의 크기는 가파르게 증가하고 방향은 양전하의 오른쪽이다.
(2) 양전하가 금속 구에 매우 가까이 접근하면 접근한 (+) 전하가 일으키는 정전기 유도가 일어난다. 따라서 (+) 전하의 가까운 쪽의 금속 구 표면에는 (−) 전자가 유도되고 서로 인력이 작용하게 된다.

02 ④
해설 | ㄱ. 종이 조각에 정전기가 유도되어 음전기와 양전기를 띤 부분이 생긴다.
ㄴ. 인력과 척력을 설명하므로 필요한 사실이다.
ㄷ. 가까이 갈수록 종이 조각이 더 빨리 끌려온다는 사실을 설명할 때 필요하다.
ㄹ. 자기장과 관련 없는 내용이다.

03 ④
해설 | 금속판이 부도체이면 유전 분극만 일어나서 전기력이 약하다. 때문에 부도체인 유리에서 금속박이 벌어지기가 가장 어렵다. 반면 금속판은 금속이며 전기 전도도가 가장 큰 '금'이 금속박이 벌어지기 가장 쉽다.

04 ①
해설 | A 에는 전자가 부족하여 양전하로 대전되어 있고, B 는 중성이다. 둘을 접촉시키면 평형을 이룰 때까지 B 의 전자가 A 로 이동한다. 그러므로 전체적으로 보면 A, B 모두에 전자가 부족하므로 A, B는 모두 양전하를 띤다.

05 ③
해설 | ㄱ. $\frac{1}{(\text{거리})^2}$ 이 같을 때, A 와 B 가 A 와 C 보다 더 전기력이 크므로 B 의 전하량이 C 보다 크다.
ㄴ. A 와 B, A 와 C 는 똑같이 미는 힘이 작용하므로 B 와 C 에 대전된 전하의 종류는 같다. 똑같이 인력이 작용한다면 B 와 C 는 전기를 띠지 않을 수 있다.
ㄷ. $\frac{1}{(\text{거리})^2}$ 이므로 거리가 2 배가 되면 전기력의 크기는 $\frac{1}{4}$ 배가 된다.

06 ③
해설 | 전기장에 있는 물체가 받는 전기력과 용수철의 탄성력이 평형을 이룬다.

탄성력 크기 = 전기력 크기, $kd = QE$, $d = \frac{QE}{k}$

07 (1) (−) 전기 (2) 오므라든다. (3) 해설 참조
해설 | (1) 모피 조각에 마찰시킨 에보나이트는 (−) 전기를 띤다. 그러므로 설치된 금속판의 위쪽은 (+) 전기로 유도되고 아래쪽은 (−) 전기로 유도된다. 이어서 금속판 B 에는 (+) 전기로 유도되고, 전자가 금속박에 몰려 금속박 A 는 (−) 전기를 띤다.
(2) 설치된 금속판에 손을 대면 접지가 되는 것이므로 전자가 빠져나간다. 그래서 금속판 아래 면은 중성 상태가 되고 금속판 B 에는 정전기 유도현상이 일어나지 않게 되어서 금속박 A 는 오므라들게 된다.
(3) 설치된 금속판은 전체적으로 (+) 전기를 띠게 되므로 금속판 B 는 (−) 전기를 띠고, 금속박 A 는 (+) 전기를 띠게 되어서 벌어지게 된다.

08 ④
해설 | d 가 증가하면 A 와 B 사이의 전기력이 약해진다. A 와 B 사이의 전기력은 작용반작용의 관계이다. 그러므로 전기력이 작아지면 B 가 받는 힘도 감소한다.
ㄴ. 구 A 에 전자가 없는 것이 아니라 원자에 비해 수가 적은 것이다. 그러므로 구 A 표면에는 B 쪽으로 전자가 쏠리게 된다. d 가 작을수록 전자의 쏠림을 커지므로 전하 분포는 계속 변하게 된다.
ㄷ. 같은 극 (+) 이므로 척력이 작용한다.

09 ⑤
해설 | 동쪽의 전하로부터 받는 힘 : $k\frac{q \cdot q}{a^2} = F$, 척력(서쪽)

남쪽의 전하로부터 받는 힘 : $k\frac{4q \cdot q}{4a^2} = k\frac{q^2}{a^2} = F$, 인력(남쪽)

원점의 전하가 받는 힘 : 서쪽으로 F, 남쪽으로 F, 합력을 구하면 남서쪽으로 $\sqrt{2}F$ 이다.

10 해설 참조
해설 | (1) 직렬로 전구를 연결하면 전체 저항 값이 2배로 커져 전구에 흐르는 전류의 세기가 절반이 되어, 전체 밝기도 절반이 된다.
(2) 병렬로 연결하면 두 전구에는 같은 전압이 걸리고, 처음과 같은 전류가 각각 흐르게 된다. 전체 밝기는 같은 밝기의 전구가 2 개이므로 처음보다 2 배 밝다.

(3) 전구 C를 빼면 빼기 전에 비해 전체 저항값이 증가한다. 이 경우 전지의 전압이 변하는 것이 아니므로 전체 회로 전류는 감소한다.
① 전구 A 의 밝기 변화 : 어두워진다.
이유 : A 에는 전체 전류가 흐르고, 전체 전류는 전구 C를 뺐을 때 감소하므로 전구 A의 밝기는 어두워진다. 또다른 설명은 전지 전압은 일정한데, 전구 C를 뺐을 때 A에 걸리는 전압이 감소하므로 밝기가 어두워진다.
② 전구 B 의 밝기 변화 : 밝아진다.
이유 : 처음에 전구 A와 병렬 연결된 B, C 에는 전지 전압(일정)이 저항의 비로 나뉘어 2 : 1 로 걸리게 되는데, C 가 없어지면 저항비가 1 : 1 이고, 전압비도 1 : 1 이 되므로, A에 걸리는 전압은 감소하여 전류가 감소하므로 어두워지고, B에 걸리는 전압은 증가하여 전류가 증가하므로 밝아진다.

11 (1) 해설 참조 (2) 4.5 V
해설 | (1) 전압이 증가함에 따라 저항의 비저항 값이 증가하여 저항이 일정하게 유지되지 않고 커지게 됨을 뜻한다. 이것은 전류가 증가할수록 열이 발생하여 전자의 진행이 방해받아 저항이 커진다라고 해석할 수 있다.
(2) 동일한 저항 A, B 가 병렬 연결이므로 스위치를 닫으면 A 에 걸리던 전압은 변함이 없고 B 에는 A 에 걸리는 전압과 같은 전압이 걸리게 된다. 이때 전류가 0.8 A 가 흘렀으므로 A, B 각각에는 0.4 A 씩 전류가 흐른다. 그래프에서 저항 A에 0.4 A 의 전류가 흐를 때의 전압은 4.5 V 이므로 회로에 공급되는 전압은 4.5 V 이다.

12 ④, ⑤
해설 |

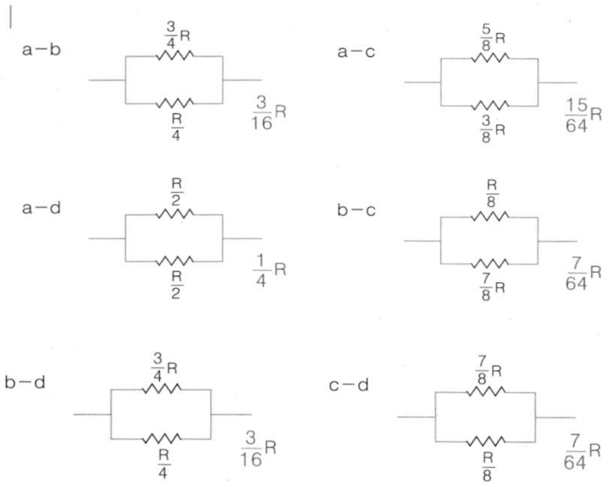

회로 전체의 저항을 R 이라고 하자. a-b 연결, a-c 연결, a-d 연결, b-c 연결, b-d 연결, c-d 연결하면 그 두점으로 나눠지는 두 구역이 병렬 연결과 같은 모양으로 나타나며, 각각의 합성 저항을 구한다. 연결한 니크롬선의 저항이 작을수록 니크롬선에 전압이 작게 걸리고, 꼬마 전구에 전압이 크게 걸리므로 꼬마 전구가 더 밝아진다.
① 합성 저항이 가장 작은 경우는 b-c 또는 c-d 를 연결했을 때이고 이때가 가장 밝다
② 합성 저항이 다르게 나타나는 경우는 모두 4 가지이다.
③ a-d 의 연결이 a-b 연결보다 저항값이 더 크므로 더 어둡다.
④ b-c 연결이 a-b 연결보다 저항값이 더 작으므로 더 밝다.
⑤ b-d 연결이 a-c 연결보다 저항값이 더 작으므로 더 밝다.
⑥ b-c, 또는 c-d 연결이 저항이 가장 작아 꼬마 전구는 가장 밝다.

13 ①
해설 | 그래프를 보면 전압이 세질수록, 전류가 많이 흐른다는 것은 알 수 있다. 그러나 그래프의 기울기가 점점 급해지는 것을 알 수 있다. V - I 그래프의 기울기는 저항이다. 그러므로 전압이 증가할수록 저항 값이 증가한다고 할 수 있다. 그에 맞는 그래프는 ① 또는 ② 그래프인데 저항은 전압이 흐르지 않아도 저항 값을 가지고 있으므로 ①이 답이다.

14 해설 참조
해설 | 전체 전압을 6V로 하고, 스위치 S1, S2 를 모두 열었을 때는 전구 C에는 전류가 흐르지 않으며, 저항이 같은 전구에 다음과 같이 전압이 걸린다.

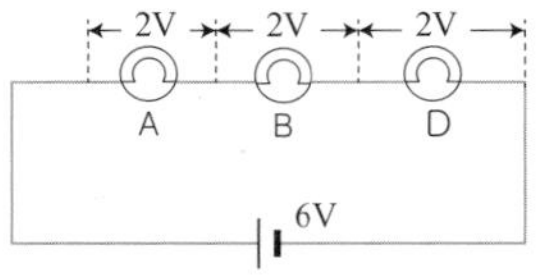

(1) 스위치 S_1 만을 닫으면 전구 C에 전류가 흐르며, A, B 와 C 는 병렬 연결되어 (A, B 와 C) 의 합성 저항이 작아진다. 직렬 연결 회로에서 저항의 비와 걸리는 전압의 비가 같으므로 D 에는 이전보다 더 큰 전압이 걸리고 A, B 에는 이전보다 더 작은 전압이 걸린다.

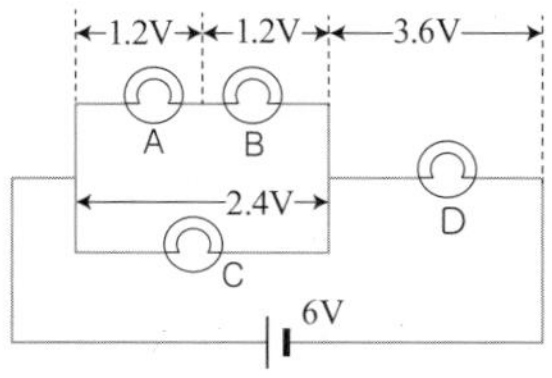

∴ D 는 더 밝아지고, A, B 는 어두워지며, C 는 켜진다.
(2) 스위치 S_1 과 S_2 를 모두 닫으면 전류의 경로는 전지 → S_2 →D 로 지나게 된다.

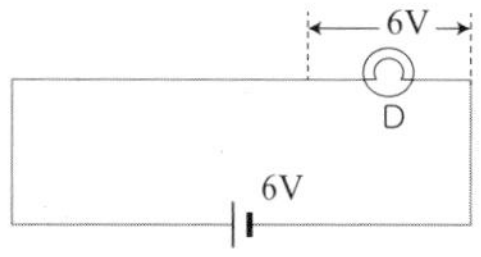

∴ A, B, C 는 꺼지고 D 에만 6 V 가 걸려 이전보다 더욱 밝아진다.

15 변하지 않는다.
해설 | 접지한 도선의 전위는 0 이 되어 전구 양쪽의 전위는 변하지만 전지에 연결되어 전구 양쪽에 걸리는 전위차(전압)는 변하지 않으므로 전구의 밝기는 변하지 않는다.

16 (1) 30 Ω (2) 0.2 A
해설 | 문제의 전기 회로도는 다음 회로도와 같이 나타낼 수 있다.

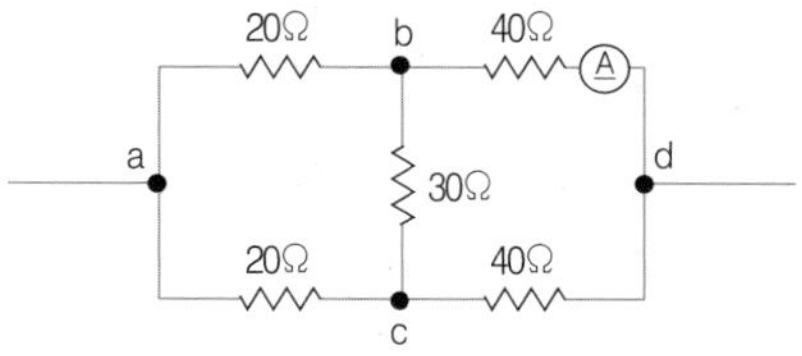

(1) 30 Ω 을 두고 양변에는 전위차가 없으므로 30 Ω 은 없애고 떨어진 회로로 하여 병렬 연결의 합성 저항을 구하면 된다.

$\frac{1}{R_{전체}} = \frac{1}{60} + \frac{1}{60} = \frac{1}{30}$, $R_{전체} = 30\ \Omega$

(2) $I_{전체} = \frac{12}{30} = 0.4$ A 이고, 병렬 연결된 두 저항은 저항이 60Ω 으로 같으므로, 전류계 Ⓐ 에는 0.2 A 의 전류가 흐른다.

17 (1) A (2) A > C = D > B = E

해설 | (1) 스위치를 전부 닫으면 다음과 같은 회로가 된다.

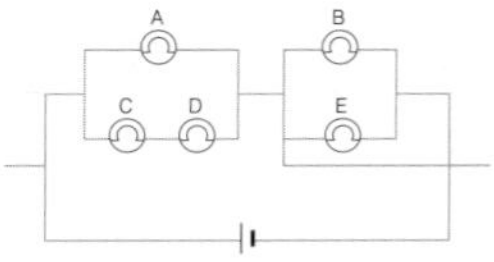

전류는 저항이 거의 없는 도선을 통하여 흐르므로 B, E 는 켜지지 않고, A, C, D 에만 불이 들어오는데 C, D 는 직렬로 연결되어 있으므로 A 보다 어둡다. 그러므로 가장 밝은 전구는 A 이다.

(2) 스위치를 전부 닫고 S_4 만을 열었을 때 그림과 같이 회로로 나타낼 수 있다. (A, B, E) 와 (C, D) 는 병렬이므로 전압이 같다. A 가 (B + E) 보다 저항이 크므로 A 가 전압이 가장 크게 걸려서 가장 밝고 다음 전압이 반반씩 나누어져 걸리는 (C, D) 그리고 전압이 가장 작게 걸리는 (B, E)의 순서로 전구가 밝다. (전압이 클수록 밝다).

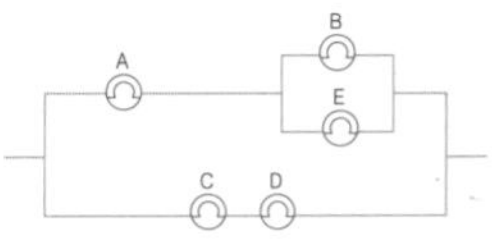

18 (1) 6.25 × 10^{14} 개 (2) $\frac{1}{60}$ A

해설 | (1) 10 Ω 에 걸리는 전압은 1 V 이므로 전류는 0.1 A 이다. 0.001초 동안 전류가 흐르므로 통과하는 전하량($q=It$)는 0.1 × 0.001 = 0.0001(C) 이다. 1 C 은 전자가 6.25 × 10^{18} 개에 해당하므로 답은 6.25 × 10^{14} 개 이다.

(2) 1초 중 $\frac{1}{6}$ 은 0.1 A, $\frac{5}{6}$ 는 전류가 흐르지 않으므로

$$I_{평균} = \frac{0.1 \times 1 + 0 \times 5}{6} = \frac{1}{60}\text{ A}$$

19 (1) $V_A = 0$, $V_B = 2$ V, $V_C = 2$ V, $V_D = 4$ V
(2) $V_A = 0$, $V_B = 2.4$ V, $V_C = V_D = 3.6$ V

해설 | (1) 스위치 S를 열면 다음과 같은 회로가 된다. 접지된 지점의 전위는 0V가 된다.

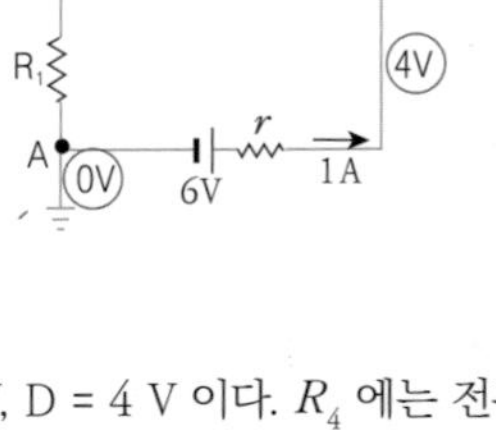

내부 저항 2 Ω 을 포함시켜 키르히호프 법칙으로 전체 전류를 구하면 $6 = I\ (2 + 2 + 1 + 1)$, $I = 1$ A 그러므로 전압은 내부 저항 : 2 V, R_1 : 2 V, R_2 : 1 V, R_3 : 1 V 가 걸린다. 전류의 방향과 반대로 전위가 높아지므로, 전위는 A = 0, B = 2 V, D = 4 V 이다. R_4 에는 전류가 흐르지 않으므로 C 는 B 와 전위가 같은 2 V 이다.

(2) 스위치 S를 닫으면 다음과 같은 회로가 된다.

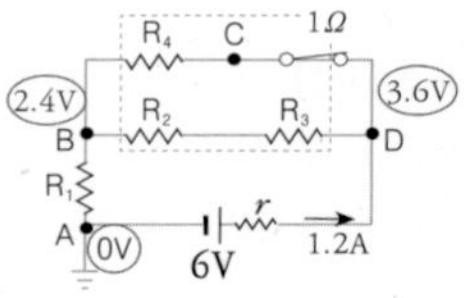

R_4 와 R_2,R_3 이 병렬 연결이므로 합성 저항은 1 Ω 이다. 그러므로 $6 = I(2 + 1 + 2)$ (내부 저항 2 Ω), 전체 전류 $I = 1.2$ A 이다.
C 와 D 는 같은 도선 위에 있으므로 같은 전위를 가지고, A 점보다 전위가 3 × 1.2 = 3.6 V 높다.
A 는 접지되었으므로 전위가 0 이며, B 의 전위는 A 보다 R_1 에 걸리는 전압 2 × 1.2 = 2.4 V 만큼 전위가 높다.
따라서 $V_A = 0$, $V_B = 2.4$ V, $V_C = V_D = 3.6$ V 이다.

20 (1) 10 V (2) 2 Ω

해설 | (1) 그래프를 보고 기전력을 구할 수 있다. 전류가 0 일 때 전압(V)이 기전력(E)이 된다. $E = 10$ V 이다.
(2) $E = (R + r)\ I = V + rI$ $V = E - rI = 10 - rI$
r 은 그래프 (나)(V-I 그래프) 의 -(기울기)를 뜻한다. 그러므로 내부 저항 r 은 2 Ω 이다.

21 (1) 117 Ω (2) 40 V

해설 | (1) 저항 R 에 0.7 A 의 전류가 흐르므로 동일한 전구 2 개에는 0.35 A 씩 전류가 흐른다. 그래프 (나) 에서 전류가 0.35 A 일 때 전압은 18 V 이다. 그렇다면 저항 R 에는 100 − 18 = 82 V 가 걸리므로 저항은 $\frac{82}{0.7} \fallingdotseq 117\ \Omega$ 이다.

(2) 그림(가)에서 전구 1개의 저항 $R = \frac{1}{기울기}$ 이다.

(과정 1) 그림 (가)의 기울기를 참조하면, 전구 1 개의 저항이 0 ~ 20 V 사이에서 $R = 50\ \Omega$ 정도이고, 전압에 따라 저항이 점점 증가하여(기울기는 감소하여) 100 V 일 때 100 Ω 이다. 그러므로 전구의 저항은 전류에 따라 50 ~ 100 Ω 사이의 값을 가진다.
그림 (나)에서 전구 2 개가 병렬로 연결되어 있으므로 합성 저항은 25 ~ 50 Ω 이라고 할 수 있고, 저항 R 을 포함하여, 전체적으로 100 V 가 걸린 경우 옴의 법칙을 적용하면 전구 1 개에 걸리는 전압은 33 V ~ 50 V 범위이다.
(과정 2) 전구 1 개에 33 V ~ 50 V 의 전압을 걸었을 때에 그림 (가)를 보면 전구 1 개의 저항은 대략 60 ~ 70 Ω 가량이 나오고, 그림 (나) 에서 전구 2 개를 병렬 연결하면 합성 저항이 30 ~ 35 Ω 이 되어, 전구 1 개에 걸리는 전압은 대략 40 V 가 된다.

22 ②

해설 |

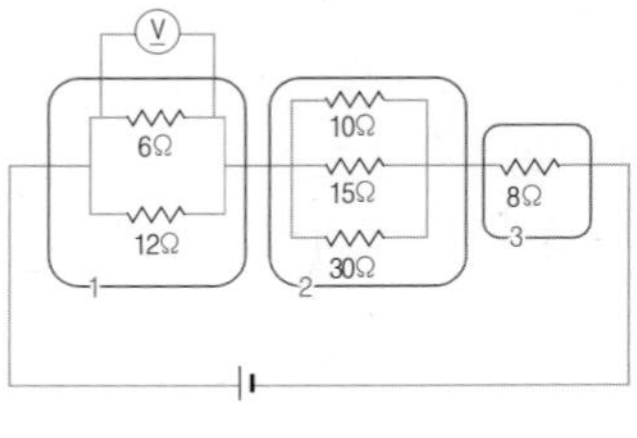

그림에서 표시한 1, 2, 3 부분은 직렬 연결이므로 합성 저항의 비와 전압의 비는 서로 같다.
1 의 합성 저항 = 4 Ω, 2 의 합성 저항= 5 Ω, 3 의 합성 저항 = 8 Ω 이므로 전체 합성 저항은 17 Ω 이다.
4 : 5 : 8 = 48 : V_2 : V_3 이므로 V_2 = 60 V, V_3 = 96 V 이다.
총 전압은 204 V, 총 저항은 17 Ω 이므로 총 전류는 12 A 이다.

23 ④
해설 | 전류가 A에서 B로 흐를 때 다음과 같은 회로가 된다.

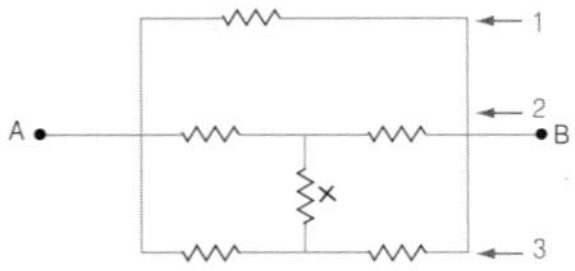

병렬이므로 1, 2, 3 에는 같은 전압이 걸리고 2 와 3 사이에 연결된 저항은 양쪽에 전위차가 없으므로 전류가 흐르지 않는다. 그러므로 양쪽이 떨어진 점이라고 생각할 수 있다. 1, 2, 3 이 각각 병렬 연결된 상태이므로 다음과 같이 합성 저항을 구한다.

$$\frac{1}{R} = \frac{1}{2} + \frac{1}{4} + \frac{1}{4} = 1, \quad R = 1\,\Omega$$

24 ②
해설 | 스위치를 닫으면 저항이 병렬이 되어 합성 저항 값이 작아진다. 그러므로 전체 저항이 작아져 전류는 증가하여 전류계의 눈금은 증가한다. 전압계는 전지의 전압을 측정하는 것 같지만 전압계 양단이 외부 저항 양단에 연결되어 있으므로 외부 저항의 전압을 재는 것이다. 처음 스위치를 닫기 전에는 외부 저항과 내부 저항과의 비가 $R : r$ 이었으나 스위치를 닫으면 $\frac{R}{2} : r$ 이 된다.
내부 저항과 외부 저항이 직렬 연결되어 있으므로 저항값의 비와 전압의 비가 같다. 그러므로 외부 저항에 걸리는 전압은 스위치를 닫으면 작아진다. 그러므로 전압계의 눈금은 작아진다.

25 ③
해설 | 6 Ω 의 저항에는 스위치가 열리든 닫히든 18V 의 전압이 걸리고 3 A 의 전류가 흐른다. 그러므로 스위치가 열렸을 때 3 Ω 과 R 이 직렬 연결된 상태이고, 전류계의 전류(전체 전류) 6A 에서 3A를 뺀 3 A 의 전류가 흐른다. 이때 3 Ω 에는 9 V 의 전압이 걸리고 R 에는 18 - 9 = 9 V 의 전압이 걸린다. 그러므로 R 값은 3 Ω 이다.
이제 스위치를 닫는다면 3 Ω 에는 전류가 흐르지 않고 R 과 6 Ω 에 전류가 흐른다. 6 Ω 에는 3 A 의 전류가 흐르고 R 에는 18 V 의 전압이 걸려 6 A 의 전류가 흐른다. 그러므로 전체 전류를 측정하는 전류계에는 9 A 의 전류가 측정된다.

26 ②
해설 | 접점을 P 에서 Q 로 이동시키면 가변 저항의 값은 커진다. 이때 병렬로 연결된 (가변 저항 + B)의 합성 저항은 점점 커지게 된다. (가변 저항 + B)는 A 와 직렬로 연결되어 있으므로 저항의 비와 걸리는 전압의 비는 같은데, (가변 저항 + B)의 저항값이 커지므로 걸리는 전압도 커지게 된다. 건전지의 전압은 일정하므로, 상대적으로 A 에 걸리는 전압은 작아지고 B 에 걸리는 전압은 증가한다. 그 결과 A 는 어두워지고 B 는 밝아진다.

27 $3 + 2\sqrt{2}$
해설 | 전하 Q_1, Q_2 로 대전되어 거리 d 만큼 떨어져 있는 두 도체구 사이에 작용하는 전기력 $F = -k\frac{Q_1Q_2}{d^2}$ (인력 : 부호 다름) … ①
두 도체구를 접촉시킨 후 떼어 놓을 경우 도체구는 각각 $\frac{Q_1 + Q_2}{2}$ 의 같은 양의 전하로 대전된다. 이때 두 도체구 사이에 작용하는 전기력

$F' = k\frac{\left(\frac{Q_1 + Q_2}{2}\right)^2}{d^2}$ … ② 이고, ①, ② 는 크기가 서로 같다.

$\therefore -Q_1Q_2 = \left(\frac{Q_1 + Q_2}{2}\right)^2 \rightarrow (Q_1 + Q_2)^2 = -4Q_1Q_2$

$Q_1^2 + 6Q_1Q_2 + Q_2^2 = 0, \left(\frac{Q_1}{Q_2}\right)^2 + 6\left(\frac{Q_1}{Q_2}\right) + 1 = 0, \quad \frac{Q_1}{Q_2} = -3 \pm 2\sqrt{2}$

$\frac{Q_1}{Q_2} < 0$ (Q_1, Q_2 는 서로 반대 부호) 이므로,

$$\frac{Q_1}{Q_2} = -3-2\sqrt{2} \rightarrow \left|\frac{Q_1}{Q_2}\right| = 3 + 2\sqrt{2}$$

28 ④
해설 | 전구의 밝기는 전력(P)과 비례한다. 그림 (가)에서 전구의 저항을 R, 전지의 내부 저항과 기전력을 각각 r, E 라고 하였을 때, 회로의 전체 저항은 $R + r$ 이므로,
회로 전류 $I_0 = \frac{E}{R + r}$ 이고, $P_0 = I_0^2R = \left(\frac{E}{R + r}\right)^2R$
그림 (나)에서 회로의 전체 저항은 $R + 2r$ 이므로,
회로 전류 $I_1 = \frac{2E}{R + 2r}$ 이고, $P_1 = I_1^2R = \left(\frac{2E}{R + 2r}\right)^2R$
그림 (다)에서 회로의 전체 저항은 $R + \frac{r}{2}$ 이므로,
회로 전류 $I_2 = \frac{E}{R + \frac{r}{2}}$ 이고, $P_2 = I_2^2R = \left(\frac{2E}{2R + r}\right)^2R$
따라서 $P_1 < 4P_0$, $P_2 > P_0$ (④) 이다.

29 $x = 4$
해설 | 전원 장치의 전압을 V 라고 하면, 그림 (가), (나), (다)의 전류는 각각 $I_1 = \frac{V}{R_1}$, $I_2 = \frac{V}{R_2}$, $I_3 = \frac{V}{R_1 + R_2}$ 이므로,

$\frac{V}{R_1} + x = 19 \rightarrow V = (19 - x)R_1$ … ①

$\frac{V}{R_2} + x = 14 \rightarrow V = (14 - x)R_2$ … ②

$\frac{V}{R_1 + R_2} + x = 10 \rightarrow V = (10 - x)(R_1 + R_2)$ … ③

① + ② = $19R_1 + 14R_2 - xR_1 - xR_2 = 2V$ … ④
④ - ③ = $9R_1 + 4R_2 = V$ … ⑤
① 과 ⑤ 에서 $(10 - x)R_1 = 4R_2$ … ⑥
② 과 ⑤ 에서 $9R_1 = (10 - x)R_2 \rightarrow R_1 = \frac{10 - x}{9}R_2$ … ⑦
⑥, ⑦ 에서, $\frac{(10 - x)^2}{9}R_2 = 4R_2$, $\therefore x = 4$

30 $\dfrac{2mgR}{3L}$

해설 | 두 도체구 사이에 연직선을 내리고, 힘을 표시하였다.

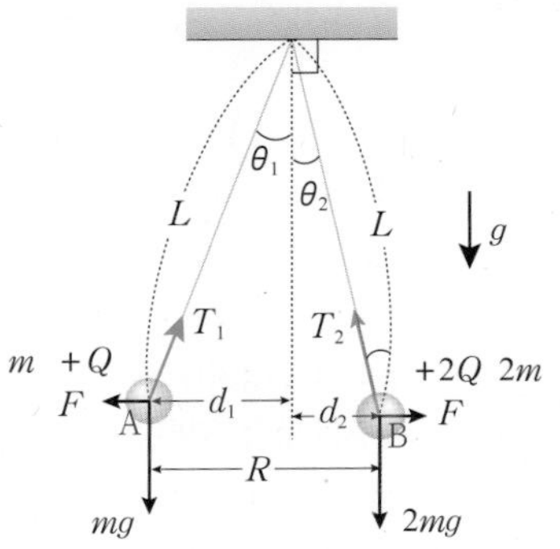

왼쪽과 오른쪽 도체구를 각각 A, B로 할 때, 힘의 평형 상태이다.

[도체구 A]

x 성분 : $T_1\sin\theta_1 - F = 0$ … ㉠

y 성분 : $T_1\cos\theta_1 - mg = 0 \rightarrow T_1 = \dfrac{mg}{\cos\theta_1}$ … ㉡

㉡ 을 ㉠ 에 대입하면, $mg\tan\theta_1 - F = 0$ … ㉢

[도체구 B]

x 성분 : $T_2\sin\theta_2 - F = 0$ … ㉣

y 성분 : $T_2\cos\theta_2 - 2mg = 0 \rightarrow T_2 = \dfrac{2mg}{\cos\theta_2}$ … ㉤

㉣ 을 ㉤ 에 대입하면, $2mg\tan\theta_2 - F = 0$ … ㉥

㉢ 과 ㉥ 에 의해 $\tan\theta_1 = 2\tan\theta_2$ 이고, θ 가 매우 작을 때 $\tan\theta_1 = \theta_1(\tan\theta_2 = \theta_2)$ 이므로, $\theta_1 \approx 2\theta_2$ 이다.

도체구 A 가 연직선과 떨어진 수평 거리를 d_1, 도체구 B 가 연직선과 떨어진 수평 거리를 d_2 라고 하면($R = d_1 + d_2$)

$$\tan\theta_1 = \frac{d_1}{\sqrt{L^2 - d_1^2}} \fallingdotseq \frac{d_1}{L} \approx \theta_1 \quad (L \gg d_1)$$

$$\tan\theta_2 = \frac{d_2}{\sqrt{L^2 - d_2^2}} \fallingdotseq \frac{d_2}{L} \approx \theta_2 \quad (L \gg d_2)$$

$\theta_1 \approx 2\theta_2$ 이므로,

$\dfrac{d_1}{L} = 2 \cdot \dfrac{d_2}{L} \rightarrow d_1 = R - d_2$ 이므로, $R = 3d_2$

$d_2 = L\theta_2$ 이므로, $R = 3L\theta_2 \rightarrow \theta_2 = \dfrac{R}{3L}$ … ㉦

㉥ 에 ㉦ 을 대입하면,

$$F = 2mg\tan\theta_2 \approx 2mg\theta_2 = 2mg \cdot \frac{R}{3L} = \frac{2mgR}{3L}$$

31 (1) $a_1 = \dfrac{3v^2}{2d}$, $a_2 = \dfrac{3v^2}{d}$ (2) 2

해설 | (1) 전기장 영역 Ⅰ 에서 전하는 속력이 v 에서 $2v$ 로 변하는 등가속도 운동을 했으므로,

$$(2v)^2 - v^2 = 2a_1d \rightarrow a_1 = \frac{3v^2}{2d}$$

이고, 전기장 영역 Ⅱ 에서 전하는 속력이 $2v$ 에서 v 로 변하는 등가속도 운동을 했으므로,

$$v^2 - (2v)^2 = 2a_2 \cdot \frac{d}{2} \rightarrow a_2 = -\frac{3v^2}{d}$$

(2) 전하량이 q, 질량이 m 인 대전 입자가 균일한 전기장 E 에서 힘 $F = qE = ma$ 를 일정하게 받는다. 따라서 질량이 같을 때(같은 전하) 전기장의 세기는 가속도에 비례한다.

$$\frac{E_2}{E_1} = \frac{a_2}{a_1} = 2$$

즉, 전기장의 세기는 E_2 가 E_1 의 2배이다.

32 (1) $\dfrac{1 + 2\sqrt{2}}{4}$ (2) 해설 참조

해설 | (1) 네 전하의 배열을 만들기 위해 필요한 일은 계의 퍼텐셜 에너지와 같으며, 전하의 무한 거리에서 퍼텐셜 에너지는 0이다.

정사각형을 이루고 있는 점전하를 시계 방향으로 q_1, q_2, q_3, q_4 라고 하면, 거리 d 만큼 떨어져 있는 q_1-q_2, q_2-q_3, q_3-q_4, q_4-q_1 각 전하 사이의 퍼텐셜 에너지는

$$U_{12} = U_{23} = U_{34} = U_{41} = k\frac{q^2}{d}$$

대각선 방향으로 $\sqrt{2}\,d$ 만큼 떨어져 있는 q_1-q_3, q_2-q_4 각 전하 사이의 퍼텐셜 에너지는

$$U_{13} = U_{24} = \frac{U_{12}}{\sqrt{2}} = k\frac{q^2}{\sqrt{2}d}$$

따라서 총 퍼텐셜 에너지 E_1 는 다음과 같다.

$$E_1 = 4 \times U_{12} + 2 \times U_{13} = k\frac{4q^2}{d} + k\frac{2q^2}{\sqrt{2}d}$$

정사각형의 중심을 O 점이라고 하면, O 점은 각각의 전하와 $\dfrac{d}{\sqrt{2}}$ 만큼 떨어져 있으므로 O 점의 전위는 $V_O = 4k\dfrac{q}{d/\sqrt{2}}$ 이다.

따라서 점전하 A 를 정사각형 중심에 넣기 위해 필요한 에너지 E_2 는

$$E_2 = qV_O = 4k\frac{q^2}{d/\sqrt{2}}$$

이므로, $\dfrac{E_1}{E_2} = \dfrac{4 + \sqrt{2}}{4\sqrt{2}} = \dfrac{1 + 2\sqrt{2}}{4}$ 이다.

(2) 점전하 A 가 정사각형 중심에 놓일 경우 점전하 4 개에 고르게 힘을 받는다. 점전하 A가 왼쪽으로 이동하면 다시 중심쪽을 향하는 복원력을 받게 되고, 오른쪽으로 이동해도 다시 중심쪽을 향하는 복원력을 받는다. 따라서 점전하 A 는 중심을 평형점으로 하여 수평 방향으로 진동한다. 또는 왼쪽이나 오른쪽으로 이동했을 때 퍼텐셜 에너지가 증가하므로 퍼텐셜 에너지가 최소인 중심 방향으로의 복원력을 받아 수평 방향으로 진동한다.

imagine infinitely

88 ~ 89쪽

Q. 갈바니의 주장 : 동물 조직이 가지고 있는 내재적인 생명력을 '동물 전기'라 칭하였다. 금속 침으로 건드린 신경과 근육에 경련을 일으키는 것이 '동물 전기' 라고 결론지었으며, 이 새로운 힘은 인공적인 형태의 정전기와 다른 새로운 형태의 전기라고 믿었다.

볼타의 주장 : 다른 종류의 금속을 접촉시키는 것이 개구리 근육의 경련을 일으키는 진짜 원인이라고 주장하였으며 이렇게 발생한 전기를 '금속 전기'라고 하였다.

VI. 전류의 작용 (1)

개념 보기

Q1 (1) 200 cal (2) 400 cal (3) 12.5 cal (4) 22.2 cal
Q2 (1) 1 : 2 (2) 1 : 2 (3) 1 : 2
Q3 (1) 2 : 1 (2) 2 : 1 (3) 2 : 1
Q4 (1) a 점이 b 점보다 전위가 5 V 높다. (2) 150 J, 36 cal
Q5 (1) P_A = 16 W, P_B = 32 W, P_C = 144 W, P_D = 72 W
(2) C > D > B > A
(3) A : 8 Wh, B : 16 Wh, C : 72 Wh, D : 36 Wh
Q6 40 W Q7 10 kW

Q1 (1) 200 cal (2) 400 cal (3) 12.5 cal (4) 22.2 cal
해설 | (1), (2) 저항이 일정할 때 전압이 2 배로 되거나 전류가 2 배로 되면 발열량은 $2^2 = 4$ 배로 된다.
(3) $Q = \frac{V^2}{R}t$ 공식을 이용하면 저항은 절반, 전압도 절반, 시간도 절반이 되었다. 전체 발열량은 $\frac{1}{4}$ 배가 된다.
(4) 니크롬선을 균일하게 3 배의 길이로 늘리면 단면적도 $\frac{1}{3}$ 이 되므로 $R = \rho\frac{l}{S}$ 의 공식에서 저항은 9 배가 된다. 전압은 2 배로 하였고, 시간은 같으므로 $Q = \frac{V^2}{R}t$ 에서 전체 발열량은 $\frac{4}{9}$ 배가 된다.

Q4 (1) a 점이 b 점보다 전위가 5 V 높다. (2) 150 J, 36 cal
해설 | $E = \frac{V^2}{R}t\,(\mathrm{J}) = 0.24\frac{V^2}{R}t\,(\mathrm{cal})$

Q5 (1) P_A = 16 W, P_B = 32 W, P_C = 144 W, P_D = 72 W
(2) C > D > B > A
(3) A : 8 Wh, B : 16 Wh, C : 72 Wh, D : 36 Wh
해설 | (1) 전구 A 와 B 에는 4 A 의 전류가 흐르고, 전구 C 와 D 에 걸리는 전압은 12 V 이다.
$P_A = 4^2 \times 1 = 16$ W, $P_B = 4^2 \times 2 = 32$W,
$P_C = \frac{12^2}{1} = 144$W, $P_D = \frac{12^2}{2} = 72$W,
(2) 전력은 1 초 동안의 소비 에너지이므로 전력이 클수록 전구는 밝다.
(3) 30 분 = 0.5 시간이므로 소비 에너지는 다음과 같다.
A 전구 : 16 × 0.5 = 8 Wh, B 전구 : 32 × 0.5 = 16 Wh
C 전구 : 144 × 0.5 = 72 Wh, D 전구 : 72 × 0.5 = 36 Wh

Q6 40 W
해설 | 전압을 5 배로 높이면 $P_{손실}$ 은 $\frac{1}{5^2}$ 로 감소한다.

Q7 10 kW
해설 | 최대 허용 전류가 일정하고, 전압만 2 배가 되었으므로 $P_{최대} = VI$ 가 2 배가 된다.

개념 확인 문제

정답 96 ~ 98쪽

전류의 열작용
01 ④ 02 ①, ⑤, ⑥ 03 ④ 04 ④ 05 ①
06 (1) ④ (2) ② 07 A, B, C 08 ①
09 40 Ω 10 ③ 11 ⑤ 12 ④ 13 ⑥
14 (1) 240 Ω (2) 180 Wh 15 ① 16 ③ 17 ②
18 ① 19 ③ 20 ①

01 ④
해설 | ②, ⑤ 전자가 이동하면서 정지해있는 원자와 충돌로 인한 마찰열로 발열하며 발생하는 열의 양을 발열량이라고 한다.
④ 발열량 $Q = I^2Rt$ 를 생각하여 저항이 클수록 발열량이 크다고 생각하기 쉬우나, $V = IR$에서 저항이 크면 흐르는 전류의 양도 적어진다. 즉, 같은 전압일 때 저항이 크면 흐르는 전류의 양이 적어지게 되기 때문에 발열량이 작아진다.

02 ①, ⑤, ⑥
해설 | 발열량을 이용한 전기 기구는 전기 에너지를 열에너지로 전환하여 사용하기 위한 기구를 찾으면 된다. 전기 다리미, 전기 난로, 전기 밥솥은 사람이 이용을 할 때 전기의 발열을 이용하기 위해 만들어진 기구이다.

03 ④
해설 | $R = \rho\frac{l}{S}$ (l 은 저항의 길이, S 는 저항의 단면적)으로 나타낼 수 있다. (B) 경우 길이가 반으로 줄었으므로 저항은 절반이 되고, 자른 두 개의 니크롬선을 병렬로 연결하였으므로 단면적이 2 배가 되어 또 저항이 절반이 된다.
∴ (A)의 저항을 R이라고 할 때 (B)의 저항은 $\frac{R}{4}$ 이 된다.
(A) 와 (B) 에 같은 전압이 걸리므로 $Q = \frac{V^2}{R}$ 식을 이용하여 발열량을 구하면 발열량 (B) 는 (A) 의 4 배가 된다.

04 ④
해설 | 저항과 시간이 변하지 않고, 전압이 2 배가 되면 $Q = \frac{V^2}{R}t$ 이 4 배가 되어 4 kcal가 된다.

05 ①
해설 | 그림에서 저항들은 직렬로 연결되어 있고, 전압계로 각 저항의 전압을 재고 있는 모습이다. 저항이 직렬로 연결되어 있을 때는
1. 각각의 저항에 흐르는 전류의 양이 같다.
2. 저항에 걸리는 전압의 비는 저항의 비와 같다.
$Q = VIt$ 이고, 그림에서 직렬로 연결된 저항에 흐르는 전류는 같다. 전류 I 가 일정하므로 동일한 시간에 따른 전압과 발열량의 관계는 비례 관계가 성립한다.

06 (1) ④ (2) ②
해설 | (1) 그림에서 열량계 3 개가 병렬로 연결되어 있고 각각의 열

량계의 전류를 측정할 수 있도록 전류계를 연결하였다. 이는 전류와 발열량의 관계를 알아보기 위한 장치이다. 열량계를 병렬로 연결하였으므로 열량계에 걸리는 전압은 모두 같다.

(2) 병렬 연결은 전압이 동일하므로 전압의 비는 1 : 1 : 1이다.

전압이 같을 때 전류는 $I = \frac{V}{R}$ 에서 저항의 역수의 비 $\frac{1}{2} : \frac{1}{4} : \frac{1}{6}$ 와 같으므로 6 : 3 : 2 이다. 발열량 $Q = VIt$ 이며 전압, 시간은 같으므로 발열양의 비도 6 : 3 : 2 이다.

07 A, B, C

해설 | (B, C) 의 합성 저항 $\frac{1}{R} = \frac{1}{3} + \frac{1}{6} = \frac{1}{2}$, $R = 2\,\Omega$ 이다.

A 와 (B, C)의 저항값이 각각 2 Ω으로 같으므로, A에 걸리는 전압이 V 라면 (B, C) 걸리는 전압도 V 이다. 이때 B, C 가 병렬 연결이므로 B 와 C 각각에 걸리는 전압도 V 이다. 즉, A, B, C 에 모두 같은 전압이 V 가 걸린다. $Q \propto \frac{V^2}{R}t$ 에서 V 와 t 는 같으므로

$Q_A : Q_B : Q_C = \frac{1}{2} : \frac{1}{3} : \frac{1}{6} = 3 : 2 : 1$, A 〉 B 〉 C 이다.

08 ①

해설 | 은박지는 저항의 역할을 하는 것이다.

건전지는 은박지에 걸리는 전압을 일정하게 유지시키므로 $Q \propto \frac{V^2}{R}t$ 에서 저항이 작을수록 발열량이 크다. $R = \rho\frac{l}{S}$ 에서 S(너비)가 크고 l(길이)가 짧을수록 저항이 작으므로 ①의 경우가 발열량이 가장 크다.

09 40 Ω

해설 | $E = VIt$ → 5000(J) =100(V)×I(A)×20(s), $I = 2.5$ A

$\therefore R = \frac{V}{I} = \frac{100}{2.5} = 40\,\Omega$

10 ③

해설 | 병렬로 연결된 두 저항에는 같은 전압이 각각 걸리므로 각 저항을 흐르는 전류 $I = \frac{V}{R}$ 는 저항의 역수비이다.

4 A 의 전류는 1 Ω 과 3 Ω 에 각각 3 : 1 의 비로 나누어 흐르므로 3 Ω 저항에 흐르는 전류는 1A 이다.

$\therefore E$ (3Ω 에서 발생) $= I^2Rt = 1^2 \cdot 3 \cdot 10 = 30$ (J)

11 ⑤

해설 | 회로 전류 $I = \frac{12}{1+5} = 2$ A 가 두 저항에 동일하게 흐른다.

E(5Ω 에서 소모) $= I^2Rt = 2^2 \cdot 5 \cdot 5 = 100$ (J)

12 ④

해설 | 전력 $P = \frac{V^2}{R}$ 이고, 병렬 연결이므로 각 저항에 걸리는 전압은 같다.

$P(a) : P(b) : P(c) = \frac{1}{2} : \frac{1}{3} : \frac{1}{6} = 3 : 2 : 1$

13 ⑥

해설 | ① 1 kWh = 1 kW×1h(1시간) = 1000W×3600s = 3.6×106J = 3600 kJ로 소비한 전기 에너지이다.

②, ⑧ 전력 $P = \frac{W}{t}$ 로 구하고 1 초 동안 소비한 전기 에너지를 뜻한다. 단위는 W(와트), J/s 이다.

③ 일률,전력은 모두 $\frac{W}{t}$ 로 구하며, 단위 시간 동안 얼마나 많은 일을 하는 지를 나타낸다. 사용 단위는 W(와트)이다.

④ $P = VI$에서 V 가 1V, I 가 1A 일 때 P(전력)은 1 W(와트)이다.

⑤ 1Wh = 1W×1h(시간)으로 1W의 전력으로 1시간 사용한 에너지이다.

⑥ 기계가 작동하기 위한 전기 에너지는 일정하다. 정격 전압을 높이더라도 사용하는 전력량(소모한 전기 에너지의 양)은 변함이 없다.

⑦ 전력량의 의미는 사용한 전기 에너지의 양을 뜻한다.

14 (1) 240 Ω (2) 180 Wh

해설 | (1) $P = VI$에서 60 W = 120V × I, $I = 0.5$ A

$R = \frac{V}{I} = \frac{120}{0.5} = 240\,\Omega$

(2) 3 h × 60 W = 180 Wh

15 ①

해설 | 전열기의 저항값을 전압에 따라 변하지 않는다. 구하기 위해 100V - 500W 전열기는 100V가 걸릴 때 전력이 500W라는 것이다.

$P = \frac{V^2}{R}$ → 저항값 $R = \frac{V^2}{P} = \frac{100^2}{500} = 20\,\Omega$

∴ 50V 전원에 연결했을 때 $P' = \frac{(V')^2}{R} = \frac{50^2}{20} = 125$W

걸어주는 전압만을 $\frac{1}{2}$로 하면 전력은 $\frac{1}{4}$ 이 된다.

16 ③

해설 | 정격 전압은 220V 이다. 전력량 = 100×5 = 500 Wh

17 ②

해설 | 전압은 A, B 두 경우 V 로 같다. $P = \frac{V^2}{R}$ 를 이용한다.

A 의 합성 저항은 $2r$, B 의 합성 저항은 $\frac{r}{2}$ 이므로

$P_A : P_B = \frac{V^2}{2r} : \frac{V^2}{r/2} = 1 : 4$

18 ①

해설 | ① 전원(전압)이 같으므로 전력이 작은 전기 기구일수록 저항이 크다. 20 W 전구가 가장 저항이 크다($R = \frac{V^2}{P}$).

②, ⑤ 병렬 연결되어 있으므로 전구의 필라멘트가 끊어져도 다른 전기 기구 사용이 가능하다.

③ $P = VI$ 에서 전압 V 는 모두 같다. 전력이 클수록 큰 전류가 흐른다. 전력이 가장 큰 밥솥이 가장 큰 전류가 흐른다.

④ 총 전력량 = (사용하는 모든 전기 기구의 전력의 합) × (시간) = (20 + 60 + 800 + 100)W × (1h) = 980 Wh

19 ③

해설 | ③ 일정한 전류가 흐르는 경우에도 전압을 두 배로 해주면 P

$= VI$ 공식으로부터 전력이 2 배로 증가한다. 도선의 최대 전류의 양이 제한되어 있어서 도선의 저항이나 전류를 변화시키지 않고 사용 가능한 전력을 2 배로 하는 방법이다.

20 ①

해설 | ① 비저항은 물질마다 다른 값을 가지고 있는데 비저항이 작을수록 손실 전력이 줄어 송전에 유리하다.
② 전압을 2 배로하면 전류도 2 배가되어 손실 전력은 $\frac{1}{4}$ 배가 된다.
③ 전압을 높이더라도 송전선의 저항은 변하지 않는다.
④ 대규모 공장에서는 전력 소모가 크므로 되도록 높은 전압으로 송전하여 손실 전력을 줄여야 한다.
⑤ 송전선의 전압의 제곱에 반비례하여 손실 전력이 작아지므로 전압이 높으면 좋긴 하나, 송전선의 상태나 주위의 환경 등에 미치는 영향 등을 고려할 때 송전 전압을 높이는 데는 한계가 있다.

개념 심화 문제

정답 99 ~ 102쪽

01 ④ 02 ③ 03 ①
04 (1) 30 J (2) 10 C (3) 0.5 W 05 D, C, A, B
06 (나), (다), (라) 07 ④ 08 ⑤
09 (1) 전등 (2) $\frac{111}{22}$ A (3) 7365 Wh (4) 24304.5원
10 23 A 11 ④

01 ④

해설 | 니크롬선 양단에 전압이 20 V 가 걸리는지 확인하기 위하여 니크롬선과 전압계는 병렬로 연결하고, 니크롬선과 직렬로 전류계를 설치한다. 이를 제대로 연결한 것은 ②, ④ 번인데 ② 에는 저항이 추가되어 니크롬선 만의 전압를 측정할 수 없으므로 답은 ④ 가 된다.

02 ③

해설 | (가)는 저항 R 하나를 연결하여 저항에 걸리는 전압과 흐르는 전류를 모두 측정하고 있고, (나)는 저항 R 두 개를 직렬로 연결하여 전압은 두 저항 중 하나의 저항에 걸리는 전압을, 전류계는 회로 전체에 흐르는 전류를 측정하고 있다.
① 전원의 전압이 같고, 저항은 모두 동일한 것이므로 $V_2 = \frac{V_1}{2}$ 이다.
② 합성 저항값이 (가)〈 (나) 이므로 A_1이 A_2 보다 크다.
③, ④, ⑤ 온도 변화(ΔT)는 (가)의 열량계와 (나)의 열량계 1개의 발열량을 비교한다($Q = cm\Delta T$). (나)의 열량계 2개는 각각 온도 변화가 같다. 전압과 저항을 알 수 있으므로 $Q = \frac{V^2}{R}t$ 식을 이용한다. 시간 t 는 서로 같다.
$Q_{가} : Q_{나}(1개) = \frac{V^2}{R}t : \frac{(V/2)^2}{R}t = 4 : 1$
∴ (가)의 온도 변화는 (나)의 온도 변화의 4배이다.

03 ①

해설 | 니크롬선 3 개가 모두 병렬로 연결되어 있으므로 각각의 니크롬선들은 스위치가 닫히면 각각에 같은 전압 V 가 걸린다. 그러므로 스위치 S_1, S_2 이 모두 닫히는 경우 모든 저항에서 같은 열이 발생하여 발열량이 최대가 된다.

04 (1) 30 J (2) 10 C (3) 0.5 W

해설 | (1) 공급한 전기 에너지 $E = VIt = 3 \times 1 \times 10 = 30$ J
(2) 1 C (쿨롱)은 1 A (암페어)의 전류가 1 초 동안 흐를 때 이동하는 전하의 양이다.P점에는 1A의 전류가 흐르므로,
$Q = It = 1(A) \times 10(s) = 10(C)$
(3) 병렬로 연결된 두 저항의 합성 저항은 $\frac{R}{2}$ 이고 직렬로 연결된 한 개의 저항은 R 이다. 전압이 1 : 2 로 걸리게 된다.

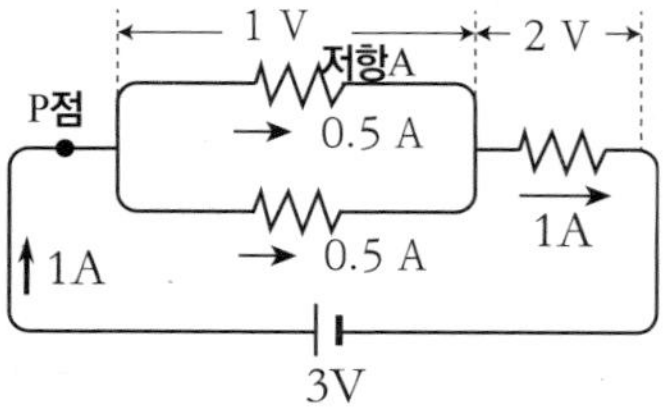

∴ 저항 A의 전력
$P = VI$
$= 1\text{ V} \times 0.5\text{ A} = 0.5\text{ W}$

05 D, C, A, B

해설 | 100 V - 60 W 는 100 V의 전압을 걸면 전력이 60 W 라는 것이므로, 각 전구의저항값(R)은 다음과 같다.($P = \frac{V^2}{R}$)
$R(A, C) = \frac{100^2}{60}$, $R(B, D) = \frac{100^2}{100}$
전력이 클수록 밝고, 각 전구의 저항값을 알고 있으므로 각 전구에 걸리는 전압을 알면 전력을 계산할 수 있다.
왼쪽 회로에서 전구의 밝기는 A 가 B 보다 더 밝다. 저항값이 A가 크므로 더 큰 전압이 걸리고 전류는 A, B가 같기 때문이다($P = VI$). 그렇지만 걸리는 전압은 A, B 모두 100V 보다 작다.
오른쪽 회로에서는 C 와 D 모두 100 V 로 같은 전압이 걸리기 때문에 C는 100W, D는 60W이다.
밝은 순으로 나열하면 D, C, A, B 이다. 즉, 정격 전압이 같은 전구일 때 직렬 연결일 때는 정격 전력이 작은 전구가 더 밝고, 병렬 연결일때는 정격 전력이 큰 전구가 더 밝다.

06 (나), (다), (라)

해설 | (가), (나) C 의 양 쪽 끝에서 전위가 같아(같은 전위차(전압)이 0 임) 전구 C로는 전류가 흐르지 않아 불이 들어오지 않는다. 이 경우 C 를 생략하고 떨어져 있는 점으로 본다. 그렇다면 D, E 는 동일한 전구로 직렬로 연결되어 있기 때문에 같은 밝기이다.
(다), (마) 동일한 전구로 A, B 와 D, E 가 병렬로 대칭적으로 연결되어 있어 전구의 밝기도 같고, 소비 전력 또한 같다.
(라) 이 회로는 (F), (D, E), (A, B) 가 각각 병렬로 연결된 회로와 같다. 전구 F 에 전압 V 가 걸리면 (D, E) 에도 전압 V 가 걸리지만 전구 E 에는 전압이 $\frac{V}{2}$ 가 걸리므로 소비 전력($P = \frac{V^2}{R}$)은 전압이 크게 걸리는 F 가 E보다 더 크다.

07 ④

해설 | 전구를 밝게 하기 위해서는 전구와 가변 저항 A 의 병렬 연결 부분에 전압이 크게 걸리게 하여야 한다.(이때 전구와 가변저항 A 는 같은 전압이 걸린다.) 그러므로 가변 저항 A 를 증가시켜 전구와 병렬로 연결된 부분의 합성 저항을 키우고, 가변 저항 B 를 감소시키도록 한다. 직렬 연결에서 저항이 클수록 전압이 많이 걸린다.

08 ⑤

해설 | 병렬 연결이므로 C 가 연결에 상관없이 A, B 에 걸리는 전압의 변화는 없으므로 A, B 의 밝기는 그대로이다. 전체 회로로 보면 C 를 연결하면 전체 저항이 감소하므로 더 큰 회로 전류가 흐른다.

09 (1) 전등 (2) $\frac{111}{22}$ A (3) 7365 Wh (4) 24304.5 원

해설 | (1) $P = VI = \frac{V^2}{R}$ 에서 같은 전압일 때 저항값이 큰 전기 기구일수록 소비 전력이 작다. 그러므로 소비 전력이 가장 작은 전등이 가장 저항값이 크다.

(2) 전체 사용 전력은

$P = 100 \times 1 + 400 \times 1 + 450 \times 1 + 20 \times 8 = 1110(W)$

모두 220 V 에 하므로 $P = VI$ 에서

회로전류 $I = \frac{1110}{220} = \frac{111}{22}$ (A)

(3) 하루 평균 소비 전력량은 전기 기구의 소비 전력과 사용하는 개수, 사용 시간의 곱의 합으로 나타낸다.

총 전력량 = $100 \times 5 + 400 \times 15 + 450 \times 0.5 + 20 \times 8 \times 4 = 7365$ Wh

(4) 하루에 평균 7365 Wh 이므로 1개월(30일) 동안에는 220950 Wh = 220.95 kWh 를 소비한다. 1 kWh 당 110 원이므로

1 개월 전기 요금 = $110 \times 220.95 = 24304.5$ (원)

10 23 A

해설 | 사용하는 총 전력(P) = $30 \times 10 + 1000 \times 2 = 2300$W

정격 전압이 100 V 이므로 전구 10 개와 전열기 2 대를 모두 켰을 때 이 가정으로 들어오는 전류 $I = \frac{2300}{100} = 23$ A 이다.

따라서 이 가정에서는 최소 23 A 까지 버틸 수 있는 퓨즈를 전원 차단기에 연결해야 한다. 만약 23 A 보다 적은 용량의 퓨즈를 사용하면 전구와 전열기를 동시에 사용할 때 퓨즈는 끊어지게 된다.

11 ④

해설 | ① 송전 전압 V 를 n 배 높이면 전류가 $\frac{1}{n}$ 배가 되어 송전선에서의 전력 손실은 $\frac{1}{n^2}$ 로 줄어든다.

②, ④ 발전 전력 P 는 변하지 않으므로 송전 전압을 2 배로 승압하면 송전 전류는 $\frac{1}{2}$ 배가 되어 감소한다.

③ 송전선의 저항은 변하지 않는다.

⑤ 송전 전압을 고전압으로 승압하면 송전선에서의 전력 손실이 적어지므로 발열량도 감소한다.

VI. 전류의 작용 (2)

개념 보기

Q8 직렬 연결 : 0.8 μF, 병렬 연결 : 5 μF

Q8 직렬 연결 : 0.8 μF, 병렬 연결 : 5 μF

해설 | 전기 용량이 C_1, C_2 인 두 개의 축전기를 직렬 연결하였을 때 합성 전기 용량 C 는 다음과 같다.

$$\frac{1}{C} = \frac{1}{C_1} + \frac{1}{C_2} = \frac{1}{1} + \frac{1}{4} = \frac{5}{4}, \quad C = \frac{4}{5} = 0.8\ \mu F$$

전기 용량이 C_1, C_2 인 두 개의 축전기를 병렬 연결하였을 때 합성 전기 용량 C 는 다음과 같다.

$$C = C_1 + C_2 = 1 + 4 = 5\ \mu F$$

개념 확인 문제

정답 105 ~ 106쪽

축전기

21 2×10^{-5} C 22 (1) 8.85×10^{-12} F (2) 8.85×10^{-11} C

23 운모 24 6.0×10^{-3} C 25 0.2 C

26 (1) 0.75 μF (2) 3 : 1

27 $\frac{6}{11}$ μF, $\frac{5}{6}$ μF, $\frac{4}{3}$ μF, $\frac{3}{2}$ μF, 6 μF

28 0.03 J 29 (1) $\frac{1}{2}$ 배 (2) $\frac{1}{2}$ 배 30 5000

31 (1) 3.5 μF (2) 18 μC 32 81 : 169 33 30 μC

34 (1) $2R$ (2) $\frac{V}{2R}$ (3) $\frac{V}{2}$ 35 4.6 μF

21 2×10^{-5} C

해설 | $Q = CV = (5 \times 10^{-6}) \times 4 = 2 \times 10^{-5}$ C (= 20μC)

22 (1) 8.85×10^{-12} F (2) 8.85×10^{-11} C

해설 | (1) 금속판의 면적 $S = 0.01\text{m}^2$, 판 사이의 거리 = 0.01m 이므로 전기 용량은 다음과 같다.

$$C = \varepsilon_0 \frac{S}{d} = (8.85 \times 10^{-12}) \frac{0.01}{0.01} = 8.85 \times 10^{-12}\ \text{F}$$

(2) $Q = CV = (8.85 \times 10^{-12}) \times 10 = 8.85 \times 10^{-11}$ C

23 운모

해설 | 평행판 축전기의 전기 용량 $C = \varepsilon_0 \frac{S}{d}$ 이다. d 는 유전체의 두께이므로 축전기의 전기 용량은 유전체의 유전율에 비례하고, 두께에 반비례한다. 따라서 비유전율이 가장 크고, 두께가 가장 얇은 운모가 가장 큰 전기 용량을 가진다.

24 6.0×10^{-3} C

해설 | 두 금속판 사이에 걸린 전위차는 다음과 같다.

$$V = Ed = (5 \times 10^5) \times (1 \times 10^{-3}) = 500(\text{V})$$

$$\therefore Q = CV = (12 \times 10^{-6}) \times (500) = 6.0 \times 10^{-3}(\text{C})$$

25 0.2 C

해설 | 처음 축전기의 전기 용량 $C = \varepsilon\dfrac{S}{d}$ 이므로, 두 극판 사이의 거리 $3d$, 유전율이 0.6ε 인 축전기의 전기 용량은 다음과 같다.

$$C' = 0.6\varepsilon\frac{S}{3d} = \frac{1}{5}C$$

26 (1) 0.75 μF (2) 3 : 1

해설 | (1) 직렬 연결한 축전기의 합성 전기 용량 C 는 다음과 같다.

$$\frac{1}{C} = \frac{1}{C_1} + \frac{1}{C_2} = \frac{1}{1} + \frac{1}{3} = \frac{4}{3},\quad C = \frac{3}{4} = 0.75\ \mu\text{F}$$

(2) 직렬 연결한 각 축전기에는 같은 양의 전하량이 충전되므로 각 축전기에 저장되는 전기 에너지는 전기 용량에 반비례한다($W = \dfrac{1}{2}\dfrac{Q^2}{C}$).

따라서 $W_A : W_B = \dfrac{1}{1} : \dfrac{1}{3} = 3 : 1$ 이다.

27 $\dfrac{6}{11}\mu$F, $\dfrac{5}{6}\mu$F, $\dfrac{4}{3}\mu$F, $\dfrac{3}{2}\mu$F, 6 μF

해설 | 축전기 A : 1 μF, B : 2 μF, C : 3 μF 를 모두 이용하여 만들 수 있는 축전기 전기 다음과 같다.

㉠ 모두 병렬 연결 시 : $C_㉠ = 1 + 2 + 3 = 6\ \mu$F

㉡ 모두 직렬 연결 시 : $\dfrac{1}{1} + \dfrac{1}{2} + \dfrac{1}{3} = \dfrac{1}{C_㉡}$, $C_㉡ = \dfrac{6}{11}\mu$F

㉢ 축전기 A, B 병렬 연결 + C : $\dfrac{1}{1+2} + \dfrac{1}{3} = \dfrac{2}{3}$, $C_㉢ = \dfrac{3}{2}\mu$F

㉣ 축전기 B, C 병렬 연결 + A : $\dfrac{1}{2+3} + \dfrac{1}{1} = \dfrac{6}{5}$, $C_㉣ = \dfrac{5}{6}\mu$F

㉣ 축전기 A, C 병렬 연결 + B : $\dfrac{1}{1+3} + \dfrac{1}{2} = \dfrac{3}{4}$, $C_㉣ = \dfrac{4}{3}\mu$F

28 0.03 J

해설 | 병렬 연결된 축전기의 합성 전기 용량은 두 축전기의 전기 용량의 합이다.

$$W = \frac{1}{2}CV^2 = \frac{1}{2}\times(2\times10^{-6} + 4\times10^{-6})\times(100)^2 = 0.03\ (\text{J})$$

29 (1) $\dfrac{1}{2}$배 (2) $\dfrac{1}{2}$배

해설 | 축전기에 걸리는 전압(전위차)은 전지 전압과 같다.

(1) 전위차는 일정하고, 간격이 2배가 되므로 전기장의 세기($E = \dfrac{V}{d}$)는 $\dfrac{1}{2}$배가 된다.

(2) 간격이 2 배가 되면, 전기 용량 $C = \varepsilon_0\dfrac{S}{d}$ 가 $\dfrac{1}{2}$배가 되고, 전위차(전압)는 일정하므로 전기 에너지($W = \dfrac{1}{2}CV^2$)은 $\dfrac{1}{2}$ 배가 된다.

30 5,000 개

해설 | 축전기 N개를 병렬 연결하는 경우 축전기의 합성 전기 용량은 NC 가 된다. 이때 축전기 전체에 저장되는 전하량 $Q = (NC)V$ 이고, 전압 V는 50 V 로 유지되므로, 축전기의 갯수 N은 다음과 같다.

$$N = \frac{Q}{CV} = \frac{1}{(4\times10^{-6})\times50} = 5{,}000(\text{개})$$

31 (1) 3.5 μF (2) 18 μC

해설 | (1) 병렬 연결된 축전기 C_2와 C_3, C_4의 합성 전기 용량 $C_{24} = C_2 + C_3 + C_4 = 2 + 2 + 2 = 6\ (\mu\text{F})$ 이다.

C_{24}와 C_1 은 직렬 연결되어 있으므로 합성 전기 용량 C_{14}는

$$\frac{1}{C_{14}} = \frac{1}{C_1} + \frac{1}{C_{24}} = \frac{1}{2} + \frac{1}{6} = \frac{2}{3},\quad C_{14} = \frac{3}{2}\ (\mu\text{F})$$

C_{14}와 C_5 는 병렬 연결되어 있으므로 전체 축전기의 합성 전기 용량 $C_{15} = C_{14} + C_5 = \dfrac{3}{2} + 2 = 3.5\ \mu$F 이다.

(2) C_1과 C_{24}에 걸리는 전압을 각각 V_1, V_{24} 라고 하면, C_1과 C_{24}에 저장되는 전하량 Q 는 직렬 연결이므로 $Q = C_1V_1 = C_{24}V_{24}$,

$\therefore V_1 : V_{24} = C_{24} : C_1 = 3 : 1$ 이다.

$V_1 + V_{24} = 12$ V 이므로 $V_1 = 9$ V, $V_{24} = 3$ V.

따라서 C_1에 저장되는 전하량 $Q_1 = C_1V_1 = 18\ \mu$C 이다.

32 81 : 169

해설 | 스위치가 열려 있을 때 :

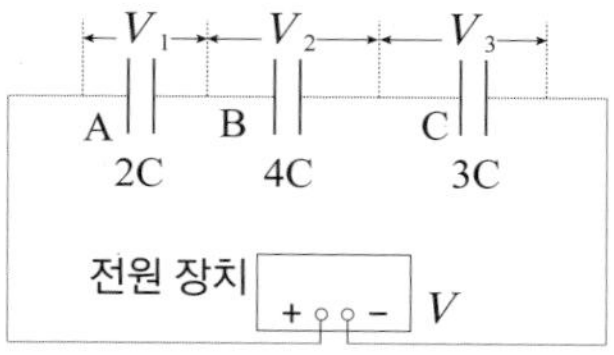

축전기 A, B, C 에 걸리는 전압을 각각 V_1, V_2, V_3 라고 하면, 각 축전기에 저장되는 전하량은 같으므로

$$Q = 2V_1 = 4V_2 = 3V_3 \rightarrow V_1 = \frac{Q}{2},\ V_2 = \frac{Q}{4},\ V_3 = \frac{Q}{3}$$

$$\therefore V_1 + V_2 + V_3 = \frac{Q}{2} + \frac{Q}{4} + \frac{Q}{3} = \frac{13}{12}Q = V,\quad Q = \frac{12}{13}V$$

$V_1 = \dfrac{6}{13}V$ 이므로, 축전기 A 에 저장되는 전기 에너지는 다음과 같다.

$$W_1 = \frac{1}{2}C_1V_1^2 = \frac{1}{2}\times2\times\left(\frac{6}{13}V\right)^2 = \left(\frac{6}{13}V\right)^2$$

스위치를 닫았을 때 : 축전기 C 에는 전압이 걸리지 않는다.

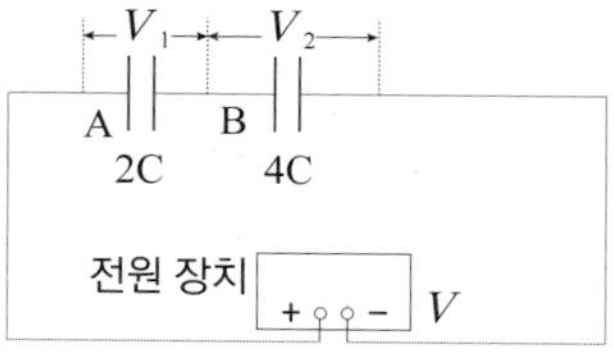

$$Q' = 2V_1 = 4V_2 \rightarrow V_1 = \frac{Q'}{2},\ V_2 = \frac{Q'}{4},$$

$$\therefore V_1 + V_2 = \frac{Q'}{2} + \frac{Q'}{4} = \frac{3}{4}Q' = V,\quad Q' = \frac{4}{3}V$$

$V_1 = \dfrac{2}{3}V$ 이므로, 축전기 A 에 저장되는 전기 에너지는 다음과 같다.

$$W_2 = \frac{1}{2}\times2\times\left(\frac{2}{3}V\right)^2 = \frac{4}{9}V^2$$

$$\therefore W_1 : W_2 = \left(\frac{6}{13}\right)^2 : \frac{4}{9} = 81 : 169$$

33 30 μC

해설 | 축전기를 통해서는 전류가 흐르지 못하므로 저항에 걸리는 전압을 먼저 구한다.

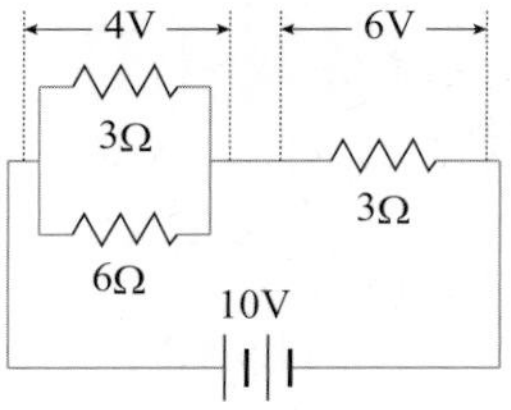

축전기와 병렬 연결되어 있는 3 Ω 에 6 V 의 전압이 걸리므로 병렬 연결된 축전기에 걸리는 전압도 6 V 이다.

$$\therefore Q = CV = 5\,\mu\text{F} \times 6\text{ V} = 30\,\mu\text{C}$$

34 (1) $2R$ (2) $\frac{V}{2R}$ (3) $\frac{V}{2}$

해설 | 축전기가 완전히 충전되었으므로 축전기로 전류가 흐르지 않는다.

(1) 저항 2개는 직렬 연결되어 있으므로 합성 저항은 $2R$ 이다.

(2) P점에 흐르는 전류는 $\frac{V}{2R}$ 이다.

(3) 축전기 양단에 걸리는 전압은 축전기와 병렬 연결되어 있는 저항에 걸리는 전압과 같다. 이때 저항에 흐르는 전류의 세기는 $\frac{V}{2R}$ 이므로, 저항에 걸리는 전압은 $\frac{V}{2R} \times R = \frac{V}{2}$ 이다.

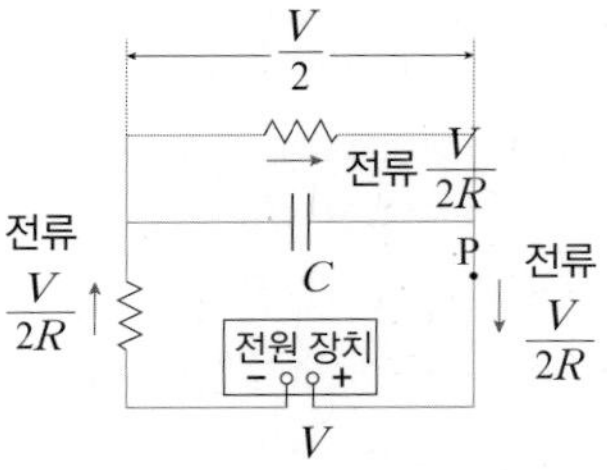

35 4.6 μF

해설 |

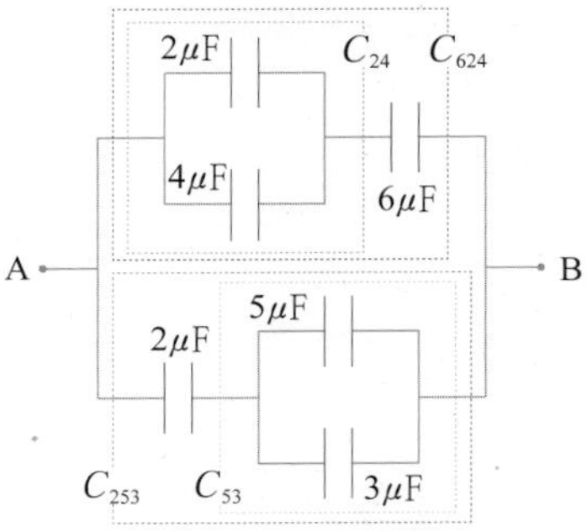

병렬 연결된 축전기의 합성 전기 용량을 먼저 구하면,

$$C_{24} = 2 + 4 = 6(\mu\text{F}), \quad C_{53} = 5 + 3 = 8(\mu\text{F})$$

6 μF 축전기와 전기 용량이 C_{24} 인 축전기, 2 μF 축전기와 전기 용량이 C_{53} 인 축전기는 각각 직렬 연결되어 있다.

$$\frac{1}{C_{624}} = \frac{1}{C_6} + \frac{1}{C_{24}} = \frac{1}{6} + \frac{1}{6} = \frac{1}{3}, \quad C_{624} = 3\,(\mu\text{F})$$

$$\frac{1}{C_{253}} = \frac{1}{C_2} + \frac{1}{C_{53}} = \frac{1}{2} + \frac{1}{8} = \frac{5}{8}, \quad C_{253} = 1.6\,(\mu\text{F})$$

C_{624} 과 C_{253} 은 병렬 연결되어 있으므로 전체 합성 전기 용량은 3 + 1.6 = 4.6 μF 이다.

개념 심화 문제

정답	107 ~ 108쪽
12 3.2×10^{-16}	13 ㉠ 2×10^{-5} C ㉡ 8×10^{-5} C
14 1.5 V	15 3.2×10^{-5} J
16 (1) 2 : 3 (2) A : $\frac{3}{2}Q$, B : $3Q$	
17 (1) 100 μC (2) 20 μC	

12 3.2×10^{-16}

해설 | 평행한 두 금속판에 전압을 걸어주면 두 금속판 사이에 균일한 전기장이 만들어 진다. 이때 전기장의 세기는 다음과 같다.

$$E = \frac{V}{d} = \frac{100}{0.05} = 2 \times 10^3\text{(V/m)(오른쪽)}$$

전자에 작용하는 힘 크기 $F = qE = (1.6 \times 10^{-19}) \times (2 \times 10^3) = 3.2 \times 10^{-16}$ N (왼쪽) 이다.

13 ㉠ 2×10^{-5} C ㉡ 8×10^{-5} C

해설 | ㉠ $Q = C_0V = (2 \times 10^{-6}) \times (10) = 2 \times 10^{-5}$C

㉡ 유전 상수가 κ 일 때, 유전체를 채운 후 축전기의 전하량은 다음과 같다[진공(공기)의 유전율이 ε_0 일 때 유전 상수 $\kappa = \frac{\varepsilon}{\varepsilon_0}$ 이므로, 두 금속판 사이가 진공(공기)일 때 축전기의 전기 용량을 C_0 라고 하면, 유전체를 넣었을 때 전기 용량 $C = \kappa C_0$ 이다.)

$$Q' = C'V = \kappa C_0 V = \kappa Q = 4 \times (2 \times 10^{-5}) = 8 \times 10^{-5}\text{C}$$

14 1.5 V

해설 |

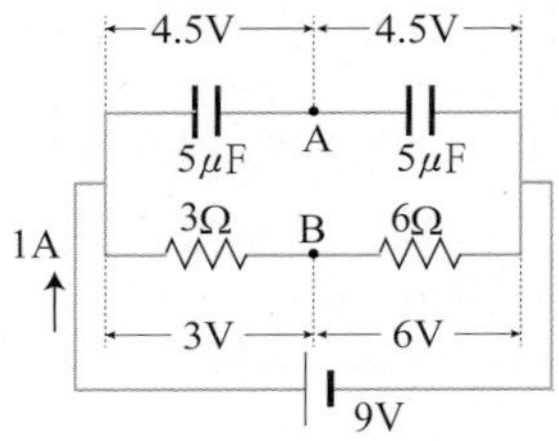

축전기를 통해 전류는 흐르지 못하고 B 점을 통해서만 흐르고, A 점은 전압만 걸린다. 전기 회로의 전체 저항 $R = 9\,\Omega$, 전체 전압 9 V 이므로

전체 전류 $I = \frac{V}{R} = \frac{9}{9} = 1$ A 이다.

따라서 직렬 연결된 저항 $R_1 = 3(\Omega)$, $R_2 = 6(\Omega)$에 걸리는 전압은 각각 $V_1 = IR_1 = 3(\text{V})$, $V_2 = IR_2 = 6(\text{V})$ 이다.

축전기는 직렬 연결되어 있으므로 각 축전기에는 같은 전하량이 충전되고, 축전기의 전기 용량이 같으므로 각 축전기에는 각각 4.5 V 의 동일한 전압이 걸린다.

전지의 (+)극의 전위를 9 V, (−)극의 전위를 0 V 라고 하면, A 점의 전위는 4.5 V, B 점의 전위는 6 V 이므로 A 점과 B 점 사이의 전위차는 1.5 V 이다.

15 3.2×10^{-5} J

해설 | 축전기는 끊어진 회로와 같으므로 1 Ω, 3 Ω 저항과 2 Ω, 6 Ω 저항에 각각 걸리는 전압의 비가 1 : 3 으로 같으므로 5 Ω 의 저항에는 전류가 흐르지 않는다(휘트스톤 브리지). 따라서 다음 그림과 같이 회로를 나타낼 수 있다.

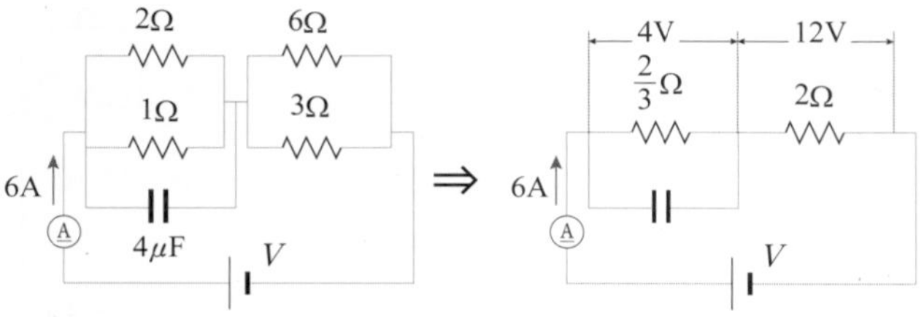

5 Ω 의 저항은 없다고 하고, 2 Ω 과 6 Ω 사이, 1 Ω 과 3 Ω 사이에 동시에 연결된 것과 같으므로 축전기에 걸리는 전압 $V_C = 4$ V 이다. 따라서 축전기에 저장된 전기 에너지는 다음과 같다.

$$W = \frac{1}{2}CV_C^{\,2} = \frac{1}{2} \times (4 \times 10^{-6}) \times (4)^2 = 3.2 \times 10^{-5}(\text{J})$$

16 (1) 2 : 3 (2) A : $\frac{3}{2}Q$, B : $3Q$

해설 | (가) : 축전기 A 에 걸리는 전압은 $V = \frac{Q}{C}$ 이므로, 충전된 전하량 $Q_A = Q$ 이다. 직렬 연결된 각 축전기에는 같은 양의 전하가 충전되므로 축전기 B 에 충전된 전하량 $Q_B = Q$ 이다. 따라서

축전기 B에 걸리는 전압 $V_B = \frac{Q}{C_B} = \frac{Q}{2C} = \frac{V}{2}$ 이때 전원 전압은

$V + \frac{V}{2} = \frac{3}{2}V$이며, (나)의 전원 전압도 이와 같다.

(나) : 전원 전압이 $\frac{3}{2}V$이므로 병렬 연결한 축전기 A 와 B 에는 모두 $\frac{3}{2}V$ 의 전압이 걸린다.

(1) $V_1 : V_2 = V : \frac{3}{2}V = 2 : 3$

(2) (나)의 축전기 A 에 저장되는 전하량 $Q'_A = C \cdot \frac{3}{2}V = \frac{3}{2}Q$

축전기 B 에 저장되는 전하량 $Q'_B = 2C \cdot \frac{3}{2}V = 3Q$

17 (1) 100 μC (2) 20 μC

해설 | (1) 주어진 회로는 다음과 같이 연결되어 있다.

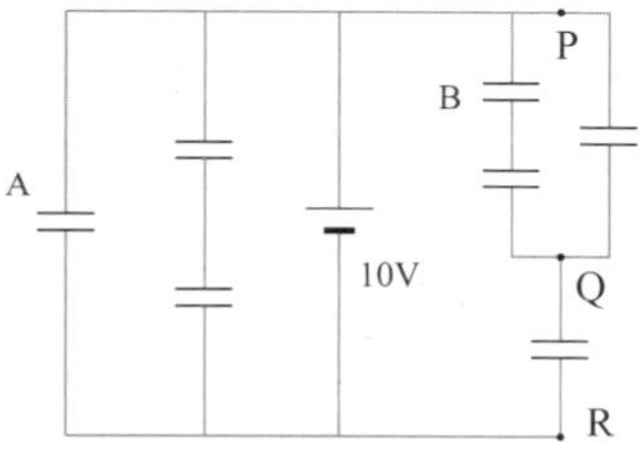

축전기 A 의 양단에 걸리는 전압은 10 V 이므로, 축전기 A 에 저장되는 전하량은 다음과 같다.

$$Q_A = C_A V = (10 \times 10^{-6}) \times 10 = 100 \times 10^{-6}(\text{C}) = 100(\mu\text{C})$$

(2) PR 에 걸리는 전압은 10 V 이고, 합성 전기 용량은

$$\frac{1}{C_{PR}} = \frac{1}{5+10} + \frac{1}{10} = \frac{1}{6},\quad C_{PR} = 6\ (\mu\text{F}) \text{ 이다.}$$

두 축전기 직렬 연결에서 저장 전하량이 같아서 전압과 전기 용량은 서로 반비례하므로,

$$V_{PQ} : V_{QR} = \frac{1}{15} : \frac{1}{10} = 2 : 3 \quad \therefore V_{PQ} = 4(\text{V}),\ V_{QR} = 6(\text{V})$$

축전기 B 에 저장되는 전하량을 Q 라고 하고, 전압은 2 V 이므로,

$$Q = CV = 2 \times 10 \times 10^{-6} = 20\ \mu\text{C}$$

Ⅵ. 전류의 작용 (3)

개념 보기

Q9 ⑤ Q10 4 T
Q11 4×10^{-7} T, 지면에 수직으로 들어가는 방향
Q12 남쪽 Q13 A : 동쪽, B : 동쪽
Q14 A 방향 Q15 왼쪽 Q16 ③
Q17 $+x$ 방향, 3×10^{-2} N (0.03N)
Q18 원운동의 반경이 $\frac{1}{2}$ 되고, 주기도 $\frac{1}{2}$ 이 된다.
Q19 A : 위방향, B : 힘을 받지 않는다, C : 아래방향
Q20 N 극, 시계 반대 방향
Q21 (1) A → R → B (2) 0.5 V Q22 500 V

Q10 4 T

해설 | B(자기장의 세기 ; 자속 밀도) = $\frac{\Phi}{S}$ (Wb/m² = T) 이고, 현재 자속(Φ) = 20 Wb 이다.

Q17 $+x$ 방향, 3×10^{-2} N (0.03N)

해설 | (+) 전하의 운동 방향이 전류의 방향이다. $F = Bqv$

Q21 (1) A → R → B (2) 0.5 V

해설 | 자석의 S 극이 접근하고 있으므로 접근하지 못하도록 코일이 자석과 가까운 부분이 S 극, 먼 곳이 N 극으로 유도된다.

개념 확인 문제

정답 116 ~ 121쪽

전류의 자기 작용

36 ①, ②, ④, ⑥ 37 ⑤ 38 D
39 0.24 Wb 40 ⑤ 41 ①
42 A : 동 B : 북 C : 서 D : 남 43 ②
44 6 : 3 : 2 45 ④ 46 ③ 47 0.8 A
48 ① 49 ④
50 (1) $B = 1.2 \times 10^{-3}$ T (2) 3.24×10^{-6} Wb
(3) 왼쪽이 N 극, 오른쪽이 S 극
(4) 도선을 많이 감고, 전류를 더 세게 흘려주며, 철심의 종류를 달리한다.
51 ① 52 (1) ⓐ N 극, ⓑ S 극 (2) ⓐ S 극, ⓑ N 극
53 ⑤ 54 ③ 55 ② 56 ②
57 ① 58 ③ 59 ③ 60 ⑤
61 2 62 ①
63 방향 : 서로 멀어지려는 방향, 세기 : 3.2×10^{-5} N
64 ② 65 ② 66 ③
67 (1) 0.8 m (2) 0.024 s 68 ③ 69 ③
70 ⑤ 71 ⑤ 72 ④ 73 ④
74 ③

36 ①, ②, ④, ⑥

해설 | ③ 자석 내부에도 자기장이 형성되어 있다.

⑤ 자기장의 방향은 N 극을 보고 판단하여야 한다. 자침의 N 극이 가리키는 방향으로 선을 그으면 자기력선의 모양이 나타난다.

37 ⑤

해설 | 자기력선은 N 극에서 나와 S 극으로 향하도록 그려야 한다.

① 같은 N 극이므로 한쪽에서 한쪽으로 들어갈 수 없다.

② 다른 극이므로 N 극에서 S 극으로 들어가도록 그려야 한다.

③ 오른쪽 N 극에 자기력선이 N 극으로 들어가게 그렸으므로 틀렸다.

④ 화살표의 방향이 틀렸다.

38 D

해설 | 자기장의 방향은 나침반의 N 극이 가리키는 방향과 일치한다.

39 0.24 Wb

해설 | B(자기장의 세기 ; 자속 밀도) = $\dfrac{\text{자속(Wb)}}{\text{면적(m}^2\text{)}} = \dfrac{\Phi}{S}$ (Wb/m^2),

Wb/m^2 = T (테슬라)를 이용하여

자속(Wb) = 자속 밀도(T) × 면적(m^2)임을 알 수 있다. ($\Phi = BS$)

그러므로 자속은 $2 \times \pi \times 0.2^2 = 0.24$ (Wb)이다.

40 ⑤

해설 | 전류가 위로 향할 때 자기장의 방향은 반시계 방향으로 생기고, 전류가 아래로 향할 때 자기장의 방향은 시계 방향으로 생긴다. 자기장의 방향은 나침반의 N 극이 가리키는 방향이므로 옳게 나타낸 것은 ⑤ 이다.

41 ①

해설 | 그림을 보았을 때 전류 위쪽으로는 서에서 동으로 자기장이 형성되고, 도선 아래쪽으로는 동에서 서 방향으로 자기장이 형성된다. 때문에 A 의 N 극은 동쪽, B 의 N 극은 서쪽을 가리킨다.

42 A : 동　B : 북　C : 서　D : 남

해설 | 오른손의 엄지를 종이 면에 수직으로 들어가게 위치시키면 나머지 손가락이 시계 방향으로 돌아가는 자기장의 방향을 알려준다.

43 ②

해설 | ① 가변 저항이 감소하면 흐르는 전류의 세기가 증가하고 자기장의 세기도 증가한다.

② 도선의 전류를 흐르게 하면 도선 아래의 자기장의 방향은 서에서 동이지만 지자기의 영향으로 나침반의 N 극이 완전한 동쪽을 가리키지는 않는다.

③ 스위치를 닫는 순간 시계 방향으로 움직인다

④ 전류는 북에서 남으로 흐르므로 도선 아래의 자기장 방향은 서에서 동이다.

⑤ 지자기 이외에 다른 힘이 없다면 나침반의 N 극은 북쪽을 가리킨다.

44 6 : 3 : 2

해설 | $B = k\dfrac{I}{r}$ (k : 비례 상수)에서 자기장의 세기는 거리에 반비례하고 전류의 세기에 비례함을 알 수 있다. 같은 전류가 흐르므로 거리를 비교하면 자기장의 세기를 비교할 수 있다.

$$B_A : B_B : B_C = \frac{1}{r} : \frac{1}{2r} : \frac{1}{3r} = 6 : 3 : 2$$

45 ④

해설 | A 의 영향으로 자기장이 A 를 중심으로 하여 반시계 방향으로 생기고, B 의 영향으로 B 를 중심으로 자기장이 시계 방향으로 생긴다. 이때 도선 A, B 사이에는 공통적으로 남에서 북으로 자기장이 생기므로 나침반의 N 극은 북쪽을 가리킨다.

46 ③

해설 | 직선 전류와 달리 원형 전류에서 자기장의 방향을 따질 때에는 오른손의 엄지손가락이 자기장의 방향이고 나머지 손가락이 전류의 방향으로 놓는다. 그러면 자기장의 방향은 원형 안쪽으로는 서에서 동쪽 방향, 원형 바깥쪽에서는 원형 도선 안쪽을 통과한 자기장이 되돌아와서 동에서 서쪽 방향이다. 때문에 A 와 C 의 나침반은 서쪽, B 의 나침반은 동쪽을 가리킨다.

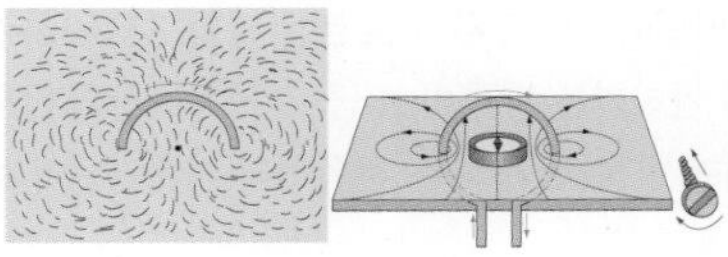

47 0.8 A

해설 | 원형 도선의 자기장의 세기 $B = k'\dfrac{I}{r}$, ($k' = \pi k = 2\pi \times 10^{-7}$ N/A^2)

이므로 전류 $I = \dfrac{Br}{k'} = \dfrac{8\pi \times 10^{-7} \times 0.2}{2\pi \times 10^{-7}} = 0.8$ A 이다.

48 ①

해설 | 나침반의 N 극이 오른쪽을 가리키므로 자기력선은 왼쪽에서 오른쪽으로 향하고 있다. 때문에 철심의 왼쪽은 N 극, 오른쪽은 S 극임을 알 수 있다. 오른손으로 엄지가 N 극인 왼쪽으로 가도록 철심을 감으면 나머지 손가락이 전류의 방향을 의미하므로 전류의 방향을 구별해낼수 있고, 철심 내부에서는 자기장의 방향이 S 에서 N 으로 향하므로 올바른 그림은 ① 이다.

49 ④

해설 | ㉠ S 극에서 자기력선이 들어오고 S 극의 반대편에서 자기력선이 나가므로 올바르게 나타냈다.

㉡ N 극에서 S 극으로 자기력선을 그려 올바른 것 같지만, N 극의 반대쪽 S 극에서 자기력선이 나가게 그렸으므로 틀렸다.

㉢ 왼쪽 오른쪽 모두 전류의 방향에 따라 생기는 N 극에서 자기력선이 들어오게 그렸기 때문에 틀렸다.

㉣ 전류의 방향에 따른 자기장의 방향이 옳게 표현되었으며 자기장의 방향이 N 극에서 나와 S 극으로 들어가게 그렸으므로 옳다.

50 (1) $B = 1.2 \times 10^{-3}$ T　(2) 3.24×10^{-6} Wb

(3) 왼쪽이 N 극 오른쪽이 S 극　(4) 도선을 많이 감고, 전류를 더 세게 흘려주며, 철심의 종류를 달리한다.

해설 | (1) 코일 내부의 자기장의 세기는 $B = k'nI$,

$n = \dfrac{\text{총감은 회수}(N)}{\text{솔레노이드의 길이}(l)}$

(단위 길이 당 감긴 횟수, $k'' = 2\pi k = 4\pi \times 10^{-7}\ \mathrm{N/A^2}$) 이다.

문제에서 주어진 값을 대입하면 $B = 4\pi \times 10^{-7} \times \dfrac{200}{0.2} \times 1(\mathrm{T})$ 이다.

(2) B (자기장의 세기;자속 밀도) = $\dfrac{\text{자속(Wb)}}{\text{면적}(\mathrm{m^2})}$

자속(Wb) = 면적($\mathrm{m^2}$) × 자속 밀도(T) 이므로 (1)에서 구한 값으로

$$0.03^2 \times \pi \times 4\pi \times 10^{-7} \times \frac{200}{0.2} \times 1(\mathrm{Wb}) = 3.24 \times 10^{-6}(\mathrm{Wb})$$

(3) 솔레노이드의 전류가 흐르는 방향으로 오른손을 감아쥐면 엄지 손가락이 가리키는 방향이 N 극이므로 왼쪽이 N 극 오른쪽이 S 극이 된다.

(4) 자석의 성질을 더 강하게 하는 방법은

$B = k''nI$, $n = \dfrac{\text{총감은 회수}(N)}{\text{솔레노이드의 길이}(l)}$ 식을 보고 파악할 수 있다.

도선을 더 많이 감고, 전류가 더 많이 흐르게 하고, 철심의 종류를 바꾸면 전자석을 더 강하게 만들 수 있다.

51 ①

해설 | ① 솔레노이드의 전류가 흐르는 방향으로 오른손을 감아쥐면 엄지 손가락이 가리키는 방향이 N 극이다. 자기장의 방향은 N 극에서 S 극인데 그림에서 N 극이 되는 왼쪽에서 자기력선이 들어오고 있으므로 틀렸다.

52 (1) ⓐ N 극, ⓑ S 극 (2) ⓐ S 극, ⓑ N 극

해설 | 솔레노이드의 전류가 흐르는 방향으로 오른손을 감아쥐면 엄지손가락이 가리키는 방향이 N 극이다. (1) 의 ⓐ 는 N 극, ⓑ 는 S 극 (2) 의 ⓐ 는 S 극, ⓑ 는 N 극이다.

53 ⑤

해설 | 솔레노이드의 전류가 흐르는 방향으로 오른손을 감아쥐면 엄지손가락이 가리키는 방향이 N 극이므로 그림에서 왼쪽이 N 극이 되고 오른쪽이 S 극이 된다. 솔레노이드 외부에서는 자기장의 방향이 N → S 이고 내부에서는 S → N 이므로 A 의 N 극은 왼쪽을 가리키고 B 의 N 극은 오른쪽을 가리킨다.

54 ③

해설 | 전자기력의 방향 : 전류가 흐르는 도선이 받는 힘의 방향은 형성되어 있는 자기장의 방향과 수직이고, 전류가 흐르는 방향과도 수직이다. (플레밍의 왼손법칙) 그림에서 도선은 아래쪽으로 힘을 받으므로 C 이다.

55 ②

해설 | 전자기력의 방향 : 전류가 흐르는 도선이 받는 힘의 방향은 형성되어 있는 자기장의 방향과 수직이고, 전류가 흐르는 방향과도 수직이다. (플레밍의 왼손법칙) 그림에서 도선은 B 쪽으로 힘을 받고 있다.

56 ②

해설 | 전자기력의 방향 : 전류가 흐르는 도선이 받는 힘의 방향은 형성되어 있는 자기장의 방향과 수직이고, 전류가 흐르는 방향과도 수직이다. (플레밍의 왼손법칙) 그림에서 도선은 B 쪽으로 힘을 받고 있다.

57 ①

해설 | A 지점에서 두 자기장의 방향이 일치하여 보강을 하므로 자기장의 세기가 가장 세고, C 에서는 자기장의 방향이 서로 반대 방향이어서 상쇄되어 자기장이 가장 약하다.

58 ③

해설 | 바람이 고기압에서 저기압으로 부는 것처럼 도선에는 자기력선이 빽빽한 곳(자기장이 센 곳)에서 자기력선이 적은 곳(자기장이 약한 곳)으로 힘이 작용한다. 때문에 그림에서는 도선이 위쪽으로 힘이 작용한다.

59 ③

해설 | 전자기력을 받는 도선, 말굽자석의 N 극과 S 극 사이에 있는 도선만 전자기력의 방향을 따져주면 된다. 플레밍의 법칙을 이용하면 A 에서 사각형 코일이 말굽자석 바깥으로 밀려난다. 그리고 전류와 자석의 극이 둘 다 바뀐 C 도 사각형 코일이 말굽자석 바깥으로 밀려난다.

60 ⑤

해설 |

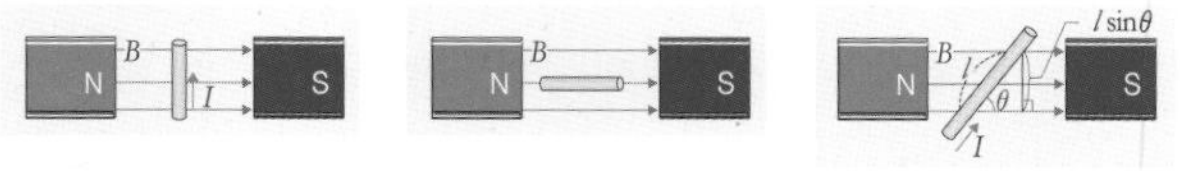

[전류와 자기장이 수직인 경우] $F = BIl$ [전류와 자기장이 평행인 경우] $F = 0$ [전류와 자기장이 비스듬한 경우] $F = BIl\sin\theta$

그림에서처럼 전자기력은 $F = BIl\sin\theta$ 이다. 때문에 각이 클수록 전자기력은 커진다. 힘의 크기가 가장 작은 것을 고르는 문제이기 때문에 θ 가 가장 작은 ⑤ 이 답이 된다.

⑤는 전류와 자기장이 이루는 각이 0° 이므로 $\sin 0° = 0$ 이므로 전류가 받는 힘 $F = 0$이다.

61 2

해설 | 전자기력 $F = BIl\sin\theta$ (θ 는 자기장과 전류의 방향이 이루는 각) 이다. 같은 자기장에서 같은 길이의 도선에 같은 세기의 전류가 흐른다면 각이 가장 큰 2 번 도선이 받는 전자기력의 크기가 가장 크다.

62 ①

해설 | $F = BIl\sin\theta$ 에서 문제에 주어진 $B = 0.5$ T, $I = 10$ A, $l = 0.2$ m 의 값과 수직이므로 $\theta = 90°$을 대입하면 $F = 1$ N 이다.

63 방향 : 서로 멀어지려는 방향, 세기 : 3.2×10^{-5} N

해설 | 문제에서 무한히 긴 도선 1 은 영구 자석으로 간주하여 생각할 수 있다. 때문에 길이가 2 m 인 도선 2 에 작용하는 힘을 생각하면 작용과 반작용의 원리로 두 도선에 작용하는 힘의 방향과 세기를 알 수 있다.

도선 1 이 도선 2 에 작용하는 자기장의 세기를 B 라고 했을 때,

$B = k\dfrac{I_1}{r} = 2 \times 10^{-7} \times \dfrac{2}{0.1}$ 이다.

(도선 2)와 (도선 1 에 의한 자기장 방향)이 이루는 각은 90° 이다.

힘의 세기는 $F = BIl\sin\theta$ 이고, $I_2 = 4$ A, l 은 2 m 이므로

$$F = 2 \times 10^{-7} \times \frac{2}{0.1} \times 4 \times 2 \times \sin 90° = 32 \times 10^{-6}\ \mathrm{N}$$

그리고 두 도선이 서로 반대 방향으로 전류가 흐르므로 서로 떨어지려

는 척력이 작용한다.

또는, $F = B_1I_2l = k\frac{I_1}{r}I_2l = k\frac{I_1I_2}{r}l$ (N)식을 이용하여 l 값에 2(m) 를 대입하여 구할 수 있다.

64 ②

해설 | 전류는 전자가 움직이는 방향의 반대 방향이므로 전자가 지면으로 들어가는 방향으로 운동하는 것은 전류가 지면 바깥으로 나오는 방향으로 흐른다고 생각할 수 있다. 때문에 플레밍의 왼손 법칙을 써서 자기장의 방향은 위쪽, 전류의 방향은 지면에서 나오는 방향으로 잡으면 전자는 B 방향으로 힘을 받는다는 것을 알 수 있다.

65 ②

해설 | 전류는 전자가 움직이는 방향의 반대 방향이므로 전자가 A 방향으로 움직이면 전류는 C 방향으로 흐른다고 할 수 있다. 원래 주어진 도선에 흐르는 전류에 의해 전자가 위치한 지점에는 자기장이 지면으로 들어가는 방향으로 형성되어 있다. 전자의 움직임의 반대 방향으로 전류의 방향을 잡아 플레밍의 왼손 법칙을 사용하면 전자가 B 방향으로 힘을 받고 있음을 알 수 있다.

66 ③

해설 | 대전입자가 원운동을 하게 될 때, 구심력 $F = Bqv$, 전하의 질량이 m 이고, 원운동의 반지름이 r 이면 $F = m\frac{v^2}{r}$ 이므로

$Bqv = m\frac{v^2}{r}$, $r = \frac{mv}{Bq}$ 이다.

원운동의 반지름은 질량이 클수록 속도가 빠를수록 커지며, 자기장과 전하량이 커지면 반지름은 작아진다.

ㄱ. 전하량을 크게 하므로 반지름은 작아진다.

ㄴ. 자기장이 강해지므로 반지름은 작아진다.

ㄷ. 질량을 크게 하면 반지름이 커진다.

ㄹ. 속도를 크게 하면 반지름이 커진다.

67 (1) 0.8 m (2) 0.024 s

해설 | (1) $r = \frac{mv}{Bq} = \frac{0.01 \times 200}{0.5 \times 5} = 0.8 \times \frac{kg \times m/s}{T \times C}$ 이다.

단위를 정리하면 ($T = \frac{N}{C \cdot m/s}$, $N = kg \cdot m/s^2$) 반지름은 0.8 m 이다.

(2) 원운동의 주기는 한바퀴를 돌았을 때 걸리는 시간을 뜻하며 $T = \frac{2\pi r}{v}$ 인데 r 값에 $r = \frac{mv}{Bq}$ 을 대입하면 $T = \frac{2\pi m}{Bq}$ 이다.

값을 대입하면 $T = \frac{2\pi \times 0.01}{0.5 \times 5} = 0.024$ (s) 이다.

68 ③

해설 | ① CD 부분은 전류가 D → C 로 흐르므로 전자기력은 아래로 받는다.

② 전류의 세기가 셀수록 전자기력의 힘이 세지므로 회전속도가 빨라지고, 회전이 빨라진 만큼 도선에 흐르는 전류의 방향의 바뀜도 빨리 일어난다.

③ AB 는 위로, CD 는 아래로 힘을 받으므로 앞에서 볼 때 시계 방향으로 회전한다.

④ 지금 그림의 상태에서 AB 부분의 도선은 전류가 B → A 로 흐르며 자기장의 방향은 N → S 이므로 전자기력은 위쪽으로 작용한다.

⑤ 브러시와 정류자에 의해 사각형 도선에 전류가 통했다가 통하지 않았다를 반복하는데 반복할 때마다 사각형 도선의 전류의 방향이 바뀐다.

69 ③

해설 | ① 전류가 흐르는 방향으로 오른손을 감아쥐면 엄지 손가락이 가리키는 방향이 N 극인데 엄지 손가락은 A 쪽을 가리키므로 B 는 S 극이 된다.

② A 와 N 극, B 와 S 극이 서로 반발하려고 하고 있기 때문에 시계 반대 방향으로 회전한다.

③ 회전 코일의 감은 수를 증가시키면 전자석의 효과가 더 좋아지기 때문에 더 빨리 회전한다.

④ 영구 자석의 극을 바꾸어도 회전 방향은 바뀌지 않는다. 영구 자석의 극을 바꾸면 반발로 인한 회전이 아니라 인력으로 인한 회전이 이뤄질 것이다.

⑤ 회전 코일의 전류의 방향을 바꾸면 회전 방향도 바뀐다.

70 ⑤

해설 | ① 영구 자석 속에 코일을 넣어 전류가 많이 흐를수록 많이 회전할 수 있게 한 것이다.

② 그림은 전류계나 전압기이다.

③, ④ 회전축에 바늘을 달면 바늘이 회전한 각도와 전류나 전압의 세기가 비례하므로 윗부분에 눈금을 매겨 놓으면 전류와 전압을 측정할 수 있게 되는 것이다. 전류가 흐르지 않으면 용수철의 탄성력에 의해 바늘은 원점으로 되돌아온다.

⑤ 영구 자석의 세기를 변화시켜 바늘을 움직이지는 않는다.

71 ⑤

해설 | ㄱ. S 극이 다가오므로 코일의 위쪽은 S 극이, 아래쪽에는 N 극이 유도된다. 엄지손가락을 N 극이 유도된 쪽으로 하여 코일을 오른손으로 감싸면 유도 전류의 방향이 B → G → A 임을 알 수 있다.

ㄴ. 자석의 운동을 방해하는 쪽으로 자석이 가까이 오지 못하는 척력이 발생한다.

ㄷ. 정지하면 시간에 따른 자속의 변화량이 없기 때문에 유도 전압이 만들어지지 않아 유도 전류가 흐르지 않는다.

72 ④

해설 | ① 시간 당 자속의 변화량이 커지게 하면 유도전류도 세진다. 그에 따라 바늘이 더 많이 움직인다.

② 자석의 N 극이 코일에 가까워질 때에는 코일의 위쪽이 N 극으로 유도 되고, N 극이 코일에서 멀어질 때에는 코일의 아래쪽이 N 극으로 유도된다. 때문에 유도전류가 다르게 만들어져 검류계의 바늘이 반대로 움직인다.

③ 자속의 변화량을 더욱 커지게 할 수 있으므로 전류가 더 많이 유도되어 바늘이 많이 움직인다.

④ 자속의 변화가 없으므로 유도전류는 만들어지지 않아 바늘은 '0'을 가리킨다.

⑤ $V_{유도} = -\frac{자속(\Phi)의\ 변화량}{시간(초)} \times N$(코일의 감은 수) 식에서 감은 수가 많을수록 유도가 더 잘 됨을 알 수 있다.

73 ④

해설 | $V_{유도} = -\dfrac{\text{자속}(\Phi)\text{의 변화량}}{\text{시간(초)}} \times N$(코일의 감은 수) 식에 문제에 주어진 값을 대입하면 $V = -\dfrac{2}{1} \times 10 = -20$ (V)이다.

74 ③

해설 | 유도 전류가 흐르기 위해서는 원형 도선 안쪽으로 자속의 변화가 생겨야 한다. 균일한 자기장 속에서 평행 이동을 하면 자속의 변화가 생기지 않는다.(①, ②, ⑤), 원형 도선이 y 축을 중심으로 회전을 해도 원형 도선 안쪽으로 들어오는 자속의 변화가 없으므로 유도 전류는 생기지 않는다.(④), 원형 도선을 x 축을 중심으로 회전을 시키면 원형 도선 안쪽으로 통과하는 자속의 변화가 생기므로 유도 전류가 흐르게 된다.(③)

개념 심화 문제

정답 122 ~ 126쪽

18 10 cm	19 ③	20 1.5 m	
21 $k'\dfrac{I}{2r}$, 지면으로 수직하게 들어가는 방향			
22 1.6×10^{-4} T, 지면에서 수직하게 나오는 방향			
23 5 : 3 : 3	24 10^{-6} T	25 ④	26 ㄷ, ㄹ
27 ㄱ, ㄴ, ㄷ		28 (1) $\dfrac{2mv}{Bq}$ (2) $\dfrac{\pi m}{Bq}$	
29 2 : 1	30 ①	31 0.456 V	

18 10 cm

해설 | 자기장의 세기가 '0' 이 되는 부분이 어디인지부터 파악해야 한다. 오른 나사의 법칙으로 두 도선 사이에서만 자기장의 방향이 서로 반대로 생겨서 서로 상쇄가 될 수 있으므로 자기장의 세기가 '0'인 부분은 두 도선 사이에 위치한다.

자기장의 세기가 '0'이 되는 위치가 2 A 가 흐르는 도선에서 r 만큼 떨어져 있다고 하면 4 A 가 흐르는 도선으로부터는 $30 - r$ 만큼 떨어져 있는 곳이 되고,

2 A 가 흐르는 도선에 의한 자기장의 세기는 $k\dfrac{2}{r}$ (T),

4 A 가 흐르는 도선에 의한 자기장의 세기는 $k\dfrac{4}{30-r}$ (T) 이다.

두 자기장의 방향은 반대이고 합성 자기장이 0 이어야 한다.

그러므로 $k\dfrac{4}{30-r} = k\dfrac{2}{r}$ 이다.

등식을 풀어 r 값을 구하면 10 (cm) 이다.

19 ③

해설 | 오른나사의 법칙으로 각각의 도선을 감싸 쥐고 엄지 손가락을 제외한 네 손가락이 가리키는 방향을 가늠하면 나침반의 N 극이 꼭지점에 위치한 도선으로부터 자기장의 영향을 받는데 균등한 크기로 자기장이 형성되고, 각각 120° 를 이루므로 상쇄되어 세 도선이 중심의 나침반에 미치는 자기장은 0 이 된다. 하지만 지구 자기의 영향을 받고 있으므로 나침반은 북쪽을 가리키게 된다.

20 1.5 m

해설 | 도선 a, b 에 그림처럼 전류가 흐르면 P 점에 자기장이 형성되며 그 방향은 오른나사의 법칙에 의한다. 도선 a, b 의한 자기장의 세기를 각각 B_a, B_b 라고 하고 지면 위로 올라오는 방향을 (+)로 정할 때,

$B_a = -k\dfrac{5}{1+r}$ (지면에 수직하게 들어가는 방향),

$B_b = k\dfrac{3}{r}$ (지면에서 수직하게 나오는 방향)이다.

$B_a + B_b = 0$ 이 되어야 하므로

$$-k\frac{5}{1+r} + k\frac{3}{r} = 0,\quad r = 1.5(\text{m})$$

21 $k'\dfrac{I}{2r}$, 지면으로 수직하게 들어가는 방향

해설 | 지면 위로 올라오는 자기장의 방향을 (+)로 정하고, 두 원형 도선에 의한 중심에서의 자기장의 세기를 구해보자. 먼저 바깥쪽 원형 도선에 의한 자기장의 세기와 방향을 구해보면, 전류가 흐르는 방향으로 손을 감싸쥔다고 생각하면 엄지손가락이 가리키는 방향이 중심점에서의 자기장의 방향이다. $k'\dfrac{I}{2r}$ (지면에서 수직하게 나오는 방향)이다.

안쪽의 원형도선에 의한 자기장의 세기와 방향은 $-k'\dfrac{I}{r}$ (지면으로 수직하게 들어가는 방향)이다.

두 힘을 합하면 $k'\dfrac{I}{2r} + (-k'\dfrac{I}{r}) = -k'\dfrac{I}{2r}$ 이다.

즉, 자기장의 방향은 지면으로 수직하게 들어가는 방향이고

세기는 $k'\dfrac{I}{2r}$ 이다.

22 1.6×10^{-4} T, 지면에서 수직하게 나오는 방향

해설 | 점 P 에서는 원형 도선에 의한 자기장, 직선 도선에 의한 자기장 두 종류의 자기장이 형성된다. 두 도선에 의한 자기장의 세기를 구하면

$B_{원형} = k'\dfrac{10}{0.05}$ (지면에서 수직하게 나오는 방향),

$B_{직선} = k\dfrac{10}{0.05}$ 이다. (지면에서 수직하게 나오는 방향)

두 자기장의 방향이 같으므로 두 자기장의 세기를 합하면 점 P 에서의 자속 밀도(자기장 B)를 구할 수 있다.

$$B = k'\frac{10}{0.05} + k\frac{10}{0.05} = 2\pi \times 10^{-7} \times \frac{10}{0.05} + 2 \times 10^{-7} \times \frac{10}{0.05}$$
$$= 4(\pi + 1) \times 10^{-5}\ \text{T}$$

$\pi = 3$ 이라고 한다면 1.6×10^{-4} T 라는 근사치를 얻을 수 있다.

23 5 : 3 : 3

해설 | 지면에서 수직하게 나오는 자기장의 방향을 (+)로 잡고, A, B, C 에서의 자기장의 세기를 각각 구해보면,

$B_A = k\dfrac{6}{r} + k\dfrac{2}{3r} = k\dfrac{20}{3r}$, $B_B = -k\dfrac{6}{r} + k\dfrac{2}{r} = -k\dfrac{4}{r}$

$B_C = -k\dfrac{6}{3r} + (-k\dfrac{2}{r}) = -k\dfrac{4}{r}$

$$B_A : B_B : B_C = k\frac{20}{3r} : k\frac{4}{r} : k\frac{4}{r} = 5:3:3$$

24 10^{-6} T

해설 | 오른나사의 법칙으로 방향을 가늠하고, 지면에서 수직하게 나오는 자기장의 방향을 (+) 로 하자.

도선 A 로부터 받는 자기장의 크기는 $B_A = -k\dfrac{5}{1} = -5 \times 2 \times 10^{-7}$ T,

도선 B 로부터는 $B_B = k\frac{20}{2} = 10 \times 2 \times 10^{-7}$ T

B_A, B_B 의 합 10^{-6} T 이 P 점에서의 자속 밀도(자기장 B)이다.

25 ④

해설 | ㄱ. 말굽 자석 사이의 알루미늄 막대에서 전류는 위에서 아래로 흐르므로 플레밍의 왼손 법칙에 의해 알루미늄 막대는 오른쪽으로 힘을 받아 굴러간다.

ㄴ. 전원 장치의 극을 바꾼다고 해서 전자기력이 더 커지는 것은 아니다. 단지 전자기력이 작용하는 힘의 방향이 반대로 바뀔 뿐이다.

ㄷ. 집게를 A 쪽으로 옮기면 회로의 저항이 작아지므로 더 많은 전류가 흐르게 되어 전자기력이 더 커진다. 때문에 알루미늄 막대가 더 빨리 굴러간다.

ㄹ. 스피커는 자기장 속에서 전류가 받는 힘을 이용하여 소리의 재생을 한다. 소리가 클 때는 전류가 많이 흐르고, 소리가 작을 때는 전류가 조금 흐르는 현상을 이용한다.

26 ㄷ, ㄹ

해설 | ㄱ, ㄷ. 자기장의 방향과 전류의 방향이 이루는 각이 0 도 이므로 $F = BIl\sin\theta$ 에 의해 $F = 0$ 이다. 전자기력이 '0' 이라는 뜻이다.

ㄴ. 플레밍의 왼손 법칙에 의해 BC 는 지면에서 수직으로 나오는 힘을 받는다.

ㄹ. 플레밍의 왼손 법칙에 의해 DA 는 지면에 수직으로 들어가는 힘을 받는다.

27 ㄱ, ㄴ, ㄷ

해설 | 자기장 속에서 전류가 흐르는 도선이 받는 힘은 플레밍의 왼손 법칙을 따른다.

ㄱ. 도선 ab 에 있어 전류는 위쪽으로, 자기장은 지면에 수직으로 들어가고 있으므로 전자기력은 왼쪽으로 향한다.

ㄴ. 도선 ad 는 자기장 밖에 존재하므로 힘을 받지 않는다.

ㄷ. 도선 dc 는 도선 ab 가 받는 힘의 크기가 같고 방향이 반대이다.

ㄹ. 도선 bc 는 전류가 c → d 쪽으로, 자기장은 지면에 수직으로 들어가고 있으므로 전자기력은 아래 방향으로 힘을 받는다.

28 (1) $\frac{2mv}{Bq}$ (2) $\frac{\pi m}{Bq}$

해설 | (1) 원운동을 하였으므로 반지름 r 을 구하면 $r = \frac{mv}{Bq}$ 이다.

입사한 곳부터 형광판에 부딪친 곳까지는 지름 $2r$ 이므로 답은 $\frac{2mv}{Bq}$ 이다.

(2) 원운동의 주기 $T = \frac{2\pi r}{v}$, r 값에 $r = \frac{mv}{Bq}$ 을 대입하면

$T = \frac{2\pi m}{Bq}$ 이다. 그러나 1 회전이 아니라 반원만 이동하였으므로

걸린 시간 $t = \frac{\pi m}{Bq}$ 이다.

29 2 : 1

해설 | 28 번에서 사용한 $r = \frac{mv}{Bq}$ 공식을 v 에 대해 정리하면

$v = \frac{Bqr}{m}$ 이다. 즉, 자기장, 전하량, 입자의 질량이 같을 때, 반지름과 속력이 비례한다. $v_{가} : v_{나} = 2R : R = 2 : 1$ 이다.

30 ①

해설 | (A) 에서는 원형 도선으로 유도 전류가 발생하나 (B) 에서는 구리선이 잘려 있어 전류가 흐를 수 없기 때문에 유도 전류가 발생할 수 없다. 따라서 (B) 는 자석을 가까이 하거나 멀리 해도 유도 전류가 발생하지 않아 상호 작용하는 힘도 발생되지 않는다.

ㄷ. 어떤 극을 가까이 해도 자석의 움직임에 반대되는 방향으로 유도가 되기 때문에 가까이 가면 밀어내는 힘이 발생한다.

31 0.456 V

해설 | 유도 전압은 단위 시간 당 자속의 변화량과 코일의 감은 수에 비례한다.

$$V_{유도} = -\frac{\text{자속}(\Phi)\text{의 변화량}}{\text{시간(초)}} \times N(\text{코일의 감은 수})$$

자속 $\Phi = BS$ 이므로

자속 Φ 는 자속 밀도를 변화시키기 전에는 $0.1 \times \pi \cdot 0.2^2$ 이었고 자속 밀도를 변화시킨 후에는 $2 \times \pi \cdot 0.2^2$ 가 되었다.

$$V_{유도} = -\frac{0.2^2\pi(2-0.1)}{0.5} = 0.152\pi \fallingdotseq 0.456 \text{ V}$$

Ⅵ. 전류의 작용 (4)

개념 보기

Q23 0.1 V	Q24 0.5 H	Q25 0.3 V
Q26 83 Ω	Q27 290 Ω	

Q23 0.1 V

해설 | $V = (-)L\frac{\Delta I}{\Delta t} = 5.0 \times \frac{0.05 - 0.01}{2} = 0.1$ (V)(크기)

Q24 0.5 H

해설 | $25 \text{ V} = (-)M\frac{\Delta I_1}{\Delta t} = (-)M\frac{5}{0.1} = 50M$, $M = 0.5$ (H)

Q25 0.3 V

해설 | 진동수 $f = 10$(Hz)이므로 사각형 도선의 각속도 $\omega = 2\pi f = 2\pi \times 10 = 60$

$\Phi = \Phi_0\cos\omega t$, $V = -N\frac{d\Phi}{dt}(N = 1) = \omega\Phi_0\sin\omega t$

∴ 최대 기전력 $V_0 = \omega\Phi_0 = \omega BS = 60 \times (5 \times 10^{-2}) \times 0.1 = 0.3$ V

Q26 83 Ω

해설 | $X_C = \frac{1}{\omega C} = \frac{1}{2\pi f C} = \frac{1}{2 \times 3 \times 50 \times (40 \times 10^{-6})} \fallingdotseq 83\ \Omega$

Q27 290 Ω

해설 | $X_L = \omega L = 2\pi f L = 2 \times 3 \times 80 \times 1 = 480(\Omega)$

$$X_C = \frac{1}{\omega C} = \frac{1}{2\pi f C} = \frac{1}{2 \times 3 \times 80 \times (10 \times 10^{-6})} \fallingdotseq 208\ \Omega$$

$$\therefore Z = \sqrt{R^2 + (X_L - X_C)^2} = \sqrt{100^2 + (480 - 208)^2} \fallingdotseq 290(\Omega)$$

개념 확인 문제

정답 132 ~ 133쪽

교류 회로

75 1 H	76 ㉠ a 방향 ㉡ 0.8 V		77 ②
78 ①㉡ ②㉠		79 9 V	80 2 A
81 (1) 880 회	(2) 0.02 A	82 30 V	
83 (1) 308 V	(2) 0.35 A	84 $Z_{(가)} = Z_{(나)} > Z_{(다)}$	
85 48 W	86 17 V	87 4.5 A	
88 $\dfrac{1}{2\pi\sqrt{LC}}$			

75 1 H

해설 | $|V| = L\dfrac{\Delta I}{\Delta t}$ → $L = |V| \times \dfrac{\Delta t}{\Delta I} = 4 \times \dfrac{0.1}{0.5 - 0.1} = 1\ \text{H}$

76 ㉠ a 방향 ㉡ 0.8 V

해설 | ㉠ 전지의 전압은 일정하고, 전선의 위치가 P 에서 Q 로 갈수록 저항값은 커지게 되므로, 전류의 세기는 점점 작아지게 된다. 유도 기전력은 전류의 감소를 방해하는 방향으로 발생하므로 전지의 기전력과 같은 방향인 a 방향으로 형성된다.

㉡ V (유도기전력 크기) = $|(-L\dfrac{\Delta I}{\Delta t})| = 5.0 \times \dfrac{0.8}{5} = 0.8\ \text{V}$

77 ②

해설 | 코일 A 에 연결된 스위치를 닫는 순간 코일 A의 전류가 증가해 코일 A의 왼쪽에서 오른쪽 방향으로 자속이 발생하므로, 이 변화를 막기 위해 코일 B 내부에는 왼쪽으로 유도 자기장이 발생하며, 코일 B의 저항에 흐르는 유도 전류는 P → R → Q 방향으로 발생한다. 단, 이때의 유도 전류는 스위치를 닫아 A 의 전류가 증가하는 동안 잠시 흐른다.

78 ①㉡ ②㉠

해설 |

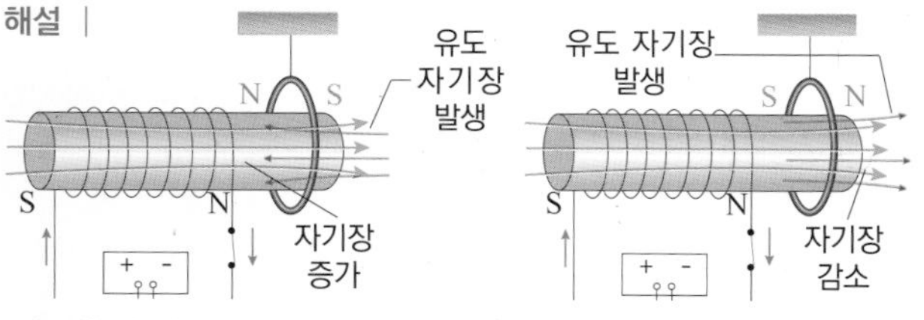

(가) 닫는 순간 : 서로 밀어낸다. (나) 여는 순간 : 서로 잡아당긴다.

(닫는 순간) 코일의 전류가 증가하여 고리 내부를 통과하는 자속이 증가하므로 이를 억제시키기 위해서 금속 고리는 왼쪽으로 유도 자기장을 발생시킨다. 따라서 코일의 자극과 반대 방향의 자극이 유도되어 척력이 발생하여 금속 고리는 오른쪽으로 밀려나게 된다.

(여는 순간) 코일에 흐르고 있던 전류가 감소하므로 금속 고리 내부를 통과하는 오른쪽 방향의 자속이 감소한다. 금속 고리는 감소를 보충하기 위해 오른쪽 방향의 유도 자기장을 발생시킨다. 그 결과 고리의 자극 배열이 코일의 자극 배열과 같아지게 되어 서로 인력이 발생한다. 따라서 금속 고리는 왼쪽으로 이동한다.

79 9 V

해설 | 1 차 코일에 의해 2 차 코일에 발생하는 유도 기전력의 크기는 1 차 코일에 흐르는 전류의 시간적 변화율에 비례한다.

$$|V| = M\frac{\Delta I_1}{\Delta t} = 4.5 \times \frac{0.2}{0.1} = 9\ \text{V}$$

80 2 A

해설 | 변압기의 1, 2 차 코일의 전압비는 감은 수의 비와 같다.

$$\frac{V_1}{N_1} = \frac{V_2}{N_2} \rightarrow V_2 = \frac{N_2}{N_1} \times V_1 = \frac{21}{300} \times 100 = 7\ \text{V}$$

$$\therefore I_2 = \frac{V_2}{R} = \frac{7}{3.5} = 2\ \text{A}$$

81 (1) 880 회 (2) 0.02 A

해설 | (1) 에너지 손실 없이 1 차 코일(N_1, V_1)에 공급되는 전기 에너지가 2 차 코일(N_2, V_2)에 전부 전달되므로 1차 코일에 공급되는 전력과 2 차 코일에 유도되는 전력이 같다.

$$\frac{V_1}{N_1} = \frac{V_2}{N_2} \rightarrow N_1 = N_2 \times \frac{V_1}{V_2} = 20 \times \frac{220}{5} = 880\ \text{회}$$

(2) 충전기의 전류는 2차 모일의 전류(I_2)이다.

$$\frac{I_1}{I_2} = \frac{N_2}{N_1} \rightarrow I_1 = I_2\frac{N_2}{N_1} = 1 \times \frac{20}{880} ≒ 0.02\ \text{A}$$

82 30 V

해설 | 교류 전압의 최댓값은 실효 전압 V_e 의 $\sqrt{2}$ 배이다.

$$42 = \sqrt{2}\,V_e \rightarrow V_e = \frac{42}{\sqrt{2}} = \frac{42}{1.4} = 30\ \text{V}$$

83 (1) 308 V (2) 0.35 A

해설 | 교류의 정격 전압은 실효 전압(V_e)을 뜻한다.

(1) $V_0 = V_e \times \sqrt{2} = 220 \times 1.4 = 308\ \text{V}$

(2) 교류 전류의 최댓값(I_0)은 실효 전류 I_e 의 $\sqrt{2}$ 배이다.

$$I_e = \frac{P}{V_e} = \frac{55}{220} = 0.25$$

$$\therefore I_0 = \sqrt{2}\,I_e = 0.25 \times 1.4 = 0.35\ \text{A}$$

84 $Z_{(가)} = Z_{(나)} > Z_{(다)}$

해설 | (가)와 (나)에서 전류의 실횻값이 같고, 실효 전압도 같으므로 임피던스가 서로 같다. 따라서 코일의 유도 리액턴스 X_L 와 축전기의 용량 리액턴스 X_C 가 같다. 각 회로의 임피던스는 다음과 같다.

(가) $Z_{(가)} = \sqrt{R^2 + X_C^2}$, (나) $Z_{(나)} = \sqrt{R^2 + X_L^2}$

→ $Z_{(가)} = Z_{(나)}$ 이므로 $X_C = X_L$

(다) $Z_{(다)} = \sqrt{R^2 + (X_L - X_C)^2} = \sqrt{R^2} = R$

$$\therefore Z_{(가)} = Z_{(나)} > Z_{(다)}$$

85 48 W

해설 | 회로의 임피던스 $Z = \sqrt{R^2 + X_L^2} = \sqrt{3^2 + 4^2} = 5(\Omega)$

회로 전류 $I = \dfrac{V}{Z} = \dfrac{20}{5} = 4(\text{A})$

코일에서 전력은 소비되지 않고 저항에서만 전력이 소비된다.

$\therefore P = I^2R = 4^2 \times 3 = 48\ \text{W}$

86 17 V

해설 | V_R, V_L, V_C 의 위상이 각각 다르다.

$\therefore V = \sqrt{V_R^2 + (V_L - V_C)^2} = \sqrt{15^2 + (28 - 20)^2} = 17(\text{V})$

87 4.5 A

해설 | $X_L = \omega L = 2\pi fL = 2 \times 3 \times 50 \times 0.5 = 150(\Omega)$

$$X_C = \frac{1}{\omega C} = \frac{1}{2\pi fC} = \frac{1}{2 \times 3 \times 50 \times (30 \times 10^{-6})} \fallingdotseq 111(\Omega)$$

$R = 30(\Omega)$ 이므로 회로의 임피던스(Z)는 다음과 같다.

$$Z = \sqrt{R^2 + (X_L - X_C)^2} = \sqrt{30^2 + (150 - 111)^2} \fallingdotseq 49(\Omega)$$

$$\therefore I\ (\text{회로전류}) = \frac{V}{Z} = \frac{220}{49} \fallingdotseq 4.5\text{ A}$$

88 $\dfrac{1}{2\pi\sqrt{LC}}$

해설 | 스위치를 닫으면 전기 공진이 일어난다. 이 경우 회로의 임피던스 = 0이다. 이때 유도 리액턴스 X_L 과 용량 리액턴스 X_C 의 값이 서로 같다.(위상은 반대이다.)

$$X_L = X_C \rightarrow \frac{1}{2\pi fC} = 2\pi fL, \quad f = \frac{1}{2\pi\sqrt{LC}}$$

개념 심화 문제

정답	134 ~ 135쪽
32 (1) 3 Ω (2) 6 H	33 (1) 50 V (2) 40 V
34 (1) 600 μC (2) 6 × 10^{-3} J (3) 56 Hz (4) 0.2 A	
35 0.2 H	

32 (1) 3 Ω (2) 6 H

해설 | ㉠ 스위치를 닫고 충분한 시간이 흐른 뒤 회로에 흐르는 전류의 세기는 5A 이다. 이때는 코일에 유도 기전력이 발생하지 않고, 전류의 흐름에 아무런 영향을 주지 않는다.

따라서 전류계의 내부 저항 $R = \dfrac{V}{I} = \dfrac{15}{5} = 3\ \Omega$ 이다.

㉡ 스위치를 닫는 순간 유도 기전력은 전지의 기전력과 같다.

$$15 = L\frac{\Delta I}{\Delta t} \rightarrow \frac{\Delta I}{\Delta t} \text{는 시간} = 0 \text{ 일 때 접선 기울기} = \frac{5}{2}$$

$$\therefore 15 = L\frac{5}{2}, \quad L = 6\text{ H}$$

33 (1) 50 V (2) 40 V

해설 | (1) 회로 전체의 임피던스 Z 는 다음과 같다.

$$Z = \sqrt{R^2 + X_C^2}, = \sqrt{15^2 + 20^2} = 25(\Omega)$$

저항에 흐르는 전류의 최댓값 $I_0 = \dfrac{V_0}{R} = \dfrac{30}{15} = 2(\text{A})$ 이므로,

교류 전원 전압의 최댓값 $V = I_0 Z = 2 \times 25 = 50(\text{V})$ 이다.

(2) 저항에 걸리는 전압과 전류의 위상은 같고, 축전기에 걸리는 전압은 전류보다 위상이 90° 늦다. 저항에 걸리는 전압이 최대일 때 저항에 흐르는 전류가 최대이다. 저항에 걸리는 전압은 $\dfrac{t_0}{2}$ 에서 최대(30 V) 이므로 축전기 전압은 t_0 에서 최대이다.

$\therefore$ 전원 최대 전압 $= \sqrt{V_R^2 + V_C^2}$ (각각 최대 전압)

$$50^2 = 30^2 + V_C^2, \quad V_C = 40\text{ V}$$

34 (1) 600 μC (2) 6 × 10^{-3} J (3) 56 Hz (4) 0.2 A

해설 | (1) $Q = CV = 30 \times 20 = 600(\mu\text{C})$ 가 충전된다.

축전기에 저장된 에너지는 다음과 같다.

$$U_E = \frac{1}{2}\frac{Q^2}{C} = \frac{1}{2} \times \frac{(600 \times 10^{-6})^2}{30 \times 10^{-6}} = 6 \times 10^{-3}\text{ J}$$

(2) 축전기에 저장되었던 전기장 에너지가 전류 형태로 코일로 이동하며, $Q = 0$이 될 때 코일의 전류는 최대이다. 이때 전기장 에너지가 모두 코일의 자기장 에너지 $\dfrac{1}{2}LI^2$ 으로 저장된다. 따라서 코일에 생성되는 자기장 에너지의 최댓값은 6×10^{-3} J 이다.

(3) 스위치를 B 쪽으로 연결하면 축전기와 코일의 회로에서 전기 진동이 일어난다. 이때 전기 진동의 고유 진동수는 다음과 같다.

$$f = \frac{1}{2\pi\sqrt{LC}} = \frac{1}{2\pi\sqrt{0.3 \times (30 \times 10^{-6})}} \fallingdotseq 56\text{ Hz}$$

(4) 축전기의 전하가 모두 방전되어(Q=0)축전기의 에너지가 모두 코일의 에너지가 될 때 코일을 통과하는 전류가 최대이다.

$$\frac{1}{2}\frac{Q^2}{C} = \frac{1}{2}LI^2 \rightarrow I = \frac{Q}{\sqrt{LC}} = \frac{600 \times 10^{-6}}{\sqrt{0.3 \times (30 \times 10^{-6})}} = 0.2\text{ A}$$

35 0.2 H

해설 | 전기 진동 회로이다. 전류의 진동수가 고유 진동수이다. 그림 (나)에서 주기 $T = 0.04$(초) 이므로, 진동수 f 는 다음과 같다.

$$f = \frac{1}{T} = \frac{1}{0.04} = 25(\text{Hz}) = \frac{1}{2\pi\sqrt{LC}}$$

$$\rightarrow L = \frac{1}{(50\pi)^2 C} = \frac{1}{150^2 \times (200 \times 10^{-6})} = \frac{1}{4.5} \fallingdotseq 0.2(\text{H})$$

창의력을 키우는 문제

136 ~ 146쪽

01. 단계적 문제 해결형

(1) 해설 참조
(2) 전압계에 나타나는 전압과 두 온도계의 온도
(3) ④

해설 | (1) 열량계에 일정한 전류가 흐르게 하기 위해 두 열량계를 직렬로 연결하고, 니크롬선의 길이 비를 달리하여 전압을 변화시킨다.

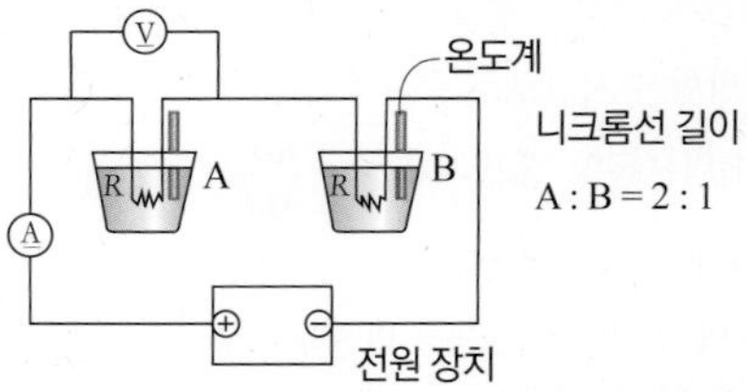

(2) 전압계의 전압은 니크롬선 A 의 전압이다. 전원 장치의 전압이 전체 전압이므로 전체 전압에서 전압계의 전압을 빼면 니크롬선 B 의 전압을 측정할 수 있다.

전압의 비와 온도 변화의 비가 같으면 실험 목적이 달성되었다고 볼 수 있다.

(3) 직렬 연결이므로 두 열량계를 통과하는 전류는 같다. 실험 목적과 일치하는 실험 결과를 찾아야 하므로 ④ 가 답이 된다.

02. 실생활 관련 문제

(1) 해설 참조 (2) 500 W

해설 | (1)

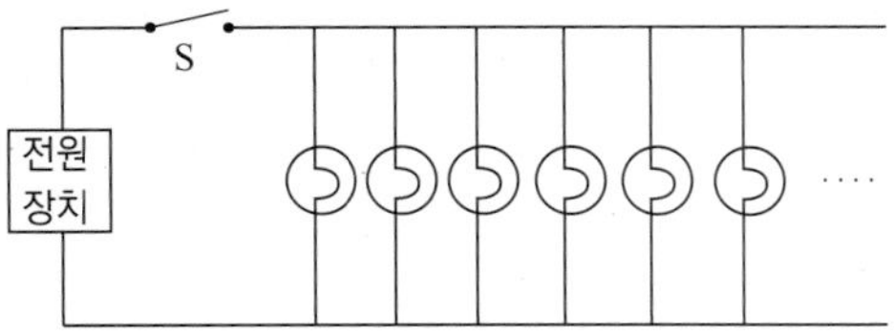

(2) 정격 전압이 20 V 이고, 각 전구에는 20 V 의 전압이 걸린다.
개 당 5 W 의 전력을 소모하는 전구를 100 개 사용하였으므로
100 (개) × 5(W) = 500(W) 이다.

03. 추리 단답형

1 m

해설 | 각각의 도선은 자기장에 의한 전자기력과 다른 도선으로 인해 생긴 자기장에 의한 전자기력 등 두 힘을 받고 있다. 작용하는 힘이 '0'이 되기 위해서는 두 힘의 합이 '0' 이다.

도선 사이의 힘 $F_1 = k\dfrac{l}{r}$ (N)이고 ($I_1 = I_2 = 1$ A)(서로 미는 힘),

형성되어 있는 자기장에 의한 전자기력 $F_2 = 2 \times 10^{-7} \times l$ ($I = 1$ A)(서로 잡아당기는 방향; 플레밍의 왼손 법칙)이다. 각 도선에 작용하는 합력이 '0'이므로

$$k\frac{l}{r} = 2 \times 10^{-7} \times l \ (k = 2 \times 10^{-7}\ \text{N/A}^2),$$

r 값을 구하면 $r = 1$ (m) 이다.

04. 단계적 문제 해결형

(1) 지면으로 수직하게 들어가는 방향
(2) 전자의 속도가 빨라지고 있음을 알 수 있다.

해설 | (1) 전자는 시계 방향으로 회전하고 있다. 그리고 원운동하는 물체에는 중심 방향으로 구심력이 작용하므로 전자가 받는 힘은 중심 쪽으로 향하고 있다. 플레밍의 왼손 법칙으로 전자의 운동 방향과 반대 방향으로 전류의 방향을 잡고 힘의 방향을 원의 중심으로 향하면 자기장의 방향은 지면으로 수직하게 들어가는 방향을 가리키고 있다.

(2) 전자가 원운동할 때 반지름 $r = \dfrac{mv}{Bq}$ 이다.

질량, 자기장, 전하량이 변하지 않을 때 속도가 빨라지면 반지름이 커진다. 문제에서 전자의 원운동 반지름이 커지므로 전자의 속도가 빨라지고 있음을 알 수 있다.

05. 실생활 관련 문제

(1) ③ (2) 해설 참조

해설 | (1) 전류가 흐르면 자석의 자기장 속에서 코일은 힘을 오른쪽으로 받아서 움직인다.(플레밍 왼손 법칙)

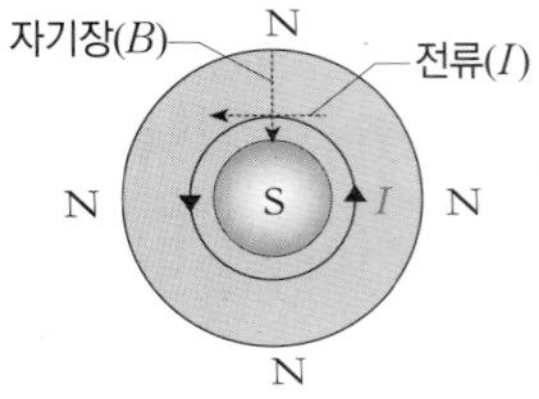

(2) 진동판이 초당 20 ~ 20,000 번 진동하도록 해야 할 것이다. 코일을 통하는 전류의 세기가 초당 20 ~ 20,000 번 변화하도록 하면 진동판의 진동이 소리가 되어 들릴 것이다.

06. 추리 단답형

(1) 해설 참조 (2) d 지점

해설 | (1) N 극에서 S 극으로 자기장이 형성된다.

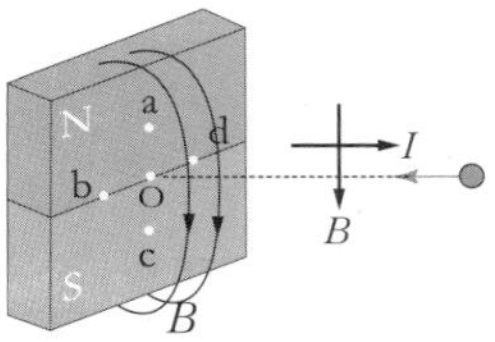

(2) 자기장의 방향은 위에서 아래로, 전하가 (−)이므로 이동 방향의 반대 방향을 전류의 방향으로 하면 전자가 받는 힘의 방향은 자석에 다가가는 전자의 입장에서 오른쪽(d 방향)이다.

07. 추리 단답형

플라스틱 막대의 원형 고리 자석이 먼저 떨어진다. 그 이유는 자석의 운동에 의해 맴돌이 전류에 의해 유도 자기장이 자석의 운동을 방해하기 때문이다.

해설 | 맴돌이 전류란 도체의 내부에서 만들어지는 전류로, 도체 전체가 아닌 일부분에 소용돌이 모양으로 닫힌 통로를 흐르는 전류로서, 도체 내부를 지나는 자기력 선속의 변화로 인해서 유도되는 전류이다. 자석을 도체판 위에서 이동시키면 자기력 선속이 변하면서 맴돌이 전류가 생기고, 맴돌이 전류의 자기장은 자석의 운동을 방해하게 된다. 자석이 이동하면 코일이나 금속에 유도 전류가 발생하고 유도 전류는 자석의 운동을 방해하는 방향으로 생긴다는 렌츠의 법칙이 적용된다.

08. 단계적 문제 해결형

(1) 0.16 Wb (2) 0.24 m^2 (3) 0.8 Wb
(4) 1 회 (5) −0.8 V (6) 0.4 A(반시계 방향)
(7) 0.32 W (8) 수직으로 나오는 방향
(9) 해설 참조

해설 | (1) 자속 Φ = 면적(S) × 자속 밀도(B)로 구한다.
∴ 면적 ABCD 의 자속은 0.2 × 0.2 × 4 = 0.16 (Wb)
(2) 1 초 후 가로의 길이는 1.2 m, 세로의 길이는 0.2 m 이다.
∴ 면적은 0.24 m^2
(3) 1 초 후의 자속은 0.24 × 4 = 0.96 (Wb)

$\therefore$ 0~1초의 자속의 변화량($\Delta\Phi$)은 $0.96 - 0.16 = 0.8$ (Wb)

(4) 전류는 도선을 따라 한 바퀴 이동하므로 감은 수는 '1' 회 이다.

(5) 유도 기전력 $V_{유도} = -\dfrac{\text{자속}(\Phi)\text{의 변화량}}{\text{시간(초)}} \times N$(코일의 감은 수)

$\therefore V_{유도} = -\dfrac{0.8}{1} \times 1 = -0.8$ V (크기 : 0.8 V)

(6) $I = \dfrac{V}{R}$ 이므로 $I = \dfrac{0.8}{2} = 0.4$(A), A→D→C→B→A 방향

(7) 소비 전력 $P = VI = 0.8 \times 0.4 = 0.32$ (W)

(8) 막대의 이동에 따라 사각형 도선 내부의 수직으로 들어가는 자기장이 증가하고 있다. 따라서 렌츠의 법칙에 의해 수직으로 나오는 방향의 자기장이 유도된다.(따라서 유도 전류의 방향은 반시계 방향)

(9) 자속의 변화를 억제하는 방향, 자속의 변화와 반대 방향으로 자기장이 유도된다. 이렇게 발생한 자기장은 도선의 운동을 방해한다.

09. 추리 단답형

⑤

해설 | ㄱ. 코일이 자기장으로 들어가고 있는 (가)의 경우 사각형 도선을 통과하는 자속은 지면에서 수직으로 들어가는 방향으로 증가하므로 그 반대 방향인 지면에서 수직으로 나오는 방향으로 유도 자기장이 생기도록 유도 전류가 흐른다. 그러므로 (가) 에서는 시계 반대 방향으로 유도 전류가 생긴다.

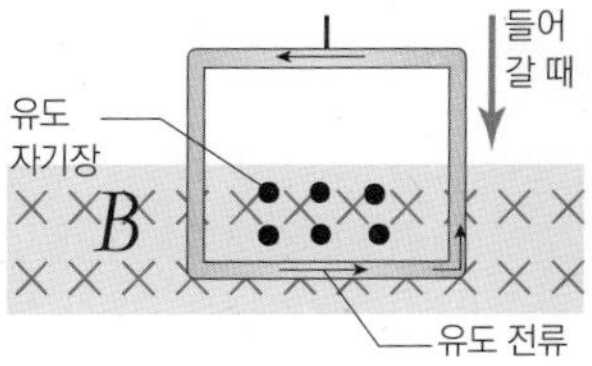

ㄴ. (나) 와 같이 사각형 코일이 자기장 속에서 움직일 때는 코일을 통과하는 자속의 변화가 없다. 따라서 코일에 유도 기전력(유도 전압)이 발생하지 않는다.

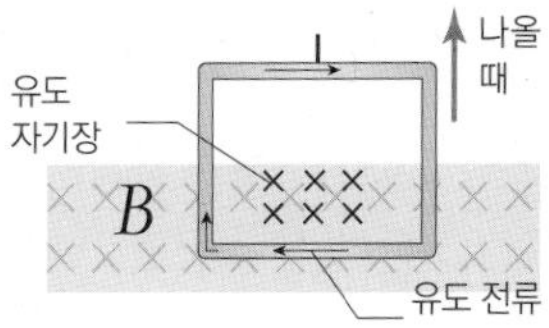

ㄷ. 사각형 코일이 자기장 영역의 경계면을 지나 나올 때는 사각형 도선을 통과하는 지면에 수직으로 들어가는 방향의 자속은 감소하므로 이를 방해하여 같은 방향의 유도 자기장이 생기도록 유도 전류가 흐른다. 따라서 유도 전류가 시계 방향으로 생긴다.

10. 추리 단답형

A : 반시계 방향　　B : 유도 전류가 생기지 않음
C : 시계 방향

해설 | (A) 에서 사각형 도선을 통과하는 자속은 지면에서 수직으로 들어가는 방향으로 증가하므로 이를 억제시키도록 반대 방향인 지면에서 수직으로 나오는 방향으로 유도 자기장이 생기도록 유도 전류가 흐른다. 그러므로 (A) 에서는 반시계 방향으로 유도 전류가 생긴다.

(B) 자속의 변화가 없으므로 유도 전류가 생기지 않는다.

(C)에서 사각형 도선을 통과하는 지면에 수직으로 들어가는 방향의 자속은 감소하므로 (감소하지 못하도록) 수직으로 들어가는 방향으로 유도 자기장이 생기도록 유도 전류가 흐른다. 따라서 (C)에서는 유도 전류가 시계 방향으로 생긴다.

11. 추리 단답형

$\dfrac{a^2B}{Rt}$

해설 | $V_{유도} = -\dfrac{\text{자속}(\Phi)\text{의 변화량}}{\text{시간(초)}} \times N$(코일의 감은 수) 이고, $\Phi = BS$ 이다.

처음엔 정사각형 도선(면적)에 균일한 자속 밀도 B 가 통과하고 있었으므로 자속 $\Phi = B \times a^2$ 이다. t 초 후에는 자속이 0 이 되므로

$$V_{유도} = -\frac{0 - a^2B}{t} \times 1 = \frac{a^2B}{t}\text{(크기)},\quad I = \frac{V_{유도}}{R} = \frac{a^2B}{Rt}$$

12. 단계적 문제 해결형

(1) $I_{유도} = \dfrac{mg}{Bl}$, 시계 방향　　(2) $P = \dfrac{m^2g^2R}{B^2l^2}$

해설 | (1) 등속 운동을 했으므로 유도 전류에 의한 전자기력(자기장 속의 가로 도선이 받는 힘, 두 세로 도선이 받은 힘은 서로 상쇄된다.)과 정사각형 도선에 작용하는 중력이 평형을 이룬다.

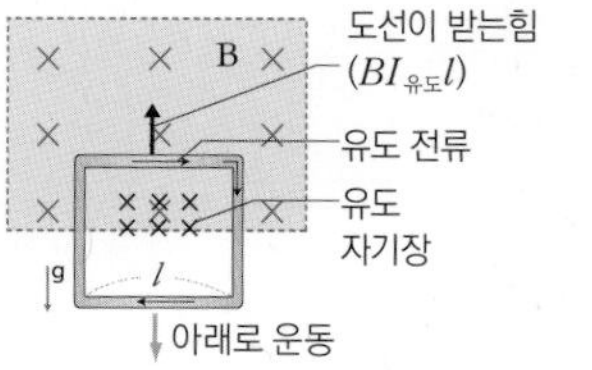

$mg = BI_{유도}l \quad \therefore I_{유도} = \dfrac{mg}{Bl}$

사각 도선의 위쪽 세로 도선이 받는 전자기력은 위쪽이므로(중력의 반대 방향) 플레밍의 법칙에 의해 위쪽 세로 도선을 흐르는 유도 전류는 오른쪽으로 생기므로 사각 도선에서 전류 방향은 시계 방향이다.

(2) $P = VI = I^2R \quad \therefore P = \dfrac{m^2g^2R}{B^2l^2}$

13. 논리 추론형

10 μF

해설 |

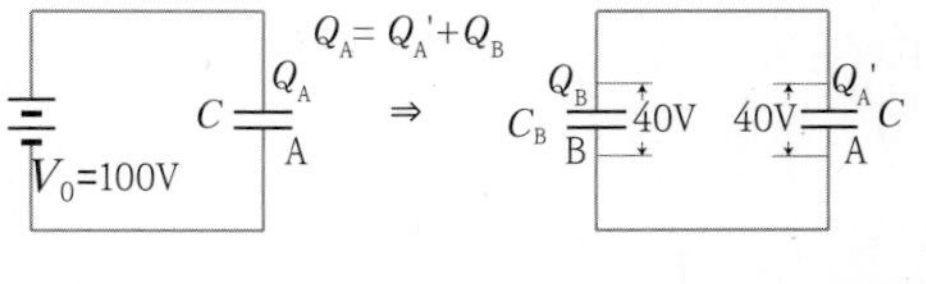

100 V(V_0)의 전지로 충전했으므로 충전된 축전기에 걸린 전압은 100V이고, 축전기 A 에 저장되는 전하량 $Q_A = CV_0 = 100C$ 이다. 축전기를 서로 연결했을 때 축전기 B 에 걸린 전압이 40 V 이므로 축전기 A 에도 40 V 의 전압이 걸린다. 이때 축전기 A 와 B 에 저장되는 전하량 Q'_A, Q_B 는 각각 다음과 같다.

$$Q'_A = CV = 40C,\quad Q_B = C_BV = 40C_B$$

축전기 A 를 B 와 연결했을 때 축전기A, B에 저장된 전하량의 합은 연결하지 않았을 때 축전기 A 의 전하량과 같다.

$\therefore Q_A = Q_A' + Q_B \;\rightarrow\; 100C = 40C + 40C_B = 40C + 40\cdot15$

$$\rightarrow C = \frac{40\cdot15}{100 - 40} = 10\ \mu\text{F}$$

14. 논리 추론형

$\frac{1}{2}QE$

해설 | 충전이 완료된 후 스위치를 연 상태에서 극판 사이의 간격을 2 배로 넓히면 전하량 Q 는 일정하고, 전기 용량 C 는 $\frac{1}{2}$ 배가 되므로 전위차 $V\left(V = \frac{Q}{C}\right)$는 2 배가 된다. 따라서 전위차는 2 배, 간격도 2 배가 되므로 전기장의 세기 E 는 변화가 없다$\left(E = \frac{V}{d}\right)$.

간격을 넓히기 위한 일 $W(= Fd)$ 는 전후의 축전기의 저장 에너지 차이이다.

$$W = \frac{1}{2}QV' - \frac{1}{2}QV = \frac{1}{2}Q{\cdot}E{\cdot}2d - \frac{1}{2}Q{\cdot}Ed = \frac{1}{2}Q{\cdot}Ed$$

$$Fd = \frac{1}{2}Q{\cdot}Ed \qquad \therefore F = \frac{1}{2}QE$$

15. 논리 추론형

$\frac{4}{3}Q$

해설 |

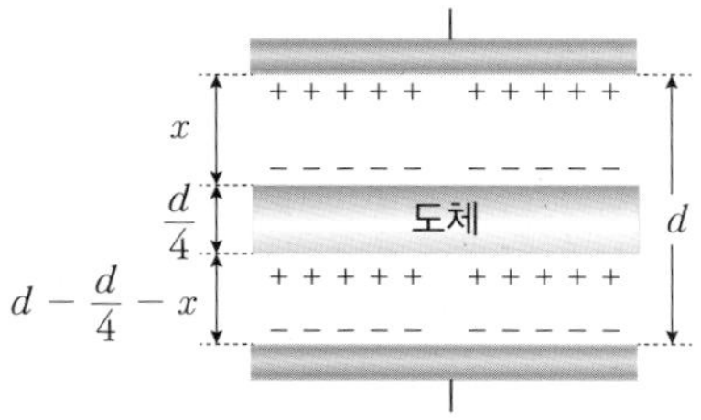

도체판을 끼우면 그림과 같이 정전기 유도 현상이 일어나고, 극판의 면적을 S 라고 하면, 간격이 x 인 축전기와 간격이 $d - \frac{d}{4} - x$ 인 축전기 두 개가 직렬 연결된 모습이다.

$$\therefore \frac{1}{C_{합성}} = \frac{x}{\varepsilon_0 S} + \frac{d - \frac{d}{4} - x}{\varepsilon_0 S} = \frac{d - \frac{d}{4}}{\varepsilon_0 S},\ C_{합성} = \varepsilon_0 \frac{S}{d - \frac{d}{4}}$$

이므로 도체판의 두께만큼 판 사이의 거리가 좁아지는 결과가 된다.

즉, $d' = d - \frac{d}{4} = \frac{3}{4}d,\ C' = \varepsilon_0 \frac{4}{3}\frac{S}{d} = \frac{4}{3}C$

$Q = CV$ 이고, 전원의 전압은 일정하므로

$Q' = C'V = \frac{4}{3}CV = \frac{4}{3}Q$ 이다.

16. 논리 추론형

5.5×10^{-4} C

해설 | 축전기가 연결된 곳은 회로가 끊긴 것과 같다. B 점을 기준으로 BAC 의 합성 저항와 BC 사이의 저항값이 같으므로 B 점에서 A 점으로, B 점에서 C 점으로 흐르는 전류의 세기는 같다. O 점에서 B점을 향하는 전류의 세기를 I 라고 하면, B점에서는 A점과 C점으로 $\frac{I}{2}$ 전류가 각각 나간다(키르히호프 제 1 법칙).

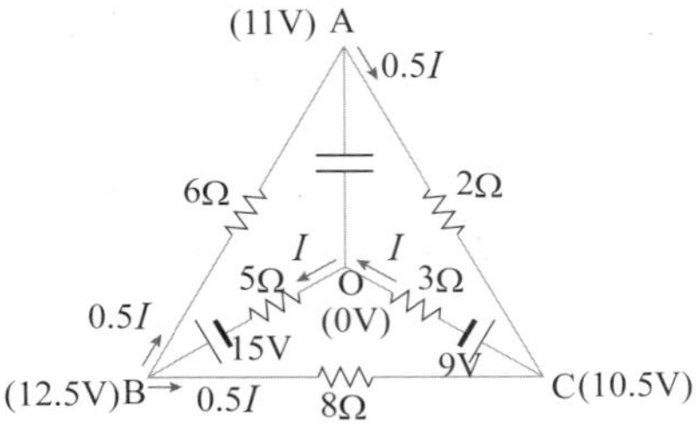

키르히호프 제 2 법칙 : 전위 보존의 법칙

폐회로 BOCB : $-15 + 5I + 3I + 9 + 0.5I \times 8 = 0,\ I = 0.5$(A)

O점의 전위를 0 V 라고 하면 O→B→A 경로에서 각 점의 전위를 알 수 있다. 5 Ω 의 저항을 지나면 −2.5 V → 15 V 전지를 지나면 −2.5 + 15 = 12.5 V → 6 Ω 의 저항을 지나면 12.5 − (0.25 × 6) = 11 V 가 된다. 즉, A 점의 전위가 11 V 이고, 축전기에 걸리는 전압(전위차)= A~O 사이의 전압 = 11 V 이므로, 축전기에 저장되는 전하량 $Q = CV = (50 \times 10^{-6}) \times 11 = 5.5 \times 10^{-4}$(C) 이다.

17. 단계적 문제 해결형

(나) > (가) > (다)

해설 | 자체 유도 계수가 L, 전기 용량이 C 인 LC 회로에서 진동 주기 $T = \frac{1}{f} = 2\pi\sqrt{LC}$ 이다. LC 회로에서 한 주기 동안의 전기 진동 과정은 다음과 같다.

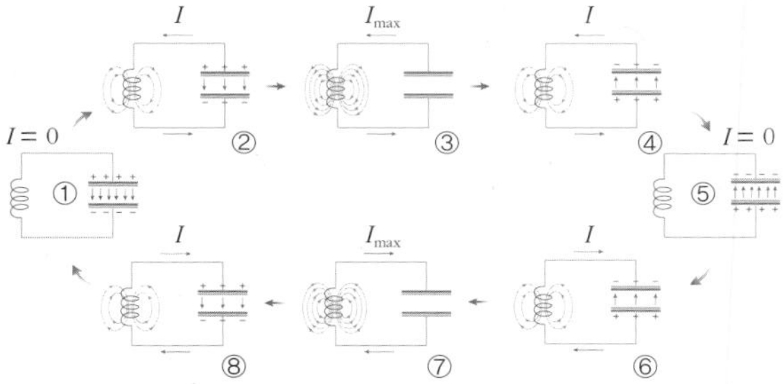

① 축전기가 완전히 충전되어 전기 회로에 전류가 흐르지 않는다.

→ ② 축전기에 방전이 일어나면서, 전류가 흐르고, 코일에 자기장이 형성되기 시작한다.

→ ③ 축전기가 완전히 방전되면 전류가 최댓값에 이르고, 코일에 저장되는 자기 에너지는 최대가 된다.

→ ④ 렌츠 법칙에 의해 코일에 발생한 자기장이 감소하지 않도록 같은 방향으로 전류가 계속 흐른다.

→ ⑤ 전류가 점점 감소하다가 0 이 되면, 축전기는 완전히 충전히 되고, 이때 처음과는 반대 방향으로 전하가 충전된다.

→ ⑥ ~ ① 까지는 ② ~ ④ 와 같은 방식으로(전류의 방향은 처음과 반대 방향) 진행된다. 즉, 진동 주기 T 는 ① ~ 다시 ① 이 되기까지 걸린 시간을 의미한다. 따라서 축전기가 1회 완전 방전하는데 걸리는 시간 $t = \frac{T}{4}$ 이고, 축전기의 전기 용량이 클수록 시간 t 는 커진다.

(나)에서 병렬 연결된 축전기의 전기 용량 $C_{(나)} = C + C = 2C$

(다) 직렬 연결이므로 $\frac{1}{C_{(다)}} = \frac{1}{C} + \frac{1}{C} \rightarrow C_{(다)} = \frac{C}{2}$

$C_{(나)} > C_{(가)} > C_{(다)}$ 이므로, 축전기가 1 회 완전히 방전하는 데 걸리는 시간은 (나) > (가) > (다) 순으로 길다.

18. 추리 단답형

(1) 1.5 kg	(2) 160 N/m
(3) 2.5×10^{-4}m	(4) 2.6×10^{-3}m/s

해설 | (1) 추의 질량은 코일의 자체 유도계수에 대응되므로 m = 1.5 kg 이다.

(2) 완전히 충전된 축전기에 저장된 에너지 $U = \frac{1}{2}\frac{Q^2}{C} = 5 \times 10^{-6}$ J 이므로, 축전기의 전기 용량 C 는 다음과 같다.

$$C = \frac{1}{2}\frac{Q^2}{U} = \frac{1}{2} \times \frac{(250 \times 10^{-6})^2}{5 \times 10^{-6}} = 6.25 \times 10^{-3}\text{ F}$$

용수철 상수 k 는 전기 용량의 역수에 대응된다.

$$k = \frac{1}{C} = \frac{1}{6.25 \times 10^{-3}} = 160\text{ N/m}$$

(3) 최대 변위 A 는 최대 전하량 250×10^{-6} C 에 대응되므로 $A = 2.5 \times 10^{-4}$ m 이다.

(4) $\frac{1}{2}LI^2 = \frac{1}{2}\frac{Q^2}{C}$ 이므로,

→ $I = \sqrt{\frac{Q^2}{LC}} = \sqrt{\frac{(250 \times 10^{-6})^2}{1.5 \times (6.25 \times 10^{-3})}} = 2.6 \times 10^{-3}$ A 이고,

전류 I 는 속력 v 에 대응되므로, $v = 2.6 \times 10^{-3}$ m/s 이다.

대회 기출 문제

정답 147 ~ 159쪽

01 ①, ④, ⑤	02 해설 참조	03 나, 다, 마	04 ①, ②
05 ③	06 (1) $2R$ (2) 8 : 1 : 2 : 2		
07 (1) 2 : 1 (2) 24 ℃		08 (1) S_2 (2) S_1	
09 (1) 6 A (2) ①		10 해설 참조	
11 해설 참조	12 ③	13 ④	14 ②
15 ②	16 ③	17 ②	18 ③
19 (1) 4 A (2) 1 A (3) 4.0×10^{-4} C (4) 2 A (5) 2 A			
20 ②, ④, ⑤	21 $\frac{2\sqrt{3}}{3}$	22 $\frac{8\pi m}{Bq}$	
23 $\frac{9}{4}\frac{r^4\omega^2B^2}{R}$	24 $x = \pm d$ 지점, $\frac{kI}{d}$		25 ①, ②, ③
26 (1) ㉡ 방향 (2) $\sqrt{\frac{2qEd}{m}}$ (3) $\sqrt{\frac{2mEd}{B^2q}}$			
27 $\frac{10^3\sqrt{2}}{8\pi}$ Hz	28 (1) 0 (2) $\frac{VR_2}{R_1 + R_2}$ (3) $\frac{V}{R_1}$		
29 ㄱ, ㄷ	30 ②	31 ①	

01 ①, ④, ⑤

해설 | ① (가)는 직렬 연결이므로 길이가 긴 샤프심은 저항값이 더 크므로 짧은 샤프심보다 발열이 더 잘되고 밝다.

② (나)는 병렬 연결이므로 저항이 작은 쪽으로 더 많이 전류가 흐르므로 짧은 샤프심이 더 밝은 빛을 낸다.

③ (가)에서는 긴 샤프심이 먼저 끊어져 짧은 샤프심이 끊어지지 않고, (나)에서는 짧은 샤프심이 먼저 끊어지나, 계속 전류가 흐르므로 결국엔 둘 다 끊어지게 된다.

④ 굵을수록 저항 값이 작아져 전류가 많이 흐른다.

⑤ (나)의 병렬 연결에서도 굵은 샤프심으로 바꾸면 저항 값이 더 작아진다. 전압은 전지의 전압이므로 변하지 않고, $P = \frac{V^2}{R}$ 에 의해 전력이 더 커지고, 더 밝은 빛을 낸다.

02 해설 참조

해설 | 2개는 병렬로 그리고 나머지 하나와 직렬로 연결하면 전체 전력이 6 W 인 전기 회로도를 만들 수 있다.

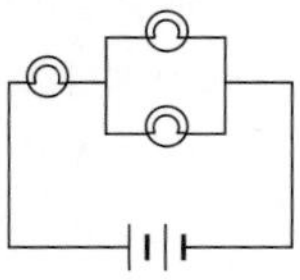

03 나, 다, 마

해설 | 전체 전압은 전지의 전압으로 일정하게 유지된다. 전구2,3의 저항을 합성하여 하나의 저항으로 생각하고, 전구 1에 흐르는 전류의 증감을 살펴본다. 전구 1에는 전체 전류가 흐른다. 전구의 밝기는 전력(P)에 비례하고, $P = I^2R$ 이므로 저항의 증감보다 전류의 증감에 더욱 영향을 받는다.

전구 1 의 밝기를 증가시키기 위해 보기 가. ~ 바.처럼 전구의 저항 값을 변화시키는데, 그 변화가 전체 전류를 증가시키는지를 보면 된다. 전체 전류가 증가하면 전구 1 에 지나는 전류가 커지고 밝기도 증가한다.

가, 나. 전구 1 의 저항을 크게 하면 회로의 전체 저항이 커져 전체 전류가 감소하여 더 어두워진다. 반대로 전구 1 의 저항을 작게 하면 회로의 전체 저항이 작아져 전체 전류가 증가하므로 더 밝아진다.

다, 라, 마, 바. 전구 2, 3 의 저항은 되도록 작게 하면 합성 저항이 작아져 전체 전류가 증가하게 되어 전구 1 이 밝아진다.

(전구 1의 저항을 R, 전구 2, 3의 저항을 각각 r로하여 전구 1의 전력(P)을 계산해 보면 더욱 명확하긴 하나 계산 과정이 복잡하다.)

04 ①, ②

해설 | 전지에 연결된 전선을 통해서 전류는 반시계 방향으로 흐른다.

① B 지점에서는 전류가 위에서 아래로 흐르므로 도선 위의 나침반의 N 극은 서쪽으로 힘을 받아 반시계 방향으로 회전한다.

②, ④ C 지점에서는 자기장의 방향이 지면에서 나오는 방향이므로 나침반에 영향을 주지 않는다. 따라서 지자기의 영향만 있는 곳이므로 나침반 N 극은 북쪽을 가리킨다.

③ D 지점에서는 전류가 아래에서 위로 흐르므로 도선 위로 지나가는 나침반의 N 극은 동쪽으로 힘을 받아 시계 방향으로 회전한다.

⑤ 전류의 방향을 반대로 하면 B, D 모두 자침의 방향이 바뀌게 되어 다시 다른 방향을 가리킨다.

05 ③

해설 | 가. 코일에 흐르는 전류의 세기가 증가하므로 코일의 자기장의 세기가 증가하여 코일이 더 빨리 회전한다.

나. 에나멜선의 감은 수를 증가시키면 자기장의 세기가 증가하여 코일이 더 빨리 돈다.

다. 양 쪽 끝을 모두 벗겨내면 계속 전류가 통하기 때문에 에나멜선이 전자석이 되기는 한다. 그러나 전류의 방향이 바뀌지 않아 회전을

하지 못한다.

06 (1) $2R$ (2) 8 : 1 : 2 : 2

해설 | (1) 병렬 연결된 부분은 $2R$ 의 저항 2 개가 병렬 연결되었으므로 합성 저항은 R 이다. 그러므로 전체 저항 = $R + R = 2R$

(2) 온도 변화 ∝ 발열량 Q ∝ 전력(시간 동일)이고, A 에 걸리는 전압이 V 라면 B 와 C 에는 각각 $\frac{1}{2}V$, D 에는 V 의 전압이 걸린다. 또 온도 변화는 비열에 반비례하므로 A 와 C 는 같은 조건에서 온도 변화가 B, D 의 2 배이다.

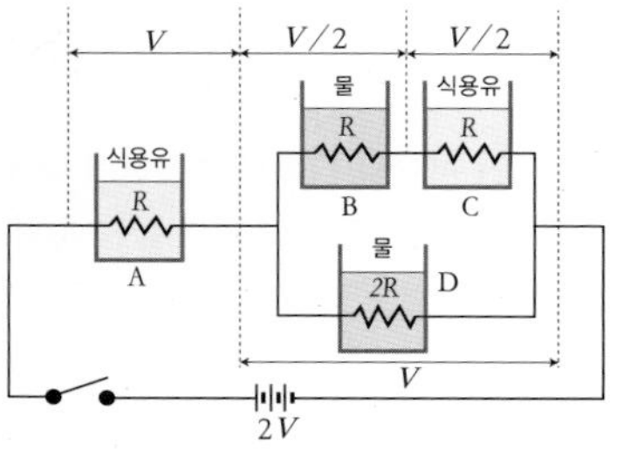

∴ A : B : C : D (온도 변화 비)

$$= \frac{V^2}{R} \times 2 : \frac{1}{R}\left(\frac{V}{2}\right)^2 : \frac{1}{R}\left(\frac{V}{2}\right)^2 \times 2 : \frac{1}{2R}V^2$$

$$= 2 : \frac{1}{4} : \frac{1}{2} : \frac{1}{2} = 8 : 1 : 2 : 2$$

07 (1) 2 : 1 (2) 24 ℃

해설 | (1) 하나의 저항값을 R 이라고 할 때, (가)쪽의 병렬 연결된 저항 2 개의 합성 저항은 $\frac{R}{2}$ 이고, (나)쪽의 병렬 연결된 저항 4 개의 합성 저항은 $\frac{3}{4}R$ ($\frac{1}{\text{합성 저항}} = \frac{1}{R} + \frac{1}{3R} = \frac{4}{3R}$)이다.

(가), (나) 두 부분은 서로 직렬 연결이므로 저항의 비 = 전압의 비 = 2 : 3 이다.

(가)는 전압이 2 이고, (나)는 전압이 3 이라고 할 때, (나)의 병렬 연결된 3 개의 저항에서는 각각 전압이 모두 같게 나눠지므로 각 저항의 전압은 1 이된다. 그러므로 잠겨 있는 (가)와 (나)의 저항에 걸리는 전압의 비는 2 : 1 이다.

(2) 잠겨 있는 (가)와 (나)의 저항에 걸리는 전압의 비가 2 : 1 이므로 열량의 비는 (저항은 같다) $Q_{(가)} : Q_{(나)} = 2^2 : 1^2 = 4 : 1$ 이다.

열량을 구하는 방법으로 $Q = cm\Delta t$ (c 는 비열, m 은 질량, Δt 는 온도 변화량)의 공식을 사용한다.

(가)의 물의 온도가 5분 후 T (℃)가 된다면, 온도 변화는 $(T-20)$이다.

$Q_{(가)} = 1 \times 200 \times (T - 20)$, $Q_{(나)} = 1 \times 100 \times (22 - 20)$

$Q_{(가)} = 4Q_{(나)}$ 이므로

$1 \times 200 \times (T - 20) = 4 \times 1 \times 100 \times (22 - 20)$를 계산하여 T 를 구하면 24 ℃ 이다. 5 분 뒤 (가)는 24 ℃ 가 된다.

08 (1) S_2 (2) S_1

해설 | 4 가지 경우를 각각 구해 본다. 전구가 도선과 병렬 연결되면 전류는 도선으로만 흘러서 전구의 전력 소비는 없다.

S_1 만 열었을 때

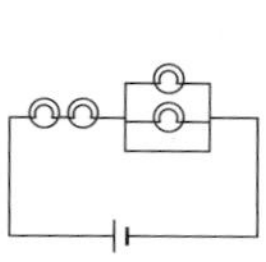

S_2 만 열었을 때

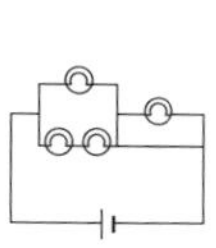

S_3 만 열었을 때

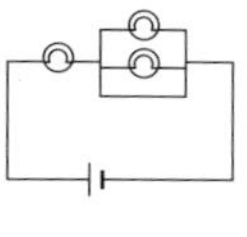

S_4 만 열었을 때

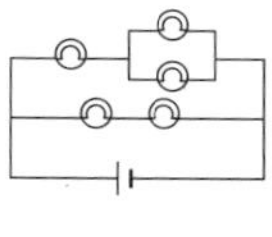

전구 1개의 저항값을 R이라 하고, 각각의 경우에 따른 합성 저항값을 구하면,

S_1 만 열었을 때는 $2R$, S_2 만 열었을 때는 $\frac{2}{3}R$,

S_3 만 열었을 때는 R, S_4 만 열었을 때는 $\frac{6}{7}R$

전체 회로에 걸리는 전압은 4 가지 경우 모두 같으므로 저항이 작을수록 전류가 많이 흐르고 전력도 높다.

(1) 가장 많은 전력을 소비하는 경우는 저항이 가장 작은 S_2 만 열었을 때이다.

(2) 가장 적은 전력을 소비하는 경우는 저항이 가장 큰 S_1 만 열었을 때이다.

09 (1) 6 A (2) ①

해설 | (1) 전기 기구를 동시에 모두 사용할 경우를 고려해야 하므로 전체 소비 전력을 구해야 한다.

전체 소비 전력 = 1000 × 1 + 20 × 5 + 50 × 2 = 1200(W)이다.

200 V 전원을 사용하므로 전체 전류는 $\frac{1200}{200}$ = 6 (A) 이다.

최소 6 A 까지 견딜 수 있는 퓨즈를 사용해야한다.

(2) 스위치 S 를 닫으면 병렬로 연결된 저항이 추가되므로 전체 저항은 감소한다. 전체 전압은 변화가 없다. 전체 저항이 감소하였으므로 전체 전류는 증가할 것이고 전체 소비 전력도 증가할 것이다.

즉, 전기를 아끼려면 스위치를 off 해라.

10 해설 참조

해설 | (1) 전자(− 전하)에는 로런츠의 힘이 작용하여 원운동을 하며 원의 중심 방향으로 계속 구심력을 받는다.

구심력의 크기 $F = m\frac{v^2}{r}$ 이다.

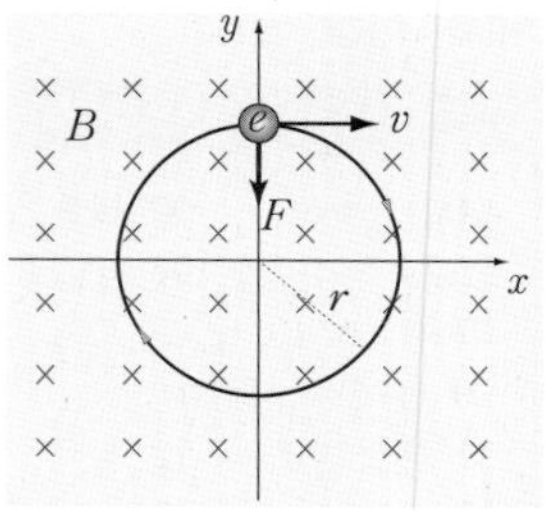

(2) 전자는 균일한 자기장에 수직하게 일정한 속도로 운동하고 있으므로 운동 방향에 수직인 로런츠의 힘을 받아 원운동한다.

전자가 받는 구심력 $F = Bev = m\frac{v^2}{r}$ 이므로 r(반경) = $\frac{mv}{Be}$ 이다.

원운동 주기 $T = \frac{2\pi r}{v}$ 이고, r 값을 대입하면 $T = \frac{2\pi m}{Be}$

11 해설 참조

해설 | (1) 방향만 고려해 보자.

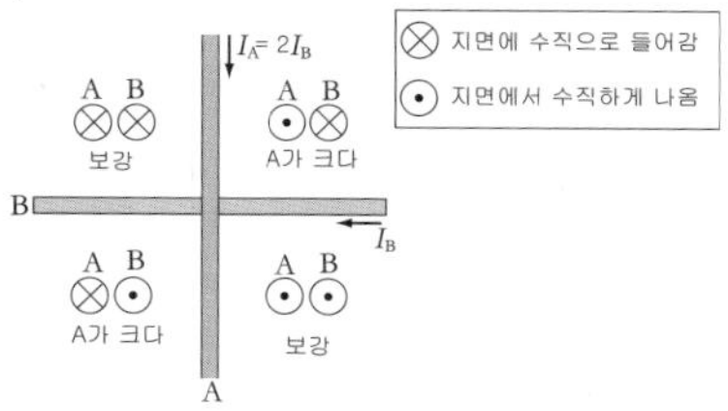

지면 위로 올라오는 자기장의 방향을 (+) 로 하자. (가) I_A 에 의해 (+) 이고 I_B 에 의해 (−) 인데 I_A 가 전류의 세기가 크기 때문에 (가) 에서 자기장의 방향은 (+) 이다.

(나) I_A 에 의해 (−), I_B 에 의해 (−) 이므로 (나)에서 자기장의 방향은 (−) 이다.

(다) I_A 에 의해 (−), I_B 에 의해 (+) 인데 I_A 가 전류의 세기가 크기 때

문에 (다)에서 자기장의 방향은 (−) 이다.
(라) I_A 에 의해 (+), I_B 에 의해 (+) 이므로 (라)에서 자기장의 방향은 (+) 이다.
(2) 1, 3 사분면은 자기장이 상쇄되며 2, 4 사분면은 자기장이 보강된다. 자기장에 센 곳에서 약한 곳으로 도선은 힘을 받아 움직이기 때문에 도선 B 가 정지해 있는 경우, 도선 A 는 도선 B 와 맞닿은 부분을 중심으로 시계 방향으로 회전한다.

12 ③
해설 | 전체 전압을 V 라고 한다면 각 전구에 걸리는 전압은 그림과 같다.

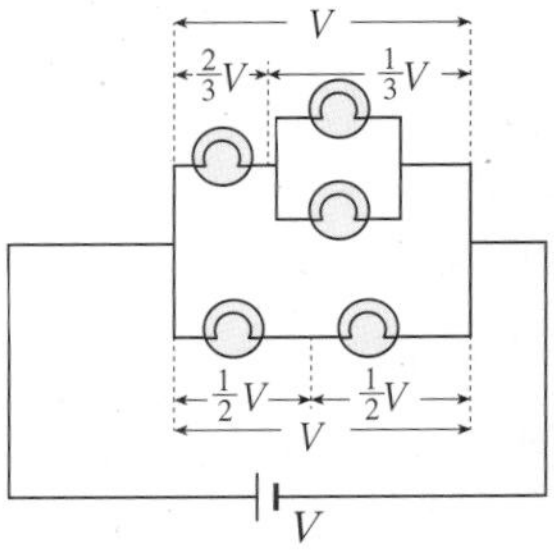

전구가 모두 동일하므로(저항이 같음) 전력은 전압과 비례한다.
전력이 가장 큰 전구는 전압이 $\frac{2}{3}V$ 인 전구이고, 전력이 가장 작은 전구는 전압이 $\frac{1}{3}V$ 인 전구이다.

$P = \frac{V^2}{R}$ 이므로, $P_1 : P_2 = (\frac{2}{3})^2 : (\frac{1}{3})^2 = 4 : 1$

13 ④
해설 | ㄱ. 전구의 저항 $R = \frac{220^2}{60}$ 로 일정하다. 110 V 에 연결하면 전구 전력값이 60 보다 작아지므로 전구의 밝기가 흐려진다.
ㄴ. 정격 전압에서보다 낮은 전압에서는 같은 저항에서 전류의 세기가 더 작으므로 필라멘트가 타버리지 않는다.
ㄷ. 전구의 전력은 $P = \frac{V^2}{R} = 110^2 \times \frac{60}{220^2} = 15$ W 가 되어 초당 15 J의 에너지를 소비한다.
ㄹ. 불이 들어오나 흐릿하다.

14 ②
해설 | 직렬 연결하는 경우 저항이 늘어날수록 합성 저항이 커지고 병렬 연결하는 경우 저항이 늘어날수록 합성 저항이 작아진다. 합성 저항과 전압을 알고 있으므로 전력 $P = \frac{V^2}{R}$ 로 구할 수 있다.
직렬 연결인 경우, 합성 저항은 nR, 전력은 $\frac{V^2}{nR}$
병렬 연결인 경우, 합성 저항은 $\frac{R}{n}$, 전력은 $\frac{nV^2}{R}$
직렬 연결에서의 전력 $\frac{V^2}{nR} = P$ 일 때, $\frac{nV^2}{R} = n^2P$

15 ②
해설 | 지면에서 연직 위로 나오는 자기장의 방향을 (+) 라 하자.
A 에서의 자기장 $= -k\frac{2I}{a} + (-k\frac{I}{a}) = -k\frac{3I}{a}$ (두 도선의 자기장의 방향이 각각 지면으로 들어가는 방향으로 같음)
B 에서의 자기장 $= -k\frac{2I}{2a} = -k\frac{I}{a}$
∴ A, B 의 자기장 세기의 비는 3 : 1 이다.

16 ③
해설 | P, Q, R 지점에서 도선에 의한 자기장의 합은 모두 $+y$ 방향으로 같다. 하지만 P 는 두 도선과 가장 가깝게 있어서 자기장이 가장 크다.

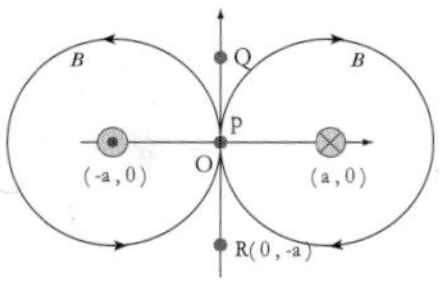

$B_P(크기) = k\frac{I}{a} + k\frac{I}{a} = 2k\frac{I}{a}$

17 ②
해설 | 촘촘히 겹쳐져 있는 것으로 보아 이는 코일의 단면이라고도 볼 수 있다. 전류가 지면 밖으로 나오는 방향이므로 오른손을 감싸서 쥐면 A 에서는 ← 방향으로 자기장이 형성될 것이고, 코일 내부라고 할 수 있는 B 에서는 → 방향으로 자기장이 형성될 것이다.

18 ③
해설 | 로런츠 원운동의 반지름 $R = \frac{mv}{Bq}$ 이다.
전하량 $+q$, 질량 $2m$ 일 때 $R' = \frac{2mv}{Bq} = +2R$
반지름은 두 배가 되고, 부호가 반대이므로 처음 방향의 반대 방향인 반시계 방향으로 돈다.

19 (1) 4 A (2) 1 A (3) 4.0×10^{-4} C (4) 2 A (5) 2 A
해설 | (1) 스위치 S 를 닫은 직후, 축전기에 전하가 흘러들어가기 시작하므로 축전기에는 전압이 걸리지 않고 따라서 ac 사이의 전압도 0 이다. 따라서 bc 사이에 8 V 의 전압이 모두 걸리므로 bc 사이에 흐르는 전류 I_{bc} 는 다음과 같다.

$$I_{bc} = \frac{V_{bc}}{R} = \frac{8}{2} = 4\ \text{A}$$

(2) 스위치 S 를 닫은 후 b 와 c 사이에 3 A 의 전류가 흐르고 있으므로 bc 사이에 6 V 의 전압이 걸려 있다. 따라서 ab 사이에 2 V 의 전압이 걸리므로 ab 사이의 저항에 흐르는 전류 $I_{ab} = \frac{V_{ab}}{R} = \frac{2}{2} = 1$ A
(3) 스위치 S 를 닫은 후 충분한 시간이 지나면 축전기에는 ab 사이에 걸리는 전압과 같은 전압(4V)이 걸린다. 따라서 축전기에 저장되는 전하량 $Q = CV = (100 \times 10^{-6}) \times 4 = 4.0 \times 10^{-4}$ C
(4) 스위치 S 를 닫은 후 충분한 시간이 지나면 bc 사이에는 4 V 의 전압이 걸리므로 bc 사이에 흐르는 전류 I'_{bc} 는 다음과 같다.

$$I'_{bc} = \frac{V'_{bc}}{R'} = \frac{4}{2} = 2\ \text{A}$$

(5) 스위치 S 를 닫은 후 충분한 시간이 지난 다음 스위치 S 를 여는 순간 bc 사이에는 전류가 흐르지 않고 ab 사이에 걸리는 전압은 축전기 양단에 걸리는 전압인 4V와 같다.
∴ ab 사이에 흐르는 전류 $I_{ab} = \frac{V'_{ab}}{R} = \frac{4}{2} = 2$ A

20 ②, ④, ⑤
해설 | 주어진 회로는 그림 (가)와 같이 그릴 수 있다.

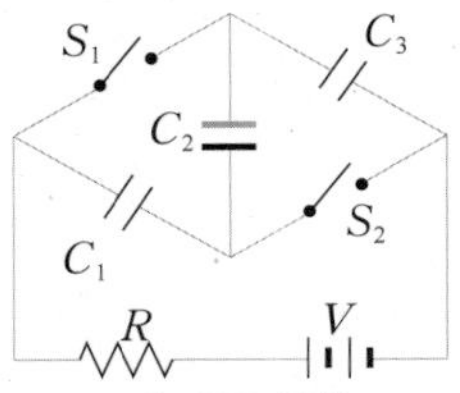

(가) 회로 변형

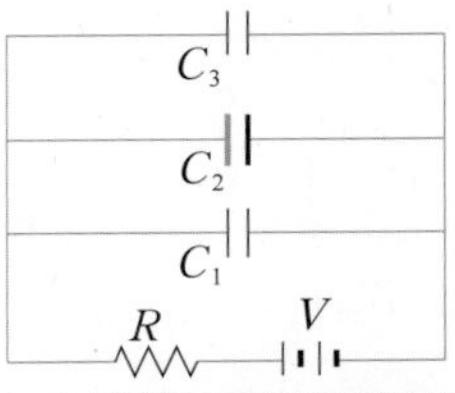

(나) 스위치를 모두 닫았을 경우

① 스위치 S_1 만 닫았을 경우, 축전기 C_1, C_2 에는 전압이 걸리지 않는다. 따라서 회로의 전체 합성 전기 용량은 C_3 의 전기 용량인 C 이다.
② 스위치 S_2 만 닫았을 경우, 축전기 C_1 만 연결되므로, 축전기 C_2 에는 전압이 걸리지 않으므로 전하가 충전되지 않는다.
③ 저항값 R 이 클수록 회로를 흐르는 전류가 작아지므로 완전히 충전되는 시간은 느려진다.
④ 스위치를 모두 닫았을 경우 축전기 C_1, C_2, C_3 는 그림 (나)와 같이 병렬 연결된 것과 같다.
축전기 C_2 의 왼쪽 판 (그림 (가), (나) 에서 검은 판)에는 음전하가, 오른쪽 판(그림 (가), (나) 에서 회색 판)에는 양전하가 충전된다.
⑤ 스위치를 모두 닫을 경우 축전기 C_1, C_2, C_3 는 병렬 연결되므로 모두 같은 전압이 걸리며 합성 전기 용량은 $3C$ 로 가장 크다.

21 $\frac{2\sqrt{3}}{3}$

해설 |

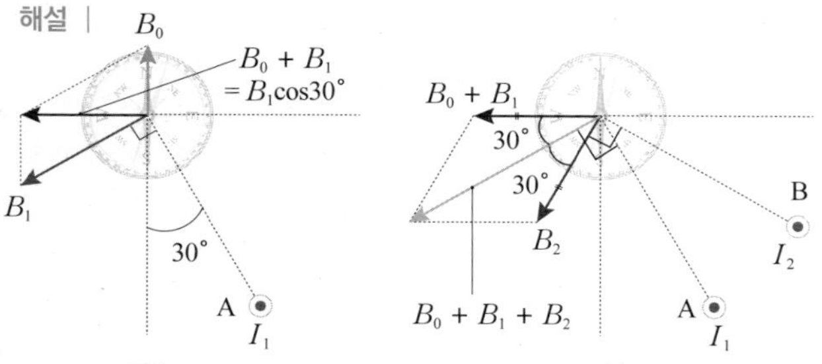

(가) (나)

전류가 흐르는 도선에 의한 자기장의 세기 B 는 전류의 세기 I 에 비례한다.
그림 (가)에서 지구 자기장을 B_0, 도선 A 에 흐르는 전류에 의한 자기장을 B_1 이라고 하면, 전체자기장 = $B_0 + B_1 = B_1\cos30°$ (서쪽) 이고, 도선 B의 전류에 의한 자기장을 B_2 라고 할 때, I_2, I_2 가 흐를 때
그림 (가)에 비해 전체 자기장 ($B_0 + B_1 + B_2$)이 반시계 방향으로 30° 만큼 더 회전하므로, 그림 (나)와 같이 $B_0 + B_1 = B_2$ (크기)가 된다.
이때 $B_0 + B_1 = B_2 = B_1\cos30°$ 이므로,

$$\frac{I_1}{I_2} = \frac{B_1}{B_2} = \frac{B_1}{B_1\cos30°} = \frac{2}{\sqrt{3}} = \frac{2\sqrt{3}}{3}$$

22 $\frac{8\pi m}{Bq}$

해설 | 전하량 $-q$ 인 도체 구 A 는 운동 방향에 수직인 방향으로 $F = qv_0B$ 의 구심력을 받아 시계 방향의 등속 원운동한다. 도체 구 B와 정면 충돌하기 위해서는 원의 반대편에서 충돌하므로, 원운동 지름이 d가 되어야 하고, 반지름이 $d/2$ 이므로,
구심력 $\frac{2mv_0^2}{d} = qv_0B$, 원운동 주기 $T = \frac{\pi d}{v_0} = \frac{2\pi m}{Bq}$
이때 정지해 있던 질량 $2m$ 인 도체 구 B와 탄성 충돌하면
도체구 A, B 에 전하가 배분되어 각각 $-\frac{q}{2}$ 의 전하를 띠게 된다.

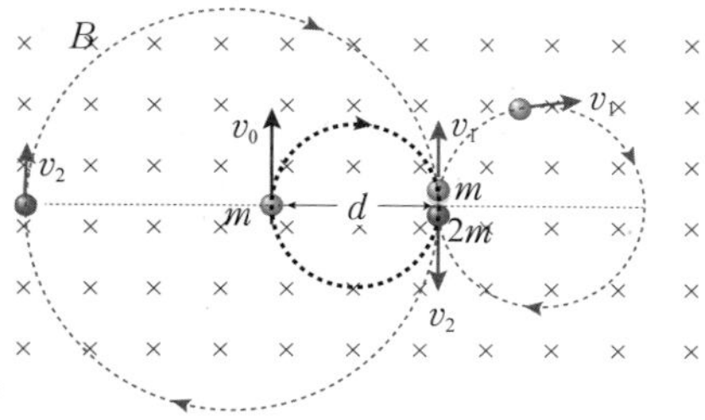

충돌 후 도체구 A, B 의 속력을 각각 v_1, v_2 라고 하면, (탄성 충돌)
$v_0 = v_1 + 2v_2$ (운동량 보존), $v_0 = v_2 - v_1$ (반발 계수 = 1)
$v_1 = -\frac{1}{3}v_0$, $v_2 = \frac{2}{3}v_0$(충돌 지점에서 아래 방향 (+))
도체구 A, B 의 원운동 주기를 각각 T_A, T_A 라고 할 때

$$T_A = \frac{2\pi m}{B\left(\frac{q}{2}\right)} = \frac{4\pi m}{Bq},\quad T_B = \frac{2\pi(2m)}{B\left(\frac{q}{2}\right)} = \frac{8\pi m}{Bq} = 2T_A$$

따라서 도체구 A 가 2회전 하고, 도체구 B 가 1회전 한 $\frac{8\pi m}{Bq}$ 시간 후에 다시 충돌하게 된다.

23 $\frac{9r^4\omega^2B^2}{4R}$

해설 | 패러데이의 법칙에 의해 닫힌 회로내에서 유도 기전력 V 는 단위 시간 당 자속의 변화에 비례한다($V = -N\frac{\Delta\Phi}{\Delta t}$).
도체 막대가 일정한 각속도 ω 로 Δt 동안 회전할 때,
닫힌 회로의 면적 변화 $\Delta S = \frac{1}{2}(2r)^2\omega\Delta t - \frac{1}{2}r^2\omega\Delta t = \frac{3}{2}r^2\omega\Delta t$
자속 변화 $\Delta\Phi = \Delta BS = \frac{3}{2}Br^2\omega\Delta t$
유도 기전력 크기 $V = N\frac{\Delta\Phi}{\Delta t} = \frac{3}{2}Br^2\omega$, $(N = 1)$
∴ 저항 R 에서 소비되는 전력 $P = \frac{V^2}{R} = \frac{9r^4\omega^2B^2}{4R}$

24 $x = \pm d$ 지점 , $\frac{kI}{d}$

해설 | 두 무한 직선 도선 A, B 가 x 축 상에 만드는 자기장을 나타내면 다음과 같다.

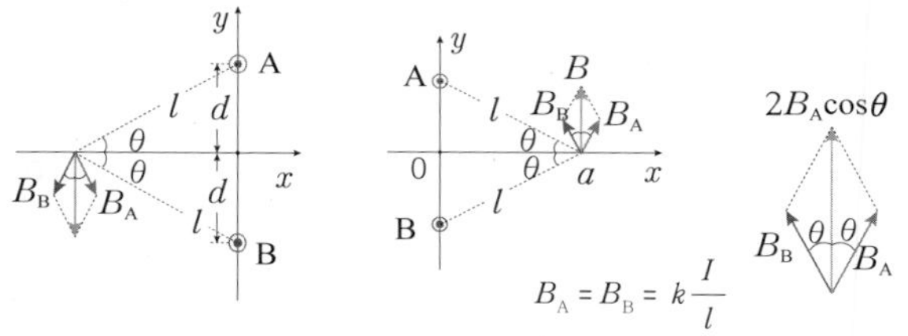

$x < 0$ 일때, 두 직선 도선에 의한 자기장의 방향은 $-y$ 방향,
$x > 0$ 일때, 두 직선 도선에 의한 자기장의 방향은 $+y$ 방향이다.
$(a, 0)$ 지점에서 두 직선 도선에 의한 자기장의 합는

$$B = 2k\frac{I}{l}\cos\theta = 2k\frac{I}{l}\frac{a}{l} = 2kI\frac{a}{l^2} = 2kI\frac{a}{d^2 + a^2}$$

$$\frac{a}{d^2 + a^2} = \frac{1}{\frac{d^2}{a} + a} = \frac{1}{(\sqrt{a} - \frac{d}{\sqrt{a}})^2 + 2d}$$ 이므로,

$\sqrt{a} - \frac{d}{\sqrt{a}} = 0$ 일 때($a = d$ 일 때) 자기장 B는 최대 크기이다.

$$\therefore B(최대) = 2kI\frac{1}{2d} = \frac{kI}{d}$$

25 ①, ②, ③

해설 | ① 각 직선 도선은 원점을 지나므로 직선 도선에 의한 원점의 자기장은 0 이다.
②, ③ 각 사분면에 있는 도선에 의한 자기장의 세기는 각각의 반지름의 원형 도선이 만드는 자기장의 세기의 $\frac{1}{4}$ 이다.

각 도선에 의한 자기장의 방향은 모두 xy 평면으로 수직으로 들어가는 방향이고, 원점에서 자기장의 세기는 다음과 같다.

$B_1 + B_2 + B_3 + B_4$

$= k'\frac{I}{4R} + k'\frac{I}{8R} + k'\frac{I}{12R} + k'\frac{I}{8R} = k'\frac{7I}{12R}$

④ 1 사분면의 도선에 의한 자기장과 3 사분면의 도선에 의한 자기장의 크기와 방향은 서로 같다.

⑤ $B_1+B_3 = k'\frac{I}{4R}$, $B_2+B_4 = k'\frac{I}{3R}$ 이므로, $B_1+B_3 \neq B_2+B_4$

26 (1) ㉢ 방향 (2) $\sqrt{\frac{2qEd}{m}}$ (3) $\sqrt{\frac{2mEd}{B^2q}}$

해설 | (1) 자기장이 지면에 수직으로 들어가는 방향이므로 (+) 전하를 띤 입자는 반시계 방향인 ㉢ 방향으로 운동한다.

(2) 정지해 있던 대전 입자는 전기장에 의해 $qV = qEd$ 만큼의 일을 받아 운동하게 된다.

$$\frac{1}{2}mv^2 = qV = qEd \rightarrow v = \sqrt{\frac{2qEd}{m}}$$

(3) 자기장 영역에 도달했을 때 입자는 구심력을 받아 원운동한다. 이때 자기력 $F = Bqv$ 이므로, 원운동 반지름 R 은 다음과 같다.

$$\frac{mv^2}{R} = Bqv \rightarrow R = \frac{mv}{Bq}$$

이 식에 (2) 에서 구한 속력을 대입하면, $R = \sqrt{\frac{2mEd}{B^2q}}$ 이다.

27 $\frac{10^3\sqrt{2}}{8\pi}$ Hz

해설 | RLC 교류 회로에서 임피던스가 최소가 되어 전류가 가장 잘 흐를 때는 유도 리액턴스와 용량 리액턴스가 같을 때이다. 이때의 교류 전원의 주파수 $f = \frac{1}{2\pi\sqrt{LC}}$ 를 교류 회로의 고유 진동수라고 한다.

회로의 합성 전기 용량 C 는

$$\frac{1}{C} = \frac{1}{C_1} + \frac{1}{C_2} = \frac{1}{3} + \frac{1}{6} = \frac{3}{6}, \quad C = 2\,\mu\text{F}$$

이고, 자체 유도 계수 $L = 4$ H 이므로, 이 회로의 전류가 최대가 되는 교류 전원의 진동수는 다음과 같다.

$$f = \frac{1}{2\pi\sqrt{LC}} = \frac{1}{2\pi\sqrt{4 \times (2 \times 10^{-6})}} = \frac{10^3\sqrt{2}}{8\pi}\ \text{Hz}$$

28 (1) 0 (2) $\frac{VR_2}{R_1 + R_2}$ (3) $\frac{V}{R_1}$

해설 | (1), (2) 스위치 S 를 닫는 순간, 코일에는 유도 기전력이 발생하여 전류가 흐르지 않는다. 따라서 회로의 전체 저항 $R = R_1 + R_2$ 이므로, 회로에 흐르는 전류 $I = \frac{V}{R_1 + R_2}$ 이다.

$$\therefore \text{저항 } R_2 \text{ 에 걸리는 전압 } V_2 = IR_2 = \frac{VR_2}{R_1 + R_2}$$

(3) 스위치 S 를 닫고 시간이 충분히 지나면 코일의 역할이 없어지고, 도선과 같아지므로 R_2 에는 전류가 흐르지 않는다. 따라서 전류는 R_1 → 코일로 바로 흐른다. 이때 회로의 전체 전류 $I = \frac{V}{R_1}$ 이고, 이 전류가 코일에 흐르게 된다.

29 ㄱ, ㄷ

해설 | 교류 회로에서 축전기의 용량 리액턴스와 진동수의 관계는 다음과 같다.

$$X_C = \frac{1}{2\pi fC} \rightarrow f = \frac{1}{2\pi CX_C}$$

ㄱ. 회로의 임피던스 $Z = \sqrt{R^2 + X_C^2}$ 이므로

회로에 흐르는 전류 $I = \frac{V}{Z} = \frac{V}{\sqrt{R^2 + X_C^2}}$ 이다.

진동수 f 가 작을수록 용량 리액턴스가 커지므로 전류의 세기 I가 줄어든다. 출력 단자의 전압 $V_{out} = IR$ 은 작아진다.

ㄴ. 진동수 f 가 클수록 출력 단자의 전압 V_{out} 도 커진다. ($\frac{1}{2\pi\sqrt{RC}}$ 일 때 최대가 아니다.)

ㄷ. V_{in} 은 회로 전압, V_{out} 은 저항에만 걸리는 전압으로, 둘은 위상이 같다. 축전기 전압만 위상이 90° ($\frac{\pi}{2}$) 느리다.

30 ②

해설 | P점의 자기장 크기 $B = k'\frac{I}{2a}$ 이고 방향은 지면에서 수직으로 나오는 방향이며, 이 방향을 (+)로 한다.

(나)의 점 Q 의 자기장의 크기와 방향은

$B_Q = k'\frac{I}{2a} + (-k'\frac{I}{a}) = -k'\frac{I}{2a}$

∴ 크기는 B 이며 방향은 (−)로 지면으로 수직으로 들어가는 방향이다.

31 ①

해설 | ㄱ. 자석의 움직임에 방해가 되도록 코일 위쪽에 N 극이 유도된다. 오른손으로 엄지가 위로 올라오게 코일을 감싸면 나머지 손가락의 방향이 전류의 방향이므로 유도 전류의 방향은 a → G → b 임을 알 수 있다.

ㄴ. 코일에 자석을 가까이하거나 멀리할 때 코일에 유도되는 유도 전류는 자석의 운동을 방해하는 방향으로 생긴다(렌츠의 법칙).

ㄷ. 역학적 에너지의 보존으로 h 만큼 떨어지면 mgh 만큼 운동 에너지가 증가하여야 한다. 하지만 코일에 유도 전류가 생성되어 자석의 운동을 방해하므로 운동 에너지는 mgh 보다 작은 값을 가진다.

imagine infinitely

160 ~ 161쪽

Q. 전자, 양성자, 헬륨 원자핵 등으로 이루어진 대전 입자의 흐름인 태양풍이 지구 근처의 공기 입자와 충돌하여 공기 분자가 빛을 내게 만드는 현상이다. 태양풍은 지구 자기에 의해서 극지방에서만 지표면 가까이 접근할 수 있으므로 공기 분자가 빛을 내는 현상을 관찰할 수 있는 곳은 주로 극지방이다.

Ⅶ. 파동과 빛, 소리 (1)

개념 보기

Q1 (1) 8 cm (2) $T=\frac{8}{15}$ 초, $f=\frac{15}{8}$ Hz (3) v = 15 cm/s
Q2 해설 참조
Q3 해설 참조 Q4 정립 허상, 거울 뒤 20 cm

Q1 (1) 8 cm (2) $T=\frac{8}{15}$ 초, $f=\frac{15}{8}$ Hz (3) v = 15 cm/s

해설 | (1) 마루에서 마루까지 또는 골에서 골까지의 거리이다.
(2) A → B까지 $\frac{3}{4}\lambda$ = 6 cm 진행하였고, 걸린 시간은 0.4 초이다.
1λ (= 8 cm)진행하는데 걸린 시간(주기 T)은 6 : 0.4 = 8 : T

$$T=\frac{3.2}{6}=\frac{8}{15}\text{초},\ f=\frac{1}{T}=\frac{15}{8}\text{Hz}$$

(3) $v=f\lambda=\frac{15}{8}\times 8=15$(cm/s), 또는 6 cm 진행하는데 0.4 초가 걸렸으므로 $v=\frac{6}{0.4}$ = 15 cm/s

Q2 해설 참조

해설 | 주기가 2 초 이므로 1 초 후에는 주어진 파형의 모습과 상반된 모습(위상차 π)이 된다.

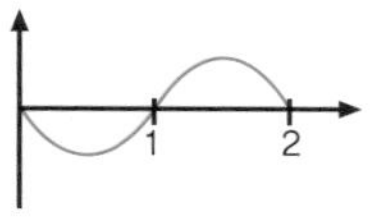

Q3 해설 참조

해설 |

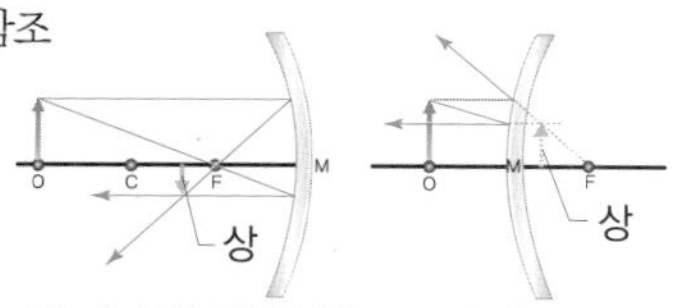

(가) 축소된 도립 실상 (나) 축소된 정립 허상

Q4 정립 허상, 거울 뒤 20 cm

해설 |

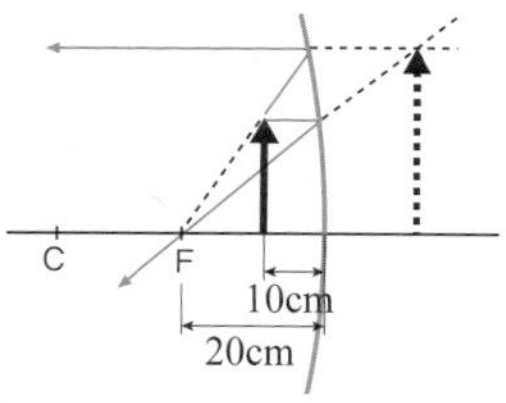

물체가 초점 안에 있을 때 : 확대된 정립 허상

$$\frac{1}{a}+\frac{1}{b}=\frac{1}{f}=\frac{2}{r},\ m\text{(배율)}=\frac{b}{a}$$

오목 거울은 실초점이 있으므로 초점 거리를 +20 cm 으로 한다.

$$\frac{1}{10}+\frac{1}{b}=\frac{1}{20},\ \frac{1}{b}=\frac{1}{20}-\frac{1}{10}=-\frac{1}{20}$$

b = −20 cm(정립 허상), 배율 : $\frac{b}{a}=\frac{20}{10}$ = 2 배

개념 확인 문제

정답 168 ~ 171쪽

파동

01 ④ 02 ③ 03 ③, ④, ⑥ 04 ④
05 ② 06 ④, ⑥ 07 ⑤
08 진폭 : 4 cm, 파장 : 4 cm
09 (1) 2 m (2) 3 초 (3) $\frac{1}{3}$ Hz (4) $\frac{2}{3}$ m/s

파동의 반사

10 ③, ④, ⑤, ⑥ 11 ①, ②, ③, ⑤, ⑥ 12 ④
13 ① 14 ② 15 ④ 16 ④ 17 ④
18 ④ 19 ⑤ 20 ③ 21 ③ 22 ⑤
23 ③ 24 ③ 25 ⑤ 26 (1) ④ (2) ④
27 해설 참조 28 거울 앞 30 cm, 1.5 cm
29 거울 앞 90 cm 30 ②

01 ④

해설 | ① 음파 ② 물결파 ③ 음파 ⑤ 빛으로 모두 파동이다. 하지만 바람은 단지 기압차에 의한 공기의 흐름이다.

02 ③

해설 | ① 물결파는 물에서 파동 에너지가 전달되는 것으로 매질은 물이다.
② 공기 중에서 소리가 전달되는 것이므로 소리의 매질은 공기이다. 공기가 없다면 음파가 전달되지 못해 소리가 들리지 않는다.
③ 전파는 공기 중으로 전달된다. 전기 에너지가 전선을 통해 전달되는 것이다.
④ 지진의 에너지는 지각을 통해 전달되므로 지진파의 매질은 땅이다.
⑤ 탄성파는 탄성이 있는 매질에서 전달되는 에너지로 용수철은 탄성이 있기 때문에 탄성파의 매질이 될 수 있다.

03 ③, ④, ⑥

해설 | ① 빛은 횡파로 파동이다.
② 진공 상태에서도 빛(파동)이 전달된다.
⑤ 매질은 이동하지 않고 진동만 한다.

04 ④

해설 | 매질 위의 나뭇잎은 나뭇잎 아래의 매질의 이동이 없으므로 나뭇잎은 물결파가 지나가도 제자리에 위치한다. 물결파를 보면 아래로 먼저 내려갔다가 올라갔다가 돌아온다. 그러므로 나뭇잎도 아래로 내려갔다가 올라온다.

05 ②

해설 | 파가 오른쪽으로 진행한다. 그러므로 A는 파가 다 지나가고 내려가는 방향이고, B는 파의 중간 지점으로 올라가는 방향, C는 최하점에 이르렀고 올라가는 중이다.(파동을 오른쪽으로 약간 평행 이동시킨 후 각 점이 어떻게 되었는가를 확인한다.)

06 ④, ⑥

해설 | A 는 횡파, B 는 종파이다.
① 소리는 종파이므로 B 의 예가 되고, 전파는 횡파이므로 A 의 예가 된다.
② B 종파도 밀한 곳과 밀한 곳, 소한 곳과 소한 곳 사이가 파장이다.
③ 빠르게 흔들면 진동수가 커진다. 흔드는 왕복 거리가 길어야 진폭이 커진다.
④ 용수철은 위아래로 진동하며 파동은 수평으로 진행하므로 서로 수직이다.
⑤ 소한 곳에서 소한 곳까지 또는 밀한 곳에서 밀한 곳까지가 한 파장이다.
⑥ A 에서 가장 높은 부분은 마루, 가장 낮은 부분은 골이다.

07 ⑤

해설 | 수면의 높이가 3 초에 한 번씩 최대가 된다는 것은 주기 $T = 3$ 초라는 뜻이다. 그러므로 진동수 $f = \frac{1}{T} = \frac{1}{3}$ Hz이다.
$v = 6$ m/s 이라고 주어졌고, $v = f\lambda$ 이므로 $\lambda = 18$ m 이다.

08 진폭 : 4 cm, 파장 : 4 cm

해설 | 진폭은 원점으로부터 마루까지의 거리 혹은 원점으로부터 골까지의 거리이다. 그러므로 진폭은 4 cm 이다. 같은 위상인 곳(마루에서 마루, 골에서 골)의 거리가 4 cm 이므로 파장이 4 cm 이다.

09 (1) 2 m (2) 3 초 (3) $\frac{1}{3}$ Hz (4) $\frac{2}{3}$ m/s

해설 | (1) P 가 파장이므로 2 m이다.
(2) O 점에서 Q 점까지 2 번 진동했는데 6 초가 걸렸으므로 1 번 진동하는데 3 초가 걸리므로 주기는 3 초이다.
(3) $f = \frac{1}{T}$ 이므로 $f = \frac{1}{3}$ Hz
(4) $v = f\lambda = \frac{1}{3} \times 2 = \frac{2}{3}$ m/s

10 ③, ④, ⑤, ⑥

해설 | ① 반사되는 경우에는 속력이 변하지 않고, 진동수도 변하지 않으므로 파장도 변하지 않는다.
② 반사면이 볼록하면 파동은 반사되어 퍼진다.
③ 메아리는 음파(파동)의 반사에 의한 현상이다.
④ 매질의 변화가 없으므로 속력은 변하지 않는다.
⑤ 입사각과 반사각은 항상 같다.
⑥ 오목한 거울은 파동을 반사하여 초점으로 모아준다.

11 ①, ②, ③, ⑤, ⑥

해설 | ① 반사되어 오는 시간을 분석하여 물고기 떼를 찾을 수 있다.
② 속도 측정기는 빛의 반사되는 시간차를 계산하여 차량의 과속을 단속하는 것이다.
③ 반사되어 오는 시간을 분석하여 바다의 깊이를 잴 수 있다.
④ 방파제는 파동 에너지가 연안에 오지 못하도록 만든 것이다. 반사와는 상관이 없다.
⑤ 산모 뱃속의 태아를 검사하는 것은 초음파의 반사되어 오는 데까지 걸리는 시간을 분석하여 가시화시킨 것이다.
⑥ 퍼져가는 음파가 나팔 벽에 부딪혀 반사되어 소리가 전달이 잘 되도록 하므로 반사 현상을 이용했다고 할 수 있다.
⑦ 음악당 벽의 스폰지는 음파의 흡수를 위해 설치한 것으로, 반사 현상을 이용한 것이 아니다.

12 ④

해설 | 끝이 자유단이므로 위상의 변화가 없다. 때문에 거울에 반사되어 나오듯 모양이 변하지 않고 진행 방향만 ④ 그림처럼 반대가 되어 나온다.

13 ①

해설 | 고정되어 있기 때문에 파는 π 만큼 뒤집어질 것이고 모양은 진행 방향에 따른 순서로 앞쪽이 경사가 급한 모양으로 반사될 것이다.

14 ②

해설 | 소한 매질에서 밀한 매질로 갈 때,
반사파 : 더 밀한 매질로부터 반사되므로 고정단의 효과를 받아 위상이 π 만큼 변하여 아래로 향하여 돌아온다.
투과파 : 투과파는 자유단이든, 고정단이든 위상이 변하지 않고 투과된다.
입사파의 에너지가 반사파와 투과파로 나눠져 반사파와 투과파의 진폭이 입사파보다 작다.

15 ④

해설 | 진행 방향이 그릇 면에 수직으로 부딪히기 때문에 반사되고 나서도 수직으로 되돌아온다. 때문에 중앙으로 다시 모이는 그림인 ④ 이 답이다.

16 ④

해설 | 반사면은 파면과 평행하게 생겼다. 반사된 파면이 원호 모양이므로 A 의 면도 원호 모양이다.

17 ④

해설 | ①, ②, ③, ⑤ 직진하는 성질로 생기는 현상이다.
④ 신기루는 빛의 굴절로 물체가 있지 않은 곳에서 상이 생기는 현상이다.

18 ④

해설 | 점선으로 표시된 법선은 반사면과 수직이다. 법선과 빛이 이루는 각이 입사각과 반사각이다. 때문에 A 는 입사각이며 90 − 30 = 60 °이다. 입사각과 반사각은 항상 같으므로 반사각 B 도 60° 이다.

19 ⑤

해설 | A 는 소에서 밀로 진행하다 반사하였으므로 고정단 반사를 하여 위상이 π 만큼 변한다.
B 는 밀에서 소로 진행하다 반사하였으므로 자유단 반사를 하여 위상 변화는 없다. (위상이 2π 만큼 변한다.)

20 ③

해설 | ① 일정한 빛이 동일한 각도로 비쳐지기 때문에 물체가 비쳐 보인다.
② 빛이 분산되므로 물체를 볼 수 없다.
③ 난반사에도 각각의 빛 하나하나는 입사각과 반사각이 같은 반사의 법칙이 성립한다.
④ 거친 면에서 빛들이 제각기 다른 각으로 반사되는 것이다.
⑤ 정반사는 한쪽에서 일정한 방향으로 들어온 빛들이 매끄러운 면에서 입사각과 반사각이 같도록 반사하는 것이다.

21 ③

해설 | 물체는 스스로 빛을 내지 않는다. 태양으로부터 혹은 전등으로부터 백색광이 나와서 물체에 도달하면 물체 색의 빛만이 반사되고, 다른 색의 빛은 모두 흡수된다. 이후 반사된 빛은 사람의 눈으로 들어와 물체를 식별하는 것이다.

22 ⑤

해설 | ①, ② 거울면의 안쪽 또는 렌즈에서는 빛이 입사된 쪽에 상이 맺히면 허상이라고 하고, 거울면의 바깥쪽 또는 렌즈에서는 빛이 투과한 쪽에 상이 맺히면 실상이라고 한다. 허상과 실상의 크기는 실물보다 클 수도 있고 작을 수도 있고 같을 수도 있다.
③ 사진기 필름에 맺히는 상은 사람이 보는 상과 같으므로 실상, 허상이 모두 맺힐 수 있다.
④ 오목 거울은 거리에 따라 상이 실상일 수도 있고 허상일 수도 있다.
⑤ 볼록 거울에 의해 생기는 상은 항상 축소된 정립 허상이다.

23 ③

해설 | 그림림처럼 AB 의 상은 거울 면을 대칭으로 생긴 A′B′이고, 거울 뒤 2 m 의 위치에 같은 크기인 0.8 m 의 정립 허상이 생긴다. A 에서 나온 빛이 거울 면 상의 점 C 에서 반사하여 E 점에 도달하긴 하나 이 빛은 A′에서 직진하여 E 점에 도달하는 것과 같고, B 와 B′역시 마찬가지이다. 따라서 물체를 다 보기에 필요한 거울의 크기는 CD 가 되며 삼각형 ECD 와 EA′B′의 닮은 꼴을 이용하여
CD : A′B′= 0.5 : 2.5 = 1 : 5 이고, A′B′의 크기는 0.8 m 이므로
CD의 크기는 $0.8 \times \frac{1}{5} = 0.16$ m 가 된다.

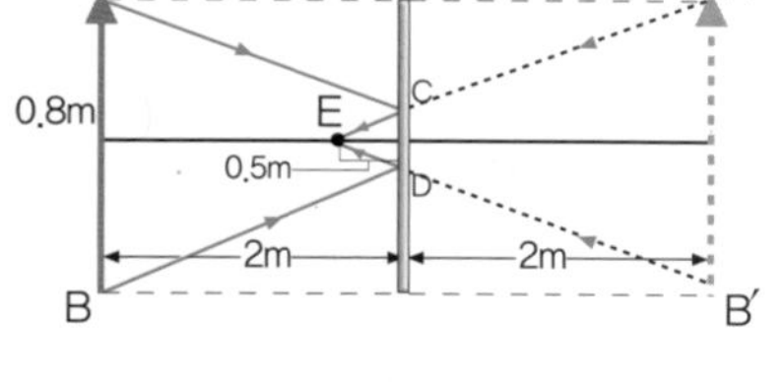

24 ③

해설 | $\frac{360}{\text{사잇각}} = \frac{360}{90} = 4$, 4 개가 만들어 진다.
이때 하나는 실제 물체이므로 상은 3 개가 만들어진다.

25 ⑤

해설 | 평면 거울은 좌우반전만 일어나기 때문에 ⑤이 답이다. ④처럼 글자의 순서는 바뀌지 않는다.

26 (1) ④ (2) ④

해설 | (1) v 속력으로 접근하면 상은 반대 방향으로 v 속력으로 접근한다. 이때 관측자는 다가가는 사람이 보는 것이므로 상대 속도를 구해보면 $v - (-v) = 2v$ 가 된다. 즉 상은 $2v$ 의 속도로 다가온다.
(2) 거울속의 상의 다가오는 속도가 거울이 다가오는 속도보다 2 배 빠르다.

27 해설 참조

해설 | 볼록 거울이 넓은 시야를 볼 수 있게 하기 때문이다. 오목 거울은 좁고 자세히 보기 위해서 사용된다.

28 거울 앞 30 cm, 1.5 cm

해설 | 오목 거울 앞 60 cm 되는 곳은 구면(거울을 포함한 큰 구)의 또 다른 초점의 위치이다.

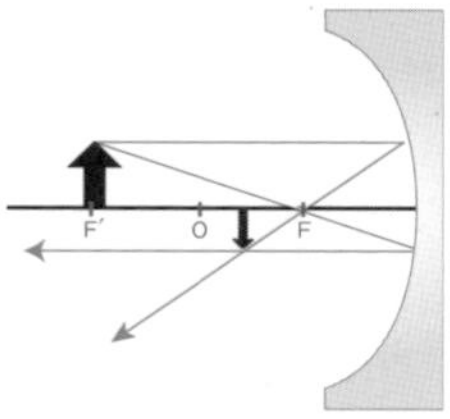

거울 공식 $\frac{1}{a} + \frac{1}{b} = \frac{1}{f} = \frac{2}{r}$, m (배율) = $\frac{b}{a}$

$\frac{1}{60} + \frac{1}{b} = \frac{1}{20}$, $b = 30$ cm, 거울 앞 30 cm 에 상이 생기며,

배율 $= \frac{30}{60} = \frac{1}{2}$ 배, 상의 크기는 1.5 cm 이다.

29 거울 앞 90 cm

해설 | 구면 거울 공식은 상이 생기는 위치가 경심(M)에서 멀어질수록 상의 크기는 커진다는 것이다.

$$\frac{1}{a} + \frac{1}{b} = \frac{1}{f} = \frac{2}{r}, \ m(\text{배율}) = \frac{b}{a}$$

a : 물체까지의 거리 b : 상까지의 거리 (실상(+), 허상(−))
f : 초점 거리(허초점(-)) r : 구심 거리(= $2f$)

배율 $\frac{1}{2} = \frac{b}{a}$, $a = 2b$ 이고, $\frac{1}{2b} + \frac{1}{b} = \frac{3}{2b} = \frac{1}{30}$ 이므로
$b = 45$ cm 가 되고 a (물체를 놓는 위치) = 90cm 가 된다.

30 ②

해설 | n_2 에서 n_1 으로 진행할 때 전반사를 했다. 전반사는 빛에 대해 밀한 물질에서 소한 물질로 진행할 때에만 일어나므로 $n_2 > n_1$ 이다. n_2 에서 n_3 로 진행할 때 입사각보다 굴절각이 작다. 그러므로 $n_3 > n_2$ 가 되며, 합하면 $n_3 > n_2 > n_1$ 가 된다.

개념 심화 문제

정답			172 ~ 176쪽
01 (1) 10 cm/s (2) 0.8 초		02 A : ↑, B : ↓, C : ↑	
03 ①	04 (1) 2 m/s (2) 올라가는 상태 (3) 1.5초		
05 ④	06 ③	07 ③	08 ㄴ, ㄷ
09 2시 35분	10 (1) 18.8 cm (2) 안 바뀐다		
11 해설 참조	12 60 cm	13 4 cm	14 해설 참조

01 (1) 10 cm/s (2) 0.8 초

해설 | (1) 파동은 P 점에서 P′점으로 평행 이동하며, 두 점의 거리는 $\frac{1}{4}$ 파장이다. 2 cm 이동하는데 0.2 초가 걸렸으므로 파동의 속력은 $\frac{2}{0.2}$ = 10 cm/s 이다.

(2) 주기는 한 파장 진행하는데 걸리는 시간이다. $\frac{1}{4}$ 파장 진행하는데 0.2 초가 걸렸으므로 1 파장 진행하는데는 0.8 초가 걸린다.
다른 방법으로는 한 파장의 길이는 8 cm 이고, 파동의 속력 v = 10 cm/s 이므로 $v = \frac{\lambda}{T}$ 로부터 T = 0.8 초이다.

02 A : ↑ B : ↓ C : ↑

해설 |

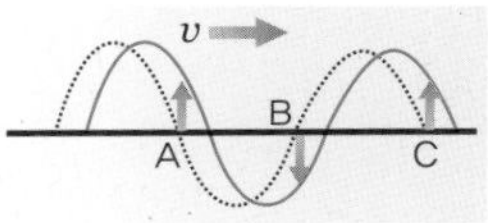

실선은 파동이 진행했을 때의 모습이다. A 점은 위로 상승, B 점은 아래로 하강, C 는 위로 상승한다.

03 ①

해설 | $\frac{1}{4}$ 주기 후의 파형은 파가 $\frac{1}{4}$ 파장만큼 진행 방향으로 평행 이동했을 때의 모양과 같다.

04 (1) 2 m/s (2) 올라가는 상태 (3) 1.5 초

해설 | (1) 0.5 초 동안 펄스파의 오른쪽 시작 부분이 5 → 6 으로 이동하였으므로 파의 속력은 $\frac{1}{0.5}$ = 2 m/s 이다.

(2) Q 점은 아직 파의 마루를 지나지 않았기 때문에 마루를 향해 올라가는 상태이다.

(3) 파는 2 m/s 의 속력으로 진행하고 있다. 파형이 한 지점을 완전히 지나기 위해서는 4 m 를 진행해야 하므로 2 초가 걸린다. P 점이 정지 상태에서 (b) 상태로 되기 위해서는 정지 상태 → (a) 상태의 P 점 → (b) 상태의 P 점으로 되므로 파는 3 m 를 진행했을 때이다.
그러므로 $\frac{3 \text{ m}}{2 \text{ m/s}}$ = 1.5 s 즉, 1.5초가 걸린다.

05 ④

해설 | 위상차가 180° 이므로 거리 축에 대해 대칭이다.

06 ③

해설 | 파가 조금 진행했을 때를 점선으로 표현하면 다음과 같다.

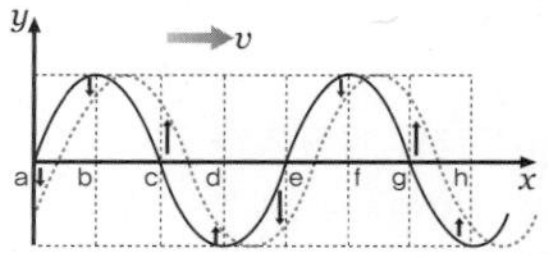

그림과 같이 a ~ h 의 움직이는 방향을 알 수 있다. 같은 위상의 점이라면 같은 위치에서 움직이는 방향이 같은 점이라고 할 수 있다.
아랫방향으로 운동 : a, b, e, f 윗방향으로 운동 : c, d, g, h

07 ③

해설 | 2 초 후에 같은 모습이 되므로 주기는 2 초이다. 주기의 $\frac{1}{2}$ 인 1초 후의 파동의 모습은 지금 문제에 주어진 형태에서 x 축을 대칭으로 변환한 모습이다. 이때 진폭은 유지된다.

08 ㄴ, ㄷ

해설 | ㄱ. A ~ B 사이 1 초 동안에 파는 5 번 진동했다. 그러므로 주기는 $\frac{1}{5}$ = 0.2 초이다.

ㄴ. 10 m 안에 5 개의 파형이 그려지므로 파장은 2 m 이다.

ㄷ. 1 초 동안 10 m 를 이동했으므로 전파 속력은 10 m/s 이다.

09 2시 35분

해설 | 평면 거울 속의 상은 물체의 모습과 좌우가 바뀐다. 그러므로 거울 속 시계를 좌우로 상반 시키면 다음과 같이 2시 35분을 가리킨다.

10 (1) 18.8 cm (2) 안 바뀐다.

해설 | (1)

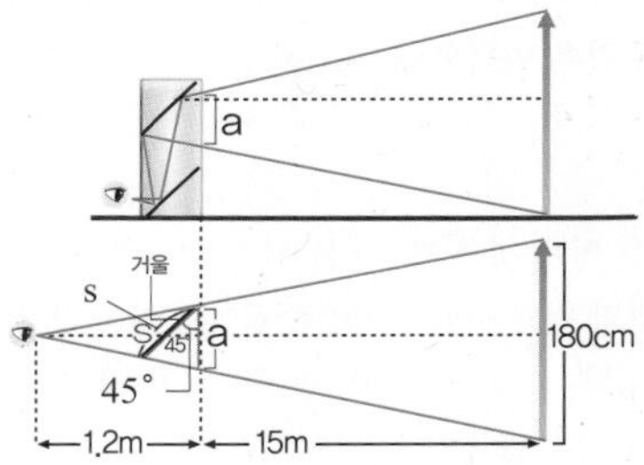

a 가 잠망경 구멍의 크기가 되고 거울의 크기는 최소 s 가 된다.
s cos45° = a, s = $\sqrt{2}$ a 1.2 : a = 16.2 : 180 cm
a = $\frac{1.2 \times 180}{16.2}$ = 13.3 cm ∴ s = 18.8 cm
(2) 두 번 반사하였으므로 안 바뀐다.

11 해설 참조

해설 | (1) 깊은 곳(속력 빠른 곳)에서 얕은 곳(속력 느린 속)으로의 진행은 소한 매질에서 밀한 매질로 진행하는 것이다. 그러므로 입사각보다 굴절각이 더 작다. 파면에 수직한 직선이 진행 방향이므로 다음 그림처럼 파면이 만들어진다.

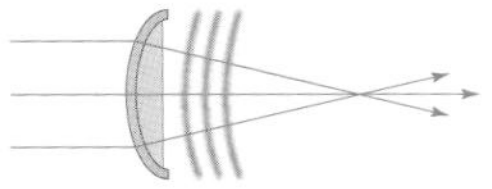

(2) 얕은 곳에서 깊은 곳으로의 진행은 밀한 매질에서 소한 매질로 진행하는 것이다. 그러므로 입사각보다 굴절각이 더 크다. 파면에 수직한 직선이 진행 방향이므로 그림의 파면이 만들어진다.

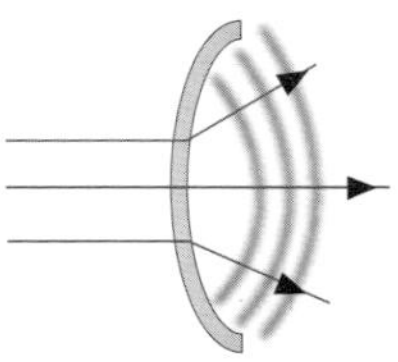

12 60 cm

해설 |

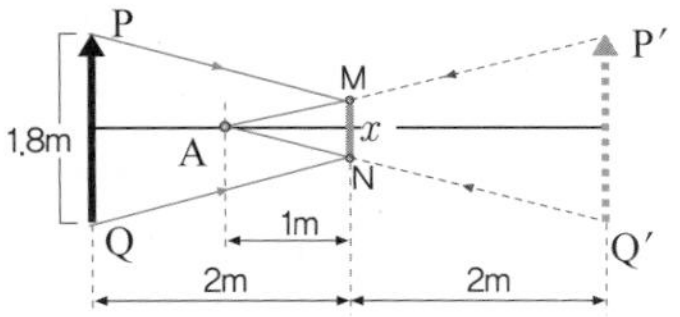

관찰자 A 가 보았을 때, 상이 보이는 거울의 크기와 상의 크기가 1 : 3 의 비를 이룬다. 거울의 최소 크기를 x 라고 했을 때, 1 : 3 = x :180

∴ 거울의 최소 크기 x = 60 cm 이다.

13 4 cm

해설 |

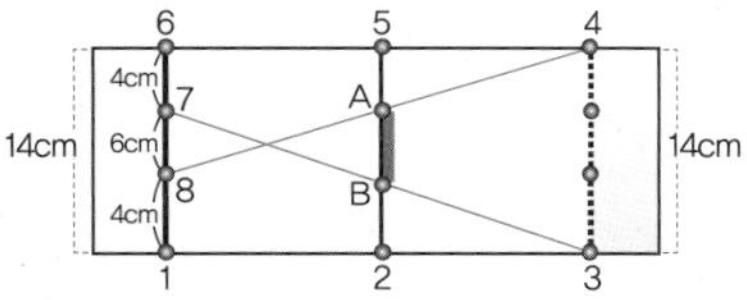

그림에서 2 - 5 거울이고 1 - 6 사람의 얼굴면, 3 - 4 상의 면이다. 사람이 8 의 오른쪽 눈에서 상의 4 번 부분을 볼 수 있으면 되고, 7 의 왼쪽 눈에서 상의 3 번 부분을 볼 수 있으면 된다. 따라서 필요한 거울의 길이는 A - B 부분이다.

삼각형 317 과 삼각형32B 는 닮은꼴이고, 1-7 이 10 cm 이므로 2 -B 는 5 cm 이다. 같은 방법으로 5-A 는 5 cm, A-B 는 4 cm 이다.

14 해설 참조

(1) 물체가 초점 안에 있을 때 :거울 뒤 확대된 정립 허상

(2) 물체가 초점과 원의 중심 사이에 있을 때 : 거울 앞 확대된 도립 실상

(3) 물체가 초점에 있을 때 : 상이 만들어지지 않는다. 물체의 한점에서 나온 빛이 모이지 않는다.

(1)

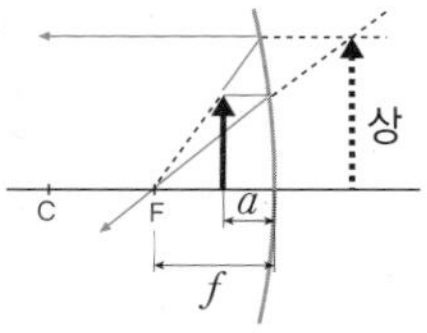

(2)

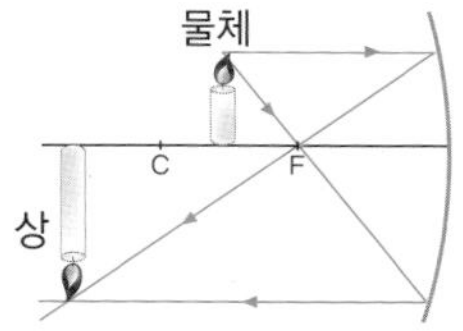

(3)

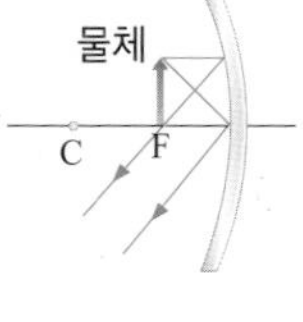

Ⅶ. 파동과 빛, 소리 (2)

개념 보기

Q5 $\frac{9}{8}$ Q6 $\frac{2}{3}c = 2 \times 10^8$ m/s Q7 30°

Q8 도립 실상, 렌즈 반대편 66.7 cm, 크기 13.3 cm

Q5 $\frac{9}{8}$

해설 | 빛이 물에서 유리로 진행하므로 물(n_1)에 대한 유리(n_2)의 상대 굴절률은 $\frac{n_2}{n_1} = \frac{3/2}{4/3} = \frac{9}{8}$

Q6 $\frac{2}{3}c = 2 \times 10^8$ m/s

해설 | 물질에서의 빛의 속도 : 빛도 파장이 짧은 파동의 한 종류이므로 굴절의 법칙이 적용된다.

(빛이 공기(진공)중에서 굴절률 n인 물체로 나아가는 경우)

$$\frac{n_2}{n_1} = \frac{v_1}{v_2} \rightarrow \frac{n\text{(매질 2)}}{1\text{(매질 1(공기))}} = \frac{c\text{(공기 중 속도)}}{v\text{(물질 중 속도)}},\quad v = \frac{c}{n}$$

진공에서의 절대 굴절률은 1 이고, 유리에서 굴절률이 1.5 이므로

$$\frac{1.5}{1} = \frac{c}{v},\quad v = \frac{c}{1.5} = \frac{2}{3}c$$

Q7 30°

해설 | 입사각이 임계각일 때 굴절각은 90°이므로

$$n_{12} = \frac{\sin i}{\sin r} = \frac{\sin\theta_c}{\sin 90^\circ} = \sin\theta_c = \frac{n_2}{n_1} \text{ (단, 매질 1 에서 매질 2 로 진행)}$$

$$\frac{n_2}{n_1} = \frac{1}{2} = \sin\theta_c,\quad \theta_c = 30^\circ$$

Q8 도립 실상, 렌즈 반대편 66.7 cm, 크기 13.3 cm

해설 | 볼록 렌즈이므로 초점 거리가 + 40 cm이고, 물체는 1 m (100 cm)떨어져 있다.

렌즈 공식에서 $\frac{1}{a} + \frac{1}{b} = \frac{1}{f} = \frac{2}{r}$, m (배율) = $\frac{b}{a}$

$$\frac{1}{100} + \frac{1}{b} = \frac{1}{40},\quad \frac{1}{b} = \frac{1}{40} - \frac{1}{100},$$

$$b = \frac{200}{3} = 66.7 \text{ cm (도립 실상, 렌즈 반대편)}$$

$$\text{배율} = \frac{b}{a} = \frac{\frac{200}{3}}{100} = \frac{2}{3}\text{ 배.}$$

그러므로 상의 크기는 $20 \times \frac{2}{3} = \frac{40}{3}$ = 13.3cm

개념 확인 문제

정답 179 ~ 183쪽

파동의 굴절

31 ㄱ, ㄹ, ㅂ		32 ①, ②, ③, ④		33 B
34 ②	35 ⑤	36 ①	37 ②	38 ②
39 해설 참조		40 (가) B (나) H		
41 ①, ②, ⑤, ⑥		42 작살 : ㉢ 레이저 : ㉡		
43 ③	44 ③	45 ①, ②	46 ③	47 ①
48 ③	49 C > B > A > 공기			50 ②
51 ④	52 해설 참조			
53 (1) 나, 가 (2) 나, 가 (3) 나, 가				54 C
55 (1) ③ (2) ④ (3) $\frac{2}{3}$			56 ④	
57 (1) 12 cm, 4 cm, 도립 실상 (2) 4 cm, 1 cm, 정립 허상				
58 ④				

31 ㄱ, ㄹ, ㅂ

해설 | 유리판이 있는 곳은 수심이 얕아져서 파동에 마찰로 작용하여 매질의 굴절률을 크게 한다. 굴절률이 큰 곳으로 가면 파동은 속력이 느려진다. 이때 파동의 진동수는 불변이므로 파동의 파장이 짧아진다. 파장이 짧아졌으므로 파면 사이의 간격이 촘촘해진다.

32 ①, ②, ③, ④

해설 | ① 입사각이 굴절각보다 크다.
② 소한 매질에서 진행하는 A 파가 B 파보다 속력이 크다.
③ 물결파는 횡파로 파면과 진행 방향은 항상 수직이다.
④ 진동수는 일정하고, 진행 속력이 빠른 A 파의 파장이 더 길다.
⑤ 얕은 곳은 밀한 매질(속력이 느림)이 되므로, 주어진 실험은 깊은 곳에서 얕은 곳으로 진행하는 것이다.
⑥ 진동수는 불변이다.

33 B

해설 | 파면과 파면 사이의 거리는 파장이다. 파장과 진동수의 곱이 속력이고, 두 매질에서 진동수는 같다. 물결파는 깊은 곳일수록 진행 속력이 빠르므로 깊은 곳일수록 파장이 크고, 파면 사이의 간격이 넓다.

34 ②

해설 | 그림은 물결파의 파면을 나타낸 것이고, 파면 사이의 거리는 파장에 해당된다. 파동의 진동수는 굴절 시 변하지 않는다. 매질1에서의 파장이 매질 2 보다 크므로 매질 1 에서의 진행 속력이 더 크다.
$f_1 = f_2$, $v_1 > v_2$ 이다.

35 ⑤

해설 | 유리판을 깔면 유리판을 깐 곳은 물의 깊이가 얕아지고, 파동의 속력이 느려진다. 얕은 곳의 모습은 빛의 진행에 있어 렌즈의 모습과 같다. 진행 방향을 화살표로 표시하여 굴절되는 모습을 그리고, 이에 수직하게 파면을 그리면 물결파의 모양이 된다.

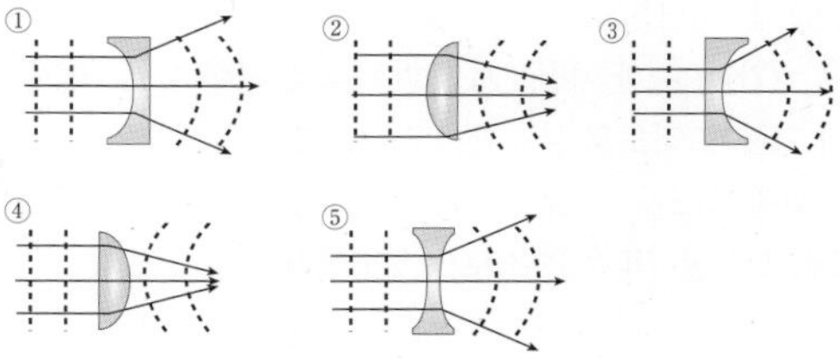

36 ①

해설 | 파면과 진행 방향은 수직이고, 법선에 대해 진행 방향이 이루는 각이 입사각 혹은 굴절각이다.

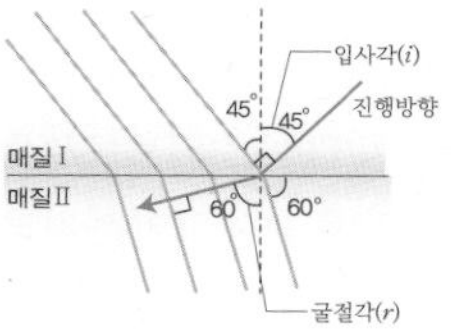

$$n_{12} = \frac{\sin i}{\sin r} = \frac{v_1}{v_2} = \frac{\lambda_1}{\lambda_2} = \frac{\sin 45^\circ}{\sin 60^\circ} = \frac{\sqrt{2}}{\sqrt{3}}$$

(n_{12} : 매질 1 에 대한 매질 2 의 상대 굴절률 i : 입사각 r : 굴절각)

∴ 파장의 비 $\lambda_1 : \lambda_2 = \sqrt{2} : \sqrt{3}$

37 ②

해설 | 파면에 수직한 방향이 소리의 진행 방향이다.(그림은 밤이다.)

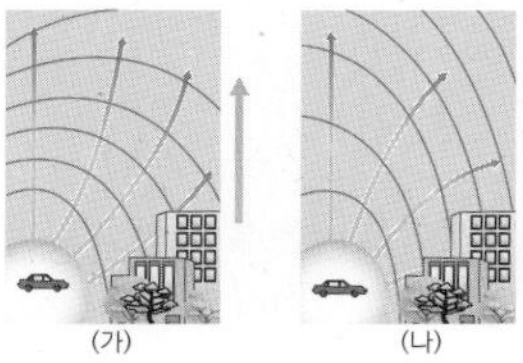

낮 : 지면에 가까울수록 온도가 높고 속도가 빨라진다. 지면의 소리는 그림(가)와 같이 굴절하여 멀리까지 소리가 가지 못한다.
밤 : 지면에 가까울수록 온도가 낮고 속도가 느려지므로 그림(나)와 같이 굴절하여 소리가 멀리까지 들린다.
① 소리의 굴절에 의한 현상이다.
② 밤에는 소리가 지면으로 굴절되고 있으므로 옆의 건물에서 소리가 잘 들린다.
③ 밤에는 상공이 더 따뜻하다.
④ 소리가 아래로 휘므로 밤이다.
⑤ 지면에서의 굴절률이 크기 때문에 상공의 소리보다 느리다.

38 ②

해설 | ①, ③ 다른 두 매질에서는 빛이 진행하는 속도가 다르므로 매질의 경계면에서 굴절이 일어난다.
② 하늘이 파랗게 보이는 것은 빛의 산란에 의한 것이다.
④ 입사각이 커지면 굴절각도 커진다. 밀한 매질에서 소한 매질로 진행할 때 임계각 이상에서는 전반사하므로 굴절각이 없다.
⑤ 속도가 작다는 것은 굴절률이 작다는 것이고, 속도가 크다는 것은 굴절률이 크다는 것이므로 굴절률이 작은 쪽에서 큰 쪽으로 가면 입사각이 굴절각보다 작다.

39 해설 참조

해설 |

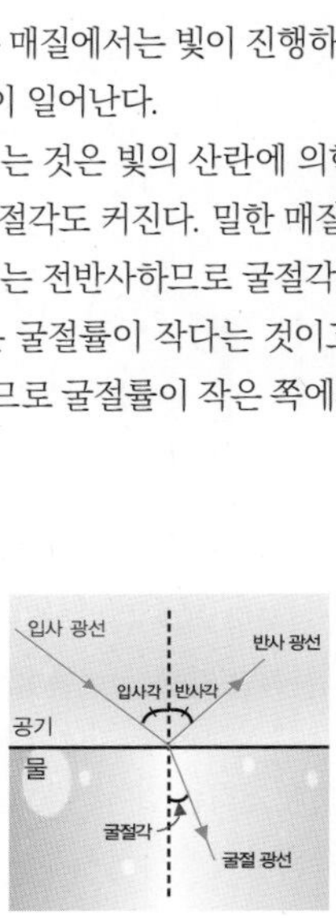

40 (가) B (나) H

해설 | (가)는 소한 매질에서 밀한 매질로 진행하므로 입사각이 굴절각보다 크다. 그러므로 굴절광은 B 경로로 진행한다.
(나)는 밀한 매질에서 소한 매질로 진행하므로 입사각이 굴절각보다 작다. 그러므로 굴절광은 H 경로로 진행한다.

41 ①, ②, ⑤, ⑥

해설 | ③ 빛의 직진성과 반사 현상으로 정반사로 인해 비친다.
④ 빛의 직진성과 반사 현상이다.

42 작살 : ㉢ 레이저 : ㉡

해설 | 빛의 굴절에 의해 물고기가 실제보다 더 높이 있는 것처럼 보인다. 때문에 작살은 물고기가 보이는 곳 아래 지점인 ㄷ 을 겨냥해야 하며, 레이저는 물속으로 진행하면서 굴절을 하므로 눈에 보이는 지점 ㄴ 을 겨냥해야 한다.

43 ③

해설 | 밀한 매질에서 소한 매질로 진행할 때에는 굴절각이 입사각보다 크다.

44 ③

해설 | 사람 눈에 들어오는 빛 : P 점의 물체에서 나온 빛이 굴절된 것
사람이 느끼는 빛 : P′ 의 물체에서 빛이 나온다고 느낀다.

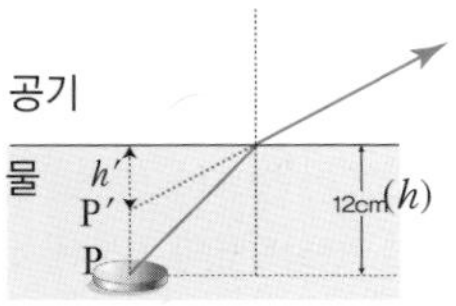

매질 1 이 공기일 때

$\frac{h'}{h} = \frac{n_1}{n_2} = \frac{1}{n_2}$

h'(겉보기 깊이) $= \frac{h(\text{실제 깊이})}{n_2} = \frac{12}{1.3} \fallingdotseq 9(\text{cm})$

45 ①, ②

해설 | 다음과 같이 공통 초점의 볼록 렌즈-오목 렌즈의 조합이거나, 공통 초점의 두 볼록 렌즈의 조합이다.

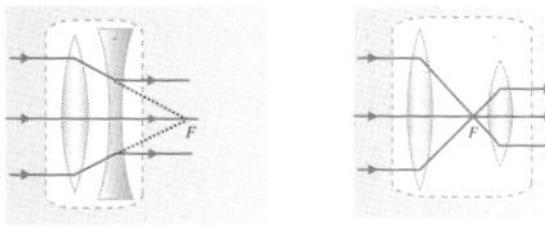

46 ③

해설 |

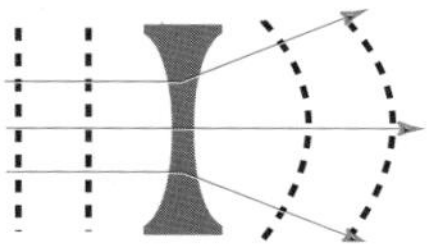

47 ①

해설 | 유리에서 물로 진행할 때에 밀한 매질에서 소한 매질로 진행하는 것은 변화가 없다. 하지만 상대 굴절률 값이 작아져 굴절률이 작아졌다. 그러므로 굴절각이 작아진다. 이에 따라 초점은 뒤로 밀려 초점과 경심과의 거리인 초점 거리는 길어진다. 입사각과 반사각에는 변화가 없으므로 반사광의 경로는 변하지 않는다.

48 ③

해설 | ① 상이 망막 뒤로 맺히므로 원시이다.
② 원시는 가까이 있는 물체를 잘 볼 수 없다.
③ 상이 망막으로 맺힐 수 있게 빛을 모아주는 볼록 렌즈로 교정을 한다.
④ 원시는 주로 노인들에게 많이 나타난다.
⑤ 볼록 렌즈로 교정하면 가까운 곳의 물체도 잘 볼 수 있다.

49 C > B > A > 공기

해설 | 굴절 정도가 심할수록 굴절률이 크다. 입사각이 모두 같으므로 굴절각을 비교하면 C 에서 굴절이 가장 많이 되었다.
∴ 굴절률은 C > B > A 이고, 공기가 굴절률이 가장 작다.

50 ②

해설 | 상대 굴절률이 1.5, $v = f\lambda$
깊은 곳과 얕은 곳의 속도의 비가 1.5 : 1 이라는 뜻이고, 파장의 비와 일치한다. f 가 진동수라면 파장비와 속도비는 같으므로
$1.5 : 1 = 3f : f\lambda_{\text{얕은 물}}$ ∴ $\lambda_{\text{얕은 물}} = 2\text{ m}$

51 ④

해설 | i 는 입사각(얕은 곳), r 은 굴절각(깊은 곳)이라고 했을 때,

$\frac{\sin i}{\sin r} = \frac{v_1}{v_2}$ ∴ $\frac{\sin 30°}{\sin 60°} = \frac{v_1}{4\sqrt{3}}$, $v_1 = 4\text{ m/s}$

52 해설 참조

해설 |

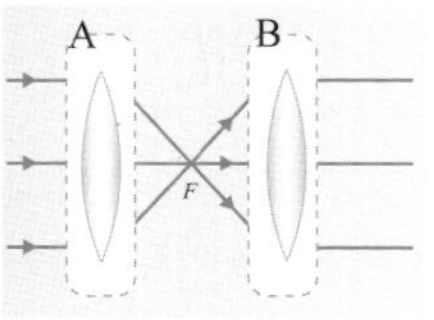

A 에서는 초점으로 빛을 모으고, B 에서는 초점에서 나오는 빛을 렌즈축에 평행하게 굴절시킨다. A, B 모두 볼록 렌즈이다.

54 C

해설 |

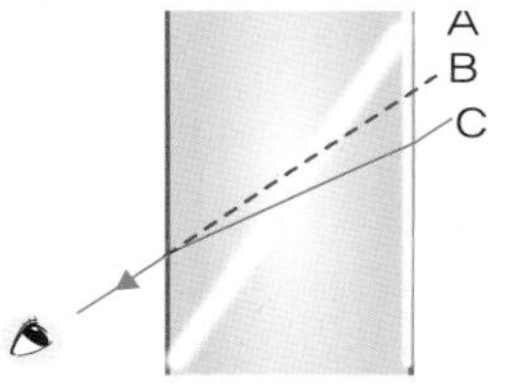

직선의 연장인 B 가 아니라 빛굴절에 의해 그림처럼 C 에 물체가 위치해 있다.

55 (1) ③ (2) ④ (3) $\frac{2}{3}$

해설 | (1) $\frac{v_1}{v_2} = \frac{n_2}{n_1} = \frac{3/2}{1} = \frac{3}{2}$
∴ $v_1 : v_2 = 3 : 2 = 3.0 \times 10^8 : 2.0 \times 10^8$
유리 속에서 빛의 속력은 2.0×10^8 m/s
(2) 물에 대한 유리의 굴절률은 물에서 유리로 진행할 때의 굴절률이다.
1(물) 에서 2(유리) 로 진행할 때 굴절률은 $\frac{n_2}{n_1} = \frac{3/2}{4/3} = \frac{9}{8}$ 이다.
(3) $n_{12} = \frac{\sin\theta_0}{\sin 90°} = \frac{1}{3/2} = \frac{2}{3}$, $\sin\theta_0 = \frac{2}{3}$

56 ④

해설 | 상의 밝기는 전체적으로 줄어들고 상의 크기는 변화가 없다. 거리의 변화도 없으므로 초점 거리는 변하지 않는다.

57 (1) 12 cm, 4 cm, 도립 실상 (2) 4 cm, 1 cm, 정립 허상

해설 | 렌즈 공식 $\frac{1}{a} + \frac{1}{b} = \frac{1}{f} = \frac{2}{r}$, m (배율) = $\frac{b}{a}$

a : 물체까지의 거리, b : 상까지의 거리 (실상(+), 허상(−))

f : 초점 거리(볼록 렌즈:(+), 오목 렌즈:(−))

(1) $\frac{1}{a} + \frac{1}{b} = \frac{1}{f}$, $\frac{1}{6} + \frac{1}{b} = \frac{1}{4}$, $b = 12$ cm

∴ 상의 종류는 도립 실상, $\frac{b}{a} = 2$ 이므로 상의 길이는 4 cm

(2) $\frac{1}{a} + \frac{1}{b} = \frac{1}{f}$, $\frac{1}{12} + \frac{1}{b} = \frac{1}{-6}$, $b = -4$cm

∴ 상의 종류는 정립 허상, $\frac{b}{a} = \frac{4}{12} = \frac{1}{3}$ 이므로 상의 크기는 1 cm

58 ④

해설 | 오목 렌즈는 항상 축소된 정립 허상을 만들어내므로 볼록 렌즈만 가능하다.

m (배율) = $\frac{b}{a} = 4$, $4a = b$, $a + b = a + 4a = 5a = 150$, $a = 30$ cm

$\frac{1}{a} + \frac{1}{4a} = \frac{5}{4a} = \frac{1}{f}$, $f = \frac{4a}{5} = 24$ cm 이다.

∴ 초점 거리 24 cm 인 볼록 렌즈를 전등 아래 30 cm 인 곳에 놓는다.

개념 심화 문제

정답 184 ~ 187쪽

15 (a) $\frac{3}{4}c$ (b) $\frac{2}{3}c$　16 $\frac{\sqrt{3}}{3}$ m　17 해설 참조

18 볼록 렌즈, 초점 거리 50 cm　19 (1) A (b) $\frac{9}{8}$

20 ③　21 렌즈 위 30 cm

22 (1) 렌즈의 오른쪽 20 cm (2) 렌즈의 오른쪽 21.5 cm

15 (a) $\frac{3}{4}c$ (b) $\frac{2}{3}c$

해설 | 어느 매질 속에서 빛의 속력이 공기 중에서의 빛의 속력 c 의 $\frac{1}{n}$ 이 되었을 때, 매질의 굴절률이 n 이므로 빛의 속력 c 를 굴절률로 나누어주면 그 매질에서의 빛의 속력이 된다.

16 $\frac{\sqrt{3}}{3}$ m

해설 | 매질 1 에 대한 매질 2 (진행 방향이 1 → 2일 때)의 상대 굴절률 $n_{12} = \frac{\sin i}{\sin r} = \frac{v_1}{v_2} = \frac{\lambda_1}{\lambda_2} = \frac{n_2}{n_1}$ 이다.

투명체에서 공기로 진행하므로

상대 굴절률은 $n = \frac{1}{2}$, 임계각(굴절각이 90° 일 때)을 구하면,

$$n = \frac{1}{2} = \frac{\sin i}{\sin 90^\circ} = \sin i, \quad i = 30^\circ$$

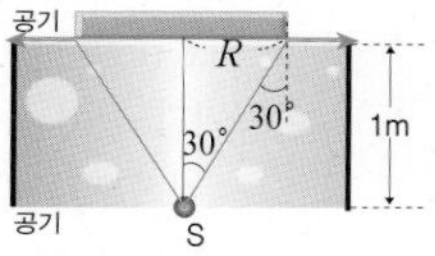

즉, 광원 S 에서 법선의 수선에서 30° 이상으로 빛을 쏘면 모두 전반사 된다. 그러므로 30° 이하의 구역은 원판으로 가려야 한다.

∴ 원판의 최소 반지름 $R = \tan 30^\circ \times 1 = \frac{\sqrt{3}}{3}$ m

17 해설 참조

해설 | (1) 축소된 도립 실상
물체의 반대 쪽

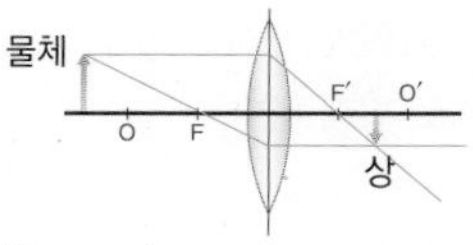

(2) 크기가 같은 도립 실상
물체의 반대 쪽

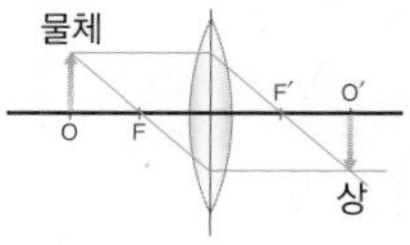

(3) 확대된 도립 실상
물체의 반대 쪽

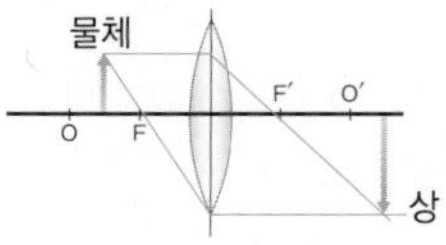

(4) 상이 맺히지 않음
물체의 반대 쪽

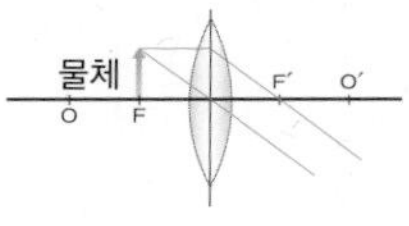

(5) 확대된 정립 허상
물체와 같은 쪽

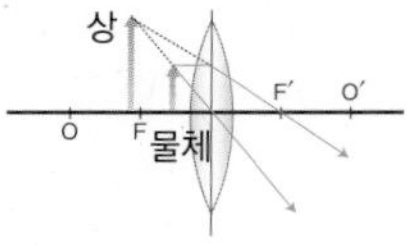

18 볼록 렌즈, 초점 거리 50 cm

해설 | 명시 거리란 눈의 피로를 느끼지 않고 물체를 또렷하게 지속적으로 볼 수 있는 최단 거리를 뜻한다. 근시안은 명시 거리가 25 cm 보다 가깝고, 원시안의 경우는 반대로 길게 되어 있다.

문제에서는 물체가 25 cm 에 있을 때 상이 같은 방향 50 cm 에 바르게 선 상이 생기는 안경을 써야 한다. 렌즈에 있어서 물체와 같은 방향에 바르게 선(정립)상은 허상인 경우이고 물체가 초점 안에 있어야 한다.

$\frac{1}{a} + \frac{1}{b} = \frac{1}{f}$ 공식에서 $a = 25$ cm, $b = -50$ cm 를 넣으면

$f = +50$ cm (볼록 렌즈)가 나온다.

19 (1) A (2) $\frac{9}{8}$

해설 | (1) 물과 유리의 굴절률을 비교하면 $n_{물} < n_{유리}$ 이다. 그러므로 레이저는 물 → 유리 → 물을 통과할 때 소한 매질 → 밀한 매질 → 소한 매질을 통과하는 것이다. 소한 매질에서 밀한 매질로 갈 때에는 굴절각이 입사각보다 작고, 밀한 매질에서 소한 매질로 갈 때에는 굴절각이 입사각보다 크다.

(2) 소한 매질에서 밀한 매질로 이동하므로 굴절률은 1 보다 크다. 물

에 대한 유리의 상대 굴절률 $n_{물,\ 유리} = \frac{n_{유리}}{n_{물}} = \frac{3/2}{4/3} = \frac{9}{8}$

20 ③

해설 | ㄱ, ㄴ. 빛은 뜨거운 공기가 있는 쪽에서 차가운 공기가 있는 쪽으로 진행할 때 굴절각이 감소한다. 문제에서 빛이 아래에서 위쪽으로 휘었으므로 지표면이 상층의 공기보다 뜨겁다는 뜻이다. 온도가 높을수록 방해물의 밀도가 적어 굴절률이 작아 빛의 속력이 증가한다.

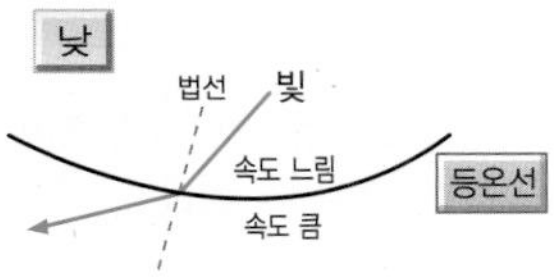

ㄷ. 해가 뜬 후이다. 지표면이 먼저 가열되어서 아래 층의 공기가 위층보다 더 뜨거워져 아래로 갈수록 빛의 속도가 증가하여 빛이 아래에서 위쪽으로 휘게 된다.

21 렌즈 위 30 cm

해설 | 액체의 굴절률은 $\frac{8000}{4800} = \frac{5}{3}$ 이다. 점광원이 액체에 잠겨있으므로 액체 위에서 보면 떠보이게 되는데 $h' = \frac{h}{n} = \frac{10}{\frac{5}{3}} = 6\text{cm}$

즉, 점광원은 6 cm 깊이에 있는 것이 된다.

렌즈의 입장에서는 점광원은 렌즈 아래쪽 15 cm 되는 곳에 있는 것이고, 이 점광원에 의한 상은 공식으로부터

$$\frac{1}{a} + \frac{1}{b} = \frac{1}{f}\ ,\quad \frac{1}{15} + \frac{1}{b} = \frac{1}{10},\quad b = 30\text{ m}$$

즉, 렌즈 위 30 cm 되는 곳에 상이 생긴다.

22 (1) 렌즈의 오른쪽 20 cm (2) 렌즈의 오른쪽 21.5 cm

해설 | (1) $\frac{1}{a} + \frac{1}{b} = \frac{1}{f}\ ,\ \frac{1}{20} + \frac{1}{b} = \frac{1}{10},\ b = 20\text{ cm}$ 렌즈의 오른쪽

(2) 볼록 렌즈의 입장에서 유리가 없을 때에 비해서 유리가 있을 때는 A 점이 렌즈에 더 가깝게 접근하는 것이 된다.

빛이 유리 속에서 4 cm를 진행하는 시간은 공기 중에서 $\frac{4}{1.5} = \frac{8}{3}\text{cm}$를 진행하는 시간과 같으므로 $4 - \frac{8}{3} = \frac{4}{3}$ cm 만큼 A 점이 렌즈에 접근하는 결과를 가져온다.

즉, A 점은 렌즈로부터 $20 - \frac{4}{3} = \frac{56}{3}$ cm 만큼 떨어져 있는 점이되고,

$\frac{1}{a} + \frac{1}{b} = \frac{1}{f}\ ,\ \frac{3}{56} + \frac{1}{b} = \frac{1}{10},\ b = 21.5\text{ cm}$, 렌즈의 오른쪽

Ⅳ. 파동과 빛, 소리 (3)

개념 보기

Q9 P, R : 보강간섭, Q : 상쇄간섭, R 점의 진폭 : 4 cm
Q10 4×10^{-4} mm = 4×10^{-7} m = 400 nm
Q11 ④ Q12 10^{-7} m Q13 400 nm
Q14 해설 참조 Q15 청색광

Q9 P, R : 보강간섭, Q : 상쇄간섭, R 점의 진폭 : 4 cm

해설 | P와 R점은 같은 위상의 파가 간섭하는 모양으로 실선과 실선, 점선과 점선이 겹쳐지므로 보강 간섭이 일어나서 진폭이 2배가 되고, Q점은 반대 위상의 파가 간섭하는 모양으로 실선과 점선이 겹쳐지므로 상쇄 간섭이 일어나 진폭이 0이 된다.

Q10 4×10^{-4} mm = 4×10^{-7} m = 400 nm

해설 |

$$\Delta x(\text{무늬 사이의 간격}) = \frac{L}{d}\lambda$$

$$\lambda = \frac{d\Delta x}{L} = \frac{0.2\ (\text{mm}) \times 2\ (\text{mm})}{1\ (\text{m})} = \frac{0.4\ \text{mm}^2}{1000\ \text{mm}} = 0.0004\ \text{mm}$$

$= 4 \times 10^{-4}$ mm = 4×10^{-7} m = 400 nm, 1 nm = 10^{-9} m

Q11 ④

해설 | ① O점은 S_1, S_2 로 부터의 거리 차가 0 이므로

$\frac{d}{L}x = \frac{\lambda}{2}(2m)$ (m =0, 1, 2, 3⋯)에서 m = 0 으로 보강 간섭이다.

② 보강, 상쇄간섭이 거리 차에 의해 반복적으로 나타난다. 때문에 상하 대칭을 이룬다.

③, ④ Δx(무늬사이의 간격) = $\frac{L}{d}\lambda$ 으로 d 값이 작아지거나, L 값이 커지면 무늬 사이의 간격이 커진다.

Q12 10^{-7} m

소 -밀 - 밀(강) 의 경우이다. 이때 어두운 무늬가 만들어지는 상쇄 간섭일 때 광로차는

$2d = \frac{\lambda'}{2}(2m+1)$ (m = 0, 1, 2, 3 ⋯)이다. $\lambda' = \frac{\lambda}{n}$

(λ' : 막 속에서의 빛의 파장)

m = 0일 때의 d 값이 막의 최소 두께가 된다.

$$d = \frac{\frac{\lambda}{n}}{4} = \frac{\lambda}{4n} = \frac{5 \times 10^{-7}}{4 \times 1.25} = 10^{-7}(\text{m})$$

Q13 400 nm

해설 | 광로차 $\frac{r^2}{R} = \frac{\lambda}{2}(2m+1)$ (m = 0, 1, 2, 3 ⋯) 일 때,

보강 간섭(밝은 무늬) 첫 번째 밝은 무늬이므로 m = 0일 때이다.

$$\frac{r^2}{R} = \frac{\lambda}{2}\ ,\quad \frac{0.2^2}{200} = \frac{\lambda}{2}$$

$$\lambda = 0.0004(\text{mm}) = 4 \times 10^{-7}\text{ m} = 400\text{ nm}$$

Q14 해설 참조

해설 | 빛의 파장이 수면파나 소리, 라디오 전파에 비해 매우 짧기 때문이다. 하지만 빛도 슬릿과 같이 아주 작은 틈을 통과할 때에는 회절한다.

Q15 청색광

해설 | 빛의 회절 무늬 간격은 동일한 조건일 때 파장이 짧을수록 좁아진다(간섭 조건과 유사하다.). 따라서 파장이 더 짧은 청색광을 사용할 경우가 회절 무늬의 간격이 더 좁다.

개념 확인 문제

정답 194 ~ 198쪽

빛의 분산과 스펙트럼, 편광

59 파란빛 60 ⑥ 61 ②, ⑤
62 A : 보라색, B : 빨간색 63 ①
64 (1) O (2) O (3) X (4) X
65 ⓐ 자홍색 ⓑ 노란색 ⓒ 청록색 ⓓ 백색광
66 ③ 67 ④ 68 ③ 69 ② 70 ③
71 ④ 72 초록색과 빨간색 73 ②

파동의 간섭

74 ② 75 ② 76 ④ 77 ① 78 ④
79 ③ 80 ④ 81 ① 82 ①

파동의 회절

83 ① 84 ①, ②, ③, ⑥ 85 ③ 86 ⑤
87 ③

빛의 산란

88 ① 89 ①

59 파란빛

해설 | 파장이 짧을수록 (빨간빛→보라빛) 공기가 아닌 매질 속에서 굴절률이 크다(더 크게 굴절된다.).

60 ⑥

해설 | ① 색이 다른 빛은 빛의 파장이 다르다. 빛이 분산될 때 파장이 짧을수록 굴절이 잘되는데 여러 빛이 각각 굴절되는 정도가 다른 것으로 보아 색이 다른 빛은 파장이 다른 빛이다.
② 햇빛은 백색광으로 여러 가지 색이 혼합된 것이라고 할 수 있다.
③ 꺾임 현상이 두 번 일어났다.
④ 파장이 긴 빨간색은 굴절률이 작으므로 A 에 위치하고 파장이 짧은 파란색은 굴절률이 크므로 B 에 위치한다.
⑤ 각각의 빛은 프리즘 안에서 속도의 차이가 약간씩 있으며, 이에 따라 파장의 차이가 나타나며, 경계면에서 굴절의 정도가 다르다.
⑥ 빛의 속도는 c로 모두 같다.

61 ②, ⑤

해설 | ①, ③ 빛의 산란으로 파란 하늘과 노을이 생긴다.
②, ⑤ 빛의 분산으로 무지개와 스펙트럼이 생긴다.
④ 그림자는 빛의 직진성과 관련이 있다.

62 A : 보라색, B : 빨간색

해설 | 무지개의 원리로 굴절률이 큰 A 가 보라색이며, 굴절률이 작은 B 가 빨간색이다.

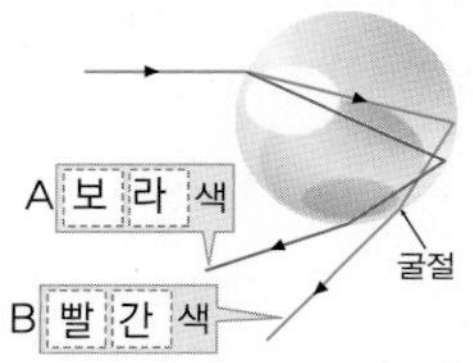

63 ①

해설 | 해를 등지고 서서 동쪽을 향해 뿌려야 한다. 빛이 물방울로 진행하면서 투과(굴절)→ 반사 → 투과(굴절)과정을 통해 빛이 분산되어 무지개로 우리 눈에 보이게 된다.

64 (1) O (2) O (3) X (4) X

해설 | (1) 빛은 합할수록 밝아져 모든 색이 합쳐지면 백색광이 된다.
(2) 스펙트럼에서 양끝 색과 중간색으로 빛의 삼원색을 정의하였다.
(3) 빛은 합할수록 밝아지므로 삼원색을 합치면 백생광이 된다.
(4) 서로 반대되는 색이 보색이다. 빛의 경우 빨강, 파랑, 초록을 합치면 백색광이 되므로 빨간색 빛의 보색 빛은 초록색과 파란색을 합친 색인 청록색 빛이다.

65 ⓐ 자홍색 ⓑ 노란색 ⓒ 청록색 ⓓ 백색광

해설 | ⓐ 빨간 빛 + 파란 빛 = 자홍색 빛(magenta)
ⓑ 빨간 빛 + 녹색 빛 = 노란색 빛(yellow)
ⓒ 파란 빛 + 녹색 빛 = 청록색 빛(cyan)
ⓓ 백색광(white)

66 ③

해설 | 빨간 사과는 모든 색은 흡수하고 빨간색만 반사시킨다. 그 반사된 빨간빛이 우리눈으로 들어오기 때문이다.

67 ④

해설 | 빨간 셀로판지는 모든 색을 흡수하고 빨간색만 투과시킨다. 노란색 빛은 초록색과 빨간색을 섞은 색이기 때문에 빨간색 셀로판지를 지나가면 초록색은 흡수되고 빨간색만 투과하게 된다.

68 ③

해설 | 빛은 빨간색과 파란색, 초록색이 같은 비율로 섞여 있는 백색광이다. 따라서 빨간색과 파란색을 제거하면 초록색 빛이 된다.

69 ②

해설 | 빨간빛과 초록빛이 합쳐진 노란색으로 보인다.

70 ③

해설 | 초록색 나뭇잎에서는 초록색만 반사시키고 나머지 색은 흡수한다. 노란색 셀로판지는 빨강과 초록색만 투과시킨다. 때문에 초록색 빛이 나는 나뭇잎의 색은 그대로 투과시켜 초록색으로 보인다.

71 ④

해설 | 빨간색 종이는 빨간색만 반사시킨다. 여기에 빨간색과 초록색의 혼합색인 노란색을 비추면 종이는 초록색은 흡수하고 빨간색만 반사시킨다. 그래서 빨간색으로 보인다.

72 초록색과 빨간색

해설 | 흰옷은 모든 색을 반사시킨다. 그러므로 비춘 색은 모두 반사시킨다. 노란색으로 보이기 위해서는 초록색과 빨간색을 비춰야 노란색이 보인다.

73 ②

해설 | ① 빛의 직진성에 대해 알 수 있는 실험이다.
② (B) 에도 어느 정도 빛은 보인다. 만약 z 축에 대하여 90° 회전하였으면 아무 빛도 보이지 않는다.
③ 굴절 현상과 무관한 실험이다.
④ 횡파와 종파의 이중성과는 관련이 없다.
⑤ 실험 (B) 에서도 빛을 볼 수는 있다. 그러나 (A) 에 비해 밝기는 낮다.

74 ②

해설 | 파동의 독립성으로 아무런 변화 없이 각각의 파동이 P점을 지나 진행한다. 그러므로 오른쪽에는 진폭이 큰 것이 위치하고, 왼쪽에는 진폭이 작은 것이 위치한다. 위상은 바뀌지 않는다.

75 ②

해설 | 각각의 위치에서 진폭의 합을 하여 파동을 그리면 다음과 같다.

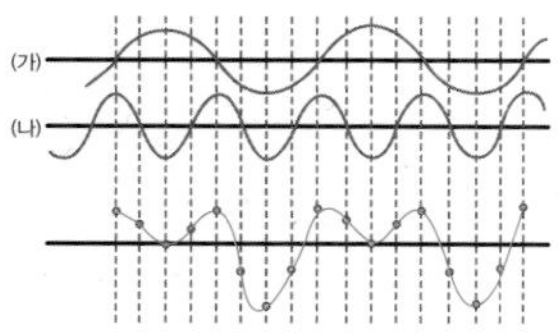

76 ④

해설 | 보강 간섭일 때의 조건이

$|S_1P \sim S_2P| = \frac{\lambda}{2} \cdot 2m \quad (m = 0, 1, 2, 3 \cdots)$ 이다.

파장이 6 cm 이므로 $6m = |S_1P \sim S_2P|$ 이다. 즉, 경로차가 6 의 배수일 때 진폭이 최대로 되는 보강 간섭이 일어나는 것이다.
보기의 경로차를 구하면 ① 2 cm ② 4 cm ③ 5 cm ④ 6 cm ⑤ 7 cm 이다. 그러므로 ④이 답이다.

77 ①

해설 | 보강 간섭이 일어나려면 경로차

$|S_1A \sim S_2A| = \frac{\lambda}{2} \cdot 2m \quad (m = 0, 1, 2, 3 \cdots)$ 이 되어야 한다

경로차는 $5 - 4 = 1$ m 이므로 $1 = \frac{\lambda}{2} \cdot 2m \ (m = 0, 1, 2, 3 \cdots)$

$m = 1$ 인 경우 $\lambda = 1$ m 이다.

78 ④

해설 | Δx(무늬 사이 간격) $= \frac{l}{d}\lambda$ 이다.
① 경로차가 0 인 O 점에서는 밝은 무늬가 나타난다.
② 두 슬릿을 통과한 빛이 스크린 상에서 O 점을 중심으로 상하로 밝고 어두운 무늬를 대칭적으로 만든다.
③ d 값이 작아지면 무늬 사이 간격은 커진다.
④ l 값이 커지면 무늬의 간격은 커진다.
⑤ $\lambda = (\Delta x \cdot d)/l$ 이다.

79 ③

해설 | 광로차 $= \frac{\lambda}{2} \cdot (2m' + 1)(m' = 0, 1, 2, 3 \cdots)$ - 상쇄간섭 공식
두 번째 어두운 부분이므로 $m' = 1$ 일 때이다.

$\therefore$ 광로차 $= \frac{5000 \times 3}{2} = 7500$ Å

80 ④

해설 | 무늬의 간격이 3×10^{-3} m 이라고 주어졌다.

Δx (무늬 사이의 간격) $= \frac{l}{d}\lambda \rightarrow 3 \times 10^{-3} = \frac{1}{0.0002} \times \lambda$

$\therefore \lambda = 6 \times 10^{-7}$ m $= 6000$ Å $(1\text{Å} = 10^{-10}$ m$)$

81 ①

해설 | 두 막에서 반사하는 빛의 경로차는 $2d$ 이다. 하나는 자유단, 다른 하나는 고정단 반사이므로 위상차가 $\frac{\lambda}{2}$ 만큼 발생하여 다음과 같은 조건이 된다.

$2d = \frac{\lambda}{2}(2m' + 1) \quad (m' = 0, 1, 2, 3 \cdots)$ - 보강 간섭(밝은 무늬)

$2d = m\lambda' \quad (m = 1, 2, 3 \cdots)$ - 상쇄 간섭(어두운 무늬)

$\lambda' = \frac{\lambda}{n}$ (λ': 매질 속에서의 빛의 파장)

상쇄 간섭의 조건(반사가 최소로 되는 조건)은

$2d = m\lambda' \quad (m = 1, 2, 3 \cdots)$ 이고, $\lambda' = \frac{\lambda}{n}$ 이므로

$2nd = m\lambda \quad (m = 1, 2, 3 \cdots)$가 되며, d 가 최소로 되기 위해서는 $m = 1$ 이다. 그러므로 $d = \frac{\lambda}{2n} = \frac{\lambda}{3}$ 가 된다.

82 ①

해설 | 광로차 $2d = \frac{r^2}{R} = \frac{\lambda}{2}(2m + 1) \quad (m = 0, 1, 2, 3 \cdots)$일 때 보강 간섭(밝은 무늬)이 발생한다.

$m = 0$ 일 때, $d = \frac{\lambda}{4}$, $m = 1$ 일 때, $d = \frac{3}{4}\lambda$

$m = 2$ 일 때, $d = \frac{5}{4}\lambda$ ...이다. 조건에 맞는 것은 ① 이다.

83 ①

해설 | 슬릿의 간격이 좁을수록, 파장이 길수록 회절이 잘 된다. 슬릿을 지나 파의 진행이 둥글게 변할수록 회절이 잘되는 모습이다. 그러므

로 슬릿의 간격이 가장 작고, 슬릿 통과 후 가장 둥글게 변한 ①이 답이다.

84 ①, ②, ③, ⑥

해설 | ① 파장이 길수록 회절이 잘 된다.
② 방파제 사이의 틈에서 회절이 일어나 방파제 뒤쪽까지 파도가 퍼진다.
③ 소리가 장애물의 가장자리에서 회절에 의해 휘기 때문에 벽을 사이에 두고 두 사람이 이야기할 수 있는 것이다.
④ 빛과 전파도 파동이므로 회절 현상이 일어난다.
⑤ 슬릿의 간격이 좁을수록 잘 일어난다.
⑥ 회절은 장애물의 작은 틈이나 모서리에서 잘 일어난다.

85 ③

해설 | 전파의 속력은 빛의 속력과 같다. 속력이 일정하므로 진동수가 크면(FM 방송) 파장이 짧고, 진동수가 작으면(AM 방송) 파장이 길다. FM 방송은 진동수가 크고 라디오를 통해 선명한 음향을 제공할 수 있다. 그러나 AM 방송은 진동수가 작아 FM 보다는 선명하지 않은 음향을 제공한다. 하지만 AM 방송의 전파는 회절이 잘 일어나 산등성이 등에서 회절되므로, 산으로 둘러쌓인 지역에서 잘 들릴 수 있다.

86 ⑤

해설 | 멀리서 오는 빛에 있어서 망원경의 렌즈가 일종의 틈이라고 볼 수 있으며, 틈이 클수록 빛의 회절 정도가 작으므로, 선명한 상을 얻을 수 있다.

87 ③

해설 | 상하 방향으로 생기는 무늬는 무늬 간격이 좁고 폭이 넓다. 좌우방향으로 생기는 무늬는 무늬 간격이 넓고 폭이 좁다. 그러므로 좌우 방향의 회절이 더 잘 되었다. 슬릿의 폭이 좁을수록 회절이 잘되므로 세로가 긴 직사각형 틈 모양이다.

88 ①

해설 | ① 물방울 내에서 빛이 분산되는 현상이 무지개이다.
② 구름 속의 비교적 입자가 큰 물방울이나 얼음조각에 의해서는 짧은 파장의 빛이 산란되는 것보다 빛이 전체적으로 산란되므로 희게 보인다.
③ 공기 입자에 의해서 파장이 짧은 빛인 푸른 빛이 산란되어 공기 중으로 퍼져 우리 눈으로 들어오므로 하늘이 파랗게 보인다.
④, ⑤ 빛이 두꺼운 대기층을 통과하면서 파장이 짧은 빛이 산란되어 없어지고 붉은빛 등 파장이 긴 빛만 우리 눈에 들어오므로 저녁노을과 아침 노을이 붉게 보인다.

89 ①

해설 | 백색광이 비커의 우유 입자에 의해 산란되어 파장이 긴 붉은 색만 통과 후 스크린에 나타났으므로 빛의 산란 현상이다. 저녁 노을의 현상도 햇빛이 공기 중에서 산란되어 파장이 긴 붉은 색만 우리 눈에 도달하여 붉게 보이는 것이다.

개념 심화 문제

정답 199 ~ 200쪽

23 180°, π　　24 해설 참조　　25 ②

26 (1) $\frac{2}{3}$ 배　(2) B　(3) 0 점에서 P 점까지의 거리는 줄어든다.

27 1.3 mm

23 180°, π

해설 | P 점에서 실선과 실선이 만날 때, Q 점에서는 점선과 점선이 만난다. 그러므로 P 점과 Q 점은 반대 위상을 가진다.

24 해설 참조

해설 |

조명색	보이는 장미의 색
흰색	빨간색 : 빨간색은 반사하고 나머지색은 흡수한다.
빨간색	빨간색 : 빨간색은 반사한다.
파란색	검은색 : 파란색은 흡수한다.
초록색	검은색 : 초록색은 흡수한다
자홍색(magenta)	빨간색 : 자홍색에 섞여 있는 파란색은 흡수하고 빨간색만 반사한다.
노란색(yellow)	빨간색 : 노란색에 섞여 있는 초록색은 흡수하고 빨간색만 반사한다.
청록색(cyan)	검은색 : 청록색에 섞여 있는 파란색, 초록색은 모두 흡수한다.

25 ②

해설 | 입사되는 각각의 빛에서의 광로차 $= 2d = \frac{\lambda}{2}(2m+1)$ ($m = 0, 1, 2, 3 \cdots$)일 때 보강간섭(밝은 무늬)을 일으킨다. 이웃한 두 개의 밝은 무늬 사이의 광로차를 비교하는 것이다.

$m = k$ 일 때와 $m = k+1$ 일 때를 구해보자.

$$m = k \rightarrow 2d_1 = \frac{\lambda}{2}(2k+1), \quad m = k+1 \rightarrow 2d_2 = \frac{\lambda}{2}(2k+3)$$

$$d_2 - d_1 \text{(이웃한 두 빛의 광로차)} = \frac{\lambda}{2}$$

26 (1) $\frac{2}{3}$ 배　(2) B　(3) 0 점에서 P 점까지의 거리는 줄어든다.

해설 | (1) Q 점은 그래프 A 의 첫 번째 밝은 무늬 위치이고, 그래프 B 의 첫 번째 어두운 무늬 위치이다. A 의 파장을 λ_A, B 의 파장을 λ_B 라고 하면, A 광선의 첫 번째 밝은 무늬와 스크린 중앙과의 거리 x_A 는

$$\frac{dx_A}{L} = \frac{\lambda_A}{2}(2m+1)\ (m = 1\text{일 때}) \rightarrow x_A = \frac{3L\lambda_A}{2d},$$

B 광선의 첫 번째 어두운 무늬와스크린 중앙과의 거리 x_B 는

$$\frac{dx_B}{L} = \frac{\lambda_B}{2}(2m)\ (m = 1\text{일 때}) \rightarrow x_B = \frac{L\lambda_B}{d} \text{ 이다.}$$

$$x_A = x_B \rightarrow \frac{3L\lambda_A}{2d} = \frac{L\lambda_B}{d} \rightarrow \lambda_A = \frac{2}{3}\lambda_B$$

(2) 단일 슬릿에 의한 회절 무늬는 파장이 길어질수록 무늬 사이의 간격도 넓어진다. 0 점과 Q 점 사이의 간격보다 0 점과 P 점 사이의 간격보다 넓기 때문에 빛의 파장이 더 긴 빨간색 빛의 그래프는 B 이다.
(3) 슬릿의 폭이 넓어지면, 회절이 일어나는 정도가 작기 때문에 스크

린 중앙과 무늬 사이의 거리는 좁아진다. 따라서 0 점에서 P 점까지의 거리는 줄어든다.

27 1.3 mm

해설 | 평면 유리판 위에서 반사하는 빛은 고정단 반사, 평볼록 렌즈의 아랫면에서 반사하는 빛은 자유단 반사를 한다. 따라서 밝은 무늬를 만드는 보강 간섭 조건은 다음과 같다.

$2d + \frac{\lambda}{2} = \frac{\lambda}{2}(2m) \rightarrow 2d = \frac{\lambda}{2}(2m-1) \quad (m = 1, 2, \cdots)$

이때 $2d = \frac{r^2}{R}$ 이므로, $r^2 = \frac{R\lambda}{2}(2m-1) \rightarrow r = \sqrt{\frac{(2m-1)R\lambda}{2}}$

2번째로 나타나는 밝은 무늬의 반지름은 $m = 2$ 일 때이므로

$$r = \sqrt{\frac{3 \times 2 \times (6 \times 10^{-7})}{2}} \fallingdotseq 1.3 \times 10^{-3}(\text{m}) = 1.3(\text{mm})$$

Ⅶ. 파동과 빛, 소리 (4)

개념 보기

Q16 안 들린다. Q17 5 회 Q18 3200 Hz
Q19 6 m Q20 340 Hz
Q21 $\lambda = 2$ m, $v = 20$ m/s

Q16 안들린다.

해설 | 경로차는 5 − 4 = 1, 1 m 이다.

큰 소리가 들릴 조건은 (경로차) = $\frac{\lambda}{2}(2m)$ $(m = 0, 1, 2, 3 \cdots)$ 이다.

파장 $\lambda = 2$(m) 이므로 경로차 1(m) 을 만족시키는 m 이 없으므로 상쇄 간섭이 일어나 잘 들리지 않게 된다.

Q17 5 회

해설 | 진동수는 1 초 동안 진동한 회수이다. 그러므로 두 소리가 보강 간섭하여 크게 들리는 맥놀이 회수는 두 진동수의 최대 공약수의 개념으로 보면 된다.

500 과 505 의 최대 공약수는 5 이다. 1 초동안 각각 500 번 진동하고 505 번 진동하는 동안, 5 번 같은 위상일 때가 생기는 것이다.

Q18 3200 Hz

해설 | 도플러 효과가 나타나고 있다. 기차와 사람이 접근하고 있다.

$$f = f_0 \frac{v + V_D}{v - V_S}$$

(V_D : 사람의 접근 속도(- : 멀어질 때), V_S : 기차의 접근 속도(+ : 멀어질 때), v : 음파의 속력)

서있는 사람에게 들리는 기차 소리의 진동수는

$f = 3000 \times \frac{v + 0}{v - 20} = \frac{3000 \times 320}{300} = 3200$ Hz

Q19 6 m

해설 | 그림과 같은 모양의 정상파가 가장 파장이 긴 정상파(기본 진동)이다.

∴ 파장 $\lambda = 2l = 6$(m)

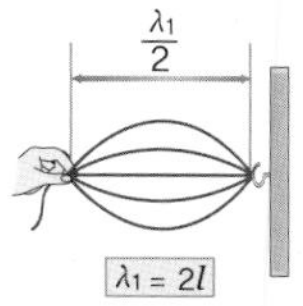

Q20 340 Hz

해설 | 폐관 진동의 기본 진동은 $l = \frac{\lambda}{4}$ 이다.

관의 길이는 0.25 m 이므로 기본 진동 소리(정상파)의 파장

$\lambda = 4 \times 0.25 = 1$ m

$v = f\lambda = 340 \quad \therefore f = 340$ Hz

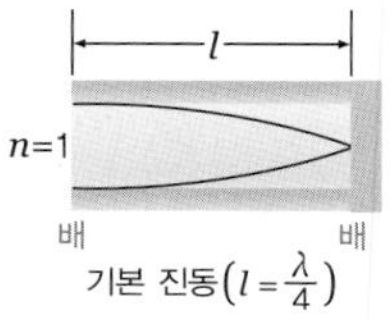

Q21 $\lambda = 2$ m, $v = 20$ m/s

해설 | 배가 4 개이므로 4 배 진동이다.

파장 $\lambda = \frac{4}{2} = 2$(m), 매초 10 회 흔들었으므로 $f = 10$ Hz

$\therefore v = f\lambda = 10 \times 2 = 20$(m/s)

개념 확인 문제

정답 204 ~ 205쪽

소리

90 ④ 91 ①, ⑤, ⑥, ⑦ 92 (1) C (2) E
93 E 94 4500 m 95 ③
96 (1) ⑤ (2) ⑤ 97 ②
98 (그림 1) D (그림 2) A 99 ① 100 ① 101 ②
102 ④ 103 ③ 104 ①

90 ④

해설 | 소리의 전달 속도는 기체<액체<고체 순으로 빠르다. 그리고 같은 상태라면 밀도가 클수록 소리의 전달이 빨리 된다.

그러므로 전달 속도는 ① < ③ < ⑤ < ④ 이다. 진공에서는 매질이 없어 전달되지 않는다.

91 ①, ⑤, ⑥, ⑦

해설 | ① 소리는 소밀파, 종파이다.

②, ④ 매질이 없으면 소리는 전달되지 않는다. 소밀파가 발생할 매질이 없기 때문이다.

③ 공기 중보다 액체, 고체에서 음파가 빨리 전달된다.

⑤ 종파로 매질의 진동 방향과 평행하다.

⑥ 사람의 가청 주파수 : 20 ~ 20,000 Hz 이다.

⑦ 사람은 공기의 진동이 사람의 고막을 진동시켜 소리를 듣는다.

92 (1) C (2) E

해설 | (1) 소리의 세기는 진폭과 관련있다. 진폭이 클수록 소리가 크다.

(2) 소리의 높이는 진동수와 관련있다. 진동수가 클수록 소리가 높다.

93 E

해설 | 물이 적게 차 있을수록 빨리 떨릴 수 있으므로 진동수가 커져 소리가 높다. 이때의 소리는 유리의 진동에 의한 것이다. 물이 잠겨진 부분은 물 때문에 유리의 진동이 빨리 일어나지 않는다.

94 4500 m

해설 | 6 초 동안 초음파가 바다의 바닥을 갔다 오는 시간이다. 그러므로 걸린 시간 동안 소리가 이동한 거리는 왕복 거리가 된다. ∴ 바다의 깊이 : $1500 \times 6 \times \frac{1}{2} = 4500(\text{m})$

95 ③

해설 | 400 Hz 와 403 Hz 소리의 맥놀이 진동수 $f = |f_1 - f_2|$ 그러므로 1 초에 3 회 맥놀이가 일어난다.

96 (1) ⑤ (2) ⑤

해설 | $f = f_0 \frac{v \pm V_D}{v \mp V_S}$ (V_D : 관측자 접근 속도 (− : 멀어질 때), V_S: 음원의 접근 속도(+ : 멀어질 때))

(1) $f = \frac{v}{\lambda'} = f_0 \frac{v}{v - V_S} = 1200 \times \frac{340}{340 - 40} = 1360$ Hz

(2) $f = f_0 \frac{v \pm V_D}{v \mp V_S} = 1200 \times \frac{340 + 10}{340 - 40} = 1400$ Hz

97 ②

해설 | ① 줄을 길게 하면 파장이 길어져 진동수가 감소하여 소리가 낮은 소리가 난다.

② 줄을 팽팽하게 하면 진동 속도를 빠르게 할 수 있어 진동수가 증가하여 높은 소리가 난다.

③ 두꺼운 줄은 진동 속도가 느려 진동수가 작다.

④ 줄을 더 세게 튕기면 소리만 커진다.

⑤ 줄을 빠르게 튕기는 것은 음 높이와 관련이 없다.

98 (그림 1) D, (그림 2) A

해설 | 바람으로 소리를 내는 경우인 (그림 1)은 관 입구에 파동의 배가 위치해야 한다. 음파의 속도 $v = f\lambda$ 이므로 v 가 일정할 때 λ 가 작으면 진동수가 커져 높은 소리가 난다. 폐관 진동은 관의 길이가 짧을수록 파장이 짧아지고 높은 소리가 난다. 유리 막대로 치는 경우는 물과 닿아 있지 않은 부분이 많을수록 진동이 빠르다.

99 ①

해설 | 정상파의 마디는 진폭이 0 으로 유지되고, 파의 배가 위 아래로 진동한다. 주기의 $\frac{1}{4}$ 이 지나면 파의 모습이 그림 ①처럼 된다.

100 ①

해설 | 파가 진행하면서 골과 골이 만나는 지점, 마루와 마루가 만나는 지점이 배가 된다. 주어진 그림에서 두 파동을 각각 오른쪽, 왼쪽으로 $\frac{1}{4}\lambda$ 씩 이동시키며 중첩시키면, 두 진폭의 합이 0 이 되는 지점 B, D, E 가 마디가 된다.

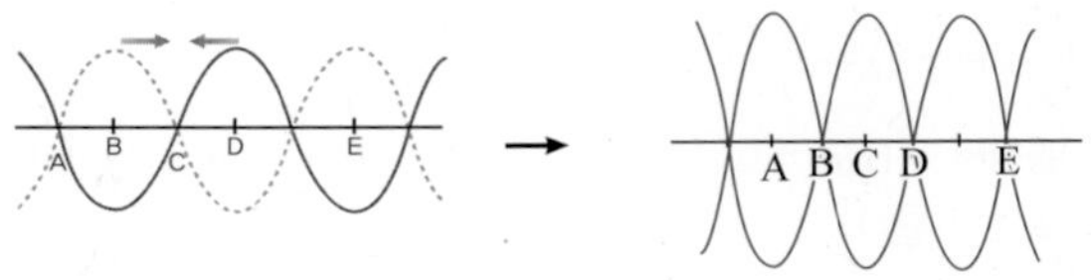

101 ②

해설 | 팽팽한 줄은 다음과 같은 기본 진동이 발생한다. 기본 진동이 가장 파장이 길 때이다.

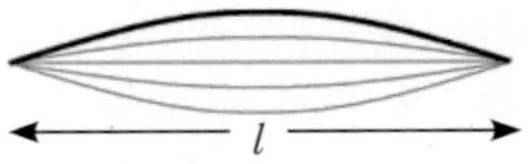

그러므로 가장 긴 파장 $\lambda = 2l = 2$ m

102 ④

해설 | 길이 l 의 폐관의 경우 열린 쪽에는 정상파의 배가, 닫힌 곳에는 정상파의 마디가 와야 하므로 기본 진동의 가장 긴 파장은 $4l$, 3 배 진동의 파장은 $\frac{4l}{3}$, 5 배 진동의 파장은 $\frac{4l}{5}$ 등이다.

103 ③

해설 | 열린 끝에서는 공기가 자유로이 진동할 수 있으므로 정상파의 배가 와야 한다.

104 ①

해설 | 그림의 모습이 기본 진동의 모습으로 관의 길이 50 cm 가 반 파장에 해당한다. 따라서 기본 진동의 파장은 1 m 가 된다. $v = f\lambda$ 이므로 $340 = 1 \times f$ ∴ $f = 340$ Hz

개념 심화 문제

정답	205 ~ 207쪽

28 최소 $f = 85(2m + 1)$ $(m = 0, 1, 2 ..)$, 최대 $f = 170m$ $(m = 1, 2, 3 ..)$

29 5000 Hz

30 (1) 해설 참조 (2) $\frac{2000}{11}$ Hz (3) $\frac{2000}{9}$ Hz (4) 40 회

31 23.7 m/s

28 최소 $f = 85(2m + 1)$ $(m = 0, 1, 2, ..)$,
최대 $f = 170m$ $(m = 0, 1, 2, ..)$

해설 | • P 점에서 큰 소리가 들릴 조건 ($v = \lambda f = 340$)

$|S_1P - S_2P| = \frac{\lambda}{2} \cdot 2m$ $(m = 0, 1, 2, 3 \cdots) = 2$

$\therefore 2 = \lambda \cdot m = \frac{340}{f} m$ $(m = 0, 1, 2, 3 \cdots)$

$f = 170m$ $(m = 0, 1, 2, 3 ..) = 170$ Hz, 340 Hz, 510 Hz.. 일 때 P 점에서 소리의 세기가 최대이다.

• P 점에서 소리가 들리지 않을 조건

$|S_1P - S_2P| = \frac{\lambda}{2} \cdot (2m + 1)$ $(m = 0, 1, 2, 3 \cdots)$

$2 = \frac{\lambda}{2}(2m+1) = \frac{170}{f}(2m+1)$

$f = 85(2m+1)$ (m = 0, 1, 2, ..) = 85 Hz, 255 Hz, 425 Hz 일 때 소리가 최소로 된다.

29 5000 Hz

해설 | S 로부터 출발한 소리가 나누어져 A 를 거쳐 D 로 가고, B 를 거쳐 D 로 간 두 소리가 상쇄 간섭을 일으켰을 때 음 세기의 최소값이 된다. 두 경로의 경로차가 반파장의 홀수배가 되는 경우이다. 경로차가 반파장만큼 증가하면 음세기가 최대값이 된다.

B 를 오른쪽으로 1.65 cm 잡아당겼을 때(경로차는 3.3 cm 차이가 더 나게 된다.) 음세기의 최소값에서 처음 최대값이 되었다고 했으므로 증가한 경로차 3.3 cm 는 반파장이고, 소리의 파장은 6.6 cm 이다

$$\therefore f = \frac{v}{\lambda} = \frac{33000}{6.6} = 5{,}000\text{Hz}$$

30 (1) 해설 참조 (2) $\frac{2000}{11}$ Hz (3) $\frac{2000}{9}$ Hz (4) 40 회

해설 | (1) 맥놀이 현상은 파장이 비슷한(진동수가 비슷한) 두 음파가 합성되어 나타난다. 그림에서 사람에게는 두 소리가 도달하는데 하나는 소리굽쇠로부터 직접 오는 소리(멀어지고 있으므로 진동수가 감소함)이고 다른 하나는 흑판에 반사되어 도달하는 소리(가까워지는 것이므로 진동수가 증가함)이다. 두 소리에 의해 맥놀이 현상이 일어난다.

(2) 관찰자는 고정되어 있고, 소리굽쇠가 멀어지고 있으므로

$f = f_0 \frac{v \pm V_D}{v \mp V_S}$ (V_D : 관측자 접근 속도 (− : 멀어질 때), V_S : 음원의 접근 속도(+ : 멀어질 때))

$$f = 200 \times \frac{340}{340+34} = \frac{2000}{11}\text{Hz}$$

(3) 흑판에서는 음파가 반사된다. 그러므로 흑판에서 반사하여 O 에 도달한 소리의 진동수는 P 가 흑판에 가까워질 때 흑판에서 들리는 소리의 진동수와 같다.

$$f = 200 \times \frac{340}{340-34} = \frac{2000}{9}\text{Hz}$$

(4) 맥놀이의 진동수 $f = |f_1 - f_2|$

$= \frac{2000}{9} - \frac{2000}{11} = \frac{4000}{99}$ ≒ 40, 즉 40 회이다.

31 23.7 m/s

해설 | 경찰에 의해 자동차가 초음파를 반사하고, 경찰은 자신이 보낸 초음파가 자동차에 의해 변화된 진동수를 관측하게 된다.

먼저 자동차가 관측자라고 가정하여 경찰이 쏘는 초음파(40kHz)가 자동차에게 어떻게 느껴지는가를 알아야 한다.

$$f_{\text{자동차}} = f_0 \frac{v \pm V_D}{v \mp V_S} = 40000 \times \frac{340+V}{340}$$

이후 경찰이 자동차에 보낸 초음파의 진동수가 $f_{\text{자동차}}$ 로 변화되어 자동차는 진동수가 $f_{\text{자동차}}$ 인 음원을 발생하며 경찰에게 다가가고 있고 경찰은 관측자가 되어 46kHz의 초음파의 진동수를 측정한다.

$f_{\text{경찰}} = f_{\text{자동차}} \times \frac{340}{340-V}$

→ $46000 = 40000 \times \frac{340+V}{340} \times \frac{340}{340-V}$

$= \frac{40000(340+V)}{340-V}$

$V = \frac{1020}{43}$(m/s) = 23.72 m/s = 약 85.4 km/h

창의력을 키우는 문제

208 ~ 219쪽

01. 단계적 문제 해결형

2

해설 | 1. 조건 a에서 파형의 최고점과 최저점의 차는 진폭의 2 배가 되므로 진폭은 75 cm 가 된다.

2. 조건 b 에서는 최고점에서 다시 최고점이 될 때 걸리는 시간이 주기인데 10 회 반복하였을 때 20 초가 걸렸으므로 주기는 2 초이다.

3. 조건 a 와 b 에서 파장은 알 수 없으므로 전파 속도는 구할 수 없다.

02. 추리 단답형

(1) 3 m (2) 1.5 m/s

해설 | (1) 파면은 같은 위상의 점들을 연결한 선이므로 파면과 파면 사이의 거리는 파장과 같다. 15 m 안에 파장이 5 개가 들어있으므로 파장(λ)은 $\frac{15}{5}$ = 3(m) 이다.

(2) 20 초 동안 10 개의 파도가 지났다. 1개의 파도가 지나는 시간은 2 초이고, 이것이 주기(T)이다.

∴ 파도의 전파 속도 $v = \frac{\lambda}{T} = \frac{3}{2}$ = 1.5(m/s)

03. 추리 단답형

(1) 2.5 Hz, 0.4 초, 5 m/s (2) $\frac{5}{6}$ Hz, 1.2 초, $\frac{5}{3}$ m/s

해설 | (1) 파장은 2 m 로 유지되었다. 붉은 실선에서 x 축 0 에 있던 지점이 0.3 초 후에 푸른 실선의 x 축 1.5 m 지점에 위치하므로 전파 속력은 $\frac{1.5}{0.3}$ = 5(m/s)가 된다. $v = f\lambda$ 에서 파장(λ)이 2 m 이므로 진동수(f)는 2.5 Hz, 주기(T)는 진동수의 역수이므로 0.4 초이다.

(2) 파장은 2 m 로 유지되었다. 붉은 실선에서 x 축 0 에 있던 지점이 0.3 초 후에 푸른 실선의 x 축 −0.5 m 지점에 위치하므로

전파 속력은 $\frac{0.5}{0.3} = \frac{5}{3}$(m/s)가 된다. $v = f\lambda$ 에서 파장이 2 m 이므로 진동수는 $\frac{\frac{5}{3}}{2} = \frac{5}{6}$ Hz, 주기는 진동수의 역수이므로 1.2 초이다.

04. 단계적 문제 해결형

(1) ④ (2) $\theta = \theta'$ (3) 0

해설 | (1) 반사면이 θ 만큼 기울어지면 입사각과 반사각이 각각 θ 만큼 변한다. 입사각과 반사각의 변화량의 합은 2θ 가 되므로 반사광이 벗어나는 각도는 2θ 가 된다.

(2) 평행선을 그어 엇각과 동위각을 표시하면

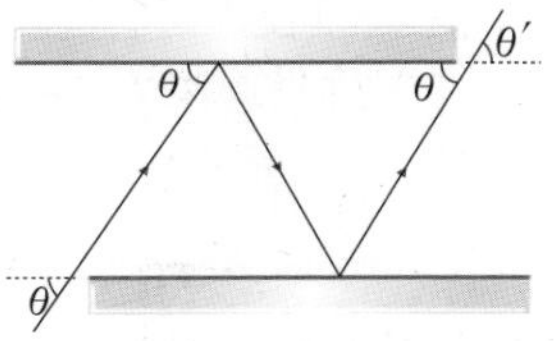

$\theta = \theta'$ 이다.

(3) 두 반사면이 평행하게 기울어진다. 때문에 첫 번째 반사면에서 반사되어 광선의 각도가 전에 비해 2θ 만큼 벗어났지만 두 번째 반사면에서 또 반사되어 2θ 만큼 다시 차이가 줄어들어 처음과 같은 각으로 뻗어나간다.

05. 단계적 문제 해결형

(1), (2) 해설 참조

해설 | (1) ① 파동의 반사와 굴절에는 '최단 시간의 원리'가 적용된다. 경로 AFB 를 보면 입사각과 반사각이 같은 경우이고, 수평면을 거울 면으로 생각하면 빛의 입장에서는 B 점까지 직진하는 경로와 같다. 따라서 가장 시간이 적게 걸리는 경로라고 할 수 있다.

② AFB 경로가 시간이 가장 적게 걸린다.

③ AFB 빛이 한 매질에서 가장 빨리 진행하기 위해서는 직선 경로를 선택해야 하는데 수평면을 거울이라고 했을 때 B 점은 거울 속 허상으로 나타날 것이며, 그곳까지 직선으로 진행하는 것과 같은 경로가 AFB 경로이다.

(2) ① 총 걸린 시간 = 공기에서 걸린 시간 + 굴절률이 2 인 매질에서 걸린 시간 (시간 = 거리 ÷ 속력)

i) POQ 경로

PO 거리 = 2.5 m , OQ 거리 = $\dfrac{\sqrt{13}}{2}$

PO 시간 = $\dfrac{2.5}{10}$ 초, OQ 시간 = $\dfrac{\sqrt{13}}{10}$, POQ 시간 = 약 0.611 초

ii) PO′Q 직선 경로 (PO′Q 거리 = $\dfrac{\sqrt{74}}{2}$)

PO′거리 = PO′Q 거리 × $\dfrac{2}{3.5} = \dfrac{2\sqrt{74}}{7}$, O′Q 거리 = $\dfrac{3\sqrt{74}}{14}$

PO′시간 = $\dfrac{\sqrt{74}}{35}$ 초, O′Q 시간 = $\dfrac{3\sqrt{74}}{70}$, PO′Q 시간 = 약 0.614 초

② 굴절률이 큰 매질에서는 빛의 속도가 줄어든다. 이와 함께 앞에서 언급하였던 최단 시간의 원리가 적용되기 때문에 PO′Q 직선 경로보다 POQ 경로로 빛은 진행하며, 이것이 경계면에서 빛의 진행 경로가 꺾이는 이유이다. 이는 곧 굴절의 법칙을 뜻한다.

06. 추리 단답형

조명색	보이는 장미의 색
흰색	빨간색
빨간색	빨간색
파란색	검은색
초록색	검은색
자홍색(magenta)	빨간색
노란색(yellow)	빨간색
청록색(cyan)	검은색

해설 | 붉은 장미는 붉은빛 만을 반사하며 노란색 셀로판지는 노란빛(빨간빛 + 초록빛)을 통과시킨다.

조명색	보이는 장미의 색
흰색	빨간색 : 장미의 빨간색이 셀로판지를 통과한다.
빨간색	빨간색 : 장미가 반사하고 셀로판지를 통과한다.
파란색/초록색/청록색	검은색 : 장미가 반사할 수 있는 색이 없다.
자홍색 (magenta)	빨간색 : 자홍은 빨간색과 파란색의 혼합이므로 장미는 빨간색을 반사하고 셀로판지를 통과한다.
노란색 (yellow)	빨간색 : 노랑은 빨간색과 초록색의 혼합이므로 장미는 빨간색을 반사하고 셀로판지를 통과한다.

07. 추리 단답형

$\dfrac{20}{3}$ cm

해설 |

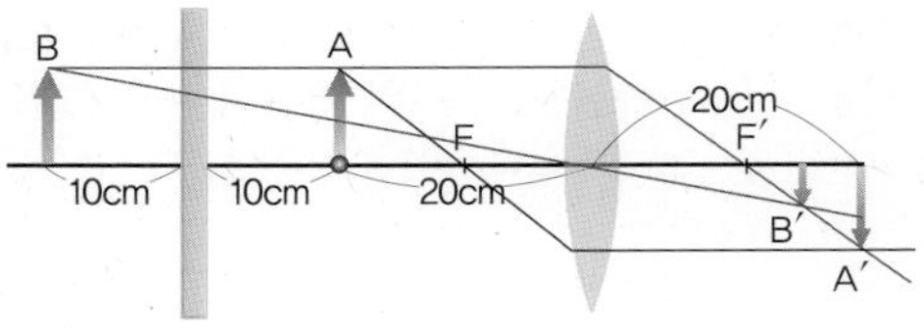

광원(A)은 평면 거울에 의해서 또 다른 상(B)을 만들기 때문에 광원의 볼록 렌즈에 의한 상(A′)과 거울 속의 광원의 볼록 렌즈에 의한 또 다른 상(B′)이 생긴다고 할 수 있다.(실제로 광원에서 나온 빛이 거울에 반사되어서 볼록 렌즈를 통과한다고 볼 수 있다.)

그림에서 볼록 렌즈의 오른쪽에 두 개의 상이 만들어지는데 그 사이의 거리(A′~ B′)를 구하면 된다. 광원 A 는 구심에 있으므로 광원에 의한 상(A′)은 볼록 렌즈 오른쪽 20 cm 되는 곳에 생긴다.

거울 속 광원에 의한 상(B′)이 생기는 위치를 구해 보자.

$$\frac{1}{40} + \frac{1}{b} = \frac{1}{10},\quad \frac{1}{b} = \frac{1}{10} - \frac{1}{40}$$

$$b = \frac{40}{3}\ \text{cm}\ \text{(볼록 렌즈의 오른쪽)}$$

그러므로 두 상 간의 거리는 $20 - \dfrac{40}{3} = \dfrac{20}{3}$ cm 이다.

08. 단계적 문제 해결형

(1), (2), (3) 해설 참조

해설 | (1) 오목 렌즈에 의해서 축소된 정립 허상 P_1 이 생긴다.

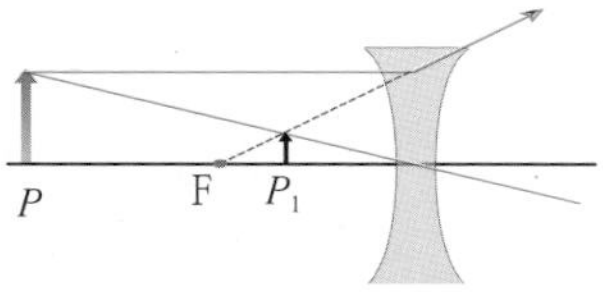

(2) 볼록 렌즈에 의해서 P_1 의 상인 P_2 가 생긴다. 허상인 P_2 는 볼록 렌즈의 오른쪽에서 관찰할 수 있다.

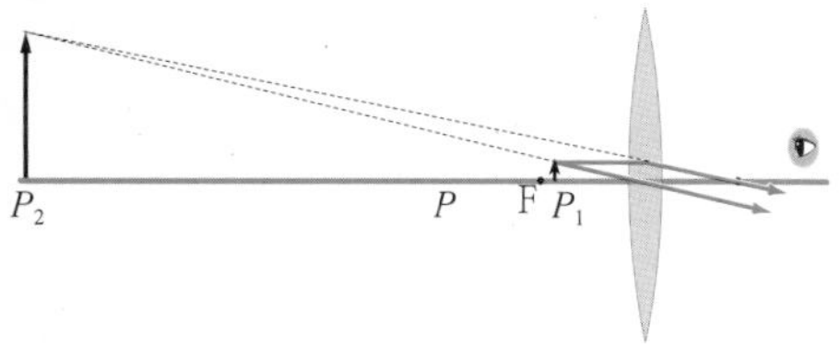

(3) $\frac{1}{a} + \frac{1}{b} = \frac{1}{f} = \frac{2}{r}$, m (배율) = $\frac{b}{a}$

a. 오목 렌즈에 의해 만들어지는 상

$$\frac{1}{30} + \frac{1}{b} = \frac{1}{-2},\quad b = -\frac{30}{16},\quad m\text{ (배율)} = \frac{\frac{30}{16}}{30} = -\frac{1}{16}$$

정립 허상이며, 물체는 오목렌즈에서 왼쪽으로 $\frac{30}{16}$ cm 떨어져 있으며 크기는 16 × $\frac{1}{16}$ = 1 cm 이다.

b. 오목 렌즈에 의한 상은 볼록 렌즈로부터 8 + $\frac{30}{16}$ = $\frac{79}{8}$ cm 왼쪽에 위치하며 볼록 렌즈의 초점 안쪽에 위치한다. 이 상은 볼록 렌즈의 물체의 역할을 한다. 볼록 렌즈에 의한 상의 크기와 위치를 구하면

$$\frac{8}{79} + \frac{1}{b} = \frac{1}{10},\quad b = -790,\quad m\text{ (배율)} = \frac{790}{\frac{79}{8}} = -80$$

정립 허상이며 볼록 렌즈의 왼쪽 790 cm (오목 렌즈 왼쪽 782 cm) 되는 곳에 1 cm 의 80 배인 80 cm 되는 정립 허상이 생긴다. 이 허상은 볼록 렌즈의 오른쪽에서 보면 관찰할 수 있다.

09. 단계적 문제 해결형

(1) 7.5 Hz (2) λ_A = 160 cm, λ_B = 166 cm
(3) f_A = 207.5 Hz, f_B = 200 Hz (4) 332 m/s

해설 | (1) [결과 1] 에서 A, B 두 개의 소리굽쇠를 동시에 울렸더니 2 초 사이에 15 회의 맥놀이 현상이 일어났다고 했으므로 1 초 동안에는 7.5 회의 맥놀이 현상이 일어난다.

맥놀이 진동수는 $f = |f_1 - f_2|$ = 7.5 Hz 이므로 두 소리굽쇠의 진동수 차이는 7.5 Hz 이다.

(2) 폐관 진동

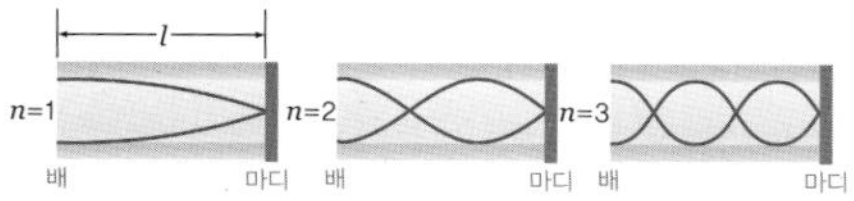

그림과 같이 정상파가 만들어지는 경우 공명이 되어 큰 소리가 난다. 그림을 보면 처음 공명(n = 1)인 경우와 길이가 변하여 n = 2 인 두 번째 공명, 길이가 더 늘어나서 n = 3 인 세 번째 공명간의 관의 길이 차는 반파장이라는 것을 알 수 있다.

A : 길이 차 = $l_2 - l_1 = l_3 - l_2 = 80 = \frac{\lambda_A}{2}$, λ_A = 160 cm

B : 길이 차 = $l_2 - l_1 = l_3 - l_2 = 83 = \frac{\lambda_B}{2}$, λ_B = 166 cm)

(3), (4) 음파의 속력은 v 로 같으므로,

$$|f_A - f_B| = \frac{15}{2} = \frac{v}{1.6} - \frac{v}{1.66},\quad v = 332\text{ m/s}$$

$$\therefore f_A = \frac{v}{1.6} = 207.5\text{Hz},\ f_B = \frac{v}{1.66} = 200\text{ Hz}$$

10. 추리 단답형

P_1, P_2 : 실상, 두 상사이의 거리 : $\frac{1}{3}$ m

해설 | i) 상 P_1 : 오목 거울 A 에 의한 상이 오목 거울 B 의 물체이다. 오목 거울 A 에 의한 첫번째 상의 위치

$\frac{1}{1} + \frac{1}{b} = \frac{1}{0.8}$, $\frac{1}{b} = \frac{1}{0.8} - 1$, b = 4 m(오목 거울 A 앞, 실상)

이 위치는 오목 거울 B 의 뒷면 1 m 되는 곳이다. 이 상이 오목 거울 B 의 물체의 위치이다. 오목 거울 B 에 의한 상의 위치($a < 0$)

$\frac{1}{-1} + \frac{1}{b} = \frac{1}{0.5}$, $\frac{1}{b} = \frac{1}{0.5} + 1$, $b = \frac{1}{3}$ m(오목 거울 B 앞, 실상)

ii) 상 P_2 : 물체는 오목 거울 B 앞 2 m 되는 곳에 있다.

$\frac{1}{2} + \frac{1}{b} = \frac{1}{0.5}$, $\frac{1}{b} = 2 - \frac{1}{2}$, $b = \frac{2}{3}$ m(오목 거울 B 앞, 실상)

∴ P_1 ~ P_2 거리는 $\frac{1}{3}$ m 이다.

11. 추리 단답형

⑤

해설 | 파동은 보강 간섭, 상쇄 간섭 하는 특징이 있다.
① 회절 현상 ② 반사 현상 ③,④ 굴절 현상 ⑤ 반사와 간섭 현상
잘 안 들리는 곳이 상쇄 간섭이 일어난 곳이다.

12. 단계적 문제 해결형

(1) A 로부터 2 m 떨어진 곳

(2) 2 m, $\frac{2}{3}$ m, $\frac{2}{5}$ m, …

해설 | (1) 들리지 않기 위해선 파동이 간섭하여 진폭이 0 이 되는 곳이 소리의 세기가 같아지는 지점이다. 그러한 지점이 A 에서 R 만큼 떨어진 지점이라고 할 때

A 에서 R 까지 미치는 소리의 세기 : $E' = \dfrac{4E}{R^2}$

B 에서 R 까지 미치는 소리의 세기 : $E' = \dfrac{E}{(3-R)^2}$

$E' = \dfrac{4E}{R^2} = \dfrac{E}{(3-R)^2} \rightarrow R = 2$, A로부터 2 m 떨어진 곳이다.

(2) 두 파원에서의 경로차가 반파장의 짝수배인 경우엔 보강 간섭, 홀수배인 경우는 상쇄 간섭을 한다. 소리가 들리지 않기 위해서는 상쇄 간섭을 해야 한다.

$AR \sim BR = \dfrac{\lambda}{2}(2m+1)$ $(m = 0, 1, 2, 3 \cdots) = 2 - 1 = 1$ m

$\therefore \lambda = \dfrac{2}{2m+1}$ $(m = 0, 1, 2, 3 \cdots) = 2$ m, $\dfrac{2}{3}$ m, $\dfrac{2}{5}$ m $\cdots$

13. 논리 서술형

400 nm

해설 | 소 - 밀 - 밀(강) 의 경우

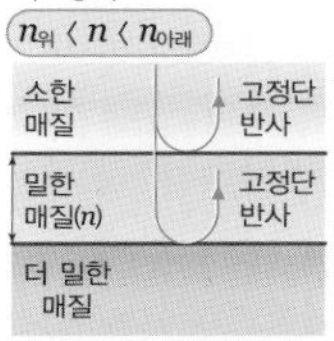

광로차 : $2d$, d : 막의 두께

$2d = m\lambda'$ $(m = 0, 1, 2, 3 \cdots)$ - 보강 간섭(밝은 무늬)

$2d = \dfrac{\lambda'}{2}(2m+1)$ $(m = 0, 1, 2, 3 \cdots)$ - 상쇄 간섭(어두운 무늬)

반사의 종류가 같으므로 위상차가 나타나지 않는다.

$\lambda' = \dfrac{\lambda}{n}$ (λ' : 막 속에서의 빛의 파장)

0분 ($m = 0$, $d = 0$)일 때 그래프에 높은 값이 나타난 것은 막 두께가 0 일 때 레이저의 반사된 빛의 밝기가 밝다는 것이다. 보강간섭 무늬가 20 분까지 2 번 나타났다. 그러므로 $m = 2$ 일 때 임을 알 수 있다. 조건에서 m 이 증가할수록 광로차가 커지는 것으로 보아 막의 두께가 두꺼워진다는 것을 알 수 있다.

$2d = 2\lambda' = 2\dfrac{\lambda}{n_{황화아연}}$ $(m = 2)$

그러므로 d (막의 두께) $= \dfrac{\lambda}{n_{황화아연}} = \dfrac{500\text{nm}}{1.25} = 400$ nm 이다.

14. 논리 서술형

0.75 cm/s

해설 | 그림처럼 조직 내에서 초음파가 진행하여 다가오는 심장 벽에 부딪혀 반사된다고 하면 도플러 효과로 인하여 반사파의 진동수는 커지고 입사파와 중첩하여 맥놀이 현상이 일어나게 된다.

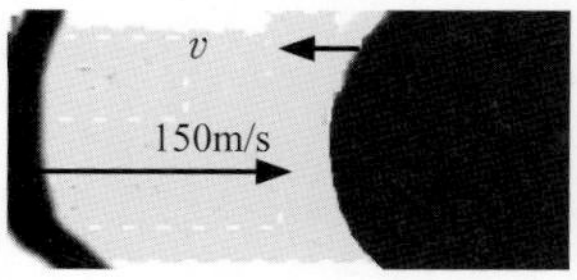

입사파의 진동수(f_0)는 10^6 Hz이고 맥놀이의 진동수는 100 Hz 이다.

다가오는 심장 벽이 느끼는 진동수 $f = \dfrac{150+v}{150}f_0$

심장 벽에서 반사하여 조직으로 되돌아가는 초음파는 심장 벽이 음원(진동수 f)이고, 음원이 v 의 속력으로 운동하고 있으므로 반사파의 진동수 $f_1 = \dfrac{150}{150-v}f = \dfrac{150+v}{150-v}f_0$ 가 된다.

맥놀이 진동수 $= |f_0 - f_1| = (1 - \dfrac{150+v}{150-v})f_0 = \dfrac{-2v}{150-v}f_0 = 100$

$f_0 = 10^6$ Hz 이므로, v 를 구하면 $v = 0.75$ cm/s 이다.

15. 단계적 문제 해결형

(1) P점 : 자유단 반사, Q점 : 고정단 반사

(2), (3) 〈 해설 참조 〉

해설 | (1) P 점에서는 밀한 매질(유리)에서 소한 매질(공기)로 빛이 진행하기 때문에 자유단 반사가 일어나며, Q 점에서는 소한 매질에서 밀한 매질로 빛이 진행하기 때문에 고정단 반사가 일어난다.

(2) P 에서 반사된 빛보다 Q 에서 반사된 빛은 $2d$ 만큼 경로가 더 길다. 따라서 유리판 위에서 수직으로 볼 때 간섭 조건은 다음과 같다. (반사에 의해 위상차가 $\dfrac{\lambda}{2}$ 만큼 발생한다.)

$\varDelta = 2d = \dfrac{\lambda}{2}(2m+1)$ $(m = 0, 1, 2, 3 \cdots)$: 보강 간섭

$\varDelta = 2d = \dfrac{\lambda}{2}(2m)$ $(m = 0, 1, 2, 3 \cdots)$: 상쇄 간섭

(3) 인접한 어두운 무늬를 이루는 공기층의 두께를 각각 d_1, d_2 라고 하고, 무늬폭을 $\varDelta x$, 유리판이 떨어져 있는 높이를 h, 유리판의 길이를 L 이라고 하자.

어두운 무늬가 생기는 조건 $2d = \dfrac{\lambda}{2}(2m) \rightarrow 2d = \lambda m$

두께가 d_1 일 때 m 번째 무늬라면, $2d_1 = \lambda m$, $2d_2 = \lambda(m+1)$ 이므로

$2(d_2 - d_1) = \lambda$ 이다. 한편 $d_2 - d_1 = \varDelta x \tan\theta$ 이다.

$\therefore d_2 - d_1 = \dfrac{\lambda}{2} = \varDelta x \tan\theta \rightarrow \varDelta x = \dfrac{\lambda}{2\tan\theta} = \dfrac{\lambda L}{2h}$

16. 추리 단답형

(1) 2.5×10^{-3} m (2) 1.25 m

해설 | (1) 거울에서 반사된 빛과 슬릿을 직접 통과해서 오는 빛의 간섭 현상으로 P점에 밝은 무늬 또는 어두운 무늬가 만들어진다.

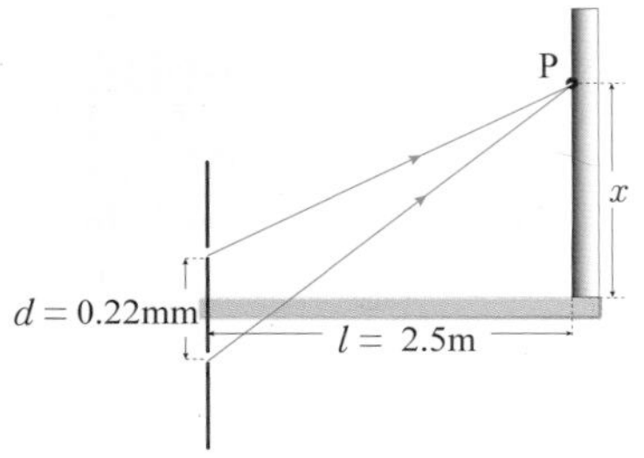

이때 거울에서 반사되는 빛은 고정단 반사를 하므로 $\frac{\lambda}{2}$의 위상 변화가 있다. 따라서 밝은 무늬가 생기는 간섭 조건(보강 간섭)은 다음과 같다. 거울과 P 점 사이의 거리를 x 라고 한다.

$$\text{광로차} = \frac{dx}{l} = \frac{\lambda}{2}(2m+1) \quad (m = 0, 1, 2, \cdots) \cdots ㉠$$

㉠ 조건에서 $d = 2.2 \times 10^{-4}$(m), $\lambda = 440 \times 10^{-9}$(m) 이고, P 점에 첫 번째 밝은 무늬가 생겼으므로 $m = 0$ 이다.

$$\therefore x = \frac{\lambda l}{2d} = \frac{440 \times 10^{-9} \times 2.5}{2 \times 2.2 \times 10^{-4}} = 2.5 \times 10^{-3}\text{m}$$

(2) P 점에 어두운 무늬가 나타날 때 스크린과 슬릿 사이의 거리를 l' 이라고 하면, 상쇄 간섭 조건은 다음과 같다.

$$\text{광로차} = \frac{dx}{l'} = \frac{\lambda}{2}(2m) \quad (m = 0, 1, 2, \cdots)$$

첫 번째 어두운 무늬일 때 $m = 1$ 이므로,

$$l' = \frac{dx}{\lambda} = \frac{2.2 \times 10^{-4} \times 2.5 \times 10^{-3}}{440 \times 10^{-9}} = 1.25(\text{m})$$

17. 논리 서술형

(1) 낙하산의 속도가 점점 빨라지므로 진동수도 점점 증가하게 된다.
(2) $\frac{kv}{kv - mg}f$

해설 | (1) 종단 속도에 다다르기 전까지 낙하산의 속도는 점점 빨라지므로, 소리의 상대적인 속력($v - v_f$)이 점점 작아지기 때문에, 도플러 효과도 점점 커지게 된다. 따라서 진동수가 점점 증가하게 된다.
(2) 공기의 저항은 물체의 속도에 비례하여 증가하므로 공기 저항력 $F = kv$ (비례 상수 k 는 물체의 모양에 따라 다름)로 나타낼 수 있다.
운동 방정식 $mg - kv = ma$ (공기 중에서 낙하하는 물체)
이때 낙하 속력이 점점 커지면서 공기의 저항과 물체에 작용하는 중력의 크기가 같아지면 물체는 등속 운동(a=0)을 한다. 이때의 속도를 v_f (종단 속도) 라고 하면

$$mg - kv_f = 0 \rightarrow v_f = \frac{mg}{k}$$

음원이 관측자에게 가까이 다가오고 있으므로, 상상이가 듣는 소리의 진동수는 다음과 같다.

$$\therefore f_{\text{상상}} = f \times \frac{v}{v - v_f} = \frac{kv}{kv - mg}f$$

대회 기출 문제

정답 220 ~ 229쪽

01 해설 참조　02 ②　03 ③, ⑤　04 ②, ③
05 ①, ②, ④　06 ③, ⑤, ⑥　07 ②, ④　08 ②, ⑤
09 (1) (가) 경계면　(2) A, F　(3) 0.75 m
10 (1) 1.5 m　(2) 점점 멀어지고 있다.
11 (1) $\frac{\sqrt{3}}{\sqrt{2}}$　(2) $\frac{\sqrt{2}}{\sqrt{3}}$ 배　12 (1) ②, ④　(2) ①
13 (1) b　(2) 해설 참조　(3) 아래 방향
14 해설 참조　15 ①　16 ④　17 ①
18 ③　19 ①　20 ㄱ, ㄴ　21 ㄱ, ㄴ
22 $(1 + \frac{2}{7}\sqrt{\frac{7}{2}})d$　23 ②, ⑤　24 14.45 m

01 해설 참조

해설 | 유리는 공기보다 절대 굴절률이 크다. 그러므로 빛은 진행하면서 밀한 매질에서 소한 매질로, 소한 매질에서 밀한 매질로 통과한다. 그러므로 처음 투과 시에는 입사각 < 굴절각, 두 번째 투과 시에는 입사각 > 굴절각이 된다.

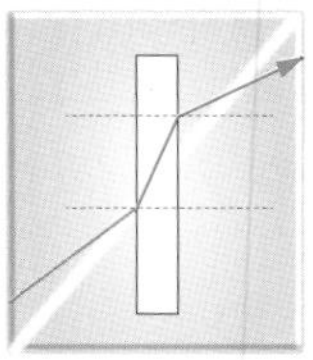

02 ②

해설 |

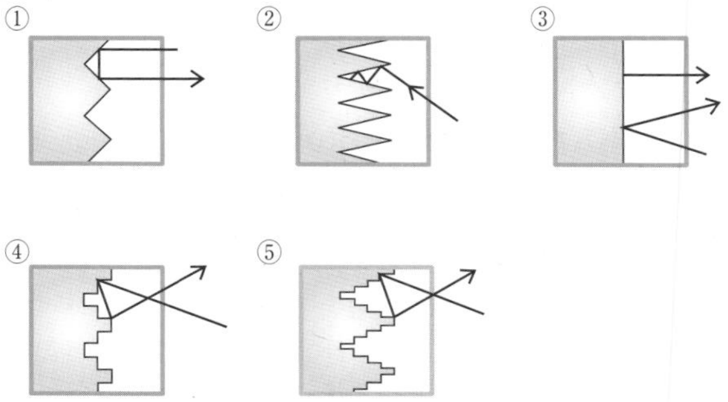

①, ③, ④, ⑤ 번의 모양은 벽 모양이 90°, 45° 로 각이 져있어 소리가 되돌아 나간다. 하지만 ②번의 벽 모양은 소리가 다시 튕겨나가지 못하고 속으로 수렴한다.

03 ③, ⑤

해설 | ① 식용유의 굴절률은 유리와 비슷하다. 그러므로 전반사는 일어나지 않는다.
② 식용유가 빛을 흡수하는 것은 아니다. 식용유는 빛을 거의 투과시키는 무색이다.
③ 식용유와 유리는 굴절률이 비슷하기 때문에 물질 내부에서의 빛의 속도도 비슷하다. 따라서 식용유에 유리를 집어넣으면 잘 구별하기 어렵다.
④ 빛이 분산되었다면 색이 나타나야하므로 빛이 분산된 것은 아니다.
⑤ 유리와 식용유의 굴절률이 비슷하므로 공기에서 들어갈 때 굴절되는 정도가 거의 같다. 따라서 유리와 식용유가 같이 있는 경우라면 구별하기가 어렵다.

04 ②, ③

해설 | ① 볼록 거울은 모든 사물을 축소시킨다.

② 사이드 미러는 시야 확보를 위해 사용되므로 볼록 거울을 사용한다. 볼록 거울은 모든 사물을 축소된 정립 허상으로 나타내어 넓은 시야를 확보할 수 있다.

③ 오목 거울은 물체가 구심 이내에 위치하면 확대시켜 주므로 오목 거울을 사용해야 한다.

05 ①, ②, ④

해설 | ① 좌우만 상반되어 상이 나타나 상의 길이는 변하지 않는다.

② 기울어진 거울을 통해 본 상은 뒤로 기울어져 있다.

③ 기울어진 거울이라도 거울에 다가가면 상도 거울 면으로 다가온다.

④ 기울어진 거울의 상이 더 길어 보이기 때문에 쇼핑 센타의 전신 거울이 기울어져 있는 것이다.

⑤ 기울어진 거울로 물체를 보는 경우, 수직 거울과 시야의 각도는 같지만 기울어져 있으므로 길게 보인다.

06 ③, ⑤, ⑥

해설 | ① 무지개의 가장 아래쪽은 보라색이다.

② 물방울이 많을수록 오히려 무지개가 안 보인다.

③ 정오에는 태양의 고도가 높아 산란된 빛이 사람 눈에 들어오지 못하는 각이 되어 볼 수 없다.

④ 지상에서는 지평선이 존재하고, 지평선 이하의 물방울에서는 빛이 산란이 되어도 우리 눈에 들어오지 않아 지상에서는 무지개가 반원이다. 하지만 높은 고도에서는 지평선 이하의 물방울에서 일어난 빛의 산란이 우리 눈에 들어와 무지개가 원형으로 보인다.

⑤ 물방울 1 개에서 나온 빛 중 1 가지 색만 보인다. 물방울이 연속적으로 모여 있기 때문에 스펙트럼으로 보이는 것이다.

⑥ 같은 거리에 떨어진 물방울이 관측자에게 산란된 빛을 주어야 연결된 스펙트럼으로 보일 수 있다.

07 ②, ④

해설 | ①, ② 평면 거울에 생긴 촛불의 상이 반대편에 반사되어 또 상이 생기는 과정이 반복되어 무한히 많아진다.

③, ④, ⑤ 첫 번째 촛불의 상이 반대편 거울과는 3 m 거리에서 나타난다. 또 두 번째 촛불의 상이 반대편 거울과는 5 m 거리에서 나타난다. 이렇게 반복하여 평면 거울에 의한 촛불의 상은 양쪽 거울 똑같이 평면 거울 뒤쪽으로 1 m, 3 m, 5 m, 7 m ·· 되는 위치에 생긴다.

08 ②, ⑤

해설 | ① 파장이 길수록 굴절률이 작다. 파장이 가장 긴 빨간색이 굴절률이 가장 작다.

② 빨간색과 보라색은 프리즘 속에서 진동수는 같지만 빛의 속도와 파장이 약간씩 다르다.

③ 사진기나 쌍안경에는 거울과 렌즈를 사용한다. 프리즘을 사용하면 관측이 불가능하다.

④ 레이저 빛은 단색광(한가지 진동수의 빛으로 이루어짐)이므로 프리즘을 통과해도 분산되지 않는다.

⑤ 빨간색이 보라색보다 굴절률이 작아서 프리즘 속에서 적게 굴절된다. 이것은 프리즘에서의 빨간색 빛의 속도가 보라색 빛의 속도보다 상대적으로 빠르다는 것을 뜻한다.

09 (1) (가), 매질의 경계면 (2) A, F (3) 0.75 m

해설 | (1) 전반사는 굴절률이 큰 밀한 매질에서 굴절률이 작은 소한 매질로 파동이 진행할 때 일어날 수 있다. (가)에서 빛이 물에서 공기로 나오는 과정에서 매질의 경계면에서 전반사가 일어날 수 있다.

(2) 빨간색은 파장이 길고 진동수가 작아 굴절률이 작다.

(가) 밀한 매질에서 소한 매질로 나오는 과정에서는 제일 굴절이 되지 않은 A 에 빨간색이 위치할 것이다.

(나) 소한 매질에서 밀한 매질로 나오는 과정에서는 굴절각이 입사각과 비슷한 F 에 빨간색이 위치할 것이다.

(3) 다음과 같이 a 를 가정하였을 때,

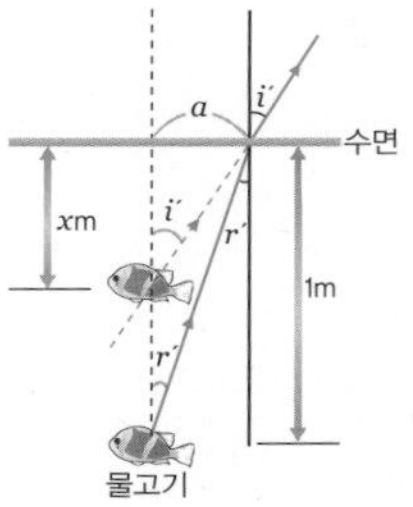

i' 의 동위각으로 $\tan i' = \dfrac{a}{x}$, r' 의 엇각으로 $\tan r' = \dfrac{a}{1}$ 이다.

$\dfrac{\sin i'}{\sin r'} = \dfrac{\tan i'}{\tan r'} = \dfrac{1}{x} = \dfrac{4}{3}$, $x = \dfrac{3}{4}$ (i'와 r'가 작을 때)

그러므로 $x = 0.75$(m) 이다.

10 (1) 1.5 m (2) 점점 멀어지고 있다.

해설 | (1) 거리를 L 이라고 하자.

종파가 걸린 시간 : $\dfrac{L}{150}$, 횡파가 걸린 시간 : $\dfrac{L}{50}$

걸린 시간의 차 : $0.02 = \dfrac{L}{50} - \dfrac{L}{150}$, $L = \dfrac{3}{2} = 1.5$ m

(2) 파의 도착 시간 차이가 점점 증가하면 진갈과 벌레 사이의 거리도 점점 증가하고 있는 것이다.

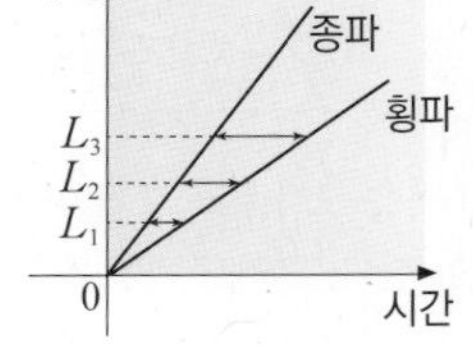

11 (1) $\dfrac{\sqrt{3}}{\sqrt{2}}$ (2) $\dfrac{\sqrt{2}}{\sqrt{3}}$ 배

해설 | (1) 상대 굴절률을 구하는 공식을 이용하여 깊은 물에 대한 얕은 물의 굴절률

$$\frac{\sin i}{\sin r} = \frac{v_{깊은물}}{v_{얕은물}} = n = \frac{n_{얕은물}}{n_{깊은물}} = \frac{\sin 60°}{\sin 45°} = \frac{\sqrt{3}}{\sqrt{2}}$$

(2) $\dfrac{v_{깊은물}}{v_{얕은물}} = \dfrac{\sqrt{3}}{\sqrt{2}}$ 이므로 얕은 물에서 물결파의 속력은 깊은 물에서의 물결파의 속력의 $\dfrac{\sqrt{2}}{\sqrt{3}}$ (배)이다.

12 (1) ②, ④ (2) ①

해설 | (1) 물에서 공기로 진행하는 것이므로 입사각이 굴절각보다 작거나 전반사가 일어난다. 그러므로 입사각이 굴절각보다 작은 ②, 전반사가 일어난 ④ 가 적당하다. ① 은 입사각이 굴절각보다 크다. ③, ⑤는 입사각과 반사각이 같지 않으므로 가능하지 않다.
(2) 음파도 파동이지만 물속에서의 속도가 공기 중에서의 속도보다 크다. 속도가 빠른 물속에서 속도가 느린 공기 중으로 나가는 것이므로 입사각이 굴절각보다 커야 한다. 그러므로 ①의 경로로 진행할 것이다.

13 (1) b (2) 해설 참조 (3) 아래 방향

해설 | (1) 마루와 골의 매질은 가속도가 가장 크고 속력은 0 이다. 평형점(축 상)에 있을 때(b 점) 가속도는 0 이지만 진동 속력은 가장 크다. 단진동과 같은 원리이다.
(2) 파의 진행 속도가 5 m/s이고, 파장은 2 m 이므로
$v = f \cdot \lambda$, f = 2.5 Hz 이다. 그러므로 주기 T = 0.4 초이다.

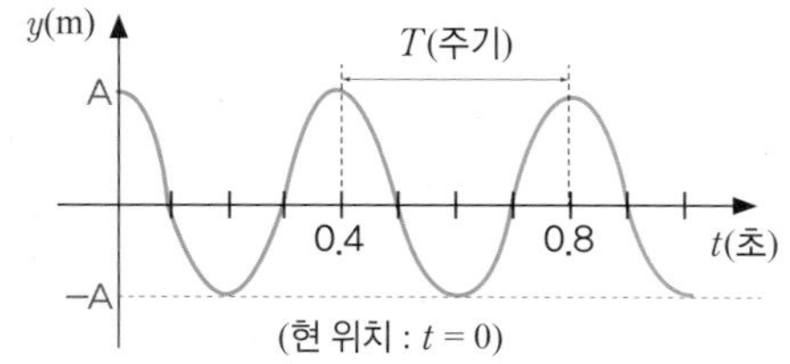

(3) 파의 진행 방향이 오른쪽이므로 골이 점 b 로 향하고 있으므로 아랫 방향으로 진동하게 된다. 파동을 진행 방향으로 평행 이동시켜 보면 알 수 있다.

14 해설 참조

해설 | (1) 빛을 모아주고 그 빛이 평행하게 나갈 수 있도록 다시 퍼뜨려 주어야 한다. 그러므로 볼록 렌즈와 오목 렌즈, 볼록 렌즈와 볼록 렌즈를 사용하여야 한다.

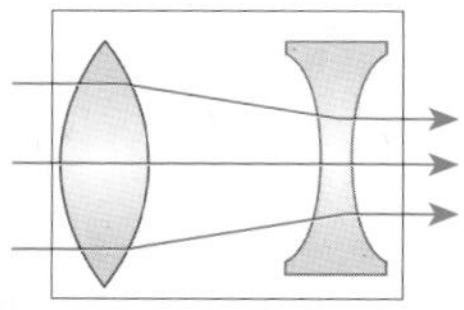

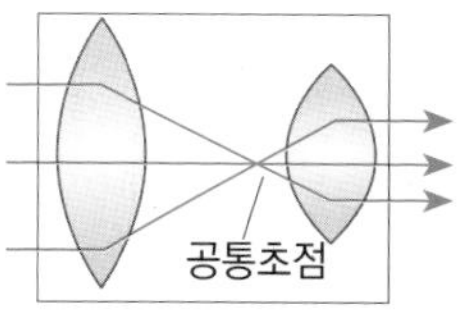

(2) 빛을 모아주고 그 빛이 평행하게 나갈 수 있도록 다시 퍼뜨려 주어야 한다. 그러므로 오목 거울, 볼록 거울을 모두 사용하여야 한다.

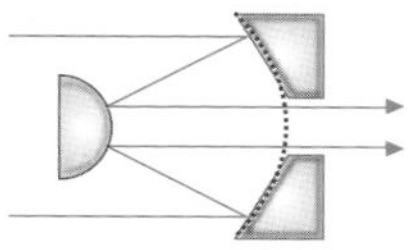

15 ①

해설 | 그래프에서 파장을 구하면 10 m 이다.
$v = f \cdot \lambda$ 이므로 $f = \frac{v}{\lambda} = \frac{10}{10} = 1$ Hz

16 ④

해설 | 소리가 지속적으로 날 때 관측자와 파원 사이의 거리 이동은 도플러 효과를 일으킨다. 도플러 효과를 말로 설명한 것을 고르면 된다.
① 파면은 찌그러지지 않고 평행하게 퍼져 나간다.
② 파면 간격은 일정하다.
③ 소리의 속력은 일정하다.
④ 관측자가 파면을 만나는 시간이 짧아져 단위 시간 당 파면을 더 많이 만난다. 그래서 진동수가 커지게 느껴져 소리가 높게 느껴진다.
⑤ 달리지 않을 때와 다른 진동수를 갖게 된다.

17 ①

해설 | 파동의 파장(λ)이 4 cm 이므로 반파장 ($\frac{\lambda}{2}$)은 2 cm 이고,
경로차 $= 5 - 3 = 2 = \frac{\lambda}{2} \times 1$ 이다.
보강 간섭이 일어나기 위한 조건은
$| S_1P \sim S_2P | = \frac{\lambda}{2} \cdot 2m \quad (m = 0, 1, 2, 3 \cdots)$
상쇄 간섭이 일어날 조건은
$| S_1P \sim S_2P | = \frac{\lambda}{2} \cdot (2m + 1) \quad (m = 0, 1, 2, 3 \cdots)$
앞의 조건에서 경로차가 반파장의 1 배이므로 상쇄 간섭의 조건에서 m = 0 인 경우가 이에 해당한다.
상쇄 간섭하므로 합성파의 진폭은 0 이다.

18 ③

해설 | 반사되는 빛을 없애기 위해서는 상쇄 간섭이 일어나야 한다. 유리는 막보다 굴절률이 큰 밀한 매질이므로 아래와 같은 조건을 만족한다.

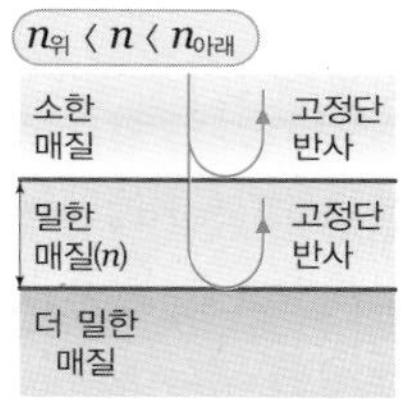

광로차 : $2d$, d = 막의 두께
$2d = m\lambda'$ $(m = 0, 1, 2, 3 \cdots)$ - 보강 간섭(밝은 무늬)
$2d = \frac{\lambda'}{2}(2m + 1)$ $(m = 0, 1, 2, 3 \cdots)$ - 상쇄 간섭(어두운 무늬)
반사의 종류가 같으므로 위상차가 나타나지 않는다.
$\lambda' = \frac{\lambda}{n}$ (λ': 막 속에서의 빛의 파장)

상쇄 간섭일 때
광로차 $= 2d = \frac{\lambda'}{2}(2m + 1)$ $(m = 0, 1, 2, 3 \cdots)$ 조건이다.
이때 막의 최소 두께를 구하는 것이므로 m = 0 일 때이다.
$2d = \frac{\lambda'}{2}$, d 는 막의 최소 두께이다.
$d = \frac{\lambda'}{4} = \frac{\lambda}{4 \times n_{막}} = \frac{600}{4 \times \frac{4}{3}} = 112.5$ nm (1nm =10-9m)

19 ①

해설 | 원형 공간은 플라스틱에 비하여 굴절률이 작은 소한 매질이

다. 그러므로 입사각 < 굴절각 이 성립한다. 빛이 입사되는 곳에 접선과 그에 수직한 법선을 그려보면,

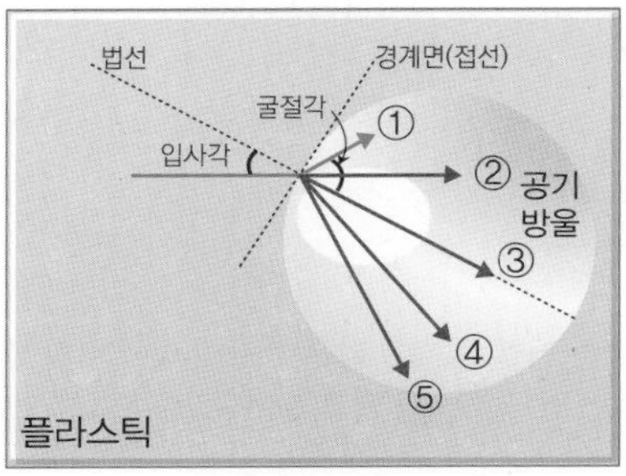

입사각 < 굴절각을 만족하는 경로는 ①뿐이다.

20 ㄱ, ㄴ

해설 | ㄱ. 소한 매질(굴절률이 작은 매질)에서 밀한 매질(굴절률이 큰 매질)로 가면서 반사할 경우 위상이 180° 변한다. 따라서 입사광이 첫 번째 계면과 두 번째 계면에서 각각 반사될 때 위상은 180° 변한다.
ㄴ. 빛이 수직 입사하였을 때 반사광이 없었고, 두 반사광의 위상차는 나타나지 않으므로 상쇄 간섭 조건이 그대로 적용된다.

$$2d = \frac{\lambda'}{2}(2m+1) \quad (m = 0, 1, 2, 3, \cdots),\ \lambda' = \frac{\lambda}{n}$$

이므로, 두 번째 층의 가장 얇은 두께는 $m = 0$ 일 경우이다.

$$2d = \frac{\lambda}{2n_2} \rightarrow d = \frac{\lambda}{4n_2} = \frac{500}{4 \times 1.25} = 100\ \text{nm}$$

ㄷ. 두 번째 층의 두께가 2배 = 200 nm 라면,
i. 상쇄 조건에 의하면

$$2 \times 200 = \frac{500}{2 \times 1.25}(2m+1)$$

해당하는 정수 m 값이 존재하지 않는다.
ii. 보강 조건에 의하면

$$2 \times 200 = \frac{500}{2 \times 1.25}(2m)$$

해당하는 m 값은 1이다. 따라서 두께를 2배로 하면 보강 간섭한다.

21 ㄱ, ㄴ

해설 | ㄱ. 볼록 거울의 역할을 하는 앞쪽 면에 의해서는 축소된 정립 허상이 생긴다. 오목 거울의 역할을 하는 뒤쪽의 안쪽 면에 의해서는 물체가 초점 밖에 있으므로 도립 실상이 생긴다.
ㄴ. 거울 공식 $\frac{1}{a} + \frac{1}{b} = \frac{1}{f} = \frac{2}{r}$, m (배율) = $\frac{b}{a}$ 로 구하면
물체까지의 거리는 R 이고, $R = 2f$ (f 는 초점 거리)에 해당된다.

$$\frac{1}{R} - \frac{1}{b} = -\frac{2}{R},\quad b = \frac{R}{3},\quad m\ (\text{배율}) = \frac{b}{a} = \frac{\frac{R}{3}}{R} = \frac{1}{3}$$

이므로, 앞쪽 면에 의한 상의 크기는 물체 크기의 $\frac{1}{3}$ 이다.
ㄷ. 물체까지의 거리는 $3R$ 이고, $R = 2f$ (f 는 초점 거리)에 해당된다.

$$\frac{1}{3R} + \frac{1}{b} = \frac{2}{R},\quad b = \frac{3}{5}R, \text{이다.}$$

즉, 거울 면에서 물체쪽(왼쪽)으로 $\frac{3}{5}R$ 인 지점에 상이 생기므로, 풍선 중심에서 오른쪽으로 $R - \frac{3}{5}R = \frac{2}{5}R$ 인 지점이 된다.

22 $(1 + \frac{2}{7}\sqrt{\frac{7}{2}})d$

해설 |

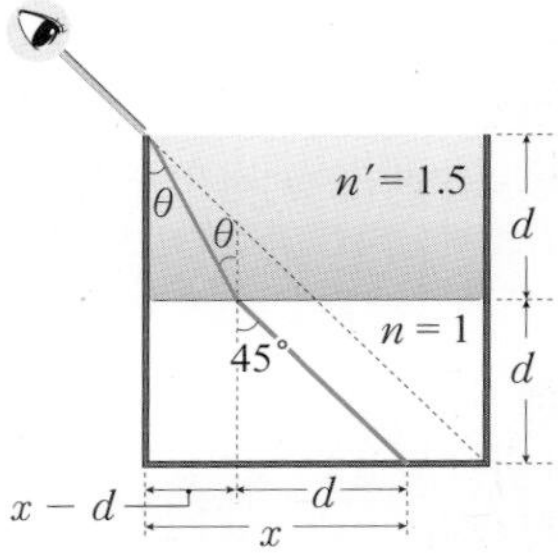

상대 굴절률을 구하는 공식을 이용하여

$$\frac{\sin\theta}{\sin 45^\circ} = \frac{n}{n'} = \frac{1}{1.5} \rightarrow \sin\theta = \frac{2}{3} \times \sin 45^\circ = \frac{\sqrt{2}}{3}$$

한편, $\sin\theta = \frac{x-d}{\sqrt{d^2 + (x-d)^2}}$ 이다.

따라서 $\frac{x-d}{\sqrt{d^2+(x-d)^2}} = \frac{\sqrt{2}}{3} \rightarrow 9(x-d)^2 = 2d^2 + 2(x-d)^2$

$$(x-d)^2 = \frac{2}{7}d^2$$

$$\rightarrow x = d + \sqrt{\frac{2}{7}}d = (1 + \sqrt{\frac{2}{7}})d = (1 + \frac{2}{7}\sqrt{\frac{7}{2}})d$$

23 ②, ⑤

해설 | ① 공기층의 두께 d 는 R 과 x 에 비해 매우 작으므로, $x^2 + (R - d)^2 = R^2 \rightarrow x^2 \fallingdotseq 2Rd,\ x = \sqrt{2Rd}$ 의 관계가 성립한다.
② 광로차 $2d = \frac{x^2}{R} = \frac{\lambda}{2}(2m)$, $(m = 0, 1, 2, 3 \cdots)$일 때 상쇄 간섭(어두운 무늬)이 일어난다. $m = 4$ 인 경우에 $d = 2\lambda$ 가 된다.
③ 렌즈의 중심은 ② 의 조건에서 $m = 0$ 일 경우 이므로($d = 0$), 상쇄 간섭이 일어나 어두운 무늬가 생긴다.
④ $x = \sqrt{2Rd} = \sqrt{\lambda R m}$, $(m = 0, 1, 2, 3 \cdots)$(어두운 무늬)에서 m과 $m+1$ 일 때의 x의 차인 간섭 무늬의 간격은 바깥쪽으로 갈수록 좁아진다.
⑤ 공기보다 굴절률이 큰 물질을 통과한 빛은 파장이 짧아진다. 따라서 무늬 사이의 간격이 좁아지므로 더 많은 간섭 무늬를 관찰할 수 있다.

24 14.45 m

해설 | 음파 발생기가 수평면에 도달하였을 때 속도를 v 라고 하면, 정지 상태의 음파 측정기에 음파 발생기가 점점 가까워지고 있으므로 음파 측정기에서 측정된 음파의 진동수는 다음과 같다.

$$f = \frac{340}{340 - v}f_0 = \frac{20}{19}f_0 \rightarrow v = 17\ \text{m/s}$$

이다. 따라서 $h = \frac{v^2}{2g} = 14.45$ m 이다.

Ⅷ. 현대 물리 (1)

개념 보기

Q1 원자핵　　　Q2 ㉠ 증가　㉡ 감소

Q2 ㉠ 증가　㉡ 감소
해설 | 원자가 빛을 흡수하면 에너지가 증가하며 양자수가 증가하고, 빛을 방출하면 전자의 에너지가 감소하며 양자수가 감소한다.

개념 확인 문제

정답　238 ~ 240쪽

물질의 구조와 성질

01 (1) ㉢ - ㉡ - ㉠ - ㉤ - ㉣　(2) ②, ③　02 ③
03 ②　04 ③　05 ③　06 ③　07 12.1 eV
08 ㉠ $\frac{9}{R}$　㉡ $\frac{144}{7R}$
09 ㉠ 라이먼 계열 ㉡ 발머 계열 ㉢ 파셴 계열　10 ⑤
11 ①　12 2 배　13 2 개　14 2.47×10^{15} Hz
15 −6 eV　16 1.8×10^{11} C/kg　17 5 배

01 (1) ㉢ - ㉡ - ㉠ - ㉤ - ㉣　(2) ②, ③
해설 | (1) ㉢ 돌턴 - ㉡ 톰슨 - ㉠ 러더퍼드 - ㉤ 보어 - ㉣ 현대의 원자 모형 순이다.
(2) ② 톰슨의 원자 모형, ③ 돌턴의 원자 모형에 대한 설명이다.
① ㉤ 보어의 원자 모형에 대한 설명이다. ④, ⑤ ㉠ 러더퍼드 원자 모형에 대한 설명이다. 러더퍼드는 원자의 대부분의 공간은 비어 있는 것으로 묘사하였다.

02 ③
해설 | 보어의 원자 모형에서 제시한 양자 조건은 전자의 궤도가 전자 물질파 파장의 정수배가 되어야 한다는 것이다.

$$2\pi rmv = nh \rightarrow 2\pi r = n\lambda$$

03 ②
해설 | 전자가 전이될 때 에너지가 흡수되는 경우는 에너지 준위가 낮은 궤도에서 높은 궤도로 이동할 때이다.

04 ③
해설 | $E_{광자} = hf = \frac{hc}{\lambda}$ (빛의 진동수를 f, 파장을 λ, 속력을 c라고 할때 $c = f\lambda$ 이다.)

05 ③
해설 | 에너지 준위가 높은 궤도에서 낮은 궤도로 전자가 전이될 때에는 그 에너지 준위 차이만큼 에너지가 방출된다. $n = 3 \rightarrow 1$ 일 경우 -1.51 -(-13.6) = 12.09 (eV)(방출)

06 ③
해설 | 전자가 $n = 1$ 에서 $n = 3$ 인 궤도로 전이했다면 전자는 더 높은 에너지 준위로 이동하였으므로 에너지를 흡수한다. 이때 흡수하는 에너지 $\Delta E = -\frac{R}{3^2} - (-\frac{R}{1^2}) = \frac{8R}{9}$

07 12.1 eV
해설 | 전자가 $n = 3$ 에서 $n = 1$ 인 궤도로 전이했다면 전자는 더 낮은 에너지 준위로 이동하였으므로 이 원자는 에너지를 방출한다. 이때 방출하는 에너지의 양은 다음과 같다.

$$E_3 - E_1 = -\frac{13.6}{3^2} - (-\frac{13.6}{1^2}) = -1.5 - (-13.6) = 12.1 \text{ eV}$$

08 ㉠ $\frac{9}{R}$　㉡ $\frac{144}{7R}$
해설 | ㉠ 파셴 계열 중 제일 짧은 파장의 빛이 나올 때는 $n = \infty$ 인 궤도에서 $n = 3$ 인 궤도로 전이할 때이다.(에너지 차가 가장 큼)

$$\frac{1}{\lambda} = R\left(\frac{1}{3^2} - \frac{1}{\infty^2}\right) = \frac{R}{9}, \quad \lambda = \frac{9}{R}$$

㉡ 파셴 계열 중 제일 긴 파장의 빛이 나올 때는 $n = 4$ 인 궤도에서 $n = 3$ 인 궤도로 전이할 때이다.(에너지 차가 가장 작음)

$$\frac{1}{\lambda} = R\left(\frac{1}{3^2} - \frac{1}{4^2}\right) = \frac{7R}{144}, \quad \lambda = \frac{144}{7R}$$

09 ㉠ 라이먼 계열 ㉡ 발머 계열 ㉢ 파셴 계열
해설 | 들뜬 상태의 전자가 $n = 1$, $n = 2$, $n = 3$인 궤도로 전이할 때 방출되는 스펙트럼 영역을 각각 ㉠ 라이먼 계열, ㉡ 발머 계열, ㉢ 파셴 계열이라고 한다.

10 ⑤
해설 | 전자가 $n = 1$ 인 궤도로 전이하는 A는 라이먼 계열, $n = 2$ 인 궤도로 전이하는 B 는 발머 계열, $n = 3$ 인 궤도로 전이하는 C는 파셴 계열이다. 라이먼 계열(A)은 자외선 영역, 발머 계열(B)은 가시 광선 영역, 파셴 계열(C)은 적외선 영역의 빛을 방출한다.

11 ①
해설 | 방출하는 빛의 파장은 에너지 준위의 차이가 클수록 짧아진다. 라이먼 계열(㉠)의 스펙트럼 선은 발머 계열에서 가장 짧은 파장 영역인 A 선 보다 짧은 파장 영역에 나타나고, 파셴 계열(㉡)은 C 선보다 긴 파장 영역에서 나타난다.

12 2 배
해설 | 보어의 원자 모형의 양자 조건은 전자의 궤도 길이가 전자 물질파 파장의 정수배[n (주양자수) 배]가 되어야 한다는 것이다.

$$2\pi rmv = nh \rightarrow 2\pi r = n\lambda$$

$n = 2$ 이므로 원둘레 길이 $2\pi r$ 은 드브로이 파장(λ)의 2 배이다.

13 2 개
해설 | 스펙트럼에서 가시광선 영역은 전자가 양자수 $n \geq 3$ 인 궤도에서 $n = 2$ 인 궤도로 전이하는 발머 계열이다. 따라서 $n = 4 \rightarrow n = 2$ 일 때, $n = 4 \rightarrow n = 3 \rightarrow n = 2$ 로 순차적으로 전이할 때이다.

14 2.47×10^{15} Hz
해설 | $hf = E_2 - E_1 = -3.4 - (-13.6) = 10.2$ eV

$$\rightarrow f = \frac{10.2 \times (1.6 \times 10^{-19})}{6.6 \times 10^{-34}} = 2.47 \times 10^{15} \text{ Hz}$$

15 −6 eV
해설 | 전자가 $n = 2$ 에서 $n = 1$ 인 궤도로 전이할 때 방출하는 에너지의 양은 다음과 같다.

$$E_2 - E_1 = -14 - (-54) = 40 \text{ eV} = hf$$

전자가 $n = 3$ 에서 $n = 2$ 인 궤도로 전이할 때 방출하는 에너지의 양은

$$E_3 - E_2 = E_3 - (-14) = \frac{1}{5}hf = 8 \text{ eV}$$

$\therefore E_3 = -6$ eV

16 1.8×10^{11} C/kg

해설 | 원운동하는 전자에 작용하는 자기력이 구심력 역할을 한다.

$$\frac{mv^2}{R} = evB \rightarrow \frac{e}{m} = \frac{v}{RB} \text{ --- ①}$$

전위차 V 에 의해 전자가 음극에서 양극까지 움직이는 동안 전기장이 전자에 한 일은 전자가 얻은 운동 에너지와 같다.

$$eV = \frac{1}{2}mv^2 \rightarrow v^2 = \frac{2eV}{m} \text{ --- ②}$$

①을 제곱한 결과에 ②를 대입하면 전자의 비전하는 다음과 같다.

$$\frac{e}{m} = \frac{2V}{(RB)^2} = \frac{2 \times 150}{[(3.4 \times 10^{-2})(1.2 \times 10^{-3})]^2} = 1.8 \times 10^{11} \text{ C/kg}$$

17 5 배

해설 | 기름 방울에 작용하는 중력과 전기력이 평형을 이루고 있다 ($qE = mg$). 밀도가 ρ, 반지름이 r 인 기름 방울의 질량 $m = \frac{4}{3}\pi r^3 \rho$ 이므로, 기름 방울의 전하 q 는 다음과 같다.

$$q = \frac{mg}{E} = \frac{4\pi r^3 \rho g}{3E} = \frac{4 \times 3.14(1.64 \times 10^{-6})^3(850)(9.8)}{3(1.92 \times 10^5)}$$

$\fallingdotseq 8.0 \times 10^{-19}$(C)

$$\therefore \frac{q}{e} = \frac{8.0 \times 10^{-19}}{1.6 \times 10^{-19}} = 5$$

개념 심화 문제

정답	241 ~ 242쪽
01 7 : 128	02 −6.8 eV
03 3.3×10^{15} Hz	04 7.1×10^{-7} m
05 $\frac{2hdv_0^2}{Vl^2}$	06 9.6×10^{-19} C

01 7 : 128

해설 | 전자가 $n \rightarrow m$ 전이할 때 에너지 차이에 해당하는 광자가 방출되거나 흡수된다. 이때 광자 1 개의 에너지는 다음과 같다.

$$E_{광자} = E_m - E_n = hf \ \cdots ㉠$$

광자가 방출되는 경우는 에너지 준위가 더 낮은 궤도로 전이할 때 이며, 에너지 차이가 클수록 더 큰 에너지의 파장이 짧은 광자가 나온다. 따라서 $n = 3 \rightarrow n = 1$ 일 때 가장 파장이 짧은 광자가 방출된다. … ㉡

광자가 흡수될 때에는 에너지 준위가 더 높은 궤도로 전이할 때이고, 그 중 가장 파장이 가장 길 때는 에너지 준위 차가 가장 작은 $n = 3 \rightarrow n = 4$ 전이할 때이다. … ㉢

㉠ 식에 의해 파장은 $\lambda = \frac{hc}{E_m - E_n}$이고, $E_n = -\frac{|E_1|}{n^2}$ 이므로

$$\lambda = \frac{hc}{E_m - E_n} = \frac{hc}{|E_1|}\left(\frac{1}{\frac{1}{n_n^2} - \frac{1}{n_m^2}}\right)$$

$$㉡ \cdots (\text{방출})\ \lambda_1 = \frac{hc}{|E_1|}\left(\frac{1}{\frac{1}{1^2} - \frac{1}{3^2}}\right) = \frac{hc}{|E_1|}\left(\frac{9}{8}\right)$$

$$㉢ \cdots (\text{흡수})\ \lambda_2 = \frac{hc}{|E_1|}\left(\frac{1}{\frac{1}{3^2} - \frac{1}{4^2}}\right) = \frac{hc}{|E_1|}\left(\frac{144}{7}\right)$$

$$\therefore \lambda_1 : \lambda_2 = \frac{9}{8} : \frac{144}{7} = 7 : 128$$

02 −6.8 eV

해설 | 전자의 역학적 에너지는 운동 에너지와 전기력에 의한 퍼텐셜 에너지의 합이다.

$$E_n = \frac{1}{2}mv^2 + \left(-\frac{ke^2}{r}\right) = -\frac{ke^2}{2r}, \quad \left(\frac{mv^2}{r} = \frac{ke^2}{r} \rightarrow \frac{1}{2}mv^2 = \frac{ke^2}{2r}\right)$$

수소 원자의 에너지 준위 $E_n = -\frac{ke^2}{2r} = -\frac{13.6}{n^2}$

전자의 퍼텐셜 에너지 $-\frac{ke^2}{r} = 2E_n = -\frac{2 \times 13.6}{n^2}$

$\therefore n = 2$ 일 때 전자의 퍼텐셜 에너지 : −6.8 eV

03 3.3×10^{15} Hz

해설 | 속박되지 않은 자유 전자의 에너지가 속박 전자의 에너지보다 13.6 eV 이상 높으므로, 수소 양이온이 되기 위해 전자가 흡수해야 하는 에너지는 13.6 eV 이상이 되어야 한다.

$$E = hf \rightarrow f = \frac{E}{h} = \frac{13.6 \times 1.6 \times 10^{-19}}{6.6 \times 10^{-34}} \fallingdotseq 3.3 \times 10^{15} \text{ Hz}$$

04 7.1×10^{-7} m

해설 | 수소 원자의 에너지 준위 : $E_n = -\frac{E_1}{n^2}$

$$E_2 = -\frac{E_1}{2^2} = -\frac{2 \times 10^{-18}}{2^2} = -5.0 \times 10^{-19}$$

$$E_3 = -\frac{E_1}{3^2} = -\frac{2 \times 10^{-18}}{3^2} = -2.2 \times 10^{-19}$$

전자가 3→2 전이할 경우 에너지가 방출된다.

$$E_m - E_n = hf = \frac{hc}{\lambda} \rightarrow \lambda = \frac{hc}{E_m - E_n}$$

$$\lambda = \frac{hc}{E_3 - E_2} = \frac{(6.6 \times 10^{-34}) \times (3.0 \times 10^8)}{(-2.2 + 5.0) \times 10^{-19}} \fallingdotseq 7.1 \times 10^{-7} \text{ m}$$

05 $\frac{2hdv_0^2}{Vl^2}$

해설 | 연직 방향으로 전기력 eE 를 받으므로 연직 방향의 가속도는 다음과 같다.

$$F = eE = e \cdot \frac{V}{d} = ma \rightarrow a = \frac{eV}{md}$$

연직 방향으로 시간 t 동안 운동한 거리 h 는

$$h = \frac{1}{2}at^2 = \frac{eV}{2md}t^2 \ \cdots ㉠$$

수평 방향으로는 v_0 의 속력으로 등속 운동하였으므로 같은 시간 동안 수평 방향 이동 거리 $l = v_0 t$

㉠ $t = \frac{l}{v_0}$ 이므로, $h = \frac{eV}{2md}\left(\frac{l}{v_0}\right)^2 \quad \therefore \frac{e}{m} = \frac{2hdv_0^2}{Vl^2}$

06 9.6×10^{-19} C

해설 | (가) 전압이 걸리지 않으므로 기름 방울에 작용하는 힘은 중력과 공기 저항력이며, 기름 방울에 작용하는 알짜힘은 0 이다.

$mg = kv_1 \rightarrow 10^{-14} \times 10 = k(4 \times 10^{-4})$

$$\therefore k = \frac{10^{-13}}{4 \times 10^{-4}} = 2.5 \times 10^{-10}$$

(나) 전압이 걸리므로, 기름 방울에는 아래 방향의 중력과 공기 저항력, 위 방향의 전기력이 작용하며, 등속 운동이므로 힘의 평형 상태이다.

$qE = mg + kv_2 = 10^{-13} + (2.5 \times 10^{-10})(8 \times 10^{-5})$

$= 1.2 \times 10^{-13}$

$$E = \frac{V}{d},\ q = (1.2 \times 10^{-13})\frac{d}{V} = (1.2 \times 10^{-13})\frac{0.012}{1500} = 9.6 \times 10^{-19} \text{ C}$$

Ⅷ. 현대 물리 (2)

개념 보기

Q3 ①	Q4 ①	Q5 1 : 1	Q6 $\frac{h}{\pi r}$

Q3 ①

해설 | 일함수가 W_0 인 금속면에 전자기파를 비추었을 때 방출되는는 광전자의 최대 운동 에너지 $E_k = \frac{1}{2}mv^2 = hf - W_0$ 이다. 따라서 진동수가 가장 큰(파장이 가장 짧은) X 선을 비출 때 방출되는 광전자의 에너지가 가장 크다.

Q4 ①

해설 | $p = \frac{h}{\lambda} = \frac{6.63 \times 10^{-34}}{2.21 \times 10^{-12}} = 3.0 \times 10^{-22}\ \text{kg·m/s}$

Q5 1 : 1

해설 | $\lambda = \frac{h}{p} = \frac{h}{mv}$ 이므로, 드브로이 파장이 같다면 운동량도 같다.

Q6 $\frac{h}{\pi r}$

해설 | $2\pi r = n\lambda = \frac{nh}{mv} = \frac{nh}{p} \rightarrow p = \frac{nh}{2\pi r} = \frac{h}{\pi r}$, $(n = 2)$

개념 확인 문제

정답	248 ~ 249쪽

빛과 물질의 이중성

18 ⑤	19 (1) hf_0, $2hf_0$, $3hf_0$ (2) 금속 1		
20 2 eV	21 ②	22 0.6 eV	23 1.6×10^{-7} m
24 ① < ② < ③ < ④ >			
25 2.32×10^6 m/s	26 $\frac{h}{\sqrt{2meV}}$	27 $\sqrt{\frac{E}{2mc^2}}$	
28 $\frac{h^2}{2me\lambda^2}$	29 ㉠ $\frac{h}{mv}$ ㉡ $\frac{h}{\pi mv}$	30 $\frac{h}{Bqr}$	

18 ⑤

해설 | 빛의 세기가 약해도 문턱 진동수 이상의 빛을 쪼이면 즉시 광전자가 방출된다. 입사 광자의 에너지 hf 가 금속의 일함수 W_0 보다 클 때 광전자가 방출된다.

19 (1) hf_0, $2hf_0$, $3hf_0$ (2) 금속 1

해설 | (1) 일함수는 문턱 진동수 f_0 와 플랑크 상수 h 의 곱이다. 금속 1, 2, 3의 일함수는 각각 hf_0, $2hf_0$, $3hf_0$

(2) 진동수 $f(>3f_0)$인 쪼여 주는 빛의 에너지는 hf이다.
튀어나오는 광전자의 최대 운동에너지를 극판에 걸리는 정지 전압(Vs)에 의한 일(eVs)로 상쇄시켜 전자가 양극판에 도달하지 못하게 한다. 광전자의 최대 운동에너지 E_k(최대) $= hf - W_0 = eVs$이므로 금속의 일함수(W_0)가 클수록 정지 전압이 작다. 따라서 금속 1 의 정지 전압이 가장 크게 측정된다.

20 2 eV

해설 | 광전자의 최대 운동 에너지는 정지 전압에 의한 일과 같다($E_{max} = eV_S$). 정지 전압 V_S가 2 V 이므로, 광전자(전하량 e)의 최대 운동 에너지는 2 eV 이다.

21 ②

해설 | 금속판 A 의 일함수 $W_A = hf_0$, 금속판 B 의 일함수 $W_B = 3hf_0$ 이다. 따라서 진동수가 $2f_0$ 인 빛 P 를 금속판 B 에 비출 경우(B_P) 광전자가 방출되지 않으므로 광전류가 흐르지 않는다(②, ③, ④, ⑤).
광전자의 최대 운동 에너지($E_k = hf - W_0$)는 각각 다음과 같다.
A_P : $2hf_0 - hf_0 = hf_0$, A_Q : $4hf_0 - hf_0 = 3hf_0$
B_Q : $4hf_0 - 3hf_0 = hf_0$
이때 광전자의 최대 운동 에너지는 정지 전압에 비례하므로, A_P 와 B_Q 의 정지 전압은 같고(②, ④), 단색광 Q 의 세기가 P 의 2 배이므로 광전류의 세기는 A_Q, B_Q 가 A_P 의 2 배가 되야 한다. 따라서 ② 이 가장 적절하다.

22 0.6 eV

해설 | 파장 $\lambda = 250 \times 10^{-9}$ (m) 의 자외선 광자의 에너지 E 는

$$E = hf = \frac{hc}{\lambda} = \frac{(6.6 \times 10^{-34}) \times (3 \times 10^8)}{250 \times 10^{-9}} \fallingdotseq 7.9 \times 10^{-19}(\text{J})$$

$$= \frac{7.9 \times 10^{-19}}{1.6 \times 10^{-19}} \fallingdotseq 4.9(\text{eV})$$

$$\therefore E_k\,(\text{최대}) = hf - W_0 = 4.9 - 4.3 = 0.6\ \text{eV}$$

23 1.6×10^{-7} m

해설 | 광전자의 최대 운동 에너지 E_{max} 와 정지 전압 V_S 은 같다.

$$E_{max} = \frac{1}{2}mv^2 = eV_S = hf - W_0 = \frac{hc}{\lambda} - W_0$$

$$\therefore eV_S = \frac{hc}{\lambda} - W_0 \rightarrow \lambda = \frac{hc}{eV_S + W_0}$$

$$\lambda = \frac{(6.6 \times 10^{-34}) \times (3 \times 10^8)}{(3 + 4.7) \times (1.6 \times 10^{-19})} \fallingdotseq 1.6 \times 10^{-7}\ \text{m}$$

24 ① < ② < ③ < ④ >

해설 | 입자의 충돌과 같이 산란된 X 선의 경우 입사한 X 선에 비해 에너지와 운동량이 감소한다. 따라서 진동수가 감소하고, 파장은 증가한다. 이때 충돌후 산란각이 클수록 충돌 후 X 선의 파장이 길어지는 정도가 커진다.

25 2.32×10^6 m/s

해설 | 양자수 $n = 1$ 일 때, 전자가 안정한 상태에 있으므로 원궤도의 둘레의 길이는 전자의 드브로이 파장의 1배이다.

$$\lambda = 2\pi r = 2 \times 3.14 \times \frac{10^{-10}}{2} = 3.14 \times 10^{-10}\ \text{m}$$

드브로이 파장 $\lambda = \frac{h}{p} = \frac{h}{mv}$

$$\therefore v = \frac{h}{m\lambda} = \frac{6.63 \times 10^{-34}}{(9.11 \times 10^{-31})(3.14 \times 10^{-10})} \fallingdotseq 2.32 \times 10^6\ \text{m/s}$$

26 $\frac{h}{\sqrt{2meV}}$

해설 | 질량이 m 인 정지 상태의 전자가 전압 V 로 가속되어 속력 v 로 운동할 때, 전자의 운동 에너지는

$E_k = \frac{1}{2}mv^2 = \frac{(mv)^2}{2m} = \frac{p^2}{2m}$ 이고, 이는 전기장이 전자에 한 일 eV

와 같다.

$$\therefore eV = \frac{p^2}{2m} \rightarrow p = \sqrt{2meV}$$

따라서 드브로이 파장 $\lambda = \frac{h}{p} = \frac{h}{\sqrt{2meV}}$ 이다.

27 $\sqrt{\frac{E}{2mc^2}}$

해설 | 파장이 λ 인 광자의 운동량 $p = \frac{h}{\lambda}$, $E = hf = \frac{hc}{\lambda}$

$$\therefore p_{광자} = \frac{h}{\lambda} = \frac{E}{c}$$

질량이 m 인 전자의 운동 에너지 $E = \frac{1}{2}mv^2 = \frac{(mv)^2}{2m} = \frac{p^2}{2m}$

전자의 운동량 $p_{전자} = \sqrt{2mE}$

$$\therefore \frac{p_{광자}}{p_{전자}} = \frac{\frac{E}{c}}{\sqrt{2mE}} = \sqrt{\frac{E}{2mc^2}}$$

28 $\frac{h^2}{2me\lambda^2}$

해설 | 정지 상태에서 전압 V 로 가속된 전자의 운동 에너지 E_k 는 전기장이 전자에 한 일 $W = eV$ 와 같다. 따라서 전압 V 는 다음과 같다.

$$eV = \frac{p^2}{2m} = \frac{h^2}{2m\lambda^2} \rightarrow V = \frac{h^2}{2me\lambda^2}$$

29 ㉠ $\frac{h}{mv}$ ㉡ $\frac{h}{\pi mv}$

해설 | ㉠ 질량 m 인 입자가 속력 v 로 움직일 때 $\lambda = \frac{h}{mv}$

㉡ 양자수 n 인 궤도의 둘레 $2\pi r = n\lambda = \frac{nh}{mv}$ (양자수 $n = 2$)

$$\therefore r = \frac{2h}{2\pi mv} = \frac{h}{\pi mv}$$

30 $\frac{h}{Bqr}$

해설 | 균일한 자기장 B 속에서 등속 원운동하는 전하량 q 인 입자의 원궤도 반지름 r 과 운동량 p 는 다음과 같다.

$$r = \frac{mv}{Bq} = \frac{p}{Bq} \rightarrow p = Bqr \quad \therefore \lambda = \frac{h}{p} = \frac{h}{Bqr}$$

개념 심화 문제

정답 **248 ~ 249쪽**

07 (1) 5 : 2 (2) $1.5W_B$ 08 (1) 2 : 1 : 8 (2) C (3) 1배
09 (1) 5.4×10^{-7} m (2) 0.8 eV (3) 0.8 V
10 $\sqrt{\frac{h^2d}{2eVxm}}$

07 (1) 5 : 2 (2) $1.5W_B$

해설 | (1) 금속판 A 와 B 의 한계 파장이 각각 λ_A, λ_B 이므로, 금속판 A 와 B 의 일함수 W_A, W_B 는 각각 다음과 같다.

$$W_A = hf_A = \frac{hc}{\lambda_A}, \; W_B = hf_B = \frac{hc}{\lambda_B}$$

$\lambda_A : \lambda_B = 2 : 5$ 이므로, $W_A : W_B = 5 : 2$ 이다.

(2) 빛의 파장이 λ_0 일 때 A 와 B 에서 방출되는 광전자의 최대 운동 에너지 E_A, E_B 는 각각 다음과 같다.

$$E_A = \frac{hc}{\lambda_0} - W_A, \quad E_B = \frac{hc}{\lambda_0} - W_B$$

$$\therefore E_B - E_A = W_A - W_B = \frac{3}{2}W_B = \frac{3}{5}W_A \quad (W_A = \frac{5}{2}W_B)$$

08 (1) 2 : 1 : 8 (2) C (3) 1 배

해설 | (1) 물질파 파장 $\lambda = \frac{h}{p} = \frac{h}{mv}$ 이므로, 각각의 물질파 파장은 다음과 같다.

$$\lambda_A = \frac{h}{2mv}, \lambda_B = \frac{h}{4mv}, \lambda_C = \frac{h}{0.5mv} \therefore \lambda_A : \lambda_B : \lambda_C = 2 : 1 : 8$$

(2), (3) 슬릿 사이의 간격이 d, 이중 슬릿과 스크린 사이의 거리가 L, 입사한 빛의 파장이 λ 일 때, 간섭 무늬 사이의 간격 $\Delta x = \frac{L\lambda}{d}$ 이다.

$$\lambda_P = \frac{h}{mv}, \lambda_A = \frac{\lambda_P}{2}, \lambda_B = \frac{\lambda_P}{4}, \lambda_C = 2\lambda_P$$

따라서 입자 P 보다 간섭 무늬 사이의 간격이 넓은 입자는 물질파 파장이 더 긴 C 뿐이다.

입자 A 의 물질파 파장은 P 의 물질파 파장의 절반이므로 이중 슬릿과 스크린 사이의 거리를 $2L$ 로 할 경우 간섭 무늬 사이의 간격이 P 로 관측했을 때와 같은 Δx 가 된다.

09 (1) 5.4×10^{-7} m (2) 0.8 eV (3) 0.8 V

해설 | (1) 한계 진동수(문턱 진동수) f_0 와 한계 파장 λ_0 이라 할 때, 한계 진동수 이상 (한계 파장 이하)의 빛에서 광전자가 방출된다.

$$W_0 = hf_0 = \frac{hc}{\lambda_0}$$

$$\rightarrow \lambda_0 = \frac{hc}{W_0} = \frac{(6.6 \times 10^{-34}) \times (3 \times 10^8)}{(2.3)(1.6 \times 10^{-19})} ≒ 5.4 \times 10^{-7}(\text{m})$$

(2) 파장 $\lambda = 400$ nm 인 광자의 에너지 $E = hf = \frac{hc}{\lambda}$

나트륨의 일함수 $W_0 = 2.3$ eV

광전자의 최대 운동 에너지 $E_k = hf - W_0 = \frac{hc}{\lambda} - W_0$

$$\therefore E_k = \frac{(6.6 \times 10^{-34}) \times (3 \times 10^8)}{(400 \times 10^{-9})(1.6 \times 10^{-19})} - 2.3 ≒ 3.1 - 2.3 = 0.8(\text{eV})$$

가장 빠른 전자(최대 운동 에너지)는 0.8 eV

(3) 정지 에너지와 광전자의 최대 운동 에너지가 같으므로($eV_S = E_k$) 정지 전압은 다음과 같다.

$$V_S = \frac{E_k}{e} = \frac{0.8 \text{ eV}}{e} = 0.8 \text{ V}$$

10 $\sqrt{\frac{h^2d}{2eVxm}}$

해설 | 거리가 d 만큼 떨어진 평행한 금속판에 전압 V 가 걸려 있을 때, 평행판 사이의 전기장의 세기 $E = \frac{V}{d}$ 이다.

전기장 속에서 전하량이 e 인 전자가 받는 힘을 F 라 할 때

$$F = eE = \frac{eV}{d} = ma, \quad a\text{(가속도)} = \frac{eV}{md}$$

오른쪽 금속판에서 x 만큼 떨어진 지점을 통과할 때 전자의 속도를

v 라고 하면, $v^2 = 2ax = 2\left(\frac{eV}{md}\right)x \rightarrow v = \sqrt{\frac{2eVx}{md}}$

∴ 이 때의 드브로이 파장 $\lambda = \frac{h}{mv} = \frac{h}{m\sqrt{\frac{2eVx}{md}}} = \sqrt{\frac{h^2d}{2eVxm}}$

Ⅷ. 현대 물리 (3)

개념 보기

Q7 ㉠ 238 ㉡ 92　　Q8 A　　Q9 α 선

Q10 ㉠

Q7 ㉠ 238 ㉡ 92

해설 | $^{\text{질량수}}_{\text{원자 번호}}\text{U}$ 이므로 질량수는 238 이고 원자 번호는 92 이며, 원자핵의 전하량은 양성자수(= 원자 번호)와 같으므로 $92e$ 이다.

Q8 A

해설 | $\frac{mv^2}{R} = qvB' \rightarrow R = \frac{mv}{qB'}$ 이고, v, q, B' 은 동일하므로, 반지름 R 은 질량 m 에 비례한다. ∴ 입자 A 의 질량이 더 무겁다.

Q9 α 선

해설 | α 선은 고속의 헬륨 원자핵의 흐름, β 선은 전자의 흐름, γ 선은 광자이다.

Q10 ㉠

해설 | 원자핵에서 핵자를 떼어낼 때에는 질량 결손에 해당하는 에너지를 공급해야 한다. 에너지를 공급했기 때문에 헬륨이 양성자 2 개, 중성자 2 개보다 가볍다.

개념 확인 문제

정답　　254 ~ 256쪽

핵에너지

31 전자　32 (1) = (2) < (3) <　33 ①

34 ㉠ β 선 ㉡ γ 선 ㉢ α 선　35 ③

36 (1) ㉠ (2) ㉡ (3) ㉢　37 10 년

38 ②　39 ㉠ 핵융합 ㉡ 핵분열 ㉢ 핵융합

40 94, 38　41 ④　42 $[(2m_1 + 2m_2) - M]c^2$

43 3.15×10^{-11} J　44 A. 전자, B. 양공

45 (1) ㉠ (2) ㉢ (3) ㉠, ㉡　46 ㉠ H_2 ㉡ H_2O

47 (1) ㉠ 수소, ㉡ 산소

(2) 수소 이온은 전해질을 통해 음극에서 양극으로 이동한다.

(3) H_2O(물)

31 전자

해설 | 원자는 원자핵(양성자, 중성자)과 전자로 이루어져 있다. 양성자의 질량은 1.673×10^{-27}kg, 중성자의 질량은 1.675×10^{-27}kg, 전자는 9.11×10^{-31}kg 으로 가장 가벼운 입자는 전자이다.

32 (1) = (2) < (3) <

해설 | (1) ㉠, ㉡은 동위 원소의 원자핵이므로 전하량은 서로 같다. (2) $\frac{mv^2}{R} = qvB$ 이고, 속도(v), 전하량(q), 자기장(B) 은 서로 같으므로 원의 반지름이 클수록 질량이 크다. 따라서 ㉡의 질량이 더 크다. (3) ㉠ 과 ㉡ 은 동위 원소의 원자핵이므로 양성자수는 같다. 하지만 ㉡ 의 질량이 더 크므로 ㉡ 의 중성자수가 더 많다.

33 ①

해설 | ①, ②, ③, ④ 수소, 중수소, 삼중수소는 양성자의 수가 1 개인 동위 원소이며 전자수도 모두 1 개이고 원자 번호도 모두 1 이다. ② 원자핵의 질량은 중성자 수가 가장 많은 삼중수소가 가장 크다.

34 ㉠ β 선 ㉡ γ 선 ㉢ α 선

해설 | 전기장의 방향은 (+) 에서 (−) 이다.

㉠ β선은 (−)전하를 띠고 있으므로 전기장 방향과 반대 방향으로 휘어진다.

㉡ γ선은 전기적 성질을 띠고 있지 않으므로 직진한다.

㉢ α선은 (+)전하를 띠고 있으므로 전기장 방향과 같은 방향으로 휘어진다.

35 ③

해설 | α 붕괴는 원자 번호가 2, 질량수가 4 인 헬륨 원자핵을 방출한다. 이때 방사성 원소는 원자 번호가 2, 질량수가 4 만큼 감소된 다른 원자핵으로 변환된다. β 붕괴는 중성자가 양성자로 변하면서 전자가 튀어나온다. 이때 중성자의 질량과 양성자의 질량이 거의 같으므로 질량수는 변화가 없지만, 양성자수가 1 만큼 증가하여 원자 번호가 1 만큼 증가한다. 따라서 원자 번호는 α 붕괴에서 2 만큼 감소하고 β 붕괴에서 2 만큼 증가하여 원자 번호는 변화 없이 92 이다.

36 (1) ㉠ (2) ㉡ (3) ㉢

해설 | 전기장은 오른쪽(+)에서 왼쪽(-)으로 향한다. ㉠은 전기장의 방향과 같은 방향으로 휘어졌으므로 α선이다. ㉡은 전기장에 영향을 받지 않고 직진하므로 γ선이다. ㉢은 전기장과 반대 방향으로 휘어졌으므로 β선이다.

(1) ㉠ α선은 헬륨 원자핵의 흐름으로 양성자 2 개 중성자 2 개로 이루어져있다.

(2) ㉡ 은 전기장의 영향을 받지 않으므로 전기적인 성질을 띠지 않는다.

(3) ㉢ 은 전기장과 반대 방향으로 휘므로 전자이다. 따라서 전하량은 (-) 값을 갖는다.

37 10 년

해설 | 그래프에서 주어진 방사성 물질의 반감기는 5 년이므로, 이 방사능 물질 100 g 이 25 g 이 되기까지 걸리는 시간은 반감기가 2 회 경과한 시간인 10 년이다.

38 ②

해설 | 그림의 그래프에서 100 분일 때 방사성 원소의 양이 12 였고 100 분 후 12 의 절반인 6 으로 떨어졌다. 따라서 반감기는 100 분이다. 붕괴상수의 공식에 적용하면 핵종의 붕괴상수는 다음과 같다.

$$\lambda = \frac{0.693}{T} = \frac{0.693}{100\text{분}} \times \frac{60\text{분}}{1\text{ h}} \fallingdotseq 0.416^{-1}$$

39 ㉠ 핵융합 ㉡ 핵분열 ㉢ 핵융합
해설 | ㉠, ㉢은 질량수가 작은 원자핵들이 융합하여 큰 원자핵이 되었으므로 핵융합 반응이다. ㉡ 질량수가 큰 원자핵이 중성자를 흡수하여 질량수가 작은 원자핵으로 쪼개졌으므로 핵분열 반응이다

40 94, 38
해설 | 핵반응 전후의 질량수가 보존되므로
235 + 1 = X 의 질량수 + 140 + 2 에서 X 의 질량수 = 94 이고,
전하량이 보존되므로 92 + 0 = X 의 원자 번호 + 54 에서 X 의 원자 번호는 38이다.

41 ④
해설 | ㄱ, ㄴ. 우라늄은 저속 중성자를 흡수하여 ㉠ 고속 중성자 2 ~ 3개를 방출한다.
ㄷ. 핵반응에서 발생하는 에너지는 아인슈타인의 질량·에너지 등가 원리에 의해서 질량 결손이 에너지로 전환된 것이다.

42 $[(2m_1 + 2m_2) - M]c^2$
해설 | 질량과 에너지는 서로 변환될 수 있는 양으로, 핵반응에 의한 질량 결손이 Δm 이면 방출하는 에너지 $E = \Delta mc^2$ 이다.
질량이 각각 m_1, m_2 인 양성자 2개와 중성자 2개가 핵융합 반응을 하여 질량이 M 인 헬륨 원자핵이 만들어졌을 경우,
$\Delta m = (2m_1 + 2m_2) - M$ 이므로,
방출된 에너지는 $E = [(2m_1 + 2m_2) - M]c^2$ 이다.

43 3.15×10^{-11} J
해설 | 핵반응에 의한 질량 결손이 Δm 이면 방출하는 에너지 $E = \Delta mc^2$ 이다.
$\therefore E = \Delta mc^2 = (3.5 \times 10^{-28})(3 \times 10^8)^2 = 3.15 \times 10^{-11}$ J

44 A. 전자, B. 양공
해설 | 태양 빛을 직접 받는 쪽인 n 형 반도체로 이동하는 A 는 전자, p 형 반도체로 이동하는 B 는 양공이다.

45 (1) ㉠ (2) ㉢ (3) ㉠, ㉡
해설 | (1) 태양 빛을 직접 받는 쪽이 n 형 반도체이므로 ㉠ 은 n 형 반도체, ㉡ 은 p형 반도체이다.
(2) n 형 반도체 쪽으로 모인 전자가 외부 회로를 통해 n 형 반도체에서부터 p 형 반도체로 이동한다. 전류의 방향은 전자의 이동 방향과 반대이므로 전류의 방향은 ㉢ 이다.
(3) p형 반도체와 n형 반도체를 접합시키면 p - n 접합면에 전기장이 형성된다. 이 전기장에 의해 전자(-)는 n형 반도체(㉠)쪽으로 이동하고, 양공(+)은 p형 반도체(㉡) 쪽으로 이동한다.

46 ㉠ H_2 ㉡ H_2O
해설 | 연료 전지의 음극에서는 수소의 이온화(산화) 반응이 일어나고, 양극에서는 산소의 환원 반응이 일어나 물이 생성된다.

47 (1) ㉠ 수소, ㉡ 산소
(2) 수소 이온은 전해질을 통해 음극에서 양극으로 이동한다.
(3) H_2O(물)
해설 | 연료 전지의 음극에서는 수소가 이온화되며 전자를 내놓는다. 이때 수소 이온은 중간의 전해질을 통해 양극으로 이동하여 그곳에서 산소와 반응해 물을 얻고, 음극에서 내놓은 전자는 양극으로 이동하며 전류가 흐른다.

개념 심화 문제

정답 257 ~ 258쪽

09 (1) 3 : 1 (2) 7 : 1　10 ㉠ A ㉡ C ㉢ B
11 (1) 중성자 (2) 5, 4 (3) 82, 206
12 (1) 234 (2) ㉣ (3) 3 회

09 (1) 3 : 1 (2) 7 : 1
해설 | (1) 헬륨 원자핵의 질량이 수소 원자핵의 질량보다 4 배 무거우므로 우주 전체의 수소 원자핵과 헬륨 원자핵의 질량비는 3 : 1 이다. 이 비는 현재 우주에서 관측되는 비와 같다.
(2) 현재 우주 전체의 수소 원자핵과 헬륨 원자핵의 질량비는 3 : 1 = 12 : 4 = 양성자 12 개 : 양성자 2 개 + 중성자 2 개이다. 따라서 양성자가 14 개, 중성자가 2 개이므로 우주 전체의 양성자와 중성자의 질량비는 7 : 1 이 된다.

10 ㉠ A ㉡ C ㉢ B
해설 | 방사성 원자핵이 핵변환을 하는 과정에서 방사선을 방출한다. 전하량과 질량수를 계산해 보면 ㉠ 은 질량수 4, 전하량 2 인 헬륨 원자핵 $^4_2$He 으로 α 선, ㉡ 은 질량수 0, 전하량 −1 인 전자로 β 선 ㉢ 은 질량수 0, 전하량 0 으로 γ 선이다.
α 선은 양(+) 의 전하량을 가지고 있기 때문에 (−) 극 방향으로 휘어지고, β 선은 음(−) 의 전하량을 가지고 있기 때문에 (+) 극 방향으로 휘어진다. 하지만 γ 선은 전하량이 없기 때문에 전기장의 영향을 받지 않아 직진한다. 따라서 ㉠ 은 A, ㉡ 은 C, ㉢ 은 B 이다.

11 (1) 중성자 (2) 5, 4 (3) 82, 206
해설 | $^9_4$Be + $^4_2$He (α 입자) → $^{12}_6$C + $^1_0$n
(1) 핵자에는 양성자와 중성자가 있다. 그 중에서 전하를 띠지 않는다고 했으므로 ㉠은 중성자이다.
(2) $^9_4$Be 의 중성자수는 5 이고, 양성자수는 4이다.
(3) $^{210}_{84}$Po 은 α 입자를 방출하면서 질량수 4, 양성자수 2 만큼 감소하므로 원자 번호는 82, 질량수는 206 인 원소로 변하게 된다.

12 (1) 234 (2) ㉣ (3) 3 회
해설 | (1) ㉠ 의 질량수는 중성자수와 양성자수가 2 개씩 감소하였으므로 238 에서 4 만큼 감소하여 234 이다.
(2) ㉠ 과 ㉣ 은 양성자수는 같지만 중성자수가 다르므로 동위 원소이다.
(3) 그래프에서 양성자수가 2 감소하고, 질량이 4 감소한 과정(α 붕괴)은 총 3 회 일어났다.

창의력을 키우는 문제

259 ~ 264쪽

01. 논리 서술형

(1) 전자
(2) $n = 5$ 에 있던 전자가 $n = 2$ 로 이동할 때
(3) 각 스펙트럼을 방출하는 에너지 준위의 차이가 다르기 때문이다.
(4) ① 전자는 원자핵 주위의 특정한 에너지 준위의 궤도에 있지 않고 모든 에너지 준위 값을 가질 수 있다.

해설 | (1) 수소 원자의 전자가 에너지를 흡수하여 불안정한 들뜬 상태로 되었다가 더욱 안정한 상태로 전이하면서 빛을 방출한다.
(2) 각 스펙트럼이 방출하는 경우는 다음과 같다.
스펙트럼 b : $n = 4$ 에 있던 전자가 $n = 2$ 로 이동할 때,
스펙트럼 c : $n = 5$ 에 있던 전자가 $n = 2$ 로 이동할 때이다.
(3) 각 스펙트럼은 에너지 준위의 차이만큼에 해당하는 에너지를 방출하면서 생긴다.
스펙트럼 a가 방출되는 경우인 $n = 3$ 에 있던 전자가 $n = 2$ 로 이동할 때 방출하는 에너지는

$$E_3 - E_2 = -1312\left(\frac{1}{3^2} - \frac{1}{2^2}\right) = -146 - (-328) = 182$$

스펙트럼 b 가 방출되는 경우인 $n = 4$ 에 있던 전자가 $n = 2$ 로 이동할 때 방출하는 에너지는

$$E_4 - E_2 = -1312\left(\frac{1}{4^2} - \frac{1}{2^2}\right) = -82 - (-328) = 246$$

스펙트럼 c가 방출되는 경우인 $n = 5$ 에 있던 전자가 $n = 2$ 로 이동할 때 방출하는 에너지는

$$E_5 - E_2 = -1312\left(\frac{1}{5^2} - \frac{1}{2^2}\right) = -52.5 - (-328) = 275.5$$

(4) 수소 원자의 스펙트럼이 선스펙트럼으로 나타나는 이유가 전자가 허용된 특정 에너지 상태에만 존재하기 때문이다. 하지만 연속 스펙트럼이 나타나기 위해서는 수소 원자의 전자가 모든 에너지 준위 값을 가질 수 있어야만 에너지가 낮은 상태로 이동할 때 모든 종류의 파장을 방출할 수 있다.

02. 논리 서술형

(1), (2) 해설 참조

해설 | (1) p형 반도체에 (−)극, n형 반도체에 (+)극을 연결하면 P형 반도체의 양공은 (−) 극 쪽으로 이동하고, n형 반도체의 전자는 (+) 극 쪽으로 이동해서 서로 멀어지게 된다. 따라서 두 반도체의 접합 부위 양공과 전자가 없기 때문에 자유 전자가 이동할 수 있는 양공도 없게 되어 자유전자의 전이가 불가능하므로 전류가 흐르지 못한다.(역방향 전압)
(2) 발광 파장은 발광 다이오드를 만들 때 사용하는 반도체의 종류에 따라 띠틈을 달리하여 p형 반도체와 n형 반도체 사이의 에너지 준위 차이를 다르게 만든다. 그 준위의 차이에 따라 다른 파장의 빛이 나오므로 빛의 색을 다양하게 할 수 있는 것이다.

03. 추리 단답형

2.6×10^{44} 개

해설 | 태양에서 단위 시간 동안 공급되는 에너지(태양과 지구 사이의 거리가 r 일 때, 반지름 r 인 구가 받는 에너지)는 다음과 같다.

$$P = (4\pi r^2)I = 4 \times 3.14 \times (1.48 \times 10^{11})^2 \times (1{,}370) = 3.77 \times 10^{26}(\text{W})$$

이중 $\frac{1}{4}$ 이 가시광선 영역에서 공급되는 에너지 이므로

$$P_{가시} = \frac{1}{4} \times (3.77 \times 10^{26}) ≒ 9.42 \times 10^{25} \text{ W 이다.}$$

즉, 매초 9.42×10^{25} J 의 에너지가 태양으로부터 가시광선으로 방출된다.
평균 파장 $\lambda_{평균} = 550$ nm 인 광자 1 개의 에너지는

$$E = hf = \frac{hc}{\lambda} = \frac{(6.6 \times 10^{-34})(3 \times 10^8)}{550 \times 10^{-9}} = 3.6 \times 10^{-19}(\text{J}) \text{ 이므로,}$$

매초 가시광선으로 방출되는 광자의 수 N 은 다음과 같다.

$$N = \frac{P_{가시}}{E} = \frac{9.42 \times 10^{25}}{3.6 \times 10^{-19}} ≒ 2.6 \times 10^{44}(\text{개/초})$$

04. 추리 단답형

7.7×10^{-12} m

해설 | 전자를 전압 V 로 가속시키면 전자의 전하량 e 에 전압 V 를 곱한 만큼의 운동 에너지를 얻게 된다. 따라서 입사 전자의 운동량은

$$\frac{1}{2}mv^2 = \frac{(mv)^2}{2m} = \frac{p^2}{2m} = eV \rightarrow p = \sqrt{2meV} \text{ 이다.}$$

따라서 전자의 드브로이 파장은

$$\lambda = \frac{h}{p} = \frac{h}{\sqrt{2meV}}$$

$$= \frac{6.6 \times 10^{-34}}{\sqrt{2(9.1 \times 10^{-31})(1.6 \times 10^{-19})(25 \times 10^3)}} ≒ 7.7 \times 10^{-12}(\text{m})$$

05. 추리 단답형

1년

해설 | 암석이 생성될 당시 N_0 개의 B 원자가 있었다면 분석할 당시에 남아 있는 B 원자의 수는 $N_B = N_0(2.7)^{-\lambda t}$ 이다. 여기서 t 는 암석의 나이이다.
붕괴하는 B 원자는 A 원자가 된다. 따라서 분석 당시 존재하는 A 원자의 수는 $N_A = N_0 - N_B$ 이다. N_0 는 측정할 수 없으므로 두 식을 정리하여 없애야 한다.

$$N_B = N_0(2.7)^{-\lambda t}, \quad N_0 = N_A + N_B$$

$$\therefore N_B = (N_A + N_B)(2.7)^{-\lambda t} \rightarrow (2.7)^{-\lambda t} = \frac{N_B}{N_A + N_B}$$

$$(2.7)^{\lambda t} = 1 + \frac{N_A}{N_B} = 1 + 1.7 = 2.7$$

$\therefore \lambda t = 1 \rightarrow \lambda = \frac{0.693}{T} = 1$ 이므로 ($\because$ 반감기 = 0.693), $t = 1$년

06. 단계적 문제 해결형

(1) 1.93×10^{13}(J/mol) (2) 2.98×10^5 kg = 298 t

해설 | (1) 우라늄 1 개가 핵분열을 할 때 발출되는 에너지는 200 MeV 이고, 1 mol = 6.02×10^{23} 개 이므로, 총 에너지는 $(6.02 \times 10^{23}) \times (200 \times 10^6) \times (1.6 \times 10^{-19}) ≒ 1.93 \times 10^{13}$ J/mol 이다.
(2) 필요한 우라늄의 몰수는 $\frac{1.69 \times 10^{17}}{1.93 \times 10^{13}} ≒ 8.76 \times 10^3$ mol 이고, 양으로 환산하면
8.76×10^3 mol × 0.238 kg/mol ≒ 2.08×10^3 kg 이 된다.
즉, 우라늄 235 가 2.06×10^3 kg 만큼 필요하다.
천연 우라늄 금속 중 0.7 % 만이 $^{235}_{92}U$ 이므로 필요한 천연 우라늄의 질량은 다음과 같다.

$$\frac{2.08 \times 10^3}{0.007} ≒ 2.98 \times 10^5 \text{ kg} = 298 \text{ t 이 된다.}$$

07. 논리 서술형

(1), (2), (3) 해설 참조

해설 | (1) 파장 λ = 200nm 인 광자의 에너지 E 는

$$E = hf = \frac{hc}{\lambda} = \frac{(4.14 \times 10^{-15}) \times (3 \times 10^{8})}{200 \times 10^{-9}} \fallingdotseq 6.2(\text{eV})$$ 이다.

광전자의 최대 운동 에너지는 광자의 에너지에서 일함수를 뺀 것과 같다($E_k = \frac{1}{2}mv^2 = hf - W_0$).

니켈의 일함수 $W_{니}$ = 5(eV), 나트륨의 일함수 $W_{나}$ = 2.3(eV), 알루미늄의 일함수 $W_{알}$ = 4.1(eV) 이므로, 일함수가 가장 작은 나트륨을 이용하였을 때 광전자의 최대 운동 에너지가 가장 크고, 일함수가 가장 큰 니켈에서 가장 작다.

(2) 드브로이 파장 λ 은 광자의 운동량($p = mv$)에 반비례한다($\lambda = \frac{h}{p} = \frac{h}{mv}$). 즉, 광자의 운동량이 작을수록 드브로이 파장이 길어지므로 광전자의 최대 운동 에너지가 가장 작은 니켈에서 방출되는 광전자의 드브로이 파장이 가장 길다.

(3) 파장 λ = 400nm 인 광자의 에너지 E 는

$$E = hf = \frac{hc}{\lambda} = \frac{(4.14 \times 10^{-15}) \times (3 \times 10^{8})}{400 \times 10^{-9}} \fallingdotseq 3.1(\text{eV})$$ 이다.

따라서 광자의 에너지보다 일함수가 큰 니켈과 알루미늄에선 광전자가 방출되지 않는다. 따라서 광전자의 최대 운동 에너지가 가장 큰 경우는 금속판이 나트륨일 때이다.

대회 기출 문제

정답 265 ~ 269쪽

01 (1) 1, 3, 5 (2) 5 배		02 ④	
03 (1) ㉠ (2) ㉡, ㉢ (3) ㉣		04 (1) (가), (다) (2) (라)	
05 ②	06 ①	07 (1) $^2_1$H (2) $E_1 < E_2$	
08 6 : 1	09 $\frac{1}{2m}\left(\frac{Lh}{dy}\right)^2$	10 ④	11 175 분

01 (1) 1, 3, 5 (2) 5 배

해설 | 보어의 원자 모형의 첫 번째 가설은 전자의 궤도가 전자 물질파 파장의 정수배를 만족하는 안정한 궤도에서만 전자는 안정한 상태로 존재한다는 것이다. ($2\pi r = n\lambda$)

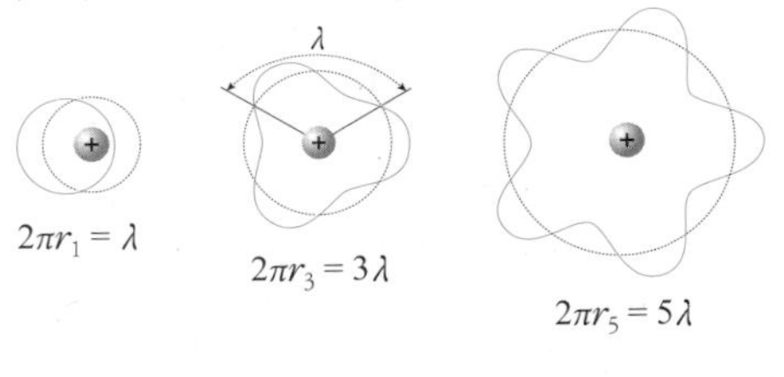

(2) 양자수가 5 인 궤도의 원둘레는 물질파 파장의 5 배이다.

02 ④

해설 | 700 nm 파장 근처의 빨간색 빛은 가시 광선 영역의 빛이므로 n = 2 궤도로 전이할 때 방출되는 계열인 발머 계열임을 알 수 있다. 또한 에너지 준위의 차와 파장은 반비례 관계이다. 즉, 에너지가 적게 방출될수록 파장이 길어진다. 따라서 E_2 로 전이하는 경우 중 에너지를 더 적게 방출하는 E_3 에서 E_2 로 전이하는 경우 ④이다.

03 (1) ㉠ (2) ㉡, ㉢ (3) ㉣

해설 | 스펙트럼의 진동수는 에너지의 크기와 비례 관계이다. 따라서 진동수가 가장 큰 스펙트럼(㉥)은 n = 4 에서 n =1 로 전이할 때 방출되는 스펙트럼이고, 진동수가 가장 작은 스펙트럼(㉠)은 n = 4 에서 n = 3으로 전이할 때 방출되는 스펙트럼이다.

(1) 파셴 계열은 들뜬 상태의 전자가 n = 3인 궤도로 전이할 때를 말한다. 따라서 파셴 계열에서 방출되는 스펙트럼은 ㉠ 이다.

(2) 눈에 보이는 빛의 영역인 가시 광선 영역의 빛을 방출하는 스펙트럼 계열은 n = 2 인 궤도로 전이할 때 방출되는 발머 계열이다. 따라서 ㉡, ㉢ 이다.

(3) 스펙트럼 ㉣ 은 n = 2 에서 n = 1 인 에너지 준위로 전이하면서 방출된 스펙트럼이다.

04 (1) (가), (다) (2) (라)

해설 | 기체의 종류에 따라 기체를 이루는 원자의 종류가 다르다. 따라서 원자의 종류에 따라 전자 궤도의 에너지 분포가 달라지므로 포함하고 있는 원자의 종류에 따라 선스펙트럼에서 선의 위치와 수가 달라지고, 같은 원자를 포함하고 있으면 같은 위치에 같은 수의 선이 나타난다.

05 ②

해설 | ㄱ. n = 1 인 궤도로 전이할 때 방출되는 스펙트럼 영역은 라이먼 계열이다.

ㄴ. A 의 경우가 B 의 경우보다 에너지 준위 차이가 크므로 광자 한 개의 에너지도 더 크다.

ㄷ. C 는 라이먼 계열, B 는 발머 계열의 전자기파를 방출한다. 따라서 C 에서가 B 에서보다 짧다.

ㄹ. 전기력은 (거리)^2 에 반비례한다. 따라서 원자핵과의 거리가 가까울수록 전기력의 크기는 크다.

06 ①

해설 | ㄱ. 로런츠 힘이 구심력의 역할을 하므로 전류의 방향과 운동 방향이 일치하고 있다. 그러므로 전하의 종류는 (+) 전하를 띠고 있다.

ㄴ. 구심력과 로런츠의 힘을 동일하게 놓으면 $qvB = \frac{mv^2}{r}$ 에서 자기장의 세기가 균일하므로 반지름이 큰 ㉡의 운동량이 ㉠의 운동량보다 크다.

ㄷ. ㉢ 전하는 힘이 작용하지 않으므로 전하를 띠고 있지 않다. 따라서 쿼크의 조합이 0 이 되어야 하므로 쿼크 조합은 udd 이다.

07 (1) $^2_1$H (2) $E_1 < E_2$

해설 | (1) ㉠의 핵반응식에서 A 는 양성자수 1 이고, 질량수는 2 이다. 따라서 A 는 중수소 원자핵($^2_1$H)이다.

(2) ㉠ 과 ㉡ 은 모두 핵융합 반응이고 질량 결손에 해당하는 에너지가 방출된다.

㉠의 핵반응에서 반응 전 질량의 합은

$$2.01410\ u + 2.01410u = 4.02820\ u$$

이고, 반응 후 질량의 합은

$$3.01605\ u + 1.00867u = 4.02472u$$

이므로 질량 결손은 4.02820u - 4.02388u = 0.00348u 이다.

㉡의 핵반응에서 반응 전 질량의 합은

$$2.01410u + 3.01605u = 5.03015u$$

이고, 반응 후 질량의 합은

$$4.00260 + 1.00867u = 5.01127u$$

이므로 질량 결손은 5.03015u - 5.01127u = 0.01888u 이다.

따라서 질량 결손이 ㉡ 이 ㉠ 보다 크므로 방출되는 에너지는 E_2 가

E_1 보다 크다.

08 6 : 1

해설 | 입자 A 가 h 만큼 떨어졌을 때, 물체의 속력을 v_A 라고 하면, 에너지 보존 법칙에 의해

$\frac{1}{2}m_A{v_A}^2 = m_Agh \rightarrow v_A = \sqrt{2gh}$ 이고,

입자 B 가 $4h$ 만큼 떨어졌을 때, 물체의 속력을 v_B 라고 하면,

$\frac{1}{2}m_B{v_B}^2 = m_Bg(4h) \rightarrow v_B = \sqrt{8gh} = 2v_A$ 이다.

물질파 파장 $\lambda = \frac{h}{p} = \frac{h}{mv}$ 이므로,

$\lambda_A : \lambda_B = \frac{1}{m_Av_A} : \frac{1}{m_Bv_B} = \frac{1}{mv_A} : \frac{1}{3m(2v_A)} = 6 : 1$ 이다.

09 $\frac{1}{2m}\left(\frac{Lh}{dy}\right)^2$

해설 | 전자가 이중 슬릿을 통과하여 회절 현상(파동성)이 일어난 것이다(전자파 회절 현상)전자를 전압 V 로 가속시키면 전자의 전하량 e 에 전압 V 를 곱한 만큼의 운동 에너지 E 를 얻게 된다. 따라서 입사 전자의 운동량 p 는

$E = \frac{1}{2}mv^2 = \frac{(mv)^2}{2m} = \frac{p^2}{2m} = eV \rightarrow p = \sqrt{2mE}$ 이므로,

드브로이 파장 $\lambda = \frac{h}{p} = \frac{h}{\sqrt{2mE}}$ 이다.

슬릿 사이의 간격이 d, 이중 슬릿과 스크린 사이의 거리가 L, 입사한 빛의 파장이 λ 일 때, 간섭 무늬 사이의 간격 y 는

$y = \frac{L\lambda}{d} = \frac{h}{\sqrt{2mE}}\frac{L}{d}$ 이므로, 운동 에너지 $E = \frac{1}{2m}\left(\frac{Lh}{dy}\right)^2$ 이다.

10 ④

해설 | 광전 효과가 일어나기 위해서는 특정한 진동수(문턱 진동수) 이상의 빛이 쪼여져야 한다. 문턱 진동수 이하의 진동수를 갖는 빛은 아무리 세기가 강해도 광전자를 방출하지 못한다. 이때 진동수는 파장에 반비례한다.

ㄱ, ㄴ. 각 θ 를 더 크게 하면 파장이 더 짧은 빛이 광전 효과 장비 G 에 들어오게 되므로 광전 효과에 의해 전류가 흐르게 될 수 있다. 이때 다른 장비는 그대로 그대로 두고 보라색 램프로만 바꾸게 되면 백열등에서 단지 다른 색 빛만이 나오지 않을 뿐, 굴절각은 바뀌지 않으므로 변화가 없을 것이다.

ㄷ. 만약 빛의 진동수와 상관없이 빛을 쪼여준 금속판에 + 극이 연결되어있었다면 금속판에서 발생한 광전자가 반대쪽 극판으로부터 운동 방향과 반대 방향으로 전기력을 받게 된다. 따라서 금속판에서 발생한 광전자가 반대쪽 금속판에 도달하지 못하게 된다.

→ 전원 M 의 양극과 음극을 바꾸어 보는 것도 방법이 될 수 있다.

11 175 분

해설 | 원래 개수 N_0 의 절반인 $\frac{1}{2}N_0$ 로 줄어든 순간부터 $\frac{1}{8}N_0$ 가 될 때까지 70 분이 걸렸다는 것은 반감기가 2 번이 지나는 동안 걸린 시간이 70 분이 걸렸다는 의미이다.

따라서 $N_0 \rightarrow \frac{1}{2}N_0$: 걸린 시간 = 35 분 이고,

$N_0 \rightarrow \frac{1}{8}N_0$: 걸린 시간 = 70 + 35 = 105 분

$N_0 \rightarrow \frac{1}{32}N_0$: 걸린 시간 = 35 × 5 번 = 175 분

imagine infinitely

270 ~ 271쪽

Q1. 질량 m, 전하량 q 인 대전 입자를 일정한 속도 v 로 균일한 자기장 B 에 수직하게 입사시키면 대전 입자에 작용하는 자기력 $F(= qvB)$은 항상 운동 방향에 수직한 방향으로 일정한 크기로 작용하기 때문에 이 힘이 구심력의 역할을 하여 등속 원운동을 하게 된다. 이때 원운동의 반지름은 다음 식에 의해 유도된다.

$$F = \frac{mv^2}{r} = qvB \rightarrow r = \frac{mv}{qB}$$

대전 입자가 1 회전 하는데 걸리는 시간 T 는

$$T = \frac{2\pi r}{v} = \frac{2\pi m}{qB}$$

이 된다. 따라서 입자가 1 회전 하는데 걸리는 시간은 반지름의 크기와 입자의 빠르기와 관계가 없이 일정하게 된다.

Q2. $r = \frac{mv}{qB}$ 식에 의해 중양성자의 속력을 구할 수 있다.

$$r = \frac{mv}{qB} \rightarrow v = \frac{rqB}{m}$$

따라서 중양성자의 속력은

$$v = \frac{rqB}{m} = \frac{(0.53\text{m})(1.60 \times 10^{-19}\text{C})(1.57\text{T})}{3.34 \times 10^{-27}} = 3.99 \times 10^7\,\text{m/s}$$

$$\therefore K = \frac{1}{2}mv^2 = \frac{1}{2} \times (3.34 \times 10^{-27}) \times (3.99 \times 10^7)^2$$

$$= 2.7 \times 10^{-12}\text{J}$$

창·의·력·과·학 아이앤아이 시리즈

무한상상

무한상상 교재 활용법

무한상상은 상상이 현실이 되는 차별화된 창의교육을 만들어갑니다.

아이앤아이 시리즈

특목고, 영재교육원 대비서

	아이앤아이 영재들의 수학여행		아이앤아이 꾸러미	아이앤아이 꾸러미 120제	아이앤아이 꾸러미 48제	아이앤아이 꾸러미 과학대회	창의력과학 아이앤아이 I&I
	수학 (단계별 영재교육)		수학, 과학	수학, 과학	수학, 과학	과학	과학
6세~초1	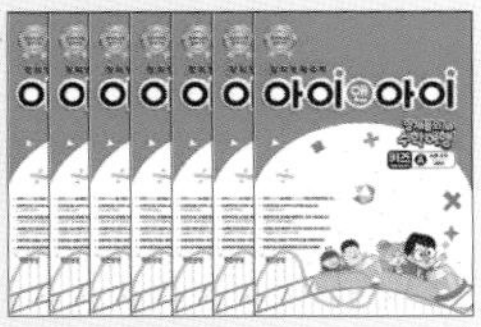	수, 연산, 도형, 측정, 규칙, 문제해결력, 워크북 (7권)					
초 1~3		수와 연산, 도형, 측정, 규칙, 자료와 가능성, 문제해결력, 워크북 (7권)					
초 3~5		수와 연산, 도형, 측정, 규칙, 자료와 가능성, 문제해결력 (6권)		수학, 과학 (2권)	수학, 과학 (2권)		
초 4~6		수와 연산, 도형, 측정, 규칙, 자료와 가능성, 문제해결력 (6권)				과학토론 대회, 과학산출물 대회, 발명품 대회 등 대회 출전 노하우	
초 6		수와 연산, 도형, 측정, 규칙, 자료와 가능성, 문제해결력 (6권)					
중등				수학, 과학 (2권)	수학, 과학 (2권)		
고등						과학토론 대회, 과학산출물 대회, 발명품 대회 등 대회 출전 노하우	물리(상,하), 화학(상,하), 생명과학(상,하), 지구과학(상,하) (8권)